Vorlesungen über Zahlentheorie

PETER GUSTAV LEJEUNE DIRICHLET

CAMBRIDGE
UNIVERSITY PRESS

CAMBRIDGE UNIVERSITY PRESS

Cambridge, New York, Melbourne, Madrid, Cape Town,
Singapore, São Paolo, Delhi, Mexico City

Published in the United States of America by Cambridge University Press, New York

www.cambridge.org
Information on this title: www.cambridge.org/9781108050395

This edition first published 1879
This digitally printed version 2013

ISBN 978-1-108-05039-5 Paperback

CAMBRIDGE LIBRARY COLLECTION

Books of enduring scholarly value

Mathematics

From its pre-historic roots in simple counting to the algorithms powering modern desktop computers, from the genius of Archimedes to the genius of Einstein, advances in mathematical understanding and numerical techniques have been directly responsible for creating the modern world as we know it. This series will provide a library of the most influential publications and writers on mathematics in its broadest sense. As such, it will show not only the deep roots from which modern science and technology have grown, but also the astonishing breadth of application of mathematical techniques in the humanities and social sciences, and in everyday life.

Vorlesungen über Zahlentheorie

Peter Gustav Lejeune Dirichlet (1805–59) may be considered the father of modern number theory. He studied in Paris, coming under the influence of mathematicians like Fourier and Legendre, and then taught at Berlin and Göttingen universities, where he was the successor to Gauss. This book contains lectures on number theory given by Dirichlet in 1856–7. They include his famous proofs of the class number theorem for binary quadratic forms and the existence of an infinity of primes in every appropriate arithmetical progression. The material was first published in 1863 by Richard Dedekind (1831–1916), professor at Braunschweig, who had been a junior colleague of Dirichlet at Göttingen. The second edition appeared in 1871; this reissue is of the third, revised and expanded, edition of 1879; a fourth edition appeared as late as 1894. The appendices contain further work by both Dirichlet and Dedekind.

VORLESUNGEN

ÜBER

ZAHLENTHEORIE

VON

P. G. LEJEUNE DIRICHLET.

VORLESUNGEN

ÜBER

ZAHLENTHEORIE

VON

P. G. LEJEUNE DIRICHLET.

HERAUSGEGEBEN

UND

MIT ZUSÄTZEN VERSEHEN

VON

R. DEDEKIND,
Professor an der technischen Hochschule Carolo-Wilhelmina zu Braunschweig.

DRITTE

UMGEARBEITETE UND VERMEHRTE AUFLAGE.

BRAUNSCHWEIG,
DRUCK UND VERLAG VON FRIEDRICH VIEWEG UND SOHN.
1879.

HERRN

WILHELM WEBER

GEH. HOFRATH UND PROFESSOR ZU GÖTTINGEN

IN

HERZLICHER VEREHRUNG UND DANKBARKEIT

GEWIDMET

VON

R. DEDEKIND.

VORWORT.

Ueber die Entstehung des vorliegenden Werkes, dessen erste Hälfte im Wesentlichen eine im Winter 1856 bis 1857 von Dirichlet zu Göttingen gehaltene Vorlesung wiedergiebt, habe ich in den Vorreden zu den beiden ersten Auflagen und in den Göttingischen gelehrten Anzeigen vom 27. Januar 1864 und 20. September 1871 das Erforderliche berichtet. Der Hauptzweck der Herausgabe, durch möglichst getreue Ueberlieferung des vollendeten Dirichlet'schen Vortrages den Anfänger in die Elemente der Zahlentheorie und namentlich in die Theorie der binären quadratischen Formen einzuführen, ist auch jetzt festgehalten, und ich habe mich nicht entschliessen können, irgend eine erhebliche Veränderung an diesem Theile des Werkes vorzuenhmen. Die schon in den früheren Auflagen zur Vervollständigung von mir hinzugefügten Zusätze, welche mit dem vierten Supplemente beginnen und theils nach Abhandlungen von Dirichlet ausgearbeitet, theils aus eigenen Untersuchungen hervorgegangen sind, habe ich abermals beträchtlich vermehrt. Besonders zu erwähnen ist die in dem letzten Supplemente enthaltene breitere Darstellung derselben Idealtheorie, welche ich zuerst in der zweiten Auflage, aber in so gedrängter Form veröffentlicht habe, dass der Wunsch nach einer ausführlicheren Behandlung von mehreren Seiten gegen mich ausgesprochen ist. Ich bin dieser Aufforderung um so lieber nachgekommen, als eine von meinem Freunde H. Weber in Königsberg in Gemeinschaft mit mir ausgeführte Untersuchung, welche demnächst erscheinen wird, das Resultat ergeben hat, dass dieselben Principien sich mit Erfolg auf die Theorie der algebraischen Functionen übertragen lassen. Die neue Darstellung, in welcher Manches aus der vor drei Jahren erschienenen Schrift *Sur la théorie des nombres entiers algébriques* wörtlich entlehnt ist, hat nun freilich einen viel grösseren Raum erfordert; doch wird dies wohl Entschuldigung finden, wenn man, wie ich hoffe, sich davon überzeugt, dass der einheitliche Charakter des ganzen Werkes keineswegs Schaden gelitten hat. Ich benutze noch die Gelegenheit, den Leser auf die Abhandlungen von Selling (im zehnten Bande der Zeitschrift für Mathematik und Physik von Schlömilch, 1865) und von Zolotareff (im sechsten Bande der dritten Folge des Journals von Liouville und Resal, 1880) aufmerksam zu machen, in welchen die Theorie der Ideale auf diejenige der höheren Congruenzen gegründet wird, und ich darf schliesslich die Hoffnung aussprechen, dass auch die bezüglichen Untersuchungen von Kronecker, welche aus einer früheren Zeit stammen, binnen Kurzem veröffentlicht werden.

Braunschweig, 11. November 1880.

R. Dedekind.

INHALT.

Zweiter Abschnitt: Von der Congruenz der Zahlen.

Dritter Abschnitt: Von den quadratischen Resten.

Supplemente.

Erster Abschnitt.

Von der Theilbarkeit der Zahlen.

§. 1.

Wir behandeln in diesem Abschnitte einige arithmetische Sätze, welche man zwar in den meisten Lehrbüchern vorfindet, die aber für unsere Wissenschaft von so fundamentaler Bedeutung sind, dass eine strenge Begründung derselben hier durchaus nothwendig erscheint. Dahin gehört zuerst der Satz, dass das Product einer Reihe von ganzen positiven Zahlen unabhängig von der Anordnung ist, in welcher man die Multiplication ausführt. Indem wir uns zunächst auf den Fall beschränken, in welchem es sich um *drei* Zahlen a, b, c handelt, bilden wir das folgende Schema

$$\begin{array}{c} c,\ c,\ c,\ c \ldots c \\ c,\ c,\ c,\ c \ldots c \\ c,\ c,\ c,\ c \ldots c \\ \ldots\ldots\ldots\ldots \\ \ldots\ldots\ldots\ldots \\ c,\ c,\ c,\ c \ldots c \end{array}$$

welches aus b Horizontalreihen besteht, deren jede die Zahl c gleich oft, nämlich a mal enthält, und stellen uns die Aufgabe, die Summe aller aufgeschriebenen Zahlen zu bestimmen. Zunächst können wir sagen: da die Zahl c in jeder Horizontalreihe a mal vorkommt, so ist nach dem Grundbegriff der Multiplication die

Summe aller in einer solchen Reihe befindlichen Zahlen gleich ca, indem wir den *Multiplicand* c durch die Stellung von dem *Multiplicator* a unterscheiden; da ferner b solche Horizontalreihen vorhanden sind, so ist die Summe sämmtlicher Zahlen gleich $(ca)b$, wo jetzt ca der Multiplicand, b der Multiplicator ist. Nun können wir aber dieselbe Summe auch auf anderem Wege durch die Bemerkung bestimmen, dass das obige Schema aus a Verticalreihen besteht, deren jede $b$mal die Zahl c enthält; es ist also die Summe aller in einer Verticalreihe befindlichen Zahlen gleich cb, und folglich die Totalsumme gleich $(cb)a$. Wir erhalten mithin das erste Resultat

$$(ca)b = (cb)a,$$

aus welchem wir, indem wir die bisher ganz willkürliche Zahl $c = 1$ setzen, die Folgerung ziehen, dass

$$ab = ba$$

ist, d. h.: *in einem Product aus zwei ganzen positiven Zahlen dürfen Multiplicand und Multiplicator mit einander vertauscht werden.* Man lässt deshalb auch in der Benennung den Unterschied zwischen Multiplicand und Multiplicator ganz fallen, indem man beide unter dem gemeinschaftlichen Namen *Factoren* zusammenfasst.

Wir können nun dieselbe Totalsumme sämmtlicher in dem obigen Schema befindlichen Zahlen noch auf eine dritte Art bestimmen, indem wir abzählen, wie oft der Summand c im Ganzen vorkommt. Zunächst ist a die Anzahl der in einer jeden Horizontalreihe befindlichen Zahlen c, und folglich ist, da b solche Horizontalreihen vorhanden sind, die Anzahl aller aufgeschriebenen Zahlen gleich ab. Hieraus folgt, dass die Totalsumme den Werth $c(ab)$ hat, dass also

$$(ca)b = (cb)a = c(ab)$$

ist. Verbindet man hiermit den schon oben betrachteten speciellen Fall $ab = ba$, so kann man das Bisherige in folgendem Satze zusammenfassen:

Wenn man von drei positiven ganzen Zahlen zwei nach Belieben auswählt und als Factoren zu ihrem Producte vereinigt, sodann dieses Product und die dritte jener drei Zahlen mit einander multiplicirt, so hat das so entstehende Product stets denselben Werth, wie man auch die ersten beiden Zahlen ausgewählt haben mag.

Da also dieses Product von der Anordnung der beiden successiven Multiplicationen ganz unabhängig ist, so bezeichnet man dasselbe kurz als das Product aus jenen drei Zahlen und nennt diese letzteren ohne Unterschied die Factoren des Productes.

§. 2.

Es ist nun leicht zu zeigen, ohne ein neues Princip anzuwenden, dass ein ganz ähnlicher allgemeinerer Satz für jedes System S von beliebig vielen positiven ganzen Zahlen

$$a, b, c \ldots$$

gilt. Die allgemeinste Art, diese Zahlen durch wiederholte Anwendung einfacher, d. h. auf nur zwei Zahlen bezüglicher Multiplicationen zu einem Producte zu vereinigen, ist folgende. Man greife nach Belieben zwei Zahlen aus dem System S heraus und bilde ihr Product; der aus den übrigen Zahlen des Systems S und aus diesem Product bestehende Zahlencomplex S' enthält dann eine Zahl weniger als S; indem man wieder ganz nach Belieben zwei Zahlen aus S' zu ihrem Producte vereinigt und die anderen unverändert lässt, erhält man ein System S'' von Zahlen, deren Anzahl um zwei kleiner ist als die der ursprünglich gegebenen Zahlen. Fährt man so fort, so wird man zuletzt zu einer einzigen Zahl gelangen, und der zu beweisende Satz besteht darin, *dass diese am Ende des Processes resultirende Zahl immer dieselbe sein wird, auf welche Art man auch die einzelnen einfachen Multiplicationen anordnen mag.*

Um dies zu zeigen, wenden wir die vollständige Induction an, d. h. wir nehmen an, der Satz sei richtig, wenn die Anzahl der ursprünglich gegebenen Zahlen oder Factoren $= n$ ist, und beweisen, dass er dann auch für die nächst grössere Anzahl $n + 1$ von Factoren ebenfalls gültig sein muss. Es sei also ein System S von $n + 1$ Zahlen

$$a, b, c, d, e \ldots$$

gegeben, so wähle man irgend zwei derselben, z. B. a und b, und bilde ihr Product ab; der nun entstehende Zahlencomplex enthält nur noch die n Zahlen

$$ab, c, d, e \ldots$$

und folglich ist nach unserer Annahme das Endresultat von der weiteren Anordnung des Processes ganz unabhängig. Bei einer anderen Anordnung der ganzen Operation kann daher höchstens dann ein anderes Endresultat zum Vorschein kommen, wenn das bei dem ersten Schritte ausgewählte Zahlenpaar von a, b verschieden ist, und zwar sind zwei Fälle zu unterscheiden.

Erstens kann es sein, dass bei der zweiten Anordnung zuerst *eine* der beiden Zahlen a, b, z. B. a, mit einer der übrigen $c, d, e \ldots$, z. B. mit c, zu dem Producte ac vereinigt wird, so dass der nächste Complex aus den n Zahlen

$$ac, b, d, e \ldots$$

besteht; da nun sowohl bei der ersteren wie bei der letzteren Anordnung die auf den ersten Schritt folgenden Operationen keinen Einfluss auf das Endresultat ausüben können, so setze man die erste Anordnung so fort, dass zunächst die beiden Zahlen ab und c, die zweite so, dass zunächst die beiden Zahlen ac und b vereinigt werden. Auf diese Weise entsteht bei der ersten Anordnung zunächst der Complex

$$(ab)c, d, e \ldots$$

bei der zweiten der Complex,

$$(ac)b, d, e \ldots$$

Da nun zufolge des vorhergehenden Paragraphen die beiden Producte $(ab)c$ und $(ac)b$, und folglich auch die beiden vorstehenden Complexe identisch sind, so wird, da jeder derselben nur noch $n - 1$ Zahlen enthält, bei der ersten wie bei der zweiten Anordnung dasselbe Endresultat auftreten.

Zweitens kann es aber auch sein, dass bei dem ersten Schritt der zweiten Anordnung *keine* der beiden Zahlen a, b, sondern zwei von den übrigen, z. B. c, d, herausgegriffen werden, so dass zunächst der Complex

$$a, b, cd, e \ldots$$

entsteht. Auch jetzt kann man wieder die auf den ersten Schritt folgenden Operationen bei beiden Anordnungen nach Belieben ausführen; man vereinige daher zunächst bei der ersten Anordnung die Zahlen c, d, und bei der zweiten Anordnung die Zahlen a, b; dann besteht bei beiden Anordnungen der nächstfolgende Complex aus denselben $n - 1$ Zahlen

$$ab, cd, e \ldots$$

und folglich wird abermals das Endresultat bei beiden dasselbe sein.

Hiermit ist die Allgemeingültigkeit des Satzes bewiesen; denn da er nach dem vorhergehenden Paragraphen für $n = 3$ gilt, so gilt er nach dem Vorstehenden auch für alle Systeme von Zahlen, deren Anzahl $= 4, 5, 6$ u. s. w. ist. Das Endresultat heisst auch jetzt wieder das Product aus den gegebenen Zahlen, diese letzteren heissen die Factoren des Productes, und man bezeichnet das Product durch das Nebeneinanderschreiben sämmtlicher in beliebiger Ordnung folgenden Factoren.

Ein besonderer Fall dieses Satzes ist der, dass man bei der Bildung des Productes aus beliebig vielen Zahlen oder Factoren dieselben nach Belieben in Gruppen vertheilen und alle in einer Gruppe enthaltenen Factoren zu ihrem Product vereinigen darf; das Product aus diesen den einzelnen Gruppen entsprechenden Producten wird immer mit dem Producte aller gegebenen Zahlen übereinstimmen; denn offenbar ist diese Bildung selbst eine der verschiedenen möglichen Anordnungen des Processes. So ist z. B.

$$abcde = (ab)c(de) = (abcd)e = (abe)(cd).$$

Es ist nicht schwierig, dieselben Sätze auch für den Fall zu beweisen, dass unter den Factoren eines Productes beliebig viele *negative* sind; das Vorzeichen des Productes wird das positive oder negative sein, je nachdem die Anzahl der negativen Factoren gerade oder ungerade ist. Endlich mag noch daran erinnert werden, dass auch die ganze Zahl *Null* als Factor auftreten kann, in welchem Falle das Product stets $= 0$ sein wird.

§. 3.

Wenn die Zahl*) a das Product aus der Zahl b und einer zweiten ganzen Zahl m, also $a = mb$ ist, so nennt man a ein *Vielfaches* oder *Multiplum* von b; statt dessen sagt man auch: a ist *theilbar* durch b, oder: b ist ein *Theiler* oder *Divisor* von a, oder endlich: *b geht in a auf*. Alle diese Benennungen sind gleich gebräuchlich, und da es in der Zahlentheorie ausserordentlich oft vorkommt, diese Beziehung zwischen zwei Zahlen auszudrücken, so ist es angenehm, dafür eine Reihe verschiedener Ausdrücke zu besitzen. Aus der Definition des Vielfachen leuchten nun sogleich folgende Sätze ein, von denen später sehr häufig Gebrauch gemacht werden wird.

---

*) Unter *Zahlen* schlechthin sind hier und im Folgenden immer *ganze* Zahlen zu verstehen.

1. Ist a Multiplum von b, b wieder Multiplum von c, so ist auch a Multiplum von c. Denn der Annahme nach ist $a = mb$, $b = nc$, wo m und n irgend zwei ganze Zahlen bedeuten; hieraus folgt $a = m(nc) = (mn)c$, also ist a theilbar durch c.

Allgemein: hat man eine Reihe von Zahlen, in welcher jede ein Vielfaches der nächstfolgenden ist, so ist auch jede frühere Zahl ein Vielfaches von jeder späteren.

2. Ist die Zahl a sowohl als auch b ein Multiplum einer dritten Zahl c, so ist auch die Summe und die Differenz der beiden ersteren ein Multiplum der dritten. Denn aus $a = mc$, $b = nc$ folgt $a \pm b = (m \pm n)c$.

§. 4.

Von der grössten Wichtigkeit für die Lehre von der Theilbarkeit der Zahlen ist folgende Aufgabe*): *Wenn irgend zwei ganze positive Zahlen a, b gegeben sind, so sollen die gemeinschaftlichen Theiler derselben, d. h. diejenigen Zahlen δ gefunden werden, welche gleichzeitig in a und in b aufgehen.*

Wir können annehmen, es sei a grösser oder wenigstens nicht kleiner als b; dann wird die Division von a durch b einen Quotienten m und einen Rest c geben, welcher letztere jedenfalls kleiner als b ist. Betrachten wir nun die aus dieser Division resultirende Gleichung

$$a = mb + c$$

und nehmen wir an, es sei δ irgend eine sowohl in a als in b aufgehende Zahl, so ist δ jedenfalls auch ein Divisor des Restes c; denn da a und b Multipla von δ sind, so ist (nach §. 3) mb, und folglich auch die Differenz $a - mb = c$ ein Multiplum von δ. Wir können daher sagen: jeder gemeinschaftliche Theiler der beiden Zahlen a, b ist auch ein gemeinschaftlicher Theiler der beiden Zahlen b, c. Umgekehrt, ist δ ein gemeinschaftlicher Divisor der beiden Zahlen b, c, so ist, da δ dann auch in mb aufgeht, die Summe $mb + c = a$ der beiden Multipla mb und c von δ ebenfalls ein Multiplum von δ; also ist jeder gemeinschaftliche Divisor der Zahlen b, c auch gemeinschaftlicher Divisor der Zahlen a, b. Mithin stimmen die gemeinschaftlichen Divisoren der beiden Zahlen a, b

*) *Euclid's Elemente*, Buch VII, Satz 2.

vollständig mit denen der beiden Zahlen b, c überein; unsere Untersuchung ist daher von dem Paare a, b auf das Paar b, c reducirt, und da b nicht grösser als a, c aber jedenfalls kleiner als b ist, so können wir mit Recht sagen, dass das Problem auf ein einfacheres zurückgeführt sei.

Wenn nun c von Null verschieden ist, die erste Division also nicht aufgeht, so können wir, indem wir b durch die kleinere Zahl c dividiren, wieder eine Gleichung von der Form

$$b = nc + d$$

bilden, in welcher der Divisionsrest d kleiner als der vorhergehende c ist. Durch eine der obigen ganz ähnliche Betrachtung ergiebt sich dann, dass die gemeinschaftlichen Divisoren der beiden Zahlen c, d vollständig mit denen der Zahlen b, c und also auch mit denen der Zahlen a, b übereinstimmen.

So kann man fortfahren, bis einmal die Division aufgeht, was nach einer endlichen Anzahl von Operationen durchaus eintreten muss; denn die Zahlen $b, c, d \ldots$ bilden eine Reihe von beständig abnehmenden Zahlen, und da es nur eine endliche Anzahl von Zahlen giebt, welche kleiner sind als b, so muss unter ihnen endlich auch die Null erscheinen. Wir haben dann eine Kette von Gleichungen von der Form

$$\begin{aligned} a &= mb + c \\ b &= nc + d \\ c &= pd + e \\ &\ldots\ldots\ldots\ldots \\ &\ldots\ldots\ldots\ldots \\ f &= sg + h \\ g &= th. \end{aligned}$$

Jeder gemeinschaftliche Divisor δ von a, b ist auch Divisor der folgenden Zahlen $c, d \ldots$, endlich auch von h; umgekehrt, ist δ ein Divisor von h, so lehrt die letzte Gleichung, dass δ auch Divisor von g, also gemeinschaftlicher Divisor von g und h ist; folglich ist δ auch Divisor von f und ebenso von den vorhergehenden Zahlen, endlich auch von b und von a. Wir haben daher das Resultat:

Die gemeinschaftlichen Divisoren zweier Zahlen a und b stimmen überein mit den sämmtlichen Divisoren Einer bestimmten Zahl h, welche man durch den obigen Algorithmus stets finden kann. Da nun h selbst zu diesen Divisoren gehört und unter ihnen dem Werth nach der grösste ist, so nennt man diese Zahl h den *grössten gemeinschaftlichen Divisor* der beiden Zahlen a und b.

Hiermit ist nun zwar unser Problem nicht vollständig gelöst, sondern nur auf das andere zurückgeführt, sämmtliche Divisoren einer gegebenen Zahl h zu finden, für welches wir noch keine directe Lösung haben; allein es wird sich im Folgenden hinreichend zeigen, dass der obige Algorithmus ein Fundament bildet, auf welchem sich die Grundprincipien der Zahlentheorie mit ebenso grosser Strenge wie Leichtigkeit aufbauen lassen. Nur einige Bemerkungen noch, um auch nicht den geringsten Zweifel gegen die Allgemeinheit der folgenden Sätze aufkommen zu lassen: wir haben die obige Kette von Gleichungen gebildet unter der Voraussetzung, dass a nicht kleiner als b sei; allein für den Fall, dass $a < b$ sein sollte, braucht man nur $m = 0$, also $c = a$ zu nehmen, um dieselbe Form auch dann zu wahren. Ebenso leicht erkennt man, dass das Vorzeichen der Zahlen a, b ganz unwesentlich ist; ja, es darf sogar eine von ihnen $= 0$ sein; nur, wenn beide $= 0$ sind, kann von einem grössten gemeinschaftlichen Divisor derselben keine Rede sein.

§. 5.

Besonders interessant ist der specielle Fall, in welchem der grösste gemeinschaftliche Divisor zweier Zahlen a, b die Einheit ist; man nennt zwei solche Zahlen *relative Primzahlen*, auch wohl *Zahlen ohne gemeinschaftlichen Divisor*, indem man absieht von dem allen Zahlen gemeinschaftlichen Divisor 1; oder man sagt auch: a ist relative Primzahl *gegen* oder *zu* b. Dieser Definition zufolge erkennt man also zwei Zahlen als relative Primzahlen daran, dass bei dem Algorithmus des grössten gemeinschaftlichen Divisors einmal der Rest $h = 1$ auftritt. (Wenn eine der beiden Zahlen a, b gleich Null ist, so muss die andere offenbar $= \pm 1$ sein.) Für solche Zahlen gilt nun der folgende

Hauptsatz: Sind a, b relative Primzahlen, und ist k eine beliebige dritte Zahl, so ist jeder gemeinschaftliche Theiler der beiden Zahlen ak, b auch gemeinschaftlicher Theiler der beiden Zahlen k, b.

Um sich hiervon zu überzeugen, braucht man nur sämmtliche Gleichungen, die bei dem Algorithmus des grössten gemeinschaftlichen Divisors der Zahlen a, b gebildet werden, und deren vorletzte, da $h = 1$ ist, in unserem Falle $f = sg + 1$ lautet, mit k zu multipliciren; man erhält dann

$$\begin{aligned} ak &= mbk + ck \\ bk &= nck + dk \\ ck &= pdk + ek \\ &\dots\dots\dots\dots \\ &\dots\dots\dots\dots \\ fk &= sgk + k. \end{aligned}$$

Ist nun δ irgend ein gemeinschaftlicher Divisor von ak und b, so geht δ auch in mbk, also auch in $ak - mbk = ck$ auf; es geht daher δ auch in nck und folglich auch in $bk - nck = dk$ auf. Und indem man diese Schlussweise fortsetzt, gelangt man zu dem Resultat, dass δ auch in fk, in gk, folglich auch in $fk - sgk = k$ aufgehen muss, was zu beweisen war.

Im Folgenden werden wir vorzüglich zwei specielle Fälle dieses Satzes gebrauchen, nämlich:

1. *Das Product zweier Zahlen a und k, deren jede relative Primzahl gegen eine dritte b ist, ist gleichfalls relative Primzahl zu b*; denn unserem Satze nach haben ak und b dieselben gemeinschaftlichen Divisoren, wie k und b; da aber k und b relative Primzahlen sind, so haben sie nur den einzigen gemeinschaftlichen Divisor 1; dasselbe gilt daher von ak und b, also sind diese Zahlen relative Primzahlen.

2. *Sind a und b relative Primzahlen, und ist ak durch b theilbar, so ist auch k durch b theilbar;* denn da der Annahme zufolge ak und b den gemeinschaftlichen Divisor b haben, so muss dem Hauptsatze nach b auch gemeinschaftlicher Divisor von k und b, also jedenfalls Divisor von k sein.

3. Den ersten dieser beiden Sätze kann man leicht verallgemeinern. Ist jede der Zahlen $a, b, c, d \dots$ relative Primzahl gegen eine Zahl α, so ist auch ab, folglich auch das Product abc aus ab und c, folglich auch das Product $abcd$ aus abc und d u. s. f., kurz das Product $abcd \dots$ aller jener Zahlen ebenfalls relative Primzahl gegen α. Allgemeiner, *hat man zwei Reihen von Zahlen*

$$a, b, c, d \dots$$

und

$$\alpha, \beta, \gamma \dots$$

von der Beschaffenheit, dass jede Zahl der einen Reihe relative Primzahl gegen jede Zahl der anderen Reihe ist, so ist auch das Product $abcd \dots$ aller Zahlen der einen Reihe relative Primzahl *gegen das Product* $\alpha\beta\gamma$ ... *aller Zahlen der anderen Reihe.* Denn soeben ist bewiesen, dass jede der Zahlen α, β, γ ... relative Primzahl gegen das Product $abcd$ ... ist, woraus durch nochmalige Anwendung desselben Satzes auch folgt, dass ihr Product $\alpha\beta\gamma$ ... ebenfalls relative Primzahl gegen $abcd$ ... ist.

4. Hieraus können wir wieder einen speciellen Fall ableiten, indem wir annehmen, dass die Zahlen b, c, d ... identisch mit a, ferner die Zahlen β, γ ... identisch mit α sind; wir erhalten dann das Resultat: *ist* a *relative Primzahl gegen* α, *so ist auch jede Potenz der Zahl* a *relative Primzahl gegen jede Potenz der Zahl* α.

Eine Anwendung hiervon macht man bei dem Beweise des Satzes, dass die $m$te Wurzel aus einer ganzen Zahl A entweder irrational oder selbst eine ganze Zahl ist; denn wenn jene Wurzel rational, d. h. von der Form $r:s$ ist, wo r und s ganze Zahlen bedeuten, die man ohne gemeinschaftlichen Divisor annehmen kann, so ergiebt sich aus $r^m = As^m$, dass r^m durch s^m theilbar ist; da nun r und s, folglich auch r^m und s^m relative Primzahlen sind, so muss $s^m = 1$, also auch $s = 1$ sein; mithin ist jene Wurzel eine ganze Zahl r.

§. 6.

Die Aufgabe des §. 4 in der Weise verallgemeinert, dass für eine ganze Reihe gegebener Zahlen a, b, c, d ... alle gemeinschaftlichen Divisoren gesucht werden, führt zu einem ganz ähnlichen Resultate. Es sei h der grösste gemeinschaftliche Divisor von a und b, so ist, wie wir früher fanden, jeder gemeinschaftliche Divisor von a und b auch Divisor von h und umgekehrt; jeder gemeinschaftliche Divisor der drei Zahlen a, b, c ist daher auch gemeinschaftlicher Divisor von h, c und umgekehrt; bezeichnet man daher mit k den grössten gemeinschaftlichen Divisor von h und c, so ist jede gleichzeitig in a, b, c aufgehende Zahl Divisor von k, und umgekehrt wird jeder Divisor von k auch Divisor der drei Zahlen a, b, c sein. Bildet man ferner den grössten gemeinschaftlichen Divisor l der beiden Zahlen k und d, so stimmen die gemeinschaftlichen Divisoren der vier Zahlen a, b, c, d vollständig überein mit den sämmtlichen Divisoren der Zahl l u. s. f. Wir haben daher das Resultat: *ist irgend eine Reihe von Zahlen* a, b, c, d ... *gegeben, so giebt es stets eine — und natürlich auch nur eine — Zahl* m *von der Beschaffenheit, dass jede gleichzeitig in* a, *in* b, *in* c, *in* d *u. s. w. aufgehende Zahl auch in* m *aufgeht, und umgekehrt jeder Divisor von* m *auch Divisor jeder einzelnen der Zahlen* $a, b, c, d \ldots$ *ist.* Diese vollkommen bestimmte Zahl m heisst deshalb wieder der *grösste gemeinschaftliche Divisor* der gegebenen Zahlen. (Eine Ausnahme hiervon tritt nur dann ein, wenn die gegebenen Zahlen *alle* $= 0$ sind.) Setzt man ferner $a = ma'$, $b = mb'$, $c = mc'$, $d = md' \ldots$, so sind $a', b', c', d' \ldots$ ganze Zahlen, deren grösster gemeinschaftlicher Theiler $= 1$ ist, oder, wie man kurz sagt, *Zahlen ohne gemeinschaftlichen Theiler.* Umgekehrt, wenn $a', b', c', d' \ldots$ Zahlen ohne gemeinschaftlichen Theiler sind, so leuchtet ein, dass m der grösste gemeinschaftliche Theiler der Zahlen $ma', mb', mc', md' \ldots$ ist.

Dagegen bemerken wir an dieser Stelle ein- für allemal, dass, wenn Zahlen $a, b, c, d \ldots$ *relative Primzahlen* genannt werden, darunter stets zu verstehen ist, dass *je zwei* von ihnen relative Primzahlen sind; solche Zahlen sind daher stets zugleich Zahlen ohne gemeinschaftlichen Theiler; aber Zahlen ohne gemeinschaftlichen Theiler sind nicht nothwendig relative Primzahlen.

§. 7.

Gewissermaassen das Umgekehrte der vorhergehenden ist die folgende Aufgabe: *Wenn eine Reihe von Zahlen* $a, b, c, d \ldots$ *gegeben ist, so sollen alle gemeinschaftlichen Multipla derselben, d. h. alle Zahlen gefunden werden, welche durch jede einzelne der gegebenen Zahlen theilbar sind.* Da von den gesuchten Zahlen zuerst gefordert wird, dass sie durch a theilbar sein sollen, so sind sie jedenfalls in der Form sa enthalten, wo s irgend eine ganze Zahl bedeutet. Ist nun δ der grösste gemeinschaftliche Divisor der beiden Zahlen $a = \delta a'$ und $b = \delta b'$, so sind a' und b' relative Primzahlen; soll daher $sa = sa'\delta$ theilbar sein durch $b = b'\delta$, so muss sa' durch b', und folglich (§. 5, 2.) auch s durch b' theilbar, also von der Form $s'b'$ sein, wo s' wieder irgend eine ganze Zahl bedeutet. Sämmtliche sowohl durch a als durch b theilbare Zahlen sind daher von der Form $sa = s'.a'b'\delta$, und umgekehrt leuchtet ein, dass alle in dieser Form enthaltenen Zahlen sowohl durch $a = a'\delta$ als durch $b = b'\delta$ theilbar sind.

Es zeigt sich also, dass die sämmtlichen gemeinschaftlichen Multipla der beiden Zahlen a, b übereinstimmen mit den sämmtlichen Vielfachen *einer* bestimmten Zahl

$$a'b'\delta = \frac{ab}{\delta} = \mu,$$

welche man deshalb das *kleinste gemeinschaftliche Vielfache* der beiden Zahlen a, b nennt.

Um diesen Satz für eine beliebige Anzahl gegebener Zahlen $a, b, c, d \ldots$ zu verallgemeinern, braucht man nur zu bemerken, dass jedes gemeinschaftliche Vielfache der Zahlen

$$a, b, c, d \ldots$$

nothwendig auch ein gemeinschaftliches Vielfaches der Zahlen

$$\mu, c, d \ldots$$

ist und umgekehrt. Man wird daher zunächst das kleinste gemeinschaftliche Multiplum ν der beiden Zahlen μ und c suchen, dann das kleinste gemeinschaftliche Vielfache ϱ von ν und d u. s. f. Auf diese Weise leuchtet ein, dass sämmtliche gemeinschaftliche Multipla der gegebenen Zahlen $a, b, c, d \ldots$ übereinstimmen mit den sämmtlichen Vielfachen einer einzigen vollständig bestimmten Zahl ω, welche man deshalb das *kleinste gemeinschaftliche Vielfache* der gegebenen Zahlen nennt.

Von besonderer Wichtigkeit ist der Fall, in welchem die Zahlen $a, b, c, d \ldots$ relative Primzahlen sind. In diesem Falle ist zunächst $\delta = 1$, also ist das kleinste gemeinschaftliche Vielfache der beiden relativen Primzahlen a und b ihr Product ab. Da nun c wieder relative Primzahl gegen a und gegen b, also (§. 5, 1.) auch gegen ab ist, so ist abc das kleinste gemeinschaftliche Multiplum der drei Zahlen a, b, c u. s. f. Kurz, man erhält das Resultat: *Sind $a, b, c, d \ldots$ relative Primzahlen; so ist jede Zahl, welche durch jede einzelne derselben theilbar ist, auch durch ihr Product $abcd \ldots$ theilbar.*

§. 8.

Da jede Zahl sowohl durch die Einheit, als auch durch sich selbst theilbar ist, so hat jede Zahl — die Einheit selbst ausgenommen — mindestens zwei (positive) Divisoren. Jede Zahl nun, welche keine anderen als diese beiden Divisoren besitzt, heisst eine *Primzahl (numerus primus)*; es ist zweckmässig, die Einheit nicht zu den Primzahlen zu rechnen, weil manche Sätze über Primzahlen nicht für die Zahl 1 gültig bleiben.

Aus dieser Erklärung ergiebt sich der Satz: *Wenn p eine Primzahl und a irgend eine ganze Zahl ist, so geht entweder p in a auf, oder p ist relative Primzahl zu a.* Denn der grösste gemeinschaftliche Divisor von p und a ist entweder p selbst oder die Einheit.

Hieraus folgt weiter: *Wenn ein Product aus mehreren Zahlen $a, b, c, d \ldots$ durch eine Primzahl p theilbar ist, so geht p mindestens in einem der Factoren $a, b, c, d \ldots$ auf.* Denn wäre keine einzige dieser Zahlen durch p theilbar, so wäre p relative Primzahl gegen jede einzelne von ihnen und folglich auch gegen ihr Product, was gegen die Annahme streitet, dass dies Product durch p theilbar ist.

Jede Zahl, welche ausser sich selbst und der Einheit noch andere Divisoren hat, heisst *zusammengesetzt (numerus compositus).* Diese Benennung wird gerechtfertigt durch folgenden

Fundamentalsatz: Jede zusammengesetzte Zahl lässt sich stets und nur auf eine einzige Weise als Product aus einer endlichen Anzahl von Primzahlen darstellen.

Beweis. Da jede zusammengesetzte Zahl m ausser 1 und m noch andere Divisoren hat, so sei a ein solcher; ist nun a keine Primzahl, also eine zusammengesetzte Zahl, so besitzt a ausser 1 und a noch andere Divisoren, z. B. b; ist b noch keine Primzahl, also zusammengesetzt, so hat b wieder mindestens einen Divisor c, der von 1 und b verschieden ist. Fährt man so fort, so muss man endlich einmal zu einer Primzahl gelangen; denn die Reihe der Zahlen $m, a, b, c \ldots$ ist eine abnehmende, sie kann also, da es nur eine endliche Anzahl von Zahlen giebt, welche kleiner als m sind, nur eine endliche Anzahl von Gliedern enthalten; das letzte Glied derselben muss aber eine Primzahl sein, denn sonst könnte man ja die Reihe noch weiter fortsetzen. Bezeichnet man diese Primzahl mit p, so ist, da jedes Glied der Reihe ein Multiplum des folgenden ist, die erste Zahl m auch ein Multiplum von der letzten p. Man kann daher

$$m = pm'$$

setzen. Nun ist m' entweder eine Primzahl — dann ist m schon als Product von Primzahlen dargestellt — oder m' ist zusammengesetzt; im letzteren Falle muss es wieder eine in m' aufgehende Primzahl p' geben, so dass

$$m' = p'm'', \quad \text{also} \quad m = pp'm''$$

wird. Ist nun m'' noch keine Primzahl, so kann man auf dieselbe Weise fortfahren, bis man m als Product von lauter Primzahlen dargestellt hat. Dass dies wirklich nach einer endlichen Anzahl von ähnlichen Zerlegungen geschehen muss, leuchtet daraus ein, dass die Reihe der Zahlen $m, m', m'' \ldots$ ebenfalls eine abnehmende und folglich eine endliche ist.

Hiermit ist der eine Hauptheil des Satzes erwiesen, welcher die Möglichkeit der Zerlegung behauptet; offenbar ist aber diese successive Ablösung von Primzahl-Factoren in mancher Beziehung willkürlich, und es bleibt daher noch nachzuweisen übrig, dass, auf welche Weise dieselbe auch ausgeführt sein mag, das Endresultat doch stets dasselbe sein muss. Nehmen wir daher an, man habe durch zwei verschiedene Anordnungen einmal

$$m = pp'p'' \ldots$$

ein anderes Mal

$$m = qq'q'' \ldots$$

gefunden, wo $p, p', p'' \ldots$ und $q, q', q'' \ldots$ sämmtlich Primzahlen bedeuten. Da nun das Product $pp'p'' \ldots$ durch die Primzahl q theilbar ist, so muss mindestens einer der Factoren, z. B. p, durch q theilbar sein; p besitzt aber als Primzahl nur die beiden Divisoren 1 und p, und folglich muss $q = p$ sein, da q nicht $= 1$ ist. Hieraus folgt nun

$$p'p'' \ldots = q'q'' \ldots$$

und man kann auf dieselbe Weise zeigen, dass q' mit einer der Primzahlen $p', p'' \ldots$, z. B. mit p', identisch sein muss, woraus dann wieder

$$p'' \ldots = q'' \ldots$$

folgt. Auf diese Weise überzeugt man sich davon, dass jede Primzahl, welche bei der zweiten Art der Zerlegung ein oder mehrere Male als Factor auftritt, mindestens ebenso oft auch bei der ersten Zerlegung vorkommt; da aber ferner auf dieselbe Weise gezeigt werden kann, dass sie bei der zweiten Zerlegung mindestens ebenso oft vorkommt wie bei der ersten, so muss jede Primzahl in beiden Zerlegungen gleich oft als Factor vorkommen, und folglich stimmt der Complex aller Primzahlen bei der einen Zerlegung vollständig mit dem bei der anderen überein.

Nachdem so der Satz in allen seinen Theilen bewiesen ist, können wir die Darstellung der zusammengesetzten Zahl m noch dadurch vereinfachen, dass wir jedesmal alle unter einander identischen Primzahl-Factoren zu einer Potenz vereinigen. Es sei nämlich a eine von den in m aufgehenden Primzahlen, und zwar mag dieselbe genau αmal als Factor in der Zerlegung vorkommen, so vereinigen wir diese α Factoren zu der Potenz a^α; sind hierdurch noch nicht alle Factoren erschöpft, und ist b eine der übrigen Primzahlen, so bilden wir, wenn sie genau βmal vorkommt, die Potenz b^β, und in derselben Weise fahren wir fort, wenn hierdurch noch nicht alle Primzahl-Factoren von m erschöpft sind. Auf diese Weise überzeugt man sich, dass man jeder zusammengesetzten Zahl m die Form

$$m = a^\alpha b^\beta c^\gamma \ldots$$

geben kann, in welcher a, b, c die sämmtlichen unter einander verschiedenen, in m aufgehenden Primzahlen, und α, β, γ ... ganze positive Zahlen bedeuten. Dass aber in dieser Form nicht nur alle zusammengesetzten, sondern auch alle Primzahlen enthalten sind, leuchtet unmittelbar ein.

Die Primzahlen bilden daher gewissermaassen das Material, aus welchem alle anderen Zahlen sich zusammensetzen lassen. *Dass es unendlich viele Primzahlen giebt*, hat schon *Euclid**) bewiesen, und zwar in folgender Art. Gesetzt es gäbe nur eine endliche Anzahl von Primzahlen, so würde eine von ihnen, die wir mit p bezeichnen wollen, die letzte, d. h. die grösste sein. Denken wir uns nun alle diese Primzahlen aufgeschrieben

$$2, 3, 5, 7, 11 \ldots p,$$

so müsste jede Zahl, welche grösser als p ist, zusammengesetzt und folglich durch mindestens eine dieser Primzahlen theilbar sein. Allein es ist sehr leicht, eine Zahl zu bilden, welche erstens grösser als p und zweitens durch keine jener Primzahlen theilbar ist; dazu bilden wir das Product aller Primzahlen von 2 bis p und vergrössern dasselbe um eine Einheit. Diese Zahl

$$z = 2.\ 3.\ 5 \ldots p + 1$$

ist in der That grösser als p, da ja schon $2p$ grösser als p ist; sie ist aber durch keine der Primzahlen theilbar, da z, durch jede derselben dividirt, immer den Rest 1 lässt. Damit ist also unsere

---

*) *Elemente*, Buch IX, Satz 20.

Annahme im Widerspruch, und folglich giebt es unendlich viele Primzahlen.

Dieser Satz ist nur ein specieller Fall des anderen, dass in jeder unbegrenzten arithmetischen Progression, deren allgemeines Glied $kx + m$ ist, und in welcher das Anfangsglied m und die Differenz k relative Primzahlen sind, unendlich viele Primzahlen enthalten sind; allein, so einfach der Beweis für den speciellen Fall war, in welchem $k = 1$, so schwierig war es, einen strengen Beweis für den allgemeinen Satz zu geben, und dies ist bis jetzt nur durch Zuziehung von Principien gelungen, welche der Infinitesimalrechnung angehören *).

§. 9.

Durch den soeben bewiesenen Fundamentalsatz haben wir nun ein einfaches Kriterium gewonnen, nach welchem stets beurtheilt werden kann, ob eine Zahl m durch eine andere n theilbar ist oder nicht, sobald wir voraussetzen dürfen, dass beide in ihre Primfactoren zerlegt sind. Nehmen wir nämlich an, dass m durch n theilbar, dass also $m = nq$ ist, so leuchtet ein, dass jede in n aufgehende Primzahl auch in m aufgehen muss; es kann daher n keine anderen Primfactoren enthalten als m, und ausserdem kann auch ein solcher Primfactor nicht öfter in n als in m vorkommen; und umgekehrt, wenn jeder Primfactor der Zahl n mindestens ebenso oft in m vorkommt wie in n, so ist auch m durch n theilbar.

Sind daher $a, b, c \ldots$ die sämmtlichen von einander verschiedenen, in m aufgehenden Primzahlen, so dass

$$m = a^\alpha b^\beta c^\gamma \ldots,$$

so ist jeder Divisor n dieser Zahl in der Form

$$n = a^{\alpha'} b^{\beta'} c^{\gamma'} \ldots$$

enthalten, in welcher

α' irgend eine der $\alpha + 1$ Zahlen $0, 1, 2 \ldots \alpha$
β' „ „ „ $\beta + 1$ „ $0, 1, 2 \ldots \beta$
γ' „ „ „ $\gamma + 1$ „ $0, 1. 2 \ldots \gamma$
u. s. w.

---

*) Siehe die Supplemente VI. §. 132 bis 137.

bedeutet; und alle diese Zahlen n sind wirklich Divisoren von m. Hieraus gehen sogleich einige interessante Folgerungen hervor.

Zunächst leuchtet ein, da jede Combination eines Werthes von α' mit einem von β', mit einem von γ' u. s. w. einen Divisor von m liefert, und da je zwei verschiedenen solchen Combinationen (nach §. 8) auch zwei ungleiche Divisoren von m entsprechen, dass die Anzahl aller Divisoren von m gleich

$$(\alpha + 1)(\beta + 1)(\gamma + 1)\ldots$$

ist; diese Anzahl hängt daher nur von den Exponenten $\alpha, \beta, \gamma\ldots$ ab, nicht aber von der Natur der in m aufgehenden Primzahlen a, b, c u. s. w.

Bildet man ferner das Schema

$$\begin{array}{c} 1, a, a^2 \ldots a^\alpha \\ 1, b, b^2 \ldots b^\beta \\ 1, c, c^2 \ldots c^\gamma \\ \text{u. s. w.} \end{array}$$

und bildet alle Producte $a^{\alpha'} b^{\beta'} c^{\gamma'}\ldots$, indem man aus jeder dieser Horizontalreihen ein Glied $a^{\alpha'}, b^{\beta'}, c^{\gamma'}\ldots$ auswählt, so erhält man alle Divisoren der Zahl m, und zwar jeden nur ein einziges Mal. Die Summe aller dieser Divisoren erhält man daher nach derselben Regel, nach welcher man die einzelnen Aggregate

$$1 + a + a^2 + \cdots + a^\alpha = \frac{a^{\alpha+1} - 1}{a - 1}$$

$$1 + b + b^2 + \cdots + b^\beta = \frac{b^{\beta+1} - 1}{b - 1}$$

$$1 + c + c^2 + \cdots + c^\gamma = \frac{c^{\gamma+1} - 1}{c - 1}$$

u. s. w.

mit einander zu multipliciren hat; folglich ist die Summe aller Divisoren der Zahl m gleich dem Product

$$\frac{a^{\alpha+1} - 1}{a - 1} \cdot \frac{b^{\beta+1} - 1}{b - 1} \cdot \frac{c^{\gamma+1} - 1}{c - 1} \cdots$$

Nehmen wir z. B. $m = 60 = 2^2 . 3 . 5$, so sind die sämmtlichen Divisoren folgende:

$$1, 2, 3, 4, 5, 6, 10, 12, 15, 20, 30, 60;$$

ihre Anzahl ist

$$(2 + 1)(1 + 1)(1 + 1) = 12$$

und ihre Summe

$$\frac{2^3-1}{2-1}\cdot\frac{3^2-1}{3-1}\cdot\frac{5^2-1}{5-1}=7.4.6=168.$$

§. 10.

Wir kehren nun zu einigen früheren Aufgaben zurück, zunächst zu derjenigen (§. 6), den grössten gemeinschaftlichen Divisor einer Reihe von Zahlen zu bilden, jetzt unter der Voraussetzung, dass ihre Zerlegungen in Primfactoren gegeben sind. Man betrachte alle Primzahlen, welche in diesen Zerlegungen vorkommen, und scheide zunächst diejenigen unter ihnen aus, welche in einer oder mehreren der gegebenen Zahlen gar nicht als Primfactoren enthalten sind. Bleibt auf diese Weise gar keine Primzahl übrig, so ist die Einheit der gesuchte grösste gemeinschaftliche Divisor. Im entgegengesetzten Fall sei a eine Primzahl, welche bei dieser vorläufigen Ausscheidung zurückgeblieben ist und also in jeder der gegebenen Zahlen mindestens einmal enthalten ist; man zähle, wie oft a als Primfactor in jeder einzelnen der gegebenen Zahlen vorkommt, und nehme die kleinste dieser Anzahlen, die wir mit α bezeichnen, so dass a in mindestens einer der gegebenen Zahlen genau α mal, in allen übrigen aber mindestens ebenso oft als Primfactor vorkommt. Aehnlich verfahre man mit den übrigen Primzahlen $b, c \ldots$, sofern diese noch nicht erschöpft sind, und bilde für jede, für b die Anzahl β, für c die Anzahl γ u. s. w. nach derselben Regel, nach welcher für die Primzahl a die Anzahl α gebildet wurde. Dann ist

$$a^\alpha b^\beta c^\gamma \ldots$$

der gesuchte grösste gemeinschaftliche Divisor. Der Beweis für diese Regel leuchtet unmittelbar dadurch ein, dass der grösste gemeinschaftliche Divisor keine anderen Primfactoren enthalten kann, als solche, welche in jeder der gegebenen Zahlen enthalten sind, und dass er keinen Primfactor öfter enthalten kann, als irgend eine der gegebenen Zahlen.

Aehnlich gestaltet sich die Lösung der anderen Aufgabe, das kleinste gemeinschaftliche Multiplum einer Reihe von gegebenen Zahlen zu bilden (§. 7). Jetzt betrachte man *jede* Primzahl, die in irgend einer der gegebenen Zahlen als Factor enthalten ist, und sehe nach, in welcher sie am häufigsten vorkommt; ebenso oft nehme man sie als Factor in das kleinste gemeinschaftliche Multiplum auf; sind daher a, b, c ... die sämmtlichen Primzahlen, welche in den einzelnen Zerlegungen der gegebenen Zahlen vorkommen, so erhält man nach dieser Regel das gesuchte kleinste gemeinschaftliche Multiplum in der Form

$$a^{\alpha'} b^{\beta'} c^{\gamma'} \ldots,$$

wo z. B. der Exponent α' dadurch bestimmt ist, dass die Primzahl a in mindestens einer der gegebenen Zahlen genau α' mal, in allen übrigen aber nicht öfter als Factor enthalten ist. Der Beweis liegt hier darin, dass die gesuchte Zahl jeden Primfactor enthalten muss, der in einer der gegebenen Zahlen enthalten ist, und zwar mindestens ebenso oft, als diese.

Endlich können wir aus den vorhergehenden Principien noch ein Kriterium ableiten, nach welchem zu erkennen ist, ob eine Zahl

$$m = a^{\alpha} b^{\beta} c^{\gamma} \ldots$$

eine genaue $r$te Potenz einer ganzen Zahl k ist. Dazu ist offenbar erforderlich und hinreichend, dass alle Exponenten α, β, γ ... durch r theilbar sind, wie man sogleich aus der Annahme

$$m = k^r$$

erkennt.

§. 11.

Wir gehen nun zu einer Untersuchung über, welche an sich schon interessant und ausserdem für die Folge von der grössten Wichtigkeit ist. Denken wir uns einmal alle ganzen Zahlen

$$1, 2, 3, 4 \ldots m$$

bis zu einer beliebigen letzten m aufgeschrieben, und zählen wir ab, wie viele von ihnen relative Primzahlen gegen die letzte m sind. Diese Anzahl bezeichnet man in der Zahlentheorie durchgängig mit $\varphi(m)$, wo der Buchstabe φ die Rolle eines Functionszeichens spielt*). Da die Einheit relative Primzahl gegen sich selbst ist, so folgt zunächst

$$\varphi(1) = 1;$$

durch wirkliches Abzählen findet man ferner

*) *Gauss: Disquisitiones Arithmeticae* art. 38.

$$\varphi(2) = 1, \; \varphi(3) = 2, \; \varphi(4) = 2, \; \varphi(5) = 4$$

u. s. w. Allein es kommt darauf an, einen allgemeinen Ausdruck für die Function $\varphi(m)$ zu finden, und wir werden sehen, dass man zu diesem Zweck nur die sämmtlichen von einander verschiedenen Primzahlen $a, b, c \ldots$ zu kennen braucht, welche in m aufgehen. Unsere Aufgabe ist nämlich identisch mit dieser: die Anzahl der obigen Zahlen zu bestimmen, welche durch keine dieser Primzahlen $a, b, c \ldots$ theilbar sind; und diese ist wieder nur ein specieller Fall der folgenden:

Wenn $a, b, c \ldots$ relative Primzahlen sind und sämmtlich in einer Zahl m aufgehen, so soll die Anzahl derjenigen der Zahlen

$$1, 2, 3 \ldots m \qquad (M)$$

bestimmt werden, welche durch keine der Zahlen $a, b, c \ldots$ theilbar sind.

Es zeigt sich nun, wie es häufig geschieht, dass die allgemeinere Aufgabe leichter zu lösen ist, als der direct angegriffene specielle Fall. Zu diesem Zweck scheiden wir zunächst aus dem Zahlencomplex (M) alle diejenigen aus, welche durch die Zahl a theilbar sind; es sind dies offenbar die Zahlen

$$a, 2a, 3a \ldots \frac{m}{a} a;$$

die Anzahl derselben ist $m : a$; es bleiben daher, nachdem dieselben aus dem Complex (M) ausgeschieden sind, nur

$$m - \frac{m}{a} = m\left(1 - \frac{1}{a}\right) \qquad (1)$$

Zahlen übrig, welche nicht durch a theilbar sind, und deren Complex wir mit (A) bezeichnen wollen.

Aus diesem Complex (A) sind nun zunächst alle durch b theilbaren Zahlen auszuscheiden; es sind dies offenbar alle diejenigen Zahlen des Complexes (M), welche der doppelten Forderung genügen, erstens dass sie nicht durch a, zweitens dass sie durch b theilbar sind. Alle Zahlen nun, welche der zweiten Forderung genügen, sind die folgenden

$$b, 2b, 3b, \ldots \frac{m}{b} b;$$

damit aber eine dieser Zahlen, z. B. rb, auch der ersten Forderung genüge, ist erforderlich und hinreichend, dass der Coefficient r

nicht durch a theilbar sei; denn da der Annahme nach a und b relative Primzahlen sind, so ist rb theilbar oder nicht theilbar durch a, je nachdem r durch a theilbar ist oder nicht (§. 5, 2.). Die Anzahl der noch aus dem Complex (A) auszuscheidenden Zahlen stimmt daher überein mit der Anzahl derjenigen der Zahlen

$$1, 2, 3 \ldots \frac{m}{b},$$

welche nicht durch a theilbar sind. Da nun m durch a und b, folglich auch durch ab theilbar ist, so ist die letzte dieser Zahlen $m : b$ theilbar durch a; unsere Frage ist also dieselbe für die Zahl $m : b$ wie diejenige, welche wir durch den ersten Schritt für die Zahl m gelöst und durch die Formel (1) beantwortet haben. Die Anzahl der aus (A) auszuscheidenden Zahlen ist daher gleich

$$\frac{m}{b}\left(1 - \frac{1}{a}\right)$$

und wir erhalten

$$m\left(1 - \frac{1}{a}\right) - \frac{m}{b}\left(1 - \frac{1}{a}\right) = m\left(1 - \frac{1}{a}\right)\left(1 - \frac{1}{b}\right) \qquad (2)$$

als Anzahl derjenigen im Complex (A) enthaltenen Zahlen, welche nicht durch b theilbar sind, oder, was dasselbe ist, als Anzahl derjenigen in (M) enthaltenen Zahlen, welche weder durch a noch durch b theilbar sind.

Bezeichnen wir den Complex dieser Zahlen mit (B), so kann man in derselben Weise fortfahren und gelangt so durch Induction zu dem Resultat, dass die Anzahl derjenigen in (M) enthaltenen Zahlen (K), welche durch keine der Zahlen $a, b, c \ldots k$ theilbar sind, gleich

$$m\left(1 - \frac{1}{a}\right)\left(1 - \frac{1}{b}\right)\left(1 - \frac{1}{c}\right)\cdots\left(1 - \frac{1}{k}\right) \qquad (3)$$

ist. Um die Allgemeingültigkeit dieses Gesetzes nachzuweisen, nehmen wir an, dass die Richtigkeit desselben für die Zahlen $a, b, c \ldots k$ schon bewiesen sei, und untersuchen, was geschieht, wenn zu denselben noch eine andere l hinzukommt, wobei natürlich wieder vorausgesetzt wird, erstens dass l in m aufgeht, zweitens dass l relative Primzahl gegen jede der vorhergehenden Zahlen $a, b, c \ldots k$ ist.

Um die Anzahl aller in (M) enthaltenen Zahlen zu bestimmen, welche durch keine der Zahlen $a, b, c \ldots k, l$ theilbar sind, haben wir aus dem Complex (K) derjenigen Zahlen, welche durch keine der Zahlen $a, b, c \ldots k$ theilbar sind, und deren Anzahl durch die Formel (3) gegeben ist, nur noch die auszuscheiden, welche durch l theilbar sind; es sind dies alle diejenigen in (M) enthaltenen Zahlen, welche erstens nicht theilbar durch $a, b, c \ldots k$, zweitens theilbar durch l sind. Alle durch l theilbaren Zahlen des Complexes (M) sind diese

$$l, 2l, 3l \ldots \frac{m}{l} l,$$

und damit irgend eine derselben, z. B. rl, durch keine der Zahlen $a, b \ldots k$ theilbar sei, ist erforderlich und hinreichend, dass der Coefficient r dieselbe Eigenschaft habe. Die Anzahl der auszuscheidenden Zahlen stimmt daher überein mit der Anzahl derjenigen unter den Zahlen

$$1, 2, \ldots \frac{m}{l},$$

welche durch keine der Zahlen $a, b \ldots k$ theilbar sind; diese ist aber nach der als richtig vorausgesetzten Formel (3) gleich

$$\frac{m}{l}\left(1-\frac{1}{a}\right)\left(1-\frac{1}{b}\right)\cdots\left(1-\frac{1}{k}\right);$$

nach Ausscheidung derselben aus dem Complex (K) bleiben daher

$$\begin{aligned} & m\left(1-\frac{1}{a}\right)\left(1-\frac{1}{b}\right)\cdots\left(1-\frac{1}{k}\right) \\ & -\frac{m}{l}\left(1-\frac{1}{a}\right)\left(1-\frac{1}{b}\right)\cdots\left(1-\frac{1}{k}\right) \\ & = m\left(1-\frac{1}{a}\right)\left(1-\frac{1}{b}\right)\cdots\left(1-\frac{1}{k}\right)\left(1-\frac{1}{l}\right) \end{aligned}$$

Zahlen übrig, nämlich diejenigen, welche durch keine der Zahlen $a, b, c \ldots k, l$ theilbar sind.

Hiermit ist die Allgemeingültigkeit unseres Satzes bewiesen; kehren wir nun zu unserer ursprünglichen Aufgabe zurück, so erhalten wir das Resultat*):

---

*) *Euler: Theoremata arithmetica nova methodo demonstrata*, Comm. nov. Ac. Petrop. VIII. p. 74. *Speculationes circa quasdam insignes proprietates numerorum*, Acta Petrop. IV, 2. p. 18. — Eine höchst werthvolle Sammlung der arithmetischen Abhandlungen *Euler's* ist von den Brüdern *Fuss* unter folgendem Titel herausgegeben: *Leonhardi Euleri Commentationes Arithmeticae Collectae.* Petropoli 1849. 2 tom.

Sind a, b . . . k, l die sämmtlichen von einander verschiedenen in m aufgehenden Primzahlen, so ist

$$\varphi(m) = m\left(1-\frac{1}{a}\right)\left(1-\frac{1}{b}\right)\cdots\left(1-\frac{1}{k}\right)\left(1-\frac{1}{l}\right)$$

die Anzahl aller derjenigen der Zahlen

$$1, 2 \ldots m,$$

welche relative Primzahlen gegen die letzte m sind.

Denn damit irgend eine Zahl relative Primzahl gegen m sei, ist erforderlich und hinreichend, dass sie durch keine der in m aufgehenden absoluten Primzahlen theilbar sei.

Wir können dem gefundenen Ausdruck eine andere Form geben, indem wir m als Product von Primzahl-Potenzen darstellen; da $a, b, c \ldots$ die sämmtlichen von einander verschiedenen in m aufgehenden Primzahlen sind, so hat m die Form

$$m = a^\alpha b^\beta c^\gamma \ldots,$$

und es wird

$$\varphi(m) = (a-1)\, a^{\alpha-1} \,.\, (b-1)\, b^{\beta-1} \,.\, (c-1)\, c^{\gamma-1} \ldots$$

Um unseren Satz an einem Beispiel zu prüfen, wählen wir $m = 60$; die sämmtlichen Zahlen, welche nicht grösser als 60 und relative Primzahlen gegen 60 sind, bilden die Reihe

$$1, 7, 11, 13, 17, 19, 23, 29, 31, 37, 41, 43, 47, 49, 53, 59,$$

und ihre Anzahl ist $= 16$; in der That finden wir nach der obigen Formel, da 2, 3, 5 sämmtliche in 60 aufgehende Primzahlen sind,

$$\varphi(60) = 60 \cdot \frac{1}{2} \cdot \frac{2}{3} \cdot \frac{4}{5} = 16.$$

§. 12.

Aus der gefundenen Form der Function $\varphi(m)$ geht auch noch folgender Satz hervor: *Sind m und m' zwei relative Primzahlen, so ist*

$$\varphi(mm') = \varphi(m)\, \varphi(m').$$

Denn sind $a, b, c \ldots$ sämmtliche in m, und $a', b', c' \ldots$ sämmtliche in m' aufgehende Primzahlen, so stimmt, da m und m' relative Primzahlen sind, keine Primzahl der einen Reihe mit einer der anderen überein, d. h. alle Primzahlen

$$a, b, c \ldots a', b', c' \ldots$$

sind von einander verschieden. Sie gehen ferner sämmtlich in dem Product mm' auf, und umgekehrt muss jede in mm' aufgehende Primzahl, da sie in einem der beiden Factoren m, m' aufgehen muss, mit einer dieser Primzahlen übereinstimmen. Also sind dies die sämmtlichen von einander verschiedenen in mm' aufgehenden Primzahlen; hieraus folgt

$$\varphi(mm') = mm' \left\{ \begin{array}{l} \left(1 - \frac{1}{a}\right)\left(1 - \frac{1}{b}\right)\left(1 - \frac{1}{c}\right)\cdots \\ \left(1 - \frac{1}{a'}\right)\left(1 - \frac{1}{b'}\right)\left(1 - \frac{1}{c'}\right)\cdots \end{array} \right\}$$

Da nun andererseits

$$\varphi(m) = m\left(1 - \frac{1}{a}\right)\left(1 - \frac{1}{b}\right)\left(1 - \frac{1}{c}\right)\cdots$$

und

$$\varphi(m') = m'\left(1 - \frac{1}{a'}\right)\left(1 - \frac{1}{b'}\right)\left(1 - \frac{1}{c'}\right)\cdots$$

ist, so ergiebt sich durch den unmittelbaren Anblick die Richtigkeit des zu beweisenden Satzes.

So ist z. B.

$$\varphi(60) = \varphi(4 \,.\, 15) = \varphi(4)\,\varphi(15) = 2 \,.\, 8 = 16.$$

Uebrigens leuchtet ein, dass der soeben bewiesene Satz ohne Weiteres auf ein Product aus beliebig vielen Zahlen m, m', m'' ... ausgedehnt werden kann, welche sämmtlich unter einander relative Primzahlen sind; denn es ist z. B.

$$\varphi(mm'm'') = \varphi(m)\,\varphi(m'm'') = \varphi(m)\,\varphi(m')\,\varphi(m'')$$

und thnlich für eine grössere Anzahl von Factoren.

§. 13.

Die Aufgabe, den Werth der Function $\varphi(m)$ zu bestimmen, ist eigentlich nur ein specieller Fall von der folgenden:

Wenn δ irgend ein Divisor der Zahl $m = n\delta$ ist, so soll die Anzahl derjenigen der Zahlen

$$1, 2, 3 \ldots m$$

bestimmt werden, welche mit m den grössten gemeinschaftlichen Divisor δ haben.

Wir können dieselbe sogleich auf den früheren speciellen Fall zurückführen. Zunächst leuchtet nämlich ein, dass die Zahlen, um welche es sich handelt, unter den Vielfachen von δ, also unter den Zahlen

$$\delta,\ 2\,\delta,\ 3\,\delta, \ldots n\,\delta$$

zu suchen sind. Damit nun δ der grösste gemeinschaftliche Divisor von $m = n\delta$ und einer Zahl von der Form $r\delta$ sei, ist erforderlich und hinreichend, dass der Coefficient r relative Primzahl gegen n sei; die gesuchte Anzahl ist daher zugleich die Anzahl derjenigen der Zahlen

$$1, 2, 3 \ldots n,$$

welche relative Primzahlen gegen die letzte n derselben sind; diese Anzahl ist folglich $= \varphi(n)$. Offenbar geht diese allgemeinere Aufgabe wieder in die frühere über, wenn der Divisor $\delta = 1$ ist.

Aus der Lösung dieser Aufgabe lässt sich nun ein schöner Satz über die Function $\varphi(m)$ ableiten, der in späteren Untersuchungen eine grosse Rolle spielt. Schreiben wir einmal alle Divisoren

$$\delta', \delta'', \delta''' \ldots$$

der Zahl

$$m = n'\delta' = n''\delta'' = n'''\delta''' = \ldots$$

auf, und theilen wir alle m Zahlen

$$1, 2, 3 \ldots m$$

in ebenso viele Gruppen ein, als es Divisoren δ von m giebt, indem wir alle die Zahlen, welche mit m den grössten gemeinschaftlichen Divisor δ' haben, und deren Anzahl nach dem Vorhergehenden $= \varphi(n')$ ist, in die erste Gruppe, ebenso alle die $\varphi(n'')$ Zahlen, welche mit m den grössten gemeinschaftlichen Divisor δ'' haben, in die zweite Gruppe aufnehmen u. s. f. So leuchtet ein, dass jede der m Zahlen in eine, aber auch nur in eine solche Gruppe aufgenommen wird, und es muss daher das Aggregat der Zahlen

$$\varphi(n'), \varphi(n''), \varphi(n''') \ldots$$

welche angeben, wie viele Zahlen der ersten, zweiten, dritten u. s. w. Gruppe angehören, mit der Anzahl m der sämmtlichen in diese Gruppen vertheilten Zahlen übereinstimmen. Da nun die Zahlen $n', n'', n''' \ldots$ ebenfalls die sämmtlichen Divisoren der Zahl m bilden, so erhalten wir folgenden Satz*):

---

*) *Gauss: D. A.* art. 39.

Durchläuft n *alle Divisoren einer Zahl* m, *so ist die entsprechende Summe*

$$\Sigma \varphi(n) = m.$$

Es wird gut sein, diesen Satz wieder an einem Beispiel zu prüfen. Nehmen wir $m = 60$, so sind die Zahlen

1, 2, 3, 4, 5, 6, 10, 12, 15, 20, 30, 60

die sämmtlichen Divisoren n von 60. Nun ist

$$\begin{array}{llll} \varphi(1) = 1, & \varphi(2) = 1, & \varphi(3) = 2, & \varphi(4) = 2, \\ \varphi(5) = 4, & \varphi(6) = 2, & \varphi(10) = 4, & \varphi(12) = 4, \\ \varphi(15) = 8, & \varphi(20) = 8, & \varphi(30) = 8, & \varphi(60) = 16; \end{array}$$

und die Summe aller dieser Zahlen ist in der That = 60.

§. 14.

Der soeben gegebene Beweis dieses wichtigen Satzes über die Function $\varphi(m)$ ergab sich unmittelbar aus dem Begriff dieser Function ohne Hülfe der vorher für dieselbe gefundenen Form und ohne alle Rechnung*); es wird aber gut sein, noch einen zweiten Beweis hinzuzufügen, welcher mehr rechnend zu Werke geht und die früher abgeleitete Form der Function und die daraus gezogenen Folgerungen voraussetzt.

Jeder Divisor n der Zahl

$$m = a^\alpha b^\beta c^\gamma \ldots$$

hat die Form

$$n = a^{\alpha'} b^{\beta'} c^{\gamma'} \ldots$$

wo wie früher $a, b, c \ldots$ von einander verschiedene Primzahlen bedeuten. Da also $a^{\alpha'}, b^{\beta'}, c^{\gamma'} \ldots$ unter einander relative Primzahlen sind, so ist

$$\varphi(n) = \varphi(a^{\alpha'})\, \varphi(b^{\beta'})\, \varphi(c^{\gamma'}) \ldots$$

Um nun alle Divisoren n der Zahl m zu erhalten, muss man

---

*) Dieser Satz charakterisirt umgekehrt die Function $\varphi(m)$ vollständig, so dass aus ihm auch die (in §. 11 gefundene) Form derselben abgeleitet werden kann; siehe die Supplemente VII, §. 138.

$$\begin{array}{llll} \alpha' & \text{die Zahlen} & 0, 1, 2 \ldots \alpha \\ \beta' & \text{„} \quad \text{„} & 0, 1, 2 \ldots \beta \\ \gamma' & \text{„} \quad \text{„} & 0, 1, 2 \ldots \gamma \end{array}$$

u. s. w.

durchlaufen lassen. Bildet man nun das Aggregat aller entsprechenden Werthe $\varphi(n)$, so leuchtet ein, dass dasselbe mit dem Product aus den folgenden Summen

$$\varphi(1) + \varphi(a) + \varphi(a^2) + \cdots + \varphi(a^\alpha)$$
$$\varphi(1) + \varphi(b) + \varphi(b^2) + \cdots + \varphi(b^\beta)$$
$$\varphi(1) + \varphi(c) + \varphi(c^2) + \cdots + \varphi(c^\gamma)$$

u. s. w.

übereinstimmt. Die erste dieser Summen ist aber gleich

$$1 + (a-1) + (a-1)\,a + \cdots + (a-1)\,a^{\alpha-1}$$
$$= 1 + (a^\alpha - 1) = a^\alpha;$$

ebenso ist b^β die zweite, c^γ die dritte Summe u. s. f. Es ergiebt sich daher, dass das Aggregat

$$\Sigma\,\varphi(n) = a^\alpha \,.\, b^\beta \,.\, c^\gamma \ldots = m$$

ist, was zu beweisen war.

§. 15.

Wir wenden uns nun noch zu einer Aufgabe, deren Lösung zu einem rein arithmetischen Beweise eines Satzes führt, welcher sonst gewöhnlich durch andere Betrachtungen erwiesen wird. Es handelt sich darum, wenn m eine beliebige ganze Zahl und p eine beliebige Primzahl ist, den Exponenten der höchsten Potenz von p zu bestimmen, welche in der Facultät

$$m! = 1 \,.\, 2 \,.\, 3 \ldots m$$

aufgeht. Bezeichnen wir mit m' die grösste in dem Bruch $m : p$ enthaltene ganze Zahl, so sind unter den m Factoren von $m!$ nur die folgenden m' durch p theilbar

$$p,\ 2p,\ 3p \ldots m'p;$$

und da die übrigen Factoren bei unserer Frage keine Rolle spielen, so stimmt der gesuchte Exponent mit dem Exponenten der höchsten Potenz von p überein, welche in dem Product

$$1 \,.\, 2 \ldots m' \,.\, p^{m'}$$

dieser Multipla von p aufgeht, und ist daher gleich der Summe aus m' und dem Exponenten der höchsten Potenz von p, welche in der Facultät

$$m'! = 1 \,.\, 2 \ldots m'$$

aufgeht. Hieraus ergiebt sich unmittelbar, dass der gesuchte Exponent gleich

$$m' + m'' + m''' + \cdots$$

ist, wo m'', m''' ... die grössten in den Brüchen $m' : p$, $m'' : p$ .. enthaltenen ganzen Zahlen bedeuten. Offenbar ist die Reihe der Zahlen m', m'', m''' ... eine abnehmende und folglich eine endliche; der gesuchte Exponent wird $= 0$ sein, wenn $p > m$ ist; denn dann ist schon $m' = 0$. Es mag beiläufig noch bemerkt werden, dass die Zahlen m', m'', m''' ... auch die grössten resp. in den Brüchen $m : p$, $m : p^2$, $m : p^3$ ... enthaltenen ganzen Zahlen sind; ist nämlich r die grösste in $m : a$, und s die grösste in $r : b$ enthaltene ganze Zahl, so ist s auch stets die grösste in $m : ab$ enthaltene ganze Zahl.

Ist z. B. $m = 60$ und $p = 7$, so ist die grösste in

$$\frac{60}{7} \text{ enthaltene ganze Zahl } m' = 8$$

und die grösste in

$$\frac{8}{7} \text{ oder in } \frac{60}{49} \text{ enthaltene ganze Zahl } m'' = 1$$

und die grösste in

$$\frac{1}{7} \text{ oder in } \frac{60}{243} \text{ enthaltene ganze Zahl } m''' = 0;$$

also ist

$$7^{8+1} = 7^9$$

die höchste Potenz von 7, welche in der Facultät $60!$ aufgeht.

Durch das so gewonnene Resultat sind wir in den Stand gesetzt, folgenden Satz zu beweisen: *Ist*

$$m = f + g + h + \cdots,$$

so ist

$$\frac{m!}{f!\, g!\, h! \ldots}$$

eine ganze Zahl.

Denn wenn p irgend eine im Nenner aufgehende Primzahl ist, und wenn wir eine der früheren analoge Bezeichnung beibehalten, so sind

$$f' + f'' + f''' + \cdots$$
$$g' + g'' + g''' + \cdots$$
$$h' + h'' + h''' + \cdots$$
u. s. w.

die Exponenten der höchsten Potenzen von p, welche resp. in $f!$, in $g!$, in $h!$ u. s. w. aufgehen, und folglich ist

$$(f' + g' + h' + \cdots) + (f'' + g'' + h'' + \cdots) + (f''' + g''' + h''' + \cdots) + \cdots$$

der Exponent der höchsten Potenz von p, welche in dem ganzen Nenner aufgeht. Andererseits ist

$$m' + m'' + m''' + \cdots$$

der Exponent der höchsten im Zähler aufgehenden Potenz von p; es ist daher nur zu zeigen, dass die letztere Summe nicht kleiner ist als die erstere. Da nun

$$\frac{m}{p} = \frac{f}{p} + \frac{g}{p} + \frac{h}{p} + \cdots$$

ist, so leuchtet unmittelbar ein, dass

$$m' \geqq f' + g' + h' + \cdots$$

sein muss; hieraus folgt aber wieder

$$\frac{m'}{p} \geqq \frac{f'}{p} + \frac{g'}{p} + \frac{h'}{p} + \cdots$$

also *a fortiori*

$$m'' \geqq f'' + g'' + h'' + \cdots$$

u. s. f., woraus die Richtigkeit der obigen Behauptung erhellt. Da nun jede im Nenner aufgehende Primzahl mindestens ebenso oft im Zähler aufgeht, so ist der Zähler theilbar durch den Nenner, der Bruch selbst also wirklich eine ganze Zahl.

Hieraus folgt auch, dass jedes Product von m successiven ganzen Zahlen

$$(a + 1)(a + 2) \ldots (a + m - 1)(a + m)$$

stets durch das Product der ersten m ganzen Zahlen

$$m! = 1 \,.\, 2 \,.\, 3 \ldots (m - 1)\, m$$

theilbar ist; denn der Quotient

$$\frac{(a + 1)(a + 2) \ldots (a + m - 1)(a + m)}{1 \,.\, 2 \ldots (m - 1)\; m}$$

ist gleich

$$\frac{(a + m)!}{a!\, m!}$$

und folglich eine ganze Zahl.

§. 16.

Hiermit beschliessen wir die Reihe der Sätze über die Theilbarkeit der Zahlen; aber es ist wohl der Mühe werth, an dieser Stelle noch einen Rückblick auf den Entwicklungsgang dieser unserer bisherigen Untersuchungen zu werfen. Da beobachten wir nun vor allen Dingen, dass das ganze Gebäude auf *einem* Fundament ruht, nämlich auf dem Algorithmus, welcher dazu dient, den grössten gemeinschaftlichen Theiler zweier Zahlen aufzufinden. Dass alle nachfolgenden Sätze, wenn sie sich auch zum Theil auf erst später eingeführte Begriffe, wie die der relativen und absoluten Primzahlen, beziehen, doch nur einfache Consequenzen aus dem Resultat jener ersten Untersuchung sind, ist so evident, dass man unmittelbar zu der Behauptung berechtigt wird: in jeder analogen Theorie, in welcher ein dem Algorithmus des grössten gemeinschaftlichen Divisors ähnlicher Algorithmus existirt, muss auch ein System von Folgerungen Statt finden, welches dem in unserer Theorie entwickelten ganz analog ist. In der That giebt es solche Theorieen; betrachtet man z. B. alle in der Form

$$t + u\sqrt{-a}$$

enthaltenen Zahlen, in welcher a eine bestimmte positive, t und u dagegen unbestimmte reelle ganze Zahlen bedeuten, und nennt dieselben ganze complexe Zahlen oder kurz ganze Zahlen, so kann man den Begriff des Vielfachen so fassen, dass eine solche Zahl ein Vielfaches von einer zweiten heisst, wenn die erste ein Product aus der zweiten und irgend einer dritten solchen Zahl ist. Aber nur für gewisse besondere Werthe von a, z. B. für $a = 1$, lässt sich die Frage nach den gemeinschaftlichen Divisoren zweier Zahlen durch einen endlich abschliessenden Algorithmus beantworten, der dem in unserer reellen Theorie ganz ähnlich ist; es findet daher in der Theorie der Zahlen von der Form $t + u\sqrt{-1}$ auch durchgängige Analogie mit unserer Theorie der reellen Zahlen Statt. Ganz anders verhält es sich, wenn z. B. $a = 11$ ist; in der Theorie der Zahlen von der Form $t + u\sqrt{-11}$ findet unter anderen der Satz nicht mehr Statt, dass eine Zahl nur auf eine einzige Weise als Product von nicht weiter zerlegbaren Zahlen dargestellt werden kann; so z. B. lässt sich die Zahl 15 einmal als 3 . 5, ein anderes Mal als $(2+\sqrt{-11})\,(2-\sqrt{-11})$ darstellen, obgleich jede der vier Zahlen

$$3,\ 5,\ 2+\sqrt{-11},\ 2-\sqrt{-11}$$

nicht weiter in Factoren von der Form $t+u\sqrt{-11}$ zerlegbar ist. Der Grund dieser interessanten Erscheinung liegt allein darin, dass es bei den Zahlen dieser Form nicht mehr gelingt, einen nach einer endlichen Anzahl von Operationen abschliessenden Algorithmus zur Auffindung der gemeinschaftlichen Divisoren zweier Zahlen zu bilden *).

*) Die Einführung der ganzen complexen Zahlen von der Form $t+u\sqrt{-1}$ rührt von *Gauss* her; eine kurze Darstellung der Elemente dieser neuen Zahlentheorie findet man in seiner Abhandlung *Theoria residuorum biquadraticorum* II, oder in einer Abhandlung von *Dirichlet: Recherches sur les formes quadratiques à coëfficients et à indéterminées complexes* (Crelle's Journal, Bd. 24). Das oben erwähnte abweichende Verhalten anderer Zahlformen hat *Kummer* zur Einführung der *idealen* Zahlen veranlasst (Crelle's Journal, Bd. 35). — Im letzten Supplemente dieses Werkes werden die Principien einer allgemeinen Theorie entwickelt, welche alle ganzen algebraischen Zahlen umfasst.

Zweiter Abschnitt.

Von der Congruenz der Zahlen.

§. 17.

Bedeutet k irgend eine positive ganze Zahl, so lässt sich jede beliebige ganze Zahl a stets und nur auf eine einzige Weise in die Form

$$a = sk + r$$

bringen, in welcher s eine ganze Zahl und r eine der k Zahlen

$$0, 1, 2 \ldots (k-1)$$

bedeutet. Denn lässt man zunächst s alle ganzen Zahlwerthe von $-\infty$ bis $+\infty$ durchlaufen, so bilden die Zahlen sk die sämmtlichen Multipla von k, und von einem solchen Multiplum sk bis zum nächst grösseren $(s+1)k$ excl. giebt es immer nur k Zahlen, nämlich

$$sk, sk+1, sk+2 \ldots sk+(k-1);$$

giebt man daher dem s alle denkbaren ganzen Zahlwerthe, und dem r jedesmal alle jene bestimmten k Werthe, so durchläuft der Ausdruck $sk+r$ wirklich alle ganzen Zahlwerthe a; dass ferner jede Zahl a auf diese Weise nur ein einziges Mal erzeugt wird, leuchtet auf folgende Weise ein. Wenn

$$s'k + r' = sk + r$$

ist, so folgt daraus

$$r' - r = (s - s')k;$$

wenn nun r' ebenfalls eine der k Zahlen $0, 1, 2 \ldots (k-1)$ ist, so ist der absolute Werth von $r'-r$ ebenfalls eine dieser Zahlen, also kleiner als k; da aber $r'-r$ ein Multiplum von k ist, so kann $r'-r$ nur $=0$ sein, woraus $r'=r$ und $s'=s$ folgt.

Wir werden nun im Folgenden sagen, dass die Zahl r der *Rest* der Zahl a in Bezug auf den *Modulus* k ist; sobald ferner zwei Zahlen a und b in Bezug auf denselben Modulus k denselben Rest r lassen, sollen sie *gleichrestig* oder (nach *Gauss*) *congruent* in Bezug auf den Modulus k heissen; da in diesem Fall $a=sk+r$ und $b=s'k+r$ ist, so folgt, dass die Differenz $a-b=(s-s')k$ durch den Modulus k theilbar ist; und umgekehrt, ist $a-b$ durch k theilbar, so sind die Zahlen a und b auch congruent in Bezug auf den Modul k; denn ist r der Rest von a, r' der von b, also

$$a = sk + r, \quad b = s'k + r',$$

so ist

$$a - b = (s - s')k + (r - r');$$

da nun der Voraussetzung nach $a-b$ ein Multiplum von k ist, so muss auch $r'-r$ ein solches sein, was, wie wir vorher gesehen haben, nicht anders möglich ist, als wenn $r'=r$ ist. Man könnte daher congruente Zahlen auch als solche definiren, deren Differenz durch den Modul theilbar ist. (Aus diesem Grunde hat man die Bedeutung des Wortes Rest in der Weise erweitert, dass jede von zwei einander nach dem Modul k congruenten Zahlen a und b ein *Rest* der anderen heisst.)

Da man sehr häufig die Congruenz zweier Zahlen a und b in Bezug auf eine dritte k als Modul auszudrücken hat, so ist von *Gauss* *) für dieselbe folgende Bezeichnung eingeführt:

$$a \equiv b \pmod{k}.$$

So ist z. B.

$$3 \equiv -25 \pmod{4}, \quad 65 \equiv 16 \pmod{7}.$$

Da die beiden Zahlen a und b in dem Begriffe der Congruenz dieselbe Rolle spielen, so darf man offenbar die zur Linken und Rechten des Zeichens $\equiv$ stehenden Zahlen mit einander vertauschen. Ferner leuchten aus dem Begriffe der Congruenz leicht die folgenden Sätze ein:

1. Sind a und k zwei beliebige Zahlen, so ist stets

$$a \equiv a \pmod{k}.$$

*) *D. A.* art. 2.

2. Ist in Bezug auf denselben Modulus k eine erste Zahl a einer zweiten b, diese wieder einer dritten c congruent, so ist auch die erste a der dritten c in Bezug auf k congruent; in Zeichen: ist

$$a \equiv b \ (\text{mod.}\, k), \quad b \equiv c \ (\text{mod.}\, k),$$

so ist auch

$$a \equiv c \ (\text{mod.}\, k).$$

Denn die Reste der drei Zahlen a, b, c sind einander gleich; oder auch, da $a - b$ und $b - c$ Multipla von k sind, so ist auch $(a - b) + (b - c) = a - c$ Multiplum von k.

3. Ist

$$a \equiv b \ (\text{mod.}\, k) \text{ und } m \equiv n \ (\text{mod.}\, k),$$

so ist auch

$$a + m \equiv b + n \ (\text{mod.}\, k) \text{ und } a - m \equiv b - n \ (\text{mod.}\, k).$$

Denn da $a - b$ und $m - n$ Multipla von k sind, so sind auch $(a - b) + (m - n) = (a + m) - (b + n)$ und $(a - b) - (m - n) = (a - m) - (b - n)$ Multipla von k.

Dies lässt sich für eine beliebige Anzahl von Congruenzen erweitern, die sich auf denselben Modulus beziehen; man kann sie addiren und subtrahiren wie Gleichungen.

4. Ist wieder

$$a \equiv b \ (\text{mod.}\, k) \text{ und } m \equiv n \ (\text{mod.}\, k),$$

so ist auch

$$am \equiv bn \ (\text{mod.}\, k).$$

Denn da $a - b$ ein Vielfaches von k ist, so ist zunächst auch $(a - b)\, m = am - bm$ ein solches, also

$$am \equiv bm \ (\text{mod.}\, k);$$

da ferner $m - n$ ein Vielfaches von k ist, so ist auch $b(m - n) = bm - bn$ ein solches, also

$$bm \equiv bn \ (\text{mod.}\, k);$$

die beiden Zahlen am und bn sind daher derselben Zahl bm congruent, folglich sind sie auch unter einander congruent.

Auch dieser Satz lässt sich dahin verallgemeinern, dass man eine ganze Reihe von Congruenzen, die sich auf denselben Modul beziehen, mit einander multipliciren kann wie Gleichungen; und hieraus folgt wieder, dass gleich hohe Potenzen zweier congruenten Zahlen wieder congruent sind in Bezug auf denselben Modulus.

5. Die bisherigen Sätze kann man folgendermaassen zusammenfassen. Ist $f(x, y, z \ldots)$ eine ganze rationale Function der

Unbestimmten $x, y, z \ldots$, deren Coefficienten ganze Zahlen sind, und ist in Bezug auf einen und denselben Modulus k

$$a \equiv a', \quad b \equiv b', \quad c \equiv c' \ldots,$$

so ist auch

$$f(a, b, c \ldots) \equiv f(a', b', c' \ldots) \pmod{k}.$$

6. Etwas anders verhält es sich bei der Division. Ist namlich

$$am \equiv bm \pmod{k},$$

so kann man hieraus im Allgemeinen nicht mit Sicherheit schliessen, dass auch $a \equiv b \pmod{k}$ sein muss; bezeichnen wir mit δ den grössten gemeinschaftlichen Divisor der beiden Zahlen $m = m'\delta$ und $k = k'\delta$, so folgt aus der obigen Congruenz nur, dass

$$a \equiv b \left(\mathrm{mod.}\, \frac{k}{\delta}\right)$$

sein muss. Denn da $m(a-b)$ durch k, also $m'(a-b)$ durch k' theilbar, und m' relative Primzahl gegen k' ist, so muss $(a-b)$ durch k' theilbar sein.

7. Ist

$$a \equiv b \pmod{k}$$

und m irgend ein Divisor von k, so ist auch

$$a \equiv b \pmod{m}.$$

Denn $a-b$ ist ein Multiplum von k, und k ein Multiplum von m; also ist $a-b$ auch ein Multiplum von m.

8. Ist
$a \equiv b \pmod{k}$ und $a \equiv b \pmod{l}$ und $a \equiv b \pmod{m}$ u. s. w., so ist auch

$$a \equiv b \pmod{h},$$

wo h das kleinste gemeinschaftliche Multiplum von $k, l, m \ldots$ bezeichnet. Denn $a-b$ ist ein gemeinschaftliches Multiplum aller dieser Zahlen, also auch Multiplum von h.

Hieraus folgt auch noch als ein besonders bemerkenswerther specieller Fall, dass, wenn eine Congruenz richtig ist in Bezug auf eine Reihe von Moduln, die sämmtlich unter einander relative Primzahlen sind, dieselbe auch in Bezug auf einen Modul gilt, welcher das Product aus allen jenen Moduln ist.

Wir bemerken schliesslich, dass auch *negative* Moduln k zugelassen werden; das Zeichen $a \equiv b \pmod{k}$ bedeutet auch dann, dass die Differenz $a - b$ durch k theilbar ist; offenbar behalten die vorstehenden Sätze auch nach dieser Erweiterung ihre volle Gültigkeit.

§. 18.

Da jede beliebige Zahl a ihrem Reste r in Bezug auf den (positiven) Modul k congruent ist, so ist jede Zahl a einer der k Zahlen

$$0, 1, 2 \ldots (k-1)$$

congruent; sie kann aber auch nur einer dieser Zahlen congruent sein, denn sonst müssten ja auch unter diesen k Resten mindestens zwei einander congruent sein, was offenbar nicht der Fall ist. Theilen wir daher sämmtliche Zahlen in *Classen* *) ein nach dem Princip, dass wir jedesmal zwei Zahlen in dieselbe oder in verschiedene Classen werfen, je nachdem sie in Bezug auf den Modulus k congruent sind oder nicht, so ist die *Anzahl* dieser Classen offenbar $= k$; die eine enthält sämmtliche Zahlen, welche $\equiv 0 \pmod{k}$, d. h. durch k theilbar sind; die folgende Classe enthält alle Zahlen, welche $\equiv 1 \pmod{k}$ sind, u. s. f.

Greift man nun aus jeder dieser Classen nach Belieben ein Individuum heraus, so hat das so gebildete System von k Zahlen die charakteristische Eigenschaft, dass jede beliebige ganze Zahl stets einer und auch nur einer von diesen k Zahlen congruent ist; ein solches System, wie es z. B. auch die Zahlen

$$0, 1, 2 \ldots (k-1)$$

bilden, nennt man ein *vollständiges System nicht congruenter* (oder *incongruenter*) *Zahlen* oder ein *vollständiges Restsystem* in Bezug auf den Modul k; offenbar bilden auch die Zahlen

$$1, 2, 3 \ldots k$$

und ebenso je k successive ganze Zahlen ein solches System.

Alle Zahlen, welche einer und derselben Classe angehören, haben nun mehrere allen gemeinschaftliche Eigenschaften, so dass sie in Bezug auf den Modul fast die Rolle einer einzigen Zahl spielen. Wir haben schon früher gesehen, dass jede Zahl, welche

*) In dieser Bedeutung scheint das Wort *Classe* zuerst von *Gauss* gebraucht zu sein in der Abhandlung *Theoria residuorum biquadraticorum*. II. art. 42.

in einer Congruenz als Summand oder als Factor auftritt, unbeschadet der Richtigkeit der Congruenz durch jede andere ihr congruente, d. h. derselben Classe angehörige Zahl ersetzt werden darf. Ein anderes Element, welches allen in einer Classe enthaltenen Individuen gemeinschaftlich ist, bildet der grösste Divisor, den sie mit dem Modul k gemeinschaftlich haben; denn sind a und b zwei congruente Zahlen, so ist

$$a = b + sk,$$

folglich ist jeder gemeinschaftliche Divisor von a und k auch gemeinschaftlicher Divisor von b und k, und umgekehrt. Man kann daher nach diesem grössten gemeinschaftlichen Divisor die Classen wieder in Gruppen eintheilen, und da die Zahlen

$$1, 2 \ldots k$$

ein vollständiges System incongruenter Zahlen bilden, so ist (nach §. 13), wenn δ irgend einen Divisor von $k = n\delta$ bezeichnet, $\varphi(n)$ die Anzahl derjenigen Classen, welche solche Zahlen enthalten, die δ zum grössten gemeinschaftlichen Divisor mit dem Modul k haben. Speciell ist also $\varphi(k)$ die Anzahl derjenigen Classen, welche nur Zahlen enthalten, die relative Primzahlen gegen den Modulus k sind.

Von besonderer Wichtigkeit für spätere Untersuchungen ist auch noch folgender Satz:

Ist a relative Primzahl gegen den Modulus k, und setzt man in dem linearen Ausdruck $ax + b$ für x der Reihe nach alle k Glieder eines vollständigen Systems incongruenter Zahlen ein, so bilden die so entstehenden Werthe dieses Ausdrucks wieder ein vollständiges System incongruenter Zahlen.

Da nämlich aus

$$ax + b \equiv ay + b \pmod{k}$$

auch

$$ax \equiv ay \pmod{k}$$

und, da a relative Primzahl gegen k ist, nach §. 17, 6. auch

$$x \equiv y \pmod{k}$$

folgt, so ergiebt sich, dass alle Werthe des Ausdrucks $ax + b$, welche incongruenten Werthen von x entsprechen, ebenfalls incongruent sind; setzt man daher für x alle k incongruenten Zahlen ein, so erhält der Ausdruck $ax + b$ auch k incongruente Werthe, welche, da es überhaupt nur k Classen giebt, ein vollständiges System incongruenter Zahlen bilden.

§. 19.

Betrachten wir jetzt den Ausdruck ax, in welchem a wieder relative Primzahl gegen den Modul k ist, und setzen wir wieder für x der Reihe nach die Glieder eines vollständigen Systems incongruenter Zahlen ein, aber nicht alle, sondern nur diejenigen

$$a_1, a_2, a_3 \ldots,$$

welche relative Primzahlen gegen den Modul k sind, und deren Anzahl nach dem vorigen Paragraphen gleich $\varphi(k)$ ist, so leuchtet erstens ein, dass die Werthe des Ausdrucks ax, d. h. die Producte

$$aa_1, \quad aa_2, \quad aa_3 \ldots$$

sämmtlich incongruent sind, ferner, dass dieselben sämmtlich wieder relative Primzahlen gegen k sind; es wird daher jedes dieser Producte einem und nur einem Gliede der Reihe

$$a_1, a_2, a_3 \ldots$$

congruent sein. Wir können daher setzen

$$\left.\begin{array}{l} aa_1 \equiv b_1 \\ aa_2 \equiv b_2 \\ aa_3 \equiv b_3 \end{array}\right\} \pmod{k},$$
u. s. w.

wo nun die Zahlen

$$b_1, b_2, b_3 \ldots$$

vollständig, wenn auch in anderer Ordnung, mit den Zahlen

$$a_1, a_2, a_3 \ldots$$

übereinstimmen, so dass namentlich

$$a_1 a_2 a_3 \ldots = b_1 b_2 b_3 \ldots$$

sein wird. Bezeichnen wir zur Abkürzung dieses Product mit P, und multipliciren wir die vorstehenden $\varphi(k)$ Congruenzen mit einander, so erhalten wir daher

$$a^{\varphi(k)} . P \equiv P \pmod{k}.$$

Nun ist aber P ein Product von lauter Zahlen, die relative Primzahlen gegen den Modul sind, also selbst relative Primzahl gegen den Modul k; es ist daher nach §. 17, 6. gestattet, die vorstehende Congruenz durch den gemeinschaftlichen Factor P beider Seiten ohne Weiteres zu dividiren. Auf diese Weise erhalten wir die Congruenz

$$a^{\varphi(k)} \equiv 1 \ (\text{mod.}\, k);$$

in Worten kann man diesen höchst wichtigen Satz folgendermaassen aussprechen:

Ist a relative Primzahl gegen die positive Zahl k, und erhebt man a zu einer Potenz, deren Exponent φ (k) angiebt, wie viele der Zahlen

$$1, 2, 3 \ldots k$$

relative Primzahlen gegen k sind, so lässt diese Potenz, durch k dividirt, stets den Rest 1.

Nehmen wir z. B. $k = 15$, $a = 2$, so ist a wirklich relative Primzahl gegen k; nun ist $\varphi(k) = \varphi(15) = \varphi(3)\,\varphi(5) = 8$; es muss daher 2^8, durch 15 dividirt, den Rest 1 lassen; in der That ist

$$2^8 = 256 = 17 \,.\, 15 + 1.$$

Es kann übrigens vorkommen, dass auch Potenzen von a mit niedrigerem Exponenten als $\varphi(k)$ denselben Rest 1 geben. Dies tritt wirklich in dem eben gewählten Beispiel ein, denn es ist auch

$$2^4 = 16 = 1 \,.\, 15 + 1.$$

Specialisiren wir unseren Satz für den Fall, dass k nur durch eine einzige Primzahl p theilbar, also

$$k = p^\pi,\ \varphi(k) = (p-1)p^{\pi-1}$$

ist, so erhalten wir den Satz:

Ist p eine Primzahl und a irgend eine durch p nicht theilbare Zahl, so ist

$$a^{(p-1)p^{\pi-1}} \equiv 1 \ (\text{mod.}\, p^\pi).$$

Nehmen wir ferner hierin $\pi = 1$, so erhalten wir einen berühmten Satz, der zuerst von *Fermat* aufgestellt ist und daher der Fermat'sche Satz heisst:

Ist p eine Primzahl und a irgend eine durch p nicht theilbare Zahl, so ist

$$a^{p-1} \equiv 1 \ (\text{mod.}\, p).$$

Man kann diesen Satz so umformen, dass er auch für den Fall gültig bleibt, wenn a durch p theilbar ist; zu diesem Zweck braucht man nur die vorstehende Congruenz mit a zu multipliciren, wodurch sie in die folgende

$$a^p \equiv a \ (\text{mod.}\, p)$$

übergeht. Ist nämlich a theilbar durch p, so sind beide Seiten dieser Congruenz $\equiv 0$ (mod. p), also ist sie auch dann noch richtig. Umgekehrt kann man aus dieser Form des Satzes auch wieder die frühere ableiten; denn sobald a nicht theilbar durch p, also relative Primzahl gegen p ist, darf man beide Seiten dieser Congruenz auch wieder durch a dividiren, ohne den Modul zu ändern.

Kehren wir zu dem allgemeinen Satz zurück, der zuerst von *Euler* *) bewiesen ist und den Namen des verallgemeinerten Fermat'schen Satzes führt, so können wir denselben auch in folgender Weise aussprechen: Sind $p, r, s \ldots$ von einander verschiedene absolute Primzahlen, und ist a durch keine dieser Primzahlen theilbar, so ist stets

$$a^{(p-1)p^{\pi-1}.(r-1)r^{\varrho-1}.(s-1)s^{\sigma-1}\ldots} \equiv 1 \ (\text{mod.}\, p^{\pi} r^{\varrho} s^{\sigma}\ldots),$$

wo $\pi, \varrho, \sigma \ldots$ irgend welche ganze positive Zahlen bedeuten

§. 20.

Es ist wohl nicht überflüssig, dem vorhergehenden Beweise dieses wichtigen Satzes einen zweiten hinzuzufügen, der gradatim zu Werke geht und sich zunächst auf den binomischen Satz stützt. Ist p irgend eine ganze positive Zahl, so ist zufolge dieses Satzes bekanntlich

$$(a+b)^p =$$
$$a^p + \frac{p}{1} a^{p-1} b + \cdots + \frac{p!}{r!(p-r)!} a^{p-r} b^r + \cdots + b^p;$$

hierin sind (nach §. 15) alle Coefficienten ganze Zahlen. Ist aber p eine Primzahl, so können wir hinzufügen, dass alle Coefficienten mit Ausnahme des ersten und letzten, welche $= 1$ sind, durch p theilbar sind; denn der Zähler des Bruches

$$\frac{p!}{r!(p-r)!},$$

in welchem r eine der Zahlen $1, 2, 3 \ldots (p-1)$ bedeutet, enthält den Factor p, der Nenner dagegen nicht; der Bruch ist also von der Form $pm : n$, wo n nicht theilbar durch p, also auch relative Primzahl gegen p ist; da wir aber ferner wissen, dass dieser Bruch eine ganze Zahl, dass also pm durch n theilbar ist, so muss m durch n theilbar sein; der Bruch hat daher die Form ps, wo der zweite Factor s eine ganze Zahl ist; und folglich ist jeder dieser $(p-1)$ Coefficienten $\equiv 0 \ (\text{mod.}\, p)$. Sind daher a und b irgend welche ganze Zahlen, so erhalten wir die folgende Congruenz

$$(a+b)^p \equiv a^p + b^p \ (\text{mod.}\, p),$$

*) *Theoremata arithm. nova meth. demonstr.*, Comm. nov. Ac. Petrop. VIII. p. 74.

wobei also vorausgesetzt ist, dass p eine Primzahl ist. Offenbar folgt hieraus weiter

$$(a+b+c)^p \equiv (a+b)^p + c^p \equiv a^p + b^p + c^p \pmod{p}$$

und allgemein für eine beliebige Reihe von n ganzen Zahlen $a, b \ldots h$:

$$(a+b+\cdots+h)^p \equiv a^p + b^p + \cdots + h^p \pmod{p}.$$

Setzen wir hierin $a = 1$, $b = 1 \ldots h = 1$, so erhalten wir für jede beliebige positive ganze Zahl n den Satz:

$$n^p \equiv n \pmod{p}.$$

Da ferner für jede ungerade Primzahl $(-1)^p \equiv -1$, und für die einzige gerade Primzahl $p = 2$ ebenfalls $(-1)^p = 1 \equiv -1 \pmod{p}$ ist, so erhalten wir durch Multiplication der vorstehenden Congruenz mit der anderen

$$(-1)^p \equiv -1 \pmod{p}$$

die neue

$$(-n)^p \equiv -n \pmod{p}.$$

Also ist der Fermat'sche Satz

$$a^p \equiv a \pmod{p}$$

für jede positive und negative Zahl a bewiesen, während er für $a = 0$ unmittelbar evident ist. Wenn nun a nicht durch p theilbar ist, was wir von jetzt annehmen wollen, so folgt hieraus, dass

$$a^{p-1} \equiv 1 \pmod{p}, \text{ d. h. } a^{p-1} = 1 + hp$$

ist, wo h eine ganze Zahl bedeutet. Erheben wir diese Gleichung zur $p$ten Potenz und entwickeln die rechte Seite wieder nach dem binomischen Satze, so zeigt sich, dass alle Glieder mit Ausnahme des ersten Multipla von p^2 sind; wir erhalten daher

$$a^{(p-1)p} = 1 + h'p^2 \text{ oder } a^{(p-1)p} \equiv 1 \pmod{p^2},$$

wo wieder h' eine ganze Zahl bedeutet. So kann man fortfahren, indem man jedesmal wieder zur $p$ten Potenz erhebt, und gelangt auf diese Weise zu der Congruenz

$$a^{(p-1)p^{\pi-1}} \equiv 1 \pmod{p^\pi},$$

deren Allgemeingültigkeit sich in derselben Weise durch den Schluss von π auf $\pi + 1$ nachweisen lässt.

Sind nun $r, s \ldots$ ebenfalls Primzahlen, welche nicht in a aufgehen, so ist nach demselben Satze

$$a^{(r-1)r^{\varrho-1}} \equiv 1 \pmod{r^\varrho}, \quad a^{(s-1)s^{\sigma-1}} \equiv 1 \pmod{s^\sigma} \ldots$$

Setzen wir nun ferner zur Abkürzung

$$h = (p-1)p^{\pi-1} \quad (r-1)r^{\varrho-1} \,.\, (s-1)s^{\sigma-1} \ldots$$

und berücksichtigen wir, dass aus jeder Congruenz von der Form

$$a^{\alpha} \equiv 1 \pmod{m}$$

auch die Congruenz

$$a^{h} \equiv 1 \pmod{m}$$

folgt, sobald h ein Multiplum von α ist, so ergiebt sich, dass die Congruenz

$$a^{h} \equiv 1$$

für jeden der Moduln p^{π}, r^{ϱ}, s^{σ} ... und folglich, da dieselben relative Primzahlen sind, auch für den Modul

$$k = p^{\pi} r^{\varrho} s^{\sigma} \ldots$$

gilt. Hiermit ist also von Neuem der verallgemeinerte Fermat'sche Satz erwiesen.

§. 21.

Es kommt häufig vor, dass eine oder beide Seiten einer Congruenz eine oder mehrere unbestimmte Zahlen x, y ... enthalten, und es wird dann die Aufgabe gestellt, alle ganzzahligen Werthe von x, y ... zu suchen, durch welche die beiden Seiten der Congruenz wirklich einander congruent werden. Je nach der Anzahl der Unbestimmten x, y ... heisst dann eine solche Congruenz eine Congruenz mit einer, zwei oder mehreren *Unbekannten*, ähnlich wie dies bei Gleichungen zu geschehen pflegt. Auch hier nennt man dann solche specielle Werthe von x, y ..., welche die Congruenz zu einer identischen machen, *Wurzeln* der Congruenz, und das Problem der Auflösung einer Congruenz besteht in der Auffindung ihrer sämmtlichen Wurzeln. Wir werden im Folgenden nur solche Congruenzen betrachten, welche eine einzige Unbekannte x enthalten und ausserdem sich auf die Form

$$ax^{m} + bx^{m-1} + \cdots + gx + h \equiv 0 \pmod{k}$$

bringen lassen, worin m eine positive ganze Zahl und $a, b \ldots g, h$ ebenfalls gegebene ganze Zahlen bedeuten. Jeder Werth von x, der, in die linke Seite eingesetzt, dieselbe durch den Modul k theilbar macht, heisst also eine Wurzel dieser Congruenz. Kennt man irgend eine solche Wurzel x, so sind offenbar nach §. 17, 5. alle ihr nach dem Modul k congruenten Zahlen, d. h. alle Individuen der Classe, welcher diese Zahl x angehört, ebenfalls Wurzeln derselben Congruenz; man sieht alle solche einander congruenten Wurzeln daher nur wie eine einzige Wurzel an, und das Problem der vollständigen Auflösung der Congruenz kommt daher darauf zurück, alle unter einander *incongruenten* Wurzeln derselben aufzufinden.

Ferner leuchtet ein, dass jede Wurzel der obigen Congruenz, sobald

$$a \equiv a', \quad b \equiv b' \ldots g \equiv g', \quad h \equiv h' \pmod{k}$$

ist, auch eine Wurzel der Congruenz

$$a'x^m + b'x^{m-1} + \cdots + g'x + h' \equiv 0 \pmod{k}$$

sein wird, und umgekehrt. Beide Congruenzen sind daher auch nur wie eine und dieselbe anzusehen; denn beide stellen an die Unbekannte x genau dieselbe Forderung. Hieraus erhellt unmittelbar, dass man aus jeder Congruenz von der obigen Form ohne Weiteres alle diejenigen Glieder fortstreichen darf, deren Coefficienten durch den Modul theilbar sind; der Exponent der höchsten Potenz von x, welche nach dieser vorläufigen Ausscheidung zurückbleibt, heisst dann der *Grad* dieser Congruenz; ist z. B. in der obigen Congruenz der erste Coefficient a nicht durch den Modul k theilbar, so heisst dieselbe eine Congruenz $m$ten Grades.

Wenden wir diese Benennungen z. B. auf die Congruenz

$$x^{\varphi(k)} \equiv 1 \pmod{k}$$

an, so müssen wir sagen, dass dieselbe genau ebenso viele (incongruente) Wurzeln besitzt, als ihr Grad $\varphi(k)$ Einheiten enthält; denn erstens genügen alle relativen Primzahlen gegen den Modul der Congruenz, und diese zerfallen in $\varphi(k)$ Classen; und zweitens kann die Congruenz keine anderen Wurzeln haben als diese; denn der grösste gemeinschaftliche Divisor δ einer Wurzel x und des Modul k ist auch gemeinschaftlicher Divisor der Zahlen $x^{\varphi(k)}$ und k, folglich auch (§. 18) der Zahlen 1 und k; folglich kann δ nur $= 1$ sein.

§. 22.

Wir wenden uns nun nach den vorhergehenden allgemeinen Erörterungen zu dem einfachsten speciellen Fall, nämlich zu der Congruenz ersten Grades, welcher man offenbar durch Transposition des bekannten Gliedes stets die Form

$$ax \equiv b \pmod{k} \qquad (1)$$

geben kann. Betrachten wir auch hier zunächst nur den speciellen Fall, in welchem der Coefficient a relative Primzahl gegen den Modul k ist, so ergiebt sich unmittelbar, dass diese Congruenz stets eine, aber auch nur eine Wurzel hat. Denn wir haben früher (§. 18) gesehen, dass die Werthe des Ausdrucks ax, welche man erhält, wenn man für x sämmtliche k Individuen eines vollständigen Systems incongruenter Zahlen einsetzt, wieder ein solches System bilden; unter den Werthen dieses Ausdruckes wird sich daher auch einer und nur einer finden, welcher derselben Classe angehört wie b, d. h. welcher $\equiv b$ ist. Der verallgemeinerte Fermat'sche Satz giebt nun auch ein Mittel an die Hand, die Wurzel dieser Congruenz unmittelbar zu bestimmen; offenbar genügt jede Zahl

$$x \equiv b \,.\, a^{\varphi(k)-1} \pmod{k}$$

der obigen Congruenz. So findet man z. B., dass alle Wurzeln der Congruenz

$$2x \equiv -3 \pmod{15}$$

durch die Formel

$$x \equiv -3 \,.\, 2^7 \equiv 6 \pmod{15}$$

gegeben werden.

Wenden wir uns nun dem allgemeinen Fall zu und nehmen wir an, es sei δ der grösste gemeinschaftliche Divisor des Coefficienten a und des Modul k, so leuchtet zunächst ein, dass, wenn die Congruenz überhaupt eine Wurzel x besitzt, auch b durch δ theilbar sein muss; denn da ax mit dem Modul k den gemeinschaftlichen Divisor δ hat, so muss auch $b \equiv ax$ durch δ theilbar sein. Dies ist also eine unerlässliche Bedingung für die Möglichkeit der Congruenz; dass sie auch hinreichend für dieselbe ist, wird sich sogleich zeigen.

Gesetzt nun, es sei x eine Wurzel der Congruenz, also

$$ax = b + mk,$$

wo m irgend eine ganze Zahl, so folgt hieraus, wenn $a = a'\delta$, $b = b'\delta$, $k = k'\delta$ gesetzt wird, $a'x = b' + mk'$, d. h. jede Wurzel der ursprünglichen Congruenz ist auch Wurzel der Congruenz

$$a'x \equiv b' \pmod{k'} \qquad (2)$$

und umgekehrt überzeugt man sich sogleich, dass jede Wurzel dieser letzteren Congruenz auch eine Wurzel der ersteren sein wird.

Die beiden Congruenzen (1) und (2) stimmen daher hinsichtlich ihrer Wurzeln vollständig mit einander überein; da nun in der letzteren der Coefficient a' relative Primzahl gegen den Modul k' ist, so haben wir wieder den früheren Fall: diese Congruenz ist stets lösbar, und alle ihr genügenden Zahlen bilden in Bezug auf ihren Modul k' nur eine einzige Classe, in der Weise, dass, wenn α eine bestimmte derselben ist, alle anderen in der Form

$$x = \alpha + zk' \qquad (3)$$

enthalten sind, wo z jede beliebige ganze Zahl bedeutet. Da nun alle diese Zahlen auch die sämmtlichen Wurzeln der Congruenz (1) bilden, so fragt es sich nur noch, wie viele in Bezug auf den Modul k incongruente Zahlen unter ihnen sich vorfinden. Irgend zwei in der Reihe (3) enthaltene Zahlen $\alpha + zk'$ und $\alpha + z'k'$ werden offenbar stets und auch nur dann congruent in Bezug auf den Modulus k sein, sobald $(z'-z)k'$ durch $k = k'\delta$, und also $z'-z$ durch δ theilbar ist; diese beiden Zahlen werden also einer und derselben Classe, oder verschiedenen Classen in Bezug auf den Modul k angehören, je nachdem die beiden Zahlen z und z' einer und derselben Classe, oder verschiedenen Classen in Bezug auf den Modulus δ angehören; woraus unmittelbar folgt, dass die Reihe (3) sämmtliche Individuen von δ verschiedenen Classen in Bezug auf den Modul k enthält, und es leuchtet ein, dass die folgenden δ Zahlen

$$\alpha,\ \alpha + k',\ \alpha + 2k' \ldots \alpha + (\delta - 1)k'$$

aus jeder dieser δ Classen einen Repräsentanten enthalten. Wir haben mithin folgendes allgemeine Resultat gewonnen:

Damit die Congruenz

$$ax \equiv b \pmod{k}$$

überhaupt Wurzeln besitze, ist erforderlich, dass b durch den grössten gemeinschaftlichen Divisor δ der beiden Zahlen a und k theilbar sei; ist diese Bedingung erfüllt, so hat die Congruenz genau δ incongruente Wurzeln.

Es ist zu bemerken, dass in dem früher behandelten Fall, in welchem $\delta = 1$ ist, die erforderliche Bedingung stets erfüllt ist, ferner, dass dieser Satz auch noch für den Fall $\delta = k$, in welchem also $a \equiv 0 \pmod{k}$ ist, seine Gültigkeit behält, indem, sobald b ebenfalls $\equiv 0 \pmod{k}$ ist, jede beliebige Zahl x dieser identischen Congruenz Genüge leistet.

Um auch ein Beispiel für den allgemeinen Fall zu behandeln, nehmen wir die Congruenz

$$8x \equiv -12 \pmod{60};$$

der grösste gemeinschaftliche Divisor des Coefficienten 8 und des Modul 60 ist hier $= 4$; da die rechte Seite -12 durch denselben theilbar ist, so ist sie möglich und wird 4 nach dem Modul 60 incongruente Wurzeln haben. Wir finden dieselben, indem wir zunächst die Wurzeln der entsprechenden Congruenz

$$2x \equiv -3 \pmod{15}$$

suchen; wir haben oben gesehen, dass dieselben in der Form

$$x \equiv 6 \pmod{15}$$

enthalten sind, und schliessen daraus, dass

$$x \equiv 6, \equiv 21, \equiv 36, \equiv 51 \pmod{60}$$

die vier Wurzeln der ursprünglichen Congruenz sind.

§. 23.

Obgleich im Vorhergehenden das Problem, zu entscheiden, ob eine vorgelegte Congruenz ersten Grades Wurzeln hat oder nicht, und im ersteren Fall dieselben aufzufinden, eine vollständige Lösung gefunden hat, so ist dieselbe, sobald der Modul k eine grosse Zahl ist, wegen der erforderlichen Potenzirung für praktische Zwecke nicht wohl anwendbar; wir wollen daher im Folgenden eine einfachere Methode angeben. Offenbar können wir uns auf den Fall beschränken, in welchem der Coefficient der Unbekannten relative Primzahl gegen den Modul ist; ausserdem können wir annehmen, dass die rechte Seite $= 1$ ist; denn um aus der Wurzel einer solchen Congruenz diejenige einer anderen zu finden, in welcher die rechte Seite eine andere Zahl ist, genügt es offenbar, dieselbe mit dieser Zahl zu multipliciren. Nennen wir der Bequemlichkeit halber den Modul nicht k, sondern b, so reducirt sich also unsere Aufgabe auf die Auflösung der Congruenz

$$ax \equiv 1 \pmod{b}$$

oder, was dasselbe ist, auf die Auflösung der unbestimmten Gleichung ersten Grades*)

$$ax - by = 1.$$

*) Die erste Lösung dieser Aufgabe findet sich bei *Bachet de Méziriac: Problèmes plaisants et délectables qui se font par les nombres.* 2e éd. 1624. Dies interessante Werk ist vor Kurzem von *Labosne* neu herausgegeben. (Paris, 1874).

Wir schicken derselben einige Sätze über einen Algorithmus voraus, der zuerst von *Euler* *) behandelt und für die Theorie der Kettenbrüche, sowie auch für unsere späteren Untersuchungen von Wichtigkeit ist. Es seien

$$a, b \tag{1}$$

irgend zwei unbestimmte Grössen, und ebenso

$$\gamma, \delta, \varepsilon \ldots \lambda, \mu, \nu \tag{2}$$

eine Reihe von beliebig vielen unbestimmten Grössen. Aus diesen bilden wir nun successive eine neue Reihe $c, d, e \ldots l, m, n$ nach folgendem Gesetz:

$$\left.\begin{aligned} c &= \gamma b + a \\ d &= \delta c + b \\ e &= \varepsilon d + c \\ &\ldots\ldots \\ n &= \nu m + l \end{aligned}\right\} \tag{3}$$

Substituirt man den Ausdruck für c in den für d, so wird der letztere eine ähnliche Form annehmen wie der erstere, nämlich

$$d = \delta a + (\gamma\delta + 1) b;$$

er besteht also aus einem Gliede, welches den Factor a, und aus einem zweiten, welches den Factor b enthält. Substituirt man nun diesen Ausdruck für d, und den ersten für c in den Ausdruck für e, so nimmt auch dieser letztere dieselbe Form an. So kann man fortfahren, und aus dem Ausdruck für n erkennt man, dass dieses Gesetz allgemein ist; denn sobald l und m schon diese Form erhalten haben, so nimmt auch n dieselbe an. Wir können daher

$$n = Ga + Hb$$

setzen, wo nun G und H unabhängig von a und b sein werden. Man bezeichnet den Coefficienten H, der nur von den in der Reihe (2) befindlichen Grössen abhängt, durch das Zeichen **)

$$[\gamma, \delta, \varepsilon \ldots \lambda, \mu, \nu], \tag{4}$$

und wir werden im Folgenden einige interessante Sätze beweisen, die sich auf dasselbe beziehen.

---

*) *Solutio problematis arithmetici de inveniendo numero, qui per datos numeros divisus, relinquat data residua*, Comm. Ac. Petrop. VII, p. 46. — *De usu novi algorithmi in problemate Pelliano solvendo*, Nov. Comm. Petrop. XI, p. 28. — Vergl. *Gauss: D. A.* art. 27.

**) *Gauss: D. A.* art. 27.

Zunächst leuchtet ein, dass, wenn man mit den Anfangsgliedern

$$b,\ c = \gamma b + a \tag{1'}$$

und der Reihe

$$\delta,\ \varepsilon \ldots \lambda,\ \mu,\ \nu \tag{2'}$$

in derselben Weise verfährt wie oben, man genau dieselben Glieder $d, e \ldots l, m, n$ erhalten wird. Wir können daher gleichzeitig

$$n = Ga + [\gamma, \delta, \varepsilon \ldots \mu, \nu]\, b$$

und

$$n = G'b + [\delta, \varepsilon \ldots \mu, \nu]\, c$$

setzen; ersetzen wir hierin c durch $\gamma b + a$, so erhalten wir

$$n = [\delta, \varepsilon \ldots \mu, \nu]\, a + (\gamma [\delta, \varepsilon \ldots \mu, \nu] + G')\, b,$$

woraus, durch Vergleichung der Coefficienten von a in den beiden Formen für n, zunächst

$$G = [\delta, \varepsilon \ldots \mu, \nu]$$

folgt. Der Coefficient G lässt sich daher durch dasselbe Zeichen ausdrücken wie H. Wir können also von jetzt an schreiben

$$n = [\delta \ldots \mu, \nu]\, a + [\gamma, \delta \ldots \mu, \nu]\, b;$$

da nun auch

$$G' = [\varepsilon \ldots \mu, \nu]$$

sein muss, so erhalten wir durch Vergleichung der Coefficienten von b in den beiden Formen für n den Satz

$$[\gamma, \delta, \varepsilon \ldots \nu] = \gamma [\delta, \varepsilon \ldots \nu] + [\varepsilon \ldots \nu], \tag{5}$$

in welchem das Gesetz ausgedrückt ist, nach welchem die Fortbildung der Ausdrücke von der Form (4) nach links hin geschieht.

Einen ganz analogen Satz für die Fortbildung nach rechts hin erhält man durch die einfache Bemerkung, dass durch die Annahme $a = 0$, $b = 1$ die drei Grössen l, m, n resp. in

$$[\gamma \ldots \lambda],\quad [\gamma \ldots \lambda, \mu],\quad [\gamma \ldots \lambda, \mu, \nu]$$

übergehen, so dass zwischen diesen drei consecutiven Ausdrücken die Relation

$$[\gamma \ldots \lambda, \mu, \nu] = [\gamma \ldots \lambda, \mu]\, \nu + [\gamma \ldots \lambda] \tag{6}$$

besteht.

Verbindet man diese beiden Sätze mit einander, so überzeugt man sich leicht von der Richtigkeit des folgenden:

$$[\nu, \mu \ldots \delta, \gamma] = [\gamma, \delta \ldots \mu, \nu]. \tag{7}$$

Nimmt man nämlich an, dieser Satz sei für alle Ausdrücke dieser Art bewiesen, welche eine kleinere Anzahl von Grössen enthalten, so dass also z. B.

$$[\delta, \varepsilon \ldots \nu] = [\nu \ldots \varepsilon, \delta] \text{ und } [\varepsilon \ldots \nu] = [\nu \ldots \varepsilon],$$

so folgt aus (5):

$$[\gamma, \delta, \varepsilon \ldots \nu] = [\nu \ldots \varepsilon, \delta]\gamma + [\nu \ldots \varepsilon];$$

verbindet man dies mit dem Satz (6), so ergiebt sich unmittelbar die Richtigkeit der Gleichung (7). In der That gilt aber der Satz wirklich für die ersten Fälle; enthält nämlich der Ausdruck nur eine einzige Grösse γ, so versteht sich dies von selbst; und ausserdem ist

$$[\gamma, \delta] = \gamma\delta + 1 = [\delta, \gamma].$$

Hieraus folgt also, dass der Satz auch für jede beliebige Anzahl der Grössen $\gamma, \delta \ldots \mu, \nu$ gilt.

Wir können die Gleichungen (3), durch welche das Bildungsgesetz der Grössen $c, d \ldots n$ ausgedrückt wird, auch in folgender Weise schreiben:

$$\begin{aligned}
-c &= (-\gamma)b + (-a) \\
+d &= (-\delta)(-c) + b \\
-e &= (-\varepsilon)d + (-c) \\
&\ldots\ldots\ldots \\
\pm n &= (-\nu)(\mp m) + (\pm l)
\end{aligned}$$

wo in der letzten Gleichung das obere oder untere Zeichen zu nehmen ist, je nachdem die Anzahl der Grössen $\gamma, \delta \ldots \mu, \nu$ gerade oder ungerade ist. Hieraus geht hervor, dass aus den Anfangsgliedern

$$-a, b \tag{1''}$$

und der Reihe

$$-\gamma, -\delta, -\varepsilon \ldots -\lambda, -\mu, -\nu \tag{2''}$$

durch dasselbe frühere Verfahren die Reihe

$$-c, +d, -e \ldots \pm n$$

entsteht. Es wird daher auch

$$\pm n = [-\delta, -\varepsilon \ldots -\nu](-a) + [-\gamma, -\delta, -\varepsilon \ldots -\nu]b$$

und folglich

$$[-\gamma, -\delta \ldots -\nu] = \pm[\gamma, \delta \ldots \nu] \tag{8}$$

sein, worin wieder das obere oder untere Zeichen zu nehmen ist, je nachdem die Anzahl der Grössen $\gamma, \delta \ldots \nu$ gerade oder ungerade ist.

Endlich kann man die Gleichungen (3) auch in umgekehrter Folge so schreiben:

$$l = (-\nu)m + n$$
$$k = (-\mu)l + m$$
$$\cdot\ \cdot\ \cdot\ \cdot\ \cdot\ \cdot\ \cdot$$
$$b = (-\delta)c + d$$
$$a = (-\gamma)b + c$$

Es wird daher

$$a = [-\mu \ldots -\gamma]n + [-\nu, -\mu \ldots -\gamma]m$$

oder mit Hülfe des Satzes (8):

$$\pm a = -[\mu \ldots \gamma]n + [\nu, \mu \ldots \gamma]m$$

oder mit Berücksichtigung des Satzes (7):

$$\pm a = -[\gamma, \delta \ldots \mu]n + [\gamma, \delta \ldots \mu, \nu]m.$$

Wenn man nun $a = 1$, $b = 0$ setzt, so gehen m, n resp. in

$$[\delta \ldots \mu], \quad [\delta \ldots \mu, \nu]$$

über, und man erhält das Resultat:

$$[\delta \ldots \mu][\gamma, \delta \ldots \mu, \nu] - [\delta \ldots \mu, \nu][\gamma, \delta \ldots \mu] = \pm 1, \tag{9}$$

wo wieder das obere oder untere Zeichen zu nehmen ist, je nachdem die Anzahl der Grössen $\gamma, \delta \ldots \mu, \nu$ gerade oder ungerade ist.

Zum Schluss wollen wir bemerken, dass diese Ausdrücke in der Theorie der Kettenbrüche von der grössten Wichtigkeit sind; bezeichnen wir nämlich einen gewöhnlichen Kettenbruch, in welchem die Zähler sämmtlich $= 1$, und dessen sogenannte Quotienten $\gamma, \delta \ldots \mu, \nu$ sind, kurz durch das Symbol $(\gamma, \delta \ldots \mu, \nu)$, so dass also

$$(\gamma, \delta \ldots \lambda, \mu, \nu) = \gamma + \frac{1}{(\delta \ldots \lambda, \mu, \nu)} = \left(\gamma, \delta \ldots \lambda, \mu + \frac{1}{\nu}\right)$$

ist, so ergiebt sich allgemein durch Reduction desselben

$$(\gamma, \delta \ldots \mu, \nu) = \frac{[\gamma, \delta \ldots \mu, \nu]}{[\delta \ldots \mu, \nu]}. \tag{10}$$

Denn gesetzt, dieser Satz sei schon für jede kleinere Anzahl der Grössen $\gamma, \delta, \varepsilon \ldots \mu, \nu$ bewiesen, so dass also namentlich

$$(\delta, \varepsilon \ldots \mu, \nu) = \frac{[\delta, \varepsilon \ldots \mu, \nu]}{[\varepsilon \ldots \mu, \nu]}$$

ist, so folgt hieraus

$$(\gamma, \delta, \varepsilon \ldots \mu, \nu) = \gamma + \frac{1}{(\delta, \varepsilon \ldots \mu, \nu)}$$
$$= \gamma + \frac{[\varepsilon \ldots \mu, \nu]}{[\delta, \varepsilon \ldots \mu, \nu]} = \frac{\gamma[\delta, \varepsilon \ldots \mu, \nu] + [\varepsilon \ldots \mu, \nu]}{[\delta, \varepsilon \ldots \mu, \nu]}$$

und hieraus ergiebt sich mit Berücksichtigung des Satzes (5) die Gleichung (10). In der That ist aber

$$(\gamma, \delta) = \gamma + \frac{1}{\delta} = \frac{\gamma\delta + 1}{\delta} = \frac{[\gamma, \delta]}{[\delta]};$$

da also der Satz für zwei Grössen γ, δ richtig ist, so ist er auch für jede beliebige Anzahl der Grössen $\gamma, \delta \ldots \mu, \nu$ richtig.

Sind die Elemente $\gamma, \delta \ldots \mu, \nu$ ganze Zahlen, so gilt dasselbe von den Zählern und Nennern der Brüche

$$\frac{[\gamma]}{1}, \frac{[\gamma, \delta]}{[\delta]} \cdots \frac{[\gamma, \delta \ldots \mu, \nu]}{[\delta \ldots \mu, \nu]};$$

ferner ist jeder dieser Brüche irreductibel, d. h. durch die kleinsten Zahlen ausgedrückt; denn es folgt z. B. aus der Relation (9), dass Zähler und Nenner des letzten der obigen Brüche ohne gemeinschaftlichen Divisor sind.

§. 24.

Die vorstehenden Sätze, welche eigentlich in die Theorie der Differenzen-Gleichungen zweiter Ordnung*) gehören, sind deshalb gleich in solcher Vollständigkeit aufgestellt, damit wir bei einer späteren Untersuchung nicht nöthig haben, von Neuem auf denselben Algorithmus zurückzukommen; für unseren nächsten Bedarf, nämlich für die Auflösung der unbestimmten Gleichung

$$ax - by = 1,$$

in welcher wir nun wieder a und b als zwei gegebene relative Primzahlen ansehen, genügt schon ein kleiner Theil der vorhergehenden Resultate. Zu dem Zweck verfahren wir nun, wie es bei der Aufsuchung des grössten gemeinschaftlichen Divisors der beiden Zahlen (oder bei der Verwandlung des Bruches $a:b$ in einen Kettenbruch geschieht, indem wir das System der folgenden Gleichungen bilden

$$\begin{aligned} a &= \gamma b + c \\ b &= \delta c + d \\ &\cdot \quad \cdot \quad \cdot \quad \cdot \quad \cdot \\ l &= \nu m + 1 \end{aligned}$$

wobei zuletzt der Rest 1 auftreten muss (§. 5); diese Gleichungen können wir auch so schreiben

---

*) Vergl. *Jacobi: Allgemeine Theorie der kettenbruchähnlichen Algorithmen, in welchen jede Zahl aus Drei vorhergehenden gebildet wird*, Borchardt's Journal Bd. 69.

$$c = (-\gamma) b + a$$
$$d = (-\delta) c + b$$
$$\cdot \quad \cdot \quad \cdot \quad \cdot \quad \cdot \quad \cdot \quad \cdot$$
$$1 = (-\nu) m + l$$

und hieraus folgt, dass

$$1 = [-\delta, -\varepsilon \cdots -\mu, -\nu]\, a + [-\gamma, -\delta, -\varepsilon \cdots -\mu, -\nu]\, b$$

oder nach §. 23, (8)

$$1 = \mp [\delta, \varepsilon \ldots \mu, \nu]\, a \pm [\gamma, \delta, \varepsilon \ldots \mu, \nu]\, b$$

ist, worin das obere oder untere Zeichen zu nehmen ist, je nachdem die Anzahl der Grössen $\gamma, \delta \ldots \mu, \nu$ gerade oder ungerade ist. Wir erhalten daher folgende Lösung der unbestimmten Gleichung:

$$x = \mp [\delta, \varepsilon \ldots \mu, \nu], \quad y = \mp [\gamma, \delta, \varepsilon \ldots \mu, \nu].$$

Hiermit ist also auch eine Wurzel x der Congruenz

$$ax \equiv 1 \pmod{b}$$

gefunden, und dies genügt vollständig, da alle anderen Wurzeln mit dieser einen nach dem Modul b congruent sind.

Wenden wir diese Methode auf unser Beispiel

$$2x \equiv 1 \pmod{15}$$

an, so erhalten wir

$$2 = 0 \,.\, 15 + 2, \quad 15 = 7 \,.\, 2 + 1$$

also

$$\gamma = 0, \; \delta = 7, \quad x \equiv -[\delta] \equiv -7 \equiv 8 \pmod{15}$$

und hieraus folgt, dass

$$x' \equiv -7 \,.\, (-3) \equiv 21 \equiv 6 \pmod{15}$$

die Wurzel der Congruenz

$$2x' \equiv -3 \pmod{15}$$

ist.

Als zweites Beispiel wählen wir die Congruenz

$$37x \equiv 1 \pmod{100};$$

indem wir ebenso verfahren, erhalten wir

$$37 = 0 \,.\, 100 + 37; \quad 100 = 2 \,.\, 37 + 26; \quad 37 = 1 \,.\, 26 + 11;$$
$$26 = 2 \,.\, 11 + 4; \quad 11 = 2 \,.\, 4 + 3; \quad 4 = 1 \,.\, 3 + 1$$

und also

$$x \equiv -[2, 1, 2, 2, 1] \pmod{100}.$$

Nun ist, wenn wir von rechts nach links rechnen,

$$[1] = 1,\ [2, 1] = 3,\ [2, 2, 1] = 7,\ [1, 2, 2, 1] = 10,$$
$$[2, 1, 2, 2, 1] = 27,$$

also

$$x \equiv -27 \equiv 73 \pmod{100}.$$

Da $\varphi(100) = \varphi(4)\,\varphi(25) = 2 \,.\, 20 = 40$ ist, so hätten wir nach unserer früheren Methode die Auflösung

$$x \equiv 37^{39} \pmod{100}$$

erhalten; die hierin angedeutete Rechnung würde sich zwar durch einige Kunstgriffe bedeutend abkürzen lassen, allein doch viel langwieriger sein als die nach der zweiten Methode ausgeführte Rechnung.

Kommt es darauf an, auch den Werth von

$$y = \mp [\gamma, \delta, \varepsilon \ldots \mu, \nu]$$

zu berechnen, so ist es vortheilhaft, die Berechnung des Werthes

$$x = \mp [\delta, \varepsilon \ldots \mu, \nu]$$

von rechts nach links vorzunehmen; man findet dann nach der Formel (5) des §. 23 aus

$$[\varepsilon \ldots \mu, \nu] \text{ und } [\delta, \varepsilon \ldots \mu, \nu]$$

unmittelbar den Werth von y. So oft $\gamma = 0$, also $a < b$ ist, reducirt sich y auf

$$y = \mp [\varepsilon \ldots \mu, \nu].$$

Dies ist in unseren Beispielen der Fall; in dem zweiten erhält man auf diese Weise

$$y = -[0, 2, 1, 2, 2, 1] = -[1, 2, 2, 1] = -10,$$

und in der That ist

$$37 \,.\, (-27) - 100 \,.\, (-10) = 1.$$

Bei dieser Auflösung der unbestimmten Gleichung $ax - by = 1$ in ganzen Zahlen x, y ist stillschweigend vorausgesetzt, dass die beiden gegebenen relativen Primzahlen a, b *positive* Zahlen sind; doch erkennt man leicht, dass hierdurch die Allgemeinheit der Methode nicht beeinträchtigt wird.

Sobald nun eine bestimmte *Lösung*, d. h. ein bestimmtes Zahlenpaar x, y gefunden ist, welches der Gleichung $ax - by = 1$ genügt, so ist es leicht, daraus die allgemeine Form aller Lösungen x', y' derselben unbestimmten Gleichung abzuleiten. Ist nämlich

$$ax' - by' = 1,$$

so folgt durch Subtraction

$$a(x' - x) = b(y' - y);$$

da nun a und b relative Primzahlen sind, so muss (nach §. 5, 2.) die Zahl b in $(x' - x)$ aufgehen, es muss daher

$$x' = x + bz, \quad y' = y + az$$

sein, wo z eine ganze Zahl bedeutet, und umgekehrt entspricht jeder willkürlich gewählten ganzen Zahl z eine durch die vorstehenden Formeln herzustellende Lösung x', y' unserer unbestimmten Gleichung; jede Lösung x', y' wird, wenn z alle ganzen Zahlen von $-\infty$ bis $+\infty$ durchläuft, einmal und nur einmal erzeugt. Man erkennt auch leicht, dass dieses Resultat selbst dann noch gültig bleibt, wenn eine der beiden gegebenen relativen Primzahlen a, b gleich Null, und die andere folglich $= \pm 1$ ist.

Wir bemerken ferner, dass durch wiederholte Anwendung des obigen Verfahrens folgende allgemeinere Aufgabe gelöst werden kann: *Sind $a, b, c \ldots$ gegebene ganze Zahlen, deren grösster gemeinschaftlicher Divisor m ist, so sollen ebensoviele ganze Zahlen $x, y, z \ldots$ gefunden werden, welche der Gleichung*

$$ax + by + cz + \cdots = m$$

genügen. Denn gesetzt, man habe für die Zahlen $b, c \ldots$, deren grösster gemeinschaftlicher Divisor m' nothwendig ein Multiplum von m ist, schon ganze Zahlen $y', z' \ldots$ gefunden, welche der Bedingung

$$by' + cz' + \cdots = m'$$

genügen, so löse man, da m der grösste gemeinschaftliche Divisor von a und m' ist, nach der obigen Methode die Gleichung

$$ax + m'x' = m$$

in ganzen Zahlen x, x', so wird die vorgelegte Gleichung durch die Zahlen x, $y = x'y'$, $z = x'z' \ldots$ befriedigt.

§. 25.

Auf das im Vorhergehenden behandelte Problem der Auflösung der Congruenzen ersten Grades lässt sich das folgende zurückführen:

Alle Zahlen x zu finden, welche in Bezug auf zwei gegebene Moduln a, b gegebenen Zahlen resp. α, β congruent sind, d. h. welche den beiden Forderungen

$$x \equiv \alpha \pmod{a}, \quad x \equiv \beta \pmod{b}$$

genügen.

Da nämlich alle Zahlen x, welche die erste dieser beiden Forderungen erfüllen, in der Form $x = \alpha + at$ enthalten sind, wo t jede beliebige ganze Zahl bedeutet, so kommt es nur noch darauf an, dieses t näher so zu bestimmen, dass

$$at \equiv \beta - \alpha \pmod{b} \tag{1}$$

wird. Bezeichnet man nun mit δ den grössten gemeinschaftlichen Divisor der beiden Moduln a und b, so muss, wenn diese Congruenz möglich sein soll, $\beta - \alpha$ durch δ theilbar, d. h. es muss

$$\alpha \equiv \beta \pmod{\delta} \tag{2}$$

sein (§. 22). Ist diese Bedingung nicht erfüllt, so existirt keine Zahl, welche der Aufgabe genügt; ist sie aber erfüllt, so sind sämmtliche der Congruenz (1) genügende Zahlen t in der Form

$$t \equiv t_0 \left(\text{mod.}\ \frac{b}{\delta}\right) \text{ oder } t = t_0 + \frac{b}{\delta} u$$

enthalten, wo t_0 eine bestimmte von ihnen, und u jede beliebige ganze Zahl bedeutet. Hieraus folgt, dass die gesuchten Zahlen durch die Formel

$$x = \alpha + at_0 + \frac{ab}{\delta} u \text{ oder } x \equiv x_0 \left(\text{mod.}\ \frac{ab}{\delta}\right)$$

gegeben werden, wo $x_0 = \alpha + at_0$ selbst eine der gesuchten Zahlen, und der Modulus offenbar das kleinste gemeinschaftliche Multiplum der beiden gegebenen Moduln a, b ist.

Werden z. B. die Zahlen gesucht, welche durch 12 dividirt den Rest 7, durch 15 dividirt den Rest 4 lassen, so hat man die Congruenzen

$$x \equiv 7 \pmod{12}, \quad x \equiv 4 \pmod{15}.$$

Man setzt also $x = 7 + 12t$, und erhält für t die Congruenz

$$12t \equiv -3 \pmod{15},$$

welche (da hier die Bedingung (2) erfüllt ist) sich auf

$$4t \equiv -1 \pmod{5}$$

reducirt. Hieraus folgt

$$t \equiv 1 \pmod{5}$$

und also

$$x = 7 + 12t \equiv 19 \pmod{60}.$$

Besonders bemerkenswerth ist der besondere Fall, in welchem die beiden gegebenen Moduln a, b relative Primzahlen sind; da gleichzeitig $\delta = 1$ wird, so fällt die Bedingung (2) ganz fort; die Auflösung ist stets möglich und liefert ein Resultat von der Form

$$x \equiv x_0 \pmod{ab}.$$

Die ursprüngliche Aufgabe lässt sich auch leicht für den Fall verallgemeinern, in welchem eine Reihe von beliebig vielen Moduln und eine Reihe ihnen entsprechender Reste gegeben ist; für uns ist indessen nur der Fall von Wichtigkeit, in welchem die gegebenen Moduln $a, b, c \ldots$ relative Primzahlen sind; wir beschränken uns daher auf denselben, und stellen uns unter dieser Voraussetzung die Aufgabe, alle Zahlen x zu finden, welche dem System von Congruenzen

$$x \equiv \alpha \pmod{a}, \quad x \equiv \beta \pmod{b}, \quad x \equiv \gamma \pmod{c} \ldots$$

genügen. Da wir nun schon wissen, dass alle Zahlen, welche die beiden ersten dieser Forderungen erfüllen, in der Form $x \equiv \beta_1 \pmod{ab}$ enthalten sind, wo die Zahl β_1 nach dem Vorhergehenden gefunden werden kann, so kommt unsere Aufgabe offenbar auf die einfachere zurück, alle Zahlen x zu finden, welche dem folgenden System von Congruenzen genügen:

$$x \equiv \beta_1 \pmod{ab}, \quad x \equiv \gamma \pmod{c} \ldots$$

Da nun der Modul ab der ersten dieser Congruenzen wieder relative Primzahl gegen jeden folgenden Modul $c \ldots$ ist, so kann man in derselben Weise fortfahren und gelangt so zu dem Resultat, dass sämmtliche Zahlen x in der Form

$$x \equiv x_0 \pmod{m}$$

enthalten sind, wo x_0 eine bestimmte von ihnen, und m das Product $abc \ldots$ aus allen gegebenen Moduln bedeutet.

Statt eine solche Zahl x_0 in der eben angegebenen Weise durch successive Auflösung einer Reihe von Congruenzen ersten Grades in Bezug auf die Moduln $b, c \ldots$ zu suchen, kann man auch auf folgende Art symmetrisch verfahren.

Man setze $m = aA = bB = cC \ldots$ und bestimme (nach §. 24) zunächst Zahlen $a', b', c' \ldots$, welche den Congruenzen

$$Aa' \equiv 1 \pmod{a}, \quad Bb' \equiv 1 \pmod{b}, \quad Cc' \equiv 1 \pmod{c} \ldots$$

genügen; so wird

$$x \equiv Aa'\alpha + Bb'\beta + Cc'\gamma + \cdots \pmod{m};$$

denn da $B, C \ldots$ durch a theilbar sind, so ist $x \equiv Aa'\alpha \equiv \alpha \pmod{a}$, und ebenso $\equiv \beta \pmod{b}$, $\equiv \gamma \pmod{c}$ u. s. w.

Ein besonderer Vortheil dieser Methode besteht darin, dass die Hülfszahlen $a', b', c' \ldots$ ganz unabhängig von $\alpha, \beta, \gamma \ldots$ sind, und daher stets dieselben bleiben, wie auch die letzteren variiren mögen, vorausgesetzt natürlich. dass das System der Moduln $a, b, c \ldots$ unverändert bleibt.

Es folgt ferner hieraus, dass x ein vollständiges Restsystem nach dem Modul m durchläuft, sobald die Reste $\alpha, \beta, \gamma \ldots$ vollständige Restsysteme resp. in Bezug auf die Moduln $a, b, c \ldots$ durchlaufen; denn wenn $\alpha', \beta', \gamma' \ldots$ irgend ein zweites System gegebener Reste ist, so wird

$$Aa'\alpha' + Bb'\beta' + Cc'\gamma' + \cdots$$

stets und nur dann

$$\equiv Aa'\alpha + Bb'\beta + Cc'\gamma + \cdots$$

nach dem Modulus m sein, wenn gleichzeitig

$$\alpha' \equiv \alpha \pmod{a}, \quad \beta' \equiv \beta \pmod{b}, \quad \gamma' \equiv \gamma \pmod{c}$$

u. s. w. ist; da ferner $\alpha, \beta, \gamma \ldots$ resp. $a, b, c \ldots$ verschiedene Werthe durchlaufen, so ist die Anzahl aller verschiedenen Restsysteme, also auch die Anzahl der resultirenden nach dem Modul m incongruenten Werthe von x gleich $abc \ldots = m$; d. h. x durchläuft ein vollständiges Restsystem nach dem Modul m.

Ist ferner α relative Primzahl zu a, β zu b u. s. f., so ist x auch relative Primzahl zu m, und umgekehrt; hieraus folgt leicht ein neuer Beweis des Satzes, dass $\varphi(ab) = \varphi(a)\,\varphi(b)$ ist.

Endlich ergiebt sich, dass, wenn x irgend eine ganze Zahl bedeutet, stets

$$\frac{x}{m} = h + \frac{u}{a} + \frac{v}{b} + \frac{w}{c} + \cdots$$

gesetzt werden kann, wo $h, u, v, w \ldots$ ganze Zahlen bedeuten. Denn lässt x in Bezug auf die Moduln $a, b, c \ldots$ resp. die Reste $\alpha, \beta, \gamma \ldots$, so ist nach dem Obigen

$$x = hm + Aa'\alpha + Bb'\beta + Cc'\gamma + \cdots,$$

wo h eine ganze Zahl bedeutet, und folglich

$$\frac{x}{m} = h + \frac{a'\alpha}{a} + \frac{b'\beta}{b} + \frac{c'\gamma}{c} + \cdots$$

§. 26.

Wir wenden uns nun zu der Betrachtung der Congruenzen höherer Grade, beschränken uns aber dabei auf den einfachsten Fall, in welchem der Modul p eine *Primzahl* ist. Die allgemeinste Form einer Congruenz $n$ten Grades ist die folgende:

$$ax^n + bx^{n-1} + cx^{n-2} + \cdots + h \equiv 0 \pmod{p},$$

in welcher der höchste Coefficient a als nicht theilbar durch die Primzahl p vorausgesetzt wird. Ebenso wie man jede Gleichung leicht auf den Fall zurückführen kann, in welchem der höchste Coefficient $= 1$ ist, so erreicht man auch hier dasselbe, wenn man die Congruenz mit einer Zahl a' multiplicirt, welche der Bedingung $aa' \equiv 1 \pmod{p}$ genügt und also eine Wurzel der stets lösbaren Congruenz $ax \equiv 1 \pmod{p}$ ist. Doch hängt hiervon die Gültigkeit der folgenden Sätze nicht im Mindesten ab.

Wir bezeichnen der Einfachheit halber das auf der linken Seite der obigen Congruenz befindliche Polynom $n$ten Grades kurz mit $f(x)$. Hat nun eine solche Congruenz

$$f(x) \equiv 0 \pmod{p} \tag{1}$$

eine Wurzel $x \equiv \alpha$ und dividirt man $f(x)$ durch $x - \alpha$, so wird der Divisionsrest r_1 eine durch p theilbare Zahl sein; denn bezeichnet man den Quotienten der Division, welcher eine ganze Function vom $(n-1)$ten Grade mit ganzzahligen Coefficienten ist, mit $f_1(x)$, so ist

$$f(x) = (x - \alpha) f_1(x) + r_1 \tag{2}$$

und hierin ist $r_1 = f(\alpha)$ der Voraussetzung nach $\equiv 0 \pmod{p}$.

Hat nun die Congruenz (1) noch eine zweite von α verschiedene, d. h. nicht mit α congruente Wurzel β, so folgt aus (2), dass

$$(\beta - \alpha) f_1(\beta) \equiv 0 \pmod{p}$$

und also, da $\beta - \alpha$ nicht durch p theilbar ist, dass $f_1(\beta) \equiv 0$, d. h. dass β eine Wurzel der Congruenz $f_1(x) \equiv 0 \pmod{p}$ sein muss. Man kann daher wieder

$$f_1(x) = (x - \beta) f_2(x) + r_2$$

setzen, wo der Rest r_2 wieder eine durch p theilbare Zahl, und der Quotient $f_2(x)$ eine ganze Function $(n-2)$ten Grades mit ganzzahligen Coefficienten ist. Setzt man aber diesen Ausdruck für $f_1(x)$ in die Gleichung (2) ein, so nimmt dieselbe die Form

$$f(x) = (x - \alpha)(x - \beta) f_2(x) + r_2(x - \alpha) + r_1$$

oder, da r_1 und r_2 durch p theilbar sind, die Form

$$f(x) = (x - \alpha)(x - \beta) f_2(x) + p(lx + m)$$

an, in welcher l und m ganze Zahlen sind.

Besitzt nun die Congruenz (1) noch eine dritte von α und β verschiedene Wurzel γ, so ergiebt sich, da weder $(\gamma - \alpha)$ noch $(\gamma - \beta)$ durch p theilbar ist, dass γ eine Wurzel der Congruenz $f_2(x) \equiv 0$ ist; verfährt man daher wie früher, so erhält man eine Gleichung von der Form

$$f(x) = (x - \alpha)(x - \beta)(x - \gamma) f_3(x) + p(rx^2 + sx + t),$$

wo r, s, t ganze Zahlen bedeuten. Setzt man diese Schlussweise fort, so gelangt man offenbar zu folgendem Satze: *Besitzt die Congruenz nten Grades*

$$f(x) \equiv 0 \pmod{p},$$

deren Modulus p eine Primzahl ist, n incongruente Wurzeln $\alpha, \beta, \gamma \ldots \lambda$, so ist ihre linke Seite von der Form

$$f(x) = a(x-\alpha)(x-\beta)(x-\gamma)\ldots(x-\lambda) + p\,\psi(x), \tag{3}$$

wo a den höchsten Coefficienten von $f(x)$, und $\psi(x)$ ein Polynom bedeutet, dessen Coefficienten ganze Zahlen sind.

Und aus diesem ersten Satze folgt sogleich der zweite*): *Eine Congruenz vom Grade n, deren Modulus eine Primzahl ist, kann niemals mehr als n incongruente Wurzeln haben.* Denn hätte die Congruenz (1) ausser den n Wurzeln $\alpha, \beta \ldots \lambda$ noch mindestens eine solche μ, die mit keiner der vorhergehenden congruent ist, so würde aus der Gleichung (3) folgen, dass das Product

$$a(\mu-\alpha)(\mu-\beta)(\mu-\gamma)\ldots(\mu-\lambda)$$

durch p theilbar wäre, was unmöglich ist, da der Voraussetzung nach keiner der Factoren durch p theilbar ist.

Man hätte diese beiden Sätze, welche für die Folge von der grössten Wichtigkeit sind, auch in umgekehrter Ordnung aus dem in der Gleichung (2) ausgesprochenen Resultat schliessen können. Da nämlich jede von α verschiedene Wurzel β der Congruenz (1) eine Wurzel der Congruenz nächst niedrigeren Grades

$$f_1(x) \equiv 0 \pmod{p}$$

ist, so folgt hieraus unmittelbar, dass die erstere Congruenz höchstens eine Wurzel mehr besitzt, als die letztere; da nun eine Congruenz ersten Grades (sobald der Modulus eine Primzahl ist) nur eine Wurzel besitzt, so kann eine Congruenz vom zweiten Grade höchstens 2, folglich eine Congruenz dritten Grades höchstens 3 u. s. f., allgemein eine Congruenz $n$ten Grades höchstens n incongruente Wurzeln besitzen. Und nachdem so der zweite Satz bewiesen ist, ergiebt sich auch der erste leicht auf folgende Weise. Gesetzt, die Congruenz (1) vom $n$ten Grade hat wirklich n incongruente Wurzeln $\alpha, \beta, \gamma \ldots \lambda$, so bilde man die Differenz

$$f(x) - a(x-\alpha)(x-\beta)(x-\gamma)\ldots(x-\lambda) = \varphi(x)$$

wo a den höchsten Coefficienten in $f(x)$ bezeichnet, und denke sich

*) *Lagrange: Nouvelle méthode pour résoudre les problèmes indéterminés en nombres entiers*, Mém. de l'Ac. de Berlin. T. XXIV.

dieselbe nach Potenzen von x geordnet; dann ist zu zeigen, dass alle Coefficienten dieses Polynoms $\varphi(x)$, dessen Grad höchstens $= n - 1$, also jedenfalls kleiner als n ist, durch p theilbar sind. Gesetzt, dies wäre nicht der Fall, und es wäre x^r die höchste in $\varphi(x)$ vorkommende Potenz von x, deren Coefficient nicht durch p theilbar wäre, so wäre

$$\varphi(x) \equiv 0 \pmod{p}$$

eine Congruenz vom $r$ten Grade, welche, wie man unmittelbar einsieht, die n incongruenten Zahlen $\alpha, \beta \ldots \lambda$ zu Wurzeln hätte, also, da $r < n$ ist, mehr Wurzeln besässe, als ihr Grad Einheiten enthält. Da dies gegen den schon bewiesenen Satz streitet, so müssen wirklich alle Coefficienten von $\varphi(x)$ durch p theilbar sein, d. h. es muss

$$\varphi(x) = p\,\psi(x)$$

sein, wo sämmtliche Coefficienten des Polynoms $\psi(x)$ ganze Zahlen sind. Dies war aber der Inhalt des ersten Satzes.

Wir können zu diesen beiden Sätzen noch den folgenden dritten hinzufügen: *Wenn*

$$f(x) = \varphi(x)\,\psi(x)$$

ist, wo die Coefficienten der Polynome $\varphi(x)$ und $\psi(x)$ sämmtlich ganze Zahlen sind, und wenn die Congruenz

$$f(x) \equiv 0 \pmod{p}, \tag{4}$$

(wo p wieder eine Primzahl bedeutet) ebenso viele incongruente Wurzeln besitzt, als ihr Grad Einheiten enthält, so gilt dasselbe von jeder der beiden Congruenzen

$$\varphi(x) \equiv 0 \pmod{p}, \quad \psi(x) \equiv 0 \pmod{p}. \tag{5}$$

Zunächst leuchtet nämlich ein, dass jede Wurzel α der Congruenz (4) auch eine Wurzel von mindestens einer der beiden Congruenzen (5) sein muss; denn aus

$$\varphi(\alpha)\,\psi(\alpha) = f(\alpha) \equiv 0 \pmod{p}$$

folgt, dass mindestens eine der beiden Zahlen $\varphi(\alpha)$, $\psi(\alpha)$ durch p theilbar sein muss. Hätte nun eine der beiden Congruenzen (5) weniger incongruente Wurzeln als ihr Grad Einheiten enthält, so müsste nothwendig die Anzahl der Wurzeln der anderen Congruenz d. h. der übrigen Wurzeln der Congruenz (4) ihren Grad übersteigen, da die Summe der Grade der beiden Polynome $\varphi(x)$ und $\psi(x)$ genau dem Grade des Polynoms $f(x)$ gleich ist. Da dies gegen den zweiten Satz verstossen würde, so muss die Anzahl der incongruenten Wurzeln einer jeden der beiden Congruenzen (5) genau ihrem Grade gleich sein*).

§. 27.

Von diesen wichtigen Sätzen machen wir sogleich eine Anwendung. Zufolge des Fermat'schen Satzes genügt jede der $(p-1)$ unter einander nach dem Modul p incongruenten Zahlen

$$1, 2, 3 \ldots (p-1)$$

der Congruenz

$$x^{p-1} - 1 \equiv 0 \pmod{p},$$

und diese Zahlen bilden auch ihre sämmtlichen incongruenten Wurzeln. Es ist daher nach dem ersten der vorhergehenden drei Sätze

$$x^{p-1} - 1 = (x-1)(x-2)(x-3) \ldots (x-p+1) + p\psi(x),$$

worin $\psi(x)$ ein Polynom mit ganzen Coefficienten bezeichnet. Entwickelt man daher das rechter Hand befindliche Product nach Potenzen von x, so muss der Coefficient einer jeden Potenz von x dem entsprechenden linker Hand in Bezug auf den Modul p congruent sein. Wir wollen hier nur den interessantesten Fall betrachten, der sich durch die Vergleichung der Glieder ergiebt, welche von x unabhängig sind. Ist zunächst p eine *ungerade* Primzahl, so ist dieses Glied rechter Hand, da die Anzahl $p-1$ der negativen Factoren gerade ist,

$$= 1 \cdot 2 \cdot 3 \ldots (p-1),$$

linker Hand dagegen $= -1$, und hieraus ergiebt sich der nach *Wilson* benannte Satz:

Wenn p eine Primzahl bedeutet, so ist das um eine Einheit vergrösserte Product aller kleineren Zahlen als p durch p theilbar, in Zeichen

$$1 \cdot 2 \ldots (p-1) \equiv -1 \pmod{p}.$$

So ist z. B.

$$1 \cdot 2 \cdot 3 \cdot 4 \cdot 5 \cdot 6 + 1 = 721$$

theilbar durch 7.

---

*) Eine weitere Entwicklung dieses Gegenstandes findet man in des Herausgebers Abhandlung: *Abriss einer Theorie der höheren Congruenzen in Bezug auf einen reellen Primzahl-Modulus*, Borchardt's Journal Bd. 54. — Vergl. die nachgelassene Abhandlung von *Gauss: Analysis Residuorum*, Gauss' Werke Bd. II. 1863.

Der Wilson'sche Satz gilt aber auch für die Primzahl 2, da in diesem Fall $+1$ und -1 einander congruent sind.

Dieser Satz ist dadurch bemerkenswerth, dass er sich umkehren lässt und deshalb ein charakteristisches Merkmal für eine Primzahl abgiebt. Denn nimmt man umgekehrt an, es sei

$$1 \,.\, 2 \,.\, 3 \ldots (p-1) + 1$$

durch p theilbar, so muss p eine Primzahl sein; wäre nämlich p eine zusammengesetzte Zahl, also ausser durch 1 und durch sich selbst auch noch durch eine andere Zahl a theilbar, so würde a nothwendig eine der Zahlen $2, 3 \ldots (p-1)$ sein müssen; da nun die obige Summe und ihr erstes Glied durch a theilbar ist, so müsste auch das zweite Glied 1 durch a theilbar sein, was nicht möglich ist.

Einen anderen interessanten Satz erhält man durch Anwendung des dritten der vorhergehenden Sätze auf dasselbe Beispiel. Bezeichnet nämlich δ irgend einen Divisor von $p-1$, so ist bekanntlich

$$x^{p-1} - 1 = (x^{\delta} - 1)\, \psi(x),$$

wo $\psi(x)$ ein Polynom mit ganzen Coefficienten bedeutet. Hieraus folgt also: *Die Congruenz*

$$x^{\delta} \equiv 1 \pmod{p},$$

deren Grad δ ein Divisor von $p-1$ ist, besitzt stets δ incongruente Wurzeln.

§. 28.

Der zuletzt abgeleitete Satz gehört seinem Inhalte nach eigentlich in eine allgemeinere Theorie, nämlich in die Theorie der *binomischen Congruenzen* von der Form

$$ax^n \equiv b \pmod{k}.$$

Dieselbe stützt sich auf die Betrachtung der sogenannten *Potenzreste*, d. h. der Reste der successiven Potenzen einer Zahl, und wir beschäftigen uns daher zunächst mit der Untersuchung der interessanten Gesetze, welche hier hervortreten.

Es sei also k ein beliebiger Modul, und a relative Primzahl gegen denselben; bilden wir nun die Reihe

$$1, a, a^2, a^3 \ldots$$

der successiven Potenzen von a und setzen dieselbe hinreichend weit fort, so muss es einmal geschehen, dass zwei verschiedene Glieder a^s und a^{s+n} einander nach dem Modul k congruent werden; denn es giebt ja nur eine endliche Anzahl incongruenter Zahlen. Aus der Congruenz

$$a^{s+n} = a^s \,.\, a^n \equiv a^s \pmod{k}$$

folgt aber, da a^s relative Primzahl gegen den Modul k ist, dass

$$a^n \equiv 1 \pmod{k}$$

ist. Es giebt daher, was wir auch schon durch den verallgemeinerten Fermat'schen Satz (§. 19) wussten, stets eine Potenz von a, welche durch k dividirt den Rest 1 lässt. Unter allen Potenzen von a, welche dieselbe Eigenschaft haben, ist aber besonders diejenige bemerkenswerth, welche den kleinsten Exponenten hat; doch versteht sich von selbst, dass der Exponent Null hier nicht in Betracht kommt, für welchen die entsprechende Potenz ja stets $\equiv 1$ sein würde. Bezeichnen wir mit δ diesen kleinsten positiven Exponenten, für welchen

$$a^\delta \equiv 1 \pmod{k}$$

wird, so wollen wir sagen, die Zahl a *gehöre* zu dem Exponenten δ oder zu der Zahl δ. Dann leuchtet zunächst ein, dass die ersten δ Glieder der obigen Potenzreihe, d. h. die Zahlen

$$1, \quad a, \quad a^2 \ldots a^{\delta-1}$$

sämmtlich incongruent unter einander sind; denn aus einer Congruenz von der Form $a^{s+n} \equiv a^s$, wo s und $s+n$ kleiner als δ sind, würde wieder $a^n \equiv 1$ folgen, was mit der Voraussetzung im Widerspruch steht, dass keine niedrigere Potenz als a^δ den Rest 1 lässt.

Die folgenden Glieder der Reihe geben nun genau dieselben Reste, und auch in derselben Reihenfolge, denn es ist

$$\begin{array}{llll} a^\delta \equiv 1, & a^{\delta+1} \equiv a, & a^{\delta+2} \equiv a^2 \ldots & a^{2\delta-1} \equiv a^{\delta-1} \\ a^{2\delta} \equiv 1, & a^{2\delta+1} \equiv a, & a^{2\delta+2} \equiv a^2 \ldots & a^{3\delta-1} \equiv a^{\delta-1} \\ a^{3\delta} \equiv 1, & a^{3\delta+1} \equiv a, & a^{3\delta+2} \equiv a^2 \ldots & a^{4\delta-1} \equiv a^{\delta-1} \end{array}$$

u. s. w.

Um daher zu erfahren, welchen Rest eine beliebige Potenz a^s lässt, dividire man den Exponenten s durch δ und bringe dadurch s in die Form $s = m\delta + r$, wo r eine der Zahlen $0, 1, 2 \ldots (\delta - 1)$ bezeichnet. Dann ist

$$a^s = a^{m\delta+r} \equiv a^r \pmod{k}.$$

Hieraus geht ferner hervor, dass zwei solche Potenzen wie a^s und $a^{s'}$ stets, aber auch nur dann congruent sein werden in Bezug auf den Modul k, wenn $s \equiv s' \pmod{\delta}$; denn ist r' der bei der Division von s' durch δ hervorgehende Rest, so ist $a^{s'} \equiv a^{r'} \pmod{k}$. Ist daher

$$a^s \equiv a^{s'} \pmod{k}$$

so muss auch

$$a^r \equiv a^{r'} \pmod{k}$$

sein; da aber r und r' kleiner als δ sind, so ist dies nur dann möglich, wenn $r = r'$ ist, woraus $s \equiv s' \pmod{\delta}$ folgt; und umgekehrt leuchtet ein, dass, sobald $s \equiv s' \pmod{\delta}$, also $r = r'$ ist, auch $a^s \equiv a^{s'} \pmod{k}$ sein muss.

Ein specieller Fall ist der, dass, sobald $a^s \equiv 1$, also $a^s \equiv a^0$ ist, nothwendig $s \equiv 0 \pmod{\delta}$, d. h. dass s theilbar durch δ sein muss. Nun wissen wir schon aus dem verallgemeinerten Fermat'schen Satz, dass stets

$$a^{\varphi(k)} \equiv 1 \pmod{k}$$

ist; hieraus folgt also, dass die Zahl δ, zu welcher eine Zahl a gehört, stets ein Divisor von $\varphi(k)$ sein muss *).

§. 29.

Beschränken wir uns jetzt wieder auf den Fall, in welchem der Modul eine Primzahl p und also a irgend eine durch p nicht theilbare Zahl ist, so folgt aus der letzten Bemerkung, dass die Zahl δ, zu welcher a gehört, jedenfalls ein Divisor von $\varphi(p) = p - 1$ sein muss. Man kann nun umgekehrt fragen: wenn δ irgend ein Divisor von $p - 1$ ist, giebt es dann jedesmal auch Zahlen a, welche zu δ gehören? und wie viele? Nehmen wir zunächst einmal ein Beispiel, indem wir $p = 7$ setzen. Da aus $a \equiv b \pmod{p}$ auch stets $a^s \equiv b^s \pmod{p}$ folgt, so gehören je zwei congruente Zahlen auch stets zu demselben Exponenten, und wir brauchen daher in unserem Beispiel nur die Zahlen $a = 1, 2, 3, 4, 5, 6$ zu betrachten; durch wirkliches Potenziren, welches man dadurch abkürzt, dass man statt jeder Potenz immer ihren kleinsten Rest

*) Ein anderer Beweis dieses Satzes findet sich in den Supplementen V. §. 127.

substituirt, findet man nun das in der folgenden Tabelle ausgedrückte Resultat:

a	1	2	3	4	5	6
δ	1	3	6	3	6	2

Es gehört daher zu dem Divisor $\delta = 1$ nur die einzige Zahl 1, zu $\delta = 2$ nur die einzige Zahl 6; zu $\delta = 3$ gehören zwei Zahlen, nämlich 2 und 4, und zu $\delta = 6$ gehören die beiden Zahlen 3 und 5.

Nehmen wir nun vorläufig einmal an, dass *mindestens eine* Zahl a existirt, welche zu dem Exponenten δ gehört, so sind die δ Zahlen

$$1, a, a^2 \ldots a^{\delta-1} \qquad (A)$$

nach dem Vorhergehenden sämmtlich incongruent; da ferner $a^\delta \equiv 1$, so ist auch

$$(a^r)^\delta = (a^\delta)^r \equiv 1 \pmod{p},$$

d. h. die δ Zahlen (A) sind Wurzeln der Congruenz

$$x^\delta \equiv 1 \pmod{p},$$

und da sie unter einander incongruent sind, und der Modulus eine Primzahl ist, so bilden sie auch die sämmtlichen Wurzeln dieser Congruenz vom Grade δ. Jede Zahl aber, welche zum Exponenten δ gehört, muss vor Allem eine Wurzel dieser Congruenz sein, und wir haben daher alle etwa existirenden Zahlen, die zu δ gehören, unter den Zahlen (A) zu suchen. Wir fragen daher: zu welchem Exponenten h gehört irgend eine dieser Zahlen, z. B. a^r? d. h. welches ist die kleinste positive Zahl h, für welche

$$(a^r)^h = a^{rh} \equiv 1 \pmod{p}$$

ist? Offenbar muss rh (da a zum Exponenten δ gehört) durch δ theilbar sein; ist daher ε der grösste gemeinschaftliche Divisor von $r = \varepsilon r'$ und $\delta = \varepsilon\delta'$, so muss h durch δ' theilbar sein; die kleinste Zahl h, welche diese Bedingung erfüllt, ist offenbar δ' selbst, und es ist auch wirklich

$$(a^r)^{\delta'} = (a^\delta)^{r'} \equiv 1 \pmod{p};$$

also ist δ' die Zahl, zu welcher a^r gehört. Soll also a^r zum Exponenten δ gehören, so muss $\varepsilon = 1$, also r relative Primzahl gegen δ sein; und umgekehrt, sobald dies der Fall, also $\varepsilon = 1$ ist, gehört auch a^r wirklich zum Exponenten δ. Wir erhalten so das Resultat, dass unter den Zahlen (A) genau ebenso viele zu dem Exponenten δ gehören, als es unter den Exponenten

$$0, 1, 2 \ldots (\delta - 1)$$

relative Primzahlen zu δ giebt; es giebt daher $\varphi(\delta)$ solche Zahlen.

Da wir angenommen hatten, dass *mindestens eine* solche Zahl a existirte, so können wir das Bisherige so zusammenfassen: Ist p eine Primzahl und δ ein Divisor von $p-1$, so ist die Anzahl der incongruenten Zahlen, die zu δ gehören, entweder $= 0$, oder $= \varphi(\delta)$. Um nun über diese Alternative zu entscheiden, betrachten wir die Totalität aller $p-1$ nach dem Modul p incongruenten und durch p nicht theilbaren Zahlen; wir theilen dieselben in Gruppen ein, indem wir je zwei incongruente Zahlen in dieselbe oder in verschiedene Gruppen werfen, je nachdem sie zu demselben Divisor δ von $p-1$ gehören oder zu verschiedenen. Bezeichnen wir mit $\psi(\delta)$ die Anzahl der Individuen, welche in die dem Divisor δ entsprechende Gruppe gehören, so muss, da jede der $p-1$ vertheilten Zahlen in eine, aber auch nur in eine solche Gruppe gehört,

$$\Sigma\, \psi(\delta) = p - 1$$

sein, wo das Summenzeichen sich auf sämmtliche Divisoren δ von $p-1$ bezieht; wir wissen ferner schon, dass

$$\psi(\delta) \text{ entweder } = 0, \quad \text{oder } = \varphi(\delta)$$

ist. Da nun früher bewiesen ist (§. 13), dass auch

$$\Sigma\, \varphi(\delta) = p - 1$$

ist, so folgt hieraus mit Nothwendigkeit, dass

$$\psi(\delta) \text{ niemals } = 0, \text{ sondern stets } = \varphi(\delta)$$

ist. Denn da jedes Glied $\psi(\delta)$ der ersteren Summe dem entsprechenden der letzteren höchstens gleich sein, aber niemals dasselbe übertreffen kann, so würde, sobald nur ein einziges Mal oder öfter $\psi(\delta) = 0$ wäre, die erstere Summe nothwendig kleiner ausfallen müssen als die letztere, während sie in der That einander gleich sind. Wir haben so den wichtigen Satz*) gewonnen:

Die Anzahl der sämmtlichen incongruenten Zahlen, welche zu einem bestimmten Divisor δ von $p-1$ gehören, ist stets $= \varphi(\delta)$.

Es genügt, einen Blick auf das obige Beispiel zu werfen, in welchem $p = 7$, um diesen Satz bestätigt zu sehen.

---

*) *Gauss: D. A.* art. 54.

§. 30.

Am interessantesten und folgenreichsten ist der in diesem Resultat enthaltene specielle Fall, in welchem $\delta = p - 1$ ist:

Es giebt stets $\varphi(p-1)$ incongruente Zahlen g, welche zu dem Exponenten $p-1$ gehören, welche also die charakteristische Eigenschaft haben, dass die $p-1$ Potenzen

$$1, g, g^2, g^3 \ldots g^{p-2} \tag{G}$$

sämmtlich incongruent (mod. p) sind.

Da es überhaupt nur $p-1$ incongruente und durch p nicht theilbare Zahlen c giebt, so folgt, dass jede solche Zahl c einer, und natürlich auch nur einer der Potenzen (G) congruent ist. Jede solche Zahl g, welche zum Exponenten $p-1$ gehört, heisst eine *primitive Wurzel der Primzahl* p*), und man kann daher sagen: wenn g eine primitive Wurzel von p ist, und c irgend eine durch p nicht theilbare Zahl, so existirt stets eine Zahl γ in der Reihe $0, 1, 2 \ldots p-2$ und nur eine von der Beschaffenheit, dass

$$c \equiv g^\gamma \pmod{p}$$

ist. Wenn man in dieser Weise alle incongruenten und — was im Folgenden immer hinzuzudenken ist — durch p nicht theilbaren Zahlen als Potenzen einer Basis g darstellt, so heissen die Exponenten γ die *Indices* der zugehörigen Zahlen c in Bezug auf die *Basis* g, und man schreibt z. B.

$$\text{Ind. } c = \gamma,$$

indem man die Basis g, so lange sie unverändert bleibt, in der Bezeichnung unterdrückt.

Nehmen wir z. B. $p = 13$, so überzeugt man sich leicht, dass 2 eine primitive Wurzel ist; denn durch Potenziren erhält man

$$2^0 \equiv 1, \quad 2^1 \equiv 2, \quad 2^2 \equiv 4, \quad 2^3 \equiv 8, \quad 2^4 \equiv 3, \quad 2^5 \equiv 6,$$
$$2^6 \equiv 12, \; 2^7 \equiv 11, \; 2^8 \equiv 9, \quad 2^9 \equiv 5, \quad 2^{10} \equiv 10, \; 2^{11} \equiv 7.$$

Nehmen wir daher 2 zur Basis eines Systems von Indices, so erhalten wir folgende Tabellen

---

*) *Euler: Demonstrationes circa residua ex divisione potestatum per numeros primos resultantia*, Nov. Comm. Petrop. XVIII, p. 85.

c	1	2	3	4	5	6	7	8	9	10	11	12
Ind. c	0	1	4	2	9	5	11	3	8	10	7	6

und

Ind. c	0	1	2	3	4	5	6	7	8	9	10	11
c	1	2	4	8	3	6	12	11	9	5	10	7

deren erstere dazu dient, zu einer Zahl c den Index zu finden, während die zweite den entgegengesetzten Zweck hat*).

Offenbar hat dieses ganze Verfahren die grösste Analogie mit der Construction von Logarithmentafeln, die ja auf dem ähnlichen Gedanken beruhen, alle positiven Zahlen als Potenzen einer einzigen Basis darzustellen; und es zeigt sich nun auch, dass in der Zahlentheorie die Indices ähnliche Gesetze befolgen und für praktische Zwecke ebenso brauchbar sind, wie die Logarithmen. Zunächst leuchtet ein, dass zwei congruente Zahlen auch stets denselben Index haben, in Zeichen: wenn $a \equiv b \pmod{p}$, so ist auch Ind. $a =$ Ind. b. Ist ferner $c \equiv ab \pmod{p}$, so ist Ind. $c \equiv$ Ind. $a +$ Ind. $b \pmod{p-1}$, oder kürzer, es ist stets

$$\text{Ind.}\,(ab) \equiv \text{Ind.}\,a + \text{Ind.}\,b \pmod{p-1}.$$

Denn es ist ja

$$a \equiv g^{\text{Ind.}\,a} \pmod{p}; \quad b \equiv g^{\text{Ind.}\,b} \pmod{p},$$

also

$$ab \equiv g^{\text{Ind}\,a + \text{Ind.}\,b} \pmod{p};$$

nun ist aber auch

$$ab \equiv g^{\text{Ind.}\,(ab)} \pmod{p},$$

folglich

$$g^{\text{Ind.}\,(ab)} \equiv g^{\text{Ind.}\,a + \text{Ind.}\,b} \pmod{p}.$$

Da nun g eine primitive Wurzel von p, also eine zum Exponenten $\delta = (p-1)$ gehörende Zahl ist, so folgt aus §. 28 die Richtigkeit der zu beweisenden Congruenz nach dem Modul $p-1$. Nehmen wir unser obiges Beispiel, in welchem $p = 13$, so ist z. B.

$$\text{Ind.}\,(7) = 11, \quad \text{Ind.}\,(9) = 8,$$

folglich

$$\text{Ind.}\,(63) \equiv 19 \pmod{12}$$

oder

$$\text{Ind.}\,(63) = 7.$$

---

*) Im *Canon Arithmeticus* von *Jacobi* (1839) findet man solche Tabellen für alle dem ersten Tausend angehörenden Primzahlen.

In der That ist aber $63 \equiv 11 \pmod{13}$, und Ind. $(11) = 7$. Man sieht aus diesem Beispiel, wie eine solche Doppeltafel der Indices dazu benutzt werden kann, mit Leichtigkeit die Classe (11) zu finden, welcher das Product (63) aus zwei Zahlen (7 und 9) angehört.

Natürlich lässt sich der vorstehende Satz auf ein Product aus beliebig vielen Factoren in folgender Weise ausdehnen:

$$\text{Ind.}\,(abc\,\ldots) \equiv \text{Ind.}\,a + \text{Ind.}\,b + \text{Ind.}\,c + \cdots \pmod{p-1}.$$

Nimmt man hierin alle Factoren einander congruent, so erhält man:

$$\text{Ind.}\,(a^n) \equiv n\ \text{Ind.}\,a \pmod{p-1},$$

wo n irgend eine positive ganze Zahl bedeutet.

Es liesse sich hieraus auch leicht nachweisen, dass der Uebergang von einem System von Indices zu einem anderen, dessen Basis eine andere der $\varphi(p-1)$ primitiven Wurzeln ist, ganz ähnlichen Gesetzen unterliegt, wie der Uebergang von einem Logarithmensystem zu einem anderen; wir beschränken uns indessen auf folgende einfache Bemerkungen. Wie auch die Basis g gewählt sein mag, der Index von 1 ist stets $= 0$; denn es ist immer $g^0 = 1$. Ferner ist (den Fall $p = 2$ ausgenommen) der Index von -1 stets $= \frac{1}{2}(p-1)$; denn da nach §. 19

$$g^{p-1} - 1 = (g^{\frac{p-1}{2}} - 1)(g^{\frac{p-1}{2}} + 1) \equiv 0 \pmod{p}$$

ist, so muss mindestens eine der beiden Zahlen

$$g^{\frac{p-1}{2}} - 1, \quad g^{\frac{p-1}{2}} + 1$$

durch p theilbar sein; die erstere ist es aber nicht, denn sonst wäre

$$g^{\frac{p-1}{2}} \equiv 1 \pmod{p},$$

was mit der Voraussetzung im Widerspruch ist, dass g zum Exponenten $p-1$ gehört; es ist daher stets

$$g^{\frac{p-1}{2}} \equiv -1 \pmod{p}$$

und folglich

$$\text{Ind.}\,(-1) = \frac{p-1}{2}.$$

Es verdient endlich noch bemerkt zu werden, dass man die Indices, statt aus den Zahlen $0, 1, 2 \ldots (p-2)$, ebenso gut aus jedem anderen vollständigen System incongruenter Zahlen in Bezug auf den Modul $p-1$ wählen kann; die so eben bewiesenen Fundamentalsätze erleiden dadurch nicht die geringste Aenderung.

Man kann nun die Indices benutzen, um eine Congruenz ersten Grades

$$ax \equiv b \pmod{p},$$

die hier die Stelle eines Divisionsproblems vertritt, mit Leichtigkeit aufzulösen; denn es muss offenbar

$$\text{Ind. } x \equiv \text{Ind. } b - \text{Ind. } a \pmod{p-1}$$

sein. Ist also z. B. die Congruenz

$$5x \equiv 6 \pmod{13}$$

zu lösen, so wird man, indem man wieder die primitive Wurzel 2 zur Basis des Indexsystems wählt,

$$\text{Ind. } x \equiv \text{Ind. } 6 - \text{Ind. } 5 \equiv 5 - 9 \equiv 8 \pmod{12}$$

und folglich

$$x \equiv 9 \pmod{13}$$

finden.

Diese Methode, Congruenzen ersten Grades aufzulösen, scheint auf den ersten Blick nur dann anwendbar, wenn der Modul eine Primzahl ist; allein man kann leicht zeigen, dass jede beliebige Congruenz ersten Grades

$$ax \equiv b \pmod{k},$$

deren Modul eine zusammengesetzte Zahl ist, auf eine Kette von Congruenzen reducirt werden kann, deren Moduln Primzahlen sind. Wir können uns hierbei auf den Fall beschränken, in welchem a relative Primzahl gegen k ist. Man löse nun zuerst die Congruenz

$$ax \equiv b \pmod{p},$$

wo p irgend eine in $k = pk'$ aufgehende Primzahl ist, nach der neuen Methode, so erhält man ein Resultat von der Form

$$x \equiv \alpha \pmod{p} \quad \text{oder} \quad x = \alpha + px',$$

wo x' eine beliebige ganze Zahl ist; substituirt man diesen Ausdruck in die gegebene Congruenz, so nimmt sie die folgende Form an:

$$pax' \equiv b - a\alpha \pmod{k}.$$

Da nun $b - a\alpha$ durch p theilbar, also von der Form $b'p$ ist, so stimmen sämmtliche Wurzeln der vorstehenden Congruenz mit den sämmtlichen Wurzeln der Congruenz

$$ax' \equiv b' \pmod{k'}$$

überein. Auf dieselbe Weise kann man nun fortfahren, indem man diese Congruenz zunächst nur in Bezug auf eine in k' aufgehende Primzahl p' löst, u. s. f.; man braucht dann zuletzt nur noch von der Wurzel der letzten dieser Congruenzen durch successive Substitution zu der der ursprünglichen überzugehen.

§. 31.

Wir benutzen nun noch die Theorie der Indices, um auf sie die Theorie der *binomischen Congruenzen* für einen Primzahlmodulus p zu stützen; nach einer früheren Bemerkung kann man einer jeden solchen binomischen Congruenz die Form

$$x^n \equiv D \pmod{p} \tag{1}$$

geben, in welcher der Coefficient der Potenz der Unbekannten $= 1$ ist; da ferner der Fall, in welchem $D \equiv 0 \pmod{p}$ und folglich auch $x \equiv 0 \pmod{p}$, ohne Interesse ist, so schliessen wir denselben aus.

Bezeichnen wir nun zur Abkürzung die Indices von D und x resp. mit γ und ξ (wenn irgend eine primitive Wurzel g von p zur Basis genommen ist), so reducirt sich die Auflösung der Congruenz (1) auf die Bestimmung aller Wurzeln ξ der Congruenz ersten Grades

$$n\xi \equiv \gamma \pmod{p-1}; \tag{2}$$

denn offenbar entspricht jeder Wurzel der einen dieser beiden Congruenzen (1) und (2) auch stets eine und nur eine Wurzel der anderen.

Es sei jetzt δ der grösste gemeinschaftliche Divisor der Zahlen $p-1$ und n, so ist (§. 22) die Congruenz (2) nur dann möglich, wenn die Bedingung

$$\gamma \equiv 0 \pmod{\delta} \tag{3}$$

erfüllt ist, und dann hat sie δ nach dem Modul $p-1$ incongruente Wurzeln ξ. Wir schliessen hieraus unmittelbar den Satz:

Ist δ der grösste gemeinschaftliche Divisor des Grades n der Congruenz (1) *und der Zahl $p-1$, so ist diese Congruenz nur dann möglich, wenn die Bedingung*

$$\text{Ind. } D \equiv 0 \pmod{\delta} \tag{4}$$

erfüllt ist, und dann besitzt sie δ nach dem Modul p incongruente Wurzeln x.

Liegt z. B. die Congruenz

$$x^8 \equiv 3 \pmod{13}$$

vor, so ist $\delta = 4$; nehmen wir ferner die primitive Wurzel 2 als Basis für die Indices, so ist Ind. $3 = 4$, also ist die Bedingung (4) erfüllt, und die vorgelegte Congruenz hat 4 nach dem Modul 13 incongruente Wurzeln; um diese zu finden, bilden wir die Congruenz ersten Grades

$$8\xi \equiv 4 \pmod{12} \quad \text{oder} \quad 2\xi \equiv 1 \pmod{3},$$

und erhalten hieraus

$$\xi \equiv 2 \pmod{3}$$

oder

$$\xi \equiv 2, \text{ oder } 5, \text{ oder } 8, \text{ oder } 11 \pmod{12},$$

folglich, indem wir zu diesen Indices ξ die zugehörigen Zahlen suchen,

$$x \equiv 4, \text{ oder } 6, \text{ oder } 9, \text{ oder } 7 \pmod{13}.$$

Da die Möglichkeit der binomischen Congruenz von der Wahl der primitiven Wurzel g, auf welche sich die Indices γ und ξ beziehen, nothwendig unabhängig sein muss, so wird das Kriterium, dass der Index γ einer Zahl D durch einen Divisor δ der Zahl $p-1$ theilbar sein muss, in eine von der Theorie der Indices unabhängige Form gebracht werden können. Dies bestätigt sich auf folgende Weise. Sobald in Bezug auf irgend eine Basis g der Index γ der Zahl D durch den Divisor δ von $p-1$ theilbar, also von der Form $h\delta$ ist, so haben wir die Congruenz

$$D \equiv g^{h\delta} \pmod{p}$$

und hieraus durch Potenzirung

$$D^{\frac{p-1}{\delta}} \equiv g^{h(p-1)} \equiv 1 \pmod{p};$$

und umgekehrt, sobald die Zahl D dieser Bedingung

$$D^{\frac{p-1}{\delta}} \equiv 1 \pmod{p}$$

genügt, muss der in Bezug auf eine beliebige Basis g genommene Index γ der Zahl D durch δ theilbar sein; denn es sei

$$D \equiv g^{\gamma} \pmod{p},$$

so folgt hieraus

$$g^{\gamma \cdot \frac{p-1}{\delta}} \equiv 1 \text{ (mod. } p),$$

und da g eine primitive Wurzel, d. h. eine zum Exponenten $p-1$ gehörende Zahl ist, so muss der Exponent durch $p-1$, und folglich der Index γ durch δ theilbar sein.

Nachdem das ursprüngliche Kriterium so umgeformt ist, können wir unseren Satz in folgender Weise unabhängig von der Theorie der Indices aussprechen:

Ist δ der grösste gemeinschaftliche Divisor der Zahlen n und $p-1$, so hat die Congruenz

$$x^n \equiv D \text{ (mod. } p), \tag{1}$$

genau δ incongruente Wurzeln, oder gar keine, je nachdem die Zahl D der Bedingung

$$D^{\frac{p-1}{\delta}} \equiv 1 \text{ (mod. } p) \tag{5}$$

genügt oder nicht genügt.

Den speciellen Fall, in welchem $\delta = n$ und $D = 1$ ist, haben wir schon früher (§. 27) auf anderem Wege bewiesen; es würde nicht schwer sein, aus den dort angewandten Principien auch den allgemeinen Satz abzuleiten, ohne die Theorie der Indices zu Hülfe zu rufen; doch überlassen wir der Kürze halber diese Untersuchung dem Leser.

Wir können nun auch noch die Frage aufstellen: wenn der Grad n der Congruenz (1) gegeben ist, wie viele incongruente Zahlen D existiren, für welche die Congruenz (1) möglich ist? Hierauf liefert der Satz selbst sogleich die Antwort, denn diese Zahlen D sind ja die sämmtlichen Wurzeln der binomischen Congruenz

$$x^{\frac{p-1}{\delta}} \equiv 1 \text{ (mod. } p);$$

der grösste gemeinschaftliche Divisor des Exponenten $(p-1):\delta$ und der Zahl $p-1$ ist in diesem Falle der Exponent $(p-1):\delta$ selbst, und da das Kriterium für die Möglichkeit offenbar erfüllt ist, so ist also die Anzahl aller incongruenten Zahlen D, für welche die Congruenz (1) möglich ist, genau $= (p-1):\delta$. Man nennt solche Zahlen D, welche der $n$ten Potenz einer Zahl congruent sind, kurz $n$te Potenzreste, und wir können daher sagen:

Die Anzahl aller $n$ten Potenzreste ist $= (p-1):\delta$, wo δ den grössten gemeinschaftlichen Divisor der Zahlen n und $p-1$ bezeichnet.

Man findet dieselben offenbar, wenn man alle incongruenten Zahlen zur $n$ten Potenz erhebt und deren Reste bildet. Wenn $n = 2, 3, 4$ ist, so nennt man diese Zahlen resp. *quadratische*, *cubische*, *biquadratische Reste*. Mit der Theorie der ersteren, welche für sich allein schon eine grosse Ausdehnung besitzt, werden wir uns nun im Folgenden ausführlich beschäftigen.

Dritter Abschnitt.

Von den quadratischen Resten.

§. 32.

Wir behandeln im Folgenden ausführlich die Theorie der Congruenzen von der Form

$$x^2 \equiv D \pmod{k}, \tag{1}$$

in welcher wir stets D als *relative Primzahl* gegen den Modul k voraussetzen. Es würde sich leicht zeigen lassen, dass jede beliebige Congruenz zweiten Grades auf diesen Fall zurückgeführt werden kann; doch wollen wir uns dabei nicht aufhalten. So oft nun die Congruenz (1) möglich ist, d. h. so oft sie Wurzeln hat, heisst die Zahl D *quadratischer Rest der Zahl* k; im entgegengesetzten Fall heisst D *quadratischer Nichtrest der Zahl* k. Man lässt auch häufig, wenn kein Missverständniss zu befürchten ist, das Beiwort „quadratisch" fort und nennt kurz die Zahl D *Rest* oder *Nichtrest* von k, je nachdem die Congruenz (1) möglich ist oder nicht. Unmittelbar leuchtet hieraus ein, dass zwei nach dem Modul k congruente Zahlen entweder beide Reste von k, oder beide Nichtreste von k sind; d. h. alle in einer und derselben *Classe* enthaltenen Zahlen haben denselben Charakter; je nachdem eine von ihnen Rest oder Nichtrest des Modul k ist, sind sie alle Reste oder alle Nichtreste von k.

Die Theorie der quadratischen Reste zerfällt nun in zwei Haupttheile; man kann nämlich einmal die Frage aufwerfen:

Wenn der Modul k gegeben ist, welches sind dann die sämmtlichen incongruenten quadratischen Reste von k? und wie viele Wurzeln hat die einer jeden dieser Zahlen entsprechende Congruenz?

Bei weitem schwieriger ist aber die Beantwortung der folgenden zweiten Hauptfrage:

Wenn die Zahl D gegeben ist, welches sind dann die Moduln k, für welche die Congruenz (1) *möglich ist, d. h. welches sind die Zahlen k, von denen die gegebene Zahl D quadratischer Rest ist?*

§. 33.

Wir beschäftigen uns zuerst mit der ersten Frage und beginnen die Untersuchung mit dem einfachsten Falle, mit dem nämlich, wo der Modul eine *ungerade Primzahl* p ist (der Fall $p = 2$ erledigt sich unmittelbar durch die Bemerkung, dass jede ungerade Zahl $\equiv 1^2$, also quadratischer Rest von 2 ist). Hier erhalten wir die vollständige Antwort sogleich durch die vorhergehende Theorie der binomischen Congruenzen (§. 31). In unserem Falle ist nämlich $n = 2$ der Grad der binomischen Congruenz, und da $p - 1$ gerade ist, so ist $\delta = 2$ der grösste gemeinschaftliche Divisor von n und $p - 1$; die Congruenz

$$x^2 \equiv D \pmod{p}$$

ist daher stets und nur dann möglich, wenn

$$D^{\frac{p-1}{2}} \equiv 1 \pmod{p},$$

und zwar hat sie jedesmal zwei incongruente Wurzeln; es giebt $\frac{1}{2}(p-1)$ quadratische Reste, und folglich, da die Anzahl aller incongruenten und durch p nicht theilbaren Zahlen gleich $p - 1$ ist, auch $\frac{1}{2}(p-1)$ Nichtreste von p. Da ferner nach dem Fermat'schen Satze

$$D^{p-1} - 1 = (D^{\frac{p-1}{2}} - 1)(D^{\frac{p-1}{2}} + 1) \equiv 0 \pmod{p}$$

ist, so folgt, dass

$$D^{\frac{p-1}{2}} \equiv -1 \pmod{p}$$

sein muss, so oft D ein Nichtrest von p ist. Je nachdem also

$D^{\frac{p-1}{2}} \equiv +1$ oder $\equiv -1$ ist, ist D ein Rest oder Nichtrest von p. Nennt man die Eigenschaft einer Zahl D, Rest oder Nichtrest von p zu sein, ihren *Charakter*, so ist derselbe also durch dieses Kriterium vollständig bestimmt*).

Es lässt sich indessen auch ganz elementar beweisen, dass die Anzahl sowohl der Reste als auch der Nichtreste $= \frac{1}{2}(p-1)$ ist. Quadrirt man nämlich die $\frac{1}{2}(p-1)$ Zahlen

$$1,\ 2,\ 3, \ldots \frac{p-1}{2},$$

so sind die Quadrate sämmtlich incongruent; denn sind r und s zwei verschiedene dieser Zahlen, so ist die Differenz ihrer Quadrate

$$r^2 - s^2 = (r+s)(r-s)$$

nicht theilbar durch p, da die Factoren $r+s$ und $r-s$ kleiner als p sind. Diese $\frac{1}{2}(p-1)$ Quadrate geben also wirklich $\frac{1}{2}(p-1)$ incongruente quadratische Reste; dagegen liefern die Quadrate der folgenden Zahlen

$$\frac{p+1}{2},\ \frac{p+3}{2} \ldots (p-1)$$

dieselben Reste wieder; denn es ist allgemein

$$(p-r)^2 = p^2 - 2rp + r^2 \equiv r^2 \pmod{p}.$$

Also ist $\frac{1}{2}(p-1)$ die Anzahl aller quadratischen Reste, und folglich auch die der quadratischen Nichtreste.

Da ein Product aus mehreren Factoren, die nicht durch p theilbar sind, dieselbe Eigenschaft hat, so kann man nach dem Charakter des Productes fragen, wenn die Charaktere der Factoren gegeben sind. Beschränken wir uns zunächst auf zwei Factoren, so sind folgende drei Fälle zu unterscheiden.

I. Das Product aus zwei Resten ist wieder ein Rest; denn sind a und a' Reste, so giebt es Zahlen x, x' von der Beschaffenheit, dass $a \equiv x^2 \pmod{p}$, $a' \equiv x'^2 \pmod{p}$; hieraus folgt aber $aa' \equiv (xx')^2 \pmod{p}$, d. h. aa' ist Rest von p.

II. Das Product aus einem Rest und einem Nichtrest ist ein Nichtrest. Denn wenn wir ein vollständiges System incongruenter

*) Dies Kriterium rührt wesentlich von *Euler* her; man vergl. z. B. die Abhandlung *Theoremata circa residua ex divisione potestatum relicta*, Nov. Comm. Petrop. VII, p. 49; aber es ist mir nicht geglückt, in seinen zahlreichen Arbeiten über diesen Gegenstand eine Stelle aufzufinden, wo dasselbe in voller Schärfe ausgesprochen wäre.

und durch p nicht theilbarer Zahlen bilden, so zerfällt dasselbe in zwei Gruppen, deren eine $\frac{1}{2}(p-1)$ Reste — wir wollen sie allgemein mit α bezeichnen — und deren zweite $\frac{1}{2}(p-1)$ Nichtreste β enthält. Multiplicirt man nun alle diese Zahlen α und β mit einem Reste a, so bilden die Producte $a\alpha$ und $a\beta$ wieder ein vollständiges System incongruenter (durch p nicht theilbarer) Zahlen, welches also wieder $\frac{1}{2}(p-1)$ Reste und $\frac{1}{2}(p-1)$ Nichtreste enthält. In der That sind nun (nach I.) die Producte $a\alpha$ sämmtlich wieder Reste; es müssen daher die anderen $\frac{1}{2}(p-1)$ Producte $a\beta$ sämmtlich Nichtreste sein; also ist das Product aus jedem Rest a und jedem Nichtrest β ein Nichtrest.

III. Das Product aus zwei Nichtresten ist ein Rest. Denn bildet man wieder das System der Reste α und Nichtreste β, und multiplicirt dieselben mit einem Nichtreste b, so sind die Producte $b\alpha$ (nach II.) sämmtlich Nichtreste; folglich müssen die übrigen $\frac{1}{2}(p-1)$ Producte $b\beta$ sämmtlich Reste sein.

Man kann diese wichtigen Sätze offenbar in den folgenden einen zusammenfassen:

Ein Product aus beliebig vielen durch die Primzahl p nicht theilbaren Zahlen ist Rest oder Nichtrest von p, je nachdem die Anzahl der Nichtreste, welche sich unter den Factoren finden, gerade oder ungerade ist.

Dieser Satz ergiebt sich auch unmittelbar aus dem oben aufgestellten Kriterium für den Charakter einer Zahl; denn da

$$(abc\ldots)^{\frac{p-1}{2}} = a^{\frac{p-1}{2}}\, b^{\frac{p-1}{2}}\, c^{\frac{p-1}{2}} \ldots$$

ist, so wird

$$(abc\ldots)^{\frac{p-1}{2}} \equiv +1 \quad \text{oder} \quad \equiv -1 \pmod{p}$$

sein, je nachdem die Anzahl der Factoren $a^{\frac{p-1}{2}}$, $b^{\frac{p-1}{2}}$, $c^{\frac{p-1}{2}}\ldots$, welche $\equiv -1$ sind, eine gerade oder ungerade ist.

Man kann diesen Satz in Form einer Gleichung ausdrücken, wenn man sich eines von *Legendre**) in die Zahlentheorie eingeführten Zeichens bedient, welches in allen folgenden Untersuchungen eine grosse Rolle spielt. *Legendre* bezeichnet nämlich durch das Symbol

$$\left(\frac{m}{p}\right)$$

*) *Théorie des Nombres*, 3me éd. Tom. I. p. 197.

die positive oder negative Einheit, je nachdem die durch die Primzahl p nicht theilbare Zahl m quadratischer Rest oder Nichtrest von p ist; es ist daher stets

$$\left(\frac{m}{p}\right)\left(\frac{m}{p}\right) = +1 \quad \text{und} \quad m^{\frac{p-1}{2}} \equiv \left(\frac{m}{p}\right) \pmod{p}.$$

Den Satz über den Charakter eines Productes kann man dann offenbar durch die folgende Gleichung ausdrücken:

$$\left(\frac{mnl\ldots}{p}\right) = \left(\frac{m}{p}\right)\left(\frac{n}{p}\right)\left(\frac{l}{p}\right)\cdots$$

Es leuchtet ferner ein, dass, sobald $m \equiv n \pmod{p}$, auch

$$\left(\frac{m}{p}\right) = \left(\frac{n}{p}\right)$$

sein wird.

§. 34.

Es ist nun interessant zu sehen, dass die soeben gewonnenen Sätze, welche zum Theil als Resultate einer ausgedehnten Theorie, wie der der binomischen Congruenzen, erscheinen, sich aus den ersten Principien auf einem ganz elementaren Wege ableiten lassen, der zugleich einen neuen Beweis des Wilson'schen und Fermat'schen Satzes liefern wird.

Es sei D irgend eine durch die (ungerade) Primzahl p nicht theilbare Zahl, und r irgend eine der Zahlen

$$1, 2, 3 \ldots (p-1); \tag{1}$$

dann existirt in derselben Reihe stets eine und nur eine Zahl s von der Beschaffenheit, dass

$$rs \equiv D \pmod{p}$$

ist; denn diese Zahl s ist ja die Wurzel der Congruenz ersten Grades $rx \equiv D \pmod{p}$; je zwei solche Zahlen r und s der Reihe (1), deren Product $\equiv D$ ist, wollen wir *zusammengehörige* Zahlen nennen; offenbar ist durch eine dieser beiden Zahlen die andere ebenfalls bestimmt. Identisch können diese beiden Zahlen nur dann werden, wenn die Congruenz

$$x^2 \equiv D \pmod{p} \tag{2}$$

möglich ist. Danach theilen wir unsere Untersuchung in zwei Fälle ein.

Erstens: Die Congruenz (2) ist unmöglich. — Dann sind also je zwei zusammengehörige Zahlen von einander verschieden, und da zwei solche Paare stets identisch sind, sobald sie nur eine gemeinschaftliche Zahl haben, so zerfallen die sämmtlichen $p-1$ Zahlen (1) in $\frac{1}{2}(p-1)$ solche Paare zusammengehöriger Zahlen, und folglich ist ihr Product

$$1.2.3\ldots(p-1) \equiv D^{\frac{p-1}{2}} \pmod{p}. \tag{3}$$

Zweitens: Die Congruenz (2) ist möglich. — Dann existirt also auch in der Reihe (1) mindestens eine Zahl ϱ von der Beschaffenheit, dass $\varrho^2 \equiv D$; sehen wir zu, ob ausser ϱ in der Reihe (1) noch eine solche Zahl σ existirt; dann muss $\sigma^2 \equiv \varrho^2$, folglich $(\sigma-\varrho)(\sigma+\varrho)$ durch p theilbar sein; da wir σ verschieden von ϱ voraussetzen, so ist $\sigma-\varrho$ nicht theilbar durch p, folglich muss $\sigma+\varrho$ theilbar durch p, also $\sigma = p-\varrho$ sein; und in der That ist wirklich $(p-\varrho)^2 \equiv D$. Trennen wir nun diese beiden (wirklich ungleichen) Zahlen ϱ und $\sigma = p-\varrho$, deren Product $\varrho\sigma \equiv -\varrho^2 \equiv -D$ ist, von den übrigen der Reihe (1), so zerfallen die letzteren in $\frac{1}{2}(p-3)$ Paare zusammengehöriger Zahlen von der Beschaffenheit, dass jedes Paar aus zwei verschiedenen Zahlen besteht. Demnach ist in diesem Fall das Product aller Zahlen der Reihe (1):

$$1.2.3\ldots(p-1) \equiv -D^{\frac{p-1}{2}} \pmod{p}. \tag{4}$$

Nun giebt es aber einen Fall, in welchem die Congruenz (2) stets möglich ist, nämlich den, in welchem $D = 1 = 1^2$; wir erhalten daher zunächst aus (4) den Satz von *Wilson:*

$$1.2.3\ldots(p-1) \equiv -1 \pmod{p}, \tag{5}$$

und substituiren wir dies in die Congruenzen (3) und (4), so erhalten wir das Resultat, dass

$$D^{\frac{p-1}{2}} \equiv +1 \quad \text{oder} \quad \equiv -1 \pmod{p}$$

ist, je nachdem die Congruenz (2) möglich oder nicht möglich ist. Da endlich ein dritter Fall nicht existiren kann, so erhalten wir allgemein

$$D^{p-1} = \left(D^{\frac{p-1}{2}}\right)^2 \equiv (\pm 1)^2 \equiv +1 \pmod{p},$$

also den Satz von *Fermat.*

Durch diese einfache Betrachtung sind wir also sogleich bis zu denselben Sätzen in der Theorie der quadratischen Reste gelangt, welche vorher aus der allgemeinen Theorie der binomischen Congruenzen abgeleitet waren.

§. 35.

Wir wenden uns jetzt zu der Untersuchung des Falls, in welchem der Modul k der quadratischen Congruenz

$$x^2 \equiv D \pmod{k}$$

die Potenz einer Primzahl p ist; dabei müssen wir den Fall, in welchem $p = 2$, gesondert von den übrigen behandeln, in welchen p eine ungerade Primzahl ist*).

Ist zunächst p eine ungerade Primzahl, und $k = p^\pi$, wo π irgend eine positive ganze Zahl bedeutet, und nehmen wir an, die Congruenz

$$x^2 \equiv D \pmod{p^\pi} \qquad (1)$$

sei möglich, so überzeugt man sich leicht, dass sie im Ganzen *zwei* incongruente Wurzeln hat; denn ist α eine bestimmte, und x irgend eine Wurzel, so muss

$$x^2 - \alpha^2 = (x - \alpha)(x + \alpha) \equiv 0 \pmod{p^\pi}$$

sein; von den beiden Factoren $x - \alpha$ und $x + \alpha$ ist aber nur einer durch p theilbar; denn wären beide durch p theilbar, so wäre auch ihre Differenz 2α, und folglich auch α durch p theilbar, was nicht der Fall ist, da wir $D \equiv \alpha^2$ als nicht theilbar durch p vorausgesetzt haben. Da also einer der beiden Factoren relative Primzahl gegen p^π ist, so muss der andere für sich allein durch p^π theilbar sein. Es ist daher entweder

$$x \equiv \alpha \pmod{p^\pi}, \quad \text{oder} \quad x \equiv -\alpha \pmod{p^\pi};$$

also hat die Congruenz (1) entweder gar keine Wurzel, oder sie hat zwei incongruente Wurzeln α und $-\alpha$.

Es ist nun noch zu entscheiden, wann das Eine, wann das Andere Statt finden wird. Da nun jede Wurzel α der Congruenz (1) auch eine Wurzel der Congruenz

*) Die nachfolgenden Resultate lassen sich auch aus dem in §. 145 bewiesenen Satze ableiten.

$$x^2 \equiv D \pmod{p} \tag{2}$$

ist, so leuchtet ein, dass die Congruenz (1) nur dann möglich ist, wenn D quadratischer Rest von p ist; es fragt sich daher nur, ob auch umgekehrt, wenn D quadratischer Rest von p ist, hieraus die Möglichkeit der Congruenz (1) folgt. Um dies zu zeigen, brauchen wir nur nachzuweisen, dass, sobald die Congruenz (2) eine Wurzel α besitzt (also D quadratischer Rest von p ist), hieraus sich eine Wurzel der Congruenz (1) ableiten lässt, welche $\equiv \alpha \pmod{p}$ ist; und da Aehnliches von jeder Congruenz $x^2 \equiv D \pmod{k}$ gilt, wo D stets dieselbe Zahl, k aber irgend eine Potenz der Primzahl p ist, so braucht man nur zu zeigen, dass aus einer Wurzel α der Congruenz (1) sich eine Wurzel der Congruenz

$$x^2 \equiv D \pmod{p^{\pi+1}} \tag{3}$$

ableiten lässt, welche $\equiv \alpha \pmod{p^\pi}$ ist. Es sei daher

$$\alpha^2 \equiv D \pmod{p^\pi} \quad \text{oder} \quad \alpha^2 - D = hp^\pi,$$

so setzen wir

$$x = \alpha + p^\pi y,$$

woraus

$$x^2 - D = hp^\pi + 2\alpha p^\pi y + p^{2\pi} y^2 \equiv p^\pi (h + 2\alpha y) \pmod{p^{\pi+1}}$$

folgt; damit nun $x^2 \equiv D \pmod{p^{\pi+1}}$ werde, braucht y nur so bestimmt zu werden, dass

$$2\alpha y \equiv -h \pmod{p}$$

werde; da nun D, folglich auch α, und also, da p ungerade ist, auch 2α eine durch p nicht theilbare Zahl ist, so lässt sich y stets so wählen, dass es dieser Congruenz ersten Grades genügt. Wir sehen also, dass aus der Möglichkeit der Congruenz (1) auch stets die Möglichkeit der Congruenz (3) folgt; durch dieselbe wiederholt angewendete Schlussweise ergiebt sich also auch, dass aus der Möglichkeit der Congruenz (2) stets die der Congruenz (1) folgt, und wir haben auch eine Methode gefunden, um aus einer Wurzel der Congruenz $x^2 \equiv D$ für den Modul p successive eine Wurzel derselben Congruenz für die Moduln $p^2, p^3 \dots p^\pi$ zu gewinnen. Wir haben mithin folgendes Resultat:

Ist p eine ungerade Primzahl, und D eine durch p nicht theilbare Zahl, so ist für die Möglichkeit der Congruenz

$$x^2 \equiv D \pmod{p^\pi}$$

erforderlich und hinreichend, dass

$$\left(\frac{D}{p}\right) = 1,$$

d. h. dass D quadratischer Rest von p sei; sobald diese Bedingung erfüllt ist, besitzt die vorgelegte Congruenz zwei incongruente Wurzeln α *und* $-\alpha$, *welche gefunden werden können, sobald man eine Wurzel der Congruenz*

$$x^2 \equiv D \pmod{p}$$

gefunden hat.

§. 36.

Wir gehen nun zu dem besonderen Fall über, in welchem der Modul k eine Potenz der Primzahl 2 ist, so dass also D irgend eine ungerade Zahl bedeutet. Betrachten wir zunächst die Congruenz

$$x^2 \equiv D \pmod{4},$$

so erkennt man leicht, dass dieselbe stets und nur dann möglich ist, wenn

$$D \equiv 1 \pmod{4}$$

ist. Denn ist die Congruenz möglich, so ist x jedenfalls ungerade, und das Quadrat von $x = 2n + 1$ ist $4n^2 + 4n + 1 \equiv 1 \pmod{4}$; umgekehrt, ist $D \equiv 1 \pmod{4}$, so hat die Congruenz offenbar die beiden incongruenten Wurzeln $x \equiv 1$ und $x \equiv -1 \pmod{4}$.

Gehen wir nun zu der Congruenz

$$x^2 \equiv D \pmod{8}$$

über, so leuchtet ein, da das Quadrat einer jeden ungeraden Zahl $4n \pm 1$ gleich $16n^2 \pm 8n + 1 \equiv 1 \pmod{8}$ ist, dass diese Congruenz nur dann möglich ist, wenn

$$D \equiv 1 \pmod{8}$$

ist; und umgekehrt, sobald diese Bedingung erfüllt ist, hat die Congruenz die vier incongruenten Wurzeln $x \equiv 1$, $x \equiv 3$, $x \equiv 5$, $x \equiv 7$.

Betrachten wir jetzt die Congruenz

$$x^2 \equiv D \pmod{2^\pi},$$

wo $\pi \geqq 3$ ist, so kann diese Congruenz nur dann möglich sein, wenn die Congruenz

$$x^2 \equiv D \pmod{8}$$

möglich ist; es ist daher erforderlich, dass

$$D \equiv 1 \pmod{8}$$

sei. Wir wollen nun umgekehrt zeigen, dass diese Bedingung auch hinreicht, und dass dann die Congruenz stets vier incongruente Wurzeln hat. Nehmen wir nämlich an, dies sei für den Modul 2^π schon bewiesen, so können wir zeigen, dass dasselbe auch für den Modul $2^{\pi+1}$ gilt. Es sei nämlich α eine Wurzel der Congruenz

$$x^2 \equiv D \pmod{2^\pi}$$

also

$$\alpha^2 - D = h \,.\, 2^\pi,$$

so setzen wir

$$x = \alpha + 2^{\pi-1} \,.\, y;$$

dann wird

$$x^2 - D = h \,.\, 2^\pi + 2^\pi \,.\, \alpha y + 2^{2\pi-2} y^2.$$

Da nun $\pi \geqq 3$, so ist $2\pi - 2 \geqq \pi + 1$, folglich

$$x^2 - D \equiv 2^\pi (h + \alpha y) \pmod{2^{\pi+1}}.$$

Damit also $x^2 - D$ durch $2^{\pi+1}$ theilbar werde, braucht man nur y so zu wählen, dass

$$\alpha y \equiv -h \pmod{2}$$

werde. Dies ist aber stets möglich, da α eine ungerade Zahl ist; also folgt aus der Möglichkeit der Congruenz

$$x^2 \equiv D \pmod{2^\pi},$$

wo $\pi \geqq 3$ ist, stets die Möglichkeit der Congruenz

$$x^2 \equiv D \pmod{2^{\pi+1}}.$$

Wir schliessen hieraus zunächst das folgende Resultat:

Damit die Congruenz

$$x^2 \equiv D \pmod{2^\pi},$$

in welcher $\pi \geqq 3$ ist, Wurzeln habe, ist erforderlich und hinreichend, dass

$$D \equiv 1 \pmod{8}$$

sei.

Ist nun α eine Wurzel dieser Congruenz — und eine solche kann immer nach der obigen Methode gefunden werden —, so muss, wenn x irgend eine Wurzel derselben Congruenz bezeichnet,

$$x^2 - \alpha^2 = (x - \alpha)(x + \alpha) \equiv 0 \pmod{2^\pi}$$

sein. Da ferner α sowohl wie x ungerade Zahlen sein müssen, so sind die beiden Factoren $x - \alpha$ und $x + \alpha$ gerade Zahlen, und dann muss

$$\frac{x-\alpha}{2} \cdot \frac{x+\alpha}{2} \equiv 0 \text{ (mod. } 2^{\pi-2})$$

sein. Da nun die Differenz der beiden Factoren $\frac{1}{2}(x - \alpha)$ und $\frac{1}{2}(x + \alpha)$ eine ungerade Zahl ist, so muss einer von ihnen ungerade, und der andere folglich theilbar durch $2^{\pi-2}$ sein. Dies giebt folgende Fälle:

$$x \equiv \alpha \text{ (mod. } 2^{\pi-1}) \quad \text{oder} \quad x \equiv -\alpha \text{ (mod. } 2^{\pi-1})$$

und diese liefern wieder folgende vier Fälle:

$$x \equiv \alpha \text{ (mod. } 2^{\pi}); \qquad x \equiv \alpha + 2^{\pi-1} \text{ (mod. } 2^{\pi});$$
$$x \equiv -\alpha \text{ (mod. } 2^{\pi}); \quad x \equiv -\alpha - 2^{\pi-1} \text{ (mod. } 2^{\pi}).$$

Und umgekehrt überzeugt man sich leicht, dass jede dieser vier in Bezug auf den Modul 2^{π} incongruenten Zahlen der Congruenz genügt.

Wir fassen die ganze Untersuchung in folgendem Satze zusammen:

Die Congruenz

$$x^2 \equiv D \text{ (mod. } 2^{\pi})$$

ist stets möglich, wenn $\pi = 1$, *und hat dann eine Wurzel; sie ist, wenn* $\pi = 2$, *stets und nur dann möglich, wenn* $D \equiv 1$ *(mod. 4), und sie hat dann zwei Wurzeln; sie ist, wenn* $\pi \geqq 3$, *stets und nur dann möglich, wenn* $D \equiv 1$ *(mod. 8) ist, und zwar hat sie dann vier Wurzeln.*

§. 37.

Es ist jetzt leicht, die Möglichkeit und die Anzahl der Wurzeln der Congruenz $x^2 \equiv D$ für einen beliebigen Modulus zu beurtheilen, der relative Primzahl zu D ist. Wir führen diese Untersuchung ganz allgemein in folgender Weise.

Es seien $a, b, c \ldots$ relative Primzahlen zu einander, und

$$f(x) \equiv 0 \text{ (mod. } abc \ldots) \tag{1}$$

eine beliebige zur Auflösung vorgelegte Congruenz, so lässt dieselbe sich stets auf die vollständige Auflösung der Congruenzen

$$\left.\begin{array}{l} f(x) \equiv 0 \ (\text{mod. } a) \\ f(x) \equiv 0 \ (\text{mod. } b) \\ f(x) \equiv 0 \ (\text{mod. } c) \end{array}\right\} \qquad (2)$$
u. s. w.

zurückführen. Zunächst leuchtet ein, dass jede Wurzel x der Congruenz (1) auch allen Congruenzen (2) genügen muss; es wird daher die Congruenz (1) unmöglich sein, wenn dies mit irgend einer der Congruenzen (2) der Fall ist. Umgekehrt, ist α irgend eine Wurzel der Congruenz $f(x) \equiv 0$ (mod. a), ebenso β irgend eine Wurzel der Congruenz $f(x) \equiv 0$ (mod. b), γ eine Wurzel der Congruenz $f(x) \equiv 0$ (mod. c) u. s. w., so bestimme man (nach §. 25) eine Zahl x durch das System von Congruenzen

$$\left.\begin{array}{l} x \equiv \alpha \ (\text{mod. } a) \\ x \equiv \beta \ (\text{mod. } b) \\ x \equiv \gamma \ (\text{mod. } c) \end{array}\right\} \qquad (3)$$
u. s. w.,

so wird

$$\begin{array}{l} f(x) \equiv f(\alpha) \equiv 0 \ (\text{mod. } a) \\ f(x) \equiv f(\beta) \equiv 0 \ (\text{mod. } b) \\ f(x) \equiv f(\gamma) \equiv 0 \ (\text{mod. } c) \end{array}$$
u. s. w.,

und folglich, da $a, b, c \ldots$ relative Primzahlen zu einander sind, auch

$$f(x) \equiv 0 \ (\text{mod. } abc \ldots),$$

d. h. jede dem System (3) genügende Zahl x ist eine Wurzel der vorgelegten Congruenz (1). Da nun (nach §. 25) dem System (3) unendlich viele Zahlen x genügen, welche aber alle nach dem Modul $abc \ldots$ einander congruent sind, so liefert das System (3) eine und nur eine Wurzel x der Congruenz (1). Ist nun

λ die Anzahl aller incongruenten Wurzeln α (mod. a)
μ „ „ „ „ „ β (mod. b)
ν „ „ „ „ „ γ (mod. c)
u. s. w.,

so kann man im Ganzen $\lambda\mu\nu \ldots$ verschiedene Systeme (3) bilden, welchen (nach §. 25) ebensoviele verschiedene Wurzeln x der Congruenz (1) entsprechen; und andere Wurzeln kann diese letztere nicht besitzen, weil, wie schon oben bemerkt ist, jede bestimmte

Wurzel x der Congruenz (1) auch Wurzel aller Congruenzen (2) und folglich einem bestimmten α (mod. a), einem bestimmten β (mod. b), einem bestimmten γ (mod. c) u. s. f. congruent sein muss. Mithin ist die Anzahl aller nach dem Modul $abc\ldots$ incongruenten Wurzeln der vorgelegten Congruenz $= \lambda\mu\nu\ldots$

Mit Hülfe dieses allgemeinen Resultates sind wir im Stande zu beurtheilen, ob die Congruenz

$$x^2 \equiv D \text{ (mod. } k),$$

in welcher D und k relative Primzahlen sind, möglich, und wie gross die Anzahl σ ihrer incongruenten Wurzeln ist. Bedeutet p jede beliebige in dem Modul k (also nicht in D) aufgehende ungerade Primzahl, so ist erforderlich, dass

$$\left(\frac{D}{p}\right) = +1$$

sei; ist diese Bedingung erfüllt, so hat die Congruenz $x^2 \equiv D$ in Bezug auf jeden Modulus von der Form p^π genau zwei incongruente Wurzeln. Ist daher der Modul k ungerade, und μ die Anzahl der von einander verschiedenen in k aufgehenden Primzahlen p, so ist

$$\sigma = 2^\mu.$$

Dasselbe ist der Fall, wenn der Modulus k das Doppelte einer ungeraden Zahl ist; denn die Congruenz $x^2 \equiv D$ (mod. 2) hat stets eine und nur eine Wurzel.

Ist aber k das Vierfache einer ungeraden Zahl, so ist ausser den früheren μ Bedingungen noch erforderlich, dass $D \equiv 1$ (mod. 4) sei; da alsdann die Congruenz $x^2 \equiv D$ (mod. 4) zwei Wurzeln besitzt, so ist

$$\sigma = 2^{\mu+1}.$$

Ist endlich $k \equiv 0$ (mod. 8), so ist ausser den früheren μ Bedingungen noch erforderlich, dass $D \equiv 1$ (mod. 8) sei; da dann die Congruenz $x^2 \equiv D$ (mod. 2^π), wo $\pi \geqq 3$, stets vier Wurzeln hat, so ist in diesem Fall

$$\sigma = 2^{\mu+2}.$$

§. 38.

Bevor wir diesen Gegenstand verlassen, wollen wir noch eine Anwendung von dem soeben gewonnenen Resultate auf eine Verallgemeinerung des Wilson'schen Satzes (§. 27) machen. Setzen wir $D = 1$, so ergiebt sich, dass die Congruenz

$$x^2 \equiv 1 \pmod{k} \tag{1}$$

für jeden Modul k möglich ist; die Anzahl σ ihrer Wurzeln ist $= 1$, wenn $k = 1$ oder $k = 2$; sie ist $= 2$, wenn k eine Potenz einer ungeraden Primzahl oder das Doppelte einer solchen Potenz oder $= 4$ ist; in allen übrigen Fällen ist σ durch 4 theilbar. Schliessen wir die Fälle $k = 1$ und $k = 2$ aus, so zerfallen die σ Wurzeln in $\frac{1}{2}\sigma$ Paare von Wurzeln ϱ und $-\varrho$; denn mit ϱ ist gleichzeitig auch $-\varrho$ eine Wurzel, und da ϱ relative Primzahl zu k, und folglich 2ϱ nicht $\equiv 0 \pmod{k}$ sein kann, so sind je zwei solche Wurzeln ϱ und $-\varrho$ auch incongruent. Das Product $\varrho \times (-\varrho) = -\varrho^2$ zweier solcher Wurzeln ist $\equiv -1$, und folglich ist das Product aller σ Wurzeln $\equiv +1$ oder -1, je nachdem σ durch 4 theilbar ist oder nicht.

Unter den $\varphi(k)$ Zahlen z, welche nicht grösser als k und relative Primzahlen zu k sind, finden sich zunächst die σ Wurzeln der Congruenz (1); die übrigen $\varphi(k) - \sigma$ dieser Zahlen z (wenn noch solche vorhanden sind) lassen sich in Paare von je zwei solchen Zahlen r und s zerlegen, deren Product $rs \equiv 1$ ist; denn zu jeder Zahl r gehört (nach §. 22) eine solche Zahl s und nur eine, und ausserdem kann s nicht $\equiv r$ sein, weil sonst $r^2 \equiv 1$, und folglich r eine der σ Wurzeln der Congruenz (1) wäre. Mithin ist auch das Product aller dieser $\varphi(k) - \sigma$ Zahlen $\equiv 1$.

Multiplicirt man daher alle $\varphi(k)$ Zahlen z mit einander, so wird das Product $\equiv -1$, wenn k Potenz einer ungeraden Primzahl oder das Doppelte einer solchen Potenz oder $= 4$ ist, in allen übrigen Fällen aber $\equiv +1$. (In den beiden ausgeschlossenen Fällen $k = 1$ und $k = 2$ ist $\varphi(k) = 1$, und die einzige Zahl $z \equiv \pm 1$.) Dies ist der verallgemeinerte Wilson'sche Satz*).

---

*) *Gauss: D. A.* art. 78.

§. 39.

Nachdem in den vorhergehenden Paragraphen die erste der beiden in §. 32 aufgeworfenen Fragen ihre vollständige Beantwortung gefunden hat, wenden wir uns jetzt zu der zweiten ungleich interessanteren, aber auch schwierigeren Aufgabe:

Alle Moduln k zu finden, von welchen eine gegebene Zahl D quadratischer Rest ist.

Bevor wir zu der Lösung derselben übergehen, wollen wir erwähnen, dass man häufig, namentlich in den älteren Schriften, eine andere Ausdrucksweise vorfindet. Die Moduln k, für welche eine Congruenz $f(x) \equiv 0 \pmod{k}$ möglich ist, nennt man auch *Divisoren der Form* $f(x)$, weil es Zahlen x giebt, für welche die *Form* $f(x)$ durch einen solchen Modul k theilbar wird; die von uns gesuchten Zahlen k sind daher die Divisoren der Form $x^2 - D$; sie stimmen vollständig überein mit den Divisoren der *Form* $t^2 - Du^2$, in welcher t, u zwei unbestimmte ganze Zahlen bedeuten, die aber immer relative Primzahlen zu einander sein sollen. Dass wirklich jeder Divisor der Form $x^2 - D$ auch ein Divisor der Form $t^2 - Du^2$ ist, leuchtet unmittelbar ein, da die letztere in die erstere übergeht, wenn man $t = x$, $u = 1$ setzt. Umgekehrt, ist k Divisor der Form $t^2 - Du^2$, so ist u jedenfalls relative Primzahl zu k (denn ginge irgend eine Primzahl gleichzeitig in k und u auf, so müsste sie auch in t^2 und folglich auch in t aufgehen, gegen die Voraussetzung, dass t, u relative Primzahlen sind), und man kann folglich eine Zahl x finden, welche der Congruenz $ux \equiv t \pmod{k}$ genügt; da nun $t^2 - Du^2 \equiv 0 \pmod{k}$, so ist auch $u^2(x^2 - D) \equiv 0 \pmod{k}$ und folglich, da u^2 relative Primzahl zu k ist, auch $x^2 - D \equiv 0 \pmod{k}$, d. h. jeder Divisor k der Form $t^2 - Du^2$, in welcher t und u relative Primzahlen zu einander sind, ist auch Divisor der Form $x^2 - D$.

Das allgemeine Problem wird daher häufig auch so ausgedrückt: es sollen alle Divisoren der Form $t^2 - Du^2$ gefunden werden, in welcher D eine gegebene, t und u dagegen zwei unbestimmte ganze Zahlen bedeuten, die relative Primzahlen zu einander sind.

Wir beschränken uns auch hier auf solche (immer mit *positivem* Vorzeichen genommene) Moduln k, die relative Primzahlen zu D sind; da ferner nach den vorhergehenden Untersuchungen die Möglichkeit der Congruenz $x^2 \equiv D \pmod{k}$ nur von der Beschaffenheit der in k aufgehenden Primzahlen abhängt und für einen Modul von der Form 2^π immer leicht beurtheilt werden kann, so kommt es nur darauf an, alle ungeraden (in D nicht aufgehenden) Primzahlen p zu finden, von welchen D quadratischer Rest ist. Bedenken wir ferner, dass (nach §. 33) der quadratische Charakter einer Zahl D in Bezug auf einen solchen Modulus p nur von den in D enthaltenen Factoren abhängt, so werden wir in letzter Instanz auf folgendes Problem geführt:

Alle ungeraden Primzahlen p zu finden, für welche irgend eine der drei Congruenzen

$$x^2 \equiv -1, \quad x^2 \equiv 2, \quad x^2 \equiv q \pmod{p}$$

möglich ist, wo q irgend eine gegebene positive ungerade Primzahl bedeutet.

§. 40.

Die Auffindung aller ungeraden Primzahlen p, für welche die Congruenz

$$x^2 \equiv -1 \pmod{p}$$

möglich ist, bietet keine Schwierigkeit mehr dar. Denn da (nach §. 33) allgemein

$$\left(\frac{D}{p}\right) \equiv D^{\frac{p-1}{2}} \pmod{p}$$

ist, so erhält man speciell

$$\left(\frac{-1}{p}\right) \equiv (-1)^{\frac{p-1}{2}} \pmod{p}$$

und folglich auch

$$\left(\frac{-1}{p}\right) = (-1)^{\frac{p-1}{2}}.$$

In Worten lautet dieser wichtige Satz*) folgendermaassen:

*) *Euler: Demonstratio theorematis Fermatiani, omnem numerum primum formae* $4n+1$ *esse summam duorum quadratorum*, Nov. Comm. Petrop. V, p. 3.

Die Zahl -1 *ist quadratischer Rest aller Primzahlen von der Form* $4n+1$, *dagegen quadratischer Nichtrest aller Primzahlen von der Form* $4n+3$.

Dasselbe Resultat erhält man auch auf folgendem Wege. Ist die Congruenz $x^2 \equiv -1 \pmod{p}$ möglich, und x eine Wurzel derselben, so folgt hieraus durch Potenzirung

$$x^{p-1} \equiv (-1)^{\frac{p-1}{2}} \pmod{p}$$

und hieraus (nach dem Fermat'schen Satze §. 19) $(-1)^{\frac{p-1}{2}} = 1$ also $p = 4n+1$; d. h. die Zahl -1 ist quadratischer Nichtrest von allen Primzahlen von der Form $4n+3$. Ist umgekehrt p von der Form $4n+1$, so ist $x^{p-1}-1$ algebraisch theilbar durch x^4-1, also auch durch x^2+1; es ist folglich

$$x^{p-1}-1 = (x^2+1)\,\psi(x),$$

wo $\psi(x)$ ein Polynom mit ganzen Coefficienten bedeutet; da nun (nach dem Fermat'schen Satze §. 19) die linke Seite dieser Gleichung für $p-1$ incongruente Werthe von x congruent Null wird, so wird (nach §. 26) auch x^2+1 für zwei incongruente Werthe von x congruent Null*), d. h. die Zahl -1 ist quadratischer Rest von allen Primzahlen von der Form $4n+1$. Der Satz ist also von Neuem bewiesen.

§. 41.

Wir gehen nun zu der Lösung der zweiten Aufgabe über, welche sich auf die Congruenz

$$x^2 \equiv 2 \pmod{p}$$

bezieht. *Fermat* hat, wahrscheinlich durch Induction, folgendes, zuerst von *Lagrange***) bewiesenes, Resultat gefunden:

Die Zahl 2 *ist quadratischer Rest aller Primzahlen von einer der beiden Formen* $8n+1$ *oder* $8n+7$, *dagegen Nichtrest aller Primzahlen von einer der beiden Formen* $8n+3$ *oder* $8n+5$.

---

*) Man findet auch leicht mit Hülfe des Wilson'schen Satzes (§. 27), dass diese Wurzeln $\equiv \pm 1.2.3 \ldots \frac{1}{2}(p-1)$ sind.

**) *Recherches d'Arithmétique*, Nouv. Mém. de l'Acad. de Berlin. 1775. p. 349, 351.

Wir beweisen zuerst den zweiten Theil des Satzes, dass nämlich 2 Nichtrest aller Primzahlen p von der Form $8n \pm 3$ ist. Offenbar ist derselbe für $p = 3$ richtig, denn nur die Zahl 1 ist Rest von 3. Gesetzt nun, der Satz wäre nicht allgemein gültig, so müsste es doch eine *kleinste* Primzahl p von der Form $8n \pm 3$ geben, für welche er unrichtig würde, für welche also die Congruenz

$$x^2 \equiv 2 \pmod{p}$$

möglich würde. Hierin kann man immer die Wurzel x kleiner als p und ungerade voraussetzen, denn wenn x gerade ist, so ist die andere Wurzel $x' = p - x$ ungerade. Wir können daher

$$x^2 - 2 = pf$$

setzen, wo f positiv und kleiner als p ist; da ferner x^2 von der Form $8n + 1$, also pf von der Form $8n - 1$, und folglich f von der Form $8n \mp 3$ ist, so hat die Zahl f mindestens einen Primfactor p' von einer der Formen $8n + 3$ oder $8n - 3$; denn ein Product aus lauter Factoren von der Form $8n \pm 1$ würde wieder dieselbe Form $8n \pm 1$ haben. Für diese Primzahl p', die jedenfalls $< p$ ist, würde dann ebenfalls $x^2 \equiv 2 \pmod{p'}$ sein; allein dies streitet mit unserer Voraussetzung, dass p die kleinste in der Form $8n \pm 3$ enthaltene Primzahl ist, von welcher die Zahl 2 quadratischer Rest ist. Mithin ist diese Voraussetzung überhaupt unzulässig, und es folgt, dass stets

$$\left(\frac{2}{p}\right) = -1 \text{ ist, wenn } p = 8n \pm 3.$$

Wir wollen jetzt zweitens beweisen, dass die Zahl 2 quadratischer Rest aller Primzahlen p von der Form $8n + 7$ ist; da nun (nach §. 40) -1 quadratischer Nichtrest aller dieser Primzahlen ist, so haben wir nur zu zeigen, dass die Zahl -2 ebenfalls Nichtrest aller dieser Primzahlen ist; statt dessen stellen wir uns die allgemeinere Aufgabe zu beweisen, dass -2 Nichtrest von allen in den beiden Formen $8n + 5$, $8n + 7$ enthaltenen Primzahlen ist, obgleich dies für die Primzahlen der Form $8n + 5$, von welchen (nach §. 40) -1 quadratischer Rest ist, schon im Vorhergehenden geschehen ist. Zunächst bemerken wir wieder, dass der Satz für die kleinste in einer dieser Formen enthaltene Primzahl 5 in der That richtig ist. Wenn nun der Satz nicht allgemein gültig ist, so sei p die kleinste ihm nicht gehorchende Primzahl, so dass also eine Zahl x existirt, für welche

$$x^2 + 2 \equiv 0 \pmod{p}$$

ist; auch hier können wir wieder annehmen, dass x kleiner als p und ungerade ist, so dass, wenn wir

$$x^2 + 2 = pf$$

setzen, die Zahl f positiv, ungerade und kleiner als p ausfällt. Da ferner $x^2 + 2 \equiv 3 \pmod{8}$ und $p \equiv 5$ oder $\equiv 7 \pmod{8}$ ist, so muss f entsprechend $\equiv 7$ oder $\equiv 5 \pmod{8}$ sein; und da ein Product aus lauter Factoren von den Formen $8n + 1$, oder $8n + 3$ stets wieder eine dieser Formen, niemals eine der Formen $8n + 5$ oder $8n + 7$ hat, so muss die Zahl f mindestens einen Primfactor p' von einer der Formen $8n + 7$, $8n + 5$ haben, für welchen der Satz ebenfalls unrichtig ist, da $x^2 + 2 \equiv 0 \pmod{p'}$ ist; allein, da $p' < p$, so streitet dies mit der Annahme, dass p die kleinste dem Satze nicht gehorchende Primzahl ist. Also ist die Annahme überhaupt nicht zulässig und folglich der Satz allgemeingültig, dass

$$\left(\frac{-2}{p}\right) = -1 \text{ für } p = 8n + 5 \text{ oder } = 8n + 7,$$

d. h. dass

$$\left(\frac{2}{p}\right) = -1 \text{ für } p = 8n + 5$$

$$\left(\frac{2}{p}\right) = +1 \text{ für } p = 8n + 7$$

ist.

Es bleibt jetzt nur noch zu beweisen übrig, dass 2 quadratischer Rest von allen Primzahlen p von der Form $8n + 1$ ist; hierauf ist die vorhergehende Methode aus dem Grunde nicht anwendbar, weil die Annahme des Gegentheils sich nicht in Form einer Congruenz darstellen lässt, die dann zur Auffindung des Widerspruchs benutzt werden könnte. Allein in diesem Falle kann man direct, wie folgt, verfahren; da $p = 8n + 1$ ist, so hat die Function $x^{p-1} - 1$ den Divisor $x^8 - 1$, also auch den Factor $x^4 + 1$, und hieraus folgt nach einem früheren Satze (§. 26), dass die Congruenz

$$x^4 + 1 \equiv 0 \pmod{p}$$

Wurzeln hat; ist nun x eine solche, so ist

$$x^4 + 1 = (x^2 \pm 1)^2 \mp 2x^2 \equiv 0 \pmod{p},$$

also

$$(x^2 \pm 1)^2 \equiv \pm 2x^2 \pmod{p};$$

es ist daher $\pm 2x^2$ und folglich auch ± 2 quadratischer Rest von p; in Zeichen

$$\left(\frac{\pm 2}{p}\right) = 1, \text{ wenn } p = 8n + 1.$$

Hiermit ist der Satz in allen seinen Theilen bewiesen; wir können denselben in der einen Gleichung

$$\left(\frac{2}{p}\right) = (-1)^{\frac{p^2-1}{8}}$$

zusammenfassen; denn je nachdem $p = 8n \pm 1$, oder $p = 8n \pm 3$ ist, wird $\frac{1}{8}(p^2 - 1)$ eine gerade oder ungerade Zahl.

§. 42.

Wir kommen nun zu der Untersuchung der dritten Frage: *von welchen ungeraden Primzahlen p ist die gegebene ungerade Primzahl q quadratischer Rest?* Die vollständige Antwort hierauf wird durch einen der wichtigsten und interessantesten Sätze der Zahlentheorie gegeben, welcher seines eigenthümlichen Charakters wegen den Namen des *Reciprocitäts-Satzes* erhalten hat. Man kann ihn folgendermaassen aussprechen:

Sind p und q zwei positive ungerade Primzahlen, von denen mindestens eine die Form $4n + 1$ hat, so ist q quadratischer Rest oder Nichtrest von p, je nachdem p quadratischer Rest oder Nichtrest von q ist; haben aber beide Primzahlen p und q die Form $4n + 3$, so ist q quadratischer Rest oder Nichtrest von p, je nachdem p quadratischer Nichtrest oder quadratischer Rest von q ist.

Offenbar lässt sich dieser Satz durch die für beide Fälle gültige Gleichung

$$\left(\frac{p}{q}\right)\left(\frac{q}{p}\right) = (-1)^{\frac{p-1}{2} \cdot \frac{q-1}{2}}$$

ausdrücken; denn sobald mindestens eine der beiden Primzahlen p oder q die Form $4n + 1$ hat, so ist die entsprechende der beiden Zahlen $\frac{1}{2}(p - 1)$ oder $\frac{1}{2}(q - 1)$, und folglich auch ihr Product $\frac{1}{2}(p-1) \cdot \frac{1}{2}(q-1)$ eine gerade Zahl, so dass

$$\left(\frac{p}{q}\right)\left(\frac{q}{p}\right) = 1, \text{ d. h. } \left(\frac{q}{p}\right) = \left(\frac{p}{q}\right)$$

ist, worin der erste Fall seinen Ausdruck findet; sind dagegen beide Primzahlen p und q von der Form $4n+3$, so sind auch beide Zahlen $\frac{1}{2}(p-1)$ und $\frac{1}{2}(q-1)$, und folglich auch ihr Product $\frac{1}{2}(p-1)\cdot\frac{1}{2}(q-1)$ ungerade, so dass

$$\left(\frac{p}{q}\right)\left(\frac{q}{p}\right)=-1, \text{ d. h. } \left(\frac{q}{p}\right)=-\left(\frac{p}{q}\right)$$

wird, worin der zweite Theil des Satzes ausgedrückt ist.

Ist z. B. $p=3$, $q=5$, so ist p quadratischer Nichtrest von q und gleichzeitig q quadratischer Nichtrest von p, in Zeichen

$$\left(\frac{3}{5}\right)=\left(\frac{5}{3}\right)=-1.$$

Ist ferner $p=3$, $q=13$, so ist p quadratischer Rest von q und gleichzeitig q quadratischer Rest von p, in Zeichen

$$\left(\frac{3}{13}\right)=\left(\frac{13}{3}\right)=+1.$$

Ist dagegen $p=3$, $q=7$, so ist p quadratischer Nichtrest von q und gleichzeitig q quadratischer Rest von p, in Zeichen

$$\left(\frac{3}{7}\right)=-\left(\frac{7}{3}\right)=-1.$$

Hinsichtlich der Entdeckung und Begründung dieses berühmten Satzes ist jetzt festgestellt *), dass derselbe seinem vollständigen Inhalte nach, wenn auch in anderer Form, zuerst von *Euler* **) ausgesprochen, aber nicht bewiesen ist; sodann hat *Legendre* ***) offenbar unabhängig von *Euler*, den Satz abermals aufgestellt, und ihm gebührt das Verdienst, wenigstens einen Theil desselben auf sehr scharfsinnige Weise bewiesen zu haben; endlich hat *Gauss* zuerst nicht nur einen, sondern nach und nach sechs vollständige, strenge, auf ganz verschiedenen Grundgedanken beruhende Be-

---

*) Vergl. *Kummer: Ueber die allgemeinen Reciprocitätsgesetze unter den Resten und Nichtresten der Potenzen, deren Grad eine Primzahl ist* (Abh. d. Berliner Akademie. 1859) und *Kronecker: Bemerkungen zur Geschichte des Reciprocitätsgesetzes* (Monatsber. d. Berliner Akademie vom 22. April 1875).

**) *Observationes circa divisionem quadratorum per numeros primos* im Bd. I. der *Opuscula Analytica* (Petersburg 1783) oder in den schon erwähnten *Commentationes Arithmeticae,* Tom. I. p. 477.

***) *Recherches d'analyse indéterminée* (Hist. de l'Ac. d. Sc. 1785. p. 465).

weise*) von diesem Satze gegeben, den er seiner Wichtigkeit wegen das *Theorema fundamentale* in der Theorie der quadratischen Reste nannte. Wir folgen hier zunächst dem *dritten* dieser sechs Beweise, der sich auf ein Lemma stützt, durch welches das Euler'sche Kriterium (§. 33) über den Charakter einer Zahl D in Bezug auf die Primzahl p in ein anderes umgeformt wird.

§. 43.

Wir haben früher (§. 33) gesehen, dass eine durch p nicht theilbare Zahl D quadratischer Rest oder Nichtrest von p ist, je nachdem

$$D^{\frac{p-1}{2}} \equiv +1 \text{ oder } \equiv -1 \pmod{p}$$

ist; betrachten wir nun die Producte

$$D,\ 2D,\ 3D \ldots \tfrac{1}{2}(p-1)D$$

aus dieser Zahl D und aus den ersten $\frac{1}{2}(p-1)$ ganzen positiven Zahlen, so werden die kleinsten positiven Reste

$$r_1,\ r_2,\ r_3 \ldots r_{\frac{p-1}{2}}$$

derselben, nach dem Modulus p genommen, erstens sämmtlich verschieden von einander und kleiner als p sein, und keiner von ihnen

*) *D. A.* artt. 125 bis 145 (vergl. §§. 48 bis 51 dieser Vorlesungen). — *D. A.* art. 262 (vergl. §§. 152 bis 154). — *Theorematis arithmetici demonstratio nova.* 1808. — *Summatio quarumdam serierum singularium.* 1808 (vergl. §. 115). — *Theorematis fundamentalis in doctrina de residuis quadraticis demonstrationes et ampliationes novae.* 1817. — In der nachgelassenen *Analysis Residuorum* art. 365 (Gauss' Werke Bd. II.) findet sich noch ein siebenter Beweis, welcher wohl als ein selbständiger bezeichnet zu werden verdient, obwohl er seine Quelle, die Kreistheilung, mit dem vierten und sechsten Beweise gemeinschaftlich hat. — Die meisten der von anderen Mathematikern, z. B. *Jacobi*, *Eisenstein* veröffentlichten Beweise beruhen auf denselben Principien wie die von Gauss; ein besonders einfacher Beweis ist von dem Pfarrer *Zeller* gegeben (Monatsber. d. Berliner Akad. vom 16. Dec. 1872). Durchaus originell ist der Beweis von *Eisenstein* in der Abhandlung *Applications de l'Algèbre à l'Arithmétique transcendante* (Crelle's Journ. Bd. 29). Vergl. auch die Einleitung zu der Abhandlung von *Kummer: Zwei neue Beweise der allgemeinen Reciprocitätsgesetze* etc. (Abh. d. Berliner Akad. 1861). Von grossem Interesse sind endlich die Mittheilungen von *Schering* und *Kronecker* in den Monatsber. d. Berliner Akad. vom 22. Juni 1876.

kann gleich Null sein. Wir theilen nun diese $\frac{1}{2}(p-1)$ Reste in zwei Abtheilungen, je nachdem sie grösser oder kleiner als $\frac{1}{2}p$ sind, und bezeichnen die ersteren, deren Anzahl $= \mu$ sei, mit

$$\alpha_1, \quad \alpha_2 \ldots \alpha_\mu,$$

die übrigen Reste, welche kleiner als $\frac{1}{2}p$ sind, und deren Anzahl $\lambda = \frac{1}{2}(p-1) - \mu$ ist, mit

$$\beta_1, \quad \beta_2 \ldots \beta_\lambda.$$

Nimmt man nun von den ersteren μ Resten ihre Ergänzungen zur Zahl p, also die Zahlen

$$p-\alpha_1, \quad p-\alpha_2 \ldots p-\alpha_\mu,$$

so liegen dieselben, ebenso wie die λ Zahlen $\beta_1, \beta_2 \ldots \beta_\lambda$, auch zwischen den Grenzen 0 und $\frac{1}{2}p$; ausserdem sind sie alle von einander verschieden; endlich lässt sich aber auch zeigen, dass sie von den λ Zahlen $\beta_1, \beta_2 \ldots \beta_\lambda$ verschieden sind; denn wäre z. B. $p-\alpha = \beta$, also $\alpha + \beta = p \equiv 0 \pmod{p}$, so müsste auch, wenn α der Rest von sD, β der Rest von tD ist,

$$sD + tD = (s+t)D \equiv 0 \pmod{p}$$

und folglich $s+t$ durch p theilbar sein; allein da jede der beiden Zahlen s und t zwischen 0 und $\frac{1}{2}p$ liegt, so liegt $s+t$ zwischen 0 und p (mit Ausschluss dieser beiden Grenzen); es kann daher $s+t$ nicht theilbar durch p, und folglich auch nicht $p-\alpha = \beta$ sein.

Mithin haben die folgenden $\frac{1}{2}(p-1)$ Zahlen

$$p-\alpha_1, \quad p-\alpha_2 \ldots p-\alpha_\mu; \quad \beta_1, \quad \beta_2 \ldots \beta_\lambda$$

lauter von einander verschiedene Werthe, und da sie ihrem Werth nach zwischen 0 und $\frac{1}{2}p$ liegen, so müssen sie im Complex genommen identisch mit den $\frac{1}{2}(p-1)$ Zahlen

$$1, \quad 2, \quad 3 \ldots \tfrac{1}{2}(p-1)$$

sein, so dass ihr Product

$$(p-\alpha_1)(p-\alpha_2)\ldots(p-\alpha_\mu)\,\beta_1\beta_2\ldots\beta_\lambda = 1.2.3\cdots\tfrac{1}{2}(p-1)$$

ist. Werfen wir hieraus die Multipla von p weg, so erhalten wir die Congruenz

$$(-1)^\mu \alpha_1\alpha_2\ldots\alpha_\mu.\beta_1\beta_2\ldots\beta_\lambda \equiv 1.2.3\cdots\tfrac{1}{2}(p-1) \pmod{p};$$

da nun andererseits

$$\alpha_1 \alpha_2 \dots \alpha_\mu . \beta_1 \beta_2 \dots \beta_\lambda \equiv 1.2 \cdots \tfrac{1}{2}(p-1)\, D^{\frac{p-1}{2}} \pmod{p}$$

ist, so folgt hieraus, dass

$$(-1)^\mu . 1.2 \cdots \tfrac{1}{2}(p-1)\,.\, D^{\frac{p-1}{2}} \equiv 1.2.3 \cdots \tfrac{1}{2}(p-1) \pmod{p}$$

und also auch

$$D^{\frac{p-1}{2}} \equiv (-1)^\mu \pmod{p}$$

oder, was dasselbe sagt, dass

$$\left(\frac{D}{p}\right) = (-1)^\mu$$

ist. Hierin besteht die Umformung des Kennzeichens, welches darüber entscheidet, ob eine Zahl D quadratischer Rest oder Nichtrest der ungeraden Primzahl p ist:

Man braucht nur nachzusehen, ob die Anzahl μ der kleinsten positiven Reste der Zahlen

$$D, \quad 2D, \quad 3D \dots \tfrac{1}{2}(p-1)D,$$

die grösser als $\frac{1}{2}p$ ausfallen, gerade oder ungerade ist; je nachdem das Erstere oder Letztere eintritt, ist D quadratischer Rest oder quadratischer Nichtrest von p.

Mit Hülfe dieses Satzes ist man schon im Stande, für jedes wirklich gegebene D die Formen für die Primzahlen aufzustellen von welchen D Rest oder Nichtrest ist. Um dies deutlicher zu zeigen, betrachten wir den allerdings schon früher (§. 41) vollständig durchgeführten Fall $D = 2$. Bilden wir die Zahlen

$$2, \quad 4, \quad 6 \dots (p-1),$$

so ist jede derselben auch ihr eigener kleinster positiver Rest in Bezug auf den Modulus p, und die Anzahl μ derjenigen dieser Zahlen, welche $> \frac{1}{2}p$ sind, wird durch die Bedingungen

$$p-1-2\mu < \tfrac{1}{2}p < p+1-2\mu \quad \text{oder} \quad \frac{p-2}{4} < \mu < \frac{p+2}{4}$$

bestimmt; bezeichnen wir daher allgemein mit $[x]$ die grösste in der reellen Zahl x enthaltene *ganze* Zahl, so dass stets $0 \leqq x - [x] < 1$ ist, so erhalten wir

$$\mu = \left[\frac{p+2}{4}\right].$$

Je nachdem nun p von einer der Formen $8n+1$, $8n+3$, $8n+5$, $8n+7$ ist, wird $\mu = 2n$, $2n+1$, $2n+1$, $2n+2$; es ist daher μ gerade und folglich

$$\left(\frac{2}{p}\right) = +1, \quad \text{wenn} \quad p \equiv \pm 1 \pmod{8};$$

und μ ist ungerade, also

$$\left(\frac{2}{p}\right) = -1, \text{ wenn } p \equiv \pm 3 \pmod{8}.$$

Auf diese Weise finden wir also eine vollständige Bestätigung des Resultats unserer früheren Untersuchung (§. 41), und ganz ebenso würde sich für jeden speciellen Werth von D die Untersuchung führen lassen, z. B. für die nächstliegenden Fälle $D = -1$, $D = 3$, $D = 5$ u. s. w.

§. 44.

Wir verlassen diese Anwendungen auf specielle Fälle und wenden uns zu einer weiteren Umformung, bei welcher wir der späteren Bezeichnung wegen q statt D schreiben wollen. Bezeichnen wir wieder mit $[x]$ die grösste in dem Werth x enthaltene ganze Zahl, und setzen wir zur Abkürzung $p = 2p' + 1$, so können wir

$$q = p\left[\frac{q}{p}\right] + r_1$$

$$2q = p\left[\frac{2q}{p}\right] + r_2$$

$$\cdots\cdots\cdots\cdots$$

$$p'q = p\left[\frac{p'q}{p}\right] + r_{p'}$$

setzen, wo wie früher (§. 43)

$$r_1, \quad r_2 \ldots r_{p'}$$

zwischen den Grenzen 0 und p liegen; theilen wir wieder diese kleinsten Reste in zwei Abtheilungen

$$\alpha_1, \quad \alpha_2 \ldots \alpha_\mu$$

und

$$\beta_1, \quad \beta_2 \ldots \beta_\lambda,$$

von denen die ersteren $>\frac{1}{2}p$, die letzteren $<\frac{1}{2}p$ sind, und bezeichnen wir mit A die Summe der μ ersteren, mit B die Summe der λ letzteren, ferner mit M die Summe

$$M = \left[\frac{q}{p}\right] + \left[\frac{2q}{p}\right] + \cdots + \left[\frac{p'q}{p}\right],$$

so folgt durch Addition der vorstehenden Gleichungen

$$\frac{p^2-1}{8} q = pM + A + B;$$

da nun (nach §. 43) der Complex der Zahlen

$$p - \alpha_1, \quad p - \alpha_2 \ldots p - \alpha_\mu; \quad \beta_1, \quad \beta_2 \ldots \beta_\lambda$$

mit dem Complex der Zahlen

$$1, 2, 3 \ldots \frac{p-1}{2}$$

vollständig übereinstimmt, so ist ihre Summe

$$\frac{p^2-1}{8} = \mu p - A + B;$$

zieht man diese Gleichung von der vorhergehenden ab, so erhält man

$$\frac{p^2-1}{8}(q-1) = (M-\mu)\,p + 2A.$$

Nun kommt es uns lediglich darauf an, zu erfahren, ob μ gerade oder ungerade ist; lassen wir daher alle Multipla von 2 fort, so erhalten wir, da $p \equiv -1 \pmod{2}$ gesetzt werden kann,

$$\mu \equiv M + \frac{p^2-1}{8}(q-1) \pmod{2}.$$

Je nachdem daher die zur Rechten befindliche Zahl gerade oder ungerade ist, wird q quadratischer Rest oder Nichtrest von p sein. Nehmen wir daher z. B. wieder den Fall $q = 2$, so ergiebt sich unmittelbar $M = 0$, also

$$\mu \equiv \frac{p^2-1}{8} \pmod{2},$$

folglich

$$\left(\frac{2}{p}\right) = (-1)^\mu = (-1)^{\frac{p^2-1}{8}};$$

dies ist aber genau die schon früher (§. 41) aufgestellte Formel.

Von jetzt an wollen wir die Untersuchung nur noch unter der Voraussetzung fortführen, dass q eine *ungerade*, also $q-1$ eine gerade Zahl ist; dann ist also

$$\mu \equiv M \pmod{2}, \quad \left(\frac{q}{p}\right) = (-1)^M;$$

und es reducirt sich daher die ganze Frage darauf, zu entscheiden, ob die oben mit M bezeichnete Summe *gerade* oder *ungerade* ist.

Um dies weiter zu untersuchen, machen wir die fernere Annahme, es sei q *positiv* und *kleiner als* p. Dann leuchtet zunächst ein, dass jedes Glied in der Reihe M höchstens um eine Einheit grösser ist als das unmittelbar vorhergehende, weil der Unterschied von zwei auf einander folgenden Brüchen

$$\frac{sq}{p} \quad \text{und} \quad \frac{(s+1)q}{p}$$

< 1 ist, und folglich höchstens *eine* ganze Zahl zwischen beiden liegen kann; da ferner der letzte Bruch

$$\frac{p'q}{p} = \frac{(p-1)q}{2p} = \frac{q-1}{2} + \frac{p-q}{2p}$$

ist, so ist der Werth des letzten Gliedes in der obigen Reihe

$$\left[\frac{p'q}{p}\right] = \frac{q-1}{2} = q'.$$

Mithin kommen in der Summe M nach und nach Glieder vor, welche die Werthe $0, 1, 2 \ldots q'$ besitzen; wir suchen nun gerade die Stellen auf, wo zwei auf einander folgende Glieder

$$\left[\frac{sq}{p}\right] \quad \text{und} \quad \left[\frac{(s+1)q}{p}\right]$$

wirklich um eine Einheit verschieden sind, so dass, wenn t irgend eine der Zahlen $1, 2 \ldots q'$ bedeutet,

$$\frac{sq}{p} < t < \frac{(s+1)q}{p}$$

wird (da q relative Primzahl zu p, und $s < p$ ist, so kann keiner der Brüche $sq:p$ eine ganze Zahl sein); hieraus folgt aber

$$s < \frac{tp}{q} < s+1, \quad \text{also} \quad s = \left[\frac{tp}{q}\right],$$

und folglich giebt es in der Reihe M jedesmal

$$\left[\frac{tp}{q}\right]-\left[\frac{(t-1)p}{q}\right]$$

Glieder, welche den Werth $(t-1)$ haben; und die Anzahl der letzten Glieder, welche den Werth q' haben, ist offenbar

$$p'-\left[\frac{q'p}{q}\right].$$

Multiplicirt man nun jedesmal die Anzahl einer solchen Gruppe von Gliedern, welche einen und denselben Werth haben, mit diesem Werth, so muss die Summe aller dieser Producte $= M$ werden. Dies giebt

$$0.\left[\frac{p}{q}\right]+1.\left(\left[\frac{2p}{q}\right]-\left[\frac{p}{q}\right]\right)+2.\left(\left[\frac{3p}{q}\right]-\left[\frac{2p}{q}\right]\right)+\cdots$$

$$+(q'-1).\left(\left[\frac{q'p}{q}\right]-\left[\frac{(q'-1)p}{q}\right]\right)+q'.\left(\frac{p-1}{2}-\left[\frac{q'p}{q}\right]\right)$$

$$=-\left[\frac{p}{q}\right]-\left[\frac{2p}{q}\right]-\cdots-\left[\frac{q'p}{q}\right]+q'.\frac{p-1}{2}.$$

Setzen wir daher

$$N=\left[\frac{p}{q}\right]+\left[\frac{2p}{q}\right]+\cdots+\left[\frac{q'p}{q}\right],$$

so erhalten wir das Resultat

$$M+N=\frac{p-1}{2}\cdot\frac{q-1}{2},$$

welches offenbar für *je zwei positive ungerade relative Primzahlen* p, q gültig ist; denn bei der Ableitung ist weiter Nichts vorausgesetzt, und da das Resultat vollkommen symmetrisch in Bezug auf die beiden Zahlen p, q ist, von welchen doch eine jedenfalls die kleinere sein muss, so ist auch die bei dem Beweise gemachte Annahme, es sei $p > q$, erlaubt.

Hiermit ist nun zwar die Summe M nicht selbst gefunden, sondern nur auf die Summe N zurückgeführt; aber dies genügt vollständig, um den Reciprocitätssatz daraus abzuleiten. Oben ist gezeigt, dass, wenn p eine positive ungerade Primzahl, und q irgend eine durch p nicht theilbare ungerade Zahl bedeutet, stets

$$\left(\frac{q}{p}\right)=(-1)^M$$

ist; nehmen wir daher jetzt ferner an, dass q ebenfalls eine positive ungerade Primzahl ist, so wird ebenso

$$\left(\frac{p}{q}\right) = (-1)^N,$$

und folglich, mit Rücksicht auf den so eben bewiesenen Satz,

$$\left(\frac{p}{q}\right)\left(\frac{q}{p}\right) = (-1)^{M+N} = (-1)^{\frac{p-1}{2}\cdot\frac{q-1}{2}}$$

worin der Reciprocitätssatz besteht.

§. 45.

Wir betrachten zunächst ein Beispiel, um die Nützlichkeit des Reciprocitätssatzes für die Beurtheilung der Möglichkeit einer Congruenz von der Form

$$x^2 \equiv D \pmod{p}$$

nachzuweisen. Nehmen wir die Congruenz

$$x^2 \equiv 365 \pmod{1847},$$

so ist der Werth des Symbols

$$\left(\frac{365}{1847}\right)$$

zu ermitteln. Zunächst zerlegen wir 365 in Primfactoren, obgleich dies, wie wir später sehen werden, nicht nothwendig ist.

Aus dieser Zerlegung $365 = 5 \cdot 73$ folgt unmittelbar

$$\left(\frac{365}{1847}\right) = \left(\frac{5}{1847}\right)\left(\frac{73}{1847}\right)$$

Da ferner 5 von der Form $4n + 1$ ist, so ergiebt sich aus dem Reciprocitätssatze

$$\left(\frac{5}{1847}\right) = \left(\frac{1847}{5}\right)$$

und also, da $1847 \equiv 2 \pmod{5}$ ist,

$$\left(\frac{5}{1847}\right) = \left(\frac{2}{5}\right) = -1$$

nach §. 41; da ferner auch 73 von der Form $4n + 1$ ist, so folgt wieder aus dem Reciprocitätssatze, und weil $1847 \equiv 22 \pmod{73}$ ist,

$$\left(\frac{73}{1847}\right)=\left(\frac{1847}{73}\right)=\left(\frac{22}{73}\right)=\left(\frac{2}{73}\right)\left(\frac{11}{73}\right);$$

nun ist aber $73 \equiv 1 \pmod{8}$, also (nach §. 41)

$$\left(\frac{2}{73}\right)=1, \text{ folglich } \left(\frac{73}{1847}\right)=\left(\frac{11}{73}\right);$$

nach dem Reciprocitätssatze ist aber wieder

$$\left(\frac{11}{73}\right)=\left(\frac{73}{11}\right)=\left(\frac{7}{11}\right),$$

und da beide Primzahlen 7 und 11 von der Form $4n+3$ sind, so ist abermals nach dem Reciprocitätssatze

$$\left(\frac{7}{11}\right)=-\left(\frac{11}{7}\right)=-\left(\frac{4}{7}\right)=-\left(\frac{2}{7}\right)^2=-1,$$

folglich

$$\left(\frac{73}{1847}\right)=\left(\frac{11}{73}\right)=\left(\frac{7}{11}\right)=-1$$

und also endlich

$$\left(\frac{365}{1847}\right)=\left(\frac{5}{1847}\right)\left(\frac{73}{1847}\right)=(-1)(-1)=+1,$$

es ist also 365 quadratischer Rest der Primzahl 1847, d. h. die oben vorgelegte Congruenz ist möglich; und in der That ist

$$(\pm 496)^2 = 246016 = 365 + 133 \,.\, 1847.$$

§. 46.

Der in dem eben behandelten Beispiel angewendete Algorithmus, welcher auch bei jedem ähnlichen Beispiel nach einer endlichen Anzahl von Operationen zum Ziele führt, lässt sich im Allgemeinen bedeutend abkürzen, wenn man sich einer zuerst von *Jacobi* *) in die Zahlentheorie eingeführten Verallgemeinerung des Legendre'schen Symbols bedient; da der Gebrauch dieses Zeichens auch für unsere späteren Untersuchungen unerlässlich ist, so beschäftigen wir uns zunächst mit der Erklärung desselben und den Gesetzen, denen es gehorcht.

---

*) Monatsbericht der Berliner Akademie. 1837. (Crelle's Journal Bd. 30.) Vergl. die schon erwähnten Mittheilungen von *Schering* und *Kronecker* in den Monatsber. d. Berl. Ak. vom 22. Juni 1876.

Es sei die *ungerade* Zahl P in ihre Primzahlfactoren p, p', p'' u. s. w. zerlegt, also

$$P = p p' p'' \ldots$$

und m irgend eine *relative Primzahl* zu P, so setzen wir mit *Jacobi*

$$\left(\frac{m}{P}\right) = \left(\frac{m}{p}\right)\left(\frac{m}{p'}\right)\left(\frac{m}{p''}\right)\cdots;$$

offenbar ist der Werth dieses Symbols $= + 1$ oder $= - 1$, je nachdem die Anzahl derjenigen Primfactoren $p, p', p'' \ldots$, von welchen m quadratischer Nichtrest ist, gerade oder ungerade ist. Wenn m quadratischer Rest von P, und also auch von jeder einzelnen der Primzahlen $p, p', p'' \ldots$ ist, so ist

$$\left(\frac{m}{p}\right) = \left(\frac{m}{p'}\right) = \left(\frac{m}{p''}\right)\cdots = 1,$$

und folglich auch

$$\left(\frac{m}{P}\right) = \left(\frac{m}{p}\right)\left(\frac{m}{p'}\right)\left(\frac{m}{p''}\right)\cdots = 1;$$

aber man darf diesen Satz durchaus nicht umkehren; sobald nämlich die Zahl m von zweien der Primfactoren $p, p', p'' \ldots$ (oder von vier, von sechs u. s. w.) quadratischer Nichtrest ist, so hat das Symbol den Werth $+ 1$, und doch ist m quadratischer Nichtrest von P. Im einfachsten Fall, wo P selbst eine ungerade Primzahl ist, stimmt die Bedeutung des Zeichens offenbar mit der früheren überein. Der Vollständigkeit wegen wollen wir ferner festsetzen, dass, wenn $P = 1$, das Symbol immer die positive Einheit bedeuten soll.

Aus dieser Definition des Zeichens ergeben sich nun folgende Sätze:

1. Ist m relative Primzahl gegen jede der beiden ungeraden Zahlen P und Q, also auch gegen die ungerade Zahl PQ, so ist

$$\left(\frac{m}{P}\right)\left(\frac{m}{Q}\right) = \left(\frac{m}{PQ}\right);$$

denn, wenn

$$P = p p' p'' \ldots$$
$$Q = q q' q'' \ldots$$

ist, wo $p, p' \ldots q, q' \ldots$ lauter Primzahlen bedeuten, so ist

$$\left(\frac{m}{PQ}\right) = \left(\frac{m}{p}\right)\left(\frac{m}{p'}\right)\left(\frac{m}{p''}\right)\cdots\left(\frac{m}{q}\right)\left(\frac{m}{q'}\right)\left(\frac{m}{q''}\right)\cdots$$
$$= \left(\frac{m}{P}\right)\left(\frac{m}{Q}\right).$$

2. Sind die Zahlen l, m, n ... relative Primzahlen gegen die ungerade Zahl P, so ist

$$\left(\frac{l}{P}\right)\left(\frac{m}{P}\right)\left(\frac{n}{P}\right)\cdots = \left(\frac{lmn\ldots}{P}\right);$$

denn, wenn wieder

$$P = pp'p''\ldots$$

ist, so ist

$$\left(\frac{l}{P}\right) = \left(\frac{l}{p}\right)\left(\frac{l}{p'}\right)\left(\frac{l}{p''}\right)\cdots$$
$$\left(\frac{m}{P}\right) = \left(\frac{m}{p}\right)\left(\frac{m}{p'}\right)\left(\frac{m}{p''}\right)\cdots$$
$$\left(\frac{n}{P}\right) = \left(\frac{n}{p}\right)\left(\frac{n}{p'}\right)\left(\frac{n}{p''}\right)\cdots$$

u. s. w.

Da nun ferner, wie früher (§. 33) bewiesen ist,

$$\left(\frac{l}{p}\right)\left(\frac{m}{p}\right)\left(\frac{n}{p}\right)\cdots = \left(\frac{lmn\ldots}{p}\right)$$

ist, und Aehnliches für die anderen Primfactoren p', p'' u. s. w. gilt, so erhält man durch Multiplication der vorangehenden Gleichungen

$$\left(\frac{l}{P}\right)\left(\frac{m}{P}\right)\left(\frac{n}{P}\right)\cdots = \left(\frac{lmn\ldots}{p}\right)\left(\frac{lmn\ldots}{p'}\right)\left(\frac{lmn\ldots}{p''}\right)\cdots$$

worin der zu beweisende Satz besteht.

3. Ist m relative Primzahl zu der ungeraden Zahl P und $m \equiv m'$ (mod. P), also auch m' relative Primzahl zu P, so ist

$$\left(\frac{m}{P}\right) = \left(\frac{m'}{P}\right);$$

denn, wenn $P = pp'p''$ ... ist, so ist auch

$$m \equiv m' \text{ (mod. } p\text{)}, \quad m \equiv m' \text{ (mod. } p'\text{)},$$

u. s. w., also

$$\left(\frac{m}{p}\right) = \left(\frac{m'}{p}\right), \quad \left(\frac{m}{p'}\right) = \left(\frac{m'}{p'}\right),$$

u. s. w., und folglich

$$\left(\frac{m}{p}\right)\left(\frac{m}{p'}\right)\cdots = \left(\frac{m'}{p}\right)\left(\frac{m'}{p'}\right)\cdots,$$

was zu beweisen war. —

4. Die beiden letzten Sätze zeigen, dass das verallgemeinerte Symbol denselben Gesetzen gehorcht wie das einfache; wir wollen nun zeigen, dass auch die Werthe der Symbole

$$\left(\frac{-1}{P}\right), \quad \left(\frac{2}{P}\right)$$

nach den früheren Regeln zu bestimmen sind, und endlich, dass auch ein dem früheren ganz analoger Reciprocitätssatz Statt findet; um aber den Gang der Beweise nicht zu unterbrechen, schicken wir folgende Bemerkungen voraus. Ist

$$R = r' r'' r''' \ldots$$

eine beliebige ungerade Zahl, so sind $r' - 1$, $r'' - 1$, $r''' - 1 \ldots$ lauter gerade Zahlen, und folglich ist jedes Product aus zweien oder mehreren dieser Differenzen $\equiv 0 \pmod{4}$; bringt man daher R in die Form

$$R = (1 + (r' - 1))\,(1 + (r'' - 1))\,(1 + (r''' - 1)) \ldots$$

und führt die Multiplication aus, so ergiebt sich

$$R \equiv 1 + (r' - 1) + (r'' - 1) + (r''' - 1) + \cdots \pmod{4}$$

oder kürzer

$$\frac{R-1}{2} \equiv \Sigma\, \frac{r-1}{2} \pmod{2},$$

wo das Summenzeichen sich auf den Buchstaben r bezieht, der die einzelnen Factoren r', r'', $r''' \ldots$ durchlaufen muss.

Auf ganz ähnliche Weise ergiebt sich aus denselben Voraussetzungen noch ein zweites Lemma; es ist nämlich $r^2 \equiv 1 \pmod{8}$ und folglich

$$R^2 = (1 + (r'^2 - 1))\,(1 + (r''^2 - 1))\,(1 + (r'''^2 - 1)) \ldots$$
$$\equiv 1 + \Sigma\,(r^2 - 1) \pmod{16},$$

also

$$\frac{R^2-1}{8} \equiv \Sigma\, \frac{r^2-1}{8} \pmod{2}.$$

Nach diesen Vorbemerkungen kehren wir zu unserem Gegenstande zurück.

5. Ist P eine positive ungerade Zahl, so ist

$$\left(\frac{-1}{P}\right) = (-1)^{\frac{P-1}{2}}$$

Denn wenn P das Product aus den positiven Primzahlen $p', p'', p''' \ldots$ ist, so ist

$$\left(\frac{-1}{P}\right) = \left(\frac{-1}{p'}\right)\left(\frac{-1}{p''}\right)\left(\frac{-1}{p'''}\right) \cdots = (-1)^{\Sigma \frac{p-1}{2}},$$

wo der Summationsbuchstabe p alle Primfactoren $p', p'', p''' \ldots$ durchlaufen muss; da nun nach dem ersten Lemma 4.

$$\Sigma \frac{p-1}{2} \equiv \frac{P-1}{2} \pmod{2}$$

ist, so leuchtet die Richtigkeit des Satzes ein.

6. Ist P eine ungerade Zahl, so ist

$$\left(\frac{2}{P}\right) = (-1)^{\frac{P^2-1}{8}}$$

Denn mit Beibehaltung derselben Zeichen ist

$$\left(\frac{2}{P}\right) = \left(\frac{2}{p'}\right)\left(\frac{2}{p''}\right)\left(\frac{2}{p'''}\right) \cdots = (-1)^{\Sigma \frac{p^2-1}{8}},$$

und da nach dem zweiten Lemma 4.

$$\Sigma \frac{p^2-1}{8} \equiv \frac{P^2-1}{8} \pmod{2}$$

ist, so ergiebt sich unmittelbar die Richtigkeit des zu beweisenden Satzes.

7. Sind die beiden positiven ungeraden Zahlen P und Q relative Primzahlen zu einander, so ist

$$\left(\frac{P}{Q}\right)\left(\frac{Q}{P}\right) = (-1)^{\frac{P-1}{2} \cdot \frac{Q-1}{2}}$$

Denn es sei P das Product aus den Primzahlen

$$p', p'', p''' \ldots \qquad (p)$$

und Q das Product aus den Primzahlen

$$q', q'' \ldots \qquad (q)$$

welche also von den Primzahlen $p', p'', p''' \ldots$ verschieden sind. Dann ist zufolge der Erklärung und nach 2.

$$\left(\frac{P}{Q}\right) = \left(\frac{P}{q'}\right)\left(\frac{P}{q''}\right) \cdots = \Pi\left(\frac{p}{q}\right),$$

wo das Productzeichen Π sich auf alle Combinationen einer jeden der Primzahlen p mit einer jeden der Primzahlen q bezieht; ganz ebenso ist aber

$$\left(\frac{Q}{P}\right) = \Pi \left(\frac{q}{p}\right)$$

und folglich

$$\left(\frac{P}{Q}\right)\left(\frac{Q}{P}\right) = \Pi \left(\frac{p}{q}\right)\left(\frac{q}{p}\right),$$

wo das Productzeichen sich auf dieselben Combinationen bezieht; da nun nach dem Reciprocitätssatze

$$\left(\frac{p}{q}\right)\left(\frac{q}{p}\right) = (-1)^{\frac{p-1}{2}\cdot\frac{q-1}{2}}$$

ist, so ergiebt sich

$$\left(\frac{P}{Q}\right)\left(\frac{Q}{P}\right) = (-1)^{\Sigma\frac{p-1}{2}\cdot\frac{q-1}{2}},$$

wo wieder das Summenzeichen sich auf dieselben Combinationen jeder Primzahl p mit jeder Primzahl q erstreckt; es ist daher

$$\Sigma\frac{p-1}{2}\frac{q-1}{2} = \Sigma\frac{p-1}{2} \times \Sigma\frac{q-1}{2},$$

wo auf der rechten Seite das erste Summenzeichen sich auf alle Primzahlen p, das zweite sich auf alle Primzahlen q bezieht. Da nun nach dem ersten Lemma 4.

$$\Sigma\frac{p-1}{2} \equiv \frac{P-1}{2} \pmod{2}$$

und

$$\Sigma\frac{q-1}{2} \equiv \frac{Q-1}{2} \pmod{2}$$

ist, so ergiebt sich

$$\Sigma\frac{p-1}{2}\frac{q-1}{2} \equiv \frac{P-1}{2}\frac{Q-1}{2} \pmod{2},$$

und hieraus

$$\left(\frac{P}{Q}\right)\left(\frac{Q}{P}\right) = (-1)^{\frac{P-1}{2}\cdot\frac{Q-1}{2}},$$

was zu beweisen war. —

Es bleibt uns nun noch eine Bemerkung über das Symbol zu machen übrig; wir haben oben dieses Zeichen nur unter der Voraussetzung definirt, dass die Zahl P eine *positive ungerade* Zahl, und dass die positive oder negative Zahl m *relative Primzahl zu* P ist; wir erweitern jetzt die Bedeutung des Zeichens dahin, dass P auch eine *negative ungerade* Zahl sein kann, immer aber mit der Beschränkung, dass m *relative Primzahl zu* P ist*); und zwar setzen wir fest, dass

$$\left(\frac{m}{-P}\right) = \left(\frac{m}{P}\right)$$

sein soll. Dann leuchtet augenblicklich ein, dass die Sätze 1., 2., 3. und 6. ohne Beschränkung gültig bleiben; ferner, dass der Satz 5. nur dann richtig ist, wenn P positiv ist, dagegen für ein negatives P falsch wird; und endlich, dass der Satz 7. nur dann gültig bleibt, wenn mindestens eine der beiden Zahlen P und Q positiv ist, dagegen seine Gültigkeit verliert, wenn beide Zahlen P und Q negativ sind.

§. 47.

Die oben (§. 45) an einem Beispiel behandelte Aufgabe, den Werth des Legendre'schen Symbols zu bestimmen, bildet offenbar nur einen ganz speciellen Fall der allgemeinen Aufgabe, den Werth des Jacobi'schen Symbols zu bestimmen. Es zeigt sich nun, dass die damals nothwendige Zerlegung in Primzahlfactoren (abgesehen von dem Factor 2) ganz überflüssig geworden, und der anzuwendende Algorithmus demjenigen ganz ähnlich ist, durch welchen der grösste gemeinschaftliche Divisor zweier Zahlen gefunden wird. Einige Beispiele werden genügen, um diese einfachere Methode zu erläutern.

Beispiel 1: Nehmen wir das schon oben (§. 45) behandelte Beispiel, so können wir jetzt nach dem verallgemeinerten Reciprocitätssatze

$$\left(\frac{365}{1847}\right) = \left(\frac{1847}{365}\right)$$

---

*) Später (Supplemente §. 116) werden wir festsetzen, dass das Symbol den Werth *Null* haben soll, sobald P eine ungerade Zahl, m aber keine relative Primzahl zu P ist.

setzen, weil 365 von der Form $4n+1$ ist. Da ferner $1847 \equiv 22 \pmod{365}$ ist, so ist nach §. 46, 3. und 2.

$$\left(\frac{1847}{365}\right) = \left(\frac{22}{365}\right) = \left(\frac{2}{365}\right)\left(\frac{11}{365}\right);$$

da ferner $365 \equiv 5 \pmod{8}$, so ist nach §. 46, 6.

$$\left(\frac{2}{365}\right) = -1,$$

also

$$\left(\frac{365}{1847}\right) = -\left(\frac{11}{365}\right).$$

Nach dem verallgemeinerten Reciprocitätssatz ist nun wieder

$$\left(\frac{11}{365}\right) = \left(\frac{365}{11}\right) = \left(\frac{2}{11}\right) = -1,$$

und folglich

$$\left(\frac{365}{1847}\right) = +1,$$

wie früher.

Beispiel 2: Nach dem verallgemeinerten Reciprocitätssatze ist

$$\left(\frac{195}{1901}\right) = \left(\frac{1901}{195}\right);$$

weil $1901 \equiv -49 \pmod{195}$, so ist

$$\left(\frac{1901}{195}\right) = \left(\frac{-49}{195}\right);$$

da ferner die Zahlen -49 und 195 nicht beide negativ sind, so gilt für sie der verallgemeinerte Reciprocitätssatz, und, weil beide von der Form $4n+3$ sind, so ist

$$\left(\frac{-49}{195}\right) = -\left(\frac{195}{-49}\right) = -\left(\frac{195}{49}\right);$$

weil endlich $195 \equiv -1 \pmod{49}$, und 49 von der Form $4n+1$ ist, so ist

$$\left(\frac{195}{49}\right) = \left(\frac{-1}{49}\right) = +1,$$

also

$$\left(\frac{195}{1901}\right) = -1$$

d. h. 195 ist quadratischer Nichtrest der Primzahl 1901. Natürlich hätte sich die Auflösung abkürzen lassen durch Zerlegung in Factoren, nämlich durch die Bemerkung, dass $49 = 7 \,.\, 7$ und folglich

$$\left(\frac{-49}{195}\right) = \left(\frac{-1}{195}\right) = -1$$

ist; überhaupt wird die Operation immer bedeutend abgekürzt, wenn man im Zähler oder Nenner des Symbols quadratische Factoren bemerkt, da diese sogleich fortgelassen werden können.

Beispiel 3: Da $74 = 2 \,.\, 37$, und $101 \equiv 5 \pmod{8}$ ist, so ist

$$\left(\frac{74}{101}\right) = \left(\frac{2}{101}\right)\left(\frac{37}{101}\right) = -\left(\frac{37}{101}\right);$$

dann ist ferner nach dem Reciprocitätssatze

$$\left(\frac{37}{101}\right) = \left(\frac{101}{37}\right) = \left(\frac{-10}{37}\right) = \left(\frac{10}{37}\right)$$

und, weil 37 von der Form $8n + 5$ ist,

$$\left(\frac{10}{37}\right) = \left(\frac{2}{37}\right)\left(\frac{5}{37}\right) = -\left(\frac{5}{37}\right)$$

endlich ist wieder nach dem Reciprocitätssatze

$$\left(\frac{5}{37}\right) = \left(\frac{37}{5}\right) = \left(\frac{2}{5}\right) = -1$$

und folglich

$$\left(\frac{74}{101}\right) = -1.$$

Kürzer gelangt man durch folgende Kette zum Ziele:

$$\left(\frac{74}{101}\right) = \left(\frac{-27}{101}\right) = \left(\frac{101}{-27}\right) = \left(\frac{-7}{27}\right) = \left(\frac{27}{-7}\right) = \left(\frac{-1}{7}\right)$$
$$= -1.$$

§. 48.

Wegen der Wichtigkeit des Reciprocitätssatzes theilen wir hier noch einen anderen Beweis desselben mit, nämlich den *ersten* der von *Gauss* gegebenen sechs Beweise*); dies kann hier um so eher geschehen, als durch die im Vorhergehenden erörterte Verallgemeinerung des Legendre'schen Symbols mehrere der von

*) *Disquisitiones Arithmeticae* artt. 135—144.

Gauss unterschiedenen acht Fälle sich zusammenziehen lassen, wodurch der Beweis an Kürze und Uebersichtlichkeit bedeutend gewinnt *).

Das Wesen dieses Beweises besteht in der sogenannten vollständigen Induction; wenn nämlich der Satz für je zwei Primzahlen p, p' richtig ist, welche kleiner sind, als eine bestimmte Primzahl q, so lässt sich zeigen, dass er auch für jede Combination einer solchen Primzahl p mit der Primzahl q selbst gelten muss; hieraus und weil der Satz für die beiden kleinsten ungeraden Primzahlen 3 und 5 wirklich richtig ist, folgt dann unmittelbar seine Allgemeingültigkeit.

Von besonderer Wichtigkeit für diesen Nachweis ist nun die vorläufige Bemerkung, dass aus der angenommenen Richtigkeit des Reciprocitätssatzes für je zwei Primzahlen p, p', welche kleiner als die Primzahl q sind, mit Nothwendigkeit auch die Gültigkeit des verallgemeinerten Satzes (§. 46, 7.)

$$\left(\frac{P}{Q}\right)\left(\frac{Q}{P}\right) = (-1)^{\frac{P-1}{2}\cdot\frac{Q-1}{2}}$$

folgt, sobald die beiden ungeraden relativen Primzahlen P und Q (die nicht gleichzeitig negativ sein dürfen) nur solche Primzahlfactoren enthalten, die kleiner als q sind; denn der Beweis dieses verallgemeinerten Satzes gründete sich ausschliesslich auf die Richtigkeit des einfachen Satzes für alle die Paare von zwei Primzahlen, von denen die eine in P, die andere in Q aufgeht.

Bei dem Beweise nun, dass der Reciprocitätssatz für jede Combination von q mit einer Primzahl p gilt, welche kleiner als q ist, haben wir zwei Fälle zu unterscheiden. Der eine Fall und zwar der schwierigere findet Statt, wenn q die Form $4n + 1$ hat, und zugleich p quadratischer Nichtrest von q ist; dann ist zu beweisen, dass auch q quadratischer Nichtrest von p ist. In irgend einem der anderen Fälle, nämlich wenn q von der Form $4n + 3$ ist, oder auch, wenn q zwar die Form $4n + 1$ hat, dann aber p quadratischer Rest von q ist, kann man offenbar der Primzahl p immer ein solches Vorzeichen geben, dass, wenn man $\omega = \pm p$ setzt, wenigstens für eins der beiden Vorzeichen ω quadratischer Rest von q wird; dann ist also zu beweisen, dass

*) *Dirichlet: Ueber den ersten der von Gauss gegebenen Beweise des Reciprocitätsgesetzes in der Theorie der quadratischen Reste* (Crelle's Journal Bd. 47).

$$\left(\frac{q}{\omega}\right) = (-1)^{\frac{1}{2}(\omega-1) \cdot \frac{1}{2}(q-1)}$$

ist; dieser letztere Fall ist deshalb leichter zu behandeln, weil die Annahme sogleich einen Ansatz giebt, welcher nur ausgebeutet zu werden braucht. Wir beginnen daher mit diesem Theile des Satzes.

§. 49.

Es sei also $\omega = \pm p$ quadratischer Rest von q, so hat die Congruenz $x^2 \equiv \omega \pmod{q}$ zwischen 0 und q immer zwei Wurzeln x, deren Summe $= q$, und von denen folglich die eine, welche wir mit e bezeichnen wollen, eine gerade Zahl ist. Dann wird

$$e^2 - \omega = qf$$

sein, wo f eine ganze Zahl bedeutet, welche jedenfalls nicht $= 0$ ist, weil sonst die Primzahl ω eine Quadratzahl sein müsste. Diese Zahl f kann aber auch nicht negativ sein; denn sonst wäre ω positiv $= p$, und $p - e^2$ eine positive durch q theilbare Zahl, was aber unmöglich ist, da $p - e^2 < p$, und der Voraussetzung nach $p < q$ ist. Diese positive Zahl f muss ferner ungerade sein; denn da e gerade ist, so ist $e^2 - \omega$ ungerade, und folglich auch jeder Divisor von $e^2 - \omega$, also auch f ungerade. Endlich ist diese positive ungerade Zahl f nothwendig $< q - 1$; denn da $e \leqq q - 1$, und $p < q - 1$, so ist $qf = e^2 - \omega < (q-1)^2 + (q-1)$, d. h. $qf < q(q-1)$, also wirklich $f < q - 1$.

Nun sind zwei Fälle möglich:

1. Ist f nicht durch p theilbar, so folgt aus der Gleichung $e^2 - \omega = qf$, dass

$$\left(\frac{\omega}{f}\right) = +1,$$

und ferner, weil qf quadratischer Rest von p ist, dass

$$\left(\frac{q}{\omega}\right) = \left(\frac{f}{\omega}\right)$$

sein muss; da nun die beiden ungeraden Zahlen f und ω relative Primzahlen zu einander, beide kleiner als q, und endlich nicht beide negativ sind, so gilt für sie der verallgemeinerte Reciprocitätssatz, d. h. es ist

$$\left(\frac{f}{\omega}\right)\left(\frac{\omega}{f}\right) = (-1)^{\frac{1}{2}(\omega-1)\cdot\frac{1}{2}(f-1)}$$

und hieraus ergiebt sich unter Berücksichtigung der beiden vorhergehenden Gleichungen

$$\left(\frac{q}{\omega}\right) = (-1)^{\frac{1}{2}(\omega-1)\cdot\frac{1}{2}(f-1)}.$$

Da ferner e eine gerade Zahl ist, so ist auch $-\omega \equiv qf \pmod{4}$, also (nach dem ersten Lemma 4. in §. 46)

$$-\frac{\omega+1}{2} \equiv \frac{qf-1}{2} \equiv \frac{q-1}{2} + \frac{f-1}{2} \pmod{2};$$

multiplicirt man diese Congruenz mit $\frac{1}{2}(\omega-1)$, so erhält man auf der linken Seite ein Product aus zwei successiven ganzen Zahlen, also gewiss eine gerade Zahl, und hieraus folgt unmittelbar

$$\frac{\omega-1}{2}\,\frac{f-1}{2} \equiv \frac{\omega-1}{2}\,\frac{q-1}{2} \pmod{2}$$

und also

$$\left(\frac{q}{\omega}\right) = (-1)^{\frac{1}{2}(\omega-1)\cdot\frac{1}{2}(q-1)},$$

was zu beweisen war.

2. Ist dagegen f theilbar durch p, so kann man $f = \omega\varphi$ setzen, wo φ eine ungerade Zahl bedeutet, die dasselbe Zeichen wie ω hat und ihrem absoluten Werthe nach $< q$ ist. Da nun $e^2 - \omega = q\omega\varphi$, so ist auch e theilbar durch ω und also $e = \varepsilon\omega$, wo ε wieder eine gerade Zahl ist. Hieraus ergiebt sich nun

$$\varepsilon^2\omega - 1 = q\varphi,$$

und es kann daher φ nicht durch ω theilbar sein. Nun war ω quadratischer Rest von $f = \omega\varphi$, und folglich auch von φ, also ist

$$\left(\frac{\omega}{\varphi}\right) = \left(\frac{\omega}{-\varphi}\right) = +1;$$

ausserdem folgt aus der vorhergehenden Gleichung, dass $-q\varphi$ quadratischer Rest von ω, dass also

$$\left(\frac{q}{\omega}\right) = \left(\frac{-\varphi}{\omega}\right)$$

ist; da endlich von den beiden ungeraden Zahlen $-\varphi$ und ω die eine positiv ist, und da sie relative Primzahlen zu einander und ausserdem beide $< q$ sind, so ist nach dem verallgemeinerten Reciprocitätssatze

$$\left(\frac{-\varphi}{\omega}\right)\left(\frac{\omega}{-\varphi}\right) = (-1)^{\frac{1}{2}(\omega-1)\cdot\frac{1}{2}(\varphi+1)}$$

und folglich unter Berücksichtigung der beiden vorhergehenden Gleichungen

$$\left(\frac{q}{\omega}\right) = (-1)^{\frac{1}{2}(\omega-1)\cdot\frac{1}{2}(\varphi+1)}.$$

Da nun ε eine gerade Zahl und folglich $q\varphi \equiv -1 \pmod{4}$ ist, so muss die eine der beiden Zahlen φ und q von der Form $4n+1$, die andere aber von der Form $4n+3$ sein, woraus folgt, dass

$$\frac{\varphi+1}{2} \equiv \frac{q-1}{2} \pmod{2}$$

und also

$$\left(\frac{q}{\omega}\right) = (-1)^{\frac{1}{2}(\omega-1)\cdot\frac{1}{2}(q-1)}$$

ist. Also ist auch für diesen Fall der Satz bewiesen.

§. 50.

Wir kommen nun zu dem zweiten Theile, in welchem vorausgesetzt wird, dass p Nichtrest von q, und q von der Form $4n+1$ ist, und in welchem bewiesen werden muss, dass q Nichtrest von p ist. Hier fehlt nun die Möglichkeit eines Ansatzes, und um diese zu gewinnen, kommt alles darauf an nachzuweisen, dass wenigstens eine Primzahl $p' < q$ existirt, von welcher q quadratischer Nichtrest ist, oder mit anderen Worten, dass die Primzahl q nicht von allen kleineren Primzahlen quadratischer Rest sein kann. Für den Fall, dass $q \equiv 5 \pmod{8}$ ist, hat dieser Nachweis nicht die geringste Schwierigkeit; denn dann ist $\frac{1}{2}(q+1) \equiv 3 \pmod{4}$, und folglich muss unter den Primfactoren dieser Zahl $\frac{1}{2}(q+1)$, welche natürlich alle $< q$ sind, mindestens einer p' von der Form $4n+3$ sein; dann ist aber $q \equiv -1 \pmod{p'}$ und folglich quadratischer Nichtrest einer kleineren Primzahl p'. Desto schwieriger war dieser Nachweis für den anderen Fall zu führen, in welchem $q \equiv 1 \pmod{8}$ ist; und *Gauss* selbst gesteht*), dass es ihm erst nach manchen

*) *D. A.* art. 125.

vergeblichen Versuchen gelungen ist, diese capitale Schwierigkeit zu überwinden; er gelangte dazu durch folgende äusserst scharfsinnige Betrachtung.

Es sei $2m+1$ irgend eine ungerade Zahl, aber kleiner als q. Wenn nun q quadratischer Rest von allen ungeraden Primzahlen z ist, welche diese ungerade Zahl $2m+1$ nicht übertreffen, so ist nach früheren Sätzen (§. 37) die Primzahl q, da sie $\equiv 1 \pmod{8}$ und also von jeder Potenz der Zahl 2 quadratischer Rest ist, auch quadratischer Rest von jeder Zahl, welche keine anderen ungeraden Primfactoren als die Primzahlen z enthält, und also z. B. von der Zahl

$$M = 1 \,.\, 2 \,.\, 3 \,.\, 4 \,.\,.\,.\,.\,.\, (2m)\,(2m+1);$$

es giebt daher positive Zahlen k von der Beschaffenheit, dass

$$q \equiv k^2 \pmod{M}$$

ist, und zwar muss k relative Primzahl zu M sein, weil $2m+1<q$ und also auch q relative Primzahl zu M ist. Aus dieser Congruenz folgt nun weiter, dass in Bezug auf den Modul M

$$\begin{aligned} &k(q-1^2)\,(q-2^2)\,(q-3^2)\ldots(q-m^2)\\ &\equiv k(k^2-1^2)\,(k^2-2^2)\,(k^2-3^2)\ldots(k^2-m^2)\\ &\equiv (k+m)\,(k+m-1)\ldots(k+1)\,k(k-1)\ldots(k-m+1)\,(k-m)\end{aligned}$$

ist; da nun nach einem früheren Satze (§. 15) jedes Product von $(2m+1)$ successiven ganzen Zahlen durch M theilbar, und ausserdem k relative Primzahl zu M ist, so ist das Product

$$(q-1^2)\,(q-2^2)\,(q-3^2)\ldots(q-m^2)$$

theilbar durch das Product

$$M = (m+1)\,\big((m+1)^2-1^2\big)\,\big((m+1)^2-2^2\big)\ldots\big((m+1)^2-m^2\big)$$

d. h. das Product

$$\frac{1}{m+1}\cdot\frac{q-1^2}{(m+1)^2-1^2}\cdot\frac{q-2^2}{(m+1)^2-2^2}\cdots\frac{q-m^2}{(m+1)^2-m^2}$$

ist nothwendig eine ganze Zahl.

Andererseits leuchtet ein, dass dies Product gewiss *keine* ganze Zahl ist, sobald für m die grösste ganze Zahl unterhalb $\sqrt{q}$ genommen wird; denn, wenn $m<\sqrt{q}<m+1$ ist, so sind alle Factoren dieses Productes echte Brüche. Für diese Zahl m kann daher die obige Annahme nicht zulässig sein, und da ausserdem $2m+1<2\sqrt{q}+1<q$ ist, so haben wir folgenden Satz gewonnen:

Ist q eine Primzahl von der Form $8n+1$, so giebt es unterhalb $2\sqrt{q}+1$ und folglich auch unterhalb q mindestens eine ungerade Primzahl p', von welcher q quadratischer Nichtrest ist.

§. 51.

Nachdem für jede Primzahl q von der Form $4n+1$ die Existenz einer Primzahl $p' < q$ nachgewiesen ist, von welcher q quadratischer Nichtrest ist, gehen wir zum Beweise unseres zweiten Theiles über. Jede solche Primzahl p' muss Nichtrest von q sein; denn wäre p' Rest von q, so würde aus dem schon von uns bewiesenen Theil (§. 49)

$$\left(\frac{q}{p'}\right) = (-1)^{\frac{1}{2}(p'-1)\cdot\frac{1}{2}(q-1)} = +1$$

folgen, was mit der Voraussetzung streitet. Mithin gilt für dieses Paar p', q das Reciprocitätsgesetz. Giebt es nun *ausser* p' noch *andere* ungerade Primzahlen $p < q$, welche Nichtreste von q sind, so ist nur zu beweisen, dass

$$\left(\frac{q}{pp'}\right) = +1$$

ist, weil hieraus sogleich folgt, dass q Nichtrest von p ist. Da nun p' und der Voraussetzung nach auch p quadratischer Nichtrest von q ist, so ist pp' quadratischer Rest von q, und es giebt daher wieder eine gerade Zahl $e < q$ von der Beschaffenheit, dass

$$e^2 - pp' = q\varphi$$

und φ eine ganze Zahl ist; und weil die linke Seite dieser Gleichung eine ungerade Zahl darstellt, welche ihrem absoluten Werthe nach $< q^2$ ist, so ist φ ebenfalls eine ungerade Zahl und zwar $< q$. Je nach der Beschaffenheit dieser Zahl φ zerfällt nun der Beweis in drei Theile.

1. Ist φ weder durch p noch durch p' theilbar, so ist

$$\left(\frac{pp'}{\varphi}\right) = +1,$$

und da $q\varphi$ quadratischer Rest von pp' ist, auch

$$\left(\frac{q\varphi}{pp'}\right) = 1, \quad \text{also} \quad \left(\frac{q}{pp'}\right) = \left(\frac{\varphi}{pp'}\right);$$

da ferner die beiden ungeraden relativen Primzahlen φ und pp' (von denen die letztere positiv ist) nur solche Primfactoren enthalten, welche $< q$ sind, so gilt für diese beiden Zahlen auch das verallgemeinerte Reciprocitätsgesetz, d. h. es ist

$$\left(\frac{\varphi}{pp'}\right)\left(\frac{pp'}{\varphi}\right) = (-1)^{\frac{1}{2}(\varphi-1)\cdot\frac{1}{2}(pp'-1)}$$

und folglich, mit Berücksichtigung der beiden vorhergehenden Gleichungen

$$\left(\frac{q}{pp'}\right) = (-1)^{\frac{1}{2}(\varphi-1)\cdot\frac{1}{2}(pp'-1)}.$$

Da aber e eine gerade Zahl, so ist $q\varphi \equiv -pp'$ (mod. 4), also, da $q \equiv 1$ (mod. 4) ist,

$$\varphi \equiv -pp' \pmod{4}$$

$$\frac{\varphi-1}{2} \equiv -\frac{pp'+1}{2} \pmod{2}$$

also

$$\frac{\varphi-1}{2}\cdot\frac{pp'-1}{2} \equiv 0 \pmod{2}$$

und folglich

$$\left(\frac{q}{pp'}\right) = 1,$$

was zu beweisen war.

2. Ist φ durch p' theilbar, durch p nicht theilbar, so setze man $\varphi = p'\psi$, und; da auch e durch p' theilbar sein muss, $e = p'\varepsilon$; dann ist $\psi < q$ eine durch p nicht theilbare ungerade, und ε eine gerade Zahl, und es wird

$$p'\varepsilon^2 - p = q\psi.$$

Hieraus folgt nun zunächst wieder (da ψ relative Primzahl zu pp' ist)

$$\left(\frac{pp'}{\psi}\right) = +1,$$

ferner

$$\left(\frac{q\psi}{p}\right) = \left(\frac{p'}{p}\right), \quad \text{also} \quad \left(\frac{q}{p}\right) = \left(\frac{p'}{p}\right)\left(\frac{\psi}{p}\right)$$

und

$$\left(\frac{q\psi}{p'}\right) = \left(\frac{-p}{p'}\right), \quad \text{also} \quad \left(\frac{q}{p'}\right) = \left(\frac{-p}{p'}\right)\left(\frac{\psi}{p'}\right)$$

und folglich

$$\left(\frac{q}{pp'}\right) = \left(\frac{p'}{-p}\right)\left(\frac{-p}{p'}\right)\left(\frac{\psi}{pp'}\right) = (-1)^{\frac{1}{2}(p+1).\frac{1}{2}(p'-1)}\left(\frac{\psi}{pp'}\right);$$

da endlich ψ und pp' nur solche Primfactoren enthalten, die $< q$ sind, so ist nach dem verallgemeinerten Reciprocitätssatz

$$\left(\frac{\psi}{pp'}\right)\left(\frac{pp'}{\psi}\right) = (-1)^{\frac{1}{2}(\psi-1).\frac{1}{2}(pp'-1)}$$

und hieraus in Verbindung mit zwei vorhergehenden Gleichungen

$$\left(\frac{q}{pp'}\right) = (-1)^{\frac{1}{2}(p+1).\frac{1}{2}(p'-1)+\frac{1}{2}(\psi-1).\frac{1}{2}(pp'-1)}.$$

Da nun $\varepsilon^2 \equiv 0 \pmod{4}$ und $q \equiv 1 \pmod{4}$, so ist $\psi \equiv -p \pmod{4}$, folglich

$$\tfrac{1}{2}(\psi-1) \equiv \tfrac{1}{2}(p+1) \pmod{2},$$

also

$$\tfrac{1}{2}(p+1).\tfrac{1}{2}(p'-1) + \tfrac{1}{2}(\psi-1).\tfrac{1}{2}(pp'-1)$$
$$\equiv \tfrac{1}{2}(p+1)\,[\tfrac{1}{2}(p'-1) + \tfrac{1}{2}(pp'-1)] \pmod{2},$$

und da ferner (nach dem ersten Lemma 4. in §. 46)

$$\tfrac{1}{2}(pp'-1) \equiv \tfrac{1}{2}(p-1) + \tfrac{1}{2}(p'-1) \pmod{2}$$

ist, so ergiebt sich

$$\tfrac{1}{2}(p+1).\tfrac{1}{2}(p'-1) + \tfrac{1}{2}(\psi-1).\tfrac{1}{2}(pp'-1)$$
$$\equiv \tfrac{1}{2}(p+1).\tfrac{1}{2}(p-1) \equiv 0 \pmod{2}$$

und folglich

$$\left(\frac{q}{pp'}\right) = 1,$$

was zu beweisen war.

Da bei diesem Beweise die Annahme, dass q Nichtrest von p' ist, gar nicht zur Anwendung gekommen ist, so wird durch einfache Vertauschung von p mit p' der Beweis für den Fall entstehen, dass φ durch p theilbar, durch p' nicht theilbar ist; denn im Uebrigen sind sowohl die Voraussetzungen als auch das zu beweisende Resultat vollständig symmetrisch in Bezug auf beide Primzahlen p und p'.

3. Ist φ sowohl durch p als auch durch p' und folglich (da p und p' verschiedene Primzahlen sind) auch durch pp' theilbar, so setze man $\varphi = pp'\psi$, und, da e dann ebenfalls durch pp' theilbar ist, $e = pp'\varepsilon$; dann bedeutet ψ eine ungerade Zahl $< q$, und ε eine gerade Zahl, und es wird

$$pp'\varepsilon^2 - 1 = q\psi.$$

Hieraus folgt, dass pp' relative Primzahl zu ψ und ausserdem quadratischer Rest von ψ, also

$$\left(\frac{pp'}{\psi}\right) = +1$$

ist; ebenso ergiebt sich aber, dass $-q\psi$ quadratischer Rest von pp', dass also

$$\left(\frac{q}{pp'}\right) = \left(\frac{-\psi}{pp'}\right)$$

ist; nach dem verallgemeinerten Reciprocitätssatze, welcher offenbar für die beiden Zahlen $-\psi$ und pp' gilt, ist ferner

$$\left(\frac{-\psi}{pp'}\right)\left(\frac{pp'}{-\psi}\right) = (-1)^{\frac{1}{2}(pp'-1)\cdot\frac{1}{2}(\psi+1)},$$

und hieraus ergiebt sich in Verbindung mit den beiden vorhergehenden Gleichungen

$$\left(\frac{q}{pp'}\right) = (-1)^{\frac{1}{2}(pp'-1)\cdot\frac{1}{2}(\psi+1)}$$

Da aber ε eine gerade Zahl, und $q \equiv 1$ (mod. 4), so ist $\psi \equiv -1$ (mod. 4), also $\frac{1}{2}(\psi + 1)$ eine gerade Zahl, und folglich

$$\left(\frac{q}{pp'}\right) = 1,$$

was zu beweisen war.

Hiermit ist nun auch der zweite Theil des Beweises vollständig geführt und dadurch die Allgemeingültigkeit des Reciprocitätssatzes von Neuem nachgewiesen. Auf ähnliche Weise lassen sich auch die Sätze über die Charaktere der Zahlen -1 und 2 begründen, was dem Leser überlassen bleiben mag*).

§. 52.

Nach allen diesen Untersuchungen kehren wir nun zurück zu der Beantwortung der zweiten in §. 32 aufgeworfenen Frage, welche in §. 39 auf die folgende reducirt ist:

---

*) *Dirichlet* a. a. O.

Von welchen ungeraden Primzahlen q ist die gegebene Zahl D quadratischer Rest?

Auch jetzt fragen wir nur nach denjenigen (positiv genommenen) Primzahlen q, welche nicht in D aufgehen, und setzen ausserdem der Einfachheit halber voraus, dass D kein Quadrat und auch durch kein Quadrat (ausser 1) theilbar ist, weil der allgemeinere Fall offenbar sogleich auf diesen einfacheren reducirt werden kann. Es wird sich zeigen, dass nicht blos alle diese Primzahlen q (die *Divisoren der Form* $t^2 - Du^2$ nach §. 39), sondern überhaupt alle positiven Zahlen n, welche relative Primzahlen zu $2D$ sind und der Bedingung

$$\left(\frac{D}{n}\right) = +1$$

genügen, in einer Anzahl von bestimmten Linearformen, d. h. von arithmetischen Reihen enthalten sind, deren Differenz entweder $= 2D$ oder $= 4D$ ist. Da wir vorausgesetzt haben, dass die positive oder negative Zahl D durch keine Quadratzahl theilbar ist, so wird, wenn wir das Product aller in D aufgehenden positiven ungeraden Primzahlen $p, p', p'' \ldots$ mit P bezeichnen, entweder $D = \pm P$, oder $D = \pm 2P$ sein; wenn D keine ungerade Primzahl p als Factor enthält (für welchen Fall das Resultat aber schon in den §§. 40, 41 oder allgemeiner in §. 46, 5. und 6 angegeben ist), wird $P = 1$ zu setzen sein. Wir unterscheiden im Ganzen vier Fälle.

I. $D = \pm P \equiv 1$ (mod. 4).

In diesem Falle ist, wenn n irgend eine *positive* Zahl bedeutet, die relative Primzahl zu $2D$ ist, zufolge des verallgemeinerten Reciprocitätssatzes (§. 46, 7.)

$$\left(\frac{D}{n}\right) = \left(\frac{n}{P}\right).$$

Da nun das Symbol rechts für alle Zahlen n, welche einer und derselben Classe (mod. P) angehören, nach §. 46, 3. einen und denselben Werth besitzt, so kommt es offenbar nur darauf an, ein vollständiges System von $\varphi(P)$ incongruenten Zahlen m (mod. P) zu betrachten, die relative Primzahlen zu P sind, und für jede den Werth des Symbols zu bestimmen. Es ist wichtig, dies etwas näher zu untersuchen.

Zunächst lässt sich beweisen, dass Zahlen b existiren, welche relative Primzahlen zu P sind und der Bedingung

$$\left(\frac{b}{P}\right) = -1 \tag{1}$$

genügen. Denn da D nicht $= +1$ sein kann, und folglich P mindestens eine Primzahl p enthält, so wähle man einen beliebigen Nichtrest β von p, und bestimme b (nach §. 25) durch die Bedingungen

$$b \equiv \beta \text{ (mod. } p), \quad b \equiv 1 \text{ (mod. } P'),$$

wo $P = pP'$ gesetzt ist, so wird

$$\left(\frac{b}{P}\right) = \left(\frac{b}{p}\right)\left(\frac{b}{P'}\right) = \left(\frac{\beta}{p}\right)\left(\frac{1}{P'}\right) = -1.$$

Nachdem dieser Punct absolvirt ist, erkennt man leicht, dass die Anzahl aller incongruenten Zahlen b (mod. P), welche der Bedingung (1) genügen, $= \frac{1}{2}\varphi(P)$, und folglich die Anzahl aller incongruenten Zahlen a (mod. P), für welche

$$\left(\frac{a}{P}\right) = +1 \tag{2}$$

ist, ebenso gross ist. Denn setzt man

$$S = \Sigma\left(\frac{m}{P}\right),$$

wo m das ganze System aller $\varphi(P)$ incongruenten Zahlen durchlaufen soll, so ist S gänzlich unabhängig von der Wahl der die einzelnen Zahlclassen repräsentirenden Individuen m; da nun, wenn b eine bestimmte Zahl von der Beschaffenheit (1) bedeutet, auch die Producte bm ein solches vollständiges System bilden, so ist auch

$$S = \Sigma\left(\frac{bm}{P}\right) = \left(\frac{b}{P}\right)\Sigma\left(\frac{m}{P}\right) = -S$$

und folglich

$$\Sigma\left(\frac{m}{P}\right) = 0, \tag{3}$$

mithin ist die Anzahl der Glieder dieser Summe, welche den Werth $+1$ haben, gleich der Anzahl derjenigen, welche den Werth -1 haben; d. h. die Anzahl der Zahlclassen a ist gleich derjenigen der Zahlclassen b.

Es leuchtet ferner ein, dass man die Repräsentanten m (oder a und b) sämmtlich *ungerade* wählen kann; denn ist m gerade, so ist $m + P$ eine in derselben Zahlclasse enthaltene ungerade Zahl. Dann wird also

$$\left(\frac{D}{n}\right) = +1, \quad \text{wenn} \quad n \equiv a \pmod{2P}$$

$$\left(\frac{D}{n}\right) = -1, \quad \text{wenn} \quad n \equiv b \pmod{2P}$$

und jede (positive) Zahl n, welche relative Primzahl zu $2D$ ist, ist in einer und nur einer dieser arithmetischen Reihen (von der Differenz $2D$) enthalten.

Beispiel 1. Ist $D = +P = 21$, also $\varphi(P) = 12$, so sind die sämmtlichen relativen Primzahlen zu P congruent

$$\pm 1, \pm 2, \pm 4, \pm 5, \pm 8, \pm 10;$$

bestimmt man nun für jede dieser Zahlen den Werth des Jacobi'schen Symbols nach §. 47, so ergiebt sich

$$a \equiv \pm 1, \pm 4, \pm 5; \quad b \equiv \pm 2, \pm 8, \pm 10 \pmod{21};$$

es wird daher

$$\left(\frac{21}{n}\right) = +1, \quad \text{wenn} \quad n \equiv 1, 5, 17, 25, 37, 41 \pmod{42}$$

$$\left(\frac{21}{n}\right) = -1, \quad \text{wenn} \quad n \equiv 11, 13, 19, 23, 29, 31 \pmod{42}.$$

Beispiel 2. Ist $D = -P = -15$, so sind die zu betrachtenden Zahlclassen folgende ± 1, ± 2, ± 4, ± 7; diese zerfallen in $a \equiv +1, +2, +4, -7$, und $b \equiv -1, -2, -4, +7 \pmod{15}$. Es wird daher

$$\left(\frac{-15}{n}\right) = +1, \quad \text{wenn} \quad n \equiv 1, 17, 19, 23 \pmod{30}$$

$$\left(\frac{-15}{n}\right) = -1, \quad \text{wenn} \quad n \equiv 7, 11, 13, 29 \pmod{30}.$$

Wir gehen nun über zu dem Fall

II. $D = \pm P \equiv 3 \pmod{4}$.

Bedeutet n wieder eine *positive* relative Primzahl zu $2D$, so ist nach dem allgemeinen Reciprocitätssatz

$$\left(\frac{D}{n}\right) = (-1)^{\frac{n-1}{2}} \left(\frac{n}{P}\right);$$

behalten wir dieselbe Bezeichnung wie im ersten Falle bei, so wird

$$\left(\frac{D}{n}\right) = +1, \quad \text{wenn} \quad n \equiv 1 \pmod{4} \quad \text{und} \quad n \equiv a \pmod{P}$$
$$\text{oder} \quad n \equiv 3 \pmod{4} \quad \text{und} \quad n \equiv b \pmod{P}$$

dagegen

$$\left(\frac{D}{n}\right) = -1, \quad \text{wenn} \quad n \equiv 1 \pmod{4} \quad \text{und} \quad n \equiv b \pmod{P}$$
$$\text{oder} \quad n \equiv 3 \pmod{4} \quad \text{und} \quad n \equiv a \pmod{P}.$$

Einem jeden solchen Congruenzpaare entspricht aber (nach §. 25) eine bestimmte Classe von Zahlen n (mod. $4P$); man erhält daher $\varphi(P) = \frac{1}{2}\varphi(4P)$ solche Classen von Zahlen n, die der einen Kategorie angehören, und ebenso viele Classen von Zahlen n, die den entgegengesetzten Charakter haben; diese Classen bilden arithmetische Reihen von der Differenz $4D$. Dies Resultat gilt auch noch in dem Falle $D = -1$, obgleich dann keine Zahl b existirt.

Beispiel. Für $D = +15$ wird

$$\left(\frac{D}{n}\right) = +1, \text{ wenn } n \equiv 1 \pmod{4}, \equiv +1, +2, +4, -7 \pmod{15}$$
$$\text{oder } n \equiv 3 \pmod{4}, \equiv -1, -2, -4, +7 \pmod{15}$$

dagegen

$$\left(\frac{D}{n}\right) = -1, \text{ wenn } n \equiv 1 \pmod{4}, \equiv -1, -2, -4, +7 \pmod{15}$$
$$\text{oder } n \equiv 3 \pmod{4}, \equiv +1, +2, +4, -7 \pmod{15};$$

hieraus ergiebt sich

$$\left(\frac{15}{n}\right) = +1, \quad \text{wenn} \quad n \equiv 1, 7, 11, 17, 43, 49, 53, 59 \pmod{60}$$

$$\left(\frac{15}{n}\right) = -1, \quad \text{wenn} \quad n \equiv 13, 19, 23, 29, 31, 37, 41, 47 \pmod{60}.$$

Die Rechnung gestaltet sich am einfachsten, wenn man die sämmtlichen positiven relativen Primzahlen zu $4P$ darauf prüft, ob sie der einen oder anderen Kategorie angehören, und sie lässt sich noch durch manche Kunstgriffe abkürzen, die hier nicht erwähnt werden können.

III. $D = \pm 2P \equiv 2 \pmod{8}$.

In diesem Falle ist, wenn n eine *positive* relative Primzahl zu D bedeutet,

$$\left(\frac{D}{n}\right) = (-1)^{1/8(n^2-1)} \left(\frac{n}{P}\right),$$

und folglich

$$\left(\frac{D}{n}\right) = +1, \quad \text{wenn} \quad n \equiv \pm 1 \pmod{8}, \equiv a \pmod{P}$$
$$\text{oder} \quad n \equiv \pm 3 \pmod{8}, \equiv b \pmod{P}$$

dagegen

$$\left(\frac{D}{n}\right) = -1, \quad \text{wenn} \quad n \equiv \pm 1 \pmod{8}, \equiv b \pmod{P}$$
$$\text{oder} \quad n \equiv \pm 3 \pmod{8}, \equiv a \pmod{P}$$

und jedem bestimmten Congruenzpaare entspricht eine bestimmte Zahlclasse n (mod. $8P$); die Zahlen n vertheilen sich daher in arithmetische Reihen von der Differenz $4D$; jeder der beiden Kategorien gehören gleich viele Zahlclassen an.

Beispiel. Ist $D = -6$, so ergiebt sich

$$\left(\frac{-6}{n}\right) = +1, \quad \text{wenn} \quad n \equiv 1, 5, 7, 11 \pmod{24}$$
$$\left(\frac{-6}{n}\right) = -1, \quad \text{wenn} \quad n \equiv 13, 17, 19, 23 \pmod{24}.$$

IV. $D = \pm 2P \equiv 6$ (mod. 8).

In diesem Falle ist

$$\left(\frac{D}{n}\right) = (-1)^{\frac{1}{2}(n-1) + \frac{1}{8}(n^2-1)} \left(\frac{n}{P}\right),$$

und folglich

$$\left(\frac{D}{n}\right) = +1, \quad \text{wenn} \quad n \equiv 1, 3 \pmod{8}, \equiv a \pmod{P}$$
$$\text{oder} \quad n \equiv 5, 7 \pmod{8}, \equiv b \pmod{P}$$

dagegen

$$\left(\frac{D}{n}\right) = -1, \quad \text{wenn} \quad n \equiv 1, 3 \pmod{8}, \equiv b \pmod{P}$$
$$\text{oder} \quad n \equiv 5, 7 \pmod{8}, \equiv a \pmod{P}.$$

Die Zahlen n vertheilen sich wieder in arithmetische Reihen von der Differenz $4D$; jeder der beiden Kategorien gehören gleich viele Zahlclassen an.

Beispiel. Für $D = +6$ ergiebt sich

$$\left(\frac{6}{n}\right) = +1, \quad \text{wenn} \quad n \equiv 1, 5, 19, 23 \pmod{24}$$
$$\left(\frac{6}{n}\right) = -1, \quad \text{wenn} \quad n \equiv 7, 11, 13, 17 \pmod{24}.$$

Wir bemerken schliesslich, dass die vier Fälle sich zusammenfassen lassen, wenn man zwei positive oder negative Einheiten

δ, ε einführt, so, dass $\delta = +1$ oder $= -1$, je nachdem $\pm P \equiv 1$ oder $\equiv 3 \pmod{4}$, und dass $\varepsilon = +1$ oder $= -1$, je nachdem D ungerade oder gerade ist. Die vier Fälle stellen sich dann folgendermaassen dar:

$$D = \pm\ P \equiv 1 \pmod{4},\quad \delta = +1,\quad \varepsilon = +1;$$
$$D = \pm\ P \equiv 3 \pmod{4},\quad \delta = -1,\quad \varepsilon = +1;$$
$$D = \pm 2P \equiv 2 \pmod{8},\quad \delta = +1,\quad \varepsilon = -1;$$
$$D = \pm 2P \equiv 6 \pmod{8},\quad \delta = -1,\quad \varepsilon = -1.$$

Dann ist vermöge des allgemeinen Reciprocitätssatzes und der Ergänzungssätze (§. 46)

$$\left(\frac{D}{n}\right) = \delta^{\frac{1}{2}(n-1)}\,\varepsilon^{\frac{1}{8}(n^2-1)}\left(\frac{n}{P}\right),$$

wo n wieder irgend eine positive relative Primzahl zu $2D$ bedeutet.

Lässt man n ein vollständiges System incongruenter Zahlen nach dem Modulus $4D$ durchlaufen, welche zugleich positiv und relative Primzahlen zu $2D$ sind, so ergiebt sich in allen vier Fällen, dass die entsprechende Summe

$$\Sigma\left(\frac{D}{n}\right) = 0$$

ist; im ersten Falle genügt es schon, dass n ein solches vollständiges Restsystem nach dem Modulus $2D$ durchläuft.

Vierter Abschnitt.

Von den quadratischen Formen.

§. 53.

Unter einer *Form* versteht man in der Zahlentheorie im Allgemeinen eine ganze rationale Function von Variabeln, deren Coefficienten ganze Zahlen sind (vergl. §. 39). Je nach dem Grade derselben unterscheidet man *lineare*, *quadratische*, *cubische* Formen u. s. w.; je nach der Anzahl der vorkommenden Variabeln spricht man von *binären*, *ternären* Formen u. s. w. Wir werden uns im Folgenden ausschliesslich mit Ausdrücken von der Form

$$ax^2 + 2bxy + cy^2$$

beschäftigen, wo a, b, c bestimmte, gegebene ganze Zahlen, x und y aber unbestimmte, variable ganze Zahlen bedeuten; und wir werden diese homogenen binären quadratischen Formen, wo kein Missverständniss zu besorgen ist, kurz Formen nennen.

Wir haben dem Coefficienten des Productes xy der beiden Variabeln gleich die Gestalt einer geraden Zahl $2b$ gegeben, weil die Untersuchung dadurch erleichtert wird; sollte in einer Form dieser Coefficient eine ungerade Zahl sein, so würde es genügen, die ganze Form mit 2 zu multipliciren, um diesen Fall auf den obigen zurückzuführen, und aus den Eigenschaften der so erhaltenen Form würde man mit Leichtigkeit auf die Eigenschaften der ursprünglichen Form zurückschliessen können.

Sind die drei Glieder in der obigen Anordnung geschrieben, so nennt man a den *ersten*, b (nicht $2b$) den *zweiten*, c den *dritten Coefficienten;* a und c fasst man auch wohl unter dem gemeinschaftlichen Namen der *äusseren* Coefficienten zusammen, und nennt dann b im Gegensatz den *mittleren* Coefficienten; ähnlich heisst x die *erste*, y die *zweite Variabele.* Eine solche Form bezeichnet man wohl auch kurz durch das Symbol (a, b, c), wenn es sich nur darum handelt, die Coefficienten anzugeben, von denen allein die Eigenschaften der Form abhängen können.

Wir schliessen nun ein für alle Mal die Fälle aus, in welchen die Form sich in zwei lineare Factoren mit *rationalen* Coefficienten zerfällen lässt, weil diese eine andere und zwar einfachere Behandlung gestatten. Zunächst folgt hieraus, dass in den Formen, mit welchen allein wir uns beschäftigen wollen, keiner der äusseren Coefficienten gleich Null sein wird; da ferner

$$ax^2 + 2bxy + cy^2 = \frac{1}{a}\left((ax + by)^2 - (b^2 - ac)y^2\right)$$

ist, so ergiebt sich weiter, dass die Zahl $b^2 - ac$ nie eine vollständige Quadratzahl sein darf, denn sonst würde die Form

$$ax^2 + 2bxy + cy^2 =$$
$$\frac{1}{a}\left(ax + (b + \sqrt{b^2 - ac})y\right)\left(ax + (b - \sqrt{b^2 - ac})y\right)$$

ein Product aus zwei linearen Factoren mit rationalen Coefficienten sein. Die Zahl $b^2 - ac$, von welcher, wie wir sehen werden, die Eigenschaften der Form (a, b, c) hauptsächlich abhängen, heisst die *Determinante* *) dieser Form; wir werden sie im Folgenden mit dem Buchstaben D bezeichnen. Die unseren Formen (a, b, c) auferlegte Beschränkung besteht also darin, dass *D kein Quadrat* ist.

Einige höchst merkwürdige Sätze von *Fermat* haben *Euler* veranlasst, sich eingehend mit den quadratischen Formen zu beschäftigen, doch beziehen sich seine Untersuchungen grösstentheils nur auf specielle Fälle; *Lagrange* legte den Grund zu einer allgemeinen Theorie derselben, die dann später von *Legendre*, vor Allen aber durch *Gauss* vervollständigt wurde.

Ihre Entstehung verdankt die ganze Theorie dem Probleme, zu entscheiden, ob eine gegebene Zahl m durch die gegebene Form

---

*) *Gauss: D. A.* art. 154.

(a, b, c) *darstellbar* ist, d. h. ob es specielle Werthe von x, y giebt, für welche die Form den Werth m erhält. Doch ist zur vollständigen Lösung desselben die Theorie der *Transformation* erforderlich, mit welcher wir uns zunächst beschäftigen wollen.

§. 54.

Ebenso wie die Gleichungen der Curven in der analytischen Geometrie ihre Gestalt ändern, wenn ein anderes Coordinatensystem gewählt wird, so geht eine quadratische Form (a, b, c) durch Einführung zweier neuen Variabeln in eine neue quadratische Form (a', b', c') über. Sind nämlich x, y die Variabeln der Form (a, b, c), und setzt man

$$\begin{aligned} x &= \alpha x' + \beta y', \\ y &= \gamma x' + \delta y', \end{aligned} \tag{1}$$

wo $\alpha, \beta, \gamma, \delta$ vier bestimmte ganze Zahlen, und x', y' die neuen Variabeln bedeuten, so wird

$$ax^2 + 2bxy + cy^2 = a'x'^2 + 2b'x'y' + c'y'^2,$$

und die Coefficienten a', b', c' der neuen quadratischen Form hängen auf folgende Weise von denen der ursprünglichen Form und von den vier Coefficienten $\alpha, \beta, \gamma, \delta$ ab:

$$\begin{aligned} a' &= a\alpha^2 + 2b\alpha\gamma + c\gamma^2 \\ b' &= a\alpha\beta + b(\alpha\delta + \beta\gamma) + c\gamma\delta \\ c' &= a\beta^2 + 2b\beta\delta + c\delta^2. \end{aligned} \tag{2}$$

Man drückt den Zusammenhang der beiden Formen kurz so aus: die Form $ax^2 + 2bxy + cy^2$ geht durch die *Transformation* oder *Substitution* (1) in die Form $a'x'^2 + 2b'x'y' + c'y'^2$ über. Die Zahlen $\alpha, \beta, \gamma, \delta$ heissen der Reihe nach der *erste*, *zweite*, *dritte*, *vierte Coefficient* der Substitution. Da die Wahl der Buchstaben zur Bezeichnung der Variabeln von ganz untergeordneter Bedeutung ist, und die Natur der Formen und Substitutionen nur von den Coefficienten abhängt, so drückt man sich häufig noch kürzer so aus: die Form (a, b, c) geht durch die Substitution $\alpha, \beta, \gamma, \delta$ oder $\binom{\alpha, \beta}{\gamma, \delta}$ in die Form (a', b', c') über; und diese Ausdrucksweise soll nicht mehr oder weniger sagen, als dass die drei Gleichungen (2) Statt finden. Hierbei ist wohl auf die Stellung der Coefficienten der Formen sowohl, wie derjenigen der Substitution zu achten; behalten wir die eben eingeführten Bezeichnungen bei, so müssen wir z. B. sagen, dass gleichzeitig die Form

(a, b, c) durch die Substitution $\begin{pmatrix}\alpha, \beta\\ \gamma, \delta\end{pmatrix}$ in (a', b', c'),

(a, b, c) „ „ „ $\begin{pmatrix}\beta, \alpha\\ \delta, \gamma\end{pmatrix}$ „ (c', b', a'),

(c, b, a) „ „ „ $\begin{pmatrix}\gamma, \delta\\ \alpha, \beta\end{pmatrix}$ „ (a', b', c'),

(c, b, a) „ „ „ $\begin{pmatrix}\delta, \gamma\\ \beta, \alpha\end{pmatrix}$ „ (c', b', a')

übergeht.

Es leuchtet ein, dass jede durch die zweite Form (a', b', c') darstellbare Zahl auch durch die erste Form (a, b, c) dargestellt werden kann; denn wird die Zahl m durch (a', b', c') dargestellt, indem den Variabeln x', y' die speciellen Werthe r', s' ertheilt werden, so setze man

$$r = \alpha r' + \beta s', \quad s = \gamma r' + \delta s',$$

und es wird die Form (a, b, c) dieselbe Zahl m darstellen, sobald $x = r$, $y = s$ gesetzt wird. Man sagt deshalb auch: die Form (a, b, c) *enthält* die Form (a', b', c'), oder deutlicher: die Form (a', b', c') ist unter der Form (a, b, c) *enthalten**); eben weil sämmtliche durch (a', b', c') darstellbare Zahlen unter den durch (a, b, c) darstellbaren enthalten sind**).

Von besonderer Wichtigkeit ist die Relation, in welcher die Determinante

$$D' = b'^2 - a'c'$$

der neuen Form zu der früheren steht; substituirt man für a', b', c' ihre Ausdrücke gemäss den Gleichungen (2), so findet man nach leichten Reductionen

$$D' = (\alpha\delta - \beta\gamma)^2 D;$$

die neue Determinante ist daher stets gleich der alten, multiplicirt mit einer Quadratzahl; beide Determinanten haben also auch dasselbe Vorzeichen. Da wir von vorn herein Formen ausschliessen, deren

---

*) *Gauss*: *D. A.* art. 157.

**) Ueber die Umkehrung dieses Satzes siehe *Schering*: *Théorèmes relatifs aux formes binaires quadratiques qui représentent les mêmes nombres*, Journal de Mathématiques publ. p. Liouville T. IV. 2e série. 1859.

Determinanten $= 0$ sind, so betrachten wir deshalb auch nur solche Substitutionen $\binom{\alpha,\ \beta}{\gamma,\ \delta}$, für welche die Coefficientenverbindung $\alpha\delta - \beta\gamma$ (die sogenannte *Determinante der Substitution*) einen von Null verschiedenen Werth hat. Hieran knüpft sich jedoch noch eine wichtige Unterscheidung; je nachdem nämlich dieser Ausdruck $\alpha\delta - \beta\gamma$ einen positiven oder negativen Werth hat, soll die Substitution $\binom{\alpha,\ \beta}{\gamma,\ \delta}$ eine *eigentliche* oder *uneigentliche* heissen, und diese Ausdrucksweise soll auf die Beziehung zwischen den Formen (a, b, c) und (a', b', c') übertragen werden, indem wir sagen, dass die Form (a', b', c') *eigentlich* oder *uneigentlich* unter der Form (a, b, c) *enthalten* sei, je nachdem die Substitution $\binom{\alpha,\ \beta}{\gamma,\ \delta}$, durch welche die letztere in die erstere übergeht, eigentlich oder uneigentlich ist. Um Missverständnisse zu vermeiden, fügen wir sogleich hinzu, dass eine Form eine andere sowohl eigentlich als auch uneigentlich enthalten kann; denn es tritt häufig der Fall ein, dass eine Form einmal durch eine eigentliche, ein anderes Mal durch eine uneigentliche Substitution in eine und dieselbe zweite Form transformirt wird. So z. B. geht die Form $(3, 13, 18)$ durch die eigentliche Substitution $\binom{+1,\ 0}{-1,\ +1}$, und ebenso durch die uneigentliche Substitution $\binom{+1,\ +2}{-1,\ -3}$ in die andere Form $(-5, -5, 18)$ über; die erstere enthält daher die letztere sowohl eigentlich als auch uneigentlich.

Man nennt ferner zwei Substitutionen *gleichartig*, wenn sie beide eigentlich, oder beide uneigentlich sind, *ungleichartig*, wenn die eine eigentlich, die andere uneigentlich ist.

§. 55.

Behalten wir die vorhergehenden Bezeichnungen bei, und nehmen wir an, dass die Form

$$(a', b', c') = a' x'^2 + 2 b' x' y' + c' y'^2$$

durch eine neue Substitution

$$x' = \alpha' x'' + \beta' y''$$
$$y' = \gamma' x'' + \delta' y''$$

in die Form

$$(a'', b'', c'') = a'' x''^2 + 2 b'' x'' y'' + c'' y''^2$$

übergeht, so geht offenbar die erste Form (a, b, c) durch die Substitution

$$x = \alpha(\alpha' x'' + \beta' y'') + \beta(\gamma' x'' + \delta' y'')$$
$$y = \gamma(\alpha' x'' + \beta' y'') + \delta(\gamma' x'' + \delta' y'')$$

oder

$$x = (\alpha\alpha' + \beta\gamma')x'' + (\alpha\beta' + \beta\delta')y''$$
$$y = (\gamma\alpha' + \delta\gamma')x'' + (\gamma\beta' + \delta\delta')y''$$

in die dritte Form (a'', b'', c'') über. Hieraus folgt der Satz:

Enthält eine Form eine zweite, diese wieder eine dritte, so enthält auch die erste Form die dritte.

Bezeichnet man nun die Coefficientenverbindung

$$(\alpha\alpha' + \beta\gamma')(\gamma\beta' + \delta\delta') - (\alpha\beta' + \beta\delta')(\gamma\alpha' + \delta\gamma')$$

mit ε, so ist nothwendig die Determinante der dritten Form $D'' = \varepsilon^2 D$; da aber andererseits

$$D' = (\alpha\delta - \beta\gamma)^2 D, \; D'' = (\alpha'\delta' - \beta'\gamma')^2 D',$$

also auch

$$D'' = (\alpha\delta - \beta\gamma)^2 (\alpha'\delta' - \beta'\gamma')^2 D,$$

und D von Null verschieden ist, so schliessen wir hieraus, dass

$$\varepsilon^2 = (\alpha\delta - \beta\gamma)^2 (\alpha'\delta' - \beta'\gamma')^2$$

ist, und man überzeugt sich leicht durch Vergleichung beider Seiten, dass die Quadratwurzel in folgender Weise auszuziehen ist:

$$\varepsilon = (\alpha\delta - \beta\gamma)(\alpha'\delta' - \beta'\gamma').$$

Aus dieser Gleichung (welche einen der einfachsten Sätze der Determinantentheorie enthält) folgt noch eine wesentliche Vervollständigung des obigen Satzes, nämlich:

Die erste Form enthält die dritte eigentlich oder uneigentlich, je nachdem die erste die zweite in derselben oder in entgegengesetzter Art enthält, wie die zweite die dritte.

Fährt man in derselben Weise fort und transformirt die dritte Form in eine vierte, diese in eine fünfte u. s. f., so ergiebt sich unmittelbar der allgemeine Satz: *Wenn von einer Reihe von Formen jede die nächstfolgende enthält, so enthält die erste Form auch die letzte, und zwar eigentlich oder uneigentlich, je nachdem die Anzahl der hierbei auftretenden uneigentlichen Substitutionen gerade oder ungerade ist.*

Die Substitution, durch welche die erste Form unmittelbar in die letzte transformirt wird, heisst *zusammengesetzt* aus den einzelnen successiven Substitutionen; um die Zusammensetzung von zwei Substitutionen anzudeuten, wollen wir uns bisweilen der Bezeichnung

$$\begin{pmatrix}\alpha, & \beta\\ \gamma, & \delta\end{pmatrix}\begin{pmatrix}\alpha', & \beta'\\ \gamma', & \delta'\end{pmatrix} = \begin{pmatrix}\alpha\,\alpha' + \beta\,\gamma', & \alpha\,\beta' + \beta\,\delta'\\ \gamma\,\alpha' + \delta\,\gamma', & \gamma\,\beta' + \delta\,\delta'\end{pmatrix}$$

bedienen; offenbar ist es im Allgemeinen nicht erlaubt, die Ordnung der beiden successiven Substitutionen umzukehren, weil hierdurch auch die resultirende Substitution geändert würde. So ist z. B.

$$\begin{pmatrix}+1, & 0\\ -1, & 1\end{pmatrix}\begin{pmatrix}+1, & +2\\ -1, & -3\end{pmatrix} = \begin{pmatrix}+1, & +2\\ -2, & -5\end{pmatrix}, \text{ dagegen } \begin{pmatrix}+1, & +2\\ -1, & -3\end{pmatrix}\begin{pmatrix}+1, & 0\\ -1, & 1\end{pmatrix}\begin{pmatrix}-1, & +2\\ +2, & -3\end{pmatrix}.$$

Dagegen ist es bei drei successiven Substitutionen S, S', S'' gleichgültig, ob man erst S und S' zusammensetzt, und dann das Resultat $S\,S'$ mit S'' verbindet, oder ob man S mit dem Resultat $S'\,S''$ der zweiten und dritten Substitution zusammensetzt; in Zeichen:

$$(S\,S')\,S'' = S(S'\,S'').$$

Dies folgt unmittelbar aus dem Begriffe dieser Zusammensetzung; denn sind (x, y), (x', y'), (x'', y'') und (x''', y''') die successiven Variabeln, so ist es für die Ausdrücke von x, y durch x''', y''' gleichgültig, ob man die Variabeln x'', y'' oder die Variabeln x', y' als Zwischenglieder einschiebt.

Ferner ist für die Folge zu bemerken, dass die Substitution $\begin{pmatrix}1, & 0\\ 0, & 1\end{pmatrix}$ bei der Zusammensetzung stets fortgelassen werden darf, da sie keine Aenderung hervorbringt.

Endlich leuchtet ein, dass der obige Satz auch so ausgesprochen werden kann: *Die aus den Substitutionen S, S', S'' . . . zusammengesetzte Substitution $S\,S'\,S''$ . . . ist eigentlich oder uneigentlich, je nachdem die Anzahl der unter ihnen befindlichen uneigentlichen Substitutionen gerade oder ungerade ist.*

§. 56.

Besonders wichtig ist nun die Frage: wann enthalten zwei Formen sich gegenseitig? Offenbar ist dann das System aller durch die eine Form darstellbaren Zahlen identisch mit dem System derjenigen Zahlen, welche durch die andere Form dargestellt werden können. Zwei solche Formen werden wir *äquivalent**) nennen. Sind D, D' ihre Determinanten, so muss sowohl $D' : D$, als auch

*) *Gauss: D. A.* art. 157.

$D:D'$, eine ganze Quadratzahl, also eine ganze positive Zahl sein, und hieraus folgt als eine für die Aequivalenz zweier Formen *erforderliche* Bedingung, dass ihre Determinanten D und D' gleich sein müssen.

Diese Bedingung ist aber umgekehrt *nicht hinreichend*, um auf die Aequivalenz schliessen zu können. Dies ist erst dann gestattet, wenn man ausserdem weiss, dass die eine der beiden Formen die andere enthält. In der That, wenn die beiden Formen (a, b, c) und (a', b', c') gleiche Determinanten haben, und wenn ausserdem die erstere durch die Substitution

$$\begin{aligned} x &= \alpha x' + \beta y' \\ y &= \gamma x' + \delta y' \end{aligned}$$

in die letztere übergeht, so folgt aus der Relation

$$D' = (\alpha\delta - \beta\gamma)^2 D$$

und der Gleichheit von D' und D die Gleichung

$$\alpha\delta - \beta\gamma = \pm 1$$

und hieraus, wenn man zur Abkürzung $\alpha\delta - \beta\gamma = \pm 1 = \varepsilon$ setzt,

$$\begin{aligned} x' &= +\varepsilon\delta x - \varepsilon\beta y \\ y' &= -\varepsilon\gamma x + \varepsilon\alpha y \end{aligned}$$

und es geht daher durch diese Substitution mit ganzzahligen Coefficienten die Form (a', b', c') in die Form (a, b, c) über; also sind in der That beide Formen einander äquivalent. Die Substitutionen

$$\begin{pmatrix}\alpha, & \beta \\ \gamma, & \delta\end{pmatrix} \text{ und } \begin{pmatrix}+\varepsilon\delta, & -\varepsilon\beta \\ -\varepsilon\gamma, & +\varepsilon\alpha\end{pmatrix},$$

deren jede die *inverse* der anderen heisst, und durch deren Zusammensetzung immer die Substitution $\binom{1,\ 0}{0,\ 1}$ entsteht, sind offenbar entweder beide eigentlich, oder beide uneigentlich; je nachdem das Eine oder das Andere Statt findet, sollen die beiden Formen *eigentlich* oder *uneigentlich äquivalent* *) heissen.

Sowie wir eben gesehen haben, dass die eine von zwei äquivalenten Formen in die andere immer durch eine Substitution $\binom{\alpha,\ \beta}{\gamma,\ \delta}$ übergeht, in welcher $\alpha\delta - \beta\gamma = \pm 1$ ist, so leuchtet auch umgekehrt ein, dass durch jede solche Substitution eine beliebige Form nothwendig in eine ihr äquivalente transformirt wird; denn die Determinanten beider Formen sind einander gleich. In der

*) *Gauss*: *D. A.* art. 158.

Existenz einer solchen Substitution besteht also die *erforderliche und hinreichende* Bedingung für die Aequivalenz zweier Formen.

Aus dem Begriffe der Aequivalenz ergiebt sich unmittelbar, dass jede Form sich selbst eigentlich äquivalent ist; denn sie geht durch die eigentliche Substitution $\binom{1,\ 0}{0,\ 1}$ in sich selbst über. Dies ist nur ein specieller Fall des folgenden Satzes, welcher sehr oft zur Anwendung kommen wird: *Wenn zwei Formen* (a, b, c) *und* (a, b', c') *von gleicher Determinante* D *denselben ersten Coefficienten* a *haben, und wenn ihre mittleren Coefficienten* b, b' *einander congruent sind in Bezug auf den Modul* a, *so dass* $b' = a\beta + b$; *so sind die beiden Formen eigentlich äquivalent, und die erstere geht durch die eigentliche Substitution* $\binom{1,\ \beta}{0,\ 1}$ *in die letztere über.*

Ferner bemerke man folgende Fälle der uneigentlichen Aequivalenz: Zwei *entgegengesetzte**) Formen (*formae oppositae*), d. h. zwei Formen (a, b, c) und $(a, -b, c)$, welche sich nur durch das Vorzeichen des mittleren Coefficienten unterscheiden, sind stets *uneigentlich* äquivalent, indem die eine durch die Substitution $\binom{1,\ \ 0}{0,\ -1}$ in die andere übergeht. Dasselbe gilt von zwei *Gefährten***) (*formae sociae*), d. h. von zwei Formen (a, b, c) und (c, b, a), welche dieselben Coefficienten, nur in umgekehrter Folge, haben; die eine geht in die andere durch die Substitution $\binom{0,\ 1}{1,\ 0}$ über.

Aus diesen beiden Fällen folgt wieder durch Zusammensetzung, dass die beiden Formen (a, b, c) und $(c, -b, a)$ *eigentlich* äquivalent sind; denn die erstere geht in die letztere durch die Substitution $\binom{0,\ 1}{-1,\ 0}$ über***).

§. 57.

Auch hier bei der Aequivalenz schliesst die eine Art derselben die andere nicht aus; es kommt häufig der Fall vor, dass zwei

*) *Gauss: D. A.* art. 159.

**) *Gauss: D. A.* art. 187.

***) Dieser Fall und ebenso der andere, oben erwähnte Fall der eigentlichen Aequivalenz treten so häufig auf, dass es sich rechtfertigen liesse, sie durch besondere Namen auszuzeichnen, was bisher nicht geschehen ist; vielleicht könnte man zwei Formen (a, b, c), (a, b', c'), die durch Substitutionen von der Gestalt $\binom{1,\ \beta}{0,\ 1}$ in einander übergehen, *parallele* Formen, und zwei Formen (a, b, c), $(c, -b, a)$ *complementäre* Formen nennen (vergl. §. 63, Anmerkung).

Formen einander sowohl eigentlich als uneigentlich äquivalent sind; in dem oben (§. 54) angeführten Beispiel sind wirklich die beiden Formen (3, 13, 18) und (— 5, — 5, 18) eigentlich und uneigentlich äquivalent; die erstere geht durch die Substitutionen $\binom{+1,\ 0}{-1,\ 1}$ und $\binom{+1,\ +2}{-1,\ -3}$ in die letztere über, und umgekehrt diese in jene durch die inversen Substitutionen $\binom{1,\ 0}{1,\ 1}$ und $\binom{+3,\ +2}{-1,\ -1}$.

Wenn zwei Formen sowohl eigentlich als uneigentlich äquivalent sind, so ist jede von ihnen sich selbst uneigentlich äquivalent.

Denn, wenn die Form (a, b, c) durch jede der beiden Substitutionen

$$\begin{pmatrix}\alpha', & \beta' \\ \gamma', & \delta'\end{pmatrix} \text{ und } \begin{pmatrix}\alpha'', & \beta'' \\ \gamma'', & \delta''\end{pmatrix},$$

in denen

$$\alpha'\delta' - \beta'\gamma' = +1, \quad \alpha''\delta'' - \beta''\gamma'' = -1,$$

in die Form (a', b', c') übergeht, so geht (a', b', c') durch jede der beiden inversen Substitutionen

$$\begin{pmatrix}+\delta', & -\beta' \\ -\gamma', & +\alpha'\end{pmatrix} \text{ und } \begin{pmatrix}-\delta'', & +\beta'' \\ +\gamma'', & -\alpha''\end{pmatrix}$$

in (a, b, c) über; und hieraus folgt, dass (a, b, c) durch jede der beiden zusammengesetzten, und zwar nothwendig uneigentlichen Substitutionen

$$\begin{pmatrix}\alpha', & \beta' \\ \gamma', & \delta'\end{pmatrix}\begin{pmatrix}-\delta'', & +\beta'' \\ +\gamma'', & -\alpha''\end{pmatrix} \text{ und } \begin{pmatrix}\alpha'', & \beta'' \\ \gamma'', & \delta''\end{pmatrix}\begin{pmatrix}+\delta', & -\beta' \\ -\gamma', & +\alpha'\end{pmatrix}$$

in sich selbst übergeht. So z. B. geht die Form (3, 13, 18) durch die uneigentlichen Substitutionen $\binom{+1,\ 0}{-1,\ 1}\binom{+3,\ +2}{-1,\ -1} = \binom{+3,\ +2}{-4,\ -3}$ und $\binom{+1,\ +2}{-1,\ -3}\binom{1,\ 0}{1,\ 1} = \binom{+3,\ +2}{-4,\ -3}$ in sich selbst über.

Es ist kein Zufall, dass diese beiden auf verschiedene Art zusammengesetzten Substitutionen identisch ausfallen; setzt man nämlich

$$\begin{pmatrix}\alpha', & \beta' \\ \gamma', & \delta'\end{pmatrix}\begin{pmatrix}-\delta'', & +\beta'' \\ +\gamma'', & -\alpha''\end{pmatrix} = \begin{pmatrix}\alpha, & \beta \\ \gamma, & \delta\end{pmatrix},$$

so findet man zunächst

$$\begin{pmatrix}\alpha'', & \beta'' \\ \gamma'', & \delta''\end{pmatrix}\begin{pmatrix}+\delta', & -\beta' \\ -\gamma', & +\alpha'\end{pmatrix} = \begin{pmatrix}-\delta, & +\beta \\ +\gamma, & -\alpha\end{pmatrix},$$

und wir haben daher, um die Identität dieser beiden (inversen) Substitutionen nachzuweisen, nur noch zu zeigen, dass in jeder uneigentlichen Substitution $\binom{\alpha,\ \beta}{\gamma,\ \delta}$, durch welche eine Form in sich selbst übergeht, stets der erste und vierte Coefficient einander gleich, aber entgegengesetzt sind. Dies geschieht leicht auf folgende Weise. Wenn die Form (a, b, c) durch die uneigentliche Substitution $\binom{\alpha, \beta}{\gamma, \delta}$ in sich selbst übergeht, so ist

$$a\alpha^2 + (2b\alpha + c\gamma)\gamma = a$$
$$a\alpha\beta + b(\alpha\delta + \beta\gamma) + c\gamma\delta = b$$
$$\alpha\delta - \beta\gamma = -1.$$

Die zweite dieser drei Gleichungen geht, wenn man der dritten gemäss $\beta\gamma$ durch $\alpha\delta + 1$ ersetzt, in folgende über:

$$a\alpha\beta + (2b\alpha + c\gamma)\delta = 0;$$

eliminirt man aus dieser und aus der ersten jener drei Gleichungen die Grösse $2b\alpha + c\gamma$, so erhält man, wenn man den Factor a wegwirft (der ja von Null verschieden ist, weil sonst die Determinante D eine Quadratzahl wäre), die Relation

$$(\alpha^2 - 1)\,\delta = \alpha\beta\gamma,$$

woraus mit Rücksicht auf $\alpha\delta - \beta\gamma = -1$ wirklich folgt, dass $\delta = -\alpha$ ist, was zu beweisen war.

§. 58.

Jede uneigentliche Substitution, durch welche eine Form (a, b, c) in sich selbst übergeht, ist daher nothwendig von der Form $\binom{\alpha, +\beta}{\gamma, -\alpha}$ und es ist also gleichzeitig $\alpha^2 + \beta\gamma = 1$. Von besonderem Interesse ist der specielle Fall $\gamma = 0$; dann ist $\alpha = \pm 1$ und entsprechend $\pm a\beta = 2b$; eine solche Form, deren doppelter mittlerer Coefficient durch den ersten theilbar ist, soll eine *ambige* Form (*forma anceps*) heissen*). Und umgekehrt ist leicht zu sehen, dass jede ambige Form sich selbst uneigentlich äquivalent ist; denn wenn (a, b, c) eine solche Form, und also $2b = a\beta$ ist, so geht (a, b, c) wirklich durch die uneigentliche Substitution $\binom{1, +\beta}{0, -1}$ in sich selbst über. Dasselbe gilt offenbar von jeder Form, welche einer ambigen Form äquivalent ist; aber es besteht auch der umgekehrte Satz:**)

*) *Gauss: D. A.* art. 163. Vergl. *Kummer* im Monatsbericht der Berliner Akademie vom 18. Februar 1858.

**) *Gauss: D. A.* art. 164.

Wenn eine Form sich selbst uneigentlich äquivalent ist, so giebt es stets eine ihr äquivalente ambige Form.

Beweis. Es sei φ eine solche Form, welche durch die uneigentliche Substitution $\binom{\alpha,\ +\beta}{\gamma,\ -\alpha}$ in sich selbst übergeht; ist $\gamma = 0$, so wissen wir, dass φ selbst eine ambige Form, und folglich der Satz richtig ist. Ist aber γ von Null verschieden, so suchen wir eine eigentliche Substitution $\binom{\lambda,\ \mu}{\nu,\ \varrho}$, durch welche die Form φ in eine ihr äquivalente ambige Form übergeht, die wir mit ψ bezeichnen wollen. Da also $\lambda\varrho - \mu\nu = +1$, und folglich ψ durch die inverse Substitution $\binom{+\varrho,\ -\mu}{-\nu,\ +\lambda}$ in φ übergeht, so muss ψ durch die offenbar uneigentliche, aus den drei successiven Substitutionen

$$\begin{pmatrix}+\varrho, & -\mu\\ -\nu, & +\lambda\end{pmatrix},\quad \begin{pmatrix}\alpha, & +\beta\\ \gamma, & -\alpha\end{pmatrix},\quad \begin{pmatrix}\lambda, & \mu\\ \nu, & \varrho\end{pmatrix}$$

zusammengesetzte Substitution in sich selbst übergehen. Der dritte Coefficient dieser Substitution ist

$$\gamma\lambda^2 - 2\alpha\lambda\nu - \beta\nu^2,$$

und es kommt nur darauf an, zwei relative Primzahlen λ, ν so zu bestimmen, dass dieser Coefficient $= 0$ wird; denn dann ist ψ eine ambige Form. Diese Forderung reducirt sich, wenn man mit γ multiplicirt und bedenkt, dass $\alpha^2 + \beta\gamma = 1$ ist, auf die folgende:

$$(\gamma\lambda - \alpha\nu)^2 - \nu^2 = 0;\ \frac{\lambda}{\nu} = \frac{\alpha \pm 1}{\gamma} = \frac{-\beta}{\alpha \mp 1};$$

da unserer Annahme nach γ von Null verschieden ist, so kann man also λ und ν dieser Forderung gemäss bestimmen, und zwar als relative Primzahlen, wenn man den Bruch $(\alpha \pm 1):\gamma$ auf seine kleinste Benennung $\lambda : \nu$ bringt. Dies Letztere ist erforderlich, weil ja die vier Coefficienten λ, μ, ν, ϱ der Gleichung $\lambda\varrho - \mu\nu = 1$ genügen müssen. Sobald nun λ und ν auf dem angegebenen Wege bestimmt sind, so kann man dann unendlich viele Werthenpaare für ϱ und μ (nach §. 24) finden, welche diese letzte Forderung erfüllen. Auf diese Weise ist also wirklich aus $\binom{\alpha,\ +\beta}{\gamma,\ -\alpha}$ eine eigentliche Substitution $\binom{\lambda,\ \mu}{\nu,\ \varrho}$ gefunden, welche die gegebene Form φ in eine ihr äquivalente ambige Form ψ transformirt, und hierdurch der obige Satz bewiesen.

Nehmen wir als Beispiel die obige Form (3, 13, 18), welche durch die uneigentliche Substitution $\binom{+3,\ +2}{-4,\ -3}$ in sich selbst übergeht; wir haben also nur

$$\frac{\lambda}{\nu} = \frac{3 \pm 1}{-4}$$

zu setzen; nehmen wir das obere Zeichen, so ist $\lambda = \pm 1$, $\nu = \mp 1$ zu setzen, und entsprechend $\varrho + \mu = \pm 1$. Nehmen wir die oberen Zeichen und $\varrho = 1$, $\mu = 0$, so erhalten wir die Substitution $\binom{+1,\ 0}{-1,\ 1}$, durch welche, wie schon oben bemerkt ist, die Form (3, 13, 18) in die Form (— 5, — 5, 18) übergeht, welche in der That eine ambige Form ist.

Ferner: Die Form (7, 1, — 1) geht durch die uneigentliche Substitution $\binom{+2,\ +1}{-3,\ -2}$ in sich selbst über; in diesem Fall haben wir also

$$\frac{\lambda}{\nu} = \frac{2 \pm 1}{-3}$$

zu setzen; nehmen wir der Einfachheit halber wieder das obere Zeichen, so können wir wieder $\lambda = 1$, $\nu = -1$, $\varrho = 1$, $\mu = 0$ setzen; und in der That geht die Form (7, 1, — 1) durch die Substitution $\binom{+1,\ 0}{-1,\ 1}$ in die ambige Form (4, 2, — 1) über.

§. 59.

Wir verlassen hiermit diesen interessanten Gegenstand und beschäftigen uns von jetzt an ausschliesslich mit der *eigentlichen* Aequivalenz; nur diese soll im Folgenden gemeint sein, wenn schlechthin von Aequivalenz gesprochen wird; ebenso soll unter Substitution immer nur noch die *eigentliche* Substitution verstanden sein. Werden daher zwei Formen f, f' äquivalent genannt, so bedeutet dieser Ausdruck stets (§. 56), dass eine Substitution $\binom{\alpha,\ \beta}{\gamma,\ \delta}$ existirt, deren Coefficienten der Bedingung $\alpha\delta - \beta\gamma = +1$ genügen, und durch welche f in f' übergeht; umgekehrt geht dann f' in f über durch die inverse Substitution $\binom{\delta,\ -\beta}{-\gamma,\ \alpha}$, deren Coefficienten derselben Bedingung $\delta\alpha - (-\beta)(-\gamma) = +1$ genügen. Aus dem allgemeinen Satze des §. 55 geht nun folgender specielle hervor: *Sind zwei Formen einer dritten äquivalent, so sind sie auch einander äquivalent;* und dieser Satz bildet die Grundlage für den wichtigsten Begriff in der ganzen Theorie der quadratischen Formen.

Es sei f eine bestimmte gegebene Form von der Determinante D, und F der Inbegriff aller der Formen $f, f', f'' \ldots$, welche mit f äquivalent sind; zufolge des eben erwähnten Satzes sind nun je zwei in dem System F vorkommende Formen f', f'' ebenfalls äquivalent; ist daher f' irgend eine in F vorkommende Form, so ist das System aller mit f' äquivalenten Formen identisch mit dem System F. Ein solches System unter einander äquivalenter Formen soll eine *Classe von Formen* *) oder eine *Formenclasse* heissen, und es leuchtet ein, dass durch irgend ein Individuum einer solchen Classe alle anderen derselben Classe angehörenden Formen vollständig bestimmt sind; man kann daher immer ein solches Individuum als *Repräsentanten der Formenclasse* ansehen.

Es würde nicht schwer sein zu beweisen, dass es in jeder solchen Formenclasse unendlich viele Individuen giebt, d. h. dass die Anzahl der Formen, in welche eine gegebene Form f durch die unendlich vielen verschiedenen Substitutionen $\binom{\alpha, \beta}{\gamma, \delta}$ übergeht, in denen $\alpha\delta - \beta\gamma = +1$, unendlich gross ist, obgleich es vorkommen kann, und zwar bei positiven Determinanten immer vorkommt, dass unendlich viele von diesen Substitutionen die Form f nur in eine und dieselbe Form f' transformiren; allein dieser Nachweis hat für uns zunächst kein Interesse. Von grösserer Wichtigkeit und von dem grössten Interesse ist dagegen die folgende Betrachtung.

Denkt man sich alle Formen von einer und derselben Determinante D in ihre verschiedenen Classen eingetheilt, und wählt man aus jeder Classe nach Belieben eine Form als Repräsentanten derselben, so erhält man ein sogenanntes *vollständiges System nicht äquivalenter Formen* für diese Determinante D; die fundamentale und vollständig charakteristische Eigenschaft eines solchen vollständigen Formensystems S besteht darin, dass jede beliebige Form von der Determinante D stets einer, aber auch nur einer von den in diesem System S enthaltenen Formen äquivalent ist. Die Anzahl dieser verschiedenen Classen (und also auch ihrer Repräsentanten in dem vollständigen Formensystem S) ist nun, wie sich zunächst für negative, später auch für positive Determinanten herausstellen wird, eine *endliche*, und wir bezeichnen absichtlich schon jetzt die genaue Bestimmung dieser *Classenanzahl für eine gegebene Determinante*, welche innig mit den schönsten algebraischen und analytischen Untersuchungen dieses Jahrhunderts verknüpft ist, als die letzte und hauptsächlichste von uns zu lösende Aufgabe.

---

*) *Gauss: D. A.* art. 223.

Der Weg zu diesem Ziele wird gebahnt durch die Lösung der beiden folgenden Hauptprobleme in der Theorie der Aequivalenz:

I. *Zu entscheiden, ob zwei gegebene Formen von gleicher Determinante äquivalent sind, also derselben Classe angehören,* oder *nicht.*

II. *Alle Substitutionen zu finden, durch welche die eine von zwei gegebenen äquivalenten Formen in die andere übergeht.*

Es wird aber gut sein, die Beschäftigung mit diesen beiden Problemen dadurch zu motiviren, dass wir zeigen, wie die Theorie der *Darstellung* der Zahlen durch quadratische Formen vollständig auf dieselben zurückgeführt werden kann; und so schicken wir im Folgenden einige Hauptsätze dieser Theorie voraus.

§. 60.

Man nennt, wie schon im Anfang dieses Abschnittes erwähnt ist, eine ganze Zahl m *darstellbar* durch die quadratische Form (a, b, c), wenn es zwei ganze Zahlen x, y giebt, welche der Gleichung

$$ax^2 + 2bxy + cy^2 = m \tag{1}$$

genügen. Wir können uns aber zunächst auf sogenannte *eigentliche Darstellungen* (x, y) beschränken, in welchen die beiden *darstellenden Zahlen* x, y *relative Primzahlen* sind; denn ist δ der grösste gemeinschaftliche Divisor von x und y, so ist m nothwendig theilbar durch δ^2; setzt man nun $x = x'\delta$, $y = y'\delta$ und $m = m'\delta^2$, so wird m' offenbar durch die Form (a, b, c) dargestellt, wenn x' und y' als darstellende Zahlen genommen werden. Da nun die letzteren relative Primzahlen sind, so erkennt man leicht, dass, sobald alle eigentlichen Darstellungen der Zahlen bekannt sind, hieraus die übrigen (*uneigentlichen*) Darstellungen leicht gefunden werden können; wir schliessen daher die letzteren von unserer jetzigen Betrachtung ganz aus. Dies vorausgeschickt, schreiten wir zur Erforschung der erforderlichen und hinreichenden Bedingungen für die Darstellbarkeit einer gegebenen Zahl m durch eine gegebene Form (a, b, c).

1. Wir nehmen also an, die obige Darstellung (1) der Zahl m durch die Form (a, b, c) von der Determinante $D = b^2 - ac$ sei eine eigentliche, d. h. x und y seien relative Primzahlen. Dann

giebt es (nach §§. 22, 24) immer unendlich viele Paare von ganzen Zahlen ξ, η, welche der unbestimmten Gleichung ersten Grades

$$x\eta - y\xi = +1 \tag{2}$$

Genüge leisten. Wählen wir ein solches Paar ξ, η nach Belieben aus, so geht (nach §. 56) die Form (a, b, c) durch die Substitution $\binom{x,\ \xi}{y,\ \eta}$ in eine äquivalente Form (m, n, l) über, deren erster Coefficient zufolge (1) die dargestellte Zahl m ist; der mittlere Coefficient wird

$$n = (ax + by)\xi + (bx + cy)\eta, \tag{3}$$

und der dritte Coefficient l ergiebt sich, da beide Formen (nach §. 56) dieselbe Determinante haben, aus der Gleichung $n^2 - ml = D$ (denn m kann nicht $= 0$ sein, weil sonst D ein Quadrat wäre). Da nun dieser dritte Coefficient l nothwendig eine ganze Zahl ist, so folgt, *dass D quadratischer Rest von m, und dass n eine Wurzel z der Congruenz*

$$z^2 \equiv D \pmod{m} \tag{4}$$

ist.

2. Gesetzt nun, man nimmt statt der beiden Zahlen ξ, η irgend ein anderes Paar von Zahlen ξ', η', welche derselben Bedingung (2) genügen, so geht die Form (a, b, c) durch die Substitution $\binom{x,\ \xi'}{y,\ \eta'}$ ebenfalls in eine äquivalente Form (m, n', l') über, und man erhält wieder eine Wurzel

$$n' = (ax + by)\xi' + (bx + cy)\eta'$$

der Congruenz (4). Es ist nun von Wichtigkeit zu untersuchen, in welcher Beziehung diese zu der Wurzel n steht. Nach unseren früheren Untersuchungen (§. 24) wird jede Lösung ξ', η' der unbestimmten Gleichung $x\eta' - y\xi' = 1$ einmal und auch nur einmal erzeugt durch die Formeln

$$\xi' = \xi + xv,\ \eta' = \eta + yv,$$

wenn v alle ganzen Zahlen von $-\infty$ bis $+\infty$ durchläuft. Substituirt man nun die vorstehenden Ausdrücke in den von n', so erhält man, mit Berücksichtigung von (1) und (3), das Resultat

$$n' = n + mv, \text{ also } n' \equiv n \pmod{m}.$$

Hieraus folgt, dass alle Wurzeln n, n' der Congruenz (4), welche auf die obige Art aus *einer* gegebenen eigentlichen Darstellung (x, y) der Zahl m durch die Form (a, b, c) abgeleitet werden können, die sämmtlichen Individuen einer und derselben Zahlclasse (mod. m) sind, also nur eine und dieselbe Wurzel dieser Congruenz bilden (§. 21); jedes Individuum dieser Zahlclasse wird, wenn v alle ganzen Zahlen durchläuft, d. h. wenn man der Reihe nach alle Auflösungen ξ, η der Gleichung (2) wirken lässt, ein Mal und auch nur ein Mal erzeugt. Man sagt daher, die Darstellung (x, y) der Zahl m *gehöre* zu dieser Wurzel n (mod. m) der Congruenz (4), weil durch den angegebenen Process nur diese und keine andere Wurzel derselben zum Vorschein kommt.

Zugleich leuchtet ein, dass die Form (a, b, c) durch die sämmtlichen Substitutionen $\binom{x,\ \xi}{y,\ \eta}$, deren erster und dritter Coefficient die beiden darstellenden Zahlen x und y sind, in unendlich viele äquivalente Formen (m, n, l) übergeht (vergl. §. 56), deren gemeinschaftlicher erster Coefficient die dargestellte Zahl m ist, während der mittlere Coefficient n alle Zahlen einer völlig bestimmten Classe (mod. m) und zwar jedes Individuum derselben nur ein Mal, durchläuft*).

---

*) Es liegt nahe, die Zahlclasse n (mod. m) unmittelbar aus der gegebenen Darstellung (x, y) selbst zu bestimmen, ohne Zuziehung der Zahlen ξ, η. Die Auflösung der beiden Gleichungen (2) und (3), welche beide vom ersten Grade in Bezug auf ξ, η sind, giebt

$$m\eta = ax + (b+n)y, \quad -m\xi = (b-n)x + cy,$$

und hieraus folgen die Congruenzen

$$-yn \equiv ax + by, \quad xn \equiv bx + cy \pmod{m},$$

durch welche die Zahlclasse n (mod. m), wie man leicht erkennt, vollständig bestimmt ist. —

Wir schalten an dieser Stelle noch folgenden Satz ein, von welchem wir später Gebrauch machen werden: Giebt es zwei ganze Zahlen x, y, welche den Bedingungen

$$ax^2 + 2bxy + cy^2 = m$$
$$ax + (b+n)y \equiv 0, \quad (b-n)x + cy \equiv 0 \pmod{m}$$

genügen, wo m, n, a, b, c gegebene Zahlen bedeuten, deren erste von Null verschieden ist, so ist die Form (a, b, c) mit einer Form (m, n, l) äquivalent, deren erste beide Coefficienten m, n sind. Denn setzt man die auf der linken Seite der beiden Congruenzen befindlichen Ausdrücke resp. gleich $m\eta$, $-m\xi$, so ergiebt sich durch Multiplication mit x, y und Addition $m(x\eta - y\xi) = m$, also $x\eta - y\xi = +1$, woraus dann das Uebrige leicht folgt. Dass ferner umgekehrt, wenn zwei Formen (a, b, c) und (m, n, l) äquivalent sind, stets zwei Zahlen x, y existiren, welche den vorstehenden Bedingungen genügen, leuchtet aus dem Obigen unmittelbar ein. Mithin ist die *Existenz* zweier solcher Zahlen x, y vollkommen charakteristisch für die Aequivalenz der beiden Formen.

3. Das Vorhergehende reicht hin, um übersehen zu können, dass die *Aufgabe, alle eigentlichen Darstellungen einer gegebenen Zahl m durch eine gegebene Form* (a, b, c) *zu finden*, auf die Lösung der beiden Probleme zurückkommt, die wir am Schluss des vorigen Paragraphen aufgestellt haben. Man untersuche zunächst, ob D quadratischer Rest von m ist oder nicht; im letzteren Fall ist m durch keine einzige Form der Determinante D eigentlich darstellbar; im ersteren Fall bestimme man alle incongruenten Wurzeln der Congruenz (4), und verfahre mit jeder einzelnen, wie folgt. Es sei n ein bestimmter Repräsentant einer bestimmten Wurzel, und zwar $n^2 = D + ml$, so ist (m, n, l) eine bestimmte Form von der Determinante D. Giebt es nun eine Darstellung (x, y) der Zahl m durch (a, b, c), welche zu der durch n repräsentirten Wurzel der Congruenz (4) gehört, so ist die Form (a, b, c) äquivalent mit (m, n, l), und die Darstellung (x, y) liefert eine und nur eine Substitution $\binom{x,\ \xi}{y,\ \eta}$, durch welche die erstere in die letztere übergeht. Es muss daher zunächst entschieden werden, ob die beiden gegebenen Formen (a, b, c) und (m, n, l) von der Determinante D äquivalent sind, oder nicht — dies ist das *erste* der beiden genannten Probleme; gesetzt nun, die beiden Formen erweisen sich als nicht äquivalent, so existirt keine einzige zu dieser Wurzel n gehörige Darstellung der Zahl m durch die Form (a, b, c). Zeigt es sich aber, dass die beiden Formen äquivalent sind, so müssen alle Substitutionen $\binom{x,\ \xi}{y,\ \eta}$ aufgesucht werden, durch welche (a, b, c) in (m, n, l) übergeht — dies ist das *zweite* Problem. Der erste und dritte Coefficient (x und y) einer jeden solchen Substitution bilden dann auch wirklich eine eigentliche zu der Wurzel n gehörige Darstellung der Zahl m durch (a, b, c), und da, wie schon bemerkt, aus jeder solchen Darstellung (x, y) umgekehrt eine und nur eine solche Substitution $\binom{x,\ \xi}{y,\ \eta}$ entspringt, so erhält man durch die sämmtlichen Substitutionen der angegebenen Art auch *alle* zu n gehörigen Darstellungen, und jede nur *ein Mal*. Genau in derselben Weise verfährt man mit den übrigen Wurzeln der Congruenz (4), deren Anzahl, falls m und D relative Primzahlen sind, nach §. 37 zu bestimmen ist.

§. 61.

Nachdem wir uns in der vorhergehenden Digression davon überzeugt haben, dass in der That die Theorie der Darstellung vollständig auf die beiden (in §. 59) erwähnten Probleme der Lehre von der Aequivalenz zurückgeführt werden kann, so wenden wir uns nun zu der Lösung derselben. Das *erste*, zu erkennen, ob zwei Formen von gleicher Determinante äquivalent sind oder nicht, erfordert von vorn herein ganz verschiedene Methoden, je nachdem die Determinante *positiv* oder *negativ* ist; in beiden Fällen ist aber die Lösung von der Art, dass, wenn die Aequivalenz der beiden Formen erkannt wird, zu gleicher Zeit auch eine Transformation der einen in die andere gefunden wird. Da also bei zwei wirklich äquivalenten Formen immer eine solche Transformation durch die Lösung der ersten Aufgabe gefunden ist, so besteht das *zweite* Problem nur noch darin, aus *einer* solchen Transformation *alle anderen* zu finden; und da die Lösung desselben zunächst nicht von dem Vorzeichen der Determinante abhängt, sondern für positive wie für negative Determinanten Anfangs eine gleichmässige Behandlung zulässt, so stellen wir es dem anderen voran.

Unsere Aufgabe ist also die, aus *einer* Substitution L, durch welche eine Form φ in eine äquivalente Form ψ übergeht, *alle* Substitutionen S zu finden, welche denselben Erfolg haben. Wir können dieselbe sogleich durch einige Bemerkungen bedeutend vereinfachen, indem wir sie auf den einfachsten Fall reduciren, in welchem beide Formen identisch sind. Denn gesetzt, wir kennen *alle* Substitutionen T, durch welche die Form φ in sich selbst übergeht, so geht φ offenbar durch alle Substitutionen TL in die andere Form ψ über. Alle diese Substitutionen TL gehören also zu den gesuchten Substitutionen S. Jetzt behaupten wir auch umgekehrt, dass auf diese Weise alle Substitutionen S erzeugt werden, und jede nur ein einziges Mal; denn bezeichnen wir mit L' die inverse Substitution von L (durch welche also die Form ψ in die Form φ zurückkehrt), so ist jede in der Form SL' enthaltene Substitution eine solche, durch welche die Form φ in sich selbst übergeht, und gehört mithin zu den mit T bezeichneten Substitutionen, so dass wir $SL' = T$ setzen können. Da nun die aus L' und L zusammengesetzte Substitution $L'L = \binom{1,\ 0}{0,\ 1}$ ist, so folgt hieraus

$SL'L = S = TL$, also wird wirklich jede Substitution S auf die angegebene Art erzeugt. Dass endlich jede Substitution S nur durch eine einzige Substitution T erzeugt wird, leuchtet hieraus ebenfalls ein; ist nämlich $TL = S$, so ist $T = SL'$, also ist die Substitution T, durch welche eine bestimmte Substitution S erzeugt wird, immer eine vollkommen bestimmte, so dass zwei verschiedene Substitutionen T auch zwei verschiedene Substitutionen S erzeugen.

Da also der Complex der Substitutionen S vollständig mit dem Complex der Substitutionen TL übereinstimmt, wo L die gegebene Substitution bedeutet, durch welche die Form φ in die äquivalente Form ψ übergeht, so kommt es nur noch darauf an, alle Substitutionen T zu finden; unser Problem ist daher auf das folgende zurückgeführt:

Alle Substitutionen zu finden, durch welche eine Form in sich selbst übergeht.

Bevor wir zur Lösung desselben schreiten, stellen wir eine Betrachtung an, welche für die Folge von grosser Wichtigkeit ist. Bedeutet σ den grössten (positiven) gemeinschaftlichen Theiler der drei Zahlen a, $2b$, c, so leuchtet ein, dass alle durch die Form (a, b, c) darstellbaren Zahlen durch σ theilbar sind, und wir wollen, wo kein Missverständniss zu besorgen ist, diese Zahl σ kurz *den Theiler der Form* (a, b, c) nennen. Dann sind zwei Fälle möglich:

1. Ist $2b : \sigma$ eine gerade Zahl, so geht σ in b, und folglich σ^2 in der Determinante $D = b^2 - ac$ auf; und umgekehrt, wenn σ^2 in D aufgeht, so ist b durch σ theilbar, also $2b : \sigma$ eine gerade Zahl; zugleich ist dann σ der grösste gemeinschaftliche Theiler der drei Coefficienten a, b, c.

2. Ist $2b : \sigma$ eine ungerade Zahl, so ist σ jedenfalls gerade, und σ^2 geht nicht in D, wohl aber in $4D$ auf, und zwar ist

$$\frac{4D}{\sigma^2} = \left(\frac{2b}{\sigma}\right)^2 - 4\frac{a}{\sigma}\frac{c}{\sigma} \equiv 1 \pmod{4},$$

also $4D \equiv \sigma^2 \pmod{4\sigma^2}$; und umgekehrt, wenn $4D \equiv \sigma^2 \pmod{4\sigma^2}$, so ist auch $(2b)^2 \equiv \sigma^2 \pmod{4\sigma^2}$, folglich $2b : \sigma$ eine ungerade Zahl; zugleich ist $\frac{1}{2}\sigma$ der grösste gemeinschaftliche Theiler der drei Coefficienten a, b, c.

Der Theiler σ einer jeden Form von der Determinante D genügt daher entweder der Bedingung $D \equiv 0 \pmod{\sigma^2}$, oder dieser $4D \equiv \sigma^2 \pmod{4\sigma^2}$; umgekehrt, ist σ eine positive Zahl, welche der einen oder anderen dieser Bedingungen genügt, so existiren auch Formen (a, b, c) von der Determinante D, deren Theiler σ ist; je nachdem nämlich σ der ersten oder der zweiten Bedingung genügt, ist

$$\left(\sigma, 0, \frac{-D}{\sigma}\right) \text{ oder } \left(\sigma, \tfrac{1}{2}\sigma, \frac{\sigma^2 - 4D}{4\sigma}\right)$$

eine Form von der Determinante D und vom Theiler σ, und zwar die sogenannte *einfachste* solche Form (*forma simplicissima*); die einfachste Form $(1, 0, -D)$ vom Theiler 1 heisst die *Hauptform* (*forma principalis*) der Determinante D *).

Der grösste gemeinschaftliche Theiler τ der drei Coefficienten a, b, c einer Form (a, b, c) ist im ersten Fall $= \sigma$, im zweiten $= \frac{1}{2}\sigma$; ist nun $\tau = 1$, so heisst die Form eine *ursprüngliche* **) (*forma primitiva*), und zwar, wenn $\sigma = 1$ ist, eine Form der *ersten Art* ***) (*forma proprie primitiva* oder *forma propria* nach *Gauss*), dagegen, wenn $\sigma = 2$ und also $D \equiv 1 \pmod{4}$ ist, eine Form der *zweiten Art* (*forma improprie primitiva* oder *forma impropria*). Ist ferner $\tau > 1$, und $a = \tau a'$, $b = \tau b'$, $c = \tau c'$, $b'b' - a'c' = D'$, $D = \tau^2 D'$, so heisst die Form (a, b, c) *abgeleitet* (*derivata*) aus der ursprünglichen Form (a', b', c') der Determinante D'.

Aus den Formeln der Transformation [§. 54, (2)] geht nun hervor, dass, wenn eine Form (a', b', c') unter einer Form (a, b, c) enthalten ist, jeder gemeinschaftliche Theiler der Zahlen $a, 2b, c$ auch gemeinschaftlicher Theiler der Zahlen $a', 2b', c'$ sein muss, woraus unmittelbar folgt, dass je zwei äquivalente Formen denselben Theiler σ besitzen; mithin kommt dieser Theiler allen zu einer und derselben Classe gehörigen Formen gemeinschaftlich zu, und kann daher füglich *der Theiler der Formenclasse* genannt werden. Dasselbe gilt offenbar von dem grössten gemeinschaftlichen Theiler τ der Coefficienten a, b, c einer jeden zu einer bestimmten Classe gehörigen Form (a, b, c). Hiernach leuchtet von selbst ein, was unter der *einfachsten Classe vom Theiler* σ, unter der *Hauptclasse*, unter einer *ursprünglichen Classe der ersten oder zweiten Art*, oder unter einer *abgeleiteten Classe* zu verstehen ist. Endlich bildet der Inbegriff aller Formen von gleicher Determi-

---

*) *Gauss: D. A.* artt. 231, 250.

**) *Gauss: D. A.* art. 226.

***) *Dirichlet: Recherches sur diverses applications de l'analyse infinitésimale à la théorie des nombres.* 2e partie. §. 7. Crelle's Journal Bd. 21.

nante D und von gleichem Theiler σ eine sogenannte *Ordnung**) (*ordo*), und aus dem Vorhergehenden folgt, dass dieselbe der Complex aller *Classen* der Determinante D ist, welche den Theiler σ haben.

§. 62.

Es sei nun $\binom{\lambda, \mu}{\nu, \varrho}$ irgend eine Substitution, durch welche die Form (a, b, c) von der Determinante D und vom Theiler σ in sich selbst übergeht, so ist zunächst

$$\lambda\varrho - \mu\nu = 1 \tag{1}$$

und ferner (nach §. 54)

$$a\lambda^2 + 2b\lambda\nu + c\nu^2 = a; \tag{2}$$

$$a\lambda\mu + b(\lambda\varrho + \mu\nu) + c\nu\varrho = b; \tag{3}$$

da aus diesen drei Gleichungen schon folgt, dass (a, b, c) in eine äquivalente Form übergeht, deren erster und zweiter Coefficient a und b sind, so ist der letzte Coefficient c' der neuen Form wegen der Gleichheit der Determinanten nothwendig $= c$; und folglich drücken diese Gleichungen vollständig aus, dass $\binom{\lambda, \mu}{\nu, \varrho}$ eine Substitution der verlangten Art ist (dies würde nicht ebenso vollständig geschehen, wenn man die Gleichung $\lambda\varrho - \mu\nu = 1$ durch die andere Gleichung $a\mu^2 + 2b\mu\varrho + c\varrho^2 = c$ ersetzen wollte; denn dann würde man rückwärts nur schliessen können, dass $\lambda\varrho - \mu\nu = \pm 1$ ist).

Wir behandeln diese drei Gleichungen mit den vier Unbekannten λ, μ, ν, ϱ auf folgende Weise.

Wird $\lambda\varrho$ durch $\mu\nu + 1$ ersetzt, so nimmt die Gleichung (3) die Form

$$a\lambda\mu + 2b\mu\nu + c\nu\varrho = 0$$

an; verbindet man hiermit die Gleichung (2) und eliminirt einmal $2b$, dann c, so erhält man unter Berücksichtigung der Gleichung (1) die beiden folgenden:

$$a\mu + c\nu = 0; \quad a(\lambda - \varrho) + 2b\nu = 0.$$

Da a von Null verschieden ist (weil sonst D eine Quadratzahl wäre), so kann man folglich

*) *Gauss: D. A.* art. 226.

$$\nu = \frac{a}{\sigma}u, \quad \mu = -\frac{c}{\sigma}u, \quad \lambda - \varrho = -\frac{2b}{\sigma}u \tag{4}$$

setzen, worin u eine neue unbekannte, und zwar *ganze* Zahl bedeutet, weil ν, μ, $\lambda - \varrho$ ganze Zahlen sind, und σ der grösste gemeinschaftliche Divisor von a, c, $2b$ ist. Setzen wir diese Ausdrücke für μ und ν in die Gleichung (1), so erhalten wir

$$\lambda\varrho = -\frac{ac}{\sigma^2}u^2 + 1,$$

und hieraus in Verbindung mit dem vorstehenden Ausdruck für $\lambda - \varrho$ die Gleichung

$$(\lambda + \varrho)^2 = (\lambda - \varrho)^2 + 4\lambda\varrho = \frac{4(Du^2 + \sigma^2)}{\sigma^2}$$

oder

$$\left(\frac{\sigma(\lambda + \varrho)}{2}\right)^2 = Du^2 + \sigma^2.$$

Hieraus ergiebt sich, dass $\frac{1}{2}\sigma(\lambda + \varrho)$ jedenfalls eine *ganze* Zahl sein muss; bezeichnen wir sie mit t, so erhalten wir

$$\lambda + \varrho = \frac{2t}{\sigma} \text{ und } t^2 = Du^2 + \sigma^2. \tag{5}$$

Wir können die vorstehende Untersuchung mit Rücksicht auf (4) und (5) in Folgendem zusammenfassen*):

Ist $\binom{\lambda, \mu}{\nu, \varrho}$ *eine Substitution, durch welche die Form* (a, b, c) *von der Determinante* D *und vom Theiler* σ *in sich selbst übergeht, so ist stets*

$$\begin{aligned} \lambda &= \frac{t - bu}{\sigma}, & \mu &= -\frac{cu}{\sigma} \\ \nu &= \frac{au}{\sigma}, & \varrho &= \frac{t + bu}{\sigma} \end{aligned} \tag{I}$$

wo t, u *zwei ganze Zahlen bedeuten, welche der unbestimmten Gleichung*

$$t^2 - Du^2 = \sigma^2 \tag{II}$$

Genüge leisten.

Aber dieser Satz lässt sich auch umkehren:

Sind t, u *zwei ganze, der Gleichung* (II) *genügende Zahlen, so sind die durch die Gleichungen* (I) *bestimmten Zahlen* λ, μ, ν, ϱ *die*

---

*) Vergl. *Gauss: D. A.* art. 162.

ganzzahligen Coefficienten einer Substitution $\binom{\lambda,\ \mu}{\nu,\ \varrho}$, *durch welche die Form* (a, b, c) *in sich selbst übergeht.*

Dies ergiebt sich auf folgende Weise. Zunächst ist zu beweisen, dass λ, μ, ν, ϱ *ganze* Zahlen werden; da σ in a und in c aufgeht, so sind ν und μ ganze Zahlen; da ferner σ^2 in $4D$ und zufolge (II) auch in $4t^2$ aufgeht, so ist $2t$ theilbar durch σ, und da σ auch in $2b$ aufgeht, so sind 2λ und 2ϱ ebenfalls ganze Zahlen, deren Summe $= 4t : \sigma$, also eine gerade Zahl ist; mithin sind 2λ und 2ϱ entweder beide gerade oder beide ungerade; da aber ihr Product

$$= 4\,\frac{t^2 - b^2u^2}{\sigma^2} = 4\,\frac{\sigma^2 - acu^2}{\sigma^2} = 4\left(1 - \frac{a}{\sigma}\,\frac{c}{\sigma}\,u^2\right)$$

gerade ist, so sind 2λ und 2ϱ gerade Zahlen, also λ und ϱ ganze Zahlen.

Nachdem dieser erste Punct sichergestellt ist, findet man leicht durch wirkliche Substitution der Ausdrücke (I) unter Berücksichtigung der Gleichung (II), dass die drei Relationen (1), (2) und (3) identisch erfüllt sind, dass also in der That die Form (a, b, c) durch die Substitution $\binom{\lambda,\ \mu}{\nu,\ \varrho}$ in sich selbst übergeht.

Aus jeder bekannten Substitution $\binom{\lambda,\ \mu}{\nu,\ \varrho}$ kann daher (z. B. durch die Gleichungen $u = \sigma\nu : a$, $t = \sigma\lambda + bu$) eine Lösung t, u der Gleichung (II) gefunden werden, und umgekehrt. Es ist aber wichtig, zu bemerken, dass zwei verschiedenen Substitutionen auch zwei verschiedene Lösungen der Gleichung (II) entsprechen, und umgekehrt zwei verschiedenen Lösungen der Gleichung (II) auch zwei verschiedene Transformationen der Form (a, b, c) in sich selbst. Denn die Relationen (I) sind derartig, dass gegebenen Werthen t, u ein und nur ein System von Werthen λ, μ, ν, ϱ, und umgekehrt gegebenen Werthen von $\lambda, \mu, \nu, \varrho$ ein und nur ein System von Werthen t, u entspricht.

Hiermit ist also unser Problem nicht vollständig gelöst, sondern nur auf das andere reducirt:

Alle ganzzahligen Lösungen der unbestimmten Gleichung (II) *zu finden.*

Dieses letztere bietet nun nicht die geringste Schwierigkeit dar, sobald die Determinante D *negativ* ist. Wenn nämlich Δ ihr absoluter Werth, also $D = -\Delta$ ist, so hat die Gleichung (II)

$$t^2 + \Delta u^2 = \sigma^2$$

nur eine *endliche* Anzahl von Lösungen t, u; und zwar ist, wenn

1. $D \equiv 0 \pmod{\sigma^2}$, die Anzahl der Lösungen der Gleichung immer $= 2$, sobald $\Delta > \sigma^2$ ist; diese Lösungen sind offenbar

$$t = +\sigma,\quad u = 0 \quad \text{und} \quad t = -\sigma,\quad u = 0;$$

im Fall $\Delta = \sigma^2$ ist aber die Anzahl der Lösungen $= 4$; diese sind

$$t = \sigma,\quad u = 0;\quad t = -\sigma,\quad u = 0;$$
$$t = 0,\quad u = 1;\quad t = 0,\quad u = -1.$$

2. Ist $4D \equiv \sigma^2 \pmod{4\sigma^2}$ und folglich $4\Delta \equiv 3\sigma^2 \pmod{4\sigma^2}$, so ist die Anzahl der Lösungen der Gleichung stets $= 2$, so oft $4\Delta > 3\sigma^2$, also $4\Delta \geqq 7\sigma^2$; diese sind

$$t = \sigma,\quad u = 0;\quad \text{und} \quad t = -\sigma,\quad u = 0;$$

im Fall $4\Delta = 3\sigma^2$ ist aber die Anzahl der Lösungen $= 6$; diese sind

$$t = +\sigma,\ u = 0;\quad t = +\tfrac{1}{2}\sigma,\ u = +1;\quad t = +\tfrac{1}{2}\sigma,\ u = -1;$$
$$t = -\sigma,\ u = 0;\quad t = -\tfrac{1}{2}\sigma,\ u = -1;\quad t = -\tfrac{1}{2}\sigma,\ u = +1.$$

§. 63.

Bei weitem schwieriger ist die Theorie der Gleichung (II) für den Fall einer *positiven* Determinante D, und hierin zeigt sich zuerst die grosse Verschiedenheit in der Natur der Formen von positiver und derer von negativer Determinante. Wir lassen daher diese Untersuchung für jetzt fallen, um sie später (in §. 83) wieder aufzunehmen, nachdem das andere in §. 59 erwähnte Problem der Lehre von der Aequivalenz seine Lösung gefunden haben wird. Auch bei diesem stellt sich etwas Aehnliches heraus, indem es durchaus nothwendig wird, die Formen von positiver und negativer Determinante vollständig gesondert zu behandeln; und da auch hier die Formen von negativer Determinante weit weniger Schwierigkeiten darbieten, so behandeln wir diese zunächst.

Um aber den Gang der Untersuchung nicht zu unterbrechen, schicken wir eine Bemerkung voraus, welche sich gleichmässig auf Formen von positiver wie von negativer Determinante bezieht. Offenbar geht eine Form (a, b, a'), in welcher wir absichtlich den letzten Coefficienten nicht mit c, sondern mit a' bezeichnen, durch eine Substitution von der Form $\begin{pmatrix} 0, & 1 \\ -1, & \delta \end{pmatrix}$ in eine äquivalente Form über, deren Coefficienten

$$a', \quad b' = -b - a'\delta, \quad a'' = a + 2b\delta + a'\delta^2$$

sind; diese Form (a', b', a'') soll der Form (a, b, a') *nach rechts benachbart* *), und ebenso soll die letztere (a, b, a') der anderen (a', b', a'') *nach links benachbart* heissen. Das Charakteristische der Beziehung zweier solcher benachbarter Formen φ und φ' (*formae contiguae*) besteht *erstens* darin, dass sie dieselbe Determinante haben, *zweitens*, dass der letzte Coefficient a' der einen Form φ zugleich der erste Coefficient der anderen Form φ' ist, *drittens*, dass die Summe ihrer mittleren Coefficienten $b + b'$ durch diesen gemeinschaftlichen Coefficienten a' theilbar ist. Denn haben zwei Formen φ und φ' diese drei Eigenschaften, und setzt man $b + b' = -a'\delta$, so geht in der That die Form φ durch die Substitution

$$\begin{pmatrix} 0, & 1 \\ -1, & \delta \end{pmatrix}$$

in eine neue Form über, deren erste beide Coefficienten a', b' mit denen der Form φ' übereinstimmen; und da die neue Form jedenfalls der Form φ äquivalent ist, also auch dieselbe Determinante wie φ und folglich auch wie φ' hat, so muss sie mit φ' identisch sein **).

---

*) *Gauss: D. A.* art. 160.

**) Da $\begin{pmatrix} 0, & 1 \\ -1, & \delta \end{pmatrix} = \begin{pmatrix} 0, & 1 \\ -1, & 0 \end{pmatrix} \begin{pmatrix} 1, & -\delta \\ 0, & 1 \end{pmatrix}$ ist, so setzt sich der Uebergang von (a, b, a') zu der nach rechts benachbarten Form (a', b', a'') zusammen aus dem Uebergange von (a, b, a') zu der (complementären) Form $(a', -b, a)$ und aus demjenigen von $(a', -b, a)$ zu der (parallelen) Form (a', b', a''); vergl. §. 56. — Der letzte Grund, weshalb die Substitutionen von der Form $\begin{pmatrix} 0, & 1 \\ -1, & \delta \end{pmatrix}$ eine so wichtige Rolle spielen, besteht darin, dass aus ihnen alle anderen sich zusammensetzen lassen; man kann die Coefficienten δ in ihrer Aufeinanderfolge noch gewissen Beschränkungen, namentlich in Bezug auf ihre Vorzeichen, unterwerfen, in der Art, dass jede beliebige Substitution sich auch nur auf eine einzige Weise aus solchen einfachen Substitutionen zusammensetzen lässt. Eine wichtige Anwendung findet diese Bemerkung z. B. in der Theorie der unendlich vielen Formen der ϑ-Functionen. Man erkennt ferner leicht, dass auch der in §. 23 behandelte Algorithmus in der Theorie dieser Substitutionen und ihrer Zusammensetzung enthalten ist. Man vergleiche ferner §. 81.

§. 64.

Wir wenden uns nun zu der Untersuchung, ob zwei gegebene Formen von gleicher *negativer* Determinante $D = -\Delta$ äquivalent sind oder nicht. Zunächst ist zu bemerken, dass die beiden äusseren Coefficienten a und c einer solchen Form

$$\varphi = ax^2 + 2bxy + cy^2$$

nothwendig gleiche Vorzeichen haben, da $ac = b^2 + \Delta$ positiv ist; da ferner

$$a\varphi = (ax + by)^2 + \Delta y^2$$

ist, so zeigt sich, dass alle durch die Form φ darstellbaren Zahlen dasselbe Vorzeichen haben wie a und c. Sind daher (a, b, c) und (a', b', c') äquivalente Formen, so haben die äusseren Coefficienten a', c' der letzteren Form dasselbe Zeichen wie die der ersteren. Da ferner aus der Aequivalenz dieser beiden Formen auch die der beiden Formen $(-a, -b, -c)$ und $(-a', -b', -c')$ folgt, so können wir uns im Folgenden auf die Betrachtung der sogenannten *positiven* Formen beschränken, in welchen die beiden äusseren Coefficienten das *positive* Vorzeichen haben.

Um nun über die Aequivalenz zweier Formen dieser Art zu entscheiden, vergleicht man sie nicht direct mit einander, sondern mit sogenannten *reducirten* *) Formen. Man nennt eine Form (A, B, C) von negativer Determinante (und positiven äusseren Coefficienten) eine reducirte, wenn der letzte Coefficient C nicht kleiner ist als der erste A, und der erste A wieder nicht kleiner als der absolute Werth des doppelten mittleren Coefficienten $2B$, in Zeichen, wenn

$$C \geqq A \geqq 2(B)$$

ist, wo (B) den absoluten Werth von B bedeuten soll. Wir beweisen nun zunächst folgenden Satz:

Jede Form von negativer Determinante ist einer reducirten Form äquivalent.

Zu dem Zweck betrachte man die der gegebenen Form (a, b, a') nach rechts benachbarten Formen (a', b', a''); unter diesen wird

*) *Gauss: D. A.* art. 171. Die Bedingung $A \leqq \sqrt{4/3\,\Delta}$ ist schon eine Folge der beiden anderen (vergl. §. 65).

es immer eine (bisweilen auch zwei) geben, in welchen wenigstens die eine Bedingung $a' \geqq 2(b')$ erfüllt ist. Denn unter allen mit $-b$ nach dem Modul a' congruenten Zahlen giebt es eine b', deren absoluter Werth am kleinsten, und zwar kleiner oder wenigstens nicht grösser als $\frac{1}{2}a'$ ist (falls a' gerade und $b \equiv \frac{1}{2}a'$ (mod. a') ist, würde es zwei solche Zahlen b' geben, nämlich $\pm \frac{1}{2}a'$), so dass jedenfalls $b' \equiv -b$ (mod. a') und ausserdem $2(b') \leqq a'$ ist. Ist b' auf diese Weise gefunden, und $b + b' = -a'\delta$, so geht die Form (a, b, a') durch die Substitution

$$\begin{pmatrix} 0, & 1 \\ -1, & \delta \end{pmatrix}$$

in die nach rechts benachbarte Form (a', b', a'') über, in welcher $2(b') \leqq a'$ ist. Wenn nun gleichzeitig sich herausstellt, dass $a' \leqq a''$ ist, so ist (a', b', a'') eine reducirte Form und der Process geschlossen. Findet sich aber, dass das Gegentheil

$$a' > a''$$

Statt findet, so ist (a', b', a'') noch keine reducirte Form. Mit dieser verfahre man ebenso wie mit (a, b, a'), d. h. man transformire sie in eine nach rechts benachbarte Form (a'', b'', a'''), in welcher $2(b'') \leqq a''$ ist; sobald dann gleichzeitig $a'' \leqq a'''$ ist, so ist (a'', b'', a''') reducirt, folglich der Process geschlossen; ist dies aber nicht der Fall, also

$$a'' > a''',$$

so setze man den Process in derselben Weise fort. Immer aber wird er nach einer *endlichen* Anzahl von Operationen schliessen; denn wäre dies nicht der Fall, so hätte man eine nie abbrechende Reihe von positiven ganzen Zahlen

$$a', a'', a''' \ldots a^{(n)}, a^{(n+1)} \ldots,$$

in welcher jede folgende mindestens um eine Einheit kleiner wäre, als die unmittelbar vorausgehende, was unmöglich ist, da es immer nur eine endliche Anzahl ganzer positiver Zahlen giebt, welche kleiner sind als eine gegebene.

Auf diese Weise ist bewiesen, dass man endlich zu einer Form $(a^{(n)}, b^{(n)}, a^{(n+1)})$ gelangen muss, in welcher nicht nur $2(b^{(n)}) \leqq a^{(n)}$, sondern auch $a^{(n)} \leqq a^{(n+1)}$ ist.

Zugleich ergiebt sich jedesmal durch die wirkliche Ausführung der Operationen eine Substitution, welche aus den successiven Substitutionen von der Form

$$\begin{pmatrix} 0, & 1 \\ -1, & \delta \end{pmatrix}$$

zusammengesetzt ist, und durch welche die gegebene Form (a, b, a') in die ihr äquivalente reducirte Form $(a^{(n)}, b^{(n)}, a^{(n+1)})$ übergeht.

Nehmen wir als Beispiel die Form (200, 100, 51), deren Determinante $D = -200$ ist, so haben wir $b' \equiv -100 \pmod{51}$ zu setzen und finden hieraus $b' = 2$ und $\delta = -2$; die Substitution, durch welche die gegebene Form (200, 100, 51) transformirt werden muss, ist daher gefunden; da wir aber den ersten und zweiten Coefficienten a' und b' und die Determinante D kennen, so brauchen wir diese Transformation nicht wirklich auszuführen, sondern wir berechnen den letzten Coefficienten a'' durch die Formel

$$a'' = \frac{b'^2 - D}{a'} = a + (b - b')\delta;$$

in unserem Fall finden wir also $a'' = 4$. Die benachbarte Form ist daher (51, 2, 4); sie ist nicht reducirt, weil der letzte Coefficient kleiner ist als der erste. Wir wiederholen daher dieselbe Operation, indem wir $b'' \equiv -2 \pmod{4}$ und folglich $b'' = \pm 2$ setzen, wo beide Zeichen zulässig sind; dann ergiebt sich $\delta' = -1$ oder $= 0$, je nachdem das obere oder untere Zeichen genommen wird, und ausserdem $a''' = 51$; also ist die neue Form $(4, \pm 2, 51)$, und diese ist, mag man das obere oder das untere Zeichen wählen, reducirt. Ferner geht die gegebene Form (200, 100, 51) durch die Substitution

$$\begin{pmatrix} 0, & +1 \\ -1, & -2 \end{pmatrix} \begin{pmatrix} 0, & +1 \\ -1, & -1 \end{pmatrix} = \begin{pmatrix} -1, & -1 \\ +2, & +1 \end{pmatrix}$$

in die Form (4, 2, 51), dagegen durch die Substitution

$$\begin{pmatrix} 0, & +1 \\ -1, & -2 \end{pmatrix} \begin{pmatrix} 0, & 1 \\ -1, & 0 \end{pmatrix} = \begin{pmatrix} -1, & 0 \\ +2, & -1 \end{pmatrix}$$

in die Form (4, —2, 51) über. Man sieht aus diesem Beispiele, wie einfach der angegebene Algorithmus sich gestaltet.

§. 65.

Wir sehen ferner an dem eben behandelten Beispiele, dass eine und dieselbe Form zwei verschiedenen reducirten Formen äquivalent sein kann, woraus folgt, dass auch zwei verschiedene reducirte Formen unter einander äquivalent sein, also derselben Classe angehören können. Da es von grosser Wichtigkeit ist, dies allgemein zu untersuchen, so stellen wir uns die Frage:

Wann sind zwei reducirte Formen (a, b, c) und (a', b', c') von gleicher negativer Determinante $D = -\Delta$ einander äquivalent?

Zunächst ziehen wir einige Folgerungen aus den beiden Bedingungen

$$2(b) \leqq a, \quad a \leqq c,$$

welche ausdrücken, dass die Form (a, b, c) eine reducirte ist. Es ergiebt sich nämlich aus der ersteren $4b^2 \leqq a^2$, aus der letzteren $a^2 \leqq ac$, also auch $4b^2 \leqq ac$ oder $3b^2 \leqq ac - b^2$, folglich

$$(b) \leqq \sqrt{\tfrac{1}{3}\Delta}.$$

Hieraus folgt weiter, dass $3ac = 3\Delta + 3b^2 \leqq 4\Delta$ und, da $a^2 \leqq ac$ ist, dass

$$a \leqq \sqrt{\tfrac{4}{3}\Delta}$$

ist.

Nehmen wir jetzt an, die beiden reducirten Formen (a, b, c), (a', b', c') seien äquivalent, so dürfen wir, ohne die Allgemeinheit zu beeinträchtigen, voraussetzen, dass

$$a' \leqq a$$

ist. Es sei nun $\binom{\alpha, \beta}{\gamma, \delta}$ die Substitution, durch welche (a, b, c) in (a', b', c') übergeht, also

$$1 = \alpha\delta - \beta\gamma \tag{1}$$

$$a' = a\alpha^2 + 2b\alpha\gamma + c\gamma^2 \tag{2}$$

$$b' = a\alpha\beta + b(\alpha\delta + \beta\gamma) + c\gamma\delta. \tag{3}$$

Multipliciren wir die Gleichung (2) mit a, so ergiebt sich

$$aa' = (a\alpha + b\gamma)^2 + \Delta\gamma^2;$$

da nun sowohl a, als auch $a' \leqq \sqrt{\tfrac{4}{3}\Delta}$, und also

$$aa' \leqq \tfrac{4}{3}\Delta$$

ist, so folgt, dass in der vorstehenden Gleichung γ^2 entweder $= 0$ oder $= 1$ sein muss; denn wäre $\gamma^2 \geqq 4$, so wäre $aa' \geqq 4\Delta$, was mit der Bedingung $aa' \leqq \tfrac{4}{3}\Delta$ streitet. Wir unterscheiden nun diese beiden Fälle:

I. $\gamma = 0$.

Dann lauten die drei obigen Gleichungen folgendermaassen:

$$\alpha\delta = 1; \; a' = a\alpha^2; \; b' = a\alpha\beta + b;$$

aus der ersten folgt $\alpha = \delta = \pm 1$; also ist $a' = a$, und die dritte Gleichung lehrt, dass $b' - b = \pm a\beta$ durch $a = a'$ theilbar ist; da nun aber $(b) \leqq \frac{1}{2}a$ und $(b') \leqq \frac{1}{2}a'$, also auch $(b') \leqq \frac{1}{2}a$ ist, so sind nur zwei Fälle möglich; entweder ist $b' - b = 0$, also $b' = b$ und folglich, da schon $a' = a$ ist, auch $c' = c$, d. h. die Formen sind identisch, in welchem Fall sich die Aequivalenz von selbst versteht; oder es ist der absolute Werth von $b' - b$, da er unmöglich grösser als a sein kann und doch durch a theilbar sein muss, gleich a; in diesem Fall muss eine der beiden Zahlen b, b' gleich $+\frac{1}{2}a$, die andere gleich $-\frac{1}{2}a$, und also $c' = c$ sein; wir werden daher auf zwei nicht identische ambige Formen $(a, \frac{1}{2}a, c)$ und $(a, -\frac{1}{2}a, c)$ geführt. Diese sind aber in der That äquivalent, und die erstere geht in die letztere durch die Substitution $\binom{1,\ -1}{0,\ +1}$ über.

II. $\gamma = \pm 1$.

In diesem Fall lautet die Gleichung (2) folgendermaassen

$$a' = a\alpha^2 \pm 2b\alpha + c;$$

da wir angenommen haben, dass a' nicht grösser als a, und folglich auch nicht grösser als c ist, so folgt, dass

$$a\alpha^2 \pm 2b\alpha \leqq 0$$

ist. Da nun andererseits $2(b) \leqq a$ und stets $(\alpha) \leqq \alpha^2$, also auch der absolute Werth von $2b\alpha$ nicht grösser ist als $a\alpha^2$, so ist ganz gewiss

$$a\alpha^2 \pm 2b\alpha \geqq 0.$$

Es kann also $a\alpha^2 \pm 2b\alpha$ weder positiv noch negativ sein, und folglich ist

$$a\alpha^2 \pm 2b\alpha = 0,$$

also $a' = c$; da aber $a' \leqq a$ und $a \leqq c$, so folgt weiter, dass sowohl $a' = a$, als auch $c = a$ ist. Nun kann man die Gleichung (3) mit Hülfe der Gleichung (1) in die Form

$$b + b' = a\alpha\beta + 2b\alpha\delta \pm c\delta$$

bringen, und da $c = a$, und $2b\alpha = \mp a\alpha^2$ ist, so ergiebt sich

$$b + b' = a(\alpha\beta \mp \alpha^2\delta \pm \delta)$$

d. h. $b + b'$ ist theilbar durch a. Hieraus folgt ganz ähnlich wie im Fall I, dass $b + b'$ entweder $= 0$, oder dass der absolute Werth von $b + b'$ gleich a sein muss. Im letzteren Fall müssen b und b' einander gleich, nämlich $= \pm \frac{1}{2}a$ sein, dann erhielte man also wieder den Fall zweier identischen Formen, der kein Interesse darbietet. Im ersteren Fall dagegen ist $b' = -b$, folglich da $a' = a$, und auch $c = a$ ist, auch $c' = c = a$; wir haben daher folgende zwei Formen (a, b, a) und $(a, -b, a)$, welche (wenn b von Null verschieden ist) nicht identisch sind; diese sind wirklich äquivalent, und die erstere geht in die letztere durch die Substitution $\binom{0,\ -1}{1,\ \ 0}$ über.

Wir fassen das Resultat der Untersuchung in Folgendem zusammen:

Die beiden einzigen Fälle, in denen zwei nicht identische reducirte Formen derselben Classe angehören, sind die folgenden: die Formen $(a, \frac{1}{2}a, c)$ *und* (a, b, a) *gehen resp. durch die Substitutionen*

$$\begin{pmatrix}1, & -1\\ 0, & +1\end{pmatrix} \textit{ und } \begin{pmatrix}0, & -1\\ 1, & 0\end{pmatrix}$$

in die entgegengesetzten Formen $(a, -\frac{1}{2}a, c)$ *und* $(a, -b, a)$ *über.*

§. 66.

Hiermit ist nun auch die Aufgabe gelöst, zu entscheiden, ob zwei Formen von gleicher negativer Determinante äquivalent sind oder nicht. Sind φ und ψ die beiden Formen, so transformire man jede derselben, falls sie noch nicht reducirt sein sollte, nach der oben (§. 64) angegebenen Methode in eine reducirte Form, φ in φ', ψ in ψ'. Stellt sich dann heraus, dass φ' und ψ' identisch ausfallen, oder dass sie einen der beiden eben untersuchten Fälle darbieten, in welchen zwei nicht identische reducirte Formen dennoch äquivalent sind (was durch den Anblick der beiden Formen augenblicklich erkannt wird), so sind die gegebenen Formen φ und ψ gewiss äquivalent. Und zugleich ergiebt sich eine Substitution, durch welche die eine Form in die andere übergeht; denn durch den Process der Reduction ergeben sich Substitutionen S, durch welche φ in φ', und T, durch welche ψ in ψ' übergeht. Sind daher φ' und ψ' identisch, so geht, wenn T' die inverse Substitution von T bedeutet, die Form φ durch die zusammengesetzte Substitution ST' in die Form ψ über. Sind dagegen φ' und ψ' nicht identisch, aber doch äquivalent, so ist, wie wir oben gesehen haben, immer eine Substitution U bekannt, durch welche φ' in ψ'

übergeht; und dann geht φ durch die zusammengesetzte Substitution SUT' in ψ über.

Zeigt sich aber, dass die Formen φ' und ψ' nicht identisch sind, und dass sie auch keinen der beiden im vorigen Paragraphen erwähnten singulären Fälle darbieten, sind also diese beiden reducirten Formen nicht äquivalent, so sind auch die beiden gegebenen Formen φ und ψ nicht äquivalent, wie unmittelbar aus §. 56 folgt.

Hiermit sind für negative Determinanten die beiden in §. 59 aufgestellten Probleme der Lehre von der Aequivalenz vollständig gelöst: soeben das erstere, welches darin besteht, über die Aequivalenz oder Nichtäquivalenz zweier gegebenen Formen zu entscheiden; und zugleich haben wir jedesmal, wenn die Entscheidung für die erstere lautet, auch eine Substitution zu finden gelehrt, durch welche die eine Form in die andere übergeht. Das zweite Problem, aus einer gegebenen Substitution, durch welche eine gegebene Form in eine (hierdurch schon völlig bestimmte) äquivalente Form übergeht, alle Substitutionen zu finden, durch welche die erstere Form in dieselbe zweite Form übergeht, ist in den §§. 61, 62 ebenfalls vollständig gelöst.

§. 67.

Die Theorie der reducirten Formen setzt uns nun auch in den Stand, für jede gegebene *negative* Determinante ein *vollständiges System nicht-äquivalenter Formen* (§. 59) aufzustellen, wobei wir uns wieder auf solche Formen beschränken wollen, deren äussere Coefficienten positiv sind. Da nämlich jede Form von negativer Determinante $D = -\Delta$ einer reducirten Form und im Allgemeinen auch nur einer solchen reducirten Form äquivalent ist, so brauchen wir, um ein vollständiges Formensystem zu erhalten, nur die sämmtlichen reducirten Formen aufzusuchen und jedesmal, wenn zwei solche nicht identische Formen einen der beiden in §. 65 erwähnten Fälle darbieten, eine von ihnen nach Belieben fortzulassen, die andere beizubehalten. Dass die Anzahl der so übrig bleibenden nicht äquivalenten reducirten Formen endlich ist, ergiebt sich leicht aus den Bedingungen

$$2(b) \leqq a \leqq c,$$

denen eine reducirte Form (a, b, c) genügen muss, und der hieraus (in §. 65) gezogenen Folgerung

$$(b) \leqq \sqrt{\tfrac{1}{3}\Delta}.$$

Bezeichnet man nämlich die grösste ganze in $\sqrt{\frac{1}{3}\Delta}$ enthaltene Zahl mit λ (so dass $\lambda \leqq \sqrt{\frac{1}{3}\Delta} < \lambda + 1$), so kann der mittlere Coefficient b keine anderen, als die folgenden $2\lambda + 1$ Werthe

$$0, \pm 1, \pm 2 \ldots \pm \lambda$$

haben; und wenn man dem mittleren Coefficienten b irgend einen dieser Werthe beigelegt hat, so ist $ac = b^2 + \Delta$; also hat man die Zahl $b^2 + \Delta$ auf alle mögliche Arten in zwei positive Factoren zu zerlegen, und jedesmal denjenigen, welcher den anderen an Grösse nicht übertrifft, für a, den letzteren für c zu nehmen; stellt sich dann gleichzeitig heraus, dass $2(b) \leqq a$ ist, so ist die so gebildete Form wirklich eine reducirte und deshalb aufzuschreiben, im entgegengestzten Fall aber fortzulassen. Auf diese Weise erhält man nothwendig alle reducirten Formen; ihre Anzahl ist aber nothwendig eine endliche, denn die Anzahl aller Zerlegungen der $(2\lambda + 1)$ Zahlen von der Form $(b^2 + \Delta)$ in zwei Factoren ist selbst endlich. Wir haben daher das Resultat:

Die Anzahl aller nicht äquivalenten reducirten Formen von negativer Determinante, d. h. die Classenanzahl selbst ist endlich.

Beispiel 1: Für die Determinante $D = -12$ ist $\Delta = 12$; hieraus $\lambda = \sqrt{\frac{1}{3}\Delta} = 2$; wir haben daher b folgende Werthe durchlaufen zu lassen

$$0, \quad \pm 1, \quad \pm 2,$$

und dann die Zahlen $b^2 + \Delta$, d. h. die Zahlen

$$12, \quad 13, \quad 16$$

auf alle möglichen Arten in zwei Factoren zu zerlegen; es ist

$$\begin{aligned} 12 &= 1 \,.\, 12 = 2 \,.\, 6 = 3 \,.\, 4 \\ 13 &= 1 \,.\, 13 \\ 16 &= 1 \,.\, 16 = 2 \,.\, 8 = 4 \,.\, 4. \end{aligned}$$

Dies giebt, indem der erste Factor immer $= a$, der zweite $= c$ gesetzt wird, die eilf Formen

$$\begin{aligned} &(1, 0, 12), \quad (2, 0, 6), \quad (3, 0, 4); \\ &(1, \pm 1, 13); \\ &(1, \pm 2, 16), \quad (2, \pm 2, 8), \quad (4, \pm 2, 4). \end{aligned}$$

Von diesen sind die folgenden nicht reducirt

$$(1, \pm 1, 13),\quad (1, \pm 2, 16),\quad (2, \pm 2, 8),$$

weil in ihnen die Bedingung $2(b) \leqq a$ nicht erfüllt ist; als wirklich reducirte Formen bleiben daher nur die folgenden fünf übrig

$$(1, 0, 12),\quad (2, 0, 6),\quad (3, 0, 4),\quad (4, \pm 2, 4);$$

allein die beiden Formen $(4, 2, 4)$ und $(4, -2, 4)$ gehören unter die Ausnahmefälle des §. 65, sind also äquivalent. Mithin enthält das vollständige Formensystem nur *vier* Formen, nämlich

$$(1, 0, 12),\quad (2, 0, 6),\quad (3, 0, 4),\quad (4, 2, 4),$$

die als Repräsentanten ebenso vieler Classen gelten. Von diesen vier Formen sind nur die beiden folgenden

$$(1, 0, 12),\quad (3, 0, 4)$$

ursprünglich, und zwar sind (da D nicht $\equiv 1 \pmod{4}$ ist) beide von der ersten Art.

Beispiel 2: Ist $D = -35$, also $\Delta = +35$, so ist $\lambda = 3$, also kann b nur die sieben Werthe

$$0,\quad \pm 1,\quad \pm 2,\quad \pm 3$$

durchlaufen; diesen entsprechen die Zahlen $b^2 + \Delta$:

$$35, 36, 39, 44;$$

die Zerlegungen derselben in zwei Factoren sind folgende:

$$\begin{aligned}
35 &= 1 \,.\, 35 = 5 \,.\, 7 \\
36 &= 1 \,.\, 36 = 2 \,.\, 18 = 3 \,.\, 12 = 4 \,.\, 9 = 6 \,.\, 6 \\
39 &= 1 \,.\, 39 = 3 \,.\, 13 \\
44 &= 1 \,.\, 44 = 2 \,.\, 22 = 4 \,.\, 11.
\end{aligned}$$

Aber von den 22 entsprechenden Formen erfüllen nur die folgenden 10 die Bedingung $2(b) \leqq a$:

$$\begin{gathered}
(1, 0, 35),\quad (5, 0, 7),\quad (2, \pm 1, 18) \\
(3, \pm 1, 12),\quad (4, \pm 1, 9),\quad (6, \pm 1, 6).
\end{gathered}$$

Da ferner die beiden Formen $(2, \pm 1, 18)$ den Fall I, die beiden Formen $(6, \pm 1, 6)$ den Fall II des §. 64 darbieten, so existiren nur *acht* nicht äquivalente reducirte Formen

$$\begin{gathered}
(1, 0, 35),\quad (5, 0, 7),\quad (2, 1, 18) \\
(3, \pm 1, 12),\quad (4, \pm 1, 9),\quad (6, 1, 6);
\end{gathered}$$

diese sind alle ursprünglich; sechs, nämlich

$$(1, 0, 35), \quad (5, 0, 7), \quad (3, \pm 1, 12), \quad (4, \pm 1, 9)$$

sind von der ersten, die beiden anderen

$$(2, 1, 18), \quad (6, 1, 6)$$

sind von der zweiten Art.

Beispiel 3: Ist $D = -48 = -\Delta$, so ist $\lambda = 4$, so dass b folgende Zahlen

$$0, \pm 1, \pm 2, \pm 3, \pm 4$$

durchlaufen muss; die Zerlegungen der entsprechenden Zahlen $b^2 + \Delta$ sind folgende:

$$48 = 1 . 48 = 2 . 24 = 3 . 16 = 4 . 12 = 6 . 8$$
$$49 = 1 . 49 = 7 . 7$$
$$52 = 1 . 52 = 2 . 26 = 4 . 13$$
$$57 = 1 . 57 = 3 . 19$$
$$64 = 1 . 64 = 2 . 32 = 4 . 16 = 8 . 8.$$

Von den entsprechenden 27 Formen sind nur folgende eilf reducirt:

$$(1, 0, 48), \quad (2, 0, 24), \quad (3, 0, 16), \quad (4, 0, 12),$$
$$(6, 0, 8), \quad (7, \pm 1, 7), \quad (4, \pm 2, 13), \quad (8, \pm 4, 8).$$

Unter diesen besteht jedes der drei Paare $(7, \pm 1, 7)$, $(4, \pm 2, 13)$, $(8, \pm 4, 8)$ aus je zwei äquivalenten Formen; also bleiben nur *acht* nicht äquivalente Formen

$$(1, 0, 48), \quad (2, 0, 24), \quad (3, 0, 16), \quad (4, 0, 12),$$
$$(6, 0, 8), \quad (7, 1, 7), \quad (4, 2, 13), \quad (8, 4, 8).$$

Ursprünglich von der ersten Art sind die folgenden vier:

$$(1, 0, 48), \quad (3, 0, 16), \quad (7, 1, 7), \quad (4, 2, 13),$$

die anderen vier sind derivirte Formen.

§. 68.

Um schon jetzt einen Begriff von der Fruchtbarkeit dieser Untersuchungen zu geben, verbinden wir in einigen Beispielen die gewonnenen Resultate mit der in §. 60 vorausgeschickten Theorie der Darstellung der Zahlen durch bestimmte quadratische Formen, bemerken jedoch gleich, dass die folgenden Sätze nur specielle Fälle eines grossen allgemeinen Satzes sind.

Die Formen der Determinante $D = -1$ bilden nur eine einzige Classe, denn es giebt für diese Determinante, wie man leicht erkennt, nur die einzige reducirte Form

$$(1, 0, 1) = x^2 + y^2.$$

Wir fragen nun nach dem System der durch diese Form darstellbaren, d. h. also in zwei Quadrate zerlegbaren Zahlen m; um aber die frühere Theorie unmittelbar anwenden zu können, lassen wir nur *eigentliche* Darstellungen (x, y) gelten, in denen die beiden darstellenden Zahlen x, y relative Primzahlen sind; ferner wollen wir uns der Einfachheit halber auf *ungerade* darstellbare Zahlen m beschränken. Es sei also m eine solche darstellbare ungerade Zahl, so ist zunächst m positiv. Da ferner die Determinante -1 quadratischer Rest von m ist, so müssen alle in m aufgehenden Primzahlen von der Form $4h + 1$ sein. Umgekehrt, ist diese Bedingung erfüllt, so ist die Determinante -1 quadratischer Rest von m, und die Congruenz

$$z^2 \equiv -1 \pmod{m}$$

hat im Ganzen (nach §. 37) 2^μ incongruente Wurzeln, wenn μ die Anzahl dieser von einander verschiedenen in m aufgehenden Primzahlen bedeutet (dies gilt selbst für den Fall, in welchem $\mu = 0$, $m = 1$ ist). Es sei n ein bestimmter Repräsentant einer bestimmten dieser Wurzeln, und $n^2 + 1 = ml$, so bilde man die quadratische Form (m, n, l) von der Determinante -1; da nur eine einzige Formenclasse existirt, so ist diese Form der reducirten Form $(1, 0, 1)$ nothwendig äquivalent, und man wird durch die in §. 66 angegebene Methode eine, und hieraus nach §§. 61, 62 alle Transformationen finden, durch welche $(1, 0, 1)$ in (m, n, l) übergeht. Die Anzahl dieser von einander verschiedenen Transformationen $\binom{x, \xi}{y, \eta}$ ist (nach §§. 61, 62) stets $= 4$; ebenso viele Darstellungen (x, y) der Zahl m existiren daher, welche zu derjenigen Wurzel gehören, deren Repräsentant n ist. Und da dasselbe Raisonnement auf jede der 2^μ Wurzeln der obigen Congruenz passt, so existiren im Ganzen

$$4 \,.\, 2^\mu = 2^{\mu+2}$$

verschiedene Darstellungen der Zahl m.

Stellt man aber die Frage, auf wie viele verschiedene Arten eine solche Zahl m in zwei Quadrate zerlegt werden kann, ohne Rücksicht auf die Ordnung der beiden Quadrate und auf die Vorzeichen ihrer Wurzeln, so liefern je acht verschiedene Darstellungen von der Form

$$(\pm x, \pm y) \quad \text{und} \quad (\pm y, \pm x)$$

nur eine einzige Zerlegung $m = x^2 + y^2$ (von diesen acht Darstellungen gehören vier, nämlich

$$(x, y), (-x, -y), (-y, x), (y, -x)$$

zu einer, und die anderen vier

$$(x, -y), (-x, y), (-y, -x), (y, x)$$

zu der ihr entgegengesetzten Wurzel); folglich ist die Anzahl dieser verschiedenen Zerlegungen

$$= 2^{\mu-1},$$

mit einziger Ausnahme des Falles $m = 1$, weil dann nicht acht, sondern nur vier verschiedene Darstellungen

$$(\pm 1, 0) \quad \text{und} \quad (0, \pm 1)$$

existiren, die sich zu der einzigen Zerlegung $1 = 1^2 + 0^2$ vereinigen.

In diesem allgemeinen Resultat ist als specieller Fall der berühmte von *Fermat* aufgestellte, zuerst von *Euler**) bewiesene Satz enthalten:

Jede (positive) Primzahl von der Form $4h + 1$ *lässt sich stets, und zwar nur auf eine einzige Weise in zwei Quadrate zerfällen.*

Die Bedingung, dass die Quadrate keinen gemeinschaftlichen Factor haben, fällt hier fort, da sie sich von selbst versteht.

Beispiel 1: Die Zahl 37 ist eine Primzahl von der Form $4h + 1$; die beiden Wurzeln der Congruenz $z^2 \equiv -1 \pmod{37}$ findet man (z. B. mit Hülfe des Wilson'schen Satzes) $\equiv \pm 6$;

---

*) *Demonstratio theorematis Fermatiani, omnem numerum primum formae* $4n+1$ *esse summam duorum quadratorum*, Nov. Comm. Petrop. V. p. 3. — Unter den zahlreichen späteren Beweisen zeichnet sich der von *H. J. Smith* durch grosse Einfachheit aus: *De compositione numerorum primorum formae* $4\lambda+1$ *ex duobus quadratis* (Crelle's Journal, Bd. 50). — Vergl. auch §. 83, Anmerkung.

nimmt man $n = 6$, so hat man die Form (37, 6, 1) zu betrachten, welche durch die Substitution $\binom{0,\ +1}{-1,\ -6}$ in die reducirte Form (1, 0, 1) übergeht; umgekehrt geht also (1, 0, 1) durch die inverse Substitution $\binom{-6,\ -1}{+1,\ 0}$ in (37, 6, 1) über. Also ist die gesuchte Zerlegung folgende: $37 = 6^2 + 1^2$; es ist nicht nöthig, die vier zu dieser Wurzel $+ 6$, und die anderen vier zu der entgegengesetzten Wurzel $- 6$ gehörenden Darstellungen hier einzeln aufzuschreiben.

Beispiel 2: Die Zahl $m = 65 = 5 \cdot 13$ ist das Product aus den beiden Primzahlen 5 und 13, welche beide die Form $4h + 1$ haben. Mithin giebt es $2^4 = 16$ verschiedene Darstellungen, also nur zwei verschiedene Zerlegungen der Zahl 65. Die vier Wurzeln der Congruenz $z^2 \equiv -1 \pmod{65}$ sind ± 8 und ± 18; wir bilden daher die beiden Formen (65, 8, 1) und (65, 18, 5), welche durch die Substitutionen $\binom{0,\ +1}{-1,\ -8}$ und $\binom{-1,\ -2}{+4,\ +7}$ in die reducirte Form (1, 0, 1) übergehen; die inversen Substitutionen sind $\binom{-8,\ -1}{+1,\ 0}$ und $\binom{+7,\ +2}{-4,\ -1}$, und folglich sind die beiden gesuchten Zerlegungen folgende:

$$65 = 8^2 + 1^2 = 7^2 + 4^2.$$

§. 69.

Alle Formen der Determinante $D = -2$ bilden ebenfalls nur eine einzige Classe, da nur eine einzige reducirte Form

$$(1, 0, 2) = x^2 + 2y^2$$

vorhanden ist. Wir fragen auch hier wieder nach allen durch diese Form darstellbaren *ungeraden* Zahlen m; die erste Bedingung ist die, dass -2 quadratischer Rest von m sein muss; dazu ist erforderlich und hinreichend, dass für jede in m aufgehende (also ungerade) Primzahl p

$$\left(\frac{-2}{p}\right) = +1,$$

also p von einer der beiden Formen $8h + 1$ oder $8h + 3$ sei. Umgekehrt: sind die sämmtlichen μ in m aufgehenden Primzahlen p alle von der Form $8h + 1$ oder $8h + 3$, so hat die Congruenz

$$z^2 \equiv -2 \pmod{m}$$

stets 2^μ incongruente Wurzeln. Ist n ein bestimmter Repräsentant einer solchen Wurzel, und $n^2 + 2 = ml$, so ist die Form (m, n, l)

nothwendig der Form (1, 0, 2) äquivalent; man findet daher (nach §. 66) eine Substitution $\binom{x,\ \xi}{y,\ \eta}$, durch welche die letztere in die erstere übergeht; ausser dieser existirt (nach §. 62) nur noch die andere $\binom{-x,\ -\xi}{-y,\ -\eta}$, welche dieselbe Eigenschaft hat; es giebt daher zwei verschiedene Darstellungen (x, y) und $(-x, -y)$ der Zahl m, die zu dieser Wurzel gehören. Im Ganzen giebt es daher

$$2 \,.\, 2^{\mu} = 2^{\mu+1}$$

verschiedene Darstellungen der Zahl m durch die Form (1, 0, 2).

Man erkennt ferner leicht, dass, wenn die beiden Darstellungen $\pm(x, y)$ zu der Wurzel n gehören, entsprechend die beiden Darstellungen $\pm(x, -y)$ zu der entgegengesetzten Wurzel $-n$ gehören. Je vier solche Darstellungen geben eine und dieselbe Zerlegung der Zahl m in ein Quadrat und ein doppeltes Quadrat; mithin ist die Anzahl aller verschiedenen Zerlegungen

$$= 2^{\mu-1};$$

die einzige Ausnahme bildet wieder der Fall, in welchem $\mu = 0$, also $m = 1$ ist; denn dann vereinigen sich die zwei verschiedenen Darstellungen ($+n$ ist $\equiv -n$ (mod. 1)) zu der einzigen Zerlegung $1 = 1^2 + 2 \,.\, 0^2$. Der interessanteste specielle Fall ist wieder der, in welchem $\mu = 1$ ist:

Jede Primzahl p von einer der beiden Formen $8h + 1$ *oder* $8h + 3$ *lässt sich stets und nur auf eine einzige Weise in ein Quadrat und ein doppeltes Quadrat zerlegen.*

Beispiel 1: Ist $m = 41$, so ist die Bedingung erfüllt; μ ist $= 1$; die beiden Wurzeln der Congruenz $z^2 \equiv -2$ (mod. 41) sind ± 11; die Form (41, 11, 3) geht durch die Substitution $\binom{-1,\ -1}{+4,\ +3}$ in die Form (1, 0, 2) über, diese also rückwärts in jene durch die Substitution $\binom{+3,\ +1}{-4,\ -1}$; also ist $x = 3$, $y = -4$, und folglich

$$41 = 3^2 + 2 \,.\, 4^2.$$

Beispiel 2: Ist $m = 33 = 3 \,.\, 11$, so ist die Bedingung erfüllt; μ ist $= 2$, und folglich muss es zwei verschiedene Zerlegungen geben. Die Wurzeln der Congruenz $z^2 \equiv -2$ (mod. 33) sind ± 8 und ± 14: wir bilden daher die beiden Formen (33, 8, 2) und (33, 14, 6), welche resp. durch die Substitutionen

$$\begin{pmatrix} -1, & 0 \\ +4, & -1 \end{pmatrix} \text{ und } \begin{pmatrix} -1, & +2 \\ +2, & -5 \end{pmatrix}$$

in die Form (1, 0, 2) übergehen; die inversen Substitutionen sind

$$\begin{pmatrix} -1, & 0 \\ -4, & -1 \end{pmatrix} \text{ und } \begin{pmatrix} -5, & -2 \\ -2, & -1 \end{pmatrix}$$

und folglich ist

$$33 = 1^2 + 2 \,.\, 4^2 = 5^2 + 2 \,.\, 2^2.$$

§. 70.

Alle Formen der Determinante $D = -3$ bilden *zwei* Classen, als deren Repräsentanten man die reducirten Formen

$$(1, 0, 3) = x^2 + 3y^2$$

und

$$(2, 1, 2) = 2x^2 + 2xy + 2y^2$$

annehmen kann; sie sind resp. von der ersten und zweiten Art. Ungerade Zahlen können offenbar nur durch die erstere dargestellt werden; es sei daher m eine ungerade und der Einfachheit wegen durch 3 nicht theilbare Zahl; damit sie durch die Form (1, 0, 3) darstellbar sei, ist erforderlich, dass, wenn p irgend eine in ihr aufgehende Primzahl ist,

$$\left(\frac{-3}{p}\right) = \left(\frac{p}{3}\right) = +1,$$

folglich p von der Form $3h + 1$ sei. Umgekehrt, sobald diese Bedingung für alle μ in m aufgehenden Primzahlen p erfüllt ist, so hat die Congruenz

$$z^2 \equiv -3 \pmod{m}$$

stets 2^μ incongruente Wurzeln; ist n ein bestimmter Repräsentant einer solchen, und $n^2 + 3 = ml$, so ist die Form (m, n, l) von der ersten Art (da m ungerade ist) und folglich der Form (1, 0, 3) äquivalent. Es giebt also (nach §. 62) zwei Substitutionen

$$\begin{pmatrix} x, & \xi \\ y, & \eta \end{pmatrix} \text{ und } \begin{pmatrix} -x, & -\xi \\ -y, & -\eta \end{pmatrix}$$

durch welche die Form (1, 0, 3) in die Form (m, n, l) übergeht, und folglich auch zwei Darstellungen (x, y) und $(-x, -y)$ der Zahl m, welche zu dieser Wurzel gehören. Im Ganzen giebt es daher

$$2 \,.\, 2^\mu = 2^{\mu+1}$$

verschiedene Darstellungen einer solchen Zahl m durch die Form (1, 0, 3), die sich aber wieder auf nur

$$\tfrac{1}{4} \cdot 2^{\mu+1} = 2^{\mu-1}$$

verschiedene Zerlegungen der Zahl m in ein einfaches und ein dreifaches Quadrat reduciren (nur auf den Fall $\mu = 0$, also $m = 1$ passt die letztere Formel wieder nicht). Besonders bemerkenswerth ist der specielle Fall:

Jede Primzahl von der Form $3h + 1$ *ist stets und nur auf eine einzige Weise in ein einfaches und ein dreifaches Quadrat zerlegbar.*

Gehen wir nun zu den durch die zweite Form (2, 1, 2) darstellbaren, nothwendig geraden Zahlen über; wir beschränken uns auf diejenigen von der Form $2m$, wo m wieder eine ungerade und durch 3 nicht theilbare Zahl bedeutet. Dann erkennen wir leicht, dass der Complex dieser Zahlen m mit dem eben behandelten vollständig identisch ist. Denn aus der Möglichkeit der Congruenz $z^2 \equiv -3 \pmod{m}$ folgt auch die der Congruenz $z^2 \equiv -3 \pmod{2m}$, und umgekehrt (§. 37), und ausserdem ist die Anzahl der Wurzeln wieder $= 2^\mu$. Ist ferner n' ein bestimmter Repräsentant einer solchen, und $n'^2 + 3 = 2ml$, so ist die Form $(2m, n', l)$ nothwendig von der zweiten Art (denn der mittlere Coefficient n' ist ungerade, folglich l gerade) und also gewiss der Form (2, 1, 2) äquivalent; man kann daher (nach §. 62) sechs verschiedene Transformationen der letzteren Form in die erstere finden, aus welchen folgende sechs Darstellungen

$$\pm (x, y), \pm (y, -x-y), \pm (x+y, -x)$$

entspringen, die alle zu derselben Wurzel n' gehören (die sechs zu der entgegengesetzten Wurzel $-n'$ gehörenden Darstellungen entstehen aus diesen durch Vertauschung der ersten darstellenden Zahl mit der zweiten)*). Im Ganzen existiren daher

*) Da von den Zahlen x, y, $x + y$ stets eine und nur eine gerade ist, so giebt es unter den sechs zu der Wurzel n' gehörenden Darstellungen der Zahl $2m$ immer zwei $\pm (x', y')$, in welchen y' gerade ist $= 2u$; setzt man ferner $x' + u = t$, so geht die Gleichung $x'x' + x'y' + y'y' = m$ über in $tt + 3uu = m$, d. h. man erhält eine Darstellung (t, u) der Zahl m durch die Form (1, 0, 3), und zwar gehört diese Darstellung zu derselben Wurzel n'. Hierin besteht der Zusammenhang zwischen den Darstellungen der Zahlen m und $2m$ resp. durch die Formen (1, 0, 3) und (2, 1, 2).

$$6 \cdot 2^\mu = 3 \cdot 2^{\mu+1}$$

verschiedene Darstellungen der Zahl $2m$ durch die Form $(2, 1, 2)$, oder, was dasselbe ist, der Zahl m durch die Form $x^2 + xy + y^2$. Sieht man je vier zusammengehörige Darstellungen von der Form

$$(x, y), (-x, -y), (y, x), (-y, -x)$$

als nicht wesentlich verschieden an, so ist die Anzahl der wesentlich verschiedenen Darstellungen nur noch

$$= 3 \cdot 2^{\mu-1}.$$

Für eine Primzahl p von der Form $3h + 1$ giebt es daher immer drei wesentlich verschiedene Darstellungen durch die Form $x^2 + xy + y^2$.

Beispiel: Ist $m = 13$, so sind $n = \pm 7$ die Wurzeln der Congruenz $z^2 \equiv -3 \pmod{26}$ und also auch der Congruenz $z^2 \equiv -3 \pmod{13}$. Wir bilden daher die beiden Formen $(13, 7, 4)$ und $(26, 7, 2)$. Sie gehen resp. durch die Substitutionen

$$\begin{pmatrix} -1, & -1 \\ +2, & +1 \end{pmatrix} \text{ und } \begin{pmatrix} 0, & +1 \\ -1, & -4 \end{pmatrix}$$

in die Formen $(1, 0, 3)$ und $(2, 1, 2)$ über. Die beiden inversen Substitutionen sind

$$\begin{pmatrix} +1, & +1 \\ -2, & -1 \end{pmatrix} \text{ und } \begin{pmatrix} -4, & -1 \\ +1, & 0 \end{pmatrix}$$

und folglich ist

$$13 = 1^2 + 3(-2)^2 = (-4)^2 + (-4) \cdot 1 + 1^2;$$

hieraus findet man leicht die beiden anderen Darstellungen

$$\begin{aligned} 13 &= 4^2 + 4 \cdot (-3) + (-3)^2 \\ &= 3^2 + 3 \cdot 1 + 1^2. \end{aligned}$$

§. 71.

Als letztes Beispiel wählen wir die Determinante $D = -5$; es giebt *zwei* nicht äquivalente reducirte Formen

$$(1, 0, 5) \text{ und } (2, 1, 3),$$

beide sind ursprünglich und von der ersten Art. Wir suchen wieder das System aller ungeraden und durch 5 nicht theilbaren

Zahlen m zu bestimmen, welche durch diese Formen darstellbar sind. Die dazu erforderliche Bedingung besteht darin, dass für jede in m aufgehende Primzahl p die Gleichung

$$\left(\frac{-5}{p}\right) = (-1)^{1/2(p-1)}\left(\frac{p}{5}\right) = +1$$

Statt finden muss; hieraus folgt (§. 52, II), dass jede solche Primzahl von einer der vier Formen

$$20h+1,\quad 20h+9,\quad 20h+3,\quad 20h+7$$

sein muss. Ist diese Bedingung erfüllt, und μ die Anzahl der verschiedenen Primzahlen p, so hat die Congruenz

$$z^2 \equiv -5 \pmod{m}$$

wieder 2^μ incongruente Wurzeln; ist n ein bestimmter Repräsentant einer solchen, und $n^2+5=ml$, so ist die Form (m, n, l) nothwendig einer und nur einer der beiden obigen reducirten Formen äquivalent; es giebt dann jedesmal (nach §. 62) zwei Substitutionen, durch welche diese reducirte Form in (m, n, l) übergeht, also auch zwei zu der Wurzel n gehörige Darstellungen der Zahl m durch diese reducirte Form. Im Ganzen giebt es also

$$2 \,.\, 2^\mu = 2^{\mu+1}$$

Darstellungen einer solchen Zahl durch die obigen reducirten Formen. Allein es bleibt noch zweifelhaft, durch welche der beiden reducirten Formen die zu einer bestimmten Wurzel n gehörigen beiden Darstellungen erfolgen; und eine ähnliche Frage wird jedesmal da auftreten, wo es mehrere nicht äquivalente Formen derselben Art giebt. In unserem Fall ist es nicht schwierig, diesen Zweifel zu heben.

Ist nämlich die Zahl m darstellbar durch die Form (1, 0, 5), also z. B. $m = x^2 + 5y^2$, so folgt hieraus $m \equiv x^2 \pmod{5}$, d. h. m ist quadratischer Rest von 5; ist dagegen die Zahl m darstellbar durch die zweite Form (2, 1, 3), also z. B. $m = 2x^2 + 2xy + 3y^2$, so ist $2m = (2x+y)^2 + 5y^2 \equiv (2x+y)^2 \pmod{5}$, und, da 2 quadratischer Nichtrest von 5 ist, so ist m ebenfalls quadratischer Nichtrest von 5. Es tritt also hier die besonders einfache Erscheinung auf, dass alle Darstellungen einer Zahl entweder nur durch die Form (1, 0, 5) oder nur durch die Form (2, 1, 3) geschehen, je nachdem m quadratischer Rest oder Nichtrest von 5, d. h. je nachdem $m \equiv \pm 1$, oder $\equiv \pm 2 \pmod{5}$ ist. Hieraus folgen die speciellen Sätze:

Jede Primzahl von einer der beiden Formen $20h+1$, $20h+9$ *ist auf vier Arten durch die Form* (1, 0, 5) *darstellbar (welche wesentlich nur eine einzige Zerlegung in ein einfaches und ein fünffaches Quadrat bilden); jede Primzahl von einer der beiden Formen* $20h+3$, $20h+7$ *ist auf vier Arten durch die Form* (2, 1, 3) *darstellbar.*

Beispiel 1: Ist $m = 29$, so sind $n = \pm 13$ die beiden Wurzeln der Congruenz $z^2 \equiv -5 \pmod{29}$; die hieraus gebildete Form (29, 13, 6) geht durch die Substitution

$$\begin{pmatrix} -1, & +1 \\ +2, & -3 \end{pmatrix}$$

in die reducirte Form (1, 0, 5) über; durch Umkehrung dieser Substitution erhält man die Zerlegung

$$29 = 3^2 + 5 \cdot 2^2.$$

Beispiel 2: Für $m = 27$ findet man $n = \pm 7$; die beiden entsprechenden Formen (27, 7, 2) und (27, −7, 2) gehen bezüglich durch die Substitutionen

$$\begin{pmatrix} 0, & +1 \\ -1, & -4 \end{pmatrix} \text{ und } \begin{pmatrix} 0, & 1 \\ -1, & 3 \end{pmatrix}$$

in die reducirte Form (2, 1, 3) über; durch Umkehrung derselben erhält man daher die vier Darstellungen

$$27 = 2(\mp 4)^2 + 2(\mp 4)(\pm 1) + 3(\pm 1)^2$$
$$27 = 2(\pm 3)^2 + 2(\pm 3)(\pm 1) + 3(\pm 1)^2$$

von denen die beiden ersteren zu der Wurzel $+7$, die beiden letzteren zu der Wurzel -7 gehören.

§. 72.

Wir wenden uns nun zu den Formen mit *positiver* Determinante D, um auch für sie die Hauptprobleme der Theorie der Aequivalenz zu lösen. Das zweite Problem (§. 59), aus *einer* Transformation einer Form in eine zweite *alle* Transformationen der ersteren in die letztere zu finden, ist durch unsere frühere Untersuchung (§. 62) auf die Aufgabe zurückgeführt, alle ganzzahligen Lösungen der Gleichung

$$t^2 - Du^2 = \sigma^2$$

zu finden. Dieselbe ist für positive Determinanten bei weitem schwieriger zu lösen, als für negative. Dasselbe gilt von dem ersten Hauptproblem: zu erkennen, ob zwei Formen von gleicher Determinante äquivalent sind oder nicht. Wir schlagen zur Lösung desselben einen ganz anderen Weg ein, wie früher bei negativen Determinanten, einen Weg, der aber zugleich die Mittel an die Hand geben wird, auch die obige Gleichung vollständig aufzulösen*).

Das Charakteristische dieser Methode besteht darin, dass wir auch *irrationale* Grössen in den Kreis unserer Betrachtungen ziehen. Ist nämlich (a, b, c) oder

$$ax^2 + 2bxy + cy^2$$

eine Form, deren Determinante $b^2 - ac = D$ positiv ist, so hat die entsprechende quadratische Gleichung

$$a + 2b\omega + c\omega^2 = 0$$

zwei reelle Wurzeln

$$\omega = \frac{-b \mp \sqrt{D}}{c} = \frac{a}{-b \pm \sqrt{D}},$$

die wir, je nachdem das obere oder untere Zeichen genommen wird, als die *erste* oder *zweite Wurzel der Form* (a, b, c) bezeichnen und von einander unterscheiden wollen, indem wir ein für alle Mal festsetzen, dass das Zeichen $\sqrt{D}$ stets die *positive* Quadratwurzel aus der Determinante bedeuten soll. Durch die Coefficienten der Form (a, b, c) ist also jede ihrer beiden Wurzeln vollständig, ohne Zweideutigkeit bestimmt. Aber umgekehrt ist auch jede Form (a, b, c) der Determinante D durch Angabe *einer* ihrer Wurzeln vollständig charakterisirt, in der Weise, dass zwei Formen (a, b, c) und (a', b', c') *derselben* Determinante D nothwendig identisch sind, sobald sie gleiche erste, oder gleiche zweite Wurzeln haben; denn aus der Gleichung

$$\frac{-b' \mp \sqrt{D}}{c'} = \frac{-b \mp \sqrt{D}}{c},$$

worin entweder die beiden oberen, oder die beiden unteren Zeichen zu nehmen sind, ergiebt sich in Folge der Irrationalität von $\sqrt{D}$ zunächst $c' = c$, und dann $b' = b$, also auch $a' = a$.

---

*) *Lejeune Dirichlet: Vereinfachung der Theorie der binären quadratischen Formen von positiver Determinante* (Berliner Akad. 1854).

Im Folgenden nennen wir zwei Wurzeln ω, ω' zweier Formen resp. (a, b, c), (a', b', c') *gleichnamig*, wenn beide erste, oder beide zweite Wurzeln sind, *ungleichnamig* dagegen, wenn die eine die erste, die andere die zweite Wurzel ist. Wir können dann das eben erhaltene Resultat auch so aussprechen: *Wenn zwei Formen dieselbe (positive) Determinante besitzen, und wenn eine Wurzel der einen Form mit der gleichnamigen Wurzel der anderen Form übereinstimmt, so sind beide Formen identisch.*

§. 73.

Wir wollen nun annehmen, es seien (a, b, c) und (a', b', c') zwei äquivalente Formen, und zwar wollen wir für einen Augenblick die uneigentliche Aequivalenz nicht ausschliessen, weil dadurch der Nerv der Betrachtung deutlicher hervortritt. Es sei $\binom{\alpha, \beta}{\gamma, \delta}$ eine Substitution, durch welche (a, b, c) in (a', b', c') übergeht, also

$$\alpha\delta - \beta\gamma = \varepsilon = \pm 1.$$

Da durch diese Substitution

$$x = \alpha x' + \beta y',\ y = \gamma x' + \delta y'$$

identisch

$$ax^2 + 2bxy + cy^2 = a'x'^2 + 2b'x'y' + c'y'^2$$

wird, so leuchtet ein, dass vermöge der Formeln

$$\omega = \frac{\gamma + \delta\omega'}{\alpha + \beta\omega'},\quad \omega' = \frac{-\gamma + \alpha\omega}{\delta - \beta\omega}$$

aus einer Wurzel ω' der Form (a', b', c') eine Wurzel ω der Form (a, b, c) gefunden werden kann, und umgekehrt; denn die Wurzeln dieser Formen sind ja die Werthe der Verhältnisse $y:x$ und $y':x'$, für welche die Formen verschwinden. Aber es fragt sich vor allen Dingen, ob zwei so verbundene Wurzeln ω und ω' gleichnamig sind, oder nicht. Da nun

$$\omega = \frac{-b \mp \sqrt{D}}{c}$$

ist, so folgt

$$\omega' = \frac{\gamma c - \alpha(-b \mp \sqrt{D})}{-\delta c + \beta(-b \mp \sqrt{D})} = \frac{b\alpha + c\gamma \pm \alpha\sqrt{D}}{-b\beta - c\delta \mp \beta\sqrt{D}};$$

machen wir den Nenner rational, indem wir den Bruch durch $-b\beta - c\delta \pm \beta\sqrt{D}$ erweitern, und berücksichtigen, dass

$$a\alpha\beta + b(\alpha\delta + \beta\gamma) + c\gamma\delta = b'$$
$$a\beta^2 + 2b\beta\delta + c\delta^2 = c'$$

ist, so ergiebt sich

$$\omega' = \frac{-b' \mp \varepsilon\sqrt{D}}{c'}.$$

Wir haben daher folgendes Resultat erhalten: *Wenn eine Form* (a, b, c) *durch eine Substitution* $\binom{\alpha, \beta}{\gamma, \delta}$ *in eine äquivalente Form* (a', b', c') *übergeht, so ist je eine Wurzel* ω *der ersteren mit je einer Wurzel* ω' *der letzteren Form durch die Relation*

$$\omega = \frac{\gamma + \delta\omega'}{\alpha + \beta\omega'}, \quad \omega' = \frac{-\gamma + \alpha\omega}{\delta - \beta\omega}$$

verbunden; und zwar bilden ω, ω' *ein Paar gleichnamiger oder ungleichnamiger Wurzeln der beiden Formen, je nachdem die Substitution eine eigentliche oder uneigentliche ist.*

Wir schliessen von jetzt an uneigentliche Aequivalenz und uneigentliche Substitutionen gänzlich aus; es sind dann also stets zwei *gleichnamige* Wurzeln der beiden äquivalenten Formen in der angegebenen Weise mit einander verbunden. Dieser Satz lässt sich in folgender Weise umkehren:

Wenn zwei Formen (a, b, c), (a', b', c') *dieselbe Determinante haben, und wenn zwei gleichnamige Wurzeln* ω *und* ω' *derselben durch die Gleichung*

$$\omega = \frac{\gamma + \delta\omega'}{\alpha + \beta\omega'}$$

verbunden sind, in welcher die vier ganzen Zahlen α, β, γ, δ *der Gleichung*

$$\alpha\delta - \beta\gamma = 1$$

genügen, so sind die beiden Formen äquivalent, und zwar geht die erstere durch die Substitution $\binom{\alpha, \beta}{\gamma, \delta}$ *in die letztere über.*

Denn durch diese Substitution geht (a, b, c) in eine äquivalente Form (a'', b'', c'') über, und bezeichnet man mit ω'' ihre mit ω gleichnamige Wurzel, so ist nach dem eben bewiesenen Satze

$$\omega = \frac{\gamma + \delta\omega''}{\alpha + \beta\omega''}, \text{ und folglich } \omega' = \omega'';$$

da ferner der Voraussetzung nach ω' mit ω, folglich auch mit ω'' gleichnamig ist, und da endlich (a', b', c') dieselbe Determinante wie (a, b, c), und folglich auch wie (a'', b'', c'') hat, so ist zufolge der Schlussbemerkung des vorigen Paragraphen (a', b', c') identisch mit (a'', b'', c''), d. h. (a, b, c) geht durch die obige Substitution in (a', b', c') über.

Von besonderer Wichtigkeit für das Folgende ist die Betrachtung zweier *benachbarten* Formen (a, b, a') und (a', b', a''), in welchen der Definition zufolge (§. 63) die Summe $b + b'$ durch a' theilbar, also $b + b' = - a'\delta$ ist, und von welchen die erstere in die letztere durch die Substitution $\left(\begin{smallmatrix} 0, & 1 \\ -1, & \delta \end{smallmatrix}\right)$ übergeht. Die gleichnamigen Wurzeln ω und ω' dieser beiden Formen hängen durch die Gleichungen

$$\omega = \delta - \frac{1}{\omega'}, \quad \omega' = \frac{1}{\delta - \omega}$$

zusammen.

§. 74.

Auch bei positiven Determinanten vergleicht man zwei Formen, deren Aequivalenz beurtheilt werden soll, nicht unmittelbar mit einander, sondern man transformirt jede von ihnen in eine sogenannte *reducirte**) Form; der Begriff einer solchen ist aber hier wesentlich verschieden von demjenigen, welcher früher (§. 64) für negative Determinanten aufgestellt ist.

Eine Form (a, b, c) von positiver Determinante D heisst eine reducirte Form, wenn, abgesehen vom Zeichen, ihre erste Wurzel

$$\frac{-b - \sqrt{D}}{c} > 1,$$

ihre zweite Wurzel

$$\frac{-b + \sqrt{D}}{c} < 1$$

ist, und wenn ausserdem beide Wurzeln entgegengesetzte Zeichen haben.

Ziehen wir zunächst einige Folgerungen aus dieser Erklärung. Da die erste Wurzel numerisch grösser als die zweite, also auch die Summe der beiden Grössen b und $\sqrt{D}$ numerisch grösser als ihre Differenz sein soll, so muss, da $\sqrt{D}$ positiv ist, auch b positiv sein (nicht $= 0$); da ferner die beiden Wurzeln entgegengesetzte Zeichen haben, so gilt dasselbe auch von den beiden Grössen

*) *Gauss: D. A.* art. 183.

$$-(b+\sqrt{D}) \text{ und } -b+\sqrt{D};$$

und da die erstere gewiss negativ ist, so muss die letztere positiv sein; es ist daher

$$0 < b < \sqrt{D}.$$

Bezeichnen wir ferner mit (c) wieder den absoluten Werth des Coefficienten c, so muss also im algebraischen Sinne (d. h. mit Rücksicht auf die Vorzeichen)

$$\frac{b+\sqrt{D}}{(c)} > 1 \text{ und } 0 < \frac{-b+\sqrt{D}}{(c)} < 1,$$

d. h. es muss

$$0 < \sqrt{D}-b < (c) < \sqrt{D}+b \qquad (1)$$

sein; und umgekehrt leuchtet ein, dass jede Form (a, b, c), deren Coefficienten diesen letzteren Ungleichungen genügen, sicher eine reducirte Form ist, weil aus ihnen rückwärts die ursprünglichen Bedingungen sich ableiten lassen.

Aus der Definition ergeben sich noch weitere Folgerungen. Da $D = b^2 - ac$ und $b^2 < D$ ist, so müssen a und c entgegengesetzte Zeichen haben; da ferner die erste Wurzel und c ebenfalls entgegengesetzte Zeichen haben, so hat die erste Wurzel dasselbe Vorzeichen wie der erste Coefficient a der Form. Nun hat ferner die zweite Wurzel das entgegengesetzte Zeichen der ersten Wurzel, also dasselbe Vorzeichen wie der dritte Coefficient c der Form, was sich unmittelbar auch daraus ergiebt, dass $\sqrt{D}-b$ positiv ist.

Für den absoluten Werth des ersten Coefficienten a gelten dieselben Bedingungen, wie für den von c; denn da

$$D = b^2 + (a)(c),$$

also

$$(a) = \frac{(\sqrt{D}+b)(\sqrt{D}-b)}{(c)}$$

ist, so ergiebt sich aus den Bedingungen

$$\frac{\sqrt{D}+b}{(c)} > 1, \; 0 < \frac{\sqrt{D}-b}{(c)} < 1,$$

dass

$$(a) > \sqrt{D}-b, \text{ und } (a) < \sqrt{D}+b$$

ist*).

*) Dasselbe ergiebt sich unmittelbar daraus, dass die erste Wurzel einer Form (a, b, c) der reciproke Werth der zweiten Wurzel ihres *Gefährten* (c, b, a) ist; mithin sind entweder beide Formen reducirt, oder beide nicht reducirt.

Für das Folgende ist noch der specielle Fall bemerkenswerth, in welchem

$$\sqrt{D}-(a) < b < \sqrt{D} \text{ und } (c) \geqq (a) \tag{2}$$

ist; aus diesen Bedingungen kann man nämlich stets schliessen, dass die Form (a, b, c) reducirt ist, obwohl die Umkehrung nicht gestattet ist. In der That, giebt man diesen Bedingungen die Form

$$0 < \sqrt{D}-b < (a) \lesseqgtr (c),$$

so ergiebt sich zunächst, dass die zweite Wurzel

$$\frac{-b+\sqrt{D}}{c}$$

numerisch < 1, ferner dass die erste Wurzel

$$\frac{-b-\sqrt{D}}{c} = \frac{a}{\sqrt{D}-b}$$

numerisch > 1 ist. Hieraus folgt weiter, wie oben, dass b positiv ist, weil $\sqrt{D}+b$ numerisch grösser als $\sqrt{D}-b$ ist; und folglich haben, da ausserdem $b < \sqrt{D}$ ist, beide Wurzeln entgegengesetzte Zeichen. Also ist die Form gewiss eine reducirte.

§. 75.

Aus der Erklärung einer reducirten Form ergiebt sich ferner der folgende wichtige Satz*) (vergl. §. 67):

Für jede positive Determinante giebt es nur eine endliche Anzahl reducirter Formen.

Denn, bezeichnen wir mit λ die grösste ganze in $\sqrt{D}$ enthaltene Zahl, so dass $\lambda < \sqrt{D} < \lambda+1$ und also λ mindestens $= 1$ ist, so kann der mittlere Coefficient b einer reducirten Form (a, b, c) nur die λ verschiedenen Werthe $1, 2 \ldots \lambda$ haben; für jeden dieser Werthe von b ist $D-b^2 = (a)(c)$ auf alle mögliche Arten in zwei Factoren zu zerlegen, welche zwischen $\lambda-b$ und $\lambda+1+b$ exclusive (oder zwischen $\lambda+1-b$ und $\lambda+b$ inclusive) liegen; je zwei solchen Factoren a und c hat man entgegengesetzte Zeichen zu geben, und man muss sie permutiren, wenn sie ungleich sind. Dann

---

*) *Gauss: D. A.* art. 185.

sind aber wirklich alle reducirten Formen gefunden, und es giebt deren offenbar nur eine endliche Anzahl.

Beispiel 1: Ist $D = 13$, so ist $\lambda = 3$; wir haben daher folgende Fälle und Zerlegungen:

$$b = 1;\quad 12 = 3 \,.\, 4$$
$$b = 2;\quad 9 = 3 \,.\, 3$$
$$b = 3;\quad 4 = 1 \,.\, 4 = 2 \,.\, 2$$

und diese liefern die folgenden 12 reducirten Formen:

$$(\pm 3, 1, \mp 4),\ (\pm 1, 3, \mp 4),\ (\pm 3, 2, \mp 3),$$
$$(\pm 4, 1, \mp 3),\ (\pm 4, 3, \mp 1),\ (\pm 2, 3, \mp 2).$$

Beispiel 2: Für $D = 19$ ist $\lambda = 4$; wir bilden daher folgende Tabelle:

$b = 1$; 18 giebt keine Zerlegung;
$b = 2$; $15 = 3 \,.\, 5$;
$b = 3$; $10 = 2 \,.\, 5$;
$b = 4$; $3 = 1 \,.\, 3$;

hieraus ergeben sich folgende 12 reducirte Formen:

$$(\pm 3, 2, \mp 5),\ (\pm 2, 3, \mp 5),\ (\pm 1, 4, \mp 3),$$
$$(\pm 5, 2, \mp 3),\ (\pm 5, 3, \mp 2),\ (\pm 3, 4, \mp 1).$$

Beispiel 3: Für $D = 35$ ist $\lambda = 5$; also bilden wir die Tabelle

$b = 1$; 34 giebt keine Zerlegung;
$b = 2$; 31 " " "
$b = 3$; 26 " " "
$b = 4$; 19 " " "
$b = 5$; $10 = 1 \,.\, 10 = 2 \,.\, 5$;

wir erhalten daher 8 reducirte Formen:

$$(\pm 1, 5, \mp 10),\ (\pm 2, 5, \mp 5);$$
$$(\pm 10, 5, \mp 1),\ (\pm 5, 5, \mp 2).$$

Beispiel 4: Für $D = 79$ ist $\lambda = 8$; wir bilden daher folgende Tabelle:

$b = 1$; 78 giebt keine Zerlegung;
$b = 2$; 75 " " "
$b = 3$; $70 = 7 \,.\, 10$;
$b = 4$; $63 = 7 \,.\, 9$;
$b = 5$; $54 = 6 \,.\, 9$;
$b = 6$; 43 giebt keine Zerlegung;
$b = 7$; $30 = 2 \,.\, 15 = 3 \,.\, 10 = 5 \,.\, 6$;
$b = 8$; $15 = 1 \,.\, 15 = 3 \,.\, 5$;

wir erhalten daher 32 reducirte Formen:

$$(\pm 7, 3, \mp 10), (\pm 7, 4, \mp 9), (\pm 6, 5, \mp 9), (\pm 2, 7, \mp 15),$$
$$(\pm 3, 7, \mp 10), (\pm 5, 7, \mp 6), (\pm 1, 8, \mp 15), (\pm 3, 8, \mp 5),$$

und

$$(\pm 10, 3, \mp 7), (\pm 9, 4, \mp 7), (\pm 9, 5, \mp 6), (\pm 15, 7, \mp 2),$$
$$(\pm 10, 7, \mp 3), (\pm 6, 7, \mp 5), (\pm 15, 8, \mp 1), (\pm 5, 8, \mp 3).$$

§. 76.

Aehnlich wie bei negativen Determinanten (§. 64) beweisen wir auch die Richtigkeit des folgenden Satzes*):

Jede Form von positiver Determinante ist einer reducirten Form äquivalent.

Bezeichnen wir die gegebene Form von positiver Determinante D mit (a, b, a'), so suchen wir eine ihr nach rechts benachbarte Form (a', b', a'') so zu bestimmen, dass

$$\sqrt{D} - (a') < b' < \sqrt{D}$$

wird. Da zufolge der Erklärung einer benachbarten Form der mittlere Coefficient b' jeden Werth erhalten kann, welcher $\equiv -b$ (mod. a') ist, und keinen anderen, so fragt sich nur, ob zwischen den Grenzen $\sqrt{D} - (a')$ und $\sqrt{D}$ stets ein solcher Werth existirt; dies ist offenbar der Fall, da die sämmtlichen zwischen diesen beiden Grenzen enthaltenen ganzen Zahlen

$$\lambda + 1 - (a'), \quad \lambda + 2 - (a') \ldots \lambda - 1, \quad \lambda$$

ein vollständiges Restsystem in Bezug auf den Modulus a' bilden; aus demselben Grunde ergiebt sich, dass nur eine einzige solche Zahl b' existirt. Nachdem $b' = -b - a'\delta$ bestimmt ist, geht die Form (a, b, a') durch die Substitution $\left(\begin{smallmatrix} 0, & 1 \\ -1, & \delta \end{smallmatrix}\right)$ in die benachbarte Form (a', b', a'') über, deren Coefficienten a', b' der obigen Bedingung Genüge leisten. Findet sich nun, dass zu gleicher Zeit $(a'') \geqq (a')$ wird, so ist nach dem am Schlusse des §. 74 besonders hervorgehobenen speciellen Fall (2) die gefundene Form (a', b', a'') eine reducirte. Ist dagegen

$$(a') > (a''),$$

so verfahre man mit der gefundenen Form (a', b', a'') genau so wie

*) *Gauss: D. A.* art. 183.

mit der gegebenen Form, d. h. man bilde die ihr nach rechts benachbarte Form (a'', b'', a'''), in welcher

$$\sqrt{D}-(a'') < b'' < \sqrt{D}$$

ist, und welche gewiss eine reducirte ist, wenn $(a''') \geqq (a'')$ ist. Sollte aber wieder

$$(a'') > (a''')$$

sein, so setze man denselben Process in derselben Weise fort; da unter einer gegebenen positiven Zahl (a') nur eine endliche Anzahl von ganzen positiven Zahlen liegt, so muss man nach einer endlichen Anzahl von Transformationen durchaus zu einer Form $(a^{(n)}, b^{(n)}, a^{(n+1)})$, in welcher sowohl

$$\sqrt{D}-(a^{(n)}) < b^{(n)} < \sqrt{D}$$

als auch

$$(a^{(n+1)}) \geqq (a^{(n)})$$

ist, also zu einer reducirten Form gelangen, was zu beweisen war.

Es verdient bemerkt zu werden, dass bei diesem Process nicht gerade erst die letzte Form eine reducirte zu sein braucht, denn es giebt reducirte Formen, in welchen die zweite Bedingung des besonderen hier benutzten speciellen Falles nicht erfüllt ist. Von grösserer Wichtigkeit ist es aber, besonders darauf aufmerksam zu machen, dass durch den angegebenen Process auch jedes Mal eine Substitution gefunden wird, durch welche die gegebene Form in die reducirte Form übergeht, und zwar erhält man diese Substitution durch Composition der successiven Substitutionen, welche in dem Processe auftreten. Der Algorithmus selbst ist durchaus nicht beschwerlich (vergl. §. 64), wie folgende Beispiele zeigen.

Beispiel 1: Die Form (4, 6, 7) hat die Determinante $D = 8$; es ist also $\lambda = 2$. Unter den Zahlen

$$-4,\ -3,\ -2,\ -1,\ 0,\ 1,\ 2$$

ist $b' = 1 \equiv -6 \pmod{7}$; dies giebt die benachbarte Form $(7, 1, -1)$, welche noch nicht reducirt ist. Da $(a'') = 1$ ist, so ist $b'' = \lambda = 2$, und folglich erhält man die benachbarte Form $(-1, 2, 4)$, welche wirklich reducirt ist. Durch die Substitution $\begin{pmatrix} 0, & +1 \\ -1, & -1 \end{pmatrix} \begin{pmatrix} 0, & 1 \\ -1, & 3 \end{pmatrix} = \begin{pmatrix} -1, & +3 \\ +1, & -4 \end{pmatrix}$ geht die gegebene Form in die gefundene über.

Beispiel 2: Die Form (713, 60, 5) hat die Determinante $D = 35$; man findet nach der angegebenen Methode die nach rechts benachbarte Form $(5, 5, -2)$, und zu dieser wieder die Form $(-2, 5, 5)$, in welcher der letzte Coefficient in der That grösser ist als der erste. In diesem Beispiel ist aber auch schon die vorhergehende Form (5, 5, — 2) reducirt. Die gegebene Form geht durch die Substitution $\begin{pmatrix} 0, & +1 \\ -1, & -13 \end{pmatrix}$ in (5, 5, — 2) und durch die Substitution $\begin{pmatrix} 0, & +1 \\ -1, & -13 \end{pmatrix} \begin{pmatrix} 0, & 1 \\ -1, & 5 \end{pmatrix} = \begin{pmatrix} -1, & +5 \\ 13, & -66 \end{pmatrix}$ in (— 2, 5, 5) über.

Beispiel 3: Die Form (62, 95, 145), deren Determinante $D = 35$, geht durch die folgenden successiven Substitutionen

$$\begin{pmatrix} 0, & 1 \\ -1, & 0 \end{pmatrix}, \quad \begin{pmatrix} 0, & 1 \\ -1, & 2 \end{pmatrix}, \quad \begin{pmatrix} 0, & 1 \\ -1, & 2 \end{pmatrix}, \quad \begin{pmatrix} 0, & 1 \\ -1, & 4 \end{pmatrix}$$

successive in die Formen

(145, — 95, 62), (62, — 29, 13), (13, 3, — 2), (— 2, 5, 5)

über, von denen erst die letzte reducirt ist; die Zusammensetzung dieser Substitutionen giebt die Substitution $\begin{pmatrix} -3, & +10 \\ +2, & -7 \end{pmatrix}$, durch welche (62, 95, 145) in (— 2, 5, 5) übergeht.

§. 77.

Nachdem in den beiden vorhergehenden Paragraphen dargethan ist, dass jede Form von positiver Determinante einer reducirten Form äquivalent ist, und dass nur eine endliche Anzahl von reducirten Formen für jede gegebene Determinante existirt, so folgt hieraus unmittelbar:

Die Classen-Anzahl der Formen von positiver Determinante ist stets endlich.

Allein es bleibt noch die Hauptfrage zu beantworten, ob zwei nicht identische reducirte Formen derselben Determinante einander äquivalent sein können; denn erst dann haben wir (wie in §§. 65, 66 für negative Determinanten) die Mittel gewonnen, um über die Aequivalenz von zwei gegebenen Formen derselben positiven Determinante entscheiden zu können. Diese Untersuchung stösst bei positiven Determinanten auf bedeutende Schwierigkeiten, da in der That immer mehrere nicht identische und doch äquivalente reducirte Formen existiren.

Um einen sicheren Boden für diese Untersuchung zu gewinnen, stellen wir zunächst die bestimmte Frage*):

Kann eine reducirte Form (a, b, a') *eine ihr nach rechts benachbarte Form* (a', b', a'') *haben, welche ebenfalls reducirt ist?*

---

*) *Gauss: D. A.* art. 184.

Nehmen wir einmal an, dies sei möglich, und es sei $\binom{0,\ 1}{-1,\ \delta}$ die Substitution, durch welche die reducirte Form (a, b, a') in die ebenfalls reducirte Form (a', b', a'') übergeht. Sind dann ω und ω' zwei gleichnamige Wurzeln der ersten und der zweiten Form, so hängen diese (nach §. 73) durch die Gleichungen

$$\omega = \delta - \frac{1}{\omega'},\quad \omega' = \frac{1}{\delta - \omega}$$

mit einander zusammen. Wir wollen der Einfachheit halber festsetzen, dass ω und ω' die beiden *ersten* Wurzeln der beiden Formen bedeuten (obgleich dieselbe Relation auch zwischen den beiden zweiten Wurzeln Statt findet). Da in einer reducirten Form die beiden äusseren Coefficienten entgegengesetzte Zeichen haben, und die erste Wurzel stets das Zeichen des ersten Coefficienten besitzt, so haben die beiden *unechten* Brüche ω und ω' bezüglich die Vorzeichen von a und a', also *entgegengesetzte* Vorzeichen, da der erste Coefficient a' der zweiten Form zugleich der letzte Coefficient der ersten Form ist. Zufolge der obigen Relationen muss daher $\omega - \delta$ ein *echter* Bruch sein von gleichem Vorzeichen wie ω; es muss daher δ diejenige vollständig bestimmte ganze Zahl sein, welche dem absoluten Werth nach nächst kleiner als ω ist und dem Vorzeichen nach mit ω übereinstimmt. Wir schliessen hieraus, dass eine reducirte Form (a, b, a') höchstens eine einzige nach rechts benachbarte Form (a', b', a'') hat, welche ebenfalls reducirt ist.

Aber es existirt auch wirklich immer eine solche der reducirten Form (a, b, a') nach rechts benachbarte und reducirte Form (a', b', a''). Denn es sei ω die erste Wurzel der reducirten Form (a, b, a'), also ein unechter Bruch, dessen Vorzeichen mit dem von a übereinstimmt; so wähle man die ganze Zahl δ so, dass ihr absoluter Werth (δ) die grösste ganze in (ω) enthaltene ganze Zahl (also nie $= 0$) wird, und gebe δ das Vorzeichen von ω; dann geht die gegebene Form (a, b, a') durch die so bestimmte Substitution $\binom{0,\ 1}{-1,\ \delta}$ in eine benachbarte Form (a', b', a'') über, deren erste Wurzel

$$\omega' = \frac{1}{\delta - \omega}$$

ein unechter Bruch ist, dessen Vorzeichen dem von ω und a entgegengesetzt ist und also mit dem von a' übereinstimmt. Bezeichnen wir nun mit ω_1 und ω'_1 die beiden zweiten Wurzeln, so besteht zwischen ihnen dieselbe Relation

$$\omega'_1 = \frac{1}{\delta - \omega_1};$$

da nun ω_1 ein echter Bruch ist, dessen Vorzeichen dem von ω, und also auch dem von δ entgegengesetzt, und da δ eine von Null verschiedene ganze Zahl ist, so folgt, dass $\delta - \omega_1$ ein unechter Bruch, und also ω'_1 ein echter Bruch ist, dessen Vorzeichen mit dem von δ, ω und a übereinstimmt, also dem von ω' und a' entgegengesetzt ist. Es ist also bewiesen, dass die beiden Wurzeln ω' und ω'_1 der neuen Form (a', b', a'') entgegengesetzte Zeichen haben, ferner dass die erste ω' ein unechter, die zweite ω'_1 ein echter Bruch ist; folglich ist diese Form in der That eine reducirte, was zu beweisen war.

Jede reducirte Form hat daher eine und nur eine nach rechts benachbarte Form, welche ebenfalls reducirt ist, und diese kann auf die angegebene Weise immer leicht gefunden werden.

Genau ebenso liesse sich nun auch beweisen, dass jede reducirte Form eine und nur eine nach links benachbarte reducirte Form besitzt. Doch ist es bequemer, diesen Fall auf den eben behandelten durch die einleuchtende Bemerkung (§. 74 Anm.) zurückzuführen, dass die beiden Formen (a, b, a') und (a', b, a) gleichzeitig reducirte, oder gleichzeitig nicht reducirte Formen sind. Wenn nun die reducirte Form (a, b, a') eine nach links benachbarte und ebenfalls reducirte Form $('a, 'b, a)$ besitzt, so hat die reducirte Form (a', b, a) die nach rechts benachbarte Form $(a, 'b, 'a)$, welche ebenfalls reducirt ist; und umgekehrt, sobald die Form $(a, 'b, 'a)$ der reducirten Form (a', b, a) nach rechts benachbart und zugleich reducirt ist, so ist die Form $('a, 'b, a)$ ebenfalls reducirt und der Form (a, b, a') nach links benachbart. Da wir nun gesehen haben, dass eine reducirte Form (a', b, a) immer eine und nur eine nach rechts benachbarte reducirte Form $(a, 'b, 'a)$ hat, so folgt:

Jede reducirte Form (a, b, a') besitzt stets eine und nur eine nach links benachbarte reducirte Form $('a, 'b, a)$.

§. 78.

Aus den soeben bewiesenen Sätzen über die nach rechts und links benachbarten reducirten Formen ergiebt sich, dass man sämmtliche reducirte Formen einer positiven Determinante D in

*Perioden**) eintheilen kann, die auf folgende Weise zu bilden sind. Man wähle irgend eine reducirte Form φ_0 und bilde die nach rechts und links fortgesetzte Reihe

$$\dots \varphi_{-2}, \varphi_{-1}, \varphi_0, \varphi_1, \varphi_2 \dots$$

der successiven nach rechts und nach links benachbarten reducirten Formen, welche durch das eine Glied φ_0 vollständig bestimmt sind. Da es nur eine endliche Anzahl von reducirten Formen der Determinante D giebt, und die ersten Coefficienten zweier auf einander folgenden Formen stets entgegengesetzte Zeichen haben, so muss einmal auf eine Form φ_μ dieser Reihe nach einer geraden Anzahl $2n$ von Gliedern eine mit φ_μ identische Form $\varphi_{\mu+2n}$ folgen; und da eine Form φ_μ oder $\varphi_{\mu+2n}$ nur eine einzige nach rechts, und nur eine einzige nach links benachbarte reducirte Form besitzt, so müssen auch die beiden Formen $\varphi_{\mu+1}$ und $\varphi_{\mu+1+2n}$, ebenso die beiden Formen $\varphi_{\mu-1}$ und $\varphi_{\mu-1+2n}$, und also auch allgemein je zwei Formen dieser Reihe identisch sein, deren Indices dieselbe Differenz $2n$ haben. In der ganzen Reihe sind daher höchstens $2n$ verschiedene Formen

$$\varphi_0, \varphi_1, \varphi_2 \dots \varphi_{2n-2}, \varphi_{2n-1};$$

und diese werden in der That alle von einander verschieden sein, wenn keine der Formen $\varphi_2, \varphi_4 \dots \varphi_{2n-2}$ mit φ_0 identisch ist; denn wären φ_ν und $\varphi_{\nu+2n'}$ zwei identische Formen, so müsste auch $\varphi_{2n'}$ mit φ_0 identisch sein. Nehmen wir also an, dass $2n$ die Anzahl der wirklich verschiedenen Formen dieser Reihe ist, so besteht dieselbe aus einer nach beiden Seiten sich unendlich oft periodisch wiederholenden Folge dieser $2n$ Formen; je zwei Formen φ_μ und φ_ν, deren Indices eine durch $2n$ theilbare Differenz $\mu - \nu$ haben, sind identisch; und umgekehrt, sind die Formen φ_μ und φ_ν identisch, so ist $\mu \equiv \nu \pmod{2n}$.

Es kann nun sein, dass diese $2n$ Formen alle reducirten Formen der Determinante D erschöpfen; aber es ist auch möglich, dass ausser ihnen noch andere reducirte Formen derselben Determinante existiren. Im letzteren Fall sei ψ_0 eine solche, in der obigen Periode nicht enthaltene reducirte Form, so entspricht ihr ebenso eine Periode von $2m$ unter einander verschiedenen Formen

$$\psi_0, \psi_1, \psi_2 \dots \psi_{2m-2}, \psi_{2m-1};$$

alle diese Formen der zweiten Periode werden auch von denen der

*) *Gauss: D. A.* art. 186.

ersten verschieden sein; denn besässen beide Perioden eine gemeinschaftliche Form, so wären beide Reihen vollständig identisch, da von dieser gemeinschaftlichen Form aus die Reihe nur auf eine einzige Weise nach rechts und links fortgesetzt werden kann.

In derselben Weise kann man fortfahren, bis endlich alle reducirten Formen in verschiedene Perioden eingetheilt sind; die Anzahl der Perioden ist nothwendig eine endliche; die Anzahl der Glieder kann in verschiedenen Perioden verschieden sein, jedenfalls ist sie stets gerade*).

---

*) Von besonderem Interesse sind noch folgende Bemerkungen (*Gauss: D. A.* artt. 187, 194). Wenn (a, b, c) eine reducirte Form ist, so gilt Dasselbe von ihrem Gefährten (c, b, a) (§. 74); sind die Perioden dieser beiden Formen entwickelt, und die beiden Formen selbst nach den Plätzen, welche sie in diesen Perioden einnehmen, mit φ_μ und ψ_ν bezeichnet, so leuchtet ein, dass auch $\varphi_{\mu+1}$ und $\varphi_{\nu-1}$, allgemeiner je zwei Formen $\varphi_{\mu+h}$ und $\psi_{\nu-h}$ Gefährten sind, wo h jede beliebige ganze Zahl bedeutet. Hieraus geht hervor, dass beide Perioden aus gleich vielen Gliedern bestehen werden.

Es ist nun möglich, dass beide Perioden identisch sind, dass also ψ_ν selbst ein Glied in der Periode der Form φ_μ ist; und dann wird offenbar der Gefährte einer jeden Form dieser Periode ein Glied derselben Periode sein. Ist nun φ_r der Gefährte von φ_0, so ist, weil die äusseren Coefficienten einer reducirten Form entgegengesetzte Vorzeichen, und ausserdem die ersten Coefficienten der auf einander folgenden Formen abwechselnde Vorzeichen haben, nothwendig r ungerade $= 2m - 1$; da nun φ_0 und φ_{2m-1} Gefährten sind, so gilt Dasselbe von φ_h und φ_{2m-1-h}, also auch von φ_m und φ_{m-1}, und ebenso, wenn $2n$ die Anzahl der Glieder der Periode bedeutet, von φ_{m+n} und $\varphi_{m-1-n} = \varphi_{m+n-1}$; bezeichnet man daher irgend eine der beiden Formen φ_m oder φ_{m+n} mit (A, B, C), so ist die ihr nach links benachbarte Form identisch mit (C, B, A), und folglich ist $2B \equiv 0$ (mod. A), d. h. φ_m und φ_{m+n} sind *ambige* Formen; und sie sind verschieden, weil m nicht $\equiv m + n$ (mod. $2n$) ist.

Umgekehrt, ist in einer Periode eine ambige Form (A, B, C) enthalten, so ist ihr linker Nachbar ihr Gefährte (C, B, A), und folglich findet sich in derselben Periode noch eine zweite ambige Form. Ausser diesen beiden ambigen Formen φ_m und φ_{m+n} giebt es aber keine andere ambige Form in derselben Periode; denn, wenn φ_s eine ambige Form ist, so sind φ_{s-1} und φ_s, und folglich auch φ_{2s-1} und φ_0 Gefährten; mithin ist φ_{2s-1} identisch mit φ_{2m-1}, folglich $2s \equiv 2m$ (mod. $2n$), also $s \equiv m$, oder $s \equiv m + n$ (mod. $2n$).

Dieser Fall kann offenbar nur bei der Periode einer solchen Form eintreten (§§. 56, 58), welche ihrem Gefährten eigentlich und folglich sich selbst uneigentlich äquivalent ist, d. h. nur dann, wenn die Form einer sogenannten

Beispiel 1: Wir haben (§. 75) das System der reducirten Formen für die Determinante $D = 13$ aufgestellt; nehmen wir z. B. für φ_0 die Form $(3, 1, -4)$, so erhalten wir folgende Periode von zehn Formen

$$\begin{aligned} \varphi_0 &= (3, 1, -4); & \varphi_1 &= (-4, 3, 1); \\ \varphi_2 &= (1, 3, -4); & \varphi_3 &= (-4, 1, 3); \\ \varphi_4 &= (3, 2, -3); & \varphi_5 &= (-3, 1, 4); \\ \varphi_6 &= (4, 3, -1); & \varphi_7 &= (-1, 3, 4); \\ \varphi_8 &= (4, 1, -3); & \varphi_9 &= (-3, 2, 3). \end{aligned}$$

Diese Rechnung geschieht am einfachsten auf folgende Art; um aus der reducirten Form (a, b, a') die ihr nach rechts benachbarte reducirte Form (a', b', a'') zu finden, braucht man nur ihren mittleren Coefficienten b' zu suchen, welcher durch die Bedingung $b' = -b - a'\delta \equiv -b \pmod{a'}$ und die Nebenbedingungen

$$\lambda + 1 - (a') \leqq b' \leqq \lambda$$

stets vollständig bestimmt ist und durch den blossen Anblick der Form sogleich erkannt wird. In unserem Fall ist $\lambda = 3$; man findet daher den mittleren Coefficienten b' der Form φ_1 durch die Bedingungen

$$b' \equiv -1 \pmod{4}, \quad 0 \leqq b' \leqq 3,$$

nämlich $b' = 3$. Und nachdem so b' und $\delta = 1$ gefunden sind, ergiebt sich

$$a'' = \frac{b'^2 - D}{a'} = a + (b - b')\delta,$$

also in unserem Fall $a'' = 1$. In derselben Weise ist fortzufahren, bis die erste Form φ_0 sich reproducirt; in unserem Beispiel wird der mittlere Coefficient von φ_{10} dadurch bestimmt, dass er $\equiv -2 \pmod{3}$ sein, und ausserdem nicht ausserhalb der Grenzen 1 und 3 liegen muss, woraus folgt, dass er $= 1$ ist; also wird φ_{10} identisch mit φ_0.

Die so gefundenen zehn ursprünglichen Formen der ersten Art erschöpfen aber noch nicht alle reducirten Formen der De-

---

ambigen Classe angehört. Dass umgekehrt jedes Mal, wenn diese Bedingung erfüllt ist, die Periode der Form auch ihren Gefährten und folglich zwei ambige Formen enthalten muss, ist eine unmittelbare Folge des weiter unten (§. 82) bewiesenen Hauptsatzes dieser ganzen Theorie. — Man vergleiche die Beispiele im Text.

terminante 13; es bleiben noch zwei ursprüngliche Formen der zweiten Art übrig

$$\psi_0 = (2, 3, -2), \quad \psi_1 = (-2, 3, 2),$$

welche offenbar noch eine zweite Periode bilden.

Beispiel 2: Für $D = 19$ erhalten wir folgende zwei Perioden, jede von sechs Gliedern:

$$\begin{aligned} \varphi_0 &= (3, 2, -5); & \varphi_1 &= (-5, 3, 2) \\ \varphi_2 &= (2, 3, -5); & \varphi_3 &= (-5, 2, 3) \\ \varphi_4 &= (3, 4, -1); & \varphi_5 &= (-1, 4, 3) \end{aligned}$$

und

$$\begin{aligned} \psi_0 &= (-3, 2, 5); & \psi_1 &= (5, 3, -2) \\ \psi_2 &= (-2, 3, 5); & \psi_3 &= (5, 2, -3) \\ \psi_4 &= (-3, 4, 1); & \psi_5 &= (1, 4, -3). \end{aligned}$$

Beispiel 3: Für $D = 35$ erhält man folgende vier Perioden, jede von zwei Gliedern:

$$\begin{aligned} \varphi_0 &= (1, 5, -10), & \varphi_1 &= (-10, 5, 1) \\ \psi_0 &= (10, 5, -1), & \psi_1 &= (-1, 5, 10) \\ \chi_0 &= (2, 5, -5), & \chi_1 &= (-5, 5, 2) \\ \theta_0 &= (5, 5, -2), & \theta_1 &= (-2, 5, 5). \end{aligned}$$

Beispiel 4: Die 32 reducirten Formen der Determinante $D = 79$ zerfallen in vier Perioden von je sechs Gliedern und zwei Perioden von je vier Gliedern; eine der sechsgliedrigen Perioden ist folgende:

$$\begin{aligned} \varphi_0 &= (7, 3, -10); & \varphi_1 &= (-10, 7, 3) \\ \varphi_2 &= (3, 8, -5); & \varphi_3 &= (-5, 7, 6) \\ \varphi_4 &= (6, 5, -9); & \varphi_5 &= (-9, 4, 7); \end{aligned}$$

aus ihr entstehen die drei anderen durch Vertauschung der äusseren Coefficienten (womit die Vertauschung von rechts nach links in der Folge der Glieder verbunden ist), ferner durch Verwandlung der Vorzeichen der äusseren Coefficienten in die entgegengesetzten. Eine der beiden viergliedrigen Perioden ist

$$\begin{aligned} \psi_0 &= (1, 8, -15); & \psi_1 &= (-15, 7, 2) \\ \psi_2 &= (2, 7, -15); & \psi_3 &= (-15, 8, 1); \end{aligned}$$

aus ihr entsteht die andere durch die Zeichenänderung der äusseren Coefficienten.

§. 79.

Die vorhergehenden Untersuchungen über die Perioden der reducirten Formen von positiver Determinante stehen in der engsten Beziehung zu der Entwicklung der Wurzeln dieser Formen in Kettenbrüche. Nehmen wir für die Anfangsform φ_0 einer Periode immer eine solche, deren erster Coefficient *positiv* ist, so ist auch ihre *erste* Wurzel ω_0 positiv. Wir bezeichnen mit ω_μ die *erste* Wurzel der Form φ_μ, mit δ_μ den vierten Coefficienten der Substitution

$$\begin{pmatrix} 0, & +1 \\ -1, & \delta_\mu \end{pmatrix},$$

durch welche φ_μ in die nach rechts benachbarte Form $\varphi_{\mu+1}$ übergeht, und endlich mit k_μ den absoluten Werth von δ_μ. Da (nach §. 77) der Coefficient δ_μ seinem Zeichen nach mit ω_μ übereinstimmt, und dem absoluten Werth nach die grösste in dem absoluten Werth von ω_μ enthaltene ganze Zahl ist, und da die Wurzeln $\omega_0, \omega_1, \omega_2 \ldots$ abwechselnd positiv und negativ sind, so ist $(-1)^\mu \omega_\mu$ stets positiv, und folglich

$$k_\mu = (-1)^\mu \delta_\mu;$$

zwischen den successiven Wurzeln $\omega_\mu, \omega_{\mu+1} \ldots$ bestehen aber folgende Relationen (§. 77):

$$\omega_\mu = \delta_\mu - \frac{1}{\omega_{\mu+1}}; \quad \omega_{\mu+1} = \delta_{\mu+1} - \frac{1}{\omega_{\mu+2}} \cdots$$

multiplicirt man diese Gleichungen der Reihe nach mit $\pm 1, \mp 1$ u. s. w. der Art, dass die linke Seite stets positiv wird, so erhält man

$$\pm\, \omega_\mu = k_\mu + \frac{1}{\mp\, \omega_{\mu+1}}; \quad \mp\, \omega_{\mu+1} = k_{\mu+1} + \frac{1}{\pm\, \omega_{\mu+2}} \cdots$$

und hieraus ergiebt sich für den positiven irrationalen unechten Bruch $(-1)^\mu \omega_\mu$ der folgende unendliche Kettenbruch (§. 23):

$$(-1)^\mu \omega_\mu = (k_\mu, k_{\mu+1}, k_{\mu+2} \ldots).$$

Offenbar ist dieser Kettenbruch periodisch; denn besteht die Periode der reducirten Formen φ aus $2n$ Gliedern, so ist $\delta_{\mu+2n} = \delta_\mu$ und also auch $k_{\mu+2n} = k_\mu$; es wiederholt sich daher die Reihe der Zahlen k immer nach höchstens $2n$ Gliedern von Neuem.

Beispiel 1: Nehmen wir $D = 13$, so haben wir, um die erste Wurzel ω_0 der Form $\varphi_0 = (3, 1, -4)$ in einen Kettenbruch zu entwickeln, ihre Periode aufzustellen (§. 78):

$$\begin{array}{ll} \varphi_0 = (3, 1, -4); & \varphi_1 = (-4, 3, 1) \\ \varphi_2 = (1, 3, -4); & \varphi_3 = (-4, 1, 3) \\ \varphi_4 = (3, 2, -3); & \varphi_5 = (-3, 1, 4) \\ \varphi_6 = (4, 3, -1); & \varphi_7 = (-1, 3, 4) \\ \varphi_8 = (4, 1, -3); & \varphi_9 = (-3, 2, 3); \end{array}$$

die successiven Werthe der Substitutionscoefficienten δ sind folgende:

$$\begin{array}{lllll} \delta_0 = +1, & \delta_1 = -6, & \delta_2 = +1, & \delta_3 = -1, & \delta_4 = +1, \\ \delta_5 = -1, & \delta_6 = +6, & \delta_7 = -1, & \delta_8 = +1, & \delta_9 = -1; \end{array}$$

daraus ergeben sich die absoluten Werthe

$$\begin{array}{lllll} k_0 = 1, & k_1 = 6, & k_2 = 1, & k_3 = 1, & k_4 = 1, \\ k_5 = 1, & k_6 = 6, & k_7 = 1, & k_8 = 1, & k_9 = 1. \end{array}$$

Hier zeigt sich die eigenthümliche Erscheinung, dass die Periode des Kettenbruchs nur aus fünf Gliedern besteht, während die Periode der Formen doppelt so viele Glieder enthält; wir werden später (§. 83) darauf zurückkommen. Die gesuchte Kettenbruch-Entwicklung ergiebt sich hieraus als die folgende:

$$\frac{1 + \sqrt{13}}{4} = (1, 6, 1, 1, 1; 1, 6, 1, 1, 1; \ldots)$$

Ebenso liefern die beiden anderen reducirten Formen derselben Determinante $D = 13$, nämlich

$$\psi_0 = (2, 3, -2), \quad \psi_1 = (-2, 3, 2)$$

folgende Werthe

$$\delta_0 = +3, \quad \delta_1 = -3,$$

also

$$k_0 = 3, \qquad k_1 = 3$$

und folglich

$$\frac{3 + \sqrt{13}}{2} = (3; 3; \ldots);$$

auch hier ist die Periode des Kettenbruchs nur halb so gross wie die der reducirten Formen.

Beispiel 2: Für $D = 19$ giebt die sechsgliedrige Formenperiode

$$\varphi_0 = (3, 2, -5);\quad \varphi_1 = (-5, 3, 2)$$
$$\varphi_2 = (2, 3, -5);\quad \varphi_3 = (-5, 2, 3)$$
$$\varphi_4 = (3, 4, -1);\quad \varphi_5 = (-1, 4, 3)$$

die Zahlen

$$\delta_0 = +1,\ \delta_1 = -3,\ \delta_2 = +1,\ \delta_3 = -2,\ \delta_4 = +8,\ \delta_5 = -2;$$
$$k_0 = 1,\quad k_1 = 3,\quad k_2 = 1,\quad k_3 = 2,\quad k_4 = 8,\quad k_5 = 2;$$

also

$$\frac{2 + \sqrt{19}}{5} = (1, 3, 1, 2, 8, 2; \ldots)$$

Beispiel 3: Für $D = 79$ giebt die sechsgliedrige Periode

$$\varphi_0 = (7, 3, -10);\quad \varphi_1 = (-10, 7, 3)$$
$$\varphi_2 = (3, 8, -5);\quad \varphi_3 = (-5, 7, 6)$$
$$\varphi_4 = (6, 5, -9);\quad \varphi_5 = (-9, 4, 7)$$

die Zahlen

$$\delta_0 = +1,\ \delta_1 = -5,\ \delta_2 = +3,\ \delta_3 = -2,\ \delta_4 = +1,\ \delta_5 = -1;$$
$$k_0 = 1,\quad k_1 = 5,\quad k_2 = 3,\quad k_3 = 2,\quad k_4 = 1,\quad k_5 = 1;$$

also entsteht die Entwicklung

$$\frac{3 + \sqrt{79}}{10} = (1, 5, 3, 2, 1, 1; \ldots).$$

Ebenso liefert die viergliedrige Periode

$$\psi_0 = (1, 8, -15);\quad \psi_1 = (-15, 7, 2)$$
$$\psi_2 = (2, 7, -15);\quad \psi_3 = (-15, 8, 1)$$

die Zahlen

$$\delta_0 = +1,\ \delta_1 = -7,\ \delta_2 = +1,\ \delta_3 = -16$$
$$k_0 = 1,\ k_1 = 7,\ k_2 = 1,\ k_3 = 16;$$

also den Kettenbruch

$$\frac{8 + \sqrt{79}}{15} = (1, 7, 1, 16; \ldots).$$

Zu gleicher Zeit findet man natürlich auch die Entwicklung der Wurzeln der drei anderen Formen

$$-\frac{7+\sqrt{79}}{2} = -(7, 1, 16, 1; \ldots)$$

$$\frac{7+\sqrt{79}}{15} = (1, 16, 1, 7; \ldots)$$

$$-\frac{8+\sqrt{79}}{1} = -(16, 1, 7, 1; \ldots)$$

durch einfache Verschiebung der Periode*).

§. 80.

Es bleibt nun noch die schwierigste Frage zu beantworten übrig, nämlich die, ob zwei reducirte Formen derselben Determinante, welche verschiedenen Perioden angehören, äquivalent sein können oder nicht. Dazu müssen wir eine Digression über die Theorie der Kettenbrüche machen, in welcher wir einige weniger bekannte Sätze über dieselben beweisen wollen.

Ein Kettenbruch $(a, b, c, d \ldots)$, dessen sämmtliche Elemente $a, b, c, d \ldots$ positive ganze Zahlen sind (mit Ausnahme des ersten a, für welches auch der Werth Null gestattet ist), soll im Folgenden ein *regelmässiger* heissen; der Werth eines solchen endlichen oder unendlichen Kettenbruchs ist bekanntlich stets positiv, und umgekehrt ist bekannt, dass jeder positive Werth stets und nur auf eine einzige Weise in einen regelmässigen Kettenbruch verwandelt werden kann. Sehr wichtig für unsere Zwecke ist nun die Umwandlung eines *unregelmässigen* unendlichen Kettenbruchs

$$(\alpha, \beta, \gamma \ldots \mu, \nu, p, q, r \ldots u, v \ldots),$$

dessen Elemente ganze Zahlen und zwar von einem bestimmten p ab sämmtlich *positive* ganze Zahlen sind, in einen regelmässigen.

---

*) Die Form $(1, 0, -D)$ ist der reducirten Form $\varphi_0 = (1, \lambda, \lambda^2 - D)$ äquivalent; die letzte Form der entsprechenden Periode ist offenbar $\varphi_{2n-1} = (\lambda^2 - D, \lambda, 1)$, und hieraus folgt eine Entwicklung von der Form

$$\frac{1}{\sqrt{D}-\lambda} = (k_0 \ldots k_{n-2}, k_{n-1}, k_{n-2} \ldots k_0, 2\lambda; \ldots)$$

und

$$\sqrt{D} = (\lambda; k_0 \ldots k_{n-2}, k_{n-1}, k_{n-2} \ldots k_0, 2\lambda; \ldots).$$

Eine ähnliche Entwicklung tritt jedes Mal auf, wenn in der Periode zwei ambige Formen vorkommen (§. 78).

Es wird sich zeigen, *dass bei dieser Umwandlung alle Elemente* $u, v \ldots$ *von einem bestimmten, in endlicher Entfernung liegenden, Element* u *ab unverändert bleiben, und dass die Differenz zwischen der Anzahl der geänderten und der Anzahl der sie ersetzenden Elemente eine gerade oder ungerade Zahl ist, je nachdem der Werth des ganzen Kettenbruchs positiv oder negativ ist.*

Um dies zu beweisen, nehmen wir an, es sei ν das letzte nicht positive Element des Kettenbruchs, und wir setzen ausserdem zunächst voraus, dass ν nicht das erste Element des ganzen Kettenbruchs ist. Wir suchen nun die Unregelmässigkeit des Kettenbruchs von dieser äussersten Stelle ν zu entfernen und um mindestens eine Stelle weiter nach links zu drängen.

Hierzu brauchen wir offenbar nur den unendlichen Kettenbruch $(\mu, \nu, p, q \ldots)$ zu betrachten, den wir auch in endlicher Form (μ, ν, p') oder (μ, ν, p, q') oder (μ, ν, p, q, r') u. s. w. schreiben können, wenn wir die unendlichen regelmässigen Kettenbrüche

$$(p, q, r, s \ldots), \quad (q, r, s \ldots), \quad (r, s \ldots) \text{ u. s. w.}$$

zur Abkürzung mit p', q', r' u. s. w. bezeichnen. Wir haben nun folgende Fälle zu unterscheiden.

1. Ist $\nu = 0$, so ist

$$(\mu, 0, p') = \mu + p' = \mu + p + \frac{1}{q'}$$

oder also

$$(\mu, 0, p, q') = (\mu + p, q');$$

es ist also die Unregelmässigkeit von der Stelle $\nu = 0$ um mindestens eine Stelle nach links gedrängt, und zugleich ist an Stelle der abgeänderten drei Elemente μ, 0, p das einzige Element $\mu + p$ getreten.

2. Ist ν negativ $= -n$, und $n > 1$, so erhält man mit Benutzung der Identität

$$(g, -h) = (g - 1, 1, h - 1)$$

folgende successive Umformung:

$$(\mu, -n, p') = \left(\mu, -n + \frac{1}{p'}\right) = \left(\mu - 1, 1, n - 1 - \frac{1}{p'}\right)$$
$$= (\mu - 1, 1, n - 1, -p')$$

und hieraus durch nochmalige Anwendung derselben Identität

$$(\mu, -n, p, q') = (\mu - 1, 1, n - 2, 1, p' - 1)$$
$$= (\mu - 1, 1, n - 2, 1, p - 1, q').$$

An Stelle der drei abgeänderten Elemente μ, $-n$, p sind die fünf Elemente $\mu - 1$, 1, $n - 2$, 1, $p - 1$ getreten, und von diesen ist höchstens das erste negativ. Sollte ferner $n - 2$ oder $p - 1$, oder sollten beide Zahlen $= 0$ sein, so wird man durch einmalige oder zweimalige Anwendung der unter 1. aufgestellten Regel alle Elemente, mit Ausnahme des ersten, in positive verwandeln; auch dann wird der Unterschied zwischen der Anzahl der abgeänderten und der Anzahl der dieselben ersetzenden Elemente eine gerade Zahl bleiben, und die Unregelmässigkeit ist mindestens um eine Stelle nach links verschoben.

3. Ist $\nu = -1$, so ist die eben angegebene Regel nicht anwendbar; wenn gleichzeitig $p > 1$, so findet man

$$(\mu, -1, p, q') = (\mu - 2, 1, p - 2, q');$$

sollte $p = 2$ sein, so hat man wieder nach der unter 1. aufgestellten Regel zu verfahren. Ist aber $p = 1$, so hilft diese Formel Nichts; dann ist aber

$$(\mu, -1, 1, q') = \mu - 1 - q'$$

und folglich

$$(\mu, -1, 1, q, r, s') = (\mu - 2 - q, 1, r - 1, s');$$

und sollte $r = 1$ sein, so würde man wie in 1. verfahren.

Auf diese Weise ist in allen Fällen ohne Ausnahme die Unregelmässigkeit des Kettenbruchs von der Stelle ν um mindestens eine Stelle weiter nach links gedrängt, und zugleich ist der Unterschied zwischen der Anzahl der abgeänderten und der Anzahl der sie ersetzenden Elemente jedes Mal eine *gerade* Zahl. Durch successive Anwendung desselben Verfahrens wird man daher den ursprünglich gegebenen Kettenbruch

$$(\alpha, \beta, \gamma \ldots \mu, \nu, p, q, r \ldots t, u, v \ldots)$$

in einen anderen

$$(\alpha', b, c \ldots k, l, u, v \ldots)$$

umformen können, in welchem alle auf das erste folgenden Elemente $b, c \ldots$ positive ganze Zahlen sind, welche von einer in endlicher Entfernung liegenden Stelle u an mit den Elementen des gegebenen Kettenbruchs übereinstimmen; und zwar wird der Unterschied zwischen der Anzahl der abgeänderten Elemente

$$\alpha, \beta, \gamma \ldots \mu, \nu, p, q, r \ldots t$$

und der Anzahl der sie ersetzenden Elemente

$$\alpha', b, c \ldots k, l$$

eine gerade Zahl sein, weil dasselbe bei jedem einzelnen Act der gesammten Umformung Statt findet.

Ist nun α' positiv oder $= 0$, so ist die Umformung vollendet, und der Werth des Kettenbruchs ist positiv; ist dagegen α' negativ $= -a$, so ist der Kettenbruch negativ, und zwar

$$= -(a-1, 1, b-1, c \ldots)$$

oder, wenn $b = 1$ sein sollte,

$$= -(a-1, c+1, d \ldots).$$

Bei diesem letzten Act ist die Anzahl der abgeänderten Elemente um eine Einheit kleiner oder grösser als die Anzahl der sie ersetzenden Elemente; und hiermit ist der letzte Punct unserer obigen Behauptung nachgewiesen.

§. 81.

Wir bedürfen zweitens für die Untersuchung der Aequivalenz zweier Formen noch des folgenden Satzes:

Sind α, β, γ, δ vier ganze Zahlen, welche der Bedingung

$$\alpha\delta - \beta\gamma = 1$$

genügen, und deren erste α von Null verschieden ist; findet ferner zwischen zwei Grössen ω und Ω die Relation

$$\omega = \frac{\gamma + \delta\Omega}{\alpha + \beta\Omega}$$

Statt, so kann man stets

$$\omega = (\gamma', m, n \ldots r, \beta', \Omega)$$

setzen, wo die Anzahl der positiven ganzen Zahlen $m, n \ldots r$ eine gerade ist, γ' und β' aber auch Null oder negative ganze Zahlen sein können.

Um diesen Satz zu beweisen, können wir, ohne die Allgemeinheit zu beeinträchtigen, annehmen, dass die von Null verschiedene ganze Zahl α *positiv* ist; denn sollte α negativ sein, so verwandele man die Zeichen aller vier Zahlen α, β, γ, δ in die entgegengesetzten, so bleibt die zwischen ihnen, und ebenso die zwischen ω und Ω bestehende Relation ungeändert. Ist nun zunächst $\alpha = 1$, also $\delta = \beta\gamma + 1$, so ist unmittelbar

$$\omega = \frac{\gamma + (\beta\gamma + 1)\Omega}{1 + \beta\Omega} = \gamma + \frac{\Omega}{1 + \beta\Omega} = (\gamma, \beta, \Omega),$$

also ist in diesem Fall unser Satz richtig. Ist aber $\alpha > 1$, so entwickle man den Bruch $\gamma : \alpha$ in den Kettenbruch $(\gamma', m, n \ldots r)$, dessen Elemente sämmtlich positive ganze Zahlen sind, mit Ausnahme des ersten γ', welches positiv, Null oder negativ sein wird, je nachdem γ positiv und grösser als α, oder positiv und kleiner als α, oder endlich negativ ist.

Wir können ferner voraussetzen, dass die Anzahl der positiven Elemente $m, n \ldots r$ gerade ist; denn da bei der gewöhnlichen Methode, einen Bruch $\gamma : \alpha$ in einen Kettenbruch zu verwandeln, das letzte Element r mindestens $= 2$ ist, so könnte man, wenn die Anzahl der Elemente $m, n \ldots r$ ungerade sein sollte, das letzte Element r in den Kettenbruch $r - 1 + \frac{1}{1}$ verwandeln und also statt des obigen Kettenbruchs den folgenden $(\gamma', m, n \ldots r - 1, 1)$ nehmen, in welchem die Anzahl der positiven Elemente $m, n \ldots r - 1, 1$ nun gerade ist. Bildet man nun nach der früher (§. 23) angegebenen Methode die sogenannten Näherungsbrüche,

$$\frac{[\gamma']}{1}, \quad \frac{[\gamma', m]}{[m]}, \quad \frac{[\gamma', m, n]}{[m, n]} \cdots \frac{[\gamma', m, n \ldots q, r]}{[m, n \ldots q, r]},$$

so erkennt man leicht, dass ihre Nenner sämmtlich positiv sind. Damals haben wir auch bewiesen, dass diese Brüche irreductibel sind, und da der letzte der obigen Brüche dem in Folge der Relation $\alpha\delta - \beta\gamma = 1$ ebenfalls irreductibeln Bruche $\gamma : \alpha$ gleich, und α positiv ist, so muss

$$\alpha = [m, n \ldots q, r], \quad \gamma = [\gamma', m, n \ldots q, r]$$

sein, weil ein Bruch nur auf eine einzige Weise in die irreductibele Form mit positivem Nenner gebracht werden kann. Da ferner die Anzahl der Elemente $\gamma', m, n \ldots q, r$ ungerade ist, so folgt aus der damals aufgestellten Formel [§. 23, (9)], dass

$$[m, n \ldots q]\,[\gamma', m, n \ldots q, r] - [m, n \ldots q, r]\,[\gamma', m, n \ldots q] = -1$$

oder also

$$\alpha[\gamma', m, n \ldots q] - [m, n \ldots q]\gamma = 1$$

ist; vergleicht man dies mit der Relation $\alpha\delta - \beta\gamma = 1$, so ergiebt sich (ähnlich wie im §. 24), dass man

$$\delta = [\gamma', m, n \ldots q] + \gamma\beta'$$
$$\beta = [m, n \ldots q] + \alpha\beta'$$

d. h.

$$\delta = [\gamma', m, n \ldots q, r, \beta']$$
$$\beta = [m, n \ldots q, r, \beta']$$

also

$$\frac{\delta}{\beta} = (\gamma', m, n \ldots q, r, \beta')$$

setzen kann, wo β' eine ganze Zahl bedeutet*). Nach demselben Bildungsgesetz ist nun

$$\gamma + \delta\Omega = [\gamma', m, n \ldots r, \beta', \Omega]$$
$$\alpha + \beta\Omega = [m, n \ldots r, \beta', \Omega]$$

und folglich, wie zu beweisen war,

$$\omega = (\gamma', m, n \ldots r, \beta', \Omega).$$

§. 82.

Nachdem auch dieser zweite Punct aus der Theorie der Kettenbrüche behandelt ist, schreiten wir zur definitiven Entscheidung der Frage, ob zwei verschiedene Perioden von reducirten Formen einer positiven Determinante äquivalente Formen enthalten können. Es seien daher (a, b, c) und (A, B, C) zwei reducirte (eigentlich) äquivalente Formen; da alle Formen einer und derselben Periode einander stets äquivalent sind, so können wir annehmen, dass die ersten Coefficienten a, A, und folglich auch die ersten Wurzeln dieser beiden Formen *positiv* sind, weil im entgegengesetzten Fall die unmittelbar benachbarten Formen diese Eigenschaft besitzen würden. Bezeichnen wir (a, b, c) mit φ_0 und (A, B, C) mit Φ_0, und bilden wir für jede dieser beiden Formen (nach §. 78) die sie enthaltende Periode, so erhalten wir dadurch für die ersten Wurzeln ω_0, Ω_0 dieser beiden Formen die regelmässigen Kettenbrüche

$$\omega_0 = (k_0, k_1, k_2 \ldots),$$
$$\Omega_0 = (K_0, K_1, K_2 \ldots).$$

Ist nun $\binom{\alpha, \beta}{\gamma, \delta}$ eine Substitution, durch welche φ_0 in Φ_0 übergeht, so besteht zwischen den ersten Wurzeln ω_0, Ω_0 die Relation

*) Da die Brüche $\gamma : \alpha$, $\beta : \alpha$ resp. den Kettenbrüchen $(\gamma', m \ldots r)$, $(\beta', r \ldots m)$ gleich sind, so sind γ', β' die grössten in denselben enthaltenen ganzen Zahlen (im Sinne des §. 43).

$$\omega_0 = \frac{\gamma + \delta \Omega_0}{\alpha + \beta \Omega_0},$$

und ausserdem ist

$$\alpha\delta - \beta\gamma = 1.$$

Da ferner α nicht $= 0$ sein kann, weil sonst $A = c$, also A negativ wäre, so kann man nach dem so eben bewiesenen Satze

$$\omega_0 = (\gamma', m, n \ldots r, \beta', \Omega_0)$$

und also auch

$$\omega_0 = (\gamma', m, n \ldots r, \beta', K_0, K_1, K_2 \ldots)$$

setzen, und in diesem unendlichen Kettenbruch, welcher wenigstens von der Stelle K_0 ab keine Unregelmässigkeit enthält, ist die Anzahl der Elemente $\gamma', m, n \ldots r, \beta'$ eine gerade $= 2g$. Ist β' positiv, so ist, da $\omega_0 > 1$ ist, auch γ' positiv, also der Bruch regelmässig. Ist aber $\beta' = 0$ oder negativ, so forme man den Kettenbruch nach den obigen Regeln (§. 80) in einen regelmässigen um; nimmt man μ hinreichend gross, so werden die Elemente $K_\mu, K_{\mu+1} \ldots$ bei dieser Umformung ungeändert bleiben, und die Anzahl ν der Elemente, welche an die Stelle der vorhergehenden $(2g + \mu)$ Elemente

$$\gamma', m, n \ldots r, \beta', K_0 \ldots K_{\mu-1}$$

treten, wird $\equiv \mu \pmod{2}$ sein (nach §. 80), da der Werth des ganzen Kettenbruchs *positiv* ist. Da nun ω_0 nur auf eine einzige Weise als ein regelmässiger Kettenbruch dargestellt werden kann, so müssen die Zahlen

$$K_\mu, K_{\mu+1}, K_{\mu+2} \ldots\ldots$$

resp. mit den Zahlen

$$k_\nu, k_{\nu+1}, k_{\nu+2}, \ldots\ldots$$

identisch sein. Ist daher $\mu + h$ ein Multiplum von der Anzahl der Formen, welche die Periode der Form Φ_0 bilden, und also eine gerade Zahl, so ist auch $\nu + h$ eine gerade Zahl $= 2m$, und die Zahlen

$$K_{\mu+h}, K_{\mu+h+1}, K_{\mu+h+2} \ldots$$

stimmen mit den Zahlen

$$K_0, K_1, K_2 \ldots,$$

und diese folglich mit den Zahlen

$$k_{2m}, k_{2m+1}, k_{2m+2} \ldots$$

überein. Hieraus folgt unmittelbar

$$\Omega_0 = (k_{2m}, k_{2m+1} \ldots) = \omega_{2m};$$

und da durch ihre erste Wurzel auch stets die Form vollständig charakterisirt ist (§. 72), so schliessen wir hieraus, dass die Form Φ_0 mit der Form φ_{2m} identisch sein muss, dass also Φ_0 sich in der aus φ_0 entwickelten Periode befinden muss. Wir haben so folgenden *Hauptsatz* *) gewonnen:

Zwei äquivalente reducirte Formen von positiver Determinante gehören einer und derselben Periode an; zwei reducirte Formen können nicht äquivalent sein, wenn sie verschiedenen Perioden angehören.

Mit Hülfe dieses Satzes ergiebt sich nun eine Methode, um zu prüfen, ob zwei gegebene Formen von gleicher positiver Determinante äquivalent sind oder nicht. Man suche (nach §. 76) zu jeder der beiden Formen eine ihr äquivalente reducirte Form; je nachdem die so gefundenen reducirten Formen derselben oder verschiedenen Perioden angehören, sind die gegebenen Formen äquivalent, oder nicht äquivalent. Im ersteren Fall ergiebt sich offenbar zugleich eine Substitution, durch welche die eine Form in die andere übergeht (vergl. §. 66).

Beispiel: Die beiden gegebenen Formen seien (713, 60, 5) und (62, 95, 145), welche dieselbe Determinante $D = 35$ haben. Die erste geht durch die Substitution $\begin{pmatrix} 0, & +1 \\ -1, & -13 \end{pmatrix}$ in die reducirte Form (5, 5, — 2), die zweite durch die Substitution $\begin{pmatrix} -3, & +10 \\ +2, & -7 \end{pmatrix}$ in die reducirte Form (— 2, 5, 5) über (§. 76). Diese beiden reducirten Formen gehören aber derselben zweigliedrigen Periode (5, 5, — 2), (— 2, 5, 5) an, und zwar geht die erstere durch die Substitution $\begin{pmatrix} 0, & 1 \\ -1, & 5 \end{pmatrix}$ in die letztere über. Mithin sind die beiden gegebenen Formen (713, 60, 5) und (62, 95, 145) äquivalent, und da $\begin{pmatrix} -7, & -10 \\ -2, & -3 \end{pmatrix}$ die inverse Substitution von $\begin{pmatrix} -3, & +10 \\ +2, & -7 \end{pmatrix}$ ist, so geht die erstere dieser beiden Formen durch die Substitution $\begin{pmatrix} 0, & +1 \\ -1, & -13 \end{pmatrix} \begin{pmatrix} 0, & 1 \\ -1, & 5 \end{pmatrix} \begin{pmatrix} -7, & -10 \\ -2, & -3 \end{pmatrix} = \begin{pmatrix} -3, & -5 \\ +41, & +68 \end{pmatrix}$ in die letztere über.

§. 83.

Durch unsere letzten Untersuchungen ist das erste der beiden in §. 59 aufgestellten Hauptprobleme auch für Formen von *positiver*

*) *Gauss: D. A.* art. 193.

Determinante gelöst; das zweite haben wir in §. 62 auf die Auflösung der unbestimmten Gleichung

$$t^2 - Du^2 = \sigma^2$$

zurückgeführt, und es bleibt daher, um in der Theorie der Formen von positiver Determinante zu demselben Abschluss zu kommen, wie früher für negative Determinanten, nur noch übrig, diese Gleichung für jeden positiven (nicht quadratischen) Werth der Determinante D vollständig aufzulösen. *Fermat* hat diese Gleichung den Mathematikern zuerst vorgelegt, worauf ihre Lösung von dem Engländer *Pell* angegeben wurde; allein obwohl seine Methode die Lösung in jedem Fall wirklich giebt, so lag doch in ihr nicht der Nachweis, dass sie immer zum Ziele führen muss, und dass die Gleichung ausser der evidenten Lösung $t = \pm \sigma$, $u = 0$ noch andere Lösungen besitzt. Diese Lücke ist erst von *Lagrange* *) ausgefüllt, und hierin besteht wohl eine der bedeutendsten Leistungen des grossen Mathematikers auf dem Gebiete der Zahlentheorie, da die von ihm zu diesem Zweck eingeführten Principien in hohem Grade der Verallgemeinerung fähig und deshalb auch auf ähnliche höhere Probleme anwendbar sind **).

Wir schlagen hier einen ganz anderen Weg ein, der sich den zunächst vorangehenden Untersuchungen unmittelbar anschliesst. Der Zusammenhang zwischen der obigen unbestimmten Gleichung und dem zweiten Hauptproblem in der Theorie der Aequivalenz war folgender. Ist (a, b, c) eine Form von der Determinante D und vom Theiler σ, und ist $\binom{\alpha, \beta}{\gamma, \delta}$ irgend eine eigentliche Substitution, durch welche (a, b, c) in sich selbst übergeht, so ist stets

---

*) *Solution d'un Problème d'Arithmétique*, Miscellanea Taurinensia, Tom. IV. (Œuvres de Lagrange, publ. par Serret, T. I. 1867. p. 669.) — *Sur la solution des problèmes indéterminés du second degré*, Mem. de l'Ac. de Berlin T. XXIII. (Œuvres de L. T. II. 1868. p. 375.) — *Additions aux Élémens d'Algèbre par L. Euler* §§. II, VIII. — Das Verdienst, die tiefe Bedeutung der Pell'schen Gleichung für die allgemeine Auflösung der unbestimmten Gleichungen zweiten Grades zuerst dargethan zu haben, gebührt *Euler*; man vergl.: *De solutione problematum Diophanteorum per numeros integros*, Comm. Petrop. VI. p. 175. *De resolutione formularum quadraticarum indeterminatarum per numeros integros*, Nov. Comm. Petrop. IX. p. 3. *De usu novi algorithmi in problemate Pelliano solvendo*, Nov. Comm. Petrop. XI. p. 28. *Nova subsidia pro resolutione formulae* $axx + 1 = yy$, Opusc. anal. I. p. 310. — Man vergleiche ferner *Gauss: D. A.* artt. 197—202.

**) Siehe Supplement VIII.

$$\alpha = \frac{t - bu}{\sigma}, \quad \beta = -\frac{cu}{\sigma}, \quad \gamma = \frac{au}{\sigma}, \quad \delta = \frac{t + bu}{\sigma},$$

wo t, u zwei der Gleichung

$$t^2 - Du^2 = \sigma^2$$

genügende ganze Zahlen bedeuten; und umgekehrt, jeder Lösung t, u der unbestimmten Gleichung entspricht durch die vorstehenden Formeln eine Substitution $\binom{\alpha, \beta}{\gamma, \delta}$, durch welche die Form (a, b, c) in sich selbst übergeht. Wir haben nun durch die letzten Untersuchungen, wie sich gleich zeigen wird, ein Mittel gewonnen, alle Transformationen $\binom{\alpha, \beta}{\gamma, \delta}$ einer reducirten Form von positiver Determinante D in sich selbst direct zu finden, und folglich können wir hieraus auch alle Lösungen t, u der unbestimmten Gleichung ableiten. Wir schicken der Ausführung dieser Untersuchung noch eine Bemerkung über die Perioden der reducirten Formen voraus.

Wir wissen, dass die Reihe der positiven Zahlen k, welche die Elemente des Kettenbruchs bilden, in den die erste Wurzel ω_0 einer reducirten Form φ_0 entwickelt wird, eine gerade Anzahl von Gliedern

$$k_0, \quad k_1 \ldots k_{2n-1}$$

enthält, nach welchen dieselben Glieder periodisch wiederkehren; und zwar ist diese Anzahl $2n$ die der reducirten Formen, welche mit φ_0 in einer Periode enthalten sind. Wir haben aber oben (§. 79) an einzelnen Beispielen gesehen, dass die Zahlen k aus kleineren Perioden bestehen können; wir fanden z. B. aus der zehngliedrigen Formenperiode der Determinante $D = 13$ folgende Zahlen:

$$\delta_0 = +1, \quad \delta_1 = -6, \quad \delta_2 = +1, \quad \delta_3 = -1, \quad \delta_4 = +1;$$
$$\delta_5 = -1, \quad \delta_6 = +6, \quad \delta_7 = -1, \quad \delta_8 = +1, \quad \delta_9 = -1;$$

und also

$$k_0 = 1, \quad k_1 = 6, \quad k_2 = 1, \quad k_3 = 1, \quad k_4 = 1;$$

und hierauf wiederholt sich schon dieselbe Reihe

$$k_5 = 1, \quad k_6 = 6, \quad k_7 = 1, \quad k_8 = 1, \quad k_9 = 1.$$

Es ist nun wichtig zu untersuchen, wann dies eintreten kann. Es sei daher $2n$ die Gliederanzahl der Formenperiode und m die Gliederanzahl irgend einer Periode in der Reihe der Zahlen k. Dann ist, indem wir die früheren Bezeichnungen für die Formen und ihre ersten Wurzeln beibehalten, wenn m gerade ist,

$$\omega_m = (k_m, k_{m+1} \ldots) = (k_0, k_1 \ldots)$$

und folglich $\omega_m = \omega_0$, und also auch φ_m identisch mit φ_0 und daher nothwendig m ein Multiplum von $2n$; es existirt also jedenfalls keine kleinere Periode von gerader Gliederanzahl als die der ganzen Formenperiode entsprechende. Ist dagegen m ungerade, so ist $2m$ ebenfalls die Gliederanzahl einer Periode in der Reihe der Zahlen k, und folglich ist nach dem eben Bewiesenen $2m$ ein Multiplum von $2n$, also m mindestens $= n$; der Fall, dass die Periode der Zahlen k kürzer ist als die aus $2n$ Gliedern bestehende Periode der Formen, kann also nur dann eintreten, wenn n eine *ungerade* Zahl ist, indem dann, wie wir ja auch an dem obigen Beispiel sehen, die Periode der Zahlen k aus n Gliedern bestehen kann; es ist dann $\omega_n = -\omega_0$, und also $c_n = -c_0, b_n = b_0$, $a_n = -a_0$. Doch muss man sich hüten zu glauben, dass diese Erscheinung jedesmal wirklich eintreten *muss*, wenn n ungerade ist; denn wir haben nur gezeigt, dass sie in diesem Fall allein eintreten *kann*. Für $D = 19$ z. B. sind die beiden Formenperioden sechsgliedrig (§. 79), also ist $n = 3$; aber die Perioden der Zahlen k sind nicht dreigliedrig, sondern sechsgliedrig *).

Um nun die unbestimmte Gleichung $t^2 - Du^2 = \sigma^2$ zu lösen,

---

*) Die Erscheinung, dass die Kettenbruch-Entwicklung nur halb so lang ist, als die Periode der Form, wird, wie oben gezeigt ist, nur dann eintreten, wenn die Formen (a, b, c) und $(-a, b, -c)$ äquivalent sind, und man erkennt leicht (aus §. 82), dass sie dann auch stets eintreten muss. Führt man nun die Untersuchung über die Aequivalenz dieser beiden Formen genau ebenso durch wie in §. 62, so erhält man das Resultat: Die Coefficienten einer jeden Substitution $\binom{\lambda,\ \mu}{\nu,\ \varrho}$, durch welche eine Form (a, b, c) von der Determinante D und vom Theiler σ in die Form $(-a, b, -c)$ übergeht, sind in den Formeln

$$\lambda = \frac{t - bu}{\sigma}, \quad \mu = \frac{cu}{\sigma}, \quad \nu = \frac{au}{\sigma}, \quad \varrho = -\frac{t + bu}{\sigma} \qquad \text{(I)}$$

enthalten, wo t, u zwei ganze Zahlen bedeuten, welche der unbestimmten Gleichung

$$t^2 - Du^2 = -\sigma^2 \qquad \text{(II)}$$

Genüge leisten; und umgekehrt, giebt es zwei solche ganze Zahlen t, u, so liefern jene Formeln (I) stets eine Substitution von der angegebenen Beschaffenheit. Die erwähnte Erscheinung wird daher stets und nur dann auftreten, wenn die Gleichung (II) *möglich* ist; tritt sie daher in der Periode irgend einer Form auf, so wird sie auch in allen Perioden derjenigen Formen auftreten, welche zu derselben *Ordnung* gehören (§. 61); ist ferner die Gleichung $t^2 - Du^2 = -1$ möglich, so wird sie bei allen Perioden dieser Determinante D auftreten. Dies ist z. B. stets der Fall, wenn $D = p^{2s+1}$

in welcher D eine beliebige nicht quadratische positive Zahl, und entweder $D \equiv 0 \pmod{\sigma^2}$, oder $4D \equiv \sigma^2 \pmod{4\sigma^2}$ ist, nehmen wir eine beliebige *reducirte* Form (a, b, c) von der Determinante D und vom Theiler σ. (Dass eine solche stets existirt, leuchtet aus §§. 61, 76 unmittelbar ein.) Wir nehmen ferner, was stets gestattet ist, *a positiv*, und folglich *c negativ* an; dann ist die erste Wurzel ω dieser Form positiv, und folglich

$$\omega = (k_0,\ k_1 \dots k_{2hn-2},\ k_{2hn-1},\ \omega),$$

wo $2n$ die Gliederanzahl der Formenperiode, und h eine beliebige positive ganze Zahl ist. Setzt man nun

$$\frac{\gamma}{\alpha} = (k_0,\ k_1 \dots k_{2hn-2});\quad \frac{\delta}{\beta} = (k_0,\ k_1 \dots k_{2hn-1})$$

d. h. (nach §. 23)

---

und p eine positive Primzahl $\equiv 1 \pmod{4}$ ist; denn sind T, U die *kleinsten* positiven Zahlen, welche der Gleichung $T^2 - DU^2 = +1$ genügen (§. 84), so ist T ungerade, U gerade, und

$$\frac{T-1}{2} \cdot \frac{T+1}{2} = D\left(\frac{U}{2}\right)^2;$$

da die beiden Factoren linker Hand relative Primzahlen sind, so ist einer und nur einer von ihnen durch D theilbar; wäre nun $T - 1 = 2Df^2$, $T + 1 = 2g^2$, $U = 2fg$, so wäre $g^2 - Df^2 = +1$, und $f < U$, gegen die Voraussetzung; es muss daher $T - 1 = 2f^2$, $T + 1 = 2Dg^2$, $U = 2fg$, und also $f^2 - Dg^2 = -1$ sein, w. z. b. w. Zugleich leuchtet ein, dass $T + U\sqrt{D} = (f + g\sqrt{D})^2$ ist, was nur ein specieller Fall eines allgemeineren Satzes ist.

Besonders interessante Resultate erhält man, wenn man, falls die Gleichung (II) möglich ist, die Perioden von *ambigen* Formen betrachtet (§. 78). Um uns auf den einfachsten Fall zu beschränken, nehmen wir an, die Gleichung $t^2 - Du^2 = -1$ sei möglich; ist nun λ die grösste in $\sqrt{D}$ enthaltene ganze Zahl, also $\varphi_0 = (1, \lambda, \lambda^2 - D)$ eine reducirte und zugleich ambige Form, deren Periode $2n$ Glieder enthält (§. 79), so ist n ungerade $= 2m + 1$; da ferner für jeden Index h gleichzeitig

$$\varphi_h = (a, b, c),\ \varphi_{2n-1-h} = (c, b, a),\ \varphi_{h+n} = (-a, b, -c)$$

ist, so folgt, dass $\varphi_m = (a, b, -a)$, $\varphi_{3m+1} = (-a, b, a)$, also $D = a^2 + b^2$ ist, wo a ungerade und relative Primzahl zu b ist, weil φ_0 eine ursprüngliche Form der ersten Art ist. Da wir vorhin gesehen haben, dass dieser Fall stets eintritt, wenn D eine Primzahl $\equiv 1 \pmod{4}$ ist, so liegt hierin ein neuer Beweis des Fermat'schen Satzes (§. 68), und zugleich eine directe Methode, die Zerlegung einer solchen Primzahl D in zwei Quadrate aus der Entwicklung von $\sqrt{D}$ in einen Kettenbruch abzuleiten (vergl. *Gauss: D. A.* art. 265; *Legendre: Théorie des Nombres* 3me éd. Tom. I. §. VII. (52)). Dies Resultat steht in der engsten Beziehung zu der biquadratischen Hülfsgleichung, welche bei der Theilung des Kreises in D gleiche Theile auftritt.

$$\alpha = [k_1 \ldots k_{2hn-2}], \quad \beta = [k_1 \ldots k_{2hn-2},\ k_{2hn-1}],$$
$$\gamma = [k_0,\ k_1 \ldots k_{2hn-2}], \quad \delta = [k_0,\ k_1 \ldots k_{2hn-2},\ k_{2hn-1}],$$

so ist nach den schon öfter benutzten Sätzen $\alpha\delta - \beta\gamma = 1$ und

$$\alpha + \beta\omega = [k_1 \ldots k_{2hn-2},\ k_{2hn-1},\ \omega]$$
$$\gamma + \delta\omega = [k_0,\ k_1 \ldots k_{2hn-2},\ k_{2hn-1},\ \omega]$$

und folglich

$$\frac{\gamma + \delta\omega}{\alpha + \beta\omega} = (k_0,\ k_1 \ldots k_{2hn-2},\ k_{2hn-1},\ \omega) = \omega,$$

woraus unmittelbar folgt (§. 73), dass die Form (a, b, c) durch die Substitution $\binom{\alpha,\ \beta}{\gamma,\ \delta}$ in sich selbst übergeht.

Setzt man daher für h der Reihe nach alle positiven ganzen Zahlen $1, 2, 3 \ldots$, so erhält man durch die Zähler und Nenner der Näherungsbrüche vom Range $2hn - 1$ und $2hn$ jedesmal eine entsprechende Transformation $\binom{\alpha,\ \beta}{\gamma,\ \delta}$ der Form (a, b, c) in sich selbst (wenn $n = 1$ ist und $h = 1$ genommen wird, hat man $\alpha = 1$, $\beta = k_1$, $\gamma = k_0$, $\delta = k_0 k_1 + 1$ zu setzen); die vier Coefficienten α, β, γ, δ sind immer *positiv*, und da ausserdem mit wachsendem h auch nothwendig die Zähler und Nenner der Näherungsbrüche beständig wachsen, so entsprechen zwei verschiedenen Werthen von h auch zwei verschiedene Substitutionen $\binom{\alpha,\ \beta}{\gamma,\ \delta}$.

Umgekehrt wollen wir nun zeigen, dass man auf diese Weise *alle* die Transformationen $\binom{\alpha,\ \beta}{\gamma,\ \delta}$ der Form (a, b, c) in sich selbst erhält, in denen die vier Coefficienten α, β, γ, δ sämmtlich *positiv* sind. Denn es sei $\binom{\alpha,\ \beta}{\gamma,\ \delta}$ eine solche Substitution, so ist (§. 73)

$$\alpha\delta - \beta\gamma = 1 \text{ und } \omega = \frac{\gamma + \delta\omega}{\alpha + \beta\omega},$$

also auch

$$\beta\omega^2 + (\alpha - \delta)\omega - \gamma = 0,$$

und zwar müssen dieser quadratischen Gleichung beide Wurzeln der Gleichung genügen. Da nun die eine zwischen 1 und $+\infty$, die andere zwischen -1 und 0 liegt, so muss die linke Seite dieser Gleichung für $\omega = 1$ negativ, für $\omega = -1$ positiv ausfallen; hieraus folgt, dass

$$\gamma + \delta > \alpha + \beta, \quad \beta + \delta > \alpha + \gamma$$

ist, wo die Ungleichheitszeichen die Gleichheit ausschliessen. Da wir beweisen wollen, dass $\gamma : \alpha$ und $\delta : \beta$ zwei auf einander folgende Näherungsbrüche eines regelmässigen Kettenbruchs $(k_0, k_1 \ldots)$

sind, so haben wir vor allem zu zeigen, dass $\gamma \geqq \alpha$ und $\delta > \gamma$ ist; dies ergiebt sich in der That aus den vorstehenden Ungleichungen. Wäre nämlich $\delta \leqq \gamma$, so würde aus der zweiten Ungleichung folgen, dass $\alpha < \beta$ und also auch $\alpha\delta < \beta\gamma$ sein müsste, während doch $\alpha\delta = \beta\gamma + 1$ ist; also ist gewiss $\delta > \gamma$. Wäre ferner $\gamma < \alpha$, also $\alpha = \gamma + \varrho$; wo ϱ eine positive ganze Zahl bedeutet, so würde aus der ersten Ungleichheit folgen, dass $\delta > \beta + \varrho$, also auch

$$\alpha\delta - \beta\gamma > (\beta + \gamma)\,\varrho + \varrho^2$$

wäre; dies ist aber wieder unmöglich, da die linke Seite $= 1$, die rechte aber mindestens $= 3$ ist, weil β, γ, ϱ positive ganze Zahlen bedeuten; also ist in der That $\gamma \geqq \alpha$.

Hieraus folgt nun weiter, dass man

$$\frac{\gamma}{\alpha} = (\gamma', m \ldots q, r)$$

setzen kann, wo die Elemente γ', $m \ldots q$, r sämmtlich positiv sind, und zwar kann man es so einrichten, dass ihre Anzahl ungerade ist, weil man eventuell wieder r in $r - 1 + \frac{1}{1}$ auflösen kann. Nehmen wir ferner zunächst an, dass $\alpha > 1$ ist, so ist auch $\gamma > \alpha$ und γ nicht theilbar durch α, und folglich enthält der Kettenbruch mindestens drei Elemente. Bilden wir daher den unmittelbar vorausgehenden Näherungsbruch

$$\frac{\varphi}{f} = (\gamma', m \ldots q),$$

so folgt aus $\alpha\varphi - f\gamma = 1$ und $\alpha\delta - \beta\gamma = 1$, dass man wieder $\beta = f + \alpha\beta'$, $\delta = \varphi + \gamma\beta'$ setzen kann, und hierin wird β' eine *positive* ganze Zahl sein. Wäre nämlich $\beta' = 0$, so wäre $\delta = \varphi$, und da φ gewiss $< \gamma$ ist, so wäre $\delta < \gamma$, während doch $\delta > \gamma$ ist; wäre ferner β' negativ, so wäre auch δ negativ, gegen unsere Voraussetzung, dass α, β, γ, δ positive ganze Zahlen sind. Es ist daher

$$\frac{\delta}{\beta} = (\gamma', m \ldots q, r, \beta')$$

und folglich, ähnlich wie früher,

$$\omega = \frac{\gamma + \delta\omega}{\alpha + \beta\omega} = (\gamma', m \ldots q, r, \beta', \omega),$$

wo nun die Anzahl der positiven Elemente γ', $m \ldots q$, r, β' gerade ist*). In dem bisher ausgeschlossenen Fall $\alpha = 1$ erhält man ein ganz ähnliches Resultat, denn dann ist

$$\omega = \frac{\gamma + (\beta\gamma + 1)\omega}{1 + \beta\omega} = (\gamma, \beta, \omega).$$

Wir erhalten daher für ω stets einen regelmässigen periodischen Kettenbruch

$$\omega = (\gamma', m \ldots q, r, \beta'; \gamma', m \ldots)$$

in welchem die Anzahl der Glieder $\gamma', m \ldots q, r, \beta'$ eine gerade ist. Da nun ein Werth ω nur auf eine einzige Weise in einen regelmässigen Kettenbruch entwickelt werden kann, so müssen die Zahlen $\gamma', m \ldots$ der Reihe nach mit den Zahlen $k_0, k_1 \ldots$ übereinstimmen; und da wir uns oben überzeugt haben, dass jede Periode der Zahlen k, deren Gliederzahl gerade ist, entweder mit der Reihe der den sämmtlichen $2n$ Formen entsprechenden Zahlen k identisch ist oder aus einer mehrmaligen Wiederholung dieser kleinsten Periode von gerader Gliederanzahl besteht, so ist also $r = k_{2hn-2}$, $\beta' = k_{2hn-1}$, wo h irgend eine positive ganze Zahl bezeichnet, und folglich

$$\frac{\gamma}{\alpha} = (k_0, k_1 \ldots k_{2hn-2}), \quad \frac{\delta}{\beta} = (k_0, k_1 \ldots k_{2hn-2}, k_{2hn-1})$$

was zu beweisen war.

Nachdem wir gezeigt haben, wie wir alle aus vier *positiven* Coefficienten bestehenden Transformationen der reducirten Form (a, b, c) in sich selbst finden können, deren erster Coefficient a *positiv* ist, brauchen wir nur noch einen Blick auf die obigen Formeln

$$\alpha = \frac{t - bu}{\sigma}, \quad \beta = -\frac{cu}{\sigma}, \quad \gamma = \frac{au}{\sigma}, \quad \delta = \frac{t + bu}{\sigma}$$

zu werfen, um sogleich zu erkennen, dass die hieraus resultirenden Lösungen t, u der unbestimmten Gleichung stets aus zwei *positiven* Zahlen t, u bestehen. Für u folgt dies aus der dritten Formel; da ferner, wie wir gesehen haben, $\delta > \gamma$ und $\gamma \geqq \alpha$, also $\delta > \alpha$ ist, so ergiebt sich, dass auch t positiv ist. Das Umgekehrte ist ebenfalls richtig; sind t, u zwei positive der unbestimmten Glei-

*) Dasselbe ergiebt sich auch unmittelbar daraus, dass die grössten in den Brüchen $\gamma : \alpha$, $\beta : \alpha$ enthaltenen ganzen Zahlen γ', β' zufolge der obigen Ungleichheiten positiv sind (vergl. §. 81).

chung genügende Zahlen, so besteht die aus denselben abgeleitete Substitution $\binom{\alpha,\ \beta}{\gamma,\ \delta}$ aus vier positiven Zahlen; denn da die Form (a, b, c) reducirt, also b positiv, und der Annahme nach a positiv, also c negativ ist, so sind zunächst β, γ, δ positiv; endlich ist $t^2 - b^2u^2 = \sigma^2 - acu^2$ positiv, folglich hat $t - bu$, also auch α, dasselbe Zeichen wie $t + bu$, nämlich das positive.

§. 84.

Wir können daher behaupten, dass alle aus zwei positiven Zahlen t, u bestehenden Lösungen — und auf diese kommt es uns zunächst allein an — durch die Kettenbruchentwicklung der Wurzel ω der Form (a, b, c) gefunden werden, und zwar jede nur ein einziges Mal. Aus dem Anblick der unbestimmten Gleichung $t^2 - Du^2 = \sigma^2$ geht aber hervor, dass die zusammengehörigen positiven Werthe t, u gleichzeitig wachsen und gleichzeitig abnehmen; dasselbe folgt auch aus der Natur der Zähler und Nenner der Näherungsbrüche; u, und folglich auch t, wird gleichzeitig mit γ, also auch mit der von uns mit h bezeichneten Zahl wachsen; nehmen wir $h = 1$, so wird die entsprechende Lösung, die wir mit (T, U) bezeichnen wollen, aus den kleinsten Zahlen bestehen, d. h. T wird die kleinste aller Zahlen t, und gleichzeitig wird U die kleinste aller Zahlen u sein (die Lösung $t = \sigma$, $u = 0$ gehört natürlich nicht zu den positiven Lösungen). Diese kleinste Lösung T, U findet man daher sehr leicht durch Entwicklung einer Periode von reducirten Formen.

Beispiel 1: Nimmt man für die Determinante $D = 79$ die reducirte Form $(7, 3, -10)$, welche natürlich von der ersten Art ist, so erhält man (§. 79)

$$k_0 = 1,\quad k_1 = 5,\quad k_2 = 3,\quad k_3 = 2,\quad k_4 = 1,\quad k_5 = 1;$$

die successiven Näherungsbrüche sind folgende:

$$\frac{1}{1},\ \frac{6}{5},\ \frac{19}{16},\ \frac{44}{37},\ \frac{63}{53},\ \frac{107}{90};$$

aus den beiden letzten ergiebt sich daher die Substitution $\binom{53,\ 90}{63,\ 107}$; will man nur die kleinste Lösung der Gleichung $t^2 - Du^2 = \sigma^2$, so braucht man nur die Nenner der Näherungsbrüche bis $\beta = 90$, oder die Zähler derselben bis $\gamma = 63$ zu bilden, so findet man durch die Formeln $\beta\sigma = -cu$ oder $\gamma\sigma = au$ die kleinste der Zahlen u, nämlich $U = 9$, und hieraus das zugehörige $T = \sqrt{(\sigma^2 + DU^2)} = 80$. Statt dessen findet man T auch durch die Formel $\alpha\sigma + bU$ oder $\delta\sigma - bU$.

Nimmt man die reducirte Form (1, 8, — 15), so findet man folgende Zahlen (§. 79)

$$k_0 = 1, \quad k_1 = 7, \quad k_2 = 1, \quad k_3 = 16;$$

also die Näherungsbrüche

$$\frac{1}{1}, \quad \frac{8}{7}, \quad \frac{9}{8}, \quad \frac{152}{135};$$

die beiden letzten liefern die Substitution $\left(\begin{smallmatrix} 8, & 135 \\ 9, & 152 \end{smallmatrix}\right)$, und hieraus ergiebt sich wieder $U = 9$, $T = 80$, wie vorher.

Beispiel 2: Es sei $D = 13 \equiv 1 \pmod{4}$; um die kleinste Auflösung der Gleichung $t^2 - 13u^2 = 4$ zu finden, nehmen wir die reducirte Form (2, 3, — 2), so ist (§. 79)

$$k_0 = 3, \quad k_1 = 3;$$

die Näherungsbrüche sind also $\frac{3}{1}$ und $\frac{10}{3}$; dadurch erhalten wir die Substitution $\left(\begin{smallmatrix} 1, & 3 \\ 3, & 10 \end{smallmatrix}\right)$ und hieraus $U = 3$, $T = 11$.

§. 85.

Nachdem wir gezeigt haben, wie die kleinste positive Lösung (T, U) der unbestimmten Gleichung immer gefunden werden kann, gehen wir dazu über, alle anderen Lösungen (t, u) auf diese eine zurückzuführen. Der Bequemlichkeit halber wollen wir, wenn t, u irgend zwei (positive oder negative) der Gleichung $t^2 - Du^2 = \sigma^2$ genügende Zahlen sind, und $\sqrt{D}$ stets positiv genommen wird, die Ausdrücke

$$\frac{t + u\sqrt{D}}{\sigma}, \quad \frac{t - u\sqrt{D}}{\sigma}$$

die zu dieser Lösung (t, u) gehörigen Factoren nennen und als *ersten* und *zweiten Factor* von einander unterscheiden; das Product beider ist stets $= 1$; sie haben daher immer gleiche Zeichen, und zwar das positive oder negative, je nachdem t positiv oder negativ ist; haben ferner t und u gleiche Zeichen, so ist der erste Factor numerisch grösser als der zweite, folglich ist dann der erste numerisch > 1, der zweite numerisch < 1; das Gegentheil findet Statt, wenn t und u entgegengesetzte Zeichen haben; und wenn $u = 0$ ist, sind beide Factoren $= \pm 1$. Ist also z. B. (t, u) eine aus zwei positiven Zahlen bestehende Lösung, so ist ihr erster Factor ein positiver unechter Bruch; und umgekehrt, ist der erste Factor ein positiver unechter Bruch, so sind beide Zahlen t, u positiv.

Sind (t', u') und (t'', u'') irgend zwei identische oder verschiedene Lösungen, so kann man

$$\frac{t' + u'\sqrt{D}}{\sigma} \cdot \frac{t'' + u''\sqrt{D}}{\sigma} = \frac{t + u\sqrt{D}}{\sigma}$$

setzen, wo (t, u) wieder eine Lösung bedeutet. Denn entwickelt man das Product links und trennt das Rationale vom Irrationalen, so findet man

$$t = \frac{t't'' + Du'u''}{\sigma}, \quad u = \frac{t'u'' + u't''}{\sigma};$$

da ferner aus der obigen Gleichung unmittelbar durch Verwandlung von $\sqrt{D}$ in $-\sqrt{D}$ oder auch durch den blossen Anblick der Ausdrücke für t, u die andere Gleichung

$$\frac{t' - u'\sqrt{D}}{\sigma} \cdot \frac{t'' - u''\sqrt{D}}{\sigma} = \frac{t - u\sqrt{D}}{\sigma}$$

folgt, so ergiebt sich durch Multiplication beider

$$t^2 - Du^2 = \sigma^2;$$

es braucht daher nur noch gezeigt zu werden, dass u eine ganze Zahl ist, weil dann aus der vorstehenden Gleichung von selbst folgt, dass t^2, also auch t eine ganze Zahl ist. Geht nun σ^2 in D, folglich auch in t'^2, t''^2 auf, so sind t', t'' theilbar durch σ, und folglich ist u eine ganze Zahl; ist aber $4D \equiv \sigma^2 \pmod{4\sigma^2}$, so folgt $(2t')^2 \equiv (\sigma u')^2 \pmod{4\sigma^2}$, hieraus $2t' \equiv \sigma u'$, und ebenso $2t'' \equiv \sigma u'' \pmod{2\sigma}$, folglich $2(t'u'' + u't'') \equiv 2\sigma u'u'' \equiv 0 \pmod{2\sigma}$; mithin ist u auch jetzt eine ganze Zahl, w. z. b. w.

Dieser Satz lässt sich ohne Weiteres auf beliebig viele Lösungen (t', u'), (t'', u''), (t''', u''') ... ausdehnen: setzt man

$$\frac{t' + u'\sqrt{D}}{\sigma} \cdot \frac{t'' + u''\sqrt{D}}{\sigma} \cdot \frac{t''' + u'''\sqrt{D}}{\sigma} \cdots = \frac{t + u\sqrt{D}}{\sigma},$$

so wird (t, u) stets wieder eine ganzzahlige Lösung sein. Bestehen ferner alle jene Lösungen aus zwei positiven Zahlen, so sind alle Factoren linker Hand positive unechte Brüche; dasselbe gilt also auch von dem ersten Factor der Auflösung (t, u), und folglich sind t, u zwei positive Zahlen.

Setzen wir alle die einzelnen Lösungen (t', u'), (t'', u'')... identisch mit der kleinsten positiven Lösung (T, U), so können wir

$$\left(\frac{T + U\sqrt{D}}{\sigma}\right)^n = \frac{t_n + u_n \sqrt{D}}{\sigma}$$

setzen, wo n eine beliebige positive ganze Zahl bedeutet, und es wird dann (t_n, u_n) jedesmal eine positive Lösung werden; zugleich leuchtet ein, dass mit wachsendem Exponenten n der Werth der linker Hand stehenden Potenz eines unechten Bruchs, und folglich auch $t_n + u_n \sqrt{D}$ beständig wächst, so dass verschiedene Werthe von n auch verschiedene Lösungen (t_n, u_n) liefern; und da die beiden Zahlen t_n, u_n entweder beide gleichzeitig wachsen, oder beide gleichzeitig abnehmen, so tritt offenbar das erstere oder letztere ein, je nachdem n wächst oder abnimmt.

Umgekehrt können wir zeigen, dass durch die vorstehende Formel in der That jede positive Lösung (t, u) geliefert wird. Denn wäre der erste Factor einer solchen Lösung keine genaue Potenz des ersten Factors der kleinsten Lösung (T, U), so müsste er, da beide positive unechte Brüche sind, zwischen zwei successiven Potenzen

$$\left(\frac{T + U\sqrt{D}}{\sigma}\right)^n \text{ und } \left(\frac{T + U\sqrt{D}}{\sigma}\right)^{n+1}$$

des letzteren liegen, wo n mindestens $= 1$ ist. Dann wäre also

$$\frac{t_n + u_n \sqrt{D}}{\sigma} < \frac{t + u\sqrt{D}}{\sigma} < \frac{t_n + u_n \sqrt{D}}{\sigma} \cdot \frac{T + U\sqrt{D}}{\sigma},$$

und folglich, wenn man

$$\frac{t + u\sqrt{D}}{\sigma} \cdot \frac{t_n - u_n \sqrt{D}}{\sigma} = \frac{t' + u'\sqrt{D}}{\sigma}$$

setzt,

$$1 < \frac{t' + u'\sqrt{D}}{\sigma} < \frac{T + U\sqrt{D}}{\sigma};$$

es existirte daher eine positive Lösung (t', u'), welche aus kleineren Zahlen t', u' bestände, als die kleinste Lösung (T, U); was unmöglich ist.

Man findet daher alle aus zwei positiven Zahlen bestehenden Lösungen durch die Formeln

$$\frac{t_n}{\sigma} = \frac{1}{\sigma^n}\left\{T^n + \frac{n(n-1)}{1.2}T^{n-2}U^2D + \cdots\right\}$$

$$\frac{u_n}{\sigma} = \frac{1}{\sigma^n}\left\{\frac{n}{1}T^{n-1}U + \frac{n(n-1)(n-2)}{1.2.3}T^{n-3}U^3D + \cdots\right\}$$

wenn man der Reihe nach für n alle positiven ganzen Zahlen setzt. Da nun ferner

$$\frac{t_n - u_n\sqrt{D}}{\sigma} = \left(\frac{T - U\sqrt{D}}{\sigma}\right)^n = \left(\frac{T + U\sqrt{D}}{\sigma}\right)^{-n}$$

ist, so ergiebt sich, dass durch die Formel

$$\frac{t_n + u_n\sqrt{D}}{\sigma} = \left(\frac{T + U\sqrt{D}}{\sigma}\right)^n$$

sämmtliche Lösungen t_n, u_n gegeben sind, in welchen t_n positiv ist, wenn man für n alle ganzen positiven und negativen Zahlen setzt, indem $u_{-n} = -u_n$, $t_{-n} = t_n$ ist. Für $n = 0$ ergiebt sich ferner $t_0 = +\sigma$, $u_0 = 0$. Will man daher alle Lösungen t, u ohne Ausnahme in eine Formel zusammendrängen, so braucht man nur

$$\frac{t + u\sqrt{D}}{\sigma} = \pm\left(\frac{T + U\sqrt{D}}{\sigma}\right)^n$$

zu setzen, und hierin jedes der beiden Vorzeichen mit jedem ganzzahligen Exponenten n zu combiniren. Dass auf diese Weise keine Lösung übergangen, und jede nur einmal erzeugt wird, folgt unmittelbar daraus, dass unter den vier verschiedenen Lösungen

$$(t, u), (t, -u), (-t, u); (-t, -u),$$

wenn u nicht $= 0$ ist, immer eine und nur eine aus zwei positiven Zahlen besteht.

Hiermit ist nun das zweite Hauptproblem der Lehre von der Aequivalenz auch für Formen von *positiver* Determinante vollständig gelöst. Wir sind durch die vollständige Auflösung der unbestimmten Gleichung $t^2 - Du^2 = \sigma^2$ in den Stand gesetzt, alle Transformationen einer solchen Form in sich selbst, und folglich auch alle Transformationen einer Form in eine äquivalente aus einer einzigen gegebenen solchen Transformation zu finden (§§. 61, 62); mithin ist auch die Aufgabe, alle eigentlichen Darstellungen einer gegebenen Zahl durch eine gegebene Form von positiver Determinante zu finden, als vollständig gelöst anzusehen (§. 60).

Fünfter Abschnitt.

Bestimmung der Anzahl der Classen, in welche die binären quadratischen Formen von gegebener Determinante zerfallen.

§. 86.

Wir schreiten nun, nachdem die elementaren Theile der Theorie der quadratischen Formen behandelt sind, zu tieferen Untersuchungen, und namentlich zur *Bestimmung der Classenanzahl der Formen von einer gegebenen Determinante* *). Wir beschränken uns dabei auf *ursprüngliche Formen der ersten oder zweiten Art* (§. 61), ferner, wenn die Determinante *negativ* ist, auf die Formen mit *positiven äusseren Coefficienten*, da die Classenanzahl der anderen Formen offenbar genau ebenso gross ist (§. 64). Unter diesen Beschränkungen denken wir uns ein vollständiges Formensystem S der σten Art für die Determinante D gebildet (§. 59). Zur Bestimmung der Anzahl der in diesem System S enthaltenen Formen (a, b, c) führt die Betrachtung und genaue

*) *G. Lejeune Dirichlet: Recherches sur diverses applications de l'analyse infinitésimale à la théorie des nombres*, Crelle's Journal Bdde. 19, 21. — Vergl. *Gauss: D. A.* Additam. ad art. 306. X, und die nachgelassenen Abhandlungen: *De nexu inter multitudinem classium in quas formae binariae secundi gradus distribuuntur earumque determinantem*, Gauss' Werke Bd. II. 1863. — Vergl. ferner *Hermite: Sur la théorie des formes quadratiques* (Comptes rendus de l'Ac. de Paris, 3. novembre 1862).

Definition aller durch sie darstellbaren Zahlen. Da durch eine Form der zweiten Art nur gerade Zahlen dargestellt werden können, so bezeichnen wir, um beide Fälle zusammenzufassen, die darstellbaren Zahlen allgemein mit σm, und ausserdem beschränken wir uns auf die Betrachtung derjenigen, in welchen *m positiv, ungerade und relative Primzahl gegen die Determinante D* ist. Endlich beschränken wir uns vorläufig noch auf *eigentliche* Darstellungen, d. h. auf die Annahme, dass die beiden darstellenden Zahlen x, y relative Primzahlen sind (§. 60).

Um den Charakter dieser Zahlen m genau festzustellen, erinnern wir uns, dass die Determinante D quadratischer Rest von jeder darstellbaren Zahl σm, d. h. dass die Congruenz

$$z^2 \equiv D \pmod{\sigma m}$$

möglich ist (§. 60). Es können daher in der ungeraden Zahl m nur solche Primzahlen f aufgehen, für welche

$$\left(\frac{D}{f}\right) = 1$$

ist. Umgekehrt: enthält m nur solche Primzahlen f, und ist die Anzahl der verschiedenen unter ihnen $= \mu$ (wo der Fall $\mu = 0$ nicht ausgeschlossen bleibt), so ist D quadratischer Rest von m, also auch von σm, und die obige Congruenz hat genau 2^μ incongruente Wurzeln (§. 37). Ist n ein bestimmter Repräsentant einer bestimmten dieser Wurzeln, so können wir $n^2 - D = \sigma^2 m l$ setzen, wo l eine ganze Zahl bedeutet (denn wenn $\sigma = 2$, also $D \equiv 1 \pmod{4}$ ist, so ist n ungerade, also $n^2 - D$ durch $\sigma^2 = 4$ theilbar). Dann ist $(\sigma m, n, \sigma l)$, weil m relative Primzahl zu $2D$, eine ursprüngliche Form der σten Art von der Determinante D und folglich einer und nur einer in dem System S enthaltenen Form äquivalent*). Ist (a, b, c) diese Form des Systems, so liefert nur sie solche Darstellungen (x, y) der Zahl σm, welche zu der durch n repräsentirten Wurzel der obigen Congruenz gehören, und zwar ebenso viele verschiedene solche Darstellungen (x, y), als es Transformationen $\binom{x,\ \xi}{y,\ \eta}$ der Form (a, b, c) in die Form $(\sigma m, n, \sigma l)$, d. h. ebenso viele, als es Lösungen (t, u) der unbestimmten Gleichung $t^2 - Du^2 = \sigma^2$ giebt (§§. 60, 61, 62). Den Complex aller dieser

---

*) Da der Coefficient σm positiv ist, so gilt dies auch für den Fall, in welchem D negativ ist, und also S nur Formen mit positiven äusseren Coefficienten enthält.

Darstellungen der Zahl σm, welche zu einer und derselben durch n repräsentirten Wurzel der obigen Congruenz gehören, wollen wir eine *Gruppe* von Darstellungen nennen. Den 2^μ incongruenten Wurzeln dieser Congruenz entsprechen daher 2^μ solche Gruppen von Darstellungen derselben Zahl σm durch Formen des Systemes S, und in jeder Gruppe sind ebenso viel Darstellungen enthalten, als es Lösungen der Gleichung $t^2 - Du^2 = \sigma^2$ giebt.

Das System der Zahlen m ist nun also vollständig definirt durch die Bedingungen:

1. *m ist positiv;*
2. *m ist relative Primzahl gegen $2D$;*
3. *D ist quadratischer Rest von m.*

§. 87.

Jetzt haben wir die Darstellungen von σm, welche einer und derselben Gruppe angehören, genauer zu betrachten.

Für den Fall einer *negativen* Determinante D ist die Anzahl $\varkappa$ der Lösungen (t, u) der unbestimmten Gleichung $t^2 - Du^2 = \sigma^2$ endlich; dieselbe ist zugleich die Anzahl aller zu einer Gruppe gehörenden Darstellungen einer jeden Zahl σm; bedeutet also μ wieder die Anzahl der verschiedenen in m aufgehenden Primzahlen f, so ist 2^μ die Anzahl der Gruppen, deren jede $\varkappa$ Darstellungen enthält, und folglich ist

$$\varkappa \, . \, 2^\mu$$

die Gesammtanzahl aller Darstellungen der Zahl σm; und hierin ist (§. 62)

$$\varkappa = 2 \text{ im Allgemeinen;}$$
$$\varkappa = 4, \text{ wenn } D = -1,$$
$$\varkappa = 6, \text{ wenn } D = -3 \text{ und } \sigma = 2$$

ist.

Für den Fall einer *positiven* Determinante D dagegen ist die Anzahl der Lösungen (t, u) der unbestimmten Gleichung $t^2 - Du^2 = \sigma^2$, und folglich auch die Anzahl der in jeder der 2^μ Gruppen enthaltenen Darstellungen der Zahl σm *unendlich gross.* Wir gehen daher zunächst darauf aus, durch neue Bedingungen, welche den darstellenden Zahlen x, y aufzuerlegen sind, aus den unendlich vielen in einer Gruppe enthaltenen Darstellungen stets *eine einzige* zu isoliren. Dazu betrachten wir die allgemeine Form aller derselben Gruppe angehörenden Darstellungen (x, y) der Zahl σm. Ist wieder (a, b, c) die Form des Systems S, mit welcher die Form $(\sigma m, n, \sigma l)$ äquivalent ist, und ist $\binom{\alpha, \beta}{\gamma, \delta}$ eine bestimmte Transformation der ersteren Form in die letztere, so erhält man (nach §. 61) aus dieser einen alle anderen durch die Zusammensetzung

$$\begin{pmatrix}\lambda, \mu \\ \nu, \varrho\end{pmatrix}\begin{pmatrix}\alpha, \beta \\ \gamma, \delta\end{pmatrix} = \begin{pmatrix}\lambda\alpha + \mu\gamma, \lambda\beta + \mu\delta \\ \nu\alpha + \varrho\gamma, \nu\beta + \varrho\delta\end{pmatrix}$$

aller Substitutionen $\binom{\lambda, \mu}{\nu, \varrho}$, durch welche (a, b, c) in sich selbst übergeht, mit dieser bestimmten Substitution $\binom{\alpha, \beta}{\gamma, \delta}$. Da nun (nach §. 60) jedesmal der erste und dritte Coefficient einer solchen Substitution eine zu der Wurzel n gehörende Darstellung liefern, und da auch umgekehrt jede solche Darstellung (x, y) auf diese Weise, und zwar nur ein einziges Mal erzeugt wird, so ist die allgemeine Form aller dieser Darstellungen folgende:

$$x = \lambda\alpha + \mu\gamma, \quad y = \nu\alpha + \varrho\gamma;$$

da (α, γ) selbst eine solche Darstellung ist, so kann man sagen, dass diese beiden Gleichungen aus einer bestimmten Darstellung (α, γ) alle derselben Gruppe angehörenden Darstellungen (x, y) finden lehren. Nun war aber (§. 62)

$$\lambda = \frac{t - bu}{\sigma}, \quad \mu = -\frac{cu}{\sigma},$$

$$\nu = \frac{au}{\sigma}, \quad \varrho = \frac{t + bu}{\sigma},$$

wo (t, u) jede beliebige Lösung der Gleichung $t^2 - Du^2 = \sigma^2$ bedeutete; folglich erhalten wir

$$x = \alpha\frac{t}{\sigma} - (b\alpha + c\gamma)\frac{u}{\sigma}, \quad y = \gamma\frac{t}{\sigma} + (a\alpha + b\gamma)\frac{u}{\sigma}.$$

Für alle diese Werthe ist daher

$$ax^2 + 2bxy + cy^2 = \sigma m;$$

durch Multiplication mit dem ersten Coefficienten ergiebt sich wie früher

$$\sigma am = (ax + (b + \sqrt{D})y)(ax + (b - \sqrt{D})y),$$

und es tritt nun die höchst merkwürdige Erscheinung auf, dass jeder der beiden irrationalen Factoren rechter Hand eine geometrische Reihe constituirt; setzt man nämlich die vorstehenden Werthe von x, y ein, so ergiebt sich leicht

$$ax + (b + \sqrt{D})y = (a\alpha + (b + \sqrt{D})\gamma)\,\frac{t + u\sqrt{D}}{\sigma},$$

$$ax + (b - \sqrt{D})y = (a\alpha + (b - \sqrt{D})\gamma)\,\frac{t - u\sqrt{D}}{\sigma};$$

wenn man also mit T, U wie früher die kleinsten positiven Werthe von t, u bezeichnet und zur Abkürzung den positiven unechten Bruch

$$\frac{T + U\sqrt{D}}{\sigma} = \theta$$

setzt, so ist (nach §. 85)

$$ax + (b + \sqrt{D})y = \pm(a\alpha + (b + \sqrt{D})\gamma)\,\theta^{n}$$
$$ax + (b - \sqrt{D})y = \pm(a\alpha + (b - \sqrt{D})\gamma)\,\theta^{-n}$$

wo n eine beliebige positive oder negative ganze Zahl oder Null sein kann. Wir betrachten nur die erste dieser beiden Gleichungen, da aus ihr die zweite schon von selbst folgt. Ist nun k irgend ein von Null verschiedener reeller Zahlwerth, so leuchtet ein, dass man das Vorzeichen der rechten Seite und den Exponenten n stets und nur auf eine einzige Weise so bestimmen kann, dass der algebraische Werth von $ax + (b + \sqrt{D})y$ zwischen den Grenzen k und $k\theta$ liegt; denn nachdem das Zeichen $\pm$ so gewählt ist, dass $\pm(a\alpha + (b + \sqrt{D})\gamma)$ gleichstimmig mit k wird, giebt es nur noch ein einziges Glied der geometrischen Reihe zwischen den beiden vorgeschriebenen Grenzen, wenn man, um für jeden Fall Unbestimmtheit zu vermeiden, die eine derselben, z. B. $k\theta$, von dem Intervall ausschliesst. Durch diese Forderung für den Werth von $ax + (b + \sqrt{D})y$ ist dann aus der unendlichen Anzahl von Darstellungen (x, y) eine einzige vollständig isolirt. Es kommt jetzt nur noch darauf an, k zweckmässig zu wählen.

Dazu können wir immer voraussetzen, dass die, eine ganze Classe repräsentirende Form (a, b, c) des Systems S einen *positiven* ersten Coefficienten a hat; denn es giebt ja in jeder Classe sogar reducirte Formen, welche diese Eigenschaft haben. Wir machen daher von jetzt ab diese Voraussetzung über die Wahl der in S enthaltenen Formen (für negative Determinanten haben wir schon früher dieselbe Forderung gemacht, um dort die eine Hälfte aller Classen ganz von der Betrachtung auszuschliessen) und müssen sie dann natürlich für alles Folgende festhalten. Dann wählen wir für k die *positive* Quadratwurzel aus der positiven Zahl $\sigma a m$, und erhalten so die Bedingungen

$$\sqrt{\sigma a m} \leqq ax + (b + \sqrt{D})y < \theta \sqrt{\sigma a m},$$

durch welche aus allen, derselben Gruppe angehörigen Darstellungen von σm durch (a, b, c) eine einzige (x, y) isolirt wird. Sie lassen sich, da ihre drei Glieder *positiv* sind, so umformen: quadrirt man, und bedenkt, dass

$$\sigma a m = (ax + (b + \sqrt{D})y)\,(ax + (b - \sqrt{D})y)$$

ist, so erhält man durch Division

$$ax + (b - \sqrt{D})y \leqq ax + (b + \sqrt{D})y < \theta^2\,(ax + (b - \sqrt{D})y);$$

durch Vergleichung der beiden ersten Glieder ergiebt sich, da $\sqrt{D}$ stets *positiv* genommen wird, die Bedingung

$$y \geqq 0;$$

die beiden letzten Glieder geben durch Division mit θ zunächst

$$(\theta - \theta^{-1})\,(ax + by) > (\theta + \theta^{-1})\,y\sqrt{D},$$

und wenn man θ, θ^{-1} durch ihre Werthe

$$\theta = \frac{T + U\sqrt{D}}{\sigma}, \quad \theta^{-1} = \frac{T - U\sqrt{D}}{\sigma}$$

ersetzt, so ergiebt sich

$$U\,(ax + by) > Ty.$$

Umgekehrt überzeugt man sich leicht, dass aus diesen beiden Bedingungen

$$y \geqq 0,\; U(ax + by) > Ty$$

rückwärts die obigen ursprünglichen Isolirungsbedingungen folgen. Ausserdem zeigt sich, was besonders zu bemerken ist, dass in Folge dieser beiden Bedingungen auch der Werth der Form $ax^2 + 2bxy + cy^2$ von selbst positiv ausfällt; denn da $T > U\sqrt{D}$ ist, so ergiebt sich durch Addition von $\pm Uy\sqrt{D}$ auf beiden Seiten der zweiten Bedingung, dass die beiden Factoren

$$ax + (b + \sqrt{D})y, \quad ax + (b - \sqrt{D})y$$

positiv sind; mithin gilt dasselbe auch für ihr Product $\sigma a m$ und folglich, da a positiv ist, auch für die dargestellte Zahl σm (für Formen von negativer Determinante versteht sich dies von selbst, da wir nur solche betrachten, deren äussere Coefficienten positiv sind).

§. 88.

Mit Rücksicht auf diese letzte Bemerkung können wir nun das Vorhergehende in folgender Weise noch einmal zusammenfassen:

Es sei S ein vollständiges System ursprünglicher Formen

$$(a, b, c),\quad (a', b', c') \ldots$$

der σten Art für eine gegebene Determinante D, mit positiven ersten Coefficienten a, a' . . . Dann setze man in jede dieser Formen, z. B. (a, b, c), für die Variabeln alle ganzzahligen Werthenpaare x, y ein, welche folgenden Bedingungen genügen:

I. $\dfrac{ax^2+2bxy+cy^2}{\sigma}$ *ist relative Primzahl zu* $2D$;

II. *im Fall einer positiven Determinante D ist*

$$y \geqq 0,\quad U(ax+by) > Ty$$

wo T, U die kleinsten positiven, der Bedingung

$$T^2 - DU^2 = \sigma^2$$

genügenden ganzen Zahlen bedeuten;

III. *x und y sind relative Primzahlen zu einander.*

Auf diese Weise werden durch die Formen S alle diejenigen ganzen Zahlen σm und nur solche dargestellt, welche folgenden Bedingungen genügen:

1. *m ist positiv,*
2. *m ist relative Primzahl zu 2D,*
3. *D ist quadratischer Rest von m,*

und die Gesammtanzahl dieser Darstellungen einer jeden solchen Zahl σm ist gleich

$$\varkappa \cdot 2^{\mu}.$$

wo μ die Anzahl der in m aufgehenden verschiedenen Primzahlen bedeutet, während ϰ von m unabhängig ist, nämlich

$$\begin{aligned} \varkappa &= 1 \text{ für positive Determinanten } D \\ &= 4 \text{ für } D = -1, \\ &= 6 \text{ für } D = -3 \text{ und } \sigma = 2, \\ &= 2 \text{ in den übrigen Fällen.} \end{aligned}$$

Dasselbe System der unendlich vielen Zahlen m kann daher auf doppelte Art erzeugt werden, erstens durch Zusammensetzung aus den Primzahlen f, von welchen D quadratischer Rest ist, und zweitens durch die Substitution aller erlaubten Zahlenpaare x, y in die Formen des Systems S. Dieses Resultat der früheren Untersuchungen über die Aequivalenz der Formen und die Darstellbarkeit der Zahlen bildet das *Grundprincip* der folgenden Untersuchung. Wir bemerken zunächst, dass die Identität der auf die beiden verschiedenen Arten erzeugten Zahlensysteme nicht aufhören wird, wenn wir von jeder der erzeugten Zahlen eine bestimmte Function ψ nehmen, d. h. es wird wieder Identität bestehen zwischen dem Complex der Zahlen

$$\psi\left(\frac{ax^2+2bxy+cy^2}{\sigma}\right),\quad \psi\left(\frac{a'x^2+2b'xy+c'y^2}{\sigma}\right)\ldots$$

und dem System der Zahlen $\psi(m)$, vorausgesetzt, dass der einem bestimmten Individuum m entsprechende Functionswerth $\psi(m)$ genau $\varkappa\,.\,2^\mu$mal in den letzteren Complex aufgenommen wird. Ist daher die sonst ganz beliebige Function ψ so gewählt, dass die *Summe* aller dieser Werthe eine von der Anordnung derselben unabhängige convergente Reihe bildet, so folgt aus der angegebenen Identität die *Fundamentalgleichung*

$$\Sigma\,\psi\left(\frac{ax^2+2bxy+cy^2}{\sigma}\right)+\Sigma\,\psi\left(\frac{a'x^2+2b'xy+c'y^2}{\sigma}\right)+\cdots$$
$$=\varkappa\,\Sigma\,2^\mu\,\psi(m).$$

Die linke Seite derselben besteht aus ebensoviel Summen, als das System S Formen (a, b, c), (a', b', c') . . . enthält, d. h. als es Formenclassen für diese Determinante giebt. Jede Summe, wie z. B.

$$\Sigma\,\psi\left(\frac{ax^2+2bxy+cy^2}{\sigma}\right)$$

ist eine doppelt unendliche Reihe, deren Glieder den sämmtlichen durch die Bedingungen I., II., III. definirten Zahlenpaaren x, y entsprechen (die Bedingungen I. und II. sind natürlich für die folgende Summe so zu modificiren, dass (a', b', c') an die Stelle von (a, b, c) tritt). Endlich bezieht sich die rechts angedeutete Summation auf alle aus den Primzahlen f zusammengesetzten Zahlen m, und ebenso behalten μ und $\varkappa$ ihre frühere Bedeutung. Wir specialisiren nun die Function ψ so, dass wir

$$\psi(z) = \frac{1}{z^s}$$

setzen, wo s ein beliebiger positiver Werth, aber > 1 ist; diese letztere Bedingung ist, wie wir später nachträglich zeigen werden, nothwendig, damit die vorstehenden unendlichen Reihen convergiren. Hierdurch geht unsere obige Gleichung in die folgende über:

$$\Sigma \left(\frac{ax^2 + 2bxy + cy^2}{\sigma}\right)^{-s} + \cdots = \varkappa\, \Sigma \frac{2^\mu}{m^s},$$

wo der Bequemlichkeit halber links nur eine einzige der den verschiedenen Formen entsprechenden Summen aufgeschrieben ist.

§. 89.

Wir beschäftigen uns nun zunächst mit einer Umformung*) der rechten Seite dieser Gleichung; zu dem Zweck betrachten wir das System

$$f_1, f_2, f_3 \ldots$$

der sämmtlichen Primzahlen f, welche nicht in $2D$ aufgehen, und von welchen D quadratischer Rest ist. Jede der oben definirten Zahlen m ist dann von der Form

$$f_1^{n_1} f_2^{n_2} f_3^{n_3} \ldots,$$

wo die Exponenten $n_1, n_2, n_3 \ldots$ positive ganze Zahlen oder Null sind, und jedes m kann auch nur auf eine einzige Weise in diese Form gebracht werden. Bilden wir nun die diesen Primzahlen entsprechenden unendlichen Reihen

$$1 + \frac{2}{f_1^s} + \frac{2}{f_1^{2s}} + \frac{2}{f_1^{3s}} + \cdots + \frac{2}{f_1^{n_1 s}} + \cdots$$

$$1 + \frac{2}{f_2^s} + \frac{2}{f_2^{2s}} + \frac{2}{f_2^{3s}} + \cdots + \frac{2}{f_2^{n_2 s}} + \cdots$$

$$1 + \frac{2}{f_3^s} + \frac{2}{f_3^{2s}} + \frac{2}{f_3^{3s}} + \cdots + \frac{2}{f_3^{n_3 s}} + \cdots \text{ u. s. w.},$$

so erkennt man leicht mit Berücksichtigung der eben gemachten Bemerkung, dass das Product aller dieser Reihen nichts Anderes als die Summe

*) Wir machen darauf aufmerksam, dass diese Umformung auch auf die allgemeinere Reihe $\Sigma 2^\mu \psi(m)$ anwendbar ist, wenn nur die Function ψ für ganze Argumente der Bedingung $\psi(z)\,\psi(z') = \psi(zz')$ genügt (vergl. §. 124)

$$\Sigma \frac{2^\mu}{m^s}$$

ist. Denn das Product aus beliebigen Gliedern der ersten. zweiten, dritten Reihe u. s. f. hat die Form

$$\frac{2^\mu}{(f_1^{n_1} f_2^{n_2} f_3^{n_3} \ldots)^s} = \frac{2^\mu}{m^s},$$

wo μ die Anzahl der wirklich in m aufgehenden Primzahlen f bedeutet, d. h. derjenigen, deren Exponent n von Null verschieden ist; es entsteht daher auf diese Weise wirklich jedes Glied der genannten Reihe, und jedes auch nur ein einziges Mal. Da nun andererseits

$$1 + \frac{2}{f^s} + \frac{2}{f^{2s}} + \frac{2}{f^{3s}} + \cdots + \frac{2}{f^{ns}} + \cdots$$

$$= 1 + \frac{2}{f^s} \cdot \frac{1}{1 - \frac{1}{f^s}} = \frac{1 + \frac{1}{f^s}}{1 - \frac{1}{f^s}}$$

ist, so erhalten wir folgende Gleichung

$$\Sigma \frac{2^\mu}{m^s} = \Pi \frac{1 + \frac{1}{f^s}}{1 - \frac{1}{f^s}},$$

in welcher das Productzeichen Π sich auf die sämmtlichen oben definirten Primzahlen f bezieht.

Bezeichnen wir mit q allgemein *jede positive nicht in* $2D$ *aufgehende Primzahl*, so leuchtet ein, dass man die vorstehende Gleichung auch in folgender Form schreiben kann:

$$\Sigma \frac{2^\mu}{m^s} = \Pi \frac{1 + \frac{1}{q^s}}{1 - \left(\frac{D}{q}\right) \frac{1}{q^s}};$$

denn so oft q nicht zu den Primzahlen f gehört, reducirt sich der entsprechende Factor des Productes auf $+1$. In der so erhaltenen Gleichung multipliciren wir Zähler und Nenner des allgemeinen Factors zur Rechten mit $1 - q^{-s}$, wodurch derselbe gleich

$$\frac{1-\frac{1}{q^{2s}}}{\left(1-\frac{1}{q^s}\right)\left(1-\left(\frac{D}{q}\right)\frac{1}{q^s}\right)} = \frac{\left(\frac{1}{1-\frac{1}{q^s}}\right)\left(\frac{1}{1-\left(\frac{D}{q}\right)\frac{1}{q^s}}\right)}{\left(\frac{1}{1-\frac{1}{q^{2s}}}\right)}$$

wird, und indem wir das unendliche Product in drei unendliche Producte zerlegen, erhalten wir

$$\Sigma\frac{2^{\mu}}{m^s} = \frac{\Pi\frac{1}{1-\frac{1}{q^s}}\cdot\Pi\frac{1}{1-\left(\frac{D}{q}\right)\frac{1}{q^s}}}{\Pi\frac{1}{1-\frac{1}{q^{2s}}}}.$$

Jetzt können wir endlich jedes der drei rechts befindlichen Producte wieder in eine unendliche Reihe verwandeln. Da nämlich

$$\frac{1}{1-\left(\frac{D}{q}\right)\frac{1}{q^s}} = \Sigma\left(\frac{D}{q}\right)^r\frac{1}{q^{rs}} =$$

$$1+\left(\frac{D}{q}\right)\frac{1}{q^s}+\left(\frac{D}{q}\right)^2\frac{1}{q^{2s}}+\cdots+\left(\frac{D}{q}\right)^r\frac{1}{q^{rs}}+\cdots$$

ist, so wird, wenn man für q alle, nicht in $2D$ aufgehenden Primzahlen

$$q_1,\ q_2,\ q_3\ \ldots$$

setzt, das Product aller dieser Factoren gleich der Summe aller Glieder von der Form

$$\left(\frac{D}{q_1}\right)^{r_1}\left(\frac{D}{q_2}\right)^{r_2}\left(\frac{D}{q_3}\right)^{r_3}\cdots\frac{1}{(q_1^{r_1}\,q_2^{r_2}\,q_3^{r_3}\ldots)^s},$$

wo die Exponenten $r_1,\ r_2,\ r_3\ \ldots$ alle positiven ganzen Zahlen und Null zu durchlaufen haben. Das System aller der in den Nennern unter dem Exponenten s vorkommenden Zahlen

$$q_1^{r_1}\,q_2^{r_2}\,q_3^{r_3}\ldots = n$$

besteht offenbar aus sämmtlichen *positiven ganzen Zahlen* n, *welche relative Primzahlen gegen* $2D$ *sind*; jede solche Zahl n wird einmal und auch nur einmal durch ein bestimmtes System von Exponenten $r_1,\ r_2,\ r_3\ \ldots$ erzeugt; gleichzeitig ist dann mit Benutzung der von *Jacobi* erweiterten Bedeutung des Legendre'schen Zeichens

$$\left(\frac{D}{q_1}\right)^{r_1}\left(\frac{D}{q_2}\right)^{r_2}\left(\frac{D}{q_3}\right)^{r_3}\cdots=\left(\frac{D}{q_1{}^{r_1}}\right)\left(\frac{D}{q_2{}^{r_2}}\right)\left(\frac{D}{q_3{}^{r_3}}\right)\cdots$$
$$=\left(\frac{D}{q_1{}^{r_1}\,q_2{}^{r_2}\,q_3{}^{r_3}\ldots}\right)=\left(\frac{D}{n}\right).$$

Hierdurch gewinnen wir also folgende Verwandlung

$$\Pi\frac{1}{1-\left(\frac{D}{q}\right)\frac{1}{q^s}}=\Sigma\left(\frac{D}{n}\right)\frac{1}{n^s},$$

wo das Summenzeichen rechts sich auf alle positiven Zahlen n bezieht, die relative Primzahlen gegen $2D$ sind.

Verfährt man ganz ebenso, indem man alle die Entwickelungen

$$\frac{1}{1-\frac{1}{q^s}}=1+\frac{1}{q^s}+\frac{1}{q^{2s}}+\cdots+\frac{1}{q^{rs}}+\cdots$$

mit einander multiplicirt, so erhält man offenbar

$$\Pi\frac{1}{1-\frac{1}{q^s}}=\Sigma\frac{1}{n^s}$$

und folglich auch

$$\Pi\frac{1}{1-\frac{1}{q^{2s}}}=\Sigma\frac{1}{n^{2s}}.$$

Hierdurch haben wir die wichtige Umformung

$$\Sigma\frac{2\mu}{m^s}=\frac{\Sigma\frac{1}{n^s}\times\Sigma\left(\frac{D}{n}\right)\frac{1}{n^s}}{\Sigma\frac{1}{n^{2s}}}$$

gewonnen.

§. 90.

Wir multipliciren nun beide Seiten unserer Hauptgleichung (§. 88) mit der unendlichen Reihe

$$\Sigma\frac{1}{n^{2s}},$$

wodurch sie dem eben gewonnenen Resultat gemäss in die folgende übergeht:

$$\Sigma \frac{1}{n^{2s}} \times \Sigma \left(\frac{ax^2 + 2bxy + cy^2}{\sigma}\right)^{-s} + \cdots = \varkappa \Sigma \frac{1}{n^s} \times \Sigma \left(\frac{D}{n}\right) \frac{1}{n^s}.$$

Führen wir in dem ersten Gliede links die Multiplication der beiden Summen aus, so kann das Resultat als die dreifach unendliche Reihe

$$\Sigma \left(\frac{an^2x^2 + 2bn^2xy + cn^2y^2}{\sigma}\right)^{-s}$$

geschrieben werden, in welcher für x, y alle den früheren Bedingungen I., II., III. genügenden Werthe (§. 88), und für n alle positiven relativen Primzahlen gegen $2D$ zu setzen sind. Diese Reihe kann man aber auch wieder als eine doppelt unendliche ansehen, wenn man

$$nx = x', \quad ny = y'$$

setzt; denn dann nimmt sie die Gestalt

$$\Sigma \left(\frac{ax'^2 + 2bx'y' + cy'^2}{\sigma}\right)^{-s}$$

an, und es fragt sich nur, welche Bedingungen den neuen Summationsbuchstaben x', y' aufzuerlegen sind. Diese ergeben sich aus den Bedingungen für x, y, n folgendermaassen. *Erstens:* Da x, y zufolge der Bedingung I. so gewählt werden müssen, dass

$$\frac{ax^2 + 2bxy + cy^2}{\sigma}$$

relative Primzahl gegen $2D$ wird, und da n ebenfalls relative Primzahl gegen $2D$ ist, so gilt dasselbe von

$$\frac{ax'^2 + 2bx'y' + cy'^2}{\sigma} = n^2 \cdot \frac{ax^2 + 2bxy + cy^2}{\sigma}.$$

Zweitens: für den Fall einer positiven Determinante waren x, y den Isolirungsbedingungen II.

$$y \geqq 0, \quad U(ax + by) > Ty$$

zu unterwerfen; multiplicirt man dieselben mit n, so ergeben sich die ganz gleichlautenden Bedingungen

$$y' \geqq 0, \quad U(ax' + by') > Ty'.$$

Drittens: aus der Bedingung, dass x, y relative Primzahlen sein sollen, würde jetzt nur noch folgen, dass der grösste gemeinschaftliche Divisor n von x', y' relative Primzahl gegen $2D$ sein muss; allein diese Bedingung kann man gänzlich fallen lassen, da sie schon in der ersten enthalten ist; denn sobald x', y' einen gemeinschaftlichen Divisor hätten, der nicht relative Primzahl gegen $2D$ wäre, so könnte auch

$$\frac{ax'^2 + 2bx'y' + cy'^2}{\sigma}$$

nicht relative Primzahl gegen $2D$ sein.

Es zeigt sich also, dass die neuen Variabeln x', y' nur den beiden Bedingungen I. und II. zu unterwerfen sind, wenn man in denselben die Variabeln accentuirt, dass dagegen die Bedingung III. ganz fortgefallen ist. Umgekehrt überzeugt man sich leicht, dass ein jedes solches Werthenpaar x', y' einmal und nur einmal durch ein Werthenpaar x, y und eine Zahl n erzeugt wird.

Wir lassen nun der Bequemlichkeit halber die Accente der Variabeln wieder fort, und schreiben daher unsere Hauptgleichung in folgender Form*)

$$\Sigma\left(\frac{ax^2 + 2bxy + cy^2}{\sigma}\right)^{-s} + \cdots = \varkappa\,\Sigma\frac{1}{n^s} \times \Sigma\left(\frac{D}{n}\right)\frac{1}{n^s},$$

wo nun in der ersten, auf die Form (a, b, c) bezüglichen Summe die Summationsbuchstaben x, y nur noch den beiden folgenden Bedingungen zu unterwerfen sind:

I. Der Werth $\frac{ax^2 + 2bxy + cy^2}{\sigma}$ soll relative Primzahl gegen $2D$ sein.

II. Im Fall einer positiven Determinante soll

$$y \geqq 0, \quad U(ax + by) > Ty$$

sein, wo T, U die frühere Bedeutung haben.

§. 91.

Bevor wir weitergehen, wollen wir aus unserer letzten Gleichung einige interessante Folgerungen ziehen: die erste derselben

*) Auf dieselbe Weise kann auch die allgemeinere Gleichung abgeleitet werden, in welcher statt der Function z^{-s} irgend eine Function $\psi(z)$ auftritt, welche der Bedingung $\psi(z)\,\psi(z') = \psi(zz')$ genügt, so oft z und z' ganze Zahlen sind.

ist rein zahlentheoretischer Natur und vervollständigt unsere frühere Theorie der Darstellung. Wir multipliciren die beiden unendlichen Reihen

$$\Sigma \frac{1}{n'^s}, \quad \Sigma \left(\frac{D}{n''}\right) \frac{1}{n''^s}$$

rechter Hand, nachdem wir die Summationsbuchstaben, um sie von einander zu unterscheiden, accentuirt haben; dann erhalten wir als Product die doppelt unendliche Reihe

$$\Sigma \left(\frac{D}{n''}\right) \frac{1}{(n'n'')^s},$$

in welcher sowohl n' als auch n'' das Gebiet aller Zahlen n, d. h. aller derjenigen positiven ganzen Zahlen zu durchlaufen hat, welche relative Primzahlen gegen $2D$ sind. Offenbar ist jedes Product von der Form $n'n''$ wieder in demselben Gebiet enthalten; fassen wir daher alle Glieder der Doppelsumme, in welchen das Product $n'n''$ denselben Werth n hat, immer in ein einziges zusammen, so können wir diese Doppelsumme wieder in die Form einer einfach unendlichen Reihe

$$\Sigma \frac{\tau_n}{n^s}$$

bringen; bezeichnet man mit δ die sämmtlichen Divisoren der Zahl n, so wird offenbar

$$\tau_n = \Sigma \left(\frac{D}{\delta}\right).$$

Dividiren wir ferner die Gleichung auf beiden Seiten durch σ^s, so nimmt sie folgende Form an

$$\Sigma \frac{1}{(ax^2 + 2bxy + cy^2)^s} + \cdots = \Sigma \frac{\varkappa \tau_n}{(\sigma n)^s}.$$

Fassen wir nun auch links alle in den verschiedenen Doppelsummen vorkommenden Glieder, welche denselben Werth haben, in ein einziges zusammen, so erhalten wir folgende Gleichung

$$\Sigma \frac{\lambda_\nu}{\nu^s} = \Sigma \frac{\varkappa \tau_n}{(\sigma n)^s},$$

wo mit ν alle die durch die sämmtlichen Formen $(a, b, c) \ldots$ des Systems S darstellbaren Zahlen bezeichnet werden, und λ_ν die Anzahl der verschiedenen Darstellungen einer solchen Zahl ν bedeutet. Hierbei ist wohl zu bemerken, dass jetzt ebensowohl uneigentliche wie eigentliche Darstellungen zugelassen werden, indem die darstellenden Zahlen x, y nur noch den Bedingungen I. und II. des vorigen Paragraphen unterworfen sind, während sie früher auch relative Primzahlen unter einander sein mussten.

Besteht nun für jeden über einer gewissen Grenze liegenden positiven Werth des Exponenten s eine Gleichung von der Form

$$\frac{\alpha}{a^s} + \frac{\beta}{b^s} + \frac{\gamma}{c^s} + \cdots = \frac{\alpha'}{a'^s} + \frac{\beta'}{b'^s} + \frac{\gamma'}{c'^s} + \cdots$$

wo $a, b, c \ldots$ sowohl wie $a', b', c' \ldots$ positive und in ihrer Aufeinanderfolge wachsende Zahlwerthe bedeuten, und sind die sämmtlichen Coefficienten $\alpha, \beta, \gamma \ldots \alpha', \beta', \gamma' \ldots$ von Null verschieden, so folgt hieraus die vollständige Identität beider Reihen, d. h. es ist

$$a = a', \quad b = b', \quad c = c' \ldots$$
$$\alpha = \alpha', \quad \beta = \beta', \quad \gamma = \gamma' \ldots$$

Um dies zu beweisen, können wir annehmen, es sei $a \leqq a'$; multipliciren wir beide Seiten der Gleichung mit a^s, so erhalten wir

$$\alpha + \beta \left(\frac{a}{b}\right)^s + \gamma \left(\frac{a}{c}\right)^s + \cdots$$
$$= \alpha' \left(\frac{a}{a'}\right)^s + \beta' \left(\frac{a}{b'}\right)^s + \gamma' \left(\frac{a}{c'}\right)^s + \cdots$$

Da nun sowohl die Werthe

$$\frac{a}{b}, \quad \frac{a}{c} \cdots$$

als auch die Werthe

$$\frac{a}{b'}, \quad \frac{a}{c'} \cdots$$

fortwährend abnehmende echte Brüche sind, und beide Reihen convergiren, so überzeugt man sich leicht*), dass mit unbegrenzt wachsendem s die linke Seite der vorstehenden Gleichung sich dem Grenzwerth α nähert, und ebenso die rechte dem Grenzwerth α' oder 0, je nachdem $a = a'$ oder $< a'$ ist. Da nun beide Seiten sich nothwendig demselben Grenzwerth nähern müssen, und α von Null verschieden ist, so muss $a = a'$, und folglich auch $\alpha = \alpha'$ sein. Nachdem so die Identität der ersten Glieder auf beiden Seiten bewiesen ist, kann man dieselben fortlassen; aus der so entstehenden Gleichung

*) Vergl. Supplement IX: §. 143.

$$\frac{\beta}{b^s} + \frac{\gamma}{c^s} + \cdots = \frac{\beta'}{b'^s} + \frac{\gamma'}{c'^s} + \cdots$$

folgt dann auf dieselbe Weise, dass $b = b'$ und $\beta = \beta'$ sein muss, und so kann man fortfahren.

Wendet man dies Princip auf unsere obige Gleichung an, so ergiebt sich, dass jedes σn, dem ein von Null verschiedenes τ_n entspricht, nothwendig eine Zahl ν, d. h. eine durch die Formen S darstellbare Zahl, und dass die Anzahl λ_ν der verschiedenen Darstellungen eines solchen $\nu = \sigma n$ gleich $\varkappa \tau_n$ ist; wenn dagegen $\tau_n = 0$ ist, so kann auch σn keine durch die Formen S darstellbare Zahl ν sein; wir können daher in beiden Fällen sagen: *die Anzahl aller Darstellungen einer Zahl σn durch die Formen S ist immer*

$$= \varkappa \tau_n = \varkappa \sum \left(\frac{D}{\delta}\right),$$

wo δ alle Divisoren der Zahlen n durchlaufen muss).*

Wir wollen dieses Resultat auf einige Beispiele anwenden.

1. Ist $D = -1$ (und folglich $\sigma = 1$), so ist nur eine einzige Form in dem System S enthalten, für welche wir die Form $(1, 0, 1)$ wählen können; das System der Zahlen σn ist das der positiven ungeraden Zahlen, und da $\varkappa = 4$ ist, so erhalten wir das Resultat:

Die Anzahl aller Darstellungen einer beliebigen positiven ungeraden Zahl n durch die Form $(1, 0, 1) = x^2 + y^2$ ist gleich

$$4 \sum (-1)^{\frac{1}{2}(\delta - 1)} = 4(M - N)$$

d. h. gleich dem vierfachen Ueberschuss der Anzahl M ihrer Divisoren δ von der Form $4h + 1$ über die Anzahl N der Divisoren δ von der Form $4h + 3$.

Die darstellenden Zahlen x, y sind gar keiner Beschränkung unterworfen; es leuchtet ferner ein, dass jedesmal acht verschiedene Darstellungen eine einzige Zerlegung in zwei Quadrate geben; nur wenn eine der beiden darstellenden Zahlen $= 0$ ist, findet eine Ausnahme Statt, weil dann nur vier verschiedene Darstellungen dieselbe Zerlegung liefern, ein Fall, der nur dann eintreten kann, wenn n eine Quadratzahl ist. Die Anzahl der verschiedenen Zerlegungen ist daher $\frac{1}{2}(M - N + 1)$ oder $\frac{1}{2}(M - N)$, je nachdem n eine Quadratzahl ist oder nicht. So ist z. B.

---

*) Vergl. §. 124.

$$25 = 0^2 + 5^2 = 3^2 + 4^2$$
$$45 = 3^2 + 6^2$$
$$49 = 0^2 + 7^2$$
$$65 = 1^2 + 8^2 = 4^2 + 7^2.$$

Ist endlich n eine Primzahl, so ergiebt sich wieder, dass n auf eine einzige, oder auf gar keine Weise in zwei Quadrate zerlegt werden kann, je nachdem n von der Form $4h + 1$, oder von der Form $4h + 3$ ist (§. 68).

2. Für die positive Determinante $D = 2$ existiren nur die beiden einander äquivalenten reducirten Formen $(1, 1, -1)$ und $(-1, 1, 1)$, also nur eine einzige Classe; als repräsentirende Form kann man daher auch $(1, 0, -2) = x^2 - 2y^2$ wählen. Da die kleinsten der Gleichung $T^2 - 2U^2 = 1$ genügenden Zahlen $T = 3$, $U = 2$ sind, so werden nur solche Darstellungen betrachtet, in welchen $y \geqq 0$, $2x > 3y$ ist. Da ferner

$$\left(\frac{2}{\delta}\right) = (-1)^{1/8(\delta^2 - 1)} = +1 \text{ oder } = -1$$

ist, je nachdem $\delta = 8h \pm 1$ oder $\delta = 8h \pm 5$ ist, so bekommen wir folgendes Resultat:

Die Anzahl aller den obigen Bedingungen genügenden Darstellungen (x, y) einer beliebigen positiven ungeraden Zahl n durch die Form $x^2 - 2y^2$ ist gleich dem Ueberschuss der Anzahl derjenigen Divisoren von n, welche die Form $8h \pm 1$ haben, über die Anzahl der anderen Divisoren.

§. 92.

Eine zweite interessante Anwendung der vorstehenden Untersuchung machen wir auf die Analysis. Wir haben gesehen, dass durch Einsetzen aller den Bedingungen I. und II. genügenden ganzzahligen Werthenpaare x, y in die Formen $(a, b, c) \ldots$ des Systems S die Zahlen σn erzeugt werden, und zwar ist

$$\varkappa \tau_n = \varkappa \Sigma \left(\frac{D}{\delta}\right)$$

die Anzahl der verschiedenen Erzeugungen einer solchen Zahl σn, wenn wieder für δ alle Divisoren von n gesetzt werden. Nehmen wir daher von jeder der Zahlen $ax^2 + 2bxy + cy^2$ eine bestimmte

Function ψ, so entsteht auf diese Weise jeder Werth $\psi(\sigma n)$ so oft als $\varkappa \tau_n$ angiebt. Hieraus folgt wieder, dass

$$\Sigma\, \psi(ax^2 + 2bxy + cy^2) + \cdots = \varkappa\, \Sigma\, \tau_n \psi(\sigma n)$$

sein wird, sobald die Function ψ so gewählt wird, dass diese unendlichen Reihen bestimmte von der Anordnung ihrer Glieder unabhängige Summen haben. Dies ist der Fall, wenn man

$$\psi(z) = q^z$$

setzt, wo q eine reelle oder complexe Grösse bedeutet, deren Modulus ein echter Bruch ist. Man erhält auf diese Weise folgende sehr allgemeine Gleichung

$$\Sigma\, q^{ax^2+2bxy+cy^2} + \cdots = \varkappa\, \Sigma\, \tau_n q^{\sigma n};$$

da auf der rechten Seite der Coefficient τ_n selbst wieder eine Summe ist, in welcher δ die sämmtlichen Divisoren von n zu durchlaufen hat, so kann man, indem man n in $n'\delta$ verwandelt, die Gleichung auch so schreiben

$$\Sigma\, q^{ax^2+2bxy+cy^2} + \cdots = \varkappa\, \Sigma \left(\frac{D}{\delta}\right) q^{\sigma n'\delta},$$

wo nun rechts eine Doppelsumme steht, in welcher jeder der beiden Summationsbuchstaben n' und δ das Gebiet aller Zahlen n zu durchlaufen hat.

Wir wollen die vorstehende Gleichung auf einige specielle Fälle anwenden. Nehmen wir z. B. $D = -1$, also $\sigma = 1$, so haben wir links nur eine einzige Doppelsumme; nehmen wir wieder (1, 0, 1) als die repräsentirende Form, so ist dieselbe gleich

$$\Sigma\, q^{x^2+y^2},$$

worin x, y alle Werthenpaare zu durchlaufen haben, für welche $x^2 + y^2$ ungerade ausfällt; es muss daher eine der beiden Zahlen x, y ungerade, die andere gerade sein; da man nun in jeder erlaubten Combination x mit y vertauschen kann, so setzen wir fest, dass x nur die ungeraden, y nur die geraden Werthe durchlaufen soll, müssen dann aber die so beschränkte Doppelreihe mit 2 multipliciren; wir erhalten so

$$2\, \Sigma\, q^{x^2+y^2} = 2\, \Sigma\, q^{x^2} q^{y^2} = 2\, \Sigma\, q^{x^2} \times \Sigma\, q^{y^2}$$

wo x alle positiven und negativen ungeraden, y alle positiven und negativen geraden Zahlen und Null zu durchlaufen hat; beschränken wir aber x auf alle positiven ungeraden, und y auf alle positiven geraden Zahlen, so können wir das vorstehende Product auch so schreiben

$$4\,\Sigma\, q^{x^2} \times (1 + 2\,\Sigma\, q^{y^2}).$$

Auf der rechten Seite haben wir (nach §. 88) die Doppelsumme

$$4\,\Sigma \left(\frac{-1}{\delta}\right) q^{n'\delta} = 4\,\Sigma\,(-1)^{\frac{1}{2}(\delta-1)}\, q^{n'\delta},$$

wo n' und δ alle positiven ungeraden Zahlen zu durchlaufen haben; die Summation in Bezug auf n' ergiebt

$$\Sigma\, q^{n'\delta} = q^{\delta} + q^{3\delta} + q^{5\delta} + \cdots = \frac{q^{\delta}}{1 - q^{2\delta}},$$

mithin wird die rechte Seite gleich

$$4\,\Sigma\,(-1)^{\frac{1}{2}(\delta-1)}\,\frac{q^{\delta}}{1 - q^{2\delta}}$$

und wir erhalten daher folgende merkwürdige Gleichung

$$(q + q^9 + q^{25} + q^{49} + \cdots)(1 + 2q^4 + 2q^{16} + 2q^{36} + \cdots)$$

$$= \frac{q}{1-q^2} - \frac{q^3}{1-q^6} + \frac{q^5}{1-q^{10}} - \frac{q^7}{1-q^{14}} + \cdots$$

welche, wie die anderen Gleichungen, welche negativen Determinanten entsprechen, auch aus der Theorie der *Elliptischen Functionen* abgeleitet werden kann *).

Für positive Determinanten fallen die entsprechenden Gleichungen weniger einfach aus, weil auf der linken Seite die Variabeln x, y immer noch der Bedingung II. unterworfen sind. Nehmen wir z. B. $D = 2$, also $\sigma = 1$, $\varkappa = 1$, so erhalten wir in ähnlicher Weise die Gleichung

$$\Sigma\, q^{x^2 - 2y^2} = \Sigma \left(\frac{2}{\delta}\right) q^{\delta n'}$$

$$= \frac{q}{1-q^2} - \frac{q^3}{1-q^6} - \frac{q^5}{1-q^{10}} + \frac{q^7}{1-q^{14}} + \cdots,$$

wo auf der linken Seite für x, y alle Werthenpaare zu setzen sind, die den Bedingungen $y \geqq 0$, $2x > 3y$ genügen, und für welche ausserdem $x^2 - 2y^2$ und also x ungerade ist.

---

*) Man vergleiche *Jacobi: Fundamenta nova theoriae functionum ellipticarum* 1829 pagg. 92, 103, 184.

§. 93.

Wir kehren nun zu unserem eigentlichen Gegenstande, der weiteren Behandlung der Gleichung (§. 90)

$$\Sigma\left(\frac{ax^2+2bxy+cy^2}{\sigma}\right)^{-s}+\cdots=\varkappa\,\Sigma\frac{1}{n^s}\times\Sigma\left(\frac{D}{n}\right)\frac{1}{n^s}$$

zurück, und es wird gut sein, den Gang der Untersuchung hier mit wenigen Worten im Voraus anzugeben. Man würde auf unübersteigliche Schwierigkeiten stossen, wenn man die auf der linken Seite angedeuteten Summationen für einen beliebigen Werth von $s > 1$ wirklich ausführen wollte. Lässt man dagegen den Exponenten s immer mehr abnehmen und gegen den Werth 1 convergiren, so wird gleichzeitig jede dieser Summen über alle Grenzen wachsen, und bei näherer Betrachtung zeigt sich, dass das Product aus einer solchen Summe und aus $(s-1)$ sich einem festen endlichen Grenzwerth L nähert, welcher nur von der allen Formen gemeinschaftlichen Determinante D abhängt, und folglich wird der Grenzwerth der ganzen mit $(s-1)$ multiplicirten linken Seite $= hL$ sein, wenn man mit h die Anzahl der Summen, d. h. also *die Anzahl der in dem Formensystem S enthaltenen Formen* (a, b, c) ... bezeichnet. Da ferner der Grenzwerth der mit $(s-1)$ multiplicirten rechten Seite sich direct bestimmen lässt, so erhält man auf diese Weise einen Ausdruck für die Classenanzahl h, deren Bestimmung ja den Gegenstand unserer ganzen Untersuchung bildet.

Bevor wir aber dazu übergehen, diesen Grenzprocess durchzuführen, müssen wir noch einige vorläufige Fragen erörtern, deren Beantwortung für unseren Zweck durchaus erforderlich ist. Zunächst wenden wir uns dazu, die den Summationsbuchstaben x, y auferlegte Bedingung I. (§. 90) so umzuformen, dass man einen deutlichen Ueberblick über das System der ihr genügenden Werthenpaare x, y erhält. Zu dem Ende dürfen wir annehmen, dass der Repräsentant (a, b, c) einer ganzen Classe immer so gewählt ist, dass der Quotient $a:\sigma$ nicht nur, wie schon früher festgesetzt wurde, positiv, sondern auch *relative Primzahl gegen* $2D$ ist. Von der Berechtigung zu dieser Annahme wird man sich durch die folgende Betrachtung überzeugen. Ist

$$(a, b, c) = \sigma(Ax^2 + Bxy + Cy^2) = \sigma F$$

eine beliebige Form vom Theiler σ, und r irgend eine Primzahl, so kann man den beiden Variabeln x, y der Form stets solche Werthe beilegen, dass der Werth von F nicht durch r theilbar wird; denn ist eine der beiden Zahlen A, C, z. B. A, nicht durch r theilbar, so gebe man x einen durch r nicht theilbaren, y dagegen einen durch r theilbaren Werth; sind aber beide Coefficienten A, C durch r theilbar, so ist B gewiss nicht durch r theilbar, und folglich genügt es dann, x und y Werthe beizulegen, die beide nicht durch r theilbar sind. *Man kann folglich auch x und y immer so wählen, dass der Werth von F relative Primzahl gegen irgend eine vorgeschriebene Zahl k wird;* denn bezeichnet man mit r', r'', r''' ... die sämmtlichen in k aufgehenden Primzahlen, so braucht man nur zu bewirken, dass F durch keine einzige derselben theilbar wird, was nach dem eben Gesagten sich stets dadurch erreichen lässt, dass die beiden Variabeln x, y durch einige dieser Primzahlen theilbar, durch andere nicht theilbar angenommen werden — Bedingungen, die sich stets auf unendlich viele verschiedene Arten erfüllen lassen. Man kann hinzufügen, dass x, y ausserdem noch so gewählt werden können, dass der Werth von F *positiv* ausfällt; für eine negative Determinante D versteht sich dies von selbst, da wir Formen mit negativen äusseren Coefficienten ausschliessen; für eine positive Determinante braucht man, da

$$a\sigma F = (ax + by)^2 - Dy^2$$

ist, nur dafür zu sorgen, dass, je nachdem a positiv oder negativ ist, entsprechend $(ax + by)$ absolut genommen grösser oder kleiner als $y\sqrt{D}$ ausfällt, und offenbar lassen die bisher den Variabeln x, y auferlegten Bedingungen, durch einige Primzahlen theilbar, durch einige andere nicht theilbar zu sein, noch solchen Spielraum für ihr Grössenverhältniss, dass auch dieser Forderung noch auf unendlich viele verschiedene Arten genügt werden kann. Endlich können wir noch behaupten, dass für die Variabeln x, y auch solche Werthe gewählt werden können, welche unter einander *relative Primzahlen* sind und doch die übrigen Bedingungen erfüllen, dass F positiv und relative Primzahl gegen die vorgeschriebene Zahl k ist; denn haben x und y einen gemeinschaftlichen Divisor, so braucht man sie nur durch Division von demselben zu befreien, und die Quotienten, die unter einander relative Primzahlen sind, bilden ein solches allen Anforderungen genügendes Werthenpaar.

Wir machen von der vorstehenden (auch für andere Untersuchungen nützlichen) Betrachtung eine specielle Anwendung auf den Fall, in welchem $k = 2D$ ist; wir können dann so sagen: ist (a, b, c) irgend eine Form vom Theiler σ und von der Determinante D, so kann man stets zwei relative Primzahlen α, γ von der Beschaffenheit finden, dass

$$\frac{a'}{\sigma} = \frac{a\alpha^2 + 2b\alpha\gamma + c\gamma^2}{\sigma}$$

positiv und relative Primzahl gegen $2D$ wird. Da nun α, γ relative Primzahlen sind, so kann man (§. 24) irgend ein Paar von Werthen β, δ wählen, welche der Gleichung $\alpha\delta - \beta\gamma = 1$ genügen, und dann geht die Form (a, b, c) durch die Substitution $\binom{\alpha,\ \beta}{\gamma,\ \delta}$ in eine äquivalente Form über, deren erster Coefficient a' positiv ist und ausserdem die Eigenschaft hat, dass $a' : \sigma$ relative Primzahl gegen $2D$ ist. Und hiermit ist in der That der verlangte Nachweis geliefert, dass in jeder Formenclasse solche Repräsentanten ausgewählt werden können, welche die obige neue Bedingung erfüllen.

§. 94.

Wir nehmen daher jetzt an, dass die repräsentirende Form (a, b, c) so gewählt ist, das $a : \sigma$ nicht nur positiv, sondern auch relative Primzahl gegen $2D$ ist, und fragen nun nach dem System aller Werthenpaare x, y, welche der Bedingung I. genügen, dass

$$\frac{ax^2 + 2bxy + cy^2}{\sigma}$$

relative Primzahl gegen $2D$ wird*). Bezeichnen wir wie früher mit Δ den absoluten Werth der Determinante D, so kann man stets

$$x = 2\Delta v + \alpha, \quad y = 2\Delta w + \gamma$$

setzen, wo α und γ irgend welche der 2Δ Zahlen

$$0, 1, 2, \ldots (2\Delta - 1).$$

---

*) Ganz ähnlich lässt sich auch der Fall behandeln, wenn (a, b, c) keine *ursprüngliche* Form ist; man kann dann gleich darauf ausgehen, die Anzahl der Classen von *beliebigem* Theiler σ zu bestimmen, und erhält auf diese Weise ebenfalls das unten (in §. 100) gewonnene Resultat.

und v und w beliebige ganze Zahlen bedeuten; jede Combination zweier ganzen Zahlen x, y kann stets und nur auf eine einzige Weise in diese Form gebracht werden. Da nun aus

$$x \equiv \alpha \pmod{2\Delta} \quad \text{und} \quad y \equiv \gamma \pmod{2\Delta}$$

auch

$$\frac{ax^2 + 2bxy + cy^2}{\sigma} \equiv \frac{a\alpha^2 + 2b\alpha\gamma + c\gamma^2}{\sigma} \pmod{2\Delta}$$

folgt, so leuchtet ein, dass man unter den sämmtlichen $4\Delta^2$ Combinationen (α, γ) nur diejenigen zu ermitteln hat, für welche

$$\frac{a\alpha^2 + 2b\alpha\gamma + c\gamma^2}{\sigma}$$

relative Primzahl gegen 2Δ wird. Die gesuchten Combinationen (x, y) vertheilen sich dann in zusammengehörige Paare von arithmetischen Reihen, deren Differenz $= 2\Delta$ ist, und deren Anfangsglieder α, γ specielle solche Combinationen sind, die dieselbe Bedingung erfüllen. Uns kommt es nun weniger darauf an, wirklich alle diese Combinationen (α, γ) genau zu definiren, als vielmehr, nur ihre *Anzahl* sicher festzustellen, weil diese allein bei dem späteren Grenzübergang eine Rolle spielt. Hierzu ist es aber nöthig verschiedene Fälle zu unterscheiden.

Erstens: $\sigma = 1$. Wir fragen nach der Anzahl der Combinationen (α, γ), für welche $a\alpha^2 + 2b\alpha\gamma + c\gamma^2$ oder, da a relative Primzahl gegen 2Δ ist, für welche

$$a(a\alpha^2 + 2b\alpha\gamma + c\gamma^2) = (a\alpha + b\gamma)^2 \pm \Delta\gamma^2$$

relative Primzahl gegen 2Δ wird. Setzt man zunächst für γ irgend eine der Δ geraden Zahlen

$$0, 2, 4 \ldots (2\Delta - 2),$$

so ist erforderlich und hinreichend, dass $(a\alpha + b\gamma)^2$ und folglich $(a\alpha + b\gamma)$ relative Primzahl gegen 2Δ werde; lässt man aber α das in Bezug auf den Modulus 2Δ vollständige Restsystem

$$0, 1, 2 \ldots (2\Delta - 1)$$

durchlaufen, während γ seinen Werth behält, so durchläuft (nach §. 18) der Ausdruck $(a\alpha + b\gamma)$, weil a relative Primzahl gegen den Modulus ist, ebenfalls ein vollständiges Restsystem, und folglich gehören zu jedem solchen geraden γ genau $\varphi(2\Delta)$ erlaubte Werthe von α, wo die Charakteristik φ im früheren Sinne (§. 11) gebraucht ist. Jedem der Δ ungeraden Werthe

$$1, 3 \ldots (2\Delta - 1)$$

von γ entsprechen ebenfalls $\varphi(2\Delta)$ erlaubte Werthe von α; dies leuchtet unmittelbar ein, wenn Δ gerade ist, weil die Forderung sich dann ebenfalls darauf reducirt, dass $(a\alpha + b\gamma)$ relative Primzahl gegen 2Δ werden muss. Ist aber Δ und also auch $\pm\Delta\gamma^2$ ungerade, so muss, da

$$(a\alpha + b\gamma)^2 \pm \Delta\gamma^2$$

ungerade und relative Primzahl gegen Δ werden soll, $(a\alpha + b\gamma)$ gerade und relative Primzahl gegen Δ werden, und folglich muss auch der Rest von $(a\alpha + b\gamma)$ in Bezug auf den Modul 2Δ gerade und relative Primzahl gegen Δ sein, und umgekehrt wird, sobald dies der Fall ist, die obige Forderung erfüllt sein. Durchläuft nun α alle seine 2Δ Werthe, so durchläuft der Rest von $(a\alpha + b\gamma)$ dieselben 2Δ Werthe; unter diesen sind die folgenden Δ Reste gerade

$$0, 2, 4 \ldots 2(\Delta - 1),$$

und unter diesen sind $\varphi(\Delta)$ relative Primzahlen gegen die ungerade Zahl Δ. Dies ist also die Anzahl der zu jedem ungeraden γ gehörenden erlaubten Werthe von α; da nun aber Δ ungerade, also relative Primzahl gegen 2 ist, so ist auch $\varphi(2\Delta) = \varphi(2)\varphi(\Delta) = \varphi(\Delta)$, und folglich haben wir in allen Fällen dieselbe Antwort: zu jedem geraden oder ungeraden γ gehören stets $\varphi(2\Delta)$ erlaubte Werthe von α; mithin existiren im Ganzen $2\Delta\varphi(2\Delta)$ erlaubte Combinationen (α, γ).

Zweitens: $\sigma = 2$; a und c gerade, b ungerade, und $D \equiv 1 \pmod{4}$. Es fragt sich: für wieviele Combinationen (α, γ) ist

$$\tfrac{1}{2}a\alpha^2 + b\alpha\gamma + \tfrac{1}{2}c\gamma^2$$

ungerade und relative Primzahl gegen Δ? — Wir beschränken uns zunächst darauf, die Combinationen zu bestimmen, für welche dieser Werth ungerade ausfällt. Da wir den Repräsentanten (a, b, c) so gewählt haben, dass $\frac{1}{2}a$ relative Primzahl gegen 2Δ und also auch ungerade ist, so wird

$$D = b^2 - ac \equiv 1 \quad \text{oder} \quad \equiv 5 \pmod{8},$$

je nachdem $\frac{1}{2}c$ gerade oder ungerade ist; im ersten Fall muss daher $\alpha(\frac{1}{2}a\alpha + b\gamma)$ ungerade, also α ungerade, und γ gerade sein; im zweiten Fall muss mindestens eine der beiden Zahlen α und γ

ungerade sein. Die Anzahl der erlaubten Combinationen ist hierdurch im ersten Falle auf $\varDelta^2$, im zweiten auf $3\varDelta^2$ herabgedrückt.

Soll nun der Werth von $\frac{1}{2}a\alpha^2 + ba\gamma + \frac{1}{2}c\gamma^2$ auch relative Primzahl gegen $\varDelta$ werden, so ist erforderlich und hinreichend, dass

$$(a\alpha + b\gamma)^2 \pm \varDelta\gamma^2 = 2a(\tfrac{1}{2}a\alpha^2 + b\alpha\gamma + \tfrac{1}{2}c\alpha^2)$$

oder also $(a\alpha + b\gamma)$ relative Primzahl gegen $\varDelta$ werde. Im ersten Fall, wo $D \equiv 1 \pmod{8}$ ist, dürfen für γ nur gerade, für α nur ungerade Werthe gesetzt werden. Giebt man daher γ einen bestimmten der $\varDelta$ Werthe

$$0, 2, 4 \ldots (2\varDelta - 2)$$

und lässt dann α die sämmtlichen $\varDelta$ Werthe

$$1, 3, 5 \ldots (2\varDelta - 1)$$

durchlaufen, welche offenbar in Bezug auf den Modul $\varDelta$ ein vollständiges Restsystem bilden, so gilt (da a relative Primzahl gegen $\varDelta$ ist) dasselbe von den $\varDelta$ entsprechenden Zahlen $(a\alpha + b\gamma)$, und folglich sind unter denselben $\varphi(\varDelta) = \varphi(2\varDelta)$ relative Primzahlen gegen $\varDelta$. Im Ganzen giebt es daher in diesem Fall $\varDelta\varphi(2\varDelta)$ erlaubte Combinationen (α, γ). — Im zweiten Fall, wo $D \equiv 5 \pmod{8}$ ist, und in welchem mindestens eine der beiden Zahlen α, γ ungerade sein muss, findet man auf dieselbe Weise, dass jedem geraden Werthe von γ wieder $\varphi(\varDelta) = \varphi(2\varDelta)$ ungerade Werthe von α entsprechen, woraus zunächst $\varDelta\varphi(2\varDelta)$ zulässige Combinationen entspringen; ist aber γ ungerade, und durchläuft α seine sämmtlichen $2\varDelta$ Werthe, so durchläuft der Ausdruck $(a\alpha + b\gamma)$ zweimal dasselbe vollständige Restsystem in Bezug auf den Modulus $\varDelta$; es giebt daher immer $2\varphi(\varDelta) = 2\varphi(2\varDelta)$ erlaubte Werthe von α, so dass aus den $\varDelta$ ungeraden Werthen von γ genau $2\varDelta\varphi(2\varDelta)$ erlaubte Combinationen (α, γ) entspringen. Im Ganzen giebt es daher in diesem zweiten Falle $3\varDelta\varphi(2\varDelta)$ erlaubte Combinationen (α, γ).

Wir können die sämmtlichen Fälle so zusammenfassen: die Anzahl der Paare von zusammengehörigen arithmetischen Reihen

$$x = 2\varDelta v + \alpha, \quad y = 2\varDelta w + \gamma$$

welche der Bedingung I. genügen, ist

$$= \omega \,.\, \varDelta\varphi(2\varDelta),$$

wo

$$\omega = 2, \text{ wenn } \sigma = 1$$
$$\omega = 1, \text{ wenn } \sigma = 2 \text{ und } D \equiv 1 \pmod{8}$$
$$\omega = 3, \text{ wenn } \sigma = 2 \text{ und } D \equiv 5 \pmod{8}$$

ist.

§. 95.

Wir kehren nun zu unserer Hauptgleichung zurück, der wir die Form

$$\varrho \sum \frac{1}{(ax^2 + 2bxy + cy^2)^{1+\varrho}} + \cdots = \frac{\varrho\varkappa}{\sigma^{1+\varrho}} \sum \frac{1}{n^{1+\varrho}} \sum \left(\frac{D}{n}\right) \frac{1}{n^{1+\varrho}}$$

geben, indem wir $s = 1 + \varrho$ setzen, mit ϱ multipliciren und durch $\sigma^{1+\varrho}$ dividiren; lassen wir jetzt die positive Zahl ϱ unendlich klein werden, so haben wir die Grenzwerthe der einzelnen Glieder zu bestimmen, welche sich auf der linken und rechten Seite befinden. Indem wir mit der Discussion der linken Seite beginnen, wird es wieder nothwendig, den Fall einer negativen Determinante von dem einer positiven vollständig zu trennen.

Wir nehmen daher zunächst an, die Determinante D sei *negativ* $= -\Delta$. Dann sind die Variabeln x, y in der der Form (a, b, c) entsprechenden Summe nur der Bedingung I. unterworfen, und wir haben eben gesehen, dass eine solche Summe in $\omega\Delta\varphi(2\Delta)$ Partialreihen zerfällt, welche den einzelnen zulässigen Combinationen (α, γ) entsprechen. Betrachten wir daher zunächst nur eine einzige solche Partialsumme

$$\varrho \sum \frac{1}{(ax^2 + 2bxy + cy^2)^{1+\varrho}},$$

in welcher x, y alle Werthe

$$x = 2\Delta v + \alpha, \quad y = 2\Delta w + \gamma$$

zu durchlaufen haben, die einer bestimmten zulässigen Combination (α, γ) und allen denkbaren ganzzahligen Werthen v, w entsprechen. Nach den in den Supplementen (II. §. 118) aufgestellten Principien ist der Grenzwerth des vorstehenden Productes identisch mit dem des Quotienten $T : t$, wo t eine über alle Grenzen wachsende positive Zahl, und T die zugehörige Anzahl der dargestellten Zahlen $ax^2 + 2bxy + cy^2$ bedeutet, welche nicht grösser als t sind, für welche also

$$a\left(\frac{x}{\sqrt{t}}\right)^2 + 2b\frac{x}{\sqrt{t}}\cdot\frac{y}{\sqrt{t}} + c\left(\frac{y}{\sqrt{t}}\right)^2 \leqq 1$$

ist. Dieser Grenzwerth des Quotienten $T:t$ lässt sich leicht mit Hülfe einer geometrischen Betrachtung bestimmen; setzt man nämlich

$$\frac{x}{\sqrt{t}} = \xi, \quad \frac{y}{\sqrt{t}} = \eta,$$

so ist T die Anzahl der Werthenpaare

$$\xi = \frac{2\Delta}{\sqrt{t}}v + \frac{\alpha}{\sqrt{t}}, \quad \eta = \frac{2\Delta}{\sqrt{t}}w + \frac{\gamma}{\sqrt{t}}, \tag{1}$$

für welche

$$a\xi^2 + 2b\xi\eta + c\eta^2 \leqq 1 \tag{2}$$

wird; sieht man nun ξ, η als rechtwinklige Coordinaten eines Punctes in einer Ebene an, und lässt man v und w alle ganzzahligen Werthe durchlaufen, so bilden die durch die Formeln (1) bestimmten Puncte (ξ, η) ein Gitter, welches durch die rechtwinklige Kreuzung zweier Systeme von Geraden entsteht, die den Axen parallel sind, und von denen je zwei benachbarte die constante Distanz $\delta = 2\Delta : \sqrt{t}$ haben. Die ganze Ebene wird auf diese Weise in Quadrate von dem Flächeninhalt

$$\delta^2 = \frac{4\Delta^2}{t}$$

zerlegt, deren Eckpuncte jene Puncte (ξ, η) sind; und folglich ist T die Anzahl derjenigen dieser Gitterpuncte (ξ, η), welche nicht ausserhalb der durch die Gleichung

$$a\xi^2 + 2b\xi\eta + c\eta^2 = 1 \tag{3}$$

dargestellten Curve liegen; da nun $b^2 - ac = -\Delta$ negativ (und a positiv) ist, so ist diese Curve eine Ellipse, deren Mittelpunct mit dem Nullpunct des Coordinatensystems zusammenfällt. Nach einem ebenfalls in den Supplementen (III. §. 120) aufgestellten Hülfssatz hat folglich das Product

$$T.\delta^2 = 4\Delta^2.\frac{T}{t}$$

den Flächeninhalt A dieser Ellipse zum Grenzwerth, wenn t unendlich gross und also δ unendlich klein wird; es ist daher der gesuchte Grenzwerth

$$\lim \frac{T}{t} = \frac{A}{4\Delta^2},$$

woraus schon folgt, dass derselbe von (α, γ) unabhängig und also für jede der $\omega\Delta\varphi(2\Delta)$ Partialsummen, welche unsere Summe constituiren, derselbe ist. Mithin ist der Grenzwerth dieser, der Form (a, b, c) entsprechenden Summe

$$\varrho \sum \frac{1}{(ax^2 + 2bxy + cy^2)^{1+\varrho}}$$

gleich

$$\omega\Delta\varphi(2\Delta) \cdot \frac{A}{4\Delta^2} = \frac{\omega\varphi(2\Delta)}{4\Delta} A,$$

wo A den Flächeninhalt der Ellipse (3) bezeichnet *). Um diesen zu bestimmen, transformire man die Gleichung der Ellipse durch Einführung solcher rechtwinkliger Coordinaten, welche mit den Hauptaxen der Ellipse zusammenfallen, wodurch sie die Form

$$a'\xi'^2 + c'\eta'^2 = 1$$

annehmen wird. Bekanntlich bleibt bei einer solchen orthogonalen Transformation die Determinante $b^2 - ac$ ungeändert, so dass

$$a'c' = ac - b^2 = \Delta$$

ist; andererseits sind $\sqrt{a'}$ und $\sqrt{c'}$ die reciproken Werthe der beiden Halbaxen, und folglich ist

$$A = \frac{\pi}{\sqrt{a'c'}} = \frac{\pi}{\sqrt{\Delta}},$$

wo natürlich die Quadratwurzel *positiv* zu nehmen ist. Es ergiebt sich also das merkwürdige Resultat, dass dieser Flächeninhalt A, und folglich auch der obige Grenzwerth

$$\frac{\omega\pi\varphi(2\Delta)}{4\Delta\sqrt{\Delta}}$$

der auf die eine Form (a, b, c) bezüglichen Summe von den einzelnen Coefficienten a, b, c und folglich von der individuellen Natür dieser Form gänzlich unabhängig ist. Denselben Grenzwerth wird daher jede andere, einer anderen Form (a', b', c') des Systems S

---

*) Daraus, dass der Quotient $T : t$ sich einem bestimmten Grenzwerth nähert, geht zufolge des in den Supplementen (II. §. 118) aufgestellten Satzes nachträglich hervor, dass die bisher betrachteten unendlichen Reihen für jeden positiven Werth von ϱ, also für alle Werthe $s > 1$ convergiren.

entsprechende, Summe haben; bezeichnen wir daher mit h die Anzahl dieser einzelnen Summen auf der linken Seite unserer Gleichung, d. h. also die *Anzahl der Classen ursprünglicher Formen der σten Art für die negative Determinante* $D = -\Delta$, so wird der Grenzwerth der ganzen linken Seite gleich

$$\frac{\omega\pi\varphi(2\Delta)}{4\Delta\sqrt{\Delta}}\,h.$$

§. 96.

Gehen wir nun zur rechten Seite der Gleichung über, so haben wir wieder mit Hülfe der in den Supplementen (II. §. 117) aufgestellten Principien den Grenzwerth des Productes

$$\varrho\,\Sigma\,\frac{1}{n^{1+\varrho}}$$

zu ermitteln, wo das Summenzeichen sich auf alle positiven ganzen Zahlen n bezieht, die relative Primzahlen gegen 2Δ sind. Bezeichnet man nun mit ν, ν', ν'' ... die $\varphi(2\Delta)$ ersten dieser Zahlen, nämlich diejenigen, welche $< 2\Delta$ sind, so kann man die vorstehende Summe in $\varphi(2\Delta)$ Partialsummen von der Form

$$\varrho\left\{\frac{1}{\nu^{1+\varrho}}+\frac{1}{(\nu+2\Delta)^{1+\varrho}}+\frac{1}{(\nu+4\Delta)^{1+\varrho}}+\frac{1}{(\nu+6\Delta)^{1+\varrho}}+\cdots\right\}$$

zerlegen, in welcher die unter dem Exponenten $(1+\varrho)$ stehenden Zahlen jedesmal eine arithmetische Reihe von der Differenz 2Δ bilden; da nun nach dem in den Supplementen behandelten speciellen Fall der Grenzwerth einer solchen Partialreihe

$$= \frac{1}{2\Delta}$$

und also unabhängig von ν ist, so wird der Grenzwerth der ganzen Summe

$$= \frac{\varphi(2\Delta)}{2\Delta},$$

und mithin wird der Grenzwerth der ganzen rechten Seite der Hauptgleichung

$$\frac{\varkappa\varphi(2\Delta)}{\sigma\,.\,2\Delta}\lim\,\Sigma\left(\frac{D}{n}\right)\frac{1}{n^{1+\varrho}}$$

Da aber beide Seiten für jeden Werth von $s > 1$, d. h. für jeden positiven Werth von ϱ identisch sind, und da sie folglich, wenn überhaupt einen, nothwendig denselben Grenzwerth haben müssen, so ergiebt sich aus der Vergleichung, indem wir $D = -\Delta$ restituiren,

$$h = \frac{2\varkappa}{\sigma\omega\pi} \sqrt{-D} \,.\, \lim \Sigma \left(\frac{D}{n}\right) \frac{1}{n^{1+\varrho}}$$

als Ausdruck für die Classenanzahl der ursprünglichen Formen σter Art (mit positiven äusseren Coefficienten) für eine *negative* Determinante D; hierin ist ferner (nach §. 88)

$\varkappa = 4$, wenn $D = -1$,
$\varkappa = 6$, wenn $D = -3$ und $\sigma = 2$,
$\varkappa = 2$ in den übrigen Fällen;

und (nach §. 94)

$\omega = 2$, wenn $\sigma = 1$,
$\omega = 1$, wenn $\sigma = 2$ und $D \equiv 1 \pmod{8}$,
$\omega = 3$, wenn $\sigma = 2$ und $D \equiv 5 \pmod{8}$.

§. 97.

Für Formen der ersten Art erhalten wir daher, indem wir $\sigma = 1$, $\varkappa = 2$ und $\omega = 2$ setzen,

$$h = \frac{2}{\pi} \sqrt{-D} \,.\, \lim \Sigma \left(\frac{D}{n}\right) \frac{1}{n^{1+\varrho}},$$

mit Ausnahme des einzigen Falles $D = -1$, in welchem $\varkappa$ nicht $= 2$, sondern $= 4$ ist, und folglich

$$h = \frac{4}{\pi} \lim \Sigma \frac{(-1)^{\frac{1}{2}(n-1)}}{n^{1+\varrho}}$$

wird; es wird später (§. 101) allgemein gezeigt werden, dass

$$\lim \Sigma \left(\frac{D}{n}\right) \frac{1}{n^{1+\varrho}} = \Sigma \left(\frac{D}{n}\right) \frac{1}{n}$$

ist, vorausgesetzt, dass auf der rechten Seite die Glieder ihrer Grösse nach geordnet werden; in dem speciellen Fall $D = -1$ wird daher

$$h = \frac{4}{\pi} \left(1 - \frac{1}{3} + \frac{1}{5} - \frac{1}{7} + \cdots\right) = 1,$$

da der Werth der in der Parenthese befindlichen unendlichen Reihe von *Leibnitz* bekanntlich $= \frac{1}{4}\pi$ ist; hierin liegt also eine Bestätigung unserer Principien, da in der That für die Determinante $D = -1$ nur eine einzige Classe von Formen (mit positiven äusseren Coefficienten) existirt.

Wir wollen nun mit der vorstehenden Formel für die Classenanzahl h der Formen der ersten Art die für die Anzahl h' der Formen der zweiten Art vergleichen. Wir unterscheiden zu dem Zweck die beiden Fälle, in welchen $D \equiv 1$ oder $D \equiv 5 \pmod{8}$ ist. Im ersten Fall ist $\varkappa = 2$ und $\omega = 1$, folglich

$$h' = \frac{2}{\pi}\sqrt{-D} \,.\, \lim \Sigma \left(\frac{D}{n}\right) \frac{1}{n^{1+\varrho}} = h;$$

im zweiten Fall dagegen ist $\omega = 3$ und $\varkappa = 2$, also

$$h' = \frac{1}{3} \cdot \frac{2}{\pi}\sqrt{-D} \,.\, \lim \Sigma \left(\frac{D}{n}\right) \frac{1}{n^{1+\varrho}} = \frac{1}{3}\, h,$$

ausgenommen den einzigen Fall $D = -3$, in welchem $\varkappa$ nicht $= 2$, sondern $= 6$, und folglich wieder

$$h' = h$$

ist. Wir können daher so zusammenfassen: es ist

$h' = h$, wenn $D \equiv 1 \pmod{8}$, und für $D = -3$;

$h' = \frac{1}{3}h$, wenn $D \equiv 5 \pmod{8}$, ausgenommen $D = -3$.

Diese Beziehungen zwischen der Anzahl der Formen der ersten und der zweiten Art hat schon *Gauss* gefunden, aber auf einem ganz anderen Wege*).

§. 98.

Wir haben nun dieselbe Untersuchung für den Fall einer *positiven* Determinante $D = \Delta$ zu wiederholen. Betrachten wir zunächst die linke Seite, so zerlegen wir wieder jede auf eine bestimmte Form (a, b, c) bezügliche Summe in $\omega \Delta \varphi(2\Delta)$ Partialsummen von der Form

$$\varrho\, \Sigma \frac{1}{(ax^2 + 2bxy + cy^2)^{1+\varrho}},$$

*) *D. A.* art. 256, VI. — Vergl. §. 151, I.

in deren jeder die Summationsbuchstaben alle Werthenpaare

$$x = 2\Delta v + \alpha, \quad y = 2\Delta w + \gamma \tag{1}$$

zu durchlaufen haben, die einer bestimmten Combination (α, γ) und allen ganzzahligen Werthen v, w entsprechen; jetzt aber treten ausserdem noch die Isolirungsbedingungen II. hinzu, denen gemäss

$$y \geqq 0, \quad U(ax + by) > Ty \tag{2}$$

sein soll. Diese letzteren Bedingungen haben, wie wir schon früher gesehen haben (§. 87), zur Folge, dass

$$ax + (b + \sqrt{D})y, \quad ax + (b - \sqrt{D})y,$$

und also auch

$$ax^2 + 2bxy + cy^2$$

positive Zahlen sind, und wir können daher wieder die in den Supplementen aufgestellten Principien anwenden; bezeichnen wir mit t einen beliebigen positiven Werth und mit τ die Anzahl derjenigen in den Reihen (1) enthaltenen und zugleich den Bedingungen (2) genügenden Werthenpaare x, y, für welche

$$ax^2 + 2bxy + cy^2 \leqq t \tag{3}$$

ist, so haben wir nur den Grenzwerth des Quotienten $\tau : t$ für unbegrenzt wachsende Werthe von t zu bestimmen, um dadurch zugleich den Grenzwerth der obigen Partialsumme zu finden, welche der einen Combination (α, γ) entspricht. Setzen wir wieder (indem wir $\sqrt{t}$ positiv nehmen)

$$\xi = \frac{x}{\sqrt{t}}, \quad \eta = \frac{y}{\sqrt{t}},$$

und sehen wir ξ, η als rechtwinklige Coordinaten eines Punctes einer Ebene an, so ist τ die Anzahl derjenigen in der Doppelreihe

$$\xi = \frac{2\Delta}{\sqrt{t}} v + \frac{\alpha}{\sqrt{t}}, \quad \eta = \frac{2\Delta}{\sqrt{t}} w + \frac{\gamma}{\sqrt{t}}$$

enthaltenen Gitterpuncte, welche den drei Ungleichheiten

$$\eta \geqq 0, \quad U(a\xi + b\eta) > T\eta,$$
$$a\xi^2 + 2b\xi\eta + c\eta^2 \leqq 1$$

Genüge leisten, d. h. welche innerhalb eines Stückes der $\xi\eta$-Ebene liegen, das zum Theil durch die Axe der ξ, zum Theil durch eine durch den Nullpunct gehende Gerade, und endlich durch eine Hyperbel begrenzt wird, die den Nullpunct zum Mittelpuncte hat.

Bezeichnen wir mit B den Flächeninhalt dieses Stückes der $\xi\eta$-Ebene, so wird nach den in den Supplementen aufgestellten Principien, wenn t unendlich gross, und also die Kante $\delta = 2\Delta : \sqrt{t}$ der Gitterquadrate unendlich klein wird,

$$\lim \tau \,.\, \delta^2 = 4\Delta^2 \,.\, \lim \frac{\tau}{t} = B,$$

also

$$\lim \frac{\tau}{t} = \frac{B}{4\Delta^2}$$

sein. Da dieser Grenzwerth zugleich der Grenzwerth der Partialsumme ist, welche sich auf die eine Combination (α, γ) bezieht, so wird, da hierin die Werthe α, γ ganz herausgefallen sind, jede der $\omega\Delta\varphi(2\Delta)$ Partialsummen, welche den verschiedenen Combinationen (α, γ) entsprechen, und welche zusammen die auf die Form (a, b, c) bezügliche Summe constituiren, denselben Grenzwerth haben; und mithin wird

$$\frac{\omega\varphi(2\Delta)}{4\Delta} B$$

der Grenzwerth der ganzen Summe

$$\varrho \sum \frac{1}{(ax^2 + 2bxy + cy^2)^{1+\varrho}}$$

sein. Um nun den Flächeninhalt B des durch die drei obigen Ungleichheiten definirten Hyperbelsectors zu finden, wird man am besten Polarcoordinaten r, φ einführen, indem man

$$\xi = r\cos\varphi, \quad \eta = r\sin\varphi$$

setzt, wo, wie gewöhnlich, r stets positiv und φ zwischen 0 und 2π genommen werden soll, was hinreicht, um jeden Punct (ξ, η) der Ebene einmal und nur einmal zu erzeugen. Durch diese Transformation verwandeln sich die früheren Grenzbedingungen in folgende:

$$\sin\varphi \geqq 0; \quad U(a \operatorname{cotang}\varphi + b) > T;$$
$$r^2(a\cos\varphi^2 + 2b\cos\varphi\sin\varphi + c\sin\varphi^2) \leqq 1,$$

und wir wiederholen die frühere Bemerkung, dass für jeden, den beiden ersten Bedingungen genügenden Winkel φ die Grössen

$$a\cos\varphi + (b + \sqrt{D})\sin\varphi, \quad a\cos\varphi + (b - \sqrt{D})\sin\varphi,$$
$$a\cos\varphi^2 + 2b\cos\varphi\sin\varphi + c\sin\varphi^2$$

positiv sind, so dass also innerhalb des durch diese beiden ersten

Bedingungen begrenzten Winkelraumes keine Asymptote, sondern nur ein endliches Stück der Hyperbel liegt, woraus schon folgt, dass der entsprechende Sector jedenfalls einen endlichen Werth hat*). Dieser wird bekanntlich durch die Formel

$$B = \int\int r\,dr\,d\varphi = \frac{1}{2}\int r^2 d\varphi$$

gefunden, wo nun in dem einfachen Integral rechts für r^2 der in der Peripherie der Hyperbel geltende Werth

$$r^2 = \frac{1}{a\cos\varphi^2 + 2b\cos\varphi\sin\varphi + c\sin\varphi^2}$$

$$= \frac{a}{2\sqrt{D}}\left\{\frac{1}{a\,\mathrm{cotang}\,\varphi + b - \sqrt{D}} - \frac{1}{a\,\mathrm{cotang}\,\varphi + b + \sqrt{D}}\right\}\frac{1}{\sin\varphi^2}$$

zu setzen ist; wir erhalten daher, indem wir cotang φ als neue Variabele betrachten, und

$$\frac{d\varphi}{\sin\varphi^2} = -d\,\mathrm{cotang}\,\varphi$$

setzen, das unbestimmte Integral

$$\frac{1}{2}\int r^2 d\varphi$$

$$= \frac{1}{4\sqrt{D}}\int\frac{a\,d\,\mathrm{cotang}\,\varphi}{a\,\mathrm{cotang}\,\varphi + b + \sqrt{D}} - \frac{1}{4\sqrt{D}}\int\frac{a\,d\,\mathrm{cotang}\,\varphi}{a\,\mathrm{cotang}\,\varphi + b - \sqrt{D}}$$

$$= \frac{1}{4\sqrt{D}}\log\frac{a\,\mathrm{cotang}\,\varphi + b + \sqrt{D}}{a\,\mathrm{cotang}\,\varphi + b - \sqrt{D}};$$

diese Integration ist aber auszudehnen über alle Werthe von φ, welche einen positiven Sinus haben, also von $\varphi = 0$ ab bis zu dem Werth, wo $U(a\,\mathrm{cotang}\,\varphi + b) = T$ wird; dieser Endwerth von φ ist durch die Bedingung, dass $\sin\varphi$ positiv sein soll, vollständig bestimmt, und wir haben schon oben darauf hingewiesen, dass innerhalb dieses ganzen Winkelraumes die beiden Grössen

$$a\,\mathrm{cotang}\,\varphi + b + \sqrt{D}, \quad a\,\mathrm{cotang}\,\varphi + b - \sqrt{D}$$

stets das positive Zeichen behalten, so dass das obige unbestimmte Integral eine stetige reelle Function von φ ist, woraus folgt, dass

*) Hieraus folgt wieder nachträglich die Convergenz der bisher betrachteten Reihen für jeden positiven Werth von ϱ, d. h. für jeden Werth von $s > 1$.

wir nur die beiden Grenzen in dasselbe einzusetzen haben. Auf diese Weise erhalten wir

$$B = \frac{1}{4\sqrt{D}}\log\frac{T+U\sqrt{D}}{T-U\sqrt{D}} = \frac{1}{2\sqrt{D}}\log\frac{T+U\sqrt{D}}{\sigma}.$$

Der Grenzwerth der auf die Form (a, b, c) bezüglichen Summe wird daher, wenn man statt Δ wieder D schreibt, gleich

$$\frac{\omega\varphi(2D)}{8D\sqrt{D}}\log\frac{T+U\sqrt{D}}{\sigma},$$

wo, wie früher, T, U die beiden kleinsten der Bedingung $T^2 - DU^2 = \sigma^2$ genügenden positiven Zahlen bedeuten. Mithin zeigt sich auch hier, wie früher bei den Formen von negativer Determinante, dass der Grenzwerth einer auf eine einzelne Form (a, b, c) des Systems S bezüglichen Summe nur von der Determinante D (und der Art σ), dagegen gar nicht von dem individuellen Charakter der Form abhängt, dass er also für alle diese Formen derselbe ist. Bezeichnen wir wieder mit h die Anzahl aller in S enthaltenen Formen, d. h. die *Anzahl aller Classen ursprünglicher Formen σter Art für die positive Determinante D*, so ist daher

$$h\frac{\omega\varphi(2D)}{8D\sqrt{D}}\log\frac{T+U\sqrt{D}}{\sigma}$$

der Grenzwerth, welchem für unendlich abnehmende positive Werthe von ϱ die linke Seite unserer Hauptgleichung sich nähert. Auf der rechten Seite ist $\varkappa = 1$, ferner ebenso wie früher bei Formen von negativer Determinante

$$\lim \varrho \sum \frac{1}{n^{1+\varrho}} = \frac{\varphi(2\Delta)}{2\Delta} = \frac{\varphi(2D)}{2D},$$

und folglich erhalten wir durch Vergleichung beider Seiten der Hauptgleichung das Resultat

$$h = \frac{1}{\sigma\omega}\cdot\frac{4\sqrt{D}}{\log\frac{T+U\sqrt{D}}{\sigma}}\cdot\lim\sum\left(\frac{D}{n}\right)\frac{1}{n^{1+\varrho}}.$$

§. 99.

Für Formen der ersten Art ist $\sigma = 1$, und $\omega = 2$ (§. 94); hieraus folgt für die Anzahl der Classen ursprünglicher Formen erster Art der Ausdruck

$$h = \frac{2\sqrt{D}}{\log(T+U\sqrt{D})} \cdot \lim \Sigma \left(\frac{D}{n}\right) \frac{1}{n^{1+\varrho}},$$

wo T, U die kleinsten der Bedingung

$$T^2 - DU^2 = 1$$

genügenden positiven ganzen Zahlen bedeuten. Ist ferner $D \equiv 1 \pmod{4}$, so existiren auch Formen der zweiten Art, deren Anzahl wir mit h' bezeichnen wollen; es ist dann $\sigma = 2$, und $\omega = 1$ oder $= 3$ zu setzen, je nachdem $D \equiv 1 \pmod{8}$ oder $\equiv 5 \pmod{8}$ ist; wir erhalten daher, wenn wir zur Unterscheidung mit T', U' die kleinsten der Bedingung

$$T'^2 - DU'^2 = 4$$

genügenden ganzen positiven Zahlen bezeichnen,

$$h' = \frac{1}{\omega} \cdot \frac{2\sqrt{D}}{\log\frac{1}{2}(T' + U'\sqrt{D})} \cdot \lim \Sigma \left(\frac{D}{n}\right) \frac{1}{n^{1+\varrho}}.$$

Nun ist einleuchtend, dass jede Lösung (t, u) der Gleichung $t^2 - Du^2 = 1$ durch Verdoppelung eine Lösung $(t' = 2t, u' = 2u)$ der Gleichung $t'^2 - Du'^2 = 4$ giebt, und umgekehrt, dass man durch Halbirung jeder *geraden* Lösung (t', u') der letzteren eine Lösung (t, u) der ersteren erhält. Hieraus folgt unmittelbar, dass $(t' = 2T, u' = 2U)$ jedenfalls die kleinste gerade Lösung der Gleichung $t'^2 - Du'^2 = 4$ ist. Ist nun zunächst $D \equiv 1 \pmod{8}$, so kann diese Gleichung überhaupt nur gerade Lösungen haben; denn wäre eine der beiden Zahlen t', u' und folglich auch die andere ungerade, so wäre die linke Seite durch 8 theilbar, während sie doch $= 4$ sein soll; in diesem Fall ist daher

$$T' = 2T, \quad U' = 2U, \quad \frac{T' + U'\sqrt{D}}{2} = T + U\sqrt{D},$$

und da ausserdem $\omega = 1$ ist, so ergiebt sich

$$h' = h, \quad \text{wenn } D \equiv 1 \pmod{8}.$$

Im anderen Fall $D \equiv 5 \pmod{8}$ kann die Regel nicht so bestimmt ausgesprochen werden, indem bei manchen dieser Determinanten die kleinste Lösung (T', U') wieder eine gerade, bei anderen aber eine ungerade ist. Im ersten dieser beiden Fälle ist dann wieder $T' = 2T$, $U' = 2U$ und folglich, da $\omega = 3$ ist

$$h' = \tfrac{1}{3}h, \text{ wenn } D \equiv 5 \pmod{8}, \text{ und } T', U' \text{ gerade;}$$

es giebt unterhalb 200 nur 5 Determinanten, nämlich 37, 101, 141, 189, 197, für welche dieser Fall eintritt*).

Im zweiten Falle, wenn T', U' ungerade sind, haben wir unter allen positiven Lösungen (t', u'), welche (§. 85) aus der Formel

$$\frac{t' + u'\sqrt{D}}{2} = \left(\frac{T' + U'\sqrt{D}}{2}\right)^n$$

für positive Werthe von n entspringen, die kleinste gerade aufzusuchen. Versuchen wir daher die nächst grössere Lösung, welche dem Exponenten $n = 2$ entspricht, so erhalten wir

$$t' = \frac{T'^2 + DU'^2}{2}, \quad u' = T'U';$$

da u' offenbar ungerade ist, so gehen wir zu dem folgenden Exponenten $n = 3$ über, um die nächst grössere Lösung zu prüfen; da finden wir

$$t' = \frac{T'^3 + 3DT'U'^2}{4} = T'\,\frac{T'^2 + 3DU'^2}{4},$$

und da

$$T'^2 \equiv U'^2 \equiv 1 \pmod{8}, \quad 3D \equiv -1 \pmod{8}$$

ist, so folgt, dass t' und folglich auch u' gerade Zahlen werden, und also $t' = 2T$, $u' = 2U$ ist. Wir haben daher in diesem Falle

$$T + U\sqrt{D} = \left(\frac{T' + U'\sqrt{D}}{2}\right)^3$$

und

$$\log\frac{T' + U'\sqrt{D}}{2} = \tfrac{1}{3}\log(T + U\sqrt{D});$$

berücksichtigt man ferner, dass $\omega = 3$ ist, so ergiebt sich die Relation

$$h' = h, \quad \text{wenn } D \equiv 5 \pmod{8}, \quad \text{und } T', U' \text{ ungerade.}$$

Auch für positive Determinanten hat *Gauss***) ebenfalls die Relationen zwischen den Anzahlen der Formen der ersten und zweiten Art aufgestellt, für den letzten Fall aber, in welchem $D \equiv 5 \pmod{8}$ ist, in ganz anderer Form; er zeigt nämlich, dass die drei ursprünglichen Formen

---

*) Vergl. *Cayley: Note sur l'équation* $x^2 - Dy^2 = \pm 4$, $D \equiv 5 \pmod{8}$, Borchardt's Journal Bd. 53, p. 369. Man findet daselbst eine Tabelle, welche bis $D = 997$ reicht.

**) *D. A.* art. 256. VI. — Vergl. §. 151, I.

$$(1,\, 0,\, -D),\quad \left(4,\, 1,\, \frac{1-D}{4}\right),\quad \left(4,\, 3,\, \frac{9-D}{4}\right)$$

entweder alle äquivalent sind, oder drei verschiedenen Classen angehören; und je nachdem das Erstere oder Letztere eintritt, ist $h' = h$ oder $h' = \frac{1}{3}h$.

§. 100.

Nachdem wir im Vorhergehenden für alle Fälle gezeigt haben, wie die Classenanzahl der Formen zweiter Art aus der der Formen erster Art gefunden werden kann, beschränken wir die fernere Untersuchung lediglich auf die Bestimmung der letzteren. Bevor wir aber dazu übergehen, können wir eine weitere Zurückführung unserer Aufgabe vornehmen, indem wir zeigen, dass man nur solche Determinanten D zu betrachten braucht, welche durch keine Quadratzahl (ausser 1) theilbar sind.

Ist D eine beliebige Determinante, so kann man immer $D = D'S^2$ setzen, wo S^2 das grösste*) in D aufgehende Quadrat, und also D' ein Product aus lauter ungleichen Primzahlen (oder auch $= -1$) ist, welches dem Zeichen nach mit D übereinstimmt; dann lässt sich die Classenanzahl der Formen von der Determinante D auf die der Formen von der Determinante D' zurückführen. Bezeichnen wir alle auf die Determinante D bezüglichen Grössen durch beigesetzte Accente, so wollen wir zunächst die beiden Summen

$$\Sigma\left(\frac{D}{n}\right)\frac{1}{n^s} \quad \text{und} \quad \Sigma\left(\frac{D'}{n'}\right)\frac{1}{n'^s}$$

mit einander vergleichen, in welchen wir der Bequemlichkeit halber s statt $1+\varrho$ geschrieben haben. In der zweiten muss der Buchstabe n' alle positiven Zahlen durchlaufen, welche relative Primzahlen gegen $2D'$ sind. Bezeichnen wir mit q' alle positiven ungeraden nicht in D' aufgehenden, und, wie früher, mit q alle positiven ungeraden nicht in D aufgehenden Primzahlen, so ist, wie wir früher gesehen haben,

*) Die folgende Untersuchung gilt auch für den Fall, dass D' selbst noch quadratische Factoren hat.

$$\Sigma\left(\frac{D}{n}\right)\frac{1}{n^s} = \Pi\frac{1}{1-\left(\frac{D}{q}\right)\frac{1}{q^s}}$$

und natürlich ebenso

$$\Sigma\left(\frac{D'}{n'}\right)\frac{1}{n'^s} = \Pi\frac{1}{1-\left(\frac{D'}{q'}\right)\frac{1}{q'^s}}.$$

Offenbar bildet nun das System der Primzahlen q nur einen Theil der Primzahlen q', denn eine in $D = D'S^2$ nicht aufgehende Primzahl q geht auch nicht in D' auf und ist folglich eine der Primzahlen q'. Das System der Primzahlen q' besteht daher aus dem der Primzahlen q und aus solchen ungeraden Primzahlen r, welche nicht in D', wohl aber in D, also auch in S aufgehen, und deren Anzahl offenbar endlich ist. Das auf die Determinante D' bezügliche unendliche Product wird sich daher in folgender Weise zerlegen

$$\Pi\frac{1}{1-\left(\frac{D'}{q'}\right)\frac{1}{q'^s}} = \Pi\frac{1}{1-\left(\frac{D'}{q}\right)\frac{1}{q^s}}\cdot\Pi\frac{1}{1-\left(\frac{D'}{r}\right)\frac{1}{r^s}};$$

da nun ferner $D = D'S^2$ und folglich

$$\left(\frac{D}{q}\right) = \left(\frac{D'S^2}{q}\right) = \left(\frac{D'}{q}\right)$$

ist, so erhalten wir, indem wir statt der beiden unendlichen Producte wieder die unendlichen Reihen aufschreiben, das Resultat

$$\Sigma\left(\frac{D}{n}\right)\frac{1}{n^s} = \Sigma\left(\frac{D'}{n'}\right)\frac{1}{n'^s}\cdot\Pi\left(1-\left(\frac{D'}{r}\right)\frac{1}{r^s}\right)$$

und hieraus

$$\lim\Sigma\left(\frac{D}{n}\right)\frac{1}{n^{1+\varrho}} = \Pi\left(1-\left(\frac{D'}{r}\right)\frac{1}{r}\right)\lim\Sigma\left(\frac{D'}{n'}\right)\frac{1}{n'^{1+\varrho}},$$

wo also das Productzeichen sich auf alle ungeraden in S, aber nicht in D' aufgehenden Primzahlen r bezieht.

Nachdem wir so für positive wie negative Determinanten das Verhältniss zwischen den beiden analogen Grenzwerthen bestimmt haben, die als Factoren in den Classenanzahlen h und h' für die Determinanten D und D' auftreten, müssen wir wieder die beiden Hauptfälle von einander trennen.

Ist zunächst D' und folglich auch D *negativ*, so haben wir (da wir uns auf Formen der ersten Art beschränken)

$$h = \frac{2\sqrt{-D}}{\pi} \lim \Sigma \left(\frac{D}{n}\right) \frac{1}{n^{1+\varrho}}$$

und, den einzigen Fall ausgenommen, in welchem $D' = -1$,

$$h' = \frac{2\sqrt{-D'}}{\pi} \lim \Sigma \left(\frac{D'}{n'}\right) \frac{1}{n'^{1+\varrho}}.$$

Mit Ausnahme des Falles $D' = -1$ ist daher, mit Rücksicht auf das eben gefundene Verhältniss der beiden Grenzwerthe der unendlichen Reihen,

$$h = h' \times S \,.\, \Pi \left(1 - \left(\frac{D'}{r}\right) \frac{1}{r}\right);$$

ist aber $D' = -1$, also $\varkappa' = 4$, $h' = 1$, und $D = -S^2$ nicht ebenfalls $= -1$, also $S > 1$, so ist die Classenanzahl für eine solche Determinante D gleich

$$\tfrac{1}{2} S \,\Pi \left(1 - \frac{(-1)^{\frac{1}{2}(r-1)}}{r}\right).$$

Für *positive* Determinanten haben wir folgende Formeln erhalten:

$$h = \frac{2\sqrt{D}}{\log(T + U\sqrt{D})} \lim \Sigma \left(\frac{D}{n}\right) \frac{1}{n^{1+\varrho}}$$

$$h' = \frac{2\sqrt{D'}}{\log(T' + U'\sqrt{D'})} \lim \Sigma \left(\frac{D'}{n'}\right) \frac{1}{n'^{1+\varrho}}$$

wo T', U' die kleinsten positiven Zahlen bedeuten, die der Bedingung $T'^2 - D'U'^2 = 1$ genügen; hieraus ergiebt sich

$$h = h' \frac{\log(T' + U'\sqrt{D'})}{\log(T + U\sqrt{D})} \times S \,.\, \Pi \left(1 - \left(\frac{D'}{r}\right) \frac{1}{r}\right),$$

und es kommt nur noch darauf an, das Verhältniss der beiden Logarithmen in rationaler Form anzugeben. Offenbar liefert nun jede Lösung (t, u) der Gleichung

$$t^2 - Du^2 = 1, \quad \text{d. h.} \quad t^2 - D'S^2u^2 = 1$$

eine Lösung der Gleichung

$$t'^2 - D'u'^2 = 1,$$

in welcher

$$t' = t, \quad u' = Su,$$

also das zweite Element u' durch S theilbar ist; und umgekehrt, sobald in der Lösung (t', u') das zweite Element u' durch S theilbar ist, so erhält man hieraus eine Lösung der ersteren. Hieraus folgt, dass die beiden Zahlen

$$t' = T, \quad u' = SU$$

die kleinste positive Lösung der zweiten Gleichung bilden, in welcher das zweite Element durch S theilbar ist, man kann daher

$$T + SU\sqrt{D'} = T + U\sqrt{D} = (T' + U'\sqrt{D'})^\lambda$$

setzen, wo λ der kleinste positive ganze Exponent ist, für welchen der irrationale Bestandtheil der Potenz einen durch S theilbaren Coefficienten erhält; und dann ist

$$h = h' \times \frac{1}{\lambda} \cdot S \cdot \Pi\left(1 - \left(\frac{D'}{r}\right)\frac{1}{r}\right)$$

Setzt man, wie früher,

$$(T' + U'\sqrt{D'})^\nu = t'_\nu + u'_\nu\sqrt{D'},$$

so lässt sich der Werth von λ unmittelbar angeben, wenn für jede einzelne in S aufgehende Primzahl p die kleinste Zahl ν bekannt ist, für welche u'_ν durch p theilbar, und zugleich die höchste Potenz von p gegeben ist, welche dann in u'_ν aufgeht*); doch gehen wir hierauf nicht weiter ein, da der Hauptzweck, das Verhältniss zwischen den Classenanzahlen h und h' für die Determinanten D und D' zu finden, erreicht ist.

Dieselbe Aufgabe ist, wenigstens für negative Determinanten, auch schon von *Gauss* vollständig gelöst**).

§. 101.

In Folge der vorhergehenden Untersuchungen können wir uns auf den Fall beschränken, in welchem die Determinante D durch kein Quadrat ausser 1 theilbar ist, und es bleibt nur noch übrig, den Grenzwerth der unendlichen Reihe

---

*) *Dirichlet: Ueber eine Eigenschaft der quadratischen Formen von positiver Determinante* (Borchardt's Journal Bd. 53).

**) *D. A.* art. 256. V. Uebrigens ist es sehr wahrscheinlich, dass *Gauss* auch für positive Determinanten die obige Lösung vollständig gefunden hat; vergl. die Abhandlung des Herausgebers: *Ueber die Anzahl der Ideal-Classen in den verschiedenen Ordnungen eines endlichen Körpers* (Braunschweig, 1877). — Vergl. §. 151, II. — Die obigen Sätze sind auf anderem Wege auch von *Lipschitz* bewiesen (Borchardt's Journal Bd. 53).

$$\Sigma \left(\frac{D}{n}\right) \frac{1}{n^{1+\varrho}}$$

für unendlich abnehmende positive Werthe von ϱ wirklich zu bestimmen.

So lange ϱ positiv bleibt, ist diese Reihe immer convergent, und zwar ist ihre Summe durchaus unabhängig von der Ordnung, in welcher man ihre Glieder auf einander folgen lässt; ist aber $\varrho = 0$, so gehört diese Reihe zu der Classe derjenigen, in welcher die Summe der positiven Glieder für sich, so wie die der negativen Glieder für sich genommen unendlich gross ist. Da nun unter der Summe einer unendlichen convergirenden Reihe stets der Grenzwerth verstanden wird, welchem sich die Summe ihrer *ersten n Glieder* nähert, wenn die Gliederanzahl n unbegrenzt wächst, so sieht man leicht ein, dass bei einer unendlichen Reihe von dieser eigenthümlichen Beschaffenheit erst dann von ihrer Convergenz und von ihrer Summe die Rede sein kann, nachdem ihre sämmtlichen Glieder in eine bestimmte *Ordnung* gebracht sind, nach welcher eines auf das andere folgt; denn die Summe, wenn sie überhaupt existirt, hängt wesentlich von der Compensation ab, welche zwischen den für sich allein unendlich wachsenden positiven und negativen Bestandtheilen gerade durch diese Anordnung der Glieder hervorgebracht wird. Eine solche unendliche Reihe hat daher ganz verschiedene Summen, je nach der verschiedenen Anordnung der Glieder. Aber gesetzt auch, dies wäre gar nicht der Fall, sondern die Reihe hätte auch für den Werth $\varrho = 0$ einen vollständig bestimmten Werth, so würde sich immer noch fragen, ob dieser Werth auch der Grenzwerth ist, welchem sich der Werth der Reihe unendlich nähert, wenn ϱ unendlich klein wird, d. h. es würde sich fragen, ob der Werth der unendlichen Reihe sich an der Stelle $\varrho = 0$ *stetig* mit ϱ ändert.

Ueber alle diese Zweifel entscheidet nun der folgende allgemeine Satz*): *Sind* $\alpha_1, \alpha_2, \alpha_3 \ldots$ *unendlich viele Constanten von der Beschaffenheit, dass die Summe*

$$\beta_n = \alpha_1 + \alpha_2 + \cdots + \alpha_n,$$

wie gross auch n werden mag, ihrem absoluten Werth nach stets kleiner bleibt als eine feste Constante C, so convergirt die unendliche Reihe

---

*) *Dirichlet: Recherches etc.* §. 1. — Vergl. §. 143.

$$\frac{\alpha_1}{1^s}+\frac{\alpha_2}{2^s}+\frac{\alpha_3}{3^s}+\cdots+\frac{\alpha_m}{m^s}+\cdots$$

für jeden positiven Werth des Exponenten s (*excl.* $s=0$) *und ist zugleich eine stetige Function von s.*

Um dies zu beweisen, vergleichen wir die vorstehende Reihe mit der folgenden

$$\beta_1\left(\frac{1}{1^s}-\frac{1}{2^s}\right)+\beta_2\left(\frac{1}{2^s}-\frac{1}{3^s}\right)+\beta_3\left(\frac{1}{3^s}-\frac{1}{4^s}\right)+\cdots$$

Die Summen der ersten n Glieder der ersteren und letzteren Reihe unterscheiden sich von einander nur um

$$\frac{\beta_n}{(n+1)^s};$$

da nun der Voraussetzung nach β_n seinem absoluten Werth nach stets unterhalb der endlichen Grösse C bleibt, und s positiv ist, so wird dieser Unterschied mit unbegrenzt wachsendem n unendlich klein werden. Nähert sich daher die Summe der ersten n Glieder der einen Reihe einem bestimmten Grenzwerth, d. h. convergirt die eine Reihe, so ist dies auch mit der anderen der Fall, und zwar hat sie dieselbe Summe. Wir brauchen daher die obigen Behauptungen nur für die letztere Reihe zu beweisen; dazu betrachten wir die Summe von beliebig vielen Gliedern, welche auf die ersten n Glieder folgen:

$$\beta_{n+1}\left(\frac{1}{(n+1)^s}-\frac{1}{(n+2)^s}\right)+\cdots$$
$$+\beta_{n+m}\left(\frac{1}{(n+m)^s}-\frac{1}{(n+m+1)^s}\right);$$

da die Differenzen

$$\frac{1}{(n+1)^s}-\frac{1}{(n+2)^s},\quad \frac{1}{(n+2)^s}-\frac{1}{(n+3)^s}\cdots$$

sämmtlich positiv sind, und ihre Coefficienten

$$\beta_{n+1},\quad \beta_{n+2}\cdots$$

absolut genommen sämmtlich kleiner als C sind, so ist die Summe dieser m Glieder absolut genommen auch kleiner als das Product aus C und der Summe jener m Differenzen, d. h. kleiner als

$$C\left(\frac{1}{(n+1)^s}-\frac{1}{(n+m+1)^s}\right)$$

und folglich auch kleiner als die von der Gliederanzahl m unabhängige Grösse

$$\frac{C}{(n+1)^s} < \frac{C}{n^s};$$

die Summe dieser m Glieder der Reihe kann daher, wie gross ihre Anzahl m auch genommen werden mag, durch hinreichend grosse Werthe von n kleiner gemacht werden, als jeder vorher vorgeschriebene noch so kleine Werth. Das Stattfinden dieser Erscheinung ist aber bekanntlich nicht nur ein erforderliches, sondern auch ein ausreichendes Kennzeichen für die Convergenz einer jeden unendlichen Reihe.

Nachdem so für jeden positiven Werth von s die Convergenz der Reihe gezeigt ist, haben wir noch zu beweisen, dass der Werth der Reihe sich stetig mit s ändert; wir weisen dies nach für das Gebiet aller positiven Werthe von s, die grösser sind als ein bestimmter positiver Werth σ; da man nämlich, wie klein ein von Null verschiedener positiver Werth s auch sein mag, immer noch einen positiven Werth σ angeben kann, welcher unterhalb s liegt, so wird der Beweis dann wirklich für alle positiven Werthe s (excl. $s = 0$) gelten. Nun können wir die ganze Reihe als aus zwei Theilen bestehend ansehen, deren erster die Summe ihrer ersten n Glieder

$$\beta_1\left(\frac{1}{1^s} - \frac{1}{2^s}\right) + \cdots + \beta_n\left(\frac{1}{n^s} - \frac{1}{(n+1)^s}\right),$$

also eine stetige Function von s ist, während der zweite, wie im Vorhergehenden bewiesen ist, sicher

$$< \frac{C}{n^s} \text{ und also auch } < \frac{C}{n^\sigma}$$

ist; dieser letztere Theil kann also durch die Wahl eines hinreichend grossen Werthes von n, d. h. durch eine zweckmässige Zerlegung der ganzen Reihe, kleiner gemacht werden, als irgend ein vorgeschriebener Werth; und zwar wird, was besonders wichtig ist, für *alle* Werthe von $s > \sigma$ dies durch einen und denselben Werth von n, d. h. durch eine und dieselbe Zerlegung der unendlichen Reihe bewirkt werden. Da nun der erste Bestandtheil stetig ist, so kann eine etwaige Unstetigkeit des Ganzen nur von einer Unstetigkeit des zweiten Bestandtheils herrühren, und folglich muss, da dieser zweite Theil für alle in Betracht kommenden Werthe von s absolut genommen $< Cn^{-\sigma}$ ist, die Grösse einer plötzlichen Werthänderung beim Durchlaufen eines bestimmten Werthes von s jedenfalls $< 2\,Cn^{-\sigma}$ sein. Da wir aber durch zweckmässige Wahl von n diesen Werth beliebig klein machen können, so folgt, dass gar keine Unstetigkeit vorkommen kann; denn fände wirklich ein Sprung um eine Grösse μ Statt, so nehme man n so gross, dass $2\,Cn^{-\sigma} < \mu$ wird, so ergiebt sich augenblicklich der Widerspruch.

Nachdem so der obige Satz vollständig bewiesen ist, wenden wir ihn auf unsere Reihe

$$\Sigma \left(\frac{D}{n}\right) \frac{1}{n^{1+\varrho}}$$

an, in welcher die Glieder von jetzt ab stets *so geordnet* werden sollen, dass die Zahl n *beständig wächst.* Unter *dieser* Voraussetzung erkennt man leicht, dass diese Reihe einen speciellen Fall der in dem vorstehenden Satze untersuchten Reihe bildet; setzt man nämlich

$$\alpha_m = \left(\frac{D}{m}\right) \text{ oder } = 0,$$

je nachdem m relative Primzahl zu $2\,D$ (also eine Zahl n) ist oder nicht, und lässt m ein vollständiges Restsystem (mod. $4\,D$) durchlaufen, so ist die Summe der entsprechenden Coefficienten α_m stets $= 0$, weil diese Coefficienten α_m theils selbst $= 0$ sind und die übrigen, wie eine frühere Untersuchung (§. 52) ergeben hat, zur Hälfte den Werth $+ 1$, zur anderen Hälfte den Werth $- 1$ besitzen. Hieraus folgt unmittelbar, dass die Summe von noch so vielen auf einander folgenden Coefficienten α_m stets unterhalb einer endlichen Grösse ($\pm 2\,D$) bleibt. Mithin ist die in der oben angegebenen Art geordnete Reihe

$$\Sigma \frac{\alpha_m}{m^s} = \Sigma \left(\frac{D}{n}\right) \frac{1}{n^s}$$

convergent, so lange s positiv bleibt, und zugleich eine stetige Function von s; und folglich wird, wenn ϱ unendlich klein wird,

$$\lim \Sigma \left(\frac{D}{n}\right) \frac{1}{n^{1+\varrho}} = \Sigma \left(\frac{D}{n}\right) \frac{1}{n},$$

wo, wie wir nochmals hervorheben, die Glieder der Reihe *so geordnet* sind, dass n *beständig wächst.*

§. 102.

Es ist nun zweckmässig, bei der Bestimmung der Summe der unendlichen Reihe

$$N = \Sigma \left(\frac{D}{n}\right) \frac{1}{n}$$

dieselben vier Fälle zu unterscheiden, welche wir früher (§. 52) aufgestellt haben. Wir wenden uns zunächst zu dem Fall, in welchem

$$D = \pm P \equiv 1 \text{ (mod. 4), also } \left(\frac{D}{n}\right) = \left(\frac{n}{P}\right)$$

ist, wo P den absoluten Werth von D bedeutet, und also eine positive ungerade, durch kein Quadrat theilbare Zahl und > 1 ist. Dann lässt sich die Reihe

$$N = \Sigma \left(\frac{n}{P}\right) \frac{1}{n}$$

leicht auf die Reihe

$$M = \Sigma \left(\frac{m}{P}\right) \frac{1}{m}$$

zurückführen, in welcher m beständig wachsend *alle* positiven relativen Primzahlen zu P, auch die *geraden* durchläuft. Da jedesmal, wenn m ein vollständiges Restsystem (mod. P) durchläuft, zufolge §. 52, (3)

$$\Sigma \left(\frac{m}{P}\right) = 0$$

ist, so convergirt die Reihe M; ist ferner k eine beliebige positive ganze Zahl, und betrachtet man alle diejenigen Zahlen m, welche $< 2kP$ sind, so sind dieselben zum Theil ungerade, zum Theil gerade; die ersteren stimmen offenbar mit allen Zahlen $n < 2kP$ überein, und die letzteren sind von der Form $2m'$, wo m' alle diejenigen Zahlen m durchläuft, welche $< kP$ sind. In dieser Ausdehnung ist daher

$$\Sigma \left(\frac{m}{P}\right) \frac{1}{m} = \Sigma \left(\frac{n}{P}\right) \frac{1}{n} + \Sigma \left(\frac{2m'}{P}\right) \frac{1}{2m'}$$

$$= \Sigma \left(\frac{n}{P}\right) \frac{1}{n} + \left(\frac{2}{P}\right) \frac{1}{2} \Sigma \left(\frac{m'}{P}\right) \frac{1}{m'},$$

und hieraus folgt, wenn man k über alle Grenzen wachsen lässt,

$$M = N + \left(\frac{2}{P}\right)\frac{1}{2}\cdot M,\quad N = \left(1 - \left(\frac{2}{P}\right)\frac{1}{2}\right)M.$$

Allgemeiner findet man leicht, dass

$$\Sigma\left(\frac{n}{P}\right)\frac{1}{n^s} = \left(1 - \left(\frac{2}{P}\right)\frac{1}{2^s}\right)\Sigma\left(\frac{m}{P}\right)\frac{1}{m^s}$$

ist; man braucht nur den reciproken Werth des ersten Factors auf der rechten Seite in eine geometrische Reihe zu verwandeln, und diese mit der Reihe auf der linken Seite zu multipliciren, so ergiebt sich als Product der zweite Factor auf der rechten Seite; oder man kann auch genau so wie oben verfahren, indem man die Zahlen m zerlegt in die Zahlen n und $2m'$.

§. 103.

Die nun noch auszuführende Summation kann mit Hülfe eines in den Supplementen (I. §. 116) bewiesenen Satzes auf verschiedene Arten bewerkstelligt werden, entweder durch Zurückführung auf Fourier'sche Reihen, oder durch die Integration eines rationalen Bruchs. Wir schlagen den letzteren Weg als den directeren ein. Bedeutet m irgend eine positive ganze Zahl, so ist bekanntlich

$$\frac{1}{m} = \int_0^1 x^{m-1}dx,$$

und folglich ist auch

$$M = \Sigma\left(\frac{m}{P}\right)\frac{1}{m} = \Sigma\left(\frac{m}{P}\right)\int_0^1 x^{m-1}dx.$$

Da nun das Jacobi'sche Symbol für alle einander nach dem Modul P congruenten Zahlen m denselben Werth hat, so ist die Summe der Glieder unserer Reihe, in welchen $m < kP$, gleich

$$\int_0^1 \frac{dx}{x} f(x)\,\frac{1-x^{kP}}{1-x^P},$$

wo zur Abkürzung

$$f(x) = \Sigma\left(\frac{\mu}{P}\right)x^{\mu}$$

gesetzt ist, und der Summationsbuchstabe μ die Werthe m durchlaufen muss, welche $< P$ sind. Da dieselben ein vollständiges Restsystem in Bezug auf den Modul P bilden, so ist nach einem schon öfter benutzten Satze (§. 52)

$$f(1) = \Sigma\left(\frac{\mu}{P}\right) = 0;$$

es ist folglich $f(x)$ theilbar durch $x(x-1)$, und mithin hat der Bruch

$$\frac{1}{x} \cdot \frac{f(x)}{1-x^P}$$

im reellen Integrationsintervall $0 \leqq x \leqq 1$ endliche Werthe. Hieraus folgt leicht, dass mit unbegrenzt wachsendem k das Integral

$$\int_0^1 \frac{dx}{x} \frac{f(x) x^{kP}}{1-x^P}$$

unendlich klein wird, und wir erhalten folglich

$$\Sigma\left(\frac{m}{P}\right)\frac{1}{m} = \int_0^1 \frac{dx}{x} \frac{f(x)}{1-x^P};$$

die Aufgabe ist mithin darauf zurückgeführt, einen echten rationalen Bruch zu integriren, was bekanntlich durch Zerlegung desselben in sogenannte Partialbrüche geschieht. Setzen wir zur Abkürzung

$$\sqrt{-1} = i, \quad e^{\frac{2\pi i}{P}} = \theta,$$

so ist in unserem Fall der Nenner

$$x^P - 1 = \Pi(x - \theta^\alpha),$$

wo das Productzeichen sich auf den Buchstaben α bezieht, welcher ein vollständiges Restsystem in Bezug auf den Modul P durchlaufen muss; wir setzen fest, dass α die Werthe

$$0, 1, 2 \ldots (P-1)$$

durchlaufen soll; man erhält dann nach bekannten Regeln

$$\frac{1}{x} \frac{f(x)}{1-x^P} = -\frac{1}{P} \Sigma \frac{f(\theta^\alpha)}{x-\theta^\alpha},$$

wo das Summenzeichen sich auf den Buchstaben α bezieht. Nach der oben eingeführten Bezeichnung ist nun

$$f(\theta^\alpha) = \Sigma\left(\frac{\mu}{P}\right) e^{\mu\frac{2\alpha\pi i}{P}},$$

und diese Summe ist vermöge des in den Supplementen (I. §. 116) bewiesenen Satzes

$$= \left(\frac{\alpha}{P}\right) \sqrt{P} \,.\, i^{\frac{1}{4}(P-1)^2}$$

wo die Quadratwurzel $\sqrt{P}$ *positiv*, und

$$\left(\frac{\alpha}{P}\right) = 0$$

zu nehmen ist, wenn α keine relative Primzahl zu P ist. Die Zerlegung in Partialbrüche liefert uns also das Resultat

$$\frac{1}{x} \frac{f(x)}{1-x^P} = -\frac{i^{\frac{1}{4}(P-1)^2}}{\sqrt{P}} \Sigma \frac{\left(\frac{\alpha}{P}\right)}{x-\theta^\alpha},$$

wo das Summenzeichen sich auf den Buchstaben α bezieht, der nur alle die positiven ganzen Zahlen zu durchlaufen braucht, welche $< P$ und relative Primzahlen zu P sind.

Die nun auszuführenden Integrationen der einzelnen $\varphi(P)$ Partialbrüche sind in der einen Formel

$$\int \frac{dx}{x-a-bi} = \tfrac{1}{2} \log \left\{(x-a)^2 + b^2\right\} + i \operatorname{arctang} \frac{x-a}{b}$$

oder

$$\int \frac{dx}{x-e^{\delta i}} = \tfrac{1}{2} \log \left\{x^2 - 2x \cos\delta + 1\right\} + i \operatorname{arctang} \frac{x-\cos\delta}{\sin\delta}$$

enthalten, aus welcher, wenn $0 < \delta < 2\pi$ ist,

$$\int_0^1 \frac{dx}{x-e^{\delta i}} =$$

$$\log(2 \sin \tfrac{1}{2}\delta) + i \left\{\operatorname{arctang}(\operatorname{tang} \tfrac{1}{2}\delta) + \operatorname{arctang}(\operatorname{cotang} \delta)\right\}$$

folgt, vorausgesetzt, dass die beiden Arcus, welche in der Parenthese stehen, in dem Intervall zwischen $+\frac{1}{2}\pi$ und $-\frac{1}{2}\pi$ genommen werden. Mag nun δ zwischen 0 und π, oder zwischen π und 2π liegen, so ergiebt sich hieraus leicht, dass immer

$$\int_0^1 \frac{dx}{x-e^{\delta i}} = \log(2 \sin \tfrac{1}{2}\delta) + i(\tfrac{1}{2}\pi - \tfrac{1}{2}\delta)$$

ist.

Wenden wir dies auf unseren Fall an, so erhalten wir

$$\int_0^1 \frac{dx}{x-\theta^\alpha} = \log\left(2\sin\frac{\alpha\pi}{P}\right) + i\left(\frac{\pi}{2} - \frac{\alpha\pi}{P}\right)$$

und folglich

$$\Sigma\left(\frac{m}{P}\right)\frac{1}{m} = -\frac{i^{1/4(P-1)^2}}{\sqrt{P}}\,\Sigma\left(\frac{\alpha}{P}\right)\left\{\log\left(2\sin\frac{\alpha\pi}{P}\right) + i\left(\frac{\pi}{2} - \frac{\alpha\pi}{P}\right)\right\}$$

wo das Summenzeichen rechts sich auf alle $\varphi(P)$ Werthe von α erstreckt. Da nun

$$\Sigma\left(\frac{\alpha}{P}\right) = 0$$

ist, so können die in der Parenthese befindlichen Glieder, welche von α unabhängig sind, wie log 2 und $\frac{1}{2}\pi i$ weggelassen werden, und man erhält dann

$$\Sigma\left(\frac{m}{P}\right)\frac{1}{m} = -\frac{i^{1/4(P-1)^2}}{\sqrt{P}}\,\Sigma\left(\frac{\alpha}{P}\right)\left\{\log\sin\frac{\alpha\pi}{P} - \frac{\alpha\pi i}{P}\right\}.$$

Dieses Resultat nimmt noch einfachere Formen an, wenn man die beiden Fälle $P \equiv 1 \pmod{4}$ und $P \equiv 3 \pmod{4}$ von einander trennt. Im ersteren Falle ist nämlich

$$i^{1/4(P-1)^2} = 1$$

und folglich, da die linke Seite reell ist,

$$\Sigma\left(\frac{m}{P}\right)\frac{1}{m} = -\frac{1}{\sqrt{P}}\,\Sigma\left(\frac{\alpha}{P}\right)\log\sin\frac{\alpha\pi}{P}$$

$$\Sigma\left(\frac{\alpha}{P}\right)\alpha = 0;$$

im letzteren Fall dagegen ist

$$i^{1/4(P-1)^2} = i$$

und folglich

$$\Sigma\left(\frac{m}{P}\right)\frac{1}{m} = -\frac{\pi}{P\sqrt{P}}\,\Sigma\left(\frac{\alpha}{P}\right)\alpha$$

$$\Sigma\left(\frac{\alpha}{P}\right)\log\sin\frac{\alpha\pi}{P} = 0.$$

Diese beiden Vereinfachungen lassen sich auch auf folgende Weise verificiren. Bedenkt man, dass $(P-\alpha)$ dieselben Werthe wie α durchläuft, so folgt

$$\Sigma\left(\frac{\alpha}{P}\right)\alpha = \Sigma\left(\frac{P-\alpha}{P}\right)(P-\alpha) = -\Sigma\left(\frac{-\alpha}{P}\right)\alpha$$

$$\Sigma\left(\frac{\alpha}{P}\right)\log\sin\frac{\alpha\pi}{P} = \Sigma\left(\frac{P-\alpha}{P}\right)\log\sin\frac{(P-\alpha)\pi}{P}$$

$$= \Sigma\left(\frac{-\alpha}{P}\right)\log\sin\frac{\alpha\pi}{P};$$

ist nun $P \equiv 1 \pmod{4}$, so folgt hieraus

$$\Sigma\left(\frac{\alpha}{P}\right)\alpha = -\Sigma\left(\frac{\alpha}{P}\right)\alpha = 0;$$

ist dagegen $P \equiv 3 \pmod{4}$, so ergiebt sich

$$\Sigma\left(\frac{\alpha}{P}\right)\log\sin\frac{\alpha\pi}{P} = -\Sigma\left(\frac{\alpha}{P}\right)\log\sin\frac{\alpha\pi}{P} = 0.$$

§. 104.

Hiermit ist nun für den von uns betrachteten Fall, in welchem die Determinante $D = \pm P \equiv 1 \pmod{4}$ und durch kein Quadrat theilbar ist, der gesuchte Grenzwerth

$$\Sigma\left(\frac{D}{n}\right)\frac{1}{n} = \left(1-\left(\frac{2}{P}\right)\frac{1}{2}\right)\Sigma\left(\frac{m}{P}\right)\frac{1}{m}$$

wirklich in Form eines geschlossenen Ausdrucks gefunden, und um die Anzahl h der zu dieser Determinante D gehörenden ursprünglichen Formen der ersten Art zu erhalten, brauchen wir nur noch die beiden Fälle, in welchen D negativ oder positiv ist, von einander zu trennen.

Erstens. Ist D negativ $= -P$, und also $P \equiv 3 \pmod{4}$, so ist (§. 97)

$$h = \frac{2\sqrt{-D}}{\pi}\Sigma\left(\frac{D}{n}\right)\frac{1}{n}$$

und da in diesem Fall

$$\Sigma\left(\frac{D}{n}\right)\frac{1}{n} = \left(1-\left(\frac{2}{P}\right)\frac{1}{2}\right)\Sigma\left(\frac{m}{P}\right)\frac{1}{m}$$

$$= -\left(1-\left(\frac{2}{P}\right)\frac{1}{2}\right)\frac{\pi}{P\sqrt{P}}\Sigma\left(\frac{\alpha}{P}\right)\alpha$$

ist, so ergiebt sich

$$h = -\frac{1}{P}\left(2-\left(\frac{2}{P}\right)\right)\Sigma\left(\frac{\alpha}{P}\right)\alpha,$$

wo α wieder alle positiven ganzen Zahlen durchlaufen muss, die $< P$ und relative Primzahlen zu P sind. Offenbar muss dieser Ausdruck für die Classenanzahl sich noch in der Weise umformen lassen, dass der Divisor P verschwindet. Dies lässt sich in der That durch folgende Betrachtung erreichen. Bezeichnet man mit α' diejenigen Zahlen α, welche $< \frac{1}{2} P$ sind, so stimmen die Zahlen $(P - \alpha')$ mit denjenigen Zahlen α überein, welche $> \frac{1}{2} P$ sind; es ist daher

$$\Sigma \left(\frac{\alpha}{P}\right) \alpha = \Sigma \left(\frac{\alpha'}{P}\right) \alpha' + \Sigma \left(\frac{P-\alpha'}{P}\right) (P - \alpha'),$$

wo die Summenzeichen rechts sich auf den Buchstaben α' beziehen da nun $P \equiv 3 \pmod{4}$, und also

$$\left(\frac{P-\alpha'}{P}\right) = \left(\frac{-1}{P}\right) \left(\frac{\alpha'}{P}\right) = - \left(\frac{\alpha'}{P}\right)$$

ist, so erhalten wir

$$\Sigma \left(\frac{\alpha}{P}\right) \alpha = 2 \, \Sigma \left(\frac{\alpha'}{P}\right) \alpha' - P \, \Sigma \left(\frac{\alpha'}{P}\right).$$

Offenbar wird die Reihe aller Zahlen α aber auch erschöpft durch die sämmtlichen Zahlen $2\alpha'$ und $(P - 2\alpha')$, und folglich ist auch

$$\Sigma \left(\frac{\alpha}{P}\right) \alpha = \Sigma \left(\frac{2\alpha'}{P}\right) 2\alpha' + \Sigma \left(\frac{P - 2\alpha'}{P}\right) (P - 2\alpha')$$

oder nach leichten Reductionen

$$\left(\frac{2}{P}\right) \Sigma \left(\frac{\alpha}{P}\right) \alpha = 4 \, \Sigma \left(\frac{\alpha'}{P}\right) \alpha' - P \, \Sigma \left(\frac{\alpha'}{P}\right)$$

Zieht man diese Gleichung von der früheren ab, nachdem dieselbe mit 2 multiplicirt ist, so erhält man

$$\left\{2 - \left(\frac{2}{P}\right)\right\} \Sigma \left(\frac{\alpha}{P}\right) \alpha = - P \, \Sigma \left(\frac{\alpha'}{P}\right)$$

und hierdurch verwandelt sich der obige Ausdruck für die Classenanzahl in den folgenden einfachsten:

$$h = \Sigma \left(\frac{\alpha'}{P}\right).$$

Wir können daher für diesen Fall als Resultat unserer ganzen Untersuchung folgenden Satz aussprechen:

Ist P eine positive, durch kein Quadrat theilbare Zahl von der Form $4n + 3$, und bezeichnet man mit α' alle relativen Primzahlen *zu P, welche $< \frac{1}{2} P$ sind, so findet man die Classenanzahl h der zu der Determinante $D = -P$ gehörenden Formen der ersten Art, wenn man von der Anzahl derjenigen der Zahlen α', für welche*

$$\left(\frac{\alpha'}{P}\right) = +1$$

ist, die Anzahl der übrigen Zahlen α' abzieht.

Der Ausdruck dieses Satzes vereinfacht sich in dem speciellen Fall, wenn P eine einfache Primzahl ist, folgendermaassen:

Ist der absolute Werth p der negativen Determinante $D = -p$ eine Primzahl von der Form $4n+3$, so ist die Classenanzahl h der zu ihr gehörigen Formen der ersten Art gleich dem Ueberschuss der Anzahl der zwischen 0 und $\frac{1}{2}p$ liegenden quadratischen Reste von p über die Anzahl der zwischen denselben Grenzen liegenden quadratischen Nichtreste von p.

Dieser letztere Satz ist in einer nicht wesentlich verschiedenen Form schon einige Zeit vor der Veröffentlichung der Lösung des allgemeinen Problems*) durch Induction von *Jacobi***) gefunden.

Als Beispiel wählen wir die Determinante $D = -11$; unter den Zahlen 1, 2, 3, 4, 5 sind vier quadratische Reste 1, 3, 4, 5, und ein quadratischer Nichtrest 2 von 11; mithin ist die Anzahl der Formen erster Art $= 4 - 1 = 3$. In der That giebt es für diese Determinante nur drei (nicht äquivalente) reducirte Formen erster Art, nämlich (1, 0, 11), (3, 1, 4) und (3, −1, 4).

Beiläufig mag hier bemerkt werden, dass zufolge des gewonnenen Resultats die Anzahl der Zahlen α', für welche

$$\left(\frac{\alpha'}{P}\right) = +1,$$

stets grösser ist, als die Anzahl der Zahlen α', für welche

$$\left(\frac{\alpha'}{P}\right) = -1$$

ist, da h immer eine positive Zahl, nie $= 0$ ist: ein Satz, welcher auch für den einfachsten Fall, wo P eine Primzahl von der Form

*) *Dirichlet: Recherches sur diverses applications de l'analyse infinitésimale à la théorie des nombres* in Crelle's Journal Bdde. 19, 21.

**) *Observatio arithmetica* in Crelle's Journal Bd. 9; vergl. *Dirichlet: Gedächtnissrede auf C. G. J. Jacobi,* und *Kummer: Gedächtnissrede auf G. P. Lejeune Dirichlet.*

$4n + 3$ ist, auf anderem Wege noch nicht hat bewiesen werden können (vergl. das Theorem über die arithmetische Progression, Supplement VI.).

Zweitens. Ist die Determinante positiv $= + P$, und also $P \equiv 1 \pmod{4}$, so ist (nach §. 99) die Classenanzahl

$$h = \frac{2\sqrt{D}}{\log(T + U\sqrt{D})} \Sigma \left(\frac{D}{n}\right) \frac{1}{n}$$

und da in diesem Fall

$$\Sigma \left(\frac{D}{n}\right) \frac{1}{n} = \left(1 - \left(\frac{2}{P}\right) \frac{1}{2}\right) \Sigma \left(\frac{m}{P}\right) \frac{1}{m}$$

$$= - \frac{1 - \left(\frac{2}{P}\right) \frac{1}{2}}{\sqrt{P}} \Sigma \left(\frac{\alpha}{P}\right) \log \sin \frac{\alpha\pi}{P}$$

ist, so ergiebt sich

$$h = - \frac{2 - \left(\frac{2}{P}\right)}{\log(T + U\sqrt{P})} \Sigma \left(\frac{\alpha}{P}\right) \log \sin \frac{\alpha\pi}{P}.$$

Bezeichnet man die Zahlen α mit a oder mit b, je nachdem

$$\left(\frac{\alpha}{P}\right) = +1 \text{ oder } = -1$$

ist, so nimmt die vorstehende Gleichung folgende Gestalt an:

$$h = \frac{2 - \left(\frac{2}{P}\right)}{\log(T + U\sqrt{P})} \log \frac{\Pi \sin \frac{b\pi}{P}}{\Pi \sin \frac{a\pi}{P}};$$

hierin beziehen sich die Productzeichen Π im Zähler und Nenner resp. auf alle b und auf alle a; und ausserdem bedeuten T, U die kleinsten positiven ganzen Zahlen, welche der Pell'schen Gleichung

$$T^2 - PU^2 = 1$$

genügen. Der wahre Charakter dieses Resultates wird durch eine weitere Umformung (§. 107) noch deutlicher werden.

§. 105.

Nachdem im Vorhergehenden (§§. 102 bis 104) der Fall, in welchem $D \equiv 1 \pmod{4}$ ist, seine vollständige Erledigung gefunden hat, begnügen wir uns, die Hauptmomente für die allgemeine Untersuchung hervorzuheben. Es handelt sich zunächst um die Bestimmung der Reihe

$$N = \Sigma \left(\frac{D}{n}\right) \frac{1}{n},$$

in welcher n beständig wachsend alle positiven ganzen Zahlen durchlaufen muss, die relative Primzahlen zu $2D$ sind.

Gebrauchen wir nun die Buchstaben P, δ, ε genau in derselben Bedeutung, wie sie am Schluss des §. 52 festgesetzt ist, so ist

$$\left(\frac{D}{n}\right) = \delta^{\frac{1}{2}(n-1)} \varepsilon^{\frac{1}{8}(n^2-1)} \left(\frac{n}{P}\right),$$

und folglich stets

$$\left(\frac{D}{n}\right) = \left(\frac{D}{\nu}\right),$$

wenn $n \equiv \nu \pmod{8P}$ ist. Setzt man daher

$$\frac{1}{n} = \int_0^1 x^{n-1} dx,$$

und

$$f(x) = \Sigma \left(\frac{D}{\nu}\right) x^\nu,$$

wo ν alle die Zahlen n durchläuft, welche $< 8P$ sind, und berücksichtigt, dass $f(1) = 0$ ist (§. 52), so findet man unter der Voraussetzung, dass der Modulus von x auf dem Integrationswege < 1 bleibt, ähnlich wie in §. 103,

$$N = \int_0^1 \frac{f(x)}{1 - x^{8P}} \frac{dx}{x} = -\frac{1}{8P} \int_0^1 \Sigma \frac{f(\omega)\, dx}{x - \omega},$$

wo ω alle Wurzeln der Gleichung

$$\omega^{8P} = 1$$

durchlaufen muss; diese sind bekanntlich von der Form

$$\omega = j^r \theta^s,$$

wo zur Abkürzung

$$j = e^{\frac{\pi i}{4}} = \frac{1+i}{\sqrt{2}}, \quad \theta = e^{\frac{2\pi i}{P}}$$

gesetzt ist; lässt man r und s vollständige Restsysteme resp. nach den Moduln 8 und P durchlaufen, so erhält ω seine sämmtlichen $8P$ Werthe.

Bedeuten nun μ und m resp. die kleinsten positiven Reste der Zahl ν in Bezug auf die Moduln 8 und P, so ist μ eine der vier Zahlen 1, 3, 5, 7, und m eine der $\varphi(P)$ relativen Primzahlen zu P; und da umgekehrt jedem solchen Restpaare μ, m eine und nur eine bestimmte Zahl ν entspricht (§. 25), so findet man, mit Zuziehung des in den Supplementen (§. 116) bewiesenen Hülfssatzes,

$$\begin{aligned} f(\omega) &= \Sigma \left(\frac{D}{\nu}\right) \omega^\nu = \Sigma\, \delta^{\frac{1}{2}(\nu-1)} \varepsilon^{\frac{1}{8}(\nu^2-1)} \left(\frac{\nu}{P}\right) j^{\nu r} \theta^{\nu s} \\ &= \Sigma\, \delta^{\frac{1}{2}(\mu-1)} \varepsilon^{\frac{1}{8}(\mu^2-1)} j^{\mu r}\, \Sigma \left(\frac{m}{P}\right) \theta^{m s} \\ &= j^r (1 + \delta i^{3r}) (1 + \varepsilon(-1)^r) \left(\frac{s}{P}\right) i^{\left(\frac{P-1}{2}\right)^2} \sqrt{P}, \end{aligned}$$

wo $\sqrt{P}$ *positiv* ist, und das Jacobi'sche Symbol den Werth Null hat, wenn s keine relative Primzahl zu P ist. Wenn $P = 1$, so sind die Factoren, in welchen P vorkommt wegzulassen. Setzen wir nun zur Abkürzung

$$\psi(r) = \int_0^1 \Sigma \left(\frac{s}{P}\right) \frac{dx}{x - j^r \theta^s},$$

wo s alle incongruenten Zahlen (mod. P) zu durchlaufen hat, die relative Primzahlen zu P sind, so ergiebt sich

$$N = -\frac{i^{\left(\frac{P-1}{2}\right)^2}}{8\sqrt{P}} \Sigma\, j^r (1 + \delta i^{3r}) (1 + \varepsilon(-1)^r) \psi(r),$$

wo r ein vollständiges Restsystem (mod. 8) durchlaufen muss. Trennt man jetzt die vier Fälle von einander, so erhält man folgende Resultate:

I. $D = \pm P \equiv 1 \pmod{4}$, $\delta = +1$, $\varepsilon = +1$;

$$N\,.\,2\sqrt{P} = -i^{\left(\frac{P-1}{2}\right)^2}\{\psi(0) - \psi(4)\}.$$

II. $D = \pm P \equiv 3 \pmod{4}$, $\delta = -1$, $\varepsilon = +1$;

$$N\,.\,2\sqrt{P} = -i\,.\,i^{\left(\frac{P-1}{2}\right)^2}\{\psi(2) - \psi(6)\}.$$

III. $D = \pm 2P \equiv 2 \pmod{8}$, $\delta = +1$, $\varepsilon = -1$;

$$N\,.\,2\sqrt{2P} = -i^{\left(\frac{P-1}{2}\right)^2}\{\psi(1) - \psi(3) - \psi(5) + \psi(7)\}.$$

IV. $D = \pm 2P \equiv 6 \pmod{8}$, $\delta = -1$, $\varepsilon = -1$;

$$N\,.\,2\sqrt{2P} = -i\,.\,i^{\left(\frac{P-1}{2}\right)^2}\{\psi(1) + \psi(3) - \psi(5) - \psi(7)\}.$$

Dieselben Formeln gelten auch noch für den Fall $P = 1$, d. h. für die Fälle $D = -1$, $D = +2$, $D = -2$, wenn

$$\psi(r) = \int_0^1 \frac{dx}{x - j^r}$$

gesetzt wird. Zur Bestimmung der Werthe $\psi(r)$, auf welche es jetzt allein noch ankommt, dient wieder die unter der Voraussetzung $0 < \varphi < 2\pi$ gültige Gleichung

$$\int_0^1 \frac{dx}{x - e^{\varphi i}} = \log(2\sin\tfrac{1}{2}\varphi) + \tfrac{1}{2}(\pi - \varphi)i,$$

und man findet hieraus für den Fall $P = 1$ leicht folgende Resultate:

$$D = -1;\quad N = \frac{\pi}{4}$$

$$D = +2;\quad N = \frac{\log(1 + \sqrt{2})}{\sqrt{2}} \tag{1}$$

$$D = -2;\quad N = \frac{\pi}{2\sqrt{2}},$$

wo $\sqrt{2}$ positiv zu nehmen ist. Schliessen wir von jetzt an den Fall $P = 1$ gänzlich aus, so ist

$$\int_0^1 \frac{dx}{x - j^r\theta^s} = \log\left(2\sin\frac{m\pi}{8P}\right) + \left(\frac{\pi}{2} - \frac{m\pi}{8P}\right)i,$$

wo m den kleinsten positiven Rest der Zahl $(Pr + 8s)$ nach dem Modul $8P$ bedeutet, so dass

$$m \equiv Pr \text{ (mod. 8)}, \; m \equiv 8s \text{ (mod. } P), \; 0 < m < 8P$$

ist; hieraus folgt

$$\psi(r) = \left(\frac{2}{P}\right) \Sigma \left(\frac{m}{P}\right) \left\{\log\left(2 \sin \frac{m\pi}{8P}\right) + \left(\frac{\pi}{2} - \frac{m\pi}{8P}\right) i\right\},$$

wo m diejenigen $\varphi(P)$ positiven Zahlen durchlaufen muss, welche relative Primzahlen zu P, kleiner als $8P$ und zugleich $\equiv Pr$ (mod. 8) sind; da dieselben nach dem Modul P incongruent sind, so ist (§. 52)

$$\Sigma \left(\frac{m}{P}\right) = 0,$$

und folglich nimmt die vorstehende Gleichung folgende einfachere Gestalt an

$$\psi(r) = \left(\frac{2}{P}\right) \Sigma \left(\frac{m}{P}\right) \left(\log \sin \frac{m\pi}{8P} - \frac{m\pi i}{8P}\right), \qquad (2)$$
$$m \equiv Pr \text{ (mod. 8)}, \quad 0 < m < 8P.$$

Hierdurch ist nun der Werth der unendlichen Reihe N in allen Fällen auf eine Summe von einer endlichen Anzahl von Gliedern zurückgeführt; dieselbe ist aber noch bedeutender Vereinfachungen fähig, zufolge gewisser Eigenschaften der acht Ausdrücke $\psi(r)$, die entweder aus der so eben gefundenen Form, oder auch aus ihrer ursprünglichen Definition leicht abgeleitet werden können. Indem wir den letzteren Weg einschlagen, setzen wir zur Abkürzung

$$F(x) = \Pi (x - \theta^s)^{\left(\frac{s}{P}\right)} = \frac{\Pi(x - \theta^a)}{\Pi(x - \theta^b)} \qquad (3)$$

wo die Buchstaben a und b die in §. 52 festgesetzte Bedeutung haben; dann wird zufolge der obigen Definition

$$\psi(r) = \int_0^1 d \log F(xj^{-r}),$$

wo der Modulus der Variabeln x auf dem Wege von 0 bis 1 stets < 1 bleibt, oder auch

$$\psi(r) = \int_0^{j^{-r}} d \log F(x),$$

wo, wenn die complexen Grössen in der bekannten Weise geometrisch durch Puncte einer Ebene dargestellt werden, der Punct

x von 0 bis j^{-r} sich so bewegen muss, dass er im Inneren des mit dem Halbmesser 1 um den Punct 0 beschriebenen Kreises bleibt. Die acht Puncte j^r zerlegen die Peripherie dieses Kreises in acht gleiche Octanten, auf welche sich die $\varphi(P)$ Puncte θ^s vertheilen, die ihrerseits wieder in zwei Classen θ^a und θ^b zerfallen.

Aus der Definition der Function $F(x)$ geht zunächst hervor, dass sie mit

$$\Pi(x' - \theta^{-s})^{\left(\frac{s}{P}\right)} = F(x')^{\left(\frac{-1}{P}\right)}$$

conjugirt ist, wenn x' den mit x conjugirten complexen Werth bedeutet; und hieraus folgt unmittelbar, dass $\psi(r)$ und

$$\left(\frac{-1}{P}\right)\int_0^{j^r} d\log F(x') = \left(\frac{-1}{P}\right)\psi(-r)$$

ebenfalls conjugirt sind. Setzt man daher zur Abkürzung

$$\left.\begin{aligned} R(r) &= \psi(-r) + \left(\frac{-1}{P}\right)\psi(r), \\ J(r) &= \psi(-r) - \left(\frac{-1}{P}\right)\psi(r), \end{aligned}\right\} \tag{4}$$

so wird R reell, und J rein imaginär oder $= 0$; und man erkennt leicht, dass die Summe N sich auf Ausdrücke von der Form R oder J reducirt, je nachdem die Determinante D positiv oder negativ ist.

Aus der Definition der Function $F(x)$ folgt ferner leicht die Relation

$$F(x)\,F(-x) = F(x^2)^{\left(\frac{2}{P}\right)}; \tag{5}$$

da nun, wenn x im Inneren des Kreises von 0 bis j^{-r} geht, gleichzeitig $-x$ von 0 bis $j^{-(r+4)}$, und x^2 von 0 bis j^{-2r} fortrückt, so ergiebt sich

$$\psi(r) + \psi(r+4) = \left(\frac{2}{P}\right)\psi(2r); \tag{6}$$

dieselbe Eigenschaft kommt offenbar auch den Ausdrücken R und J zu.

Die Function $F(x)$ besitzt endlich noch die folgende Eigenschaft

$$F\left(\frac{1}{x}\right) = \theta^{\Sigma\left(\frac{s}{P}\right)s} F(x)^{\left(\frac{-1}{P}\right)}; \tag{7}$$

da nun, wenn x im Inneren des Kreises von 0 bis j^{-r} geht, der reciproke Werthe y ausserhalb des Kreises von ∞ bis j^r fortrückt, so folgt

$$\int_{\infty}^{j^r} d\log F(y) = \left(\frac{-1}{P}\right)\psi(r),$$

und hieraus ergiebt sich

$$J(r) = \int_0^{\infty} d\log F(z_r),$$

wo z_r im Inneren des Kreises von 0 bis j^r, dann ausserhalb desselben von j^r bis ∞ geht. Die Differenz $J(r) - J(r+1)$ ist daher ein geschlossenes Integral, in welchem die Integrationsvariabele einen positiven Umlauf um diejenigen Puncte θ^s macht, die auf dem von den Puncten j^r und j^{r+1} begrenzten Octanten liegen, und folglich ist nach bekannten Sätzen der complexen Integration

$$J(r) - J(r+1) = 2\pi i \sum_r^{r+1} \left(\frac{s}{P}\right),$$

wo s alle Werthe durchläuft, die der Bedingung

$$\frac{r}{8} < \frac{s}{P} < \frac{r+1}{8}$$

genügen; hieraus ergiebt sich weiter

$$J(r) - J(r+4) = 2\pi i \sum_r^{r+4} \left(\frac{s}{P}\right),$$

und ebenso, wenn r *positiv* ist,

$$J(r) - J(2r) = 2\pi i \sum_r^{2r} \left(\frac{s}{P}\right);$$

setzt man die hieraus folgenden Werthe von $J(r+4)$ und $J(2r)$ in die aus (6) abgeleitete Gleichung

$$J(r) + J(r+4) = \left(\frac{2}{P}\right) J(2r)$$

ein, so erhält man

$$\left\{2 - \left(\frac{2}{P}\right)\right\} J(r) = 2\pi i \left\{\sum_r^{r+4}\left(\frac{s}{P}\right) - \left(\frac{2}{P}\right)\sum_r^{2r}\left(\frac{s}{P}\right)\right\}$$

Bedenkt man ferner, dass

$$\sum_4^{4+r} \left(\frac{s}{P}\right) = \left(\frac{-1}{P}\right) \sum_{4-r}^{4} \left(\frac{s}{P}\right)$$

ist, so ergiebt sich

$$\left\{2-\left(\frac{2}{P}\right)\right\}J(0)=2\pi i\sum_0^4\left(\frac{s}{P}\right)$$

$$\left\{2-\left(\frac{2}{P}\right)\right\}J(2)=2\pi i\left\{1+\left(\frac{-1}{P}\right)-\left(\frac{2}{P}\right)\right\}\sum_2^4\left(\frac{s}{P}\right)$$

$$J(1)+\left(\frac{-1}{P}\right)J(3)=2\pi i\left\{\sum_1^4\left(\frac{s}{P}\right)+\left(\frac{-1}{P}\right)\sum_3^4\left(\frac{s}{P}\right)\right\}.$$

Da endlich zufolge (6) und (4)

$$\psi(0)-\psi(4)=\left\{2-\left(\frac{2}{P}\right)\right\}\psi(0),$$

$$\left\{1-\left(\frac{-1}{P}\right)\right\}\psi(0)=J(0),$$

$$\psi(6)-\left(\frac{-1}{P}\right)\psi(2)=J(2),$$

$$\{\psi(7)-\psi(3)\}+\left(\frac{-1}{P}\right)\{\psi(5)-\psi(3)\}=J(1)+\left(\frac{-1}{P}\right)J(3)$$

ist, so wird, wenn die Determinante D *negativ*, also P im ersten und dritten Falle $\equiv 3$, im zweiten und vierten Falle $\equiv 1$ (mod. 4) ist,

$$\text{I.}\quad N=\frac{\pi}{2\sqrt{P}}\sum_0^4\left(\frac{s}{P}\right),$$

$$\text{II.}\quad N=\frac{\pi}{\sqrt{P}}\sum_0^2\left(\frac{s}{P}\right),$$

$$\text{III.}\quad N=\frac{\pi}{\sqrt{2P}}\sum_1^3\left(\frac{s}{P}\right),$$

$$\text{IV.}\quad N=\frac{\pi}{\sqrt{2P}}\left\{\sum_0^1\left(\frac{s}{P}\right)-\sum_3^4\left(\frac{s}{P}\right)\right\},$$

wenn man berücksichtigt, dass im zweiten und vierten Falle

$$\sum_0^4\left(\frac{s}{P}\right)=0$$

ist.

Für *positive* Determinanten erhält man ebenfalls Vereinfachungen durch die Betrachtung des *reellen* Ausdrucks (4)

$$\begin{aligned}R(r)&=\int_0^1\Sigma\left(\frac{s}{P}\right)\left\{\frac{dx}{x-j^{-r}\theta^{s}}+\frac{dx}{x-j^{r}\theta^{-s}}\right\}\\&=\Sigma\left(\frac{s}{P}\right)\log\{(j^r-\theta^s)(j^{-r}-\theta^{-s})\}\\&=\log\left\{F(j^r)F(j^{-r})^{\left(\frac{-1}{P}\right)}\right\},\end{aligned}$$

welcher zufolge (7) in den folgenden übergeht

$$R(r) = \log \{cF(j^r)^2\},$$

wo

$$c = \theta^{\Sigma b - \Sigma a} = \frac{-1 + i\sqrt{3}}{2} \text{ oder } = 1$$

ist, je nachdem $P = 3$ oder von 3 verschieden ist (§. 140). Da nun zufolge (6) und (4)

$$\psi(0) - \psi(4) = \left\{2 - \left(\frac{2}{P}\right)\right\} \psi(0)$$

$$\left\{1 + \left(\frac{-1}{P}\right)\right\} \psi(0) = R(0)$$

$$\psi(6) + \left(\frac{-1}{P}\right) \psi(2) = R(2)$$

$$\psi(7) + \left(\frac{-1}{P}\right) \psi(1) = R(1)$$

$$\psi(5) + \left(\frac{-1}{P}\right) \psi(3) = R(3)$$

ist, so erhält man, weil im ersten und dritten Falle $P \equiv 1$, im zweiten und vierten Falle $\equiv 3$ (mod. 4) ist,

$$\text{I.} \quad N \cdot 2\sqrt{P} = -\left\{1 - \left(\frac{2}{P}\right) \frac{1}{2}\right\} \log \{F(1)^2\}$$

$$\text{II.} \quad N \cdot 2\sqrt{P} = -\log \{cF(i)^2\}$$

$$\text{III.} \quad N \cdot 2\sqrt{2P} = \log \left\{\frac{F(j^3)^2}{F(j)^2}\right\}$$

$$\text{IV.} \quad N \cdot 2\sqrt{2P} = -\log \{c^2 F(j)^2 F(j^3)^2\}.$$

§. 106.

Nachdem der Werth der unendlichen Reihe N für alle Fälle bestimmt ist, in welchen die Determinante D durch kein Quadrat (ausser 1) theilbar ist, können wir nun die Anzahl h der Classen der ursprünglichen Formen der ersten Art in geschlossener Form angeben *).

*) Vergl. *Kronecker: Ueber die Anzahl der verschiedenen Classen quadratischer Formen von negativer Determinante*, Borchardt's Journal Bd. 57. Daselbst findet man für negative Determinanten wesentlich neue Formeln, welche aus der Theorie der elliptischen Functionen abgeleitet sind.

A. Für *negative* Determinanten D ist (nach §. 97)

$$h = \frac{2\sqrt{-D}}{\pi} \cdot N,$$

mit Ausnahme des Falles $D = -1$, wo der Ausdruck rechter Hand zu verdoppeln ist. Hieraus ergeben sich folgende vier Resultate:

$$\text{I.} \quad D = -P \equiv 1 \pmod{4}; \quad h = \sum_0^4 \left(\frac{s}{P}\right)$$

$$\text{II.} \quad D = -P \equiv 3 \pmod{4}; \quad h = 2\sum_0^2 \left(\frac{s}{P}\right)$$

$$\text{III.} \quad D = -2P \equiv 2 \pmod{8}; \; h = 2\sum_1^3 \left(\frac{s}{P}\right)$$

$$\text{IV.} \quad D = -2P \equiv 6 \pmod{8}; \; h = 2\left\{\sum_0^1 \left(\frac{s}{P}\right) - \sum_3^4 \left(\frac{s}{P}\right)\right\},$$

wo die Grenzen der Summationen sich immer auf den Werth $8s : P$ beziehen*). Aus II. und IV. sind resp. die Fälle $D = -1$ und $D = -2$ auszunehmen, in welchen $h = 1$ ist.

B. Für *positive* Determinanten D ist (nach §. 99)

$$h \log(T + U\sqrt{D}) = N \cdot 2\sqrt{D},$$

wo T, U die kleinsten positiven ganzen Zahlen bedeuten, welche der Bedingung

$$T^2 - DU^2 = 1$$

genügen und nach der angegebenen Methode (§. 84) stets gefunden werden können. Der Werth $N \cdot 2\sqrt{D}$ ist am Schlusse des vorigen Paragraphen bestimmt; statt der dortigen Formeln kann man auch die folgenden aus der Gleichung (2) des vorigen Paragraphen ableiten:

---

*) Umgekehrt kann man diese Formeln benutzen, um die Vertheilung der Zahlen a und b auf die acht Octanten mit Hülfe der Classenanzahlen für die Determinanten $-P$ und $-2P$ zu bestimmen (Gauss' Werke Bd. II. 1863. p. 288).

I. $D = P \equiv 1 \pmod{4}$

$$h \log(T + U\sqrt{P}) = -\left\{4 - 2\left(\frac{2}{P}\right)\right\} \sum_0^{\frac{1}{2}} \left(\frac{n}{P}\right) \log \sin \frac{n\pi}{P}$$

II. $D = P \equiv 3 \pmod{4}$

$$h \log(T + U\sqrt{P}) = -\sum_0^{\frac{1}{4}} \left(\frac{-1}{n}\right)\left(\frac{n}{P}\right) \log \sin \frac{n\pi}{4P}$$

III. $D = 2P \equiv 2 \pmod{8}$

$$h \log(T + U\sqrt{2P}) = -\sum_0^{\frac{1}{8}} \left(\frac{2}{n}\right)\left(\frac{n}{P}\right) \log \sin \frac{n\pi}{8P}$$

IV. $D = 2P \equiv 6 \pmod{8}$

$$h \log(T + U\sqrt{2P}) = -\sum_0^{\frac{1}{8}} \left(\frac{-2}{n}\right)\left(\frac{n}{P}\right) \log \sin \frac{n\pi}{8P}$$

wo n alle relativen Primzahlen zu $2P$ durchlaufen muss, für welche $n : P$ zwischen den angegebenen Summationsgrenzen liegt. Die drei letzten Fälle lassen sich in der gemeinschaftlichen Formel

$$h \log(T + U\sqrt{D}) = -\sum \left(\frac{D}{n}\right) \log \sin \frac{n\pi}{4D}$$

zusammenfassen, wo n alle zwischen 0 und $4D$ liegenden relativen Primzahlen zu $4D$ durchlaufen muss.

§. 107.

Betrachten wir die so gewonnenen Resultate, so zeigt sich ein wesentlicher Unterschied zwischen den positiven und negativen Determinanten. Während nämlich der Ausdruck für die Classenanzahl bei einer negativen Determinante unmittelbar die Form einer *ganzen* Zahl hat — dass dieselbe zugleich *positiv* ist, hat freilich bis jetzt noch Niemand auf elementarem Wege nachgewiesen — so ist dies keineswegs unmittelbar ersichtlich bei den Ausdrücken, welche die Classenanzahl für eine positive Determinante darstellen. Es ist nun von hohem Interesse, dass mit Hülfe eines Satzes aus der von *Gauss**) gegründeten Theorie der *Kreistheilung* (Supplement VII.) die obigen Ausdrücke für $h \log(T + U\sqrt{D})$ wirklich stets in die Form $\log(t + u\sqrt{D})$ übergeführt werden können,

*) *D. A.* Sectio VII.

wo t, u ganze Zahlen bedeuten, welche der Gleichung $t^2 - Du^2 = 1$ genügen. Dies wollen wir jetzt nachweisen*).

Behalten wir die bisherigen Bezeichnungen bei, so können wir, wie im Supplement VII. gezeigt ist, stets

$$2A(x) = 2\prod (x - \theta^a) = Y(x) - i^{\left(\frac{P-1}{2}\right)^2} \sqrt{P} \,.\, Z(x)$$

$$2B(x) = 2\prod (x - \theta^b) = Y(x) + i^{\left(\frac{P-1}{2}\right)^2} \sqrt{P} \,.\, Z(x)$$

setzen, wo $\sqrt{P}$ positiv ist, und $Y(x)$, $Z(x)$ ganze Functionen von x bedeuten, deren Coefficienten ganze Zahlen sind. Zugleich ist

$$A(x)B(x) = \prod (x - \theta^s) = \frac{\prod (x^{\mu_1} - 1)}{\prod (x^{\mu_2} - 1)},$$

wo μ_1 jedes positive, μ_2 jedes negative Glied des entwickelten Productes

$$\varphi(P) = (p-1)(p'-1)(p''-1)\ldots = \Sigma\, \mu_1 - \Sigma\, \mu_2$$

bedeutet, und

$$F(x) = \prod (x - \theta^s)^{\left(\frac{s}{P}\right)} = \frac{A(x)}{B(x)}.$$

Wir wenden uns nun, indem wir die am Schlusse des §. 105 gefundenen Ausdrücke für das Product $h \log (T + U\sqrt{D}) = N \,.\, 2\sqrt{D}$ zu Grunde legen, zunächst dem Falle I. zu, in welchem $D = P \equiv 1$ (mod. 4), und also

$$h \log (T + U\sqrt{P}) = -\left\{1 - \left(\frac{2}{P}\right)\frac{1}{2}\right\} \log \{F(1)^2\}$$

ist. Da nun

$$A(1)B(1) = \frac{\prod \mu_1}{\prod \mu_2} = P^{\varkappa}$$

ist, wo $\varkappa = 1$ oder $= 0$ ist, je nachdem P eine Primzahl oder zusammengesetzt ist (§. 138), so ergiebt sich

$$F(1) = \frac{A(1)}{B(1)} = \frac{P^{\varkappa}}{B(1)^2};$$

da ferner

---

*) *Lejeune Dirichlet: Sur la manière de résoudre l'équation* $t^2 - pu^2 = 1$ *au moyen des fonctions circulaires* (Crelle's Journal Bd. 17). Vergl. *Jacobi: Ueber die Kreistheilung und ihre Anwendung auf die Zahlentheorie* (Berliner Monatsberichte 1837).

$$2A(1) = y - z\sqrt{P}, \quad 2B(1) = y + z\sqrt{P}$$

ist, wo die ganzen Zahlen $Y(1)$, $Z(1)$ zur Abkürzung mit y, z bezeichnet sind, so wird

$$y^2 - Pz^2 = 4P^\varkappa,$$

und folglich muss, wenn P eine Primzahl ist, y durch P theilbar sein; mithin kann man in allen Fällen

$$y + z\sqrt{P} = (\alpha + \beta\sqrt{P})(\sqrt{P})^\varkappa$$

setzen, wo α, β ganze Zahlen bedeuten, welche der Gleichung

$$\alpha^2 - P\beta^2 = 4(-1)^\varkappa$$

genügen, und man erhält

$$(T + U\sqrt{P})^h = \left(\frac{\alpha + \beta\sqrt{P}}{2}\right)^{4 - 2\left(\frac{2}{P}\right)}$$

Sind nun die Zahlen y, z gerade, was jedenfalls eintreten muss, wenn $P \equiv 1 \pmod{8}$ ist, so kann man $\alpha = 2\alpha'$, $\beta = 2\beta'$ setzen, wo die ganzen Zahlen α', β' der Gleichung

$$\alpha'^2 - P\beta'^2 = (-1)^\varkappa$$

genügen; setzt man ferner

$$(\alpha' + \beta'\sqrt{P})^{1+\varkappa} = t + u\sqrt{P},$$

so genügen die ganzen Zahlen t, u der Gleichung $t^2 - Pu^2 = 1$ und man erhält

$$(T + U\sqrt{P})^h = (t + u\sqrt{P})^{\left(2 - \left(\frac{2}{P}\right)\right)(2-\varkappa)}.$$

Sind dagegen die Zahlen y, z und folglich auch α, β ungerade, was nur dann eintreten kann, wenn $P \equiv 5 \pmod{8}$ ist (z. B. wenn $P = 13$, während z. B. für $P = 37$ der frühere Fall Statt findet), so kann man

$$\left(\frac{\alpha + \beta\sqrt{P}}{2}\right)^3 = \alpha' + \beta'\sqrt{P}$$

setzen, wo α', β' ganze Zahlen sind, die der Gleichung

$$\alpha'^2 - P\beta'^2 = (-1)^\varkappa$$

genügen; setzt man nun wieder

$$(\alpha' + \beta'\sqrt{P})^{1+\varkappa} = t + u\sqrt{P},$$

so wird $t^2 - Pu^2 = 1$, und

$$(T + U\sqrt{P})^h = (t + u\sqrt{P})^{2-\varkappa}.$$

Es leuchtet ein, dass, wenn $P \equiv 5 \pmod{8}$ ist, der erste oder zweite Fall eintreten wird, je nachdem die Classenanzahl h durch 3 theilbar ist oder nicht (vergl. §. 99). Ebenso leicht erkennt man, dass in allen Fällen $h \equiv \varkappa \pmod{2}$, d. h. dass die Classenanzahl h ungerade oder gerade sein wird, je nachdem P eine Primzahl oder zusammengesetzt ist (vergl. §. 83. Anm.). Endlich mag noch bemerkt werden, dass die Zahlen y, z beide positiv sind; da nämlich $P \equiv 1 \pmod{4}$, so zerfallen die Zahlen a in Paare von der Form a und $-a$, ebenso die Zahlen b in Paare von der Form b und $-b$, und folglich sind $A(1)$, $B(1)$ und $A(1) + B(1) = y$ positiv; da ferner

$$\left\{2 - \left(\frac{2}{P}\right)\right\} \{\log B(1) - \log A(1)\} = h \log(T + U\sqrt{P})$$

positiv ist, weil h positiv, $T + U\sqrt{P} > 1$ ist, so muss $B(1) > A(1)$, und folglich z positiv sein: ein Resultat, das bisher auf anderem Wege noch nicht bewiesen ist.

§. 108.

Für den zweiten Fall $D = P \equiv 3 \pmod{4}$ haben wir oben das Resultat

$$h \log(T + U\sqrt{P}) = -\log\{c F(i)^2\}$$

erhalten; da nun, wenn m irgend eine ungerade Zahl bedeutet,

$$\frac{i^m - 1}{i - 1} = i^{1/4(m-1)^2}$$

ist, und da ferner

$$\Sigma \mu_1 - \Sigma \mu_2 = (p-1)(p'-1)(p''-1) \ldots$$
$$\Sigma \mu_1^2 - \Sigma \mu_2^2 = (p^2-1)(p'^2-1)(p''^2-1) \ldots$$

ist, so findet man leicht

$$A(i) B(i) = \frac{\Pi(i^{\mu_1} - 1)}{\Pi(i^{\mu_2} - 1)} = i^{\varkappa},$$

wo $\varkappa$ wieder $= 1$ oder $= 0$ ist, je nachdem P eine Primzahl oder zusammengesetzt ist. Folglich wird

$$F(i) = \frac{A(i)}{B(i)} = \frac{i^{\varkappa}}{B(i)^2},$$

und also, da $c^3 = 1$ ist,

$$(T + U\sqrt{P})^h = c^2 (-1)^\varkappa B(i)^4.$$

Mit Ausnahme des Falles $P = 3$ ist nun (nach §. 140) $c = 1$, und

$$(-x)^\tau B\left(\frac{1}{x}\right) = A(x),\ (-x)^\tau A\left(\frac{1}{x}\right) = B(x),$$

wo $\varphi(P) = 2\tau$ gesetzt ist, folglich

$$i^\tau B(i) = A(-i), \quad i^\tau A(i) = B(-i),$$

also auch

$$i^\tau . Y(i) = Y(-i), \quad i^\tau . iZ(i) = -iZ(-i);$$

berücksichtigt man nun, dass

$$i^\tau = -\left(\frac{2}{P}\right) i \quad \text{oder} = 1$$

ist, je nachdem P eine Primzahl oder zusammengesetzt ist, so folgt hieraus, dass man

$$Y(i) = \left(1 + \left(\frac{2}{P}\right) i\right)^\varkappa y, \quad iZ(i) = \left(1 + \left(\frac{2}{P}\right) i\right)^\varkappa z,$$

also

$$2A(i) = \left(1 + \left(\frac{2}{P}\right) i\right)^\varkappa (y - z\sqrt{P}), 2B(i) = \left(1 + \left(\frac{2}{P}\right) i\right)^\varkappa (y + z\sqrt{P})$$

setzen kann, wo y, z ganze Zahlen bedeuten, welche der durch Multiplication entstehenden Gleichung

$$y^2 - Pz^2 = \left(\frac{2}{P^\varkappa}\right) 2^{2-\varkappa}$$

genügen; hieraus folgt weiter, dass man

$$(y + z\sqrt{P})^{1+\varkappa} = 2(t + u\sqrt{P})$$

setzen kann, wo t, u ganze Zahlen bedeuten, welche der Gleichung $t^2 - Pu^2 = 1$ genügen. Zugleich wird

$$B(i)^{1+\varkappa} = \left(\frac{2}{P^\varkappa}\right) i^\varkappa (t + u\sqrt{P}),$$

und folglich

$$(T + U\sqrt{P})^h = (t + u\sqrt{P})^{4-2\varkappa}.$$

Wir erwähnen, dass $h \equiv 2\varkappa \pmod{4}$ ist, und dass die Zahlen y, z stets dasselbe Vorzeichen haben.

In dem bisher ausgeschlossenen Fall $P = 3$ ist $T = 2$, $U = 1$, $c = \theta$, $B(i) = i - \theta^2$, woraus leicht folgt, dass

$$\frac{1}{c F(i)^2} = c^2 (-1)^{\varkappa} B(i)^4 = (2+\sqrt{3})^2,$$

also $h = 2$ ist.

§. 109.

Für den dritten Fall $D = 2P \equiv 2 \pmod{8}$ haben wir oben

$$h \log(T + U\sqrt{2P}) = \log\left\{\frac{F(j^3)^2}{F(j)^2}\right\}$$

gefunden. Berücksichtigt man nun, dass, wenn m irgend eine ungerade Zahl bedeutet,

$$\frac{(j^m - 1)(j^{3m} - 1)}{(j-1)(j^3-1)} = \left(\frac{-2}{m}\right)$$

ist, so findet man

$$A(j)B(j)A(j^3)B(j^3) = \frac{\Pi(j^{\mu_1} - 1)(j^{3\mu_1} - 1)}{\Pi(j^{\mu_2} - 1)(j^{3\mu_2} - 1)} = \left(\frac{-2}{P^{\varkappa}}\right),$$

und folglich

$$(T + U\sqrt{2P})^h = A(j^3)^4 B(j)^4,$$

wo $\varkappa$ wieder $= 1$ oder $= 0$, je nachdem P eine Primzahl oder zusammengesetzt ist. Da nun $P \equiv 1 \pmod{4}$, und also $Y(j) = j^{\tau} Y(j^{-1})$, $Z(j) = j^{\tau} Z(j^{-1})$ ist (§. 140), so kann man

$$Y(j) = j^{\frac{1}{2}\tau}\{y' + y''(j - j^3)\}, \quad Z(j) = j^{\frac{1}{2}\tau}\{z' + z''(j - j^3)\}$$

setzen, wo y', y'', z', z'' ganze Zahlen bedeuten; da ferner $j - j^3 = \sqrt{2}$ ist, so erhält man, wenn man

$$\alpha = (-1)^{\frac{1}{2}\tau}\{y'^2 - 2y''^2 - P(z'^2 - 2z''^2)\},$$
$$\beta = (-1)^{\frac{1}{2}\tau}.2(y'z'' - y''z')$$

setzt,

$$4A(j^3)B(j) = \alpha + \beta\sqrt{2P}, \quad 4A(j)B(j^3) = \alpha - \beta\sqrt{2P},$$

wo die ganzen Zahlen α, β der Gleichung

$$\alpha^2 - 2P\beta^2 = 16\left(\frac{-2}{P^{\varkappa}}\right)$$

genügen und folglich beide durch 4 theilbar sind. Man kann daher

$$A(j^3)B(j) = y + z\sqrt{2P}$$

setzen, wo die ganzen Zahlen y, z der Gleichung

$$y^2 - 2Pz^2 = \left(\frac{-2}{P^{\varkappa}}\right)$$

genügen, und es ist

$$(T + U\sqrt{2P})^h = (y + z\sqrt{2P})^4.$$

Hieraus folgt, dass $h \equiv 2 \pmod{4}$, falls P eine Primzahl von der Form $8n + 5$, sonst aber $h \equiv 0 \pmod{4}$ ist.

In dem bisher ausgeschlossenen Falle $D = 2$ war $N\sqrt{D} = \log(1 + \sqrt{2})$; da ferner $T = 3$, $U = 2$ ist, so folgt

$$h \log(3 + 2\sqrt{2}) = 2 \log(1 + \sqrt{2}),$$

also $h = 1$.

§. 110.

Für den vierten Fall $D = 2P \equiv 6 \pmod{8}$ haben wir oben (§§. 105, 106) das Resultat

$$h \log(T + U\sqrt{2P}) = -\log\{c^2 F(j)^2 F(j^3)^2\}$$

gefunden, welches vermöge der Gleichung

$$A(j)\,B(j)\,A(j^3)\,B(j^3) = \left(\frac{-2}{P^{\varkappa}}\right)$$

in

$$(T + U\sqrt{2P})^h = c\,B(j)^4\,B(j^3)^4$$

übergeht, weil $c^3 = 1$ ist. Lassen wir den Fall $P = 3$ unberücksichtigt, so ist (nach §. 140) $c = 1$, und $Y(j) = (-j)^{\tau}\,Y(j^{-1})$, $-Z(j) = (-j)^{\tau}\,Z(j^{-1})$; da ferner τ ungerade oder durch 4 theilbar ist, je nachdem $\varkappa = 1$ oder $= 0$, d. h. je nachdem P eine Primzahl oder zusammengesetzt ist, so kann man

$$Y(j) = (j^{\frac{1}{2}\tau(1+\varkappa)} - \varkappa)\,(y' + y''(j - j^3))$$
$$j^2 Z(j) = (j^{\frac{1}{2}\tau(1+\varkappa)} - \varkappa)\,(z' + z''(j - j^3))$$

setzen, wo y', y'', z', z'' ganze Zahlen bedeuten; berücksichtigt man, dass $j - j^3 = \sqrt{2}$ ist, und setzt

$$\alpha = y'^2 - Pz'^2 - 2y''^2 + 2Pz''^2$$
$$\beta = 2(y'z'' - z'y''),$$

so erhält man

$$4A(j)A(j^3) = (-j^\tau - j^{3\tau})^\varkappa (\alpha - \beta\sqrt{2P})$$
$$4B(j)B(j^3) = (-j^\tau - j^{3\tau})^\varkappa (\alpha + \beta\sqrt{2P}),$$

wo die ganzen Zahlen α, β der durch Multiplication entstehenden Gleichung

$$\alpha^2 - 2P\beta^2 = \left(\frac{-2}{P^\varkappa}\right)(-2)^{4-\varkappa}$$

genügen; man kann daher

$$(\alpha + \beta\sqrt{2P})^{1+\varkappa} = 2^{2+\varkappa}(t + u\sqrt{2P})$$

setzen, wo die ganzen Zahlen t, u der Gleichung $t^2 - 2Pu^2 = 1$ genügen; dann wird

$$B(j)^{1+\varkappa} B(j^3)^{1+\varkappa} = (-1)^\varkappa (t + u\sqrt{2P})$$

und folglich

$$(T + U\sqrt{2P})^h = (t + u\sqrt{2P})^{4-2\varkappa},$$

woraus leicht folgt, dass $h \equiv 2\varkappa$ (mod. 4) ist.

In dem ausgeschlossenen Fall $P = 3$ ist $c = \theta = \theta^4$, $T = 5$, $U = 2$, und man erhält

$$\theta B(j)B(j^3) = \theta(j - \theta^2)(j^3 - \theta^2) = -i(\sqrt{2} + \sqrt{3})$$
$$\theta^2 B(j)^2 B(j^3)^2 = -(5 + 2\sqrt{6}) = -(T + U\sqrt{2P})$$

und hieraus $h = 2$.

SUPPLEMENTE.

I. Ueber einige Sätze aus der Theorie der Kreistheilung von Gauss.

§. 111.

Wir schicken zunächst ein Lemma aus der Theorie der Fourier'schen Reihen voraus, deren Glieder nach den Cosinus der successiven Vielfachen eines Winkels fortschreiten; es wird in derselben nachgewiesen*), dass für alle reellen Werthe von x zwischen $x = 0$ und $x = \pi$ mit Einschluss dieser Grenzen stets

$$\varphi(x) = \tfrac{1}{2} a_0 + a_1 \cos x + a_2 \cos 2x + a_3 \cos 3x + \cdots$$

ist, wenn $\varphi(x)$ eine innerhalb dieses Intervalles endliche und stetige Function bedeutet, welche nicht unendlich viele Maxima und Minima hat, und wo die Coefficienten $a_0, a_1, a_2 \ldots$ durch die Gleichung

$$a_s = \frac{2}{\pi} \int_0^{\pi} \varphi(x) \cos sx \, dx$$

bestimmt werden. Hieraus folgt für $x = 0$

$$\pi \varphi(0) = \sum_{-\infty}^{+\infty} \int_0^{\pi} \varphi(x) \cos sx \, dx,$$

wo das Summenzeichen sich auf den Buchstaben s bezieht, für welchen Null und alle ganzen positiven und negativen Zahlwerthe der Reihe nach einzusetzen sind. Auf diesen der genannten Theorie entlehnten Satz stützen wir uns im Folgenden.

---

*) *Dirichlet: Sur la convergence des séries etc.* (Crelle's Journal Bd. 4); derselbe Beweis ist vereinfacht im Repertorium der Physik von Dove und Moser. Bd. I. Vergl. *B. Riemann: Ueber die Darstellbarkeit einer Function durch eine trigonomètrische Reihe.* 1867. (Riemann's Werke S. 213).

Zunächst verallgemeinern wir denselben, indem wir das Integral

$$\int_0^{2h\pi} f(x)\cos sx\,dx$$

betrachten, in welchem h eine positive ganze Zahl, s eine positive oder negative ganze Zahl, und $f(x)$ eine Function bedeutet, welche innerhalb des Integrationsgebietes den obigen Bedingungen genügt. Man kann dasselbe in $2h$ Integrale von der Form

$$\int_{r\pi}^{(r+1)\pi} f(x)\cos sx\,dx$$

zerlegen, wo für r der Reihe nach die Zahlen $0, 1, 2 \ldots$ bis $2h-1$ zu setzen sind; je nachdem r eine gerade oder ungerade Zahl ist, ersetzen wir die Integrationsvariabele x durch $r\pi+x$, oder durch $(r+1)\pi-x$; dadurch geht das vorstehende Integral in

$$\int_0^{\pi} f(r\pi+x)\cos sx\,dx, \text{ oder in } \int_0^{\pi} f((r+1)\pi-x)\cos sx\,dx$$

über, und hieraus ergiebt sich zufolge des obigen Satzes entsprechend

$$\sum_{-\infty}^{+\infty}\int_{r\pi}^{(r+1)\pi} f(x)\cos sx\,dx = \pi f(r\pi), \quad \text{oder} = \pi f((r+1)\pi),$$

wo die Summe links sich wieder auf alle ganzen Zahlen s bezieht. Setzt man hierin für r die ganzen Zahlen $0, 1, 2 \ldots 2h-1$, und addirt die so entstehenden Gleichungen, so erhält man den Satz

$$2\pi\{\tfrac{1}{2}f(0)+f(2\pi)+f(4\pi)+\cdots+f(2(h-1)\pi)+\tfrac{1}{2}f(2h\pi)\}$$
$$=\sum_{-\infty}^{+\infty}\int_0^{2h\pi} f(x)\cos sx\,dx.$$

§. 112.

Wir beschäftigen uns nun mit den beiden folgenden bestimmten Integralen

$$p = \int_{-\infty}^{+\infty} \cos(x^2)\, dx, \quad q = \int_{-\infty}^{+\infty} \sin(x^2)\, dx;$$

dass dieselben wirklich bestimmte endliche Werthe besitzen, obgleich die Functionen unter den Integralzeichen für unendlich grosse Werthe von x nicht unendlich klein werden, erkennt man leicht durch die Transformationen

$$p = 2\int_0^\infty \cos(x^2)\, dx = \int_0^\infty \frac{\cos y}{\sqrt{y}}\, dy$$

$$q = 2\int_0^\infty \sin(x^2)\, dx = \int_0^\infty \frac{\sin y}{\sqrt{y}}\, dy;$$

denn zerlegt man das ganze unendliche Integrationsgebiet der positiven Variabeln y in solche Intervalle, in deren jedem die unter dem Integralzeichen befindliche Function ihr Zeichen nicht ändert, so ergiebt sich, dass die Bestandtheile, welche diesen Intervallen entsprechen, eine unendliche Reihe bilden, deren Glieder abwechselnde Zeichen haben und dem absoluten Werthe nach beständig und zwar ins Unendliche abnehmen; woraus folgt, dass diese Reihe, sowohl bei dem Integrale p, wie bei q, eine convergente ist. Für unseren Zweck genügt dieser Nachweis der Endlichkeit von p und q; die numerischen Werthe dieser Integrale werden sich von selbst aus der folgenden Untersuchung ergeben*).

Beide Integrale bilden nur specielle Fälle des folgenden

*) *Dirichlet: Recherches sur diverses appl.* etc. §. 9. Vergl. *Dirichlet: Sur l'usage des intégrales définies dans la sommation des séries finies ou infinies* (Crelle's Journal, Bd. 17).

$$\Delta = \int_{-\infty}^{+\infty} \cos(\delta + x^2)\, dx = p \cos\delta - q \sin\delta,$$

wo δ eine beliebige Constante bedeutet; bezeichnen wir ferner mit α eine beliebige positive Constante und mit $\sqrt{\alpha}$ die *positiv* genommene Quadratwurzel aus α, so ergiebt sich, wenn man die Integrationsvariabele x durch $x\sqrt{\alpha}$ ersetzt, folgende Gleichung

$$\frac{\Delta}{\sqrt{\alpha}} = \int_{-\infty}^{+\infty} \cos(\delta + \alpha x^2)\, dx$$

(wäre $\sqrt{\alpha}$ negativ, so müsste man auch in dem Integrale rechter Hand die beiden Grenzen mit einander vertauschen). Wir führen nun eine zweite positive Constante β ein, und zerlegen das vorstehende Integral in unendlich viele Bestandtheile von der Form

$$\int_{s\beta}^{(s+1)\beta} \cos(\delta + \alpha x^2)\, dx,$$

wo für s successive alle ganzen Zahlen von $-\infty$ bis $+\infty$ einzusetzen sind; in jedem einzelnen solchen Integrale ersetzen wir die Integrationsvariabele x durch $s\beta + x$, wodurch es in das folgende übergeht

$$\int_0^{\beta} \cos(\delta + \alpha s^2 \beta^2 + 2\alpha s\beta x + \alpha x^2)\, dx.$$

Wir verfügen nun über die beiden bis jetzt ganz willkürlichen positiven Constanten α und β folgendermaassen: unter m verstehen wir irgend eine positive ganze Zahl, und setzen $\alpha\beta^2 = 2m\pi$, $2\alpha\beta = 1$, d. h. also

$$\beta = 4m\pi, \ . \ \alpha = \frac{1}{8m\pi}.$$

Da nun s eine ganze Zahl ist, so wird

$$\cos(\delta + \alpha s^2\beta^2 + 2\alpha s\beta x + \alpha x^2) = \cos(\delta + sx + \alpha x^2)$$

$$= \cos\left(\delta + \frac{x^2}{8m\pi}\right) \cos sx - \sin\left(\delta + \frac{x^2}{8m\pi}\right) \sin sx,$$

und folglich

$$\int_{s\beta}^{(s+1)\beta} \cos(\delta + \alpha x^2)\,dx$$

$$= \int_0^{4m\pi} \cos\left(\delta + \frac{x^2}{8m\pi}\right) \cos sx\,dx - \int_0^{4m\pi} \sin\left(\delta + \frac{x^2}{8m\pi}\right) \sin sx\,dx.$$

Das zweite Integral rechter Hand, welches unter dem Integralzeichen den Factor sin sx enthält, verschwindet offenbar für $s = 0$, und nimmt für je zwei gleiche, aber entgegengesetzte Werthe von s ebenfalls gleiche, aber entgegengesetzte Werthe an. Summiren wir daher den vorstehenden Ausdruck für alle ganzen Zahlwerthe s von $-\infty$ bis $+\infty$, so ergiebt sich

$$\frac{\Delta}{\sqrt{\alpha}} = \Delta\sqrt{8m\pi} = \sum_{-\infty}^{+\infty} \int_0^{4m\pi} \cos\left(\delta + \frac{x^2}{8m\pi}\right) \cos sx\,dx.$$

Die rechte Seite dieser Gleichung ist nun genau so gebaut wie in dem Satze am Schlusse des vorhergehenden Paragraphen; setzen wir zur Abkürzung

$$f(x) = \cos\left(\delta + \frac{x^2}{8m\pi}\right),$$

so erhalten wir

$$\Delta\sqrt{8m\pi} = 2\pi\,\{\tfrac{1}{2}f(0) + f(2\pi) + \cdots + f(2(2m-1)\pi) + \tfrac{1}{2}f(4m\pi)\},$$

wo links die Quadratwurzel

$$\sqrt{8m\pi} = \frac{1}{\sqrt{\alpha}}$$

positiv zu nehmen ist. Nun ist ferner, wenn s irgend eine ganze Zahl bedeutet,

$$f(4m\pi + 2s\pi) = f(2s\pi),$$

also

$$f(2s\pi) = \tfrac{1}{2}f(2s\pi) + \tfrac{1}{2}f(4m\pi + 2s\pi);$$

mithin kann die in den Parenthesen eingeschlossene Summe auch in die Form

$$\tfrac{1}{2}\Sigma f(2s\pi)$$

gebracht werden, wo der Buchstabe s die Zahlen

$$0, 1, 2 \ldots (4m - 1)$$

oder irgend ein anderes vollständiges Restsystem in Bezug auf den Modul $4m$ durchlaufen muss; und man erhält also

$$\Delta\sqrt{8m\pi} = \pi\,\Sigma\cos\left(\delta + s^2\frac{\pi}{2m}\right).$$

Setzt man ferner $4m = n$, so dass n irgend eine ganze positive, aber durch 4 theilbare Zahl bedeutet, und bezeichnet man mit $\sqrt{n}$ und $\sqrt{\frac{1}{2}\pi}$ die *positiv* genommenen Quadratwurzeln aus n und $\frac{1}{2}\pi$, so nimmt die Gleichung folgende Gestalt an

$$\Delta\sqrt{n} = \sqrt{\tfrac{1}{2}\pi}\,.\,\Sigma\cos\left(\delta + s^2\frac{2\pi}{n}\right),$$

wo s ein vollständiges Restsystem in Bezug auf den Modul n durchlaufen muss. Nun ist

$$\Delta = p\cos\delta - q\sin\delta,$$

wo p, q die obigen Integralwerthe bedeuten, die von n und dem willkürlichen δ ganz unabhängig sind; wir können daher p und q durch eine specielle Annahme für n, am einfachsten durch die Annahme $n = 4$ bestimmen; auf diese Weise erhalten wir

$$2(p\cos\delta - q\sin\delta) = 2(\cos\delta - \sin\delta)\sqrt{\tfrac{1}{2}\pi},$$

und in Folge der Willkürlichkeit von δ

$$p = q = \sqrt{\tfrac{1}{2}\pi}.$$

Nachdem so die Werthe von p und q gefunden sind, nimmt unsere obige Gleichung folgende Gestalt an

$$\Sigma\cos\left(\delta + s^2\frac{2\pi}{n}\right) = (\cos\delta - \sin\delta)\sqrt{n},$$

und sie zerfällt in die beiden folgenden:

$$\Sigma\cos\left(s^2\frac{2\pi}{n}\right) = \sqrt{n}$$

$$\Sigma\sin\left(s^2\frac{2\pi}{n}\right) = \sqrt{n};$$

hierin bedeutet also n jede beliebige ganze positive Zahl, welche $\equiv 0 \pmod{4}$ ist, und $\sqrt{n}$ die *positiv* genommene Quadratwurzel aus n. Bezeichnet man zur Abkürzung $\sqrt{-1}$ mit i, und, wie gewöhnlich, mit e die Basis des natürlichen Logarithmensystems, so kann man beide Gleichungen in die eine Gleichung

$$\Sigma e^{s^2\frac{2\pi i}{n}} = (1 + i)\sqrt{n}$$

zusammenziehen, in welcher der Buchstabe s ein vollständiges Restsystem (mod. n) zu durchlaufen hat.

§. 113.

Wir wollen jetzt Summen betrachten, welche die vorstehende als speciellen Fall enthalten; wir bezeichnen mit n irgend eine ganze positive Zahl, mit h irgend eine positive oder negative ganze Zahl, und setzen zur Abkürzung

$$\Sigma e^{s^2 \frac{2h\pi i}{n}} = \varphi(h, n),$$

wo der Summationsbuchstabe s irgend ein vollständiges Restsystem in Bezug auf den Modulus n durchlaufen muss. Mit Hülfe dieser Bezeichnungsweise können wir den im vorigen Paragraphen bewiesenen Satz in folgender Weise ausdrücken:

$$\varphi(1, n) = (1 + i) \sqrt{n}, \quad \text{wenn} \quad n \equiv 0 \pmod{4}.$$

Der Ausdruck $\varphi(h, n)$ besitzt nun die folgenden drei Eigenschaften:

1. Ist $h \equiv h' \pmod{n}$, so ist

$$\varphi(h, n) = \varphi(h', n);$$

dies folgt unmittelbar daraus, dass für jeden ganzzahligen Werth von s stets

$$e^{s^2 \frac{2h\pi i}{n}} = e^{s^2 \frac{2h'\pi i}{n}}$$

ist.

2. Ist a relative Primzahl gegen n, so ist

$$\varphi(ha^2, n) = \varphi(h, n);$$

denn es ist

$$\varphi(ha^2, n) = \Sigma e^{(as)^2 \frac{2h\pi i}{n}},$$

und wenn s ein vollständiges Restsystem nach dem Modul n durchläuft, so gilt (nach §. 18) dasselbe von as.

3. Sind m, n irgend zwei relative Primzahlen, und beide positiv, so ist

$$\varphi(hm, n)\, \varphi(hn, m) = \varphi(h, mn).$$

Es ist nämlich

$$\varphi(hm, n) = \Sigma\, e^{s^2 \frac{2hm\pi i}{n}}, \quad \varphi(hn, m) = \Sigma\, e^{t^2 \frac{2hn\pi i}{m}},$$

wo die Buchstaben s, t vollständige Restsysteme resp. in Bezug auf die Moduln n, m durchlaufen müssen; und folglich ist

$$\varphi(hm, n)\ \varphi(hn, m) = \Sigma\, e^{\left(\frac{ms^2}{n} + \frac{nt^2}{m}\right) 2h\pi i},$$

wo das Summenzeichen rechter Hand sich auf alle mn Combinationen jedes Werthes von s mit jedem Werthe von t bezieht. Da nun

$$\frac{ms^2}{n} + \frac{nt^2}{m} = \frac{(ms + nt)^2}{mn} - 2st$$

ist, und alle Multipla von $2\pi i$ im Exponenten fortgelassen werden können, so ist auch

$$\varphi(hm, n)\ \varphi(hn, m) = \Sigma\, e^{(ms + nt)^2 \frac{2h\pi i}{mn}},$$

wo das Summenzeichen sich wieder auf sämmtliche Werthe von s und t bezieht. Setzt man nun

$$ms + nt = r,$$

so nimmt r, wenn s und t alle ihnen zukommenden Werthe durchlaufen, im Ganzen mn Werthe an, und zwar sind diese alle incongruent nach dem Modulus mn; denn aus

$$ms + nt \equiv ms' + nt' \pmod{mn}$$

folgt

$$ms \equiv ms' \pmod{n}, \quad nt \equiv nt' \pmod{m}$$

und folglich, da m und n relative Primzahlen sind,

$$s \equiv s' \pmod{n}, \quad t \equiv t' \pmod{m};$$

d. h. die Zahl r nimmt nur dann Werthe an, welche nach dem Modul mn congruent sind, wenn die Werthe von s congruent nach dem Modul n, und gleichzeitig die Werthe von t congruent nach dem Modul m sind. Den mn verschiedenen Combinationen von s und t correspondiren daher mn Werthe von r, welche nach dem Modul mn incongruent sind, und folglich bilden diese Werthe von r ein vollständiges Restsystem nach dem Modul mn. Es ist folglich

$$\varphi(hm, n)\ \varphi(hn, m) = \Sigma\, e^{r^2 \frac{2h\pi i}{mn}} = \varphi(h, mn),$$

was zu beweisen war.

§. 114.

Mit Hülfe dieser Sätze können wir nun den Werth von $\varphi(1, n)$, welcher für den Fall, dass $n \equiv 0 \pmod{4}$ ist, schon in §. 112 gefunden ist, auch für alle anderen Werthe der Zahl n bestimmen. Ist zunächst n irgend eine *ungerade* Zahl, so nehmen wir in dem letzten Satz des vorigen Paragraphen

$$h = 1, \quad m = 4,$$

und erhalten

$$\varphi(4, n)\, \varphi(n, 4) = \varphi(1, 4n);$$

nun ist nach dem zweiten Satze des vorigen Paragraphen

$$\varphi(4, n) = \varphi(2^2, n) = \varphi(1, n);$$

ferner ist

$$\varphi(n, 4) = 2(1 + i^n),$$

und nach dem in §. 112 gefundenen Resultat

$$\varphi(1, 4n) = (1 + i)\sqrt{4n} = 2(1 + i)\sqrt{n},$$

wo die Quadratwurzel $\sqrt{n}$ wieder positiv genommen werden muss. Hieraus ergiebt sich also

$$\varphi(1, n) \,.\, 2(1 + i^n) = 2(1 + i)\sqrt{n}$$

oder

$$\varphi(1, n) = \frac{1 + i}{1 + i^n}\sqrt{n};$$

je nachdem nun $n \equiv 1$ oder $\equiv 3 \pmod{4}$ ist, wird

$$i^n = i \quad \text{oder} = -i$$

und folglich

$$\frac{1 + i}{1 + i^n} = 1 \quad \text{oder} = \frac{1 + i}{1 - i} = i,$$

also

$$\varphi(1, n) = \sqrt{n} \quad \text{oder} \quad = i\sqrt{n};$$

diese beiden Fälle lassen sich aber in die eine Formel

$$\varphi(1, n) = i^{\frac{1}{4}(n-1)^2}\sqrt{n}$$

zusammenfassen.

Ist endlich n durch 2, aber nicht durch 4 theilbar, also das Doppelte einer ungeraden Zahl, so setzen wir in dem dritten Satze des vorigen Paragraphen $h = 1$, ferner $m = 2$, und $\frac{1}{2}n$ statt n, wodurch allen Bedingungen desselben Genüge geschieht, und erhalten

$$\varphi(2, \tfrac{1}{2}n)\, \varphi(\tfrac{1}{2}n, 2) = \varphi(1, n);$$

nun ist aber

$$\varphi(\tfrac{1}{2}n, 2) = 0,$$

und folglich auch

$$\varphi(1, n) = 0.$$

Wir wollen die so gewonnenen Resultate in folgender Tabelle zusammenfassen:

$$\begin{aligned} \varphi(1, n) &= (1 + i)\sqrt{n}, && \text{wenn } n \equiv 0 \pmod{4} \\ \varphi(1, n) &= i^{\frac{1}{4}(n-1)^2}\sqrt{n}, && \text{wenn } n \equiv 1 \pmod{2} \\ \varphi(1, n) &= 0, && \text{wenn } n \equiv 2 \pmod{4}. \end{aligned}$$

Von der grössten Wichtigkeit ist aber die Bemerkung, dass die in den beiden ersten Formeln vorkommende Quadratwurzel $\sqrt{n}$ durchaus *positiv* genommen werden muss, wie es sich bei der Untersuchung in §. 112 herausgestellt hat. Ohne diese nähere Bestimmung würden die vorstehenden Sätze sich auf viel einfachere Art beweisen lassen; *Gauss* wurde zuerst in seiner Theorie der Kreistheilung auf die Betrachtung solcher Summen geführt*); es ergiebt sich dort ohne Schwierigkeit der Werth des Quadrates derselben; der viel tiefer liegenden Bestimmung des Vorzeichens der Quadratwurzel widmete er aber eine besondere Abhandlung**), in welcher er auf einem, von dem hier (in §. 112) eingeschlagenen gänzlich verschiedenen Wege, nämlich durch rein algebraische Zerlegung dieser Summen in Producte, vollständig zum Ziele gelangte.

---

*) *D. A.* art. 356.

**) *Summatio quarumdam serierum singularium.* 1808.

§. 115.

Wir suchen nun den Werth von $\varphi(h, n)$ auch für beliebige Werthe von h zu bestimmen, beschränken uns dabei aber auf den Fall, dass n eine ungerade Primzahl ist, die wir mit p bezeichnen wollen. Bezeichnen wir mit α die sämmtlichen $\frac{1}{2}(p-1)$ incongruenten quadratischen Reste von p, mit β die $\frac{1}{2}(p-1)$ quadratischen Nichtreste, so ist (nach §. 33)

$$\varphi(h, p) = \Sigma e^{s^2 \frac{2h\pi i}{p}} = 1 + 2\,\Sigma e^{\alpha \frac{2h\pi i}{p}};$$

da ferner

$$1 + \Sigma e^{\alpha \frac{2h\pi i}{p}} + \Sigma e^{\beta \frac{2h\pi i}{p}} = \Sigma e^{s \frac{2h\pi i}{p}} = 0$$

ist, sobald h nicht durch p theilbar ist, so können wir für diesen Fall mit Benutzung des Legendre'schen Symbols

$$\varphi(h, p) = \Sigma e^{\alpha \frac{2h\pi i}{p}} - \Sigma e^{\beta \frac{2h\pi i}{p}} = \Sigma \left(\frac{s}{p}\right) e^{s \frac{2h\pi i}{p}}$$

setzen, wo s die Werthe $1, 2 \ldots (p-1)$ durchläuft. Da ferner

$$\left(\frac{hs}{p}\right) = \left(\frac{h}{p}\right)\left(\frac{s}{p}\right), \quad \left(\frac{h}{p}\right)\left(\frac{h}{p}\right) = 1$$

ist, so wird

$$\varphi(h, p) = \left(\frac{h}{p}\right) \Sigma \left(\frac{hs}{p}\right) e^{hs \frac{2\pi i}{p}},$$

oder, da h nicht theilbar durch p ist, und folglich hs gleichzeitig mit s ein vollständiges Restsystem nach dem Modul p durchläuft (mit Ausschluss der Zahl $\equiv 0$),

$$\varphi(h, p) = \left(\frac{h}{p}\right) \Sigma \left(\frac{s}{p}\right) e^{s \frac{2\pi i}{p}};$$

für $h = 1$ ergiebt sich

$$\varphi(1, p) = \Sigma \left(\frac{s}{p}\right) e^{s \frac{2\pi i}{p}}$$

und folglich (nach §. 114)

$$\varphi(h, p) = \left(\frac{h}{p}\right) \varphi(1, p) = \left(\frac{h}{p}\right) i^{\left(\frac{p-1}{2}\right)^2} \sqrt{p},$$

wo die Quadratwurzel $\sqrt{p}$ wieder positiv zu nehmen ist. (Wenn h durch p theilbar ist, so ergiebt sich unmittelbar aus der Definition dieser Summen $\varphi(h, p) = p$.)

Aus dem vorstehenden Resultate in Verbindung mit dem dritten Satze des §. 113 lässt sich nun auf ganz einfache Weise das Reciprocitätsgesetz in der Theorie der quadratischen Reste (§. 42) für je zwei positive ungerade Primzahlen p und q ableiten. Es ist nämlich

$$\varphi(q, p) = \left(\frac{q}{p}\right) i^{\frac{1}{4}(p-1)^2} \sqrt{p},$$

und ebenso

$$\varphi(p, q) = \left(\frac{p}{q}\right) i^{\frac{1}{4}(q-1)^2} \sqrt{q},$$

und nach dem vorhergehenden Paragraphen

$$\varphi(1, pq) = i^{\frac{1}{4}(pq-1)^2} \sqrt{pq},$$

und zwar sind alle Quadratwurzeln *positiv* zu nehmen, woraus folgt, dass

$$\sqrt{pq} = \sqrt{p}\sqrt{q}$$

ist. Nach dem dritten Satze des §. 113 ist nun

$$\varphi(p, q)\,\varphi(q, p) = \varphi(1, pq),$$

folglich

$$\left(\frac{p}{q}\right)\left(\frac{q}{p}\right) i^{\frac{1}{4}(p-1)^2 + \frac{1}{4}(q-1)^2} \sqrt{p}\,\sqrt{q} = i^{\frac{1}{4}(pq-1)^2} \sqrt{pq},$$

und also

$$\left(\frac{p}{q}\right)\left(\frac{q}{p}\right) = i^{\lambda},$$

wo zur Abkürzung λ für

$$\frac{(pq-1)^2-(p-1)^2-(q-1)^2}{4} = \frac{p-1}{2}\,\frac{q-1}{2}\left\{(p+1)(q+1)-2\right\}$$

gesetzt ist; da nun

$$(p+1)(q+1) - 2 \equiv 2 \pmod{4}$$

ist, so erhalten wir

$$\left(\frac{p}{q}\right)\left(\frac{q}{p}\right) = i^{\frac{1}{2}(p-1)(q-1)} = (-1)^{\frac{1}{2}(p-1)\cdot\frac{1}{2}(q-1)},$$

womit der Reciprocitätssatz von Neuem bewiesen ist. Dieser Beweis rührt ebenfalls von *Gauss* her*).

---

*) *Summatio quarumdam serierum singularium.* 1808.

Auf ganz ähnliche Art lassen sich die Sätze (§§. 40, 41) über die Zahlen -1 und 2 beweisen. Aus dem obigen Satze

$$\varphi(h, p) = \left(\frac{h}{p}\right) \varphi(1, p) = \left(\frac{h}{p}\right) i^{1/4(p-1)^2} \sqrt{p}$$

folgt nämlich

$$\varphi(-1, p) = \left(\frac{-1}{p}\right) i^{1/4(p-1)^2} \sqrt{p};$$

andererseits ist

$$\varphi(-1, p) = \Sigma\, e^{s^2 \frac{2\pi(-i)}{p}},$$

und hieraus folgt, dass $\varphi(-1, p)$ durch Vertauschung von i mit $-i$ aus $\varphi(1, p)$ hervorgeht, dass also

$$\varphi(-1, p) = (-i)^{1/4(p-1)^2} \sqrt{p}$$

ist; durch Vergleichung dieser beiden Ausdrücke, in denen $\sqrt{p}$ beide Male positiv zu nehmen ist, ergiebt sich aber

$$\left(\frac{-1}{p}\right) = (-1)^{1/4(p-1)^2} = (-1)^{1/2(p-1)}.$$

Setzen wir ferner in dem dritten Satz des §. 113

$$h = 1, \quad m = 8, \quad n = p,$$

so erhalten wir

$$\varphi(8, p)\, \varphi(p, 8) = \varphi(1, 8p);$$

nun ist aber

$$\varphi(1, 8p) = (1 + i) \sqrt{8p} = 4 \sqrt{p} \,.\, e^{1/4 \pi i},$$

ferner

$$\varphi(p, 8) = 4\, e^{1/4 p \pi i},$$

ferner (nach dem zweiten Satze des §. 113)

$$\varphi(8, p) = \varphi(2 \,.\, 2^2, p) = \varphi(2, p),$$

d. h.

$$\varphi(8, p) = \left(\frac{2}{p}\right) \varphi(1, p) = \left(\frac{2}{p}\right) i^{1/4(p-1)^2} \sqrt{p};$$

setzen wir diese Werthe für $\varphi(8, p)$, $\varphi(p, 8)$ und $\varphi(1, 8p)$ in die vorangehende Gleichung ein, so erhalten wir

$$\left(\frac{2}{p}\right) i^{1/4(p-1)^2} \sqrt{p} \,.\, 4\, e^{1/4 p \pi i} = 4 \sqrt{p} \,.\, e^{1/4 \pi i},$$

und hieraus folgt leicht

$$\left(\frac{2}{p}\right) = (-1)^{1/8(p^2-1)}.$$

Auf diese Weise sind alle Hauptsätze der Theorie der quadratischen Reste von Neuem bewiesen.

§. 116.

Für den Fall, dass p eine ungerade Primzahl, und h irgend eine durch p nicht theilbare ganze Zahl ist, haben wir im vorigen Paragraphen folgende Gleichung erhalten

$$\Sigma\left(\frac{s}{p}\right) e^{s\frac{2h\pi i}{p}} = \left(\frac{h}{p}\right) \varphi(1, p),$$

welche, wenn man den für $\varphi(1, p)$ gefundenen Werth einsetzt, in die folgende übergeht:

$$\Sigma\left(\frac{s}{p}\right) e^{s\frac{2h\pi i}{p}} = \left(\frac{h}{p}\right) i^{\frac{1}{4}(p-1)^2} \sqrt{p}; \tag{1}$$

soll dieselbe auch für den vorher ausgeschlossenen Fall, in welchem $h \equiv 0 \pmod{p}$ ist, ihre Gültigkeit behalten, so müssen wir übereinkommen, immer

$$\left(\frac{h}{p}\right) = 0$$

zu setzen, wenn h durch p theilbar ist; denn die linke Seite der Gleichung wird

$$\Sigma\left(\frac{s}{p}\right) = 0,$$

weil die Anzahl der quadratischen Reste genau gleich ist der Anzahl der quadratischen Nichtreste. Nach dieser Erweiterung des von Legendre eingeführten Zeichens wird ferner, wenn man an der in §. 46 gegebenen Erklärung des Jacobi'schen Symbols festhält, stets

$$\left(\frac{m}{P}\right) = 0,$$

wenn m keine relative Primzahl zu P ist.

Die Gleichung (1) gilt jetzt allgemein für jede positive ungerade Primzahl p, wenn h irgend eine ganze Zahl bedeutet, und die Summation linker Hand darf auch auf die Zahlclasse $s \equiv 0 \pmod{p}$ ausgedehnt werden. Wir wollen nun zeigen, dass dieser Satz über ungerade positive Primzahlen p sich genau in derselben Fassung auch auf jede positive ungerade zusammengesetzte Zahl P übertragen lässt, welche durch keine Quadratzahl (ausser 1) theilbar ist. Wir setzen also

$$P = pp'p'' \ldots$$

wo $p, p', p'' \ldots$ lauter positive ungerade und von einander verschiedene Primzahlen bedeuten, und führen der Bequemlichkeit halber folgende Bezeichnung ein:

$$\frac{P}{p} = Q, \quad \frac{P}{p'} = Q', \quad \frac{P}{p''} = Q'' \ldots$$

Schreiben wir nun für jede der Primzahlen $p, p', p'' \ldots$ die obige Gleichung (1) auf:

$$\Sigma \left(\frac{s}{p}\right) e^{s \frac{2h\pi i}{p}} = \left(\frac{h}{p}\right) i^{1/4(p-1)^2} \sqrt{p}$$

$$\Sigma \left(\frac{s'}{p'}\right) e^{s' \frac{2h\pi i}{p'}} = \left(\frac{h}{p'}\right) i^{1/4(p'-1)^2} \sqrt{p'}$$

$$\Sigma \left(\frac{s''}{p''}\right) e^{s'' \frac{2h\pi i}{p''}} = \left(\frac{h}{p''}\right) i^{1/4(p''-1)^2} \sqrt{p''}$$

$$\cdots\cdots\cdots\cdots\cdots\cdots$$

und setzen wir zur Abkürzung

$$sQ + s'Q' + s''Q'' + \cdots = m,$$

so ergiebt, da auch nach der neuen Erweiterung des Legendre'schen Symbols stets

$$\left(\frac{h}{p}\right)\left(\frac{h}{p'}\right)\left(\frac{h}{p''}\right) \cdots = \left(\frac{h}{P}\right)$$

ist, die Multiplication aller dieser Gleichungen folgendes Resultat

$$\Sigma \left(\frac{s}{p}\right)\left(\frac{s'}{p'}\right)\left(\frac{s''}{p''}\right) \ldots e^{m \frac{2h\pi i}{P}}$$
$$= \left(\frac{h}{P}\right) i^{1/4(p-1)^2 + 1/4(p'-1)^2 + 1/4(p''-1)^2 + \cdots} \sqrt{P}, \tag{2}$$

wo $\sqrt{P}$ wieder positiv zu nehmen ist, und das Summenzeichen linker Hand sich auf alle $pp'p'' \ldots = P$ Combinationen aller Werthe von $s, s', s'' \ldots$ bezieht. Zunächst leuchtet nun ein, dass je zwei verschiedenen dieser Combinationen auch zwei nach dem Modulus P incongruente Werthe von m entsprechen; denn aus

$$sQ + s'Q' + s''Q'' + \cdots \equiv tQ + t'Q' + t''Q'' + \cdots \pmod{P}$$

würde, da Q', Q'' ... sämmtlich $\equiv 0 \pmod{p}$ sind, folgen, dass

$$sQ \equiv tQ \pmod{p},$$

und, da Q relative Primzahl zu p ist, auch

$$s \equiv t \pmod{p}$$

wäre; ähnlich würde aus derselben Annahme gleichzeitig

$$s' \equiv t' \pmod{p'};\quad s'' \equiv t'' \pmod{p''} \ldots$$

folgen, so dass also die beiden Combinationen $s, s', s'' \ldots$ und $t, t', t'' \ldots$ identisch wären. In der That durchläuft also m ein vollständiges Restsystem in Bezug auf den Modulus P. Ferner ist nun

$$\left(\frac{m}{p}\right) = \left(\frac{sQ + s'Q' + s''Q'' + \cdots}{p}\right) = \left(\frac{sQ}{p}\right) = \left(\frac{s}{p}\right)\left(\frac{Q}{p}\right),$$

und ebenso

$$\left(\frac{m}{p'}\right) = \left(\frac{s'}{p'}\right)\left(\frac{Q'}{p'}\right),\quad \left(\frac{m}{p''}\right) = \left(\frac{s''}{p''}\right)\left(\frac{Q''}{p''}\right)\cdots,$$

folglich auch, wenn man alle diese Gleichungen multiplicirt,

$$\left(\frac{m}{P}\right) = \left(\frac{s}{p}\right)\left(\frac{s'}{p'}\right)\left(\frac{s''}{p''}\right)\cdots\left(\frac{Q}{p}\right)\left(\frac{Q'}{p'}\right)\left(\frac{Q''}{p''}\right)\cdots$$

Multiplicirt man daher beide Seiten der obigen Gleichung (2) mit

$$\left(\frac{Q}{p}\right)\left(\frac{Q'}{p'}\right)\left(\frac{Q''}{p''}\right)\cdots,$$

so erhält man

$$\Sigma\left(\frac{m}{P}\right)e^{m\frac{2h\pi i}{P}} = \left(\frac{Q}{p}\right)\left(\frac{Q'}{p'}\right)\left(\frac{Q''}{p''}\right)\cdots\left(\frac{h}{P}\right)i^{\Sigma\frac{1}{4}(p-1)^2}\sqrt{P},$$

wo rechts zur Abkürzung

$$\left(\frac{p-1}{2}\right)^2 + \left(\frac{p'-1}{2}\right)^2 + \left(\frac{p''-1}{2}\right)^2 + \cdots = \Sigma\left(\frac{p-1}{2}\right)^2$$

gesetzt ist. Da nun ferner

$$\left(\frac{Q}{p}\right) = \left(\frac{p'}{p}\right)\left(\frac{p''}{p}\right)\cdots$$

$$\left(\frac{Q'}{p'}\right) = \left(\frac{p}{p'}\right)\left(\frac{p''}{p'}\right)\cdots$$

$$\left(\frac{Q''}{p''}\right) = \left(\frac{p}{p''}\right)\left(\frac{p'}{p''}\right)\cdots$$

$$\cdots\cdots\cdots\cdots\cdots\cdots$$

ist, so erhält man durch Multiplication

$$\left(\frac{Q}{p}\right)\left(\frac{Q'}{p'}\right)\left(\frac{Q''}{p''}\right)\cdots = \Pi\left(\frac{p}{p'}\right)\left(\frac{p'}{p}\right),$$

wo das Productzeichen Π sich auf alle möglichen Paare von je zwei verschiedenen Primzahlen p, p' bezieht. Da nun nach dem Reciprocitätssatze

$$\left(\frac{p}{p'}\right)\left(\frac{p'}{p}\right) = (-1)^{\frac{1}{2}(p-1)\,.\,\frac{1}{2}(p'-1)} = i^{\frac{1}{2}(p-1)(p'-1)}$$

ist, so erhält man

$$\left(\frac{Q}{p}\right)\left(\frac{Q'}{p'}\right)\left(\frac{Q''}{p''}\right)\cdots = i^{2\Sigma\frac{1}{2}(p-1)\,.\,\frac{1}{2}(p'-1)},$$

wo das Summenzeichen rechter Hand sich wieder auf alle Combinationen von je zwei verschiedenen Primzahlen p, p' bezieht; es ist ferner

$$\Sigma\left(\frac{p-1}{2}\right)^2 + 2\,\Sigma\,\frac{p-1}{2}\,\frac{p'-1}{2}$$
$$= \left(\frac{p-1}{2} + \frac{p'-1}{2} + \frac{p''-1}{2} + \cdots\right)^2,$$

folglich

$$\Sigma\left(\frac{m}{P}\right)e^{m\frac{2h\pi i}{P}} = \left(\frac{h}{P}\right)i^{[\frac{1}{2}(p-1)+\frac{1}{2}(p'-1)+\cdots]^2}\sqrt{P}.$$

Da endlich (vergl. §. 46)

$$P = (1+(p-1))\,(1+(p'-1))\,(1+(p''-1))\ldots$$
$$\equiv 1+(p-1)+(p'-1)+(p''-1)+\cdots \pmod{4}$$

und folglich

$$\frac{P-1}{2} \equiv \frac{p-1}{2} + \frac{p'-1}{2} + \frac{p''-1}{2} + \cdots \pmod{2}$$

und hieraus

$$\left(\frac{P-1}{2}\right)^2 \equiv \left(\frac{p-1}{2} + \frac{p'-1}{2} + \frac{p''-1}{2}\cdots\right)^2 \pmod{4}$$

ist, so ergiebt sich schliesslich

$$\Sigma\left(\frac{m}{P}\right)e^{m\frac{2h\pi i}{P}} = \left(\frac{h}{P}\right)i^{\frac{1}{4}(P-1)^2}\sqrt{P},$$

worin der zu beweisende Satz besteht. Nimmt man $h \equiv 0 \pmod{P}$ so erhält man wieder den (in §. 52. I. bewiesenen) Satz

$$\Sigma\left(\frac{m}{P}\right) = 0.$$

II. Ueber den Grenzwerth einer unendlichen Reihe.

§. 117.

Lehrsatz: Sind a und b zwei positive Constanten, so convergirt die unendliche Reihe

$$S = \frac{1}{b^{1+\varrho}} + \frac{1}{(b+a)^{1+\varrho}} + \frac{1}{(b+2a)^{1+\varrho}} + \frac{1}{(b+3a)^{1+\varrho}} + \cdots$$

für jeden positiven Werth von ϱ, und bei unbegrenzter Abnahme dieser positiven Zahl ϱ nähert sich das Product $\varrho\, S$ dem Grenzwerthe a^{-1}.

Beweis. Bedeuten x, y rechtwinklige Coordinaten, und construiren wir für einen bestimmten positiven Werth von ϱ die Curve, deren Gleichung

$$y = \frac{1}{x^{1+\varrho}}$$

ist, so hat die Fläche, welche zwischen ihr und der unendlichen positiven Abscissenaxe liegt, von $x = b$ an gerechnet, den endlichen Werth

$$\int_b^{+\infty} y\,dx = \frac{1}{\varrho\, b^{\varrho}}.$$

Die Ordinaten der Curve, welche den Abscissen

$$b,\quad b+a,\quad b+2a,\quad b+3a\,\ldots$$

entsprechen, sind

$$\frac{1}{b^{1+\varrho}},\ \frac{1}{(b+a)^{1+\varrho}},\ \frac{1}{(b+2a)^{1+\varrho}},\ \frac{1}{(b+3a)^{1+\varrho}}\cdots;$$

ihre Fusspuncte sind äquidistant und zerlegen die Abscissenaxe in unendlich viele Stücke von der Grösse a. Construirt man über jedem dieser Stücke als Grundlinie ein Rechteck, dessen Höhe gleich der letzten Ordinate in diesem Stück ist, so haben diese Rechtecke der Reihe nach den Flächeninhalt

$$\frac{a}{(b+a)^{1+\varrho}},\ \frac{a}{(b+2a)^{1+\varrho}},\ \frac{a}{(b+3a)^{1+\varrho}}\cdots$$

Da nun die Ordinate y der Curve mit stetig wachsendem x stetig abnimmt, so ist jedes dieser Rechtecke kleiner als der über demselben Abscissenstück liegende, bis zur Curve ausgedehnte Flächenstreifen, und folglich ist die Summe von noch so vielen jener Rechtecke stets kleiner als die gesammte, oben von der Curve begrenzte Fläche; d. h. es ist

$$\frac{a}{(b+a)^{1+\varrho}}+\frac{a}{(b+2a)^{1+\varrho}}+\frac{a}{(b+3a)^{1+\varrho}}+\cdots<\frac{1}{\varrho b^{\varrho}},$$

oder es ist, wenn auf beiden Seiten $ab^{-1-\varrho}$ addirt wird,

$$aS<\frac{1}{\varrho b^{\varrho}}+\frac{a}{b^{1+\varrho}},$$

woraus folgt, dass die aus lauter positiven Gliedern bestehende Reihe S wirklich für jeden positiven Werth von ϱ convergirt.

Construirt man nun über jedem der obigen Abscissenstücke als Grundlinie ein zweites Rechteck, dessen Höhe gleich der ersten Ordinate in diesem Stück ist, so sind diese Rechtecke, deren Flächeninhalt gleich

$$\frac{a}{b^{1+\varrho}},\ \frac{a}{(b+a)^{1+\varrho}},\ \frac{a}{(b+2a)^{1+\varrho}}\cdots,$$

nothwendig grösser als die über denselben Stücken liegenden, bis zur Curve fortgesetzten Flächenstreifen, aus dem schon oben angeführten Grunde, weil mit wachsendem x die Ordinate y stetig abnimmt. Die Summe aller dieser Rechtecke ist daher grösser als die gesammte, oben von der Curve begrenzte Fläche, d. h. es ist

$$aS>\frac{1}{\varrho b^{\varrho}}.$$

Auf diese Weise ist der Werth der unendlichen Reihe S und folglich auch der des Productes ϱS in zwei Grenzen eingeschlossen; es ist nämlich

$$\frac{1}{ab^\varrho} < \varrho S < \frac{1}{ab^\varrho} + \frac{\varrho}{b^{1+\varrho}}.$$

Wenn nun der positive Werth ϱ unendlich klein wird, so nähert sich sowohl

$$\frac{1}{ab^\varrho}, \text{ als auch } \frac{1}{ab^\varrho} + \frac{\varrho}{b^{1+\varrho}}$$

einem und demselben Grenzwerth a^{-1}; mithin muss auch das Product ϱS sich demselben Grenzwerth a^{-1} nähern, was zu beweisen war.

§. 118.

Der so eben bewiesene Satz bildet nur einen speciellen Fall des folgenden, welcher seiner zahlreichen Anwendungen wegen von der grössten Wichtigkeit ist:

Es sei K ein System von positiven Zahlwerthen k, und T diejenige unstetige Function von einer positiven stetigen Veränderlichen t, welche angiebt, wie viele der in K enthaltenen Zahlwerthe k den Werth t nicht übertreffen; wenn nun mit unendlich wachsendem t der Quotient $T : t$ sich einem bestimmten endlichen Grenzwerthe ω nähert, so convergirt die über alle Werthe k ausgedehnte Reihe

$$S = \Sigma \frac{1}{k^{1+\varrho}}$$

für jeden positiven Werth von ϱ, und das Product ϱS nähert sich mit unendlich abnehmendem ϱ demselben Grenzwerthe ω.

Es wird gut sein, dem Beweise dieses allgemeinen Princips*) einige erläuternde Bemerkungen voranzuschicken. Zufolge der Bedeutung von T entspricht jedem endlichen Werthe von t auch

*) *Dirichlet: Recherches* etc. §. 1. — *Dirichlet: Sur un théorème relatif aux séries,* Crelle's Journal Bd. 53.

ein endlicher Werth von T; denn wären in K unendlich viele Zahlen k enthalten, welche den endlichen Werth t nicht übertreffen, so würde auch jedem grössern Werthe von t eine unendliche Anzahl T entsprechen; es würde daher das Verhältniss $T:t$ fortwährend unendlich gross sein; dies widerspricht aber der Annahme, dass $T:t$ sich einem endlichen Grenzwerth ω mit wachsendem t nähert. Es leuchtet ferner ein, dass die ganze Zahl T nur dann ihren Werth ändert, wenn t einen Werth erreicht, welcher einer oder mehreren einander gleichen in K enthaltenen Zahlen k gleich ist, und zwar wird T dann plötzlich um ebenso viele Einheiten zunehmen, als es Zahlen k giebt, welche diesem Werth t gleich sind.

In dem einfachsten Falle, wenn K nur aus einer endlichen Anzahl von Zahlwerthen k besteht, leuchtet die Richtigkeit des obigen Satzes unmittelbar ein; denn sobald t dem grössten dieser Werthe k gleich geworden ist, bleibt T bei weiter wachsendem t unverändert; es ist folglich $\omega = 0$; und da andererseits die Summe

$$\Sigma \frac{1}{k}$$

einen endlichen Werth hat, so wird auch das Product ϱS mit unendlich kleinem ϱ ebenfalls unendlich klein werden.

Ebenso bestätigt sich der allgemeine Satz in dem speciellen Falle, welcher in dem vorigen Paragraphen behandelt ist. Das System K besteht dort aus den sämmtlichen Zahlen von der Form $b + na$, die den sämmtlichen Werthen $0, 1, 2, 3 \ldots$ von n entsprechen; wenn nun $t = b + na$ oder $> b + na$, aber $< b + (n+1)a$ ist, so ist entsprechend $T = n + 1$, und folglich nähert sich der Quotient $T:t$ mit unendlich wachsendem t, also auch mit unendlich wachsendem n dem Grenzwerth

$$\omega = \frac{1}{a};$$

und in der That haben wir gefunden, dass dieser Werth auch zugleich der Grenzwerth des Productes ϱS ist, wenn die positive Grösse ϱ unendlich klein wird.

§. 119.

Wir gehen nun zu dem Beweise des allgemeinen Satzes über und beginnen damit, die in K enthaltenen Zahlwerthe k ihrer Grösse nach zu ordnen und mit Indices zu versehen, in der Weise, dass

$$k_1 \leqq k_2 \leqq k_3 \leqq k_4 \leqq k_5 \ldots$$

wird; dies ist offenbar möglich, da unterhalb eines beliebigen endlichen positiven Werthes t immer nur eine endliche Anzahl von Zahlwerthen k vorhanden ist; sind mehrere Zahlen k gleich gross, so muss jede einzelne ihren besonderen Index erhalten, so dass dann mehreren auf einander folgenden Indices gleich grosse Zahlwerthe k entsprechen.

Sehen wir ab von dem interresselosen Falle, in welchem nur eine endliche Anzahl von Werthen k vorhanden ist, so lässt sich zunächst zeigen, dass mit unbegrenzt wachsendem n auch der Quotient

$$h_n = \frac{n}{k_n}$$

sich demselben Grenzwerth ω nähert, und durch diese Bemerkung wird dann der allgemeine Satz auf den vorher (§. 117) behandelten speciellen Fall zurückgeführt.

In der That, wenn δ eine beliebig kleine positive gegebene Grösse bedeutet, so kann man entsprechend einen positiven Werth τ immer so gross wählen, dass für alle Werthe $t \geqq \tau$ die Bedingung

$$\omega - \delta < \frac{T}{t} < \omega + \delta$$

erfüllt ist. Es sei ferner ν derjenige Werth von T, welcher $t = \tau$ entspricht, also $k_\nu \leqq \tau < k_{\nu+1}$, und n irgend eine der positiven ganzen Zahlen $\nu + 1, \nu + 2, \nu + 3 \ldots$; dann ist jedenfalls $k_n > \tau$, und wenn mehrere auf einander folgende Grössen k denselben Werth wie k_n besitzen, so sei k_{m+1} die erste, k_r die letzte von ihnen, also n eine der Zahlen $m + 1, m + 2 \ldots r$. Nähert sich nun t von k_m ab wachsend dem Werthe k_n immer mehr an, so bleibt $T = m$, und der Quotient $T : t$ nähert sich abnehmend unbegrenzt dem Werthe $m : k_n$, und da $m < n$ ist, so folgt, dass

$$\frac{T}{t} < h_n$$

ist, sobald t sehr nahe unterhalb k_n liegt; für $t = k_n$ wird aber $T = r \geqq n$, und folglich

$$\frac{T}{t} \geqq h_n.$$

Da nun bei diesem Wachsen von $t < k_n$ bis $t = k_n > \tau$ der Quotient $T:t$ stets zwischen $\omega - \delta$ und $\omega + \delta$ liegt, und zugleich, wie eben gezeigt ist, von Werthen, die $< h_n$ sind, auf einen Werth springt, der $\geqq h_n$ ist, so muss auch $\omega - \delta < h_n < \omega + \delta$ sein. Wie klein also auch δ sein mag, so kann n stets so gross gewählt werden, dass h_n definitiv um weniger als δ von ω verschieden wird, d. h. h_n nähert sich mit unbegrenzt wachsendem n demselben Grenzwerth ω.

Mit Hülfe dieses Resultates lässt sich der Beweis des allgemeinen Satzes leicht führen. Da nämlich

$$S = \Sigma \frac{1}{k^{1+\varrho}} = \frac{h_1^{1+\varrho}}{1^{1+\varrho}} + \frac{h_2^{1+\varrho}}{2^{1+\varrho}} + \frac{h_3^{1+\varrho}}{3^{1+\varrho}} + \cdots$$

ist, wo h_n mit unendlich wachsendem n sich dem Grenzwerthe ω nähert und folglich endlich, d. h. kleiner als eine angebbare Constante H bleibt, so ist die Summe S' der ersten n Glieder der Reihe S kleiner als das Product aus $H^{1+\varrho}$ und der Summe R' der ersten n Glieder der folgenden Reihe

$$R = \frac{1}{1^{1+\varrho}} + \frac{1}{2^{1+\varrho}} + \frac{1}{3^{1+\varrho}} + \cdots;$$

da nun die letztere (nach §. 117) für jeden *positiven* Werth von ϱ convergirt, so *convergirt* auch die Reihe S. Setzt man nun $S = S' + S''$, $R = R' + R''$, so wird $S'' = h^{1+\varrho} R''$, wo h einen (jedenfalls positiven) Mittelwerth aus den Werthen $h_{n+1}, h_{n+2} \cdots$ bedeutet. Ist daher δ eine beliebig kleine positive gegebene Grösse, und n so gross gewählt (was stets möglich ist), dass alle diese Werthe zwischen $\omega - \delta$ und $\omega + \delta$ liegen, so wird auch h, und für hinreichend kleine Werthe von ϱ auch $h^{1+\varrho}$ zwischen denselben Grenzen liegen. Da ferner (nach §. 117) das Product $\varrho R''$ mit unbegrenzt abnehmendem positiven ϱ sich der Einheit unendlich annähert, so wird für hinreichend kleine Werthe von ϱ auch das Product $\varrho S'' = h^{1+\varrho} . \varrho R''$ zwischen den Grenzen $\omega - \delta$ und $\omega + \delta$ liegen. Da endlich $\varrho S'$ gleichzeitig unendlich klein wird, weil S' nur eine endliche Anzahl von Gliedern enthält, so wird für sehr kleine Werthe von ϱ auch $\varrho S = \varrho S' + \varrho S''$ zwischen denselben Grenzen $\omega - \delta$ und $\omega + \delta$ liegen. Hiermit ist also auch bewiesen, dass mit unbegrenzt abnehmendem ϱ das Product ϱS *sich dem Grenzwerthe ω unendlich annähert* *).

---

*) Es verdient bemerkt zu werden, dass man den obigen allgemeinen Satz nicht umkehren darf. Besteht z. B. das System K aus einer Zahl $k = 1$, aus $(\theta - 1)$ Zahlen $k = \theta$, aus $(\theta^2 - \theta)$ Zahlen $k = \theta^2$, aus $(\theta^3 - \theta^2)$ Zahlen $k = \theta^3$ u. s. f., wo θ eine positive ganze Zahl > 1 bedeutet, so ist für jeden positiven Werth von ϱ

$$S = 1 + \frac{\theta - 1}{\theta(\theta^{\varrho} - 1)},$$

und das Product ϱS nähert sich mit unendlich abnehmendem ϱ dem Grenzwerthe

$$\omega = \frac{\theta - 1}{\theta \log \theta},$$

während der Quotient $T : t$ bei unendlich wachsendem t fortwährend von dem Werth 1 abnehmend durch ω hindurch geht bis zu dem Werth $1 : \theta$, dann aber sogleich wieder zu dem Werth 1 zurückspringt, um von Neuem denselben Veränderungsprocess zu erleiden (vergl. §. 144).

III. Ueber einen geometrischen Satz.

§. 120.

In einer Ebene sei eine vollständig begrenzte Figur F von allenthalben endlichen Dimensionen construirt, deren Flächeninhalt wir mit A bezeichnen wollen. Sind ferner X und Y zwei auf einander senkrechte Axen, und construirt man parallel mit ihnen zwei Systeme äquidistanter Parallelen, welche ein über die ganze Ebene ausgebreitetes Gitter bilden, so wird, wenn δ der Abstand je zweier benachbarter Parallelen, und T die Anzahl der Gitterpuncte ist, welche innerhalb F liegen, das Product $T\delta^2$ mit unendlich abnehmendem δ sich dem Grenzwerthe A nähern*).

Um diesen Satz zu beweisen, betrachten wir das System der mit Y parallelen Geraden und nehmen der Einfachheit halber an, dass jede derselben die Begrenzung der Figur nur zweimal schneidet; bezeichnen wir mit h die Länge des innerhalb F liegenden Stückes irgend einer solchen Parallelen, so ist $h\delta$ nahezu der Flächeninhalt des zwischen dieser und der folgenden Parallelen enthaltenen Theiles der Fläche F, und es wird in der Lehre von der Quadratur bewiesen, dass die Summe aller dieser Rechtecke $h\delta$ sich mit unendlich abnehmendem δ dem wahren Flächeninhalt A der Figur unbegrenzt nähert. Bezeichnen wir nun mit n die Anzahl der auf h liegenden Gitterpuncte (wobei es gleichgültig ist, ob ein zufällig auf der Begrenzung von F liegender Gitterpunct mitgezählt oder ausgeschlossen wird), so besteht h aus $(n-1)$ Stücken $= \delta$ und aus einem Rest, welcher höchstens $= 2\delta$ ist,

---

*) *Dirichlet: Recherches* etc. §. 1.

so dass wir $h = n\delta + \varepsilon\delta$ setzen können, wo ε einen positiven oder negativen echten Bruch bedeutet. Es ist daher:

$$\Sigma\, h\delta = \Sigma\, (n\delta^2 + \varepsilon\delta^2) = T\delta^2 + \delta\, \Sigma\, \varepsilon\delta;$$

es ist ferner, da ε absolut genommen höchstens $= 1$ ist, die Summe $\Sigma\, \varepsilon\delta$ höchstens gleich der endlichen Ausdehnung der Figur F in der Richtung der Axe X, und es wird daher $\delta\, \Sigma\, \varepsilon\delta$ mit δ gleichzeitig unendlich klein. Folglich nähert sich das Product $T\delta^2$ demselben Grenzwerthe A, welchem sich $\Sigma\, h\delta$ nähert; was zu beweisen war.

Es leuchtet übrigens ein, dass dieser Satz nicht an die Beschränkung gebunden ist, nach welcher die Parallelen mit der Axe Y nur einmal in die Figur F ein- und nur einmal aus ihr austreten. Man kann immer die Figur F als ein Aggregat von positiven und negativen Flächentheilen ansehen, welche einzeln der angegebenen Bedingung genügen; und wendet man auf jeden einzelnen Theil den Satz an, so ergiebt sich daraus sofort die Richtigkeit desselben für die ganze Figur F.

IV. Ueber die Geschlechter, in welche die Classen der quadratischen Formen von bestimmter Determinante zerfallen *).

§. 121.

Ist (a, b, c) eine quadratische Form von der Determinante $b^2 - ac = D$, und sind n, n' irgend zwei durch diese Form darstellbare Zahlen (wobei es gleichgültig ist, ob die darstellenden Zahlen relative Primzahlen sind oder nicht), so lässt sich das Product nn' stets in die Form $x^2 - Dy^2$ bringen, wo x und y ganze Zahlen bedeuten; denn aus der Annahme

$$n = a\alpha^2 + 2b\alpha\gamma + c\gamma^2, \quad n' = a\beta^2 + 2b\beta\delta + c\delta^2$$

folgt (nach §. 54), dass die Form (a, b, c) durch die Substitution $\binom{\alpha,\ \beta}{\gamma,\ \delta}$ in eine Form (n, x, n') übergeht, deren Determinante $x^2 - nn'$ von der Form Dy^2 ist. Aus dieser Bemerkung lassen sich folgende Schlüsse ziehen **).

1. Ist l eine ungerade in D aufgehende Primzahl, so hat für alle durch l nicht theilbaren Zahlen n, welche durch die Form (a, b, c) darstellbar sind, das Symbol

$$\left(\frac{n}{l}\right)$$

einen und denselben Werth. Denn sind n und n' irgend zwei solche durch l nicht theilbare und durch (a, b, c) darstellbare

---

*) *Dirichlet*: *Recherches sur diverses applications* etc. §§. 3, 6 (Crelle's Journal Bd. 19).

**) Vergl. *Gauss*: *D. A.* artt. 229 — 231.

Zahlen, so folgt aus $nn' = x^2 - Dy^2$, dass $nn' \equiv x^2 \pmod{l}$, und folglich

$$\left(\frac{nn'}{l}\right) = +1, \text{ also } \left(\frac{n}{l}\right) = \left(\frac{n'}{l}\right)$$

ist.

2. Ist $D \equiv 3 \pmod{4}$, so hat für alle ungeraden durch die Form darstellbaren Zahlen n der Ausdruck

$$(-1)^{\frac{1}{2}(n-1)}$$

einen und denselben Werth. Denn sind n und n' irgend zwei solche ungerade Zahlen, so ist

$$nn' = x^2 - Dy^2 \equiv x^2 + y^2 \pmod{4};$$

da ferner nn' eine ungerade Zahl ist, so muss eine der beiden Zahlen x, y gerade, die andere ungerade sein; hieraus folgt $nn' \equiv 1 \pmod{4}$, also auch $n \equiv n' \pmod{4}$, und hieraus

$$(-1)^{\frac{1}{2}(n-1)} = (-1)^{\frac{1}{2}(n'-1)}.$$

3. Ist $D \equiv 2 \pmod{8}$, so hat für alle durch dieselbe Form darstellbaren ungeraden Zahlen n der Ausdruck

$$(-1)^{\frac{1}{8}(n^2-1)}$$

einen und denselben Werth. Denn aus

$$nn' = x^2 - Dy^2 \equiv x^2 - 2y^2 \pmod{8}$$

folgt, da x ungerade ist, $nn' \equiv \pm 1 \pmod{8}$, also auch $n \equiv \pm n' \pmod{8}$, woraus die obige Behauptung sich unmittelbar ergiebt.

4. Ist $D \equiv 6 \pmod{8}$, so hat für alle durch dieselbe Form darstellbaren ungeraden Zahlen n der Ausdruck

$$(-1)^{\frac{1}{2}(n-1) + \frac{1}{8}(n^2-1)}$$

einen und denselben Werth. Denn aus

$$nn' = x^2 - Dy^2 \equiv x^2 + 2y^2 \pmod{8}$$

folgt, da x ungerade ist, $nn' \equiv 1$ oder $\equiv 3 \pmod{8}$, je nachdem y gerade oder ungerade ist; dann ist entsprechend $n \equiv n'$ oder $\equiv 3n' \pmod{8}$, und man findet leicht, dass in beiden Fällen

$$\frac{n-1}{2} + \frac{n^2-1}{8} \equiv \frac{n'-1}{2} + \frac{n'^2-1}{8} \pmod{2}$$

ist, was zu beweisen war.

5. Ist $D \equiv 4 \pmod{8}$, so hat für alle durch dieselbe Form darstellbaren ungeraden Zahlen n der Ausdruck

$$(-1)^{\frac{1}{2}(n-1)}$$

einen und denselben Werth. Denn aus $nn' = x^2 - Dy^2$ folgt, da x ungerade ist, $nn' \equiv 1 \pmod{4}$, also $n \equiv n' \pmod{4}$.

6. Ist $D \equiv 0 \pmod{8}$, so hat für alle durch dieselbe Form darstellbaren ungeraden Zahlen n jeder der beiden Ausdrücke

$$(-1)^{\frac{1}{2}(n-1)} \quad \text{und} \quad (-1)^{\frac{1}{8}(n^2-1)}$$

für sich einen unveränderlichen Werth. Denn aus

$$nn' = x^2 - Dy^2 \equiv x^2 \equiv 1 \pmod{8}$$

folgt $n \equiv n' \pmod{8}$.

§. 122.

Auf den Sätzen des vorigen Paragraphen beruht die Eintheilung der quadratischen Formen einer gegebenen Determinante D in *Geschlechter*; wir beschränken uns hier auf die *ursprünglichen* Formen, weil das, was für sie gilt, leicht auf die anderen Formen übertragen werden kann; ausserdem betrachten wir für den Fall einer negativen Determinante nur *positive*, d. h. solche Formen, deren äussere Coefficienten positiv sind. Es sei also (a, b, c) eine ursprüngliche Form der σten Art (§. 61), so wissen wir (§. 93), dass man den Variabeln derselben stets solche Werthe x, y beilegen kann, dass

$$\frac{ax^2 + 2bxy + cy^2}{\sigma} = n$$

positiv und relative Primzahl zu $2D$ wird; dabei ist es gleichgültig, ob x und y relative Primzahlen zu einander sind oder nicht. Bezeichnet man nun mit $l, l', l'' \ldots$ alle von einander verschiedenen in D aufgehenden ungeraden Primzahlen, so hat für alle durch eine und dieselbe Form (a, b, c) erzeugten Zahlen σn jedes der Symbole

$$\left(\frac{\sigma n}{l}\right), \left(\frac{\sigma n}{l'}\right), \left(\frac{\sigma n}{l''}\right) \cdots$$

und folglich auch jedes der Symbole

$$\left(\frac{n}{l}\right), \left(\frac{n}{l'}\right), \left(\frac{n}{l''}\right) \cdots$$

für sich einen unveränderlichen Werth; ist ferner D nicht $\equiv 1$ (mod. 4), also $\sigma = 1$, so gilt dasselbe, je nachdem $D \equiv 3$ (mod. 4), $D \equiv 2$ (mod. 8), $D \equiv 6$ (mod. 8), $D \equiv 4$ (mod. 8), $D \equiv 0$ (mod. 8) ist, entsprechend von dem Ausdruck

$$(-1)^{\frac{1}{2}(n-1)},\quad (-1)^{\frac{1}{8}(n^2-1)},\quad (-1)^{\frac{1}{2}(n-1)+\frac{1}{8}(n^2-1)},\quad (-1)^{\frac{1}{2}(n-1)}$$

oder von jedem der beiden Ausdrücke

$$(-1)^{\frac{1}{2}(n-1)} \text{ und } (-1)^{\frac{1}{8}(n^2-1)}.$$

Die Anzahl dieser Ausdrücke

$$\left(\frac{n}{l}\right), \left(\frac{n}{l'}\right) \cdots (-1)^{\frac{1}{2}(n-1)} \text{ u. s. w.},$$

die wir die *Charaktere C* nennen wollen, hängt nur von der Determinante D ab und soll im Folgenden immer mit λ bezeichnet werden; offenbar ist λ gleich der Anzahl der in D aufgehenden ungeraden Primzahlen $l, l', l'' \ldots$, wenn $D \equiv 1$ (mod. 4); in den übrigen Fällen mit Ausnahme von $D \equiv 0$ (mod. 8) ist sie um 1 und im Falle $D \equiv 0$ (mod. 8) ist sie um 2 grösser. Das System der bestimmten Werthe ± 1, welche diesen λ Charakteren C für eine bestimmte Form (a, b, c) zukommen, wollen wir den *Total-Charakter* dieser Form nennen. Nach dem Ausfall dieses Total-Charakters theilen wir sämmtliche ursprüngliche Formen von gleicher Determinante und gleicher Art in *Geschlechter* ein, indem wir je zwei Formen in dasselbe Geschlecht oder in zwei verschiedene Geschlechter werfen, je nachdem der Total-Charakter der einen Form mit dem der anderen identisch ist, oder nicht; ein Geschlecht ist hiernach der Inbegriff aller ursprünglichen Formen von gleicher Determinante und gleicher Art, für welche jeder der λ Charaktere C für sich genommen denselben Werth besitzt. Da nun alle Zahlen σn, welche durch eine bestimmte Form darstellbar sind, auch durch alle mit ihr äquivalenten Formen dargestellt werden können, so gehören alle Formen einer und derselben *Classe* auch in ein und dasselbe *Geschlecht*; ein Geschlecht ist daher immer der Inbegriff einer bestimmten Anzahl von Formen-Classen. Da ferner jeder der λ Charaktere C zwei einander entgegengesetzte Werthe haben kann, so leuchtet ein, dass die sämmtlichen ursprünglichen Formen von einer gegebenen Determinante D und von der σten Art *höchstens* 2^λ verschiedene Geschlechter bilden können.

Wir bemerken nun noch, dass die äusseren Coefficienten einer Form immer durch diese Form dargestellt werden, wenn man der einen Variabeln den Werth 1, der andern den Werth 0 beilegt; mithin können die Charaktere dieser Form immer aus einem dieser beiden Coefficienten erkannt werden.

Beispiel 1: Für die Determinante $D = -35 \equiv 1 \pmod{4}$ bilden (§. 67) die sechs Formen

$$(1, 0, 35), \quad (5, 0, 7), \quad (3, \pm 1, 12), \quad (4, \pm 1, 9)$$

ein vollständiges System nicht äquivalenter (positiver) Formen der ersten Art, und die beiden Formen

$$(2, 1, 18), \quad (6, 1, 6)$$

ein solches Formensystem der zweiten Art. Um diese Formen (oder die durch sie repräsentirten Classen) in Geschlechter einzutheilen, haben wir die beiden Charaktere

$$\left(\frac{n}{5}\right) \text{ und } \left(\frac{n}{7}\right)$$

zu betrachten, und da $\lambda = 2$ ist, so sind für jede der beiden Formenarten *höchstens vier* Geschlechter zu erwarten. Die wirkliche Untersuchung ergiebt als Resultat folgende Tabelle

(a, b, c)	$\left(\frac{n}{5}\right)$	$\left(\frac{n}{7}\right)$
(1, 0, 35)	+	+
(5, 0, 7)	—	—
(3, ± 1, 12)	—	—
(4, ± 1, 9)	+	+
(2, 1, 18)	+	+
(6, 1, 6)	—	—

Es zeigt sich also, dass jedes der beiden Systeme nur in *zwei* verschiedene Geschlechter zerfällt; die drei Formen

$$(1, 0, 35), \quad (4, \pm 1, 9)$$

bilden ein Geschlecht, dessen Total-Charakter durch

$$\left(\frac{n}{5}\right) = +1, \quad \left(\frac{n}{7}\right) = +1$$

bestimmt ist; die drei anderen Formen

$$(5,\ 0,\ 7),\quad (3,\ \pm 1,\ 12)$$

bilden ein zweites Geschlecht, dessen Total-Charakter durch

$$\left(\frac{n}{5}\right) = -1,\quad \left(\frac{n}{7}\right) = -1$$

bestimmt ist. Und jede der beiden Formen der zweiten Art bildet ein Geschlecht für sich.

Beispiel 2: Für die Determinante $D = -5 \equiv$ (mod. 4) bilden (§. 71) die beiden Formen

$$(1,\ 0,\ 5),\quad (2,\ 1,\ 3)$$

ein vollständiges System nicht äquivalenter (positiver) Formen; um sie in Geschlechter einzutheilen, müssen wir die beiden Charaktere

$$(-1)^{\frac{1}{2}(n-1)} \text{ und } \left(\frac{n}{5}\right)$$

betrachten. Der Form (1, 0, 5) entspricht

$$(-1)^{\frac{1}{2}(n-1)} = +1,\quad \left(\frac{n}{5}\right) = +1,$$

und der Form (2, 1, 3) entspricht

$$(-1)^{\frac{1}{2}(n-1)} = -1,\quad \left(\frac{n}{5}\right) = -1.$$

Jede dieser beiden Formen bildet also ein Geschlecht für sich; da $\lambda = 2$ ist, so ist auch hier die Anzahl der Geschlechter nicht $= 2^{\lambda}$, sondern nur $= 2^{\lambda-1}$.

Beispiel 3: Für die Determinante $D = 24 \equiv 0$ (mod. 8) findet man leicht (nach §§. 75, 78, 82), dass folgende vier Formen

$$(1,\ 4,\ -8),\quad (-1,\ 4,\ 8),\quad (3,\ 3,\ -5),\quad (-3,\ 3,\ 5)$$

ein vollständiges Formensystem bilden; es sind hier die folgenden drei Charaktere zu betrachten:

$$(-1)^{\frac{1}{2}(n-1)},\quad (-1)^{\frac{1}{8}(n^2-1)},\quad \left(\frac{n}{3}\right);$$

der ersten der obigen Formen entspricht

$$(-1)^{\frac{1}{2}(n-1)} = +1,\quad (-1)^{\frac{1}{8}(n^2-1)} = +1,\quad \left(\frac{n}{3}\right) = +1;$$

der zweiten

$$(-1)^{\frac{1}{2}(n-1)} = -1,\quad (-1)^{\frac{1}{8}(n^2-1)} = +1,\quad \left(\frac{n}{3}\right) = -1;$$

der dritten

$$(-1)^{1/2(n-1)} = -1, \quad (-1)^{1/8(n^2-1)} = -1, \quad \left(\frac{n}{3}\right) = +1;$$

und der vierten

$$(-1)^{1/2(n-1)} = +1, \quad (-1)^{1/8(n^2-1)} = -1, \quad \left(\frac{n}{3}\right) = -1.$$

Auch hier zeigt sich also, dass die Anzahl der wirklich vorhandenen Geschlechter nicht $= 2^\lambda$, sondern nur $= 2^{\lambda-1}$ ist.

§. 123.

Mit Hülfe des *Reciprocitätssatzes* lässt sich nun in der That nachweisen, dass die Anzahl der verschiedenen Geschlechter *höchstens* $= 2^{\lambda-1}$ ist. Wir setzen $D = D'S^2$, wo S^2 das grösste in D aufgehende Quadrat bezeichnet, und legen den Buchstaben δ, ε, P dieselbe Bedeutung in Bezug auf D' bei, welche sie in §. 52 in Bezug auf die dort mit D bezeichnete Zahl erhalten haben. Dann wird

$$\left(\frac{D}{n}\right) = \left(\frac{D'}{n}\right) = \delta^{1/2(n-1)}\, \varepsilon^{1/8(n^2-1)} \left(\frac{n}{P}\right),$$

wo n jede beliebige positive ganze Zahl bedeutet, die relative Primzahl zu $2D$ ist. Da nun die Determinante D keine Quadratzahl, also D' nicht $= 1$ ist, so kann auch nicht gleichzeitig $\delta = +1$, $\varepsilon = +1$ und $P = 1$ sein, und hieraus folgt leicht, dass der Ausdruck

$$\delta^{1/2(n-1)}\, \varepsilon^{1/8(n^2-1)} \left(\frac{n}{P}\right)$$

entweder einer der Charaktere C selbst, oder ein Product aus mehreren dieser Charaktere ist; bezeichnen wir diese Charaktere mit C' und ihr Product mit $\Pi\, C'$, so ist also stets

$$\Pi\, C' = \left(\frac{D}{n}\right),$$

sobald n positiv und relative Primzahl zu $2D$ ist. Da nun durch jede ursprüngliche Form der σten Art stets Zahlen σn dargestellt werden können, in welchen n dieser Bedingung genügt (§. 93), und zwar solche Zahlen σn, von welchen D quadratischer Rest ist

(§. 60), so ergiebt sich, dass der Total-Charakter einer jeden Form so beschaffen ist, dass stets

$$\Pi\, C' = +1$$

und niemals $\Pi\, C' = -1$ wird. Da nun unter den sämmtlichen 2^λ Zeichencombinationen, welche man erhält, wenn man jedem der λ Charaktere C sowohl den Werth $+1$ wie den Werth -1 beilegt, offenbar die Hälfte so beschaffen ist, dass $\Pi\, C' = -1$ wird, so folgt, dass diesen Zeichencombinationen oder Total-Charakteren keine wirklich existirenden Formen entsprechen können. Mithin ist die Anzahl der wirklich existirenden Geschlechter *höchstens* $= 2^{\lambda-1}$.

Im Folgenden soll nun bewiesen werden, dass allen denjenigen Total-Charakteren, welche in Uebereinstimmung mit der oben angegebenen Relation sind, wirklich *existirende* Formen entsprechen, dass also die Anzahl der wirklich vorhandenen Geschlechter $= 2^{\lambda-1}$ ist, und ausserdem, dass jedes Geschlecht eine *gleiche* Anzahl von Formen-Classen enthält.

§. 124.

Wir wollen wieder (wie in §. 89) mit n alle positiven ganzen Zahlen bezeichnen, die relative Primzahlen zu $2D$ sind, ferner mit m alle diejenigen Zahlen n, von welchen D quadratischer Rest ist, und mit μ die Anzahl der von einander verschiedenen in m aufgehenden Primzahlen. Es sei ferner $\psi(n)$ eine der Bedingung $\psi(n')\,\psi(n'') = \psi(n'n'')$ genügende Function, so ist stets

$$\Sigma\, \psi(n^2)\, \Sigma\, 2^\mu\, \psi(m) = \Sigma\, \psi(n)\, \Sigma \left(\frac{D}{n}\right) \psi(n),$$

vorausgesetzt, dass die hier vorkommenden unendlichen Reihen bestimmte von der Anordnung der Glieder unabhängige Werthe haben. Offenbar geht diese Gleichung durch die Specialisirung $\psi(n) = n^{-s}$ in die Endgleichung des §. 89 über, und sie könnte auch genau auf dieselbe Art wie diese bewiesen werden. Wir ziehen hier folgende Verification vor.

Verfährt man, wie in §. 91, so erhält man durch Ausführung der Multiplication der beiden unendlichen Reihen auf der rechten Seite

$$\Sigma\, \tau_n \psi(n),$$

wo

$$\tau_n = \Sigma \left(\frac{D}{\delta}\right)$$

ist, und δ alle Divisoren der Zahl n durchlaufen muss. Denkt man sich nun die Zahl n dargestellt als Product von Primzahlpotenzen $A, B \ldots$ und bezeichnet man mit a alle Divisoren von A, mit b alle Divisoren von B u. s. w., so leuchtet ein, dass τ_n das Product aus den Summen

$$\Sigma \left(\frac{D}{a}\right),\quad \Sigma \left(\frac{D}{b}\right) \cdots$$

ist. Wenn nun z. B. $A = q^\alpha$, und q eine Primzahl ist, so wird

$$\Sigma \left(\frac{D}{a}\right) = \alpha + 1,$$

wenn D quadratischer Rest von q ist; ist dagegen D Nichtrest von q, so wird

$$\Sigma \left(\frac{D}{a}\right) = 1 \quad \text{oder} \quad = 0,$$

je nachdem α gerade oder ungerade, d. h. je nachdem A ein Quadrat oder kein Quadrat ist. Bezeichnet man daher mit k alle diejenigen Zahlen n, in welchen nur solche Primfactoren aufgehen, von denen D Nichtrest ist, so folgt hieraus, dass jede Zahl n, für welche τ_n von Null verschieden ausfällt, von der Form mk^2 ist; und zwar ist dann τ_n gleich der Anzahl τ_m aller Divisoren von m. Da ferner $\psi(mk^2) = \psi(m)\psi(k^2)$ ist, so wird die rechte Seite unserer Gleichung gleich

$$\Sigma\, \tau_m \psi(mk^2) = \Sigma\, \psi(k^2) \,.\, \Sigma\, \tau_m \psi(m).$$

Wir wenden uns nun zur linken Seite; da jede Zahl n von der Form km ist, so ergiebt sich zunächst

$$\Sigma\, \psi(n^2) = \Sigma\, \psi(k^2) \,.\, \Sigma\, \psi(m^2),$$

und folglich braucht nur noch gezeigt zu werden, dass

$$\Sigma\, \psi(m^2)\, \Sigma\, 2^\mu \psi(m) = \Sigma\, \tau_m \psi(m)$$

ist*). Führen wir links die Multiplication aus, indem wir alle Glieder des Productes, welche denselben Factor $\psi(m)$ enthalten, in ein einziges zusammenfassen, so erhalten wir ein Resultat von der Form

$$\Sigma\, \tau'_m \psi(m),$$

---

*) Der gemeinschaftliche Werth beider Seiten ist das Quadrat von $\Sigma\,\psi(m)$.

wo der Coefficient

$$\tau'_m = \Sigma\, 2^\nu$$

aus ebenso vielen Gliedern besteht, als die Zahl m quadratische Divisoren δ^2 besitzt, und wo die Zahl ν für jede Zerlegung von der Form $m = \varepsilon\delta^2$ angiebt, wie viele verschiedene Primzahlen in ε aufgehen. Es braucht daher jetzt nur noch nachgewiesen zu werden, dass $\tau'_m = \tau_m$ ist, d. h. es muss folgender Satz bewiesen werden:

Zerlegt man eine ganze positive Zahl m auf alle mögliche Arten in zwei Factoren, von denen der eine ein Quadrat δ^2 ist, und bezeichnet man mit ν jedesmal die Anzahl der in dem anderen Factor ε aufgehenden von einander verschiedenen Primzahlen, so ist $\Sigma\, 2^\nu$ gleich der Anzahl τ_m aller Divisoren der Zahl m.

Von der Richtigkeit dieses Satzes überzeugt man sich aber leicht auf folgende Weise. Ist

$$m = a^\alpha b^\beta c^\gamma \ldots,$$

wo $a, b, c \ldots$ von einander verschiedene Primzahlen bedeuten, so ist jeder Divisor ε von der Form

$$\varepsilon = ABC \ldots,$$

wo $A, B, C \ldots$ resp. irgend welche Glieder aus den Reihen

$$\begin{array}{lll} a^\alpha, & a^{\alpha-2}, & a^{\alpha-4} \ldots \\ b^\beta, & b^{\beta-2}, & b^{\beta-4} \ldots \\ c^\gamma, & c^{\gamma-2}, & c^{\gamma-4} \ldots \end{array}$$

u. s. w. bedeuten, welche so weit fortzusetzen sind, als die Exponenten nicht negativ werden. Lässt man nun jedem Factor $A, B, C \ldots$ resp. einen Factor $A', B', C' \ldots$ entsprechen, welcher $= 2$ oder $= 1$ ist, je nachdem der entsprechende Exponent > 0 oder $= 0$ ist, so wird

$$2^\nu = A'B'C' \ldots,$$

und folglich

$$\Sigma\, 2^\nu = \Sigma\, A' \,.\, \Sigma\, B' \,.\, \Sigma\, C' \ldots;$$

da aber, wie unmittelbar einleuchtet

$$\Sigma\, A' = \alpha + 1, \quad \Sigma\, B' = \beta + 1, \quad \Sigma\, C' = \gamma + 1 \ldots$$

ist, so findet man

$$\Sigma\, 2^\nu = (\alpha + 1)(\beta + 1)(\gamma + 1) \ldots = \tau_m,$$

was zu beweisen war.

Die Richtigkeit der obigen Gleichung ist also hiermit ebenfalls erwiesen.

Bei einer aufmerksamen Prüfung der vorstehenden Ableitung wird man leicht den Zusammenhang zwischen ihr und dem (in §. 91 aufgestellten) Satze über die sämmtlichen Darstellungen einer Zahl σn durch das vollständige System S der ursprünglichen Formen der σten Art erkennen, und man wird auf diese Weise zu einem sehr einfachen Beweise dieses letzteren Satzes gelangen, wenn man von dem in §. 60 oder §. 86 gewonnenen Resultat ausgeht, dass die Anzahl der verschiedenen *Gruppen* von *eigentlichen* Darstellungen einer Zahl σm durch die Formen des Systems S gleich 2^μ ist, wo μ die Anzahl der verschiedenen in m aufgehenden Primzahlen bedeutet.

Schliesslich bemerken wir, dass der Satz sich bedeutend verallgemeinern lässt, wenn man statt des in ihm vorkommenden Jacobi'schen Symbols irgend eine Function $\theta(n)$ einführt, welche der Bedingung $\theta(n')\,\theta(n'') = \theta(n'n'')$ genügt und nur eine *endliche* Anzahl verschiedener Werthe besitzt.

§. 125.

Nach §. 123 zerfallen die sämmtlichen (positiven) Formen von der Determinante D und von der σten Art, und also auch die sämmtlichen h Formenclassen in höchstens $\tau = 2^{\lambda-1}$ verschiedene Geschlechter, deren Total-Charaktere sämmtlich der Bedingung

$$\Pi\ C' = +1$$

genügen, und die wir mit

$$G_1,\ G_2 \ldots G_\tau$$

bezeichnen wollen; die Anzahl der Formen-Classen, welche diese Geschlechter enthalten, sollen entsprechend mit

$$g_1,\ g_2 \ldots g_\tau$$

bezeichnet werden, so dass also, wenn eins dieser Geschlechter, z. B. G_r, nicht wirklich vorhanden sein sollte, $g_r = 0$ zu setzen ist. Es soll nun gerade im Folgenden gezeigt werden, dass dies niemals eintritt, dass also diese τ Geschlechter wirklich *existiren*, und ausserdem, dass sie alle *gleich viele* Formen-Classen enthalten, dass also

$$g_1 = g_2 = g_3 \cdots = \frac{h}{\tau}$$

ist.

Zu diesem Zweck benutzen wir die im vorigen Paragraphen bewiesene Gleichung *), indem wir

$$\psi(n) = \frac{\chi(n)}{n^s}$$

setzen, wo $\chi(n)$ irgend eins der $2^\lambda = 2\tau$ Glieder der Summe bedeutet, welche durch die Entwicklung des über alle λ Charaktere C erstreckten Productes

$$\Pi\,(1 + C)$$

entsteht; der Bedingung $\psi(n)\psi(n') = \psi(nn')$ geschieht offenbar durch jede solche Specialisirung Genüge, denn alle Factoren C, aus denen eine solche Function $\chi(n)$ zusammengesetzt ist, genügen derselben Bedingung. Da ausserdem $\chi(n)$ für jede Zahl n, die relative Primzahl zu $2D$ ist, $= \pm 1$ ist, so convergiren die vier in der Gleichung vorkommenden unendlichen Reihen unabhängig von der Anordnung ihrer Glieder für jeden positiven Werth $s > 1$. Es ist also unter dieser Annahme, da $\chi(n^2) = \chi(n)\,\chi(n) = +1$ ist,

$$\Sigma \frac{1}{n^{2s}} \Sigma\, \chi(m) \frac{2^\mu}{m^s} = \Sigma \frac{\chi(n)}{n^s} \Sigma \left(\frac{D}{n}\right) \frac{\chi(n)}{n^s}.$$

Denken wir uns nun wieder (wie in §. 88) ein vollständiges System S von h Formen

$$(a, b, c), \quad (a', b', c') \ldots$$

von der Determinante D und von der σten Art aufgeschrieben und unterwerfen wir die Variabeln x, y jeder Form den dort angegebenen Bedingungen I., II., III., so wird jede Zahl σm im Ganzen auf $\varkappa \,.\, 2^\mu$ verschiedene Arten erzeugt, wo $\varkappa$ die ebendaselbst festgesetzte, nur von D und σ abhängige Bedeutung hat. Die sämmtlichen h Formen des Systemes S zerfallen nun in zwei Gruppen, nämlich in eine Gruppe von H Formen, die wir mit (a, b, c) bezeichnen wollen, für welche $\chi(m) = +1$ ist, und in

*) Auch ohne Hülfe derselben gelangt man auf einem etwas kürzeren, wenn auch principiell nicht verschiedenen Wege zum Ziele, wenn man von der aus §. 91 folgenden Gleichung $\varkappa\, \Sigma \tau_n \psi(n) = \Sigma \psi(\nu)$ ausgeht, wo ψ eine willkürliche Function, und $\sigma\nu$ alle die Zahlen bedeutet, welche durch das System der Formen (a, b, c) unter den Bedingungen I., II. des §. 90 erzeugt werden. Setzt man dann $\psi(n) = n^{-s}\, \Pi(1 + \gamma_r\, C)$, wo γ_r den Werth des Charakters C im Geschlechte G_r bedeutet, so wird dies letztere rechts sofort isolirt, während der Grenzprocess auf der linken Seite für jeden Bestandtheil $c_r\, \chi(n)$ des Productes $\Pi(1 + \gamma_r\, C)$ einzeln ausgeführt werden kann.

eine zweite Gruppe von H' Formen, die wir mit (a', b', c') bezeichnen wollen, für welche $\chi(m) = -1$ ist. Offenbar werden auf diese Weise alle g_r Formen des Systems S, welche einem und demselben Geschlecht G_r angehören, auch einer und derselben dieser beiden Gruppen zugetheilt; denn für alle diese Formen hat jeder Factor C von $\chi(m)$ für sich genommen und folglich auch $\chi(m)$ selbst einen und denselben Werth. Und umgekehrt leuchtet ein, dass alle Zahlen σm, denen $\chi(m) = +1$ entspricht, ausschliesslich durch Formen der ersten Gruppe, und alle Zahlen σm, denen $\chi(m) = -1$ entspricht, ausschliesslich durch Formen der zweiten Gruppe erzeugt werden. Mithin ist

$$\varkappa \Sigma \chi(m) \frac{2\mu}{m^s} = \left\{ \begin{array}{l} + \Sigma \left(\dfrac{ax^2 + 2bxy + cy^2}{\sigma}\right)^{-s} + \cdots \\ - \Sigma \left(\dfrac{a'x^2 + 2b'xy + c'y^2}{\sigma}\right)^{-s} - \cdots \end{array} \right\},$$

wo auf der rechten Seite die den H Formen (a, b, c) der ersten Gruppe entsprechenden Doppelsummen mit positivem Vorzeichen, und die den H' Formen (a', b', c') der zweiten Gruppe entsprechenden Doppelsummen mit negativem Vorzeichen behaftet sind.

Multiplicirt man jetzt die Gleichung mit der unendlichen Reihe

$$\Sigma \frac{1}{n^{2s}},$$

so erhält man links zufolge der obigen Gleichung das Resultat

$$\varkappa \Sigma \frac{\chi(n)}{n^s} \Sigma \left(\frac{D}{n}\right) \frac{\chi(n)}{n^s};$$

führt man ferner auf der rechten Seite die Multiplication wie in §. 90 aus, so verändert sich äusserlich ihre Gestalt nicht, sondern es fällt allein die frühere Bedingung III. fort, nach welcher die den Variabeln x, y beigelegten Werthe relative Primzahlen zu einander sein mussten. Man erhält daher

$$\varkappa \Sigma \frac{\chi(n)}{n^s} \Sigma \left(\frac{D}{n}\right) \frac{\chi(n)}{n^s} = \left\{ \begin{array}{l} + \Sigma \left(\dfrac{ax^2 + 2bxy + cy^2}{\sigma}\right)^{-s} + \cdots \\ - \Sigma \left(\dfrac{a'x^2 + 2b'xy + c'y^2}{\sigma}\right)^{-s} - \cdots \end{array} \right\}.$$

Setzen wir jetzt $s = 1 + \varrho$, und multipliciren wir mit ϱ, so nähert sich mit unendlich abnehmendem positiven ϱ jedes der h Producte

$$\varrho\Sigma\left(\frac{ax^2+2bxy+cy^2}{\sigma}\right)^{-(1+\varrho)}\cdots\varrho\Sigma\left(\frac{a'x^2+2b'xy+c'y^2}{\sigma}\right)^{-(1+\varrho)}\cdots$$

einem und demselben von Null verschiedenen Grenzwerth W, welcher für eine negative Determinante in §. 95, für eine positive in §. 98 bestimmt ist; mithin wird der Grenzwerth, welchem sich das Product aus ϱ und aus der rechten Seite der vorstehenden Gleichung nähert, gleich $(H - H')W$.

Für die beiden Fälle nun, in welchen für $\chi(n)$ entweder das Anfangsglied 1 oder das Glied $\Pi\, C'$ der Entwicklung des Productes $\Pi(1+C)$ genommen wird, ist $H = h$ und $H' = 0$; und die obige Gleichung stimmt genau mit der in §. 90 überein, welche später zur Bestimmung der Classenanzahl h führte. In den übrigen $(2\tau - 2)$ Fällen, d. h. also, wenn unter $\chi(n)$ irgend ein Glied des entwickelten Ausdrucks

$$\Pi\,(1+C) - 1 - \Pi\, C'$$

verstanden wird, nähert sich aber, wie im folgenden Paragraphen nachträglich gezeigt werden soll, jede der beiden unendlichen Reihen

$$\Sigma\,\frac{\chi(n)}{n^{1+\varrho}} \quad \text{und} \quad \Sigma\left(\frac{D}{n}\right)\frac{\chi(n)}{n^{1+\varrho}}$$

mit unendlich abnehmendem ϱ einem *endlichen* Grenzwerth, und folglich das Product

$$\varrho\,\varkappa\,\Sigma\,\frac{\chi(n)}{n^{1+\varrho}}\cdot\Sigma\left(\frac{D}{n}\right)\frac{\chi(n)}{n^{1+\varrho}}$$

dem Grenzwerth Null. Vergleicht man dies mit dem oben gefundenen Grenzwerth $(H - H')\,W$, wo W eine von Null verschiedene Grösse war, so ergiebt sich

$$H - H' = 0,$$

d. h. jedem dieser $(2\tau - 2)$ Fälle entspricht eine Eintheilung aller h Formen des Systems S in zwei Gruppen, deren jede eine gleiche Anzahl $H = H' = {}^1\!/_2\, h$ Formen enthält.

Zufolge der obigen Bemerkung, dass die g_r Formen des Systems S, welche einem und demselben Geschlecht G_r angehören, bei jeder einzelnen Specialisirung von $\chi(n)$ entweder alle in die erste, oder alle in die zweite Gruppe fallen, lässt sich jede solche Gleichung von der Form $H - H' = 0$, welche einem dieser $(2\tau - 2)$ Fälle entspricht, in folgender Weise aufschreiben

$$g_1 \pm g_2 \pm g_3 \pm \cdots \pm g_\tau = 0, \qquad (g)$$

wo die Anzahl g_1 jedesmal mit positivem, irgend eine andere Anzahl g_r aber mit positivem oder negativem Vorzeichen behaftet ist, je nachdem in diesem Fall die Formen des Geschlechts G_r derselben Gruppe angehören, wie die Formen des Geschlechts G_1, oder nicht, d. h. je nachdem die Werthe, welche $\chi(n)$ in dem Geschlecht G_1 und in dem Geschlecht G_r erhält, gleich oder entgegengesetzt sind. Ist $\varDelta$ der Ueberschuss der Anzahl der Fälle, in welchen das Erstere eintritt, über die Anzahl der übrigen, so wird, wenn man alle Gleichungen (g) addirt, die den $(2\tau - 2)$ verschiedenen Fällen entsprechen, der Coefficient von g_1 gleich $(2\tau - 2)$, und der von g_r gleich $\varDelta$ werden. Um nun diesen Ueberschuss $\varDelta$ zu bestimmen, bezeichnen wir mit γ_1 und γ_r die bestimmten Werthe ± 1, welche irgend einer der λ Charaktere C resp. in dem Geschlecht G_1 und G_r annimmt, und unter diesen mit γ_1' und γ_r' diejenigen Werthe, welche den Charakteren C' entsprechen; man überzeugt sich dann leicht, dass

$$\varDelta = \Pi\,(1 + \gamma_1 \gamma_r) - 1 - \Pi\,\gamma_1' \gamma_r'$$

ist; denn wenn wir das erste, aus λ Factoren von der Form $(1 + \gamma_1 \gamma_r)$ bestehende, Product rechter Hand entwickeln und die daraus entstehenden beiden Glieder 1 und $\Pi\,\gamma_1'\gamma_r'$ gegen die beiden andern Glieder fortheben, so bleiben $2^\lambda - 2 = 2\tau - 2$ Glieder zurück, deren jedes einem bestimmten Gliede des entwickelten Ausdrucks

$$\Pi\,(1 + C) - 1 - \Pi\,C',$$

d. h. einer bestimmten Specialisirung von $\chi(n)$ entspricht, und zwar wird ein solches Glied $= +1$ oder $= -1$ werden, je nachdem die beiden Werthe, welche das correspondirende $\chi(n)$ im Geschlecht G_1 und im Geschlecht G_r annimmt, gleich oder entgegengesetzt ausfallen; die algebraische Summe aller dieser Glieder ist also in der That gleich dem Ueberschuss $\varDelta$, was zu beweisen war. Da nun die beiden Geschlechter G_1 und G_r verschieden sind, so ist mindestens einer der λ Factoren $(1 + \gamma_1 \gamma_r)$ gleich Null, und da ausserdem $\Pi\,\gamma_1' = 1$, $\Pi\,\gamma_r' = 1$ und folglich auch $\Pi\,\gamma_1'\gamma_r' = 1$ ist, so erhalten wir $\varDelta = -2$. Da dieser Ueberschuss $\varDelta$ nun für alle von G_1 verschiedenen Geschlechter gleich gross ist, so erhalten wir durch Addition sämmtlicher $(2\tau - 2)$ Gleichungen (g) das Resultat

$$(2\tau - 2)\,g_1 - 2\,(g_2 + g_3 + \cdots + g_\tau) = 0,$$

und da ausserdem

$$g_1 + g_2 + g_3 + \cdots + g_\tau = h$$

ist, so folgt

$$2\tau g_1 - 2h = 0, \quad \text{also} \quad g_1 = \frac{h}{\tau} = \frac{h}{2^{\lambda-1}}.$$

Da endlich für jedes andere Geschlecht G_2, $G_3 \ldots G_\tau$ die Untersuchung ebenso geführt werden kann, wie für das Geschlecht G_1, so erhalten wir als Endresultat den Satz*):

Die Anzahl der wirklich existirenden Geschlechter ist gleich $2^{\lambda-1}$, *und alle diese Geschlechter enthalten gleich viele Formenclassen.*

§. 126.

Zur Vervollständigung des vorstehenden Beweises haben wir nun noch zu zeigen, dass für jede der $2\tau - 2$ Specialisirungen von $\chi(n)$, welche den Gliedern des obigen entwickelten Ausdrucks entsprechen, jede der beiden unendlichen Reihen

$$\Sigma \frac{\chi(n)}{n^{1+\varrho}}, \quad \Sigma \left(\frac{D}{n}\right) \frac{\chi(n)}{n^{1+\varrho}}$$

mit unendlich abnehmendem positiven ϱ sich einem endlichen Grenzwerth nähert. Dies kann mit Rücksicht auf frühere Untersuchungen (§. 101) in folgender Weise geschehen.

Jede der beiden in Rede stehenden Summen ist von der Form

$$\Sigma \frac{\alpha_n}{n^s} = \Sigma\, \theta^{\frac{1}{2}(n-1)}\, \eta^{\frac{1}{8}(n^2-1)} \left(\frac{n}{L}\right) \frac{1}{n^s},$$

---

*) *Gauss: D. A.* artt. 252, 261, 287. — Mit Hülfe des Satzes über die arithmetische Progression (Supplement VI.) lässt sich der obige Satz sehr kurz beweisen. Da nämlich alle Zahlen n, für welche jeder der λ Charaktere C einen vorgeschriebenen Werth ± 1 besitzt, in gewissen arithmetischen Reihen enthalten sind, deren Differenz $4D$ ist, während ihre Anfangsglieder relative Primzahlen zu $4D$ sind (vergl. §. 52), so existiren unter diesen Zahlen n auch *Primzahlen* p; genügen nun die für die Charaktere C vorgeschriebenen Werthe ± 1 der Bedingung $\Pi C' = +1$, so ist D *quadratischer Rest von* p, und folglich existirt eine (positive) ursprüngliche Form erster Art, deren erster Coefficient $= p$ ist, welche mithin den vorgeschriebenen Total-Charakter besitzt.

wo $\theta^2 = 1$, $\eta^2 = 1$, und L irgend ein ungerader Divisor von D ist; da quadratische Factoren im Nenner eines Jacobi'schen Symbols fortgelassen werden dürfen, so können wir annehmen, dass L durch keine Quadratzahl (ausser 1) theilbar ist. Ferner ist jedenfalls nicht gleichzeitig $\theta = +1$, $\eta = +1$, $L = 1$; denn sonst wäre entweder $\chi(n) = 1$, oder $\chi(n) = \Pi\, C'$, gegen unsere Voraussetzung.

Bezeichnen wir mit LL' das Product aus allen von einander verschiedenen in D aufgehenden ungeraden Primzahlen, so ist das System der Zahlen n identisch mit dem System aller positiven ganzen Zahlen, welche relative Primzahlen zu $8LL'$ sind; wir betrachten zunächst nur die ersten $\varphi(8LL')$ Zahlen n, d. h. diejenigen Zahlen n, welche kleiner als $8LL'$ sind, und zeigen, dass die Summe der entsprechenden Werthe von α_n gleich Null ist. Zu diesem Zwecke bezeichnen wir mit a irgend eine der vier Zahlen 1, 3, 5, 7; mit b irgend eine der $\varphi(L)$ Zahlen, welche relative Primzahlen zu L und nicht grösser als L sind; endlich mit b' irgend eine der $\varphi(L')$ Zahlen, welche relative Primzahlen zu L' und nicht grösser als L' sind. Es wird dann (nach §. 25) durch die drei Congruenzen

$$n \equiv a \pmod{8}, \quad n \equiv b \pmod{L}, \quad n \equiv b' \pmod{L'}$$

eine und nur eine Zahl n bestimmt, welche relative Primzahl zu $8LL'$ und zugleich kleiner als $8LL'$ ist; und wenn jede der drei Zahlen a, b, b' unabhängig von den anderen alle ihr zukommenden Werthe durchläuft, so werden auf diese Weise auch alle $\varphi(8LL')$ Zahlen n erzeugt, die relative Primzahlen zu $8LL'$ und kleiner als $8LL'$ sind. Da nun jedesmal

$$\theta^{1/2(n-1)}\,\eta^{1/8(n^2-1)} = \theta^{1/2(a-1)}\,\eta^{1/8(a^2-1)},\quad \left(\frac{n}{L}\right) = \left(\frac{b}{L}\right)$$

ist, so wird die über diese Werthe von n ausgedehnte Summe

$$\Sigma\,\alpha_n = \varphi(L') \,.\, \Sigma\,\theta^{1/2(a-1)}\,\eta^{1/8(a^2-1)} \,.\, \Sigma\left(\frac{b}{L}\right);$$

nun ist aber (nach §. 52, I.)

$$\Sigma\left(\frac{b}{L}\right) = 0,$$

ausgenommen, wenn $L = 1$ ist; ausserdem findet man leicht, dass auch

$$\Sigma\,\theta^{1/2(a-1)}\,\eta^{1/8(a^2-1)} = 0$$

ist, ausgenommen, wenn $\theta = \eta = +1$ ist. Da nun, wie schon oben bemerkt ist, diese beiden Ausnahmefälle jedenfalls nicht gleichzeitig eintreten, so ist

$$\Sigma\, \alpha_n = 0,$$

wo das Summenzeichen sich auf die angegebenen Werthe von n bezieht.

Da ferner, sobald $n' \equiv n \pmod{8LL'}$, auch $\alpha_{n'} = \alpha_n$ ist, so wird immer

$$\Sigma\, \alpha_n = 0$$

sein, wenn die Summation auf beliebige $\varphi(8LL')$ auf einander folgende, also nach dem Modul $8LL'$ incongruente Werthe von n ausgedehnt wird. Und hieraus folgt unmittelbar, dass die Summe aller Werthe von α_n, die beliebig vielen auf einander folgenden Werthen von n entsprechen (von $n = 1$ an gerechnet) stets unterhalb einer endlichen angebbaren Grenze bleibt. Nach einer früheren Untersuchung (§. 101) ist daher die Reihe

$$\Sigma\, \frac{\alpha_n}{n^s},$$

wenn ihre Glieder nach der Grösse der Nenner geordnet werden, eine für jeden positiven Werth von s endliche und stetige Function von s; also nähert sich auch jede der beiden obigen Reihen mit unendlich abnehmendem positiven ϱ einem endlichen Grenzwerth, was zu beweisen war.

V. Theorie der Potenzreste für zusammengesetzte Moduli.

§. 127.

Es ist in §. 28 gezeigt, dass, wenn die Zahl a relative Primzahl gegen den Modul k ist, stets positive ganze Exponenten n von der Beschaffenheit existiren, dass $a^n \equiv 1 \pmod{k}$ ist; diese Exponenten n sind die sämmtlichen Vielfachen des kleinsten unter ihnen; bezeichnet man diesen mit δ, so sagt man, die Zahl a *gehöre* zum Exponenten δ; und die δ Zahlen

$$1, a, a^2 \ldots a^{\delta-1} \tag{A}$$

sind sämmtlich incongruent. Mit Hülfe des verallgemeinerten Fermat'schen Satzes ist dort ebenfalls gezeigt, dass δ immer ein Divisor von $\varphi(k)$ ist; dies Resultat lässt sich aber auch ohne Hülfe des Fermat'schen Satzes ableiten durch eine eigenthümliche Methode, welche sehr häufig zum Nachweise der Theilbarkeit einer Zahl durch eine andere gebraucht werden kann. In unserem Falle gestaltet dieselbe sich folgendermaassen.

Ist a' irgend eine relative Primzahl zu k, so sind (nach §. 18) die δ Zahlen

$$a', a'a, a'a^2 \ldots a'a^{\delta-1} \tag{A'}$$

sämmtlich incongruent; dasselbe gilt von den δ Zahlen

$$a'', a''a, a''a^2 \ldots a''a^{\delta-1} \tag{A''}$$

sobald a'' ebenfalls relative Primzahl zu k ist. Jeder solche Complex, wie A' oder A'', enthält δ unter einander incongruente Zahlen, die sämmtlich relative Primzahlen gegen k sind und also als

Repräsentanten von δ Zahl-Classen in Bezug auf den Modul k angesehen werden können. Gesetzt nun, es findet sich eine und dieselbe Zahlclasse in jedem der beiden Complexe A' und A'' vertreten, so giebt es zwei Exponenten μ', μ'' von der Beschaffenheit, dass

$$a' \,.\, a^{\mu'} \equiv a'' \,.\, a^{\mu''} \pmod{k}$$

ist; nehmen wir an, was der Symmetrie wegen erlaubt ist, dass $\mu'' \geqq \mu'$, so erhält man durch Division mit $a^{\mu'}$ die Congruenz

$$a' \equiv a'' \,.\, a^{\mu''-\mu'} \pmod{k};$$

und hieraus folgt sogleich, dass *jede* in A' enthaltene Zahl $a' \,.\, a^m$ auch einer Zahl von der Form $a'' \,.\, a^n$, d. h. einer in A'' enthaltenen Zahl congruent ist. Wir können hieraus schliessen, dass entweder zwei solche Complexe A', A'' dieselben δ Zahlclassen enthalten, oder dass keine einzige Classe in beiden gleichzeitig vertreten ist.

Bildet man nun der Reihe nach alle solche aus δ Zahlclassen bestehenden Complexe von der Form A', A'' . . ., und zwar nur solche, welche von einander verschieden sind, so muss endlich jede der $\varphi(k)$ Zahlclassen, welche relative Primzahlen zu k enthalten, in einem dieser Complexe, und auch nur in einem, vertreten sein; ist daher ε die Anzahl dieser von einander verschiedenen Complexe, so muss $\varphi(k) = \varepsilon\delta$, also $\varphi(k)$ theilbar durch δ sein, was zu beweisen war.

Hieraus ergiebt sich nun der Fermat'sche Satz als Folgerung; denn erhebt man die Congruenz

$$a^{\delta} \equiv 1 \pmod{k}$$

zur εten Potenz, so erhält man

$$a^{\varphi(k)} \equiv 1 \pmod{k}.$$

§. 128.

Für den Fall, dass der Modul k eine Primzahl p ist, wurde ferner in §. 29 bewiesen, dass zu jedem Divisor δ von $\varphi(p) = p - 1$ genau $\varphi(\delta)$ Zahlen gehören, die nach dem Modul p incongruent sind; und in §. 30 sind die Eigenschaften der sogenannten primitiven Wurzeln von p betrachtet, d. h. derjenigen $\varphi(p-1)$ incongruenten Zahlen g, welche zum Exponenten $p-1$ selbst gehören. Wir wollen nun untersuchen, ob ähnliche Gesetze auch für zusammengesetzte Moduln gelten.

Zunächst beschränken wir uns auf den Fall, in welchem der Modul k eine *Potenz von einer ungeraden Primzahl* p ist, und wir werden der Analogie nach unter einer *primitiven Wurzel* von k jede Zahl g verstehen, welche zum Exponenten $\varphi(k)$ gehört. Dem Beweise der wirklichen Existenz solcher primitiven Wurzeln schicken wir folgenden Hülfssatz voraus:

Ist h irgend eine ganze Zahl und π eine positive ganze Zahl, so ist stets

$$(1+hp^\pi)^p \equiv 1+hp^{\pi+1} \pmod{p^{\pi+2}}.$$

Man überzeugt sich hiervon leicht durch die Entwicklung der linken Seite nach dem binomischen Satze; man findet nämlich zunächst, indem man sich auf die drei ersten Glieder beschränkt,

$$(1+hp^\pi)^p \equiv 1+hp^{\pi+1}+\tfrac{1}{2}(p-1)h^2p^{2\pi+1} \pmod{p^{3\pi}},$$

und hieraus ergiebt sich die obige Congruenz, wenn man bedenkt, dass p ungerade, also $\frac{1}{2}(p-1)$ eine ganze Zahl, und ferner, dass sowohl $p^{2\pi+1}$ als auch $p^{3\pi}$ durch $p^{\pi+2}$ theilbar ist.

Nach dieser Vorbemerkung gehen wir an unsere Untersuchung und nehmen zunächst einmal an, es existire für den Modul $p^{\pi+1}$, wo $\pi \geqq 1$ ist, wirklich eine primitive Wurzel g; dann liegt es nahe zu fragen: zu welchem Exponenten gehört eine solche Zahl g in Bezug auf den Modul p^π? Es sei δ dieser Exponent, also

$$g^\delta = 1+hp^\pi,$$

so erhält man mit Hülfe des soeben bewiesenen Satzes

$$g^{\delta p} \equiv 1 \pmod{p^{\pi+1}};$$

da nun g primitive Wurzel von $p^{\pi+1}$ ist, so muss δp durch $\varphi(p^{\pi+1}) = (p-1)p^\pi$, und folglich δ durch $(p-1)p^{\pi-1}$ theilbar sein; andererseits muss aber, da g zum Exponenten δ in Bezug auf den Modul p^π gehört, nothwendig $\varphi(p^\pi) = (p-1)p^{\pi-1}$ durch δ theilbar sein; mithin ist $\delta = \varphi(p^\pi)$, d. h. g ist auch primitive Wurzel von p^π. Zugleich leuchtet ein, dass die in der Gleichung

$$g^{(p-1)p^{\pi-1}} = 1+hp^\pi$$

vorkommende Zahl h nicht durch p theilbar sein kann; denn sonst wäre

$$g^{(p-1)p^{\pi-1}} \equiv 1 \pmod{p^{\pi+1}},$$

also g keine primitive Wurzel von $p^{\pi+1}$.

Setzt man diese Schlüsse weiter fort, so erhält man zunächst das Resultat:

Jede primitive Wurzel g von einer höheren Potenz einer ungeraden Primzahl p ist nothwendig eine primitive Wurzel der Zahl p selbst, und zwar von der Beschaffenheit, dass $g^{p-1}-1$ nicht durch p^2 theilbar ist.

Wir wollen nun umgekehrt annehmen, es sei g eine primitive Wurzel von p^π, und zwar von der Beschaffenheit, dass die in der Gleichung

$$g^{(p-1)p^{\pi-1}} = 1 + hp^\pi$$

vorkommende Zahl h nicht durch p theilbar ist; und wir fragen jetzt: zu welchem Exponenten gehört diese Zahl g in Bezug auf den Modul $p^{\pi+1}$? Ist δ dieser Exponent, also

$$g^\delta \equiv 1 \pmod{p^{\pi+1}},$$

so ist auch

$$g^\delta \equiv 1 \pmod{p^\pi},$$

und folglich δ theilbar durch $\varphi(p^\pi)$; da aber andererseits δ ein Divisor von $\varphi(p^{\pi+1}) = p\,\varphi(p^\pi)$ sein muss, so ist δ entweder $= \varphi(p^\pi)$, oder $= \varphi(p^{\pi+1})$; das Erstere ist aber nicht der Fall, weil unserer Voraussetzung zufolge die Zahl h nicht durch p theilbar ist; also ist $\delta = \varphi(p^{\pi+1})$, d. h. die Zahl g ist primitive Wurzel von $p^{\pi+1}$. Zugleich leuchtet aus der Congruenz

$$g^{(p-1)p^\pi} = (1+hp^\pi)^p \equiv 1 + hp^{\pi+1} \pmod{p^{\pi+2}}$$

ein, dass die in der Gleichung

$$g^{(p-1)p^\pi} = 1 + h'p^{\pi+1}$$

vorkommende Zahl h' nicht durch p theilbar ist.

Durch Fortsetzung dieser Schlussweise erhalten wir das zweite Resultat:

Jede primitive Wurzel g einer ungeraden Primzahl p, für welche die Differenz $g^{p-1}-1$ nicht durch p^2 theilbar ist, ist auch eine primitive Wurzel aller höheren Potenzen von p.

Um also die Existenz von primitiven Wurzeln g für höhere Potenzen von p nachzuweisen, und um alle diese Zahlen g zu finden, haben wir nur noch zu zeigen, dass in der That primitive Wurzeln g von p existiren, für welche $g^{p-1}-1$, oder, was dasselbe sagt, für welche $g^p - g$ nicht durch p^2 theilbar ist. Dies geschieht leicht auf folgende Weise. Ist f irgend eine primitive Wurzel von p, so sind alle in der Form

$$g = f + px$$

enthaltenen Zahlen g ebenfalls primitive Wurzeln von p; dann ist nach dem binomischen Satze

$$g^p \equiv f^p \pmod{p^2};$$

setzen wir daher

$$f^p \equiv f + f'p \pmod{p^2},$$

so wird

$$g^p - g \equiv p(f' - x) \pmod{p^2},$$

und folglich ist $g = f + px$ jedesmal eine primitive Wurzel aller Potenzen von p, ausgenommen, wenn $x \equiv f' \pmod{p}$, also

$$g \equiv f^p \pmod{p^2}$$

ist. Da nun $\varphi(p-1)$ nach dem Modul p incongruente Zahlen f existiren, und aus jeder Zahl f genau $(p-1)$ in Bezug auf den Modul p^2 incongruente Zahlen $g = f + px$ von der Beschaffenheit abgeleitet werden können, dass $g^{p-1}-1$ nicht durch p^2 theilbar wird, so erhalten wir das Resultat:

Die sämmtlichen primitiven Wurzeln von höheren Potenzen einer ungeraden Primzahl p sind die sämmtlichen Individuen von $(p-1)\,\varphi(p-1)$ verschiedenen Zahlclassen in Bezug auf den Modul p^2.

Beispiel: Sämmtliche primitive Wurzeln der Primzahl $p = 7$ sind in den beiden Reihen $7x + 3$, $7x + 5$ enthalten; da nun

$$3^7 \equiv 31, \quad 5^7 \equiv 19 \pmod{49}$$

ist, so sind alle in den arithmetischen Reihen $7x + 3$, $7x + 5$ enthaltenen Zahlen, mit Ausnahme derer, welche $\equiv 31$ oder $\equiv 19 \pmod{49}$ sind, auch primitive Wurzeln von allen höheren Potenzen von 7.

§. 129.

Nachdem im Vorhergehenden die Existenz von primitiven Wurzeln g für jeden Modul p^π nachgewiesen ist, der eine Potenz einer ungeraden Primzahl p ist, kann man leicht die übrigen elementaren Fragen über die Potenzreste beantworten. Setzt man zur Abkürzung

$$\varphi(p^\pi) = c,$$

so sind die Potenzen

$$g^0, g^1, g^2 \dots g^{c-1} \pmod{p^\pi}$$

sämmtlich incongruent, und bilden daher ein vollständiges System incongruenter Zahlen, mit Ausschluss der durch p theilbaren Zahlen. Ist daher n irgend eine durch p nicht theilbare Zahl, so existiren stets unendlich viele Exponenten γ, die aber nach dem Modul c sämmtlich einander congruent sind, von der Beschaffenheit, dass

$$n \equiv g^\gamma \pmod{p^\pi};$$

man nennt dann γ den *Index der Zahl n für die Basis g*, und drückt dies in Zeichen so aus

$$\text{Ind. } n \equiv \gamma \pmod{c};$$

durchläuft γ ein vollständiges Restsystem in Bezug auf den Modul c, so durchläuft n ein vollständiges System von Zahlen, die relative Primzahlen zu p^π und unter einander nach dem Modul p^π incongruent sind. Für die Rechnung mit diesen Indices gelten dieselben Gesetze, wie die (in §. 30 angegebenen) für den Fall $\pi = 1$. Wir heben hier besonders hervor, dass

$$\text{Ind. } (1) \equiv 0, \quad \text{Ind. } (-1) \equiv \tfrac{1}{2}c \pmod{c},$$

und ferner, dass n quadratischer Rest oder Nichtrest von p^π ist, je nachdem Ind. n gerade oder ungerade ist.

Aus dem Index einer Zahl n lässt sich leicht der Exponent t bestimmen, zu welchem n in Bezug auf den Modul p^π gehört; aus

$$n \equiv g^{\text{Ind.} n} \pmod{p^\pi}$$

folgt nämlich

$$n^t \equiv g^{t\,\mathrm{Ind}.n} \pmod{p^\pi};$$

soll also $n^t \equiv 1$ sein, so muss $t\,\mathrm{Ind}.n$ durch c theilbar, und folglich t ein Multiplum von $c:\delta$ sein, wo δ den grössten gemeinschaftlichen Divisor von c und $\mathrm{Ind}.n$ bedeutet; die kleinste aller dieser Zahlen t, d. h. der Exponent, zu welchem n gehört, ist daher $= c:\delta$.

Hieraus folgt, dass n stets und nur dann eine primitive Wurzel von p^π ist, wenn $\mathrm{Ind}.n$ relative Primzahl zu c ist; die Anzahl aller nach dem Modul p^π incongruenten primitiven Wurzeln von p^π ist daher gleich der Anzahl derjenigen der Zahlen

$$0, 1, 2 \ldots c-1,$$

welche relative Primzahlen zu c sind, also gleich $\varphi(c) = \varphi\varphi(p^\pi)$. Dasselbe Resultat ist aber auch eine unmittelbare Folge aus dem Schlusssatze des vorigen Paragraphen.

§. 130.

Die Primzahl 2 verhält sich anders als die ungeraden Primzahlen, welche bisher ausschliesslich betrachtet wurden.

Für den Modul 2 kann jede ungerade Zahl als primitive Wurzel angesehen werden.

Für den Modul $2^2 = 4$ ist $3 \equiv -1$ eine primitive Wurzel; zu jeder ungeraden Zahl n giebt es einen entsprechenden Exponenten α von der Beschaffenheit, dass

$$n \equiv (-1)^\alpha \pmod{4}$$

ist; und zwar ist $\alpha \equiv 0 \pmod{2}$ oder $\equiv 1 \pmod{2}$, je nachdem $n \equiv 1$ oder $\equiv 3 \pmod{4}$ ist.

Bis hierher findet also noch völlige Analogie mit den ungeraden Primzahlen Statt; sobald aber ein Modul 2^λ betrachtet wird, in welchem der Exponent $\lambda \geqq 3$ ist, hört dieselbe auf. Es lässt sich nämlich zeigen, dass, wenn n irgend eine ungerade Zahl bedeutet, immer schon

$$n^{\frac{1}{2}\varphi(2^\lambda)} = n^{2^{\lambda-2}} \equiv 1 \pmod{2^\lambda}$$

ist. In der That ist dieser Satz richtig für $\lambda = 3$; denn das Quadrat jeder ungeraden Zahl n ist $\equiv 1 \pmod{8}$. Nehmen wir ferner an, der Satz sei für einen beliebigen Exponenten $\lambda \geqq 3$ schon bewiesen, es sei also

$$n^{2^{\lambda-2}} = 1 + h\,2^\lambda,$$

so folgt hieraus durch Quadriren

$$n^{2^{\lambda-1}} = 1 + h\,2^{\lambda+1} + h^2\,2^{2\lambda} \equiv 1 \pmod{2^{\lambda+1}},$$

d. h. der Satz gilt auch für den nächstfolgenden Exponenten $\lambda + 1$. Er gilt mithin allgemein, da er für $\lambda = 3$ gilt.

Es fragt sich nun, ob es in diesen Fällen wenigstens Zahlen giebt, die zu dem Exponenten $\frac{1}{2}\varphi(2^\lambda) = 2^{\lambda-2}$ gehören; man überzeugt sich leicht, dass die Zahl 5 diese Eigenschaft für jeden Modul $2^\lambda \geqq 8$ besitzt. Es ist nämlich

$$\begin{aligned} 5 &\equiv 1 + 4 \pmod{8} \\ 5^2 &\equiv 1 + 8 \pmod{16} \\ 5^4 &\equiv 1 + 16 \pmod{32} \\ 5^8 &\equiv 1 + 32 \pmod{64} \end{aligned}$$

allgemein

$$5^{2^{\lambda-3}} \equiv 1 + 2^{\lambda-1} \pmod{2^\lambda},$$

also

$$5^{2^{\lambda-3}} \text{ niemals} \equiv 1 \pmod{2^\lambda},$$

woraus unmittelbar folgt, dass der Exponent, zu welchem die Zahl 5 nach dem Modul 2^λ gehört, kein Divisor von $2^{\lambda-3}$ sein kann und also, da er doch Divisor von $2^{\lambda-2}$ sein muss, nothwendig $= 2^{\lambda-2}$ ist.

Hieraus ergiebt sich nun, wenn man zur Abkürzung

$$\tfrac{1}{2}\varphi(2^\lambda) = 2^{\lambda-2} = b$$

setzt, dass die b Zahlen

$$5^0, \quad 5^1, \quad 5^2 \ldots 5^{b-1}$$

sämmtlich nach dem Modul 2^λ incongruent sind; dasselbe gilt von den Zahlen

$$-5^0, \quad -5^1, \quad -5^2 \ldots -5^{b-1}$$

da ferner die ersteren sämmtlich $\equiv 1 \pmod{4}$, die letzteren sämmtlich $\equiv 3 \pmod{4}$ sind, so bilden sie zusammengenommen ein System von $\varphi(2^\lambda)$ nach dem Modul 2^λ incongruenten ungeraden Zahlen. Ist daher n irgend eine ungerade Zahl, so kann man stets

$$n \equiv (-1)^\alpha 5^\beta \pmod{2^\lambda}$$

setzen, wo α nach dem Modul 2, und β nach dem Modul b vollständig bestimmt ist. Durchläuft α ein vollständiges Restsystem in Bezug auf den Modul 2, und β unabhängig von α ein vollständiges Restsystem in Bezug auf den Modul b, so durchläuft n ein vollständiges System von Zahlen, die in Bezug auf den Modul 2^λ incongruent und relative Primzahlen zu 2^λ, d. h. ungerade sind. Diese beiden Zahlen α und β kann man die *Indices* der Zahl n nennen; sie befolgen ganz ähnliche Gesetze, wie die Indices für die früher betrachteten Moduli. Wir heben noch besonders hervor, dass $n \equiv \pm 1$ oder $\equiv \pm 3 \pmod{8}$ ist, je nachdem β gerade oder ungerade.

Es verdient bemerkt zu werden, dass die vorstehende Form, in welche jede ungerade Zahl n gebracht werden kann, auch noch für den Fall $\lambda = 2$ gilt; die Anzahl b der Werthe von β reducirt sich nämlich auf 1, und da $5 \equiv 1 \pmod{4}$, so geht die obige Form in die frühere $n \equiv (-1)^\alpha \pmod{4}$ über. Für eine spätere Untersuchung ist es sogar zweckmässig, dieselbe Form der Darstellung aller relativen Primzahlen zu einem Modul von der Form 2^λ auf die Fälle $\lambda = 0$ und $\lambda = 1$ auszudehnen; da in denselben nur eine einzige Zahlclasse darzustellen ist, so wird man α und β auch nur einen einzigen Werth beizulegen haben; setzen wir daher $a = b = 1$, wenn $\lambda = 0$ oder $\lambda = 1$ ist, in allen anderen Fällen ($\lambda \geqq 2$) aber $a = 2$, $b = \frac{1}{2}\varphi(2^\lambda)$, so können wir sagen, dass der Ausdruck

$$n \equiv (-1)^\alpha 5^\beta \pmod{2^\lambda}$$

alle incongruenten relativen Primzahlen zum Modul durchläuft, wenn α und β resp. vollständige Restsysteme in Bezug auf a und b durchlaufen.

§. 131.

Es sei nun der Modul eine beliebige zusammengesetzte Zahl

$$k = 2^\lambda p^\pi p'^{\pi'} \ldots,$$

wo p, p' von einander verschiedene ungerade Primzahlen, und λ, π, π' ... ganze positive Exponenten bedeuten, deren erster, λ, auch $= 0$ sein kann. Ist n irgend eine relative Primzahl zu k, so kann man stets

$$n \equiv (-1)^{\alpha} 5^{\beta} \text{ (mod. } 2^{\lambda})$$
$$n \equiv g^{\gamma} \text{ (mod. } p^{\pi})$$
$$n \equiv g'^{\gamma'} \text{ (mod. } p'^{\pi'})$$
$$\cdots\cdots\cdots\cdots$$

setzen, wo $g, g' \ldots$ primitive Wurzeln resp. von $p^2, p'^2 \ldots$ bedeuten. Geben wir den Zahlen a, b die im vorigen Paragraphen festgesetzte Bedeutung und setzen wir zur Abkürzung

$$\varphi(p^{\pi}) = c, \quad \varphi(p'^{\pi'}) = c' \ldots,$$

so sind die Exponenten oder Indices

$$\alpha, \quad \beta, \quad \gamma, \quad \gamma' \ldots$$

vollständig bestimmt in Bezug auf die entsprechenden Moduli

$$a, \quad b, \quad c, \quad c' \ldots,$$

und umgekehrt entspricht jedem solchen Systeme von Indices (nach §. 25) eine bestimmte Classe von Zahlen n nach dem Modul k, die relative Primzahlen zu k sind. Durchlaufen die Indices $\alpha, \beta, \gamma, \gamma' \ldots$ unabhängig von einander ihre $a, b, c, c' \ldots$ Werthe, so durchläuft n sämmtliche

$$a b c c' \ldots = \varphi(k)$$

Zahlclassen in Bezug auf den Modul k, welche relative Primzahlen zu k enthalten.

Sind die Indices $\alpha, \beta, \gamma, \gamma' \ldots$ einer Zahl n bekannt, so ist es leicht, den Exponenten δ zu bestimmen, zu welchem die Zahl n gehört; denn offenbar ist δ das kleinste gemeinschaftliche Multiplum aller derjenigen Exponenten, zu welchen die Zahl n in Bezug auf die einzelnen Moduli $2^{\lambda}, p^{\pi}, p'^{\pi'} \ldots$ gehört. Dieser Exponent δ ist daher immer ein Divisor von dem kleinsten gemeinschaftlichen Vielfachen μ der Zahlen $a, b, c, c' \ldots$ Es können daher primitive Wurzeln von k, d. h. Zahlen, die zum Exponenten $\varphi(k)$ gehören, nur dann existiren, wenn $\mu = \varphi(k)$ ist; man überzeugt sich leicht, dass dies nur dann der Fall ist, wenn der Modul $k = 1$, oder $= 2$, oder $= 4$, oder eine Potenz einer ungeraden Primzahl, oder das Doppelte einer solchen Potenz ist; und umgekehrt leuchtet ein, dass in diesen Fällen immer primitive Wurzeln existiren.

Da ferner die Möglichkeit einer binomischen Congruenz von der Form

$$x^m \equiv n \pmod{k}$$

und die Anzahl ihrer Wurzeln nur von der Möglichkeit derselben Congruenz in Bezug auf die einzelnen Moduli 2^λ, p^π, $p'^{\pi'}$ ... abhängt (nach §. 37), so überzeugt man sich leicht, dass zur Beurtheilung dieser Frage und zur Auffindung der Wurzeln der Congruenz die Kenntniss der Indices der Zahl n vollständig ausreicht. Die wirkliche Ausführung dieser Untersuchung unterdrücken wir hier, weil sie sich ganz ebenso gestaltet wie in §. 31. Der Fall $m = 2$ würde auf diese Weise behandelt auf das in §. 37 gewonnene Resultat zurückführen. Ebenso leicht ist es, den verallgemeinerten Wilson'schen Satz (§. 38) von Neuem zu beweisen.

VI. Beweis des Satzes, dass jede unbegrenzte arithmetische Progression, deren erstes Glied und Differenz ganze Zahlen ohne gemeinschaftlichen Factor sind, unendlich viele Primzahlen enthält.

§. 132.

Der allgemeine Beweis dieses Satzes *) stützt sich auf die Betrachtung einer Classe von unendlichen Reihen von der Form

$$L = \Sigma\, \psi(n),$$

wo der Buchstabe n alle ganzen positiven Zahlen durchlaufen muss, und die reelle oder complexe Function $\psi(n)$ der Bedingung

$$\psi(n)\, \psi(n') = \psi(nn')$$

genügt. Hieraus folgt für $n = n' = 1$, dass $\psi(1) = 1$ oder $= 0$ ist; da aber im letzteren Fall $\psi(n) = \psi(1)\, \psi(n)$ für alle Werthe von n verschwinden würde, so nehmen wir immer an, dass $\psi(1) = 1$ ist. Wir nehmen ferner an, die Function $\psi(n)$ sei so beschaffen, dass die Summe der analytischen Moduln aller Werthe $\psi(n)$ *endlich* ist, woraus folgt, dass die Reihe L einen von der Anordnung ihrer Glieder unabhängigen endlichen Werth besitzt. Man überzeugt sich dann leicht von der Richtigkeit der folgenden Gleichung

$$\Pi \frac{1}{1 - \psi(q)} = \Sigma\, \psi(n), \qquad \text{(I)}$$

---

*) *Dirichlet:* Abhandlungen der Berliner Akademie aus dem Jahre 1837.

wo das Productzeichen sich auf alle, in beliebiger Ordnung auf einander folgenden, Primzahlen q bezieht *).

Zunächst leuchtet ein, da die Reihe L die Glieder

$$\psi(1) = 1, \quad \psi(q) = z, \quad \psi(q^2) = z^2 \ldots$$

enthält, und die Summe derselben für sich einen endlichen Werth hat, dass der Modulus von $\psi(q) < 1$, und folglich

$$\frac{1}{1-\psi(q)} = 1 + \psi(q) + \psi(q^2) + \cdots$$

ist. Sind ferner $q_1, q_2, q_3 \ldots$ die sämmtlichen Primzahlen q, wie sie in dem Producte linker Hand aufeinander folgen, so wird das Product Q der ersten m Factoren

$$\frac{1}{1-\psi(q_1)}, \frac{1}{1-\psi(q_2)} \cdots \frac{1}{1-\psi(q_m)},$$

wenn man jeden derselben nach der vorstehenden Gleichung in eine unendliche Reihe entwickelt und die Multiplication ausführt, gleich $\Sigma\psi(l)$, wo die Summation über alle die ganzen positiven Zahlen l auszudehnen ist, in welchen keine anderen als die Primzahlen $q_1, q_2 \ldots q_m$ aufgehen. Ist daher h irgend eine positive ganze Zahl, und nimmt man m so gross, dass unter den Primzahlen $q_1, q_2 \ldots q_m$ sich alle diejenigen finden, welche $< h$ sind, so enthält $\Sigma\psi(l)$ alle Glieder der Reihe $\Sigma\psi(n)$, in welchen $n < h$ ist, und ausserdem noch unendlich viele andere, in denen $n > h$ ist. Mithin unterscheidet sich das Product Q von der Summe $\Sigma\psi(n)$ um eine Summe von der Form $\Sigma\psi(n')$, in welche aber nur noch Zahlen n' eingehen, welche $\geqq h$ sind. Da nun die Summe der Moduln aller Glieder $\psi(n)$ endlich ist, so kann man h, und also auch m so gross wählen, dass die Summe der Moduln aller Glieder $\psi(n')$, und folglich auch der Modul der Differenz $Q - \Sigma\psi(n)$ kleiner wird als jede vorher gegebene Grösse; d. h. mit unbegrenzt wachsendem m nähert sich Q dem Grenzwerth $\Sigma\psi(n)$, was zu beweisen war.

Ausser diesen Reihen von der Form $L = \Sigma\psi(n)$ haben wir noch diejenigen Reihen zu betrachten, welche durch die Entwick-

---

*) Unter dieser Classe von Reihen sind auch diejenigen enthalten, welche im fünften Abschnitt betrachtet sind. Vergl. §§. 124, 135. Der Werth einer solchen Function ψ ist offenbar für alle Zahlen vollständig bestimmt, sobald er für alle Primzahlen willkürlich angenommen ist. Die ältesten Untersuchungen über solche Reihen und Producte finden sich bei *Euler: Introductio in analysin infinitorum.* Cap. XV.

lung ihrer natürlichen Logarithmen entstehen. Wenn der Modulus von z ein echter Bruch ist, so ist bekanntlich

$$z + \tfrac{1}{2}z^2 + \tfrac{1}{3}z^3 + \tfrac{1}{4}z^4 + \cdots = \log \frac{1}{1-z},$$

und zwar ist der imaginäre Bestandtheil des Logarithmen rechter Hand stets zwischen den Grenzen $-\frac{1}{2}\pi i$ und $+\frac{1}{2}\pi i$ zu nehmen. Setzt man hierin $z = \psi(q)$ und für q alle Primzahlen, so erhält man zufolge der Gleichheit (I)

$$\Sigma\,\psi(q) + \tfrac{1}{2}\Sigma\,\psi(q^2) + \tfrac{1}{3}\Sigma\,\psi(q^3) + \cdots = \log L, \qquad \text{(II)}$$

und offenbar hat die aus unendlich vielen unendlichen Reihen bestehende linke Seite einen von der Anordnung der Summationen unabhängigen endlichen Werth, weil selbst die Summe der Moduln aller ihrer Glieder einen endlichen Werth besitzt. Der imaginäre Theil des Logarithmen rechter Hand ist die Summe aller imaginären Theile der Logarithmen der einzelnen Factoren, aus denen das obige unendliche Product besteht.

Wir fügen zu diesem Resultat noch einige Bemerkungen hinzu. Ist zunächst $\psi(n)$ eine reelle Function, so sind alle Factoren des unendlichen Productes positiv, also ist $\log L$ reell, und da die Reihe $\log L$ einen endlichen Werth hat, so ist L ein positiver von Null verschiedener Werth. Ist aber $\psi(n)$ imaginär, und $\psi'(n)$ der jedesmal mit $\psi(n)$ conjugirte complexe Werth, so ist auch $\psi'(n)\,\psi'(n') = \psi'(nn')$, und die über alle ganzen positiven Zahlen n ausgedehnte Summe $L' = \Sigma\,\psi'(n)$ ist die mit $L = \psi(n)$ conjugirte Zahl. Zugleich wird

$$\Sigma\,\psi'(q) + \tfrac{1}{2}\,\Sigma\,\psi'(q^2) + \tfrac{1}{3}\,\Sigma\,\psi'(q^3) + \cdots = \log L',$$

und zwar ist $\log L'$ conjugirt mit $\log L$, so dass die Summe $\log L + \log L' = \log(LL')$ reell wird.

Ist endlich der Werth der Function ψ für alle in einer bestimmten Zahl k aufgehenden Primzahlen $= 0$, so ist $\psi(n)$ jedesmal $= 0$, wenn n keine relative Primzahl zu k ist, und die Gleichungen (I) und (II) bleiben richtig, wenn man n alle relativen Primzahlen zu k, und q alle in k nicht aufgehenden Primzahlen durchlaufen lässt.

§. 133.

Es sei nun (wie in §. 131) k eine beliebige positive ganze Zahl, und zwar

$$k = 2^\lambda p^\pi p'^{\pi'} \ldots,$$

wo $p, p' \ldots$ von einander verschiedene ungerade Primzahlen bedeuten; wir geben ferner den Buchstaben

$$a, \quad b, \quad c, \quad c' \ldots$$

ihre frühere Bedeutung (§. 131) und bezeichnen entsprechend mit

$$\theta, \quad \eta, \quad \omega, \quad \omega' \ldots$$

irgend welche Wurzeln der Gleichungen

$$\theta^a = 1, \quad \eta^b = 1, \quad \omega^c = 1, \quad \omega'^{c'} = 1 \ldots$$

Ist nun n irgend eine positive ganze Zahl und zugleich relative Primzahl zu k, und sind ihre Indices

$$\alpha \text{ (mod. } a), \quad \beta \text{ (mod. } b), \quad \gamma \text{ (mod. } c), \quad \gamma' \text{ (mod. } c') \ldots,$$

so genügt, wie man leicht sieht, der Ausdruck

$$\psi(n) = \frac{\theta^\alpha \eta^\beta \omega^\gamma \omega'^{\gamma'} \ldots}{n^s}$$

der Bedingung $\psi(n)\psi(n') = \psi(nn')$*); wenn ferner der Exponent $s > 1$ ist, was wir im Folgenden annehmen wollen, so ist die Summe der Moduln n^{-s} aller Glieder $\psi(n)$ endlich (§. 117), und folglich gelten die Gleichungen (I) und (II) des vorigen Paragraphen

$$\Pi \frac{1}{1-\psi(q)} = \Sigma\, \psi(n) = L$$

$$\Sigma\, \psi(q) + \tfrac{1}{2}\, \Sigma\, \psi(q^2) + \tfrac{1}{3}\, \Sigma\, \psi(q^3) + \cdots = \log L$$

in welchen q alle in k nicht aufgehenden Primzahlen, n alle relativen Primzahlen zu k durchlaufen muss; beide Reihen haben, so lange $s > 1$ ist, bestimmte von der Anordnung ihrer Glieder un-

*) Der Zähler $\chi(n) = \theta^\alpha \eta^\beta \omega^\gamma \omega'^{\gamma'} \ldots$ besitzt die charakteristischen Eigenschaften $\chi(n)\chi(n') = \chi(nn')$ und, wenn $n' \equiv n''$ (mod. k) ist, $\chi(n') = \chi(n'')$. Umgekehrt, wenn eine Function $\chi(n)$ die erste Eigenschaft hat, und wenn sie ausserdem nur eine *endliche* Anzahl m (von Null verschiedener) Werthe $\omega_1, \omega_2 \ldots \omega_m$ besitzt, so sind diese letzteren nothwendig die sämmtlichen Wurzeln der Gleichung $\omega^m = 1$.

abhängige Summen. Wir können hinzufügen, dass beide Reihen auch *stetige* Functionen von s sind, so lange $s > 1$ ist; wir beweisen diese Behauptung für alle Werthe von s, welche grösser als ein beliebiger unechter Bruch σ sind, weil hieraus offenbar die Stetigkeit dieser Reihen für alle Werthe von $s > 1$ (excl. 1) folgt.

Jede der beiden Reihen L und $\log L$ ist von der Form

$$\frac{\alpha_1}{1^s} + \frac{\alpha_2}{2^s} + \frac{\alpha_3}{3^s} + \cdots,$$

wo die Moduln der Coefficienten $\alpha_1, \alpha_2, \alpha_3 \ldots$ sämmtlich eine endliche Grösse A ($= 1$) nicht übertreffen. Um die Stetigkeit einer Function von s innerhalb eines gewissen Intervalls ($s \geqq \sigma$) zu beweisen, genügt es darzuthun, dass, wie klein auch eine positive gegebene Grösse δ sein mag, die Function jedesmal in einen ersten und zwar stetigen, und in einen zweiten Bestandtheil zerlegt werden kann, dessen Modulus innerhalb des ganzen Intervalls ($s \geqq \sigma$) $< \delta$ ist; denn hieraus folgt, dass der Modulus einer plötzlichen Werthänderung der Function, die doch nur von dem zweiten Bestandtheil herrühren kann, kleiner als 2δ, und folglich, da die gegebene Grösse δ beliebig klein sein darf, nothwendig $= 0$ sein muss (vergl. §§. 101, 143). In unserem Falle ergiebt sich die Möglichkeit einer solchen Zerlegung auf folgende Weise; ist n eine beliebige ganze Zahl, so ist die Summe der ersten n Glieder

$$\frac{\alpha_1}{1^s} + \frac{\alpha_2}{2^s} + \cdots + \frac{\alpha_n}{n^s}$$

eine stetige Function; der Modulus der Summe aller folgenden Glieder ist kleiner als

$$A\left(\frac{1}{(n+1)^s} + \frac{1}{(n+2)^s} + \cdots\right)$$

und folglich für *alle* Werthe $s \geqq \sigma$ auch kleiner als

$$A\left(\frac{1}{(n+1)^\sigma} + \frac{1}{(n+2)^\sigma} + \cdots\right);$$

da nun σ ein unechter Bruch ist, und folglich (nach §. 117) die Reihe

$$\frac{1}{1^\sigma} + \frac{1}{2^\sigma} + \frac{1}{3^\sigma} + \cdots$$

convergirt, so kann für jede gegebene Grösse δ entsprechend n so gross gewählt werden, dass

$$A\left(\frac{1}{(n+1)^\sigma}+\frac{1}{(n+2)^\sigma}+\cdots\right)<\delta$$

wird; hiermit ist für jede gegebene Grösse δ die Möglichkeit einer Zerlegung unserer Reihe in zwei Bestandtheile von der obigen Art, und also auch die Stetigkeit der Reihen L und $\log L$ für jeden Werth $s > 1$ nachgewiesen.

Der Beweis des Satzes über die arithmetische Progression gründet sich nun auf die Untersuchung des Verhaltens der Reihen L und $\log L$ bei unbegrenzter Annäherung des Exponenten s an den Werth 1. Wir bemerken zunächst, dass diese Reihen je nach der Wahl der in dem Ausdrucke $\psi(n)$ vorkommenden Einheits-Wurzeln $\theta, \eta, \omega, \omega' \ldots$ ein ganz verschiedenes Verhalten zeigen; da diese Wurzeln resp. $a, b, c, c' \ldots$ verschiedene Werthe haben können, so sind in der Form L im Ganzen

$$a\,b\,c\,c' \ldots = \varphi(k)$$

verschiedene besondere Reihen enthalten; wir theilen diese Reihen L in drei Classen ein:

In die *erste* Classe nehmen wir nur eine einzige Reihe L_1 auf, und zwar diejenige, in welcher alle Einheits-Wurzeln $\theta, \eta, \omega, \omega' \ldots$ den Werth $+1$ haben.

In die *zweite* Classe nehmen wir alle übrigen Reihen L_2 auf, in welchen alle Einheits-Wurzeln reelle Werthe, also die Werthe ± 1 haben.

In die *dritte* Classe nehmen wir alle übrigen Reihen L_3 auf, d. h. alle diejenigen, in welchen wenigstens eine der Einheits-Wurzeln imaginär ist. Die Anzahl dieser Reihen ist jedenfalls gerade, und sie sind paarweise mit einander conjugirt; denn entspricht eine solche Reihe L_3 den Wurzeln $\theta, \eta, \omega, \omega' \ldots$, so entspricht immer eine zweite solche Reihe L'_3 den Wurzeln θ^{-1}, $\eta^{-1}, \omega^{-1}, \omega'^{-1} \ldots$, und diese beiden Systeme von Wurzeln sind nicht identisch.

Wir wollen nun das Verhalten aller dieser Reihen genau untersuchen, wenn der Exponent $s = 1 + \varrho$ sich dem Werthe 1 nähert, d. h. also, wenn die positive Grösse ϱ unendlich klein wird.

§. 134.

Betrachten wir zunächst das Verhalten der ersten Reihe

$$L_1 = \Sigma \frac{1}{n^s} = \Sigma \frac{1}{n^{1+\varrho}},$$

in welcher n alle relativen Primzahlen zu k durchlaufen muss, so leuchtet ein, dass dieselbe als ein Aggregat von $\varphi(k)$ Partialreihen von der Form

$$\frac{1}{\nu^{1+\varrho}} + \frac{1}{(\nu+k)^{1+\varrho}} + \frac{1}{(\nu+2k)^{1+\varrho}} + \cdots$$

angesehen werden kann, wo ν relative Primzahl zu k und $\leqq k$ ist. Da nun (nach §. 117) das Product aus einer solchen Reihe und aus ϱ mit unendlich abnehmendem ϱ sich einem endlichen positiven, von Null verschiedenen Grenzwerth k^{-1} nähert, so können wir

$$L_1 = \frac{l}{\varrho}$$

setzen, wo l mit unendlich abnehmendem ϱ sich ebenfalls einem endlichen, positiven, von Null verschiedenen Grenzwerth nähert.

Ganz anders verhalten sich aber die Reihen L der zweiten und dritten Classe; wir haben gesehen, dass alle diese Reihen, so lange $s > 1$ ist, bestimmte von der Anordnung ihrer Glieder unabhängige Werthe besitzen; von jetzt an wollen wir aber ihre Glieder $\psi(n)$ so anordnen, dass die Zahlen n ihrer Grösse nach wachsend auf einander folgen; die so geordneten Reihen L der zweiten und dritten Classe *convergiren* dann für *alle positiven* Werthe von s und sind nebst ihren Derivirten auch *stetige* Functionen des positiven Exponenten s.

Um dies nachzuweisen, betrachten wir zunächst die ganze rationale Function

$$f(x) = \Sigma\, \theta^{\alpha} \eta^{\beta} \omega^{\gamma} \omega'^{\gamma'} \ldots x^{\nu}$$

der Variabeln x, wo das Summenzeichen sich auf diejenigen $\varphi(k)$ positiven ganzen Zahlen ν bezieht, die relative Primzahlen zu k und $< k$ sind, und wo $\alpha, \beta, \gamma, \gamma' \ldots$ die Indices der Zahl ν bedeuten. Setzt man $x = 1$, so erhält man

$$f(1) = \Sigma\, \theta^{\alpha} \eta^{\beta} \omega^{\gamma} \omega'^{\gamma'} \ldots,$$

wo die Indices $\alpha, \beta, \gamma, \gamma' \ldots$ unabhängig von einander vollständige Restsysteme resp. in Bezug auf die Moduln $a, b, c, c' \ldots$ durchlaufen müssen; es ist daher

$$f(1) = \Sigma\, \theta^{\alpha} . \Sigma\, \eta^{\beta} . \Sigma\, \omega^{\gamma} . \Sigma\, \omega'^{\gamma'} \ldots$$

Da nun nach unserer Voraussetzung die Reihe L eine Reihe der zweiten oder dritten Classe, und folglich mindestens eine der Einheitswurzeln $\theta, \eta, \omega, \omega' \ldots$ *nicht* $= +1$ ist, so ist auch mindestens eine der Summen

$$\Sigma\, \theta^{\alpha}, \quad \Sigma\, \eta^{\beta}, \quad \Sigma\, \omega^{\gamma}, \quad \Sigma\, \omega'^{\gamma'} \ldots$$

gleich Null, und hieraus folgt

$$f(1) = 0.$$

Mit Hülfe dieses Resultates kann man nun die oben behaupteten Eigenschaften der Reihen L auf verschiedene Arten nachweisen. Die eine besteht darin, dass man die Reihe L in ein bestimmtes Integral verwandelt. Nach der von *Legendre* eingeführten Bezeichnung ist

$$\Gamma(s) = \int_0^1 \left(\log \frac{1}{x}\right)^{s-1} dx$$

eine für alle positiven Werthe von s endliche und stetige Function von s; bedeutet ferner n irgend einen positiven Werth, und ersetzt man x durch x^n, so ergiebt sich

$$\frac{\Gamma(s)}{n^s} = \int_0^1 x^{n-1} \left(\log \frac{1}{x}\right)^{s-1} dx;$$

und hieraus folgt leicht (ähnlich wie in den §§. 103, 105), dass die Summe der *ersten* $m\varphi(k)$ Glieder der Reihe L gleich

$$\frac{1}{\Gamma(s)} \int_0^1 \frac{1}{x} \frac{f(x)}{1-x^k} \left(\log \frac{1}{x}\right)^{s-1} (1 - x^{mk})\, dx$$

ist. Da nun $f(x)$ eine durch x theilbare ganze Function von x ist, welche für $x = 1$ verschwindet, so bleibt innerhalb des ganzen Integrationsgebietes der Modulus der Function

$$\frac{1}{x} \frac{f(x)}{1-x^k}$$

unterhalb einer angebbaren endlichen Grösse, und hieraus folgt leicht, wenn man m unendlich wachsen lässt, dass

$$L = \frac{1}{\Gamma(s)} \int_0^1 \frac{1}{x} \frac{f(x)}{1 - x^k} \left(\log \frac{1}{x}\right)^{s-1} dx$$

ist. Es zeigt sich also in der That, dass die unendliche Reihe L der zweiten oder dritten Classe, wenn ihre Glieder in der angegebenen Weise geordnet sind, für jeden positiven Werth von s *convergirt*; beachtet man ferner, dass $\Gamma(s)$ für alle positiven Werthe von s ebenfalls positiv und von Null verschieden, sowie, dass die Derivirte von $\Gamma(s)$ eine stetige Function von s ist, so folgt aus dem vorstehenden geschlossenen Ausdruck für die Reihe L, dass dieselbe nebst ihrer Derivirten eine *stetige* Function von s ist, so lange s positiv bleibt.

Zu demselben Resultate gelangt man aber auch auf anderem Wege, nämlich mit Hülfe des weiter unten in §. 143 bewiesenen allgemeinen Satzes. Denn da zufolge der Gleichung $f(1) = 0$ die Summe der Coefficienten

$$\theta^\alpha \eta^\beta \omega^\gamma \omega'^{\gamma'} \ldots$$

von je $\varphi(k)$ auf einander folgenden Gliedern der Reihe L den Werth Null hat, so bildet die Reihe L eine solche unendliche Reihe, wie sie in §. 143 betrachtet wird; man braucht dort nur unter $k_1, k_2, k_3 \ldots$ die Werthe der successiven Zahlen n zu verstehen, so ergeben sich unmittelbar unsere obigen Behauptungen über die Convergenz und Stetigkeit der Reihe L und ihrer Derivirten.

Aus diesem Resultat ergiebt sich nun, dass jede Reihe L der zweiten oder dritten Classe, wenn der Exponent $s = 1 + \varrho$ abnehmend dem Werth 1 unendlich nahe kommt, sich einem völlig bestimmten *endlichen* Grenzwerth, nämlich dem Werth

$$\int_0^1 \frac{1}{x} \frac{f(x)}{1 - x^k} dx$$

nähert, welchen die Reihe L bei der oben angegebenen Anordnung ihrer Glieder für $s = 1$ annimmt.

§. 135.

Es hat nun zwar gar keine Schwierigkeit, den Werth des vorstehenden Integrals mit Hülfe von Logarithmen und Kreisfunctionen darzustellen*); dass aber dieser endliche Grenzwerth einer Reihe L der zweiten oder dritten Classe *von Null verschieden* ist — und gerade hierin besteht der Hauptpunct der ganzen nachfolgenden Untersuchung — würde sich aus diesem Ausdrucke schwer oder gar nicht erkennen lassen. Es ist nun von dem höchsten Interesse, dass dieser Nachweis für die Reihen L_2 der zweiten Classe sich mit Hülfe der Untersuchungen des fünften Abschnitts über die Classenanzahl der quadratischen Formen führen lässt; ja wir können hinzufügen, dass historisch jene Untersuchungen ihren Ausgangspunct an dieser Stelle genommen haben.

Wir betrachten eine bestimmte Reihe L_2 der zweiten Classe, welche den Wurzeln

$$\theta = \pm 1, \quad \eta = \pm 1, \quad \omega = \pm 1, \quad \omega' = \pm 1 \ldots$$

entspricht; es sei P das Product aller der in k aufgehenden ungeraden Primzahlen p, denen eine negative Wurzel $\omega = -1$ entspricht, und S das Product der übrigen in k aufgehenden ungeraden Primzahlen (falls in der einen oder anderen dieser beiden Gruppen gar keine Primzahl enthalten sein sollte, ist P oder $S = 1$ zu setzen); da nun eine Zahl n quadratischer Rest oder Nichtrest einer Primzahl ist, je nachdem ihr Index γ gerade oder ungerade ist (§. 129), so leuchtet ein, dass

$$\omega^\gamma \omega'^{\gamma'} \ldots = \left(\frac{n}{P}\right)$$

ist; wenn ferner $\theta = -1$, also $a = 2$, und $k \equiv 0 \pmod{4}$ ist, so sind alle Zahlen n ungerade, und es ist (nach §. 130)

$$\theta^\alpha = (-1)^\alpha = (-1)^{\frac{1}{2}(n-1)};$$

---

*) Bei der wirklichen Ausführung der Rechnung durch Zerlegung in Partialbrüche (ähnlich wie in den §§. 103, 105) würde man auf die in der Theorie der Kreistheilung vorkommenden Summen $f(r)$ stossen, wo r irgend eine Wurzel der Gleichung $r^k = 1$ bedeutet.

ebenso, wenn $\eta = -1$, also $b > 1$, und $k \equiv 0 \pmod{8}$ ist, so sind alle Zahlen n ungerade, und es ist (nach §. 130)

$$\eta^\beta = (-1)^\beta = (-1)^{\frac{1}{8}(n^2-1)}.$$

Diese Bemerkungen veranlassen uns (vergl. §§. 101, 123), je nach den vier verschiedenen Zeichencombinationen θ, η vier verschiedene Determinanten D zu betrachten; wir setzen nämlich, mit gehöriger Rücksicht auf das Zeichen ± 1:

$$\begin{array}{llll} D = \pm\ PS^2 \equiv 1 \pmod{4}, & \text{wenn} & \theta = +1, & \eta = +1 \\ D = \pm\ PS^2 \equiv 3 \pmod{4}, & \text{wenn} & \theta = -1, & \eta = +1 \\ D = \pm 2PS^2 \equiv 2 \pmod{8}, & \text{wenn} & \theta = +1, & \eta = -1 \\ D = \pm 2PS^2 \equiv 6 \pmod{8}, & \text{wenn} & \theta = -1, & \eta = -1. \end{array}$$

Nun sind alle ungeraden Zahlen n auch relative Primzahlen zu $2D$, und umgekehrt, alle relativen Primzahlen zu $2D$ sind auch ungerade Zahlen n, und gleichzeitig ist

$$\theta^\alpha \eta^\beta \omega^\gamma \omega'^{\gamma'} \ldots = \theta^{\frac{1}{2}(n-1)}\, \eta^{\frac{1}{8}(n^2-1)} \left(\frac{n}{P}\right) = \left(\frac{D}{n}\right);$$

ist daher k gerade, so stimmen die sämmtlichen Zahlen n mit den sämmtlichen relativen Primzahlen zu $2D$ überein, und es ist

$$L_2 = \Sigma\, \psi(n) = \Sigma \left(\frac{D}{n}\right) \frac{1}{n^s};$$

ist aber k ungerade, so sind unter den Zahlen n auch gerade Zahlen; da in diesem Falle aber nothwendig $\theta = +1$, $\eta = +1$, also $D \equiv 1 \pmod{4}$ ist, so ist (vergl. §. 102)

$$L_2 = \Sigma \left(\frac{n}{P}\right) \frac{1}{n^s} = \frac{1}{1 - \left(\frac{2}{P}\right) \frac{1}{2^s}}\, \Sigma \left(\frac{D}{n}\right) \frac{1}{n^s},$$

wo in der letzten Summe rechter Hand der Buchstabe n nur noch alle ungeraden relativen Primzahlen zu k, d. h. alle relativen Primzahlen zu $2D$ zu durchlaufen hat.

Um daher zu beweisen, dass die Reihe L_2 sich einem von Null verschiedenen Grenzwerth nähert, braucht man dasselbe nur von der Reihe

$$\Sigma \left(\frac{D}{n}\right) \frac{1}{n^s}$$

nachzuweisen. Nun leuchtet ein, dass die Zahl D nie eine *Quadratzahl* sein kann; denn da eine Quadratzahl niemals $\equiv 3 \pmod{4}$, oder $\equiv 2 \pmod{8}$ oder $\equiv 6 \pmod{8}$ ist, so bleibt nur die einzige Möglichkeit $D \equiv 1 \pmod{4}$; da aber in diesem Falle $\theta = +1$, $\eta = +1$ ist, so muss, da L_2 eine Reihe der zweiten Classe ist, wenigstens eine der Wurzeln $\omega, \omega' \ldots = -1$ sein, und folglich P mindestens durch eine ungerade Primzahl p theilbar, also nicht $= 1$ sein; mithin ist D in keinem Falle eine Quadratzahl. Wir haben nun (in §§. 96 und 98) gesehen, dass für eine solche Determinante D die Classenanzahl h der quadratischen Formen ein Product aus mehreren Factoren ist, von denen der eine der Grenzwerth der obigen Reihe

$$\Sigma \left(\frac{D}{n}\right) \frac{1}{n^s}$$

ist; da nun immer mindestens eine Form $(1, 0, -D)$ existirt, also h niemals $= 0$ ist, und da ferner die übrigen in dem Ausdruck von h vorkommenden Factoren nicht unendlich gross sind, so ist auch dieser Grenzwerth von Null verschieden. Und hieraus folgt, dass auch der Grenzwerth einer jeden Reihe L_2 der zweiten Classe ein von Null verschiedener und folglich positiver Werth ist, was zu beweisen war.

In dem einfachsten Falle, wo k eine Potenz einer ungeraden Primzahl p oder das Doppelte einer solchen Potenz ist, existirt nur eine Reihe

$$L_2 = \Sigma \left(\frac{n}{p}\right) \frac{1}{n^s}$$

der zweiten Classe; in diesem Falle bedarf es nicht der Zuziehung der Theorie der quadratischen Formen, um nachzuweisen, dass der Grenzwerth

$$\Sigma \left(\frac{n}{p}\right) \frac{1}{n}$$

dieser Reihe von Null verschieden ist; für diese Summe haben wir nämlich in §. 103 einen Ausdruck gefunden, welcher neben solchen Factoren, die offenbar von Null verschieden sind, noch den Factor

$$\Sigma \left(\frac{m}{p}\right) m \quad \text{oder} \quad \Sigma \left(\frac{m}{p}\right) \log \sin \frac{m\pi}{p}$$

enthält, je nachdem $p \equiv 3$ oder $\equiv 1 \pmod{4}$ ist; und wo m alle Zahlen $1, 2, 3 \ldots (p-1)$ durchlaufen muss. Im ersten Fall ist aber Σm und folglich auch

$$\Sigma \left(\frac{m}{p}\right) m$$

ungerade, also von Null verschieden; im zweiten Fall ist (§. 107)

$$-\Sigma \left(\frac{m}{p}\right) \log \sin \frac{m\pi}{p} = \log \frac{y + z\sqrt{p}}{y - z\sqrt{p}},$$

wo die ganzen Zahlen y, z der Gleichung $y^2 - pz^2 = 4p$ genügen; es kann folglich z, und also auch der vorstehende Ausdruck nicht $= 0$ sein.

§. 136.

Um nun dasselbe auch für jede Reihe L_3 der dritten Classe zu beweisen, addiren wir alle $\varphi(k)$ Gleichungen von der Form

$$\Sigma\, \psi(q) + \tfrac{1}{2}\, \Sigma\, \psi(q^2) + \tfrac{1}{3}\, \Sigma\, \psi(q^3) + \cdots = \log L,$$

welche den verschiedenen Wurzel-Systemen $\theta, \eta, \omega, \omega' \ldots$ entsprechen. Bedeutet q irgend eine in k nicht aufgehende Primzahl, und μ irgend eine positive ganze Zahl, so liefert die linke Seite einer jeden solchen Gleichung ein Glied

$$\frac{1}{\mu}\, \psi(q^\mu),$$

in welchem

$$\frac{1}{\mu}\, \frac{1}{q^{\mu s}}$$

mit dem Coefficienten

$$\theta^{\alpha\mu}\, \eta^{\beta\mu}\, \omega^{\gamma\mu}\, \omega'^{\gamma'\mu} \ldots$$

behaftet ist, wo $\alpha, \beta, \gamma, \gamma' \ldots$ die Indices von q bedeuten. Die Summe aller dieser den verschiedenen Wurzelsystemen θ, η, ω, $\omega' \ldots$ entsprechenden Coefficienten wird daher gleich dem Product

$$\Sigma\, \theta^{\alpha\mu}\, \Sigma\, \eta^{\beta\mu}\, \Sigma\, \omega^{\gamma\mu}\, \Sigma\, \omega'^{\gamma'\mu} \ldots,$$

wo die Summenzeichen sich der Reihe nach auf die $a, b, c, c' \ldots$ verschiedenen Werthe von $\theta, \eta, \omega, \omega' \ldots$ beziehen. Bekanntlich ist nun die Summe aller gleich hohen Potenzen der Wurzeln von einer Gleichung der Form $x^m = 1$ nur dann von Null verschieden, und zwar $= m$, wenn der Exponent dieser Potenzen durch m theilbar ist; mithin ist das vorstehende Product nur dann von Null verschieden, und zwar $= abcc' \ldots = \varphi(k)$, wenn die Exponenten $\alpha\mu$, $\beta\mu$, $\gamma\mu$, $\gamma'\mu \ldots$ resp. durch a, b, c, $c' \ldots$ theilbar sind; da nun $\alpha\mu$, $\beta\mu$, $\gamma\mu$, $\gamma'\mu \ldots$ die Indices von q^μ sind, so wird dies nur dann und immer dann eintreten, wenn

$$q^\mu \equiv 1 \pmod{2^\lambda}, \quad q^\mu \equiv 1 \pmod{p^\pi}, \quad q^\mu \equiv 1 \pmod{p'^{\pi'}} \ldots,$$

d. h. also, wenn

$$q^\mu \equiv 1 \pmod{k}$$

ist. Mithin wird die Summe aller jener Gleichungen folgende Form annehmen

$$\varphi(k) \left\{ \Sigma \frac{1}{q^s} + \tfrac{1}{2} \Sigma \frac{1}{q^{2s}} + \cdots + \frac{1}{\mu} \Sigma \frac{1}{q^{\mu s}} + \cdots \right\}$$
$$= \log L_1 + \Sigma \log L_2 + \Sigma \log (L_3 L'_3),$$

wo auf der linken Seite das erste, zweite Summenzeichen u. s. f. sich auf alle die in k nicht aufgehenden Primzahlen q bezieht, welche resp. den Bedingungen $q \equiv 1$, $q^2 \equiv 1 \pmod{k}$ u. s. f. Genüge leisten; auf der rechten Seite bezieht sich das erste Summenzeichen auf alle Reihen L_2 der zweiten Classe, das zweite auf alle verschiedenen Paare $L_3 L'_3$ conjugirter Reihen dritter Classe. Mit Hülfe dieser Gleichung sind wir im Stande zu beweisen, dass der endliche Grenzwerth, welchem sich irgend eine Reihe L_3 der dritten Classe nähert, von Null verschieden ist.

Dieser Beweis stützt sich auf das schon früher (§. 134) erhaltene Resultat, dass jede solche Reihe L_3 für alle positiven Werthe von s eine stetige Function von s ist, und dass dasselbe auch von ihrer Derivirten gilt. Wir können daher

$$L_3 = f(s) + iF(s)$$
$$L'_3 = f(s) - iF(s)$$

setzen, wo $f(s)$, $F(s)$ und die Derivirten $f'(s)$, $F'(s)$ stetige Functionen von s sind, so lange s positiv bleibt; da also der Grenzwerth von $L_3 = f(1) + iF(1)$ ist, so muss, falls derselbe $= 0$ ist, nothwendig $f(1) = 0$ und $F(1) = 0$ sein; hieraus folgt nach einem bekannten Satze der Differentialrechnung, dass für jeden Werth $s = 1 + \varrho$, welcher > 1 ist,

$$L_3 = \varrho \, \{f'(1+\delta\varrho) + iF'(1+\varepsilon\varrho)\}$$
$$L'_3 = \varrho \, \{f'(1+\delta\varrho) - iF'(1+\varepsilon\varrho)\}$$

sein wird, wo δ und ε zwischen den Grenzen 0 und 1 liegen; mithin wird

$$L_3 L'_3 = \varrho^2 \, \{f'(1+\delta\varrho)^2 + F'(1+\varepsilon\varrho)^2\} = \varrho^2 R,$$

wo R (in Folge der Endlichkeit und Stetigkeit der Derivirten $f'(s)$, $F'(s)$) mit unendlich abnehmendem positiven ϱ sich einem endlichen (nicht negativen) Grenzwerth

$$f'(1)^2 + F'(1)^2$$

nähert. Hieraus folgt nun

$$\log(L_3 L'_3) = -2 \log \frac{1}{\varrho} + \log R,$$

wo $\log R$ mit unendlich abnehmendem ϱ sich entweder einem endlichen Grenzwerth nähert oder negativ über alle Grenzen wächst, falls R unendlich klein wird.

Sind im Ganzen m solche Paare von Reihen dritter Classe vorhanden, welche gleichzeitig mit ϱ unendlich klein werden, so ist folglich

$$\Sigma \log(L_3 L'_3) = -2m \log \frac{1}{\varrho} + t,$$

wo t jedenfalls nicht positiv über alle Grenzen wachsen kann, sondern entweder endlich bleibt, oder negativ über alle Grenzen wächst; denn jedes andere Product $L_3 L'_3$ nähert sich einem endlichen positiven Werth, und folglich bleibt das entsprechende Glied $\log(L_3 L'_3)$ endlich bei abnehmendem ϱ.

Da ferner schon gezeigt ist, dass der Grenzwerth einer jeden Reihe L_2 der zweiten Classe von Null verschieden ist, so nähert sich die Summe

$$\Sigma \log L_2$$

der (jedenfalls reellen) Reihen $\log L_2$ einem endlichen Grenzwerth.

Ausserdem ist schon bewiesen, dass das Product ϱL_1 sich einem endlichen positiven Werth nähert; mithin ist

$$\log L_1 = \log \frac{1}{\varrho} + t',$$

wo t' endlich bleibt; folglich ist die ganze rechte Seite der obigen Gleichung von der Form

$$-(2m-1)\log\frac{1}{\varrho}+T,$$

wo T mit unendlich abnehmendem ϱ jedenfalls nicht positiv über alle Grenzen wachsen kann. Existirte also mindestens eine Reihe L_3 dritter Classe, welche mit ϱ unendlich klein würde, d. h. wäre m mindestens $= 1$, so würde die ganze rechte Seite unserer Gleichung mit unendlich abnehmendem positiven ϱ *negativ* unendlich wachsen. Dies ist aber unmöglich, da die linke Seite für alle Werthe von ϱ positiv bleibt. Mithin ist $m = 0$, d. h. jede Reihe der dritten Classe nähert sich einem von Null verschiedenen Grenzwerth, was zu beweisen war.

Hieraus folgt endlich noch, dass auch jede der Reihen $\log L_3$ einen endlichen Grenzwerth haben muss, wenn man berücksichtigt, dass nach dem früher Bewiesenen (§. 133) jede solche Reihe sich stetig mit s ändert, so lange $s > 1$ ist.

§. 137.

Das Resultat der vorhergehenden Untersuchungen besteht darin, dass bei dem unendlichen Abnehmen der positiven Grösse $\varrho = s - 1$ die Reihe $\log L_1$ positiv über alle Grenzen wächst, während alle übrigen Reihen $\log L$ sich endlichen Grenzwerthen nähern. Mit Hülfe desselben sind wir im Stande, den Satz über die arithmetische Progression vollständig zu beweisen.

Es sei nämlich m eine bestimmte relative Primzahl zu k, so multipliciren wir jede der $\varphi(k)$ Reihen von der Form

$$\Sigma\,\psi(q)+\tfrac{1}{2}\,\Sigma\,\psi(q^2)+\tfrac{1}{3}\,\Sigma\,\psi(q^3)+\cdots=\log L,$$

welche einem bestimmten System von Einheits-Wurzeln θ, η, ω, ω' ... entspricht, mit dem correspondirenden Werth

$$\theta^{-\alpha_1}\eta^{-\beta_1}\omega^{-\gamma_1}\omega'^{-\gamma_1'}\ldots=\chi,$$

wo α_1, β_1, γ_1, γ_1' ... die Indices der Zahl m bedeuten, und addiren alle Producte; dann wird, wenn wieder α, β, γ, γ' ... die Indices einer bestimmten Primzahl q sind, das Glied

$$\frac{1}{\mu}\,\frac{1}{q^{\mu s}}$$

den Coefficienten

$$\Sigma\, \theta^{\alpha\mu-\alpha_1}\, \eta^{\beta\mu-\beta_1}\, \omega^{\gamma\mu-\gamma_1}\, \omega'^{\gamma'\mu-\gamma_1'} \ldots$$

erhalten, wo sich das Summenzeichen auf alle $\varphi(k)$ Wurzel-Systeme bezieht; dieser Coefficient ist daher auch gleich dem Product aus den einzelnen Summen

$$\Sigma\, \theta^{\alpha\mu-\alpha_1},\ \Sigma\, \eta^{\beta\mu-\beta_1},\ \Sigma\, \omega^{\gamma\mu-\gamma_1},\ \Sigma\, \omega'^{\gamma'\mu-\gamma_1'} \ldots,$$

in welchen die Buchstaben θ, η, ω, ω' ... resp. ihre a, b, c, c' ... verschiedenen Werthe durchlaufen müssen; dieser Coefficient wird folglich nur dann von Null verschieden, und zwar $= abcc' \ldots = \varphi(k)$ sein, wenn die Exponenten $\alpha\mu - \alpha_1$, $\beta\mu - \beta_1$, $\gamma\mu - \gamma_1$, $\gamma'\mu - \gamma_1'$ ... resp. durch a, b, c, c' ... theilbar sind, d. h. wenn

$$q^\mu \equiv m \pmod{k}$$

ist. Die Summation aller Producte $\chi \log L$ giebt daher das Resultat

$$\varphi(k) \left\{ \Sigma \frac{1}{q^s} + \tfrac{1}{2} \Sigma \frac{1}{q^{2s}} + \tfrac{1}{3} \Sigma \frac{1}{q^{3s}} + \cdots \right\}$$
$$= \Sigma\, \chi \log L,$$

wo auf der linken Seite das erste, zweite, dritte Summenzeichen u. s. f. sich auf alle Primzahlen q bezieht, welche resp. den Bedingungen $q \equiv m$, $q^2 \equiv m$, $q^3 \equiv m \pmod{k}$ u. s. f. genügen. während das Summenzeichen auf der rechten Seite sich auf die sämmtlichen $\varphi(k)$ verschiedenen Wurzel-Systeme θ, η, ω, ω' ... bezieht. Setzt man nun zur Abkürzung

$$\tfrac{1}{2} \Sigma \frac{1}{q^{2s}} + \tfrac{1}{3} \Sigma \frac{1}{q^{3s}} + \tfrac{1}{4} \Sigma \frac{1}{q^{4s}} + \cdots = Q$$

und bezeichnet mit z alle positiven ganzen Zahlen mit Ausnahme von 1, so ist offenbar

$$Q < \tfrac{1}{2} \Sigma \frac{1}{z^2} + \tfrac{1}{2} \Sigma \frac{1}{z^3} + \tfrac{1}{2} \Sigma \frac{1}{z^4} + \cdots,$$

wo in jeder Summe z alle seine Werthe durchläuft; da nun, sobald $z \geqq 2$, immer

$$\frac{1}{z^3} \leqq \frac{1}{2} \frac{1}{z^2},\quad \frac{1}{z^4} \leqq \frac{1}{4} \frac{1}{z^2},\quad \frac{1}{z^5} \leqq \frac{1}{8} \frac{1}{z^2} \cdots$$

ist, so ergiebt sich

$$Q < \Sigma \frac{1}{z^2};$$

es bleibt daher, während s abnehmend sich dem Werthe 1 nähert, Q fortwährend unterhalb einer endlichen Grösse. Da ferner in der Gleichung

$$\varphi(k) \left\{ \Sigma \frac{1}{q^s} + Q \right\} = \Sigma \chi \log L$$

alle Glieder $\chi \log L$ sich endlichen Grenzwerthen nähern, mit Ausnahme des einzigen Gliedes $\log L_1$, welches über alle Grenzen wächst, so muss auch die Summe

$$\Sigma \frac{1}{q^s}$$

über alle Grenzen wachsen; dies wäre aber nicht möglich, wenn diese Summe aus einer endlichen Anzahl von Gliedern bestände, und folglich muss es unendlich viele Primzahlen q geben, welche $\equiv m \pmod{k}$ sind; d. h. also:

Jede unbegrenzte arithmetische Progression $kx + m$, deren Anfangsglied m und Differenz k relative Primzahlen sind, enthält unendlich viele positive Primzahlen q *).

---

*) Ueber die Ausdehnung dieses Satzes auf Linearformen mit complexen Coefficienten, sowie auf quadratische Formen siehe *Dirichlet: Untersuchungen über die Theorie der complexen Zahlen*, Abhandlungen der Berliner Akademie aus dem Jahre 1841; Monatsbericht der Berliner Akademie (März 1840) oder Crelle's Journal, Bd. 21; Comptes rendus der Pariser Akademie 1849, T. X, p. 285.

VII. Ueber einige Sätze aus der Theorie der Kreistheilung.

§. 138.

Sind p, p', p'' ... positive und von einander verschiedene Primzahlen, so stimmen (nach §. 9) die Glieder des entwickelten Productes

$$(p+1)(p'+1)(p''+1)\ldots$$

mit den sämmtlichen Divisoren des Productes

$$P = pp'p''\ldots$$

überein; dieselben Divisoren entstehen offenbar auch durch die Entwicklung des Productes

$$(p-1)(p'-1)(p''-1)\ldots,$$

aber die eine Hälfte derselben wird mit positivem, die andere mit negativem Zeichen behaftet sein; wir wollen die ersteren mit δ_1, die letzteren mit δ_2 bezeichnen, so dass

$$(p-1)(p'-1)(p''-1)\ldots = \Sigma\,\delta_1 - \Sigma\,\delta_2$$

wird, und wir bemerken, dass die Zahl P selbst zu der Classe der ersteren gehört. Ist nun δ irgend ein Divisor von P, aber $< P$, so lässt sich leicht zeigen, dass die Anzahl der durch δ theilbaren Zahlen δ_1 genau gleich der Anzahl der durch δ theilbaren Zahlen δ_2 ist. Denn wenn man mit q, q', q'' ... alle diejenigen Primfactoren von P bezeichnet, welche nicht in δ aufgehen, so stimmen die durch δ theilbaren Zahlen δ_1 und $-\delta_2$ resp. mit den positiven und negativen Gliedern des entwickelten Productes

$$\delta(q-1)(q'-1)(q''-1)\ldots$$

überein, und da $\delta < P$ ist, also mindestens eine solche Primzahl q vorhanden ist, so ist die Anzahl der positiven Glieder dieses Productes genau gleich der Anzahl der negativen.

Dieser Satz lässt sich leicht verallgemeinern. Bedeutet m irgend eine positive ganze Zahl > 1, und sind $p, p', p'' \ldots$ die sämmtlichen von einander verschiedenen in m aufgehenden positiven Primzahlen, so kann man

$$m\left(1-\frac{1}{p}\right)\left(1-\frac{1}{p'}\right)\left(1-\frac{1}{p''}\right)\cdots = \Sigma\,\mu_1 - \Sigma\,\mu_2$$

setzen, wo mit μ_1 und $-\mu_2$ resp. alle positiven und negativen Glieder des entwickelten Productes linker Hand bezeichnet sind; alle diese Zahlen μ_1 und μ_2 sind Divisoren der Zahl m, welche selbst eine der Zahlen μ_1 ist, und es gilt folgender Satz*):

Ist μ irgend ein Divisor von m, aber $< m$, so ist die Anzahl der durch μ theilbaren Zahlen μ_1 genau gleich der Anzahl der durch μ theilbaren Zahlen μ_2.

Um dies zu beweisen, behalten wir die obige Bedeutung von P, δ_1, δ_2 bei und setzen $m = nP$; dann ist n eine ganze Zahl, und es leuchtet ein, dass die Zahlen μ_1, μ_2 resp. mit den Producten $n\delta_1$, $n\delta_2$ übereinstimmen. Nun sei μ irgend ein Divisor von m, und ν der grösste gemeinschaftliche Theiler der beiden Zahlen $\mu = \nu\delta$ und $n = \nu\varepsilon$, so ist δ gewiss ein Divisor von P, weil

$$\frac{m}{\mu} = \frac{\varepsilon P}{\delta}$$

eine ganze Zahl, und weil δ, ε relative Primzahlen sind. Ist $\mu = m$, so ist offenbar $\varepsilon = 1$ und $\delta = P$; umgekehrt, wenn $\delta = P$ ist und folglich alle in m aufgehenden Primzahlen als Factoren enthält, so muss die Zahl ε, weil sie Divisor von m und zugleich relative Primzahl zu δ ist, nothwendig $= 1$ sein, und folglich ist $\mu = m$. Schliessen wir daher diesen Fall $\mu = m$ aus, so ist immer $\delta < P$, und es giebt folglich unter den Zahlen δ_1 ebenso viele durch δ theilbare, wie unter den Zahlen δ_2; da ferner eine Zahl $\mu_1 = n\delta_1 = \nu\varepsilon\delta_1$ oder eine Zahl $\mu_2 = n\delta_2 = \nu\varepsilon\delta_2$ stets und nur dann durch die Zahl $\mu = \nu\delta$ theilbar ist, wenn δ_1 oder δ_2 durch

---

*) *Dedekind: Abriss einer Theorie der höheren Congruenzen in Bezug auf einen reellen Primzahl-Modulus* (Crelle's Journal, Bd. 54, S. 25).

δ theilbar ist, so folgt, dass ebenso viele Zahlen μ_1 wie Zahlen μ_2 durch μ theilbar sind, was zu beweisen war.

Von dieser Eigenschaft der Zahlen μ_1 und μ_2 kann man vielfache Anwendungen machen. Hängen z. B. zwei Functionen $f(m)$ und $F(m)$ einer beliebigen ganzen Zahl m durch eine der beiden Relationen

$$\Sigma f(\mu) = F(m)$$

oder

$$\Pi f(\mu) = F(m)$$

zusammen, wo das Summen- oder Productzeichen sich jedesmal auf alle Divisoren μ (incl. m) der Zahl m bezieht, so folgt daraus resp. die Umkehrung

$$f(m) = \Sigma\, F(\mu_1) - \Sigma\, F(\mu_2)$$

oder

$$f(m) = \frac{\Pi\, F(\mu_1)}{\Pi\, F(\mu_2)},$$

wo die Summen- oder Productzeichen sich auf alle Werthe von μ_1 oder auf alle Werthe von μ_2 beziehen; denn ersetzt man rechts jeden Werth $F(\mu_1)$ und $F(\mu_2)$ durch die Summe oder das Product der Werthe $f(\mu)$, die den sämmtlichen Divisoren μ von μ_1 oder μ_2 entsprechen, so werden zufolge der obigen Eigenschaft der Zahlen μ_1, μ_2 alle Werthe $f(\mu)$ sich aufheben, in welchen $\mu < m$ ist, und es wird allein der Werth $f(m)$ zurückbleiben.

Als Beispiel wählen wir die Aufgabe, die Anzahl $\varphi(m)$ der ganzen Zahlen zu bestimmen, welche relative Primzahlen zu m und nicht grösser als m sind; aus dieser Definition der Function $\varphi(m)$ ist in §. 13 ohne alle Rechnung der Satz abgeleitet, dass

$$\Sigma\, \varphi(\mu) = m$$

ist, wo das Summenzeichen sich auf alle Divisoren μ von m bezieht; setzen wir daher $F(m) = m$, so ergiebt sich umgekehrt

$$\varphi(m) = \Sigma\, \mu_1 - \Sigma\, \mu_2,$$

also

$$\varphi(m) = m\left(1 - \frac{1}{p}\right)\left(1 - \frac{1}{p'}\right)\left(1 - \frac{1}{p''}\right)\cdots;$$

diese Function ist daher durch den Satz des §. 13 schon vollständig charakterisirt.

Ein anderes Beispiel ist folgendes. Ist der Werth der Function $f(m) = p$, sobald die Zahl m eine Potenz einer Primzahl p ist, dagegen $= 1$, so oft $m = 1$ oder durch mehrere verschiedene Primzahlen theilbar ist, so leuchtet ein, dass

$$\Pi f(\mu) = m$$

ist, wo das Productzeichen sich auf alle Divisoren μ von m bezieht; hieraus folgt nach dem obigen Satze, dass umgekehrt der Quotient

$$\frac{\Pi \mu_1}{\Pi \mu_2} = f(m),$$

also nur dann von 1 verschieden ist, wenn m eine Potenz einer Primzahl ist; und zwar ist dieser Quotient dann gleich dieser Primzahl.

Aus der Definition der Divisoren μ_1 und μ_2 folgt endlich auch, dass stets

$$\psi(n)(\psi(p) - 1)(\psi(p') - 1)(\psi(p'') - 1) \ldots = \Sigma \psi(\mu_1) - \Sigma \psi(\mu_2)$$

ist, wenn die Function ψ die Eigenschaft $\psi(z)\,\psi(z') = \psi(zz')$ besitzt.

§. 139.

Die sämmtlichen Wurzeln ϱ der Gleichung

$$x^m = 1 \tag{1}$$

sind bekanntlich in der Form enthalten

$$\varrho = \cos\frac{2h\pi}{m} + i \sin\frac{2h\pi}{m},$$

wo h irgend ein vollständiges Restsystem (mod. m) durchlaufen muss.

Ist h relative Primzahl zu m, so sind die Potenzen

$$1, \varrho, \varrho^2 \ldots \varrho^{m-1}$$

sämmtlich ungleich, und sie bilden die sämmtlichen Wurzeln der obigen Gleichung (1); ϱ heisst in diesem Fall eine *primitive* Wurzel dieser Gleichung, und die Anzahl dieser primitiven Wurzeln ist offenbar $= \varphi(m)$. Ist allgemeiner k der grösste gemeinschaftliche

Divisor von h und $m = \mu k$, so ist ϱ eine primitive Wurzel der Gleichung

$$x^{\mu} = 1, \tag{2}$$

und da umgekehrt jede Wurzel der letzteren Gleichung (2) auch eine Wurzel der Gleichung (1) ist, so leuchtet ein, dass die sämmtlichen Wurzeln der Gleichung (1) identisch sind mit allen primitiven Wurzeln aller der Gleichungen (2), die den sämmtlichen Divisoren μ der Zahl m entsprechen. Bezeichnet man daher mit ϱ' alle $\varphi(\mu)$ primitiven Wurzeln der Gleichung (2), und setzt

$$f(\mu) = \Pi\,(x - \varrho'),$$

wo das Productzeichen sich auf alle Wurzeln ϱ' bezieht, so ist

$$\Pi f(\mu) = x^m - 1,$$

wo das Productzeichen sich auf alle Divisoren μ der Zahl m bezieht; durch Umkehrung dieser für jede Zahl m geltenden Relation erhält man nach dem vorhergehenden Paragraphen

$$f(m) = \frac{\Pi\,(x^{\mu_1} - 1)}{\Pi\,(x^{\mu_2} - 1)},$$

woraus folgt, dass die Coefficienten der ganzen Function $f(m)$ sämmtlich ganze rationale Zahlen sind.

Von jetzt an betrachten wir nur noch den Fall, in welchem $m = P = pp'p'' \ldots$ eine ungerade, durch kein Quadrat theilbare ganze Zahl und > 1 ist. Dann wird

$$\varphi(P) = (p-1)\,(p'-1)\,(p''-1) \ldots = \Sigma\,\mu_1 - \Sigma\,\mu_2$$

eine gerade Zahl, die wir mit 2τ bezeichnen wollen, und die sämmtlichen 2τ relativen Primzahlen zu P, welche $< P$ sind, zerfallen in τ Zahlen a und in τ Zahlen b von der Beschaffenheit, dass

$$\left(\frac{a}{P}\right) = +1, \quad \left(\frac{b}{P}\right) = -1$$

ist (§. 52. I. oder Supplemente §. 116). Setzen wir daher

$$\theta = \cos\frac{2\pi}{P} + i\sin\frac{2\pi}{P} = e^{\frac{2\pi i}{P}}$$

und

$$A(x) = \Pi\,(x - \theta^a), \quad B(x) = \Pi\,(x - \theta^b),$$

so wird

$$A(x)\,B(x) = \frac{\Pi\,(x^{\mu_1}-1)}{\Pi\,(x^{\mu_2}-1)},$$

und wir wollen im Folgenden die allgemeine Form der Coefficienten der Functionen $A(x)$, $B(x)$ bestimmen.

Zu diesem Zwecke erinnern wir zunächst an die Newton'schen Formeln, welche dazu dienen, aus den Coefficienten einer Gleichung die Summen gleich hoher Potenzen ihrer Wurzeln, und umgekehrt aus diesen jene abzuleiten. Es seien

$$w_1,\ w_2 \ldots w_m$$

die Wurzeln einer Gleichung

$$x^m + c_1 x^{m-1} + c_2 x^{m-2} + \cdots + c_m = 0,$$

und

$$S_k = w_1^k + w_2^k + \cdots w_m^k,$$

so lauten diese Formeln folgendermaassen:

$$\begin{aligned}
&S_1 + c_1 = 0\\
&S_2 + c_1 S_1 + 2c_2 = 0\\
&S_3 + c_1 S_2 + c_2 S_1 + 3c_3 = 0\\
&\ldots\ldots\ldots\ldots\ldots\ldots\ldots\\
&S_m + c_1 S_{m-1} + c_2 S_{m-2} + \cdots + c_{m-1} S_1 + m c_m = 0.
\end{aligned}$$

Aus der Form derselben geht hervor, dass S_1, $S_2 \ldots S_m$ ganze rationale Zahlen sein werden, sobald die Coefficienten c_1, $c_2 \ldots c_m$ sämmtlich ganze rationale Zahlen sind. Wenden wir dies auf die Gleichung

$$\frac{\Pi\,(x^{\mu_1}-1)}{\Pi\,(x^{\mu_2}-1)} = 0$$

an, so ergiebt sich, dass

$$S_k = \Sigma\,\theta^{ak} + \Sigma\,\theta^{bk}$$

für jeden Werth $k = 1, 2, 3 \ldots$ eine ganze Zahl ist. Andererseits ist nun (Supplemente §. 116)

$$\Sigma\,\theta^{ak} - \Sigma\,\theta^{bk} = \left(\frac{k}{P}\right) i^{1/4(P-1)^2} \sqrt{P},$$

und folglich

$$\Sigma\,\theta^{ak} = \tfrac{1}{2}\left(S_k + \left(\frac{k}{P}\right) i^{1/4(P-1)^2}\sqrt{P}\right)$$

$$\Sigma\,\theta^{bk} = \tfrac{1}{2}\left(S_k - \left(\frac{k}{P}\right) i^{1/4(P-1)^2}\sqrt{P}\right);$$

hiermit sind die Summen der $k$ten Potenzen der Wurzeln von jeder der beiden Gleichungen

$$A(x) = 0, \quad B(x) = 0$$

gefunden, und da dieselben keine andere Irrationalität enthalten als die Quadratwurzel

$$i^{1/4(P-1)^2} \sqrt{P},$$

so gilt zufolge der Newton'schen Formeln dasselbe von sämmtlichen Coefficienten dieser beiden Gleichungen, und zwar werden zwei gleich hohe Coefficienten in beiden Gleichungen sich nur durch das Vorzeichen dieser Quadratwurzel von einander unterscheiden, d. h. zwei solche Coefficienten werden die Formen

$$y - z i^{1/4(P-1)^2} \sqrt{P} \quad \text{und} \quad y + z i^{1/4(P-1)^2} \sqrt{P}$$

haben, wo y und z rationale Zahlen bedeuten. Man kann ferner behaupten, dass y und z entweder ganze Zahlen oder Brüche mit dem Nenner 2 sind, obgleich dies aus den Newton'schen Formeln nicht unmittelbar hervorgeht; um den Beweis dieser Behauptung anzudeuten, wollen wir jede Gleichung, deren höchster Coefficient $= 1$, und deren übrige Coefficienten ganze rationale Zahlen sind, eine primäre Gleichung nennen; dann überzeugt man sich leicht, dass die Summe und Differenz zweier Wurzeln von primären Gleichungen (und ebenso ihr Product) wieder Wurzeln von primären Gleichungen sind*); da nun θ die Wurzel einer primären Gleichung ist, so gilt dasselbe von jedem Coefficienten der Functionen $A(x)$ und $B(x)$ und folglich auch von

$$2y \quad \text{und} \quad 2 z i^{1/4(P-1)^2} \sqrt{P},$$

und hieraus folgt sogleich, dass die rationalen Zahlen $2y$ und $2z$ *ganze* Zahlen sein müssen.

Fasst man dies zusammen, so ergiebt sich, dass man gleichzeitig

$$2A(x) = Y(x) - Z(x) i^{1/4(P-1)^2} \sqrt{P}$$
$$2B(x) = Y(x) + Z(x) i^{1/4(P-1)^2} \sqrt{P}$$

setzen kann, wo $Y(x)$ und $Z(x)$ ganze Functionen bedeuten, deren sämmtliche Coefficienten ganze rationale Zahlen sind**).

---

*) Vergl. §. 160. 1.

**) Vergl. *Gauss: D. A.* art. 357.

Multiplicirt man die beiden Gleichungen mit einander, so erhält man

$$Y(x)^2 - \left(\frac{-1}{P}\right) P\, Z(x)^2 = 4\, \frac{\Pi\,(x^{\mu_1} - 1)}{\Pi\,(x^{\mu_2} - 1)}.$$

§. 140.

Wir bemerken nun noch, dass man immer nur die Hälfte der Coefficienten von $Y(x)$ und $Z(x)$ zu berechnen braucht. Es ist nämlich

$$x^\tau A\left(\frac{1}{x}\right) = \Pi\,(1 - \theta^a x) = (-1)^\tau \theta^{\Sigma a}\, \Pi\,(x - \theta^{-a})$$

$$x^\tau B\left(\frac{1}{x}\right) = \Pi\,(1 - \theta^b x) = (-1)^\tau \theta^{\Sigma b}\, \Pi\,(x - \theta^{-b});$$

nun ist, je nachdem $P \equiv 1$, oder $P \equiv 3 \pmod{4}$ ist,

$$\left(\frac{-1}{P}\right) = +1, \quad \text{oder} \quad \left(\frac{-1}{P}\right) = -1,$$

und folglich

$$\Pi\,(x - \theta^{-a}) = A(x), \quad \Pi\,(x - \theta^{-b}) = B(x)$$

oder

$$\Pi\,(x - \theta^{-a}) = B(x), \quad \Pi\,(x - \theta^{-b}) = A(x);$$

ist ferner P nicht $= 3$, so existirt unter den Zahlen a eine Zahl a' von der Beschaffenheit, dass $(a' - 1)$ relative Primzahl zu P ist*), und da die Reste der Producte aa' mit den Zahlen a, und die Reste der Producte ba' mit den Zahlen b im Complex übereinstimmen, so ist

---

*) Ist nämlich $P > 3$, so giebt es auch eine in P aufgehende Primzahl $p > 3$, und da mindestens zwei incongruente quadratische Reste von p existiren, so kann man, wenn $P = pq$ gesetzt wird, eine Zahl h immer so wählen, dass

$$\left(\frac{h}{p}\right) = \left(\frac{2}{q}\right),$$

aber h nicht $\equiv 1 \pmod{p}$ wird; dann genügt die durch die Congruenzen

$$a' \equiv h \pmod{p}, \quad a' \equiv 2 \pmod{q}$$

bestimmte Zahl a' offenbar den oben gestellten Forderungen.

$$a' \Sigma a \equiv \Sigma a, \quad a' \Sigma b \equiv \Sigma b \pmod{P}$$

und folglich

$$\Sigma a \equiv 0, \quad \Sigma b \equiv 0 \pmod{P},$$

also

$$\theta^{\Sigma a} = 1, \quad \theta^{\Sigma b} = 1.$$

Mithin ergiebt sich (da τ gerade, sobald $P \equiv 1 \pmod{4}$)

$$\left.\begin{aligned} A(x) &= x^\tau A\left(\frac{1}{x}\right) \\ B(x) &= x^\tau B\left(\frac{1}{x}\right) \end{aligned}\right\}, \text{ wenn } P \equiv 1 \pmod{4}$$

und, mit Ausnahme von $P = 3$,

$$\left.\begin{aligned} A(x) &= (-x)^\tau B\left(\frac{1}{x}\right) \\ B(x) &= (-x)^\tau A\left(\frac{1}{x}\right) \end{aligned}\right\}, \text{ wenn } P \equiv 3 \pmod{4}$$

und hieraus

$$\left.\begin{aligned} Y(x) &= x^\tau Y\left(\frac{1}{x}\right) \\ Z(x) &= x^\tau Z\left(\frac{1}{x}\right) \end{aligned}\right\}, \text{ wenn } P \equiv 1 \pmod{4}$$

und, mit Ausnahme von $P = 3$,

$$\left.\begin{aligned} Y(x) &= (-x)^\tau Y\left(\frac{1}{x}\right) \\ -Z(x) &= (-x)^\tau Z\left(\frac{1}{x}\right) \end{aligned}\right\}, \text{ wenn } P \equiv 3 \pmod{4}$$

Diese Gleichungen enthalten Relationen zwischen je zwei gleich weit vom Anfang und Ende abstehenden Coefficienten der Functionen $Y(x)$ und $Z(x)$.

Die wirkliche Berechnung der Coefficienten der beiden Functionen

$$\begin{aligned} Y(x) &= y_0 x^\tau + y_1 x^{\tau-1} + \cdots + y_\tau \\ Z(x) &= z_0 x^\tau + z_1 x^{\tau-1} + \cdots + z_\tau \end{aligned}$$

geschieht nun auf folgende Art. Zuerst bildet man die Potenzsummen

$$S_k = \Sigma\, \theta^{ak} + \Sigma\, \theta^{bk}$$

für $k = 1, 2, 3 \ldots$ bis zu $\frac{1}{2}\tau$ oder $\frac{1}{2}(\tau - 1)$, je nachdem τ gerade oder ungerade ist; dies kann nach dem Obigen dadurch geschehen, dass man ebenso viele Coefficienten der ganzen Function

$$\frac{\Pi\,(x^{\mu_1} - 1)}{\Pi\,(x^{\mu_2} - 1)}$$

vom höchsten an gerechnet durch wirkliche Division bestimmt, und dann die Newton'schen Formeln anwendet; indessen hält es nicht schwer, durch Betrachtungen, welche ebenfalls auf der im §. 138 bewiesenen Haupteigenschaft der Zahlen μ_1 und μ_2 beruhen, folgende Regel abzuleiten: es sei Q der grösste gemeinschaftliche Divisor von k und $P = QR$, und r die Anzahl der in R aufgehenden Primzahlen, so ist*)

$$S_k = (-1)^r \varphi(Q).$$

Nachdem diese Werthe S_k gefunden sind, erhält man die Coefficienten der Functionen $Y(x)$ und $Z(x)$ durch die beiden aus den Newton'schen Formeln abgeleiteten Recursionsgleichungen

$$2\,k y_k = \left\{ \begin{array}{c} -\left[S_k y_0 + S_{k-1} y_1 + \cdots + S_1 y_{k-1}\right] \\ + \left(\frac{-1}{P}\right) P \left[\left(\frac{k}{P}\right) z_0 + \left(\frac{k-1}{P}\right) z_1 + \cdots + \left(\frac{1}{P}\right) z_{k-1}\right] \end{array} \right\}$$

$$2\,k z_k = \left\{ \begin{array}{c} + \left[\left(\frac{k}{P}\right) y_0 + \left(\frac{k-1}{P}\right) y_1 + \cdots + \left(\frac{1}{P}\right) y_{k-1}\right] \\ -\left[S_k z_0 + S_{k-1} z_1 + \cdots + S_1 z_{k-1}\right] \end{array} \right\}$$

wenn man noch berücksichtigt, dass

$$y_0 = 2, \quad z_0 = 0$$

ist.

Beispiel 1: $P = 3$; $\tau = 1$; in diesem Falle müssen alle Coefficienten berechnet werden; da

*) Allgemeiner lautet diese Regel so: ist $m = m'P$ eine beliebige positive ganze Zahl, P das Product aus allen von einander verschiedenen in m aufgehenden Primzahlen, und S_k die Summe der $k$ten Potenzen aller primitiven Wurzeln der Gleichung $x^m = 1$, so ist $S_k = 0$, so oft k nicht durch m' theilbar ist; ist aber $k = m'K$, ferner Q der grösste gemeinschaftliche Divisor von K und $P = QR$, und r die Anzahl der in R aufgehenden Primzahlen, so ist

$$S_k = (-1)^r m' \varphi(Q).$$

$$S_1 = -1, \quad \left(\frac{1}{P}\right) = 1$$

ist, so erhält man

$$2y_1 = -S_1 y_0 = 2, \quad 2z_1 = \left(\frac{1}{P}\right) y_0 = 2,$$

und folglich

$$Y(x) = 2x + 1, \quad Z(x) = 1.$$

Beispiel 2: $P = 5$; $\tau = 2$; da wieder

$$S_1 = -1, \quad \left(\frac{1}{P}\right) = 1$$

ist, so erhält man auch wieder

$$y_1 = 1, \quad z_1 = 1$$

und folglich

$$Y(x) = 2x^2 + x + 2, \quad Z(x) = x.$$

Beispiel 3: $P = 15 = 3.5$; $\tau = 4$; hier ist

$$S_1 = S_2 = 1; \quad \left(\frac{1}{P}\right) = \left(\frac{2}{P}\right) = 1; \quad \left(\frac{-1}{P}\right) = -1;$$

und folglich erhält man successive

$$y_1 = -1, \quad z_1 = 1$$

und

$$y_2 = -4, \quad z_2 = 0;$$

also ist

$$Y(x) = 2x^4 - x^3 - 4x^2 - x + 2, \quad Z(x) = x^3 - x.$$

VIII. Ueber die Pell'sche Gleichung.

§. 141.

Bedeutet D eine positive ganze Zahl, die aber kein vollständiges Quadrat ist, so ist in §. 83 durch die Betrachtung der Perioden von reducirten quadratischen Formen, die zur Determinante D gehören, nachgewiesen, dass die Pell'sche oder Fermat'sche Gleichung

$$t^2 - Du^2 = 1$$

immer unendlich viele Lösungen in ganzen positiven Zahlen t, u besitzt, und es ist dort auch eine Methode gegeben, durch welche alle diese Lösungen gefunden werden können. Es hat durchaus keine Schwierigkeit, den Zusammenhang zwischen allen diesen Lösungen zu finden, sobald nur erst der Hauptpunct bewiesen ist, dass wirklich eine Lösung existirt, in welcher u von Null verschieden ist (§. 85); *Lagrange* gebührt das Verdienst, durch Einführung neuer Principien in die Zahlentheorie diese Schwierigkeit zuerst vollständig überwunden zu haben, und diese Principien sind später von *Dirichlet* *) in hohem Grade verallgemeinert. Wir wollen deshalb hier noch einen Beweis der Lösbarkeit der Pell'schen Gleichung

*) Monatsberichte der Berliner Akademie vom October 1841, April 1842, März 1846; Comptes rendus der Pariser Akademie 1840, T. X, p. 286—288. — Vergl. Supplement XI und *P. Bachmann: De unitatum complexarum theoria.* 1864.

mittheilen, welcher im Wesentlichen auf derselben Grundlage beruht.

Das Fundament dieses Beweises beruht auf der Thatsache, dass immer unendlich viele Paare von ganzen Zahlen x, y existiren, für welche, abgesehen vom Vorzeichen,

$$x^2 - Dy^2 < 1 + 2\sqrt{D}$$

ist; man überzeugt sich hiervon leicht, wenn man aus der Theorie der Kettenbrüche den Satz entlehnt, dass jeder Näherungswerth $x : y$, den man durch Entwicklung einer Grösse ω in einen Kettenbruch erhält, um weniger als y^{-2} von ω verschieden ist; nimmt man also $\omega = \sqrt{D}$, so giebt es, da $\sqrt{D}$ irrational ist, unendlich viele solche Zahlenpaare x, y von der Beschaffenheit, dass, abgesehen vom Vorzeichen,

$$\frac{x}{y} - \sqrt{D} < \frac{1}{y^2}, \quad \text{also} \quad x - y\sqrt{D} = \frac{\delta}{y}$$

ist, wo δ einen positiven oder negativen echten Bruch bedeutet; hieraus folgt

$$x + y\sqrt{D} = \frac{\delta}{y} + 2y\sqrt{D},$$

und durch Multiplication

$$x^2 - Dy^2 = \frac{\delta^2}{y^2} + 2\delta\sqrt{D} < 1 + 2\sqrt{D}.$$

Um aber Nichts aus der Theorie der Kettenbrüche zu entlehnen, wollen wir diesen Satz noch auf einem anderen und zwar ganz einfachen Wege beweisen. Es sei m irgend eine positive ganze Zahl, so legen wir der Zahl y der Reihe nach die $m + 1$ Werthe

$$0, 1, 2 \ldots (m-1), m$$

bei, und bestimmen für jeden dieser Werthe die zugehörige ganze Zahl x durch die Bedingung

$$0 \leqq x - y\sqrt{D} < 1,$$

welche offenbar jedesmal durch eine, und nur durch eine ganze Zahl x erfüllt wird. Theilen wir nun das Intervall von 0 bis 1 in m gleiche Intervalle, welche durch die Werthe

$$\frac{0}{m},\ \frac{1}{m},\ \frac{2}{m}\cdots\frac{m-1}{m},\ \frac{m}{m}$$

begrenzt werden, so muss, da die Anzahl $m+1$ der Zahlenpaare x, y grösser ist als die Anzahl m dieser Intervalle, wenigstens eines dieser Intervalle mehr als einen, also mindestens zwei von den Werthen $x-y\sqrt{D}$ enthalten, die zwei *verschiedenen* Werthen von y entsprechen. Wir bezeichnen diese beiden Werthe mit $x'-y'\sqrt{D}$ und $x''-y''\sqrt{D}$; dann ist, abgesehen vom Vorzeichen, ihr Unterschied

$$(x'-x'')-(y'-y'')\sqrt{D} = x-y\sqrt{D} < \frac{1}{m},$$

und da y', y'' ungleich, nicht negativ und $\leqq m$ sind, so ist (abgesehen vom Vorzeichen) auch $y = y'-y'' \leqq m$ und von Null verschieden; mithin wird $x-y\sqrt{D}$ auch $< y^{-1}$ und von Null verschieden, weil $\sqrt{D}$ irrational ist. Hieraus folgt aber, wie oben, dass

$$x^2-Dy^2 < 1+2\sqrt{D}$$

und von Null verschieden wird.

Dass nun aber auch unendlich viele solche Zahlenpaare x, y existiren, ergiebt sich leicht; sind nämlich schon beliebig viele solche Zahlenpaare x, y gefunden, so kann man immer die ganze Zahl m so gross nehmen, dass m^{-1} kleiner wird als der kleinste der bisher gefundenen Werthe $x-y\sqrt{D}$; für diese Zahl m erhält man aber auf die angegebene Weise wieder ein Zahlenpaar x, y von der Beschaffenheit, dass $x-y\sqrt{D} < m^{-1}$ und folglich auch kleiner als alle früher gefundenen Werthe $x-y\sqrt{D}$ wird, woraus folgt, dass dieses Zahlenpaar x, y von den früheren verschieden ist; mithin ist die Anzahl dieser Zahlenpaare unbegrenzt.

§. 142.

Mit Hülfe dieses Resultates, dass immer unendlich viele Paare von ganzen Zahlen x, y existiren, für welche der absolute Werth von $x^2-Dy^2 < 1+2\sqrt{D}$ und von Null verschieden wird, lässt sich nun leicht beweisen, dass die Gleichung $t^2-Du^2=1$ immer in ganzen Zahlen t, u lösbar ist, und zwar so, dass u von Null verschieden ausfällt.

Da die Anzahl der ganzen Zahlen, welche abgesehen vom Vorzeichen $< 1 + 2\sqrt{D}$ sind, endlich ist, so muss der Ausdruck $x^2 - Dy^2$ für unendlich viele Zahlenpaare x, y einer und derselben (von Null verschiedenen) Zahl k gleich werden; da ferner die Anzahl der verschiedenen Paare von Resten α, β, welche zwei Zahlen x, y (mod. k) lassen können, endlich, nämlich $= k^2$ ist, so leuchtet ebenso ein, dass mindestens ein solches Restsystem α, β unendlich oft auftreten muss, dass also unter den unendlich vielen Zahlenpaaren x, y, für welche $x^2 - Dy^2 = k$ wird, auch wieder unendlich viele Paare x, y sich finden müssen, in welchen $x \equiv \alpha$, $y \equiv \beta$ (mod. k) ist, wo α, β zwei bestimmte Reste bedeuten. Sind nun x', y' und x'', y'' irgend zwei solche Zahlenpaare, d. h. ist gleichzeitig

$$x'^2 - Dy'^2 = x''^2 - Dy''^2 = k$$

und

$$x' \equiv x'', \quad y' \equiv y'' \pmod{k},$$

so kann man

$$(x' - y'\sqrt{D})(x'' + y''\sqrt{D}) = k(t + u\sqrt{D})$$

setzen, wo t, u *ganze* Zahlen bedeuten, die offenbar der Gleichung

$$t^2 - Du^2 = 1$$

genügen; und zwar dürfen wir annehmen, dass u von Null verschieden ist; denn aus $u = 0$, $t = \pm 1$ ergiebt sich vermöge der obigen Gleichung $x' - y'\sqrt{D} = \pm(x'' - y''\sqrt{D})$; da aber unendlich viele solche Zahlenpaare x', y' und x'', y'' existiren, so können wir auch immer zwei solche auswählen, dass x'', y'' verschieden von $\pm x'$, $\pm y'$, und folglich u von Null verschieden ausfällt.

Hiermit ist also in der That bewiesen, dass immer eine Lösung t, u der vorstehenden Pell'schen Gleichung existirt, in welcher u von Null verschieden ist.

Hieraus lässt sich dann (wie in §. 85), ebenfalls ohne Hülfe der Theorie der reducirten Formen, zeigen, dass alle Auflösungen t, u sich aus der Gleichung

$$t + u\sqrt{D} = \pm(T + U\sqrt{D})^n$$

ergeben, wo T, U die kleinsten positiven ganzen Zahlen bedeuten, die der Gleichung genügen, und der Exponent n alle positiven und negativen ganzen Zahlen durchläuft. Nur in der einen Beziehung bleibt diese Theorie der Pell'schen Gleichung unvollständig, dass aus ihr keine directe Methode fliesst, diese kleinste positive Auflösung T, U unmittelbar zu finden. Hierzu und ebenso zur Beurtheilung der Aequivalenz zweier Formen und also auch der Darstellbarkeit einer Zahl durch eine Form bleibt die Theorie der reducirten Formen unentbehrlich.

IX. Ueber die Convergenz und Stetigkeit einiger unendlichen Reihen.

§. 143.

Die von *Abel* *) herrührende Methode der theilweisen Summation, welche in §. 101 bei der Untersuchung der Convergenz und Stetigkeit einer unendlichen Reihe angewendet ist, führt zu dem Beweise des folgenden allgemeinen Satzes, in welchem aus gewissen, von einander unabhängigen Voraussetzungen über zwei Reihen von reellen oder complexen Grössen

$$a_1, a_2, a_3 \ldots \qquad (a)$$

$$b_1, b_2, b_3 \ldots \qquad (b)$$

Schlüsse auf die aus ihnen zusammengesetzte Grössenreihe

$$a_1 b_1, \quad a_2 b_2, \quad a_3 b_3 \ldots$$

gezogen werden.

Wenn bei unbegrenzt wachsendem n der analytische Modulus der Summe

$$A_n = a_1 + a_2 + \cdots + a_n$$

endlich bleibt, wenn ferner die aus den Moduln der Differenzen

$$b_1 - b_2, \quad b_2 - b_3, \quad b_3 - b_4 \ldots$$

gebildete Summe β *endlich ist, und ausserdem* b_n *mit wachsendem n unendlich klein wird, so convergirt die Reihe*

$$\gamma = a_1 b_1 + a_2 b_2 + a_3 b_3 + \cdots;$$

*) *Recherches sur la série etc.*, Œuvres complètes, 1839, T. I, p. 66; Crelle's Journal, Bd. 1, S. 311.

und wenn die Grössen der Reihe (b) sich stetig so ändern, dass auch β sich stetig ändert, so gilt dasselbe von γ.

Denn aus der Annahme, dass der Modulus von A_n stets kleiner als eine angebbare Constante H bleibt, und dass die Summe β einen endlichen Werth besitzt, folgt zunächst die unbedingte Convergenz der Reihe

$$\delta = A_1(b_1 - b_2) + A_2(b_2 - b_3) + A_3(b_3 - b_4) + \cdots,$$

weil selbst die Moduln ihrer Glieder eine convergente Reihe bilden, deren Summe $< H\beta$ ist. Bezeichnet man nun die Summen der ersten n Glieder der Reihen γ, δ resp. mit C_n, D_n, so ist

$$C_n = D_{n-1} + A_n b_n,$$

und da b_n mit wachsendem n unendlich klein wird, so convergirt auch die Reihe γ, und ihr Werth ist gleich dem der Reihe δ.

Es genügt daher, den letzten Theil des Satzes für die Reihe δ nachzuweisen, und dies geschieht in noch etwas erweitertem Umfange auf folgende Weise. Setzt man $\delta = D_n + \delta_n$ und $\beta = B_n + \beta_n$, wo B_n die Summe der ersten n Glieder der Reihe β bedeutet, so ist der Modulus des Restes δ_n offenbar $< H\beta_n$; bezeichnet man ferner mit δ', D'_n, β' . . . diejenigen bestimmten Werthe von δ, D_n, β . . ., welche einem bestimmten Grössensystem (b') entsprechen, so wird, wenn die veränderlichen Grössen b_n des Systems (b) sich den Grössen b'_n des Systems (b') unbegrenzt und zwar der Art annähern, dass β sich dem Werthe β' nähert, auch $\beta_n = \beta - B_n$ sich dem Grenzwerthe β'_n nähern, weil die aus einer endlichen Anzahl von Gliedern bestehende Summe B_n gewiss den Werth B'_n zum Grenzwerth hat. Nun kann man, wie klein auch eine gegebene positive Grösse ε sein mag, immer n so gross wählen, dass $H\beta'_n < \varepsilon$ ist; mithin wird im Verlaufe der Annäherung auch $H\beta_n$, und folglich auch der Modulus des Restes δ_n definitiv $< \varepsilon$ werden, während der andere in δ enthaltene Bestandtheil D_n sich seinem Grenzwerthe D'_n nähert; da aber $\delta - \delta' = (D_n - D'_n) + \delta_n - \delta'_n$ ist, so wird folglich der Modulus der Differenz $\delta - \delta'$ schliesslich unter 2ε herabsinken, also wird δ sich dem Grenzwerthe δ' nähern, was zu beweisen war*).

---

*) Offenbar bleibt δ, also auch γ selbst dann noch stetig, wenn die oben als constant vorausgesetzten Grössen des Systems (a) sich zugleich stetig und so ändern, dass das Maximum H der Moduln von A_n auch während der Aenderung endlich bleibt.

Dem vorstehenden Beweise des obigen Satzes fügen wir noch folgende Bemerkungen hinzu. Die zweite Voraussetzung, dass die Summe β endlich ist, hat für sich allein genommen zur Folge, dass die unendliche Reihe

$$b = b_1 + (b_2 - b_1) + (b_3 - b_2) + (b_4 - b_3) + \cdots$$

ebenfalls convergirt, dass also die Summe b_n ihrer ersten n Glieder mit wachsendem n sich einem bestimmten Grenzwerth b annähert, welcher aber sehr wohl von Null verschieden sein kann. Immerhin ergiebt sich hieraus in Verbindung mit der ersten Voraussetzung über A_n die unbedingte Convergenz der Reihe δ; lässt man aber die dritte Voraussetzung, nach welcher $b = 0$ war, jetzt fallen, so leuchtet ein, dass die Convergenz der Reihe γ, weil $C_n = D_{n-1} + A_n b_n$ ist, nur dann mit Sicherheit gefolgert werden kann, wenn die erste Annahme über A_n dahin verschärft wird, dass die unendliche Reihe

$$\alpha = a_1 + a_2 + a_3 + a_4 + \cdots$$

ebenfalls *convergirt*, und zwar ist dann

$$\gamma = \delta + \alpha b;$$

zugleich ergiebt sich, dass, wenn $\alpha = A_n + \alpha_n$, also $a_n = \alpha_{n-1} - \alpha_n$ gesetzt wird,

$$\gamma = \alpha b_1 + \alpha_1 (b_2 - b_1) + \alpha_2 (b_3 - b_2) + \cdots$$

ist; denn die Summe der ersten n Glieder der Reihe rechter Hand ist $= C_n + \alpha_n b_n$, und mit wachsendem n wird α_n, also auch $\alpha_n b_n$ unendlich klein. Von besonderer Wichtigkeit ist nun die Bemerkung, dass unter den jetzigen Annahmen die Grösse γ sich schon dann *stetig* mit den Grössen des Systems (b) ändert, sobald β im Verlaufe der Aenderung *endlich* bleibt, während δ mit β und b auch *unstetig* werden kann. Ist nämlich eine beliebig kleine positive Grösse ε gegeben, so giebt es einen bestimmten Index ν von der Beschaffenheit, dass für *alle* Werthe von n, welche $\geqq \nu$ sind, der Modulus von $\alpha_n < \varepsilon$ ist*); während daher die Summe der

---

*) Ist das System (a) ebenfalls veränderlich, so verliert der obige Beweis für die Stetigkeit von γ seine Kraft, selbst wenn man voraussetzt, dass α sich stetig mit den Grössen des Systems (a) ändert; denn hieraus folgt noch nicht die Möglichkeit, für jedes gegebene ε einen bestimmten Index ν so zu wählen, dass für alle Werthe $n \geqq \nu$ der Modulus von α_n auch während der Aenderung von (a) stets $< \varepsilon$ bleibt. Dass in der That γ

ersten ν Glieder in dem vorstehenden Ausdruck für γ sich stetig mit den Grössen des Systems (b) ändert, bleibt der Modulus des Restes $< \varepsilon\beta$ und kann folglich, wenn β während der Aenderung endlich, d. h. kleiner als eine angebbare Constante bleibt, durch ε so klein gemacht werden, wie man will; mithin ändert sich γ stetig, was zu beweisen war.

Wir wollen die vorstehenden Principien auf die *Dirichlet'schen Reihen* anwenden; unter dieser Benennung verstehen wir Reihen von folgender Form *)

$$f(s) = \frac{a_1}{k_1^s} + \frac{a_2}{k_2^s} + \frac{a_3}{k_3^s} + \cdots,$$

wo $k_1, k_2, k_3 \ldots$ positive Constanten von der Art bedeuten, dass $k_n \leqq k_{n+1}$ ist, und dass k_n mit n über alle Grenzen wächst; die Constanten $a_1, a_2, a_3 \ldots$ sind beliebige reelle oder complexe Grössen; ebenso kann die Variabele s beliebige reelle oder complexe Werthe annehmen, doch wollen wir uns hier der Einfachheit halber auf *reelle* Werthe s beschränken. Setzen wir, wie oben,

$$A_n = a_1 + a_2 + \cdots + a_n,$$

so ergiebt sich folgender Satz:

---

unstetig werden kann trotz der Stetigkeit von α und der Endlichkeit von β, lehrt die genaue Prüfung des folgenden Beispiels. Es sei $\psi(x)$ eine stetige Function, welche sowohl für unendlich grosse als auch für unendlich kleine Werthe x unendlich klein wird, wie z. B.

$$\psi(x) = \frac{x}{1+x^2};$$

es seien ferner die in den Systemen (a) und (b) enthaltenen Grössen als stetige Functionen einer Variabeln $h \geqq 0$ definirt durch die Gleichungen

$$a_n = \psi(nh) - \psi(nh-h)$$
$$b_n = 1 - nh, \text{ wenn } h \leqq \frac{1}{n}$$
$$b_n = 0, \qquad \text{wenn } h \geqq \frac{1}{n},$$

so nähert sich γ, wenn h unendlich klein wird, nicht dem Werthe Null, welcher dem Werthe $h = 0$ entspricht, sondern dem Werthe

$$\int_0^1 \psi(x)\, dx,$$

obgleich α stetig $= 0$, und β zwar nicht stetig, aber doch endlich bleibt.

*) Sie nehmen die Gestalt von Potenzreihen an, wenn man $s = -\log x$ setzt.

Bleibt A_n endlich bei wachsendem n, so convergirt die Reihe $f(s)$ für alle positiven Werthe s und sie ist nebst ihren sämmtlichen Derivirten stetig; convergirt die Reihe noch für $s = 0$, so ist sie auch an dieser Stelle stetig.

Die Behauptungen, welche sich auf $f(s)$ beziehen, folgen unmittelbar aus der vorhergehenden allgemeinen Untersuchung, wenn man $b_n = k_n^{-s}$ setzt, wodurch $\gamma = f(s)$ wird; in der That wird hierdurch $\beta = k_1^{-s}$ oder $= 0$, je nachdem $s > 0$ oder $= 0$ ist. Die Endlichkeit und Stetigkeit der Derivirten $f'(s)$ ergiebt sich aber durch eine andere Specialisirung; bedeutet s einen festen positiven Werth, und ε eine sehr kleine (positive oder negative) Grösse, so setzen wir

$$b_n = \frac{1}{\varepsilon}\left(\frac{1}{k_n^s} - \frac{1}{k_n^{s+\varepsilon}}\right),$$

wodurch

$$\gamma = \frac{f(s) - f(s+\varepsilon)}{\varepsilon}$$

wird. Wählt man nun ν so gross, dass $s \log k_\nu > 1$, und ε so klein, dass

$$\frac{s}{\varepsilon} \log\left(1 + \frac{\varepsilon}{s}\right) < s \log k_\nu$$

wird, so ist $b_\nu \geqq b_{\nu+1} \geqq b_{\nu+2} \ldots$, weil die Derivirte der Function

$$\frac{1}{\varepsilon}\left(\frac{1}{x^s} - \frac{1}{x^{s+\varepsilon}}\right)$$

für alle Werthe $x \geqq k_\nu$ negativ ist; ausserdem ist $b = 0$, also $\beta_{\nu-1} = b_\nu$. Wird nun ε unendlich klein, so nähert sich b_n dem Grenzwerthe

$$b'_n = \frac{\log k_n}{k_n^s},$$

und da $b'_\nu \geqq b'_{\nu+1} \geqq b'_{\nu+2} \ldots$, ferner $b' = 0$, also $\beta'_{\nu-1} = b'_\nu$ ist, so geht $\beta_{\nu-1}$ stetig in den Grenzwerth $\beta'_{\nu-1}$, und folglich auch β stetig in den Werth β' über. Mithin nähert sich auch γ dem Grenzwerthe γ', d. h. es ist

$$-f'(s) = \frac{a_1 \log k_1}{k_1^s} + \frac{a_2 \log k_2}{k_2^s} + \cdots,$$

und da diese Reihe wieder von derselben Beschaffenheit ist, so ist $f'(s)$ auch eine *stetige* Function der positiven Grösse s. Ganz ähnlich lässt sich der Beweis für die Derivirten höherer Ordnung führen.

§. 144.

Der wahre Charakter des zuletzt bewiesenen Satzes besteht darin, dass aus dem Verhalten einer Dirichlet'schen Reihe $f(s)$ für $s = 0$ ein Schluss auf ihr Verhalten für alle positiven Werthe s gezogen wird (man kann ihn leicht so umformen, dass von dem beliebigen Werthe $s = \sigma$ auf alle Werthe $s > \sigma$ geschlossen wird). Unter diesem Gesichtspuncte erscheint von besonderem Interesse eine Vergleichung dieses Satzes mit dem allgemeinen Princip des §. 118; beachtet man nämlich, dass, wenn die dort mit t bezeichnete Grösse zwischen k_n und $k_{n+1} > k_n$ liegt, die entsprechende Grösse $T = n$ nichts Anderes ist, als die Summe der ersten n Glieder der Reihe

$$\frac{1}{k_1^{1+s}} + \frac{1}{k_2^{1+s}} + \frac{1}{k_3^{1+s}} + \cdots$$

für $s = -1$, so erkennt man, dass dort aus dem Verhalten der Reihe für $s = -1$ ein Schluss auf ihr Verhalten für alle positiven Werthe s, und namentlich auf ihr Verhalten an der Stelle $s = 0$ gezogen wird. Eine genauere, auf die Vereinigung und Verallgemeinerung beider Sätze hinzielende Untersuchung führt zu den nachstehenden Resultaten, in welchen zur Abkürzung

$$S_n = \frac{a_1}{k_1^s} + \frac{a_2}{k_2^s} + \cdots + \frac{a_n}{k_n^s}$$

gesetzt ist, während A_n seine frühere Bedeutung behält.

1. *Bleibt $S_n k_n^s$ für einen bestimmten negativen Werth s endlich bei wachsendem n, so gilt dasselbe für jeden negativen Werth s, und ebenso bleibt $A_n : \log k_n$ endlich.*

2. *Bleibt $A_n : \log k_n$ endlich bei wachsendem n, so convergirt die Reihe $f(s)$ für jeden positiven Werth s.*

3. *Nähern sich $s S_n k_n^s$ und $s S_n k_{n+1}^s$ für einen bestimmten negativen Werth s bei wachsendem n einem gemeinschaftlichen Grenz-*

werthe $-\omega$, *so gilt Dasselbe für jeden negativen Werth* s, *und ebenso nähern sich* $A_n : \log k_n$ *und* $A_n : \log k_{n+1}$ *dem gemeinschaftlichen Grenzwerthe* $+\omega$.

4. *Nähern sich* $A_n : \log k_n$ *und* $A_n : \log k_{n+1}$ *bei wachsendem* n *einem gemeinschaftlichen Grenzwerthe* ω, *so nähert sich* $s f(s)$, *wenn* s *positiv unendlich klein wird, demselben Grenzwerthe* ω.

Offenbar entspringt der Satz des vorigen Paragraphen aus 2., und der Satz des §. 118 aus 3. und 4.; um die Beweise kurz zu führen, bemerken wir, dass, wenn

$$R_n = \frac{a_1}{k_1^r} + \frac{a_2}{k_2^r} + \cdots + \frac{a_n}{k_n^r}$$

gesetzt wird,

$$S_n - R_n k_n^{r-s} = R_1 (k_1^{r-s} - k_2^{r-s}) + \cdots + R_{n-1} (k_{n-1}^{r-s} - k_n^{r-s})$$

ist; zerlegt man die Summe rechter Hand in zwei Bestandtheile, von denen der eine die ersten $(m-1)$ Glieder, der andere die übrigen $(n-m)$ Glieder enthält, und berücksichtigt, dass man allgemein

$$\frac{k_\nu^{r-s} - k_{\nu+1}^{r-s}}{r-s} = \int_{k_{\nu+1}}^{k_\nu} x^{r-s-1}\, dx = h_\nu^r \int_{k_{\nu+1}}^{k_\nu} x^{-s-1}\, dx = h_\nu^r\, \frac{k_{\nu+1}^{-s} - k_\nu^{-s}}{s}$$

setzen kann, wo $k_\nu \leqq h_\nu \leqq k_{\nu+1}$ ist, so erhält man

$$S_n - R_n k_n^{r-s} = \frac{r-s}{s} \left\{ M (k_m^{-s} - k_1^{-s}) + N (k_n^{-s} - k_m^{-s}) \right\},$$

von M und N Mittelwerthe*) aus den Grössen $R_\nu h_\nu^r$ resp. von $\nu = 1$ bis $\nu = m-1$, und von $\nu = m$ bis $\nu = n-1$ bedeuten. Nimmt man nun, wie im *dritten* Satze an, dass es einen (negativen) Werth r giebt, für welchen die Grössen $r R_\nu k_\nu^r$, $r R_\nu k_{\nu+1}^r$, also auch die Grössen $r R_\nu h_\nu^r$ mit wachsendem ν sich einem Grenzwerthe $-\omega$ nähern, und lässt man m mit n, doch so langsam über alle Grenzen wachsen, dass $k_m : k_n$ unendlich klein wird, so nähert sich $r N$ dem Grenzwerthe $-\omega$, während M endlich bleibt, und

*) Unter einem Mittelwerthe aus complexen Grössen z ist jeder complexe Werth ζ von der Beschaffenheit zu verstehen, dass die reellen Bestandtheile von ζ und ζi resp. Mittelwerthe aus den reellen Bestandtheilen der Grössen z und der Grössen $z i$ sind.

folglich wird, wenn s negativ ist, $s S_n k_n^s$ sich ebenfalls dem Grenzwerthe $-\omega$ nähern. Ist aber $s = 0$, so folgt

$$A_n - R_n k_n^r = r\left\{M \log\left(\frac{k_1}{k_m}\right) + N \log\left(\frac{k_m}{k_n}\right)\right\},$$

und wenn man m der Art mit n über alle Grenzen wachsen lässt, dass $\log k_m : \log k_n$ unendlich klein wird, so ergiebt sich, dass $A_n : \log k_n$ sich dem Werthe $+\omega$ nähert. Die Behauptungen über $s S_n k_{n+1}^s$ und $A_n : \log k_{n+1}$ ergeben sich von selbst, weil aus der Annahme hervorgeht, dass, wenn ω von Null verschieden ist, nothwendig $k_n : k_{n+1}$ sich dem Werthe 1 nähert. Zugleich leuchtet ein, dass der Beweis des *ersten* Satzes auf dieselbe Weise geführt werden kann, und zwar viel einfacher, weil es gar keiner Zerlegung der obigen Summe in zwei Bestandtheile bedarf*).

Der Beweis des *zweiten* und *vierten* Satzes lässt sich in ähnlicher Weise führen; setzt man nämlich, wenn s einen *positiven* Werth hat,

$$K_n = \int_{k_n}^{\infty} \frac{s \log x \, dx}{x^{s+1}} = \frac{1 + s \log k_n}{s k_n^s},$$

so ist

$$K_n - K_{n+1} = \int_{k_n}^{k_{n+1}} \frac{s \log x \, dx}{x^{s+1}} = \log h_n (k_n^{-s} - k_{n+1}^{-s});$$

*) Die Sätze 1. und 3. sind aus einem leicht erkennbaren Grunde so gefasst, dass der in der Prämisse auftretende bestimmte Werth s als negativ vorausgesetzt wird, obgleich der obige Beweis, in welchem dieser Werth s mit r bezeichnet ist, auch dann seine Kraft bewahrt, wenn r positiv ist. Diese auf den ersten Blick auffallende Erscheinung hängt damit zusammen, dass den obigen Sätzen eine Reihe von ähnlichen Sätzen entspricht, welche von dem Verschwinden des Restes $S'_n = f(s) - S_n$ für positive Werthe s bei wachsendem n handeln; von diesen Sätzen (die sich wie die obigen Sätze auch auf gewisse Integrale übertragen lassen) wollen wir beispielsweise den folgenden erwähnen: Convergirt die Reihe $f(s)$ für einen bestimmten positiven Werth s, wird also der Rest S'_n mit wachsendem n unendlich klein und zwar in der Art, dass die Producte $s S'_n k_n^s$ und $s S'_n k_{n+1}^s$ sich einem gemeinschaftlichen Grenzwerthe ω nähern, so nähern sich für jeden negativen Werth s die Producte $s S_n k_n^s$ und $s S_n k_{n+1}^s$ dem Grenzwerthe $-\omega$.

nimmt man daher an, dass $A_n : \log k_n$ endlich bleibt, so folgt hieraus leicht*), dass die unendliche Reihe

$$A_1(k_1^{-s} - k_2^{-s}) + A_2(k_2^{-s} - k_3^{-s}) + \cdots$$
$$= \frac{A_1}{\log h_1}(K_1 - K_2) + \frac{A_2}{\log h_2}(K_2 - K_3) + \cdots$$

convergirt, und dass ihre Summe mit $f(s)$ übereinstimmt, womit der zweite Satz bewiesen ist. Bezeichnet man ferner mit M und M' Mittelwerthe aus den Grössen $A_n : \log h_n$ resp. von $n = 1$ bis $n = m - 1$, und von $n = m$ bis $n = \infty$, so kann man

$$f(s) = M(K_1 - K_m) + M' K_m$$

setzen; nimmt man nun (wie im vierten Satze) an, dass die Grössen $A_n : \log k_n$ und $A_n : \log k_{n+1}$ sich einem gemeinschaftlichen Grenzwerthe ω nähern, so gilt Dasselbe von $A_n : \log h_n$; lässt man daher, während s positiv unendlich klein wird, gleichzeitig m über alle Grenzen, doch so langsam wachsen, dass $s \log k_m$ unendlich klein wird, so nähert sich M' dem Grenzwerthe ω, während M endlich bleibt, und da sK_1 und sK_m sich dem gemeinschaftlichen Grenzwerthe 1 nähern, so nähert sich $sf(s)$ dem Grenzwerthe ω, was zu beweisen war.

Nachdem die obigen Sätze bewiesen sind, führen wir einige Beispiele an, hauptsächlich um zu zeigen, dass sie nicht ohne Weiteres umgekehrt werden dürfen.

Beispiel 1. Ist $c > 1$, und $s > 0$, so ist

$$f(s) = \frac{a}{c^s} + \frac{b}{c^{2s}} + \frac{a}{c^{3s}} + \frac{b}{c^{4s}} + \cdots = \frac{ac^s + b}{c^{2s} - 1};$$

für jeden negativen Werth s ist bei wachsendem n

$$\lim S_{2n} c^{2ns} = \frac{ac^s + b}{1 - c^{2s}}, \quad \lim S_{2n+1} c^{(2n+1)s} = \frac{a + bc^s}{1 - c^{2s}},$$

also schwankt $S_n k_n^s$, und nur, wenn $b = a$ ist, wird

$$\lim S_n k_n^s = \frac{a}{1 - c^s};$$

trotzdem ist, auch wenn a und b ungleich sind,

---

*) Offenbar darf man, ohne die Allgemeinheit der Sätze zu beeinträchtigen, bei ihrem Beweise annehmen, dass schon $k_1 > 1$ ist.

$$\lim \frac{A_n}{\log k_n} = \lim \frac{A_n}{\log k_{n+1}} = \frac{a+b}{2 \log c},$$

und wirklich nähert sich $sf(s)$ für unendlich kleine positive Werthe von s demselben Grenzwerth.

Beispiel 2. Ist wieder $c > 1$, und $s > 0$, so ist

$$f(s) = \frac{1}{c^s} - \frac{2}{c^{2s}} + \frac{3}{c^{3s}} - \frac{4}{c^{4s}} + \cdots = \frac{c^s}{(c^s+1)^2};$$

da $A_{2n} = -n$, $A_{2n-1} = +n$ ist, so schwankt $A_n : \log k_n$; dennoch nähert sich $sf(s)$ dem bestimmten Grenzwerth Null, wenn s positiv unendlich klein wird.

Beispiel 3. Von grösserem Interesse ist die folgende Reihe

$$f(s) = e^{-s} + ce^{-sc} + c^2 e^{-sc^2} + c^3 e^{-sc^3} + \cdots,$$

wo c wieder > 1 ist; da $\log k_n = c^{n-1}$, und

$$A_n = 1 + c + c^2 + \cdots + c^{n-1} = \frac{c^n - 1}{c - 1},$$

so ergiebt sich bei wachsendem n

$$\lim \frac{A_n}{\log k_n} = \frac{c}{c-1}, \quad \lim \frac{A_n}{\log k_{n+1}} = \frac{1}{c-1},$$

und es zeigt sich, dass $sf(s)$ für unendlich kleine positive Werthe von s sich keinem Grenzwerthe nähert, sondern hin- und herschwankt. Ist nämlich r ein bestimmter positiver Werth, und lässt man $s = rc^{-\varrho}$ dadurch unendlich klein werden, dass ϱ wachsend alle positiven ganzen Zahlen durchläuft, so nähert sich $sf(s)$ dem bestimmten, aber von r abhängigen Grenzwerth

$$\psi(r) = \Sigma\, r c^n e^{-rc^n},$$

wo n alle ganzen Zahlen von $-\infty$ bis $+\infty$ durchlaufen muss. Offenbar ist $\psi(r)$ eine periodische Function von $\log r$, welche sich in die Fourier'sche Reihe

$$\frac{1}{\log c} \Sigma\, z^n \, \Pi\left(\frac{2n\pi i}{\log c}\right)$$

verwandeln lässt, wo $\log z \log c = -2\pi i \log r$ ist, Π das Euler'sche Integral zweiter Art bedeutet, und n alle ganzen Zahlen von $-\infty$ bis $+\infty$ durchläuft; sie convergirt für jeden complexen

Werth r, dessen reeller Bestandtheil positiv ist; sie ist zugleich der Grenzwerth des Integrals

$$\int_{-\infty}^{+\infty} r\,c^x e^{-rc^x}\,dx \,.\, \frac{\sin(2n+1)\pi x}{\sin \pi x}$$

für unendlich grosse Werthe der positiven ganzen Zahl n. Wird s stetig positiv unendlich klein, so schwankt $sf(s)$ um den mittleren Werth $1:\log c$, welcher auch zwischen den Grenzwerthen von $A_n:\log k_n$ und $A_n:\log k_{n+1}$ liegt.

X. Ueber die Composition der binären quadratischen Formen.

§. 145.

Den Ausgangspunct für unsere Darstellung der von *Gauss* *) gegründeten Theorie der Composition bildet folgendes Lemma;

Ist

$$b\,b \equiv D \;(mod.\; a), \quad b'b' \equiv D \;(mod.\; a'), \tag{1}$$

und haben die drei Zahlen a, a', $b+b'$ *keinen gemeinschaftlichen Theiler, so existirt in Bezug auf den Modulus* $a\,a'$ *eine und nur eine Classe von Zahlen* B, *welche den drei Bedingungen*

$$B \equiv b \;(mod.\; a), \quad B \equiv b' \;(mod.\; a'), \quad BB \equiv D \;(mod.\; a\,a') \tag{2}$$

genügen, und die Zahlen a, a', $2B$ *haben ebenfalls keinen gemeinschaftlichen Theiler.*

Dies leuchtet unmittelbar ein, falls a und a' relative Primzahlen sind (§§. 25, 37); unter der allgemeineren Voraussetzung aber, dass a, a', $b+b'$ keinen gemeinschaftlichen Theiler haben, bestimme man (nach §. 24) drei ganze Zahlen h, h', h'', welche die Bedingung

$$1 = h\,a + h'a' + h''(b+b') \tag{3}$$

befriedigen; dann werden alle durch die Congruenz

$$B \equiv h\,a\,b' + h'a'b + h''(b\,b' + D) \;(\text{mod. } a\,a') \tag{4}$$

bestimmten Zahlen B und nur diese den Forderungen (2) genügen. Da nämlich

*) *D. A.* art. 234 seqq. — Vergl. *Lejeune Dirichlet: De formarum binariarum secundi gradus compositione.* 1851.

$$(B-b)(B-b') = BB - (b+b')B + bb' \quad (5)$$

ist, so folgt zunächst, dass jede die Forderungen (2) erfüllende Zahl B auch den Bedingungen

$$a'B \equiv a'b,\ aB \equiv ab',\ (b+b')B \equiv bb' + D \ (\text{mod. } aa')$$

genügen muss, welche, mit h', h, h'' multiplicirt und addirt, die Congruenz (4) nach sich ziehen. Dass umgekehrt jede durch die Congruenz (4) bestimmte Zahl B die Forderungen (2) erfüllt, ergiebt sich leicht, wenn man aus (3) und (4) der Reihe nach h', h, h'' eliminirt; auf diese Weise erhält man nämlich die Congruenzen

$$\left.\begin{aligned} B-b &\equiv ha(b'-b) + h''(D-bb) \\ B-b' &\equiv h'a'(b-b') + h''(D-b'b') \\ (b+b')B-(bb'+D) &\equiv ha(b'b'-D) + h'a'(bb-D) \end{aligned}\right\} (\text{mod.} aa')$$

aus welchen unter Rücksicht auf (1) und (5) die Congruenzen (2) unmittelbar folgen. Ist ferner δ ein gemeinschaftlicher Theiler von $a, a', 2B$, so folgt aus (2), dass $B \equiv b \equiv b'$ (mod. δ), also $b + b' \equiv 2B \equiv 0$ (mod. δ) ist; mithin ist δ auch ein gemeinschaftlicher Theiler von $a, a', b+b'$ und folglich $= 1$, was zu beweisen war*).

§. 146.

Zwei binäre quadratische Formen (a, b, c), (a', b', c') von gleicher Determinante D sollen *einig***) heissen, wenn die Zahlen a, a',

---

*) Fasst man die Theorie der binären quadratischen Formen nur als einen speciellen Fall der allgemeinen Theorie der ganzen algebraischen Zahlen auf (Supplement XI.), so sprechen manche Gründe dafür, statt der von *Gauss* und *Dirichlet* zu Grunde gelegten Form $ax^2 + 2bxy + cy^2$, in welcher der Coefficient von xy immer eine *gerade* Zahl ist, die allgemeinere Form $ax^2 + bxy + cy^2$ zu adoptiren und unter deren Determinante immer die Grösse $d = bb - 4ac$ zu verstehen. Das obige Lemma ist dann durch das folgende, etwas umfassendere zu ersetzen: Ist $bb \equiv d$ (mod. $4a$), $b'b' \equiv d$ (mod. $4a'$), und haben die drei Zahlen $a, a', \frac{1}{2}(b+b')$ keinen gemeinschaftlichen Theiler, so existirt in Bezug auf den Modulus $2aa'$ eine und nur eine Classe von Zahlen B, welche den drei Bedingungen $B \equiv b$ (mod. $2a$), $B \equiv b'$ (mod. $2a'$), $BB \equiv d$ (mod. $4aa'$) genügen; und die Zahlen a, a', B haben keinen gemeinschaftlichen Theiler.

**) Diese Benennung soll an die *radices concordantes* von *Dirichlet* erinnern.

$b + b'$ keinen gemeinschaftlichen Theiler haben. Da $bb \equiv D$ (mod. a), $b'b' \equiv D$ (mod. a') ist, so folgt aus dem vorhergehenden Lemma unmittelbar die Existenz von unendlich vielen parallelen (nach §. 56 äquivalenten) Formen (aa', B, C) derselben Determinante D, deren mittlere Coëfficienten B den Bedingungen $B \equiv b$ (mod. a), $B \equiv b'$ (mod. a') genügen; jede solche Form (aa', B, C) heisse *zusammengesetzt**) *(composita) aus* (a, b, c) *und* (a', b', c').

Wir bemerken zunächst, dass (nach §. 56) die Formen (a, b, c), (a', b', c') resp. den Formen $(a, B, a'C)$, (a', B, aC) äquivalent sind; diese letzteren sind ebenfalls einig, weil die Zahlen $a, a', 2B$, keinen gemeinschaftlichen Theiler haben (§. 145), und aus ihnen ist ebenfalls die Form (aa', B, C) zusammengesetzt. Bedeuten nun x, y, x', y' variabele Grössen, und setzt man

$$X = xx' - Cyy', \quad Y = (ax + By)\,y' + (a'x' + By')\,y, \tag{1}$$

so wird

$$(ax + (B + \sqrt{D})y)(a'x' + (B + \sqrt{D})y') = aa'X + (B + \sqrt{D})Y; \tag{2}$$

ersetzt man hierin $\sqrt{D}$ durch $-\sqrt{D}$ und multiplicirt die so entstehende Gleichung mit der vorstehenden, so ergiebt sich nach Wegwerfung des beiden Seiten gemeinschaftlichen Factors aa' die Gleichung

$$\begin{aligned}(ax^2 + 2Bxy + a'Cy^2)\,(a'x'^2 + 2Bx'y' + aCy'^2)\\ = aa'X^2 + 2BXY + CY^2,\end{aligned} \tag{3}$$

d. h. *die Form* (aa', B, C) *geht durch die bilineare Substitution* (1) *in das Product aus den beiden Formen* $(a, B, a'C)$, (a', B, aC) *über.*

Auf dem vorstehenden Resultate beruht zugleich der Beweis des folgenden Fundamentalsatzes**):

Sind die beiden einigen Formen (a, b, c), (a', b', c') *resp. äquivalent den beiden einigen Formen* (m, n, l), (m', n', l'), *so ist auch die aus den beiden ersteren zusammengesetzte Form* (aa', B, C) *äquivalent der aus den beiden letzteren zusammengesetzten Form* (mm', N, L).

Aus den Voraussetzungen folgt zunächst, dass die Formen $(a, B, a'C)$, (a', B, aC) resp. den Formen $(m, N, m'L)$, (m', N, mL) äquivalent sind, und hieraus (nach §. 60. Anmerkung) die Existenz

*) Vergl. *Gauss: D. A.* artt. 235, 242, 243, 244.

**) *Gauss: D. A.* art. 239. — *Dirichlet* a. a. O.

von vier ganzen Zahlen x, y, x', y', welche den folgenden Bedingungen genügen

$$ax^2 + 2Bxy + a'Cy^2 = m,\ a'x'^2 + 2Bx'y' + aCy'^2 = m' \quad (4)$$

$$ax + (B+N)y \equiv 0,\ (B-N)x + a'Cy \equiv 0 \pmod{m} \quad (5)$$

$$a'x' + (B+N)y' \equiv 0,\ (B-N)x' + aCy' \equiv 0 \pmod{m'}, \quad (6)$$

und ebenso braucht man, um die Aequivalenz der beiden Formen (aa', B, C), (mm', N, L) darzuthun, nur die Existenz von zwei ganzen Zahlen X, Y nachzuweisen, welche die Forderungen

$$aa'X^2 + 2BXY + CY^2 = mm' \quad (7)$$

$$aa'X + (B+N)Y \equiv 0 \pmod{mm'} \quad (8)$$

$$(B-N)X + CY \equiv 0 \pmod{mm'} \quad (9)$$

befriedigen. Es lässt sich nun leicht zeigen, dass die beiden (offenbar ganzen) Zahlen X, Y, welche nach (1) aus den vier ganzen Zahlen x, y, x', y' gebildet sind, in der That den vorstehenden Bedingungen genügen. Zunächst folgt (7) unmittelbar aus (3) und (4). Da ferner aus jeder Gleichung von der Form

$$(t + u\sqrt{D})(t' + u'\sqrt{D}) = (t'' + u''\sqrt{D})(t''' + u'''\sqrt{D}),$$

wo t, u, t' u. s. w. ganze Zahlen bedeuten, die in Bezug auf die Variabele z identische Gleichung

$$(t+uz)(t'+u'z) = (t''+u''z)(t'''+u'''z) + (uu' - u''u''')(zz - D),$$

und hieraus, da $NN \equiv D \pmod{mm'}$ ist, auch die Congruenz

$$(t + uN)(t' + u'N) \equiv (t'' + u''N)(t''' + u'''N) \pmod{mm'}$$

hervorgeht, so folgt (8) unmittelbar aus (2) unter Berücksichtigung von (5) und (6). Dieselbe Gleichung (2) lässt sich endlich durch Multiplication mit $B - \sqrt{D}$, oder mit C, und durch Division mit a oder mit a' auf die folgenden vier Formen bringen

$$((B-\sqrt{D})x + a'Cy)(a'x' + (B+\sqrt{D})y') = a'U$$

$$(ax + (B+\sqrt{D})y)((B-\sqrt{D})x' + aCy') = aU$$

$$((B-\sqrt{D})x + a'Cy)((B-\sqrt{D})x' + aCy') = (B-\sqrt{D})U$$

$$C(ax + (B+\sqrt{D})y)(a'x' + (B+\sqrt{D})y') = (B+\sqrt{D})U,$$

wo zur Abkürzung

$$(B-\sqrt{D})X + CY = U$$

gesetzt ist; ersetzt man überall $\sqrt{D}$ durch N, so gehen nach dem oben angeführten Princip diese Gleichungen wieder in Congruenzen nach dem Modulus mm' über; bezeichnet man den aus U hervorgehenden Ausdruck, d. h. die linke Seite der zu beweisenden Congruenz (9), mit V, so ergiebt sich unter Berücksichtigung von (5) und (6), dass die Producte $a'V$, aV, $(B-N)V$, $(B+N)V$, mithin auch $2BV$ durch mm' theilbar sind; da aber die Factoren a, a', $2B$ keinen gemeinschaftlichen Theiler haben, so muss der andere Factor V für sich allein durch mm' theilbar sein, also die Congruenz (9) wirklich Statt finden.

Mithin genügen die beiden ganzen Zahlen X, Y den Bedingungen (7), (8), (9), und hieraus folgt (nach §. 60. Anmerkung) die Aequivalenz der Formen (aa', B, C), (mm', N, L); was zu beweisen war.

§. 147.

Um den Charakter des eben bewiesenen Fundamentalsatzes in das rechte Licht zu setzen, bemerken wir zunächst Folgendes: *Sind* (a, b, c), (a', b', c') *zwei einige Formen, so sind ihre Theiler* σ, σ' (§. 61) *relative Primzahlen, und* $\sigma\sigma'$ *ist der Theiler der aus ihnen zusammengesetzten Form* (aa', B, C). Denn da die Formen (a, b, c), (a', b', c') resp. den Formen $(a, B, a'C)$, (a', B, aC) äquivalent sind, so ist (nach §. 61) σ der grösste gemeinschaftliche Divisor von a, $2B$, $a'C$, und σ' ist der grösste gemeinschaftliche Divisor von a', $2B$, aC; da nun a, a', $2B$ keinen gemeinschaftlichen Divisor haben, so muss die in a und $2B$ aufgehende Zahl σ relative Primzahl zu a' (und also auch zu der in a' aufgehenden Zahl σ') sein; und da σ in $a'C$ aufgeht, so muss σ auch in C aufgehen; ebenso muss σ' relative Primzahl zu a sein und folglich auch in C aufgehen. Da ferner schon gezeigt ist, dass σ und σ' relative Primzahlen sind, und da beide sowohl in $2B$, als auch in C aufgehen, so ist $\sigma\sigma'$ offenbar gemeinschaftlicher Divisor der drei Zahlen aa', $2B$, C. Wollte man nun annehmen, $\sigma\sigma'$ wäre nicht ihr grösster gemeinschaftlicher Divisor, sondern sie liessen sich nach der Division mit $\sigma\sigma'$ noch durch eine Primzahl p theilen, so müsste p wenigstens in einer der beiden Zahlen $a:\sigma$ oder $a':\sigma'$ aufgehen; gesetzt aber, p ginge in $a:\sigma$ auf, so hätten die drei Zahlen a, $2B$, $a'C$ den gemeinschaftlichen Divisor $p\sigma$, während doch σ ihr grösster gemeinschaftlicher Divisor ist. Ebenso wenig kann p in $a':\sigma'$ aufgehen, und folglich ist $\sigma\sigma'$ der grösste gemeinschaftliche Divisor der Zahlen $a a'$, $2B$, C, d. h. $\sigma\sigma'$ ist der Theiler der Form $(a a', B, C)$, was zu beweisen war.

Umgekehrt: *hat man zwei Formenclassen K, K' von gleicher Determinante D, deren Theiler σ, σ' relative Primzahlen sind, so kann man stets zwei einige Formen* (a, b, c), (a', b', c') *resp. aus den Classen K, K' auswählen.* Denn man kann (nach §. 93) den Repräsentanten (a, b, c) der Classe K zunächst so wählen, dass a relative Primzahl zu σ' wird, worauf der Repräsentant (a', b', c') der Classe K' so gewählt werden kann, dass a' relative Primzahl zu a wird; dann sind aber (a, b, c), (a', b', c') gewiss zwei einige Formen. Zwei solche *Classen K, K'* sollen daher ebenfalls *einig* heissen. Wie nun auch zwei einige Formen aus den Classen K, K' ausgewählt sein mögen, so wird zufolge des bewiesenen Fundamentalsatzes die aus ihnen zusammengesetzte Form stets einer und derselben Formenclasse L von derselben Determinante D angehören, deren Theiler nach dem Obigen $= \sigma\sigma'$ ist. Wir werden daher sagen, dass diese *Classe L aus den beiden einigen Classen K, K' zusammengesetzt* ist, und werden dies durch die symbolische Gleichung*)

$$L = KK' = K'K$$

ausdrücken.

Sind ferner je zwei der drei Classen K, K', K'' einig, so lassen sie sich successive zu einer Classe zusammensetzen, und zwar wird diese resultirende Classe von der Anordnung der beiden successiven Compositionen völlig unabhängig sein**); d. h. symbolisch ausgedrückt, es wird

$$(KK')K'' = (KK'')K' = (K'K'')K$$

sein. Man kann nämlich die Repräsentanten (a, b, c), (a', b', c'), (a'', b'', c'') der drei Classen K, K', K'' (nach §. 93) so wählen, dass a, a', a'' relative Primzahlen sind; bestimmt man nun (nach §. 25) B durch die Congruenzen

$$B \equiv b \pmod{a}, \; B \equiv b' \pmod{a'}, \; B \equiv b'' \pmod{a''},$$

so wird von selbst $BB \equiv D \pmod{a a' a''}$, also $D = BB - a a' a'' C$, wo C eine ganze Zahl bedeutet. Dann enthält

---

*) *Gauss* bezeichnet die aus K und K' zusammengesetzte Classe mit $K + K'$ (*D. A.* art. 249).

**) *Gauss: D. A.* artt. 240, 241.

die Classe	K	die Form	$(a, B, a'a''C)$
„ „	K'	„ „	$(a', B, a a''C)$
„ „	K''	„ „	$(a'', B, a a'C)$
„ „	KK'	„ „	$(a a', B, a''C)$
„ „	KK''	„ „	$(a a'', B, a'C)$
„ „	$K'K''$	„ „	$(a'a'', B, a C)$

und jede der Classen $(KK')K''$, $(KK'')K'$, $(K'K'')K$ enthält folglich dieselbe Form $(a a' a'', B, C)$; mithin sind diese drei Classen identisch. Diese eine Classe kann daher einfach durch das Symbol $KK'K''$ bezeichnet werden, wobei die Stellung der drei Symbole K, K', K'' gleichgültig ist.

Wendet man nun dieselbe Schlussfolgerung an, wie in §. 2, so ergiebt sich, dass auch für jede grössere Anzahl von Classen $K, K' \ldots$ die durch ihre successive Composition entstehende Classe völlig bestimmt, und von der Anordnung der Composition gänzlich unabhängig ist. Erforderlich bleibt aber die Bedingung, dass diese Classen $K, K' \ldots$ zu derselben Determinante gehören, und dass ihre Theiler $\sigma, \sigma' \ldots$ relative Primzahlen sind, weil nur dann die Composition in der oben angegebenen Art ausgeführt werden kann; für unsere Zwecke reicht aber dieser specielle Fall der allgemeineren Theorie der Composition völlig aus.

§. 148.

Wir betrachten zunächst einige besonders wichtige specielle Fälle der Classencomposition*).

1. Die Hauptform $(1, 0, -D)$ ist offenbar einig mit jeder Form (a, b, c) derselben Determinante, und die Composition beider Formen giebt als Resultat dieselbe Form (a, b, c), also: *Durch Composition irgend einer Classe K mit der Hauptclasse entsteht immer die Classe K.* Bezeichnet man daher die Hauptclasse durch das Symbol 1, so ist immer $1K = K$, wo K eine beliebige Classe bedeutet.

2. Ist (a, b, c) eine ursprüngliche Form der ersten Art, so ist sie einig mit der Form (c, b, a), und aus beiden ist die Form $(ac, b, 1)$ zusammengesetzt. Da nun (c, b, a) mit $(a, -b, c)$, und ebenso

*) *Gauss: D. A.* artt. 243, 250.

$(ac, b, 1)$ mit $(1, -b, ac)$ und folglich auch mit der Hauptform $(1, 0, -D)$ äquivalent ist (§. 56), so kann man dies Resultat kurz so aussprechen: *Die Composition von zwei entgegengesetzten ursprünglichen Classen der ersten Art H, H' giebt stets die Hauptclasse $HH' = 1$.*

Hieraus ziehen wir eine wichtige Folgerung, von welcher sehr häufig Gebrauch gemacht wird: *Bedeutet H eine ursprüngliche Classe erster Art, so folgt aus $HK = HL$ auch stets $K = L$.* Ist nämlich H' der Classe H entgegengesetzt, also $HH' = 1$, so folgt aus $HK = HL$ zunächst $(HK)H' = (HL)H'$, und hieraus $(HH')K = (HH')L$, also $K = L$.

3. Ist K eine Classe vom Theiler σ, so kann man (nach §. 93) ihren Repräsentanten $(a\sigma, b, c)$ so wählen, dass a relative Primzahl zu σ ist; dann ist diese Form offenbar zusammengesetzt aus den beiden einigen Formen $(a, b, c\sigma)$ und (σ, b, ac), deren letztere den Theiler σ hat und der einfachsten Classe dieses Theilers angehört (§. 61), woraus von selbst folgt, dass die erstere Form eine ursprüngliche Form der ersten Art sein muss, was sich auch leicht direct nachweisen liesse. Wir haben daher das Resultat: *Ist S die einfachste, und K irgend eine Classe vom Theiler σ, so giebt es immer mindestens eine ursprüngliche Classe erster Art H von der Beschaffenheit, dass $SH = K$ ist.*

Man überzeugt sich leicht mit Hülfe von 2., dass der Satz 3. auch dann noch gilt, wenn S und K irgend welche Classen desselben Theilers bedeuten; ebenso leuchtet ein, dass aus den einfachsten Classen der Theiler σ, σ' stets die einfachste Classe des Theilers $\sigma\sigma'$ zusammengesetzt ist, natürlich unter der Voraussetzung, dass σ und σ' relative Primzahlen sind. Wir verweilen aber nicht länger bei diesen und anderen ebenso leicht zu beweisenden Sätzen, weil sie für die nachfolgenden Untersuchungen völlig entbehrlich sind.

§. 149.

In diesem Paragraphen wollen wir uns auf die Betrachtung aller zu einer bestimmten Determinante D gehörenden *ursprünglichen Classen erster Art* $(\sigma = 1)$ beschränken; das System dieser Classen wollen wir mit $\mathfrak{H}$, ihre (nach §§. 67, 77 endliche) Anzahl mit h bezeichnen. Je zwei solche Classen sind einig, und durch ihre Composition erhält man immer wieder eine Classe desselben Systems $\mathfrak{H}$. Dies gilt auch dann, wenn die beiden Classen identisch sind, und die durch Composition einer Classe A mit sich selbst, oder kürzer, die durch *Duplication**) der Classe A entstehende Classe AA soll mit A^2 bezeichnet werden; ähnlich ist die allgemeine Bezeichnung A^m zu verstehen, wo m irgend eine positive ganze Zahl bedeutet. Durch Anwendung derselben Schlüsse, wie in §. 28, findet man nun leicht, dass immer ein kleinster positiver Exponent δ existirt, welcher der Bedingung $A^\delta = 1$ genügt; dann sind die Classen

$$1, A, A^2 \ldots A^{\delta-1},$$

welche die sogenannte *Periode***) der Classe A bilden, von einander verschieden, und wir wollen sagen, die Classe A *gehöre* zum Exponenten δ; aus $A^r = A^s$ folgt $r \equiv s \pmod{\delta}$, und umgekehrt; verallgemeinert man hiernach die Bezeichnung A^m, indem man sie auch auf negative Exponenten m (und auf $m = 0$) ausdehnt, so ist z. B. $A^{-1} = A^{\delta-1}$ das Symbol für die Classe, welche der Classe A entgegengesetzt ist (§. 148, 2.).

Eine solche Classenperiode bildet nur einen speciellen Fall des folgenden neuen Begriffs, welcher von der höchsten Wichtigkeit für die Gesetze der Composition ist: Ein System $\mathfrak{A}$ von ursprünglichen Classen der ersten Art soll eine *Gruppe****) heissen, wenn die Composition von je zwei Classen des Systems $\mathfrak{A}$ immer wieder eine Classe desselben Systems liefert; die Anzahl a der in $\mathfrak{A}$ enthaltenen verschiedenen Classen heisse der *Grad* dieser Gruppe $\mathfrak{A}$. Offenbar bildet das System $\mathfrak{H}$ selbst eine Gruppe vom Grade h.

Aus dieser Erklärung folgt sofort, dass, wenn die Classe A in einer Gruppe $\mathfrak{A}$ enthalten ist, auch die ganze Periode der Classe A, also auch die entgegengesetzte Classe A^{-1} und die Hauptclasse sich in $\mathfrak{A}$ vorfindet. Setzt man ferner jede in der Gruppe $\mathfrak{A}$ enthaltene Classe $A_1, A_2 \ldots A_a$ mit einer ursprünglichen Classe erster Art B zusammen, so sind die entstehenden Classen $A_1 B$, $A_2 B \ldots A_a B$ von einander verschieden (§. 148, 2.) und bilden einen Complex, den wir kurz durch $\mathfrak{A}B$ bezeichnen können; zwei so

---

*) *Gauss: D. A.* art. 249.

**) *Gauss: D. A.* art. 306. II.

***) Vergl. *Galois: Sur les conditions de résolubilité des équations par radicaux* (Liouville's Journal, Bd. XI. 1846).

gebildete Complexe $\mathfrak{A}B$ und $\mathfrak{A}B'$ sind nun entweder vollständig identisch (was wieder durch das Zeichen $=$ angedeutet werden soll), oder sie haben keine einzige gemeinschaftliche Classe; denn wenn sie eine gemeinschaftliche Classe $AB = A'B'$ haben, wo A und A' in $\mathfrak{A}$ enthalten sind, so folgt $B = A^{-1}A'B' = A''B'$, wo $A'' = A^{-1}A'$ eine ebenfalls in $\mathfrak{A}$ enthaltene Classe bedeutet, und hieraus $\mathfrak{A}B = \mathfrak{A}A''B' = \mathfrak{A}B'$, weil offenbar der Complex $\mathfrak{A}A''$ mit $\mathfrak{A}$ selbst identisch ist.

Stützt man sich auf diese fundamentale Eigenschaft einer Gruppe und wendet dieselbe Schlussfolgerung an, wie in §. 127, so ergiebt sich unmittelbar folgender Satz:

Sind alle a Classen einer Gruppe $\mathfrak{A}$ zugleich in einer Gruppe $\mathfrak{M}$ vom Grade m enthalten, so ist a ein Divisor von $m = \mu a$, und die Gruppe $\mathfrak{M}$ besteht aus μ Complexen von der Form $\mathfrak{A}M$; die Gruppe $\mathfrak{A}$ soll daher auch ein *Divisor* der Gruppe $\mathfrak{M}$, letztere ein *Multiplum* der ersteren heissen.

Hiernach ist jede Gruppe $\mathfrak{A}$ ein Divisor der Gruppe $\mathfrak{H}$, ihr Grad a ein Divisor von h; da nun die Periode einer Classe A, welche zum Exponenten δ gehört, eine Gruppe vom Grade δ bildet, so ist δ ein Divisor von h, und folglich genügt jede Classe A der Bedingung $A^h = 1$.

Sind ferner $\mathfrak{A}$ und $\mathfrak{B}$ zwei beliebige Gruppen, so bildet das System $\mathfrak{D}$ aller in $\mathfrak{A}$ und $\mathfrak{B}$ gemeinschaftlich enthaltenen Classen ebenfalls eine Gruppe, welche der grösste gemeinschaftliche Divisor von $\mathfrak{A}$ und $\mathfrak{B}$ heissen mag; sind a, b, d die Grade dieser drei Gruppen, so ist d ein gemeinschaftlicher Divisor von $a = \alpha d$ und $b = \beta d$; besteht ferner die Gruppe $\mathfrak{B}$ aus den β Complexen $\mathfrak{D}B_1$, $\mathfrak{D}B_2 \ldots \mathfrak{D}B_\beta$, so bilden, wie man leicht erkennt, auch die β Complexe $\mathfrak{A}B_1$, $\mathfrak{A}B_2 \ldots \mathfrak{A}B_\beta$ eine Gruppe $\mathfrak{M}$ vom Grade $m = a\beta = b\alpha = ab : d$, und zwar ist diese Gruppe $\mathfrak{M}$ das kleinste gemeinschaftliche Multiplum der beiden Gruppen $\mathfrak{A}$ und $\mathfrak{B}$ *).

Die am leichtesten zu überblickenden Gruppen sind die oben erwähnten Perioden; jede solche Gruppe, deren Classen durch wiederholte Composition aus einer einzigen Classe entstehen, wollen wir eine *reguläre* Gruppe nennen; jede *irreguläre* Gruppe lässt sich als das kleinste Multiplum von gewissen regulären Gruppen

*) Bei solchen Compositionen, wo die Symbole AB und BA *verschiedene* Bedeutungen haben (vergl. z. B. §. 55), verliert der obige Satz über $\mathfrak{M}$ seine allgemeine Gültigkeit.

darstellen, von denen je zwei nur die Hauptclasse gemeinschaftlich haben. Auf diese Darstellung und die damit zusammenhängenden Sätze von *Gauss* *), deren Beweis leicht auf das Vorhergehende gegründet werden kann, wollen wir aber hier nicht mehr eingehen.

§. 150.

Eine der hauptsächlichsten Anwendungen, welche *Gauss* von der Theorie der Composition gemacht hat, besteht in der Bestimmung des *Verhältnisses* zwischen der Anzahl h' der Classen vom Theiler σ und der Anzahl h der ursprünglichen Classen erster Art**); offenbar ist dies dieselbe Aufgabe, deren Lösung nach Dirichlet'schen Principien schon oben (§§. 97, 99, 100) mitgetheilt ist.

Bedeutet S die einfachste, und K irgend eine Classe vom Theiler σ, so existirt (nach §. 148, 3.) *mindestens eine* ursprüngliche Classe erster Art H, welche mit S componirt die Classe K hervorbringt; durch Composition von S mit allen h Classen H müssen also jedenfalls alle Classen K vom Theiler σ, jede mindestens einmal erzeugt werden. Es seien nun $R_1, R_2 \ldots R_r$ die sämmtlichen r von einander verschiedenen ursprünglichen Classen erster Art, welche mit S componirt die Classe S selbst hervorbringen; da aus $SR = S$ und $SR' = S$ auch $S(RR') = S$ folgt, so bilden diese r Classen eine Gruppe $\mathfrak{R}$ vom Grade r; und da das System aller h ursprünglichen Classen erster Art ebenfalls eine Gruppe $\mathfrak{H}$ bildet, welche ein Multiplum der Gruppe $\mathfrak{R}$ ist (§. 149), so ist $h = rk$, und die Gruppe $\mathfrak{H}$ zerfällt in k Complexe von der Form $\mathfrak{R}H$; alle r Classen eines solchen Complexes $\mathfrak{R}H$ geben, mit S componirt, eine und dieselbe Classe SH vom Theiler σ; und umgekehrt, wenn $SH' = SH$ ist, so folgt $SH'H^{-1} = S$, also ist $H'H^{-1} = R$ in $\mathfrak{R}$, mithin $H' = RH$ in dem Complex $\mathfrak{R}H$ enthalten. Die Anzahl h' der verschiedenen Classen vom Theiler σ ist daher $= k$, und wir sind also zu folgendem Resultate gelangt:

---

*) *D. A.* artt. 305—307; ferner *Démonstration de quelques théorèmes concernants les périodes des classes des formes binaires du second degré* (Gauss Werke, Bd. II. p. 266. 1863). — Vergl. *Schering: Die Fundamental-Classen der zusammensetzbaren arithmetischen Formen.* Göttingen 1869. — *Kronecker: Auseinandersetzung einiger Eigenschaften der Classenanzahl idealer complexer Zahlen.* §. 1. (Monatsber. d. Berliner Ak. 1. Dec. 1870).

**) *D. A.* artt. 253—256.

Die Anzahl h der ursprünglichen Classen der ersten Art ist theilbar durch die Anzahl h' der Classen vom Theiler σ; *diejenigen r ursprünglichen Classen erster Art, welche mit der einfachsten Classe vom Theiler* σ *zusammengesetzt diese letztere wieder erzeugen, bilden eine Gruppe* $\mathfrak{R}$, *und es ist* $h = rh'$.

Dies Resultat behält offenbar seine Gültigkeit für eine negative Determinante auch dann, wenn nicht alle, sondern nur die sogenannten positiven Classen gezählt werden (§. 64).

Es kommt jetzt offenbar nur noch darauf an, den Grad r der Gruppe $\mathfrak{R}$ zu bestimmen, und zu diesem Zwecke stellt *Gauss* folgenden schönen Satz auf:

Die Gruppe $\mathfrak{R}$ *besteht aus denjenigen r Classen R, durch deren Formen das Quadrat des Theilers* σ *eigentlich oder uneigentlich dargestellt werden kann.*

Um denselben zu beweisen, bemerken wir zunächst, dass man als Repräsentanten einer *jeden* ursprünglichen Classe H der ersten Art stets eine Form $(a, B, C\sigma)$ annehmen kann, in welcher a relative Primzahl zu σ ist, $2B$ und C aber durch σ theilbar sind; hat man nämlich (nach §. 93) als Repräsentanten zunächst eine Form (a, b, c) gewählt, in welcher a relative Primzahl zu σ ist, und componirt man dieselbe mit einer Form (σ, b', c') aus der einfachsten Classe S vom Theiler σ, so erhält man (§§. 146, 147) eine Form $(a\sigma, B, C)$ vom Theiler σ, und zwar so, dass die Formen (a, b, c), $(\sigma, b' c')$ resp. den Formen $(a, B, C\sigma)$, (σ, B, aC) äquivalent sind; es kann daher die Form $(a, B, C\sigma)$, deren Coefficienten offenbar die oben angegebenen Eigenschaften besitzen, statt (a, b, c) als Repräsentant der Classe H gewählt werden.

Ist nun $SH = S$, also H eine der r Classen aus der Gruppe $\mathfrak{R}$, so ist $(a\sigma, B, C)$ äquivalent mit (σ, B, aC), und folglich existiren zwei ganze Zahlen x, y, welche der Bedingung

$$a\sigma x^2 + 2Bxy + Cy^2 = \sigma$$

genügen; hieraus folgt aber

$$a(\sigma x)^2 + 2B(\sigma x)y + C\sigma y^2 = \sigma^2,$$

d. h. σ^2 wird durch die Form $(a, B, C\sigma)$ der Classe H dargestellt, wenn den Variabeln die Werthe σx, y beigelegt werden.

Umgekehrt, ist σ^2 durch die Formen der Classe H, also auch durch die Form $(a, B, C\sigma)$ darstellbar, so existiren zwei ganze Zahlen z, y, welche der Bedingung

$$a z^2 + 2 B z y + C \sigma y^2 = \sigma^2$$

genügen. Zunächst ergiebt sich hieraus, dass z durch σ theilbar sein muss; bezeichnet man nämlich mit δ den grössten gemeinschaftlichen Theiler der beiden Zahlen $z = \delta x$ und $\sigma = \delta \varrho$, so lässt sich die vorstehende Gleichung, weil die Zahlen $2B$ und C durch σ theilbar sind, durch δ^2 dividiren, und man erhält

$$a x^2 + \frac{2B}{\sigma} \varrho x y + \frac{C}{\sigma} \varrho^2 y^2 = \varrho^2,$$

also ist $a x^2$ theilbar durch ϱ; da aber ϱ (als Divisor von σ) relative Primzahl zu a und (zufolge der Definition von δ) auch zu x ist, so muss $\varrho = 1$, also $\delta = \sigma$, und $z = \sigma x$ sein. Zugleich ergiebt sich aus der vorstehenden Gleichung, dass x, y relative Primzahlen sind; mithin ist die Zahl

$$\sigma = a \sigma x^2 + 2 B x y + C y^2$$

eigentlich darstellbar durch die Form $(a\sigma, B, C)$ vom Theiler σ, welche folglich (§. 60) einer Form (σ, b', c') äquivalent sein muss, deren erster Coefficient $= \sigma$ ist, und deshalb der einfachsten Classe S vom Theiler σ angehört. Da nun $(a\sigma, B, C)$ auch der Classe SH angehört, so ist $SH = S$, d. h. H ist eine Classe aus der Gruppe $\mathfrak{R}$, was zu beweisen war.

Durch den hiermit bewiesenen obigen Satz sind wir nun in den Stand gesetzt, den Grad r der Gruppe $\mathfrak{R}$ genau zu bestimmen. Ist R eine Classe aus dieser Gruppe, und wird σ^2 durch ihre Formen so dargestellt, dass die beiden darstellenden Zahlen (x, y) den grössten gemeinschaftlichen Theiler δ haben, so geht δ^2 in σ^2, folglich δ in $\sigma = \delta \varrho$ auf; mithin ist (nach §. 60) ϱ^2 eigentlich darstellbar durch die Formen der Classe R, und folglich kann man (nach §. 60) als Repräsentanten von R eine Form wählen, deren erster Coefficient $= \varrho^2$ ist. Da umgekehrt durch jede solche Form auch σ^2 dargestellt wird, wenn den Variabelen die Werthe $x = \delta$, $y = 0$ ertheilt werden, so gehört sie, wenn sie zugleich ursprünglich von der ersten Art ist, einer Classe R aus der Gruppe $\mathfrak{R}$ an. Wir haben mithin folgenden Satz erhalten:

Der Grad r der Gruppe $\mathfrak{R}$ ist gleich der Anzahl aller nicht äquivalenten ursprünglichen Formen der ersten Art, deren erster Coefficient eine in σ^2 aufgehende Quadratzahl ϱ^2 ist.

Wir bemerken schliesslich, dass für jede solche Zahl ϱ^2 (zufolge §. 56) nur alle diejenigen Formen zu untersuchen sind, deren mittlere Coefficienten nach dem Modulus ϱ^2 incongruent sind.

§. 151.

Nachdem im Vorhergehenden der Weg allgemein vorgezeichnet ist, auf welchem man zur Bestimmung des Verhältnisses der Classenanzahlen h und h' gelangt, schreiten wir zur Betrachtung der speciellen Fälle, in welchen σ eine *Primzahl* ist, weil aus ihnen das allgemeine Resultat abgeleitet werden kann.

I. Ist die Determinante $D = 1 - 4n \equiv 1 \pmod{4}$, und $\sigma = 2$, so handelt es sich um die Vergleichung der Classenanzahlen der ursprünglichen Formen der ersten und zweiten Art. Bezeichnet man dieselben wieder mit h und h', so ist $h = rh'$, wo r die Anzahl der nicht äquivalenten ursprünglichen Formen erster Art bedeutet, deren erster Coefficient $= 1$ oder $= 4$ ist. Da im zweiten Fall der mittlere Coefficient ungerade sein muss, so sind nur die drei Formen

$$(1, 0, -D), (4, \pm 1, n)$$

in Betracht zu ziehen.

Ist $D \equiv 1 \pmod{8}$, also n gerade, so ist nur die erste dieser Formen ursprünglich von der ersten Art, folglich $r = 1$, und $h = h'$.

Ist aber $D \equiv 5 \pmod{8}$, also n ungerade, so sind alle drei Formen ursprünglich von der ersten Art, und es braucht nur noch untersucht zu werden, ob sie verschiedenen Classen angehören oder nicht. Zunächst lässt sich beweisen, dass sie entweder zu einer und derselben, oder zu drei verschiedenen Classen gehören. *Gauss* zeigt dies durch die Composition der ihnen entsprechenden Classen $1, P, Q$; da die Classen P, Q entgegengesetzt sind, so ist $PQ = 1$, und ferner lässt sich leicht zeigen, dass $PP = Q$ und $QQ = P$ ist (denn aus den beiden einigen, in P enthaltenen Formen $(4, 1, n)$, $(n, -1, 4)$ ist die Form $(4n, 2n - 1, n)$ zusammengesetzt, und da diese mit $(n, 1 - 2n, 4n)$, $(n, 1, 4)$, $(4, -1, n)$ äquivalent ist, so folgt $PP = Q$); nimmt man nun an, dass zwei der drei Classen $1, P, Q$ identisch sind, so ergiebt sich hieraus sofort, dass auch die dritte mit ihnen übereinstimmt. Dasselbe lässt sich auch durch die folgenden Sätze erweisen.

Sind irgend zwei der drei Formen $(1, 0, -D)$, $(4, \pm 1, n)$ *äquivalent, so ist die Gleichung* $t^2 - Du^2 = 4$ *durch ungerade Zahlen* t, u *lösbar.*

Ist nämlich die erste Form mit einer der beiden anderen äquivalent, so ist (nach §. 60) der erste Coefficient 4 dieser letzteren eigentlich darstellbar durch die Form $(1, 0, -D)$, also giebt es zwei relative Primzahlen t, u, welche der Gleichung $t^2 - Du^2 = 4$ genügen, woraus folgt, dass t, u, da sie nicht beide gerade sein können, nothwendig beide ungerade sein müssen. Sind ferner die beiden letzten Formen äquivalent, so giebt es (nach §. 60 Anm.) zwei ganze Zahlen x, y, welche den Bedingungen

$$4x^2 + 2xy + ny^2 = 4, \quad 2x + ny \equiv 0 \pmod{4}$$

genügen; da n ungerade ist, so muss y gerade sein $= 2u$; setzt man dann $2x + u = t$, so gehen diese Bedingungen in die folgenden über

$$t^2 - Du^2 = 4,\ t \equiv -u \pmod{4};$$

da aus der letzteren $t^2 \equiv u^2 \pmod{8}$ folgt, und ausserdem $-D \equiv 3 \pmod{8}$ ist, so folgt aus der ersteren $4u^2 \equiv 4 \pmod{8}$, mithin ist u, also auch t ungerade, was zu beweisen war.

Ist die Gleichung $t^2 - Du^2 = 4$ *durch ungerade Zahlen* t, u *lösbar, so sind alle drei Formen* $(1, 0, -D)$, $(4, \pm 1, n)$ *äquivalent.*

Denn wenn man t mit beliebigem Vorzeichen, dann aber $u \equiv -t \pmod{4}$ wählt, so geht die Form $(1, 0, -D)$ durch die Substitutionen

$$\begin{pmatrix} t, & \pm\dfrac{t + Du}{4} \\ \pm u, & \dfrac{t+u}{4} \end{pmatrix}$$

in die beiden Formen $(4, \pm 1, n)$ über. — Durch Verbindung der beiden vorstehenden Sätze ergiebt sich:

Die drei obigen Formen sind äquivalent oder gehören drei verschiedenen Classen an, je nachdem die Gleichung $t^2 - Du^2 = 4$ *durch ungerade Zahlen* t, u *lösbar ist oder nicht; im ersten Falle ist* $h = h'$, *im zweiten* $h = 3h'$.

Ist nun D positiv, so tritt der erste Fall ein oder der zweite, je nachdem die *kleinste* Lösung $t = T'$, $u = U'$ aus ungeraden oder geraden Zahlen besteht (§. 99). Ist D negativ, so besitzt die Gleichung im Allgemeinen nur die beiden Auflösungen $t = \pm 2$, $u = 0$, und mithin ist $h = 3h'$; die einzige Ausnahme hiervon bildet die

Determinante $D = -3$, weil die Gleichung ausser den beiden Lösungen $t^2 = 4$, $u = 0$ noch die vier Lösungen $t^2 = u^2 = 1$ besitzt, und folglich ist in diesem Falle wieder $h = h'$.

Diese Resultate stimmen vollkommen mit denjenigen überein, welche wir früher (§§. 97, 99) mit Hülfe ganz anderer Principien abgeleitet haben.

II. Ist $D = D'\sigma^2$, so leuchtet ein, dass h' zugleich die Anzahl der ursprünglichen Classen erster Art von der Determinante D' ist. Zufolge der Voraussetzung, dass σ eine Primzahl ist, haben wir, um das Verhältniss $r = h : h'$ zu bestimmen, nur die l Formen

$$(1, 0, -D) = E \text{ und } (\sigma^2, b\sigma, b^2 - D') = F_b \tag{1}$$

zu betrachten, wo b ein vollständiges Restsystem (mod. σ) mit Ausnahme derjenigen Werthe durchlaufen muss, für welche $b^2 \equiv D'$ (mod. σ) wird, weil diesen keine ursprünglichen Formen entsprechen; die Anzahl der Formen (1) ist daher

$$l = 2 \text{ oder } \sigma - \left(\frac{D'}{\sigma}\right) \tag{2}$$

je nachdem $\sigma = 2$ oder eine ungerade Primzahl ist. Zur Bestimmung der Anzahl r der verschiedenen *Classen*, welchen diese l verschiedenen Formen (1) angehören, gelangen wir durch die folgenden Sätze.

Die beiden Formen E, F_β sind stets und nur dann äquivalent, wenn die Gleichung

$$t't' - D'u'u' = 1 \tag{3}$$

eine Lösung in ganzen Zahlen t', u' besitzt, die der Bedingung

$$t' + \beta u' \equiv 0 \text{ (mod. } \sigma) \tag{4}$$

genügen.

Denn die genannte Aequivalenz findet (nach §. 60 Anmerkung) stets und nur dann statt, wenn zwei ganze Zahlen x, y existiren, welche die drei Bedingungen

$$x^2 - D'\sigma^2 y^2 = \sigma^2,$$
$$x + \beta\sigma y \equiv 0,\ -\beta\sigma x - D'\sigma^2 y \equiv 0 \text{ (mod. } \sigma^2)$$

erfüllen; da nun aus der ersten folgt, dass x durch σ theilbar ist, und da sie durch die Substitution $x = \sigma t'$, $y = u'$ in die Bedingungen (3) und (4) übergehen, aus welchen sie umgekehrt folgen, so ist der Satz erwiesen.

Die beiden Formen $F_b, F_{b'}$ sind stets und nur dann äquivalent, wenn die Gleichung (3) *eine Lösung besitzt, die der Bedingung*

$$(b - b')t' + (bb' - D')u' \equiv 0 \text{ (mod. } \sigma) \qquad (5)$$

genügt.

Denn diese Aequivalenz ist gleichbedeutend mit der Existenz zweier ganzen Zahlen x, y, welche die Bedingungen

$$\sigma^2 x^2 + 2b\sigma xy + (b^2 - D')y^2 = \sigma^2,$$

$$\sigma^2 x + (b + b')\sigma y \equiv 0, \; (b - b')\sigma x + (b^2 - D')y \equiv 0 \text{ (mod. } \sigma^2)$$

befriedigen; da nun nach Voraussetzung $b^2 - D'$ nicht durch σ theilbar ist, so muss y durch die Primzahl σ theilbar sein; da ferner die vorstehenden Bedingungen durch die Substitution $y = \sigma u'$, $x = t' - bu'$ in die Bedingungen (3) und (5) übergehen, aus denen sie auch rückwärts folgen, so ist der Satz bewiesen.

Bedeutet λ die Anzahl derjenigen Formen (1), *welche der Hauptclasse angehören, so ist $l = r\lambda$.*

Gehört die Form F_β der Hauptclasse an, so existirt eine Lösung (t', u') der Gleichung (3), welche der Congruenz (4) genügt, und folglich kann u' nicht durch σ theilbar sein. Ist umgekehrt (t', u') eine Lösung der Gleichung (3), und u' nicht theilbar durch σ so existirt stets eine und nur eine Zahlclasse β (mod. σ), welche der Congruenz (4) genügt, und ihr entspricht folglich eine zur Hauptclasse gehörige Form F_β. Um also alle diese Formen zu erhalten, muss man alle Lösungen (t', u') der Gleichung (3) aufstellen, in welchen u' nicht durch σ theilbar ist, und jedesmal die entsprechende Zahlclasse β (mod. σ) durch die Congruenz (4) bestimmen. Da ausserdem die Form E zur Hauptclasse gehört, und λ die Anzahl aller zur Hauptclasse gehörenden Formen (1) bedeutet, so ist $\lambda - 1$ die Anzahl der sämmtlichen incongruenten Zahlclassen β (mod. σ), welche aus Lösungen (t', u') der Gleichung (3) vermöge der Congruenz (4) erzeugt werden können.

Sind hierdurch schon alle Formen (1) erschöpft, so ist $l = \lambda$ und $r = 1$, also der Satz richtig. Giebt es aber in (1) eine nicht zur Hauptclasse gehörende Form $F_{b'}$, d. h. giebt es eine von den $\lambda - 1$ Zahlclassen β (mod. σ) verschiedene Zahlclasse b' von der Beschaffenheit, dass $b'b' - D'$ nicht durch σ theilbar ist, so wollen wir zeigen, dass unter den l Formen (1) sich genau $(\lambda - 1)$ verschiedene Formen F_b finden, welche alle mit der Form $F_{b'}$ äquivalent und von ihr verschieden sind. Ist nämlich F_b eine solche Form, so giebt es, wie oben gezeigt ist, eine Lösung (t', u') der Gleichung (3), welche der Congruenz (5) genügt, und da F_b verschieden von $F_{b'}$, also $b - b'$ nicht durch σ theilbar ist, so kann auch u' nicht durch σ theilbar sein; mithin gehört zu dieser Lösung eine der Congruenz (4) genügende Zahl β, und durch Elimination von t' aus (4) und (5) ergiebt sich, dass diese Zahlclasse β durch die Congruenz*)

$$(b - b')\beta \equiv b b' - D' \text{ (mod. } \sigma) \tag{6}$$

vollständig bestimmt ist; jeder der Formen F_b, welche mit der gegebenen Form $F_{b'}$ äquivalent, aber von ihr verschieden sind, entspricht daher eine und nur eine der $\lambda - 1$ Zahlen β. Umgekehrt, wenn β eine der $\lambda - 1$ Zahlen ist, denen Formen F_β entsprechen, die der Hauptclasse angehören, so kann $\beta - b'$, weil $F_{b'}$ nicht zur Hauptclasse gehört, nicht durch σ theilbar sein, und folglich giebt es eine und nur eine Zahlclasse b, welche der mit (6) identischen Congruenz

$$(\beta - b')b \equiv \beta b' - D' \text{ (mod. } \sigma) \tag{6}$$

genügt; wäre nun $b^2 \equiv D'$ (mod. σ), so würde die vorstehende Congruenz in $(b + \beta)(b - b') \equiv 0$ (mod. σ) übergehen, es wäre folglich eine der beiden Zahlen $b + \beta$, $b - b'$, also auch eine der beiden Zahlen $\beta^2 - D'$, $b'^2 - D'$ durch σ theilbar, was aber nicht

---

*) Diese Congruenz hat folgende tiefere Bedeutung. Sind F_b, $F_{b'}$ zwei *beliebige* Formen des Systems (1), und R_b, $R_{b'}$ die Classen, denen sie angehören, so ist offenbar $R_b R_{b'} = 1$, wenn $b + b' \equiv 0$ (mod. σ); ist aber $b + b'$ nicht theilbar durch σ, so ist $R_b R_{b'} = R_{b''}$, wo b'' durch die Congruenz

$$(b + b')b'' \equiv b b' + D' \text{ (mod. } \sigma)$$

bestimmt ist. Hiervon kann man sich mit den hier zu Gebote stehenden Mitteln (§§. 60, 145) wohl am kürzesten auf folgende Weise überzeugen. Zunächst leuchtet ein, dass $F_{b''}$ eine in (1) enthaltene und von F_b verschiedene Form ist; dieselbe geht durch eine Substitution, deren erster und dritter Coefficient die relativen Primzahlen $b - b''$ und σ sind, in eine äquivalente Form $(c\sigma^2, n, p)$ über, wo $c = b^2 - D'$, $n \equiv - b\sigma$ (mod. c), $n \equiv b'\sigma$ (mod. σ^2) ist; diese Form ist daher aus der mit F_b äquivalenten Form $(c, -b\sigma, \sigma^2)$ und $F_{b'}$ zusammengesetzt, was zu beweisen war. Die Congruenz (6) besagt mithin, dass $R_\beta R_b = R_{b'}$, also $R_b = R_{b'}$ ist, weil $R_\beta = 1$. Viel einfacher und durchsichtiger gestalten sich alle Untersuchungen über die Composition in der Theorie der ganzen algebraischen Zahlen.

der Fall ist; mithin ist $b^2 - D'$ nicht durch σ theilbar, und folglich entspricht der Zahl b eine wirklich in (1) enthaltene Form F_b. Dieselbe ist verschieden von $F_{b'}$, weil aus der Annahme $b \equiv b'$ (mod. σ) wieder $b'^2 \equiv D'$ (mod. σ) folgen würde. Aber sie ist äquivalent mit $F_{b'}$; denn da eine Lösung (t', u') der Gleichung (3) existirt, aus welcher β vermöge (4) hervorgegangen ist, so erhält man aus (6) durch Multiplication mit u' die Congruenz (5), welche in Verbindung mit (3) für die Aequivalenz der beiden in (1) enthaltenen Formen F_b, $F_{b'}$ charakteristisch ist. Man findet daher alle mit der Form $F_{b'}$ äquivalenten, aber von ihr verschiedenen Formen F_b des Systems (1), und jede auch nur einmal, wenn man für jede der $\lambda - 1$ Zahlen β die zugehörige Zahl b vermöge der Congruenz (6) bestimmt. Von den l Formen (1) gehören daher immer je λ, und nicht mehr, zu einer und derselben Classe, folglich ist $l = r\lambda$, was zu beweisen war.

Ist die Determinante $D = D'\sigma^2$ negativ, so ist h im Allgemeinen $= lh'$, und nur dann $= \frac{1}{2}lh'$, wenn $D' = -1$.

Denn die Gleichung (3) besitzt nur im letzteren Falle Lösungen ($t' = 0$, $u' = \pm 1$), in welchen u' nicht durch σ theilbar ist; da denselben nur die eine Zahlclasse $\beta \equiv 0$ (mod. σ) entspricht, so ist $\lambda = 2$, also $r = \frac{1}{2}l$; in allen anderen Fällen ist $\lambda = 1$, also $r = l$.

Ist die Determinante $D = D'\sigma^2$ positiv, und bedeuten (T, U), (T', U') resp. die kleinsten positiven Auflösungen der Gleichungen $T^2 - DU^2 = 1$, $T'^2 - D'U'^2 = 1$, so ist

$$h \log (T + U\sqrt{D}) = lh' \log (T' + U'\sqrt{D'}).$$

Um dies zu beweisen, schicken wir eine Bemerkung über die Lösungen der Gleichung (3) voraus. Wenn zwei solche Lösungen (t', u'), (t'', u'') der Bedingung

$$t'u'' - u't'' \equiv 0 \text{ (mod. } \sigma) \tag{7}$$

genügen, so kann man, wenn $\sqrt{D'}$ und $\sqrt{D} = \sigma\sqrt{D'}$ immer positiv genommen werden,

$$t' + u'\sqrt{D'} = (t'' + u''\sqrt{D'})(t + u\sqrt{D}) \tag{8}$$

setzen, wo die ganzen Zahlen t, u eine Lösung der Gleichung

$$t^2 - Du^2 = 1 \tag{9}$$

bilden. Umgekehrt, sind (t'', u''), (t, u) resp. Lösungen der Gleichungen (3), (9), so liefert die Gleichung (8) stets eine Lösung (t', u')

der Gleichung (3), welche zugleich der Bedingung (7) genügt. Je zwei solche Lösungen (t', u'), (t'', u'') der Gleichung (3) wollen wir äquivalent nennen; dann leuchtet sofort ein, dass zwei Lösungen, welche einer dritten äquivalent sind, auch einander äquivalent sein müssen. Man kann daher die sämmtlichen Lösungen der Gleichung (3) in Classen eintheilen, deren jede alle und nur solche Lösungen enthält, die unter einander äquivalent sind. Eine von diesen Classen besteht offenbar aus denjenigen Lösungen (t', u'), deren zweite Elemente u' durch σ theilbar sind. Jede andere Lösung (t', u') liefert aber durch die Congruenz (4) eine zugehörige Zahlclasse β (mod. σ), und da offenbar zwei solche Lösungen stets und nur dann äquivalent sind, wenn sie congruente Zahlen β erzeugen, so ist λ auch die Anzahl aller verschiedenen Classen, in welche die sämmtlichen Lösungen (t', u') zerfallen.

Nun lehrt die Gleichung (8), aus einer gegebenen Lösung (t'', u'') alle ihr äquivalenten Lösungen (t', u') zu finden, und da

$$t + u\sqrt{D} = \pm (T + U\sqrt{D})^n$$

ist, wo das Vorzeichen nach Belieben, und für n jede ganze Zahl gewählt werden darf (§. 85), so leuchtet ein (vergl. §. 87), dass in jeder der λ Classen von Lösungen ein und nur ein Repräsentant (t', u') existirt, welcher der Bedingung

$$1 \leqq t' + u'\sqrt{D'} < T + U\sqrt{D} = T + \sigma U \sqrt{D'}$$

genügt; da aber diese λ Grössen $t' + u'\sqrt{D'}$, wie auch $T + U\sqrt{D}$ von der Form

$$(T' + U'\sqrt{D'})^{n'}$$

sind, wo $n' \geqq 0$, und da diese Potenz gleichzeitig mit dem Exponenten n' wächst, so muss

$$T + U\sqrt{D} = (T' + U'\sqrt{D'})^{\lambda}$$

sein, woraus mit Rücksicht auf $h = rh'$ und $l = r\lambda$ die zu beweisende Gleichung folgt.

Offenbar lässt sich aus dem hier behandelten speciellen Fall ohne Schwierigkeit das in §. 100 erhaltene Resultat für den allgemeinen Fall ableiten, in welchem σ eine beliebige zusammengesetzte Zahl ist.

§. 152.

Wir beschränken uns nun wieder (wie in §. 149) auf die Composition von *ursprünglichen Classen erster Art*, und behalten ausserdem, wenn die Determinante D negativ ist, nur die positiven Classen bei, deren Zusammensetzung offenbar immer wieder zu positiven Classen führt. Diese h Classen, welche die Gruppe $\mathfrak{H}$ bilden, zerfallen (§. 122) je nach dem Ausfall der λ Charaktere C, welche dieser Determinante D entsprechen, in Geschlechter, und es ist mit Hülfe des Reciprocitätssatzes gezeigt (§. 123), dass *höchstens* der Hälfte aller angebbaren Totalcharaktere wirklich existirende Classen entsprechen. *Gauss**) leitet aber diesen letzteren Satz aus der Theorie der Composition ab, und er benutzt ihn, um darauf umgekehrt einen neuen, seinen *zweiten* Beweis des Reciprocitätssatzes zu gründen. Da diese tiefsinnigen Principien sich auf die Beweise von höheren Reciprocitätsgesetzen übertragen lassen**), so theilen wir dieselben in diesem und den folgenden Paragraphen mit.

Sind ε, ε' *die Werthe eines Charakters* C *resp. für die Classen* H, H', *so ist* $C = \varepsilon\varepsilon'$ *für die Classe* HH'.

Man kann als Repräsentanten der Classen H, H' immer zwei einige Formen nehmen, deren erste Coefficienten a, a' relative Primzahlen zu $2D$ sind; da die aus ihnen zusammengesetzte, also der Classe HH' angehörende Form den ersten Coefficienten aa' hat, welcher ebenfalls relative Primzahl zu $2D$ ist, so ergiebt sich der zu beweisende Satz unmittelbar, wenn man bedenkt, dass der Charakter C oder $C(n)$ ein Ausdruck von der Art

$$(-1)^{\frac{1}{2}(n-1)},\ (-1)^{\frac{1}{8}(n^2-1)},\ (-1)^{\frac{1}{2}(n-1)+\frac{1}{8}(n^2-1)},\ \left(\frac{n}{l}\right)\cdots$$

ist (§. 122), und dass folglich die drei Werthe $C(a)$, $C(a')$, $C(aa')$, welche dieser Charakter resp. in den drei Classen H, H', HH' besitzt, der Bedingung $C(a)\,C(a') = C(aa')$ genügen.

Aus diesem Satze ergiebt sich, dass, wenn die Classen K, K' resp. denselben Geschlechtern G, G' angehören, wie die Classen

---

*) *D. A.* artt. 257—262.

**) *Kummer: Ueber die allgemeinen Reciprocitätsgesetze unter den Resten und Nichtresten der Potenzen, deren Grad eine Primzahl ist.* 1859. Vergl. Berl. Monatsbericht vom 18. Febr. 1858.

H, H', dann auch die Classen KK' und HH' sich in einem und demselben Geschlechte finden, welches das *aus G, G' zusammengesetzte Geschlecht* heissen soll*). Sind ferner N, N' zwei Classen des *Hauptgeschlechtes*, d. h. desjenigen Geschlechtes, in welchem sich die Hauptform $(1, 0, -D)$ findet, und folglich alle Charaktere C den Werth $+1$ haben, so gehört die zusammengesetzte Classe NN' ebenfalls diesem Geschlechte an, mithin bilden alle n Classen des Hauptgeschlechtes eine Gruppe $\mathfrak{N}$ vom Grade n (§. 149); zugleich zerfallen die sämmtlichen h Classen in g Complexe $\mathfrak{N}H$ von je n Classen, welche jedesmal einem und demselben Geschlecht angehören; zwei verschiedene solche Complexe gehören, wie man leicht erkennt, auch zu verschiedenen Geschlechtern; mithin ist $h = ng$, und g die Anzahl der wirklich existirenden von einander verschiedenen Geschlechter**).

Die Determinante D heisst *regulär* oder *irregulär*, je nachdem die von den n Classen des Hauptgeschlechtes gebildete Gruppe regulär ist oder nicht (§. 149); bedeutet im letzteren Falle δ den Grad der grössten in ihr enthaltenen regulären Gruppe, so heisst die ganze Zahl $n : \delta$ der *Irregularitätsexponent* der Determinante***).

Aus dem obigen Satze über den Charakter einer zusammengesetzten Classe ergiebt sich ferner unmittelbar der folgende:

Jede Classe Q, welche durch Duplication einer Classe entsteht, gehört dem Hauptgeschlechte an.

Mithin ist die Anzahl q der verschiedenen Classen Q, welche durch Duplication der sämmtlichen h Classen entstehen, $\leqq n$ (da diese Classen, wie leicht zu ersehen ist, eine Gruppe $\mathfrak{Q}$ bilden, so muss q gewiss ein Divisor von n sein). Um sie genauer zu bestimmen, nehmen wir an, Q entstehe durch Duplication der bestimmten Classe H, und fragen nach allen Classen H', durch deren Duplication dieselbe Classe Q entsteht. Aus der Annahme $H'H' = Q = HH$ folgt nun, wenn man $H' = AH$ setzt, $AA = 1$, also $A = A^{-1}$, d. h. die Classe A ist identisch mit der ihr entgegengesetzten Classe, und folglich ist sie eine *ambige* Classe (§. 148, 2., §§. 56—58). Umgekehrt, ist $H' = AH$, und A eine ambige Classe, so ist auch $H'H' = HH$. Schreibt man daher alle α ambigen Classen A auf, welche offenbar eine Gruppe $\mathfrak{A}$ bilden, so zerfallen alle h Classen

---

*) *Gauss: D. A.* artt. 246, 247.

**) *Gauss: D. A.* art. 252.

***) *Gauss: D. A.* art. 306. VII.

in q Complexe $\mathfrak{A}H$ von je α Classen, deren Duplication eine und dieselbe Classe HH hervorbringt, während zwei Classen, welche zwei verschiedenen solchen Complexen angehören, durch Duplication auch zwei verschiedene Classen hervorbringen; und folglich ist $h = \alpha q$.

Da nun h auch $= ng$, und ausserdem $q \leqq n$ ist, so ergiebt sich $g \leqq \alpha$, d. h. der Satz: *Die Anzahl der wirklich existirenden verschiedenen Geschlechter ist höchstens gleich der Anzahl der ambigen Classen.*

§. 153.

Es kommt also jetzt darauf an, für eine gegebene Determinante D die Anzahl α aller ambigen Classen A genau zu bestimmen, welche ursprünglich von erster Art sind.

Da in jeder ambigen Classe $A = A^{-1}$ stets mindestens eine ambige Form (a, b, c) zu finden ist (§. 58), so bleibt gewiss keine jener α Classen unvertreten, wenn wir alle ambigen Formen aufschreiben. Da nun in einer solchen Form $2b$ durch a theilbar, folglich b entweder $\equiv 0$, oder $\equiv \frac{1}{2}a$ (mod. a), also (a, b, c) selbst mit einer Form äquivalent ist (§. 56), deren mittlerer Coefficient entweder Null, oder die Hälfte des ersten Coefficienten ist, so genügt es, alle Formen

$$\left(a,\, 0,\, \frac{-D}{a}\right) \text{ und } \left(2b,\, b,\, \frac{b^2-D}{2b}\right)$$

zu betrachten, welche ursprünglich von erster Art sind.

Bedeutet μ die Anzahl aller verschiedenen *ungeraden* Primzahlen, welche in D aufgehen, ist ferner $\nu = 0$ oder $= 1$, je nachdem D ungerade oder gerade, so ist $\mu + \nu$ die Anzahl *aller* verschiedenen in D aufgehenden Primzahlen. Dann leuchtet ein, dass die Anzahl aller ursprünglichen Formen vom Typus

$$(a,\, 0,\, a')$$

gleich $2^{\mu+\nu+1}$ ist; die eine Hälfte derselben hat positive erste Coefficienten, die andere Hälfte negative.

Betrachten wir nun die anderen ambigen ursprünglichen Formen erster Art, deren Typus

$$\left(2b,\, b,\, \frac{b^2-D}{2b}\right)$$

ist, so muss b ein solcher Divisor von $D = -bb'$ sein, dass der dritte Coefficient $\frac{1}{2}(b+b')$ eine ganze Zahl und relative Primzahl zu $2b$ wird; mithin muss zunächst $b + b' \equiv 2 \pmod{4}$ sein, und ferner dürfen b und b' keinen gemeinschaftlichen ungeraden Divisor haben. Sind nun b und b' ungerade, so folgt $b' \equiv b$, $D \equiv -bb \equiv 3 \pmod{4}$; umgekehrt, wenn $D \equiv 3 \pmod{4}$, so kann b nur ungerade sein, und aus $bb' = -D \equiv 1 \pmod{4}$ folgt von selbst dass $b \equiv b'$, also $b + b' \equiv 2 \pmod{4}$ wird; mithin kann b jeder Divisor von D sein, für welchen b und b' relative Primzahlen werden. Die Anzahl dieser Formen

$$(2b, b, \tfrac{1}{2}(b+b'))$$

ist daher $= 2^{\mu+1}$, unter welchen ebensoviele mit positiven, wie mit negativen ersten Coefficienten vorkommen. Sind aber b und b' gerade Zahlen, so ist eine von ihnen $\equiv 0$, die andere $\equiv 2 \pmod{4}$, mithin $D \equiv 0 \pmod{8}$, und $\frac{1}{2}b$, $\frac{1}{2}b'$ sind relative Primzahlen. Umgekehrt, wenn $D \equiv 0 \pmod{8}$ ist, so muss b gerade sein, und man kann für $\frac{1}{2}b$ jeden Divisor von $\frac{1}{4}D = -\frac{1}{2}b \cdot \frac{1}{2}b'$ wählen, für welchen $\frac{1}{2}b$, $\frac{1}{2}b'$ relative Primzahlen werden; mithin ist die Anzahl dieser Formen, da $\frac{1}{4}D$ gerade ist, gleich $2^{\mu+2}$, und unter ihnen finden sich ebensoviele mit positiven wie mit negativen ersten Coefficienten.

Die Anzahl *aller* dieser ambigen ursprünglichen Formen erster Art ist daher gleich

$$\begin{aligned} &2^{\mu+1}, &&\text{wenn } D \equiv 1 \pmod{4}, \\ &2^{\mu+2}, &&\quad\text{„}\quad D \equiv 2, 3, 4, 6, 7 \pmod{8}, \\ &2^{\mu+3}, &&\quad\text{„}\quad D \equiv 0 \pmod{8}; \end{aligned}$$

sie ist folglich in allen Fällen genau doppelt so gross, als die Anzahl $2^\lambda = 2\tau$ aller angebbaren Totalcharaktere für die Determinante D (§. 122). Es kommt jetzt darauf an, die Anzahl der verschiedenen Classen zu bestimmen, welche durch diese 4τ Formen repräsentirt werden.

Sieht man von dem singulären Fall $D = -1$ vorläufig ganz ab, so erkennt man leicht, dass die Coefficienten a und a', ebenso die Zahlen b und b', selbst ihren absoluten Werthen nach, von einander verschieden sein müssen. Hätten nämlich die relativen Primzahlen a, a' denselben absoluten Werth 1, so wäre $D = \pm 1$; dasselbe würde sich ergeben, wenn man annehmen wollte, die ungeraden Zahlen b und b' hätten denselben absoluten Werth; sind endlich b und b' gerade, so ist die eine der Zahlen $\frac{1}{2}b$, $\frac{1}{2}b'$ gerade, die andere ungerade, also haben sie verschiedene absolute

Werthe. Hieraus folgt, dass die sämmtlichen obigen Formen immer in Paare von je zwei von einander verschiedenen Formen $(a, 0, a')$, $(a', 0, a)$, und $(2b, b, \frac{1}{2}(b+b'))$, $(2b', b', \frac{1}{2}(b+b'))$ zerfallen, und da die erste resp. durch die Substitutionen $\binom{0,\ 1}{-1,\ 0}$, $\binom{-1,\ -1}{+2,\ +1}$ in die zweite übergeht, so genügt es, diejenige von ihnen beizubehalten, deren erster Coefficient der kleinere ist; mithin haben wir nur noch 2τ Formen $(a, 0, a')$, $(2b, b, \frac{1}{2}(b+b'))$, in welchen die absoluten Werthe (a) und $(b) < \sqrt{(D)}$ sind; und unter diesen Formen giebt es wieder ebensoviele mit positiven ersten Coefficienten, wie mit negativen.

Ist nun D *negativ*, so behalten wir nur die τ Formen bei, deren äussere Coefficienten positiv sind, und wir wollen zeigen, dass sie die Repräsentanten von ebensovielen verschiedenen Classen sind. Zunächst sind alle Formen $(a, 0, a')$ und diejenigen Formen $(2b, b, \frac{1}{2}(b+b'))$, in welchen $3b \leqq b'$ ist, *reducirt* (§. 64), und statt jeder nicht reducirten Form $(2b, b, \frac{1}{2}(b+b'))$, in welcher also $3b > b'$, können wir die ihr nach rechts benachbarte reducirte Form $(\frac{1}{2}(b+b'), \frac{1}{2}(b'-b), \frac{1}{2}(b+b'))$ substituiren. Man erkennt nun leicht, dass alle diese τ reducirten Formen von einander verschieden, und dass auch keine zwei einander entgegengesetzt sind, weil keiner der mittleren Coefficienten negativ ist; sie gehören daher (§. 65) ebensovielen verschiedenen Classen an. Wir haben daher das Resultat: *Die Anzahl α aller positiven ambigen ursprünglichen Classen erster Art von negativer Determinante D ist halb so gross wie die Anzahl 2τ aller angebbaren Totalcharaktere.* Dies gilt offenbar auch noch für den oben ausgeschlossenen singulären Fall $D = -1$, da die beiden Formen $(1, 0, 1)$, $(2, 1, 1)$ äquivalent sind.

Ist aber die Determinante D *positiv*, so entspricht jeder der obigen 2τ ambigen Formen (A, B, C) eine einzige ihr äquivalente ambige Form (A, B', C'), wo B' durch die Bedingungen

$$B' \equiv B \pmod{A}, \quad 0 < \sqrt{D} - B' < (A)$$

vollständig bestimmt ist; offenbar entstehen auf diese Weise wieder 2τ ambige und von einander verschiedene Formen (A, B', C'). Um nun zu zeigen, dass alle diese Formen zugleich *reducirt* sind (§. 74), braucht nur nachgewiesen zu werden, dass $(A) < \sqrt{D} + B'$ ist wenn $(A) < \sqrt{D}$ ist, so folgt dies unmittelbar daraus, dass zufolge der obigen Grenzbedingungen B' positiv ist; wenn aber $(A) > \sqrt{D}$ ist, was nur bei den Formen des zweiten Typus eintreten kann, so ist $A = 2B$, und $(B) < \sqrt{D}$, folglich $B' = (B)$, weil dieser Werth allen an B' gestellten Forderungen genügt, und also wieder $(A) < \sqrt{D} + B'$. Endlich behaupten wir, dass jede ambige reducirte Form (a, b, c), welche zugleich ursprünglich von erster Art ist, nothwendig mit einer dieser 2τ Formen (A, B', C') identisch sein muss; ist nämlich b theilbar durch a, so muss $(a) < \sqrt{D}$ sein, weil in einer reducirten Form $0 < b < \sqrt{D}$ ist, und die mit (a, b, c) äquivalente Form $(a, 0, a')$ ist eine der 2τ Formen (A, B, C), woraus folgt, dass (a, b, c) selbst mit der entsprechenden Form (A, B', C') identisch sein muss, weil b als mittlerer Coefficient einer reducirten Form denselben charakteristischen Bedingungen genügt, wie B'; ist aber b nicht theilbar durch a, so ist wenigstens $(a) < 2\sqrt{D}$, und folglich die mit (a, b, c) äquivalente Form $(a, \frac{1}{2}a, c')$ eine der Formen (A, B, C), woraus wieder folgt, dass (a, b, c) mit der entsprechenden Form (A, B', C') identisch ist. Wir müssen aus dem Vorhergehenden schliessen, dass die Anzahl aller ambigen ursprünglichen Formen erster Art, welche zugleich reducirt sind, genau $= 2\tau$ ist; da nun in jeder ambigen Classe sich stets zwei und nur zwei solche Formen finden (§. 78 Anm.), so erhalten wir dasselbe Resultat, wie für negative Determinanten: *Die Anzahl α aller ambigen ursprünglichen Classen erster Art von positiver Determinante D ist genau halb so gross wie die Anzahl 2τ aller angebbaren Totalcharaktere.*

Verbinden wir diese Resultate mit dem des vorigen Paragraphen, so ergiebt sich folgender Satz*):

Die Anzahl der wirklich existirenden verschiedenen Geschlechter ist höchstens halb so gross wie die Anzahl der angebbaren Totalcharaktere.

§. 154.

Das eben erhaltene Resultat führt nun zu einem neuen Beweise des Reciprocitätssatzes, sowie der Ergänzungssätze über den Charakter der Zahlen -1 und 2. Hierzu schicken wir die Betrachtung dreier Fälle von Determinanten D voraus, für welche die ursprünglichen Formen erster Art nur ein einziges Geschlecht, nämlich das stets vorhandene, durch die Hauptform $(1, 0, -D)$ vertretene Hauptgeschlecht bilden.

---

*) Vergl. §. 123.

1. Ist $D = -1$, so existirt (§. 122) nur ein einziger Charakter,

$$C = (-1)^{\frac{1}{2}(n-1)},$$

und da folglich die Anzahl aller angebbaren Totalcharaktere $= 2^\lambda = 2$ ist, so gehören alle positiven Formen (a, b, c) zufolge des im vorigen Paragraphen gewonnenen Resultates einem einzigen, nämlich dem durch die Form $(1, 0, 1)$ repräsentirten Hauptgeschlechte an (was auch unmittelbar daraus folgt, dass alle diese Formen nur eine einzige Classe bilden); da nun im Hauptgeschlechte alle Charaktere C den Werth $+1$ haben, so wird, wenn a ungerade ist, immer

$$(-1)^{\frac{1}{2}(a-1)} = +1, \quad \text{also } a \equiv 1 \pmod{4}$$

sein.

2. Ist $D = +2$, so existirt (§. 122) nur ein einziger Charakter,

$$C = (-1)^{\frac{1}{8}(n^2-1)};$$

alle Formen (a, b, c) dieser Determinante gehören daher (§. 153) dem Hauptgeschlechte an, mithin ist immer

$$(-1)^{\frac{1}{8}(a^2-1)} = +1, \text{ also } a \equiv \pm 1 \pmod{8},$$

wenn a ungerade ist.

3. Ist $D = \pm p \equiv 1 \pmod{4}$, wo p (wie immer im Folgenden) eine *positive ungerade Primzahl* bedeutet, so existirt (§. 122) nur ein einziger Charakter,

$$C = \left(\frac{n}{p}\right);$$

alle (eventuell die positiven) Formen (a, b, c) erster Art gehören daher (§. 153) dem Hauptgeschlechte an, und folglich ist immer

$$\left(\frac{a}{p}\right) = +1,$$

wenn a nicht durch p theilbar ist.

4. Wir wenden uns nun zu dem Beweise des Satzes (§. 40) über den Charakter der Zahl -1; da beide Seiten der zu beweisenden Gleichung

$$\left(\frac{-1}{p}\right) = (-1)^{\frac{1}{2}(p-1)}$$

nur einen der beiden Werthe ± 1 besitzen können, so genügt es offenbar zu zeigen, dass, sobald irgend eine dieser beiden Grössen

$= +1$ ist, dann auch die andere $= +1$ sein muss, weil hieraus von selbst folgt, dass, wenn eine von beiden $= -1$ ist, auch die andere $= -1$ sein muss (dieselbe Bemerkung gilt ebenso für die beiden folgenden Sätze). Ist nun erstens die rechte Seite $= +1$, so ist $(-1, 0, p)$ eine Form erster Art von der positiven Determinante $D = p \equiv 1 \pmod{4}$, woraus (nach 3.) folgt, dass auch die linke Seite $= +1$ ist. Umgekehrt, wenn dies Letztere der Fall, also -1 quadratischer Rest von p ist, so existiren zwei Zahlen b, c, welche der Bedingung $b^2 - pc = -1$ genügen; dann ist (p, b, c) eine positive Form von der Determinante $D = -1$, woraus (nach 1.) folgt, dass auch die rechte Seite $= +1$ ist, was zu beweisen war.

5. Ganz ähnlich gestaltet sich der Beweis des Satzes (§. 41) über den Charakter der Zahl 2. Ist die rechte Seite der zu beweisenden Gleichung

$$\left(\frac{2}{p}\right) = (-1)^{1/8(p^2-1)}$$

gleich $+1$, also $p \equiv \pm 1 \pmod{8}$, so setze man $b = 1$ oder 3, je nachdem $\pm p \equiv 9$ oder 1 (mod. 16) ist; dann ist $b^2 \mp p = 8c$, wo c eine ungerade Zahl, mithin $(8, b, c)$ eine (eventuell positive) Form erster Art von der Determinante $D = \pm p \equiv 1 \pmod{4}$, woraus (nach 3.) folgt, dass

$$\left(\frac{8}{p}\right) = +1, \text{ also auch } \left(\frac{2}{p}\right) = +1$$

ist. Umgekehrt, wenn dies Letztere der Fall, so giebt es zwei Zahlen b, c, welche der Bedingung $b^2 - pc = 2$ genügen; dann ist (p, b, c) eine Form der Determinante $D = +2$, woraus (nach 2.) folgt, dass auch

$$(-1)^{1/8(p^2-1)} = +1$$

ist, was zu beweisen war.

6. Ist wenigstens eine der beiden von einander verschiedenen, positiven ungeraden Primzahlen p, q von der Form $4h+1$, so wollen wir beweisen, dass

$$\left(\frac{p}{q}\right) = \left(\frac{q}{p}\right)$$

ist. Der Symmetrie wegen dürfen wir annehmen, dass $p \equiv 1 \pmod{4}$ ist. Hat nun die rechte Seite den Werth $+1$, so ist (nach 4. und §. 33, I.) auch $-q$ quadratischer Rest von p; man kann daher, nachdem das Vorzeichen $\pm$ so gewählt ist, dass $\pm q \equiv 1 \pmod{4}$ wird, immer zwei Zahlen b, c finden, welche der Bedingung $b^2 - pc = \pm q$ genügen; dann ist (p, b, c) eine (eventuell positive) Form erster Art von der Determinante $D = \pm q \equiv 1 \pmod{4}$, woraus (nach 3.) folgt, dass auch die linke Seite $= +1$ ist. Umgekehrt, wenn dies Letztere der Fall ist, so giebt es zwei Zahlen b, c, welche der Bedingung $b^2 - qc = p$ genügen; dann ist (q, b, c) eine Form erster Art von der positiven Determinante $D = p \equiv 1 \pmod{4}$, woraus (nach 3.) folgt, dass auch die rechte Seite $= +1$ ist, was zu beweisen war.

7. Sind aber beide Primzahlen p, q von der Form $4h + 3$, so ist zu beweisen, dass

$$\left(\frac{p}{q}\right) = -\left(\frac{q}{p}\right)$$

ist. Dies ergiebt sich am einfachsten durch die Betrachtung der positiven Determinante $D = pq \equiv 1 \pmod{4}$, für welche (nach §. 122) zwei Charaktere C, nämlich

$$\left(\frac{n}{p}\right) \text{ und } \left(\frac{n}{q}\right)$$

existiren; es lassen sich daher vier Totalcharaktere angeben, und folglich (§. 153) zerfallen alle Formen erster Art in *höchstens zwei* verschiedene Geschlechter. Nun sind aber $(1, 0, -pq)$, $(-1, 0, pq)$ zwei solche Formen, und ihre ersten Coefficienten lehren, dass die erste den Totalcharakter

$$\left(\frac{n}{p}\right) = +1, \quad \left(\frac{n}{q}\right) = +1,$$

die zweite (zufolge 4.) den entgegengesetzten Totalcharakter

$$\left(\frac{n}{p}\right) = -1, \quad \left(\frac{n}{q}\right) = -1$$

besitzt; jede andere zu derselben Determinante gehörige Form erster Art, z. B. die Form $(p, 0, -q)$ muss daher entweder den ersten, oder den zweiten Totalcharakter besitzen; wendet man dies auf die beiden durch diese Form darstellbaren Zahlen p und $-q$ an, so ergiebt sich, dass im ersten Falle gleichzeitig

$$\left(\frac{p}{q}\right) = +1 \quad \text{und} \quad \left(\frac{-q}{p}\right) = +1, \quad \text{also} \quad \left(\frac{q}{p}\right) = -1,$$

im zweiten Falle gleichzeitig

$$\left(\frac{p}{q}\right) = -1 \quad \text{und} \quad \left(\frac{-q}{p}\right) = -1, \quad \text{also} \quad \left(\frac{q}{p}\right) = +1$$

ist; und hiermit ist offenbar auch der letzte Theil unserer Aufgabe erledigt.

§. 155.

Mit Hülfe des so von Neuem bewiesenen Reciprocitätssatzes lässt sich nun wieder, wie in §. 123 geschehen ist, darthun, dass höchstens diejenigen τ Geschlechter existiren können, deren Totalcharaktere der dortigen Bedingung $\Pi C' = +1$ genügen; der ungleich tiefer liegende Satz aber, welchen *Dirichlet* aus seinen Principien auf die oben (§. 125) angegebene Weise abgeleitet hat, der Satz, *dass alle diese τ Geschlechter wirklich existiren*, ist von *Gauss* entdeckt und mit Hülfe der von ihm gegründeten Theorie der ternären quadratischen Formen

$$Ax^2 + By^2 + Cz^2 + 2A'yz + 2B'zx + 2C'xy$$

bewiesen*). Da oben (§. 152) gezeigt ist, dass $ng = \alpha q$ ist, wo g die Anzahl der wirklich existirenden Geschlechter, n die Anzahl der in jedem derselben enthaltenen Classen, $\alpha = \tau$ die Anzahl der ambigen Classen oder also die Anzahl der Totalcharaktere, welche der Bedingung $\Pi C' = +1$ genügen, und q die Anzahl der durch Duplication entstehenden Classen bedeutet, so leuchtet ein, dass der zu beweisende Satz $g = \tau$ wesentlich identisch ist mit dem Satze $n = q$; da ferner n die Anzahl aller Classen des Hauptgeschlechtes ist, und jede der durch Duplication entstehenden q Classen gewiss dem Hauptgeschlechte angehört (§. 152), so ist der zu beweisende Satz (§. 125) wesentlich identisch mit dem folgenden**):

Jede Classe des Hauptgeschlechtes entsteht durch Duplication.

Wir können hier unmöglich darauf eingehen, den Beweis mitzutheilen, welchen *Gauss* auf die Theorie der ternären Formen gestützt hat; da dieses tiefe Theorem aber den schönsten Abschluss der Lehre von der Composition bildet, so können wir es uns nicht

*) *D. A.* art. 287.

**) *Gauss: D. A.* art. 286.

versagen, dasselbe auch ohne Hülfe der Dirichlet'schen Principien noch auf einem zweiten Wege abzuleiten, der zugleich die Grundlage für andere wichtige Untersuchungen bildet.

Um einen bestimmten Boden für diese Untersuchung zu gewinnen, heben wir zunächst eine charakteristische Eigenschaft aller der Classen Q hervor, welche durch Duplication entstehen: *alle Formen dieser Classen und nur diese Formen sind fähig, Quadratzahlen darzustellen, welche relative Primzahlen zu* $2D$ *sind.* Entsteht nämlich Q durch Duplication einer Classe K, so kann man aus K immer eine solche Form auswählen, deren erster Coefficient x relative Primzahl zu $2D$ ist; da alsdann diese Form mit sich selbst einig ist, so entsteht durch Duplication eine der Classe Q angehörige Form, deren erster Coefficient $= x^2$ ist, und folglich ist diese Quadratzahl durch die Formen der Classe Q eigentlich darstellbar. Umgekehrt, ist Q eine Classe, durch deren Formen eine Quadratzahl dargestellt werden kann, welche relative Primzahl zu $2D$ ist, so giebt es auch eine solche Quadratzahl x^2, welche durch diese Formen *eigentlich* darstellbar ist, und folglich findet sich in dieser Classe Q eine Form (x^2, x', x''), welche offenbar durch Duplication der Form (x, x', xx'') entsteht; mithin ist $Q = K^2$, wo K die Classe bedeutet, welcher die Form (x, x', xx'') angehört. Das obige zu beweisende Theorem ist daher identisch mit dem folgenden:

Ist (A, B, C) *eine Form des Hauptgeschlechtes der Determinante* D, *so ist die Gleichung*

$$Az^2 + 2Bzy + Cy^2 = x^2$$

stets lösbar in ganzen Zahlen z, y, x, *deren letzte relative Primzahl zu* $2D$ *ist.*

§. 156.

Durch die vorstehende Betrachtung sind wir dahin geführt, die Lösbarkeit einer Gleichung von der Form

$$ax^2 + by^2 + cz^2 + 2a'yz + 2b'zx + 2c'xy = 0$$

in ganzen Zahlen x, y, z (oder was Dasselbe ist, die Lösbarkeit der allgemeinen Gleichung

$$au^2 + bv^2 + 2c'uv + 2b'u + 2a'v + c = 0$$

in *rationalen* Zahlen u, v) zu untersuchen. Dieselbe kann, allgemein zu reden, auf den speciellen Fall zurückgeführt werden, in welchem die Coefficienten a', b', $c' = 0$ sind*), und wir beschäftigen uns daher im Folgenden nur mit Gleichungen von der Form

$$a x^2 + b y^2 + c z^2 = 0, \tag{1}$$

wo a, b, c drei gegebene, von Null verschiedene ganze Zahlen bedeuten, die wir ausserdem stets als *relative Primzahlen* annehmen, weil jeder andere Fall, wie man leicht erkennt, sich auf diesen zurückführen lässt**). Wir wollen nun eine Lösung x, y, z eine *eigentliche* Lösung nennen, wenn die drei Zahlen $a x$, $b y$, $c z$ keinen gemeinschaftlichen Theiler haben; dann leuchtet ein, dass dieselben auch relative Primzahlen sind; ginge nämlich eine Primzahl p in zweien von ihnen auf, so müsste p zufolge (1) auch in der dritten aufgehen. Hieraus folgt, dass auch x, y, z relative Primzahlen sind; umgekehrt, wenn dies der Fall ist, so bilden sie eine eigentliche Lösung; denn wenn $a x$, $b y$, $c z$ durch eine Primzahl p theilbar wären, welche doch höchstens in einer der Zahlen x, y, z aufgehen kann, so müssten mindestens zwei der Coefficienten a, b, c durch p theilbar sein, was unmöglich ist, weil dieselben relative Primzahlen sind.

Nach dieser Vorbemerkung beginnen wir unsere Untersuchung***), indem wir uns die Aufgabe stellen:

I. *Aus einer gegebenen eigentlichen Lösung* $x = u$, $y = v$, $z = w$ *der Gleichung* (1) *ihre sämmtlichen Lösungen abzuleiten.*

Da $a u$, $b v$, $c w$ relative Primzahlen sind, und eine von ihnen, z. B. $a u$, zufolge der Gleichung

$$a u^2 + b v^2 + c w^2 = 0 \tag{2}$$

gerade ist, so haben auch die Zahlen $2 a u$, $b v$, $c w$ keinen gemeinschaftlichen Theiler, und man kann daher (nach §. 24) die Gleichung

$$a u l + b v m + c w n = 1$$

so lösen, dass l gerade, und folglich die eine der beiden Zahlen m, n gerade, die andere ungerade wird; setzt man nun

---

*) *Gauss: D. A.* artt. 299, 300.

**) *Gauss: D. A.* art. 298.

***) Sie ist der Kürze halber synthetisch geführt; derselbe Gegenstand ist auf andere Weise behandelt in der Abhandlung von *G. Cantor: De aequationibus secundi gradus indeterminatis.* 1867.

$$a l^2 + b m^2 + c n^2 = h$$

und

$$u' = 2l - hu,\ v' = 2m - hv,\ w' = 2n - hw,$$

so wird h ungerade, und man erhält*)

$$a u'^2 + b v'^2 + c w'^2 = 0 \tag{3}$$

$$a u u' + b v v' + c w w' = 2 \tag{4}$$

$$u \equiv u',\ v \equiv v',\ w \equiv w' \ (\text{mod. } 2); \tag{5}$$

man kann daher

$$v w' - w v' = 2 u'',\ w u' - u w' = 2 v'',\ u v' - v u' = 2 w'' \tag{6}$$

setzen, wo u'', v'', w'' ganze Zahlen bedeuten, welche mit den anderen noch durch folgende Relationen**) verbunden sind:

$$\left.\begin{aligned} a u u' &= 1 + b c u''^2 \\ b v v' &= 1 + c a v''^2 \\ c w w' &= 1 + a b w''^2 \end{aligned}\right\} \tag{7}$$

$$b c u''^2 + c a v''^2 + a b w''^2 = -1 \tag{8}$$

$$\left.\begin{aligned} v w' + w v' &= 2 a v'' w'' \\ w u' + u w' &= 2 b w'' u'' \\ u v' + v u' &= 2 c u'' v'' \end{aligned}\right\} \tag{9}$$

Mit Hülfe derselben ist es leicht, unsere Aufgabe allgemein zu lösen. Sind x, y, z drei beliebige ganze Zahlen, so werden auch

$$\left.\begin{aligned} t &= a u' x + b v' y + c w' z \\ t' &= a u x + b v y + c w z \\ t'' &= u'' x + v'' y + w'' z \end{aligned}\right\} \tag{10}$$

ganze Zahlen, welche zufolge (5) der Bedingung

$$t \equiv t' \ (\text{mod. } 2) \tag{11}$$

---

*) Umgekehrt lässt sich aus (2), (3), (4), (5) leicht beweisen, dass a, b, c relative Primzahlen sind, und dass sowohl u, v, w, als auch u', v', w' eigentliche Lösungen der Gleichung (1) bilden; doch ist dies für unsere Zwecke nicht nöthig.

**) Man findet z. B. die erste der Gleichungen (7) aus der identischen Gleichung

$$(b v^2 + c w^2)(b v'^2 + c w'^2) = (b v v' + c w w')^2 + b c (v w' - w v')^2$$

unter Berücksichtigung von (2), (3), (4), (6); die Gleichung (8) ergiebt sich durch Addition aus (7) mit Rücksicht auf (4); und die erste der Gleichungen (9) folgt aus der Identität

$$(a u u' + b v v' + c w w')(v w' + w v') - a(w u' - u w')(u v' - v u')$$
$$= (a u^2 + b v^2 + c w^2) v' w' + (a u'^2 + b v'^2 + c w'^2) v w.$$

genügen; umgekehrt, sind t, t', t'' drei beliebige ganze Zahlen, welche nur der Bedingung (11) unterworfen sind, so folgt aus (10) unter Berücksichtigung von (5), (7) und (9), dass

$$\left.\begin{aligned} 2x &= ut + u't' - 2bcu''t'' \\ 2y &= vt + v't' - 2cav''t'' \\ 2z &= wt + w't' - 2abw''t'' \end{aligned}\right\} \quad (12)$$

gerade, also x, y, z ganze Zahlen sind*). Multiplicirt man diese letzten Gleichungen resp. mit ax, by, cz, und addirt mit Rücksicht auf (10), so folgt

$$ax^2 + by^2 + cz^2 = tt' - abct''^2;$$

mithin haben wir folgendes Resultat: *Bilden die ganzen Zahlen* x, y, z *eine Lösung der Gleichung* (1), *so werden* t, t', t'' *vermöge* (10) *ganze Zahlen, welche den Bedingungen* (11) *und*

$$tt' = abct''^2 \quad (13)$$

genügen; umgekehrt, befriedigen die ganzen Zahlen t, t', t'' *die Bedingungen* (11) *und* (13), *so werden* x, y, z *vermöge* (12) *ganze Zahlen, welche der Gleichung* (1) *genügen***).

---

*) Führt man statt t, t', t'' die Grössen

$$s = \frac{t+t'}{2}, \quad s' = \frac{t-t'}{2}, \quad s'' = t''$$

als neue Variabele ein, so sind dieselben mit den Grössen x, y, z durch lineare Gleichungen verbunden, deren Determinante $= 1$ ist; an die Stelle der Gleichung (13) tritt die folgende

$$s^2 - s'^2 - abcs''^2 = 0,$$

welche von derselben Form wie (1) ist, und damit x, y, z eine eigentliche Lösung bilden, ist erforderlich und hinreichend, dass s und s' relative Primzahlen sind. Aber die Beibehaltung der Grössen t, t', t'' gewährt wieder andere Vortheile.

**) Die allgemeinste Lösung der Gleichung (13), deren wir zwar in der Folge nicht bedürfen, besteht, wie man sehr leicht findet, in den Gleichungen

$$t = \tau d\omega^2, \quad t' = \tau d'\omega'^2, \quad t'' = \tau\omega\omega',$$

wo $d, d', \tau, \omega, \omega'$ beliebige ganze Zahlen bedeuten, welche der einzigen Bedingung

$$dd' = abc$$

unterworfen sind; man kann aber auch, ohne die Allgemeinheit zu beeinträchtigen, annehmen, dass τ der grösste gemeinschaftliche Theiler von t, t', t'', und dass τd, $\tau d'$ die grössten Theiler sind, welche τabc resp. mit t, t' gemeinschaftlich hat. Führt man diese Ausdrücke in (12) ein, so erhält man die binären quadratischen Formen

Zur Vervollständigung fügen wir hinzu: *Damit die Zahlen* x, y, z *eine eigentliche Lösung der Gleichung* (1) *bilden, ist ferner erforderlich und hinreichend, dass die Zahlen* t, t' *keinen ungeraden gemeinschaftlichen Theiler haben, und dass, wenn beide gerade sind,*

$$t + t' \equiv 2 \pmod{4} \tag{14}$$

ist.

Für unseren Zweck genügt es zu beweisen, dass die beiden angegebenen Bedingungen hinreichend sind. Gesetzt, es ginge eine Primzahl p in den drei Zahlen ax, by, cz auf, so müsste sie zufolge (10) auch in t und t' aufgehen; da aber t, t' der Annahme nach keinen ungeraden gemeinschaftlichen Theiler haben, so müsste $p = 2$ sein, und es wären also t, t', ax, by, cz gerade Zahlen; dann würde aber aus (10) mit Rücksicht auf (5) folgen, dass $t + t' \equiv 0 \pmod{4}$ wäre, während wir doch angenommen haben, dass $t + t' \equiv 2 \pmod{4}$ ist, sobald t und t' gerade Zahlen sind. Hieraus folgt also, dass ax, by, cz keinen gemeinschaftlichen Theiler haben, was zu beweisen war*).

II. Bilden die Zahlen x, y, z eine eigentliche Lösung der Gleichung (1), so sind ax, by, cz relative Primzahlen, und man kann folglich drei Zahlen $\mathfrak{A}, \mathfrak{B}, \mathfrak{C}$ bestimmen, welche den Congruenzen

$$\mathfrak{A}z \equiv by \pmod{a},\quad \mathfrak{B}x \equiv cz \pmod{b},\quad \mathfrak{C}y \equiv ax \pmod{c} \tag{15}$$

genügen, woraus in Verbindung mit (1)

$$\mathfrak{A}^2 \equiv -bc \pmod{a},\quad \mathfrak{B}^2 \equiv -ca \pmod{b},\quad \mathfrak{C}^2 \equiv -ab \pmod{c} \tag{16}$$

folgt. Wir haben mithin folgenden Satz erhalten:

$$\frac{2x}{\tau} = (du, -bcu'', d'u'),\quad \frac{2y}{\tau} = (dv, -cav'', d'v'),$$
$$\frac{2z}{\tau} = (dw, -abw'', d'w'),$$

deren Variabeln ω, ω', und deren Determinanten zufolge (7) die Zahlen $-bc$, $-ca$, $-ab$ sind. Transformirt man diejenige dieser Formen, deren Determinante negativ ist, in eine reducirte Form (§. 64), so erhält man die einfachsten Lösungen.

*) Es ist leicht, wenn auch für unseren Zweck nicht erforderlich, die beiden angegebenen Bedingungen auf die Zahlen $d, d', \tau, \omega, \omega'$ zu übertragen: die Zahlen d, d' müssen relative Primzahlen sein, und nur, wenn $abc \equiv 0 \pmod{8}$, können sie auch den grössten gemeinschaftlichen Theiler 2 haben; umgekehrt, genügt die Zerlegung $abc = dd'$ diesen Bedingungen, so kann man τ, ω, ω' so wählen, dass x, y, z eine eigentliche Lösung der Gleichung (1) bilden.

Ist die Gleichung (1) *eigentlich lösbar, so sind die Zahlen* $-bc$, $-ca$, $-ab$ *resp. quadratische Reste der Zahlen* a, b, c, *und jede eigentliche Lösung* x, y, z *führt durch die Congruenzen* (15) *zu drei völlig bestimmten Zahlclassen* $\mathfrak{A}$ *(mod.* a*),* $\mathfrak{B}$ *(mod.* b*),* $\mathfrak{C}$ *(mod.* c*), welche den Congruenzen* (16) *genügen**).

Von der grössten Wichtigkeit für unsere Untersuchungen ist es aber, dass dieser Satz sich in folgender Weise umkehren lässt:

Ist die Gleichung (1) *eigentlich lösbar, und sind drei Zahlen* $\mathfrak{A}$, $\mathfrak{B}$, $\mathfrak{C}$ *gegeben, welche den Congruenzen* (16) *genügen, so kann man stets eigentliche Lösungen* x, y, z *finden, welche die Bedingungen* (15) *erfüllen.*

Um dies zu beweisen, bestimmen wir zunächst drei Zahlen X, Y, Z durch die (nach §. 25) stets vereinbaren Congruenzpaare

$$\left.\begin{aligned} X &\equiv c \pmod{b}, & Y &\equiv a \pmod{c}, & Z &\equiv b \pmod{a} \\ X &\equiv \mathfrak{C} \pmod{c}, & Y &\equiv \mathfrak{A} \pmod{a}, & Z &\equiv \mathfrak{B} \pmod{b} \end{aligned}\right\} \quad (17)$$

aus welchen unter Berücksichtigung der Annahme (16) die der Gleichung (1) ähnliche Congruenz

$$aX^2 + bY^2 + cZ^2 \equiv 0 \pmod{abc} \quad (1')$$

folgt, weil ihre linke Seite durch jede der drei relativen Primzahlen a, b, c theilbar ist. Da ferner die Existenz einer eigentlichen Lösung u, v, w der Gleichung (1) angenommen ist, so behalten wir alle früheren Bezeichnungen bei und setzen

$$\left.\begin{aligned} T &\equiv au'X + bv'Y + cw'Z \\ T' &\equiv auX + bvY + cwZ \end{aligned}\right\} \pmod{2abc}, \quad (10')$$

woraus zufolge (5)

$$T \equiv T' \pmod{2} \quad (11')$$

und mit Rücksicht auf (7) und (9)

$$\left.\begin{aligned} 2X &\equiv uT + u'T' \pmod{2bc} \\ 2Y &\equiv vT + v'T' \pmod{2ca} \\ 2Z &\equiv wT + w'T' \pmod{2ab} \end{aligned}\right\} \quad (12')$$

---

*) Wirft man zwei eigentliche Lösungen in dieselbe oder in verschiedene *Classen*, je nachdem sie zu denselben drei Zahlclassen $\mathfrak{A}$ (mod. a), $\mathfrak{B}$ (mod. b), $\mathfrak{C}$ (mod. c) führen oder nicht, so ist die Anzahl aller verschiedenen Classen *höchstens* gleich der Anzahl der incongruenten Wurzeln der Congruenz $x^2 \equiv 1 \pmod{abc}$, und der nachfolgende Satz behauptet die wirkliche Existenz aller dieser Classen von eigentlichen Lösungen.

folgt; multiplicirt man diese Congruenzen resp. mit aX, bY, cZ, wodurch sie in Congruenzen nach dem Modulus $2abc$ übergehen, so ergiebt sich durch Addition unter Berücksichtigung von (1′) und (10′)

$$TT' \equiv 0 \pmod{abc}. \tag{13'}$$

Wir behaupten nun, dass die drei Zahlen T, T', abc keinen ungeraden gemeinschaftlichen Divisor haben, und dass, wenn abc gerade ist,

$$T + T' \equiv 2 \pmod{4} \tag{14'}$$

ist. Ginge nämlich eine ungerade Primzahl p in T, T' und abc, also auch z. B. in c auf, so würde Y zufolge (12′) durch p theilbar sein, und da $a \equiv Y \pmod{c}$ ist, so hätten a und c den gemeinschaftlichen Theiler p, was unmöglich ist. Wenn ferner abc, und also auch z. B. c gerade ist, so sind zufolge (11′) und (13′) auch T und T' gerade Zahlen; wäre nun die Congruenz (14′) unrichtig, so wäre $T' \equiv T \pmod{4}$, und aus (12′) würde folgen, dass $2Y \equiv (v + v')T \equiv 0 \pmod{4}$, also Y gerade wäre, was abermals gegen die Congruenz $a \equiv Y \pmod{c}$ streitet, weil a relative Primzahl zu c ist.

Nach diesen Vorbereitungen sind wir im Stande, eine eigentliche Lösung x, y, z nachzuweisen, welche den Bedingungen (15) genügt; diese letzteren gehen vermöge der Definition (17) der Zahlen X, Y, Z in die folgenden über

$$Yz \equiv Zy \pmod{a}, \quad Zx \equiv Xz \pmod{b}, \quad Xy \equiv Yx \pmod{c};$$

da ferner aus den Definitionen (10) und (10′) der Zahlen t, t' T, T' die Congruenz

$$\left.\begin{array}{c} T't - Tt' \equiv \\ 2bcu''(Yz - Zy) + 2cav''(Zx - Xz) + 2abw''(Xy - Yx) \end{array}\right\} \pmod{2abc}$$

folgt, und da u'', v'', w'' zufolge (7) resp. relative Primzahlen zu a, b, c sind, so fallen die von x, y, z zu erfüllenden Bedingungen (15) durchaus mit der einzigen Forderung

$$T't \equiv Tt' \pmod{2abc}$$

zusammen, welcher die Zahlen t, t' genügen müssen; sollen ferner die Zahlen x, y, z eine eigentliche Lösung der Gleichung (1) bilden, so haben t und t' ausserdem noch die früher erwähnten Bedingungen (11), (13), (14) zu erfüllen. Dies Alles lässt sich in der That auf folgende Weise erreichen.

Ist abc ungerade, so sei d der grösste gemeinschaftliche Theiler der beiden Zahlen T und $abc = dd'$; da nun zufolge (13') TT' durch abc theilbar ist, so geht d' in T' auf, und da, wie oben gezeigt ist, die Zahlen T, T', abc keinen ungeraden gemeinschaftlichen Theiler haben, so sind d und d' relative Primzahlen, und d' ist zugleich der grösste gemeinschaftliche Theiler der beiden Zahlen T' und abc. Dann leuchtet ein, dass man allen Forderungen genügt, wenn man z. B. $t = d$, $t' = d'$, $t'' = 1$ nimmt; denn weil $t \equiv t' \equiv 1 \pmod{2}$, so werden x, y, z ganze Zahlen, die wegen $tt' = abct''^2$ eine Lösung der Gleichung (1) bilden; diese Lösung ist eine eigentliche, weil t, t' ungerade relative Primzahlen sind; da endlich $t \equiv t'$, $T \equiv T' \pmod{2}$, und $T't \equiv Tt' \equiv 0 \pmod{dd'}$ ist, so folgt auch $T't \equiv Tt' \pmod{2abc}$, d. h. die eigentliche Lösung x, y, z genügt den vorgeschriebenen Congruenzen (15).

Ist aber abc, und folglich auch T, T' gerade, und zwar $T + T' \equiv 2 \pmod{4}$, so können wir der Symmetrie wegen annehmen, es sei $T \equiv 0$, $T' \equiv 2 \pmod{4}$; dann sei d wieder der grösste gemeinschaftliche Theiler der beiden Zahlen T und $abc = dd'$, so wird d' in T' aufgehen. Ist nun d' ungerade, so genügt man allen Bedingungen, wenn man z. B. $t = 2d$, $t' = 2d'$, $t'' = 2$ nimmt; denn es ist $t \equiv 0$, $t' \equiv 2 \pmod{4}$, $tt' = abct''^2$, $T't \equiv Tt' \equiv 0 \pmod{2abc}$, und t, t' haben keinen ungeraden gemeinschaftlichen Theiler. Ist aber d' gerade, so kann man wieder durch $t = d$, $t' = d'$, $t'' = 1$ allen Bedingungen genügen; da nämlich $T:d$ relative Primzahl zu d' und folglich ungerade ist, so muss, weil $T \equiv 0 \pmod{4}$, auch $d \equiv 0 \pmod{4}$ sein; da ferner d' in T' aufgeht, und $T' \equiv 2 \pmod{4}$ ist, so muss auch $d' \equiv 2 \pmod{4}$ sein; mithin ist $t \equiv 0$, $t' \equiv 2 \pmod{4}$; es ist ferner $tt' = abct''^2$, und die Zahlen t, t' haben keinen ungeraden gemeinschaftlichen Theiler; da endlich die Quotienten $T : d$ und $T' : d'$ ungerade sind, so ist ihre Differenz gerade, und folglich, wenn man mit $dd' = abc$ multiplicirt, $Td' - T'd = Tt' - T't \equiv 0 \pmod{2abc}$, was zu beweisen war.

Es hat keine Schwierigkeit, ausser den eben angegebenen speciellen Lösungen, welche die vorgeschriebenen Congruenzen (15) erfüllen, alle anderen zu bestimmen, und man findet namentlich leicht, dass zwei eigentliche Lösungen x, y, z und x_1, y_1, z_1, welche resp. durch die Werthe t, t', t'' und t_1, t_1', t_1'' hervorgebracht werden, stets und nur dann denselben Congruenzen (15) genügen, wenn

$tt'_1 \equiv t't_1 \pmod{2abc}$ ist*); allein alle diese an sich interessanten Vervollständigungen sind für unsere Zwecke nicht erforderlich. Wir begnügen uns daher, aus den obigen Resultaten noch den Beweis des folgenden Satzes abzuleiten, dessen wir später durchaus bedürfen.

III. *Ist die Gleichung* (1) *eigentlich lösbar, und ist* $-bc$ *quadratischer Rest von* ap^2, *wo* p *eine in* bc *nicht aufgehende Primzahl bedeutet, so besitzt die Gleichung* (1) *auch solche eigentliche Lösungen* x, y, z, *welche der Bedingung* $x \equiv 0 \pmod{p}$ *genügen.*

Der Annahme zufolge besitzt die Gleichung (1) eine eigentliche Lösung u, v, w, und wir können alle hieraus in I. gezogenen Folgerungen für uns in Anspruch nehmen; es versteht sich von selbst, dass wir den vorstehenden Satz nur für den Fall zu beweisen brauchen, dass keine der beiden Zahlen u, u' durch p theilbar ist.

Ist nun p ungerade, so kann man, da der Annahme nach $-bc \equiv \alpha^2 \pmod{p}$ ist, das Vorzeichen von α so wählen, dass $bcu'' + \alpha$ nicht theilbar durch p ist; wären nämlich beide Zahlen $bcu'' + \alpha$ und $bcu'' - \alpha$ durch p theilbar, so müsste auch ihre Differenz 2α, also auch α durch die ungerade Primzahl p theilbar sein, was gegen $-bc \equiv \alpha^2 \pmod{p}$ und die Annahme streitet, dass p nicht in bc aufgeht. Da nun u ebenfalls nicht durch p theilbar ist, so kann man eine Zahl ω stets so bestimmen (§. 25), dass sie der Congruenz

$$u\omega \equiv bcu'' + \alpha \pmod{p}$$

genügt und ausserdem relative Primzahl zu $2abc$ wird, weil ω, falls p in $2abc$, also in a aufgehen sollte, schon vermöge dieser Congruenz relative Primzahl zu p wird. Setzt man nun

$$t = \tau\omega^2, \quad t' = \tau abc, \quad t'' = \tau\omega,$$

*) Hieraus folgt, dass allen zu derselben Classe gehörigen eigentlichen Lösungen dieselbe Zerlegung $abc = dd'$ entspricht, mit einziger Ausnahme des Falles, wo $abc \equiv 2 \pmod{4}$, in welchem der Factor 2 nach Belieben in d oder in d' aufgenommen werden kann, ohne dass eine Aenderung der Classe eintritt. Auf diese Weise ergiebt sich (vergl. die früheren Noten), dass die Anzahl der wesentlich verschiedenen Zerlegungen, und also auch die der wirklich existirenden Classen genau mit der Anzahl der incongruenten Wurzeln der Congruenz $\varkappa^2 \equiv 1 \pmod{abc}$ übereinstimmt; hierin liegt also ein neuer Beweis des obigen Satzes. Aber es schien angemessener, ihn so zu führen, dass zugleich eine Lösung gefunden wird, welche den vorgeschriebenen Congruenzen genügt.

wo $\tau = 1$ oder $= 2$ zu nehmen ist, je nachdem abc ungerade oder gerade ist, so erhält man eine entsprechende eigentliche Lösung x, y, z, welche auch der Bedingung $x \equiv 0 \pmod{p}$ genügt. Ist nämlich abc ungerade, also $\tau = 1$, so ist $t \equiv t' \equiv 1 \pmod{2}$; ist aber abc gerade, also $\tau = 2$, so ist $t \equiv 2$, $t' \equiv 0 \pmod{4}$; da ferner ω relative Primzahl zu abc ist, so haben t, t' keinen ungeraden gemeinschaftlichen Divisor, und da $tt' = abct''^2$ ist, so bilden x, y, z eine eigentliche Lösung der Gleichung (1). Nun ist nach (12)

$$\begin{aligned} 2x &= ut + u't' - 2bcu''t'' \\ &= \tau(u\omega^2 - 2bcu''\omega + abcu') \end{aligned}$$

also mit Rücksicht auf (7)

$$2ux = \tau\,\{(u\omega - bcu'')^2 + bc\} \equiv 0 \pmod{p},$$

weil $u\omega - bcu'' \equiv \alpha$, $bc \equiv -\alpha^2$ ist; da endlich $2u$ nicht durch p theilbar ist, so folgt hieraus $x \equiv 0 \pmod{p}$.

Wir gehen jetzt zu dem Falle $p = 2$ über. Ist erstens a gerade, aber nicht $\equiv 0 \pmod{8}$, so ergiebt sich leicht, da der Annahme nach $-bc$ quadratischer Rest von $4a$, also $bc \equiv -1 \pmod{8}$ ist, dass u gar nicht ungerade sein kann; da nämlich a gerade, also bv, cw ungerade sind, und $b \equiv -c \pmod{8}$ ist, so folgt aus $au^2 + bv^2 + cw^2 = 0$, dass $au^2 \equiv 0 \pmod{8}$, und folglich, da a nicht $\equiv 0 \pmod{8}$ ist, jedenfalls u gerade sein muss; und offenbar haben dann alle anderen eigentlichen Auflösungen x, y, z dieselbe Eigenschaft $x \equiv 0 \pmod{2}$. Ist zweitens $a \equiv 0 \pmod{8}$, also $-bc \equiv 1 \pmod{8}$, so nehme man $t'' = 1$, und $tt' = abc$ der Art, dass einer der beiden Factoren, z. B. $t \equiv 2 \pmod{4}$, also der andere $t' \equiv 0 \pmod{4}$ wird, und dass sie keinen ungeraden gemeinschaftlichen Divisor erhalten, was sich stets erreichen lässt. Hieraus folgt, dass die Zahlen x, y, z eine eigentliche Lösung bilden werden. Da nun der Voraussetzung nach u ungerade ist, und da aus $1 + bcu''^2 = auu' \equiv 0 \pmod{8}$ folgt, dass auch u'' ungerade ist, so ergiebt sich

$$2x = ut + u't' - 2bcu''t'' \equiv 2 + 0 - 2 \equiv 0 \pmod{4},$$

also ist $x \equiv 0 \pmod{2}$. Ist endlich drittens a ungerade, und $-bc$ quadratischer Rest von $4a$, also $bc \equiv -1 \pmod{4}$, so nehme man $t'' = 1$, und nach Belieben $tt' = abc$, nur so, dass t und t' relative Primzahlen werden; dann bilden x, y, z eine eigentliche Lösung, weil ausserdem $t \equiv t' \equiv 1 \pmod{2}$ ist. Da nun der Voraussetzung nach keine der Zahlen u, u' gerade ist, so folgt aus

$auu' = 1 + bcu''^2$, dass u'' gerade, und folglich $auu' \equiv 1 \pmod{4}$ ist; mithin ist $ut.u't' = auu'.bc \equiv -1 \pmod{4}$, also $ut \equiv -u't'$ (mod. 4), und hieraus ergiebt sich

$$2x = ut + u't' - 2bcu''t'' \equiv 0 \pmod{4},$$

also ist $x \equiv 0 \pmod{2}$.

Hiermit ist der obige Satz vollständig bewiesen, und dieser Beweis enthält offenbar eine Methode, aus einer eigentlichen Lösung u, v, w einer Gleichung, deren Coefficienten a, b, c sind, eine eigentliche Lösung $x : p, y, z$ derjenigen Gleichung abzuleiten, deren Coefficienten ap^2, b, c sind, vorausgesetzt, dass $-bc$ quadratischer Rest von ap^2 und nicht durch die Primzahl p theilbar ist. Durch wiederholte Anwendung desselben Satzes gelangt man offenbar zu folgendem Resultat:

Sind die Zahlen $A = aP^2$, $B = bQ^2$, $C = cR^2$ relative Primzahlen, und sind die Zahlen $-BC$, $-CA$, $-AB$ resp. quadratische Reste von A, B, C, so folgt aus der Existenz einer eigentlichen Lösung der Gleichung

$$ax^2 + by^2 + cz^2 = 0$$

stets die Existenz einer eigentlichen Lösung der Gleichung

$$Ax^2 + By^2 + Cz^2 = 0.$$

§. 157.

Durch den zuletzt bewiesenen Satz ist offenbar die Frage nach der eigentlichen Lösbarkeit der Gleichung

$$ax^2 + by^2 + cz^2 = 0 \tag{1}$$

auf den Fall zurückgeführt, in welchem keine der relativen Primzahlen a, b, c durch ein Quadrat theilbar ist; als eine erforderliche Bedingung für die Lösbarkeit ist ferner im vorigen Paragraphen (II) erkannt, dass die Zahlen $-bc$, $-ca$, $-ab$ resp. quadratische Reste von den Zahlen a, b, c sein müssen, und ausserdem leuchtet ein, dass die letzteren unmöglich alle dasselbe Vorzeichen haben können. Mit Hülfe einer Reductionsmethode, welche im Wesentlichen von *Lagrange**) herrührt, lässt sich nun wirklich beweisen, dass diese

---

*) *Sur la solution des problèmes indéterminés du second degré.* Mém. de l'Acad. de Berlin. T. XXIII. 1769. (Oeuvres de L. T. II. 1868. p. 375.) — *Additions aux Élémens d'Algèbre par L. Euler.* §. V.

Bedingungen auch die hinreichenden sind, dass also folgender Satz*) besteht:

Sind a, b, c drei von Null verschiedene und durch kein Quadrat theilbare relative Primzahlen, welche nicht alle dasselbe Vorzeichen haben, und sind die Zahlen $-bc$, $-ca$, $-ab$ resp. quadratische Reste der Zahlen a, b, c; so ist die Gleichung (1) *eigentlich lösbar.*

Zunächst bemerken wir, dass der Satz in dem speciellen Falle richtig ist, wenn einer der Coefficienten, z. B. $a = +1$, ein anderer, z. B. $b = -1$ ist; denn man genügt der Gleichung (1) durch die relativen Primzahlen $x = y = 1$, $z = 0$.

Um uns nun bequemer ausdrücken zu können, nennen wir, indem wir den absoluten Werth einer Grösse k mit (k) bezeichnen, dasjenige der drei Producte (bc), (ca), (ab), welches der Grösse nach zwischen den beiden anderen liegt, den *Index* der Gleichung (1), und wenn etwa zwei dieser Producte oder alle drei einander gleich sein sollten, so soll unter dem Index der gemeinschaftliche Werth dieser beiden oder aller Producte verstanden werden. Aus dieser Erklärung ergiebt sich unmittelbar die Richtigkeit des Satzes für den Fall, dass ihr Index $= 1$ ist; denn dann muss, wie man leicht erkennt, $(a) = (b) = (c) = 1$ sein, und da die Coefficienten nicht alle dasselbe Vorzeichen haben, so ergiebt sich die Lösbarkeit der Gleichung aus der vorausgeschickten Bemerkung.

Um nun den Beweis allgemein zu führen, nehmen wir an, er sei schon geleistet für alle Gleichungen, deren Index kleiner als eine bestimmte positive ganze Zahl J ist, und zeigen, dass der Satz dann auch für alle Gleichungen gelten muss, deren Index $= J$ ist. Gelingt dies, so gilt der Satz allgemein, weil er für $J = 1$ richtig ist.

Es sei daher $J \geqq 2$ der Index der Gleichung (1). Nehmen wir an, was der Symmetrie wegen erlaubt ist, es sei $(a) \leqq (b) \leqq (c)$, also auch $(ab) \leqq (ac) \leqq (bc)$, so ist $J = (ac)$; wäre nun $(b) = (c)$, so müsste, weil b und c relative Primzahlen sind, $(b) = (c) = 1$ sein, woraus auch $J = 1$ folgen würde, was mit unserer Annahme streitet; mithin ist

$$(a) \leqq (b) < (c), \ (ab) < (ac) = J \leqq (bc). \tag{2}$$

*) *Legendre: Théorie des Nombres*, 3me éd. T. I. §§. III, IV. — *Gauss: D. A.* artt. 294, 295. — Der nachfolgende Beweis lässt sich auf den Fall ausdehnen, dass a, b, c quadratische Divisoren besitzen.

Der Annahme nach ist nun $-ab$ quadratischer Rest von c, und folglich kann man eine Zahl r so bestimmen, dass $ar^2 \equiv -b$ (mod. c), und zugleich $(r) \leqq \frac{1}{2}(c)$ wird; setzt man dann

$$ar^2 + b = cC, \tag{3}$$

so wird C eine ganze Zahl, deren absoluter Werth

$$(C) \leqq \frac{(a)r^2 + (b)}{(c)} < \tfrac{1}{4}J + 1 < J \tag{4}$$

ist, weil $(r) \leqq \frac{1}{2}(c)$, $(ac) = J \geqq 2$, und $(b) < (c)$ ist.

Ist nun $C = 0$, so folgt $b = -ar^2$, also, da b relative Primzahl zu a und durch kein Quadrat theilbar ist, $(r) = 1$ und $b = -a = \pm 1$, und mithin besitzt die Gleichung (1) in diesem Fall wieder die eigentliche Lösung $x = y = 1$, $z = 0$.

Ist aber C von Null verschieden, so führen wir die Gleichung (1) folgendermaassen auf eine andere von kleinerem Index zurück. Es sei a' der grösste gemeinschaftliche Divisor der drei in der Gleichung (3) vorkommenden Glieder ar^2, b, cC, so ist a' zugleich der grösste gemeinschaftliche Divisor von je zweien dieser Zahlen, so dass die drei Glieder der Gleichung

$$\frac{ar^2}{a'} + \frac{b}{a'} = \frac{cC}{a'}$$

gewiss relative Primzahlen sind. Da nun a' in b aufgeht, also relative Primzahl zu c und zu a ist, so muss a' in C und in r^2, also auch in r selbst aufgehen, weil a' als Divisor von b durch kein Quadrat theilbar ist. Man kann daher

$$r = a'\alpha, \quad b = a'\beta, \quad C = a'C' = a'c'\gamma^2 \tag{5}$$

setzen, wo γ^2 das grösste in $C' = c'\gamma^2$ aufgehende Quadrat bedeutet; hierdurch geht die Gleichung (3) in die folgende über

$$aa'\alpha^2 + \beta = cc'\gamma^2, \tag{6}$$

deren drei Glieder also relative Primzahlen sind; setzen wir endlich noch

$$b' = a\beta, \tag{7}$$

so sind hierdurch drei Zahlen a', b', c' definirt, welche, wie wir beweisen wollen, dieselben Eigenschaften besitzen, wie die gegebenen Zahlen a, b, c.

Dass erstens keine der Zahlen a', b', $c' = 0$ ist, leuchtet ein, weil $a'b' = a'a\beta = ab$ ist, und c' in C aufgeht. Aus $a'b' = ab$

folgt ferner, dass a', b' relative Primzahlen und durch kein Quadrat theilbar sind, weil a, b dieselben Eigenschaften haben; da ferner γ^2 das grösste in $C' = c'\gamma^2$ aufgehende Quadrat ist, so kann c' durch kein Quadrat theilbar sein; und da die Glieder der Gleichung (6) relative Primzahlen sind, so ist c' auch relative Primzahl zu $aa'\beta = a'b'$.

Die Zahlen a', b', c' können auch nicht alle dasselbe Vorzeichen haben; ist nämlich $ab = a'b'$ negativ, so haben a', b' entgegengesetzte Zeichen; ist aber ab positiv, folglich ca und bc negativ, so ergiebt sich aus der Gleichung $ar^2 + b = ca'c'\gamma^2$, dass $a'c'$ negativ ist, dass also a', c' entgegengesetzte Vorzeichen haben.

Da ferner zufolge der Gleichung (6), deren drei Glieder relative Primzahlen sind, die drei Zahlen $\beta cc'$, $aca'c'$, $-aa'\beta = -a'b'$ resp. quadratische Reste der drei Zahlen aa', β, c' sein müssen, und da nach Voraussetzung die beiden Zahlen $-bc = -\beta a'c$, $-ca$ resp. Reste von den beiden Zahlen a, $b = a'\beta$ sind, so ergiebt sich hieraus leicht, dass die drei Zahlen $-b'c'$, $-c'a'$, $-a'b'$ resp. Reste der drei Zahlen a', b', c' sind.

Endlich ist $(a'b') = (ab) < J$ zufolge (2), und $(c'a') \leqq (c'a')\gamma^2 = (C) < J$ zufolge (4); mithin ist der Index der Gleichung

$$a'x'^2 + b'y'^2 + c'z'^2 = 0$$

gewiss kleiner als J, und folglich ist sie nach unserer obigen Voraussetzung lösbar in relativen Primzahlen x', y', z'; da nun die Zahlen $a'\alpha x' - \beta y'$, $x' + a\alpha y'$ nicht beide verschwinden, weil sonst auch $x' = y' = 0$ wäre, so kann man

$$mx = a'\alpha x' - \beta y'; \quad my = x' + a\alpha y'; \quad mz = c'\gamma z'$$

setzen, wo m den grössten gemeinschaftlichen Theiler der drei Zahlen rechter Hand bedeutet; hieraus folgt aber mit Beachtung von (5), (6), (7)

$$m^2(ax^2 + by^2 + cz^2) = cc'\gamma^2(a'x'^2 + b'y'^2 + c'z'^2) = 0,$$

also, da m nicht $= 0$ ist, auch

$$ax^2 + by^2 + cz^2 = 0;$$

da endlich die Zahlen x, y, z keinen gemeinschaftlichen Theiler haben, und keine der Zahlen a, b, c durch ein Quadrat theilbar ist, so sind x, y, z auch relative Primzahlen und bilden folglich eine eigentliche Lösung der Gleichung (1).

Hiermit ist der Schluss vollständig durchgeführt, und also auch der obige Satz allgemein bewiesen. Es leuchtet ferner ein, dass in der successiven Zurückführung der Gleichung (1) auf ähnliche Gleichungen von immer kleinerem Index und endlich auf eine Gleichung, in welcher ein Coefficient $= +1$, ein anderer $= -1$ ist, auch eine Methode liegt, eine Lösung derselben zu finden.

Nachdem für diejenigen Gleichungen, deren Coefficienten durch kein Quadrat theilbar sind, die oben genannten *erforderlichen* Bedingungen zugleich als *hinreichend* für die Existenz eigentlicher Lösungen erkannt sind, so geht aus dem Schlusssatze des vorigen Paragraphen hervor, dass genau Dasselbe Statt findet für alle Gleichungen (1), deren Coefficienten von Null verschieden und relative Primzahlen sind. Wir können daher das Gesammtresultat unserer Untersuchungen in dem folgenden wichtigen Satze niederlegen:

Sind die Zahlen a, b, c relative Primzahlen und von Null verschieden, so ist die Gleichung

$$a x^2 + b y^2 + c z^2 = 0$$

stets und nur dann in relativen Primzahlen x, y, z lösbar, wenn die Zahlen $-bc$, $-ca$, $-ab$ resp. quadratische Reste von den Zahlen a, b, c sind, und diese letzteren nicht alle dasselbe Vorzeichen haben; ist ferner

$$-bc \equiv \mathfrak{A}^2 \ (\text{mod. } a), \quad -ca \equiv \mathfrak{B}^2 \ (\text{mod. } b), \quad -ab \equiv \mathfrak{C}^2 \ (\text{mod. } c),$$

so ist die obige Gleichung in relativen Primzahlen x, y, z der Art lösbar, dass

$$\mathfrak{A} z \equiv b y \ (\text{mod. } a), \ \mathfrak{B} x \equiv c z \ (\text{mod. } b), \ \mathfrak{C} y \equiv a x \ (\text{mod. } c)$$

wird.

§. 158.

Mit Hülfe dieses Satzes lässt sich nun das oben (§. 155) erwähnte grosse Theorem von *Gauss* leicht beweisen:

Jede Classe des Hauptgeschlechtes entsteht durch Duplication.

Als Repräsentanten der dem Hauptgeschlechte der Determinante D angehörenden Classe wählen wir eine Form (A, B, C), deren erster Coefficient A relative Primzahl zu $2D$ ist (§. 93). Da die Zahl A durch diese Form darstellbar ist, und alle Einzel-Charaktere derselben den Werth $+1$ haben, so ist A quadratischer Rest von jeder in D aufgehenden ungeraden Primzahl, und auch von 4 oder von 8, falls D durch 4 oder 8 theilbar ist (§§. 121, 122); mithin ist (nach §. 37) A quadratischer Rest von D selbst (umgekehrt ergiebt sich leicht, zum Theil mit Hülfe des Reciprocitätssatzes, dass die Form (A, B, C) gewiss dem Hauptgeschlecht angehört, wenn A relative Primzahl zu $2D$, quadratischer Rest von D, und, falls D negativ sein sollte, positiv ist). Ja, man kann sogar voraussetzen, dass A quadratischer Rest von $4D$ ist, d. h. dass $A \equiv 1 \pmod{4}$, oder $A \equiv 1 \pmod{8}$ ist, je nachdem D ungerade oder gerade ist. Dies ist in der That von selbst der Fall, wenn $D \equiv 3 \pmod{4}$, oder $D \equiv 0 \pmod{8}$ ist; sollte ferner A in den übrigen Fällen dieser Bedingung nicht genügen, wäre also $A \equiv 3 \pmod{4}$, $\equiv 7 \pmod{8}$, $\equiv 3 \pmod{8}$, $\equiv 5 \pmod{8}$, je nachdem $D \equiv 1 \pmod{4}$, $\equiv 2 \pmod{8}$, $\equiv 6 \pmod{8}$, $\equiv 4 \pmod{8}$, so kann man die Form (A, B, C) durch eine Substitution $\binom{\alpha,\ -1}{1,\ \ \ 0}$ in eine Form transformiren, deren erster Coefficient $A' = A\alpha^2 + 2B\alpha + C$ relative Primzahl zu $2D$ ist und zugleich die verlangte Eigenschaft besitzt; da nämlich $AA' = (A\alpha + B)^2 - D$ ist, so braucht man α nur so zu wählen, dass $A\alpha + B$ im ersten Falle gerade, in den drei übrigen Fällen aber ungerade wird, was sich stets in der Art erreichen lässt, dass $A\alpha + B$ zugleich relative Primzahl zu D wird.

Wir setzen daher voraus, dass A quadratischer Rest von $4D$ und relative Primzahl zu $4D$ ist; da nun $4D \equiv (2B)^2 \pmod{A}$, also quadratischer Rest von A ist, und da die Zahlen A, $4D$ nicht beide negativ sind, so besitzt die Gleichung

$$Ax^2 + 4Dy^2 - z^2 = 0$$

immer eigentliche Lösungen x, y, z, welche der Bedingung

$$2Bz \equiv 4Dy, \quad \text{also} \quad z \equiv 2By \pmod{A}$$

genügen (§. 157); man kann daher $z = At + 2By$ setzen, wodurch die obige Gleichung in die folgende übergeht

$$At^2 + 2B(2y) + C(2y)^2 = x^2;$$

da Ax, $2Dy$, z relative Primzahlen sind, so sind auch t, $2y$ relative Primzahlen, und folglich ist (A, B, C) einer Form äquivalent (§. 60), deren erster Coefficient x^2 eine Quadratzahl und relative

Primzahl zu $2D$ ist, und welche folglich (nach §. 155) durch Duplication einer Form entsteht, deren erster Coefficient ± 1 ist. Was zu beweisen war*).

Die unendlich vielen eigentlichen Lösungen x, y, z der obigen Gleichung, welche der Bedingung $z \equiv 2By$ (mod. A) genügen, zerfallen nun noch in verschiedene Classen in Bezug auf den Modul $4D$ (§. 156. II.); auf den Zusammenhang dieser Lösungen mit den verschiedenen Classen, durch deren Duplication dieselbe gegebene Classe des Hauptgeschlechtes entsteht, können wir aber hier nicht mehr eingehen.

---

*) Die Zurückführung dieses Satzes von *Gauss* auf den von *Lagrange* und *Legendre* ist zuerst von *Arndt* ausgeführt (*Ueber die Anzahl der Genera der quadratischen Formen*; Borchardt's Journal Bd. 56), doch weicht die obige Darstellung in mehreren Puncten von der seinigen ab. In Wahrheit gehört der Satz von *Lagrange* nach Inhalt und Methode des Beweises in die Theorie der ternären Formen. — Man vergleiche ferner *Kronecker: Ueber den Gebrauch der Dirichlet'schen Methoden in der Theorie der quadratischen Formen* (Monatsber. d. Berliner Akad. 12. Mai 1864).

XI. Ueber die Theorie der ganzen algebraischen Zahlen.

§. 159.

Der Begriff der *ganzen Zahl* hat in diesem Jahrhundert eine Erweiterung erfahren, durch welche der Zahlentheorie wesentlich neue Bahnen eröffnet sind; den ersten und wichtigsten Schritt auf diesem Gebiete hat *Gauss**) gethan, und wir wollen zunächst die Theorie der von ihm eingeführten *ganzen complexen Zahlen* wenigstens in ihren wichtigsten Grundzügen darstellen, weil hierdurch das Verständniss der später folgenden Untersuchungen über die allgemeinsten ganzen algebraischen Zahlen gewiss erleichtert wird.

Bisher haben wir unter *ganzen* Zahlen ausschliesslich die Zahlen

$$0, \pm 1, \pm 2, \pm 3, \pm 4 \ldots$$

verstanden, nämlich alle diejenigen Zahlen, welche durch wiederholte Addition und Subtraction aus der Zahl 1 entstehen; diese Zahlen reproduciren sich durch Addition, Subtraction und Multiplication, oder mit anderen Worten, die Summen, Differenzen und Producte von je zwei ganzen Zahlen sind wieder ganze Zahlen. Dagegen führt die vierte Grundoperation, die Division, auf den umfassenderen Begriff der *rationalen Zahlen*, unter welchem Namen die Quotienten**) von irgend zwei ganzen Zahlen verstanden

---

*) *Theoria residuorum biquadraticorum.* II. 1832. — Vergl. die Abhandlungen von *Dirichlet: Recherches sur les formes quadratiques à coefficients et à indéterminées complexes* (Crelle's Journal Bd. 24) und *Untersuchungen über die Theorie der complexen Zahlen* (Abh. d. Berliner Akad. 1841).

**) Dem Begriffe eines Quotienten gemäss wird es hier und im Folgenden als selbstverständlich angesehen, dass der Divisor oder Nenner eine von Null verschiedene Zahl ist.

werden; offenbar reproduciren sich diese rationalen Zahlen durch alle vier Grundoperationen. Jedes System von rellen oder complexen Zahlen, welches diese fundamentale Eigenschaft der Reproduction besitzt, wollen wir künftig einen *Zahlkörper* oder kurz einen *Körper* nennen; der Inbegriff R aller rationalen Zahlen ist daher ein Körper, und zwar bildet er das einfachste Beispiel eines solchen. Dieser Körper R der rationalen Zahlen besteht nun aus ganzen und gebrochenen, d. h. nicht ganzen Zahlen; die ersteren wollen wir in Zukunft *rationale ganze Zahlen* nennen, um sie von den neu einzuführenden ganzen Zahlen zu unterscheiden.

Wir wenden uns nun, indem wir zur Abkürzung $\sqrt{-1} = i$ setzen, zu der Betrachtung desjenigen Körpers J, welcher aus allen complexen Zahlen ω von der Form

$$x + yi$$

besteht, wo x und y willkürliche *rationale* Zahlen bedeuten, die wir die *Coordinaten* der Zahl ω nennen wollen. Diese Zahlen ω bilden in der That einen Körper; denn, wenn

$$\alpha = x_1 + y_1 i \quad \text{und} \quad \beta = x_2 + y_2 i$$

irgend zwei solche Zahlen sind, so gehören auch ihre Summe, Differenz, ihr Product und Quotient, d. h. die Zahlen

$$\alpha \pm \beta = (x_1 \pm x_2) + (y_1 \pm y_2) i$$

$$\alpha \beta = (x_1 x_2 - y_1 y_2) + (x_1 y_2 + y_1 x_2) i$$

$$\frac{\alpha}{\beta} = \frac{x_1 x_2 + y_1 y_2}{x_2^2 + y_2^2} + \frac{y_1 x_2 - x_1 y_2}{x_2^2 + y_2^2} i$$

demselben System J an. Dieser Körper J, welcher offenbar auch alle rationalen Zahlen enthält, soll ein *Körper zweiten Grades* oder ein *quadratischer Körper* heissen, weil alle seine Zahlen ω durch wiederholte Anwendung der vier Grundoperationen aus der einen Zahl i entstehen, welche eine Wurzel der mit rationalen Coefficienten behafteten quadratischen Gleichung

$$i^2 + 1 = 0$$

ist. Diese Gleichung hat die Zahl $-i$ zur zweiten Wurzel; ist nun $\omega = x + yi$ auf die angegebene Weise aus i entstanden, also eine Zahl des Körpers J, so wird aus der Zahl $-i$ durch dieselben Operationen die mit ω *conjugirte* Zahl $x - yi$ entstehen, die ebenfalls dem Körper J angehört, und welche wir immer mit ω' bezeichnen wollen. Dann ist umgekehrt ω die mit ω' conjugirte

Zahl, und man überzeugt sich leicht, dass für je zwei Zahlen α, β des Körpers J die folgenden Gesetze gelten:

$$(\alpha \pm \beta)' = \alpha' \pm \beta'$$
$$(\alpha\beta)' = \alpha'\beta'$$
$$\left(\frac{\alpha}{\beta}\right)' = \frac{\alpha'}{\beta'}.$$

Unter der *Norm* einer Zahl ω verstehen wir das Product $\omega\omega'$ aus den beiden conjugirten Zahlen ω und ω', und wir bezeichnen diese Norm durch das Symbol $N(\omega)$; es wird daher

$$N(x + yi) = (x + yi)(x - yi) = x^2 + y^2,$$

und hieraus folgt, dass die Norm immer eine positive rationale Zahl ist und nur dann verschwindet, wenn $\omega = 0$, also $x = 0$ und $y = 0$ ist. Da ferner $(\alpha\beta)' = \alpha'\beta'$, also

$$(\alpha\beta)(\alpha\beta)' = (\alpha\alpha')(\beta\beta')$$

ist, so ergiebt sich der Satz:

$$N(\alpha\beta) = N(\alpha)N(\beta),$$

d. h. die Norm eines Productes ist gleich dem Producte aus den Normen der Factoren; und ein ganz ähnlicher Satz gilt offenbar auch für die Quotienten.

Wir theilen nun alle Zahlen des Körpers J in zwei grosse Classen ein; eine solche Zahl $\omega = x + yi$ soll eine *ganze complexe* oder kürzer eine *ganze Zahl* heissen, wenn ihre beiden Coordinaten x, y *ganze* rationale Zahlen sind; ist aber mindestens eine der beiden Coordinaten eine gebrochene Zahl, so soll auch ω eine *gebrochene* Zahl heissen. Offenbar bilden die ganzen rationalen Zahlen x einen Theil des Systems aller ganzen complexen Zahlen, und umgekehrt ist jede ganze complexe Zahl $x + yi$, wenn sie zugleich rational ist, nothwendig eine ganze rationale Zahl x.

Aus den obigen Formeln für die Summe, Differenz und das Product zweier in J enthaltenen Zahlen leuchtet nun zunächst ein, dass unsere ganzen Zahlen sich durch Addition, Subtraction und Multiplication reproduciren. Die Analogie mit der Theorie der rationalen Zahlen veranlasst uns daher, den Begriff der *Theilbarkeit* einzuführen: die ganze Zahl α heisst *theilbar* durch die ganze Zahl β, wenn $\alpha = \beta\gamma$, und γ ebenfalls eine ganze Zahl ist; zugleich heisst α ein Vielfaches oder Multiplum von β, und β ein Theiler oder Divisor oder Factor von α, oder man sagt auch, β gehe in α

auf. Aus dieser Erklärung, durch welche der Begriff der Theilbarkeit für rationale ganze Zahlen nicht geändert wird, ergeben sich (wie in §. 3) die beiden folgenden *Elementarsätze*:

I. *Sind* α *und* β *theilbar durch* μ, *so sind auch die Zahlen* $\alpha + \beta$ *und* $\alpha - \beta$ *theilbar durch* μ. Denn aus $\alpha = \mu \alpha_1$ und $\beta = \mu \beta_1$ folgt $\alpha \pm \beta = \mu (\alpha_1 \pm \beta_1)$, und da α_1, β_1 ganze Zahlen sind, so gilt Dasselbe auch von den Zahlen $\alpha_1 \pm \beta_1$.

II. *Ist* $\varkappa$ *theilbar durch* λ, *und* λ *theilbar durch* μ, *so ist auch* $\varkappa$ *theilbar durch* μ. Denn aus $\varkappa = \alpha \lambda$ und $\lambda = \beta \mu$ folgt $\varkappa = (\alpha \beta) \mu$, und da α und β ganze Zahlen sind, so ist auch $\alpha \beta$ eine ganze Zahl.

Ist $\omega = x + yi$ eine ganze Zahl, so ist offenbar die conjugirte Zahl $\omega' = x - yi$ ebenfalls eine ganze Zahl, und folglich ist $N(\omega)$ theilbar durch ω. Diese Norm ist immer eine *positive* ganze Zahl, wenn ω von Null verschieden ist, und aus dem Satze über die Norm eines Productes ergiebt sich der folgende, welcher aber nicht umgekehrt werden darf:

Ist α *theilbar durch* β, *so ist* $N(\alpha)$ *auch theilbar durch* $N(\beta)$.

Unter einer *Einheit* wird jede ganze Zahl ε verstanden, welche ein Divisor der Zahl 1 ist und folglich auch in allen ganzen Zahlen aufgeht; nach dem vorstehenden Satze muss $N(\varepsilon)$ in $N(1)$, d. h. in der Zahl 1 aufgehen, und folglich muss

$$N(\varepsilon) = 1, \text{ d. h. } \varepsilon \varepsilon' = 1$$

sein; und umgekehrt leuchtet ein, dass jede ganze Zahl ε, deren Norm $= 1$ ist, gewiss eine Einheit ist. Setzt man nun $\varepsilon = x + yi$, so ist $x^2 + y^2 = 1$, und da x, y ganze rationale Zahlen sind, so ist entweder $x^2 = 1$ und $y = 0$, oder $x = 0$ und $y^2 = 1$; man erhält daher die folgenden vier Einheiten

$$\varepsilon = 1, -1, i, -i,$$

welche man auch in der Form

$$\varepsilon = i^n$$

zusammenfassen kann, wo n eine beliebige ganze rationale Zahl bedeutet. In der Theorie der rationalen Zahlen giebt es nur zwei Einheiten, nämlich die Zahlen ± 1.

Sind zwei ganze, von Null verschiedene Zahlen α, β gegenseitig durch einander theilbar, so sind die Quotienten

$$\frac{\beta}{\alpha} \text{ und } \frac{\alpha}{\beta}$$

ganze Zahlen, und da ihr Product $= 1$ ist, so sind sie nothwendig Einheiten, mithin ist $\beta = \alpha \varepsilon$, wo ε eine Einheit; umgekehrt, wenn dies der Fall ist, so ist auch $\alpha = \beta \varepsilon'$, also ist jede der beiden Zahlen α, β durch die andere theilbar. Zwei solche Zahlen heissen *associirte* Zahlen, und es leuchtet ein, dass je vier associirte Zahlen

$$\alpha,\ \alpha i,\ -\alpha,\ -\alpha i$$

bei allen Fragen der Theilbarkeit sich ganz gleich verhalten; ist nämlich eine ganze Zahl α theilbar durch eine ganze Zahl μ, so ist auch jede mit α associirte Zahl durch jede mit μ associirte Zahl theilbar. Wir sehen daher im Folgenden vier solche associirte Zahlen als nicht *wesentlich* verschieden an.

Um nun eine ausreichende Grundlage für die Theorie der Theilbarkeit in unserem Gebiete der ganzen complexen Zahlen zu gewinnen, bemerken wir zunächst, dass jede dem Körper J angehörige Zahl $\omega = x + yi$, mag sie ganz oder gebrochen sein, stets als Summe von zwei Zahlen ν und ω_1 dargestellt werden kann, von denen die erstere ν eine ganze Zahl ist, während $N(\omega_1) < 1$ wird; sondert man nämlich aus den rationalen Coordinaten x, y die nächstliegenden ganzen Zahlen r, s aus, so wird $x = r + x_1$, $y = s + y_1$, wo x_1, y_1 rationale Zahlen bedeuten, deren absolute Werthe $\leqq \frac{1}{2}$ sind; setzt man daher $\nu = r + si$, $\omega_1 = x_1 + y_1 i$, so wird $\omega = \nu + \omega_1$, wo ν eine ganze Zahl, und

$$N(\omega_1) = x_1^2 + y_1^2 \leqq \tfrac{1}{2} < 1$$

ist. Hieraus ergiebt sich unmittelbar der folgende wichtige Satz:

Ist α eine beliebige ganze, und β eine von Null verschiedene ganze Zahl, so kann man zwei ganze Zahlen γ und ν immer so wählen, dass

$$\alpha = \nu\beta + \gamma, \text{ und } N(\gamma) < N(\beta)$$

wird.

Da nämlich der Quotient der beiden Zahlen α, β eine dem Körper J angehörige Zahl ω ist, so kann man

$$\frac{\alpha}{\beta} = \nu + \omega_1, \text{ also } \alpha = \nu\beta + \beta\omega_1$$

setzen, wo ν eine ganze Zahl, und $N(\omega_1) < 1$ ist; hieraus folgt aber, dass die Zahl $\gamma = \beta\omega_1 = \alpha - \nu\beta$ ebenfalls eine ganze Zahl, und dass ihre Norm

$$N(\gamma) = N(\beta)\, N(\omega_1) < N(\beta)$$

ist, was zu beweisen war.

Mit Hülfe dieses Satzes lässt sich nun die Aufgabe behandeln, alle gemeinschaftlichen Divisoren von zwei gegebenen ganzen Zahlen α, β zu finden (vergl. §. 4); behalten nämlich ν und γ die eben festgesetzte Bedeutung, so ergiebt sich aus den obigen Elementarsätzen I. und II., dass jeder gemeinschaftliche Divisor von α, β auch gemeinschaftlicher Divisor von β, γ ist, und umgekehrt; man wird daher, wenn γ nicht $= 0$ ist, wieder zwei ganze Zahlen δ und π so bestimmen, dass

$$\beta = \pi\gamma + \delta, \text{ und } N(\delta) < N(\gamma)$$

wird, und wenn δ noch nicht $= 0$ ist, wird man auf dieselbe Weise so lange fortfahren, bis unter den successiven Divisionsresten γ, $\delta \ldots$ die Zahl Null auftritt. Dies muss nothwendig nach einer endlichen Anzahl von Operationen geschehen, weil die Normen dieser Reste ganze positive Zahlen sind, die beständig abnehmen. Ist μ der letzte von diesen Resten, welcher einen von Null verschiedenen Werth hat, so haben wir eine Kette von Gleichungen von der Form

$$\begin{aligned} \alpha &= \nu\beta + \gamma \\ \beta &= \pi\gamma + \delta \\ &\cdot\;\cdot\;\cdot\;\cdot\;\cdot \\ \varkappa &= \sigma\lambda + \mu \\ \lambda &= \tau\mu, \end{aligned}$$

aus welcher hervorgeht, dass μ gemeinschaftlicher Divisor von α, β, und dass umgekehrt jeder gemeinschaftliche Divisor von α, β nothwendig ein Divisor von μ ist. Diese Zahl μ, und ebenso jede mit ihr associirte Zahl, heisst der *grösste* gemeinschaftliche Divisor von α und β, weil er unter allen gemeinschaftlichen Divisoren die grösste Norm hat. Sind α und β *rational*, so ist μ ebenfalls rational und identisch mit derjenigen Zahl, welche in der Theorie der rationalen Zahlen der grösste gemeinschaftliche Divisor von α und β genannt wurde.

Durch Umkehrung der obigen Gleichungen, wobei man sich wieder des Euler'schen Algorithmus (§. 23) bedienen kann, ergiebt sich, dass immer zwei ganze Zahlen ξ, η existiren, welche der Bedingung

$$\alpha\xi + \beta\eta = \mu$$

genügen (im Falle $\gamma = 0$, $\mu = \beta$ kann man $\xi = 0$, $\eta = 1$ setzen), und derselbe Satz gilt offenbar auch dann, wenn μ nicht den grössten gemeinschaftlichen Theiler von α, β selbst, sondern irgend eine durch denselben theilbare Zahl bedeutet.

Nachdem für je zwei ganze Zahlen α, β (die nicht beide verschwinden) die Existenz eines grössten gemeinschaftlichen Theilers nachgewiesen, und zugleich eine Methode zur Auffindung desselben angegeben ist, leuchtet ein, dass die Lehre von der Theilbarkeit der complexen ganzen Zahlen sich ganz ähnlich gestalten muss, wie bei den rationalen Zahlen. Wir heben zunächst folgende Puncte hervor. Zwei ganze Zahlen α, β heissen *relative Primzahlen* oder Zahlen ohne gemeinschaftlichen Divisor, wenn sie ausser den vier Einheiten keinen gemeinschaftlichen Divisor besitzen; es giebt dann immer zwei ganze Zahlen ξ, η, welche der Bedingung

$$\alpha\xi + \beta\eta = 1$$

genügen, und umgekehrt folgt aus der vorstehenden Gleichung, dass α, β relative Primzahlen sind. Ist nun ω eine beliebige ganze Zahl, so ergiebt sich aus

$$\alpha(\omega\xi) + (\beta\omega)\eta = \omega,$$

dass jeder gemeinschaftliche Theiler von α und $\beta\omega$ nothwendig Divisor von ω ist (vergl. §. 5); wenn daher ω ebenfalls relative Primzahl zu α ist, so folgt, dass auch das Product $\beta\omega$ relative Primzahl zu α ist, und dieser Satz, wiederholt angewendet, liefert den folgenden:

Wenn jede der Zahlen α_1, α_2, α_3 ... relative Primzahl zu jeder der Zahlen β_1, β_2 ... ist, so sind auch die beiden Producte $\alpha_1 \alpha_2 \alpha_3$ ... und $\beta_1 \beta_2$ ... relative Primzahlen.

Aus derselben Gleichung ergeben sich offenbar auch die folgenden Sätze:

Sind α, β relative Primzahlen, und ist $\beta\omega$ theilbar durch α, so ist auch ω theilbar durch α.

Ist ω ein gemeinschaftliches Multiplum der beiden relativen Primzahlen α, β, so ist ω auch durch ihr Product $\alpha\beta$ theilbar.

Unter einer *complexen Primzahl* ist eine ganze Zahl π zu verstehen, welche keine Einheit ist, und deren Divisoren entweder mit π associirt oder Einheiten sind (vergl. §. 8). Ist nun α eine beliebige ganze Zahl, so muss einer und nur einer der beiden folgenden Fälle eintreten: entweder ist α theilbar durch die Primzahl π, oder α ist relative Primzahl zu π; denn der grösste gemeinschaftliche Theiler der beiden Zahlen α, π ist entweder associirt mit π oder eine Einheit. Mit Rücksicht auf das Vorhergehende folgt hieraus offenbar der Satz:

Wenn ein Product aus mehreren ganzen Zahlen α, β, γ ... durch eine Primzahl π theilbar ist, so geht π mindestens in einem der Factoren α, β, γ ... auf.

Jede ganze, von Null verschiedene Zahl α ist nun entweder eine Einheit, oder eine Primzahl, oder sie besitzt mindestens einen Divisor β, welcher weder eine Einheit, noch mit α associirt ist; in diesem letzten Falle heisst α eine *zusammengesetzte Zahl*, und wenn $\alpha = \beta\lambda$ gesetzt wird, so ist auch λ keine Einheit, und da $N(\alpha) = N(\beta)N(\lambda)$ ist, so ergiebt sich $N(\alpha) > N(\beta) > 1$, weil die vier Einheiten die einzigen Zahlen sind, deren Norm $= 1$ ist. Hieraus folgt leicht (vergl. §. 8), dass mindestens eine in α aufgehende Primzahl existirt; denn wenn β noch keine Primzahl, mithin eine zusammengesetzte Zahl ist, so besitzt sie wieder einen Divisor γ, der der Bedingung $N(\beta) > N(\gamma) > 1$ genügt, und wenn γ noch keine Primzahl ist, so kann man in derselben Weise so lange fortfahren, bis in der Reihe der Zahlen α, β, γ ... eine Primzahl π auftritt, was nach einer endlichen Anzahl von Zerlegungen geschehen muss, weil die Reihe der beständig abnehmenden positiven ganzen Zahlen $N(\alpha)$, $N(\beta)$, $N(\gamma)$ ... nothwendig einmal abbrechen wird. Offenbar ist nun α theilbar durch π und folglich von der Form $\pi\alpha_1$, wo α_1 entweder eine Primzahl oder eine zusammengesetzte Zahl ist; im letzteren Fall kann man wieder $\alpha_1 = \pi_1\alpha_2$, also $\alpha = \pi\pi_1\alpha_2$ setzen, wo π_1 eine Primzahl bedeutet, und wenn α_2 noch keine Primzahl, sondern eine zusammengesetzte Zahl ist, so kann man in derselben Weise fortfahren, bis in der Reihe der Zahlen α_1, α_2 ... eine Primzahl $\alpha_n = \pi_n$ auftritt, was, wie sich abermals aus der Betrachtung der Normen ergiebt, nach einer endlichen Anzahl von Zerlegungen geschehen muss. Dann ist die zusammengesetzte Zahl

$$\alpha = \pi\pi_1\pi_2 \ldots \pi_n$$

dargestellt als ein Product von $n + 1$ Factoren, welche sämmtlich Primzahlen sind. Gesetzt nun, dieselbe Zahl α sei auch ein Product aus $m + 1$ Primzahlen ϱ, ϱ_1, ϱ_2 ... ϱ_m, also

$$\pi\pi_1\pi_2 \ldots \pi_n = \varrho\varrho_1\varrho_2 \ldots \varrho_m,$$

so muss nach dem oben bewiesenen Satze die in diesem Producte α aufgehende Primzahl π nothwendig in einem der Factoren $\varrho, \varrho_1, \varrho_2 \ldots \varrho_m$, z. B. in ϱ aufgehen; da aber ϱ ebenfalls eine Primzahl ist und folglich ausser den Einheiten nur solche Divisoren besitzt, welche mit ϱ associirt sind, so muss $\pi = \varepsilon\,\varrho$ sein, wo ε eine Einheit bedeutet, und hieraus folgt durch Division mit ϱ die Gleichung

$$\varepsilon\,\pi_1\pi_2 \ldots \pi_n = \varrho_1\varrho_2 \ldots \varrho_m;$$

da nun das Product rechter Hand durch die Primzahl π_1 theilbar ist, so muss zufolge derselben Schlüsse die Zahl π_1 mit einem der Factoren dieses Productes, z. B. mit ϱ_1 associirt, also von der Form $\varepsilon_1\,\varrho_1$ sein, wo ε_1 eine Einheit bedeutet. Die durch Division mit ϱ_1 entstehende Gleichung

$$\varepsilon\,\varepsilon_1\pi_2 \ldots \pi_n = \varrho_2 \ldots \varrho_m$$

kann man offenbar in derselben Weise weiter behandeln; es ergiebt sich hieraus zunächst, dass m nicht kleiner als n ist, und dass man $\pi_2 = \varepsilon_2\varrho_2$, $\pi_3 = \varepsilon_3\varrho_3 \ldots \pi_n = \varepsilon_n\varrho_n$ setzen kann, wo ε_2, $\varepsilon_3 \ldots \varepsilon_n$ Einheiten bedeuten. Wäre nun $m > n$, so würde sich

$$\varepsilon\,\varepsilon_1\varepsilon_2 \ldots \varepsilon_n = \varrho_{n+1}\,\varrho_{n+2} \ldots \varrho_m$$

ergeben, und es wäre folglich ein Product von lauter Einheiten durch mindestens eine Primzahl ϱ_{n+1} theilbar, was unmöglich ist. Mithin ist $m = n$, und die beiden Zerlegungen der Zahl α in Primfactoren sind *wesentlich* identisch, d. h. wenn in der einen Zerlegung genau r Factoren auftreten, welche mit einer und derselben Primzahl π associirt sind, so finden sich auch in der anderen Zerlegung genau r solche mit π associirte Factoren. In diesem Sinne ist der hiermit bewiesene *Fundamentalsatz* (vergl. §. 8) zu verstehen:

Jede zusammengesetzte Zahl lässt sich stets und wesentlich nur auf eine einzige Weise als Product aus einer endlichen Anzahl von Primzahlen darstellen.

Es ist nun auch nicht schwer, sich einen deutlichen Ueberblick über alle in unserem Körper J vorhandenen complexen Primzahlen π zu verschaffen. Es giebt offenbar unendlich viele *positive* ganze Zahlen, die durch eine bestimmte Primzahl π theilbar sind (eine solche ist z. B. $N(\pi) = \pi\,\pi'$); von allen diesen Zahlen muss die *kleinste* p nothwendig eine *rationale Primzahl*, d. h. eine Primzahl des Körpers R, also eine Primzahl im alten

Sinne des Wortes sein; denn p ist > 1, weil sonst π eine Einheit wäre, und p kann auch nicht ein Product von zwei kleineren rationalen ganzen Zahlen sein, weil sonst π als Primzahl in einer derselben aufgehen müsste, was aber der Definition von p widerspricht. Jede complexe Primzahl π ist daher Divisor von einer (und offenbar auch nur von einer einzigen) rationalen Primzahl p, und es werden folglich alle complexen Primzahlen π entdeckt werden, wenn man die Divisoren aller rationalen Primzahlen p aufsucht. Es sei daher p eine positive rationale Primzahl, und π eine in p aufgehende complexe Primzahl, so ist $N(\pi)$ ein Divisor von $p^2 = N(p)$, und folglich ist $N(\pi)$ entweder $= p$ oder $= p^2$; je nachdem der erste oder zweite Fall eintritt, wollen wir π eine Primzahl *ersten* oder *zweiten Grades* nennen. Im ersten Fall ist $p = \pi\pi' = N(\pi)$ das Product aus zwei conjugirten Primzahlen ersten Grades, weil offenbar π' stets gleichzeitig mit π eine Primzahl ist; im zweiten Fall ist $p = \pi\varepsilon$, $N(\varepsilon) = 1$, also ist p associirt mit π und folglich selbst eine complexe Primzahl zweiten Grades.

Die Entscheidung über das Eintreten des einen oder anderen Falles je nach der Beschaffenheit der rationalen Primzahl p würde sich augenblicklich aus der Theorie der binären quadratischen Formen von der Determinante -1 ergeben (§. 68); allein unser Hauptziel besteht gerade darin, nachzuweisen, dass die Theorie der Formen überhaupt entbehrlich ist, oder vielmehr, dass sie auf die einfachere und zugleich tiefer eindringende Theorie der ganzen algebraischen Zahlen zurückgeführt werden kann. Wir suchen daher auch hier unsere Aufgabe selbständig zu lösen. Es leuchtet nun ein, dass der zweite Fall jedesmal Statt finden muss, wenn $p \equiv 3 \pmod{4}$ ist; denn da die Norm einer jeden ganzen complexen Zahl eine Summe von zwei ganzen rationalen Quadratzahlen ist und folglich, durch vier dividirt, den Rest 0, 1 oder 2 lässt, je nachdem beide Quadrate gerade, oder eines, oder beide ungerade sind, so kann der erste Fall höchstens dann eintreten, wenn $p = 2$, oder $p \equiv 1 \pmod{4}$ ist. Wir erhalten hiermit das erste Resultat:

Jede positive rationale Primzahl p von der Form $4h + 3$ ist eine complexe Primzahl zweiten Grades.

Der Fall $p = 2$ erledigt sich unmittelbar durch die Bemerkung, dass

$$2 = N(1 - i) = (1 - i)(1 + i) = i(1 - i)^2$$

ist, und liefert das Resultat:

Die Zahl 2 ist associirt mit dem Quadrate der Primzahl ersten Grades $1 - i$.

Es handelt sich jetzt nur noch um die rationalen Primzahlen p von der Form $4h + 1$; die Entscheidung wird sofort gegeben, sobald man aus der Theorie der rationalen Zahlen den Satz (§. 40) entlehnt, dass die Zahl -1 quadratischer Rest von jeder solchen Zahl p ist, dass also eine ganze rationale Zahl x existirt, für welche $x^2 + 1$, d. h. das Product $(x + i)(x - i)$ durch p theilbar ist; da nämlich keiner der beiden Factoren $x + i$, $x - i$ durch p theilbar ist, so kann (nach dem obigen Satze) p keine complexe Primzahl sein, und folglich ist p gewiss das Product aus zwei conjugirten Primzahlen ersten Grades π und π'. Setzt man $\pi = a + bi$, so ergiebt sich auf diese Weise der Fermat'sche Satz (§. 68)

$$p = a^2 + b^2.$$

Die beiden Primzahlen π, π' können nicht associirt sein, weil aus $a - bi = i^n (a + bi)$ entweder $b = 0$, oder $a = 0$, oder $a^2 = b^2$ folgen würde, was alles unmöglich ist. Mithin ergiebt sich das letzte Resultat:

Jede positive rationale Primzahl p von der Form $4h + 1$ *ist das Product aus zwei conjugirten, nicht associirten complexen Primzahlen ersten Grades.*

Will man aber den obigen Satz aus der Theorie der quadratischen Reste nicht voraussetzen, so ergiebt sich dasselbe Resultat im weiteren Fortgange der Theorie unserer complexen Zahlen, wie folgt. Zwei ganze complexe Zahlen α, β heissen *congruent* in Bezug auf eine dritte μ, den *Modulus*, wenn ihre Differenz $\alpha - \beta$ durch μ theilbar ist, und dies wird durch die *Congruenz*

$$\alpha \equiv \beta \pmod{\mu}$$

angedeutet. Es leuchtet dann ohne Weiteres ein, dass die elementaren Sätze über Congruenzen (§. 17) von den rationalen Zahlen unmittelbar auf die complexen Zahlen übertragen werden dürfen, und es ergiebt sich ebenso wie früher (§. 26), dass eine Congruenz n^{ten} Grades, deren Modulus eine complexe *Primzahl* ist, niemals mehr als n incongruente Wurzeln besitzen kann. Ist nun p eine positive rationale Primzahl von der Form $4h + 1$, so wird die Congruenz $(p - 1)^{\text{ten}}$ Grades

$$\omega^{p-1} \equiv 1 \pmod{p}$$

durch mindestens p incongruente Zahlen ω, nämlich durch $\omega = i$ und (nach §. 19) durch $\omega = 1, 2, 3 \ldots (p-1)$ befriedigt; mithin ist der Modulus p keine complexe Primzahl, und hieraus folgt dasselbe Resultat wie oben.

Nachdem die Grundlagen der Theorie der complexen ganzen Zahlen im Vorhergehenden gewonnen sind, wollen wir uns darauf beschränken, einige wenige Fragen zu behandeln, bei deren Auswahl uns der Wunsch leitet, gewisse Begriffe, welche in der später folgenden allgemeinen Theorie der ganzen algebraischen Zahlen auftreten werden, an dem einfachen, uns vorliegenden Beispiel des Körpers J zu entwickeln.

Ist μ eine ganze complexe und zwar von Null verschiedene Zahl, so theilen wir alle ganzen complexen Zahlen in *Zahl-Classen* ein, indem wir zwei Zahlen stets und nur dann in dieselbe Classe aufnehmen, wenn sie in Bezug auf μ congruent sind (vergl. §. 18); der Grund für die Möglichkeit einer solchen Eintheilung liegt darin, dass zwei mit einer dritten congruente Zahlen nothwendig auch mit einander congruent sind. Wir stellen uns die Aufgabe, die *Anzahl* dieser verschiedenen Classen zu bestimmen. Zu diesem Zweck betrachten wir vorläufig nur eine einzige von diesen Classen, nämlich den *Inbegriff* $\mathfrak{m}$ aller derjenigen Zahlen, welche durch μ theilbar, d. h. $\equiv 0 \pmod{\mu}$ sind. Dieser Inbegriff $\mathfrak{m}$ ist identisch mit dem System aller Zahlen von der Form $\mu\,(x + y\,i)$, wo x und y willkürliche ganze rationale Zahlen bedeuten. Auf solche *homogene lineare Formen*, in welchen die Variabelen *ganze rationale Zahlen* sind, werden wir in der Folge sehr häufig stossen, und wir wollen, wenn z. B. α, β irgend welche reelle oder complexe Constanten, x und y aber willkürliche ganze rationale Zahlen bedeuten, den *Inbegriff* aller in der Linearform $\alpha x + \beta y$ enthaltenen Werthe zur Abkürzung mit dem Symbol $[\alpha, \beta]$ bezeichnen, welches also von jetzt an in ganz anderer Bedeutung gebraucht wird, als früher bei dem Euler'schen Kettenbruch-Algorithmus. Die beiden Constanten α, β, welche wir die *Basiszahlen* des Systems $[\alpha, \beta]$ nennen, können nun auf unendlich mannigfaltige Weise abgeändert, d. h. durch andere Basiszahlen α_1, β_1 ersetzt werden, und zwar so, dass das System $[\alpha_1, \beta_1]$ vollständig identisch mit dem System $[\alpha, \beta]$ bleibt. Dies wird z. B. immer dann eintreten, wenn zwischen den beiden Paaren von Basiszahlen zwei Relationen von der Form

$$\alpha = p\,\alpha_1 + q\,\beta_1, \quad \beta = r\,\alpha_1 + s\,\beta_1$$

Statt finden, wo p, q, r, s vier ganze rationale Zahlen bedeuten, deren Determinante

$$ps - qr = \pm 1$$

ist; denn hieraus folgt umgekehrt

$$\pm \alpha_1 = s\alpha - q\beta, \quad \pm \beta_1 = -r\alpha + p\beta,$$

mithin ist jede Zahl, welche dem einen der beiden Systeme $[\alpha, \beta]$, $[\alpha_1, \beta_1]$ angehört, auch in dem anderen enthalten, was wir kurz durch $[\alpha, \beta] = [\alpha_1, \beta_1]$ ausdrücken wollen.

Eine solche Transformation der Basis wollen wir auf unseren Fall anwenden, in welchem es sich um das System

$$\mathfrak{m} = [\mu, \mu i]$$

aller durch μ theilbaren Zahlen $\mu(x + yi)$ handelt. Wir bezeichnen mit m die grösste in μ aufgehende positive ganze rationale Zahl und setzen demgemäss

$$\mu = m(p - qi), \quad \mu i = m(q + pi),$$

wo p, q ganze rationale Zahlen ohne gemeinschaftlichen Theiler bedeuten; hierauf wählen wir (nach §. 24) zwei ganze rationale Zahlen r, s, welche der Bedingung

$$ps - qr = 1$$

genügen, und setzen

$$a = p^2 + q^2, \quad b = pr + qs,$$

so ist

$$ma = p \cdot \mu + q \cdot \mu i$$
$$m(b + i) = r \cdot \mu + s \cdot \mu i,$$

und hieraus folgt nach der obigen Bemerkung, dass diese beiden Zahlen ma und $m(b + i)$ ebenfalls eine Basis des Systems $\mathfrak{m}$ bilden, d. h. es wird

$$\mathfrak{m} = [ma, m(b + i)].$$

Mit Hülfe dieser Transformation können wir leicht die Anzahl aller in Bezug auf den Modul μ incongruenten Zahlen bestimmen. Denn, wenn

$$\omega = h + ki$$

eine beliebige gegebene ganze complexe Zahl ist, so erhält man die Classe, welche aus allen mit ihr congruenten Zahlen

$$\omega_1 = h_1 + k_1 i$$

besteht, indem man

$$\omega_1 = \omega + m a x + m(b + i) y,$$

also

$$h_1 = h + m a x + m b y, \quad k_1 = k + m y$$

setzt, wo x, y alle ganzen rationalen Zahlen durchlaufen; aus der Form dieser beiden Gleichungen geht aber hervor, dass man zuerst y, hierauf x immer und nur auf eine einzige Weise so bestimmen kann, dass

$$0 \leqq k_1 < m \quad \text{und} \quad 0 \leqq h_1 < m a$$

wird. Es giebt daher in jeder Classe einen und nur einen Repräsentanten $\omega_1 = h_1 + k_1 i$, welcher den beiden vorstehenden Bedingungen genügt; mithin ist die Anzahl aller verschiedenen Classen gleich der Anzahl aller verschiedenen, diese Bedingungen erfüllenden Paare h_1, k_1, also gleich dem Producte $m^2 a = N(\mu)$ aus der Anzahl m der Werthe von k_1 und der Anzahl $m a$ der Werthe von h_1. Wir erhalten mithin das folgende Resultat:

Die Anzahl aller in Bezug auf den Modul μ incongruenten Zahlen ist $= N(\mu)$.

Es hat nun auch keine Schwierigkeit, die Anzahl $\psi(\mu)$ aller derjenigen von diesen incongruenten Zahlen zu bestimmen, welche relative Primzahlen zum Modul μ sind; diese Function $\psi(\mu)$ hat für unsere jetzige Zahlentheorie augenscheinlich dieselbe Wichtigkeit, wie die Function $\varphi(m)$ für die Theorie der rationalen Zahlen (§§. 11—14, 138); durch Betrachtungen, welche den damals angestellten ganz ähnlich sind, findet man

$$\psi(\mu) = 1,$$

wenn μ eine Einheit ist, sonst aber

$$\psi(\mu) = N(\mu) \prod \left(1 - \frac{1}{N(\pi)}\right),$$

wo das Productzeichen sich auf alle wesentlich verschiedenen, in μ aufgehenden Primzahlen π bezieht; ausserdem ist

$$\psi(\mu_1 \mu_2) = \psi(\mu_1) \psi(\mu_2),$$

wenn μ_1, μ_2 relative Primzahlen sind, und

$$\Sigma \psi(\delta) = N(\mu),$$

wo das Summenzeichen sich auf alle wesentlich verschiedenen Divisoren δ der Zahl μ bezieht. Ist ferner ω relative Primzahl zu μ, so ist stets

$$\omega^{\psi(\mu)} \equiv 1 \pmod{\mu},$$

was dem Satze von Fermat entspricht (§§. 19, 127). Wir müssen aber der Kürze halber die Durchführung der Beweise dieser Sätze dem Leser überlassen, und wir dürfen dies um so eher thun, als wir später (§. 174) dieselben Fragen in ihrer allgemeinsten Form behandeln werden.

Dagegen wollen wir noch mit einigen Worten auf den Zusammenhang eingehen, welcher zwischen der Theorie der complexen ganzen Zahlen und derjenigen der *quadratischen Formen* von der Determinante -1 besteht. Wir haben oben das System $\mathfrak{m} = [\mu, \mu i]$ aller durch μ theilbaren Zahlen in die Form $[ma, m(b+i)]$ gebracht, wo die Zahlen m, a, b nach gewissen Regeln aus der gegebenen Zahl μ abzuleiten waren; von diesen drei Zahlen waren m und a völlig bestimmt, während b von der Wahl der beiden Hülfszahlen r, s abhing; jedes andere Paar r_1, s_1, welches der Bedingung

$$p s_1 - q r_1 = 1$$

genügt, ist (nach §. 24) von der Form

$$r_1 = r + hp, \quad s_1 = s + hq,$$

wo h eine willkürliche ganze rationale Zahl bedeutet, und liefert an Stelle von b die Zahl

$$b_1 = p r_1 + q s_1 = b + ha \equiv b \pmod{a};$$

die rationalen Zahlen b_1 durchlaufen daher alle Individuen einer völlig bestimmten Zahlclasse in Bezug auf den Modul a, und es ist offenbar gleichgültig, welchen Repräsentanten b dieser Classe man wählt. Dieselbe lässt sich auch direct, ohne Zuziehung der Hülfszahlen r, s definiren; da nämlich $a = p^2 + q^2$ ist, so ergiebt sich aus der Definition von b, dass

$$pb \equiv q, \quad qb \equiv -p \pmod{a}$$

ist, und da jede der beiden gegebenen Zahlen p, q, weil sie keinen gemeinschaftlichen Theiler haben, nothwendig relative Primzahl zu a ist, so ist b durch jede einzelne dieser beiden Congruenzen vollständig bestimmt in Bezug auf den Modul a. Quadrirt man eine dieser Congruenzen und bedenkt, dass $p^2 \equiv -q^2 \pmod{a}$ ist, so ergiebt sich

$$b^2 \equiv -1 \pmod{a};$$

es ist folglich

$$b^2 = -1 + ac,$$

wo c eine ganze rationale (positive) Zahl, und (a, b, c) ist eine quadratische Form von der Determinante -1. Nun sind alle durch μ theilbaren, also in dem System $\mathfrak{m}$ enthaltenen Zahlen λ von der Form

$$\lambda = m(ax + (b+i)y),$$

wo x, y willkürliche ganze rationale Zahlen bedeuten, und durch Multiplication mit der conjugirten Zahl λ' erhält man, weil $m^2 a = N(\mu)$ ist, das Resultat

$$N(\lambda) = N(\mu)\,(ax^2 + 2bxy + cy^2).$$

Auf diese Weise führt jede bestimmte ganze complexe Zahl μ zu einer bestimmten Schaar von parallelen*) quadratischen Formen (a, b, c), deren Determinante $= -1$ ist.

Umgekehrt, wenn (a, b, c) eine solche (positive) Form, und folglich

$$ac = (b+i)(b-i)$$

ist, so bezeichnen wir mit γ den grössten gemeinschaftlichen Theiler der beiden ganzen complexen Zahlen a und $b+i$, und setzen

$$a = \alpha\gamma, \quad b + i = \beta\gamma;$$

da nun α, β relative Primzahlen sind und beide in der Zahl $\alpha c = \beta(b-i)$ aufgehen, so muss diese durch das Product $\alpha\beta$ theilbar sein, und folglich ist

$$c = \beta\delta, \quad b - i = \alpha\delta,$$

wo δ ebenfalls eine ganze complexe Zahl bedeutet. Ersetzt man, was stets erlaubt ist, alle hier auftretenden Zahlen durch die conjugirten Zahlen, so ergiebt sich

$$a = \alpha'\gamma', \quad b + i = \alpha'\delta',$$

und da γ der grösste gemeinschaftliche Theiler dieser beiden Zahlen ist, so muss die in beiden aufgehende Zahl α' nothwendig auch in γ aufgehen; setzt man demgemäss

$$\gamma = \varepsilon\alpha',$$

so folgt

$$a = \varepsilon\alpha\alpha' = \varepsilon N(\alpha),$$

mithin ist ε eine *positive* ganze Zahl, und da dieselbe in γ, also auch in $b+i$ aufgeht, so muss sie $= 1$ sein. Wir erhalten daher $\gamma = \alpha'$, also

$$a = \alpha\alpha' = N(\alpha), \quad b + i = \beta\alpha';$$

---

*) Vergl. §. 56, Anmerkung.

da aber $b + i = \alpha' \delta'$, so folgt $\delta' = \beta$, $\delta = \beta'$, mithin

$$c = \beta \beta' = N(\beta), \quad b - i = \alpha \beta'.$$

Man setze nun

$$\alpha = p + qi, \quad \beta = r + si,$$

so folgt

$$a = p^2 + q^2, \quad c = r^2 + s^2$$

$$b = pr + qs, \quad 1 = ps - qr,$$

mithin geht die Form (1, 0, 1) durch die Substitution $\binom{p,\ r}{q,\ s}$ in die Form (a, b, c) über (§. 54); unsere Theorie der ganzen complexen Zahlen liefert also unmittelbar den Beweis, dass alle (positiven) Formen von der Determinante -1 äquivalent sind (§. 68). —

Genau in derselben Weise, wie hier die ganzen complexen Zahlen $x + yi$ untersucht sind, würden sich noch manche andere Gebiete von ganzen Zahlen behandeln lassen. Bedeutet z. B. θ eine Wurzel von einer der folgenden acht quadratischen Gleichungen

$$\theta^2 + \theta + 1 = 0, \ \theta^2 + \theta + 2 = 0, \ \theta^2 + 2 = 0, \ \theta^2 + \theta + 3 = 0,$$

$$\theta^2 + \theta - 1 = 0, \ \theta^2 - 2 = 0, \ \theta^2 - 3 = 0, \ \theta^2 + \theta - 3 = 0,$$

und lässt man x, y alle ganzen und gebrochenen rationalen Zahlen durchlaufen, so bilden die entsprechenden Zahlen von der Form $x + y\theta$ einen quadratischen Körper; nach der allgemeinsten Definition der *ganzen algebraischen Zahl*, welche wir im nächsten Paragraphen aufstellen werden, sind von diesen Zahlen $x + y\theta$ alle und nur diejenigen als ganze Zahlen anzusehen, deren Coordinaten x, y *ganze* rationale Zahlen sind. In jedem der acht auf diese Weise gebildeten Gebiete $[1, \theta]$ von ganzen algebraischen Zahlen gelten nun dieselben Fundamentalgesetze über die Theilbarkeit und die Zusammensetzung der Zahlen aus solchen Zahlen, welche den Namen von Primzahlen verdienen. Dies ergiebt sich sofort durch die Bemerkung, dass in allen diesen Fällen der grösste gemeinschaftliche Theiler von zwei solchen ganzen Zahlen sich durch den bekannten Divisionsprocess finden lässt; man erkennt auch eben so leicht den Zusammenhang dieser Zahlgebiete mit den quadratischen Formen theils erster, theils zweiter Art (§. 61), deren Determinanten die acht Zahlen

$$-3, -7, -2, -11,$$

$$+5, +2, +3, +13$$

sind. In den letzten vier Fällen giebt es zwar unendlich viele Einheiten (welche den sämmtlichen Lösungen der Pell'schen Gleichung entsprechen), doch wird hierdurch die Theorie dieser Gebiete nicht wesentlich erschwert. Die genannten Formen bilden jedesmal eine einzige Classe; nur für die Determinante + 3 giebt es zwei Classen, welche aber durch Multiplication mit — 1 in einander übergehen (vergl. §§. 175, 176).

Es giebt ferner Zahlengebiete, in welchen zwar der genannte Divisionsprocess (wenigstens in seiner obigen, einfachsten Form) *nicht* mehr gelingt, in welchen aber *dennoch* dieselben Gesetze der Zusammensetzung der Zahlen aus Primzahlen gelten. Ein Beispiel hierzu liefert das Gebiet der ganzen Zahlen von der Form $x + y\theta$, wo θ eine Wurzel der Gleichung

$$\theta^2 + \theta + 5 = 0$$

ist; die entsprechenden quadratischen Formen zweiter Art von der Determinante — 19 bilden wieder nur eine einzige Classe.

Gänzlich anders verhält es sich aber z. B. mit dem Gebiete $[1, \theta]$ der ganzen Zahlen von der Form $x + y\theta$, wo θ eine Wurzel der Gleichung

$$\theta^2 + 5 = 0$$

bedeutet, und x, y wieder alle ganzen rationalen Zahlen durchlaufen. Hier gelingt der genannte Divisionsprocess nicht mehr, und zugleich tritt hier zum ersten Male die eigenthümliche Erscheinung auf, dass Zahlen, welche nicht weiter in Factoren von kleinerer Norm zerlegt werden können, doch nicht den Charakter von eigentlichen Primzahlen besitzen, dass vielmehr eine und dieselbe Zahl häufig auf mehrere, wesentlich verschiedene Arten als Product von solchen unzerlegbaren Zahlen dargestellt werden kann; es ist z. B. die Zahl 6 gleich

$$2 \,.\, 3 = (1 + \theta)\,(1 - \theta),$$

und jede der vier Zahlen 2, 3, $1 \pm \theta$ eine unzerlegbare Zahl*). Die entsprechenden quadratischen Formen von der Determinante — 5 zerfallen in *zwei* verschiedene Classen, als deren Repräsentanten die Formen (1, 0, 5) und (2, 1, 3) angesehen werden können (§. 71), und hiermit hängt die eben beschriebene Erscheinung untrennbar zusammen.

Dieselbe Erscheinung tritt bei unendlich vielen anderen Gebieten von ganzen algebraischen Zahlen in Körpern zweiten oder höheren Grades auf; in allen diesen Fällen schien es ein durchaus hoff-

*) Vergl. §. 167.

nungsloses Unternehmen, die Zusammensetzung und Theilbarkeit der Zahlen auf einfache Gesetze zurückführen zu wollen. Allein, wie es sich bei ähnlicher Lage der Dinge schon öfter in der Entwicklung der mathematischen Wissenschaften ereignet hat, so ist auch hier diese scheinbar unüberwindliche Schwierigkeit zur Quelle einer wahrhaft grossen und folgenschweren Entdeckung geworden; in der That fand *Kummer* *) bei der Untersuchung derjenigen Zahlengebiete, auf welche das Problem der Kreistheilung führt, dass die alten Euclidischen Gesetze der Theilbarkeit auch in diesen Gebieten ihre volle Geltung wiedererlangen, sobald dieselben durch die Einführung neuer Zahlen, die er *ideale Zahlen* nannte, vervollständigt werden. Dasselbe Resultat für *jedes*, aus einer beliebigen algebraischen Gleichung entspringende Gebiet von ganzen Zahlen zu erreichen, ist nun die Aufgabe, die wir in diesem letzten Supplemente des vorliegenden Werkes behandeln und dadurch lösen wollen, dass wir die *Grundlagen einer allgemeinen Zahlentheorie* entwickeln, welche alle speciellen Fälle ohne Ausnahme umfasst.

§. 160.

Wir beginnen unsere allgemeine Theorie mit folgenden Definitionen. Eine Zahl α heisst eine *algebraische Zahl*, wenn sie die Wurzel einer algebraischen Gleichung ist, d. h. einer Gleichung von der Form

$$\alpha^r + a_1 \alpha^{r-1} + a_2 \alpha^{r-2} + \cdots + a_{r-1} \alpha + a_r = 0, \qquad (1)$$

welche einen endlichen Grad r und *rationale* Coefficienten a_1, $a_2 \ldots a_{r-1}$, a_r besitzt, während der höchste Coefficient immer $= 1$ vorausgesetzt wird; sie heisst eine *ganze algebraische Zahl* oder kürzer eine *ganze Zahl*, wenn sie einer Gleichung von der vorstehenden Form genügt, deren Coefficienten a_1, $a_2 \ldots a_{r-1}$, a_r sämmtlich *ganze* rationale Zahlen sind; jede andere, nicht ganze algebraische Zahl heisst eine *gebrochene Zahl*.

Um jedes Missverständniss zu vermeiden, bemerken wir zunächst, dass jede algebraische Zahl immer unendlich vielen verschiedenen algebraischen Gleichungen genügt; denn man erhält z. B. aus der obigen Gleichung immer eine neue algebraische Gleichung, wenn man sie mit einem beliebig gewählten Aggregat

*) *Zur Theorie der complexen Zahlen* (Crelle's Journal Bd. 35).

$$\alpha^m + x_1 \alpha^{m-1} + \cdots + x_{m-1}\alpha + x_m$$

multiplicirt, dessen Coefficienten $x_1, x_2 \ldots x_m$ rationale Zahlen sind; unter allen Gleichungen, denen eine und dieselbe Zahl α genügt, hat diejenige die grösste Wichtigkeit, welche den niedrigsten Grad besitzt, und wir werden später sehen, dass die Coefficienten dieser Gleichung gewiss ganze Zahlen sind, wenn α eine ganze Zahl ist; für jetzt wollen wir aber nur darauf aufmerksam machen, dass, wenn etwa einer oder mehrere der Coefficienten $a_1, a_2 \ldots a_{r-1}, a_r$ der Gleichung (1) gebrochene rationale Zahlen sein sollten, hieraus allein noch keineswegs folgt, dass die Zahl α selbst eine gebrochene Zahl ist; denn dieselbe Zahl α kann recht wohl einer anderen Gleichung mit lauter ganzen Coefficienten genügen, also eine ganze Zahl sein. So z. B. genügt die Zahl $\alpha = \sqrt{2} = 1{,}4142136\ldots$ der Gleichung

$$\alpha^3 + \tfrac{1}{2}\alpha^2 - 2\alpha - 1 = 0,$$

in welcher ein Coefficient gebrochen ist; sie genügt aber auch der Gleichung

$$\alpha^2 - 2 = 0$$

und ist folglich eine ganze Zahl.

Sodann ist es erforderlich uns zu versichern, dass der neue, erweiterte Begriff der ganzen Zahl mit dem alten, engeren Sinn desselben Wortes niemals in Widerspruch gerathen kann. Zunächst leuchtet ein, dass jede ganze rationale Zahl g auch eine ganze algebraische Zahl α, nämlich die Wurzel α der Gleichung $\alpha - g = 0$ ist; wir müssen aber auch umgekehrt beweisen, dass jede ganze algebraische Zahl α, welche zugleich im Körper R der rationalen Zahlen enthalten ist, auch eine ganze rationale Zahl, d. h. eine ganze Zahl im alten Sinn des Wortes ist. Dies geschieht leicht auf folgende Weise. Da α eine ganze algebraische Zahl ist, so genügt sie einer Gleichung von der Form (1), in welcher die Coefficienten $a_1, a_2 \ldots a_{r-1}, a_r$ ganze rationale Zahlen sind; da ferner α eine rationale Zahl ist, so kann man

$$\alpha = \frac{m}{n}$$

setzen, wo m und n ganze rationale Zahlen ohne gemeinschaftlichen Theiler sind; multiplicirt man nun die Gleichung (1) mit n^r, so ergiebt sich, dass m^r theilbar durch n ist; da aber m und folglich auch m^r relative Primzahl zu n ist, so folgt aus dieser Theilbarkeit, dass $n = \pm 1$, also $\alpha = \pm m$ ist, was zu beweisen war.

Genau auf dieselbe Weise würde sich auch zeigen lassen, dass jede ganze algebraische Zahl α, welche dem im vorigen Paragraphen behandelten Körper J angehört, nothwendig eine ganze complexe Zahl ist, und umgekehrt leuchtet ein, dass jede ganze complexe Zahl $\alpha = x + yi$ die Wurzel einer Gleichung von der Form

$$\alpha^2 - 2x\alpha + (x^2 + y^2) = 0$$

und folglich eine ganze algebraische Zahl ist.

Nach diesen Vorbemerkungen wollen wir zu der genaueren Untersuchung der ganzen Zahlen übergehen und zunächst die folgenden Fundamentalsätze beweisen.

1. *Die ganzen Zahlen reproduciren sich durch Addition, Subtraction und Multiplication, d. h. die Summen, Differenzen und Producte von je zwei ganzen Zahlen α, β sind ebenfalls ganze Zahlen.*

Beweis. Da α, β ganze Zahlen sind, so gelten zwei Gleichungen von der Form

$$\begin{aligned} \alpha^r &= x_0 + x_1\alpha + x_2\alpha^2 + \cdots + x_{r-1}\alpha^{r-1} \\ \beta^s &= y_0 + y_1\beta + y_2\beta^2 + \cdots + y_{s-1}\beta^{s-1} \end{aligned} \tag{2}$$

in welchen die Coefficienten $x_0, x_1 \ldots x_{r-1}, y_0 \ldots y_{s-1}$ sämmtlich ganze rationale Zahlen sind. Wir setzen $rs = n$ und bezeichnen mit

$$\omega_1, \omega_2 \ldots \omega_{n-1}, \omega_n$$

die n Producte von der Form

$$\alpha^{r'}\beta^{s'},$$

welche man erhält, wenn man jede der r Potenzen

$$1, \alpha, \alpha^2 \ldots \alpha^{r-1}$$

mit jeder der s Potenzen

$$1, \beta, \beta^2 \ldots \beta^{s-1}$$

multiplicirt. Ist nun ω eine beliebige der drei Zahlen $\alpha + \beta$, $\alpha - \beta$, $\alpha\beta$, so leuchtet ein, dass jedes der n Producte

$$\omega\omega_1, \omega\omega_2 \ldots \omega\omega_n$$

entweder unmittelbar in der Form

$$h_1\omega_1 + h_2\omega_2 + \cdots + h_n\omega_n$$

enthalten ist, wo $h_1, h_2 \ldots h_n$ ganze rationale Zahlen bedeuten, oder doch (falls $r' = r - 1$ oder $s' = s - 1$ ist) mit Zuziehung der Gleichungen (2) auf diese Form gebracht werden kann. Aus den so erhaltenen n Gleichungen

$$\begin{aligned} \omega\,\omega_1 &= h_1'\,\omega_1 + h_2'\,\omega_2 + \cdots + h_n'\,\omega_n \\ \omega\,\omega_2 &= h_1''\,\omega_1 + h_2''\,\omega_2 + \cdots + h_n''\,\omega_n \\ &\cdots\cdots\cdots\cdots \\ \omega\,\omega_n &= h_1^{(n)}\,\omega_1 + h_2^{(n)}\,\omega_2 + \cdots + h_n^{(n)}\,\omega_n \end{aligned} \qquad (3)$$

folgt aber durch Elimination der n Grössen $\omega_1, \omega_2 \ldots \omega_n$, unter denen sich die von Null verschiedene Zahl 1 befindet, die Gleichung

$$\begin{vmatrix} h_1' - \omega, & h_2' \cdots\cdots & h_n' \\ h_1'' \quad , & h_2'' - \omega \cdots & h_n'' \\ \cdots & \cdots & \cdots \\ h_1^{(n)} \quad , & h_2^{(n)} \cdots\cdots & h_n^{(n)} - \omega \end{vmatrix} = 0; \qquad (4)$$

entwickelt man die Determinante nach Potenzen von ω und multiplicirt mit $(-1)^n$, so nimmt diese Gleichung folgende Form an

$$\omega^n + k_1\,\omega^{n-1} + k_2\,\omega^{n-2} + \cdots + k_{n-1}\,\omega + k_n = 0,$$

wo die Coefficienten $k_1, k_2 \ldots k_{n-1}, k_n$ durch Addition, Subtraction und Multiplication aus den n^2 mit h bezeichneten ganzen rationalen Zahlen gebildet und folglich ebenfalls ganze rationale Zahlen sind. Mithin ist ω eine ganze Zahl, was zu beweisen war.

Offenbar gelangt man durch wiederholte Anwendung dieses Satzes zu dem allgemeineren Resultat, dass jede ganze Function von beliebig vielen Variabelen, deren Coefficienten lauter ganze Zahlen sind, immer zu einer ganzen Zahl wird, sobald für die Variabelen ganze Zahlen substituirt werden. Ausser dieser Eigenschaft, welche unsere allgemeinen ganzen Zahlen mit den rationalen ganzen Zahlen gemein haben, besitzen die ersteren aber noch eine weitere Reproduction, welche in dem folgenden Satze enthalten ist:

2. *Jede Wurzel ω einer Gleichung, deren höchster Coefficient* $= 1$, *und deren übrige Coefficienten ganze Zahlen sind, ist ebenfalls eine ganze Zahl.*

Beweis. Zufolge der Annahme ist ω die Wurzel einer Gleichung von der Form

$$\omega^m + \alpha\,\omega^{m-1} + \beta\,\omega^{m-2} + \cdots + \varepsilon = 0, \qquad (5)$$

wo $\alpha, \beta \ldots \varepsilon$ ganze Zahlen, d. h. Wurzeln von Gleichungen

$$\begin{aligned} \alpha^r + a_1\,\alpha^{r-1} + \cdots + a_r &= 0 \\ \beta^s + b_1\,\beta^{s-1} + \cdots + b_s &= 0 \\ \cdots\cdots\cdots & \\ \varepsilon^v + e_1\,\varepsilon^{v-1} + \cdots + e_v &= 0 \end{aligned} \qquad (6)$$

mit ganzen rationalen Coefficienten $a, b \dots e$ sind. Wir setzen $n = m r s \dots v$ und bezeichnen mit $\omega_1, \omega_2 \dots \omega_n$ alle n Producte von der Form

$$\omega^{m'} \alpha^{r'} \beta^{s'} \dots \varepsilon^{v'},$$

welche man erhält, wenn man aus jeder der Reihen

$$\begin{array}{l} 1, \omega, \omega^2 \dots \omega^{m-1} \\ 1, \alpha, \alpha^2 \dots \alpha^{r-1} \\ 1, \beta, \beta^2 \dots \beta^{s-1} \\ \cdot \quad \cdot \quad \cdot \quad \cdot \quad \cdot \quad \cdot \quad \cdot \quad \cdot \\ 1, \varepsilon, \varepsilon^2 \dots \varepsilon^{v-1} \end{array}$$

ein beliebiges Glied $\omega^{m'}, \alpha^{r'}, \beta^{s'} \dots \varepsilon^{v'}$ als Factor wählt. Dann leuchtet wieder ein, dass jedes der n Producte

$$\omega\,\omega_1, \quad \omega\,\omega_2 \dots \omega\,\omega_n$$

entweder unmittelbar in der Form

$$h_1\,\omega_1 + h_2\,\omega_2 + \cdots + h_n\,\omega_n$$

enthalten ist, wo $h_1, h_2 \dots h_n$ ganze rationale Zahlen bedeuten, oder doch (falls $m' = m - 1$ ist) mit Zuziehung der Gleichungen (5) und (6) auf diese Form gebracht werden kann; und hieraus folgt genau wie bei dem Beweise des vorhergehenden Satzes, dass ω eine ganze Zahl ist, was zu beweisen war.

Als einen speciellen Fall, von welchem wir öfter Gebrauch machen werden, erwähnen wir den folgenden Satz: ist α eine ganze Zahl, und sind r, s ganze positive rationale Zahlen, so ist auch $\sqrt[r]{\alpha^s}$ eine ganze Zahl.

§. 161.

Eine ganze Zahl α heisst *theilbar* durch eine ganze Zahl β, wenn $\alpha = \beta\gamma$, und γ ebenfalls eine ganze Zahl ist, und ebenso übertragen wir die anderen Ausdrucksarten, welche in der Theorie der rationalen Zahlen zur Bezeichnung der Theilbarkeit einer Zahl durch eine andere gebräuchlich sind, auf unser Gebiet von ganzen Zahlen. Zunächst ergeben sich wieder dieselben beiden *Elementarsätze.*

I. *Sind α und β theilbar durch μ, so sind auch die Zahlen $\alpha + \beta$ und $\alpha - \beta$ theilbar durch μ.*

II. *Ist $\varkappa$ theilbar durch λ, und λ theilbar durch μ, so ist auch $\varkappa$ theilbar durch μ.*

Die Beweise derselben beruhen offenbar auf der im ersten Satze des vorigen Paragraphen bewiesenen Reproduction der ganzen Zahlen durch Addition, Subtraction und Multiplication (vergl. §§. 3, 159).

Unter einer *Einheit* verstehen wir jede ganze Zahl, welche in der Zahl 1 und folglich auch in jeder ganzen Zahl aufgeht. Offenbar ist ein Product von beliebig vielen Einheiten immer wieder eine Einheit, und da der reciproke Werth einer Einheit, ferner jede Wurzel aus einer Einheit ebenfalls eine Einheit ist, so reproduciren sich die Einheiten durch Multiplication, Division und Wurzelausziehung. Es giebt unendlich viele Einheiten; denn jede Wurzel einer Gleichung, deren höchster und niedrigster Coefficient Einheiten, und deren übrige Coefficienten beliebige ganze Zahlen sind, ist immer wieder eine Einheit.

Wenn zwei ganze, von Null verschiedene Zahlen α, β gegenseitig durch einander theilbar sind, so sind ihre beiden Quotienten ganze Zahlen und zwar Einheiten, weil ihr Product $= 1$ ist. Es ist folglich $\beta = \alpha\varepsilon$, wo ε eine Einheit bedeutet; umgekehrt, wenn dies der Fall ist, so ist $1 = \varepsilon\varepsilon'$, wo ε' ebenfalls eine Einheit bedeutet, und folglich $\alpha = \beta\varepsilon'$. Zwei solche Zahlen α, β sollen *associirte* Zahlen heissen; aus dieser Definition ergiebt sich sofort, dass zwei mit einer dritten associirte Zahlen auch mit einander associirt sind, und hierauf beruht die Möglichkeit einer Eintheilung aller ganzen Zahlen in Systeme von associirten Zahlen, in der Weise, dass zwei beliebige ganze Zahlen demselben oder zwei verschiedenen Systemen zugetheilt werden, je nachdem sie associirt sind oder nicht. So lange es sich nur um die Theilbarkeit der Zahlen handelt, verhalten sich alle mit einander associirten Zahlen wie eine einzige Zahl; denn, wenn α durch μ theilbar ist, so ist auch jede mit α associirte Zahl theilbar durch jede mit μ associirte Zahl.

Die Definition von relativen Primzahlen kann auf verschiedene Arten gefasst werden; diejenige, welche uns augenblicklich am weitesten führen wird, obwohl sie etwas formell ist und deshalb wohl nicht als die beste bezeichnet werden darf, lautet folgendermassen: Zwei ganze Zahlen α, β heissen *relative Primzahlen*, wenn es zwei ganze Zahlen ξ, η giebt, welche der Bedingung

$$\alpha\xi + \beta\eta = 1$$

genügen. In der That gewinnt man hieraus leicht die folgenden Sätze:

Ist α relative Primzahl zu β und zu γ, so ist α auch relative Primzahl zu dem Product $\beta\gamma$.

Denn zufolge der Annahme existiren ganze Zahlen ξ, η, ξ', η', welche den Bedingungen

$$\alpha\xi + \beta\eta = 1, \quad \alpha\xi' + \gamma\eta' = 1$$

genügen, und hieraus folgt durch Multiplication die Existenz von zwei ganzen Zahlen

$$\xi'' = \alpha\xi\xi' + \beta\eta\xi' + \gamma\xi\eta', \quad \eta'' = \eta\eta',$$

welche der Bedingung

$$\alpha\xi'' + (\beta\gamma)\eta'' = 1$$

genügen, was zu beweisen war. Durch wiederholte Anwendung dieses Satzes ergiebt sich seine Verallgemeinerung:

Ist jede der Zahlen $\alpha_1, \alpha_2, \alpha_3 \ldots$ relative Primzahl zu jeder der Zahlen $\beta_1, \beta_2 \ldots$, so sind die Producte $\alpha_1\alpha_2\alpha_3 \ldots$ und $\beta_1\beta_2 \ldots$ relative Primzahlen.

Multiplicirt man ferner die obige Gleichung, welche ausdrückt, dass α, β relative Primzahlen sind, mit einer beliebigen ganzen Zahl ω, so erhält man $\omega = \alpha\omega\xi + \beta\omega\eta$, woraus sich ohne Weiteres die folgenden Sätze ergeben:

Sind α, β relative Primzahlen, und ist $\beta\omega$ theilbar durch α, so ist auch ω theilbar durch α.

Ist ω ein gemeinschaftliches Multiplum von zwei relativen Primzahlen α, β, so ist ω auch durch das Product $\alpha\beta$ theilbar.

Es leuchtet ferner ein, dass, wenn α, β relative Primzahlen sind, auch jeder Divisor von α relative Primzahl zu jedem Divisor von β ist; und so liessen sich noch sehr viele andere Sätze aus den vorhergehenden durch Combination ableiten, die wir aber übergehen, weil sie uns doch keinen wesentlichen Dienst leisten würden. Auf einen Punct müssen wir indessen hier noch aufmerksam machen. Offenbar ergiebt sich aus der obigen Definition auch der folgende Satz:

Jeder gemeinschaftliche Divisor von zwei relativen Primzahlen ist nothwendig eine Einheit.

Ob aber auch die Umkehrung dieses Satzes gilt, ob also zwei ganze Zahlen, welche ausser den Einheiten keine gemeinschaftlichen Divisoren besitzen, immer relative Primzahlen im Sinne der obigen Definition sind, dies zu entscheiden sind wir mit den augenblicklich uns zu Gebote stehenden Hülfsmitteln noch nicht im Stande. Erst später (§. 175) wird uns dies gelingen, und zwar werden wir folgenden allgemeinen Satz beweisen:

Zwei beliebige ganze Zahlen α, β besitzen immer einen gemeinschaftlichen Divisor δ, welcher in der Form $\alpha\xi + \beta\eta$ darstellbar ist, wo ξ, η ganze Zahlen bedeuten, und diese Zahl δ wird folglich durch jeden gemeinschaftlichen Theiler von α und β theilbar sein.

Hieraus ergiebt sich dann sofort, dass die eben aufgeworfene Frage zu bejahen ist, und man wird die obige Definition, ohne ihren Inhalt zu ändern, durch folgende einfachere ersetzen können: zwei ganze Zahlen heissen relative Primzahlen, wenn sie ausser den Einheiten keinen gemeinschaftlichen Divisor besitzen.

Wenden wir uns bei dieser vorläufigen Orientirung im Gebiete aller ganzen Zahlen endlich noch zu dem Begriffe der *Primzahl*, so würden wir nach Analogie der Theorie der rationalen Zahlen unter einer Primzahl eine solche ganze Zahl α verstehen, welche keine Einheit ist, und deren sämmtliche Divisoren entweder Einheiten oder mit α associirt sind. Allein es folgt aus dem zweiten Satze des vorigen Paragraphen, dass diese Bedingungen einen Widerspruch enthalten, dass also eine solche Zahl gar nicht existiren kann; denn wenn die ganze Zahl α keine Einheit ist, so ist auch die ganze Zahl $\sqrt{\alpha}$ keine Einheit, und sie ist auch nicht associirt mit α, aber sie ist ein Divisor von α. Ueberhaupt geht aus dem genannten Satze leicht hervor, dass jede ganze Zahl, die keine Einheit ist, immer und zwar auf unendlich viele wesentlich verschiedene Arten in eine beliebig vorgeschriebene Anzahl von ganzen Factoren zerlegt werden kann, von denen keiner eine Einheit ist. In dem von uns bis jetzt betrachteten, aus *allen* ganzen Zahlen bestehenden Gebiete findet daher eine unbeschränkte Zerlegbarkeit Statt.

Das System aller ganzen Zahlen ist ein Theil von dem System aller algebraischen Zahlen*), und man überzeugt sich leicht, dass

*) Dass es ausser den algebraischen noch andere, sogenannte *transcendente* Zahlen giebt, ist meines Wissens zuerst von *Liouville* bewiesen (*Sur des classes très-étendues de quantités dont la valeur n'est ni algébrique, ni même réductible à des irrationnelles algébriques*; Journ. de Math. t. XVI, 1851). Einen anderen Beweis findet man in der Abhandlung von *G. Cantor:*

das letztere einen *Körper* bildet; denn aus dem Beweise des ersten Satzes im vorigen Paragraphen geht hervor, dass die Summen, Differenzen und Producte von je zwei algebraischen Zahlen, mögen sie ganz oder gebrochen sein, jedenfalls wieder algebraische Zahlen sind, und ausserdem leuchtet unmittelbar ein, dass der reciproke Werth einer von Null verschiedenen algebraischen Zahl, folglich auch jeder Quotient von zwei algebraischen Zahlen ebenfalls eine algebraische Zahl ist. Um nun von diesem Körper, in welchem die ganzen Zahlen, wie wir gesehen haben, eine unbeschränkte Zerlegbarkeit besitzen, zu solchen Gebieten zu gelangen, innerhalb deren die Zerlegbarkeit eine begrenzte ist, müssen wir aus dem Körper aller algebraischen Zahlen Körper von viel einfacherer Constitution aussondern, welche wir *endliche* Körper nennen, und deren Beschaffenheit wir in den nächsten Paragraphen beschreiben wollen.

§. 162.

Es ist schon oben bemerkt, dass eine und dieselbe algebraische, ganze oder gebrochene Zahl θ unendlich vielen verschiedenen Gleichungen genügt; dies können wir auch so ausdrücken, dass es unendlich viele, mit rationalen Coefficienten behaftete, ganze Functionen von einer *Variabelen* t giebt, welche für $t = \theta$ verschwinden. Unter diesen Functionen muss es offenbar eine solche geben

$$f(t) = t^n + a_1 t^{n-1} + a_2 t^{n-2} + \cdots + a_n, \tag{1}$$

Ueber eine Eigenschaft des Inbegriffes aller reellen algebraischen Zahlen (Borchardt's Journal Bd. 77). Man vermuthet, dass die Ludolph'sche Zahl π eine solche transcendente Zahl ist; allein selbst die viel einfachere Frage über die Möglichkeit der geometrischen Quadratur des Cirkels, d. h. die Frage, ob die Zahl π die Wurzel einer solchen algebraischen Gleichung ist, welche durch eine Kette von Gleichungen zweiten Grades auflösbar ist, hat bis auf den heutigen Tag noch nicht entschieden werden können (vergl. *Euler: De relatione inter ternas pluresve quantitates instituenda.* §. 10. Opusc. anal. T. II, 1785). Dagegen hat *Ch. Hermite* (in der Abhandlung *Sur la fonction exponentielle,* 1874) zuerst den strengen Beweis geliefert, dass die Basis e des natürlichen Logarithmensystems eine *transcendente* Zahl ist.

welche von allen den *niedrigsten Grad* n und zugleich die Zahl 1 zum höchsten Coefficienten hat.

Um die Bedeutung einer solchen Function $f(t)$ und der ihr entsprechenden Gleichung

$$f(\theta) = 0 \tag{2}$$

in das rechte Licht zu setzen, erinnern wir zunächst an einige sehr bekannte Eigenschaften aller, mit *beliebigen* Coefficienten behafteten, ganzen Functionen von t. Diese Functionen reproduciren sich durch Addition, Subtraction und Multiplication, und von zwei solchen Functionen A, B heisst die erstere *theilbar* durch die letztere, wenn identisch $A = MB$, und M ebenfalls eine ganze Function von t ist. Jede von Null verschiedene Constante muss als eine ganze Function vom Grade Null angesehen werden, und da sie in jeder ganzen Function aufgeht, so spielt sie bei diesen Betrachtungen die Rolle einer Einheit; die Zahl Null selbst, wenn sie als eine ganze Function von t aufgefasst wird, ist als *gradlos* anzusehen. Ist A eine beliebige, B aber eine von Null verschiedene ganze Function, so gelangt man durch Division immer zu einer Identität von der Form

$$A = MB + C,$$

wo M und C, der sogenannte Quotient und Rest, zwei völlig bestimmte ganze Functionen sind, deren letztere von *niedrigerem Grade* als B ist oder identisch verschwindet; im letzteren Falle, und nur in diesem, ist A theilbar durch B; die Coefficienten von M und C werden stets durch *rationale* Operationen, d. h. durch Addition, Subtraction, Multiplication und Division aus den Coefficienten von A und B abgeleitet. Es liegt nun auf der Hand, dass man, genau wie in der Theorie der rationalen oder complexen ganzen Zahlen (§§. 4, 23, 159) durch eine endliche Kette solcher Divisionen den sogenannten grössten gemeinschaftlichen Theiler H von A und B findet; und durch Umkehrung dieser Kette, wobei wieder der Euler'sche Algorithmus anzuwenden ist, erhält man eine Identität von der Form

$$AA_1 + BB_1 = H,$$

wo A_1, B_1 ganze Functionen bedeuten, deren Coefficienten, wie diejenigen von H, auf rationale Weise aus denen von A und B gebildet sind. Ist H eine Constante, so heissen A und B relative Primfunctionen oder auch Functionen ohne gemeinschaftlichen

Theiler, und man darf in der vorstehenden Gleichung, ohne die eben genannte Eigenschaft der Coefficienten von A_1, B_1 aufzugeben, $H = 1$ annehmen.

Nach dem von *Gauss* zuerst bewiesenen Fundamentalsatze der Algebra lässt sich jede ganze Function von höherem als dem ersten Grade stets und wesentlich nur auf eine einzige Weise als ein Product von ganzen Functionen *ersten* Grades darstellen; es werden daher in der Theorie der Theilbarkeit der ganzen Functionen, so lange man *alle* existirenden Zahlen als Coefficienten zulässt, nur die linearen Functionen, diese aber auch alle, die Rolle von Primfunctionen spielen. Ganz anders aber verhält es sich, wenn man nur das Gebiet aller derjenigen ganzen Functionen untersucht, deren Coefficienten sämmtlich einem bestimmten *Körper*, z. B. dem Körper R der *rationalen* Zahlen angehören, auf welchen einfachsten Fall wir uns *hier* beschränken dürfen. Es leuchtet ein, dass man von je zwei solchen Functionen A, B durch die genannten rationalen Operationen immer wieder zu ganzen Functionen

$$A \pm B,\ AB,\ M,\ C,\ H,\ A_1,\ B_1$$

geführt wird, deren Coefficienten ebenfalls rationale Zahlen sind; aber es ist *nicht* mehr möglich, jede solche Function als Product von linearen Factoren mit rationalen Coefficienten darzustellen. In diesem Gebiete giebt es vielmehr unendlich viele Functionen von jedem Grade $n > 0$, die durch keine ähnliche Function niedrigeren Grades (ausser den Constanten) theilbar sind, und jede solche Function soll eine *irreductibele* oder eine *Primfunction* (in Bezug auf den Körper R) heissen, weil sie in unserem Functionen-Gebiete offenbar dieselbe Rolle spielt, wie eine Primzahl in dem Gebiete der ganzen rationalen Zahlen. Ist z. B. B eine solche Primfunction, und A eine beliebige Function in diesem Gebiete, so ist A entweder theilbar durch B oder relative Primfunction zu B, und im letzteren Falle giebt es zwei, demselben Gebiet angehörende Functionen A_1, B_1, welche der Bedingung $AA_1 + BB_1 = 1$ genügen.

Eine solche irreductibele Function ist nun auch die oben mit $f(t)$ bezeichnete Function (1); denn besässe sie (ausser den Constanten) einen Divisor $f_1(t)$ von niedrigerem Grade und mit rationalen Coefficienten, so wäre $f(t) = f_1(t) f_2(t)$, und $f_2(t)$ wäre ebenfalls eine Function von niedrigerem Grade und mit rationalen Coefficienten; da nun $f(\theta) = 0$ ist, so müsste wenigstens einer der Factoren $f_1(\theta)$, $f_2(\theta)$ verschwinden, aber dies steht im Widerspruch mit der Definition von $f(t)$. Jeder algebraischen Zahl θ entspricht daher eine irreductibele Function $f(t)$, und wir bemerken, dass auch die Gleichung (2) eine *irreductibele Gleichung* genannt wird. Jede beliebige ganze Function $\psi(t)$ mit rationalen Coefficienten ist nun entweder theilbar durch $f(t)$, oder sie hat mit $f(t)$ keinen gemeinschaftlichen Theiler, und dann giebt es zwei solche ganze Functionen $\psi_1(t)$, $f_1(t)$ mit rationalen Coefficienten, welche der Bedingung

$$\psi(t)\psi_1(t) + f(t)f_1(t) = 1 \tag{3}$$

identisch genügen. Im ersteren Fall, und nur in diesem, ist $\psi(\theta) = 0$; ist diese Function $\psi(t)$ ebenfalls irreductibel, so müssen $\psi(t)$ und $f(t)$ gegenseitig durch einander theilbar und folglich identisch sein, wenn der höchste Coefficient von $\psi(t)$ ebenfalls $= 1$ ist; mithin ist die Function $f(t)$ durch ihre obige Definition völlig bestimmt.

Aus dem Vorstehenden ergiebt sich zugleich, dass, wenn θ eine *ganze* Zahl ist, die Coefficienten $a_1, a_2 \ldots a_n$ der Function $f(t)$ ebenfalls *ganze* Zahlen sein müssen. Denn θ genügt (nach §. 160) einer Gleichung $\psi(\theta) = 0$, deren sämmtliche Wurzeln ganze Zahlen sind; da nun $\psi(t)$ durch $f(t)$ theilbar ist, so sind alle n Wurzeln der Gleichung $f(\theta) = 0$ ebenfalls ganze Zahlen, und hieraus folgt unsere Behauptung (nach §. 160. Satz 1.), weil die Zahlen $-a_1$, $+a_2$, $-a_3$ . . . durch Addition und Multiplication aus diesen Wurzeln gebildet sind.

Nach diesen Vorbemerkungen bilden wir nun aus einer bestimmten algebraischen Zahl θ, welche die Wurzel einer irreductibelen Gleichung $f(\theta) = 0$ vom Grade n ist, ein System Ω von unendlich vielen algebraischen Zahlen ω von der Form

$$\omega = \varphi(\theta), \tag{4}$$

wo

$$\varphi(t) = x_0 + x_1 t + x_2 t^2 + \cdots + x_{n-1} t^{n-1} \tag{5}$$

jede ganze Function von t bedeutet, deren Grad $< n$ ist, und deren Coefficienten $x_0, x_1, x_2 \ldots x_{n-1}$ beliebige *rationale*, ganze oder gebrochene Zahlen sind. Zunächst leuchtet ein, dass jede solche in Ω enthaltene Zahl ω nur auf eine einzige Weise, d. h. nur durch ein einziges Coefficientensystem in der angegebenen Form $\varphi(\theta)$ darstellbar ist; denn wenn $\varphi_1(\theta) = \varphi_2(\theta)$ ist, wo φ_1, φ_2 specielle Functionen von der Art wie φ bedeuten, so muss die Differenz

$\varphi_1(t) - \varphi_2(t)$ identisch verschwinden, weil sonst θ einer Gleichung genügen würde, deren Grad $< n$ wäre.

Sodann wollen wir beweisen, dass das System Ω ein *Körper* ist, mit welchem Namen wir hier wie immer ein System von Zahlen bezeichnen, die nicht sämmtlich verschwinden und die sich durch die rationalen Operationen reproduciren. Hierzu schicken wir die Bemerkung voraus, dass Ω auch jede Zahl von der Form $\psi(\theta)$ enthält, wo $\psi(t)$ eine ganze Function mit rationalen Coefficienten von *beliebigem* Grade bedeutet; denn wenn man $\psi(t)$ durch $f(t)$ dividirt, so erhält man als Rest eine Function $\varphi(t)$ von der obigen Form (5), und zugleich ist $\psi(\theta) = \varphi(\theta)$. Hieraus folgt zunächst, dass die Zahlen ω von der Form (4) sich durch Addition, Subtraction und Multiplication reproduciren, weil die Summen, Differenzen und Producte von je zwei Functionen $\psi(t)$ wieder solche Functionen sind. Ist ferner $\psi(\theta)$ von Null verschieden, also $\psi(t)$ nicht theilbar durch $f(t)$, so findet eine Identität von der Form (3) Statt, mithin ist $\psi(\theta)\psi_1(\theta) = 1$, d. h. der umgekehrte Werth einer jeden (von Null verschiedenen) Zahl $\omega = \psi(\theta)$ ist wieder eine solche Zahl $\psi_1(\theta)$, und folglich ist jeder Quotient von zwei Zahlen ω ebenfalls in Ω enthalten. Also ist Ω wirklich ein Körper.

Da die Zahl $\omega = \varphi(\theta)$ sich auf den ersten Coefficienten x_0 reducirt, wenn alle übrigen $= 0$ gesetzt werden, so ist der Körper R der rationalen Zahlen gänzlich enthalten in unserem Körper Ω, oder, wie wir uns ausdrücken wollen, R ist ein *Divisor* von Ω. Diese Eigenschaft, alle rationalen Zahlen zu enthalten, kommt aber nicht blos solchen Körpern Ω zu, wie sie hier betrachtet sind, sondern jedem beliebigen Körper A; denn wenn a irgend eine von Null verschiedene Zahl in A ist, so muss die Zahl 1, als Quotient der beiden Zahlen a und a, ebenfalls in A enthalten sein, und hieraus ergiebt sich unsere Behauptung, weil jede rationale Zahl durch eine endliche Anzahl von rationalen Operationen aus der Zahl 1 erzeugt werden kann. Unter allen Körpern ist R daher der einfachste oder kleinste.

Wir wollen nun einen Körper Ω, welcher auf die oben angegebene Weise aus einer algebraischen Zahl θ entspringt, einen *endlichen* Körper und zwar einen *Körper n ten Grades* nennen, wenn θ eine Wurzel einer irreductibelen Gleichung n ten Grades ist. Aus dieser Definition, welche wir hier nur deshalb gewählt haben, um an allgemein bekannte Begriffe anzuknüpfen, geht aber nicht unmittelbar hervor, dass der Grad n, welcher zwar für die

Zahl θ von wesentlicher Bedeutung ist, ebenso charakteristisch für den aus θ erzeugten Körper Ω sein muss, und man kann zweifeln, ob nicht derselbe Körper Ω auf dieselbe Weise auch aus einer Wurzel einer irreductibelen Gleichung erzeugbar ist, die einen von n verschiedenen Grad besitzt. Dass dies in der That unmöglich ist, werden wir am besten erkennen, wenn wir uns auf den folgenden, für unsere ferneren Untersuchungen unentbehrlichen Begriff stützen *).

Ein System von n bestimmten Zahlen $\alpha_1, \alpha_2 \ldots \alpha_n$ nennen wir ein *irreductibeles System*, wenn die Summe

$$\alpha = x_1 \alpha_1 + x_2 \alpha_2 + \cdots + x_n \alpha_n$$

jedesmal einen von Null verschiedenen Werth erhält, sobald $x_1, x_2 \ldots x_n$ rationale Zahlen sind, die nicht alle verschwinden; zugleich nennen wir die Zahlen $\alpha_1, \alpha_2 \ldots \alpha_n$ *von einander unabhängig*. Wenn es aber n rationale Zahlen $x_1, x_2 \ldots x_n$ giebt, die nicht alle verschwinden, und für welche $\alpha = 0$ wird, so heisst das System der n Zahlen $\alpha_1, \alpha_2 \ldots \alpha_n$ ein *reductibeles System*, und diese n Zahlen heissen *abhängig von einander* **). Aus dieser Definition ergiebt sich der folgende, leicht zu verallgemeinernde Satz.

Wenn die n Zahlen $\beta_1, \beta_2 \ldots \beta_n$ von einander unabhängig, und die n^2 Coefficienten $c_r^{(s)}$ rationale Zahlen sind, so bilden die n Zahlen

$$\begin{aligned}
\alpha_1 &= c_1' \beta_1 + c_2' \beta_2 + \cdots + c_n' \beta_n \\
\alpha_2 &= c_1'' \beta_1 + c_2'' \beta_2 + \cdots + c_n'' \beta_n \\
&\cdots\cdots\cdots\cdots \\
\alpha_n &= c_1^{(n)} \beta_1 + c_2^{(n)} \beta_2 + \cdots + c_n^{(n)} \beta_n
\end{aligned}$$

ein reductibeles oder irreductibeles System, je nachdem die Determinante

---

*) Vergl. *Dirichlet: Verallgemeinerung eines Satzes aus der Lehre von den Kettenbrüchen nebst einigen Anwendungen auf die Theorie der Zahlen* (Berliner Monatsberichte, April 1842).

**) Allgemeiner: die n Zahlen $\alpha_1, \alpha_2 \ldots \alpha_n$ bilden ein irreductibeles System *in Bezug auf einen Körper K*, wenn jedes System von n Zahlen $x_1, x_2 \ldots x_n$, die dem Körper K angehören, aber nicht sämmtlich verschwinden, eine von Null verschiedene Summe $\alpha = \Sigma x_\iota \alpha_\iota$ erzeugt. Derselbe Begriff lässt sich auch auf rationale Functionen von beliebig vielen Variabelen ausdehnen.

$$C = \Sigma \pm c_1' c_2'' \cdots c_n^{(n)}$$

verschwindet oder nicht verschwindet.

Bedeuten nämlich $x_1, x_2 \ldots x_n$ beliebige rationale Zahlen, so wird die Summe

$$\alpha = x_1 \alpha_1 + x_2 \alpha_2 + \cdots + x_n \alpha_n$$

die Form

$$\alpha = y_1 \beta_1 + y_2 \beta_2 + \cdots + y_n \beta_n$$

annehmen, wo die n Zahlen

$$\begin{aligned} y_1 &= c_1' x_1 + c_1'' x_2 + \cdots + c_1^{(n)} x_n \\ y_2 &= c_2' x_1 + c_2'' x_2 + \cdots + c_2^{(n)} x_n \\ &\cdots\cdots\cdots\cdots \\ y_n &= c_n' x_1 + c_n'' x_2 + \cdots + c_n^{(n)} x_n \end{aligned}$$

ebenfalls rational sind, und da $\beta_1, \beta_2 \ldots \beta_n$ ein irreductibeles System bilden, so wird α stets und nur dann verschwinden, wenn diese n Zahlen $y_1, y_2 \ldots y_n$ sämmtlich verschwinden. Dies ist, wenn C von Null verschieden, bekanntlich nur dann möglich, wenn die n Zahlen $x_1, x_2 \ldots x_n$ ebenfalls verschwinden; also bilden die n Zahlen $\alpha_1, \alpha_2 \ldots \alpha_n$ in diesem Fall ein irreductibeles System. Wenn aber $C = 0$ ist, so wollen wir beweisen, dass wirklich n rationale, nicht sämmtlich verschwindende Zahlen $x_1, x_2 \ldots x_n$ existiren, für welche jede der n Zahlen $y_1, y_2 \ldots y_n$, also auch α, verschwindet. Unmittelbar leuchtet dies für den Fall ein, wo alle n^2 Coefficienten $c_r^{(s)}$ und folglich auch alle n Zahlen $\alpha_1, \alpha_2 \ldots \alpha_n$ verschwinden, weil man dann berechtigt ist, die n Zahlen $x_1, x_2 \ldots x_n$ ganz willkürlich zu wählen. Wenn aber die Coefficienten $c_r^{(s)}$ nicht alle verschwinden, so dürfen wir, ohne die Allgemeinheit zu beeinträchtigen, voraussetzen, dass die Determinante m^{ten} Grades

$$D = \begin{vmatrix} c_1', & c_1'' & \ldots & c_1^{(m)} \\ c_2', & c_2'' & \ldots & c_2^{(m)} \\ \cdot & \cdot & \cdot & \cdot \\ c_m', & c_m'' & \ldots & c_m^{(m)} \end{vmatrix}$$

einen von Null verschiedenen Werth besitzt, während alle aus den Elementen von C gebildeten Unterdeterminanten *höheren* Grades verschwinden; in diesem Fall sind offenbar die m Zahlen $\alpha_1, \alpha_2 \ldots \alpha_m$ wieder von einander unabhängig, aber sie bilden, wie jetzt gezeigt werden soll, mit jeder der übrigen Zahlen α_{m+1}, $\alpha_{m+2} \ldots \alpha_n$, deren Anzahl $n - m \geqq 1$ ist, ein reductibeles System. Bezeichnen wir mit $u_1, u_2 \ldots u_m, u_{m+1}$ willkürliche Variabele, so nimmt die Determinante $(m+1)^{\text{ten}}$ Grades

$$v = \begin{vmatrix} c_1', & c_1'' & \ldots & c_1^{(m)}, & c_1^{(m+1)} \\ c_2', & c_2'' & \ldots & c_2^{(m)}, & c_2^{(m+1)} \\ \cdot & \cdot & \cdot & \cdot & \cdot \\ c_m', & c_m'' & \ldots & c_m^{(m)}, & c_m^{(m+1)} \\ u_1, & u_2 & \ldots & u_m, & u_{m+1} \end{vmatrix}$$

nach den Variabelen geordnet, die Form

$$v = D_1 u_1 + D_2 u_2 + \cdots + D_m u_m + D u_{m+1}$$

an, wo $D_1, D_2 \ldots D_m$ Determinanten m^{ten} Grades aus den Elementen $c_r^{(s)}$, also rationale Zahlen sind, wie D. Dann genügt man allen Forderungen, indem man $x_1 = D_1$, $x_2 = D_2 \ldots x_m = D_m$, $x_{m+1} = D$, und alle übrigen Zahlen $x_{m+2} \ldots x_n$, wenn solche noch vorhanden sind, $= 0$ setzt; denn zufolge dieser Substitution erhält y_r denselben Werth wie die vorstehende Summe v, wenn darin

$$u_1 = c_r', \quad u_2 = c_r'' \ldots u_m = c_r^{(m)}, \quad u_{m+1} = c_r^{(m+1)}$$

gesetzt wird; da nun die entsprechende Determinante v nach unseren Voraussetzungen immer verschwindet, sowohl wenn $r \leqq m$, als wenn $r > m$ ist, so werden die sämmtlichen n Grössen $y_1, y_2 \ldots y_n$ durch unser System von rationalen Zahlen $x_1, x_2 \ldots x_n$ zum Verschwinden gebracht, und unter den letzteren ist wenigstens eine, nämlich $x_{m+1} = D$, von Null verschieden. Aus der Gleichung

$$D_1 \alpha_1 + D_2 \alpha_2 + \cdots + D_m \alpha_m + D \alpha_{m+1} = 0$$

folgt zugleich, dass schon die $m + 1$ Zahlen $\alpha_1, \alpha_2 \ldots \alpha_m, \alpha_{m+1}$, also jedenfalls auch die n Zahlen $\alpha_1, \alpha_2 \ldots \alpha_n$ ein reductibeles System bilden, was zu beweisen war.

Wir wollen nun den Begriff des irreductibelen Systems und den vorstehenden Satz auf den aus allen Zahlen ω von der Form $\varphi(\theta)$ bestehenden Körper Ω anwenden. Zunächst leuchtet ein, dass die folgenden n in Ω enthaltenen Zahlen

$$1, \theta, \theta^2 \ldots \theta^{n-1}$$

ein irreductibeles System bilden. Dasselbe wird folglich stets und auch nur dann von n solchen in Ω enthaltenen Zahlen

$$\begin{aligned} \omega_1 &= x'_0 + x'_1\theta + \cdots + x'_{n-1}\theta^{n-1} \\ \omega_2 &= x''_0 + x''_1\theta + \cdots + x''_{n-1}\theta^{n-1} \\ &\cdots\cdots\cdots\cdots\cdots \\ \omega_n &= x_0^{(n)} + x_1^{(n)}\theta + \cdots + x_{n-1}^{(n)}\theta^{n-1} \end{aligned}$$

gelten, sobald die aus den n^2 rationalen Coefficienten $x_r^{(s)}$ gebildete Determinante

$$\Sigma \pm x'_0 x''_1 \ldots x_{n-1}^{(n)}$$

einen von Null verschiedenen Werth hat; in diesem Fall erhält man durch Umkehrung der vorstehenden Gleichungen die folgenden

$$\begin{aligned} 1 &= p_1\omega_1 + p_2\omega_2 + \cdots + p_n\omega_n \\ \theta &= p'_1\omega_1 + p'_2\omega_2 + \cdots + p'_n\omega_n \\ &\cdots\cdots\cdots\cdots\cdots \\ \theta^{n-1} &= p_1^{(n-1)}\omega_1 + p_2^{(n-1)}\omega_2 + \cdots + p_n^{(n-1)}\omega_n, \end{aligned}$$

wo die n^2 Coefficienten $p_r^{(s)}$ ebenfalls rationale Zahlen sind, und hieraus folgt, dass jede beliebige in Ω enthaltene Zahl

$$\omega = \varphi(\theta) = x_0 + x_1\theta + \cdots + x_{n-1}\theta^{n-1}$$

stets und nur auf eine einzige Weise in die Form

$$\omega = h_1\omega_1 + h_2\omega_2 + \cdots + h_n\omega_n \tag{7}$$

gebracht werden kann, wo $h_1, h_2 \ldots h_n$ rationale Zahlen bedeuten, während umgekehrt einleuchtet, dass jedes System von n rationalen Zahlen $h_1, h_2 \ldots h_n$ nothwendig eine in Ω enthaltene Zahl ω erzeugt. Aus diesem Grunde wollen wir ein jedes solches System von n unabhängigen Zahlen $\omega_1, \omega_2 \ldots \omega_n$ eine *Basis* des Körpers Ω nennen, und die n rationalen Zahlen $h_1, h_2 \ldots h_n$ sollen die auf diese Basis bezüglichen *Coordinaten* der ihnen entsprechenden Zahl ω heissen.

Es leuchtet ferner ein, dass jedes System S von mehr als n Zahlen, welche alle dem Körper Ω angehören, nothwendig ein reductibeles System ist; denn wenn man aus einem solchen System S zunächst n Zahlen $\omega_1, \omega_2 \ldots \omega_n$ nach Belieben herausgreift, so sind sie entweder von einander abhängig, und dann versteht es sich von selbst, dass S ein reductibeles System ist; oder sie bilden eine Basis von Ω, und dann ergiebt sich dieselbe Folgerung, weil jede andere in S enthaltene Zahl ω von der Form (7) ist. Wir sind daher zu folgendem Resultat gelangt:

Aus einem Körper Ω vom Grade n lassen sich stets n von einander unabhängige Zahlen auswählen, während je $n+1$ in Ω enthaltene Zahlen von einander abhängig sind.

Hiermit ist, wie man leicht erkennt, wirklich der Nachweis geliefert, dass die Zahl n in dem oben angegebenen Sinne charakteristisch für den Körper Ω ist; ja man könnte ohne Schwierigkeit auch den umgekehrten Satz beweisen, dass jeder Körper Ω, aus welchem sich n, aber nicht mehr unabhängige Zahlen auswählen lassen, auch unendlich viele solche Zahlen θ enthält, welche Wurzeln von irreductibelen Gleichungen n^{ten} Grades sind, und deren jede diesen Körper Ω in der oben beschriebenen Weise erzeugt; die obige Eigenschaft würde daher am besten als *Definition* eines Körpers vom Grade n dienen können*). Wir gehen aber auf diese, für die höhere Algebra sehr wichtige und leicht zu verallgemeinernde Untersuchung hier nicht ein, weil sie für unsere Zwecke entbehrlich ist.

§. 163.

Da eine irreductibele Function $f(t)$ mit ihrer Derivirten $f'(t)$ keinen gemeinschaftlichen Theiler, und folglich eine irreductibele Gleichung n^{ten} Grades n von einander verschiedene Wurzeln hat, deren jede einen Körper n^{ten} Grades erzeugt, so entstehen gleichzeitig n Körper Ω, die wir, mögen sie alle verschieden sein oder nicht, conjugirte Körper nennen werden. Um aber die Beziehungen zwischen diesen Körpern schärfer aufzufassen, ist es zweckmässig, von einer anderen, viel allgemeineren Definition auszugehen.

Es geschieht in der Mathematik und in anderen Wissenschaften sehr häufig, dass, wenn ein System Ω von Dingen oder Elementen ω vorliegt, jedes bestimmte Element ω nach einem gewissen Gesetze durch ein bestimmtes, ihm entsprechendes Element ω' ersetzt wird; einen solchen Act pflegt man eine Substitution zu

*) Vergl. die zweite Auflage dieses Werkes, §. 159. — Versteht man unter einem *Divisor* eines Körpers Ω jeden Körper, dessen sämmtliche Zahlen auch in Ω enthalten sind, so kann man auch so definiren: ein Körper heisst ein *endlicher* Körper, wenn er nur eine endliche Anzahl von Divisoren besitzt; aber hierbei kommt der Begriff des *Grades* nicht unmittelbar zum Vorschein.

nennen, und man sagt, dass durch diese Substitution das Element ω in das Element ω', und ebenso das System Ω in das System Ω' der Elemente ω' übergeht. Die Ausdrucksweise gestaltet sich noch etwas bequemer, wenn man, was wir thun wollen, diese Substitution wie eine Abbildung des Systems Ω auffasst und demgemäss ω' das Bild von ω, ebenso Ω' das Bild von Ω nennt*).

Wir wenden nun diesen Begriff auf einen beliebigen, endlichen oder unendlichen *Zahlenkörper* Ω an, betrachten aber nur solche Substitutionen, durch welche jede in Ω enthaltene Zahl ω wieder in eine *Zahl* ω' übergeht, die wir als Bild von ω durch Anhängung eines Accentes bezeichnen wollen. In dieser Allgemeinheit aufgefasst, würden solche Substitutionen indessen noch sehr wenig Interesse darbieten; wir fragen vielmehr, ob es möglich ist, die Zahlen ω des Körpers Ω in der Weise durch Zahlen ω' abzubilden, *dass alle zwischen den Zahlen ω bestehenden rationalen Beziehungen sich vollständig auf die Bilder ω' übertragen*; oder mit anderen Worten, wir verlangen, dass, wenn aus beliebigen Zahlen α, β, γ ... des Körpers Ω durch rationale Operationen eine Zahl ω abgeleitet ist, welche folglich ebenfalls in Ω enthalten ist, durch dieselben rationalen Operationen aus den Bildern α', β', γ' ... immer das Bild ω' der Zahl ω entstehen soll. Eine solche Substitution oder Abbildung wollen wir eine *Permutation des Körpers* Ω nennen. Da jede rationale Operation aus einer endlichen Anzahl von einfachen Additionen, Subtractionen, Multiplicationen und Divisionen zusammengesetzt ist, so leuchtet ein, dass eine Abbildung stets und nur dann eine solche Permutation ist, wenn für je zwei in Ω enthaltene Zahlen α, β die folgenden vier Gesetze gelten:

$$(\alpha+\beta)' = \alpha' + \beta' \tag{1}$$

$$(\alpha-\beta)' = \alpha' - \beta' \tag{2}$$

$$(\alpha\beta)' = \alpha'\beta' \tag{3}$$

$$\left(\frac{\alpha}{\beta}\right)' = \frac{\alpha'}{\beta'} \tag{4}$$

Von diesen für eine Permutation charakteristischen, d. h. erforderlichen und hinreichenden Bedingungen verlangt die letzte

---

*) Auf dieser Fähigkeit des Geistes, ein Ding ω mit einem Ding ω' zu vergleichen, oder ω auf ω' zu beziehen, oder dem ω ein ω' entsprechen zu lassen, ohne welche ein Denken überhaupt nicht möglich ist, beruht, wie ich an einem anderen Orte nachzuweisen versuchen werde, auch die gesammte Wissenschaft der Zahlen.

offenbar, *dass die Bilder* ω' *nicht alle verschwinden*; umgekehrt, wenn eine Abbildung P diese Eigenschaft besitzt und ausserdem den Gesetzen (1) und (3) gehorcht, so ergeben sich hieraus, wie wir jetzt beweisen wollen, die Gesetze (2) und (4), und folglich ist P eine Permutation des Körpers Ω. In der That, aus der Gleichung (1) folgt unmittelbar die Gleichung (2), wenn man, was offenbar erlaubt ist, die willkürliche Zahl α des Körpers Ω durch die ebenfalls in Ω enthaltene Zahl $(\alpha - \beta)$ ersetzt; ebenso darf man in (3), wenn β von Null verschieden ist, α durch den Quotienten $\alpha : \beta$ ersetzen, wodurch man zunächst

$$\alpha' = \left(\frac{\alpha}{\beta}\right)' \beta'$$

erhält; wäre nun $\beta' = 0$, so würden die Bilder α' von *allen* in Ω enthaltenen Zahlen α verschwinden, was aber im Widerspruch mit unserer ausdrücklichen Voraussetzung steht; mithin ist β' von Null verschieden, und es gilt folglich das Gesetz (4), was zu beweisen war.

Es ergiebt sich ferner, dass das System Ω', in welches der Körper Ω durch eine Permutation P übergeht, wieder ein *Körper* ist. Berücksichtigt man nämlich, dass Ω' aus allen und nur solchen Zahlen α', β' besteht, welche Bilder von Zahlen α, β des Körpers Ω sind, und dass jede von Null verschiedene Zahl β' des Systems Ω' zufolge (1) gewiss das Bild einer von Null verschiedenen Zahl β des Körpers Ω ist, so ergiebt sich, dass die Summen, Differenzen, Producte und Quotienten von je zwei in Ω' enthaltenen Zahlen α', β' ebenfalls dem System Ω' angehören, weil sie zufolge der Gesetze (1), (2), (3), (4) ebenfalls Bilder von Zahlen des Körpers Ω sind; mithin ist Ω' ein Körper, was zu beweisen war.

Wir bemerken zunächst, dass je zwei von einander verschiedene Zahlen α, β des Körpers Ω auch von einander verschiedene Bilder α', β' besitzen, weil sonst zufolge (2) das Bild der von Null verschiedenen Zahl $(\alpha - \beta)$ verschwinden würde, was, wie wir oben schon bewiesen haben, nicht möglich ist. Mithin ist jede bestimmte im Körper Ω' enthaltene Zahl ω' das Bild von einer einzigen, völlig bestimmten Zahl ω des Körpers Ω, und folglich kann man der Permutation P, durch welche Ω in Ω' übergeht, eine Abbildung P^{-1} des Körpers Ω' gegenüberstellen, durch welche jede bestimmte in Ω' enthaltene Zahl ω' in diese bestimmte Zahl ω des Körpers Ω übergeht; diese neue Abbildung ist aber gewiss eine

Permutation des Körpers Ω'; denn wenn α', β' zwei beliebige Zahlen des Körpers Ω', und α, β die ihnen entsprechenden Zahlen des Körpers Ω bedeuten, so gehen zufolge (1) und (3) die Zahlen $\alpha' + \beta'$ und $\alpha'\beta'$ des Körpers Ω' durch P^{-1} in die Zahlen $\alpha + \beta$ und $\alpha\beta$ über. Wir wollen jede dieser beiden Permutationen P und P^{-1} die *umgekehrte* oder *inverse* der anderen nennen, die beiden Körper Ω und Ω' sollen *conjugirte Körper*, und je zwei einander entsprechende Zahlen ω und ω' sollen *conjugirte Zahlen* heissen. Da offenbar jeder Körper Ω eine Permutation besitzt, durch welche jede seiner Zahlen in sich selbst übergeht, und welche wir die *identische* Permutation von Ω nennen wollen, so ist jeder Körper mit sich selbst conjugirt. Wenn ferner zwei Körper Ω, Ω'' mit einem dritten Ω' conjugirt sind, so sind sie auch mit einander conjugirt; denn wenn jede Zahl ω des Körpers Ω durch eine Permutation P in eine entsprechende Zahl ω' des Körpers Ω', und jede Zahl ω' des letzteren durch eine Permutation Q in eine entsprechende Zahl ω'' des Körpers Ω'' übergeht, so ist, wie man sich leicht überzeugt, diejenige Substitution, durch welche jede Zahl ω des Körpers Ω in die entsprechende Zahl ω'' des Körpers Ω'' übergeht, in der That eine *Permutation* des Körpers Ω. Dieselbe heisst die *Resultante* von P und Q und wird durch das Symbol PQ bezeichnet, welches folglich nur dann einen Sinn hat, wenn Q eine Permutation desselben Körpers Ω' ist, welcher durch die Permutation P erzeugt wird; zugleich ist die inverse Permutation $(PQ)^{-1} = Q^{-1}P^{-1}$, und allgemein ist PP^{-1} die identische Permutation von Ω.

Es ist schon erwähnt, dass jeder Körper Ω alle *rationalen* Zahlen enthält; setzt man nun $\alpha = \beta$, so ergiebt sich aus (4), dass $1' = 1$ ist, und hieraus folgt mit Rücksicht auf die Gesetze (1), (2), (3), (4), dass jede *rationale* Zahl, weil sie durch eine endliche Anzahl von Additionen, Subtractionen, Multiplicationen und Divisionen aus der Zahl 1 entsteht, durch die Permutation P in sich selbst übergeht. Der Körper R der rationalen Zahlen, welcher offenbar der einzige Körper *ersten* Grades ist, besitzt daher keine andere, als die identische Permutation. Ist ferner θ eine bestimmte Zahl des Körpers Ω, und $\psi(t)$ eine mit rationalen Coefficienten behaftete rationale Function von t, deren Nenner für $t = \theta$ nicht verschwindet, so ist auch $\psi(\theta)$ eine in Ω enthaltene Zahl, und das System aller dieser, durch θ *rational darstellbaren* Zahlen $\psi(\theta)$ bildet für sich einen Körper, welcher zweckmässig durch $R(\theta)$ bezeichnet wird; wenn nun die Zahl θ durch die Permutation P in θ' übergeht, so folgt aus den obigen Gesetzen, dass die Zahl $\omega = \psi(\theta)$ in die Zahl $\omega' = \psi(\theta')$, also der Körper $R(\theta)$ in den Körper $R(\theta')$ übergeht. Nehmen wir endlich an, dass θ eine *algebraische* Zahl, also die Wurzel einer Gleichung $0 = \psi(\theta)$ ist, wo $\psi(t)$ eine ganze Function mit rationalen Coefficienten bedeutet, so muss, weil $0' = 0$ ist, auch $0 = \psi(\theta')$ sein, und folglich ist die mit θ conjugirte Zahl θ' auch eine algebraische Zahl; und wenn θ eine *ganze* Zahl ist, so ist θ' ebenfalls eine ganze Zahl.

Nach diesen allgemeinen Betrachtungen, welche sich auf *alle* Körper Ω und deren Permutationen P beziehen, kehren wir zur Untersuchung eines *endlichen* Körpers Ω vom Grade n zurück und stellen uns die Aufgabe, alle seine Permutationen zu finden. Da alle Zahlen ω eines solchen Körpers Ω oder $R(\theta)$ aus einer Wurzel θ einer irreductibelen Gleichung n^{ten} Grades $0 = f(\theta)$ entspringen und in der Form $\psi(\theta)$ enthalten sind, wo $\psi(t)$ jede ganze Function mit rationalen Coefficienten bedeutet, so folgt aus den vorhergehenden Bemerkungen, dass eine Permutation von Ω schon durch Angabe derjenigen Zahl θ' vollständig bestimmt ist, in welche θ übergeht, und da dieselbe eine Wurzel derselben Gleichung $0 = f(\theta')$ sein muss, so kann es höchstens n von einander verschiedene Permutationen des Körpers Ω geben. Dass aber wirklich *jeder* solchen Wurzel θ' auch eine Permutation von Ω entspricht, ergiebt sich auf folgende Weise. Da nach §. 162 jede Zahl ω des Körpers Ω sich immer und nur auf eine einzige Weise in der daselbst durch (4) und (5) definirten Form $\varphi(\theta)$ darstellen lässt, so erhalten wir eine völlig bestimmte Abbildung von Ω, wenn wir jeder solchen Zahl $\omega = \varphi(\theta)$ die Zahl $\omega' = \varphi(\theta')$ als Bild entsprechen lassen. Bedeuten nun $\varphi_1(t)$, $\varphi_2(t)$, $\varphi_3(t)$ . . . immer solche Functionen wie $\varphi(t)$, so kann man, wenn α, β zwei beliebige Zahlen des Körpers Ω sind,

$$\alpha = \varphi_1(\theta), \quad \beta = \varphi_2(\theta), \quad \alpha + \beta = \varphi_3(\theta), \quad \alpha\beta = \varphi_4(\theta)$$

setzen, und die Bilder dieser Zahlen werden die Zahlen

$$\alpha' = \varphi_1(\theta'), \quad \beta' = \varphi_2(\theta'), \quad (\alpha + \beta)' = \varphi_3(\theta'), \quad (\alpha\beta)' = \varphi_4(\theta');$$

da nun

$$\varphi_3(\theta) = \varphi_1(\theta) + \varphi_2(\theta), \quad \varphi_4(\theta) = \varphi_1(\theta)\,\varphi_2(\theta)$$

ist, so ergiebt sich aus der Irreductibilität der Function $f(t)$ nach §. 162, dass *identisch*

$$\varphi_3(t) = \varphi_1(t) + \varphi_2(t), \quad \varphi_4(t) = \varphi_1(t)\,\varphi_2(t) + \varphi_5(t) f(t)$$

ist, und hieraus folgt für $t = \theta'$, dass

$$\varphi_3(\theta') = \varphi_1(\theta') + \varphi_2(\theta'), \quad \varphi_4(\theta') = \varphi_1(\theta')\,\varphi_2(\theta')$$

ist; mithin gehorcht die Abbildung den obigen Gesetzen

$$(\alpha + \beta)' = \alpha' + \beta' \tag{1}$$

$$(\alpha\beta)' = \alpha'\beta' \tag{3}$$

und da die Bilder ω' offenbar nicht alle verschwinden, so ist diese Abbildung eine Permutation von Ω, was zu beweisen war.

Setzt man daher

$$f(t) = (t - \theta')(t - \theta'') \ldots (t - \theta^{(n)}), \tag{5}$$

so entspricht jeder der n conjugirten von einander verschiedenen Zahlen $\theta', \theta'' \ldots \theta^{(n)}$ eine besondere Permutation von Ω, der Wurzel $\theta^{(r)}$ die Permutation $P^{(r)}$, und die Zahl $\omega = \varphi(\theta)$ geht durch $P^{(r)}$ in die conjugirte Zahl $\omega^{(r)} = \varphi(\theta^{(r)})$ des conjugirten Körpers $\Omega^{(r)}$ über. Um aber jedes Missverständniss zu vermeiden, bemerken wir, dass zwei solche conjugirte Körper Ω', Ω'', obwohl sie durch zwei von einander *verschiedene* Permutationen P', P'' aus Ω entstehen, dennoch hinsichtlich ihres gesammten Zahleninhaltes vollständig identisch sein können; dies ist z. B. immer der Fall, wenn Ω ein Kreistheilungs-Körper ist, d. h. wenn θ einer Gleichung von der Form $\theta^m = 1$ genügt. Wenn die mit Ω conjugirten n Körper $\Omega^{(r)}$ sämmtlich mit einander und folglich mit Ω identisch sind, so nennen wir Ω einen *Normalkörper**) oder auch

---

*) Obgleich wir hier auf jedes tiefere Eingehen in die Principien der höheren Algebra verzichten müssen, so wollen wir doch wenigstens diesen Namen durch die folgende Bemerkung zu rechtfertigen suchen. Je zwei Körper A, B erzeugen durch ihre Vereinigung immer wieder einen bestimmten Körper AB, dessen Zahlen aus denen von A und B durch rationale Operationen entstehen, und der das *Product* aus A und B heissen soll; dieser Begriff lässt sich auf beliebig viele, sogar unendlich viele Körper $A, B, C \ldots$ ausdehnen. Unter der *Norm* eines endlichen Körpers Ω verstehen wir das Product aus den n mit Ω conjugirten Körpern, und Ω heisst ein *Normalkörper*, wenn er seine eigene Norm ist; in allen Fällen ist die Norm von Ω ein Normalkörper, und die Permutationen desselben bilden eine *Gruppe*.

einen *Galois'schen Körper*, weil das Wesen der von *Galois**) eingeführten algebraischen Principien darin besteht, die Untersuchung eines beliebigen endlichen Körpers auf diejenige eines Normalkörpers zurückzuführen.

§. 164.

Wir wollen nun, indem wir uns auf die eben erhaltenen Resultate stützen und die dabei angewandten Bezeichnungen beibehalten, zwei neue Begriffe entwickeln und einige Sätze beweisen, von denen wir sehr häufig Gebrauch zu machen haben.

Unter der *Norm* $N(\omega)$ einer beliebigen Zahl ω des Körpers Ω vom Grade n verstehen wir das Product

$$N(\omega) = \omega' \omega'' \ldots \omega^{(n)} \tag{1}$$

aus den n conjugirten Zahlen $\omega', \omega'' \ldots \omega^{(n)}$, in welche ω durch die Permutationen $P', P'' \ldots P^{(n)}$ übergeht (vergl. §. 159). Sie verschwindet offenbar nur dann, wenn einer der Factoren, und folglich auch $\omega = 0$ ist. Wenn ω eine *rationale* Zahl ist, so sind die n conjugirten Zahlen $\omega^{(r)}$ identisch mit ω, und folglich ist dann $N(\omega) = \omega^n$. Bedeuten ferner α, β zwei beliebige Zahlen des Körpers Ω, so ist $(\alpha\beta)^{(r)} = \alpha^{(r)}\beta^{(r)}$, und hieraus folgt der Satz

$$N(\alpha\beta) = N(\alpha) N(\beta). \tag{2}$$

Unter der *Discriminante* $\Delta(\alpha_1, \alpha_2 \ldots \alpha_n)$ eines beliebigen Systems von n Zahlen $\alpha_1, \alpha_2 \ldots \alpha_n$ des Körpers Ω verstehen wir das Quadrat

$$\Delta(\alpha_1, \alpha_2 \ldots \alpha_n) = (\Sigma \pm \alpha_1' \alpha_2'' \ldots \alpha_n^{(n)})^2 \tag{3}$$

der aus den n^2 Zahlen $\alpha_r^{(s)}$ gebildeten Determinante. Sind nun zwei solche Systeme von n Zahlen $\alpha_1, \alpha_2 \ldots \alpha_n$, und $\omega_1, \omega_2 \ldots \omega_n$ durch n Gleichungen von der Form

$$\alpha_s = c_{1,s}\omega_1 + c_{2,s}\omega_2 + \cdots + c_{n,s}\omega_n \tag{4}$$

mit einander verbunden, wo die n^2 Coefficienten $c_{r,s}$ *rationale* Zahlen bedeuten, deren Determinante

---

*) *Sur les conditions de résolubilité des équations par radicaux* (Liouville's Journal, t. XI, 1846).

$$\Sigma \pm c_{1,1}\, c_{2,2} \ldots c_{n,n} = C \tag{5}$$

ist, so ergeben sich durch die Permutation $P^{(r)}$ hieraus n Gleichungen von der Form

$$\alpha_s^{(r)} = c_{1,s}\,\omega_1^{(r)} + c_{2,s}\,\omega_2^{(r)} + \cdots + c_{n,s}\,\omega_n^{(r)};$$

mithin ist nach dem Fundamentalsatz über das Product zweier Determinanten

$$\Sigma \pm \alpha_1' \alpha_2'' \cdots \alpha_n^{(n)} = C\,\Sigma \pm \omega_1' \omega_2'' \cdots \omega_n^{(n)}, \tag{6}$$

also auch

$$\triangle(\alpha_1, \alpha_2 \ldots \alpha_n) = C^2 \triangle(\omega_1, \omega_2 \ldots \omega_n). \tag{7}$$

Wir wollen zunächst zeigen, dass ein System von n Zahlen existirt, dessen Discriminante nicht verschwindet. Um die Permutations-Accente nicht mit den Potenz-Exponenten zu verwechseln, wollen wir die Potenzen $1, \theta, \theta^2 \ldots \theta^{n-1}$, wo θ die frühere Bedeutung hat, lieber mit $\beta_1, \beta_2, \beta_3 \ldots \beta_n$ bezeichnen; ist nun

$$f(t) = t^n + a_1 t^{n-1} + a_2 t^{n-2} + \cdots + a_{n-1} t + a_n$$

die irreductibele Function, welche für $t = \theta$ verschwindet, so erhält man durch Division mit $t - \theta$ die ganze Function

$$\frac{f(t)}{t-\theta} = \alpha_1 + \alpha_2 t + \alpha_3 t^2 + \cdots + \alpha_n t^{n-1},$$

wo

$$\begin{aligned}
\alpha_1 &= a_{n-1}\beta_1 + a_{n-2}\beta_2 + \cdots + a_1 \beta_{n-1} + \beta_n \\
\alpha_2 &= a_{n-2}\beta_1 + a_{n-3}\beta_2 + \cdots + \beta_{n-1} \\
&\ldots\ldots\ldots\ldots\ldots\ldots \\
\alpha_{n-1} &= a_1 \beta_1 + \beta_2 \\
\alpha_n &= \beta_1
\end{aligned}$$

ist; da die Determinante dieses aus den Zahlen $1, a_1, a_2 \ldots a_{n-1}$ gebildeten Coefficientensystems $= (-1)^{\frac{1}{2}n(n-1)}$ ist, so erhält man aus (6) das erste Resultat

$$\Sigma \pm \alpha_1' \alpha_2'' \ldots \alpha_n^{(n)} = (-1)^{\frac{1}{2}n(n-1)}\, \Sigma \pm \beta_1' \beta_2'' \ldots \beta_n^{(n)}.$$

Ersetzt man ferner θ durch $\theta^{(r)}$, so folgt

$$\frac{f(t)}{t-\theta^{(r)}} = \alpha_1^{(r)} + \alpha_2^{(r)} t + \cdots + \alpha_n^{(r)} t^{n-1},$$

und wenn $t = \theta^{(s)}$ wird, so ergiebt sich, dass die Summe

$$\alpha_1^{(r)}\beta_1^{(s)} + \alpha_2^{(r)}\beta_2^{(s)} + \cdots + \alpha_n^{(r)}\beta_n^{(s)} = f'(\theta^{(r)}) \text{ oder } = 0$$

ist, je nachdem die Indices r, s gleich oder ungleich sind*); hieraus folgt nach dem schon benutzten Satze über die Multiplication der Determinanten das zweite Resultat

$$\Sigma \pm \alpha_1' \alpha_2'' \ldots \alpha_n^{(n)} \,.\, \Sigma \pm \beta_1' \beta_2'' \ldots \beta_n^{(n)} = f'(\theta') f'(\theta'') \ldots f'(\theta^{(n)}),$$

und aus der Verbindung beider Resultate ergiebt sich ein sehr bekannter Satz der Determinanten-Theorie, welcher in unseren Bezeichnungen durch die Gleichung

$$\triangle(1, \theta, \theta^2 \ldots \theta^{n-1}) = (-1)^{\frac{1}{2} n(n-1)} N(f'(\theta)) \qquad (8)$$

ausgedrückt wird. Da nun die Zahl $f'(\theta)$, und folglich auch ihre Norm von Null verschieden ist, so gilt dasselbe auch von der Discriminante der Basis $1, \theta, \theta^2 \ldots \theta^{n-1}$, was zu beweisen war.

Hieraus folgt weiter, dass ein System von n Zahlen des Körpers Ω eine Basis desselben bildet oder reductibel ist, je nachdem die zugehörige Discriminante einen von Null verschiedenen Werth hat oder verschwindet. Denn wenn wir jetzt mit $\omega_1, \omega_2 \ldots \omega_n$ eine beliebige Basis von Ω bezeichnen (§. 162), so ist *jedes* System von n Zahlen $\alpha_1, \alpha_2 \ldots \alpha_n$ in der obigen Form (4) enthalten, und es besteht die Relation (7), wo C die aus den Coordinaten $c_{r,s}$ gebildete Determinante bedeutet; wäre nun die Discriminante der Basis $= 0$, so müsste zufolge (7) jede Discriminante verschwinden, was aber, wie wir eben gesehen haben, nicht der Fall ist. Mithin ist die Discriminante der Basis von Null verschieden, und hieraus ergiebt sich weiter, dass die Discriminante eines Systems $\alpha_1, \alpha_2 \ldots \alpha_n$ stets verschwindet, wenn $C = 0$, d. h. wenn dieses System reductibel und folglich keine Basis von Ω ist, was zu beweisen war.

Wir behaupten nun ferner, dass alle Normen und Discriminanten *rationale* Zahlen sind**). In der That, bezeichnen wir mit

---

*) Dies ist ein specieller Fall des allgemeinen Satzes, dass zu *jeder* Basis $\beta_1, \beta_2 \ldots \beta_n$ des Körpers Ω eine *complementäre* Basis $\alpha_1, \alpha_2 \ldots \alpha_n$ gehört, welche die Eigenschaft besitzt, dass die Summe

$$\alpha_1^{(r)} \beta_1^{(s)} + \alpha_2^{(r)} \beta_2^{(s)} + \cdots + \alpha_n^{(r)} \beta_n^{(s)} = \alpha_r' \beta_s' + \alpha_r'' \beta_s'' + \cdots + \alpha_r^{(n)} \beta_s^{(n)}$$

den Werth 1 oder 0 hat, je nachdem die Indices r, s gleich oder ungleich sind. Dieser Satz ist von Wichtigkeit für die genauere Untersuchung der Discriminanten, aber für unsere Zwecke entbehrlich.

**) Dies ergiebt sich unmittelbar aus der Theorie der symmetrischen Functionen von den Wurzeln einer Gleichung, die wir aber hier nicht vorauszusetzen brauchen.

$\omega_1, \omega_2 \ldots \omega_n$ wieder eine beliebige Basis, ferner mit μ eine beliebige Zahl des Körpers Ω, so sind die Producte $\mu\omega_1, \mu\omega_2 \ldots \mu\omega_n$ ebenfalls in Ω enthalten und folglich wieder von der Form

$$\mu\omega_s = c_{1,s}\omega_1 + c_{2,s}\omega_2 + \cdots + c_{n,s}\omega_n, \tag{9}$$

wo die Coordinaten $c_{r,s}$ rationale Zahlen sind, wie in (4); da nun $\mu\omega_s$ durch die Permutation $P^{(r)}$ in $(\mu\omega_s)^{(r)} = \mu^{(r)}\omega_s^{(r)}$ übergeht, so, nimmt die Gleichung (6) die Form

$$N(\mu)\Sigma \pm \omega_1'\omega_2'' \ldots \omega_n^{(n)} = C\Sigma \pm \omega_1'\omega_2'' \ldots \omega_n^{(n)}$$

an, und da die auf beiden Seiten als Factor auftretende Determinante von Null verschieden ist, so ergiebt sich

$$N(\mu) = \Sigma \pm c_{1,1}c_{2,2} \ldots c_{n,n}, \tag{10}$$

also ist jede Norm rational. Dasselbe gilt nun zufolge (8) auch von der Discriminante der Basis $1, \theta, \theta^2 \ldots \theta^{n-1}$, und zufolge (7) auch von jeder beliebigen Discriminante, was zu beweisen war.

Hieran knüpfen wir endlich noch folgende Bemerkung. Bedeutet z eine *beliebige rationale* Zahl, und ersetzt man in den Gleichungen (9) die Zahl μ durch $\mu - z$, so bleiben die Coefficienten $c_{r,s}$ ungeändert mit Ausnahme derjenigen $c_{r,r}$, welche in der Diagonale liegen und durch $c_{r,r} - z$ zu ersetzen sind; hierdurch geht die Gleichung (10) in die folgende über

$$(\mu' - z)(\mu'' - z)\ldots(\mu^{(n)} - z) = \begin{vmatrix} c_{1,1} - z, & c_{2,1} & \ldots c_{n,1} \\ c_{1,2} & , c_{2,2} - z & \ldots c_{n,2} \\ \cdot & \cdot & \cdot \\ c_{1,n} & , c_{2,n} & \ldots c_{n,n} - z \end{vmatrix}; \tag{11}$$

dieselbe muss aber auch *identisch* gelten, wenn z als willkürliche *Variabele* angesehen wird, weil beide Seiten ganze Functionen n^{ten} Grades von z sind, die für jeden rationalen Werth von z gleiche Werthe besitzen. Entwickelt man nun die Determinante nach den Potenzen von z, so werden alle Coefficienten rationale Zahlen; mithin sind die mit einer beliebigen Zahl μ des Körpers conjugirten n Zahlen $\mu', \mu'' \ldots \mu^{(n)}$ immer die Wurzeln einer Gleichung n^{ten} Grades mit rationalen Coefficienten, und eine genauere Untersuchung würde ergeben, dass die ganze Function (11) entweder irreductibel oder, abgesehen von dem Factor $(-1)^n$, eine Potenz einer irreductibelen Function ist.

§. 165.

Bevor wir uns unserem eigentlichen Gegenstande, der Theorie der *ganzen* Zahlen des Körpers Ω, definitiv zuwenden können, müssen wir, um Unterbrechungen zu vermeiden, noch einige Hülfssätze aus einer Theorie ableiten, welche, weiter ausgeführt, auch auf andere Theile der Mathematik sich mit Nutzen anwenden lässt. Der Grundbegriff derselben ist der folgende.

Ein System $\mathfrak{a}$ von reellen oder complexen, algebraischen oder transcendenten Zahlen soll ein *Modul* heissen, wenn dieselben sich durch Addition und Subtraction reproduciren, d. h. wenn die Summen und Differenzen von je zwei solchen Zahlen demselben System $\mathfrak{a}$ angehören.

Da aus einer Zahl α durch wiederholte Addition und Subtraction alle Zahlen von der Form $x\alpha$ entstehen, wo x jede ganze rationale Zahl bedeutet, so muss ein Modul $\mathfrak{a}$, welcher die Zahl α enthält, auch alle diese Producte $x\alpha$ enthalten; und allgemeiner, wenn ein Modul $\mathfrak{a}$ die Zahlen $\alpha_1, \alpha_2 \ldots \alpha_n$ enthält, so muss er auch alle Zahlen von der Form

$$x_1\alpha_1 + x_2\alpha_2 + \cdots + x_n\alpha_n$$

enthalten, wo $x_1, x_2 \ldots x_n$ willkürliche ganze rationale Zahlen bedeuten. Offenbar bilden alle in dieser Form enthaltenen Zahlen schon für sich einen Modul; wir nennen einen solchen Modul einen *endlichen* Modul, bezeichnen ihn durch das Symbol $[\alpha_1, \alpha_2 \ldots \alpha_n]$, und verstehen unter seiner *Basis* das System der n Zahlen $\alpha_1, \alpha_2 \ldots \alpha_n$ (vergl. §. 159).

Es ist demnach z. B. [1] das System aller ganzen rationalen Zahlen, $[1, i]$ das System aller ganzen Zahlen des quadratischen Körpers J (§. 159). Ebenso ist [4, 6] das System aller Zahlen von der Form $4x + 6y$, wo x, y alle ganzen rationalen Zahlen durchlaufen; aus den Elementen der Zahlentheorie (§. 24) ergiebt sich offenbar, dass dieses System identisch mit dem Modul [2] ist, und wir drücken dies durch die Gleichung $[4, 6] = [2]$ aus, indem wir allgemein durch $\mathfrak{a} = \mathfrak{b}$ andeuten wollen, dass $\mathfrak{a}$ und $\mathfrak{b}$ Zeichen für einen und denselben Modul sind.

Offenbar ist die Zahl 0 in jedem Modul enthalten, und sie bildet auch für sich allein einen Modul. Enthält aber ein Modul eine von Null verschiedene Zahl, so enthält er auch unendlich viele von einander verschiedene Zahlen.

Wir nennen nun den Modul $\mathfrak{a}$ *theilbar* durch den Modul $\mathfrak{b}$, wenn alle in $\mathfrak{a}$ enthaltenen Zahlen auch dem Modul $\mathfrak{b}$ angehören; zugleich werden wir sagen, $\mathfrak{a}$ sei ein *Vielfaches* oder *Multiplum* von $\mathfrak{b}$, $\mathfrak{b}$ sei ein *Theiler* oder *Divisor* von $\mathfrak{a}$, oder $\mathfrak{b}$ gehe in $\mathfrak{a}$ auf. Diese Benennung mag auf den ersten Blick Anstoss erregen, weil das Vielfache $\mathfrak{a}$ einen *Theil* des Theilers $\mathfrak{b}$ bildet, doch wird dieselbe sich in der Folge hinreichend rechtfertigen durch die Analogie mit der Theilbarkeit der Zahlen*); so ist z. B. [4] ein Vielfaches von [2], weil alle durch 4 theilbaren ganzen rationalen Zahlen auch durch 2 theilbar sind. Allgemein bemerken wir, dass der Modul 0 ein gemeinschaftliches Vielfaches aller Moduln ist; wenn ferner die Zahlen $\alpha_1, \alpha_2 \ldots \alpha_n$ in dem Modul $\mathfrak{a}$ enthalten sind, so ist $\mathfrak{a}$ ein Theiler des endlichen Moduls $[\alpha_1, \alpha_2 \ldots \alpha_n]$. Ist jeder der Moduln $\mathfrak{a}, \mathfrak{b}, \mathfrak{c}, \mathfrak{d} \ldots$ durch den zunächst folgenden theilbar, so ist jeder auch ein Multiplum von allen folgenden. Jeder Modul ist durch sich selbst theilbar, und wenn jeder der beiden Moduln $\mathfrak{a}, \mathfrak{b}$ durch den anderen theilbar ist, so ist $\mathfrak{a} = \mathfrak{b}$. Wenn dagegen $\mathfrak{a}$ theilbar durch $\mathfrak{b}$, aber verschieden von $\mathfrak{b}$ ist, so soll $\mathfrak{b}$ ein *echter* Theiler von $\mathfrak{a}$ heissen.

Sind nun $\mathfrak{a}, \mathfrak{b}$ zwei beliebige Moduln, so ist das System $\mathfrak{m}$ aller derjenigen Zahlen μ, welche (wie z. B. die Zahl 0) beiden Moduln gemeinsam angehören, ebenfalls ein Modul; denn wenn μ_1, μ_2 zwei solche Zahlen sind, die sich in $\mathfrak{a}$ und auch in $\mathfrak{b}$ vorfinden, so gehören die beiden Zahlen $\mu_1 \pm \mu_2$ ebenfalls beiden Moduln $\mathfrak{a}, \mathfrak{b}$ und folglich auch dem System $\mathfrak{m}$ an. Dieser Modul $\mathfrak{m}$ ist offenbar ein gemeinschaftliches Multiplum von $\mathfrak{a}$ und $\mathfrak{b}$; da ferner jedes gemeinschaftliche Vielfache $\mathfrak{m}'$ von $\mathfrak{a}$ und $\mathfrak{b}$ nur aus solchen Zahlen μ' besteht, welche sowohl in $\mathfrak{a}$, als auch in $\mathfrak{b}$, mithin auch in $\mathfrak{m}$ enthalten sind, so ist $\mathfrak{m}'$ ein Vielfaches von $\mathfrak{m}$, und wir wollen deshalb $\mathfrak{m}$ das *kleinste* gemeinschaftliche Vielfache von $\mathfrak{a}, \mathfrak{b}$ nennen. Offenbar ist $\mathfrak{m}$ stets und nur dann $= \mathfrak{a}$, wenn $\mathfrak{a}$ durch $\mathfrak{b}$ theilbar ist.

---

*) Selbst der Umstand, dass bei den *Körpern*, die doch auch Moduln sind, die gerade entgegengesetzte Ausdrucksweise sich als zweckmässig erweist, kann hier nicht ins Gewicht fallen, weil bei einiger Aufmerksamkeit eine Verwechselung nicht wohl möglich ist.

Bedeutet ferner α jede beliebige Zahl des Moduls $\mathfrak{a}$, und ebenso β jede Zahl des Moduls $\mathfrak{b}$, so ist das System $\mathfrak{d}$ aller derjenigen Zahlen δ, welche in der Form $\alpha + \beta$ darstellbar sind, ebenfalls ein Modul; denn wenn δ_1 und δ_2 in $\mathfrak{d}$ enthalten sind, so ist $\delta_1 = \alpha_1 + \beta_1$, und $\delta_2 = \alpha_2 + \beta_2$, wo α_1, α_2 in $\mathfrak{a}$, und β_1, β_2 in $\mathfrak{b}$ enthalten sind; hieraus folgt aber, dass die beiden Zahlen $\delta_1 \pm \delta_2 = (\alpha_1 \pm \alpha_2) + (\beta_1 \pm \beta_2)$ demselben System $\mathfrak{d}$ angehören, weil die Zahlen $\alpha_1 \pm \alpha_2$ in $\mathfrak{a}$, und die Zahlen $\beta_1 \pm \beta_2$ in $\mathfrak{b}$ enthalten sind. Dieser Modul $\mathfrak{d}$ ist ein gemeinschaftlicher Theiler der beiden Moduln $\mathfrak{a}, \mathfrak{b}$; denn unter den Zahlen des Moduls $\mathfrak{b}$ befindet sich auch die Zahl $\beta = 0$, und folglich gehört jede in $\mathfrak{a}$ enthaltene Zahl $\alpha = \alpha + 0$ auch dem Modul $\mathfrak{d}$ an, d. h. $\mathfrak{a}$ ist theilbar durch $\mathfrak{d}$, und ebenso ist $\mathfrak{b}$ theilbar durch $\mathfrak{d}$. Ist ferner der Modul $\mathfrak{d}'$ irgend ein gemeinschaftlicher Theiler von $\mathfrak{a}$ und $\mathfrak{b}$, sind also alle Zahlen α und alle Zahlen β in $\mathfrak{d}'$ enthalten, so gehören auch alle Summen $\alpha + \beta$ dem Modul $\mathfrak{d}'$ an, mithin ist $\mathfrak{d}'$ ein Divisor von $\mathfrak{d}$. Aus diesem Grunde nennen wir $\mathfrak{d}$ den *grössten* gemeinschaftlichen Theiler von $\mathfrak{a}, \mathfrak{b}$. Offenbar ist $\mathfrak{d}$ stets und nur dann $= \mathfrak{b}$, wenn $\mathfrak{b}$ in $\mathfrak{a}$ aufgeht.

Diese beiden Definitionen lassen sich leicht verallgemeinern für ein System von beliebig vielen, sogar unendlich vielen Moduln $\mathfrak{a}, \mathfrak{b}, \mathfrak{c} \ldots$; wir überlassen dies dem Leser und bemerken nur, dass, wenn $\mathfrak{m}$ und $\mathfrak{d}$ die bisherige Bedeutung in Bezug auf $\mathfrak{a}, \mathfrak{b}$ behalten, das kleinste gemeinschaftliche Multiplum von $\mathfrak{a}, \mathfrak{b}, \mathfrak{c}$ zugleich dasjenige von $\mathfrak{m}$ und $\mathfrak{c}$, und der grösste gemeinschaftliche Theiler von $\mathfrak{a}, \mathfrak{b}, \mathfrak{c}$ zugleich derjenige von $\mathfrak{d}, \mathfrak{c}$ ist (vergl. §§. 6, 7). Zur Erläuterung und zugleich zur Rechtfertigung der gewählten Terminologie fügen wir noch hinzu, dass, wenn m das kleinste gemeinschaftliche Multiplum, und d der grösste gemeinschaftliche Divisor von zwei ganzen rationalen Zahlen a, b ist, der Modul $[m]$ auch das kleinste gemeinschaftliche Vielfache, und der Modul $[d] = [a, b]$ der grösste gemeinschaftliche Theiler der beiden Moduln $[a]$ und $[b]$ ist. Allgemein ist der endliche Modul $[\alpha_1, \alpha_2 \ldots \alpha_n]$ der grösste gemeinschaftliche Theiler der n eingliedrigen Moduln $[\alpha_1], [\alpha_2] \ldots [\alpha_n]$.

Wir müssen nun noch eine Modulbildung*) erwähnen, welche im Folgenden sehr häufig auftreten wird. Ist η eine beliebige

*) Dieselbe ist nur ein specieller Fall der allgemeinen *Multiplication* von zwei beliebigen Moduln $\mathfrak{a}, \mathfrak{b}$: durchläuft α alle Zahlen des Moduls $\mathfrak{a}$,

Constante, während α alle Zahlen des Moduls $\mathfrak{a}$ durchläuft, so bilden die sämmtlichen Producte $\eta\alpha$ offenbar wieder einen Modul, welchen wir kurz mit $\eta\mathfrak{a}$ oder auch mit $\mathfrak{a}\eta$ bezeichnen wollen. Hiernach ist z. B. $[\eta] = \eta\,[1]$, und allgemeiner $[\eta\alpha_1, \eta\alpha_2 \ldots \eta\alpha_n] = \eta\,[\alpha_1, \alpha_2 \ldots \alpha_n]$; ferner ist $(\mathfrak{a}\eta)\eta' = (\mathfrak{a}\eta')\eta = \mathfrak{a}(\eta\eta')$ oder kürzer $= \mathfrak{a}\eta\eta'$. Zugleich leuchtet ein, dass, wenn $\mathfrak{m}$ und $\mathfrak{d}$ ihre obige Bedeutung in Bezug auf $\mathfrak{a}$, $\mathfrak{b}$ behalten, $\mathfrak{m}\eta$ das kleinste gemeinschaftliche Vielfache, und $\mathfrak{d}\eta$ der grösste gemeinschaftliche Theiler der beiden Moduln $\mathfrak{a}\eta$, $\mathfrak{b}\eta$ ist. Wenn ferner η von Null verschieden und $\mathfrak{a}\eta$ durch $\mathfrak{b}\eta$ theilbar ist, so ist $\mathfrak{a}$ theilbar durch $\mathfrak{b}$, und aus $\mathfrak{a}\eta = \mathfrak{b}\eta$ folgt $\mathfrak{a} = \mathfrak{b}$. —

Wir gehen nun zu derjenigen Betrachtung über, die uns veranlasst hat, für die hier untersuchten Zahlengebiete den Namen *Modul* zu wählen, obgleich derselbe schon in so vielen anderen Bedeutungen gebraucht wird. Wenn $\mathfrak{m}$ ein beliebiger Modul ist, so nennen wir zwei Zahlen α, β *congruent* in Bezug auf $\mathfrak{m}$, wenn ihre Differenz $\alpha - \beta$ eine Zahl des Moduls $\mathfrak{m}$ ist, und wir bezeichnen dies durch die *Congruenz*

$$\alpha \equiv \beta \pmod{\mathfrak{m}},$$

von welcher die Congruenz

$$\beta \equiv \alpha \pmod{\mathfrak{m}}$$

stets eine Folge ist; wir nennen dagegen die Zahlen $\alpha, \beta, \gamma \ldots$ *incongruent* nach $\mathfrak{m}$, wenn keine von ihnen mit einer der übrigen congruent ist*). Aus dem Begriffe eines Moduls folgt nun offenbar,

---

ebenso β alle Zahlen des Moduls $\mathfrak{b}$, so ist der Inbegriff aller Producte $\alpha\beta$ und aller Summen von solchen Producten wieder ein Modul, welcher das *Product* aus den Factoren $\mathfrak{a}$, $\mathfrak{b}$ heissen und mit $\mathfrak{a}\mathfrak{b}$ oder $\mathfrak{b}\mathfrak{a}$ bezeichnet werden soll. Hiernach ist der oben definirte Modul $\mathfrak{a}\eta$ identisch mit dem Producte $\mathfrak{a}[\eta]$; wir beschränken uns aber auf diesen speciellen Fall, um zu verhüten, dass die beiden Begriffe der Theilbarkeit und der Multiplication der Moduln, die vollständig getrennt zu erhalten sind, etwa mit einander verwechselt werden (vergl. §. 171). — Bei dieser Gelegenheit wollen wir noch erwähnen, dass eine Zahl η stets und nur dann eine ganze algebraische Zahl ist, wenn es einen endlichen, von Null verschiedenen Modul $\mathfrak{a}$ von der Beschaffenheit giebt, dass $\eta\mathfrak{a}$ durch $\mathfrak{a}$ theilbar ist; diese Eigenschaft kann daher als die kürzeste *Definition* der ganzen algebraischen Zahl angesehen werden.

*) Der von Gauss eingeführte Begriff der Congruenz bildet offenbar einen speciellen Fall des obigen; denn wenn a, b, m ganze rationale Zahlen sind, so ist die Congruenz $a \equiv b \pmod{m}$ gleichbedeutend mit der Con-

dass man beliebig viele solche Congruenzen, die sich auf einen und denselben Modul beziehen, addiren und subtrahiren darf, wie Gleichungen; auch darf man beide Seiten einer Congruenz mit derselben ganzen rationalen Zahl multipliciren. Ferner leuchtet ein, dass jede Zahl sich selbst congruent, und dass zwei mit einer dritten Zahl β congruente Zahlen α, γ auch mit einander congruent sind; denn wenn $\alpha - \beta$ und $\beta - \gamma$ Zahlen des Moduls $\mathfrak{m}$ sind, so ist auch ihre Summe $\alpha - \gamma$ in $\mathfrak{m}$ enthalten. Hierauf beruht die Möglichkeit, alle existirenden Zahlen in Bezug auf einen Modul $\mathfrak{m}$ in *Zahlclassen* einzutheilen, in der Weise, dass zwei beliebige Zahlen in dieselbe, oder in verschiedene Classen aufgenommen werden, je nachdem sie congruent oder incongruent sind; ist ϱ eine bestimmte Zahl, während μ alle in $\mathfrak{m}$ enthaltenen Zahlen durchläuft, so bilden die in der Form $\varrho + \mu$ enthaltenen Zahlen eine solche Classe, und man kann ϱ oder jede andere dieser Zahlen als *Repräsentant* der Classe ansehen; offenbar bildet der Modul $\mathfrak{m}$ selbst die durch die Zahl 0 repräsentirte Classe. Hierauf gründet sich die folgende, wichtige Betrachtung.

Sind $\mathfrak{a}$, $\mathfrak{b}$ zwei beliebige Moduln, und ist β_1 eine bestimmte Zahl des letzteren, so bilden alle diejenigen in $\mathfrak{b}$ enthaltenen Zahlen β', welche $\equiv \beta_1$ (mod. $\mathfrak{a}$) sind, eine durch β_1 repräsentirte Zahlclasse in Bezug auf den Modul $\mathfrak{m}$, welcher das kleinste gemeinschaftliche Vielfache von $\mathfrak{a}$, $\mathfrak{b}$ ist; da nämlich $\beta' - \beta_1$ in $\mathfrak{b}$, aber auch in $\mathfrak{a}$ enthalten ist, so ist $\beta' = \beta_1 + \mu$, wo μ eine Zahl des Moduls $\mathfrak{m}$ bedeutet, und umgekehrt, wenn μ in $\mathfrak{m}$, also auch in $\mathfrak{a}$ und in $\mathfrak{b}$ enthalten ist, so ist die Summe $\beta' = \beta_1 + \mu$ in $\mathfrak{b}$ enthalten und zugleich $\equiv \beta_1$ (mod. $\mathfrak{a}$). Der Modul $\mathfrak{b}$ *besteht* daher aus einer endlichen oder unendlichen Anzahl von solchen Zahlclassen in Bezug auf $\mathfrak{m}$; wählt man nun aus jeder dieser Classen nach Belieben einen Repräsentanten

$$\beta_1, \beta_2, \beta_3 \ldots,$$

so besitzt das System dieser in $\mathfrak{b}$ enthaltenen Zahlen β_r offenbar die doppelte Eigenschaft, dass jede beliebige in $\mathfrak{b}$ enthaltene Zahl β mit einer, aber auch nur mit einer einzigen Zahl β_r congruent ist

---

gruenz der Zahlen a, b in Bezug auf den Modul $[m] = m\,[1]$; und wenn α, β, μ ganze Zahlen in J sind (vergl. §. 159), so ist die Congruenz $\alpha \equiv \beta$ (mod. μ) gleichbedeutend mit der Congruenz der Zahlen α, β in Bezug auf den Modul $[\mu, \mu i] = \mu\,[1, i]$.

nach dem Modul $\mathfrak{a}$; ein solches System von Zahlen β_r nennen wir daher ein *Repräsentanten-System des Moduls* $\mathfrak{b}$ *nach* $\mathfrak{a}$. Ist die Anzahl dieser in $\mathfrak{b}$ enthaltenen nach $\mathfrak{a}$ incongruenten Zahlen β_r endlich, so wollen wir dieselbe durch das Symbol $(\mathfrak{b}, \mathfrak{a})$ bezeichnen; ist sie aber unendlich, so ist es zweckmässig, unter diesem Symbol $(\mathfrak{b}, \mathfrak{a})$ die Zahl *Null* zu verstehen, weil dann gewisse Sätze über Determinanten allgemeingültig bleiben. Ist $(\mathfrak{b}, \mathfrak{a}) = 1$, so ist $\mathfrak{b}$ theilbar durch $\mathfrak{a}$, und umgekehrt.

Aus dem Vorhergehenden leuchtet unmittelbar ein, dass dieselben Zahlen β_r auch ein Repräsentantensystem des Moduls $\mathfrak{b}$ nach $\mathfrak{m}$ bilden, und folglich ist in allen Fällen

$$(\mathfrak{b}, \mathfrak{a}) = (\mathfrak{b}, \mathfrak{m}). \tag{1}$$

Die Zahlen β_r bilden aber auch ein Repräsentantensystem des Moduls $\mathfrak{d}$ nach $\mathfrak{a}$, wo $\mathfrak{d}$ den grössten gemeinschaftlichen Theiler von $\mathfrak{a}$, $\mathfrak{b}$ bedeutet, und folglich ist

$$(\mathfrak{b}, \mathfrak{a}) = (\mathfrak{d}, \mathfrak{a}); \tag{2}$$

in der That, die Zahlen β_r sind auch in $\mathfrak{d}$ enthalten und incongruent nach $\mathfrak{a}$, und jede in $\mathfrak{d}$ enthaltene Zahl $\alpha + \beta$ ist $\equiv \beta \pmod{\mathfrak{a}}$, also auch congruent mit einer der Zahlen β_r, was zu beweisen war.

Auf dieselbe Weise ergiebt sich, dass, wenn η eine von Null verschiedene Constante ist, die Producte $\eta\beta_r$ ein Repräsentantensystem des Moduls $\mathfrak{b}\eta$ nach $\mathfrak{a}\eta$ bilden, und folglich ist

$$(\mathfrak{b}\eta, \mathfrak{a}\eta) = (\mathfrak{b}, \mathfrak{a}). \tag{3}$$

Ist ferner $\mathfrak{a}$ theilbar durch $\mathfrak{b}$, und $\mathfrak{b}$ theilbar durch $\mathfrak{c}$, so bilden, wenn β_r ein Repräsentantensystem des Moduls $\mathfrak{b}$ nach $\mathfrak{a}$, und γ_s ein Repräsentantensystem des Moduls $\mathfrak{c}$ nach $\mathfrak{b}$ durchläuft, die Summen $\beta_r + \gamma_s$ ein Repräsentantensystem des Moduls $\mathfrak{c}$ nach $\mathfrak{a}$, und folglich ist

$$(\mathfrak{c}, \mathfrak{a}) = (\mathfrak{c}, \mathfrak{b})\,(\mathfrak{b}, \mathfrak{a}). \tag{4}$$

Denn diese Zahlen $\beta_r + \gamma_s$ sind erstens in $\mathfrak{c}$ enthalten, und zweitens sind sie alle incongruent $(\text{mod. } \mathfrak{a})$; gesetzt nämlich, es sei $\beta' + \gamma' \equiv \beta'' + \gamma'' \pmod{\mathfrak{a}}$, wo β', β'' specielle Werthe von β_r, und γ', γ'' specielle Werthe von γ_s bedeuten, so folgt, weil $\mathfrak{a}$ durch $\mathfrak{b}$ theilbar ist, $\gamma' \equiv \gamma'' \pmod{\mathfrak{b}}$, und hieraus $\gamma' = \gamma''$; mithin ist $\beta' \equiv \beta'' \pmod{\mathfrak{a}}$, und folglich $\beta' = \beta''$. Drittens leuchtet ein, dass jede Zahl γ des Moduls $\mathfrak{c}$ mit einer der Zahlen $\beta_r + \gamma_s$ congruent ist $(\text{mod. } \mathfrak{a})$; denn γ ist mit einer der Zahlen γ_s congruent $(\text{mod. } \mathfrak{b})$, also von der Form $\beta + \gamma_s$, wo β in $\mathfrak{b}$ enthalten ist; nun ist β mit einer der Zahlen β_r congruent (mod. $\mathfrak{a}$), also von der Form $\alpha + \beta_r$, wo α in $\mathfrak{a}$ enthalten ist; mithin ist $\gamma = \alpha + \beta_r + \gamma_s \equiv \beta_r + \gamma_s$ (mod. $\mathfrak{a}$), was zu beweisen war.

Zu diesen Sätzen, durch deren Combination sich viele andere ableiten liessen, fügen wir noch die beiden folgenden hinzu.

Ist $\mathfrak{m}$ das kleinste gemeinschaftliche Vielfache, und $\mathfrak{d}$ der grösste gemeinschaftliche Theiler der beiden Moduln $\mathfrak{a}$, $\mathfrak{b}$, und sind ϱ, σ zwei gegebene Zahlen, so hat das System der gleichzeitigen Congruenzen

$$\omega \equiv \varrho \text{ (mod. } \mathfrak{a}), \quad \omega \equiv \sigma \text{ (mod. } \mathfrak{b}) \tag{5}$$

stets und nur dann gemeinschaftliche Wurzeln ω, wenn die Bedingung

$$\varrho \equiv \sigma \text{ (mod. } \mathfrak{d}) \tag{6}$$

erfüllt ist, und alle diese Wurzeln ω bilden eine bestimmte Zahlclasse in Bezug auf den Modul $\mathfrak{m}$ (vergl. §. 25). In der That, wenn eine Zahl ω den beiden Congruenzen (5) genügt, so sind die Zahlen $\omega - \varrho$, $\omega - \sigma$, also auch ihre Differenz $\varrho - \sigma$ in $\mathfrak{d}$ enthalten, d. h. die Bedingung (6) ist erfüllt; umgekehrt, wenn dies der Fall ist, so giebt es zufolge der Definition von $\mathfrak{d}$ eine Zahl α in $\mathfrak{a}$ und eine Zahl β in $\mathfrak{b}$ von der Art, dass $\varrho - \sigma = \alpha + \beta$ wird, und dann genügt die Zahl $\omega = \varrho - \alpha = \sigma + \beta$ offenbar den beiden Congruenzen (5). Genügt ferner ω' denselben Congruenzen (5), so ist $\omega' - \omega$ in $\mathfrak{a}$ und in $\mathfrak{b}$, also auch in $\mathfrak{m}$ enthalten, mithin ist $\omega' \equiv \omega$ (mod. $\mathfrak{m}$), und umgekehrt leuchtet ein, dass jede Zahl ω', welche $\equiv \omega$ (mod. $\mathfrak{m}$) ist, auch den Congruenzen (5) genügt, was zu beweisen war.

Sind $\mathfrak{a}$, $\mathfrak{b}$ zwei beliebige Moduln, so genügt jede in $\mathfrak{b}$ enthaltene Zahl β der Congruenz

$$(\mathfrak{b}, \mathfrak{a})\beta \equiv 0 \text{ (mod. } \mathfrak{a}). \tag{7}$$

Durchläuft nämlich β_r alle Individuen $\beta_1, \beta_2 \ldots$ eines Repräsentantensystems von $\mathfrak{b}$ nach $\mathfrak{a}$, so sind die Zahlen $\beta + \beta_r$ ebenfalls in $\mathfrak{b}$ enthalten, und folglich kann man immer

$$\beta + \beta_r \equiv \beta'_r \text{ (mod. } \mathfrak{a})$$

setzen, wo β'_r wieder eine der Zahlen β_r bedeutet; umgekehrt, wenn β'_r eine der Zahlen β_r ist, so giebt es auch eine solche Zahl β_r, welche der vorstehenden Congruenz genügt, weil $\beta'_r - \beta$ in $\mathfrak{b}$ enthalten ist; ausserdem leuchtet ein, dass je zwei verschiedenen

Zahlen β_r auch zwei verschiedene Zahlen β'_r entsprechen, und umgekehrt. Die Zahlen β'_r bilden daher *dasselbe* Repräsentantensystem wie die Zahlen β_r. Ist nun die Anzahl dieser Zahlen endlich $= (\mathfrak{b}, \mathfrak{a})$, so ergiebt sich durch Addition aller einzelnen Congruenzen die zu beweisende Congruenz (7), weil $\Sigma\beta_r = \Sigma\beta'_r$ ist; wenn aber die Anzahl der Repräsentanten β_r unendlich gross, also $(\mathfrak{b}, \mathfrak{a}) = 0$ ist, so leuchtet die Richtigkeit der Congruenz (7) von selbst ein. —

Von diesen allgemeinen Sätzen über *beliebige* Moduln wenden wir uns jetzt zu der genaueren Betrachtung der *endlichen* Moduln, welche bei unseren späteren Untersuchungen ausschliesslich auftreten werden.

Besteht der von Null verschiedene Modul $\mathfrak{m}$ aus lauter *ganzen rationalen* Zahlen, so ist

$$\mathfrak{m} = [m], \tag{8}$$

wo m die *kleinste positive* in $\mathfrak{m}$ enthaltene Zahl bedeutet. Denn jedenfalls ist $[m]$ theilbar durch $\mathfrak{m}$, weil m dem Modul $\mathfrak{m}$ angehört; umgekehrt, wenn m' irgend eine in $\mathfrak{m}$ enthaltene, mithin ganze rationale Zahl bedeutet, so kann man $m' = qm + r$ setzen, wo q eine ganze rationale Zahl, und r eine der m Zahlen $0, 1, 2 \ldots (m-1)$ bedeutet (§. 4); da nun m' und qm in $\mathfrak{m}$ enthalten sind, so gilt dasselbe von $r = m' - qm$, und folglich muss $r = 0$ sein, weil m die kleinste positive Zahl in $\mathfrak{m}$ ist; mithin ist m' theilbar durch m, also $\mathfrak{m}$ theilbar durch $[m]$, und folglich $\mathfrak{m} = [m]$, was zu beweisen war.

Nachdem dieser Punct erledigt ist, wenden wir uns zu einer wichtigen Untersuchung, deren Hauptresultat in dem folgenden Satze enthalten ist:

Wenn die Basiszahlen $\beta_1, \beta_2 \ldots \beta_n$ *des endlichen Moduls* $\mathfrak{b}$ *durch Multiplication mit rationalen, von Null verschiedenen Factoren in Zahlen des Moduls* $\mathfrak{a}$ *verwandelt werden können, so ist* $(\mathfrak{b}, \mathfrak{a}) > 0$; *das kleinste gemeinschaftliche Vielfache* $\mathfrak{m}$ *von* $\mathfrak{a}$, $\mathfrak{b}$ *ist ein endlicher Modul und besitzt* n *Basiszahlen von der Form*

$$\begin{aligned}
\mu_1 &= a_{1,1}\beta_1 \\
\mu_2 &= a_{1,2}\beta_1 + a_{2,2}\beta_2 \\
\mu_3 &= a_{1,3}\beta_1 + a_{2,3}\beta_2 + a_{3,3}\beta_3 \\
&\cdots\cdots\cdots\cdots\cdots \\
\mu_n &= a_{1,n}\beta_1 + a_{2,n}\beta_2 + \cdots + a_{n,n}\beta_n,
\end{aligned} \tag{9}$$

wo die Coefficienten $a_{r,s}$ *ganze rationale Zahlen bedeuten, deren Determinante*

$$a_{1,1}\, a_{2,2} \ldots a_{n,n} = (\mathfrak{b}, \mathfrak{a}) \tag{10}$$

ist.

Um dies zu beweisen, bezeichnen wir mit $\mathfrak{a}_1$ den grössten gemeinschaftlichen Theiler von $\mathfrak{a}$ und $[\beta_1]$, mit $\mathfrak{a}_2$ den von $\mathfrak{a}_1$ und $[\beta_2]$, mit $\mathfrak{a}_3$ den von $\mathfrak{a}_2$ und $[\beta_3]$, u. s. f. Dann besteht $\mathfrak{a}_r$ aus allen Zahlen α_r von der Form

$$\alpha_r = \alpha + y_1 \beta_1 + y_2 \beta_2 + \cdots + y_{r-1} \beta_{r-1} + y_r \beta_r,$$

wo α jede beliebige Zahl in $\mathfrak{a}$, und $y_1, y_2 \ldots y_{r-1}, y_r$ willkürliche ganze rationale Zahlen bedeuten. Es ist daher $\mathfrak{a}_n$ der grösste gemeinschaftliche Theiler $\mathfrak{d}$ von $\mathfrak{a}$, $\mathfrak{b}$, und da jeder der Moduln $\mathfrak{a}, \mathfrak{a}_1, \mathfrak{a}_2 \ldots \mathfrak{a}_n$ durch alle folgenden theilbar ist, so erhält man nach den obigen Sätzen (2) und (4) das Resultat

$$(\mathfrak{b}, \mathfrak{a}) = (\mathfrak{a}_n, \mathfrak{a}) = (\mathfrak{a}_n, \mathfrak{a}_{n-1})\,(\mathfrak{a}_{n-1}, \mathfrak{a}_{n-2}) \ldots (\mathfrak{a}_1, \mathfrak{a});$$

es kommt daher nur noch darauf an, allgemein den Werth des Factors $(\mathfrak{a}_r, \mathfrak{a}_{r-1})$ zu bestimmen. Da nun jede in $\mathfrak{a}_r$ enthaltene Zahl

$$\alpha_r = \alpha_{r-1} + y_r \beta_r \equiv y_r \beta_r \ (\text{mod. } \mathfrak{a}_{r-1})$$

ist, so fragt sich nur, wieviele nach $\mathfrak{a}_{r-1}$ incongruente Zahlen in $[\beta_r]$, d. h. in der Form $y_r \beta_r$ enthalten sind. Hierzu benutzen wir unsere Annahme, dass β_r durch Multiplication mit einem rationalen, von Null verschiedenen Factor h in eine Zahl $h\beta_r$ verwandelt werden kann, welche dem Modul $\mathfrak{a}$ und folglich auch dessen Theiler $\mathfrak{a}_{r-1}$ angehört; ist nun g eine beliebige ganze rationale Zahl, so ist auch $gh\beta_r$ in $\mathfrak{a}_{r-1}$ enthalten, und da man g so wählen kann, dass gh eine ganze Zahl wird, so leuchtet ein, dass es unendlich viele ganze rationale Zahlen z_r giebt, welche der Bedingung

$$z_r \beta_r \equiv 0 \ (\text{mod. } \mathfrak{a}_{r-1})$$

genügen; dieselben reproduciren sich offenbar durch Addition und Subtraction, und wenn $a_{r,r}$ die *kleinste positive* von ihnen bedeutet, so ist ihr Inbegriff zufolge (8) identisch mit dem Modul $[a_{r,r}]$; bezeichnet man ferner mit y'_r diejenigen ganzen rationalen Zahlen, welche den Bedingungen

$$0 \leqq y'_r < a_{r,r} \tag{11}$$

genügen, so leuchtet ein, dass jede in $[\beta_r]$ enthaltene Zahl $y_r \beta_r$

mit einer und nur mit einer der Zahlen $y'_r \beta_r$ congruent nach $\mathfrak{a}_{r-1}$ ist, und folglich ist

$$(\mathfrak{a}_r, \mathfrak{a}_{r-1}) = a_{r,r},$$

mithin

$$(\mathfrak{b}, \mathfrak{a}) = a_{1,1} a_{2,2} \ldots a_{n,n}. \tag{10}$$

Zugleich ergiebt sich aus dem Satze (4), dass die in der Form

$$\beta' = y'_1 \beta_1 + y'_2 \beta_2 + \cdots + y'_n \beta_n \tag{12}$$

enthaltenen $(\mathfrak{b}, \mathfrak{a})$ Zahlen β' ein Repräsentantensystem des Moduls $\mathfrak{b}$ nach $\mathfrak{a}$ (oder $\mathfrak{m}$) bilden. Da ferner $a_{r,r} \beta_r \equiv 0 \pmod{\mathfrak{a}_{r-1}}$ ist, so kann man

$$a_{r,r} \beta_r = \mu_r - a_{1,r} \beta_1 - a_{2,r} \beta_2 - \cdots - a_{r-1,r} \beta_{r-1}$$

setzen, wo μ_r eine Zahl in $\mathfrak{a}$, und $a_{1,r}, a_{2,r} \ldots a_{r-1,r}$ ganze rationale Zahlen bedeuten; hieraus folgt, dass die Zahl

$$\mu_r = a_{1,r} \beta_1 + a_{2,r} \beta_2 + \cdots + a_{r-1,r} \beta_{r-1} + a_{r,r} \beta_r \tag{9}$$

in $\mathfrak{b}$, also auch in $\mathfrak{m}$ enthalten ist; um daher zu beweisen, dass die n Zahlen $\mu_1, \mu_2 \ldots \mu_n$ eine Basis des Moduls $\mathfrak{m}$ bilden, brauchen wir nur noch zu zeigen, dass jede beliebige Zahl μ des Moduls $\mathfrak{m}$ in der Form

$$\mu = x_1 \mu_1 + x_2 \mu_2 + \cdots + x_n \mu_n \tag{13}$$

enthalten ist, wo $x_1, x_2 \ldots x_n$ ganze rationale Zahlen bedeuten. Zu diesem Zweck bezeichnen wir mit η_r alle diejenigen Zahlen

$$\eta_r = z_1 \beta_1 + z_2 \beta_2 + \cdots + z_{r-1} \beta_{r-1} + z_r \beta_r$$

des Moduls $[\beta_1, \beta_2 \ldots \beta_r]$, welche, wie μ_r, zugleich in $\mathfrak{a}$, also auch in $\mathfrak{m}$ enthalten sind; dann ist $z_r \beta_r \equiv 0 \pmod{\mathfrak{a}_{r-1}}$, mithin $z_r = a_{r,r} x_r$, wo x_r eine ganze rationale Zahl, und hieraus folgt offenbar, dass

$$\eta_r - x_r \mu_r = \eta_{r-1}, \quad \text{also} \quad \eta_r = \eta_{r-1} + x_r \mu_r$$

ist, wo $\eta_{r-1} = 0$ zu setzen ist, falls $r = 1$; da aber jede Zahl μ des Moduls $\mathfrak{m}$ auch in $\mathfrak{b}$ enthalten, also eine Zahl η_n ist, so ergiebt sich hieraus ihre Darstellbarkeit durch die Form (13), was zu beweisen war. —

Wir haben hierbei absichtlich nur die einzige Voraussetzung gemacht, dass jede der Basiszahlen $\beta_1, \beta_2 \ldots \beta_n$ durch Multiplication mit einem rationalen, von Null verschiedenen Factor in eine Zahl des Moduls $\mathfrak{a}$ verwandelt werden kann, und diese Annahme ist, wie man aus (7) erkennt, auch unerlässlich, wenn $(\mathfrak{b}, \mathfrak{a})$

von Null verschieden sein soll. Jetzt wollen wir die vorhergehenden Resultate mit dem Begriffe des *irreductibelen Systems* (§. 162) in Verbindung setzen, was zu den folgenden Sätzen führt.

Besitzt der endliche Modul $\mathfrak{a}$, *dessen Basis aus den* m *Zahlen* $\alpha_1, \alpha_2 \ldots \alpha_m$ *besteht, zugleich eine irreductibele, aus* n *von einander unabhängigen Zahlen* $\mu_1, \mu_2 \ldots \mu_n$ *bestehende Basis, so ist* $m \geqq n$; *es bestehen* m *Gleichungen von der Form*

$$\alpha_s = p_{1,s}\mu_1 + p_{2,s}\mu_2 + \cdots + p_{n,s}\mu_n, \tag{14}$$

wo die mn *Coefficienten* $p_{r,s}$ *ganze rationale Zahlen bedeuten, und der grösste gemeinschaftliche Theiler aller aus diesem Coefficientensystem gebildeten Determinanten* n^{ten} *Grades ist* $= 1$.

In der That, aus der Annahme $[\alpha_1, \alpha_2 \ldots \alpha_m] = [\mu_1, \mu_2 \ldots \mu_n]$ folgt unmittelbar, dass m Gleichungen von der Form (14), und ausserdem n Gleichungen von der Form

$$\mu_r = q_{r,1}\alpha_1 + q_{r,2}\alpha_2 + \cdots + q_{r,m}\alpha_m \tag{15}$$

bestehen, wo die mn Coefficienten $q_{r,s}$ ebenfalls ganze rationale Zahlen sind, und aus den letzteren ergiebt sich, dass $m \geqq n$ ist, weil sonst die n Zahlen μ_r (nach §. 162) ein reductibeles System bilden würden. Substituirt man in (15) für die m Zahlen α_s ihre Werthe gemäss (14) und berücksichtigt, dass die n Zahlen μ_r ein irreductibeles System bilden, so ergiebt sich, dass die Summe

$$q_{r,1}p_{r',1} + q_{r,2}p_{r',2} + \cdots + q_{r,m}p_{r',m} = 1 \text{ oder } = 0$$

ist, je nachdem die Indices r, r' gleich oder ungleich sind, und hieraus folgt nach einem bekannten Satze der Determinanten-Theorie die Gleichung

$$\Sigma PQ = 1, \tag{16}$$

wo das Summenzeichen sich auf alle aus den Coefficienten $p_{r,s}$ gebildeten Determinanten P vom Grade n bezieht, welche den verschiedenen Combinationen von je n der m Zahlen α_s entsprechen, während Q jedesmal diejenige Determinante bedeutet, welche aus P hervorgeht, wenn jede Zahl $p_{r,s}$ durch die entsprechende Zahl $q_{r,s}$ ersetzt wird. Ist $m = n$, so besteht die Summe nur aus einem einzigen Gliede, und es ist

$$\Sigma \pm p_{1,1}p_{2,2} \ldots p_{n,n} = \pm 1; \tag{17}$$

zugleich leuchtet ein, dass die n Zahlen $\alpha_1, \alpha_2 \ldots \alpha_n$ ebenfalls eine irreductibele Basis von $\mathfrak{a}$ bilden. Ist $m > n$, so ist die Anzahl der Determinanten P gleich

$$\frac{m(m-1)\ldots(m-n+1)}{1\,.\,2\quad\ldots\quad n},$$

aber aus (16) geht hervor, dass sie keinen gemeinschaftlichen Theiler haben, was zu beweisen war.

Jeder endliche, von Null verschiedene Modul besitzt eine irreductibele Basis.

Wir nehmen an, es liege ein endlicher Modul $\mathfrak{a}$ vor, dessen m Basiszahlen $\alpha_1, \alpha_2 \ldots \alpha_m$ ein reductibeles System bilden, aber nicht sämmtlich verschwinden. Bedeutet nun n die grösste Anzahl von einander unabhängiger Zahlen, die man aus diesen m Zahlen α_s auswählen kann, giebt es also unter ihnen n von einander unabhängige, während je $n+1$ dieser Zahlen ein reductibeles System bilden, so lassen sie sich sämmtlich in der Form

$$\alpha_s = c_{1,s}\beta_1 + c_{2,s}\beta_2 + \cdots + c_{n,s}\beta_n \tag{18}$$

darstellen, wo $\beta_1, \beta_2 \ldots \beta_n$ ein irreductibeles System bilden, während die mn Coefficienten $c_{r,s}$ ganze rationale Zahlen sind, und zwar werden die aus diesen Coefficienten gebildeten Determinanten C vom Grade n nicht alle verschwinden. Um die Möglichkeit einer solchen Darstellung (18) der m Zahlen α_s durch n von einander unabhängige Zahlen β_r darzuthun, dürfen wir annehmen, dass die n Zahlen $\alpha_1, \alpha_2 \ldots \alpha_n$ ein irreductibeles System bilden; dann wird jede der m Zahlen α_s, weil sie mit jenen ein reductibeles System bildet, von der Form

$$\alpha_s = h_{1,s}\alpha_1 + h_{2,s}\alpha_2 + \cdots + h_{n,s}\alpha_n$$

sein, wo die Coefficienten $h_{r,s}$ rationale (im Allgemeinen gebrochene) Zahlen bedeuten; nun kann man immer eine von Null verschiedene, ganze rationale Zahl c so wählen, dass alle Producte $ch_{r,s}$ ganze Zahlen $c_{r,s}$ werden; setzt man alsdann

$$\alpha_1 = c\beta_1,\quad \alpha_2 = c\beta_2 \ldots \alpha_n = c\beta_n,$$

so nehmen die vorhergehenden Gleichungen die Form (18) an, die n Zahlen $\beta_1, \beta_2 \ldots \beta_n$ sind von einander unabhängig, und unter den Determinanten C befindet sich die Zahl c^n, welche nicht verschwindet. Aus der Darstellung (18) ergiebt sich nun unser Satz sofort; denn die n Zahlen β_r bilden die irreductibele Basis eines endlichen Moduls $\mathfrak{b}$, welcher ein Divisor von $\mathfrak{a}$ ist, und da sie durch Multiplication mit einer von Null verschiedenen rationalen Zahl c offenbar in Zahlen des Moduls $\mathfrak{a} = \mathfrak{m}$ verwandelt werden, so besitzt dieser letztere n Basiszahlen μ_r von der Form (9), welche (nach §. 162) von einander unabhängig sind, was zu beweisen war.

Dieser Satz lässt sich auch ohne Benutzung der vorhergehenden Sätze durch eine sehr einfache Betrachtung beweisen, welche zugleich ein praktisches Verfahren zur Auffindung der neuen Basiszahlen μ_r liefert, falls die Werthe der Coefficienten $c_{r,s}$ in (18) numerisch gegeben sind*). Sind von den m Coefficienten $c_{n,s}$ der Zahl β_n, welche offenbar nicht alle verschwinden können, mindestens *zwei* von Null verschieden, z. B. $c_{n,1}$ und $c_{n,2}$, und ist $c_{n,1}$ absolut $\geqq c_{n,2}$, so kann man (nach §. 4) die ganze rationale Zahl x so wählen, dass $c_{n,1} + x c_{n,2}$ absolut $< c_{n,2}$, also auch $< c_{n,1}$ wird; nun wird offenbar der Modul $\mathfrak{a}$ nicht geändert, wenn man seine erste Basiszahl α_1 durch $\alpha_1 + x\alpha_2$ ersetzt, alle anderen aber ungeändert lässt, d. h. es ist

$$[\alpha_1, \alpha_2, \alpha_3 \ldots \alpha_m] = [\alpha_1 + x\alpha_2, \alpha_2, \alpha_3 \ldots \alpha_m];$$

hiermit ist das System der Coefficienten $c_{r,s}$ nur insofern abgeändert, als an Stelle der n Coefficienten $c_{r,1}$ die Coefficienten $c_{r,1} + x c_{r,2}$ getreten sind, und von diesen ist der letzte $c_{n,1} + x c_{n,2}$ absolut *kleiner* als der frühere $c_{n,1}$. Durch wiederholte Anwendung solcher elementaren Transformationen (die sich bei einiger Uebung leicht ausführen und auch zusammenziehen lassen) wird man nothwendig zu einem neuen System von m Basiszahlen gelangen, von denen eine die Form

$$\mu_n = a_{1,n}\beta_1 + a_{2,n}\beta_2 + \cdots + a_{n,n}\beta_n$$

hat, wo $a_{n,n} > 0$ ist (weil μ_n auch durch $-\mu_n$ ersetzt werden darf), während die Coefficienten der Zahl β_n, welche in den übrigen $(m-1)$ Basiszahlen auftreten, sämmtlich $= 0$ sind. Man transformire nun, indem man μ_n ungeändert beibehält, die übrigen $(m-1)$ Basiszahlen auf dieselbe Weise, bis alle Coefficienten von β_{n-1} mit Ausnahme eines einzigen verschwinden, welcher in der Basiszahl

$$\mu_{n-1} = a_{1,n-1}\beta_1 + a_{2,n-1}\beta_2 + \cdots + a_{n-1,n-1}\beta_{n-1}$$

---

*) Vergl. auch das Verfahren von *Gauss*, *D. A.* artt. 234, 236, 279.

auftritt. Fährt man auf dieselbe Weise fort, so gelangt man endlich zu einem System von m Basiszahlen, unter denen sich n Zahlen μ_r von der Form (9) befinden, während die übrigen sämmtlich $= 0$ sind und deshalb gänzlich unterdrückt werden dürfen, was zu beweisen war.

Auf diese Weise erhält man z. B.

$$\begin{aligned} & [35\beta_1, 8\beta_1 + 2\beta_2, -9\beta_1 + 3\beta_2] \\ = & [35\beta_1, 8\beta_1 + 2\beta_2, -17\beta_1 + \beta_2] \\ = & [35\beta_1, 42\beta_1, -17\beta_1 + \beta_2] \\ = & [35\beta_1, 7\beta_1, -17\beta_1 + \beta_2] \\ = & [0, 7\beta_1, -17\beta_1 + \beta_2] = [7\beta_1, 4\beta_1 + \beta_2]. \end{aligned}$$

Man erkennt ferner leicht, dass man durch dies Verfahren auch die in (14) und (15) auftretenden Coefficienten $p_{r,s}$ und $q_{r,s}$ erhält. Ausserdem leuchtet ein, dass der grösste gemeinschaftliche Theiler aller aus dem ursprünglichen Coefficientensystem gebildeten Determinanten C sich bei allen Transformationen ungeändert erhält und folglich, wie aus (9) und (10) hervorgeht, $= (\mathfrak{b}, \mathfrak{a})$ ist.

Dasselbe folgt auch aus unseren obigen Gleichungen; denn wenn man die Ausdrücke (9) in (14) substituirt, so ergiebt sich durch Vergleichung mit (18), dass die ursprünglichen Coefficienten $c_{r,s}$ vermöge der Gleichungen

$$c_{r,s} = p_{1,s} a_{r,1} + p_{2,s} a_{r,2} + \cdots + p_{n,s} a_{r,n} \tag{19}$$

sich ausdrücken lassen durch die Coefficienten $p_{r,s}$ und $a_{r,r'}$ (welche letzteren verschwinden, wenn $r > r'$ ist); bedeutet nun C wieder irgend eine aus den Coefficienten $c_{r,s}$ gebildete Determinante n^{ten} Grades, welche irgend einer Combination von n der m Grössen α_s entspricht, so ist zufolge der vorstehenden Gleichungen

$$C = P \Sigma \pm a_{1,1} a_{2,2} \ldots a_{n,n} = P(\mathfrak{b}, \mathfrak{a}), \tag{20}$$

wo P die Determinante bedeutet, welche aus C hervorgeht, wenn die Zahlen $c_{r,s}$ durch die entsprechenden Zahlen $p_{r,s}$ ersetzt werden. Da nun die Determinanten P den grössten gemeinschaftlichen Theiler 1 haben (zufolge (16)), so ist $(\mathfrak{b}, \mathfrak{a})$ derjenige der Determinanten C, wie behauptet war.

Alles dieses behält offenbar seine volle Gültigkeit, wenn $m = n$ ist, und hieraus ergiebt sich unmittelbar der folgende, sehr oft anzuwendende Satz*):

---

*) Derselbe gilt auch dann, wenn die aus den n^2 Coefficienten $c_{r,s}$ gebildete Determinante verschwindet. Sind ferner unter diesen Coefficienten

Wenn die Basiszahlen $\beta_1, \beta_2 \ldots \beta_n$ des Moduls $\mathfrak{b}$ ein irreductibeles System bilden und mit den Basiszahlen $\alpha_1, \alpha_2 \ldots \alpha_n$ des Moduls $\mathfrak{a}$ durch n Gleichungen von der Form

$$\alpha_s = c_{1,s}\beta_1 + c_{2,s}\beta_2 + \cdots + c_{n,s}\beta_n \tag{21}$$

verbunden sind, wo die Coefficienten $c_{r,s}$ ganze rationale Zahlen bedeuten, so ist

$$\pm(\mathfrak{b}, \mathfrak{a}) = \Sigma \pm c_{1,1}\, c_{2,2} \ldots c_{n,n}. \tag{22}$$

§. 166.

Nach diesen Vorbereitungen wenden wir uns definitiv dem eigentlichen Gegenstande unserer Untersuchung zu. Ist Ω ein endlicher Körper n^{ten} Grades (§. 162), so zerfallen die in ihm enthaltenen Zahlen, da sie sämmtlich algebraisch sind, in zwei Classen, nämlich in *ganze* und *gebrochene* Zahlen (§. 160). Den Inbegriff der ersteren wollen wir immer mit $\mathfrak{o}$ bezeichnen, und unsere Aufgabe besteht darin, für dieses Gebiet $\mathfrak{o}$ aller in Ω enthaltenen ganzen Zahlen *die Gesetze der Theilbarkeit* zu entwickeln. Hierzu kommt es vor allen Dingen darauf an, einen deutlichen Ueberblick über die Ausdehnung dieses Zahlengebietes $\mathfrak{o}$ zu gewinnen.

Wir bemerken zunächst, dass jede algebraische Zahl ω durch Multiplication mit einer von Null verschiedenen ganzen rationalen Zahl in eine ganze Zahl verwandelt werden kann. Da nämlich ω die Wurzel einer Gleichung

$$c\,\omega^m + c_1\,\omega^{m-1} + \cdots + c_{m-1}\,\omega + c_m = 0$$

ist, in welcher die Coefficienten $c, c_1 \ldots c_{m-1}, c_m$ ganze rationale Zahlen sind, deren erste c von Null verschieden ist, so ergiebt sich durch Multiplication mit c^{m-1}, dass das Product $c\,\omega$ eine ganze Zahl ist*).

---

auch gebrochene Zahlen, so ist $\pm(\mathfrak{b}, \mathfrak{a}) = C(\mathfrak{a}, \mathfrak{b})$, und die beiden Zahlen $(\mathfrak{b}, \mathfrak{a})$ und $(\mathfrak{a}, \mathfrak{b})$ lassen sich nach einer leicht zu findenden Regel aus den sämmtlichen Unterdeterminanten von C bestimmen.

*) Es leuchtet ein, wie wir beiläufig bemerken, dass alle ganzen rationalen Factoren, welche dieselbe Zahl ω in eine ganze Zahl verwandeln, einen Modul $[a]$ bilden, wo a der kleinste positive unter diesen Factoren ist; wenn ω ganz ist, so ist $a = 1$.

Hieraus folgt, dass man immer, und zwar auf unendlich viele Arten, eine *Basis* des Körpers Ω finden kann (§. 162), welche aus lauter *ganzen* Zahlen besteht. Denn wenn die n Zahlen ω_1, $\omega_2 \ldots \omega_n$ eine beliebige Basis von Ω bilden, so giebt es n rationale, von Null verschiedene Zahlen $a_1, a_2 \ldots a_n$ von der Art, dass die n Producte

$$\alpha_1 = a_1 \omega_1, \quad \alpha_2 = a_2 \omega_2 \ldots \alpha_n = a_n \omega_n$$

ganze Zahlen werden, und da das Product $a_1 a_2 \ldots a_n$ von Null verschieden ist, so bilden diese Zahlen $\alpha_1, \alpha_2 \ldots \alpha_n$ ebenfalls eine Basis von Ω, d. h. jede Zahl α des Körpers Ω lässt sich stets und nur auf eine einzige Art durch die Form

$$\alpha = x_1 \alpha_1 + x_2 \alpha_2 + \cdots + x_n \alpha_n$$

darstellen, wo $x_1, x_2 \ldots x_n$ ganze oder gebrochene rationale Zahlen bedeuten. Sind sie sämmtlich ganze Zahlen, so ist (nach §. 160, 1.) auch α gewiss eine ganze Zahl, also in $\mathfrak{o}$ enthalten, aber diese Behauptung lässt sich im Allgemeinen nicht umkehren; es ist vielmehr denkbar, dass die Coordinaten $x_1, x_2 \ldots x_n$ einer in $\mathfrak{o}$ enthaltenen, also ganzen Zahl α nicht alle ganz sind. Dieser Punct muss vor allen Dingen vollständig aufgeklärt werden.

Hierzu schicken wir die Bemerkung voraus, dass die Discriminante

$$\Delta(\alpha_1, \alpha_2 \ldots \alpha_n) = (\Sigma \pm \alpha_1' \alpha_2'' \ldots \alpha_n^{(n)})^2$$

einer aus lauter ganzen Zahlen $\alpha_1, \alpha_2 \ldots \alpha_n$ bestehenden Basis des Körpers nothwendig eine von Null verschiedene, ganze rationale Zahl ist; denn sie ist rational, wie alle Discriminanten, und von Null verschieden, weil $\alpha_1, \alpha_2 \ldots \alpha_n$ eine Basis von Ω, also ein irreductibeles System bilden (§. 164), und sie ist eine ganze Zahl, weil sie durch Addition, Subtraction und Multiplication aus den n^2 Zahlen $\alpha_r^{(s)}$ gebildet ist, welche mit den n ganzen Zahlen α_r conjugirt und folglich ebenfalls ganze Zahlen sind (§. 163).

Giebt es nun wirklich eine ganze Zahl α, deren Coordinaten x_r nicht sämmtlich ganze Zahlen sind, und ist k der kleinste gemeinsame Nenner dieser rationalen Brüche x_r, so wollen wir beweisen, dass die Discriminante der Basis $\alpha_1, \alpha_2 \ldots \alpha_n$ durch k^2 theilbar, und dass

$$\Delta(\alpha_1, \alpha_2 \ldots \alpha_n) = k^2 \Delta(\mu_1, \mu_2 \ldots \mu_n) \tag{1}$$

ist, wo die n Zahlen μ_r ebenfalls ganz sind und eine Basis von Ω

bilden. In der That, der Modul $\mathfrak{a}$, dessen Basis aus den $n+1$ ganzen Zahlen $\alpha, \alpha_1, \alpha_2 \ldots \alpha_n$ besteht, besitzt, weil dieselben von einander abhängig sind, auch eine aus n Zahlen μ_r bestehende irreductibele Basis; diese beiden Basen sind mit einander (nach §. 165, (14)) durch $n+1$ Gleichungen von der Form

$$\alpha_s = p_{1,s}\mu_1 + p_{2,s}\mu_2 + \cdots + p_{n,s}\mu_n$$

verbunden, wo die $n(n+1)$ Coefficienten $p_{r,s}$ ganze rationale Zahlen bedeuten, und die aus diesen Coefficienten gebildeten $n+1$ Determinanten n^{ten} Grades haben keinen gemeinschaftlichen Theiler. Bezeichnet man nun mit P diejenige dieser Determinanten, welche dem irreductibelen System $\alpha_1, \alpha_2 \ldots \alpha_n$ entspricht, so ist P von Null verschieden, und (nach §. 164, (7))

$$\triangle(\alpha_1, \alpha_2 \ldots \alpha_n) = P^2 \triangle(\mu_1, \mu_2 \ldots \mu_n);$$

bedeutet ferner P_s diejenige Determinante, welche aus P hervorgeht, wenn α_s durch α, also $p_{r,s}$ durch $p_{r,0}$ ersetzt wird, so ist

$$P\alpha = P_1\alpha_1 + P_2\alpha_2 + \cdots P_n\alpha_n,$$

wie sich durch Elimination der n Zahlen μ_r aus den obigen $n+1$ Gleichungen für α_s ergiebt; mithin ist $Px_r = P_r$, und da hieraus folgt, dass P der kleinste gemeinsame Nenner k der Brüche x_r ist, so ist die Gleichung (1) bewiesen; da ferner der Modul $\mathfrak{a}$ nur ganze Zahlen enthält, so leuchtet ein, dass auch die n Zahlen μ_r, und folglich auch ihre Discriminante ganze Zahlen sind, was zu beweisen war.

Mit Hülfe dieses Satzes gelangen wir nun leicht zu dem gewünschten Ziele. Da wir nämlich angenommen haben, dass $k^2 > 1$ ist, so folgt, dass absolut genommen

$$\triangle(\mu_1, \mu_2 \ldots \mu_n) < \triangle(\alpha_1, \alpha_2 \ldots \alpha_n)$$

ist; es leuchtet aber ein, dass unter allen Basen des Körpers, welche aus lauter ganzen Zahlen bestehen, und deren Discriminanten folglich ganze rationale, von Null verschiedene Zahlen sind, auch mindestens eine solche Basis existiren muss, deren Discriminante D, absolut genommen, ein *Minimum* ist, und aus dem vorhergehenden Satze folgt, dass, wenn $\omega_1, \omega_2 \ldots \omega_n$ eine solche Basis von Ω bilden, jede in Ω enthaltene ganze Zahl

$$\omega = h_1\omega_1 + h_2\omega_2 + \ldots + h_n\omega_n$$

nothwendig lauter *ganze* Coordinaten $h_1, h_2 \ldots h_n$ besitzen muss; da ferner jedes System von n ganzen Coordinaten h_r auch gewiss eine ganze Zahl ω erzeugt, so ist

$$\mathfrak{o} = [\omega_1, \omega_2 \ldots \omega_n], \tag{2}$$

d. h. *das System* $\mathfrak{o}$ *aller in* Ω *enthaltenen ganzen Zahlen* ω *ist ein endlicher Modul, dessen Basiszahlen* $\omega_1, \omega_2 \ldots \omega_n$ *zugleich eine Basis des Körpers* Ω *bilden.* Wir setzen nun die Minimal-Discriminante

$$D = \Delta(\omega_1, \omega_2 \ldots \omega_n) = \Delta(\Omega) \tag{3}$$

und nennen diese Zahl D ihrer grossen Wichtigkeit wegen die *Grundzahl* oder auch die *Discriminante des Körpers* Ω. Sind $\alpha_1, \alpha_2 \ldots \alpha_n$ beliebige ganze Zahlen des Körpers, also in $\mathfrak{o}$ enthalten, so ist

$$\alpha_s = a_{1,s}\omega_1 + a_{2,s}\omega_2 + \cdots + a_{n,s}\omega_n, \tag{4}$$

wo die n^2 Coordinaten $a_{r,s}$ ganze rationale Zahlen bedeuten, und wenn man die aus ihnen gebildete Determinante

$$\Sigma \pm a_{1,1}\, a_{2,2} \ldots a_{n,n} = a \tag{5}$$

setzt, so ist die Discriminante

$$\Delta(\alpha_1, \alpha_2 \ldots \alpha_n) = D a^2; \tag{6}$$

ist a von Null verschieden, so bilden $\alpha_1, \alpha_2 \ldots \alpha_n$ eine Basis des Körpers Ω, und sie bilden immer, aber auch nur dann eine Basis des Moduls $\mathfrak{o}$, wenn $a = \pm 1$ ist.

Im Falle $n = 1$, wo Ω der Körper R der rationalen Zahlen, und $\mathfrak{o} = [1]$ ist, kann man $D = 1$ setzen.

Zur Erläuterung wollen wir noch das nächstliegende Beispiel, den Fall eines *quadratischen* Körpers Ω betrachten. Jede Wurzel θ einer irreductibelen quadratischen Gleichung lässt sich auf die Form

$$\theta = a + b\sqrt{d}$$

bringen, wo d eine ganze rationale positive oder negative Zahl bedeutet, welche durch kein Quadrat (ausser 1) theilbar, und auch nicht $= +1$ ist, während a, b rationale Zahlen sind, deren letztere nicht verschwindet. Alle in Ω enthaltenen, d. h. durch θ rational darstellbaren Zahlen sind dann von der Form

$$\omega = t + u\sqrt{d},$$

wo t, u willkürliche rationale Zahlen bedeuten. Durch die nicht identische Permutation des Körpers geht $\sqrt{d}$ in $-\sqrt{d}$, also allgemein ω in die conjugirte Zahl

$$\omega' = t - u\sqrt{d}$$

über, welche ebenfalls in Ω enthalten ist; mithin ist jeder quadratische Körper Ω ein Normalkörper (§. 163). Die ganzen Zahlen 1 und $\sqrt{d}$ sind von einander unabhängig, und es ist

$$\Delta(1, \sqrt{d}) = \begin{vmatrix} 1, & \sqrt{d} \\ 1, & -\sqrt{d} \end{vmatrix}^2 = 4d;$$

da diese Discriminante durch keine Quadratzahl k^2 ausser 1 und 4 theilbar ist, so schliessen wir aus dem obigen Satze (1), dass die Grundzahl D des Körpers entweder $= 4d$ oder $= d$ sein muss, und das letztere wird stets und nur dann eintreten, wenn es in Ω eine ganze Zahl von der Form

$$\frac{x + y\sqrt{d}}{2}$$

giebt, wo x, y ganze rationale Zahlen bedeuten, die nicht beide gerade sind. Aber auch ohne Zuziehung des obigen Satzes finden wir dasselbe Resultat leicht durch directe Untersuchung, wie folgt. Jede in Ω enthaltene Zahl ω lässt sich stets und nur auf eine Art in die Form

$$\omega = \frac{x + y\sqrt{d}}{z}$$

setzen, wo x, y, z ganze rationale Zahlen ohne gemeinschaftlichen Theiler bedeuten, von denen die letzte z positiv ist. Soll nun ω eine *ganze* Zahl sein, so muss (nach §. 163) auch die conjugirte Zahl

$$\omega' = \frac{x - y\sqrt{d}}{z}$$

eine ganze Zahl sein, und folglich muss dasselbe auch von den beiden Zahlen

$$\omega + \omega' = \frac{2x}{z}, \quad \omega\omega' = N(\omega) = \frac{x^2 - dy^2}{z^2}$$

gelten; und umgekehrt, sobald dies der Fall ist, so ist ω als Wurzel der Gleichung

$$\omega^2 - \frac{2x}{z}\,\omega + \frac{x^2 - dy^2}{z^2} = 0$$

gewiss eine ganze Zahl. Es sei e der grösste gemeinschaftliche Theiler von z und x, so geht e^2 in z^2, also auch in $x^2 - dy^2$, mithin auch in dy^2 auf; da aber d durch kein Quadrat ausser 1 theilbar ist, so muss e^2 in y^2, also e in y aufgehen, und hieraus folgt, dass $e = 1$ ist, weil x, y, z keinen gemeinschaftlichen Theiler haben. Da nun z und x relative Primzahlen sind, und z in $2x$ aufgeht, so muss $z = 1$ oder $= 2$ sein; im ersten Fall ist ω gewiss eine ganze Zahl, und es fragt sich nur noch, ob und wann der zweite Fall möglich ist. Wenn aber $z = 2$ ist, so ist x ungerade, und folglich $x^2 \equiv 1 \pmod{4}$; da ferner $x^2 - dy^2$ durch $z^2 = 4$ theilbar ist, so ist $dy^2 \equiv 1 \pmod{4}$, mithin sind d und y ungerade, also $y^2 \equiv 1 \pmod{4}$, also auch

$$d \equiv 1 \pmod{4}.$$

Diese Bedingung ist also erforderlich, damit der Fall $z = 2$ eintreten kann; und umgekehrt, wenn sie erfüllt ist, so ist jede Zahl

$$\frac{x + y\sqrt{d}}{2},$$

in welcher x, y beide ungerade sind, wirklich eine ganze Zahl. Da zu diesen ganzen Zahlen noch alle diejenigen hinzukommen, in welchen $z = 1$ ist, so besteht das System $\mathfrak{o}$ aller ganzen Zahlen des Körpers in diesem Falle offenbar aus allen Zahlen von der Form

$$x + y\,\frac{1 + \sqrt{d}}{2},$$

wo x, y willkürliche ganze rationale Zahlen bedeuten, d. h. es ist

$$\mathfrak{o} = \left[1, \frac{1 + \sqrt{d}}{2}\right],$$

und folglich ist die Grundzahl

$$D = \Delta\left(1, \frac{1 + \sqrt{d}}{2}\right) = \begin{vmatrix} 1, & \dfrac{1 + \sqrt{d}}{2} \\ 1, & \dfrac{1 - \sqrt{d}}{2} \end{vmatrix}^2 = d.$$

Ist aber d nicht $\equiv 1 \pmod{4}$, also

$$d \equiv 2 \text{ oder } 3 \pmod{4},$$

so muss $z = 1$ sein, und folglich ist

$$\mathfrak{o} = [1, \sqrt{d}], \quad D = 4d.$$

Beide Fälle lassen sich offenbar dahin vereinigen, dass stets

$$\mathfrak{o} = \left[1, \frac{D + \sqrt{D}}{2}\right]$$

ist. Es giebt 61 quadratische Körper, deren Grundzahlen D absolut genommen kleiner als 100 sind; unter diesen Zahlen D sind 30 positive Zahlen

5, 8, 12, 13, 17, 21, 24, 28, 29, 33, 37, 40, 41, 44, 53, 56, 57, 60, 61, 65, 69, 73, 76, 77, 85, 88, 89, 92, 93, 97,

und die absoluten Werthe der 31 negativen Zahlen D sind

3, 4, 7, 8, 11, 15, 19, 20, 23, 24, 31, 35, 39, 40, 43, 47, 51, 52, 55, 56, 59, 67, 68, 71, 79, 83, 84, 87, 88, 91, 95.

Die Grundzahl des Körpers J (§. 159) ist $= -4$ *).

§. 167.

Das Gebiet $\mathfrak{o}$ aller ganzen Zahlen ω, welche in einem Körper Ω vom Grade n enthalten sind, besitzt einige allgemeine Eigenschaften, welche denen der früher behandelten speciellen Gebiete [1] und [1, i] genau entsprechen. Wir wollen diese Analogie zunächst verfolgen, um sodann diejenige wesentlich neue Erscheinung hervorzuheben, welche uns zur Einführung neuer Begriffe nöthigen wird.

Vor Allem ist zu bemerken, dass die Zahlen ω, zu denen auch alle ganzen rationalen Zahlen gehören, sich durch Addition, Subtraction und Multiplication reproduciren; wenn ferner von zwei solchen Zahlen α, μ die erstere durch die letztere *theilbar* ist (§. 161), so ist $\alpha = \mu\nu$ und die Zahl ν gehört demselben Gebiete $\mathfrak{o}$ an. Zugleich leuchtet ein, dass in $\mathfrak{o}$ die beiden *Elementarsätze*

---

*) Um schon hier einen Begriff von der Bedeutung der Grundzahl D zu geben, wollen wir nur darauf aufmerksam machen, dass (zufolge §. 52, I.—IV.) die positiven rationalen Primzahlen p, von welchen d quadratischer Rest ist, immer in arithmetischen Reihen von der kleinsten Differenz D enthalten sind; dieselben Zahlen p, welche zwar Primzahlen im rationalen Körper R sind, verlieren den eigentlichen Primzahl-Charakter in dem entsprechenden quadratischen Körper Ω, und dem in *dieser* Form ausgesprochenen Gesetz fügt sich auch die Zahl $p = 2$. Dies aus dem Reciprocitätssatze abgeleitete Gesetz der Vertheilung in arithmetische Reihen hängt wesentlich damit zusammen, dass Ω ein Divisor desjenigen Kreistheilungs-Körpers $R(\theta)$ ist, welcher aus der Gleichung $\theta^D = 1$ entspringt, während aus jeder Gleichung $\theta^m = 1$, deren Grad m absolut $< D$, immer ein Körper $R(\theta)$ entspringt, welcher die Zahl $\sqrt{d}$ *nicht* enthält.

der Theilbarkeit gelten, die wir früher (§. 161, I. und II.) für das Gebiet aller ganzen algebraischen Zahlen bewiesen haben.

Die *Norm* einer Zahl μ des Gebietes $\mathfrak{o}$ ist eine ganze rationale Zahl; denn sie ist rational, wie alle Normen (§. 164), und eine ganze Zahl, weil sie das Product aus den n mit μ conjugirten Zahlen ist, welche gleichzeitig mit μ ganze Zahlen sind (§. 163). Da ferner einer von diesen Factoren identisch mit μ, und das Product der übrigen Factoren eine ganze Zahl ist, so ist $N(\mu)$ *theilbar* durch μ, also

$$N(\mu) = \mu\nu, \tag{1}$$

wo ν abermals dem Gebiete $\mathfrak{o}$ angehört. Derselbe Satz ergiebt sich auch leicht auf folgende Weise. Bilden die n Zahlen $\omega_1, \omega_2 \ldots \omega_n$ eine Basis von $\mathfrak{o}$ (§. 166, (2)), so sind die n Producte $\mu\omega_s$ ebenfalls in $\mathfrak{o}$ enthalten, und man kann folglich

$$\mu\omega_s = c_{1,s}\omega_1 + c_{2,s}\omega_2 + \cdots + c_{n,s}\omega_n \tag{2}$$

setzen, wo die Coefficienten $c_{r,s}$ ganze rationale Zahlen bedeuten, deren Determinante

$$\Sigma \pm c_{1,1}\, c_{2,2} \ldots c_{n,n} = N(\mu) \tag{3}$$

ist (§. 164, (10)); durch Umkehrung der n Gleichungen (2) ergiebt sich nun, dass jede der n Basiszahlen ω_r durch Multiplication mit $N(\mu)$ in eine durch μ theilbare Zahl verwandelt wird; mithin ist, wenn ω eine beliebige Zahl in $\mathfrak{o}$ bedeutet, auch $\omega N(\mu)$ durch μ theilbar, und da unter den Zahlen ω sich auch die Zahl 1 befindet, so ist $N(\mu)$ theilbar durch μ, was zu beweisen war.

Wir bemerken noch beiläufig, dass die in (1) auftretende Zahl ν, welche wir die *zu μ adjungirte* Zahl nennen wollen, immer von der Form

$$\nu = \pm \mu^{n-1} + a_1\mu^{n-2} + \cdots + a_{n-2}\mu + a_{n-1} \tag{4}$$

ist, wo die Coefficienten $a_1, a_2 \ldots a_{n-1}$ ganze rationale Zahlen bedeuten; denn nach Elimination der n Zahlen ω_r aus den Gleichungen (2) erscheint μ als die Wurzel einer Gleichung n^{ten} Grades mit ganzen rationalen Coefficienten, deren letzter $= \pm N(\mu)$ ist (vergl. §. 164, (11)).

Aus dem Satze über die Norm eines Productes (§. 164, (2)), d. h. aus der Gleichung

$$N(\alpha\beta) = N(\alpha)\, N(\beta), \tag{5}$$

ergiebt sich ferner der häufig anzuwendende, aber nicht umzukehrende Satz: ist γ theilbar durch α, so ist auch $N(\gamma)$ theilbar durch $N(\alpha)$.

Die Norm besitzt nun eine äusserst wichtige Bedeutung, welche mit dem folgenden Begriffe zusammenhängt. Zwei Zahlen α, β heissen *congruent* in Bezug auf die Zahl μ, den *Modulus*, wenn ihre Differenz $\alpha-\beta$ durch μ theilbar ist, und wir bezeichnen dies durch die *Congruenz*

$$\alpha \equiv \beta \pmod{\mu} \tag{6}$$

mit welcher die Congruenz $\beta \equiv \alpha \pmod{\mu}$ gleichbedeutend ist; wir nennen dagegen die Zahlen $\alpha, \beta, \gamma \ldots$ *incongruent* nach μ, wenn keine von ihnen mit einer der übrigen congruent ist. Aus der oben erwähnten Reproduction unserer Zahlen ω durch Addition, Subtraction und Multiplication folgt, dass man beliebig viele solche Congruenzen, die sich auf einen und denselben Modul μ beziehen, addiren, subtrahiren und auch multipliciren darf, wie Gleichungen (vergl. §. 17). Ferner leuchtet ein, dass jede Zahl mit sich selbst congruent ist, und dass zwei mit einer dritten congruente Zahlen auch mit einander congruent sind; man wird daher alle Zahlen ω in *Zahlclassen* in Bezug auf μ eintheilen, in der Weise, dass eine Zahlclasse aus allen denjenigen Zahlen besteht, welche mit einer bestimmten Zahl, dem *Repräsentanten* der Classe, und folglich auch mit einander congruent sind. Hierbei ist die wichtigste Frage die nach der *Anzahl* dieser Classen, d. h. nach der Anzahl aller in Bezug auf μ incongruenten Zahlen ω. Die Beantwortung derselben ergiebt sich unmittelbar aus der Theorie der Moduln (§. 165), denn offenbar bilden unsere Congruenzen nur einen speciellen Fall von den dort betrachteten. Bezeichnen wir nämlich mit $\mathfrak{m}$ das System aller durch μ theilbaren Zahlen $\mu\omega$, wo

$$\omega = h_1\omega_1 + h_2\omega_2 + \cdots + h_n\omega_n$$

ist, und $h_1, h_2 \ldots h_n$ alle ganzen rationalen Zahlen durchlaufen, so leuchtet ein, dass

$$\mathfrak{m} = [\mu\omega_1, \mu\omega_2 \ldots \mu\omega_n] = \mathfrak{o}\mu, \tag{7}$$

und dass die obige Congruenz (6) völlig gleichbedeutend mit der Congruenz

$$\alpha \equiv \beta \pmod{\mathfrak{m}} \tag{8}$$

ist. Da nun der Modul $\mathfrak{m}$ durch den Modul $\mathfrak{o}$ theilbar ist, und da die Basiszahlen des ersteren mit denen des letzteren durch die Gleichungen (2) zusammenhängen, so ergiebt sich (nach §. 165, (22)) mit Rücksicht auf (3) der Satz

$$(\mathfrak{o}, \mathfrak{m}) = \pm N(\mu), \tag{9}$$

d. h. *die Anzahl aller nach μ incongruenten Zahlen ω ist gleich dem absoluten Werth der Norm von μ.* Hierbei ist vorausgesetzt, dass μ und folglich auch $N(\mu)$ von Null verschieden ist; wenn aber μ verschwindet, so ist die Anzahl der incongruenten Zahlen ω offenbar unendlich gross, und die vorstehende Gleichung bleibt richtig, wenn $(\mathfrak{o}, \mathfrak{m})$ wieder $= 0$ gesetzt wird (§. 165). Wir bemerken zugleich, dass der obige Satz (1) jetzt als ein specieller Fall des Satzes (7) in §. 165 erscheint.

Ist μ eine *Einheit* (§. 161), so sind alle Zahlen $\omega \equiv 0 \pmod{\mu}$ und bilden folglich nur eine einzige Classe; mithin ist $\mathfrak{m} = \mathfrak{o}$, und

$$N(\mu) = \pm 1; \tag{10}$$

dasselbe folgt unmittelbar aus dem Satze (5), weil μ in 1 aufgeht, und $N(1) = 1$ ist. Umgekehrt, wenn $N(\mu) = \pm 1$ ist, so folgt aus (2) und (3), dass die n Producte $\mu\,\omega_s$ ebenfalls eine Basis von $\mathfrak{o}$ bilden; mithin ist $\mathfrak{o} = \mathfrak{m}$, und folglich ist jede Zahl ω, also auch die Zahl 1 durch μ theilbar, d. h. μ ist eine Einheit; dasselbe ergiebt sich offenbar noch kürzer aus dem obigen Satze (1).

Betrachten wir jetzt eine Zahl μ, welche von Null verschieden und auch keine Einheit ist, so ist $N(\mu)$ absolut $\geqq 2$, und umgekehrt; jede solche Zahl μ ist gewiss durch alle Einheiten ε, und ausserdem durch alle mit μ associirten Zahlen $\varepsilon\mu$ theilbar. Nun sind zwei Fälle möglich: wenn die Zahl μ ausser den eben genannten Zahlen ε und $\varepsilon\mu$ keinen anderen Divisor in $\mathfrak{o}$ besitzt, so heisst μ *unzerlegbar* (in $\mathfrak{o}$, was immer hinzuzudenken ist); sie soll dagegen *zerlegbar* heissen, wenn sie einen von den Zahlen ε und $\varepsilon\mu$ verschiedenen Divisor α besitzt. In dem letzteren Falle ist $\mu = \alpha\beta$, und es leuchtet ein, dass auch β weder eine Einheit, noch mit μ associirt sein kann, weil sonst α entweder mit μ oder mit 1 associirt wäre; da ferner $N(\mu) = N(\alpha)N(\beta)$ ist, so folgt, dass (absolut) $N(\mu) > N(\alpha) > 1$ ist. Zerlegt man nun α und β, falls es angeht, weiter in solche Factoren, die keine Einheiten sind, und fährt man so fort, so ergiebt sich aus der angeführten Beschaffenheit der Normen, dass diese Zerlegung nach einer endlichen Anzahl von Schritten ihr Ende finden muss; während also in dem aus *allen* algebraischen Zahlen bestehenden Körper eine unbeschränkte Zerlegbarkeit der ganzen Zahlen stattfindet (§. 161), gilt für jeden *endlichen* Körper Ω der folgende Satz:

Jede zerlegbare Zahl ist darstellbar als Product aus einer endlichen Anzahl von unzerlegbaren Factoren.

Diese Operation der Zerlegung einer Zahl μ ist vollständig analog derjenigen, welche wir früher bei den Körpern R und J (§§. 8 und 159) beschrieben haben; aber in diesen beiden speciellen Fällen besass das Schlussresultat eine grössere Bestimmtheit, als dasjenige, zu welchem wir hier gelangt sind, denn wir konnten damals beweisen, dass das System der unzerlegbaren Factoren von μ ein im Wesentlichen bestimmtes, einziges war, vorausgesetzt, dass zwei associirte Zahlen als nicht wesentlich verschieden angesehen wurden. Dieser Nachweis gründete sich bei beiden Körpern auf diejenige Eigenschaft ihrer unzerlegbaren Zahlen, welche wir den *Primzahl-Charakter* nennen wollen, die aber bei einem *beliebigen* endlichen Körper Ω mit der Unzerlegbarkeit keineswegs nothwendig verbunden ist. Um diesen Unterschied kurz bezeichnen zu können, stellen wir der obigen Eintheilung der Zahlen ω in zerlegbare und unzerlegbare Zahlen die folgende gegenüber:

Eine von Null verschiedene Zahl μ, welche keine Einheit ist, soll eine *Primzahl* (in $\mathfrak{o}$) heissen, wenn je zwei durch μ nicht theilbare Zahlen ω auch ein durch μ untheilbares Product besitzen*); giebt es aber zwei durch μ nicht theilbare Zahlen ω, deren Product durch μ theilbar ist, so soll μ eine *zusammengesetzte Zahl* heissen.

Es leuchtet unmittelbar ein, dass jede zerlegbare Zahl gewiss auch eine zusammengesetzte Zahl, also jede Primzahl gewiss eine unzerlegbare Zahl ist. In den beiden speciellen Fällen der Körper R und J decken sich nun beide Eintheilungen vollständig, d. h. jede unzerlegbare Zahl ist auch eine Primzahl, und jede zusammengesetzte Zahl ist auch eine zerlegbare Zahl, und man erkennt sofort, dass gerade hierin der Grund liegt, weshalb die Zerlegung einer Zahl in unzerlegbare Factoren eine einzige, völlig bestimmte ist (§§. 8 und 159); dieselbe Bestimmtheit der Zerlegungen wird deshalb bei allen Körpern Ω vorhanden sein, bei welchen die Be-

*) Ist also $\alpha\beta$ theilbar durch die Primzahl μ, so ist wenigstens einer der beiden Factoren α, β durch μ theilbar. — Aus dieser Definition folgt leicht, dass die kleinste, durch μ theilbare positive rationale Zahl p eine Primzahl in R, und dass $\pm N(\mu) = p^f$ ist; der Exponent f, welcher immer > 0 und $\leqq n$ ist, kann der *Grad* der Primzahl μ genannt werden. Die Umkehrung dieses Satzes ist im Allgemeinen nicht gestattet, doch gilt der folgende, ebenfalls leicht zu beweisende Satz: ist $N(\mu)$ eine Primzahl in R, so ist μ eine Primzahl (ersten Grades) in Ω.

griffe der unzerlegbaren Zahl und der Primzahl sich vollständig decken Sobald aber eine unzerlegbare Zahl u existirt, welche keine Primzahl, also eine zusammengesetzte Zahl ist, so giebt es zwei durch μ nicht theilbare Zahlen α, β, deren Product γ durch μ theilbar, also von der Form $\mu\nu$ ist; mag man nun die Zahlen α, β, ν, wenn sie zerlegbar sind, auf irgend welche Weise in unzerlegbare Factoren aufgelöst haben, so entspringen aus den Gleichungen

$$\gamma = \alpha\beta \text{ und } \gamma = \mu\nu$$

zwei Zerlegungen derselben Zahl γ in unzerlegbare Factoren, und diese beiden Zerlegungen sind *wesentlich verschieden*, weil unter den Factoren der durch μ nicht theilbaren Zahlen α und β kein einziger mit μ associirt sein kann.

Auf eine solche Erscheinung ist *Kummer* bei seinen Untersuchungen über diejenigen Zahlengebiete $\mathfrak{o}$ gestossen, welche aus dem Problem der Kreistheilung entspringen; aber durch die Einführung seiner *idealen Zahlen* ist es ihm gelungen, die hiermit zusammenhängenden grossen Schwierigkeiten zu überwinden. Diese Schöpfung neuer Zahlen beruht auf einem Gedanken, welcher für unseren obigen Fall sich etwa in folgender Weise darstellen lässt. Wären die Zahlen α, β, μ, ν, welche durch die Gleichung

$$\alpha\beta = \mu\nu \tag{11}$$

mit einander verbunden sind, ganze *rationale* Zahlen und zwar ohne gemeinschaftlichen Theiler, so würde hieraus nach den in R herrschenden Gesetzen der Theilbarkeit eine *Zerlegung* dieser Zahlen in rationale Factoren folgen, nämlich

$$\alpha = \alpha_1\alpha_2, \quad \beta = \beta_1\beta_2, \quad \mu = \alpha_1\beta_2, \quad \nu = \beta_1\alpha_2, \tag{12}$$

und zwar würde α_1 relative Primzahl zu β_1, und ebenso α_2 relative Primzahl zu β_2 sein; selbst wenn man nun diese Zerlegung nicht wirklich ausgeführt hätte, wenn man also die vier ganzen rationalen Zahlen α_1, α_2, β_1, β_2 noch nicht kännte, so wären dieselben doch *wesentlich* bestimmt, und, was das Wichtigste ist, man wäre mit alleiniger Hülfe der *gegebenen* Zahlen α, β, μ, ν völlig im Stande zu entscheiden, ob eine beliebige ganze rationale Zahl ω durch eine der unbekannten Zahlen, z. B. durch α_1, *theilbar* ist oder nicht; denn offenbar ist die Congruenz

$$\omega \equiv 0 \pmod{\alpha_1} \tag{13}$$

völlig gleichbedeutend mit jeder der beiden Congruenzen

$$\beta\omega \equiv 0 \pmod{\mu}, \quad \nu\omega \equiv 0 \pmod{\alpha}. \tag{14}$$

Wir haben es nun in Wahrheit nicht mit rationalen, sondern mit Zahlen α, β, μ, ν zu thun, welche dem Gebiete $\mathfrak{o}$ angehören, und da die Zahl μ unzerlegbar, und keine der Zahlen α, β durch μ theilbar ist, so existirt innerhalb $\mathfrak{o}$ eine Zerlegung von der Form (12) in Wirklichkeit nicht; aber obgleich eine Zahl wie α_1 nicht in $\mathfrak{o}$ vorhanden ist, so kann man mit Kummer doch eine solche Zahl α_1 als einen *idealen* Factor der *wirklichen* Zahl μ in die Untersuchung einführen; diese ideale Zahl α_1 tritt zwar niemals isolirt auf, aber in Verbindung mit anderen, ebenfalls idealen Zahlen α_2, β_2 kann sie wirkliche Zahlen α, μ des Gebietes $\mathfrak{o}$ erzeugen, und vor allen Dingen lässt sich die *Theilbarkeit* einer beliebigen wirklichen Zahl ω durch die ideale Zahl α_1 mit voller Klarheit, nämlich durch jede der beiden obigen Congruenzen (14) definiren.

Eine solche fingirte Zahl α_1 wird man eine *ideale Primzahl* nennen, wenn je zwei durch α_1 nicht theilbare Zahlen ein Product geben, welches ebenfalls durch α_1 nicht theilbar ist; man kann auch *Potenzen* solcher Primzahlen einführen und die Theilbarkeit einer beliebigen wirklichen Zahl ω durch α_1^r so definiren, dass die Congruenz

$$\omega \equiv 0 \pmod{\alpha_1^r}$$

als gleichbedeutend mit jeder der beiden Congruenzen

$$\beta^r\omega \equiv 0 \pmod{\mu^r}, \quad \nu^r\omega \equiv 0 \pmod{\alpha^r}$$

angesehen wird. Zur Erläuterung möge folgendes einfache Beispiel dienen*).

Der quadratische Körper Ω, welcher aus einer Wurzel θ der Gleichung

$$\theta^2 + 5 = 0$$

entspringt, hat die Grundzahl $D = -20$, und der endliche Modul

$$\mathfrak{o} = [1, \theta]$$

*) Dasselbe ist ausführlicher behandelt in des Herausgebers Abhandlung *Sur la théorie des nombres entiers algébriques* §§. 7—12 (Paris, 1877; Abdruck aus dem Bulletin des Sciences math. et astron. von Darboux und Hoüel, 1re série, t. XI, et 2e série, t. I).

ist der Inbegriff aller in Ω enthaltenen ganzen Zahlen ω (§. 166). Unter diesen befinden sich die folgenden vier unzerlegbaren Zahlen

$$\alpha = 2, \quad \beta = 3, \quad \mu = 1 - \theta, \quad \nu = 1 + \theta,$$

welche durch die Gleichung

$$\alpha\beta = \mu\nu$$

mit einander verbunden und folglich keine Primzahlen, sondern zusammengesetzte Zahlen sind. Man wird daher vier ideale Zahlen α_1, α_2, β_1, β_2 einführen und so definiren, dass eine beliebige Zahl ω *theilbar* durch α_1, α_2, β_1, β_2 heisst, wenn die entsprechende Congruenz

$$(1 + \theta)\,\omega \equiv 0 \pmod{2} \qquad (\alpha_1)$$

$$(1 - \theta)\,\omega \equiv 0 \pmod{2} \qquad (\alpha_2)$$

$$(1 - \theta)\,\omega \equiv 0 \pmod{3} \qquad (\beta_1)$$

$$(1 + \theta)\,\omega \equiv 0 \pmod{3} \qquad (\beta_2)$$

erfüllt ist.

Da nun $1 + \theta \equiv 1 - \theta \pmod{2}$ ist, so ergiebt sich, dass jede durch α_1 theilbare Zahl ω auch durch α_2 theilbar ist, und umgekehrt; man wird daher die beiden idealen Zahlen α_1, α_2 als nicht wesentlich verschieden anzusehen haben. Dahingegen ist α_1 verschieden von β_1 und β_2, weil die Zahl $\omega = 2$ durch α_1 theilbar, aber weder durch β_1 noch durch β_2 theilbar ist; und ebenso sind β_1 und β_2 verschieden von einander, weil $1 + \theta$ theilbar durch β_1, aber nicht theilbar durch β_2, und weil $1 - \theta$ theilbar durch β_2, aber nicht theilbar durch β_1 ist.

Da $\omega = x + y\theta$ ist, wo x, y beliebige ganze rationale Zahlen bedeuten, so sind die obigen Congruenzen gleichbedeutend mit den folgenden

$$x \equiv y \pmod{2} \qquad (\alpha_1)$$

$$x \equiv y \pmod{3} \qquad (\beta_1)$$

$$x \equiv -y \pmod{3} \qquad (\beta_2)$$

und hieraus ergiebt sich leicht, dass α_1, β_1, β_2 ideale *Primzahlen* sind.

Durch die Einführung dieser und unendlich vieler anderen idealen Primzahlen, sowie ihrer Potenzen, gewinnt nun die Theorie dieses Zahlengebietes $\mathfrak{o}$ eine bewunderungswürdige Einfachheit; in der That gelangt man auf diese Weise zu dem überraschenden Resultate, dass die in der Theorie der rationalen (oder complexen) Zahlen herrschenden allgemeinen Gesetze der Theilbarkeit, welche in unserem Gebiete $\mathfrak{o}$ ihre Geltung zu verlieren drohten, nun vollständig wiederhergestellt werden; jede Zahl ω des Gebietes $\mathfrak{o}$ kann wie ein Product von völlig bestimmten Potenzen von wirklichen oder idealen Primzahlen angesehen werden, und irgend eine zweite Zahl ω' wird stets und nur dann durch ω theilbar sein, wenn alle in ω aufgehenden Potenzen von wirklichen oder idealen Primzahlen auch in ω' aufgehen. In diesem Sinne gelten z. B. die folgenden Zerlegungen

$$2 = \alpha_1^2, \quad 3 = \beta_1 \beta_2, \quad 1 - \theta = \alpha_1 \beta_2, \quad 1 + \theta = \alpha_1 \beta_1,$$
$$2 - \theta = -\beta_1^2, \quad 2 + \theta = -\beta_2^2.$$

Mit diesem Versuche, den Grundgedanken der Kummer'schen Schöpfung zu erläutern, müssen wir uns hier begnügen; es würde sich nämlich selbst bei dem einfachen, hier gewählten Beispiele bald zeigen, dass eine völlig klare und strenge Durchführung dieser Untersuchung einige Schwierigkeiten darbietet, die zwar nicht erheblich sind, deren Beseitigung aber doch etwas umständlich ist. In bei weitem höheren Maasse treten solche Schwierigkeiten auf, wenn man zu Körpern höheren Grades übergehen oder gar, was unsere eigentliche Aufgabe ist, die allgemeinen Gesetze der Theilbarkeit ergründen will, welche für *jeden* endlichen Körper Ω gelten. Wegen dieser Schwierigkeiten, deren genauere Erörterung uns hier zu weit führen würde*), verzichten wir im Folgenden gänzlich auf die Einführung *idealer Zahlen* und gründen unsere Theorie auf einen anderen Begriff, den Begriff des *Ideals*, worunter immer ein mit gewissen charakteristischen Eigenschaften begabtes System von unendlich vielen *wirklichen* Zahlen verstanden werden soll.

Es wird gut sein, diesen Begriff an unserem obigen Beispiele zu erläutern. Die erforderliche und hinreichende Bedingung dafür, dass eine ganze Zahl $\omega = x + y\theta$ durch die ideale Primzahl α_1 theilbar ist, besteht darin, dass $x \equiv y$ (mod. 2), also $x = 2z + y$ ist, wo z eine beliebige ganze rationale Zahl bedeutet; jede solche Zahl ω ist also von der Form $2z + (1 + \theta)y$. Bezeichnet man daher mit $\mathfrak{a}$ den Inbegriff *aller* durch α_1 theilbaren Zahlen ω, so ist

$$\mathfrak{a} = [2, 1 + \theta],$$

*) Vergl. die Einleitung der Schrift *Sur la théorie des nombres entiers algébriques.*

und ebenso findet man, dass

$$\mathfrak{b}_1 = [3, 1 + \theta]$$

der Inbegriff aller durch β_1, und

$$\mathfrak{b}_2 = [3, -1 + \theta]$$

der Inbegriff aller durch β_2 theilbaren Zahlen ist. Man überzeugt sich nun leicht, dass es *zwei* Eigenschaften giebt, welche diesen drei Systemen gemeinschaftlich zukommen; ist nämlich $\mathfrak{m}$ ein beliebiges der drei Systeme $\mathfrak{a}$, $\mathfrak{b}_1$, $\mathfrak{b}_2$, so gilt Folgendes:

I. Die Zahlen des Systems $\mathfrak{m}$ reproduciren sich durch Addition und Subtraction, d. h. $\mathfrak{m}$ ist ein Modul.

II. Jedes Product aus einer in $\mathfrak{m}$ und einer in $\mathfrak{o}$ enthaltenen Zahl gehört dem System $\mathfrak{m}$ an.

Diese beiden Eigenschaften kommen aber nicht bloss den genannten Systemen $\mathfrak{a}$, $\mathfrak{b}_1$, $\mathfrak{b}_2$, sondern unendlich vielen anderen Systemen zu; dahin gehört z. B. auch jedes System $\mathfrak{m}$, welches aus allen durch eine bestimmte *wirkliche* Zahl μ theilbaren Zahlen $\mu\omega$ besteht, und es leuchtet ein, dass in diesem Falle die beiden Eigenschaften I. und II. lediglich eine andere Ausdrucksform für die beiden oft erwähnten *Elementarsätze* der Theilbarkeit bilden (§. 161, I. und II.). Diese Bemerkung vor allen ist es, welche dazu drängt, eine Theorie solcher Systeme $\mathfrak{m}$ aufzustellen, welche die beiden Eigenschaften I. und II. besitzen; jedes solche System $\mathfrak{m}$ wollen wir wegen seiner augenscheinlichen Beziehung zu Kummer's idealen Zahlen ein *Ideal* des Gebietes $\mathfrak{o}$ nennen; der Erfolg wird zeigen, dass durch die allgemeine Theorie der Ideale, deren Elemente wir im Folgenden entwickeln wollen, die Gesetze der Theilbarkeit der Zahlen in erschöpfender Weise zum Abschluss gebracht werden.

§. 168.

Obwohl unsere letzten Bemerkungen aus der Betrachtung eines bestimmten Beispiels, nämlich des quadratischen Körpers von der Grundzahl -20, hervorgegangen sind, so ist doch der Begriff des Ideals, auf den uns diese Betrachtung geführt hat, schon in der grössten Allgemeinheit gefasst; ist Ω ein beliebiger endlicher Körper vom Grade n, und $\mathfrak{o}$ das System aller in Ω enthaltenen ganzen Zahlen ω, so verstehen wir unter einem *Ideal* dieses Gebietes $\mathfrak{o}$ jedes in $\mathfrak{o}$ enthaltene Zahlensystem $\mathfrak{a}$, welches die beiden folgenden Eigenschaften besitzt:

I. Die Summen und Differenzen von je zwei Zahlen des Systems $\mathfrak{a}$ gehören demselben System $\mathfrak{a}$ an.

II. Jedes Product aus einer in $\mathfrak{a}$ und einer in $\mathfrak{o}$ enthaltenen Zahl ist eine Zahl desselben Systems $\mathfrak{a}$.

Zufolge dieser Definition würde die Zahl Null für sich allein ein Ideal bilden, und manche der im Folgenden zu entwickelnden Sätze würden ihre Gültigkeit auch für diesen speciellen Fall nicht verlieren; da es aber für die Ausdrucksweise lästig ist, die etwaigen Ausnahmen immer anzugeben, so wollen wir diesen Fall lieber gänzlich *ausschliessen* und folglich ein System $\mathfrak{a}$, welches den vorstehenden Bedingungen genügt, nur dann ein Ideal nennen, wenn es mindestens eine von Null verschiedene Zahl und folglich auch unendlich viele von einander verschiedene Zahlen enthält.

Unsere Aufgabe besteht nun darin, aus den beiden Eigenschaften I. und II., welche als Definition eines Ideals gelten, alle anderen Eigenschaften und alle Beziehungen der Ideale zu einander abzuleiten. Hier ist vor Allem zu bemerken, dass die Eigenschaft I. nichts Anderes sagt, als dass jedes Ideal $\mathfrak{a}$ ein *Modul* ist (§. 165), und wir wollen deshalb alle allgemeinen Begriffe und Sätze der Theorie der Moduln, insbesondere diejenigen über die *Theilbarkeit* der Moduln, ohne Weiteres auf unsere Ideale übertragen. Jedes Ideal $\mathfrak{a}$ ist demnach ein durch $\mathfrak{o}$ *theilbarer* Modul, weil das Zahlensystem $\mathfrak{a}$ zufolge der Definition in $\mathfrak{o}$ *enthalten* ist. Zugleich leuchtet ein, dass $\mathfrak{o}$ selbst ein Ideal ist, weil die in $\mathfrak{o}$ enthaltenen Zahlen ω sich durch Addition, Subtraction und Multiplication reproduciren; dieses *Ideal* $\mathfrak{o}$ spielt daher, weil es in allen Idealen aufgeht, dieselbe Rolle unter den Idealen, wie die Zahl 1 unter den positiven ganzen rationalen Zahlen. Es ist aber wohl zu beachten, dass (abgesehen von dem Falle $n = 1$) nicht jeder durch $\mathfrak{o}$ theilbare Modul deshalb schon ein Ideal ist; vielmehr wird ein solcher Modul erst dann ein Ideal, wenn er zugleich die Eigenschaft II. besitzt, und es wird sich zeigen, dass durch diese zu dem Begriff des Moduls hinzutretende Eigenschaft die Theorie der Ideale eine bei weitem schärfere und bestimmtere Gestalt erhält, als die Theorie der Moduln. Wir heben zunächst folgende Sätze hervor.

1. Das Ideal $\mathfrak{o}$ ist das einzige Ideal, welchem die Zahl 1 (oder irgend eine andere Einheit) angehört.

Denn das Gebiet $\mathfrak{o}$ umfasst alle ganzen rationalen Zahlen und enthält folglich auch die Zahl 1; umgekehrt, wenn in einem Ideale $\mathfrak{a}$ irgend eine Einheit ε enthalten ist, so sind in demselben (zufolge II.) auch alle Zahlen ω des Gebietes $\mathfrak{o}$ enthalten, weil sie alle durch ε theilbar sind; mithin ist $\mathfrak{o}$ theilbar durch $\mathfrak{a}$, und hieraus folgt $\mathfrak{a} = \mathfrak{o}$, weil $\mathfrak{a}$ als ein Ideal durch $\mathfrak{o}$ theilbar ist.

2. Das kleinste gemeinschaftliche Vielfache $\mathfrak{m}$ und der grösste gemeinschaftliche Theiler $\mathfrak{d}$ von zwei Idealen $\mathfrak{a}$, $\mathfrak{b}$ sind ebenfalls Ideale.

Denn jedenfalls sind $\mathfrak{m}$ und $\mathfrak{d}$ Moduln (§. 165), und zwar durch $\mathfrak{o}$ theilbare Moduln, weil dasselbe von $\mathfrak{a}$ und $\mathfrak{b}$ gilt. Ist nun μ eine beliebige Zahl in $\mathfrak{m}$, so ist μ in $\mathfrak{a}$ und in $\mathfrak{b}$ enthalten, mithin wird (zufolge II.) auch jedes Product $\mu\,\omega$ (wo ω, wie immer, eine beliebige Zahl in $\mathfrak{o}$ bedeutet) in $\mathfrak{a}$ und in $\mathfrak{b}$, folglich auch in $\mathfrak{m}$ enthalten sein, d. h. $\mathfrak{m}$ besitzt auch die Eigenschaft II.; da ferner, wenn α, β beliebige Zahlen der Ideale $\mathfrak{a}$, $\mathfrak{b}$ bedeuten, das Product $\alpha\,\beta$ (zufolge II.) in $\mathfrak{a}$ und in $\mathfrak{b}$, also auch in $\mathfrak{m}$ enthalten ist, so giebt es in $\mathfrak{m}$ auch Zahlen $\mu = \alpha\,\beta$, die von Null verschieden sind, weil die Zahlen α und ebenso die Zahlen β nicht sämmtlich verschwinden; mithin ist $\mathfrak{m}$ ein Ideal. Dasselbe gilt offenbar von dem System $\mathfrak{d}$ aller Zahlen $\delta = \alpha + \beta$; denn da alle Producte $\alpha\,\omega$ in $\mathfrak{a}$, alle Producte $\beta\,\omega$ in $\mathfrak{b}$ enthalten sind, so gehört jedes Product $\delta\,\omega = \alpha\,\omega + \beta\,\omega$ wieder dem System $\mathfrak{d}$ an, und dass die Zahlen δ nicht alle verschwinden, leuchtet schon daraus ein, dass $\mathfrak{a}$ durch $\mathfrak{d}$ theilbar ist.

3. Ist $\mathfrak{a}$ ein beliebiges Ideal, und η eine von Null verschiedene Zahl in $\mathfrak{o}$, so ist $\mathfrak{a}\,\eta$ ebenfalls ein Ideal und zwar ein gemeinschaftliches Vielfaches der beiden Ideale $\mathfrak{a}$ und $\mathfrak{o}\,\eta$.

Denn $\mathfrak{a}\,\eta$ besteht (nach §. 165) aus allen Producten von der Form $\alpha\,\eta$, wo α jede Zahl in $\mathfrak{a}$ bedeutet, und ist daher ein Modul, welcher nicht nur durch $\mathfrak{o}$, sondern auch durch $\mathfrak{o}\,\eta$ und (zufolge II.) durch $\mathfrak{a}$ theilbar ist; da ferner jedes Product $\alpha\,\omega$ in $\mathfrak{a}$, mithin jedes Product $(\alpha\,\eta)\,\omega = (\alpha\,\omega)\,\eta$ wieder in $\mathfrak{a}\,\eta$ enthalten ist, und da die Producte $\alpha\,\eta$ auch nicht sämmtlich verschwinden, so ist $\mathfrak{a}\,\eta$ ein Ideal. —

Aus den beiden letzten Sätzen geht hervor, dass, wenn man die in §. 165 beschriebenen Modulbildungen auf beliebige Ideale $\mathfrak{a}, \mathfrak{b}, \mathfrak{c} \ldots$ und Zahlen $\eta, \eta' \ldots$ des Gebietes $\mathfrak{o}$ anwendet, die so erhaltenen Moduln immer wieder *Ideale* sein werden; wir wollen daher, wenn das Gegentheil nicht ausdrücklich bemerkt wird, durch kleine deutsche Buchstaben künftig nur noch Ideale bezeichnen, und ebenso sollen, wenn von Theilern oder Vielfachen eines Ideals die Rede ist, darunter nicht beliebige Moduln, sondern immer nur Ideale verstanden werden.

Von hervorragender Wichtigkeit sind die Ideale von der Form $\mathfrak{o}\eta$; ein solches Ideal, welches aus allen durch η theilbaren Zahlen $\omega\eta$ besteht, wollen wir ein *Hauptideal* nennen. Da unter den Zahlen $\omega\eta$ sich auch die Zahl η selbst befindet, so leuchtet ein, dass das *Ideal* $\mathfrak{o}\eta$ stets und nur dann durch das *Ideal* $\mathfrak{o}\eta'$ theilbar ist, wenn die *Zahl* η durch die *Zahl* η' theilbar ist, und hieraus geht hervor, dass die Gesetze der Theilbarkeit der *Zahlen* innerhalb des Gebietes $\mathfrak{o}$ vollständig enthalten sein müssen in den Gesetzen der Theilbarkeit der *Ideale;* die Theorie der letzteren ist die allgemeinere, die umfassendere.

Offenbar ist ein Hauptideal $\mathfrak{o}\alpha$ stets und nur dann theilbar durch ein Ideal $\mathfrak{a}$, wenn α in $\mathfrak{a}$ enthalten ist; aus diesem Grunde wollen wir von jeder in $\mathfrak{a}$ *enthaltenen Zahl* α auch sagen, sie sei *theilbar* durch $\mathfrak{a}$, und $\mathfrak{a}$ *gehe in* α *auf;* diese Ausdrucksweise soll auch für die Zahl $\alpha = 0$ gelten, die ja in jedem Ideal enthalten ist.

Ebenso werden wir sagen, ein *Ideal* $\mathfrak{m}$ sei *theilbar* durch eine (von Null verschiedene) *Zahl* η, wenn $\mathfrak{m}$ durch $\mathfrak{o}\eta$ theilbar ist; in diesem Falle sind alle Zahlen μ des Ideals $\mathfrak{m}$ theilbar durch η, und wenn man $\mu = \varrho\eta$ setzt, so bilden, wie man leicht erkennt, die den sämmtlichen Zahlen μ entsprechenden Quotienten ϱ ein *Ideal* $\mathfrak{r}$, und es ist $\mathfrak{m} = \mathfrak{r}\eta$. An diese Bemerkung schliesst sich der folgende wichtige Satz, von dem wir häufig Anwendung machen werden:

4. Ist $\mathfrak{m}$ das kleinste gemeinschaftliche Vielfache, und $\mathfrak{d}$ der grösste gemeinschaftliche Theiler der beiden Ideale $\mathfrak{a}$ und $\mathfrak{o}\eta$, so ist $\mathfrak{m} = \mathfrak{a}'\eta$, wo $\mathfrak{a}'$ einen durch $\mathfrak{a}$ und $\mathfrak{d}$ vollständig bestimmten Theiler von $\mathfrak{a}$ bedeutet. Ist ferner $\mathfrak{a}''\eta'$ das kleinste gemeinschaftliche Vielfache von $\mathfrak{a}'$ und $\mathfrak{o}\eta'$, so ist $\mathfrak{a}''\eta\eta'$ dasjenige von $\mathfrak{a}$ und $\mathfrak{o}\eta\eta'$, und umgekehrt.

Denn jedenfalls ist $\mathfrak{m}$ theilbar durch η und folglich $= \mathfrak{a}'\eta$, wo $\mathfrak{a}'$ ein bestimmtes Ideal bedeutet; da aber $\mathfrak{a}\eta$ (zufolge 3.) ein gemeinschaftliches Vielfaches von $\mathfrak{a}$ und $\mathfrak{o}\eta$ ist, so muss $\mathfrak{a}\eta$ durch $\mathfrak{a}'\eta$, und folglich $\mathfrak{a}$ durch $\mathfrak{a}'$ theilbar sein (§. 165), weil η von Null verschieden ist. Nun sei η_1 ebenfalls eine von Null verschiedene Zahl, $\mathfrak{d}_1$ der grösste gemeinschaftliche Theiler, und $\mathfrak{a}_1\eta_1$ das kleinste gemeinschaftliche Vielfache der beiden Ideale $\mathfrak{a}$ und $\mathfrak{o}\eta_1$, so wird

$\mathfrak{a}'$ jedesmal durch $\mathfrak{a}_1$ theilbar sein, wenn $\mathfrak{d}$ in $\mathfrak{d}_1$ aufgeht; denn in diesem Falle ist η_1 auch theilbar durch $\mathfrak{d}$, also von der Form $\alpha + \eta\,\omega$, wo α in $\mathfrak{a}$ enthalten ist, und da, wenn α' irgend eine Zahl in $\mathfrak{a}'$ bedeutet, das Product $\alpha'\eta$ durch $\mathfrak{a}$ theilbar ist, so gilt dasselbe von dem Producte $\alpha'\eta_1 = \alpha'\alpha + \alpha'\eta\,\omega$; mithin ist das durch $\mathfrak{o}\,\eta_1$ theilbare Ideal $\mathfrak{a}'\eta_1$ auch theilbar durch $\mathfrak{a}$, also auch durch $\mathfrak{a}_1\eta_1$, und folglich ist $\mathfrak{a}'$ theilbar durch $\mathfrak{a}_1$, wie behauptet war. Hieraus folgt offenbar, dass, wenn $\mathfrak{d}_1 = \mathfrak{d}$ ist, gewiss auch $\mathfrak{a}_1 = \mathfrak{a}'$ sein muss, weil jedes dieser beiden Ideale durch das andere theilbar ist; also ist $\mathfrak{a}'$ durch $\mathfrak{a}$ und $\mathfrak{d}$ vollständig bestimmt. Ebenso leicht ergiebt sich der zweite Theil unseres Satzes; wenn nämlich $\mathfrak{a}''\eta'$ das kleinste gemeinschaftliche Vielfache von $\mathfrak{a}'$ und $\mathfrak{o}\,\eta'$ ist, so ist $\mathfrak{a}''\eta\,\eta'$ (nach §. 165) dasjenige von $\mathfrak{a}'\eta$ und $\mathfrak{o}\,\eta\,\eta'$, also auch dasjenige der drei Ideale $\mathfrak{a}$, $\mathfrak{o}\,\eta$, $\mathfrak{o}\,\eta\,\eta'$, von denen aber das zweite, weil es in dem dritten aufgeht, weggelassen werden darf. Umgekehrt, wenn $\mathfrak{a}''\eta\,\eta'$ das kleinste gemeinschaftliche Vielfache von $\mathfrak{a}$ und $\mathfrak{o}\,\eta\,\eta'$ ist, so ist es auch dasjenige der drei Ideale $\mathfrak{a}$, $\mathfrak{o}\,\eta$, $\mathfrak{o}\,\eta\,\eta'$, also auch das der beiden Ideale $\mathfrak{a}'\eta$ und $\mathfrak{o}\,\eta\,\eta'$, und hieraus folgt (nach §. 165), dass $\mathfrak{a}''\eta'$ das kleinste gemeinschaftliche Vielfache von $\mathfrak{a}'$ und $\mathfrak{o}\,\eta'$ ist, was zu beweisen war.

§. 169.

Da alle Ideale Moduln sind, so lässt sich auch der Begriff der *Congruenz* auf die Ideale übertragen; zwei Zahlen ω, ω' des Gebietes $\mathfrak{o}$ heissen *congruent* in Bezug auf das Ideal $\mathfrak{a}$, wenn ihre Differenz durch $\mathfrak{a}$ theilbar ist, und dies wird durch die Congruenz

$$\omega \equiv \omega' \pmod{\mathfrak{a}}$$

ausgedrückt. Solche Congruenzen, welche sich auf dasselbe Ideal $\mathfrak{a}$ beziehen, können (nach §. 165) addirt und subtrahirt werden, wie Gleichungen, d. h. aus der vorstehenden und aus einer zweiten Congruenz

$$\omega'' \equiv \omega''' \pmod{\mathfrak{a}}$$

folgen immer die Congruenzen

$$\omega \pm \omega'' \equiv \omega' \pm \omega''' \pmod{\mathfrak{a}};$$

aus der Eigenschaft II. des Ideals $\mathfrak{a}$ ergiebt sich jetzt aber auch die Erlaubniss, solche Congruenzen zu multipliciren, d. h. es folgt auch die Congruenz

$$\omega\omega'' \equiv \omega'\omega''' \text{ (mod. } \mathfrak{a});$$

denn da $\omega - \omega'$ und $\omega'' - \omega'''$ durch $\mathfrak{a}$ theilbar sind, so gilt (zufolge II.) dasselbe von den Producten $(\omega - \omega')\omega''$ und $(\omega'' - \omega''')\omega'$, mithin auch von deren Summe $\omega\omega'' - \omega'\omega'''$, was zu zeigen war.

Wir bemerken ferner, dass, wenn $\mathfrak{m}$ ein Hauptideal $\mathfrak{o}\mu$ ist, die Congruenz

$$\alpha \equiv \beta \text{ (mod. } \mathfrak{m})$$

gänzlich mit unserer früheren Congruenz

$$\alpha \equiv \beta \text{ (mod. } \mu)$$

zusammenfällt (§. 167, (6)—(9)). Damals haben wir gefunden, dass der absolute Werth von $N(\mu)$ zugleich die Anzahl der nach μ incongruenten Zahlen ω, d. h. die Anzahl $(\mathfrak{o}, \mathfrak{o}\mu)$ der verschiedenen Zahlclassen ist, aus welchen das Gebiet $\mathfrak{o}$ besteht. Dies veranlasst uns, auch jedem *Ideal* $\mathfrak{a}$ eine bestimmte *Norm* zuzuschreiben, die wir durch das Symbol $N(\mathfrak{a})$ bezeichnen und durch die Gleichung

$$N(\mathfrak{a}) = (\mathfrak{o}, \mathfrak{a})$$

definiren wollen, wo das Symbol $(\mathfrak{o}, \mathfrak{a})$ seine frühere Bedeutung hat (§. 165). Wir zeigen zunächst, dass $N(\mathfrak{a})$ stets von Null verschieden ist; wählt man nämlich aus dem Ideal $\mathfrak{a}$ eine beliebige, aber von Null verschiedene Zahl μ aus, so ist $\mathfrak{o}\mu$ theilbar durch $\mathfrak{a}$, und da $\mathfrak{a}$ durch $\mathfrak{o}$ theilbar ist, so folgt (§. 165, (4))

$$(\mathfrak{o}, \mathfrak{o}\mu) = (\mathfrak{o}, \mathfrak{a})\,(\mathfrak{a}, \mathfrak{o}\mu);$$

da nun $(\mathfrak{o}, \mathfrak{o}\mu) = \pm N(\mu)$, also von Null verschieden ist, so gilt dasselbe auch von $(\mathfrak{o}, \mathfrak{a}) = N(\mathfrak{a})$. Es besteht daher $\mathfrak{o}$ aus einer *endlichen* Anzahl von Zahlclassen in Bezug auf $\mathfrak{a}$, und wenn aus jeder dieser Classen ein bestimmter Repräsentant ϱ nach Belieben gewählt ist, so nennen wir den Inbegriff dieser $N(\mathfrak{a})$ Zahlen ϱ ein *vollständiges System incongruenter Zahlen nach* $\mathfrak{a}$. Es ergeben sich nun leicht die folgenden Sätze.

1. Ist $\mathfrak{a}$ ein beliebiges Ideal, so ist $N(\mathfrak{a})$ theilbar durch $\mathfrak{a}$.

Denn (nach §. 165, (7)) ist allgemein $(\mathfrak{o}, \mathfrak{a})\omega \equiv 0$ (mod. $\mathfrak{a}$) und hieraus folgt unser Satz, weil unter den Zahlen ω des Gebietes $\mathfrak{o}$ sich auch die Zahl 1 befindet.

2. Das Ideal $\mathfrak{o}$ ist das einzige Ideal, dessen Norm $= 1$ ist.

Denn jedenfalls ist $N(\mathfrak{o}) = (\mathfrak{o}, \mathfrak{o}) = 1$; und umgekehrt, wenn $(\mathfrak{o}, \mathfrak{a}) = 1$ ist, so ist $\mathfrak{o}$ (nach §. 165) theilbar durch $\mathfrak{a}$, folglich $\mathfrak{a} = \mathfrak{o}$, weil $\mathfrak{a}$ als Ideal durch $\mathfrak{o}$ theilbar ist.

3. Ist $\mathfrak{m}$ das kleinste gemeinschaftliche Vielfache, und $\mathfrak{d}$ der grösste gemeinschaftliche Theiler von $\mathfrak{a}$ und $\mathfrak{b}$, so ist

$$N(\mathfrak{a}) = (\mathfrak{b}, \mathfrak{a}) N(\mathfrak{d}), \quad N(\mathfrak{m}) = (\mathfrak{b}, \mathfrak{a}) N(\mathfrak{b}),$$
$$N(\mathfrak{m}) N(\mathfrak{d}) = N(\mathfrak{a}) N(\mathfrak{b}).$$

Denn weil $\mathfrak{o}$ in $\mathfrak{d}$, und $\mathfrak{d}$ in $\mathfrak{a}$, ferner $\mathfrak{o}$ in $\mathfrak{b}$, und $\mathfrak{b}$ in $\mathfrak{m}$ aufgeht, so ist (nach §. 165, (4))

$$(\mathfrak{o}, \mathfrak{a}) = (\mathfrak{o}, \mathfrak{d}) (\mathfrak{d}, \mathfrak{a}), \quad (\mathfrak{o}, \mathfrak{m}) = (\mathfrak{o}, \mathfrak{b}) (\mathfrak{b}, \mathfrak{m}),$$

und ausserdem ist (nach §. 165, (1) und (2))

$$(\mathfrak{d}, \mathfrak{a}) = (\mathfrak{b}, \mathfrak{m}) = (\mathfrak{b}, \mathfrak{a}).$$

4. Ist $\mathfrak{a}'\eta$ das kleinste gemeinschaftliche Vielfache, und $\mathfrak{d}$ der grösste gemeinschaftliche Theiler der Ideale $\mathfrak{a}$ und $\mathfrak{o}\eta$, so ist

$$N(\mathfrak{a}) = N(\mathfrak{a}') N(\mathfrak{d}).$$

Denn in diesem Falle $\mathfrak{b} = \mathfrak{o}\eta$ ist (nach §. 165, (3))

$$(\mathfrak{b}, \mathfrak{a}) = (\mathfrak{b}, \mathfrak{m}) = (\mathfrak{o}\eta, \mathfrak{a}'\eta) = (\mathfrak{o}, \mathfrak{a}') = N(\mathfrak{a}').$$

Wir bemerken beiläufig, dass, wie man leicht finden wird, der Theiler $\mathfrak{a}'$ des Ideals $\mathfrak{a}$ (§. 168, 4.) jetzt auch definirt werden kann als das System aller Wurzeln α' der Congruenz $\eta\alpha' \equiv 0 \pmod{\mathfrak{a}}$.

5. Ist $\mathfrak{a}$ theilbar durch $\mathfrak{b}$, so ist $N(\mathfrak{a})$ theilbar durch $N(\mathfrak{b})$, nämlich

$$N(\mathfrak{a}) = (\mathfrak{b}, \mathfrak{a}) N(\mathfrak{b}),$$

und $\mathfrak{b}$ ist ein echter Theiler von $\mathfrak{a}$ oder $= \mathfrak{a}$, je nachdem $N(\mathfrak{b}) < N(\mathfrak{a})$, oder $N(\mathfrak{b}) = N(\mathfrak{a})$ ist.

Dies folgt unmittelbar aus dem Satze 3., weil in diesem Falle $\mathfrak{m} = \mathfrak{a}$, $\mathfrak{d} = \mathfrak{b}$ ist, und weil $(\mathfrak{b}, \mathfrak{a})$ stets und nur dann $= 1$ ist, wenn $\mathfrak{b}$ durch $\mathfrak{a}$ theilbar ist (§. 165). — Zugleich ergiebt sich hieraus, dass jeder Theiler $\mathfrak{b}$ eines Ideals $\mathfrak{a}$ aus einer endlichen Anzahl $(\mathfrak{b}, \mathfrak{a})$ von Zahlclassen in Bezug auf $\mathfrak{a}$ besteht, und da überhaupt nur eine endliche Anzahl $N(\mathfrak{a})$ von Zahlclassen (mod. $\mathfrak{a}$) existirt, so folgt der Satz:

6. Jedes Ideal besitzt nur eine endliche Anzahl von Theilern.

7. Es giebt nur eine endliche Anzahl von Idealen, welche dieselbe Norm besitzen.

Denn wenn $N(\mathfrak{a}) = m$ ist, so ist (zufolge 1.) die Zahl m theilbar durch $\mathfrak{a}$, also $\mathfrak{a}$ ein Theiler des Hauptideals $\mathfrak{o}m$, welches (nach 6.) nur eine endliche Anzahl von Theilern $\mathfrak{a}$ besitzen kann.

§. 170.

Während unsere bisherigen Untersuchungen über Ideale wesentlich nur in einer Anwendung der Lehre von der Theilbarkeit der Moduln bestanden, gehen wir jetzt zu einer neuen Idealbildung, nämlich zur *Multiplication der Ideale* über, welche den eigentlichen Kern der Idealtheorie bildet.

Sind $\mathfrak{a}$, $\mathfrak{b}$ zwei beliebige Ideale, und bedeutet α jede Zahl in $\mathfrak{a}$, ebenso β jede Zahl in $\mathfrak{b}$, so verstehen wir unter dem *Producte* $\mathfrak{a}\mathfrak{b}$ der Factoren $\mathfrak{a}$, $\mathfrak{b}$ den Inbegriff aller Zahlen, welche als ein Product $\alpha\beta$ oder als Summe von mehreren solchen Producten $\alpha\beta$ darstellbar sind. Alle diese Zahlen sind wieder in $\mathfrak{o}$ enthalten, und sie verschwinden nicht sämmtlich; sie reproduciren sich durch Addition und Subtraction, sowie durch Multiplication mit beliebigen Zahlen ω des Gebietes $\mathfrak{o}$, weil jedes Product $\beta\omega$ wieder in $\mathfrak{b}$ enthalten ist. Mithin ist das Product $\mathfrak{a}\mathfrak{b}$ wieder ein *Ideal.*

Es leuchtet ohne Weiteres ein, dass $\mathfrak{a}\mathfrak{o} = \mathfrak{a}$, $\mathfrak{a}(\mathfrak{o}\eta) = \mathfrak{a}\eta$, $\mathfrak{a}\mathfrak{b} = \mathfrak{b}\mathfrak{a}$ und $(\mathfrak{a}\mathfrak{b})\mathfrak{c} = \mathfrak{a}(\mathfrak{b}\mathfrak{c})$ ist; wir bezeichnen dieses letztere Product kurz mit $\mathfrak{a}\mathfrak{b}\mathfrak{c}$, und aus der schon öfter angewendeten Schlussweise (§§. 2, 147) geht hervor, dass das mit $\mathfrak{a}\mathfrak{b}\mathfrak{c}\mathfrak{d}\ldots$ zu bezeichnende Product aus m beliebigen Idealen $\mathfrak{a}, \mathfrak{b}, \mathfrak{c}, \mathfrak{d}\ldots$ eine vollständig bestimmte, von der Anordnung der successiven Multiplicationen gänzlich unabhängige Bedeutung hat*). Sind alle diese m Factoren identisch mit dem Ideal $\mathfrak{a}$, so bezeichnen wir ihr Product mit $\mathfrak{a}^m$ und nennen es die m^{te} *Potenz* von $\mathfrak{a}$; m heisst der *Exponent* dieser Potenz, und wir dehnen diesen Begriff auch auf die beiden Fälle $m = 0$ und $m = 1$ aus, indem wir $\mathfrak{a}^0 = \mathfrak{o}$ und $\mathfrak{a}^1 = \mathfrak{a}$ setzen; dann gelten allgemein die Sätze $\mathfrak{a}^r\mathfrak{a}^s = \mathfrak{a}^{r+s}$ und $(\mathfrak{a}^r)^s = \mathfrak{a}^{rs}$.

Es wird nun unsere Hauptaufgabe sein, den *Zusammenhang* zwischen diesem Begriffe der Multiplication und demjenigen der Theilbarkeit der Ideale vollständig zu ergründen; diese Untersuchung bietet erhebliche Schwierigkeiten dar, und wir begnügen uns für jetzt, die folgenden, äusserst einfachen Sätze zu beweisen.

---

*) Es ist der Inbegriff aller Zahlen von der Form $\Sigma\alpha\beta\gamma\delta\ldots$, wo $\alpha, \beta, \gamma, \delta\ldots$ beliebige Zahlen resp. der Ideale $\mathfrak{a}, \mathfrak{b}, \mathfrak{c}, \mathfrak{d}\ldots$ bedeuten; dies könnte auch von vornherein als Definition eines Productes von beliebig vielen Idealen gelten.

1. Ist $\mathfrak{a}$ theilbar durch $\mathfrak{a}'$, und $\mathfrak{b}$ theilbar durch $\mathfrak{b}'$, so ist $\mathfrak{a}\mathfrak{b}$ theilbar durch $\mathfrak{a}'\mathfrak{b}'$.

Denn da jede Zahl α des Ideals $\mathfrak{a}$ auch in $\mathfrak{a}'$, und jede Zahl β des Ideals $\mathfrak{b}$ auch in $\mathfrak{b}'$ enthalten ist, so ist jedes Product $\alpha\beta$, und folglich auch jede Summe solcher Producte $\alpha\beta$ in $\mathfrak{a}'\mathfrak{b}'$ enthalten.

2. Das Product $\mathfrak{a}\mathfrak{b}$ ist ein gemeinschaftliches Vielfaches der beiden Factoren $\mathfrak{a}$ und $\mathfrak{b}$.

Denn $\mathfrak{a}$ ist durch $\mathfrak{a}$, und $\mathfrak{b}$ ist durch $\mathfrak{o}$ theilbar, woraus (nach 1.) folgt, dass $\mathfrak{a}\mathfrak{b}$ durch $\mathfrak{a}\mathfrak{o}$, d. h. durch $\mathfrak{a}$ theilbar ist.

3. Ist $\mathfrak{m}$ das kleinste gemeinschaftliche Vielfache, und $\mathfrak{d}$ der grösste gemeinschaftliche Theiler von $\mathfrak{a}$ und $\mathfrak{b}$, so ist $\mathfrak{m}\mathfrak{d}$ durch $\mathfrak{a}\mathfrak{b}$ theilbar*).

Denn jede Zahl δ des Ideals $\mathfrak{d}$ ist von der Form $\alpha + \beta$, wo α in $\mathfrak{a}$, und β in $\mathfrak{b}$ enthalten ist, und jede Zahl μ des Ideals $\mathfrak{m}$ ist sowohl in $\mathfrak{b}$, als auch in $\mathfrak{a}$ enthalten, woraus folgt, dass die beiden Producte $\alpha\mu$ und $\mu\beta$ dem Ideal $\mathfrak{a}\mathfrak{b}$ angehören; dasselbe gilt mithin auch von ihrer Summe $\mu\delta$, also auch von jeder Zahl des Ideals $\mathfrak{m}\mathfrak{d}$.

§. 171.

Zwei Ideale $\mathfrak{a}$, $\mathfrak{b}$ heissen *relative Primideale*, und jedes von ihnen heisst relatives Primideal zu dem anderen, wenn ihr grösster gemeinschaftlicher Theiler $= \mathfrak{o}$ ist; da nun die Zahl 1 in $\mathfrak{o}$ enthalten ist, so giebt es eine Zahl α in $\mathfrak{a}$, und eine Zahl β in $\mathfrak{b}$, welche der Bedingung

$$\alpha + \beta = 1$$

genügen, und umgekehrt folgt aus der Existenz eines solchen Zahlenpaares α, β, dass $\mathfrak{a}$, $\mathfrak{b}$ relative Primideale sind, weil (nach §. 168, 1.) $\mathfrak{o}$ das einzige Ideal ist, welches in 1 aufgeht. Dasselbe Kriterium kann man offenbar auch so ausdrücken, dass in $\mathfrak{b}$ eine Zahl β existirt, welche der Congruenz

$$\beta \equiv 1 \pmod{\mathfrak{a}}$$

genügt. Wir bemerken ferner ein- für allemal, dass, wenn wir

*) Dass $\mathfrak{m}\mathfrak{d} = \mathfrak{a}\mathfrak{b}$ ist, werden wir erst später (§. 173, 9.) beweisen können.

mehr als zwei Ideale $\mathfrak{a}, \mathfrak{b}, \mathfrak{c} \ldots$ relative Primideale nennen, hierunter immer zu verstehen ist, dass jedes dieser Ideale relatives Primideal zu jedem der übrigen ist. Aus dieser Definition ergeben sich zunächst die folgenden Sätze.

1. Ist $\mathfrak{a}$ relatives Primideal zu $\mathfrak{b}$ und zu $\mathfrak{c}$, so ist $\mathfrak{a}$ auch relatives Primideal zu dem Producte $\mathfrak{b}\,\mathfrak{c}$.

Denn es giebt in $\mathfrak{b}, \mathfrak{c}$ Zahlen β, γ, welche den Bedingungen $\beta \equiv 1, \gamma \equiv 1$ (mod. $\mathfrak{a}$) genügen, und hieraus folgt, dass die in $\mathfrak{b}\,\mathfrak{c}$ enthaltene Zahl $\beta\gamma \equiv 1$ (mod. $\mathfrak{a}$) ist.

2. Ist jedes der Ideale $\mathfrak{a}_1, \mathfrak{a}_2, \mathfrak{a}_3 \ldots$ relatives Primideal zu jedem der Ideale $\mathfrak{b}_1, \mathfrak{b}_2 \ldots$, so sind die Producte $\mathfrak{a}_1\mathfrak{a}_2\mathfrak{a}_3 \ldots$ und $\mathfrak{b}_1\mathfrak{b}_2 \ldots$ relative Primideale.

Der Beweis ergiebt sich durch wiederholte Anwendung des vorhergehenden Satzes (vergl. §. 5, 3.).

3. Sind $\mathfrak{a}, \mathfrak{b}$ relative Primideale, so ist $\mathfrak{a}\mathfrak{b}$ ihr kleinstes gemeinschaftliches Vielfaches, und $N(\mathfrak{a}\mathfrak{b}) = N(\mathfrak{a})N(\mathfrak{b})$.

Denn bedeutet $\mathfrak{m}$ das kleinste gemeinschaftliche Vielfache von $\mathfrak{a}, \mathfrak{b}$, so ist $\mathfrak{m}\,\mathfrak{o}$, also $\mathfrak{m}$ selbst theilbar durch $\mathfrak{a}\mathfrak{b}$ (nach §. 170, 3.); da aber $\mathfrak{a}\mathfrak{b}$ (nach §. 170, 2.) ein gemeinschaftliches Vielfaches von $\mathfrak{a}, \mathfrak{b}$, also durch $\mathfrak{m}$ theilbar ist, so ist $\mathfrak{m} = \mathfrak{a}\mathfrak{b}$; und hieraus folgt (nach §. 169, 3.) der Satz über die Normen*).

4. Sind $\mathfrak{a}, \mathfrak{b}, \mathfrak{c} \ldots$ relative Primideale, so ist ihr Product $\mathfrak{a}\mathfrak{b}\mathfrak{c} \ldots$ auch ihr kleinstes gemeinschaftliches Vielfaches, und zugleich ist $N(\mathfrak{a}\mathfrak{b}\mathfrak{c} \ldots) = N(\mathfrak{a})N(\mathfrak{b})N(\mathfrak{c}) \ldots$.

Der Beweis ergiebt sich durch wiederholte Anwendung der vorhergehenden Sätze (vergl. §. 7).

5. Sind $\mathfrak{a}, \mathfrak{b}$ relative Primideale, und ist $\mathfrak{b}\,\mathfrak{c}$ theilbar durch $\mathfrak{a}$, so geht $\mathfrak{a}$ in $\mathfrak{c}$ auf.

Denn es giebt in $\mathfrak{b}$ eine Zahl $\beta \equiv 1$ (mod. $\mathfrak{a}$); ist nun γ eine beliebige Zahl in $\mathfrak{c}$, so ist $\beta\gamma$ in $\mathfrak{b}\,\mathfrak{c}$, also auch in $\mathfrak{a}$ enthalten, woraus $\gamma \equiv \beta\gamma \equiv 0$ (mod. $\mathfrak{a}$) folgt, was zu beweisen war. —

Die bisher von uns entwickelten Sätze der Idealtheorie bieten eine augenscheinliche Analogie dar mit den Sätzen über die Theilbarkeit der ganzen rationalen Zahlen, und dies findet seinen natürlichen Grund darin, dass, wenn der Körper Ω vom Grade $n = 1$ ist, das Gebiet $\mathfrak{o} = [1]$, und jedes Ideal $\mathfrak{m}$ dieses Gebietes ein Modul $[m]$ ist, wo m irgend eine positive ganze rationale Zahl

---

*) Dass der letztere allgemein für je zwei beliebige Ideale $\mathfrak{a}, \mathfrak{b}$ gilt, kann erst später bewiesen werden (§. 173, 7.).

bedeutet (§. 165). Es liegt nun nahe, in die Theorie der Ideale auch einen Begriff einzuführen, welcher dem Begriffe der rationalen Primzahl entspricht. Das Ideal $\mathfrak{o}$ besitzt offenbar nur einen einzigen Theiler, nämlich $\mathfrak{o}$ selbst; jedes von $\mathfrak{o}$ verschiedene Ideal besitzt aber mindestens zwei verschiedene Theiler, da es ausser durch $\mathfrak{o}$ auch noch durch sich selbst theilbar ist. Wir wollen nun ein Ideal $\mathfrak{p}$ ein *Primideal* nennen, wenn es von $\mathfrak{o}$ verschieden ist und keinen anderen Theiler als $\mathfrak{o}$ und $\mathfrak{p}$ besitzt; dagegen soll $\mathfrak{a}$ ein *zusammengesetztes* Ideal heissen, wenn es mindestens einen von $\mathfrak{a}$ und $\mathfrak{o}$ verschiedenen Theiler besitzt. Hieraus fliessen die folgenden Sätze.

6. Ist $\mathfrak{a}$ von $\mathfrak{o}$ verschieden, so giebt es mindestens ein in $\mathfrak{a}$ aufgehendes Primideal.

Denn wählt man unter den von $\mathfrak{o}$ verschiedenen Theilern von $\mathfrak{a}$ ein solches Ideal $\mathfrak{p}$ aus, dessen Norm den möglich kleinsten Werth hat, so kann $\mathfrak{p}$ (nach §. 169, 5.) keinen von $\mathfrak{o}$ und $\mathfrak{p}$ verschiedenen Theiler haben, und folglich ist $\mathfrak{p}$ ein in $\mathfrak{a}$ aufgehendes Primideal.

7. Zwei Ideale sind entweder relative Primideale, oder es giebt ein in beiden aufgehendes Primideal.

Denn ihr grösster gemeinschaftlicher Theiler ist entweder $= \mathfrak{o}$, oder er ist (nach 6.) durch ein Primideal theilbar.

8. Ist $\mathfrak{p}$ ein Primideal, $\mathfrak{a}$ ein beliebiges Ideal, so findet einer und nur einer der folgenden beiden Fälle Statt: entweder geht $\mathfrak{p}$ in $\mathfrak{a}$ auf, oder $\mathfrak{a}$ und $\mathfrak{p}$ sind relative Primideale.

Denn der grösste gemeinschaftliche Theiler von $\mathfrak{a}, \mathfrak{p}$ ist ein Theiler von $\mathfrak{p}$, also entweder $= \mathfrak{p}$, oder $= \mathfrak{o}$.

9. Wenn ein Product von Idealen oder Zahlen durch das Primideal $\mathfrak{p}$ theilbar ist, so geht $\mathfrak{p}$ in mindestens einem der Factoren auf.

Denn wenn $\mathfrak{p}$ in keinem der Ideale $\mathfrak{a}, \mathfrak{b}, \mathfrak{c} \ldots$ aufgeht, so ist $\mathfrak{p}$ (nach 8.) relatives Primideal zu jedem derselben, also auch zu ihrem Producte (nach 2.), welches folglich (nach 8.) nicht durch $\mathfrak{p}$ theilbar ist; und handelt es sich um ein Product aus Zahlen $\eta, \eta' \ldots$, so ergiebt sich dasselbe, wenn man die entsprechenden Hauptideale $\mathfrak{o}\eta, \mathfrak{o}\eta' \ldots$ betrachtet.

10. Ist $\mathfrak{p}$ ein Primideal, so giebt es im Körper der rationalen Zahlen eine und nur eine positive Primzahl p, welche durch $\mathfrak{p}$ theilbar ist; zugleich ist $N(\mathfrak{p}) = p^f$, und der Exponent f soll der *Grad* des Primideals $\mathfrak{p}$ heissen.

Denn die durch $\mathfrak{p}$ theilbaren ganzen *rationalen* Zahlen, zu denen (nach §. 169, 1.) auch $N(\mathfrak{p})$ gehört, bilden offenbar einen Modul, und wenn p die *kleinste* positive dieser Zahlen bedeutet, so ist dieser Modul $= [p]$ (nach §. 165, (8)); nun kann p nicht $= 1$ sein, weil sonst $\mathfrak{p} = \mathfrak{o}$ wäre (nach §. 168, 1.), und p kann auch nicht ein Product aus zwei kleineren rationalen Zahlen sein, weil sonst eine von beiden (nach 9.) durch $\mathfrak{p}$ theilbar sein müsste, was gegen die Definition von p verstossen würde; mithin ist p eine Primzahl im Körper der rationalen Zahlen, und es kann keine andere solche Primzahl durch $\mathfrak{p}$ theilbar sein, weil $[p]$ der Inbegriff *aller* durch $\mathfrak{p}$ theilbaren rationalen Zahlen ist. Da nun $\mathfrak{o}p$ durch $\mathfrak{p}$, und folglich $N(\mathfrak{o}p)$, d. h. p^n durch $N(\mathfrak{p})$ theilbar ist (§. 169, 5.), so folgt, dass $N(\mathfrak{p})$ selbst eine Potenz von p ist.

11. Ist $\mathfrak{a}$ ein zusammengesetztes Ideal, so giebt es zwei durch $\mathfrak{a}$ nicht theilbare Zahlen η, η', deren Product durch $\mathfrak{a}$ theilbar ist.

Denn $\mathfrak{a}$ besitzt einen von $\mathfrak{o}$ und $\mathfrak{a}$ verschiedenen Theiler $\mathfrak{e}$, und da derselbe nicht durch $\mathfrak{a}$ theilbar ist, so giebt es in $\mathfrak{e}$ eine durch $\mathfrak{a}$ nicht theilbare Zahl η; der grösste gemeinschaftliche Theiler $\mathfrak{d}$ der beiden Ideale $\mathfrak{a}$ und $\mathfrak{o}\eta$ ist theilbar durch $\mathfrak{e}$, also von $\mathfrak{o}$ verschieden, und folglich ist $N(\mathfrak{d}) > 1$ (nach §. 169, 2.). Nun sei $\mathfrak{a}'\eta$ das kleinste gemeinschaftliche Vielfache von $\mathfrak{a}$ und $\mathfrak{o}\eta$, so ist $\mathfrak{a}'$ ein Theiler von $\mathfrak{a}$, und zugleich ist (nach §. 169, 4.) $N(\mathfrak{a}) = N(\mathfrak{a}')N(\mathfrak{d}) > N(\mathfrak{a}')$; mithin ist $\mathfrak{a}'$ ein echter Theiler von $\mathfrak{a}$, und es giebt folglich in $\mathfrak{a}'$ eine durch $\mathfrak{a}$ nicht theilbare Zahl η'; dann ist das Product $\eta\eta'$ in $\eta\mathfrak{a}'$ und folglich auch in $\mathfrak{a}$ enthalten, was zu beweisen war.

12. Ist $\mathfrak{a}$ theilbar durch das Primideal $\mathfrak{p}$, so kann man die Zahl ν so wählen, dass $\mathfrak{p}\nu$ das kleinste gemeinschaftliche Vielfache der beiden Ideale $\mathfrak{a}$ und $\mathfrak{o}\nu$ wird.

Der Beweis dieses einfachen, aber für unsere Theorie äusserst wichtigen Satzes*) ist mit einigen Schwierigkeiten verknüpft, die

*) Derselbe lässt sich, ohne an Inhalt wesentlich zu gewinnen oder zu verlieren, in sehr verschiedenen Formen ausdrücken; so z. B. ergiebt sich aus ihm ohne Zuziehung neuer Beweismittel der folgende Satz: Wenn $\mathfrak{a}, \mathfrak{b}$ nicht relative Primideale sind, so giebt es ein durch $\mathfrak{a}$ nicht theilbares Ideal $\mathfrak{c}$ von der Art, dass $\mathfrak{b}\mathfrak{c}$ durch $\mathfrak{a}$ theilbar wird (vergl. §. 171, 5.). Umgekehrt folgt der obige Satz ebenso leicht aus diesem letzteren, der aber, trotz seiner scheinbaren Evidenz, schwerlich einen einfacheren directen Beweis gestattet.

sich jedoch durch die folgende Kette von Schlüssen überwinden lassen. Zunächst leuchtet die Richtigkeit des Satzes ein, wenn $(\mathfrak{p}, \mathfrak{a}) = 1$, also $\mathfrak{a} = \mathfrak{p}$ ist, weil in diesem Falle die Zahl $\nu = 1$ die verlangte Eigenschaft besitzt. Es sei nun m irgend eine ganze rationale Zahl > 1, und wir wollen annehmen, der Satz sei schon für alle die Fälle bewiesen, in welchen $(\mathfrak{p}, \mathfrak{a}) < m$ ist, so brauchen wir offenbar nur noch zu zeigen, dass hieraus immer seine Richtigkeit auch für den Fall $(\mathfrak{p}, \mathfrak{a}) = m$ folgt. Zu diesem Zweck wollen wir wieder, wenn η eine von Null verschiedene Zahl ist, mit $\mathfrak{d}$ den grössten gemeinschaftlichen Theiler, mit $\mathfrak{a}'\eta$ das kleinste gemeinschaftliche Vielfache der Ideale $\mathfrak{a}$, $\mathfrak{o}\eta$ bezeichnen; dann ist $\mathfrak{a}'$ ein Theiler von $\mathfrak{a}$, und zugleich ist $N(\mathfrak{a}) = N(\mathfrak{a}')\,N(\mathfrak{d})$. Ist nun $(\mathfrak{p}, \mathfrak{a}) = m > 1$, also $\mathfrak{p}$ ein *echter* Theiler von $\mathfrak{a}$, so wollen wir zunächst zeigen, dass man durch geeignete Wahl der Zahl η ein zugehöriges Ideal $\mathfrak{a}'$ erhalten kann, welches erstens durch $\mathfrak{p}$ *theilbar* und zweitens ein *echter* Theiler von $\mathfrak{a}$ ist; die letztere Forderung kommt offenbar darauf hinaus, dass $\mathfrak{d}$ von $\mathfrak{o}$ verschieden, also $N(\mathfrak{d}) > 1$, $N(\mathfrak{a}') < N(\mathfrak{a})$ werde. Um diesen Existenz-Beweis zu führen, müssen wir zwei Fälle unterscheiden:

a) Wenn $\mathfrak{p}$ das *einzige* in $\mathfrak{a}$ aufgehende Primideal ist, so wähle man für η eine durch $\mathfrak{p}$, aber nicht durch $\mathfrak{a}$ theilbare Zahl, was stets möglich ist, weil $\mathfrak{p}$ ein echter Theiler von $\mathfrak{a}$, also nicht durch $\mathfrak{a}$ theilbar ist. Da nun $\mathfrak{o}\eta$, und folglich auch $\mathfrak{d}$ durch $\mathfrak{p}$ theilbar ist, so ist $N(\mathfrak{d}) > 1$, also $\mathfrak{a}'$ ein echter Theiler von $\mathfrak{a}$. Da ferner $\mathfrak{o}\eta$ nicht durch $\mathfrak{a}$ theilbar ist, so kann $\mathfrak{a}'$ nicht $= \mathfrak{o}$ sein, und folglich giebt es (nach 6.) ein in $\mathfrak{a}'$ aufgehendes Primideal $\mathfrak{q}$; da aber $\mathfrak{a}'$ ein Theiler von $\mathfrak{a}$ ist, so geht $\mathfrak{q}$ auch in $\mathfrak{a}$ auf und ist folglich $= \mathfrak{p}$; mithin ist $\mathfrak{a}'$ theilbar durch $\mathfrak{p}$, was zu zeigen war.

b) Wenn $\mathfrak{a}$ durch ein von $\mathfrak{p}$ verschiedenes Primideal $\mathfrak{q}$ theilbar ist, so wähle man für η eine durch $\mathfrak{q}$, aber nicht durch $\mathfrak{p}$ theilbare Zahl, was stets möglich ist, weil $\mathfrak{q}$ nicht durch $\mathfrak{p}$ theilbar ist. Da nun $\mathfrak{o}\eta$, und folglich auch $\mathfrak{d}$ durch $\mathfrak{q}$ theilbar ist, so ist $N(\mathfrak{d}) > 1$, also $\mathfrak{a}'$ ein echter Theiler von $\mathfrak{a}$. Da ferner $\mathfrak{a}'\eta$ durch $\mathfrak{a}$ und folglich auch durch $\mathfrak{p}$ theilbar ist, während $\mathfrak{p}$ in dem Factor η nicht aufgeht, so ist (nach 9.) das Ideal $\mathfrak{a}'$ theilbar durch $\mathfrak{p}$, was zu zeigen war.

Hiermit ist die Existenz einer solchen Zahl η in allen Fällen nachgewiesen. Da nun das zugehörige Ideal $\mathfrak{a}'$ durch $\mathfrak{p}$ theilbar und zugleich ein echter Theiler von $\mathfrak{a}$ ist, so ist $m = (\mathfrak{p}, \mathfrak{a}) = (\mathfrak{p}, \mathfrak{a}')\,(\mathfrak{a}', \mathfrak{a})$, und $(\mathfrak{a}', \mathfrak{a}) > 1$, also $(\mathfrak{p}, \mathfrak{a}') < m$; mithin giebt es nach unserer obigen Annahme eine Zahl η' von der Art, dass $\mathfrak{p}\,\eta'$ das kleinste gemeinschaftliche Vielfache der Ideale $\mathfrak{a}'$, $\mathfrak{o}\,\eta'$ ist, und da $\mathfrak{a}'\,\eta$ dasjenige der Ideale $\mathfrak{a}$, $\mathfrak{o}\,\eta$ ist, so folgt (nach §. 168, 4.), dass $\mathfrak{p}\,\eta\,\eta'$ das kleinste gemeinschaftliche Vielfache der Ideale $\mathfrak{a}$ und $\mathfrak{o}\,\eta\,\eta'$ ist; mithin hat die Zahl $\nu = \eta\,\eta'$ die in unserem Satze verlangte Eigenschaft.

§. 172.

Man würde nun unsere bisherige Untersuchung auch ohne Zuziehung neuer Hülfsmittel noch einige Schritte weiter führen und z. B. den folgenden Satz beweisen können, in welchem unter einem *einartigen* Ideal ein solches verstanden wird, welches durch ein und nur durch ein einziges Primideal theilbar ist:

Jedes von $\mathfrak{o}$ verschiedene Ideal ist entweder einartig, oder es lässt sich, und zwar nur auf eine einzige Weise, als Product von lauter einartigen Idealen darstellen, die zugleich relative Primideale sind.

Indessen ist dieser Satz, den wir später (§. 173, 4.) doch durch einen noch schärferen zu ersetzen haben werden, für *unsere* Zwecke nicht erforderlich, und wir haben ihn nur erwähnt, um zu zeigen, wie weit man mit den bisherigen Beweismitteln gelangen kann. Bei einer sorgfältigen Prüfung der letzteren und der durch sie gewonnenen Resultate ergiebt sich nun Folgendes.

So augenfällig auch die Analogie zwischen den vorhergehenden Sätzen und denjenigen über die Theilbarkeit der ganzen rationalen Zahlen ist, so kann dieselbe bis jetzt doch keineswegs eine *vollständige* genannt werden. Man darf nicht vergessen, dass die Theilbarkeit eines Ideals $\mathfrak{c}$ durch ein Ideal $\mathfrak{a}$ nach unserer Definition (§§. 165, 168) lediglich darin besteht, dass alle Zahlen des Ideals $\mathfrak{c}$ auch in $\mathfrak{a}$ enthalten sind; nun ergab sich zwar sehr leicht (§. 170, 2.), dass jedes *Product* aus $\mathfrak{a}$ und einem beliebigen Ideal $\mathfrak{b}$ stets durch $\mathfrak{a}$ *theilbar* ist, aber es ist keineswegs leicht zu beweisen, dass umgekehrt jedes durch $\mathfrak{a}$ theilbare Ideal $\mathfrak{c}$ auch ein Product aus $\mathfrak{a}$ und einem Ideal $\mathfrak{b}$ ist. Diese Schwierigkeit lässt sich auch mit den bisher von uns gebrauchten Beweismitteln allein durchaus *nicht* überwinden, und wir müssen den Grund dieser Thatsache hier etwas näher erörtern, weil dieselbe mit einer sehr wichtigen Verallgemeinerung der Theorie zusammenhängt. Bei einer genauen

Prüfung der bisher entwickelten Theorie wird man sich leicht davon überzeugen, dass alle Definitionen einen bestimmten Sinn, und die Beweise aller Sätze ihre volle Kraft behalten, auch wenn *nicht* vorausgesetzt wird, dass das mit $\mathfrak{o}$ bezeichnete Gebiet *alle* ganzen Zahlen des Körpers Ω umfasst. Die wirklich benutzten Eigenschaften des Systems $\mathfrak{o}$ kommen vielmehr auf die folgenden zurück:

a) Das System $\mathfrak{o}$ ist ein endlicher Modul $[\omega_1, \omega_2 \ldots \omega_n]$, dessen Basis zugleich eine Basis des Körpers Ω bildet (§. 162).

b) Jedes Product aus zwei Zahlen des Systems $\mathfrak{o}$ gehört demselben System $\mathfrak{o}$ an.

c) Die Zahl 1 ist in $\mathfrak{o}$ enthalten.

Ein Gebiet $\mathfrak{o}$, welches diese drei Eigenschaften besitzt, wollen wir eine *Ordnung* nennen. Aus der Verbindung von a) und b) folgt unmittelbar, dass eine Ordnung $\mathfrak{o}$ nur aus *ganzen* Zahlen des Körpers Ω besteht, und zufolge c) sind auch alle ganzen *rationalen* Zahlen in $\mathfrak{o}$ enthalten; aber hieraus folgt noch nicht (ausgenommen im Fall $n = 1$), dass $\mathfrak{o}$ *alle* ganzen Zahlen des Körpers Ω enthält. Nennt man nun eine Zahl α der Ordnung $\mathfrak{o}$ nur dann *theilbar* durch eine zweite solche Zahl μ, wenn $\alpha = \mu\nu$ ist, wo ν ebenfalls eine Zahl in $\mathfrak{o}$ bedeutet (vergl. §. 167), und modificirt man in derselben Weise den Begriff der *Congruenz* der Zahlen innerhalb des Gebietes $\mathfrak{o}$, so leuchtet unmittelbar ein, dass die Anzahl $(\mathfrak{o}, \mathfrak{o}\mu)$ der in Bezug auf μ incongruenten Zahlen der Ordnung $\mathfrak{o}$ auch jetzt $= \pm N(\mu)$ ist (§. 167, (9)), und ebenso leicht wird man erkennen, dass alle später entwickelten Begriffe und Sätze ihren Sinn und ihre Geltung behalten, wenn unter einer *Zahl* stets eine Zahl dieser Ordnung $\mathfrak{o}$ verstanden wird. In jeder Ordnung $\mathfrak{o}$ des Körpers Ω existirt daher eine besondere Theorie der Ideale, und diese Theorie ist für alle Ordnungen eine gemeinsame, soweit sie im Vorhergehenden entwickelt ist. Aber während die Theorie der Ideale in derjenigen Ordnung $\mathfrak{o}$, welche aus *allen* ganzen Zahlen des Körpers Ω besteht, schliesslich (§. 173) zu allgemeinen Gesetzen führen wird, welche keine Ausnahme erleiden und vollständig mit den Gesetzen der Theilbarkeit der rationalen Zahlen übereinstimmen, so ist die Theorie der Ideale jeder anderen Ordnung nicht von gleicher Einfachheit, insofern eine (immer endliche) Anzahl von Primidealen existirt, aus welchen sich die zugehörigen einartigen Ideale nicht alle durch Potenzirung bilden lassen. Diese allgemeinste Theorie der Ideale *jeder* Ordnung, deren Entwicklung für die Ziele der Zahlentheorie ebenfalls unerlässlich ist, und welche für den Fall $n = 2$ mit der Theorie der verschiedenen *Ordnungen* der binären quadratischen *Formen* zusammenfällt (§. 61), soll aber im Folgenden von unserer Betrachtung gänzlich ausgeschlossen bleiben*), und wir wollen uns begnügen, an einem Beispiel auf den Charakter der oben erwähnten Ausnahmen aufmerksam zu machen.

Das Gebiet $\mathfrak{o}$ aller ganzen Zahlen desjenigen quadratischen Körpers, dessen Grundzahl $= -3$, ist $= [1, \theta]$, wo θ eine Wurzel der Gleichung $\theta^2 + \theta + 1 = 0$ bedeutet (§. 166). Das System $\mathfrak{o}' = [1, 2\theta] = [1, \sqrt{-3}]$ ist eine Ordnung, welche nicht alle ganzen Zahlen des Körpers enthält, weil $(\mathfrak{o}, \mathfrak{o}') = 2$ ist (§. 165); die durch $\mathfrak{o}'$ theilbaren Moduln $\mathfrak{p}' = [2, 2\theta] = \mathfrak{o}(2)$ und $\mathfrak{o}'(2) = [2, 4\theta]$ sind Ideale dieser Ordnung $\mathfrak{o}'$ (insofern sie die Eigenschaften I. und II. besitzen); aber obgleich $\mathfrak{o}'(2)$ durch $\mathfrak{p}'$ theilbar ist, so existirt in $\mathfrak{o}'$ doch kein Ideal $\mathfrak{q}'$ von der Art, dass $\mathfrak{p}'\mathfrak{q}' = \mathfrak{o}'(2)$ würde. —

Um nun die Theorie der Ideale in derjenigen Ordnung $\mathfrak{o}$, welche *alle* ganzen Zahlen des Körpers Ω umfasst, zum vollständigen Abschlusse zu bringen, bedürfen wir der folgenden Hülfssätze:

1. Ist μ eine von Null verschiedene ganze, und φ eine gebrochene, d. h. nicht ganze Zahl des Körpers Ω**), so sind alle Glieder der geometrischen Reihe

$$\mu, \mu\varphi, \mu\varphi^2 \ldots \mu\varphi^e, \mu\varphi^{e+1} \ldots$$

bis zu einem in endlicher Entfernung liegenden Gliede $\mu\varphi^e$ ganze Zahlen, und alle folgenden Glieder sind gebrochene Zahlen.

Zum Beweise bemerken wir zunächst, dass alle Glieder der Reihe in Ω enthalten sind, und dass das Anfangsglied eine ganze Zahl ist. Bedeutet nun m den absoluten Werth von $N(\mu)$, so können höchstens m Glieder ganze Zahlen, also in $\mathfrak{o}$ enthalten sein; wären nämlich mindestens $(m + 1)$ Glieder ganze Zahlen, so

---

*) In einem gewissen Umfange ist diese Theorie behandelt in des Herausgebers Abhandlung: *Ueber die Anzahl der Ideal-Classen in den verschiedenen Ordnungen eines endlichen Körpers* (Braunschweig 1877).

**) Da, wenn μ, φ irgend welche algebraische Zahlen sind, sich immer leicht die Existenz eines endlichen Körpers Ω nachweisen lässt, welchem beide Zahlen angehören, so gilt der obige Satz allgemein, und ebenso der folgende Satz.

müssten unter ihnen (nach §. 167, (9)) mindestens zwei verschiedene einander congruent sein nach dem Modul μ; bezeichnet man dieselben mit $\mu\varphi^s$ und $\mu\varphi^r$, wo $r > s$, so wäre $\mu\varphi^r \equiv \mu\varphi^s$ (mod. μ), und folglich würde die gebrochene Zahl φ einer Gleichung r^{ten} Grades von der Form

$$\varphi^r - \varphi^s - \omega = 0$$

genügen, wo ω eine ganze Zahl, was (nach §. 160, 2.) unmöglich ist. Von einer bestimmten Stelle ab werden daher alle Glieder der Reihe gewiss gebrochene Zahlen sein; ist nun

$$\mu\varphi^e = \varkappa$$

die letzte in der Reihe auftretende ganze Zahl, so ist e ein endlicher Exponent $\geqq 0$; ist $e > 0$, so sind alle vorhergehenden Glieder ebenfalls ganze Zahlen; denn wenn $r < e$, so ist

$$(\mu\varphi^r)^e = \mu^{e-r}\varkappa^r$$

eine ganze Zahl, und hieraus folgt (nach §. 160, 2.), dass auch $\mu\varphi^r$ eine ganze Zahl ist, was zu beweisen war.

2. Sind μ, ν zwei von Null verschiedene Zahlen in $\mathfrak{o}$, und ist ν nicht theilbar durch μ, so giebt es in $\mathfrak{o}$ immer zwei von Null verschiedene Zahlen $\varkappa$, λ von der Art, dass $\varkappa\mu = \lambda\nu$, und dass $\varkappa^2$ nicht durch λ theilbar ist.

Dies folgt unmittelbar aus dem vorhergehenden Satze; denn wenn man $\nu = \mu\varphi$ setzt, so ist φ eine gebrochene Zahl des Körpers Ω, und von den Gliedern der Reihe

$$\mu, \mu\varphi, \mu\varphi^2 \dots$$

sind die beiden ersten in $\mathfrak{o}$ enthalten; bezeichnet man nun (wie in 1.) die beiden letzten Glieder der Reihe, welche ganze Zahlen, also in $\mathfrak{o}$ enthalten sind, mit

$$\lambda = \mu\varphi^{e-1}, \quad \varkappa = \mu\varphi^e,$$

so ist offenbar $\varkappa\mu = \lambda\nu$, und da das nächstfolgende Glied

$$\mu\varphi^{e+1} = \frac{\varkappa^2}{\lambda}$$

eine gebrochene Zahl ist, so kann $\varkappa^2$ nicht durch λ theilbar sein, was zu beweisen war.

§. 173.

Mit Hülfe dieser Sätze ist es leicht, die Theorie der Ideale unseres Gebietes $\mathfrak{o}$ zu dem gewünschten Abschluss zu bringen; dies geschieht durch die folgende Reihe von Sätzen.

1. Ist $\mathfrak{p}$ ein Primideal, so giebt es eine durch $\mathfrak{p}$ theilbare Zahl λ und eine durch $\mathfrak{p}$ nicht theilbare Zahl $\varkappa$ von der Art, dass $\mathfrak{p}\varkappa$ das kleinste gemeinschaftliche Vielfache der Ideale $\mathfrak{o}\lambda$ und $\mathfrak{o}\varkappa$ ist.

Denn es sei μ eine beliebige, aber von Null verschiedene Zahl in $\mathfrak{p}$, so giebt es, weil $\mathfrak{o}\mu$ durch $\mathfrak{p}$ theilbar ist, eine Zahl ν von der Art, dass $\mathfrak{p}\nu$ das kleinste gemeinschaftliche Vielfache der Ideale $\mathfrak{o}\mu$ und $\mathfrak{o}\nu$ wird (§. 171, 12.); diese Zahl ν kann nicht durch μ theilbar sein, weil sonst $\mathfrak{o}\nu$, und nicht $\mathfrak{p}\nu$ das kleinste gemeinschaftliche Vielfache von $\mathfrak{o}\mu$ und $\mathfrak{o}\nu$ wäre. Man kann daher (nach §. 172, 2.) die beiden Zahlen $\varkappa$, λ so wählen, dass $\varkappa\mu = \lambda\nu$, und $\varkappa^2$ nicht durch λ theilbar wird; dann ist (nach §. 165) $\mathfrak{p}\nu\varkappa$ das kleinste gemeinschaftliche Vielfache von $\mathfrak{o}\mu\varkappa$ und $\mathfrak{o}\nu\varkappa$, und da das erste dieser beiden Ideale $= \mathfrak{o}\lambda\nu$ ist, so folgt durch Division mit ν (nach §. 165), dass $\mathfrak{p}\varkappa$ das kleinste gemeinschaftliche Vielfache von $\mathfrak{o}\lambda$ und $\mathfrak{o}\varkappa$ ist; mithin ist $\mathfrak{p}$ ein Theiler von $\mathfrak{o}\lambda$ (nach §. 168, 4.), d. h. λ ist theilbar durch $\mathfrak{p}$; aber $\varkappa$ ist nicht theilbar durch $\mathfrak{p}$, weil sonst $\varkappa^2$ durch $\mathfrak{p}\varkappa$, also auch durch λ theilbar wäre, was nicht der Fall ist.

2. Jedes Primideal $\mathfrak{p}$ kann durch Multiplication mit einem geeignet gewählten Ideal $\mathfrak{d}$ in ein Hauptideal $\mathfrak{o}\lambda = \mathfrak{p}\mathfrak{d}$ verwandelt werden.

Denn behalten $\varkappa$, λ dieselbe Bedeutung, wie im vorhergehenden Satze, und bezeichnet man mit $\mathfrak{d}$ den grössten gemeinschaftlichen Theiler von $\mathfrak{o}\lambda$, $\mathfrak{o}\varkappa$, so ist (nach §. 170, 3.) das Product $\mathfrak{p}\varkappa\mathfrak{d}$ durch das Product $\mathfrak{o}\lambda\varkappa$, und folglich $\mathfrak{p}\mathfrak{d}$ durch $\mathfrak{o}\lambda$ theilbar (§. 165). Da aber $\varkappa$ nicht durch $\mathfrak{p}$ theilbar ist, so ist $\mathfrak{p}$ (nach §. 171, 8.) relatives Primideal zu dem Ideal $\mathfrak{o}\varkappa$ und folglich auch zu dessen Theiler $\mathfrak{d}$, mithin ist (nach §. 171, 3.) $\mathfrak{p}\mathfrak{d}$ das kleinste gemeinschaftliche Vielfache von $\mathfrak{p}$ und $\mathfrak{d}$, und da λ durch diese beiden Ideale theilbar ist, so muss $\mathfrak{o}\lambda$ auch durch $\mathfrak{p}\mathfrak{d}$ theilbar sein. Mithin ist $\mathfrak{p}\mathfrak{d} = \mathfrak{o}\lambda$, was zu beweisen war.

3. Ist das Ideal $\mathfrak{a}$ theilbar durch das Primideal $\mathfrak{p}$, so giebt es ein und nur ein Ideal $\mathfrak{q}$ von der Art, dass $\mathfrak{p}\mathfrak{q} = \mathfrak{a}$ wird; dieses Ideal $\mathfrak{q}$ ist ein echter Theiler von $\mathfrak{a}$, und folglich ist $N(\mathfrak{q}) < N(\mathfrak{a})$.

Denn wählt man (nach 2.) ein Ideal $\mathfrak{b}$ so, dass $\mathfrak{p}\mathfrak{b} = \mathfrak{o}\lambda$ wird, so muss $\mathfrak{a}\mathfrak{b}$ (nach §. 170, 1.) durch $\mathfrak{p}\mathfrak{b}$, also durch λ theilbar sein, weil $\mathfrak{a}$ durch $\mathfrak{p}$ theilbar ist, und folglich ist $\mathfrak{a}\mathfrak{b} = \lambda\mathfrak{q}$, wo $\mathfrak{q}$ ein bestimmtes Ideal bedeutet (§. 168). Multiplicirt man diese Gleichung mit $\mathfrak{p}$, so ergiebt sich $\lambda\mathfrak{a} = \lambda\mathfrak{p}\mathfrak{q}$, also $\mathfrak{a} = \mathfrak{p}\mathfrak{q}$. Genügt nun das Ideal $\mathfrak{r}$ ebenfalls der Bedingung $\mathfrak{p}\mathfrak{r} = \mathfrak{a}$, so ist $\mathfrak{p}\mathfrak{r} = \mathfrak{p}\mathfrak{q}$; durch Multiplication mit $\mathfrak{b}$ folgt hieraus $\lambda\mathfrak{r} = \lambda\mathfrak{q}$, also ist $\mathfrak{r} = \mathfrak{q}$ (§. 165). Man kann ferner (nach §. 171, 12.) die Zahl ν so wählen, dass $\mathfrak{p}\nu$ das kleinste gemeinschaftliche Vielfache von $\mathfrak{a}$ und $\mathfrak{o}\nu$ wird; da nun $\mathfrak{p}\nu$ durch $\mathfrak{a}$, also durch $\mathfrak{p}\mathfrak{q}$ theilbar ist, so ergiebt sich (nach §. 170, 1.) durch Multiplication mit $\mathfrak{b}$, dass $\lambda\nu$ durch $\lambda\mathfrak{q}$, also die Zahl ν durch $\mathfrak{q}$ theilbar ist; aber ν ist gewiss nicht theilbar durch $\mathfrak{a}$, weil sonst $\mathfrak{o}\nu$, und nicht $\mathfrak{p}\nu$, das kleinste gemeinschaftliche Vielfache von $\mathfrak{a}$ und $\mathfrak{o}\nu$ wäre. Da also ν theilbar durch $\mathfrak{q}$, aber nicht theilbar durch $\mathfrak{a}$ ist, so ist das Ideal $\mathfrak{q}$, welches offenbar in $\mathfrak{a}$ aufgeht, *verschieden* von $\mathfrak{a}$, also ein echter Theiler von $\mathfrak{a}$, was zu beweisen war.

4. Jedes von $\mathfrak{o}$ verschiedene Ideal $\mathfrak{a}$ ist entweder ein Primideal, oder es lässt sich, und zwar nur auf eine einzige Weise, als Product von lauter Primidealen darstellen.

Da $\mathfrak{a}$ von $\mathfrak{o}$ verschieden ist, so giebt es (nach §. 171, 6.) ein in $\mathfrak{a}$ aufgehendes Primideal $\mathfrak{p}_1$, und folglich kann man (nach 3.) $\mathfrak{a} = \mathfrak{p}_1\mathfrak{a}_1$ setzen, wo $N(\mathfrak{a}_1) < N(\mathfrak{a})$ ist. Wenn $N(\mathfrak{a}_1) = 1$, also $\mathfrak{a}_1 = \mathfrak{o}$ ist, so ergiebt sich $\mathfrak{a} = \mathfrak{p}_1$; ist aber $N(\mathfrak{a}_1) > 1$, also $\mathfrak{a}_1$ von $\mathfrak{o}$ verschieden, so kann man wieder $\mathfrak{a}_1 = \mathfrak{p}_2\mathfrak{a}_2$ setzen, wo $\mathfrak{p}_2$ ein Primideal, und $N(\mathfrak{a}_2) < N(\mathfrak{a}_1)$ ist. Wenn $N(\mathfrak{a}_2) > 1$ ist, so kann man in derselben Weise fortfahren, bis unter den Idealen $\mathfrak{a}_1, \mathfrak{a}_2 \ldots$ das Ideal $\mathfrak{o} = \mathfrak{a}_r$ auftritt, was nach einer endlichen Anzahl von Zerlegungen geschehen muss, weil die Normen dieser Ideale immer kleiner werden. Auf diese Weise erhält man

$$\mathfrak{a} = \mathfrak{p}_1\mathfrak{p}_2 \ldots \mathfrak{p}_r,$$

wo $\mathfrak{p}_1, \mathfrak{p}_2 \ldots \mathfrak{p}_r$ sämmtlich Primideale sind. Ist nun zugleich

$$\mathfrak{a} = \mathfrak{q}_1\mathfrak{q}_2 \ldots \mathfrak{q}_s,$$

wo $\mathfrak{q}_1, \mathfrak{q}_2 \ldots \mathfrak{q}_s$ ebenfalls Primideale bedeuten, so geht $\mathfrak{q}_1$ in $\mathfrak{a}$, also in dem Producte der r Ideale $\mathfrak{p}$, und folglich (nach §. 171, 9.) auch in einem der Factoren $\mathfrak{p}$, z. B. in $\mathfrak{p}_1$ auf; da aber $\mathfrak{p}_1$ als Primideal keinen anderen Theiler, als $\mathfrak{o}$ und $\mathfrak{p}_1$ besitzt, so muss $\mathfrak{q}_1 = \mathfrak{p}_1$ sein. Es ist daher

$$\mathfrak{p}_1(\mathfrak{p}_2 \ldots \mathfrak{p}_r) = \mathfrak{p}_1(\mathfrak{q}_2 \ldots \mathfrak{q}_s),$$

und hieraus folgt (nach 3.)

$$\mathfrak{p}_2 \ldots \mathfrak{p}_r = \mathfrak{q}_2 \ldots \mathfrak{q}_s.$$

Offenbar kann man in derselben Weise fortfahren (vergl. §. 8), und man gelangt so zu dem Resultate, dass jedes Primideal, welches in dem einen Producte einmal oder öfter als Factor auftritt, genau ebenso oft in dem anderen Producte als Factor auftreten muss.

5. Jedes Ideal $\mathfrak{a}$ kann durch Multiplication mit einem passend gewählten Ideal $\mathfrak{m}$ in ein Hauptideal $\mathfrak{a}\mathfrak{m} = \mathfrak{o}\mu$ verwandelt werden.

Denn man setze $\mathfrak{a}$ (nach 4.) in die Form $\mathfrak{p}_1\mathfrak{p}_2 \ldots \mathfrak{p}_r$, so lassen sich die Primideale $\mathfrak{p}_1, \mathfrak{p}_2 \ldots \mathfrak{p}_r$ (nach 2.) durch Multiplication in Hauptideale $\mathfrak{p}_1\mathfrak{d}_1 = \mathfrak{o}\lambda_1$, $\mathfrak{p}_2\mathfrak{d}_2 = \mathfrak{o}\lambda_2 \ldots \mathfrak{p}_r\mathfrak{d}_r = \mathfrak{o}\lambda_r$ verwandeln; setzt man nun $\mathfrak{d}_1\mathfrak{d}_2 \ldots \mathfrak{d}_r = \mathfrak{m}$, $\lambda_1\lambda_2 \ldots \lambda_r = \mu$, so wird $\mathfrak{a}\mathfrak{m} = \mathfrak{o}\mu$, was zu beweisen war.

6. Ist das Ideal $\mathfrak{c}$ theilbar durch das Ideal $\mathfrak{a}$, so giebt es ein und nur ein Ideal $\mathfrak{b}$, welches der Bedingung $\mathfrak{a}\mathfrak{b} = \mathfrak{c}$ genügt. — Ist $\mathfrak{a}\mathfrak{b}$ theilbar durch $\mathfrak{a}\mathfrak{b}'$, so ist $\mathfrak{b}$ theilbar durch $\mathfrak{b}'$, und aus $\mathfrak{a}\mathfrak{b} = \mathfrak{a}\mathfrak{b}'$ folgt $\mathfrak{b} = \mathfrak{b}'$.

Denn wenn $\mathfrak{c}$ durch $\mathfrak{a}$ theilbar, und $\mathfrak{m}$ ein beliebiges Ideal ist, so ist (nach §. 170, 1.) $\mathfrak{c}\mathfrak{m}$ theilbar durch $\mathfrak{a}\mathfrak{m}$; wählt man daher (nach 5.) das Ideal $\mathfrak{m}$ so, dass $\mathfrak{a}\mathfrak{m}$ ein Hauptideal $\mathfrak{o}\mu$ wird, so ist (nach §. 168) $\mathfrak{c}\mathfrak{m} = \mathfrak{b}\mu$, wo $\mathfrak{b}$ ein bestimmtes Ideal bedeutet; hieraus folgt, wenn man mit $\mathfrak{a}$ multiplicirt, $\mathfrak{c}\mu = \mathfrak{a}\mathfrak{b}\mu$, also $\mathfrak{c} = \mathfrak{a}\mathfrak{b}$. — Sind ferner $\mathfrak{a}$, $\mathfrak{b}$, $\mathfrak{b}'$ beliebige Ideale, und nehmen wir an, es sei $\mathfrak{a}\mathfrak{b}$ theilbar durch $\mathfrak{a}\mathfrak{b}'$, so folgt durch Multiplication mit $\mathfrak{m}$, dass $\mathfrak{b}\mu$ durch $\mathfrak{b}'\mu$, also $\mathfrak{b}$ durch $\mathfrak{b}'$ theilbar ist. Und wenn $\mathfrak{a}\mathfrak{b} = \mathfrak{a}\mathfrak{b}'$ ist, so muss jedes der Ideale $\mathfrak{b}$, $\mathfrak{b}'$ durch das andere theilbar, folglich $\mathfrak{b} = \mathfrak{b}'$ sein, was zu beweisen war.

7. Sind $\mathfrak{a}$, $\mathfrak{b}$ beliebige Ideale, so ist $N(\mathfrak{a}\mathfrak{b}) = N(\mathfrak{a})N(\mathfrak{b})$, und folglich $(\mathfrak{a}, \mathfrak{a}\mathfrak{b}) = N(\mathfrak{b})$.

Wir betrachten zunächst ein Product $\mathfrak{a} = \mathfrak{p}\mathfrak{q}$, dessen einer Factor $\mathfrak{p}$ ein Primideal ist. Dann ist der andere Factor $\mathfrak{q}$ ein *echter* Theiler von $\mathfrak{a}$, weil sonst $\mathfrak{q} = \mathfrak{a}$, und folglich (nach 6.) $\mathfrak{p} = \mathfrak{o}$ wäre, und es giebt daher in $\mathfrak{q}$ eine durch $\mathfrak{a}$ nicht theilbare Zahl η; bezeichnen wir nun (wie in §. 169, 4.) mit $\mathfrak{a}'\eta$ das kleinste gemeinschaftliche Vielfache, mit $\mathfrak{d}$ den grössten gemeinschaftlichen Theiler der beiden Ideale $\mathfrak{a}$ und $\mathfrak{o}\eta$, so ist $N(\mathfrak{a}) = N(\mathfrak{a}')\,N(\mathfrak{d})$, und hieraus folgt

$$N(\mathfrak{p}\mathfrak{q}) = N(\mathfrak{p})\,N(\mathfrak{q}),$$

weil, wie wir sogleich zeigen wollen, $\mathfrak{a}' = \mathfrak{p}$ und $\mathfrak{d} = \mathfrak{q}$ ist. In der That, da η durch $\mathfrak{q}$, also $\mathfrak{p}\eta$ (nach §. 170, 1.) durch $\mathfrak{p}\mathfrak{q}$ theilbar ist, so ist $\mathfrak{p}\eta$ ein gemeinschaftliches Vielfaches von $\mathfrak{a}$ und $\mathfrak{o}\eta$, mithin theilbar durch $\mathfrak{a}'\eta$, woraus folgt, dass $\mathfrak{a}'$ in $\mathfrak{p}$ aufgehen, also $= \mathfrak{o}$ oder $= \mathfrak{p}$ sein muss; das Erstere ist aber unmöglich, weil $\mathfrak{o}\eta$ nicht durch $\mathfrak{a}$ theilbar ist; also ist $\mathfrak{a}' = \mathfrak{p}$. Da ferner $\mathfrak{q}$ ein gemeinschaftlicher Theiler von $\mathfrak{a}$ und $\mathfrak{o}\eta$ ist und folglich in $\mathfrak{d}$ aufgeht, so kann man (nach 6.) $\mathfrak{d} = \mathfrak{e}\mathfrak{q}$ setzen, und da dieses Ideal $\mathfrak{d}$ in $\mathfrak{a} = \mathfrak{p}\mathfrak{q}$ aufgeht, so muss (nach 6.) das Ideal $\mathfrak{e}$ in $\mathfrak{p}$ aufgehen, also $= \mathfrak{o}$ oder $= \mathfrak{p}$ sein, woraus entsprechend $\mathfrak{d} = \mathfrak{q}$, oder $\mathfrak{d} = \mathfrak{p}\mathfrak{q} = \mathfrak{a}$ folgt; das Letztere ist aber unmöglich, weil η nicht durch $\mathfrak{a}$ theilbar ist; also ist $\mathfrak{d} = \mathfrak{q}$, wie behauptet war. Nachdem hiermit unser Satz für den Fall bewiesen ist, dass einer der Factoren ein Primideal ist, ergiebt sich seine Allgemeingültigkeit leicht wie folgt. Da (nach 4.) jedes von $\mathfrak{o}$ verschiedene Ideal

$$\mathfrak{a} = \mathfrak{p}_1\mathfrak{p}_2\mathfrak{p}_3 \ldots \mathfrak{p}_r$$

gesetzt werden darf, wo $\mathfrak{p}_1, \mathfrak{p}_2 \ldots \mathfrak{p}_r$ Primideale bedeuten, so folgt aus dem eben Bewiesenen, dass

$$N(\mathfrak{a}) = N(\mathfrak{p}_1)N(\mathfrak{p}_2\mathfrak{p}_3 \ldots \mathfrak{p}_r) = N(\mathfrak{p}_1)N(\mathfrak{p}_2)N(\mathfrak{p}_3 \ldots \mathfrak{p}_r),$$

also

$$N(\mathfrak{a}) = N(\mathfrak{p}_1)N(\mathfrak{p}_2)N(\mathfrak{p}_3) \ldots N(\mathfrak{p}_r)$$

ist. Setzt man nun, wenn $\mathfrak{b}$ ein zweites Ideal ist,

$$\mathfrak{b} = \mathfrak{q}_1\mathfrak{q}_2 \ldots \mathfrak{q}_s,$$

so folgt ebenso

$$N(\mathfrak{b}) = N(\mathfrak{q}_1)N(\mathfrak{q}_2) \ldots N(\mathfrak{q}_s);$$

zugleich ist aber

$$\mathfrak{a}\mathfrak{b} = \mathfrak{p}_1\mathfrak{p}_2\mathfrak{p}_3 \ldots \mathfrak{p}_r\mathfrak{q}_1\mathfrak{q}_2 \ldots \mathfrak{q}_s,$$

also

$$N(\mathfrak{a}\mathfrak{b}) = N(\mathfrak{p}_1)N(\mathfrak{p}_2) \ldots N(\mathfrak{p}_r)N(\mathfrak{q}_1) \ldots N(\mathfrak{q}_s),$$

mithin wirklich $N(\mathfrak{a}\mathfrak{b}) = N(\mathfrak{a})\,N(\mathfrak{b})$, was zu beweisen war.

8. Ein Ideal $\mathfrak{a}$ (oder eine Zahl α) ist stets und nur dann durch ein Ideal $\mathfrak{d}$ (oder eine Zahl δ) theilbar, wenn alle in $\mathfrak{d}$ (oder δ) aufgehenden Potenzen von Primidealen auch in $\mathfrak{a}$ (oder α) aufgehen.

Denn wenn $\mathfrak{p}$ ein Primideal ist, und $\mathfrak{p}^m$ in einem Ideale $\mathfrak{d}$ aufgeht, so ist (nach 6.) $\mathfrak{d} = \mathfrak{e}\mathfrak{p}^m$, und wenn man das Ideal $\mathfrak{e}$ (nach 4.) in seine Primfactoren zerlegt, so ist auch $\mathfrak{d}$ als Product von lauter

Primidealen dargestellt, unter denen folglich der Factor $\mathfrak{p}$ mindestens m mal vorkommt; umgekehrt, wenn in der Zerlegung von $\mathfrak{d}$ in Primfactoren das Primideal $\mathfrak{p}$ mindestens m mal als Factor auftritt, so ist $\mathfrak{d}$ offenbar durch $\mathfrak{p}^m$ theilbar. Wenn daher gesagt wird, dass alle in $\mathfrak{d}$ aufgehenden Potenzen von Primidealen auch in einem Ideale $\mathfrak{a}$ aufgehen, so heisst dies nichts Anderes, als dass alle in der Zerlegung von $\mathfrak{d}$ auftretenden Primfactoren auch sämmtlich mindestens ebenso oft in der Zerlegung von $\mathfrak{a}$ als Factoren auftreten; unter den Factoren von $\mathfrak{a}$ finden sich daher zunächst alle Factoren von $\mathfrak{d}$, und wenn man das Product der übrigen Factoren von $\mathfrak{a}$ mit $\mathfrak{r}$ bezeichnet, so ist $\mathfrak{a} = \mathfrak{r}\mathfrak{d}$, und folglich ist $\mathfrak{a}$ theilbar durch $\mathfrak{d}$. Dass aber umgekehrt, wenn $\mathfrak{d}$ ein Theiler von $\mathfrak{a}$ ist, alle in $\mathfrak{d}$ aufgehenden Potenzen von Primidealen auch in $\mathfrak{a}$ aufgehen, versteht sich von selbst.

Nachdem unser Satz bewiesen ist, bemerken wir noch Folgendes. Vereinigt man alle unter einander gleichen Primfactoren eines Ideals $\mathfrak{a}$ zu einer Potenz, so erhält man

$$\mathfrak{a} = \mathfrak{p}^a \mathfrak{q}^b \mathfrak{r}^c \ldots,$$

wo $\mathfrak{p}, \mathfrak{q}, \mathfrak{r} \ldots$ lauter von einander *verschiedene* Primideale bedeuten, und nach dem eben bewiesenen Satze sind die sämmtlichen Theiler von $\mathfrak{a}$ in der Form

$$\mathfrak{d} = \mathfrak{p}^{a'} \mathfrak{q}^{b'} \mathfrak{r}^{c'} \ldots$$

enthalten, wo die Exponenten $a', b', c' \ldots$ den Bedingungen

$$0 \leqq a' \leqq a, \quad 0 \leqq b' \leqq b, \quad 0 \leqq c' \leqq c \ldots$$

genügen; da je zwei verschiedenen Combinationen von Exponenten $a', b', c' \ldots$ (nach 4.) zwei verschiedene Ideale $\mathfrak{d}$ entsprechen, so ist die Anzahl aller verschiedenen Theiler

$$= (a+1)(b+1)(c+1) \ldots$$

9. Ist $\mathfrak{m}$ das kleinste gemeinschaftliche Vielfache, und $\mathfrak{d}$ der grösste gemeinschaftliche Theiler der beiden Ideale $\mathfrak{a}, \mathfrak{b}$, so ist

$$\mathfrak{a} = \mathfrak{d}\mathfrak{a}', \quad \mathfrak{b} = \mathfrak{d}\mathfrak{b}', \quad \mathfrak{m}\mathfrak{d} = \mathfrak{a}\mathfrak{b},$$
$$\mathfrak{m} = \mathfrak{d}\mathfrak{a}'\mathfrak{b}' = \mathfrak{a}\mathfrak{b}' = \mathfrak{b}\mathfrak{a}',$$

wo $\mathfrak{a}', \mathfrak{b}'$ relative Primideale bedeuten. Ist ferner $\mathfrak{b}\mathfrak{c}$ theilbar durch $\mathfrak{a}$, so ist $\mathfrak{c}$ theilbar durch $\mathfrak{a}'$.

Denn weil $\mathfrak{a}$ und $\mathfrak{b}$ durch $\mathfrak{d}$ theilbar sind, so kann man (nach 6.) $\mathfrak{a} = \mathfrak{d}\mathfrak{a}'$, $\mathfrak{b} = \mathfrak{d}\mathfrak{b}'$ setzen; bedeutet nun $\mathfrak{d}'$ den grössten gemeinschaftlichen Theiler der Ideale $\mathfrak{a}', \mathfrak{b}'$, so ist (nach §. 170, 1.) das Product $\mathfrak{d}\mathfrak{d}'$ ein gemeinschaftlicher Theiler von $\mathfrak{a}, \mathfrak{b}$, also auch ein Theiler von $\mathfrak{d}$, woraus (nach 6.) $\mathfrak{d}' = \mathfrak{o}$ folgt; mithin sind $\mathfrak{a}', \mathfrak{b}'$ relative

Primideale. Ist nun $\mathfrak{b}\mathfrak{c}$ theilbar durch $\mathfrak{a}$, also $\mathfrak{d}\mathfrak{b}'\mathfrak{c}$ theilbar durch $\mathfrak{d}\mathfrak{a}'$, so muss (nach 6.) $\mathfrak{a}'$ in $\mathfrak{b}'\mathfrak{c}$, mithin (nach §. 171, 5.) auch in $\mathfrak{c}$ aufgehen. Hieraus folgen sofort die Behauptungen über $\mathfrak{m}$; da nämlich $\mathfrak{m}$ theilbar durch $\mathfrak{b}$, also (nach 6.) von der Form $\mathfrak{b}\mathfrak{c}$, zugleich aber auch theilbar durch $\mathfrak{a}$ ist, so ist $\mathfrak{c}$ theilbar durch $\mathfrak{a}'$, also $\mathfrak{m}$ theilbar durch $\mathfrak{b}\mathfrak{a}'$ (nach §. 170, 1.); da aber umgekehrt dieses letztere Ideal $\mathfrak{b}\mathfrak{a}' = \mathfrak{d}\mathfrak{a}'\mathfrak{b}' = \mathfrak{a}\mathfrak{b}'$ ein gemeinschaftliches Vielfaches von $\mathfrak{a}$, $\mathfrak{b}$ ist, so muss es durch $\mathfrak{m}$ theilbar und folglich $= \mathfrak{m}$ sein, was zu beweisen war.

§. 174.

Nachdem im Vorhergehenden die Grundgesetze der Theilbarkeit der Ideale und zugleich der in $\mathfrak{o}$ enthaltenen *Zahlen* festgestellt sind, lassen wir einige Betrachtungen folgen, welche dazu bestimmt sind, die Analogie mit der rationalen Zahlentheorie noch weiter durchzuführen, wobei wir uns freilich auf das Nothwendigste beschränken müssen; wir werden hierbei zugleich Gelegenheit finden, einige frühere Sätze, die der Natur der Sache gemäss damals nur unvollständig ausgesprochen werden konnten (vergl. §. 172), in schärferer Form darzustellen. Wir beginnen mit dem folgenden durch seine zahlreichen Anwendungen sehr nützlichen Satze (vergl. §. 25).

1. Ist $\mathfrak{m}$ das Product aus den relativen Primidealen $\mathfrak{a}, \mathfrak{b}, \mathfrak{c} \ldots$, und sind ϱ, σ, $\tau \ldots$ ebenso viele gegebene Zahlen, so giebt es immer Zahlen ω, welche den gleichzeitigen Congruenzen

$$\omega \equiv \varrho \pmod{\mathfrak{a}}, \quad \omega \equiv \sigma \pmod{\mathfrak{b}}, \quad \omega \equiv \tau \pmod{\mathfrak{c}} \ldots$$

genügen, und alle diese Zahlen ω bilden eine bestimmte Zahlclasse in Bezug auf das Ideal $\mathfrak{m}$.

Handelt es sich nur um zwei relative Primideale $\mathfrak{a}$, $\mathfrak{b}$, so folgt dies unmittelbar aus einem Satze der Modultheorie (§. 165, (5) und (6)), weil $\mathfrak{o}$ der grösste gemeinschaftliche Theiler, und $\mathfrak{a}\mathfrak{b}$ das kleinste gemeinschaftliche Vielfache von $\mathfrak{a}$, $\mathfrak{b}$ ist, und hieraus ergiebt sich durch Wiederholung derselben Schlüsse leicht unser allgemeiner Satz. Am einfachsten lässt sich derselbe aber auf folgende Art beweisen. Setzt man $\mathfrak{m} = \mathfrak{a}\mathfrak{a}_1 = \mathfrak{b}\mathfrak{b}_1 = \mathfrak{c}\mathfrak{c}_1 = \ldots$, so ist $\mathfrak{o}$ der grösste gemeinschaftliche Theiler der Ideale $\mathfrak{a}_1, \mathfrak{b}_1, \mathfrak{c}_1 \ldots$, und folglich giebt es in denselben resp. Zahlen α_1, β_1, $\gamma_1 \ldots$, welche der Bedingung

$$\alpha_1 + \beta_1 + \gamma_1 + \cdots = 1$$

genügen; setzt man ferner

$$\omega_0 = \varrho\,\alpha_1 + \sigma\beta_1 + \tau\gamma_1 + \cdots,$$

so überzeugt man sich leicht, dass alle gesuchten Zahlen $\omega \equiv \omega_0$ (mod. $\mathfrak{m}$) sind, und dass alle in dieser Zahlclasse enthaltenen Zahlen die vorgeschriebenen Congruenzen befriedigen. Zugleich leuchtet ein, dass ω_0 ein vollständiges System incongruenter Zahlen nach $\mathfrak{m}$ durchläuft, sobald man jede der Zahlen $\varrho, \sigma, \tau \ldots$ ein solches System in Bezug auf den entsprechenden Modul $\mathfrak{a}$, $\mathfrak{b}$, $\mathfrak{c} \ldots$ durchlaufen lässt.

Bevor wir nun zu weiteren Untersuchungen übergehen, wollen wir eine Bemerkung über *relative Primzahlen* einschalten. Sind $\mathfrak{o}\alpha$, $\mathfrak{o}\beta$ relative Primideale, so kann man aus jedem von ihnen eine Zahl so auswählen, dass ihre Summe $= 1$ wird (§. 171); es giebt daher zwei Zahlen ξ, η in $\mathfrak{o}$, welche der Bedingung $\alpha\xi + \beta\eta = 1$ genügen, und folglich sind α, β relative Primzahlen (§. 161). Wenn dagegen die beiden Ideale $\mathfrak{o}\alpha$, $\mathfrak{o}\beta$ einen von $\mathfrak{o}$ verschiedenen grössten gemeinschaftlichen Theiler $\mathfrak{d}$ haben, so ist ihr kleinstes gemeinschaftliches Vielfaches $\mathfrak{m}$ ein *echter* Theiler ihres Productes $\mathfrak{o}\alpha\beta = \mathfrak{m}\mathfrak{d}$ (§. 173, 9.), und es giebt daher eine in $\mathfrak{m}$ enthaltene, d. h. durch α *und* β theilbare Zahl μ, welche *nicht* durch $\alpha\beta$ theilbar ist, woraus (nach §. 161) folgt, dass α, β *nicht* relative Primzahlen sind. Da nun von den beiden genannten Fällen immer einer und nur einer eintreten muss, so ergiebt sich der folgende Satz:

2. Zwei von Null verschiedene Zahlen α, β des Gebietes $\mathfrak{o}$ sind stets und nur dann relative Primzahlen, wenn $\mathfrak{o}\alpha$, $\mathfrak{o}\beta$ relative Primideale sind, und es giebt dann immer zwei Zahlen ξ, η in $\mathfrak{o}$, welche der Bedingung

$$\alpha\xi + \beta\eta = 1$$

genügen.

Im Folgenden wollen wir der Kürze halber unter dem grössten gemeinschaftlichen Theiler $\mathfrak{d}$ eines *Ideals* $\mathfrak{a}$ und einer *Zahl* η immer den grössten gemeinschaftlichen Theiler der beiden Ideale $\mathfrak{a}$, $\mathfrak{o}\eta$, oder, falls $\eta = 0$ ist, das Ideal $\mathfrak{a}$ selbst verstehen; in allen Fällen ist $\mathfrak{d}$ der Inbegriff aller Zahlen von der Form $\alpha + \eta\,\omega$, wo

α, ω beliebige Zahlen der Ideale $\mathfrak{a}$, $\mathfrak{o}$ bedeuten. Zugleich ist $\mathfrak{a} = \mathfrak{d}\mathfrak{a}'$, und wenn η von Null verschieden, so ist $\mathfrak{a}'\eta$ das kleinste gemeinschaftliche Vielfache der beiden Ideale $\mathfrak{a}$, $\mathfrak{o}\eta$ (zufolge §. 173, 9.); das hierbei auftretende Ideal $\mathfrak{a}'$ ist in der Entwickelung unserer Idealtheorie schon oft erwähnt, aber erst jetzt konnte seine eigentliche Bedeutung vollständig erkannt werden (vergl. §. 168, 4., §. 169, 4., §. 171, 12.). Wenn $\mathfrak{d} = \mathfrak{o}$ ist, so wollen wir sagen, η sei *relative Primzahl zu* $\mathfrak{a}$, und $\mathfrak{a}$ sei *relatives Primideal zu* η; in diesem Falle existirt eine Zahl ω, welche der Congruenz $\eta\omega \equiv 1$ (mod. $\mathfrak{a}$) genügt, und umgekehrt folgt aus dieser Congruenz, dass η relative Primzahl zu $\mathfrak{a}$ ist.

Da nun, wenn $\mathfrak{d}$ irgend ein Theiler von $\mathfrak{a}$ ist, aus der Congruenz $\eta \equiv \eta'$ (mod. $\mathfrak{a}$) auch immer die Congruenz $\eta \equiv \eta'$ (mod. $\mathfrak{d}$) folgt, so leuchtet ein, dass alle Zahlen η, welche einer und derselben Zahlclasse nach $\mathfrak{a}$ angehören, auch denselben grössten gemeinschaftlichen Theiler $\mathfrak{d}$ mit $\mathfrak{a}$ haben. Wir wählen daher für jede solche Zahlclasse einen bestimmten Repräsentanten und fragen, wie vielen dieser Zahlen ein und derselbe gegebene Theiler $\mathfrak{d}$ entspricht. Von besonderer Wichtigkeit ist der specielle Fall, wo $\mathfrak{d} = \mathfrak{o}$ ist, und wir wollen mit $\psi(\mathfrak{a})$ die Anzahl aller derjenigen nach $\mathfrak{a}$ incongruenten Zahlen bezeichnen, welche relative Primzahlen zu $\mathfrak{a}$ sind. Offenbar hat diese Function ψ genau dieselbe Bedeutung für unser Gebiet, wie die Function φ für die rationale Zahlentheorie (§. 11), und sie geht im Falle $n = 1$ in die letztere über. Es giebt nun sehr verschiedene Wege zur Bestimmung dieser Function; am einfachsten erledigt sich aber dieselbe, wenn man die Frage noch allgemeiner stellt, durch den folgenden Satz:

3. Ist $\mathfrak{a} = \mathfrak{d}\mathfrak{a}'$, und sind $\mathfrak{p}_1, \mathfrak{p}_2 \ldots \mathfrak{p}_r$ relative Primideale, die in $\mathfrak{a}'$ aufgehen, so ist die Anzahl derjenigen nach $\mathfrak{a}$ incongruenten Zahlen η, welche durch $\mathfrak{d}$, aber durch keins der Producte $\mathfrak{d}\mathfrak{p}_1$, $\mathfrak{d}\mathfrak{p}_2 \ldots \mathfrak{d}\mathfrak{p}_r$ theilbar sind, gleich

$$N(\mathfrak{a}')\left(1 - \frac{1}{N(\mathfrak{p}_1)}\right)\left(1 - \frac{1}{N(\mathfrak{p}_2)}\right) \cdots \left(1 - \frac{1}{N(\mathfrak{p}_r)}\right).$$

Dies ergiebt sich leicht durch den Schluss von r auf $r+1$ (vergl. §. 11). Wir haben von den sämmtlichen nach $\mathfrak{a}$ incongruenten Zahlen nur diejenigen zu betrachten, welche durch $\mathfrak{d}$ theilbar sind, und die Anzahl dieser Zahlen δ ist $= (\mathfrak{d}, \mathfrak{a})$, wie aus der Definition dieses Symbols hervorgeht. Ist nun $\mathfrak{p}$ irgend ein Theiler von $\mathfrak{a}'$, so zerfallen diese Zahlen δ in zwei verschiedene Gruppen, von denen die eine alle diejenigen Zahlen umfasst, welche durch $\mathfrak{d}\mathfrak{p}$ theilbar sind; da die Anzahl dieser Zahlen $= (\mathfrak{d}\mathfrak{p}, \mathfrak{a})$ ist, so ist $(\mathfrak{d}, \mathfrak{a}) - (\mathfrak{d}\mathfrak{p}, \mathfrak{a})$ die Anzahl der in der anderen Gruppe enthaltenen, also aller derjenigen Zahlen, welche durch $\mathfrak{d}$, aber nicht durch $\mathfrak{d}\mathfrak{p}$, theilbar sind. Da nun $\mathfrak{d}$ und $\mathfrak{d}\mathfrak{p}$ in $\mathfrak{a}$ aufgehen, so ist

$$(\mathfrak{d}, \mathfrak{a}) = \frac{N(\mathfrak{a})}{N(\mathfrak{d})} = N(\mathfrak{a}'), \quad (\mathfrak{d}\mathfrak{p}, \mathfrak{a}) = \frac{N(\mathfrak{a})}{N(\mathfrak{d}\mathfrak{p})} = \frac{N(\mathfrak{a}')}{N(\mathfrak{p})},$$

und folglich ist die Anzahl der oben genannten Zahlen

$$(\mathfrak{d}, \mathfrak{a}) - (\mathfrak{d}\mathfrak{p}, \mathfrak{a}) = N(\mathfrak{a}')\left(1 - \frac{1}{N(\mathfrak{p})}\right),$$

womit unser Satz für den Fall $r = 1$ bewiesen ist. Wir nehmen nun an, der Satz sei für alle Fälle bewiesen, in denen die Anzahl der relativen Primideale $\mathfrak{p}_1, \mathfrak{p}_2 \ldots$ nicht grösser als eine bestimmte Zahl r ist, und wir wollen beweisen, dass hieraus seine Richtigkeit auch für die Fälle folgt, in denen die Anzahl dieser Ideale $= r + 1$ ist. Es seien daher $\mathfrak{p}, \mathfrak{p}_1, \mathfrak{p}_2 \ldots \mathfrak{p}_r$ relative Primideale, die sämmtlich in $\mathfrak{a}'$ aufgehen, so betrachten wir zunächst diejenigen Zahlen η, welche durch $\mathfrak{d}$, aber durch keins der r Producte $\mathfrak{d}\mathfrak{p}_1, \mathfrak{d}\mathfrak{p}_2 \ldots \mathfrak{d}\mathfrak{p}_r$ theilbar sind, und deren Anzahl e nach unserer Hypothese die in dem Satze selbst angegebene ist. Diese e Zahlen η zerlegen wir in zwei Gruppen, nämlich in eine Gruppe von e' Zahlen η', welche durch $\mathfrak{d}\mathfrak{p}$ theilbar sind, während die andere Gruppe aus denjenigen Zahlen η'' besteht, welche *nicht* durch $\mathfrak{d}\mathfrak{p}$ theilbar sind, und deren Anzahl $e'' = e - e'$ gerade jetzt von uns gesucht wird. Da e schon bekannt ist, so brauchen wir nur noch die Anzahl e' der auszuscheidenden Zahlen η' zu bestimmen. Zu diesem Zwecke setzen wir $\mathfrak{d}\mathfrak{p} = \mathfrak{d}'$, $\mathfrak{a}' = \mathfrak{p}\mathfrak{a}''$, so ist $\mathfrak{a} = \mathfrak{d}'\mathfrak{a}''$, und die r Ideale $\mathfrak{p}_1, \mathfrak{p}_2, \ldots \mathfrak{p}_r$, welche zu einander und zu $\mathfrak{p}$ relative Primideale sind, gehen in $\mathfrak{p}\mathfrak{a}''$ und folglich auch in $\mathfrak{a}''$ auf. Die Definition der e' Zahlen η' besteht darin, dass sie durch $\mathfrak{d}'$, aber durch keins der Ideale $\mathfrak{d}\mathfrak{p}_1, \mathfrak{d}\mathfrak{p}_2 \ldots \mathfrak{d}\mathfrak{p}_r$ theilbar sind, und hieraus folgt, dass sie auch durch keins der r Producte $\mathfrak{d}'\mathfrak{p}_1, \mathfrak{d}'\mathfrak{p}_2 \ldots \mathfrak{d}'\mathfrak{p}_r$ theilbar sind. Umgekehrt, wenn eine Zahl δ' durch $\mathfrak{d}'$, aber durch keins der r Producte $\mathfrak{d}'\mathfrak{p}_1, \mathfrak{d}'\mathfrak{p}_2 \ldots \mathfrak{d}'\mathfrak{p}_r$ theilbar ist, so kann sie auch durch keins der Producte $\mathfrak{d}\mathfrak{p}_1, \mathfrak{d}\mathfrak{p}_2 \ldots \mathfrak{d}\mathfrak{p}_r$ theilbar sein; denn wäre sie z. B. durch $\mathfrak{d}\mathfrak{p}_1$ theilbar, so müsste sie auch durch das kleinste gemeinschaftliche Vielfache von $\mathfrak{d}' = \mathfrak{d}\mathfrak{p}$ und $\mathfrak{d}\mathfrak{p}_1$, welches offenbar $= \mathfrak{d}\mathfrak{p}\mathfrak{p}_1 = \mathfrak{d}'\mathfrak{p}_1$ ist, theilbar sein, was nicht der Fall ist; mithin ist jede solche Zahl δ' auch eine Zahl η'. Die Anzahl e' dieser Zahlen δ' oder η' ergiebt sich aber offenbar aus unserem hypothetisch richtigen Satze, wenn darin nur $\mathfrak{d}$ durch $\mathfrak{d}'$, also $\mathfrak{a}'$ durch $\mathfrak{a}''$ ersetzt wird, und da $N(\mathfrak{a}') = N(\mathfrak{a}'')\,N(\mathfrak{p})$ ist, so ist diese Anzahl

$$e' = \frac{e}{N(\mathfrak{p})};$$

hieraus folgt die von uns gesuchte Anzahl

$$e'' = e - e' = e\left(1 - \frac{1}{N(\mathfrak{p})}\right),$$

wodurch unsere Induction vollständig bestätigt, also die allgemeine Gültigkeit unseres Satzes bewiesen ist.

Wir benutzen dieses Resultat zunächst zur Bestimmung der oben mit ψ bezeichneten Function; sieht man von dem evidenten Fall

$$\psi(\mathfrak{o}) = 1$$

ab, so erledigt sich dieselbe durch den folgenden Satz:

4. Sind $\mathfrak{p}_1, \mathfrak{p}_2 \ldots \mathfrak{p}_r$ die sämmtlichen von einander verschiedenen, in $\mathfrak{a}$ aufgehenden Primideale, so ist

$$\psi(\mathfrak{a}) = N(\mathfrak{a})\left(1 - \frac{1}{N(\mathfrak{p}_1)}\right)\left(1 - \frac{1}{N(\mathfrak{p}_2)}\right)\cdots\left(1 - \frac{1}{N(\mathfrak{p}_r)}\right).$$

Denn man braucht in dem vorhergehenden Satze nur $\mathfrak{d} = \mathfrak{o}$, also $\mathfrak{a}' = \mathfrak{a}$ zu setzen, weil eine Zahl stets und nur dann relative Primzahl zu $\mathfrak{a}$ ist, wenn sie durch kein in $\mathfrak{a}$ aufgehendes Primideal theilbar ist.

Hieraus folgt sofort der Satz (vergl. §. 12), dass, wenn $\mathfrak{a}, \mathfrak{b}, \mathfrak{c} \ldots$ relative Primideale bedeuten,

$$\psi(\mathfrak{a}\mathfrak{b}\mathfrak{c}\ldots) = \psi(\mathfrak{a})\,\psi(\mathfrak{b})\,\psi(\mathfrak{c})\ldots$$

ist; derselbe kann aber auch leicht aus unserem obigen Satze 1. abgeleitet werden. Aus dem Satze 3. ergiebt sich ferner der folgende:

5. Ist $\mathfrak{a} = \mathfrak{d}\mathfrak{a}'$, so ist $\psi(\mathfrak{a}')$ die Anzahl aller derjenigen nach $\mathfrak{a}$ incongruenten Zahlen, welche mit $\mathfrak{a}$ den grössten gemeinschaftlichen Theiler $\mathfrak{d}$ haben.

Denn bezeichnet man mit $\mathfrak{p}_1, \mathfrak{p}_2 \ldots \mathfrak{p}_r$ die sämmtlichen von einander verschiedenen, in $\mathfrak{a}'$ aufgehenden Primideale, so sind die genannten Zahlen identisch mit denjenigen, welche durch $\mathfrak{d}$, aber durch keins der Producte $\mathfrak{d}\mathfrak{p}_1, \mathfrak{d}\mathfrak{p}_2 \ldots \mathfrak{d}\mathfrak{p}_r$ theilbar sind, und hieraus ergiebt sich unser Satz (aus 3. und 4.).

Da nun einer jeden der überhaupt vorhandenen incongruenten Zahlen, deren Anzahl $= N(\mathfrak{a})$, ein bestimmter grösster gemeinschaftlicher Theiler $\mathfrak{d}$ entspricht, und da $\mathfrak{a}'$ gleichzeitig mit $\mathfrak{d}$ alle Theiler des Ideals $\mathfrak{a}$ durchläuft, so folgt (vergl. §. 13), dass die über alle Theiler $\mathfrak{a}'$ des Ideals $\mathfrak{a}$ ausgedehnte Summe

$$\Sigma\,\psi(\mathfrak{a}') = N(\mathfrak{a})$$

ist; dieser Satz, welcher, wie man leicht erkennt, für die Function ψ charakteristisch ist (vergl. §. 138), kann aber auch durch unmittelbare Rechnung aus der oben (in 4.) gefundenen Form der Function abgeleitet werden (vergl. §. 14).

Wir wollen nun noch eine besonders wichtige Folgerung hervorheben, welche sich daraus ergiebt, dass die Function ψ niemals verschwindet: ist $\mathfrak{d}$ ein Theiler von $\mathfrak{a}$, so *giebt* es (zufolge 5.) immer eine Zahl η von der Beschaffenheit, dass $\mathfrak{a}$ und $\mathfrak{o}\eta$ den grössten gemeinschaftlichen Theiler $\mathfrak{d}$ haben *). Mit etwas veränderter Bezeichnung lässt sich dieser Satz auch in folgender Form aussprechen:

6. Sind $\mathfrak{a}$, $\mathfrak{b}$ zwei beliebige Ideale, so kann $\mathfrak{a}$ in ein *Hauptideal* $\mathfrak{a}\mathfrak{m}$ verwandelt werden durch Multiplication mit einem Factor $\mathfrak{m}$, welcher *relatives Primideal zu* $\mathfrak{b}$ ist.

Denn $\mathfrak{a}$ ist ein Theiler von $\mathfrak{a}\mathfrak{b}$, und folglich kann man eine Zahl μ so wählen, dass $\mathfrak{a}$ der grösste gemeinschaftliche Theiler von $\mathfrak{a}\mathfrak{b}$ und $\mathfrak{o}\mu$ wird; dann ist $\mathfrak{o}\mu = \mathfrak{a}\mathfrak{m}$, und $\mathfrak{m}$ ist relatives Primideal zu $\mathfrak{b}$, was zu beweisen war. Hieraus folgt weiter:

7. Jedes Ideal $\mathfrak{a}$ kann auf unendlich viele Arten als grösster gemeinschaftlicher Theiler von zwei Hauptidealen dargestellt werden.

Denn wählt man nach Belieben eine durch $\mathfrak{a}$ theilbare, aber von Null verschiedene Zahl ν, so ist $\mathfrak{o}\nu = \mathfrak{a}\mathfrak{b}$, und wenn man hierauf μ wählt, wie im vorigen Satze, so ist $\mathfrak{a}$ der grösste gemeinschaftliche Theiler von $\mathfrak{o}\mu$ und $\mathfrak{o}\nu$, was zu beweisen war.

---

*) Dies ergiebt sich auch leicht aus dem obigen Satze 1., wenn man für $\mathfrak{a}, \mathfrak{b}, \mathfrak{c} \ldots$ Potenzen verschiedener Primideale $\mathfrak{p}$ nimmt und bedenkt, dass es immer Zahlen giebt, welche durch $\mathfrak{p}^e$, aber nicht durch $\mathfrak{p}^{e+1}$ theilbar sind.

Um den Satz 6. noch in einer anderen, für manche Anwendungen besonders wichtigen Form darzustellen, schicken wir folgenden Hülfssatz voraus:

8. Ist $\mathfrak{m}$ relatives Primideal zu der *rationalen* Zahl k, so ist $N(\mathfrak{m})$ auch relative Primzahl zu k.

Denn wenn $\mathfrak{p}$ ein Primfactor von $\mathfrak{m}$, und p die durch $\mathfrak{p}$ theilbare rationale Primzahl ist (§. 171, 10.), so kann p nicht in k aufgehen, weil sonst $\mathfrak{p}$ ein gemeinschaftlicher Theiler von $\mathfrak{m}$ und k wäre; nun ist $N(\mathfrak{p})$ eine Potenz von p, und da $N(\mathfrak{m})$ das Product aller Factoren $N(\mathfrak{p})$, also ein Product von lauter solchen, in k nicht aufgehenden rationalen Primzahlen p ist, so ist $N(\mathfrak{m})$ relative Primzahl zu k, was zu beweisen war. Hieraus folgt der Satz:

9. Ist $\mathfrak{a}$ ein beliebiges Ideal, und k eine beliebige von Null verschiedene ganze rationale Zahl, so kann man aus $\mathfrak{a}$ eine Zahl μ so auswählen, dass $(\mathfrak{a}, \mathfrak{o}\mu)$ relative Primzahl zu k wird.

Denn $\mathfrak{a}$ kann (zufolge 6.) durch Multiplication mit einem Factor $\mathfrak{m}$, welcher relatives Primideal zu k ist, in ein Hauptideal $\mathfrak{a}\mathfrak{m} = \mathfrak{o}\mu$ verwandelt werden, und dann ist $(\mathfrak{a}, \mathfrak{o}\mu) = N(\mathfrak{m})$ relative Primzahl zu k, was zu beweisen war.

Wir verlassen nun diese Anwendungen und wenden uns noch zu dem Beweise des folgenden Satzes, welcher dem verallgemeinerten Fermat'schen Satze (§. 19) der rationalen Zahlentheorie entspricht:

10. Ist $\mathfrak{a}$ ein beliebiges Ideal, und ϱ relative Primzahl zu $\mathfrak{a}$, so ist

$$\varrho^{\psi(\mathfrak{a})} \equiv 1 \text{ (mod. } \mathfrak{a});$$

und wenn $\mathfrak{p}$ ein Primideal ist, so genügt jede Zahl ω der Congruenz

$$\omega^{N(\mathfrak{p})} \equiv \omega \text{ (mod. } \mathfrak{p}).$$

Setzt man der Kürze halber $\psi(\mathfrak{a}) = s$, so giebt es genau s Zahlen $\varrho_1, \varrho_2 \ldots \varrho_s$, welche incongruent nach $\mathfrak{a}$ und zugleich relative Primzahlen zu $\mathfrak{a}$ sind. Ist nun ϱ ebenfalls relative Primzahl zu $\mathfrak{a}$, so gilt dasselbe von den s Producten $\varrho\varrho_1, \varrho\varrho_2 \ldots \varrho\varrho_s$, welche ausserdem wieder incongruent nach $\mathfrak{a}$ sind (wie aus §. 171, 5. oder auch daraus folgt, dass eine Zahl ϱ' existirt, die der Congruenz $\varrho\varrho' \equiv 1$ (mod. $\mathfrak{a}$) genügt); mithin werden durch diese s Producte dieselben s Zahlclassen repräsentirt, wie durch die Zahlen ϱ_1, $\varrho_2 \ldots \varrho_s$. Man kann daher

$$\varrho\varrho_1 \equiv \varrho'_1, \quad \varrho\varrho_2 \equiv \varrho'_2 \ldots \varrho\varrho_s \equiv \varrho'_s \text{ (mod. } \mathfrak{a})$$

setzen, wo die Zahlen ϱ_1', ϱ_2' ... ϱ_s' abgesehen von der Ordnung vollständig mit den Zahlen ϱ_1, ϱ_2 ... ϱ_s übereinstimmen; bezeichnet man nun ihr Product mit σ, so erhält man durch Multiplication die Congruenz $\sigma\varrho^s \equiv \sigma$ (mod. $\mathfrak{a}$), und da σ ebenfalls relative Primzahl zu $\mathfrak{a}$ ist, so folgt hieraus die erste der beiden zu beweisenden Congruenzen. Bedenkt man ferner, dass $\psi(\mathfrak{p}) = N(\mathfrak{p}) - 1$ ist, so ergiebt sich leicht die Allgemeingültigkeit der zweiten Congruenz.

An diesen Fundamentalsatz knüpft sich eine fast unerschöpfliche Reihe von Untersuchungen; denn er bildet nicht bloss die Grundlage für eine Theorie der Potenzreste in unserem Gebiete $\mathfrak{o}$, sondern er steht auch im innigsten Zusammenhange mit der allgemeinen Theorie der höheren Congruenzen, welche ihrerseits wieder wesentliche Hülfsmittel zur Bestimmung der in $\mathfrak{o}$ auftretenden Primideale liefert*). Da wir des Raumes wegen hierauf nicht weiter eingehen können, so empfehlen wir dem Leser, wenigstens die in den §§. 26 bis 31 enthaltenen Sätze der rationalen Zahlentheorie auf unser Gebiet zu übertragen, was keine Schwierigkeit hat und für eine spätere Anwendung von Nutzen ist.

§. 175.

Wir haben gesehen, dass jedes Ideal $\mathfrak{a}$ durch Multiplication mit einem geeigneten Ideal $\mathfrak{m}$ in ein Hauptideal $\mathfrak{a}\mathfrak{m}$ verwandelt werden kann (§. 173, 5.); man braucht offenbar nur eine beliebige, aber von Null verschiedene Zahl μ aus $\mathfrak{a}$ auszuwählen, so ist $\mathfrak{o}\mu = \mathfrak{a}\mathfrak{m}$, und $\mathfrak{m}$ ist ein Ideal von der angegebenen Art. Wir wollen nun zwei Ideale $\mathfrak{a}$, $\mathfrak{a}'$ *äquivalent* nennen, wenn beide durch Multiplication mit einem und demselben Factor $\mathfrak{m}$ in Hauptideale $\mathfrak{a}\mathfrak{m} = \mathfrak{o}\mu$, $\mathfrak{a}'\mathfrak{m} = \mathfrak{o}\mu'$ verwandelt werden können. Dann ist $\mathfrak{a}\mu' = \mathfrak{a}'\mu$, und umgekehrt, wenn zwei von Null verschiedene Zahlen η, η' existiren, welche der Bedingung $\mathfrak{a}\eta' = \mathfrak{a}'\eta$ genügen, so sind die Ideale $\mathfrak{a}$, $\mathfrak{a}'$ gewiss äquivalent; denn wenn $\mathfrak{m}$ ein beliebiger Factor ist, welcher $\mathfrak{a}$ in ein Hauptideal $\mathfrak{a}\mathfrak{m} = \mathfrak{o}\mu$ verwandelt, so folgt $\mathfrak{o}\mu\eta' = \eta'\mathfrak{a}\mathfrak{m} = \eta\mathfrak{a}'\mathfrak{m}$; mithin ist $\mu\eta'$ theilbar durch η, und wenn man $\mu\eta' = \mu'\eta$ setzt, so folgt $\mathfrak{o}\mu'\eta = \eta\mathfrak{a}'\mathfrak{m}$, also $\mathfrak{o}\mu' = \mathfrak{a}'\mathfrak{m}$, was zu beweisen war. Zu-

*) Man vergleiche z. B. des Herausgebers Abhandlung: *Ueber den Zusammenhang zwischen der Theorie der Ideale und der Theorie der höheren Congruenzen.* 1878. (Abh. d. Ges. d. Wissensch. zu Göttingen, Bd. 23.)

gleich ergiebt sich hieraus, dass *jeder* Factor $\mathfrak{m}$, welcher das eine von zwei äquivalenten Idealen $\mathfrak{a}$, $\mathfrak{a}'$ in ein Hauptideal verwandelt, Gleiches auch für das andere Ideal leistet, und dass folglich je zwei Ideale $\mathfrak{a}'$, $\mathfrak{a}''$, die mit einem dritten Ideal $\mathfrak{a}$ äquivalent sind, stets auch mit einander äquivalent sein müssen. Auf diesem Satze beruht die Möglichkeit, alle Ideale in *Idealclassen* einzutheilen; ist $\mathfrak{a}$ ein bestimmtes Ideal, so hat der Inbegriff A *aller* mit $\mathfrak{a}$ äquivalenten Ideale $\mathfrak{a}, \mathfrak{a}', \mathfrak{a}'' \ldots$ die Eigenschaft, dass je zwei darin enthaltene Ideale $\mathfrak{a}'$, $\mathfrak{a}''$ einander äquivalent sind, und wenn $\mathfrak{a}'$ irgend ein in A enthaltenes Ideal ist, so ist A zugleich der Inbegriff aller mit $\mathfrak{a}'$ äquivalenten Ideale. Ein solches System A von Idealen nennen wir eine *Idealclasse* oder auch kürzer eine *Classe*, da eine Verwechselung mit Zahlclassen hier nicht zu befürchten ist; jede Classe A ist durch ein beliebiges in ihr enthaltenes Ideal $\mathfrak{a}$ vollständig bestimmt, und letzteres kann daher immer als *Repräsentant* der ganzen Classe A angesehen werden.

Die durch das Ideal $\mathfrak{o}$ repräsentirte Classe wollen wir mit O bezeichnen und die *Hauptclasse* nennen, weil sie aus allen Hauptidealen und nur aus diesen Idealen besteht. In der That, wenn $\mathfrak{a}$ mit $\mathfrak{o}$ äquivalent ist, so giebt es zwei Zahlen η, η', welche der Bedingung $\mathfrak{a}\eta = \mathfrak{o}\eta'$ genügen; hieraus folgt, dass η' durch η theilbar, also $\eta' = \mu\eta$, folglich $\mathfrak{a}\eta = \mathfrak{o}\mu\eta$, mithin $\mathfrak{a} = \mathfrak{o}\mu$ ein Hauptideal ist; und umgekehrt, wenn $\mathfrak{a} = \mathfrak{o}\mu$ ist, so wird die Bedingung $\mathfrak{a}\eta = \mathfrak{o}\eta'$ z. B. durch die beiden Zahlen $\eta = 1$, $\eta' = \mu$ befriedigt, und folglich ist $\mathfrak{a}$ äquivalent mit $\mathfrak{o}$.

Sind $\mathfrak{a}$, $\mathfrak{a}'$ äquivalent, so gilt dasselbe von $\mathfrak{a}\mathfrak{b}$, $\mathfrak{a}'\mathfrak{b}$, weil aus $\mathfrak{a}\eta' = \mathfrak{a}'\eta$ auch $(\mathfrak{a}\mathfrak{b})\eta' = (\mathfrak{a}'\mathfrak{b})\eta$ folgt; sind ausserdem $\mathfrak{b}$, $\mathfrak{b}'$ äquivalent, so folgt aus demselben Satze, dass $\mathfrak{a}'\mathfrak{b}$, $\mathfrak{a}'\mathfrak{b}'$, also auch $\mathfrak{a}\mathfrak{b}$, $\mathfrak{a}'\mathfrak{b}'$ äquivalent sind. Durchläuft daher $\mathfrak{a}$ alle Ideale der Classe A, und ebenso $\mathfrak{b}$ alle Ideale der Classe B, so gehören alle Producte $\mathfrak{a}\mathfrak{b}$ einer und derselben Classe K an, die aber noch unendlich viele andere Ideale enthalten kann; diese Classe K wollen wir mit AB bezeichnen, und sie soll das *Product* aus A, B oder die aus A und B *zusammengesetzte* Classe heissen. Offenbar ist $AB = BA$, wo das Gleichheitszeichen die Identität der beiden Classen bedeutet, und aus $(\mathfrak{a}\mathfrak{b})\mathfrak{c} = \mathfrak{a}(\mathfrak{b}\mathfrak{c})$ folgt für drei beliebige Classen der Satz $(AB)C = A(BC)$. Man kann daher dieselben Schlüsse anwenden, wie bei der Multiplication von Zahlen oder Idealen, und beweisen, dass bei der Zusammensetzung von beliebig vielen Classen $A_1, A_2 \ldots A_m$ die Anordnung der successiven

Multiplicationen, durch welche jedesmal zwei Classen zu ihrem Producte vereinigt werden, keinen Einfluss auf das Endresultat hat, welches kurz durch $A_1 A_2 \ldots A_m$ bezeichnet werden kann (vergl. §. 2). Sind die Ideale $\mathfrak{a}_1, \mathfrak{a}_2 \ldots \mathfrak{a}_m$ Repräsentanten der Classen $A_1, A_2 \ldots A_m$, so ist das Ideal $\mathfrak{a}_1 \mathfrak{a}_2 \ldots \mathfrak{a}_m$ ein Repräsentant des Productes $A_1 A_2 \ldots A_m$. Sind alle m Factoren $= A$, so heisst ihr Product die m^{te} *Potenz* von A und wird mit A^m bezeichnet; ausserdem setzen wir $A^1 = A$ und $A^0 = O$. Von besonderer Wichtigkeit sind die beiden folgenden Fälle.

Aus $\mathfrak{o}\,\mathfrak{a} = \mathfrak{a}$ folgt der für jede Classe A gültige Satz $OA = A$.

Da ferner jedes Ideal $\mathfrak{a}$ durch Multiplication mit einem Ideal $\mathfrak{m}$ in ein Hauptideal $\mathfrak{a}\mathfrak{m}$ verwandelt werden kann, so giebt es für jede Classe A eine zugehörige Classe M, welche der Bedingung $AM = O$ genügt, und zwar nur eine einzige; denn wenn die Classe M ebenfalls die Bedingung $AM' = O$ erfüllt, so folgt

$$M' = OM' = (AM)M' = (AM')M = OM = M.$$

Diese Classe M heisst die *entgegengesetzte* oder die *inverse* Classe von A, und sie soll durch A^{-1} bezeichnet werden; offenbar ist umgekehrt A die inverse Classe von A^{-1}. Definirt man ferner A^{-m} als die inverse Classe von A^m, so gelten für beliebige ganze rationale Exponenten r, s die Sätze

$$A^r A^s = A^{r+s}, \quad (A^r)^s = A^{rs}, \quad (AB)^r = A^r B^r.$$

Endlich leuchtet ein, dass aus $AB = AC$ durch Multiplication mit A^{-1} stets $B = C$ folgt.

Um nun tiefer in die Natur der Idealclassen einzudringen, wählen wir eine beliebige, aus n ganzen Zahlen $\omega_1, \omega_2 \ldots \omega_n$ bestehende Basis des Körpers Ω; dann wird jede Zahl

$$\omega = h_1 \omega_1 + h_2 \omega_2 + \cdots + h_n \omega_n,$$

welche ganze Coordinaten $h_1, h_2 \ldots h_n$ hat, ebenfalls eine ganze Zahl des Körpers. Legt man den Coordinaten alle ganzen Werthe bei, welche, absolut genommen, einen bestimmten positiven Werth k nicht überschreiten, so werden offenbar die absoluten Werthe der entsprechenden Zahlen ω, wenn sie reell sind, oder ihre analytischen Moduln, wenn sie imaginär sind, sämmtlich $\leqq rk$ sein, wo r die Summe der absoluten Werthe oder der Moduln von $\omega_1, \omega_2 \ldots \omega_n$ bedeutet und folglich eine von k gänzlich unabhängige Constante ist. Da ferner die Norm $N(\omega)$ ein Product aus n conjugirten Zahlen ω von der obigen Form ist, so wird gleichzeitig

$$\pm N(\omega) \leqq s k^n,$$

wo s ebenfalls eine lediglich von der Basis abhängige Constante bedeutet. Hierauf beruht der folgende Fundamentalsatz:

In jeder Idealclasse M giebt es mindestens ein Ideal $\mathfrak{m}$, dessen Norm die Constante s nicht überschreitet, und folglich ist die Anzahl der Idealclassen endlich.

Beweis. Man nehme nach Belieben ein Ideal $\mathfrak{a}$ der inversen Classe M^{-1}, und wähle für k diejenige positive ganze rationale Zahl, welche durch die Bedingungen

$$k^n \leqq N(\mathfrak{a}) < (k+1)^n$$

bestimmt ist; legt man nun jeder der n Coordinaten $h_1, h_2 \ldots h_n$ die sämmtlichen $(k+1)$ Werthe $0, 1, 2 \ldots k$ bei, so entstehen lauter verschiedene Zahlen ω, und da ihre Anzahl $= (k+1)^n$, also $> N(\mathfrak{a})$ ist, so giebt es unter diesen Zahlen ω nothwendig zwei von einander verschiedene

$$\beta = b_1 \omega_1 + \cdots + b_n \omega_n, \quad \gamma = c_1 \omega_1 + \cdots + c_n \omega_n,$$

welche einander nach $\mathfrak{a}$ congruent sind; mithin wird ihre Differenz

$$\alpha = \beta - \gamma = (b_1 - c_1)\omega_1 + \cdots + (b_n - c_n)\omega_n$$

eine von Null verschiedene, durch $\mathfrak{a}$ theilbare Zahl sein. Da nun die Coordinaten b, c der Zahlen β, γ in der Reihe $0, 1, 2 \ldots k$ enthalten sind, so überschreiten die Coordinaten $(b - c)$ der Zahl α, absolut genommen, den Werth k nicht, und folglich ist

$$\pm N(\alpha) \leqq s k^n.$$

Nun ist aber α theilbar durch $\mathfrak{a}$, also $\mathfrak{o}\alpha = \mathfrak{a}\mathfrak{m}$, wo $\mathfrak{m}$ ein Ideal der Classe M bedeutet, und folglich

$$\pm N(\alpha) = N(\mathfrak{a}) N(\mathfrak{m}) \leqq s k^n;$$

da ferner $k^n \leqq N(\mathfrak{a})$, so folgt $N(\mathfrak{m}) \leqq s$, wie behauptet war. Bedenkt man aber, dass es nur eine endliche Anzahl von ganzen rationalen Zahlen giebt, die den Werth s nicht überschreiten, und dass auch nur eine endliche Anzahl von Idealen $\mathfrak{m}$ existirt, welche gleiche Norm haben (§. 169, 7.), so ergiebt sich, dass die Anzahl der Ideale $\mathfrak{m}$, welche der Bedingung $N(\mathfrak{m}) \leqq s$ genügen, und folglich auch die Anzahl der Idealclassen M eine *endliche* ist, was zu beweisen war.

Es leuchtet nun unmittelbar ein, dass Alles, was wir in der Theorie der quadratischen Formen über die Zusammensetzung der ursprünglichen Classen erster Art gesagt haben (§. 149), sich Wort für Wort auf unsere Idealclassen übertragen lässt. Wir heben hier aber nur den einen Satz hervor, dass, wenn h die *Anzahl aller Classen* bedeutet, jede Idealclasse A der Bedingung

$$A^h = O$$

genügt. Ist daher $\mathfrak{a}$ ein beliebiges Ideal, so ist $\mathfrak{a}^h$ immer ein *Hauptideal;* setzt man nun

$$\mathfrak{a}^h = \mathfrak{o}\,\mu$$

und

$$\alpha_0^h = \mu, \quad \alpha_0 = \sqrt[h]{\mu},$$

so ist α_0 eine ganze algebraische Zahl (§. 160, 2.); gehört dieselbe dem Körper Ω, also auch dem Gebiete $\mathfrak{o}$ an, so ist $\mathfrak{a}$ offenbar ein Hauptideal, nämlich $= \mathfrak{o}\,\alpha_0$, und es wird folglich, wenn $\mathfrak{a}$ kein Hauptideal ist, die Zahl α_0 dem Körper Ω gewiss nicht angehören. Nichtsdestoweniger findet auch im letzteren Falle zwischen dem Ideal $\mathfrak{a}$ und der Zahl α_0 der Zusammenhang statt, dass $\mathfrak{a}$ der Inbegriff aller derjenigen in $\mathfrak{o}$ enthaltenen Zahlen ist, welche durch α_0 theilbar sind (§. 161). Denn wenn α in $\mathfrak{a}$ enthalten, also α^h durch $\mathfrak{a}^h$, mithin auch durch μ theilbar ist, so ist α auch theilbar durch $\sqrt[h]{\mu} = \alpha_0$ (nach §. 160, 2.); und umgekehrt, ist α eine in $\mathfrak{o}$ enthaltene und durch α_0 theilbare Zahl, so ist α^h theilbar durch $\alpha_0^h = \mu$, also auch durch $\mathfrak{a}^h$, woraus (nach §. 173) leicht folgt, dass α auch durch $\mathfrak{a}$ theilbar ist. Nennt man daher eine solche Zahl α_0 eine *ideale Zahl* des Körpers Ω im Gegensatze zu den in Ω enthaltenen *wirklichen* Zahlen, so kann jedes Ideal $\mathfrak{a}$ als der Inbegriff aller in $\mathfrak{o}$ enthaltenen, durch eine wirkliche oder ideale Zahl α_0 theilbaren Zahlen angesehen werden. Hieran knüpfen wir den Beweis des folgenden, schon früher (§. 161) angekündigten Satzes:

Zwei beliebige ganze algebraische Zahlen α, β besitzen immer einen gemeinschaftlichen Theiler δ, welcher in der Form $\alpha\,\xi + \beta\,\eta$ darstellbar ist, wo ξ, η ebenfalls ganze algebraische Zahlen bedeuten.

Beweis. Wir nehmen an, dass beide Zahlen α, β von Null verschieden sind, weil im entgegengesetzten Falle der Satz evident ist. Es giebt nun immer einen endlichen Körper Ω, welcher beide Zahlen α, β enthält*), und es sei $\mathfrak{o}$ wieder das System aller ganzen

---

*) Man kann z. B. die rationalen Zahlen a, b so wählen, dass, wenn $\theta = a\,\alpha + b\,\beta$ gesetzt wird, beide Zahlen α, β in dem aus der Zahl θ

Zahlen dieses Körpers, ferner h die Anzahl der Idealclassen. Ist $\mathfrak{d}$ der grösste gemeinschaftliche Theiler der beiden Hauptideale

$$\mathfrak{o}\alpha = \mathfrak{a}\mathfrak{d}, \quad \mathfrak{o}\beta = \mathfrak{b}\mathfrak{d},$$

so sind $\mathfrak{a}$, $\mathfrak{b}$ relative Primideale, und dasselbe gilt folglich von ihren Potenzen $\mathfrak{a}^h$, $\mathfrak{b}^h$. Setzt man nun

$$\mathfrak{d}^h = \mathfrak{o}\gamma,$$

wo γ in $\mathfrak{o}$ enthalten, so wird, weil α^h und β^h durch $\mathfrak{d}^h$ theilbar sind,

$$\alpha^h = \mu\gamma, \quad \beta^h = \nu\gamma, \quad \mathfrak{o}\mu = \mathfrak{a}^h, \quad \mathfrak{o}\nu = \mathfrak{b}^h,$$

wo μ, ν ebenfalls in $\mathfrak{o}$ enthalten und zwar relative Primzahlen sind (§. 174, 2.); es giebt daher in $\mathfrak{o}$ zwei Zahlen μ', ν', welche der Bedingung $\mu\mu' + \nu\nu' = 1$, also auch der Bedingung

$$\alpha^h\mu' + \beta^h\nu' = \gamma$$

genügen. Man führe jetzt die dem Ideal $\mathfrak{d}$ entsprechende ganze algebraische Zahl δ ein, so ist

$$\delta = \sqrt[h]{\gamma}, \quad \gamma = \delta^h,$$

und δ ist nach dem Obigen ein *gemeinschaftlicher Theiler* der beiden gegebenen Zahlen α, β, weil dieselben durch $\mathfrak{d}$ theilbar sind; mithin ist δ^{h-1} auch ein gemeinschaftlicher Theiler der Potenzen α^{h-1}, β^{h-1}, und man kann folglich

$$\alpha^{h-1}\mu' = \delta^{h-1}\xi, \quad \beta^{h-1}\nu' = \delta^{h-1}\eta$$

setzen, wo ξ, η ganze algebraische Zahlen sind, die offenbar der Bedingung

$$\alpha\xi + \beta\eta = \delta$$

genügen, was zu beweisen war.

Diese Zahl δ, aber auch jede mit ihr associirte Zahl, verdient den Namen des *grössten gemeinschaftlichen Theilers von* α, β, weil jeder gemeinschaftliche Theiler dieser beiden Zahlen in δ aufgehen muss. Da ferner jedes Ideal $\mathfrak{d}$ als grösster gemeinschaftlicher Theiler von zwei Hauptidealen $\mathfrak{o}\alpha$, $\mathfrak{o}\beta$ darstellbar ist (§. 174, 7.), so kann unter einer *idealen Zahl* des Körpers Ω auch jede Zahl δ verstanden werden, welche der grösste gemeinschaftliche Theiler von zwei *wirklichen*, d. h. in $\mathfrak{o}$ enthaltenen Zahlen α, β ist.

---

entspringenden endlichen Körper Ω enthalten sind (vergl. den Schluss von §. 162).

Nach dieser Abschweifung kehren wir noch einmal zu der Eintheilung aller Ideale in *Classen* zurück; es giebt nämlich einen Fall, für welchen es zweckmässig sein kann, an Stelle der oben beschriebenen Eintheilung eine andere zu setzen, die noch etwas tiefer eingreift. Zwei Hauptideale $\mathfrak{o}\mu$, $\mathfrak{o}\nu$ sind offenbar stets und nur dann identisch, wenn die beiden Zahlen μ, ν associirt, d. h. wenn $\nu = \varepsilon\mu$ ist, wo ε eine Einheit bedeutet. Ist die Norm von μ *positiv*, so ist sie zugleich die Norm des Hauptideals $\mathfrak{o}\mu$. Es kann aber auch der Fall eintreten, dass die Normen *aller* mit einer bestimmten Zahl μ associirten Zahlen $\varepsilon\mu$ *negativ* sind; dies wird immer und nur dann geschehen, wenn es in dem Körper Ω Zahlen von negativer Norm, unter diesen aber keine Einheit giebt*). In diesem Falle ist es für manche Untersuchungen zweckmässig, zwei Ideale $\mathfrak{a}$, $\mathfrak{a}'$ nur dann *äquivalent* zu nennen, wenn es zwei Zahlen η, η' von *positiver* Norm giebt, welche der Bedingung $\mathfrak{a}\eta' = \mathfrak{a}'\eta$ genügen, und hierdurch verdoppelt sich offenbar die Anzahl der Idealclassen; die Hauptclasse O besteht nur noch aus denjenigen Hauptidealen $\mathfrak{o}\mu$, welche den Zahlen μ von positiver Norm entsprechen, während die übrigen Hauptideale eine besondere, sich selbst entgegengesetzte Classe bilden. Die allgemeinen Sätze über die Zusammensetzung der Classen werden aber hierdurch nicht geändert. Man kann auch leicht beweisen, dass jedes Ideal $\mathfrak{a}$ in ein Ideal der jetzigen Hauptclasse O verwandelt werden kann durch Multiplication mit einem Factor $\mathfrak{m}$, welcher relatives Primideal zu einem beliebig gegebenen Ideal $\mathfrak{b}$ ist; denn hat man (nach §. 174, 6.) aus $\mathfrak{a}$ eine Zahl μ so ausgewählt, dass $\mathfrak{a}$ der grösste gemeinschaftliche Theiler von $\mathfrak{a}\mathfrak{b}$ und $\mathfrak{o}\mu$ ist, so hat jede Zahl, welche $\equiv \mu$ (mod. $\mathfrak{a}\mathfrak{b}$) ist, dieselbe Eigenschaft, und es braucht nur noch gezeigt zu werden, dass es unter diesen Zahlen auch solche von positiver Norm giebt; bezeichnet man aber mit z eine willkürliche ganze *rationale* Zahl, so ist (nach §. 164, (11)).

$$N(\mu + z) = z^n + e_1 z^{n-1} + \cdots + e_n,$$

wo $e_1, e_2 \ldots e_n$ rational und von z unabhängig sind, und folglich wird die Zahl $\mu + z$ die gewünschte Eigenschaft erhalten, wenn

*) Der Grad n eines solchen Körpers Ω muss, wie leicht zu sehen, eine *gerade* Zahl, und unter den mit Ω conjugirten Körpern müssen auch solche sein, welche aus lauter *reellen* Zahlen bestehen. Ein solcher Körper ist z. B. der quadratische Körper, dessen Grundzahl $= +12$, während der von der Grundzahl $+8$ diese Eigenschaft nicht besitzt.

man der Zahl z einen hinreichend grossen positiven, durch $\mathfrak{ab}$ theilbaren Werth beilegt; aus $\mathfrak{o}(\mu + z) = \mathfrak{a}\mathfrak{m}$ ergiebt sich dann der verlangte Factor $\mathfrak{m}$. Den hiermit in erweitertem Umfange bewiesenen Satz kann man offenbar auch so aussprechen:

In jeder Idealclasse M giebt es Ideale $\mathfrak{m}$, die mit einem beliebig gegebenen Ideale keinen gemeinschaftlichen Theiler ausser $\mathfrak{o}$ haben.

§. 176.

Die Theorie der Ideale eines Körpers Ω hängt unmittelbar zusammen mit der Theorie der *zerlegbaren Formen*, welche demselben Körper entsprechen*); wir beschränken uns hier darauf, diesen Zusammenhang in seinen Grundzügen anzudeuten.

Es sei X eine ganze homogene Function n^{ten} Grades von n unabhängigen Variabelen $x_1, x_2 \ldots x_n$, und wir wollen annehmen, dieselbe sei eine zerlegbare Form, d. h. sie lasse sich als Product von n *linearen* Functionen $u_1, u_2 \ldots u_n$ darstellen. Alsdann verstehen wir unter der *Discriminante* der Form X das Quadrat

$$\left(\Sigma \pm \frac{\partial u_1}{\partial x_1} \frac{\partial u_2}{\partial x_2} \cdots \frac{\partial u_n}{\partial x_n}\right)^2 = \triangle(X) \quad (1)$$

der Functional-Determinante, welche aus den in den Factoren u auftretenden constanten Coefficienten gebildet ist**). Nun sind zwar, wenn

$$X = u_1 u_2 \ldots u_n \quad (2)$$

eine solche gegebene zerlegbare Form ist, die Functionen $u_1, u_2 \ldots u_n$ nur bis auf constante Factoren bestimmt, und man könnte sie, ohne X zu ändern, durch $c_1 u_1, c_2 u_2 \ldots c_n u_n$ ersetzen, wo $c_1, c_2 \ldots c_n$ beliebige Constanten bedeuten, die nur der Bedingung genügen müssen, dass ihr Product $= 1$ ist; hieraus ergiebt sich aber, dass $\triangle(X)$ von der Wahl dieser Constanten unabhängig,

---

*) Solche Formen sind zuerst von *Lagrange* betrachtet in der Abhandlung: *Sur la solution des problèmes indéterminés du second degré.* §. VI. Mém. de l'Ac. de Berlin. T. XXIII, 1769. (OEuvres de L. T. II, 1868, p. 375.) — *Additions aux Élémens d'Algèbre par L. Euler.* §. IX.

**) *Hermite: Sur la théorie des formes quadratiques* (Crelle's Journal, Bd. 47, S. 331). — Die Discriminante der binären quadratischen Form $a x^2 + b x y + c y^2$ ist $= b^2 - 4 a c$.

also durch die Form X allein vollständig bestimmt ist. Dasselbe folgt auch aus dem Satze

$$X^2 \Sigma \pm \frac{\partial^2 \log X}{\partial x_1 \partial x_1} \frac{\partial^2 \log X}{\partial x_2 \partial x_2} \cdots \frac{\partial^2 \log X}{\partial x_n \partial x_n} = (-1)^n \triangle (X), \tag{3}$$

welcher aus

$$-\frac{\partial^2 \log X}{\partial x_r \partial x_s} =$$

$$\frac{\partial \log u_1}{\partial x_r} \frac{\partial \log u_1}{\partial x_s} + \frac{\partial \log u_2}{\partial x_r} \frac{\partial \log u_2}{\partial x_s} + \cdots + \frac{\partial \log u_n}{\partial x_r} \frac{\partial \log u_n}{\partial x_s}$$

hervorgeht und leicht in verschiedene andere Formen, z. B.

$$\begin{vmatrix} X & \frac{\partial X}{\partial x_1} & \cdots & \frac{\partial X}{\partial x_n} \\ \frac{\partial X}{\partial x_1} & \frac{\partial^2 X}{\partial x_1 \partial x_1} & \cdots & \frac{\partial^2 X}{\partial x_1 \partial x_n} \\ \cdot & \cdot & \cdot & \cdot \\ \frac{\partial X}{\partial x_n} & \frac{\partial^2 X}{\partial x_n \partial x_1} & \cdots & \frac{\partial^2 X}{\partial x_n \partial x_n} \end{vmatrix} = (-1)^n X^{n-1} \triangle (X) \tag{4}$$

umgewandelt werden kann. Besitzt X lauter ganze rationale Coefficienten, so wollen wir deren grössten gemeinschaftlichen Theiler t auch den *Theiler der Form X* nennen (vergl. §. 61); da sich nun leicht allgemein zeigen lässt, dass der Theiler eines Productes aus beliebigen Formen mit ganzen rationalen Coefficienten gleich dem Producte aus den Theilern der einzelnen Formen ist*), so folgt aus der vorstehenden Gleichung, dass $\triangle (X)$ eine ganze rationale, durch t^2 theilbare Zahl ist. Wir bemerken ferner, dass $\triangle (aX) = a^2 \triangle (X)$ ist, wenn a irgend einen constanten Factor bedeutet.

Wir beschränken uns nun auf die Betrachtung derjenigen zerlegbaren Formen X, welche den Idealen des Körpers Ω entsprechen und auf die folgende Weise entstehen. Zunächst wählen wir eine bestimmte Basis $\omega_1, \omega_2 \ldots \omega_n$ für das aus allen ganzen Zahlen ω des Körpers bestehende Ideal

$$\mathfrak{o} = [\omega_1, \omega_2 \ldots \omega_n] \tag{5}$$

und setzen die Grundzahl $\triangle (\Omega)$ des Körpers, d. h. die Discriminante

*) Vergl. *Gauss: D. A.* art. 42.

$$\triangle(\omega_1, \omega_2 \ldots \omega_n) = D. \tag{6}$$

Ist $\mathfrak{a}$ ein beliebiges Ideal, so ist $N(\mathfrak{a})$, also auch jedes Product $\omega N(\mathfrak{a})$ theilbar durch $\mathfrak{a}$ (nach §. 169, 1.); es wird daher auch jede Basiszahl ω_r des Moduls $\mathfrak{o}$ durch Multiplication mit $N(\mathfrak{a})$ in eine Zahl des durch $\mathfrak{o}$ theilbaren Moduls $\mathfrak{a}$ verwandelt, woraus (nach §. 165, (9)) folgt, dass jedes Ideal

$$\mathfrak{a} = [\alpha_1, \alpha_2 \ldots \alpha_n] \tag{7}$$

gesetzt werden kann, also ein endlicher Modul ist, dessen Basis aus n von einander unabhängigen Zahlen $\alpha_1, \alpha_2, \ldots \alpha_n$ besteht. Da dieselben ganze Zahlen sind, so gelten n Gleichungen von der Form*)

$$\alpha_r = \sum a_{r,\iota}\, \omega_\iota, \tag{8}$$

wo die Coordinaten $a_{r,s}$ ganze rationale Zahlen sind, und zwar wollen wir die Basiszahlen stets, wie wir ein- für allemal bemerken, so wählen, dass die aus diesen Coordinaten gebildete Determinante einen *positiven* Werth erhält, dass also

$$\sum \pm a_{1,1}\, a_{2,2} \ldots a_{n,n} = N(\mathfrak{a}) \tag{9}$$

wird (nach §. 165, (22)). Aus den vorstehenden Gleichungen folgt ferner (nach §. 164, (7)), dass die von der Wahl der Basis unabhängige Discriminante

$$\triangle(\alpha_1, \alpha_2 \ldots \alpha_n) = D\, N(\mathfrak{a})^2 \tag{10}$$

ist.

Wir führen jetzt ein System von n unabhängigen *Variabelen* $x_1, x_2 \ldots x_n$ und die homogene lineare Function

$$\alpha = \sum x_\iota \alpha_\iota \tag{11}$$

ein; dann kann man, weil jedes Product $\alpha_r \omega_s$ in dem Ideal $\mathfrak{a}$ enthalten ist,

$$\alpha\, \omega_r = \sum x_{r,\iota}\, \alpha_\iota = \sum x_{r,\iota}\, a_{\iota,\iota'}\, \omega_{\iota'} \tag{12}$$

setzen, wo die n^2 Grössen $x_{r,s}$ homogene lineare Functionen der Veränderlichen $x_1, x_2 \ldots x_n$ mit *ganzen* rationalen Coefficienten bedeuten; setzt man daher die aus ihnen gebildete Determinante

*) Wir bezeichnen in der Folge mit $\iota, \iota', \iota'' \ldots$ ausschliesslich Summationsbuchstaben, welche die n Werthe $1, 2 \ldots n$ durchlaufen sollen, und ein einfaches Summenzeichen Σ bezieht sich stets auf *alle* solche, hinter demselben auftretende $\iota, \iota', \iota'' \ldots$, während $r, s \ldots$ constante Indices bedeuten.

$$\Sigma \pm x_{1,1}\, x_{2,2} \ldots x_{n,n} = X, \tag{13}$$

so ist X eine ganze homogene Function der n Variabelen x_ι, deren Coefficienten ganze rationale Zahlen sind, und wir wollen sagen, diese Form X *entspreche* der Basis $\alpha_1, \alpha_2 \ldots \alpha_n$ des Ideals $\mathfrak{a}$. So oft nun die Variabelen x_ι rationale Werthe erhalten, wird α eine Zahl des Körpers Ω, und aus (12) folgt (nach §. 164, (10)), dass die Norm von α durch Multiplication der beiden aus den Grössen $x_{\iota,\iota'}$ und $a_{\iota,\iota'}$ gebildeten Determinanten (9) und (13) entsteht, dass also

$$N(\alpha) = N(\mathfrak{a})\, X \tag{14}$$

ist; da nun diese Norm das Product der n mit α conjugirten Zahlen, welche homogene lineare Functionen der Variabelen x_ι sind, und da zufolge (10) die Discriminante dieses Productes $= D\, N(\mathfrak{a})^2$ ist, so ergiebt sich, dass X ebenfalls eine zerlegbare Form, und dass ihre Discriminante

$$\triangle (X) = D \tag{15}$$

ist.

Legt man den Variabelen x_ι *ganze* rationale Werthe bei, so wird α theilbar durch $\mathfrak{a}$, und umgekehrt wird jede Zahl des Ideals $\mathfrak{a}$ durch ein und nur ein solches System von Werthen x_ι erzeugt; dann ist

$$\mathfrak{o}\alpha = \mathfrak{a}\mathfrak{m}, \quad N(\alpha) = N(\mathfrak{a})\, X = \pm N(\mathfrak{a})\, N(\mathfrak{m}),$$

mithin

$$X = \pm N(\mathfrak{m}) = \pm (\mathfrak{a}, \mathfrak{o}\alpha). \tag{16}$$

Ist nun k eine beliebig gegebene ganze rationale, von Null verschiedene Zahl, so kann man (nach §. 174, 9.) die Zahl α aus dem Ideal $\mathfrak{a}$ so auswählen, dass $(\mathfrak{a}, \mathfrak{o}\alpha)$, also auch der zugehörige Werth der Form X *relative Primzahl zu* k wird, woraus unmittelbar folgt, dass X eine *ursprüngliche*, d. h. eine solche Form ist, deren Coefficienten keinen gemeinschaftlichen Theiler haben.

Verfährt man bei der Eintheilung der Ideale in Classen so, wie es am Schlusse des vorhergehenden Paragraphen beschrieben ist — und dies soll im Folgenden immer geschehen —, so wird, wenn $\mathfrak{a}$ der Classe A angehört, und $\mathfrak{m}$ jedes beliebige Ideal der inversen Classe A^{-1} bedeutet, immer eine Zahl α von *positiver* Norm existiren, welche der Bedingung $\mathfrak{o}\alpha = \mathfrak{a}\mathfrak{m}$ genügt, und gleichzeitig wird $X = + N(\mathfrak{m})$; mithin können durch die Form X die Normen aller in der Classe A^{-1} enthaltenen Ideale $\mathfrak{m}$ *dar-*

gestellt werden (vergl. §. 60). Umgekehrt leuchtet ein, dass jeder durch die Form X darstellbare positive Werth, welcher ganzen rationalen Werthen der Variabelen x_ι entspricht, die Norm eines solchen Ideals $\mathfrak{m}$ ist.

Wählt man für dasselbe Ideal $\mathfrak{a}$ ein beliebiges anderes System von Basiszahlen $\beta_1, \beta_2 \ldots \beta_n$, die aber ebenfalls der Bedingung genügen, dass die aus ihren Coordinaten gebildete Determinante *positiv* ist, so ist

$$\beta_r = \Sigma c_{r,\iota} \alpha_\iota; \quad \Sigma \pm c_{1,1} c_{2,2} \ldots c_{n,n} = +1 \tag{17}$$

und die der Basis $\alpha_1, \alpha_2 \ldots \alpha_n$ entsprechende Form X geht durch die Substitution

$$x_r = \Sigma c_{\iota,r} y_\iota, \tag{18}$$

deren Coefficienten $c_{\iota,\iota'}$ ganze rationale Zahlen sind, in eine *äquivalente* Form Y über, welche der neuen Basis entspricht und eine ganze homogene Function der neuen Variabelen y_ι ist. Umgekehrt, wenn Y mit X äquivalent ist, d. h. wenn X durch eine Substitution von der Form (18) mit ganzen rationalen Coefficienten $c_{\iota,\iota'}$, deren Determinante $= +1$ ist, in Y übergeht, so giebt es offenbar eine Basis des Ideals $\mathfrak{a}$, welcher diese Form Y entspricht. Allen Basen desselben Ideals $\mathfrak{a}$ entspricht daher eine bestimmte *Formenclasse*, d. h. ein System von Formen $X, Y \ldots$ der Art, dass je zwei von ihnen einander äquivalent sind, und wir wollen sagen, dass diese Formenclasse dem Ideale $\mathfrak{a}$ entspricht. Ist ferner $\mathfrak{n}$ ein beliebiges mit $\mathfrak{a}$ äquivalentes Ideal, so giebt es zwei Zahlen η, η' von positiver Norm, welche der Bedingung $\mathfrak{a}\eta' = \mathfrak{n}\eta$ genügen; setzt man nun $\eta'\alpha_\iota = \eta\nu_\iota$, so bilden die n Zahlen ν_ι offenbar eine Basis des Ideals $\mathfrak{n}$, und aus (12) geht durch Multiplication mit η' und Division mit η hervor, dass die Form X auch dem Ideal $\mathfrak{n}$, mithin die Formenclasse auch allen Idealen der Classe A entspricht. Jeder Idealclasse entspricht daher eine bestimmte Formenclasse. Die schwierigere Frage aber, ob mehreren verschiedenen Idealclassen eine und dieselbe Formenclasse entsprechen kann, müssen wir der Kürze halber hier unerörtert lassen. Dasselbe gilt von der Aufgabe, *alle* Transformationen der Form X in sich selbst zu finden, und wir beschränken uns auf die einleuchtende Bemerkung, dass durch jede *Einheit* ε, deren Norm positiv, also $= +1$ ist, eine solche Transformation erzeugt wird, weil die n Zahlen $\varepsilon\alpha_\iota$ ebenfalls eine Basis des Ideals $\mathfrak{a}$ bilden (vergl. §§. 62, 83—85).

Die *Composition* der Formen X entspricht der Multiplication der Ideale. Es seien zwei beliebige Ideale

$$\mathfrak{a} = [\alpha_1, \alpha_2 \ldots \alpha_n], \quad \mathfrak{b} = [\beta_1, \beta_2 \ldots \beta_n] \tag{19}$$

mit bestimmten Basen α_ι, β_ι gegeben, so kann man ihr Product

$$\mathfrak{a}\mathfrak{b} = \mathfrak{c} = [\gamma_1, \gamma_2 \ldots \gamma_n] \tag{20}$$

setzen; aus dem Begriffe der Multiplication der Ideale (§. 170) folgt aber unmittelbar, dass $\mathfrak{a}\mathfrak{b}$ ein endlicher Modul ist, welcher die n^2 Producte $\alpha_\iota \beta_{\iota'}$ zu Basiszahlen hat; zwischen diesen und den n Basiszahlen γ_ι desselben Moduls müssen daher (zufolge §. 165, (14)—(16)) Relationen von der Form

$$\alpha_r \beta_s = \Sigma p_\iota^{r,s} \gamma_\iota, \quad \gamma_r = \Sigma q_r^{\iota,\iota'} \alpha_\iota \beta_{\iota'} \tag{21}$$

Statt finden, wo die Coefficienten p, q ganze rationale Zahlen sind; die sämmtlichen Determinanten P, welche sich aus je n der n^2 Zeilen

$$p_1^{r,s}, \quad p_2^{r,s} \ldots p_{n-1}^{r,s}, \quad p_n^{r,s} \tag{22}$$

bilden lassen, sind Zahlen ohne gemeinschaftlichen Theiler. Man führe jetzt drei Systeme von je n Variabelen x_ι, y_ι, z_ι ein und setze

$$\alpha = \Sigma x_\iota \alpha_\iota, \quad \beta = \Sigma y_\iota \beta_\iota, \quad \gamma = \Sigma z_\iota \gamma_\iota, \tag{23}$$

so wird

$$N(\alpha) = N(\mathfrak{a}) X, \quad N(\beta) = N(\mathfrak{b}) Y, \quad N(\gamma) = N(\mathfrak{c}) Z, \tag{24}$$

wo X, Y, Z die den obigen Basen der Ideale $\mathfrak{a}$, $\mathfrak{b}$, $\mathfrak{c}$ entsprechenden Formen bedeuten. Macht man nun die Variabelen z_ι durch die bilineare Substitution

$$z_r = \Sigma p_r^{\iota,\iota'} x_\iota y_{\iota'} \tag{25}$$

zu Functionen der Variabelen x_ι, y_ι, so wird

$$\gamma = \alpha\beta, \quad \text{also } N(\gamma) = N(\alpha) N(\beta), \tag{26}$$

und da ausserdem $N(\mathfrak{c}) = N(\mathfrak{a}) N(\mathfrak{b})$ ist, so folgt

$$Z = XY, \tag{27}$$

d. h. die Form Z geht durch die Substitution (25) in das Product der beiden Formen X, Y über, und wir wollen deshalb sagen, die Form Z sei aus den beiden Formen X, Y *zusammengesetzt*.

Diese Formen sind durch die Substitution (25) vollständig bestimmt. Aus (26) folgt nämlich zunächst

$$\alpha \beta_r = \Sigma \frac{\partial z_\iota}{\partial y_r} \gamma_\iota; \tag{28}$$

nun lassen sich die Zahlen γ_ι, weil sie in $\mathfrak{c}$ und also auch in $\mathfrak{b}$ enthalten sind, in der Form

$$\gamma_r = \Sigma\, c_{r,\iota} \beta_\iota$$

darstellen, wo die Coefficienten $c_{\iota,\iota'}$ ganze rationale Zahlen bedeuten, deren Determinante

$$\Sigma \pm c_{1,1} c_{2,2} \ldots c_{n,n} = (\mathfrak{b}, \mathfrak{c}) = N(\mathfrak{a})$$

ist; es wird mithin

$$\alpha \beta_r = \Sigma \frac{\partial z_\iota}{\partial y_r} c_{\iota,\iota'} \beta_{\iota'},$$

woraus

$$N(\alpha) = N(\mathfrak{a}) \Sigma \pm \frac{\partial z_1}{\partial y_1} \frac{\partial z_2}{\partial y_2} \cdots \frac{\partial z_n}{\partial y_n},$$

also

$$X = \Sigma \pm \frac{\partial z_1}{\partial y_1} \frac{\partial z_2}{\partial y_2} \cdots \frac{\partial z_n}{\partial y_n} \tag{29}$$

folgt. Auf ganz ähnliche Weise ergiebt sich natürlich aus den Gleichungen

$$\beta \alpha_r = \Sigma \frac{\partial z_\iota}{\partial x_r} \gamma_\iota \tag{30}$$

die Form

$$Y = \Sigma \pm \frac{\partial z_1}{\partial x_1} \frac{\partial z_2}{\partial x_2} \cdots \frac{\partial z_n}{\partial x_n}. \tag{31}$$

Unsere obigen Gleichungen (12) und (13) gehen offenbar durch die specielle Annahme $\mathfrak{b} = \mathfrak{o}$ aus den allgemeinen Gleichungen (28) und (29) hervor. Die in den letzteren auftretenden n^2 Grössen

$$\frac{\partial z_m}{\partial y_s} = \Sigma\, p_m^{\iota,s} x_\iota \tag{32}$$

sind homogene lineare Functionen der n Variabelen x_ι mit ganzen rationalen Coefficienten $p_m^{r,s}$, und zwar sind

$$p_m^{1,s},\ p_m^{2,s} \ldots p_m^{n-1,s},\ p_m^{n,s} \tag{33}$$

die in einer und derselben Zeile enthaltenen Coefficienten. Es ist nun von Wichtigkeit, dass umgekehrt die n Variabelen x_ι sich (auf unendlich viele Arten) als homogene lineare Functionen der n^2 Grössen (32) mit *ganzen* rationalen Coefficienten darstellen lassen, oder, was offenbar auf dasselbe hinauskommt, dass die sämmtlichen Determinanten R, welche aus je n von den n^2 Zeilen (33) gebildet und von den oben mit P bezeichneten Determinanten wohl zu unterscheiden sind, ebenfalls keinen gemeinschaftlichen Theiler haben. Um dies Letztere zu beweisen, bemerken wir zunächst, dass die Determinanten R gewiss nicht alle verschwinden; denn betrachtet man z. B. solche n Zeilen (33), in welchen der Index s ungeändert bleibt, so ist, wie sich durch Vertauschung der Horizontal- und Verticalreihen unter Berücksichtigung von (21) leicht ergiebt, die entsprechende Determinante

$$\begin{vmatrix} p_1^{1,s} \dots p_1^{n,s} \\ \dots\dots \\ p_n^{1,s} \dots p_n^{n,s} \end{vmatrix} = \begin{vmatrix} p_1^{1,s} \dots p_n^{1,s} \\ \dots\dots \\ p_1^{n,s} \dots p_n^{n,s} \end{vmatrix} = \frac{N(\beta_s)}{N(\mathfrak{b})},$$

also von Null verschieden. Bedeutet nun e den grössten gemeinschaftlichen Theiler aller Determinanten R, so folgt aus unserer allgemeinen Untersuchung über die Reduction eines endlichen Moduls auf eine irreductibele Basis (§. 165, (19), (20)), dass sich zwei Systeme von ganzen rationalen Zahlen $h_m^{r,s}$ und $e_{r,s}$ aufstellen lassen, welche den Bedingungen

$$p_m^{r,s} = \Sigma h_m^{\iota,s} e_{r,\iota}, \quad \Sigma \pm e_{1,1} e_{2,2} \dots e_{n,n} = e$$

genügen*). Hierauf definire man n Zahlen μ_ι durch die Gleichungen

---

*) Man braucht offenbar nur n beliebige, aber von einander unabhängige Zahlen α_ι^0 zu wählen und den Modul, dessen Basis aus den n^2 Summen

$$\varepsilon_m^{(s)} = \Sigma p_m^{\iota,s} \alpha_\iota^0$$

besteht, auf eine irreductibele, also aus n Zahlen

$$\varepsilon_r = \Sigma e_{\iota,r} \alpha_\iota^0$$

bestehende Basis zu reduciren, so wird

$$\varepsilon_m^{(s)} = \Sigma h_m^{\iota,s} \varepsilon_\iota,$$

und hieraus ergeben sich die obigen Beziehungen. — Versteht man aber unter den n Zahlen α_ι^0 die zu den Zahlen α_ι *complementären* Zahlen (§. 164 Anm.), so wird $\varepsilon_m^{(s)} = \beta_s \gamma_m^0$, wo die Zahlen γ_ι^0 wieder complementär zu den Zahlen γ_ι sind, und hierdurch gewinnen diese Grössen eine unmittelbare Bedeutung für die obige Untersuchung; in der allgemeinen, hier gänzlich unterdrückten Theorie der *gebrochenen* Ideale, zu welchen auch die mit $\mathfrak{a}$, $\mathfrak{b}$, $\mathfrak{c}$ *complementären* Ideale $\mathfrak{a}^0$, $\mathfrak{b}^0$, $\mathfrak{c}^0$ gehören, wird nämlich leicht gezeigt, dass $\mathfrak{b}\,\mathfrak{c}^0 = \mathfrak{a}^0$ ist, woraus offenbar folgt, dass die Determinanten R keinen gemeinschaftlichen Theiler haben.

$$e\alpha_r = \Sigma e_{r,\iota}\mu_\iota,$$

aus denen durch Umkehrung

$$\mu_r = \Sigma e'_{\iota,r}\alpha_\iota$$

folgt, wo die Coefficienten $e'_{\iota,\iota'}$ ganze rationale Zahlen sind, deren Determinante

$$\Sigma \pm e'_{1,1} e'_{2,2} \ldots e'_{n,n} = e^{n-1}$$

ist, weil

$$\Sigma e'_{\iota,r} e_{\iota,s} = e \text{ oder } = 0$$

ist, je nachdem r, s gleich oder ungleich sind. Mit Rücksicht auf (21) folgt nun aus den vorstehenden Gleichungen

$$\mu_r\beta_s = \Sigma e'_{\iota',r}\alpha_{\iota'}\beta_s = \Sigma e'_{\iota',r} p_\iota^{\iota',s}\gamma_\iota$$
$$= \Sigma e'_{\iota',r} h_\iota^{\iota'',s} e_{\iota',\iota''}\gamma_\iota = e\Sigma h_\iota^{r,s}\gamma_\iota;$$

mithin ist $\mathfrak{b}\mu_r$ theilbar durch $e\mathfrak{c} = e\mathfrak{a}\mathfrak{b}$, also μ_r theilbar durch $e\mathfrak{a}$, und hieraus folgt, dass alle Coefficienten $e'_{\iota,\iota'}$ durch e theilbar sind, mithin $e = 1$ ist, was zu beweisen war.

Derselbe Satz gilt selbstverständlich auch für die Determinanten S, welche aus je n Zeilen von der Form

$$p_m^{r,1},\quad p_m^{r,2} \ldots p_m^{r,n-1},\quad p_m^{r,n} \tag{34}$$

gebildet sind; also lassen sich die n Variabelen y_ι auch als homogene lineare Functionen der n^2 Grössen

$$\frac{\partial z_m}{\partial x_r} = \Sigma p_m^{r,\iota} y_\iota, \tag{35}$$

und zwar mit *ganzen* rationalen Coefficienten darstellen.

Ganz ähnliche Eigenschaften, wie die linearen Functionen (32) und (35), besitzen auch die aus ihnen gebildeten Determinanten $(n-1)^{\text{ten}}$ Grades, d. h. die Coefficienten, mit welchen sie in den Determinanten (29) und (31) behaftet sind. Zu jedem beliebigen Ideal $\mathfrak{a}$ gehört, weil $N(\mathfrak{a})$ durch $\mathfrak{a}$ theilbar ist, ein *adjungirtes* Ideal

$$\mathfrak{a}' = [\alpha'_1, \alpha'_2 \ldots \alpha'_n], \tag{36}$$

welches durch die Bedingung

$$\mathfrak{o}N(\mathfrak{a}) = \mathfrak{a}\mathfrak{a}'$$

vollständig bestimmt ist; offenbar ist

$$N(\mathfrak{a}') = N(\mathfrak{a})^{n-1},$$

und folglich ist $\mathfrak{a}N(\mathfrak{a})^{n-2}$ das zu $\mathfrak{a}'$ adjungirte Ideal. Ist ferner α

eine beliebige Zahl des Ideals $\mathfrak{a}$, und setzt man wieder, wie in (16), $\mathfrak{o}\,\alpha = \mathfrak{a}\,\mathfrak{m}$, so folgt, wenn man mit $\mathfrak{m}'$ das zu $\mathfrak{m}$ adjungirte Ideal bezeichnet,

$$\mathfrak{o}\,N(\alpha) = \mathfrak{o}\,N(\mathfrak{a})\,N(\mathfrak{m}) = \mathfrak{a}\,\mathfrak{a}'\,\mathfrak{m}\,\mathfrak{m}' = \alpha\,\mathfrak{a}'\,\mathfrak{m}';$$

es ergiebt sich daher von Neuem, dass $N(\alpha)$ durch α theilbar ist (§. 167, (1)), und wenn α' die zu α *adjungirte*, durch die Gleichung

$$N(\alpha) = \alpha\,\alpha' \tag{37}$$

definirte Zahl bedeutet, so folgt $\mathfrak{o}\,\alpha' = \mathfrak{a}'\,\mathfrak{m}'$, d. h. α' ist theilbar durch $\mathfrak{a}'$, also von der Form

$$\alpha' = \sum x'_\iota\,\alpha'_\iota, \tag{38}$$

wo die n Coefficienten x'_ι ganze rationale Zahlen sind, die in bestimmter Weise von den ganzen rationalen Zahlen x_ι in (11) oder (23) abhängen. Setzt man nun wieder $\mathfrak{a}\,\mathfrak{b} = \mathfrak{c}$ und behält alle hierauf bezüglichen, im Vorhergehenden gebrauchten Bezeichnungen bei, so folgt

$$\mathfrak{a}'\,\mathfrak{c} = \mathfrak{b}\,N(\mathfrak{a}) = N(\mathfrak{a})\,[\beta_1, \beta_2 \ldots \beta_n];$$

man kann daher, wenn man die Grössen x'_ι in (38) als willkürliche Variabele ansieht, n Gleichungen von der Form

$$\alpha'\,\gamma_r = N(\mathfrak{a}) \sum x'_{r,\iota}\,\beta_\iota \tag{39}$$

aufstellen, welche den Gleichungen (28) entsprechen; die n^2 Grössen $x'_{\iota,\iota'}$ sind homogene lineare Functionen der n Variabelen x'_ι mit ganzen rationalen Coefficienten, und umgekehrt lassen sich, wie oben gezeigt ist, die Variabelen x'_ι (auf unendlich viele Arten) als ebensolche Functionen von den Grössen $x'_{\iota,\iota'}$ darstellen. Multiplicirt man aber (39) mit α unter Berücksichtigung von (37) und (24), so ergiebt sich

$$X\gamma_r = \alpha \sum x'_{r,\iota}\,\beta_\iota, \tag{40}$$

und hieraus geht mit Rücksicht auf (28) hervor, dass $x_{m,s}$ der Coefficient ist, mit welchem das Element (32) in der Determinante (29) multiplicirt wird. Die sämmtlichen Grössen $x'_{\iota,\iota'}$ und folglich auch die Grössen x'_ι, welche letzteren offenbar von der Wahl der Basis des Ideals $\mathfrak{a}'$ abhängen, sind daher ganze homogene Functionen $(n-1)^{\text{ten}}$ Grades von den Variabelen x_ι mit ganzen rationalen Coefficienten, und hiermit ist unsere obige Behauptung bewiesen. —

Auf diese kurze Darstellung der wichtigsten Eigenschaften der Formen X müssen wir uns hier beschränken; allein wir dürfen nicht unterlassen darauf aufmerksam zu machen, dass diese Formen X, deren Discriminante $= D$ ist, nur einen unendlich kleinen Theil aller zerlegbaren Formen bilden, welche dem Körper Ω entsprechen, und wir wollen hierüber wenigstens noch Folgendes bemerken*). Wählt man nach Belieben eine aus n ganzen oder gebrochenen Zahlen α_ι bestehende Basis des Körpers Ω, so bilden dieselben zugleich die Basis eines endlichen *Moduls* $\mathfrak{a}$, welcher als solcher auch die *erste* Haupteigenschaft eines Ideals besitzt (§. 168, I.), während ihm die *zweite* im Allgemeinen fehlen wird, und dieser letztere Umstand veranlasst zunächst die Frage nach dem Inbegriffe $\mathfrak{n}$ aller derjenigen Zahlen ν, für welche der Modul $\mathfrak{a}\nu$ durch $\mathfrak{a}$ theilbar wird. Damit ν eine solche Zahl sei, ist erforderlich und hinreichend, dass jedes der n Producte $\nu\alpha_1, \nu\alpha_2 \ldots \nu\alpha_n$ in $\mathfrak{a}$ enthalten, also von der Form $\sum x_\iota \alpha_\iota$ sei, wo die Coefficienten x_ι ganze rationale Zahlen bedeuten, und hieraus folgt offenbar, dass ν jedenfalls eine *ganze* Zahl des Körpers Ω ist; da ferner einleuchtet, dass die Zahlen ν sich durch Addition und Subtraction reproduciren, so ist das fragliche System $\mathfrak{n}$ ein durch $\mathfrak{o}$ theilbarer Modul. Ist aber ω eine beliebige Zahl in $\mathfrak{o}$, so sind die n Producte $\omega\alpha_1, \omega\alpha_2 \ldots \omega\alpha_n$ gewiss in Ω enthalten und folglich von der Form $\sum z_\iota \alpha_\iota$, wo die Coefficienten z_ι ganze oder gebrochene rationale Zahlen sind; man kann daher eine von Null verschiedene rationale Zahl m so wählen, dass jedes der Producte $m z_\iota$ eine ganze Zahl, mithin $m\omega$ eine Zahl des Moduls $\mathfrak{n}$ wird. Hieraus folgt (nach §. 165, (9)), dass

$$\mathfrak{n} = [\nu_1, \nu_2 \ldots \nu_n], \quad \nu_r = \sum k_{r,\iota}\,\omega_\iota$$

gesetzt werden kann, wo die Coordinaten $k_{r,s}$ ganze Zahlen sind, und

$$(\mathfrak{o}, \mathfrak{n}) = \sum \pm k_{1,1} k_{2,2} \ldots k_{n,n}$$

von Null verschieden ist. Aus der Definition von $\mathfrak{n}$ ergiebt sich ferner unmittelbar, dass die Zahlen ν sich auch durch Multiplication reproduciren, und dass die Zahl 1 in $\mathfrak{n}$ enthalten ist; mithin ist $\mathfrak{n}$ eine *Ordnung* (§. 172), und wir wollen dieselbe die *Ordnung des Moduls* $\mathfrak{a}$ nennen**). Die Ordnung von $\mathfrak{n}$ ist offenbar $\mathfrak{n}$ selbst.

---

*) Vergl. die in §. 172 citirte Schrift des Herausgebers.

**) Ein *Ideal* ist daher zufolge der ursprünglichen Definition (§. 168) ein durch $\mathfrak{o}$ theilbarer Modul, dessen Ordnung $= \mathfrak{o}$ ist.

Verfährt man nun mit dem Modul $\mathfrak{a}$ genau ebenso, wie oben in den Gleichungen (11) bis (15) mit dem Ideal $\mathfrak{a}$, indem man nur an Stelle von $\mathfrak{o}$ die Ordnung $\mathfrak{n}$ eintreten lässt, so gelangt man zu einer entsprechenden zerlegbaren Form X, deren Discriminante $= D(\mathfrak{o}, \mathfrak{n})^2$ ist.

§. 177.

Von der grössten Wichtigkeit für die Theorie der in einem endlichen Körper Ω enthaltenen ganzen Zahlen ist die Frage nach dem Inbegriff aller unter ihnen befindlichen *Einheiten*. Im Körper der rationalen Zahlen giebt es nur die beiden Einheiten ± 1, und dasselbe gilt für alle quadratischen Körper von *negativer* Grundzahl D, mit Ausnahme der beiden Fälle $D = -3$ und $D = -4$, in welchen sechs, resp. vier Einheiten vorhanden sind. Bei allen anderen Körpern ist aber die Anzahl der Einheiten stets unendlich gross, und es ist äusserst schwierig gewesen, den Zusammenhang zwischen allen diesen Einheiten genau zu ergründen und in der einfachsten Form darzustellen; für den Fall der quadratischen Körper von *positiver* Grundzahl D fällt diese Frage im Wesentlichen zusammen mit der Auflösung der Pell'schen Gleichung $t^2 - Du^2 = 4$, und wir haben schon früher bemerkt, dass die Existenz solcher Lösungen t, u, in welchen u nicht verschwindet, zuerst von Lagrange bewiesen ist. Die Principien, welche diesem Beweise zu Grunde liegen, sind endlich von Dirichlet zur höchsten Allgemeinheit erhoben, und ihm gebührt der Ruhm, zuerst eine strenge und vollständige, alle endlichen Körper umfassende Theorie der Einheiten aufgebaut zu haben (vergl. §§. 83, 141). Wir kleiden dieselbe in unsere Ausdrucksweise ein und heben die Hauptmomente im Folgenden so kurz wie möglich hervor.

1. Wir bezeichnen, wie bisher, mit Ω einen Körper n^{ten} Grades und mit

$$\mathfrak{o} = [\omega_1, \omega_2 \ldots \omega_n] \tag{1}$$

den Inbegriff aller in Ω enthaltenen ganzen Zahlen

$$\omega = h_1 \omega_1 + h_2 \omega_2 + \cdots + h_n \omega_n, \tag{2}$$

wo die n Coordinaten h_ι alle ganzen rationalen Zahlen durchlaufen. Durch die n Permutationen des Körpers, die wir mit $P_1, P_2 \ldots P_n$ bezeichnen, geht eine solche Zahl ω in die n conjugirten Zahlen

$$\begin{aligned} \omega' &= h_1\,\omega_1' + h_2\,\omega_2' + \cdots + h_n\,\omega_n' \\ \omega'' &= h_1\,\omega_1'' + h_2\,\omega_2'' + \cdots + h_n\,\omega_n'' \\ &\cdots\cdots\cdots\cdots \\ \omega^{(n)} &= h_1\,\omega_1^{(n)} + h_2\,\omega_2^{(n)} + \cdots + h_n\,\omega_n^{(n)} \end{aligned} \tag{3}$$

über, welche homogene lineare Functionen der variabelen Coordinaten h_ι sind. Die Coefficienten dieser Functionen sind die n^2 Constanten $\omega_r^{(s)}$, welche durch die Wahl der Basis von $\mathfrak{o}$ ein- für allemal bestimmt sind. Wir bilden nun, indem wir unter $M(z)$ stets den analytischen Modul (oder absoluten Betrag) der complexen Zahl z verstehen, für jede Permutation P_ι die entsprechende Summe

$$M(\omega_1^{(\iota)}) + M(\omega_2^{(\iota)}) + \cdots + M(\omega_n^{(\iota)})$$

und bezeichnen im Folgenden mit c die *grösste* von diesen n Summen; dann leuchtet ein, dass, wenn k irgend eine positive Grösse und ω eine Zahl ist, deren Coordinaten absolut genommen den Werth k nicht überschreiten, immer

$$M(\omega^{(\iota)}) \leqq ck \tag{4}$$

sein wird.

2. Die aus den n^2 Coefficienten $\omega_r^{(s)}$ gebildete Determinante

$$\Sigma \pm \omega_1'\,\omega_2'' \ldots \omega_n^{(n)} = \sqrt{D} \tag{5}$$

ist von Null verschieden (§. 166), und folglich lassen sich die n Coordinaten h_ι durch Umkehrung der Gleichungen (3) als homogene lineare Functionen der n conjugirten Zahlen $\omega^{(\iota)}$ darstellen; die constanten Coefficienten dieser Functionen sind ebenfalls durch die Basis von $\mathfrak{o}$ vollständig bestimmt*). Hieraus schliesst man ebenso, wie vorher, dass, wenn die n Moduln $M(\omega^{(\iota)})$ eine gegebene Constante nicht überschreiten, auch die absoluten Werthe der Coordinaten h_ι eine entsprechende Constante nicht überschreiten können; da aber die Coordinaten ganze rationale Zahlen sind, so folgt hieraus offenbar der Satz:

Es giebt in $\mathfrak{o}$ immer nur eine endliche Anzahl von Zahlen ω (oder auch gar keine) von der Art, dass die n Moduln $M(\omega^{(\iota)})$ eine vorgeschriebene Constante nicht überschreiten.

3. Der Körper Ω besteht aus allen Zahlen $\varphi(\theta)$, welche durch eine bestimmte algebraische Zahl θ rational darstellbar sind, und diese letztere ist eine Wurzel einer irreductibelen Gleichung n^{ten} Grades

---

*) Dieselben entsprechen den zu den n Zahlen $\omega_1, \omega_2 \ldots \omega_n$ *complementären* Zahlen (vergl. §. 164, Anmerkung).

$$f(\theta) = (\theta - \theta')(\theta - \theta'') \ldots (\theta - \theta^{(n)}) = 0;$$

den Wurzeln $\theta^{(\iota)}$ dieser Gleichung entsprechen die n Permutationen P_ι des Körpers Ω, durch welche derselbe in die n conjugirten Körper $\Omega^{(\iota)}$, und durch welche eine beliebige Zahl $\omega = \varphi(\theta)$ in die conjugirten Zahlen $\omega^{(\iota)} = \varphi(\theta^{(\iota)})$ übergeht (§§. 162, 163). Ist nun z. B. θ' reell, so nennen wir P_1 eine *reelle* Permutation, weil der Körper Ω' aus lauter reellen Zahlen besteht; zugleich ist ω' in (3) eine reelle, d. h. eine mit lauter reellen Coefficienten ω'_ι behaftete, lineare Function der Coordinaten h_ι. Ist aber θ' imaginär $= p + qi$, so nennen wir P_1 eine *imaginäre* Permutation, weil Ω' ausser reellen auch imaginäre Zahlen enthält; die n Constanten ω'_ι können nicht alle reell sein, und es wird folglich die lineare Function ω' die Form $u + vi$ annehmen, wo u, v reelle lineare Functionen der Coordinaten h_ι bedeuten. In diesem Falle giebt es bekanntlich*) immer eine zweite Permutation P_2, durch welche θ in $\theta'' = p - qi$, und allgemein ω in $\omega'' = u - vi$ übergeht; wir wollen im Folgenden zwei solche Permutationen P_1, P_2 (sowie die Körper Ω', Ω'' und die Functionen ω', ω'') immer ein imaginäres Paar, und u, v das zu demselben gehörige reelle Functionen-Paar nennen. Bezeichnen wir die Anzahl dieser Paare mit $(n - \nu)$, so ist $2(n - \nu)$ die Anzahl der imaginären, und $(2\nu - n)$ diejenige der reellen Permutationen, und ν ist die Gesammtanzahl aller imaginären Paare und aller reellen Permutationen. Es wird sich bald zeigen, dass diese Zahl ν von der grössten Bedeutung für die Theorie der Einheiten ist; sie wird offenbar nur dann $= 1$, wenn Ω der Körper R der rationalen Zahlen oder ein quadratischer Körper von negativer Grundzahl ist; da aber in diesen Fällen, wie oben bemerkt, nur zwei (oder vier oder sechs) Einheiten existiren, so bieten sie kein weiteres Interesse dar, und wir setzen daher im Folgenden voraus, es sei $\nu \geqq 2$.

4. Wir vertheilen nun die n Permutationen P_ι nach Belieben in zwei Classen, doch so, dass jede dieser Classen wenigstens eine Permutation enthält, und dass je zwei Permutationen eines imaginären Paares in eine und dieselbe Classe fallen**); dann gilt,

*) Dies beruht darauf, dass die Gleichung $i^2 + 1 = 0$ in Bezug auf jeden reellen Körper irreductibel ist.

**) Diese Bedingungen würden nur in dem ausgeschlossenen Falle $\nu = 1$ sich *nicht* vereinigen lassen.

wenn c seine frühere Bedeutung behält, und allgemein mit α die zur ersten, mit β die zur zweiten Classe gehörenden Functionen $\omega^{(\iota)}$ bezeichnet werden, der folgende Satz:

Ist a ein beliebig kleiner, b ein beliebig grosser positiver gegebener Werth, so kann man in $\mathfrak{o}$ eine Zahl ω so wählen, dass alle $M(\alpha) < a$, alle $M(\beta) > b$ ausfallen, und dass absolut $N(\omega) < (3\,c)^n$ wird.

Um dies zu beweisen, richten wir unser Augenmerk zunächst ausschliesslich auf die Functionen α der ersten Classe, deren Anzahl wir mit r bezeichnen wollen; indem wir jedes unter ihnen befindliche imaginäre Paar durch das zugehörige reelle Paar ersetzen, jede reelle Function α aber unverändert beibehalten, gelangen wir offenbar zu r reellen Functionen w, die wir in bestimmter Ordnung mit $w_1, w_2 \ldots w_r$ bezeichnen wollen. Ist nun k eine bestimmte positive ganze rationale Zahl, und legt man auf alle mögliche Arten den Coordinaten h_ι Werthe aus der Reihe der $(k+1)$ Zahlen $0, 1, 2 \ldots . (k-1), k$ bei, so erhält man $(k+1)^n$ verschiedene Zahlen ω in $\mathfrak{o}$, für welche alle $M(\alpha) \leqq ck$ ausfallen, und folglich liegen alle zugehörigen Werthe der r Functionen w zwischen $-ck$ und $+ck$. Das durch diese beiden Zahlen $\pm ck$ begrenzte reelle Zahlgebiet wollen wir auf folgende Weise in kleinere Intervalle eintheilen. Da $n > r > 0$, und $k > 0$ ist, so ergiebt sich leicht*), dass die Differenz

$$(k+1)^{\frac{n}{r}} - k^{\frac{n}{r}} > 1$$

ist, und dass folglich zwischen Minuend und Subtrahend mindestens eine positive ganze rationale Zahl m liegt, welche mithin den Bedingungen

$$(k+1)^n > m^r > k^n \tag{6}$$

genügt; setzt man nun zur Abkürzung

$$d = \frac{2\,ck}{m} < \frac{2\,c}{k^{\frac{n}{r}-1}}, \tag{7}$$

so zerfällt das Gebiet aller zwischen den Grenzen $\pm ck$ liegenden reellen Werthe durch Einschaltung der $(m-1)$ Zahlen

---

*) Ist die Constante $s > 1$, so hat die Function $\varphi(x) = (x+1)^s - x^s - 1$, welche für $x = 0$ verschwindet, eine Derivirte $\varphi'(x)$, die für $x \geqq 0$ stets positiv ist, und folglich ist $\varphi(x) > 0$ für $x > 0$.

$$-ck+d, \quad -ck+2d \ldots \quad -ck+(m-1)d$$

in m Intervalle von gleicher Breite d, wobei man diese $(m-1)$ Zahlen selbst nach Belieben dem einen oder anderen der beiden benachbarten Intervalle zurechnen kann. Schreiben wir ferner einem reellen Werthe w die bestimmte *Intervallzahl* s zu, wenn w dem von den beiden Zahlen $-ck+(s-1)d$ und $-ck+sd$ begrenzten Intervalle angehört, so besitzen die zu einer bestimmten Zahl ω gehörenden r Werthe $w_1, w_2 \ldots w_r$ ihre entsprechenden Intervallzahlen $s_1, s_2 \ldots s_r$, und wir dürfen dies kurz so ausdrücken, dass der Zahl ω diese bestimmte *Folge* $s_1, s_2 \ldots s_r$ entspricht. Da jede Intervallzahl s eine der m Zahlen $1, 2 \ldots m$ ist, so ist die Anzahl aller überhaupt denkbaren verschiedenen Folgen $= m^r$, und da dieselbe zufolge (6) *kleiner* ist als die Anzahl $(k+1)^n$ aller von einander verschiedenen Zahlen ω, welche auf die oben angegebene Weise gebildet werden können, so muss es unter den letzteren mindestens zwei verschiedene λ, μ geben, denen *eine und dieselbe* Folge von Intervallzahlen $s_1, s_2 \ldots s_r$ entspricht; es werden daher, wenn man die Werthe der Functionen $w_1, w_2 \ldots w_r$, je nachdem sie der Zahl λ oder der Zahl μ entsprechen, mit $p_1, p_2 \ldots p_r$ oder mit $q_1, q_2 \ldots q_r$ bezeichnet, die absoluten Werthe der Differenzen

$$p_1 - q_1, \quad p_2 - q_2 \ldots p_r - q_r$$

sämmtlich $\leqq d$ sein, weil jedesmal der Minuend und Subtrahend in dasselbe Intervall fallen. Nachdem dieses wichtigste Resultat gewonnen ist, betrachten wir die aus den beiden ungleichen Zahlen λ, μ gebildete Differenz

$$\omega = \lambda - \mu,$$

welche ebenfalls dem Gebiete $\mathfrak{o}$ angehört, aber von Null verschieden ist. Da die Coordinaten von λ und μ der Zahlenreihe $0, 1, 2 \ldots (k-1), k$ angehören, so sind die Coordinaten der Zahl ω absolut $\leqq k$, und folglich erfüllen die n conjugirten Zahlen $\omega^{(\iota)}$ jedenfalls die Bedingungen (4); da ferner die r Grössen w homogene lineare Functionen von den Coordinaten der Zahl ω sind, und diese letzteren durch Subtraction aus den Coordinaten von λ und μ entstehen, so leuchtet ein, dass die der Zahl ω entsprechenden Werthe dieser Functionen die folgenden

$$w_1 = p_1 - q_1, \quad w_2 = p_2 - q_2 \ldots w_r = p_r - q_r,$$

mithin absolut $\leqq d$ sind. Hieraus folgt für die zugehörigen Werthe der in die erste Classe aufgenommenen, mit ω conjugirten Zahlen α, welche entweder mit den Grössen $\dot{w}$ übereinstimmen oder von der Form $w_1 + i w_2$ sind, dass $M(\alpha) \leqq d\sqrt{2}$, also zufolge (7) auch

$$M(\alpha) < \frac{3c}{k^{\frac{n}{r}-1}} \tag{8}$$

ist. Bedeutet nun A das Product dieser r Zahlen α, und B das Product der übrigen $(n-r)$ mit ω conjugirten Zahlen β, so ist $N(\omega) = AB = \pm M(A)\, M(B)$; es folgt aber aus (8), dass $M(A) < (3c)^r k^{r-n}$, und ebenso aus (4), dass $M(B) \leqq c^{n-r} k^{n-r}$ ist; mithin ergiebt sich, dass absolut

$$N(\omega) < (3c)^n \tag{9}$$

ist. Da ferner $N(\omega)$ eine von Null verschiedene ganze rationale Zahl ist, so wird $M(A)\, M(B) \geqq 1$, also $M(B) > (3c)^{-r} k^{n-r}$; greift man nun aus der zweiten Classe eine beliebige Zahl β heraus und setzt $B = \beta B'$, so ist $M(B') \leqq (ck)^{n-r-1}$, und $M(B) = M(\beta)\, M(B')$, mithin

$$M(\beta) > (3c)^{1-n} k. \tag{10}$$

Offenbar kann nun, wie klein auch a, und wie gross auch b gegeben sein mag, die Zahl k zufolge (8) und (10) stets so gross gewählt werden, dass alle $M(\alpha) < a$, alle $M(\beta) > b$ ausfallen, während zufolge (9) immer $N(\omega)$ absolut $< (3c)^n$ wird; was zu beweisen war.

5. Aus dem so eben bewiesenen Satze ergiebt sich, indem man dieselbe Eintheilung der Permutationen P_ι in zwei Classen beibehält, dass man eine nie abreissende Kette von auf einander folgenden, von Null verschiedenen ganzen Zahlen

$$\omega = \eta_1, \eta_2, \eta_3 \ldots \eta_s, \eta_{s+1} \ldots \tag{11}$$

bilden kann, deren Normen absolut $< (3c)^n$ sind, und welche ausserdem noch die zweite Eigenschaft besitzen, dass, wenn mit a_s der kleinste, mit b_s der grösste der n Moduln

$$M(\eta'_s),\quad M(\eta''_s) \ldots M(\eta^{(n)}_s) \tag{12}$$

bezeichnet wird, die Moduln

$$M(\eta'_{s+1}),\quad M(\eta''_{s+1}) \ldots M(\eta^{(n)}_{s+1})$$

stets $< a_s$ oder $> b_s$ ausfallen, je nachdem dieselben der ersten oder der zweiten Classe angehören. Da hieraus $a_{s+1} < a_s$ und

$b_{s+1} > b_s$ folgt, so leuchtet ein, dass bei einer so gebildeten Kette (11) die einem beliebigen Gliede η_s entsprechenden Moduln (12), je nachdem sie der ersten oder zweiten Classe angehören, kleiner resp. grösser sind als *alle* Moduln, die den sämmtlichen vorhergehenden Gliedern $\eta_1, \eta_2 \ldots \eta_{s-1}$ entsprechen. Da nun die Normen aller dieser Zahlen ganze rationale Zahlen und absolut kleiner als die endliche Constante $(3c)^n$ sind, so muss es unter ihnen unendlich viele geben, welche eine und dieselbe, von Null verschiedene Norm m haben, und da die Anzahl der nach m incongruenten Zahlen endlich, nämlich $= (\pm m)^n$ ist, so muss es unter diesen Zahlen der Kette, deren Norm $= m$ ist, auch unendlich viele geben, welche einander congruent nach m sind. Wählen wir nach Belieben zwei solche Zahlen λ, μ aus, von denen λ den früheren, μ den späteren Platz in der Kette einnehmen möge, so ist $\lambda \equiv \mu \pmod{m}$, und da $m = N(\mu)$ durch μ theilbar ist (§. 167, (1)), so ist auch λ durch μ theilbar; setzt man daher $\lambda = \mu\varepsilon$, so ist ε eine ganze Zahl, und da $N(\lambda) = N(\mu)$ eine von Null verschiedene Zahl m ist, so folgt $N(\varepsilon) = 1$, d. h. ε ist eine *Einheit;* da ferner $\lambda^{(\iota)} = \mu^{(\iota)}\varepsilon^{(\iota)}$, also auch $M(\lambda^{(\iota)}) = M(\mu^{(\iota)}) M(\varepsilon^{(\iota)})$ ist, und die Grössen $M(\mu^{(\iota)})$, je nachdem sie der ersten oder zweiten Classe angehören, kleiner resp. grösser als die Grössen $M(\lambda^{(\iota)})$ sind, so ist entsprechend $M(\varepsilon^{(\iota)}) > 1$ oder < 1. Versteht man unter einer *Einheit* im Folgenden stets eine Zahl in $\mathfrak{o}$, deren Norm $= +1$, nicht $= -1$ ist, so haben wir daher folgendes Resultat gewonnen:

Es giebt eine Einheit von der Art, dass die Moduln der mit ihr conjugirten Zahlen in der ersten Classe > 1, *in der zweiten* < 1 *sind.*

6. Von jetzt ab wollen wir, wenn unter den Permutationen P_ι imaginäre Paare vorhanden sind, von jedem solchen Paar nur die eine beibehalten, die andere gänzlich fallen lassen. Es bleiben dann ν Permutationen

$$P_1, P_2 \ldots P_\nu, \tag{13}$$

denen die mit ω conjugirten Zahlen

$$\omega', \omega'' \ldots \omega^{(\nu)}$$

entsprechen. Wir wollen ferner, wenn ε eine Einheit ist, mit dem Zeichen $l_1(\varepsilon)$ den *reellen* Bestandtheil des natürlichen Logarithmen von ε' oder das Doppelte desselben bezeichnen, je nachdem P_1 reell oder imaginär ist, und eine ähnliche Bedeutung soll den

Zeichen $l_2(\varepsilon) \ldots l_\nu(\varepsilon)$ in Bezug auf $P_2 \ldots P_\nu$ beigelegt werden. Nennt man diese ν reellen Grössen der Kürze halber die conjugirten *Logarithmen* der Einheit ε, so kann der zuletzt bewiesene Satz offenbar auch in folgender Form ausgesprochen werden:

Vertheilt man die ν *Permutationen* (13) *nach Belieben in zwei Classen, doch so, dass jede von ihnen mindestens eine Permutation enthält, so giebt es immer eine Einheit, deren Logarithmen positiv oder negativ sind, je nachdem dieselben zu Permutationen der ersten oder zweiten Classe gehören.*

Da die Norm einer Einheit ε, also das Product aller n mit ε conjugirten Zahlen $= 1$ ist, so folgt aus der Definition der Logarithmen von ε, dass ihre Summe

$$l_1(\varepsilon) + l_2(\varepsilon) + \cdots + l_\nu(\varepsilon) = 0 \tag{14}$$

ist, und hieraus ergiebt sich, dass die aus den Logarithmen von ν beliebigen Einheiten $\varepsilon_1, \varepsilon_2 \ldots \varepsilon_\nu$ gebildete Determinante

$$\Sigma \pm l_1(\varepsilon_1) l_2(\varepsilon_2) \ldots l_\nu(\varepsilon_\nu) = 0$$

ist; lässt man aber einen dieser Logarithmen, z. B. den letzten $l_\nu(\varepsilon)$, welcher der Permutation P_ν entspricht, stets weg, und setzt zur Abkürzung die Determinante

$$\Sigma \pm l_1(\varepsilon_1) l_2(\varepsilon_2) \ldots l_{\nu-1}(\varepsilon_{\nu-1}) = L(\varepsilon_1, \varepsilon_2 \ldots \varepsilon_{\nu-1}), \tag{15}$$

so gilt folgender Satz:

Es giebt ein System S *von* $(\nu - 1)$ *unabhängigen, d. h. solchen Einheiten* $\varepsilon_1, \varepsilon_2 \ldots \varepsilon_{\nu-1}$, *für welche die Determinante* $L(\varepsilon_1, \varepsilon_2 \ldots \varepsilon_{\nu-1})$ *positiv ausfällt.*

Da nämlich $\nu \geqq 2$ ist, so folgt aus dem obigen Satze, wenn man P_1 in die erste, alle anderen Permutationen aber in die zweite Classe aufnimmt, die Existenz einer Einheit ε_1, für welche $l_1(\varepsilon_1)$ positiv ausfällt, womit der Fall $\nu = 2$ erledigt ist. Wenn aber $\nu > 2$, und m eine ganze rationale Zahl bedeutet, die $< \nu$, aber > 1 ist, so wollen wir annehmen, man habe schon $(m-1)$ Einheiten $\varepsilon_1, \varepsilon_2 \ldots \varepsilon_{m-1}$ gefunden, für welche die Determinante

$$\Sigma \pm l_1(\varepsilon_1) l_2(\varepsilon_2) \ldots l_{m-1}(\varepsilon_{m-1})$$

einen positiven Werth D_m hat, und wir wollen mit Hülfe desselben Satzes die Existenz einer Einheit ε_m beweisen, für welche auch die Determinante

$$\Sigma \pm l_1(\varepsilon_1) l_2(\varepsilon_2) \ldots l_{m-1}(\varepsilon_{m-1}) l_m(\varepsilon_m)$$

positiv ausfällt. In der That, ordnet man die letztere nach den Logarithmen der neuen Einheit ε_m, so nimmt sie die Form eines Aggregates

$$D_1 l_1(\varepsilon_m) + D_2 l_2(\varepsilon_m) + \cdots + D_{m-1} l_{m-1}(\varepsilon_m) + D_m l_m(\varepsilon_m)$$

an, wo D_m zufolge der Annahme positiv ist, während die übrigen, aus den Logarithmen von $\varepsilon_1, \varepsilon_2 \ldots \varepsilon_{m-1}$ gebildeten Determinanten $D_1, D_2 \ldots D_{m-1}$ positiv, negativ oder auch $= 0$ sein können. Bildet man nun wieder zwei Classen, und nimmt von den m Permutationen $P_1, P_2 \ldots P_m$ alle diejenigen in die erste Classe auf, denen positive Werthe $D_1, D_2 \ldots D_m$ entsprechen, also jedenfalls die Permutation P_m, während die übrigen und die Permutationen $P_{m+1} \ldots P_\nu$, also jedenfalls P_ν, in die zweite Classe fallen, so existirt zufolge des obigen Satzes eine Einheit ε_m, deren Logarithmen positiv oder negativ ausfallen, je nachdem sie der ersten oder zweiten Classe entsprechen; mithin enthält das obige Aggregat mindestens ein positives Glied $D_m l_m(\varepsilon_m)$, und die übrigen Glieder sind nicht negativ, so dass das Aggregat selbst einen positiven Werth erhält, was zu zeigen war. Auf diese Weise kann man offenbar von $m = 2$ bis $m = \nu - 1$ fortschliessen, und so erhält man zuletzt das in dem Satze ausgesprochene Resultat.

7. Wir bilden nun aus einem solchen System S von $(\nu - 1)$ unabhängigen Einheiten $\varepsilon_1, \varepsilon_2 \ldots \varepsilon_{\nu-1}$, indem wir die Exponenten $m_1, m_2 \ldots m_{\nu-1}$ alle ganzen rationalen Zahlen von $-\infty$ bis $+\infty$ durchlaufen lassen, eine *Gruppe* (S) von unendlich vielen Einheiten

$$\sigma = \varepsilon_1^{m_1} \varepsilon_2^{m_2} \ldots \varepsilon_{\nu-1}^{m_{\nu-1}}, \tag{16}$$

welche sich durch Multiplication und Division reproduciren*), und nennen das System S eine Basis der Gruppe (S); dass wirklich je zwei verschiedenen Systemen von Exponenten $m_1, m_2 \ldots m_{\nu-1}$ auch zwei verschiedene Einheiten σ entsprechen, wird sich aus dem Folgenden beiläufig ergeben.

Es fragt sich nun hauptsächlich, ob ausser diesen Einheiten σ noch andere existiren. Ist ε eine beliebige Einheit, so giebt es, weil die Determinante (15) von Null verschieden ist, stets ein und

---

*) Die nachstehenden Untersuchungen bieten eine vollständige und auf leicht ersichtlichen Gründen beruhende Analogie mit der Theorie der endlichen Moduln dar (§. 165).

nur ein System reeller Werthe $e_1, e_2 \ldots e_{\nu-1}$, welche den ν Gleichungen

$$\begin{aligned} e_1 l_1(\varepsilon_1) + e_2 l_1(\varepsilon_2) + \cdots + e_{\nu-1} l_1(\varepsilon_{\nu-1}) &= l_1(\varepsilon) \\ e_1 l_2(\varepsilon_1) + e_2 l_2(\varepsilon_2) + \cdots + e_{\nu-1} l_2(\varepsilon_{\nu-1}) &= l_2(\varepsilon) \\ \cdots\cdots\cdots\cdots\cdots\cdots\cdots & \\ e_1 l_\nu(\varepsilon_1) + e_2 l_\nu(\varepsilon_2) + \cdots + e_{\nu-1} l_\nu(\varepsilon_{\nu-1}) &= l_\nu(\varepsilon) \end{aligned} \tag{17}$$

genügen, deren letzte vermöge (14) eine Folge der übrigen ist. Diese Werthe $e_1, e_2 \ldots e_{\nu-1}$ nennen wir kurz die *Exponenten* der Einheit ε in Bezug auf die Basis S; aus der obigen Definition der Grössen $l_1(\varepsilon), l_2(\varepsilon) \ldots$ folgt offenbar, dass die Exponenten eines Productes von zwei oder mehreren Einheiten durch Addition der entsprechenden Exponenten der Factoren entstehen, und dass die Exponenten der in (16) dargestellten Einheit σ aus der Gruppe (S) die ganzen rationalen Zahlen $m_1, m_2 \ldots m_{\nu-1}$ sind. Sind die Exponenten einer Einheit ε sämmtlich < 1 und nicht negativ, so soll ε eine in Bezug auf S *reducirte* Einheit heissen, und die Grundlage für alles Folgende besteht in dem Satze, dass es nur eine *endliche* Anzahl solcher reducirten Einheiten giebt (zu denen offenbar die Zahl 1 und jede andere in $\mathfrak{o}$ enthaltene *Einheitswurzel* $\sqrt[m]{1}$ gehört). Die Wahrheit desselben leuchtet sofort ein, wenn man in Gedanken die $(\nu-1)$ Grössen $e_1, e_2 \ldots e_{\nu-1}$ in (17) alle reellen Werthe zwischen 0 und 1 durchlaufen lässt, wobei offenbar die linearen Ausdrücke linker Hand absolut kleiner als eine Constante bleiben, welche durch die Coefficienten, also durch die Basis S gegeben ist; dasselbe gilt daher von den Logarithmen einer reducirten Einheit ε, und folglich sind auch die Moduln aller mit ε conjugirten Zahlen kleiner als eine durch S gegebene Constante, woraus (mit Rücksicht auf den obigen Satz 2.) die Richtigkeit unserer Behauptung unmittelbar folgt. Hieran schliessen sich die folgenden Sätze:

Jede beliebige Einheit ε lässt sich stets und nur auf eine einzige Art als ein Product $\varrho\,\sigma$ aus einer reducirten Einheit ϱ und einer Einheit σ aus der Gruppe (S) darstellen.

Denn wenn $\varepsilon = \varrho\,\sigma$, also $\varepsilon\,\sigma^{-1} = \varrho$ eine reducirte Einheit werden soll, so muss man, wenn die Exponenten $e_1, e_2 \ldots e_{\nu-1}$ der Einheit ε gegeben sind, die Exponenten $m_1, m_2 \ldots m_{\nu-1}$ der in der Gruppe (S) enthaltenen Einheit σ als ganze rationale Zahlen so wählen, dass die Exponenten von ϱ, d. h. die Differenzen $e_1 - m_1, e_2 - m_2 \ldots e_{\nu-1} - m_{\nu-1}$ sämmtlich < 1 und nicht negativ werden, was immer und nur auf eine einzige Weise möglich ist; mithin ist σ und folglich auch ϱ durch ε vollständig bestimmt.

Ist r die Anzahl aller von einander verschiedenen, in Bezug auf S reducirten Einheiten ϱ, und ε irgend eine Einheit, so ist ε^r eine in der Gruppe (S) enthaltene Einheit.

Denn wenn $\varrho_1, \varrho_2 \ldots \varrho_r$ die r reducirten Einheiten ϱ sind, so kann man

$$\varepsilon\varrho_1 = \eta_1\sigma_1, \quad \varepsilon\varrho_2 = \eta_2\sigma_2 \ldots \varepsilon\varrho_r = \eta_r\sigma_r$$

setzen, wo $\sigma_1, \sigma_2 \ldots \sigma_r$ der Gruppe (S) angehören, während $\eta_1, \eta_2 \ldots \eta_r$ reducirte Einheiten sind; wäre nun z. B. $\eta_1 = \eta_2$, so wäre auch $\varrho_1\sigma_2 = \varrho_2\sigma_1$, woraus aber nach dem vorhergehenden Satze $\varrho_1 = \varrho_2$ folgen würde, was nicht der Fall ist; mithin sind die r reducirten Einheiten η sämmtlich von einander verschieden, und sie fallen daher in ihrer Gesammtheit, wenn auch in anderer Ordnung, mit den r Einheiten ϱ zusammen; multiplicirt man nun die vorstehenden r Gleichungen, und dividirt man durch das Product der reducirten Einheiten ϱ oder η, so ergiebt sich $\varepsilon^r = \sigma_1\sigma_2 \ldots \sigma_r$, und folglich ist ε^r in (S) enthalten, was zu beweisen war.

8. Die Exponenten von ε^r sind daher immer ganze rationale Zahlen $m_1, m_2 \ldots m_{\nu-1}$, und folglich sind die Exponenten $e_1, e_2 \ldots e_{\nu-1}$ einer jeden Einheit ε stets *rationale* Zahlen mit dem gemeinschaftlichen Nenner r. Sind nun $\delta_1, \delta_2 \ldots \delta_{\nu-1}$ beliebige Einheiten, und bezeichnet man mit $m_{1,s}, m_{2,s} \ldots m_{\nu-1,s}$ die ganzen rationalen Exponenten von δ_s^r, so ist

$$\begin{aligned} r\,l_1(\delta_s) &= m_{1,s}l_1(\varepsilon_1) + \cdots + m_{\nu-1,s}l_1(\varepsilon_{\nu-1}) \\ r\,l_2(\delta_s) &= m_{1,s}l_2(\varepsilon_1) + \cdots + m_{\nu-1,s}l_2(\varepsilon_{\nu-1}) \\ &\ldots\ldots\ldots\ldots\ldots\ldots \end{aligned}$$

und wenn man zur Abkürzung die Determinante

$$\sum \pm m_{1,1}m_{2,2} \ldots m_{\nu-1,\nu-1} = m$$

setzt, so folgt hieraus

$$L(\delta_1, \delta_2 \ldots \delta_{\nu-1}) = \frac{m}{r^{\nu-1}} L(\varepsilon_1, \varepsilon_2 \ldots \varepsilon_{\nu-1}).$$

Da nun m eine *ganze* rationale Zahl und zwar immer positiv ist, wenn $\delta_1, \delta_2 \ldots \delta_{\nu-1}$ ebenfalls ein System von unabhängigen Einheiten bilden, so ergiebt sich die wichtige Folgerung, dass es unter allen Systemen von $(\nu - 1)$ unabhängigen Einheiten $\delta_1, \delta_2 \ldots \delta_{\nu-1}$ ein solches geben muss, für welches die entsprechende Determinante $L(\delta_1, \delta_2 \ldots \delta_{\nu-1})$ einen *Minimalwerth* besitzt. Ein solches System von $(\nu - 1)$ unabhängigen Einheiten soll ein *Fundamentalsystem* heissen.

Wir wollen annehmen, das obige System S der $(\nu - 1)$ unabhängigen Einheiten $\varepsilon_1, \varepsilon_2 \ldots \varepsilon_{\nu-1}$ sei selbst ein solches Fundamentalsystem, es sei also $L(\varepsilon_1, \varepsilon_2 \ldots \varepsilon_{\nu-1})$ der eben erwähnte Minimalwerth, so besitzt S die wichtige (und, wie man hinzufügen könnte, auch charakteristische) Eigenschaft, dass die Exponenten $e_1, e_2 \ldots e_{\nu-1}$ einer jeden in Bezug auf S reducirten Einheit ε sämmtlich $= 0$ sind; wäre nämlich z. B. e_1 von Null verschieden, also positiv und < 1, so würde man, indem man ε_1 durch ε ersetzte, ein System von $(\nu - 1)$ Einheiten $\varepsilon, \varepsilon_2 \ldots \varepsilon_{\nu-1}$ erhalten, für welches die Determinante

$$L(\varepsilon, \varepsilon_2 \ldots \varepsilon_{\nu-1}) = e_1 L(\varepsilon_1, \varepsilon_2 \ldots \varepsilon_{\nu-1}),$$

also kleiner als der Minimalwerth und doch positiv wäre, was unmöglich ist. Bedenkt man jetzt, dass die Exponenten eines Productes zweier Einheiten durch Addition der entsprechenden Exponenten der beiden Factoren entstehen, so folgt hieraus, dass jedes Product aus zwei reducirten Einheiten wieder eine reducirte Einheit ist, weil ihre Exponenten sämmtlich verschwinden. Bezeichnet man daher mit r wieder die Anzahl aller verschiedenen, in Bezug auf S reducirten Einheiten, und mit ϱ irgend eine derselben, so ist ϱ^r eine reducirte Einheit; sie ist aber (zufolge 7.) auch in der Gruppe (S) enthalten, also von der Form (16), und hieraus folgt, dass diese reducirte Einheit

$$\varrho^r = 1 \tag{18}$$

ist, weil ihre Exponenten $m_1, m_2 \ldots m_{\nu-1}$ sämmtlich verschwinden; da umgekehrt, wie schon oben bemerkt, jede in $\mathfrak{o}$ enthaltene Einheitswurzel $\sqrt[m]{1}$ immer eine reducirte Einheit ist, weil ihre Logarithmen und Exponenten sämmtlich verschwinden, so fallen die r reducirten Einheiten ϱ mit allen in $\mathfrak{o}$ enthaltenen Einheitswurzeln zusammen. Da endlich schon (in 7.) gezeigt ist, dass jede Einheit ε von der Form $\varrho\sigma$ ist, wo ϱ eine reducirte, und σ eine Einheit aus der Gruppe (S) bedeutet, so haben wir hiermit den folgenden grossen Satz von *Dirichlet**) bewiesen:

---

*) Monatsbericht der Berliner Akademie vom März 1846. — Man wird sich leicht davon überzeugen, dass derselbe Satz auch dann gilt, wenn $\mathfrak{o}$ nicht das System aller ganzen Zahlen des Körpers, sondern eine beliebige *Ordnung* (§. 172) bedeutet (vergl. die zweite Auflage dieses Werkes, §. 166).

Bezeichnet v die Gesammtanzahl der mit Ω conjugirten reellen Körper, sowie der Paare von imaginären Körpern, so giebt es in $\mathfrak{o}$ immer $(v-1)$ Fundamentaleinheiten von solcher Beschaffenheit, dass, wenn man dieselben beliebig oft in einander multiplicirt und dividirt und dem so gebildeten allgemeinen Product die sämmtlichen in $\mathfrak{o}$ enthaltenen Einheitswurzeln ϱ, deren Anzahl r stets endlich ist, einzeln als Factor zugesellt, alle Einheiten in $\mathfrak{o}$ und zwar jede nur einmal dargestellt werden.

Es leuchtet ein, dass allen Systemen S von $(\nu-1)$ Fundamentaleinheiten $\varepsilon_1, \varepsilon_2 \ldots \varepsilon_{\nu-1}$ nicht bloss derselbe (positive) Minimalwerth $L(\varepsilon_1, \varepsilon_2 \ldots \varepsilon_{\nu-1})$, sondern auch dieselbe Anzahl r der reducirten Einheiten entspricht; bei den meisten Untersuchungen tritt der aus beiden gebildete Quotient

$$\frac{L(\varepsilon_1, \varepsilon_2 \ldots \varepsilon_{\nu-1})}{r} = E \tag{19}$$

auf*), und diese Grösse besitzt für den Körper Ω eine Bedeutung von ähnlicher Wichtigkeit wie seine Grundzahl $D = \Delta(\Omega)$. Durch Betrachtungen, welche den in der Theorie der Moduln angewendeten durchaus analog sind (§. 165, (9)), kann man leicht beweisen, dass dieser Quotient auch denselben Werth E besitzt, wenn $\varepsilon_1, \varepsilon_2 \ldots \varepsilon_{\nu-1}$ irgend ein System S von unabhängigen Einheiten bilden, und r die Anzahl der in Bezug auf S reducirten Einheiten bedeutet; doch können wir hierauf, wie auf viele andere die Theorie der Einheiten betreffende Fragen nicht mehr eingehen.

§. 178.

Der eben bewiesene Satz bildet neben der Theorie der Ideale die wichtigste Grundlage für das tiefere Studium der ganzen Zahlen des Körpers Ω, und er ist unentbehrlich für die wirkliche Bestimmung der *Anzahl der Idealclassen* nach Dirichlet'schen Principien. Die vollständige und allgemeine Lösung dieser grossen Aufgabe, von welcher die Bestimmung der Classenanzahl der quadratischen Formen nur den einfachsten Fall bildet, scheint nach dem heutigen Stande der Wissenschaft noch in weiter Ferne zu liegen, allein mit Hülfe des genannten Satzes gelingt es doch

*) Im Falle $\nu = 1$ giebt es nur reducirte Einheiten, und der Zähler des Quotienten ist $= 1$ zu setzen.

wenigstens, einen wesentlichen Theil derselben zu erledigen und die Classenanzahl als Grenzwerth einer unendlichen Reihe darzustellen. Da die entsprechenden Sätze über die quadratischen Formen (§§. 95, 96, 98) hierdurch abermals in ein helleres Licht gesetzt werden, so wollen wir diese Untersuchung im Folgenden ausführen; hierbei kommt es hauptsächlich darauf an, den nachstehenden Satz zu beweisen.

Ist $\mathfrak{m}$ *ein gegebenes Ideal, und bezeichnet man, wenn t ein beliebiger positiver Werth ist, mit T die zugehörige Anzahl aller derjenigen verschiedenen, durch* $\mathfrak{m}$ *theilbaren Hauptideale, deren Normen nicht grösser als t sind, so wird für unendlich grosse Werthe von t*

$$\lim \frac{T}{t} = \frac{g}{N(\mathfrak{m})}, \tag{1}$$

wo g einen von $\mathfrak{m}$ *unabhängigen, positiven Werth bedeutet.*

Wir bemerken zunächst, dass wir hier (wie am Schlusse des §. 175) ein Ideal $\mathfrak{a}$ nur dann ein Hauptideal nennen, wenn es eine Zahl α von *positiver Norm* giebt, welche zugleich der Bedingung $\mathfrak{o}\alpha = \mathfrak{a}$ genügt. Lassen wir daher α alle ganzen Zahlen von positiver Norm durchlaufen, so werden gewiss alle Hauptideale $\mathfrak{a} = \mathfrak{o}\alpha$ erzeugt werden; ist ferner α_0 eine bestimmte solche Zahl, durch welche das Hauptideal $\mathfrak{a}$ erzeugt wird, und durchläuft ε alle Einheiten, deren Norm (wie in §. 177) $= +1$ ist, so werden alle associirten Zahlen $\alpha = \varepsilon\alpha_0$ und nur diese dasselbe Ideal $\mathfrak{a}$ erzeugen. Abgesehen von dem Falle eines imaginären quadratischen Körpers wird daher durch die Zahlen α jedes Hauptideal unendlich oft erzeugt, und es kommt darauf an, α solchen Bedingungen zu unterwerfen, dass jedes Ideal $\mathfrak{o}\alpha$ nur einmal oder wenigstens nicht unendlich oft auftritt; dies erreicht man, indem man den analytischen Moduln der mit α conjugirten Zahlen $\alpha', \alpha'' \ldots \alpha^{(n)}$ oder deren Logarithmen gewisse Beschränkungen auferlegt. Wir behalten (wie in §. 177, 6.) von je zwei Permutationen, durch welche Ω in ein Paar imaginärer Körper übergeht, nur die eine bei, so dass nur ν Permutationen $P_1, P_2 \ldots P_\nu$ und nur ν conjugirte Zahlen $\alpha', \alpha'' \ldots \alpha^{(\nu)}$ übrig bleiben, welche beziehungsweise den Körpern $\Omega', \Omega'' \ldots \Omega^{(\nu)}$ angehören; wir bezeichnen mit $l_1(\alpha)$ den einfach oder doppelt genommenen *reellen* Bestandtheil der Grösse

$$\log \alpha' - \frac{1}{n} \log N(\alpha), \tag{2}$$

je nachdem P_1 reell oder imaginär ist, und legen den Symbolen

$l_2(\alpha), l_3(\alpha) \ldots l_\nu(\alpha)$ die analoge Bedeutung bei in Bezug auf $P_2, P_3 \ldots P_\nu$. Offenbar harmonirt diese Bezeichnung vollständig mit derjenigen, welche wir im vorigen Paragraphen für *Einheiten* eingeführt haben, und es leuchtet ein, dass auch jetzt allgemein

$$l_1(\alpha) + l_2(\alpha) + \cdots + l_\nu(\alpha) = 0 \tag{3}$$

ist; da ferner $(\alpha\beta)' = \alpha'\beta'$ und $N(\alpha\beta) = N(\alpha)N(\beta)$ ist, so ergiebt sich $l_1(\alpha\beta) = l_1(\alpha) + l_1(\beta)$, und dasselbe gilt für die übrigen $\nu - 1$ Symbole. Wir wählen nun nach Belieben ein System S von $(\nu - 1)$ Fundamentaleinheiten*) $\varepsilon_1, \varepsilon_2 \ldots \varepsilon_{\nu-1}$ und setzen die demselben entsprechende Determinante

$$L(\varepsilon_1, \varepsilon_2 \ldots \varepsilon_{\nu-1}) = rE, \tag{4}$$

wo r wieder die Anzahl der in Bezug auf S reducirten Einheiten bedeutet (§. 177, (15) und (19)); da diese Determinante von Null verschieden ist, so giebt es für jede gegebene Zahl α immer $(\nu - 1)$ vollständig bestimmte zugehörige reelle Werthe $e_1(\alpha), e_2(\alpha) \ldots e_{\nu-1}(\alpha)$, die den ν Gleichungen

$$\begin{array}{c} e_1(\alpha)l_1(\varepsilon_1) + \cdots + e_{\nu-1}(\alpha)l_1(\varepsilon_{\nu-1}) = l_1(\alpha) \\ \ldots\ldots\ldots\ldots\ldots\ldots \\ e_1(\alpha)l_\nu(\varepsilon_1) + \cdots + e_{\nu-1}(\alpha)l_\nu(\varepsilon_{\nu-1}) = l_\nu(\alpha) \end{array} \tag{5}$$

genügen, deren letzte vermöge (3) eine Folge der übrigen ist. Wie wir es im vorigen Paragraphen für Einheiten gethan haben, so nennen wir auch jetzt diese $(\nu - 1)$ reellen Werthe die *Exponenten***) der Zahl α (in Bezug auf S), und aus der oben erwähnten Eigenschaft der Symbole $l_1(\alpha), l_2(\alpha) \ldots$ ergiebt sich offenbar, dass die Exponenten eines Productes $\alpha\beta$ durch Addition der entsprechenden Exponenten der Factoren α, β entstehen. Nennen wir ferner eine Zahl α wieder eine *reducirte* Zahl (in Bezug auf S), wenn ihre Exponenten den Bedingungen

$$0 \leqq e_1(\alpha) < 1, \quad 0 \leqq e_2(\alpha) < 1 \ldots 0 \leqq e_{\nu-1}(\alpha) < 1 \tag{6}$$

---

*) Alles Folgende bleibt ebenso gültig, wenn unter S ein beliebiges System von $(\nu - 1)$ *unabhängigen* Einheiten verstanden wird, und hieraus ergiebt sich beiläufig auch ein Beweis des am Schlusse des §. 177 erwähnten Satzes, dass für alle solche Systeme S der Quotient $L(\varepsilon_1, \varepsilon_2 \ldots \varepsilon_{\nu-1}) : r$ einen und denselben Werth E hat.

**) Auf dieselbe Weise könnten die Exponenten einer jeden (von Null verschiedenen) Zahl des Körpers erklärt werden.

genügen, so folgt hieraus (wie in §. 177, 7.), dass in dem Complex aller Zahlen von der Form $\omega\sigma$, wo ω eine feste Zahl, σ aber jede beliebige Einheit aus der Gruppe (S) bedeutet, sich immer eine und nur eine einzige reducirte Zahl befindet. Bezeichnet man nun mit $\varrho_1, \varrho_2 \ldots \varrho_r$ die reducirten Einheiten, so besteht der Inbegriff aller Einheiten ε aus den r Complexen $\varrho_1\sigma, \varrho_2\sigma \ldots \varrho_r\sigma$, und folglich besteht der Inbegriff aller Zahlen $\alpha = \varepsilon\alpha_0$, welche ein und dasselbe Hauptideal $\mathfrak{o}\alpha = \mathfrak{o}\alpha_0$ erzeugen, aus den r Complexen $\alpha_0\varrho_1\sigma, \alpha_0\varrho_2\sigma \ldots \alpha_0\varrho_r\sigma$; mithin ist r die genaue Anzahl aller verschiedenen reducirten Zahlen, die sich unter diesen Zahlen α befinden. Lässt man daher α *alle* reducirten ganzen Zahlen von positiver Norm durchlaufen, so tritt jedes Hauptideal $\mathfrak{o}\alpha$ genau r mal auf.

Damit ein Hauptideal $\mathfrak{o}\alpha$ durch das gegebene Ideal $\mathfrak{m}$ theilbar sei, ist erforderlich und hinreichend, dass die Zahl α durch $\mathfrak{m}$ theilbar, d. h. in $\mathfrak{m}$ enthalten sei; lässt man daher α alle in $\mathfrak{m}$ enthaltenen reducirten Zahlen von positiver Norm durchlaufen, so wird jedes durch $\mathfrak{m}$ theilbare Hauptideal genau r mal erzeugt. Bezeichnet man nun mit T die Anzahl aller verschiedenen durch $\mathfrak{m}$ theilbaren Hauptideale, deren Normen nicht grösser als t sind, und bedenkt man, dass $N(\alpha)$ zugleich die Norm des durch die Zahl α erzeugten Hauptideals $\mathfrak{o}\alpha$ ist, so folgt hieraus offenbar, dass die Anzahl aller derjenigen in $\mathfrak{m}$ enthaltenen Zahlen α, welche der Bedingung

$$0 < N(\alpha) \leqq t \tag{7}$$

und zugleich den Bedingungen (6) genügen, $= rT$ ist. Um endlich die Bedingung auszudrücken, dass α in $\mathfrak{m}$ enthalten ist, wählen wir nach Belieben n solche Zahlen $\mu_1, \mu_2 \ldots \mu_n$, welche eine Basis des Ideals $\mathfrak{m}$ bilden, so dass

$$\mathfrak{m} = [\mu_1, \mu_2 \ldots \mu_n] \tag{8}$$

ist (§. 176, (7)); die Theilbarkeit von α durch $\mathfrak{m}$ besteht dann in der Existenz eines Systems von n *ganzen rationalen* Zahlen $a_1, a_2 \ldots a_n$, welche der Bedingung

$$\alpha = a_1\mu_1 + a_2\mu_2 + \cdots + a_n\mu_n \tag{9}$$

genügen.

Nachdem die ursprüngliche Definition des Zusammenhangs zwischen der Anzahl T und der Grösse t im Vorstehenden so umgeformt ist, dass rT die genaue Anzahl aller derjenigen Zahlen α angiebt, welche den Bedingungen (6), (7), (9) genügen, gelingt es zu beweisen, dass der Quotient $T:t$ mit unendlich wachsendem t sich einem bestimmten Grenzwerthe nähert, der zunächst in Gestalt eines $n$fachen bestimmten Integrals gewonnen wird. Zu diesem Zweck führen wir ein System x von n *stetigen reellen unabhängigen Veränderlichen* $x_1, x_2 \ldots x_n$ ein, bilden daraus mit Hülfe der obigen Basis des Ideals $\mathfrak{m}$ das System ξ der folgenden, den n Permutationen des Körpers Ω entsprechenden homogenen linearen Functionen

$$\begin{aligned} \xi' &= x_1 \mu_1' + x_2 \mu_2' + \cdots + x_n \mu_n' \\ \xi'' &= x_1 \mu_1'' + x_2 \mu_2'' + \cdots + x_n \mu_n'' \\ &\ldots\ldots\ldots\ldots \\ \xi^{(n)} &= x_1 \mu_1^{(n)} + x_2 \mu_2^{(n)} + \cdots + x_n \mu_n^{(n)} \end{aligned} \tag{10}$$

und setzen deren Product

$$\xi' \xi'' \ldots \xi^{(n)} = u; \tag{11}$$

nach einem früheren Satze (§. 176, (10)) ist

$$\Delta(\mu_1, \mu_2 \ldots \mu_n) = D\,N(\mathfrak{m})^2,$$

wo D wieder die Grundzahl $\Delta(\Omega)$ bedeutet, und folglich ist

$$\Sigma \pm \mu_1' \mu_2'' \ldots \mu_n^{(n)} = N(\mathfrak{m}) \sqrt{D}. \tag{12}$$

Aus den Functionen $\xi', \xi'' \ldots \xi^{(\nu)}$ und u bilden wir ferner Functionen $y_1, y_2 \ldots y_\nu$ und $z_1, z_2 \ldots z_{\nu-1}$ genau nach derselben Regel, nach welcher oben aus den Werthen $\alpha', \alpha'' \ldots \alpha^{(\nu)}$ die Grössen $l_1(\alpha), l_2(\alpha) \ldots l_\nu(\alpha)$ und $e_1(\alpha), e_2(\alpha) \ldots e_{\nu-1}(\alpha)$ gebildet sind; wir verstehen daher z. B. unter y_1 den einfach oder doppelt genommenen reellen Bestandtheil der Grösse

$$\log \xi' - \frac{1}{n} \log u \tag{13}$$

je nachdem der Körper Ω' reell oder imaginär ist; dann ist

$$y_1 + y_2 + \cdots + y_\nu = 0, \tag{14}$$

und die Grössen $z_1, z_2 \ldots z_{\nu-1}$ genügen den Gleichungen

$$\begin{aligned} z_1 l_1(\varepsilon_1) + \cdots + z_{\nu-1} l_1(\varepsilon_{\nu-1}) &= y_1 \\ &\ldots\ldots\ldots \\ z_1 l_\nu(\varepsilon_1) + \cdots + z_{\nu-1} l_\nu(\varepsilon_{\nu-1}) &= y_\nu. \end{aligned} \tag{15}$$

Offenbar entspricht jedem System x von reellen Werthen $x_1, x_2 \ldots x_n$, für welche u nicht verschwindet, ein vollständig bestimmtes System endlicher reeller Werthe $z_1, z_2 \ldots z_{\nu-1}$.

Nach diesen Definitionen beschränken wir die Variabilität der reellen Grössen $x_1, x_2 \ldots x_n$, indem wir dieselben den Bedingungen

$$0 < u \leqq 1 \tag{16}$$

und

$$0 \leqq z_1 < 1, 0 \leqq z_2 < 1 \ldots 0 \leqq z_{\nu-1} < 1 \tag{17}$$

unterwerfen, und bezeichnen mit G den Inbegriff aller Systeme x, welche diesen Bedingungen (16) und (17) genügen. Betrachten wir nun einen bestimmten positiven Werth t und setzen wir den ebenfalls positiven Werth

$$\frac{1}{\sqrt[n]{t}} = \delta, \tag{18}$$

so gewinnt die oben definirte, zu t gehörige Anzahl T oder rT die folgende Bedeutung für unser Gebiet G. Ist α eine bestimmte der rT Zahlen, welche den Bedingungen (6), (7), (9) genügen, so bilden die aus den in (9) auftretenden ganzen rationalen Zahlen $a_1, a_2 \ldots a_n$ durch Multiplication mit δ entstehenden Grössen

$$x_1 = \delta a_1, x_2 = \delta a_2 \ldots x_n = \delta a_n \tag{19}$$

ein dem Gebiet G angehörendes System x; und umgekehrt, wenn ein dem Gebiet G angehörendes System x aus n Zahlen von der Form (19) besteht, wo $a_1, a_2 \ldots a_n$ ganze rationale Zahlen bedeuten, so genügt die aus den letzteren nach (9) gebildete Zahl α auch den Bedingungen (6) und (7). Beides ergiebt sich unmittelbar daraus, dass die Gleichungen (19) auch die folgenden nach sich ziehen:

$$\xi' = \delta \alpha', \xi'' = \delta \alpha'' \ldots \xi^{(n)} = \delta \alpha^{(n)}$$

$$u = \delta^n N(\alpha) = \frac{N(\alpha)}{t};$$

es wird daher auch z. B.

$$\log \xi' - \frac{1}{n} \log u = \log \alpha' - \frac{1}{n} \log N(\alpha),$$

also

$$y_1 = l_1(\alpha), y_2 = l_2(\alpha) \ldots y_\nu = l_\nu(\alpha)$$

und

$$z_1 = e_1(\alpha), z_2 = e_2(\alpha) \ldots z_{\nu-1} = e_{\nu-1}(\alpha);$$

mithin gehen die Bedingungen (16) und (7), und ebenso die Bedingungen (17) und (6) in einander über. Bedenkt man ferner noch, dass je zwei verschiedenen Systemen x von der Form (19) auch zwei verschiedene Zahlen α entsprechen, was auch umgekehrt gilt, so kann man das Resultat der bisherigen Untersuchung dahin aussprechen, dass rT die Anzahl aller derjenigen verschiedenen, dem Gebiete G angehörenden Systeme x ist, für welche die Quotienten

$$\frac{x_1}{\delta}, \frac{x_2}{\delta} \dots \frac{x_n}{\delta}$$

sämmtlich ganze rationale Zahlen sind. Um nun hieraus den gesuchten Grenzwerth abzuleiten, berufen wir uns auf das folgende allgemeine Princip *), welches seinen unmittelbaren Grund in dem Begriff eines vielfachen bestimmten Integrals findet und deshalb keines besonderen Beweises bedarf:

Besitzt das über ein bestimmtes reelles Gebiet G ausgedehnte, aus lauter positiven Elementen gebildete $n$fache Integral

$$J = \int \partial x_1, \partial x_2 \dots \partial x_n \tag{20}$$

einen endlichen Werth, und bezeichnet man, wenn δ eine beliebig kleine positive Grösse ist, mit T' die zugehörige Anzahl aller derjenigen verschiedenen, dem Gebiet G angehörenden Werthsysteme $x_1, x_2 \dots x_n$, welche aus ganzen rationalen Vielfachen der Grösse δ bestehen, so wird für unendlich kleine Werthe von δ

$$\lim (T' \delta^n) = J. \tag{21}$$

In unserem Falle wird das Gebiet G durch die Bedingungen (16) und (17) begrenzt, aus welchen unter Berücksichtigung von (11), (13), (15) leicht folgt, dass innerhalb G die Moduln der n Grössen $\xi', \xi'' \dots \xi^{(n)}$ unterhalb einer endlichen, lediglich von dem benutzten Fundamentalsystem S abhängigen Grösse bleiben; mit Rücksicht auf (10) ergiebt sich hieraus weiter, dass innerhalb G auch die absoluten Werthe der reellen Variabelen $x_1, x_2 \dots x_n$ eine endliche, von S und der Basis des Ideals $\mathfrak{m}$ abhängige Constante nicht überschreiten können, und folglich hat das über G ausgedehnte Integral J ebenfalls einen endlichen Werth. Da ferner nach dem Obigen die in dem vorstehenden Satze mit T' bezeichnete Anzahl in unserem Falle $= rT$, und δ zufolge (18) für unendlich grosse Werthe von t unendlich klein wird, so geht die Gleichung (21) in

---

*) Für den Fall $n = 2$ fällt dasselbe mit dem in §. 120 besprochenen geometrischen Satze zusammen.

$$\lim \frac{T}{t} = \frac{J}{r} \tag{22}$$

über, und es kommt nur noch darauf an, den Werth von J zu ermitteln. Zu diesem Zweck führen wir in dem Integrale an Stelle von $x_1, x_2 \ldots x_n$ ein neues System von n unabhängigen reellen Variabelen ein, und zwar wählen wir für dieselben die schon oben definirten ν Grössen $u, z_1, z_2 \ldots z_{\nu-1}$ und ausserdem noch $(n-\nu)$ Grössen $\varphi_{\nu+1}, \varphi_{\nu+2} \ldots \varphi_n$, welche als Functionen von $x_1, x_2 \ldots x_n$ dadurch vollständig bestimmt sind, dass sie, mit i multiplicirt, die imaginären Theile der Logarithmen von $\xi^{(\nu)}, \xi^{(\nu+1)} \ldots \xi^{(n)}$ bilden und zugleich den Bedingungen

$$0 \leqq \varphi_{\nu+1} < 2\pi, 0 \leqq \varphi_{\nu+2} < 2\pi \ldots 0 \leqq \varphi_n < 2\pi \tag{23}$$

genügen. Zu jedem Systeme x des Gebietes G gehört offenbar ein einziges, den Bedingungen (16), (17), (23) genügendes System der neuen Variabelen. Umgekehrt leuchtet ein, dass durch ein solches Werthsystem $u, z_1, z_2 \ldots z_{\nu-1}, \varphi_{\nu+1} \ldots \varphi_n$ die unter den n Grössen $\xi', \xi'' \ldots \xi^{(n)}$ befindlichen imaginären Paare in der Form $a \pm bi$ mit reellen Werthen a, b vollständig bestimmt sind, während für die übrigen, reellen Grössen nur die absoluten Werthe gegeben werden; es können daher die Vorzeichen dieser $(2\nu - n)$ reellen Grössen noch beliebig, doch mit der aus (16) fliessenden Beschränkung gewählt werden, dass u und folglich auch das Product dieser $(2\nu - n)$ Grössen *positiv* ausfällt. Bedeutet $\varkappa$ die Anzahl der verschiedenen, dieser Forderung genügenden Bestimmungsarten, so leuchtet ein, dass im Allgemeinen

$$\varkappa = 2^{2\nu-n-1}, \tag{24}$$

im Falle $n = 2\nu$ aber, wo alle mit Ω conjugirten Körper imaginär sind,

$$\varkappa = 1 \tag{25}$$

ist. Da ferner jedem so erhaltenen System $\xi', \xi'' \ldots \xi^{(n)}$ offenbar ein einziges dem Gebiete G angehörendes System x entspricht, so ist $\varkappa$ zugleich die Anzahl aller solcher Systeme x, welche einem gegebenen System der neuen Variabelen entsprechen.

Um nun die Transformation des Integrals auszuführen, müssen wir bekanntlich den absoluten Werth der mit

$$\frac{d(x_1, x_2 \ldots x_\nu, \quad x_{\nu+1} \ldots x_n)}{d(u, z_1 \ldots z_{\nu-1}, \varphi_{\nu+1} \ldots \varphi_n)}$$

zu bezeichnenden Functional-Determinante der alten Variabelen in Bezug auf die neuen bestimmen, was wir nach bekannten Sätzen in der Weise ausführen, dass wir bei dem Uebergange von jenen zu diesen noch andere Systeme von Variabelen, und zwar zunächst das der n Grössen $\xi', \xi'' \ldots \xi^{(n)}$ einschalten; hierfür ergiebt sich aus (10) mit Rücksicht auf (12) die Determinante

$$\frac{d(x_1, x_2 \ldots x_n)}{d(\xi', \xi'' \ldots \xi^{(n)})} = \frac{1}{N(\mathfrak{m}) \sqrt{D}}. \tag{26}$$

Wir bezeichnen ferner mit r_1 den Modul von ξ' oder dessen Quadrat, je nachdem P_1 reell oder imaginär ist; im ersten Falle ist $\xi' = \pm r_1$, also $d\xi' = \pm dr_1$; im zweiten Falle erhält man, wenn $P_{\nu+1}$ mit P_1 ein imaginäres Paar bildet,

$$\xi' = \sqrt{r_1}\, e^{-i\varphi_{\nu+1}}, \qquad \xi^{(\nu+1)} = \sqrt{r_1}\, e^{i\varphi_{\nu+1}}$$

$$\frac{\partial \xi'}{\partial r_1} = \frac{1}{2\sqrt{r_1}} e^{-i\varphi_{\nu+1}}, \qquad \frac{\partial \xi^{(\nu+1)}}{\partial r_1} = \frac{1}{2\sqrt{r_1}} e^{i\varphi_{\nu+1}}$$

$$\frac{\partial \xi'}{\partial \varphi_{\nu+1}} = -i\sqrt{r_1}\, e^{-i\varphi_{\nu+1}}, \qquad \frac{\partial \xi^{(\nu+1)}}{\partial \varphi_{\nu+1}} = i\sqrt{r_1}\, e^{i\varphi_{\nu+1}},$$

mithin ist die Determinante

$$\frac{d(\xi', \xi^{(\nu+1)})}{d(r_1, \varphi_{\nu+1})} = i;$$

haben daher $r_2, r_3 \ldots r_\nu$ dieselbe Bedeutung für $\xi'', \xi''' \ldots \xi^{(\nu)}$, wie r_1 für ξ', so ergiebt sich

$$\frac{d(\xi' \ldots \xi^{(\nu)}, \xi^{(\nu+1)} \ldots \xi^{(n)})}{d(r_1 \ldots r_\nu, \quad \varphi_{\nu+1} \ldots \varphi_n)} = \pm i^{n-\nu}, \tag{27}$$

und zugleich leuchtet ein, dass die positive Grösse

$$u = r_1 r_2 \ldots r_\nu \tag{28}$$

ist. Zufolge der Definition (13) ist nun

$$y_1 = \log r_1 - c_1 \log u,$$

wo

$$c_1 = \frac{1}{n} \text{ oder } = \frac{2}{n}$$

zu setzen ist, je nachdem P_1 reell oder imaginär ist; legt man daher den Buchstaben $c_2, c_3 \ldots c_\nu$ die entsprechende Bedeutung für $P_2, P_3 \ldots P_\nu$ bei, so ist

$$c_1 + c_2 + \cdots + c_\nu = 1, \tag{29}$$

und aus den Gleichungen

$$\log r_1 = c_1 \log u + y_1 \ldots \log r_\nu = c_\nu \log u + y_\nu,$$

deren letzte zufolge (14) durch

$$\log r_\nu = c_\nu \log u - y_1 - y_2 - \cdots - y_{\nu-1}$$

zu ersetzen ist, ergiebt sich die Determinante

$$\frac{d(\log r_1, \log r_2 \ldots \log r_\nu)}{d(\log u, \quad y_1 \ldots y_{\nu-1})} = \begin{vmatrix} c_1 & , & 1, & 0 \ldots, & 0 \\ c_2 & , & 0, & 1 \ldots, & 0 \\ \cdot & \cdot & \cdot & \cdot & \cdot \\ c_{\nu-1}, & & 0, & 0 \ldots, & 1 \\ c_\nu & , & -1, & -1 \ldots, & -1 \end{vmatrix} = (-1)^{\nu-1},$$

wie man leicht aus (29) erkennt, wenn man zu der letzten Zeile alle vorhergehenden addirt; dasselbe Resultat kann zufolge (28) auch in der Form

$$\frac{d(r_1, r_2 \ldots r_\nu \ )}{d(u, y_1 \ldots y_{\nu-1})} = (-1)^{\nu-1} \tag{30}$$

dargestellt werden. Da endlich zufolge (15) und (4) die Determinante

$$\frac{d(y_1, y_2 \ldots y_{\nu-1})}{d(z_1, z_2 \ldots z_{\nu-1})} = rE \tag{31}$$

ist, so ergiebt sich durch Zusammensetzung der Gleichungen (26), (27), (30), (31) die gesuchte Determinante

$$\frac{d(x_1, x_2 \ldots x_\nu \ , x_{\nu+1} \ldots x_n)}{d(u \ , z_1 \ldots z_{\nu-1}, \varphi_{\nu+1} \ldots \varphi_n)} = \pm \frac{i^{n-\nu} rE}{N(\mathfrak{m}) \sqrt{D}}. \tag{32}$$

Bezeichnet man mit (D) den absoluten Werth der Grundzahl $D = (-1)^{n-\nu}(D)$, und nimmt $\sqrt{(D)}$ *positiv*, so ist die Constante

$$\frac{rE}{N(\mathfrak{m}) \sqrt{(D)}}$$

der absolute Werth der vorstehenden Determinante; da ferner, wie oben besprochen, jedem Werthsystem der neuen Variabelen $\varkappa$ Systeme x der alten Variabelen entsprechen, so ist das in (20) definirte Integral

$$J = \frac{\varkappa r E}{N(\mathfrak{m}) \sqrt{(D)}} \int \partial u \, \partial z_1 \ldots \partial z_{\nu-1} \, \partial \varphi_{\nu+1} \ldots \partial \varphi_n,$$

wo die $n$fache Integration über alle den Bedingungen (16), (17), (23) genügenden Werthsysteme der neuen Variabelen auszudehnen ist, woraus offenbar

$$J = \frac{\varkappa r E (2\pi)^{n-\nu}}{N(\mathfrak{m}) V(D)} \tag{33}$$

folgt. Setzt man daher die von dem Ideal $\mathfrak{m}$ gänzlich unabhängige Constante

$$\frac{\varkappa E (2\pi)^{n-\nu}}{V(D)} = g, \tag{34}$$

so geht unser obiges Resultat (22) in die Gleichung (1) über, womit unser Satz bewiesen ist. —

Mit Hülfe dieses Fundamentes lassen sich die nachfolgenden Sätze ohne jede Schwierigkeit ableiten; wir machen vorher aber nochmals darauf aufmerksam, dass wir im Vorhergehenden nur diejenigen Hauptideale betrachtet haben, welche durch Zahlen von *positiver* Norm erzeugt werden; wir verstehen demgemäss unter der Hauptclasse den Inbegriff aller *dieser* Hauptideale und fassen überhaupt den Begriff der Idealclasse in demselben Sinne, wie am Schluss des §. 175. Dann gilt folgender Satz:

Ist A irgend eine Idealclasse, und bezeichnet man, wenn t ein beliebiger positiver Werth ist, mit T die Anzahl aller derjenigen in A enthaltenen Ideale, deren Normen nicht grösser als t sind, so wird für unendlich grosse Werthe von t

$$\lim \frac{T}{t} = g. \tag{35}$$

Um dies zu beweisen, wählen wir aus der inversen Classe A^{-1} nach Belieben ein bestimmtes Ideal $\mathfrak{m}$ und setzen $t' = t\,N(\mathfrak{m})$; ist nun $\mathfrak{a}$ ein beliebiges Ideal in A, so ist $\mathfrak{a}\mathfrak{m}$ ein durch $\mathfrak{m}$ theilbares Hauptideal, und umgekehrt ist jedes solche Hauptideal von der Form $\mathfrak{a}\mathfrak{m}$, wo $\mathfrak{a}$ der Classe A angehört; da ferner je zwei verschiedenen Idealen $\mathfrak{a}$ auch zwei verschiedene Ideale $\mathfrak{a}\mathfrak{m}$ entsprechen und umgekehrt, so folgt aus $N(\mathfrak{a}\mathfrak{m}) = N(\mathfrak{a})N(\mathfrak{m})$, dass T zugleich die Anzahl aller derjenigen verschiedenen, durch $\mathfrak{m}$ theilbaren Hauptideale $\mathfrak{a}\mathfrak{m}$ ist, deren Normen nicht grösser als t' sind; wächst nun t, und folglich auch t' über alle Grenzen, so wird zufolge (1)

$$\lim \frac{T}{t'} = \frac{g}{N(\mathfrak{m})},$$

woraus sich der zu beweisende Satz vermöge der Bedeutung von t' unmittelbar ergiebt.

Da der Werth g von der Classe A gänzlich unabhängig ist, und da jedes Ideal einer und nur einer Classe angehört, so folgt hieraus ohne Weiteres der nachstehende Satz:

Bedeutet h die Anzahl aller Idealclassen, und bezeichnet man, wenn t ein beliebiger positiver Werth ist, mit T die Anzahl aller derjenigen verschiedenen Ideale, deren Normen nicht grösser als t sind, so wird für unendlich grosse Werthe von t

$$\lim \frac{T}{t} = g\,h. \tag{36}$$

Verbindet man hiermit das allgemeine, in §. 118 aufgestellte Princip, so ergiebt sich Folgendes:

Bedeutet s eine Variabele, und setzt man die über alle Ideale $\mathfrak{a}$ ausgedehnte unendliche Reihe

$$\Sigma \frac{1}{N(\mathfrak{a})^s} = \Omega(s), \tag{37}$$

so convergirt dieselbe für alle Werthe $s > 1$, und für unendlich kleine Werthe von $(s-1)$ wird

$$\lim (s-1)\,\Omega(s) = g\,h. \tag{38}$$

Hiermit ist, wenn nach (34) der Werth von g aus D und E schon gefunden ist, die Classenanzahl h als Grenzwerth einer unendlichen Reihe dargestellt. Gelingt es, denselben Grenzwerth noch auf eine andere Weise, nämlich unmittelbar aus der Beschaffenheit der im Körper Ω auftretenden Ideale $\mathfrak{a}$ zu bestimmen, so ist damit auch die Classenanzahl h gefunden; dies ist aber bis jetzt nur in sehr wenigen Fällen geglückt, von denen wir einige in den folgenden Paragraphen betrachten wollen, und vermuthlich befinden wir uns noch sehr weit von einer allgemeinen Lösung dieses grossen Problems. Hier wollen wir nur noch die folgenden Bemerkungen hinzufügen.

Aus den Gesetzen, nach welchen alle Ideale $\mathfrak{a}$ aus den sämmtlichen Primidealen $\mathfrak{p}$ durch Multiplication gebildet werden (§. 173), ergiebt sich als unmittelbare Folgerung die Identität

$$\Sigma\,\varphi(\mathfrak{a}) = \Pi \frac{1}{1-\varphi(\mathfrak{p})}, \tag{39}$$

wenn die Function φ die Eigenschaft

$$\varphi(\mathfrak{a}\mathfrak{b}) = \varphi(\mathfrak{a})\,\varphi(\mathfrak{b}) \tag{40}$$

besitzt, und wenn ausserdem die Summe linker Hand einen von der Anordnung ihrer Glieder unabhängigen endlichen Werth besitzt; der Beweis für diese Identität zwischen der Summe und dem unendlichen Producte stimmt vollständig mit demjenigen überein, welchen wir früher (§. 132) für den speciellen Fall $n = 1$ gegeben haben, und kann deshalb hier unterdrückt werden. Für unsere, in (37) definirte Function $\Omega(s)$ ergiebt sich hieraus die folgende zweite Darstellung

$$\Omega(s) = \Pi \frac{1}{1 - \frac{1}{N(\mathfrak{p})^s}}; \tag{41}$$

bedeuten nun, wenn p eine beliebige positive Primzahl im Körper der rationalen Zahlen ist, $\mathfrak{p}_1, \mathfrak{p}_2 \ldots \mathfrak{p}_e$ die von einander verschiedenen, in p aufgehenden Primideale, und $n_1, n_2 \ldots n_e$ deren Grade (§. 171, 10.), so nimmt diese Gleichung die folgende Gestalt an

$$\Omega(s) = \Pi \left(\frac{1}{1 - p^{-sn_1}} \cdot \frac{1}{1 - p^{-sn_2}} \cdots \frac{1}{1 - p^{-sn_e}} \right), \tag{42}$$

wo das Product über alle Primzahlen p zu erstrecken ist. Bezeichnet man ferner, wenn m eine beliebige positive ganze rationale Zahl ist, mit $F(m)$ die Anzahl aller derjenigen verschiedenen Ideale, deren Norm $= m$ ist, so ist offenbar

$$\Omega(s) = \Sigma \frac{F(m)}{m^s}, \tag{43}$$

und man erkennt leicht, dass für je zwei relative Primzahlen m', m'' stets

$$F(m' m'') = F(m') F(m'') \tag{44}$$

ist, während die unendliche Reihe

$$1 + \frac{F(p)}{p^s} + \frac{F(p^2)}{p^{2s}} + \frac{F(p^3)}{p^{3s}} + \cdots \tag{45}$$

mit dem allgemeinen Factor des Productes (42) übereinstimmt. Ausserdem geht aus (36) hervor, dass für unendlich grosse Werthe von m

$$\lim \frac{F(1) + F(2) + \cdots + F(m)}{m} = gh \tag{46}$$

ist.

Aus jeder Function $F(m)$ kann man, wie aus §. 138 leicht hervorgeht, immer eine und nur eine Function $f(m)$ ableiten, welche die Eigenschaft besitzt, dass die über alle Divisoren m' einer beliebigen Zahl m ausgedehnte Summe

$$\Sigma f(m') = F(m) \tag{47}$$

wird. In unserem Falle, wo $F(m)$ nur positive Werthe hat oder verschwindet, geht hiermit die Darstellung (43) in

$$\Omega(s) = \left(\Sigma \frac{1}{m^s}\right) \times \left(\Sigma \frac{f(m)}{m^s}\right) \tag{48}$$

über*), und da (nach §. 117) für unendlich kleine positive Werthe von $(s-1)$

$$\lim \Sigma \frac{s-1}{m^s} = 1$$

ist, so wird zufolge (38)

$$gh = \lim \Sigma \frac{f(m)}{m^s}; \tag{49}$$

convergirt die nach wachsenden m geordnete Reihe rechter Hand auch noch für $s = 1$, was (nach §. 101) z. B. stets dann eintritt, wenn die Summe

$$f(1) + f(2) + \cdots + f(m) \tag{50}$$

ihrem absoluten Betrage nach unterhalb einer endlichen Constanten bleibt, so folgt aus dem Schlusssatze des §. 143, dass

$$gh = \Sigma \frac{f(m)}{m} \tag{51}$$

ist; unter der speciellen Voraussetzung (50) lässt sich dasselbe Resultat nach dem ersten Satze des §. 143 auch unmittelbar aus (46) und (47) ohne Einführung der Variabelen s ableiten. Wir bemerken beiläufig noch, dass die in (44) angegebene Eigenschaft der Function $F(m)$ immer auch auf die Function $f(m)$ übergeht (und umgekehrt).

Tiefere Untersuchungen, zu denen z. B. die über die Geschlechter der quadratischen Formen (Supplement IV) und die über die Vertheilung der Primideale auf die verschiedenen Idealclassen gehören**), knüpfen sich an die Betrachtung allgemeinerer Reihen und Producte, welche aus (39) hervorgehen, wenn man

---

*) Vergl. *G. Cantor: Zur Theorie der zahlentheoretischen Functionen* (Nachr. v. d. Ges. d. W. zu Göttingen vom 7. Febr. 1880).

**) Vergl. die schon in §. 137 citirte Abhandlung von *Dirichlet* (Crelle's Journal, Bd. 21, S. 98).

$$\varphi(\mathfrak{a}) = \frac{\chi(\mathfrak{a})}{N(\mathfrak{a})^s}$$

setzt, wo die Function $\chi(\mathfrak{a})$ ausser der Eigenschaft (40) noch die andere besitzt, für alle derselben Classe A angehörenden Ideale $\mathfrak{a}$ denselben Werth anzunehmen, welcher mithin zweckmässig durch $\chi(A)$ bezeichnet wird und offenbar immer eine h^{te} Wurzel der Einheit ist. Solche Functionen χ, die man im erweiterten Sinn *Charaktere* nennen kann, existiren immer, und zwar geht aus den am Schlusse des §. 149 erwähnten Sätzen leicht hervor, dass die Classenanzahl h zugleich die Anzahl aller verschiedenen Charaktere $\chi_1, \chi_2 \ldots \chi_h$ ist, und dass jede Classe A durch die ihr entsprechenden h Werthe $\chi_1(A), \chi_2(A) \ldots \chi_h(A)$ vollständig charakterisirt, d. h. von allen anderen Classen unterschieden wird. Setzt man noch die über alle Ideale $\mathfrak{a}$ der Classe A ausgedehnte Summe

$$\Sigma \frac{1}{N(\mathfrak{a})^s} = A(s),$$

und bezeichnet mit $A_1, A_2 \ldots A_h$ alle verschiedenen Classen, so nimmt für den Charakter χ die Gleichung (39) die Form

$$\chi(A_1)A_1(s) + \cdots + \chi(A_h)A_h(s) = \Pi \frac{1}{1 - \chi(\mathfrak{p})N(\mathfrak{p})^{-s}}$$

an; auf die Folgerungen, welche sich aus der Betrachtung dieser h Ausdrücke und deren Logarithmen ergeben, können wir aber hier nicht mehr eingehen.

§. 179.

Um den Nutzen und die Bedeutung unserer bisherigen Untersuchungen erkennen zu lassen, deren Resultate nur die ersten Elemente einer allgemeinen Zahlentheorie bilden, wollen wir dieselben auf zwei bestimmte Beispiele anwenden, die zugleich in unmittelbarem Zusammenhange mit dem Hauptgegenstande dieses Werkes stehen. Als erstes Beispiel wählen wir den classischen Fall der Kreistheilung, an welchem Kummer zuerst seine Schöpfung der idealen Zahlen mit dem schönsten Erfolge durchgeführt hat*).

*) Die bezüglichen, zuerst in Crelle's Journal (Bdde. 35, 40) veröffentlichten Untersuchungen sind zusammengestellt in der Abhandlung: *Sur la*

Es sei m eine ungerade Primzahl, θ eine primitive Wurzel der Gleichung

$$\theta^m = 1, \tag{1}$$

und n der Grad des Körpers Ω, der aus allen durch θ rational darstellbaren Zahlen besteht. Setzen wir (nach §. 139)

$$f(t) = \frac{t^m - 1}{t - 1} = (t - \theta)(t - \theta^2) \ldots (t - \theta^{m-1}), \tag{2}$$

wo t eine Variabele bedeutet, so ist $f(\theta) = 0$, und da die Coefficienten dieser Gleichung rational sind, so ist $n \leqq m - 1$. Um n genau zu bestimmen, setzen wir $t = 1$, wodurch wir

$$m = (1 - \theta)(1 - \theta^2) \ldots (1 - \theta^{m-1}) \tag{3}$$

erhalten; da θ eine ganze Zahl ist, so gilt dasselbe von den $(m - 1)$ Factoren $1 - \theta^r$, und man erkennt leicht, dass dieselben mit einander associirt sind; denn wählt man die positive ganze Zahl s so, dass $rs \equiv 1 \pmod{m}$, also $1 - \theta = 1 - \theta^{rs}$ wird, so ist gleichzeitig

$$\frac{1 - \theta^r}{1 - \theta} = 1 + \theta + \theta^2 + \cdots + \theta^{r-1}$$

und

$$\frac{1 - \theta}{1 - \theta^r} = 1 + \theta^r + \theta^{2r} + \cdots + \theta^{(s-1)r},$$

mithin ist jede der beiden Zahlen $1 - \theta$ und $1 - \theta^r$ durch die andere theilbar. Setzt man daher

$$1 - \theta = \mu, \tag{4}$$

so geht die Gleichung (3) in

$$m = \varepsilon \mu^{m-1} \tag{5}$$

über, wo ε eine *Einheit* bedeutet. Da alle mit Ω conjugirten Körper zufolge (2) imaginär, und folglich alle Normen positiv sind, so folgt hieraus

$$m^n = N(\mu)^{m-1},$$

mithin ist die ganze rationale Zahl $N(\mu)$ selbst eine Potenz der Primzahl m; setzt man nun $N(\mu) = m^a$, so folgt $n = a(m - 1)$,

---

théorie des nombres complexes composés de racines de l'unité et de nombres entiers (Liouville's Journal, Bd. 16. 1851), und eine Ergänzung derselben findet sich in der Abhandlung: *Ueber die den Gaussischen Perioden der Kreistheilung entsprechenden Congruenzwurzeln* (Borchardt's Journal, Bd. 53). — Vergl. *Bachmann: Die Lehre von der Kreistheilung* (Vorl. 17, 18).

und da, wie oben bemerkt, $n \leqq m - 1$ ist, so ergiebt sich $a = 1$, mithin

$$n = m - 1, \quad N(\mu) = m. \tag{6}$$

Die in (2) definirte Function $f(t)$ ist daher *irreductibel* *), und die Zahlen $1, \theta, \theta^2 \ldots \theta^{m-2}$ bilden eine Basis des Körpers Ω; um ihre Discriminante zu bestimmen, multipliciren wir die Gleichung (2) mit $t - 1$, differentiiren nach t und setzen $t = \theta$, wodurch wir

$$(\theta - 1) f'(\theta) = m \theta^{m-1}$$

erhalten; da $N(\theta - 1) = m$, und θ zufolge (1) eine Einheit ist, so ergiebt sich

$$N(f'(\theta)) = m^{m-2},$$

und hieraus (nach §. 164, (8))

$$\Delta(1, \theta, \theta^2 \ldots \theta^{m-2}) = (-1)^{\frac{m-1}{2}} m^{m-2}. \tag{7}$$

Wir bezeichnen nun wieder mit $\mathfrak{o}$ das System aller ganzen Zahlen des Körpers Ω und gehen darauf aus, eine Basis von $\mathfrak{o}$ und damit zugleich die Grundzahl D des Körpers zu finden. Zu diesem Zweck bemerken wir zunächst, dass $\mathfrak{o}\mu$ ein *Primideal ersten Grades* ist; bedeutet nämlich $\mathfrak{a}$ irgend ein in μ aufgehendes Primideal, so ist $\mathfrak{o}\mu = \mathfrak{a}\mathfrak{b}$, also $N(\mathfrak{a}) N(\mathfrak{b}) = N(\mu) = m$; da aber m eine rationale Primzahl, und $N(\mathfrak{a}) > 1$ ist, so muss $N(\mathfrak{a}) = m$, $N(\mathfrak{b}) = 1$, mithin $\mathfrak{b} = \mathfrak{o}$, und $\mathfrak{a} = \mathfrak{o}\mu$ sein, wie behauptet war. Zufolge (5) ist ferner

$$\mathfrak{o} m = (\mathfrak{o}\mu)^{m-1}, \tag{8}$$

und hiermit ist die Zerlegung von $\mathfrak{o} m$ in Primfactoren gefunden. Ausserdem leuchtet (nach §. 171, 10.) ein, dass alle durch μ theilbaren *rationalen* Zahlen auch durch m theilbar sind. Hieraus ergiebt sich das wichtige Resultat, dass, wenn die $m - 1$ ganzen rationalen Zahlen $a_0, a_1, a_2 \ldots a_{m-2}$ nicht alle durch m theilbar sind, auch die Zahl

$$\alpha = a_0 + a_1 \mu + a_2 \mu^2 + \cdots + a_{m-2} \mu^{m-2}$$

nicht durch m theilbar sein kann; denn wenn $a_0, a_1 \ldots a_{r-1}$ durch m theilbar sind, während a_r nicht durch m und folglich auch nicht durch μ theilbar ist, so ist α offenbar durch μ^r, aber nicht durch μ^{r+1}, also auch nicht durch m theilbar.

Setzt man den Modul $[1, \mu, \mu^2 \ldots \mu^{m-2}] = \mathfrak{m}$, so kann man diesen Satz auch so aussprechen, dass jede durch m theilbare Zahl α des Moduls $\mathfrak{m}$ gewiss von der Form $m\beta$ ist, wo β ebenfalls

---

*) *Gauss: D. A.* art. 341.

dem Modul $\mathfrak{m}$ angehört. Nun geht aus (4) unmittelbar hervor, dass die Potenzen $1, \theta, \theta^2 \ldots \theta^{m-2}$ ebenfalls eine Basis von $\mathfrak{m}$ bilden, und da dieselbe auch irreductibel ist, so folgt, dass die ganzen rationalen Zahlen $x_0, x_1, x_2 \ldots x_{m-2}$ sämmtlich durch m theilbar sein müssen, wenn die Zahl

$$\alpha = x_0 + x_1\theta + x_2\theta^2 + \cdots + x_{m-2}\theta^{m-2}$$

durch m theilbar sein soll. Ist daher ω eine beliebige *ganze* Zahl des Körpers Ω, und bringt man dieselbe, was stets möglich ist, auf die Form

$$\omega = \frac{x_0 + x_1\theta + \cdots + x_{m-2}\theta^{m-2}}{k} = \frac{\alpha}{k},$$

wo $k, x_0, x_1 \ldots x_{m-2}$ ganze rationale Zahlen *ohne gemeinschaftlichen Theiler* bedeuten, so kann k niemals durch m theilbar sein. Andererseits wissen wir (nach §. 166, (1)), dass k^2 in der Discriminante (7) aufgehen muss und folglich keinen von m verschiedenen Primfactor enthalten kann. Mithin ist $k = \pm 1$; jede ganze Zahl ω ist daher in $\mathfrak{m}$ enthalten, und da umgekehrt $\mathfrak{m}$ nur ganze Zahlen enthält, so folgt

$$\mathfrak{o} = [1, \theta, \theta^2 \ldots \theta^{m-2}] \tag{9}$$

und

$$D = \Delta(\Omega) = (-1)^{\frac{m-1}{2}} m^{m-2}. \tag{10}$$

Die mit θ conjugirten Zahlen sind zufolge (2) die $m-1$ Potenzen $\theta, \theta^2 \ldots \theta^{m-1}$, d. h. alle *primitiven* Wurzeln der Gleichung (1); da dieselben ebenfalls dem Körper Ω angehören, so sind alle mit Ω conjugirten Körper identisch mit Ω, d. h. Ω ist ein *Normalkörper* (§. 163); seine Permutationen lassen sich mit einander zusammensetzen und bilden daher eine *Gruppe;* geht ferner θ durch die Permutationen R, S resp. in θ^r, θ^s über, so geht θ sowohl durch RS, als auch durch SR in θ^{rs} über, und folglich ist $RS = SR$; Normalkörper, deren Permutationen diese Eigenschaft besitzen, werden zweckmässig *Abel'sche Körper* genannt*). Um eine für das Folgende geeignete Bezeichnung dieser Permutationen zu gewinnen, wählen wir nach Belieben eine bestimmte *primitive Wurzel* c der Primzahl m als Basis eines Systems von

---

*) *Mémoire sur une classe particulière d'équations résolubles algébriquement* (OEuvres complètes de *Abel*, t. 1, p. 114 oder Crelle's Journal, Bd. 4).

Indices (§. 30); ist r eine durch m nicht theilbare ganze rationale Zahl, so setzen wir der Kürze halber

$$\text{Ind. } r = r', \quad \text{also } r \equiv c^{r'} (\text{mod. } m) \tag{11}$$

und bezeichnen mit $P_{r'}$ diejenige Permutation, durch welche θ in θ^r übergeht; hierbei darf der Index r', den wir auch den Index dieser Permutation nennen, durch jede beliebige Zahl ersetzt werden, welche $\equiv r'$ (mod. $m-1$) ist. Gleichzeitig soll die Zahl, in welche eine beliebige Zahl ω des Körpers durch $P_{r'}$ übergeht, durch $\omega_{r'}$ bezeichnet werden; bedeutet daher $\varphi(t)$ irgend eine ganze Function von t mit *rationalen* Coefficienten, so ist gleichzeitig

$$\omega = \varphi(\theta) \text{ und } \omega_{r'} = \varphi(\theta^r); \tag{12}$$

offenbar ist $\omega_0 = \omega$, und der obige Satz $RS = SR$ wird durch die Gleichung

$$(\omega_{r'})_{s'} = (\omega_{s'})_{r'} = \omega_{(rs)'} = \omega_{r'+s'} \tag{13}$$

ausgedrückt. Setzen wir ferner

$$n = m - 1 = 2\nu, \tag{14}$$

so ist

$$(-1)' \equiv \nu, \quad (-r)' \equiv r' + \nu \text{ (mod. } 2\nu), \tag{15}$$

und es bilden je zwei Permutationen $P_{r'}$ und $P_{r'+\nu}$, durch welche θ in θ^r und θ^{-r} übergeht, ein imaginäres Paar (§. 177, 3.).

Wir gehen jetzt zur Bestimmung aller von $\mathfrak{o}\mu$ verschiedenen Primideale $\mathfrak{p}$ über und bemerken zunächst, dass aus

$$\theta^r \equiv \theta^s \text{ (mod. } \mathfrak{p}) \text{ stets } r \equiv s \text{ (mod. } m), \tag{16}$$

also $\theta^r = \theta^s$ folgt, weil sonst die Zahl $\theta^r - \theta^s = \theta^r(1 - \theta^{s-r})$ associirt mit μ und folglich nicht theilbar durch $\mathfrak{p}$ wäre; es sind daher die m Potenzen

$$1, \theta, \theta^2, \theta^3 \ldots \theta^{m-1},$$

oder, was dasselbe sagt, die Zahlen

$$1, \theta_0, \theta_1, \theta_2 \ldots \theta_{m-2}$$

sämmtlich *incongruent* nach $\mathfrak{p}$. Bezeichnen wir nun mit p die durch $\mathfrak{p}$ theilbare positive rationale Primzahl (§. 171, 10.), so ist p verschieden von m, weil m nur durch das einzige Primideal $\mathfrak{o}\mu$ theilbar ist; es sei ferner f der Exponent, zu welchem p nach dem Modul m *gehört* (§. 28), d. h. es sei f die kleinste positive Zahl, welche der Congruenz

$$p^f \equiv 1 \text{ (mod. } m), \tag{17}$$

also auch der Congruenz

$$f p' \equiv 0 \pmod{2\nu} \tag{18}$$

genügt, so ist

$$2\nu = m - 1 = e f, \tag{19}$$

und e ist der grösste gemeinschaftliche Theiler von p' und 2ν (§§. 29, 30).

Sind nun $\alpha, \beta, \gamma \ldots$ beliebige ganze Zahlen, so folgt aus einer bekannten Eigenschaft der Binomialcoefficienten (§. 20), dass immer

$$(\alpha + \beta + \gamma + \cdots)^p \equiv \alpha^p + \beta^p + \gamma^p + \cdots \pmod{p}$$

ist; bezeichnet man daher mit $\varphi(t)$ eine beliebige ganze Function der Variabelen t mit ganzen *rationalen* Coefficienten a und bedenkt, dass nach dem Fermat'schen Satze (§. 19) immer $a^p \equiv a \pmod{p}$ ist, so erhält man den für jede ganze Zahl α gültigen Satz

$$\varphi(\alpha)^p \equiv \varphi(\alpha^p) \pmod{p}. \tag{20}$$

Wenden wir denselben auf den Fall $\alpha = \theta$ an, so ergiebt sich mit Rücksicht auf (9) und (12), dass für *jede* in unserem Gebiete $\mathfrak{o}$ enthaltene Zahl ω die Congruenz

$$\omega^p \equiv \omega_{p'} \pmod{p} \tag{21}$$

gilt, aus welcher durch fortgesetzte Erhebung zur p^{ten} Potenz nach (13) die allgemeinere Congruenz

$$\omega^{p^r} \equiv \omega_{rp'} \pmod{p} \tag{22}$$

folgt; da nun fp' zufolge (18) durch 2ν theilbar, also $\omega_{fp'} = \omega$ ist, so erhält man das Resultat

$$\omega^{p^f} \equiv \omega \pmod{p}. \tag{23}$$

Hieraus schliessen wir zunächst, dass $\mathfrak{o}p$ entweder ein Primideal oder ein Product von lauter *verschiedenen* Primidealen ist; nehmen wir nämlich im Gegentheil an, es sei p durch das Quadrat eines Primideals $\mathfrak{p}$ theilbar, so ist $\mathfrak{o}p = \mathfrak{p}^2\mathfrak{q}$, und da $\mathfrak{p}\mathfrak{q}$ ein *echter* Theiler von $\mathfrak{o}p$ ist, so giebt es eine Zahl ω, welche durch $\mathfrak{p}\mathfrak{q}$, aber nicht durch p theilbar ist; dann ist ω^2 und folglich auch ω^{p^f} theilbar durch $\mathfrak{p}^2\mathfrak{q}^2 = p\mathfrak{q}$, also auch durch p; allein dies widerspricht der Congruenz (23), weil ω nicht durch p theilbar ist. Unsere Annahme ist daher unzulässig.

Da ferner $\mathfrak{p}$ in p aufgeht, so genügt jede ganze Zahl ω auch der Congruenz

$$\omega^{p^f} \equiv \omega \pmod{\mathfrak{p}}, \tag{24}$$

d. h. die Anzahl der incongruenten Wurzeln ω dieser Congruenz vom Grade p^f ist $= (\mathfrak{o}, \mathfrak{p}) = N(\mathfrak{p})$, und folglich ist

$$N(\mathfrak{p}) \leqq p^f, \tag{25}$$

weil in Bezug auf ein *Primideal* eine Congruenz r^{ten} Grades niemals mehr als r incongruente Wurzeln haben kann (vergl. §. 26 und den Schluss von §. 174). Nach dem verallgemeinerten Fermat'schen Satze (§. 174, 10.) ist ferner

$$\theta^{N(\mathfrak{p})} \equiv \theta \pmod{\mathfrak{p}},$$

woraus wir nach (16) folgern, dass

$$N(\mathfrak{p}) \equiv 1 \pmod{m} \tag{26}$$

ist. Nun wissen wir (nach §. 171, 10.), dass $N(\mathfrak{p})$ eine Potenz von p mit positivem Exponenten ist, und da unter allen solchen Potenzen, welche durch m dividirt den Rest 1 lassen, p^f die kleinste ist, so muss $N(\mathfrak{p}) \geqq p^f$ sein, woraus mit Rücksicht auf (25) folgt, dass

$$N(\mathfrak{p}) = p^f \tag{27}$$

ist. Mithin ist der Exponent f, zu welchem die Primzahl p nach dem Modul m gehört, zugleich der *Grad* eines jeden in p aufgehenden Primideals $\mathfrak{p}$; da ferner

$$N(p) = p^{m-1} = p^{ef}$$

ist, so erhalten wir die Zerlegung

$$\mathfrak{o}p = \mathfrak{p}\mathfrak{p}_1\mathfrak{p}_2 \ldots \mathfrak{p}_{e-1}, \tag{28}$$

wo $\mathfrak{p}, \mathfrak{p}_1, \mathfrak{p}_2 \ldots \mathfrak{p}_{e-1}$ von einander verschiedene Primideale vom Grade f bedeuten*).

---

*) Ist m eine beliebige Zahl, so hat der aus einer primitiven Wurzel θ der Gleichung (1) entspringende Körper Ω den Grad $\varphi(m)$; ist p eine Primzahl, p' die höchste in $m = p'm'$ aufgehende Potenz von p, und gehört p zum Exponenten $f \pmod{m'}$, so ist $\varphi(m') = ef$ (§. 28), und

$$\mathfrak{o}p = (\mathfrak{p}_1\mathfrak{p}_2 \ldots \mathfrak{p}_e)^{\varphi(p')},$$

wo $\mathfrak{p}_1, \mathfrak{p}_2 \ldots \mathfrak{p}_e$ von einander verschiedene Primideale vom Grade f bedeuten; ist ferner $p' > 1$, so ist

$$\mathfrak{o}(1 - \theta^{m'}) = \mathfrak{p}_1\mathfrak{p}_2 \ldots \mathfrak{p}_e.$$

Vergl. *Kummer: Theorie der idealen Primfactoren der complexen Zahlen, welche aus den Wurzeln der Gleichung* $\omega^n = 1$ *gebildet sind, wenn n eine*

Hiermit ist die Natur aller in unserem Körper Ω auftretenden Primideale erkannt, und dies Resultat reicht aus für die Bestimmung der Anzahl der Idealclassen; bevor wir aber zu dieser Untersuchung übergehen, wollen wir noch einige Bemerkungen über die Zerlegung (28) hinzufügen, um wenigstens an dieser Stelle einen Einblick in die Beziehungen unserer Theorie zu derjenigen der höheren Congruenzen zu geben.

Da $f(\theta) = 0$, also auch $\equiv 0$ (mod. $\mathfrak{p}$) ist, so giebt es ganze Functionen von t, deren Coefficienten ganze rationale Zahlen, aber nicht alle durch p theilbar sind, und welche für $t = \theta$ durch $\mathfrak{p}$ theilbar werden; ist $F(t)$ unter diesen Functionen eine solche, welche den *niedrigsten Grad* hat, so kann ihr höchster Coefficient nicht durch p theilbar sein, und wir dürfen annehmen, dass derselbe $= 1$ ist; denn wenn dies noch nicht der Fall ist, so kann man die Function (nach §. 22) durch Multiplication mit einer ganzen rationalen Zahl in eine andere verwandeln, deren höchster Coefficient $\equiv 1$ (mod. p) ist, und hierauf durch Weglassung eines Vielfachen von p die gewünschte Form erhalten. Ist nun $\omega = \varphi(\theta)$ eine beliebige Zahl in $\mathfrak{o}$, und $\varphi_1(t)$ der bei der Division von $\varphi(t)$ durch $F(t)$ auftretende Rest, so folgt aus

$$F(\theta) \equiv 0 \text{ (mod. } \mathfrak{p}), \tag{29}$$

dass

$$\omega \equiv \varphi_1(\theta) \text{ (mod. } \mathfrak{p}) \tag{30}$$

ist; da ferner zwei solche Zahlen $\varphi_1(\theta)$ zufolge der Definition von $F(t)$ nur dann nach $\mathfrak{p}$ congruent sind, wenn die rationalen Coefficienten der einen mit den entsprechenden der anderen nach p congruent sind, so erhält man offenbar für $\mathfrak{p}$ ein vollständiges System incongruenter Zahlen $\varphi_1(\theta)$, wenn man jeden Coefficienten

---

zusammengesetzte Zahl ist (Abh. d. Berliner Ak. 1856). — Für alle in einem solchen Körper Ω als Divisoren enthaltenen Körper, zu denen auch die quadratischen Körper gehören, ist das Resultat vom Herausgeber angegeben (*Sur la théorie des nombres entiers algébriques*, §. 27, und Compte rendu der Pariser Ak. vom 24. Mai 1880); über specielle Fälle solcher Divisoren vergl. *Eisenstein: Allgemeine Untersuchungen über die Formen dritten Grades mit drei Variabeln, welche der Kreistheilung ihre Entstehung verdanken* (Crelle's Journ. Bd. 28); *Fuchs: Ueber die aus Einheitswurzeln gebildeten complexen Zahlen von periodischem Verhalten, insbesondere die Bestimmung der Klassenanzahl derselben* (Borchardt's Journ. Bd. 65); *Bachmann: Die Theorie der complexen Zahlen, welche aus zwei Quadratwurzeln zusammengesetzt sind* (Berlin 1867).

ein vollständiges Restsystem nach p durchlaufen lässt; die Anzahl $(\mathfrak{o}, \mathfrak{p})$ ist daher eine Potenz von p, deren Exponent gleich der Anzahl dieser Coefficienten, also gleich dem Grade der Function $F(t)$ ist; da aber $(\mathfrak{o}, \mathfrak{p}) = N(\mathfrak{p}) = p^f$ ist, so ergiebt sich, dass f der *Grad* von $F(t)$ ist*).

Bildet man ebenso für die übrigen Primideale $\mathfrak{p}_1, \mathfrak{p}_2 \ldots \mathfrak{p}_{e-1}$ entsprechende Functionen $F_1(t), F_2(t) \ldots F_{e-1}(t)$ vom Grade f, so dass allgemein

$$F_r(\theta) \equiv 0 \text{ (mod. } \mathfrak{p}_r) \tag{31}$$

ist, so ist zufolge (28) das Product

$$F(\theta) F_1(\theta) \ldots F_{e-1}(\theta) \equiv 0 \text{ (mod. } p). \tag{32}$$

Da alle diese Functionen den höchsten Coefficienten 1 haben, so ist die Differenz

$$F(t) F_1(t) \ldots F_{e-1}(t) - f(t)$$

eine Function $\varphi(t)$, deren Grad $\leqq m-2$ ist, und da $\varphi(\theta)$ durch p theilbar ist, so müssen ihre Coefficienten zufolge (9) sämmtlich durch p theilbar sein, was in der Theorie der höheren Congruenzen durch

$$f(t) \equiv F(t) F_1(t) \ldots F_{e-1}(t) \text{ (mod. } p) \tag{33}$$

ausgedrückt wird**). Auf dieselbe Weise erhält man die ohnehin evidente Congruenz

$$f(t) \equiv (t-1)^{m-1} \text{ (mod. } m). \tag{34}$$

Da die Congruenz (20) auch für jedes in der Primzahl p aufgehende Primideal $\mathfrak{p}$ bestehen bleibt, so ergiebt sich der (für alle Körper gültige) Satz, dass, wenn α eine Wurzel der Congruenz $\varphi(\alpha) \equiv 0$ (mod. $\mathfrak{p}$) ist, auch alle Zahlen, welche aus α durch

---

*) Setzt man $F(\theta) = \varrho$, so ergiebt sich zugleich aus (30), dass die Zahlen

$$p, p\theta \ldots p\theta^{f-1}, \varrho, \varrho\theta \ldots \varrho\theta^{m-2-f}$$

eine Basis des Ideals $\mathfrak{p}$ bilden, und dass letzteres der grösste gemeinschaftliche Theiler von $\mathfrak{o}p$ und $\mathfrak{o}\varrho$ ist. Zu denselben Resultaten gelangt man auch unmittelbar, wenn man die in §. 165, (9) beschriebene Methode anwendet, um aus der Basis (9) von $\mathfrak{o}$ eine Basis von $\mathfrak{p}$ abzuleiten.

**) *Schönemann: Grundzüge einer allgemeinen Theorie der höheren Congruenzen, deren Modul eine reelle Primzahl ist.* §. 50. (Crelle's Journal Bd. 31.) — *Gauss: Disquisitiones generales de congruentiis*, artt. 360—367 (Werke, Bd. II. 1863). — Vergl. eine Bemerkung des Herausgebers in Schlömilch's Zeitschrift für Math. u. Phys., Jahrg. 18, 1873. Literaturzeitung S. 22 bis 23.

wiederholte Erhebung zur p^{ten} Potenz entstehen, Wurzeln derselben Congruenz sind; diese Wurzeln stimmen (für unseren Körper) zufolge (21) mit den Zahlen $\alpha_{p'}, \alpha_{2p'}, \alpha_{3p'} \dots$ überein. Wenden wir dies auf die Congruenzen (31) an, so ergiebt sich, dass die f nach $\mathfrak{p}_r$ incongruenten Zahlen

$$\theta, \theta_{p'}, \theta_{2p'} \dots \theta_{(f-1)p'},$$

oder, was dasselbe ist, die Zahlen

$$\theta, \theta_e, \theta_{2e} \dots \theta_{(f-1)e}$$

die *sämmtlichen* Wurzeln α der Congruenz $F_r(\alpha) \equiv 0 \pmod{\mathfrak{p}_r}$ bilden.

Führen wir daher die sogenannten f-gliedrigen *Perioden**) $\eta, \eta_1 \dots \eta_{e-1}$ und e entsprechende Functionen $f(t, \eta_r)$ ein, indem wir

$$\eta = \theta_0 + \theta_e + \theta_{2e} + \cdots + \theta_{(f-1)e}, \tag{35}$$

also

$$\eta_r = \eta_{r+e} = \theta_r + \theta_{r+e} + \theta_{r+2e} + \cdots + \theta_{r+(f-1)e}, \tag{36}$$

und

$$\begin{aligned} f(t, \eta_r) &= (t-\theta_r)(t-\theta_{r+e}) \dots (t-\theta_{r+(f-1)e}) \\ &= t^f - \eta_r t^{f-1} + \cdots, \end{aligned} \tag{37}$$

also

$$f(t) = f(t, \eta) f(t, \eta_1) \dots f(t, \eta_{e-1}) \tag{38}$$

setzen, so gelten, wie man leicht erkennt (§. 26), die in Bezug auf t identischen Congruenzen

$$F_r(t) \equiv f(t, \eta_0) \pmod{\mathfrak{p}_r}. \tag{39}$$

Zugleich ergiebt sich aus dem obigen Satze, dass jede der e Functionen $F_r(t)$ nach dem Modul p eine *Primfunction*, d. h. dass sie keinem Producte von Functionen niedrigeren Grades congruent ist, deren Coefficienten ebenfalls *rational* sind.

Um endlich noch den inneren Zusammenhang zwischen den e Primidealen $\mathfrak{p}_r$ zu ergründen, schalten wir folgende allgemeine Bemerkungen ein. Ist Ω ein beliebiger endlicher Körper, welcher durch die Permutation P in Ω' übergeht, und ist $\mathfrak{a}$ ein beliebiges

---

*) *Gauss: D. A.* artt. 343, 348. Daselbst ist gezeigt, dass alle Coefficienten der Functionen $f(t, \eta_r)$ lineare Functionen der Perioden mit ganzen rationalen Coefficienten sind. Der Inbegriff aller derjenigen in Ω enthaltenen Zahlen ω, welche der Bedingung $\omega_e = \omega$ genügen, ist ein Körper e^{ten} Grades; diese Zahlen sind identisch mit allen durch η rational darstellbaren Zahlen, und die e Perioden bilden eine Basis des Systems aller in diesem Körper enthaltenen ganzen Zahlen.

Ideal in Ω, so geht aus den Begriffen des Körpers und des Ideals unmittelbar hervor, dass das System $\mathfrak{a}'$ aller Zahlen, in welche die sämmtlichen Zahlen des Ideals $\mathfrak{a}$ durch P übergehen, ein Ideal in Ω' ist, und dass $\mathfrak{a}'$ durch die inverse Permutation in $\mathfrak{a}$ übergeht; zwei solche Ideale $\mathfrak{a}$, $\mathfrak{a}'$ nennen wir *conjugirte* Ideale. Dann leuchtet ferner ein, dass $(\mathfrak{a}\mathfrak{b})' = \mathfrak{a}'\mathfrak{b}'$ ist, dass folglich ein Primideal $\mathfrak{p}$ in ein Primideal $\mathfrak{p}'$ übergeht, und dass, wenn p die durch $\mathfrak{p}$ theilbare rationale Primzahl bedeutet, p auch durch $\mathfrak{p}'$ theilbar ist. Wenden wir dies auf unseren Kreistheilungs-Körper Ω an, der durch alle seine Permutationen P_s in sich selbst übergeht, so folgt, dass jedes der e Primideale $\mathfrak{p}_r$ durch eine solche Permutation P_s immer wieder in eins von diesen Idealen übergehen muss. Nun ergiebt sich zunächst aus (21), dass jede durch $\mathfrak{p}_r$ theilbare Zahl ω durch die Permutation $P_{p'}$ in eine ebenfalls durch $\mathfrak{p}_r$ theilbare Zahl $\omega_{p'}$ übergeht; mithin geht $\mathfrak{p}_r$ durch $P_{p'}$, und folglich durch jede der f Permutationen $P_0, P_e, P_{2e} \ldots P_{(f-1)e}$ in ein Primideal über, welches durch $\mathfrak{p}_r$ theilbar, also auch mit $\mathfrak{p}_r$ identisch ist. Umgekehrt, wenn $\mathfrak{p}_r$ durch die Permutation P_s in sich selbst übergeht, so muss, weil $F_r(\theta)$ durch $\mathfrak{p}_r$ theilbar ist, auch $F_r(\theta_s) \equiv 0$ (mod. $\mathfrak{p}_r$) sein; da aber nach dem Obigen die Congruenz $F_r(\alpha) \equiv 0$ (mod. $\mathfrak{p}_r$) nur die Wurzeln $\theta_0, \theta_e \ldots \theta_{(f-1)e}$ hat, so muss eine von ihnen mit θ_s congruent, also zufolge (16) auch mit θ_s identisch sein, woraus sich ergiebt, dass die oben genannten f Permutationen die einzigen sind, durch welche $\mathfrak{p}_r$ in sich selbst übergeht. Sodann leuchtet ein, dass $\mathfrak{p}_r$ durch je f Permutationen $P_s, P_{s+e} \ldots P_{s+(f-1)e}$, deren Indices nach e congruent sind, in ein und dasselbe Primideal übergeht; umgekehrt, wenn $\mathfrak{p}_r$ durch P_s und P_u in dasselbe Primideal übergeht, so geht $\mathfrak{p}_r$ durch $P_s P_u^{-1} = P_{s-u}$ offenbar in sich selbst über, und folglich ist $u \equiv s$ (mod. e). Hieraus folgt, dass die e Ideale $\mathfrak{p}, \mathfrak{p}_1 \ldots \mathfrak{p}_{e-1}$ sämmtlich mit einander conjugirt sind, und dass jedes von ihnen in jedes durch f bestimmte Permutationen übergeht; durch die e Permutationen $P_0, P_1 \ldots P_{e-1}$ geht jedes dieser Ideale in e verschiedene Ideale über, und wir werden daher am zweckmässigsten mit $\mathfrak{p}_r$ dasjenige Ideal bezeichnen, in welches $\mathfrak{p}$ durch P_r übergeht; demgemäss ist $\mathfrak{p}_{r+e} = \mathfrak{p}_r$ zu setzen, und da $\mathfrak{p}_r$ durch P_s in $\mathfrak{p}_{r+s}$ übergeht, so ergiebt sich aus (39) die allgemeinere Congruenz

$$F_r(t) \equiv f(t, \eta_s) \text{ (mod. } \mathfrak{p}_{r+s}). \tag{40}$$

Setzt man daher

$$F_r(t) = t^f - \eta_r^0 t^{f-1} + \cdots, \tag{41}$$

wo η_r^0 eine *rationale* Zahl bedeutet, so folgt

$$\eta_s \equiv \eta_r^0 \pmod{\mathfrak{p}_{r+s}}$$

oder, indem man r durch $r - s$ ersetzt,

$$\eta_s \equiv \eta_{r-s}^0 \pmod{\mathfrak{p}_r}. \tag{42}$$

Dies Resultat, dass die Perioden und ebenso alle Zahlen ω, die der Bedingung $\omega_{p'} = \omega$ genügen, *rationalen* Zahlen congruent sind in Bezug auf jedes $\mathfrak{p}_r$, ergiebt sich aber auch unmittelbar aus (21), wenn man wieder den Satz zuzieht, dass in Bezug auf ein Primideal eine Congruenz r^{ten} Grades nicht mehr als r incongruente Wurzeln haben kann. Führt man nun eine Variabele y und die ganze Function

$$G(y) = (y - \eta_0)(y - \eta_1) \ldots (y - \eta_{e-1}) \tag{43}$$

ein, deren Coefficienten sämmtlich rational sind*), so gilt auch die identische Congruenz

$$G(y) \equiv (y - \eta_0^0)(y - \eta_1^0) \ldots (y - \eta_{e-1}^0) \pmod{p}, \tag{44}$$

weil sie zufolge (42) für jedes in p aufgehende Primideal gilt, und dies ist der Satz, auf welchen Kummer seine Theorie gegründet hat.

Es wird gut sein, die vorstehenden Sätze an einem bestimmten Zahlenbeispiele**) zu bestätigen; wählen wir zu diesem Zweck $m = 13$, $p = 3$, so ist $f = 3$, $e = 4$. Legen wir ferner die primitive Wurzel $c = 2$ zu Grunde, so wird

$$\theta_0 = \theta, \quad \theta_1 = \theta^2, \quad \theta_2 = \theta^4, \quad \theta_3 = \theta^8, \quad \theta_4 = \theta^3, \quad \theta_5 = \theta^6,$$
$$\theta_6 = \theta^{12}, \quad \theta_7 = \theta^{11}, \quad \theta_8 = \theta^9, \quad \theta_9 = \theta^5, \quad \theta_{10} = \theta^{10}, \quad \theta_{11} = \theta^7,$$

also

$$\eta = \theta + \theta^3 + \theta^9, \quad \eta_1 = \theta^2 + \theta^6 + \theta^5,$$
$$\eta_2 = \theta^4 + \theta^{12} + \theta^{10}, \quad \eta_3 = \theta^8 + \theta^{11} + \theta^7,$$

und

$$f(t, \eta) = t^3 - \eta t^2 + \eta_2 t - 1, \quad f(t, \eta_1) = t^3 - \eta_1 t^2 + \eta_3 t - 1,$$
$$f(t, \eta_2) = t^3 - \eta_2 t^2 + \eta t - 1, \quad f(t, \eta_3) = t^3 - \eta_3 t^2 + \eta_1 t - 1.$$

---

*) *Gauss: D. A.* art. 351.

**) Ein überaus reiches Material findet man in dem Werke von *Reuschle: Tafeln complexer Primzahlen, welche aus Wurzeln der Einheit gebildet sind.* 1875.

Man findet ferner leicht die Gleichungen*)

$$\begin{aligned}
\eta\eta &= \eta_1 + 2\eta_2 \\
\eta\eta_1 &= \eta + \eta_1 + \eta_3 = -1 - \eta_2 \\
\eta\eta_2 &= -3\eta - 2\eta_1 - 3\eta_2 - 2\eta_3 = 3 + \eta_1 + \eta_3 \\
\eta\eta_3 &= \eta + \eta_2 + \eta_3 = -1 - \eta_1
\end{aligned}$$

und hieraus

$$G(y) = y^4 + y^3 + 2y^2 - 4y + 3.$$

Die Wurzeln der Congruenz $G(y) \equiv 0$ (mod. 3) ergeben sich am kürzesten durch Versuche, und man findet auf diese Weise in Uebereinstimmung mit (44) die identische Congruenz

$$G(y) \equiv y\,(y-1)\,(y+1)^2 \text{ (mod. 3)}.$$

Da eine der Wurzeln $\equiv 0$ (mod. 3) ist, so dürfen wir das in 3 aufgehende Primideal $\mathfrak{p}$ durch die Congruenz $\eta \equiv 0$ (mod. $\mathfrak{p}$) definiren**), woraus durch Substitution in die vorstehenden Ausdrücke für η^2, $\eta\eta_1$, $\eta\eta_2$, $\eta\eta_3$ sich $\eta_1 \equiv -1$, $\eta_2 \equiv -1$, $\eta_3 \equiv 1$ (mod. $\mathfrak{p}$) ergiebt; da nun zufolge (42) die Congruenzen $\eta_s \equiv \eta^0_{-s}$ (mod. $\mathfrak{p}$) gelten, so erhält man hieraus

$$\eta^0_0 \equiv 0,\quad \eta^0_1 \equiv 1,\quad \eta^0_2 \equiv -1,\quad \eta^0_3 \equiv -1 \text{ (mod. 3)}.$$

Aus (40) ergiebt sich ferner $F_r(t) \equiv f(t, \eta_{-r})$ (mod. $\mathfrak{p}$); hierin geht die rechte Seite, wenn man die in den Coefficienten auftretenden Perioden durch die ihnen nach $\mathfrak{p}$ congruenten rationalen Zahlen ersetzt, in eine Function mit rationalen Coefficienten über, und diese Function muss folglich auch nach dem Modul 3 mit $F_r(t)$ congruent sein; auf diese Weise erhält man

$$\left.\begin{aligned}
F(t) &\equiv t^3 - t - 1, & F_1(t) &\equiv t^3 - t^2 - t - 1, \\
F_2(t) &\equiv t^3 + t^2 - 1, & F_3(t) &\equiv t^3 + t^2 + t - 1
\end{aligned}\right\} \text{(mod. 3)},$$

und durch wirkliche Ausführung der Multiplication bestätigt sich die Congruenz (33). Setzt man ferner

$$\varrho = \theta^3 - \theta - 1 \equiv F(\theta) \text{ (mod. 3)},$$

so ist $\mathfrak{p}$ der grösste gemeinschaftliche Theiler von 3 und $\mathfrak{o}\varrho$; allein

---

*) *Gauss: D. A.* art. 345.

**) Ebenso folgt aus der Annahme $\eta \equiv 1$ (mod. $\mathfrak{p}$) mit Bestimmtheit $\eta_1 \equiv 0$, $\eta_2 \equiv -1$, $\eta_3 \equiv -1$ (mod. $\mathfrak{p}$). Dagegen entsprechen der Annahme $\eta \equiv -1$ (mod. $\mathfrak{p}$) *zwei* verschiedene Systeme, wie aus $\eta_2\eta_3 = -1 - \eta \equiv 0$ (mod. $\mathfrak{p}$) hervorgeht; entweder ist $\eta_1 \equiv 1$, $\eta_2 \equiv 0$, $\eta_3 \equiv -1$, oder es ist $\eta_1 \equiv -1$, $\eta_2 \equiv 1$, $\eta_3 \equiv 0$ (mod. $\mathfrak{p}$).

in unserem Falle erkennt man leicht (nach §. 169, 5.), dass $\mathfrak{p} = \mathfrak{o}\eta$, also auch $\mathfrak{p}_r = \mathfrak{o}\eta_r$ ist, weil η durch $\mathfrak{p}$ theilbar, und ausserdem $\eta\eta_1\eta_2\eta_3 = 3$, mithin $N(\eta) = 3^3 = N(\mathfrak{p})$ ist. Es muss folglich ϱ durch η theilbar sein; in der That findet man

$$\varrho = \eta\theta^2(\theta+1)(\theta^4+1),$$

woraus sich sogar ergiebt, dass zufällig ϱ mit η associirt, also auch $\mathfrak{o}\varrho = \mathfrak{p}$ ist. —

Nach dieser Abschweifung kehren wir zu unserem obigen, in den Gleichungen (6), (8), (27), (28) enthaltenen Hauptresultate zurück, welches ausreicht, um mit Hülfe der im vorigen Paragraphen entwickelten Principien einen geschlossenen Ausdruck für die *Anzahl h der Idealclassen* zu gewinnen. Diese Untersuchung ist ebenfalls von *Kummer* zuerst durchgeführt*), und sie bietet die überraschendsten Beziehungen zu dem Satze über die arithmetische Progression dar (Supplement VI). Wir setzen, wie im vorigen Paragraphen,

$$\Omega(s) = \Sigma N(\mathfrak{a})^{-s} = \Pi(1 - N(\mathfrak{p})^{-s})^{-1} \tag{45}$$

und untersuchen das Verhalten dieser Function für unendlich kleine positive Werthe der Variabelen $s - 1$. Da m nur durch ein einziges Primideal ersten Grades, und jede andere Primzahl p, wenn sie zum Exponenten f gehört, durch e verschiedene Primideale vom Grade f theilbar ist, wo $ef = m - 1$, so erhalten wir

$$\Omega(s) = (1 - m^{-s})^{-1}\Pi(1 - p^{-sf})^{-e},$$

wo das Product auf alle von m verschiedenen Primzahlen p zu erstrecken ist. Der allgemeine Factor dieses Productes lässt sich in folgender Weise umformen. Bezeichnet man, wenn $m - 1$ wieder $= 2\nu$ gesetzt wird, mit α alle Wurzeln der Gleichung

$$\alpha^{2\nu} = 1, \tag{46}$$

ferner mit γ eine primitive Wurzel derselben Gleichung, so ist

$$\alpha = 1,\ \gamma,\ \gamma^2 \ldots \gamma^{2\nu-1};$$

da nun der Index p' mit 2ν den grössten gemeinschaftlichen Theiler

*) Dass auch *Dirichlet* dieselbe Aufgabe, aber in anderer Einkleidung gelöst hat, berichtet *Kummer* in seiner ausgezeichneten *Gedächtnissrede auf Gustav Peter Lejeune-Dirichlet* (1860, S. 21 bis 22) mit den Worten: „Für diejenigen zerlegbaren Formen höherer Grade, deren lineäre Faktoren keine anderen Irrationalitäten, als Einheitswurzeln für einen Primzahl-Exponenten, enthalten, hat *Dirichlet* während seines Aufenthalts in Italien die Klassenanzahl bestimmt, aber er hat von dieser Arbeit leider nichts veröffentlicht."

e hat, so ist $\gamma^{p'}$ eine Wurzel δ der Gleichung $\delta^f = 1$, und zwar eine primitive; mithin tritt *jede* Wurzel δ dieser Gleichung unter den 2ν Zahlen

$$\alpha^{p'} = 1, \quad \gamma^{p'}, \quad \gamma^{2p'} \ldots \gamma^{(2\nu-1)p'}$$

genau e mal auf, und hieraus folgt unmittelbar, dass

$$(1 - p^{-sf})^e = \prod (1 - \alpha^{p'} p^{-s})$$

ist, wo das Productzeichen sich auf alle α bezieht. Man erhält daher

$$\Omega(s) = (1 - m^{-s})^{-1} \prod (1 - \alpha^{p'} p^{-s})^{-1},$$

und dieses Product, in welchem α und p alle ihre Werthe durchlaufen müssen, hat, so lange $s > 1$ ist, einen von der Anordnung der Factoren unabhängigen Werth. Bezeichnet man mit $L(\alpha)$ das Product aller derjenigen Factoren, welche allen Werthen von p, aber einem bestimmten Werthe α entsprechen, so ist folglich

$$\Omega(s) = (1 - m^{-s})^{-1} \prod L(\alpha), \tag{47}$$

wo das Productzeichen sich auf alle α bezieht, und hierin ist nach früheren Sätzen (§§. 132, 133)

$$L(\alpha) = \prod (1 - \alpha^{p'} p^{-s})^{-1} = \sum \alpha^{z'} z^{-s}, \tag{48}$$

wo z alle positiven ganzen rationalen Zahlen durchläuft, die nicht durch m theilbar sind, und wo z' wieder den Index von z bedeutet.

Wenn nun die Variabele s abnehmend sich dem Grenzwerthe 1 nähert, so wächst die Function $L(1)$ über alle Grenzen und zwar so, dass

$$\lim (s-1)(1 - m^{-s})^{-1} L(1) = 1 \tag{49}$$

wird (§. 117). Ist aber α verschieden von 1, also eine Wurzel der Gleichung

$$\frac{\alpha^{2\nu} - 1}{\alpha - 1} = 1 + \alpha + \alpha^2 + \cdots + \alpha^{2\nu - 1} = 0, \tag{50}$$

so nähert sich, wie wir früher (§. 134) gesehen haben, die Function $L(\alpha)$ einem endlichen Grenzwerth; da nämlich, wenn die Glieder der Reihe (48) nach wachsenden z geordnet werden, die Summe von je 2ν auf einander folgenden Coefficienten $\alpha^{z'}$ zufolge (50) verschwindet, so convergirt (nach §. 101) diese Reihe für alle *positiven* Werthe von s, und sie ist zugleich eine stetige Function von s; setzt man daher bei dieser Anordnung der Glieder

$$L^0(\alpha) = \sum \alpha^{z'} z^{-1}, \tag{51}$$

so ist $L^0(\alpha)$ endlich und zugleich der Grenzwerth von $L(\alpha)$. Bis zu diesem Puncte war es leicht, das Verhalten der Reihen $L(\alpha)$ an der Stelle $s = 1$ zu ergründen; bei dem Beweise des Satzes über die arithmetische Progression musste aber ausserdem gezeigt werden, dass der Grenzwerth $L^0(\alpha)$ stets von Null verschieden ist, und dies verursachte damals erhebliche Schwierigkeiten. Es ist daher von hohem Interesse, dass dieselbe Thatsache jetzt als eine unmittelbare Folge unserer Untersuchung über die Anzahl h der Idealclassen erscheint*). In der That, da im vorigen Paragraphen allgemein gezeigt ist, dass

$$\lim (s-1)\,\Omega(s) = g\,h$$

ist, wo g einen bestimmten, von Null verschiedenen Werth bedeutet, so erhalten wir zufolge (47) und (49) für unseren Fall

$$g\,h = \prod L^0(\alpha), \qquad (52)$$

und da h immer eine positive ganze Zahl, niemals $= 0$ ist, so kann auch keiner der endlichen Factoren $L^0(\alpha)$ verschwinden, was zu beweisen war.

Nachdem wir auf diesen Zusammenhang unserer Untersuchung mit dem Beweise des Satzes über die arithmetische Progression aufmerksam gemacht haben, wollen wir, was für den letzteren kein weiteres Interesse darbot, die Werthe $L^0(\alpha)$ in geschlossener Form darstellen. Setzt man, wenn x eine Variabele bedeutet, zur Abkürzung

$$(\alpha, x) = \sum \alpha^{r'} x^r, \qquad (53)$$

wo r die Werthe 1, 2, 3 ... $m-1$ durchlaufen soll, und verfährt man wie damals (§. 134 oder §. 103), indem man in (51) die Grössen z^{-1} durch bestimmte Integrale ersetzt und die mit (50) übereinstimmende Gleichung

$$(\alpha, 1) = 0 \qquad (54)$$

berücksichtigt, so erhält man zunächst

$$L^0(\alpha) = \int_0^1 \frac{(\alpha, x)}{1-x^m}\,\frac{dx}{x}. \qquad (55)$$

Da nun

$$x^m - 1 = (x-1) \prod (x - \theta_s)$$

*) Genau dasselbe gilt auch, wenn die Differenz m der arithmetischen Progression eine zusammengesetzte Zahl ist.

ist, wo s ein vollständiges Restsystem nach dem Modul 2ν durchläuft, so ergiebt sich mit Rücksicht auf (54) durch Zerlegung in Partialbrüche

$$\frac{(\alpha, x)}{x(1-x^m)} = -\frac{1}{m}\sum\frac{(\alpha, \theta_s)}{x-\theta_s}.$$

Hierin lassen sich die Zähler sämmtlich auf (α, θ) zurückführen; da nämlich $\theta_s^r = \theta_{s+r'}$ ist, so folgt

$$(\alpha, \theta_s) = \sum \alpha^{r'}\theta_{s+r'},$$

wo r' ein beliebiges Restsystem nach dem Modul 2ν zu durchlaufen hat; man darf daher r' durch $r'-s$ ersetzen, und erhält so die in der Theorie der Kreistheilung wohlbekannte Relation

$$(\alpha, \theta_s) = \alpha^{-s}\sum\alpha^{r'}\theta_{r'} = \alpha^{-s}(\alpha, \theta). \tag{56}$$

Mithin ist

$$\frac{(\alpha, x)}{x(1-x^m)} = -\frac{(\alpha, \theta)}{m}\sum\frac{\alpha^{-s}}{x-\theta_s},$$

und hierdurch geht die Gleichung (55) in die folgende über

$$L^0(\alpha) = -\frac{(\alpha, \theta)}{m}\sum\alpha^{-s}\int_0^1\frac{dx}{x-\theta_s};$$

es ist ferner

$$\int_0^1\frac{dx}{x-\theta_s} = \log\left(\frac{1-\theta_s}{-\theta_s}\right) = \log(1-\theta_s^{-1}) = \log\mu_{s+\nu},$$

und dieser Logarithme ist (nach §. 103, S. 261) dadurch *vollständig bestimmt*, dass sein imaginärer Bestandtheil zwischen den Grenzen $\pm\frac{1}{2}\pi i$ liegt. Setzen wir daher zur Abkürzung

$$\psi(\alpha) = -\sum\alpha^{-s}\log\mu_{s+\nu}, \tag{57}$$

wo s ein vollständiges Restsystem nach dem Modul 2ν durchläuft, so erhalten wir das Resultat

$$L^0(\alpha) = \frac{1}{m}(\alpha, \theta)\,\psi(\alpha). \tag{58}$$

Um nun, wie es die Gleichung (52) verlangt, das Product der Grössen $L^0(\alpha)$ für alle Wurzeln α der Gleichung (50) zu bilden, beginnen wir mit dem Factor (α, θ) und benutzen hierbei den Hülfssatz

$$(\alpha, \theta)(\alpha^{-1}, \theta) = m\alpha^\nu = \pm m; \tag{59}$$

derselbe ergiebt sich leicht aus (56), wenn man mit θ_s multiplicirt,

s ein Restsystem nach dem Modul 2ν durchlaufen lässt und die Summe bildet; man erhält auf diese Weise zunächst

$$(\alpha, \theta)(\alpha^{-1}, \theta) = \Sigma(\alpha, \theta_s)\theta_s = \Sigma\alpha^u\theta_{s+u}\theta_s = \Sigma\alpha^u(\theta\theta_u)_s,$$

wo u ebenfalls ein solches Restsystem durchläuft; je nachdem nun u mit ν congruent ist oder nicht, ist $\theta\theta_u = 1$ oder conjugirt mit θ, und folglich ist die nach s genommene Summe $\Sigma(\theta\theta_u)_s$ im ersten Falle $= 2\nu = m - 1$, in allen übrigen Fällen aber $= \Sigma\theta_s = -1$, woraus mit Rücksicht auf (50) der zu beweisende Satz (59) unmittelbar folgt. Für $\alpha = -1$ ergiebt sich

$$(-1, \theta)^2 = m(-1)^\nu,$$

also

$$(-1, \theta) = \Sigma(-1)^{r'}\theta^r = \Sigma\left(\frac{r}{m}\right)\theta^r = i^{\nu^2}\sqrt{m}, \qquad (60)$$

und hierin ist (nach §. 115) die Quadratwurzel *positiv*, wenn, was wir von jetzt ab festsetzen wollen,

$$\theta = e^{\frac{2\pi i}{m}} \qquad (61)$$

genommen wird. Da nun die Wurzeln α der Gleichung (50) aus der Zahl -1 und $(\nu - 1)$ Paaren von der Form α, α^{-1} bestehen, so folgt aus (59) und (60) bei gehöriger Beachtung der Factoren α^ν das Resultat

$$\Pi(\alpha, \theta) = i^\nu m^{\nu-1}\sqrt{m}. \qquad (62)$$

Wir wenden uns jetzt zu der näheren Betrachtung des in (58) ferner auftretenden Factors $\psi(\alpha)$, welcher einen wesentlich verschiedenen Charakter besitzt, je nachdem $\alpha^\nu = +1$ oder $= -1$ ist; wir behandeln zuerst den Fall

$$\alpha^\nu = -1. \qquad (63)$$

Ersetzt man in (57) den Summations-Buchstaben s durch $s - \nu$ und nimmt das Mittel aus dem so entstehenden und dem ursprünglichen Ausdruck, so erhält man

$$\psi(\alpha) = \frac{1}{2}\Sigma\alpha^{-s}\log\left(\frac{\mu_s}{\mu_{s+\nu}}\right),$$

wo zufolge der obigen Bemerkung die Logarithmen so zu nehmen sind, dass ihr imaginärer Theil zwischen den Grenzen $\pm\pi i$ liegt; setzt man nun wieder $s = r'$ und unterwirft r der Bedingung $0 < r < m$, so ist

$$\frac{\mu_s}{\mu_{s+\nu}} = \frac{1-\theta^r}{1-\theta^{-r}} = -\theta^r = e^{\pi i\left(\frac{2r}{m}-1\right)},$$

mithin

$$\log\left(\frac{\mu_s}{\mu_{s+\nu}}\right) = \pi i\left(\frac{2r}{m}-1\right).$$

Setzt man daher zur Abkürzung

$$\varphi(\alpha) = -\Sigma\, r\, \alpha^{-r'}, \tag{64}$$

wo r die Werthe 1, 2, 3 ... $(m-1)$ zu durchlaufen hat, so erhält man mit Rücksicht auf (50) das Resultat

$$\psi(\alpha) = -\frac{\pi i}{m}\varphi(\alpha). \tag{65}$$

Offenbar ist $\varphi(\alpha)$ eine ganze algebraische Zahl; bezieht man daher das Productzeichen Π' auf alle Wurzeln α der Gleichung (63), so ist $\Pi'\varphi(\alpha)$ als symmetrische Function dieser Wurzeln*) eine ganze *rationale* Zahl, und wir wollen zeigen, dass dieselbe positiv und ausserdem durch $(2m)^{\nu-1}$ theilbar ist. Das Erstere leuchtet sofort ein, wenn ν gerade ist, weil in diesem Falle die Wurzeln der Gleichung (63) aus imaginären Paaren von der Form α, α^{-1} bestehen; ist ferner ν ungerade, also $m \equiv 3$ (mod. 4), so tritt ausser solchen Paaren noch die reelle Wurzel $\alpha = -1$ auf, also auch der reelle Factor

$$\varphi(-1) = -\Sigma\, r(-1)^{-r'} = -\Sigma\left(\frac{r}{m}\right)r,$$

welcher aber nach einer früheren Untersuchung (§. 104, S. 263) einen positiven Werth hat. Um auch die zweite Behauptung zu erweisen, bilden wir das Product

$$c\,\varphi(\alpha) = -\alpha\,\Sigma\,(cr)\,\alpha^{-(cr)},$$

wo c wieder die Basis unseres Index-Systems bedeutet; reducirt man hierin die Producte cr auf ihre kleinsten positiven Reste nach m, so stimmen dieselben im Complex wieder mit den Zahlen r überein, woraus offenbar folgt, dass $(c-\alpha)\,\varphi(\alpha)$ durch m theilbar, mithin

$$\Pi'(c-\alpha)\,.\,\Pi'\varphi(\alpha) \equiv 0 \text{ (mod. } m^\nu)$$

---

*) Will man sich hierauf nicht berufen, so leuchtet doch ein, dass das fragliche Product rational ist, weil man es als eine Norm oder als ein Product mehrerer Normen in denjenigen Körpern ansehen kann, welche den Wurzeln der Gleichung (63) entsprechen.

ist; hierin ist der erste Factor

$$\Pi'(c-\alpha) = c^\nu + 1 \equiv 0 \pmod{m};$$

wählt man aber die Zahl c so, dass sie eine primitive Wurzel auch von m^2 wird (§. 128), so ist $c^{2\nu}-1$ und folglich auch $c^\nu+1$ nicht durch m^2 theilbar, und hieraus folgt, dass $\Pi'\varphi(\alpha)$ durch $m^{\nu-1}$ theilbar ist*). Ganz ähnlich ergiebt sich die Theilbarkeit durch $2^{\nu-1}$; durchläuft nämlich u diejenigen ν Werthe r, deren Indices $u' \equiv 0, -1, -2 \ldots -(\nu-1) \pmod{2\nu}$ sind, so durchläuft die Zahl $(m-u)$, deren Index $\equiv u'+\nu \pmod{2\nu}$, die übrigen Werthe r, und man erhält

$$\varphi(\alpha) = -\Sigma(2u-m)\alpha^{-u'};$$

da aber

$$\Sigma\alpha^{-u'} = 1 + \alpha^2 + \cdots + \alpha^{\nu-1} = \frac{1-\alpha^\nu}{1-\alpha} = \frac{2}{1-\alpha},$$

also

$$\varphi(\alpha) = \frac{2m}{1-\alpha} - 2\Sigma u\alpha^{-u'}$$

ist, so folgt, dass $(1-\alpha)\varphi(\alpha)$ durch 2 theilbar ist, und hieraus ergiebt sich, dass $\Pi'\varphi(\alpha)$ durch $2^{\nu-1}$ theilbar ist, weil $\Pi'(1-\alpha) = 1^\nu + 1 = 2$ ist. Nachdem hiermit unsere obigen Behauptungen bewiesen sind, können wir

$$\Pi'\varphi(\alpha) = (2m)^{\nu-1} a \tag{66}$$

setzen, wo a eine *positive ganze rationale Zahl***) bedeutet, und hiermit ergiebt sich zugleich

$$\Pi'\psi(\alpha) = \frac{(-2\pi i)^\nu a}{2m}. \tag{67}$$

Wir haben jetzt den Ausdruck $\psi(\alpha)$ für den zweiten Fall zu untersuchen, in welchem $\alpha^\nu = +1$ oder vielmehr

$$\frac{\alpha^\nu - 1}{\alpha - 1} = 1 + \alpha + \alpha^2 + \cdots + \alpha^{\nu-1} = 0 \tag{68}$$

ist. Lässt man u ein vollständiges Restsystem nach dem Modul ν durchlaufen, so bilden diese Zahlen u in Verbindung mit den Zahlen $u+\nu$ ein vollständiges System von incongruenten Zahlen s

---

*) Natürlich ist dies Resultat von der bei dem Beweise gemachten speciellen Annahme über c gänzlich unabhängig.

**) Dieselbe ist von Kummer mit $P'(m)$ bezeichnet.

in Bezug auf den Modul 2ν, und aus der Definition (57) folgt daher in unserem Falle

$$\psi(\alpha) = -\Sigma' \alpha^{-u} \log(\mu_u \mu_{u+\nu}), \tag{69}$$

wo die imaginären Theile der Logarithmen wieder zwischen den Grenzen $\pm \pi i$ liegen; da aber die Producte $\mu_u \mu_{u+\nu}$ positiv sind, so folgt hieraus, dass die Logarithmen *reell* sind. Bezieht sich nun das Productzeichen Π'' auf alle Wurzeln α der Gleichung (68), so ergiebt sich zunächst, dass $\Pi'' \psi(\alpha)$ *positiv* ist; dies leuchtet sofort ein, wenn ν ungerade ist, weil in diesem Falle die genannten Wurzeln aus imaginären Paaren von der Form α, α^{-1} bestehen; ist ferner ν gerade, also $m \equiv 1$ (mod. 4), so tritt ausser solchen Paaren noch die reelle Wurzel $\alpha = -1$ auf, also auch der reelle Factor

$$\psi(-1) = -\Sigma(-1)^{-s} \log \mu_{s+\nu} = -\Sigma\left(\frac{r}{m}\right) \log(1-\theta^{-r}),$$

welcher aber nach einer früheren Untersuchung (§. 104, S. 266) einen positiven Werth hat.

Dieses positive Product $\Pi'' \psi(\alpha)$ lässt sich nun in Form einer Determinante darstellen, deren Elemente die Logarithmen eines Systems von $(\nu - 1)$ unabhängigen Einheiten sind (§. 177, 6.). Um diese Umformung auszuführen, ersetzen wir in (69) den Summationsbuchstaben u durch $u + 1$, wodurch sich

$$\alpha \psi(\alpha) = -\Sigma \alpha^{-u} \log(\mu_{u+1} \mu_{u+\nu+1})$$

und folglich

$$(1-\alpha)\psi(\alpha) = \Sigma \alpha^{-u} \log\left(\frac{\mu_{u+1} \mu_{u+\nu+1}}{\mu_u \mu_{u+\nu}}\right)$$

ergiebt. Setzt man nun nach Belieben

$$\eta = \frac{\mu_1}{\mu} \text{ oder } \eta = \frac{(\mu\theta^\nu)_1}{\mu\theta^\nu}, \tag{70}$$

welcher letztere Werth reell ist, so ist η eine *Einheit* in Ω, weil μ und μ_1 associirt sind, und in beiden Fällen ist

$$\eta_u \eta_{u+\nu} = \frac{\mu_{u+1} \mu_{u+\nu+1}}{\mu_u \mu_{u+\nu}};$$

setzt man daher zur Abkürzung

$$\lambda_u = \lambda_{u+\nu} = \log(\eta_u \eta_{u+\nu}), \tag{71}$$

welcher Logarithme immer reell zu nehmen ist, so wird

$$\Sigma \lambda_u = 0, \tag{72}$$

und

$$(1-\alpha)\psi(\alpha) = \Sigma \alpha^{-u} \lambda_u,$$

wofür man zufolge (68) auch

$$(1-\alpha)\psi(\alpha) = \Sigma \alpha^{-u}(1+\lambda_u)$$

schreiben darf. Multiplicirt man alle hierin enthaltenen Gleichungen mit einander und mit der Gleichung $\nu = \Sigma(1+\lambda_u)$, so erhält man, weil $\Pi''(1-\alpha) = \nu$ ist, das Resultat

$$\nu^2 \Pi'' \psi(\alpha) = \Pi \Sigma \alpha^{-u}(1+\lambda_u),$$

wo rechts das Productzeichen Π sich auf *alle* Wurzeln α der Gleichung $\alpha^\nu = 1$ bezieht; nach einem sehr bekannten Satze*) lässt sich dies Product durch eine cyklische Determinante ν^{ten} Grades darstellen, und so ergiebt sich

$$\nu^2 \Pi'' \psi(\alpha) = (-1)^{\frac{(\nu-1)(\nu-2)}{2}} \begin{vmatrix} 1+\lambda_0 \,, & 1+\lambda_1 \ldots & 1+\lambda_{\nu-1} \\ 1+\lambda_1 \,, & 1+\lambda_2 \ldots & 1+\lambda_0 \\ \cdot & \cdot\;\cdot\;\cdot & \cdot \\ 1+\lambda_{\nu-1}, & 1+\lambda_0 \ldots & 1+\lambda_{\nu-2} \end{vmatrix};$$

die Elemente der letzten Verticalreihe werden zufolge (72), wenn man die vorhergehenden Verticalreihen zu ihr addirt, alle $= \nu$ und können durch 1 ersetzt werden, indem man den Factor ν absondert; wenn man nun diese letzte Verticalreihe von jeder vorhergehenden abzieht und hierauf alle Horizontalreihen zu der letzten addirt, so tritt abermals der Factor ν auf, und man erhält

$$\Pi'' \psi(\alpha) = (-1)^{\frac{(\nu-1)(\nu-2)}{2}} \begin{vmatrix} \lambda_0 \,, & \lambda_1 & \ldots \lambda_{\nu-2} \\ \lambda_1 \,, & \lambda_2 & \ldots \lambda_{\nu-1} \\ \cdot & \cdot\;\cdot\;\cdot & \cdot \\ \lambda_{\nu-2}, & \lambda_{\nu-1} & \ldots \lambda_{\nu-4} \end{vmatrix}$$

Nach der in der Theorie der Einheiten (§. 177, 6.) eingeführten Bezeichnungsweise ist nun, wenn ε eine beliebige Einheit des Körpers Ω bedeutet,

$$l_u(\varepsilon) = \log(\varepsilon_u \varepsilon_{u+\nu}),$$

woraus mit Rücksicht auf (71)

---

*) Vergl. *Baltzer: Theorie und Anwendung der Determinanten*, §. 11, 2. (vierte Auflage, 1875).

$$l_u(\eta_v) = \log(\eta_{u+v}\eta_{u+v+\nu}) = \lambda_{u+v}$$

folgt; man kann daher die vorstehende Determinante in die Form

$$\begin{vmatrix} l_0(\eta_0), & l_0(\eta_1) & \ldots l_0(\eta_{\nu-2}) \\ l_1(\eta_0), & l_1(\eta_1) & \ldots l_1(\eta_{\nu-2}) \\ \cdot & \cdot \; \cdot \; \cdot & \cdot \; \cdot \; \cdot \\ l_{\nu-2}(\eta_0), & l_{\nu-2}(\eta_1) & \ldots l_{\nu-2}(\eta_{\nu-2}) \end{vmatrix}$$

setzen, und erhält folglich

$$\Pi''\psi(\alpha) = (-1)^{\frac{(\nu-1)(\nu-2)}{2}} L(\eta_0, \eta_1 \ldots \eta_{\nu-2}), \qquad (73)$$

worin die oben angekündigte Darstellung besteht.

Bezeichnet man nun wieder mit S ein System von $\nu - 1$ Fundamentaleinheiten ε, $\varepsilon' \ldots \varepsilon^{(\nu-2)}$, und mit σ die in der entsprechenden Gruppe (S) enthaltenen Einheiten, so lässt sich jede Einheit $\eta_0, \eta_1 \ldots \eta_{\nu-2}$ in die Form $\varrho\,\sigma$ setzen, wo ϱ eine der r reducirten Einheiten bedeutet und eine Wurzel der Gleichung $\varrho^r = 1$ ist; man kann folglich die positive Grösse

$$(-1)^{\frac{(\nu-1)(\nu-2)}{2}} L(\eta_0, \eta_1 \ldots \eta_{\nu-2}) = b\,L(\varepsilon, \varepsilon' \ldots \varepsilon^{(\nu-2)}) \qquad (74)$$

setzen, wo b eine *positive ganze rationale Zahl**) bedeutet (§. 177, 8.). Unter den r reducirten Einheiten ϱ befinden sich jedenfalls die $2m$ Einheiten

$$\pm 1, \ \pm\theta, \ \pm\theta^2 \ldots \pm\theta^{m-1},$$

weil ihre in Bezug auf S genommenen *Exponenten* sämmtlich verschwinden, und da $(-\theta)^r = 1$ sein muss, so ist r jedenfalls theilbar durch $2m$. Wir wollen nun zeigen, dass $r = 2m$ ist, dass also ausser den genannten keine andere Einheitswurzel ϱ in Ω existirt. Dies ist eigentlich eine unmittelbare Folge der allgemeinen Gesetze, welche die algebraische Verwandtschaft der Körper beherrschen, auf die wir uns hier jedoch nicht berufen wollen. Zu demselben Ziele gelangt man leicht, wenn man gemäss (9) die ganze Zahl $\varrho = F(\theta)$ setzt, woraus $\varrho^{-1} = F(\theta^{-1})$ folgt, und die

---

*) Zur Bestimmung dieser Zahl nach (74) ist die Kenntniss eines Fundamentalsystems S erforderlich, welches aber bis jetzt, selbst in den einfachsten Fällen, nur durch äusserst beschwerliche Rechnungen zu erlangen ist.

Gleichung $F(\theta)F(\theta^{-1}) = 1$ nach Ausführung der Multiplication näher untersucht. Wir ziehen hier aber folgenden Weg vor, bei welchem wir uns auf die Theorie der Ideale stützen. Ist p irgend eine in r aufgehende Primzahl, und p^q die höchste Potenz von p, welche in r aufgeht, so befinden sich unter den Wurzeln ϱ der Gleichung $\varrho^r = 1$ auch die primitiven Wurzeln ϱ der Gleichung $\varrho^{p^q} = 1$; bezeichnet man eine bestimmte von ihnen mit ϱ, so sind alle in der Form ϱ^s enthalten, wo s alle durch p nicht theilbaren Zahlen durchläuft, die nach dem Modul p^q incongruent sind, und wenn t eine Variabele bedeutet, so ist (nach §. 139)

$$\frac{t^{p^q}-1}{t^q-1} = \Pi(t-\varrho^s).$$

Setzt man hierin $t = 1$, so ergiebt sich, wie im Anfange dieses Paragraphen, dass

$$p = \delta(1-\varrho)^{(p-1)q}$$

ist, wo δ eine Einheit bedeutet; ist daher $\mathfrak{p}$ ein in p aufgehendes Primideal, so geht $\mathfrak{p}$ auch in $1-\varrho$ auf, und folglich ist p durch $\mathfrak{p}^{(p-1)q}$ theilbar. Wenn nun p von m verschieden ist, so ist p, wie wir oben gesehen haben, durch kein Quadrat eines Primideals theilbar, und folglich muss $(p-1)q = 1$, also $p = 2, q = 1$ sein; mithin ist r durch keine von m verschiedene ungerade Primzahl, und auch nicht durch 4 theilbar; und ebenso ergiebt sich für den Fall $p = m$, dass $q = 1$ ist, also r nicht durch m^2 theilbar sein kann, weil $\mathfrak{o}m$ die $(m-1)^{\text{te}}$ Potenz eines Primideals ist. Da nun r, wie oben bemerkt, durch $2m$ theilbar ist, so folgt hieraus offenbar, dass

$$r = 2m \tag{75}$$

ist, wie behauptet war. Behält daher E dieselbe Bedeutung wie in den beiden vorhergehenden Paragraphen, so ist

$$L(\varepsilon, \varepsilon' \ldots \varepsilon^{(\nu-2)}) = 2mE, \tag{76}$$

und folglich*)

$$\Pi''\psi(\alpha) = 2mbE. \tag{77}$$

Durch Zusammensetzung der in (58), (62), (67) und (77) erhaltenen Resultate ergiebt sich nun leicht der Werth des auf alle Wurzeln α der Gleichung (50) ausgedehnten Productes

*) Bezeichnet man mit S_1 das System der $(\nu-1)$ unabhängigen Einheiten $\eta_0, \eta_1 \ldots \eta_{\nu-2}$, so ist $2mb$ die Anzahl der in Bezug auf S_1 reducirten Einheiten.

$$\Pi L^0(\alpha) = \frac{1}{m^{2\nu-1}} \Pi(\alpha, \theta) \Pi' \psi(\alpha) \Pi'' \psi(\alpha),$$

und hierdurch nimmt die Gleichung (52) mit Rücksicht auf (10) folgende Form an

$$g h = \frac{(2\pi)^\nu E a b}{m^{\nu-1} \sqrt{m}} = \frac{(2\pi)^\nu E a b}{\sqrt{(D)}}; \tag{78}$$

da ferner [nach §. 178, (34) und (25)]

$$g = \frac{\varkappa (2\pi)^\nu E}{\sqrt{(D)}} = \frac{(2\pi)^\nu E}{\sqrt{(D)}} \tag{79}$$

ist, so erhalten wir das von Kummer gefundene Endresultat

$$h = a b, \tag{80}$$

wo a, b positive ganze rationale Zahlen bedeuten, die durch die Gleichungen (66) und (74) definirt sind.

§. 180.

Als zweites und letztes Beispiel, auf welches wir unsere allgemeine Idealtheorie anwenden wollen, wählen wir das der *quadratischen Körper*, weil dasselbe mit dem Hauptgegenstande dieses Werkes, der Theorie der binären quadratischen Formen, im engsten Zusammenhange steht. Wir haben schon früher (§. 166) die Grundzahl $D = \triangle(\Omega)$ eines solchen Körpers Ω bestimmt und gezeigt, dass, wenn

$$\theta = \frac{D + \sqrt{D}}{2}, \quad \mathfrak{o} = [1, \theta] \tag{1}$$

gesetzt wird, $\mathfrak{o}$ das System aller in Ω enthaltenen ganzen Zahlen ist. Um nun alle Primideale dieses Körpers zu finden, erinnern wir wieder daran, dass (nach §. 171, 10.) zu jedem solchen Ideal $\mathfrak{p}$ eine bestimmte, durch $\mathfrak{p}$ theilbare positive rationale Primzahl p gehört, welche von allen durch $\mathfrak{p}$ theilbaren positiven rationalen Zahlen die kleinste ist, woraus unmittelbar folgt, dass die p Zahlen $0, 1, 2 \ldots (p-1)$ jedenfalls incongruent nach $\mathfrak{p}$ sind; da ferner $N(\mathfrak{p})$ ein Divisor von $p^2 = N(p)$, also entweder $= p$ oder $= p^2$ ist, so ist $\mathfrak{p}$ ein Ideal ersten oder zweiten Grades. und es leuchtet ein (zufolge §. 173, 4. und 7.), dass im ersten Falle $\mathfrak{o}p = \mathfrak{p}\mathfrak{p}'$, also ein Product von zwei Primidealen ersten Grades, im zweiten Falle aber $\mathfrak{o}p = \mathfrak{p}$ ein Primideal zweiten Grades ist, also p auch im Körper Ω den Charakter einer Primzahl behält. Wir wollen nun beweisen, dass der erste oder zweite Fall eintritt, je nachdem D *quadratischer Rest oder Nichtrest von* $4p$ ist.

In der That, nehmen wir an, es finde der erste Fall $\mathfrak{o}p = \mathfrak{p}\mathfrak{p}'$ Statt, so bilden, weil $(\mathfrak{o}, \mathfrak{p}) = N(\mathfrak{p}) = p$ ist, die Zahlen 0, 1, 2 ... $(p-1)$ ein vollständiges Restsystem nach $\mathfrak{p}$, und folglich giebt es eine *rationale* Zahl t, welche der Bedingung

$$t \equiv \theta \pmod{\mathfrak{p}} \tag{2}$$

genügt; setzt man daher, indem man (wie in §. 166) die zu einer Zahl ω conjugirte Zahl mit ω' bezeichnet,

$$\pi = \theta - t = \frac{r + \sqrt{D}}{2}, \quad \pi' = \theta' - t = \frac{r - \sqrt{D}}{2}, \tag{3}$$

$$N(\pi) = \pi\pi' = \frac{r^2 - D}{4}, \tag{4}$$

wo

$$r = D - 2t \tag{5}$$

ebenfalls eine ganze rationale Zahl bedeutet, so ist π durch $\mathfrak{p}$, mithin (nach §. 169, 5.) $N(\pi)$ durch $N(\mathfrak{p})$, also durch p theilbar, und hieraus folgt, dass

$$r^2 \equiv D \pmod{4p}, \tag{6}$$

also D quadratischer Rest von $4p$ ist. Umgekehrt, wenn die vorstehende Congruenz durch eine ganze rationale Zahl r befriedigt wird, so ist $r \equiv D \pmod{2}$, und folglich sind die obigen, aus r oder t gebildeten Zahlen π, π' *ganze* Zahlen, deren Product durch p theilbar ist; da aber zufolge (1) keiner der beiden Factoren π, π' durch p theilbar ist, so kann $\mathfrak{o}p$ kein Primideal sein, und folglich ist $\mathfrak{o}p$ gewiss ein Product von zwei Primidealen ersten Grades, womit unser Satz vollständig bewiesen ist.

Wir können noch hinzufügen, dass, wenn wir für den Fall $\mathfrak{o}p = \mathfrak{p}\mathfrak{p}'$ die vorstehenden Bezeichnungen beibehalten, die Zahl π' immer durch $\mathfrak{p}'$ theilbar ist. Da nämlich π durch $\mathfrak{p}$, aber nicht durch p theilbar ist, so kann man $\mathfrak{o}\pi = \mathfrak{p}\mathfrak{q}$ setzen, wo das Ideal $\mathfrak{q}$ nicht durch $\mathfrak{p}'$ theilbar ist; da ferner $\pi\pi'$ durch p, also $\mathfrak{p}\mathfrak{q}\pi'$

durch $\mathfrak{p}\,\mathfrak{p}'$, mithin $\mathfrak{q}\,\pi'$ durch $\mathfrak{p}'$ theilbar ist, so muss π' durch das Primideal $\mathfrak{p}'$ theilbar sein, wie behauptet war*).

Es ist nun noch von Wichtigkeit zu untersuchen, unter welcher Bedingung die in diesem Falle auftretenden Factoren $\mathfrak{p}$, $\mathfrak{p}'$ mit einander identisch sind, also $\mathfrak{o}\,p = \mathfrak{p}^2$ wird; da unter dieser Annahme beide Zahlen π, π' durch $\mathfrak{p}$ theilbar sind, so gilt dasselbe von der Zahl $r = \pi + \pi'$, und da r *rational* ist, so muss r auch durch p theilbar sein, woraus mit Rücksicht auf (6) folgt, *dass p in D aufgeht.* Umgekehrt, wenn p eine in der Grundzahl D aufgehende Primzahl ist, so folgt zunächst, dass D auch quadratischer Rest von $4p$ ist; ist nämlich $p = 2$, so ist D (nach §. 166) durch 4 theilbar, und folglich wird die Congruenz (6) durch $r = 0$ oder durch $r = 2$ befriedigt; ist aber p ungerade, so geschieht dasselbe durch $r = 0$ oder $r = p$, je nachdem $D \equiv 0$ oder $\equiv 1 \pmod{4}$ ist. Mithin ist $\mathfrak{o}\,p$ ein Product von zwei Primidealen ersten Grades $\mathfrak{p}$, $\mathfrak{p}'$; behält man die obigen Bezeichnungen bei und berücksichtigt, dass r jedenfalls durch p theilbar ist, so folgt, dass die durch $\mathfrak{p}$ theilbare Zahl $\pi = r - \pi'$ auch durch $\mathfrak{p}'$ theilbar ist; wäre nun $\mathfrak{p}'$ verschieden von $\mathfrak{p}$, so müsste π durch $\mathfrak{p}\,\mathfrak{p}'$, also auch durch p theilbar sein, was nicht der Fall ist; mithin ist $\mathfrak{p}' = \mathfrak{p}$, und folglich $\mathfrak{o}\,p = \mathfrak{p}^2$. Wir können daher das Resultat unserer bisherigen Untersuchung so aussprechen:

*Ist p eine Primzahl im Körper der rationalen Zahlen, so ist $\mathfrak{o}\,p$ stets und nur dann das Quadrat eines Primideals vom ersten Grade, wenn p in der Grundzahl D aufgeht; ist aber D nicht theilbar durch p, so ist $\mathfrak{o}\,p$ ein Product von zwei verschiedenen Primidealen ersten Grades, oder $\mathfrak{o}\,p$ ist selbst ein Primideal zweiten Grades, je nachdem D quadratischer Rest oder Nichtrest von $4p$ ist***).

---

*) Man findet auch leicht, dass $\mathfrak{p} = [p, \pi]$, $\mathfrak{p}' = [p, \pi']$ ist, und wir empfehlen dem Leser, die Gleichung $\mathfrak{p}\,\mathfrak{p}' = \mathfrak{o}\,p$ durch wirkliche Ausführung der Multiplication zu verificiren, wobei es darauf ankommt, den viergliedrigen Modul $[p^2, p\pi, p\pi', \pi\pi']$ nach §. 165 auf einen zweigliedrigen zu reduciren (vergl. §. 181).

**) Hierzu bemerken wir Folgendes. Sind die Primideale eines Normalkörpers bekannt, so gilt dasselbe, wie demnächst an einem anderen Orte gezeigt werden soll, auch für jeden Divisor dieses Körpers. Nun ist, wie wir schon in der Schlussbemerkung zu §. 166 gesagt haben, unser quadratischer Körper Ω ein Divisor desjenigen Normalkörpers, welcher aus einer primitiven D^{ten} Wurzel der Einheit entspringt, und da die Ideale dieses Kreistheilungs Körpers nach den in §. 179 angegebenen Sätzen

Die Zahl $p = 2$ bietet den ersten, zweiten oder dritten Fall dar, je nachdem $D \equiv 0 \pmod{4}$, $\equiv 1 \pmod{8}$, oder $\equiv 5 \pmod{8}$ ist, und hieraus erklärt sich das eigenthümliche Verhalten der Zahl 2 in der Theorie der quadratischen Reste (§. 36). Ist p ungerade, so kommt, weil stets $D^2 \equiv D \pmod{4}$ ist, die Bedingung (6) darauf hinaus, dass D quadratischer Rest von p ist, und folglich wird der erste, zweite oder dritte Fall eintreten, je nachdem

$$\left(\frac{D}{p}\right) = 0, \quad = +1, \quad \text{oder} = -1$$

ist. Um aber *alle* Fälle zusammenzufassen, wollen wir ein anderes Symbol einführen und

$$(D, p) = 0, \quad = +1, \quad \text{oder} = -1 \tag{7}$$

setzen, je nachdem die Primzahl p den ersten, zweiten oder dritten Fall darbietet; für jede ungerade Primzahl p ist daher

$$(D, p) = \left(\frac{D}{p}\right).$$

Wir definiren ferner

$$(D, 1) = 1, \tag{8}$$

und wenn

$$m = pp'p'' \ldots$$

ein Product von beliebig vielen Primzahlen $p, p', p'' \ldots$ ist, so setzen wir entsprechend

$$(D, m) = (D, p)\,(D, p')\,(D, p'') \ldots, \tag{9}$$

woraus der allgemeine Satz

$$(D, m'm'') = (D, m')\,(D, m'') \tag{10}$$

folgt.

Indem wir die bei der allgemeinen Untersuchung über die Anzahl h der Idealclassen benutzten Bezeichnungen beibehalten (§. 178), setzen wir

$$\Omega(s) = \Sigma N(\mathfrak{a})^{-s} = \Pi(1 - N(\mathfrak{p})^{-s})^{-1}; \tag{11}$$

---

bekannt sind, so folgt daraus auch die Bestimmung der Ideale des quadratischen Körpers Ω, aber in einer anderen als der obigen Form, nämlich so, dass die Zerlegung von $\mathfrak{o}p$ in Primideale sich unmittelbar aus der Zahlclasse ergiebt, welcher die Zahl p nach dem Modul D angehört. Aus der Vergleichung beider Formen ergiebt sich abermals ein Beweis des Reciprocitätssatzes.

fassen wir die Factoren des Productes zusammen, welche von den verschiedenen in einer und derselben rationalen Primzahl p aufgehenden Primidealen $\mathfrak{p}$ herrühren, so ist dieser Beitrag gleich

$$(1-p^{-s})^{-1},\quad (1-p^{-s})^{-2},\quad (1-p^{-2s})^{-1},$$

je nachdem der erste, zweite oder dritte der obigen Fälle eintritt; mit Benutzung des eben eingeführten Symbols (7) kann man aber diese drei Ausdrücke in der gemeinschaftlichen Form des Productes

$$(1-p^{-s})^{-1}\,(1-(D,p)p^{-s})^{-1}$$

zusammenfassen, und hieraus folgt mit Rücksicht auf (10), dass

$$\begin{aligned}\Omega(s) &= \Pi(1-p^{-s})^{-1}\,\Pi(1-(D,p)p^{-s})^{-1}\\ &= \Sigma\frac{1}{m^s}\cdot\Sigma\frac{(D,m)}{m^s}\end{aligned}\tag{12}$$

ist, wo m in jeder der beiden Summen alle positiven ganzen rationalen Zahlen durchlaufen muss (vergl. §. 178, (48)). Multiplicirt man mit der positiven Grösse $s-1$ und lässt dieselbe unendlich klein werden, so ergiebt sich hieraus

$$gh = \lim \Sigma\frac{(D,m)}{m^s},\tag{13}$$

wo g die frühere Bedeutung hat; ordnet man die Glieder der Reihe nach wachsenden m, so folgt aus dem Reciprocitätssatze (vergl. §. 52), dass die Summe von je (D) auf einander folgenden Coefficienten (D,m) verschwindet; mithin convergirt die Reihe für alle positiven Werthe s, und da sie zugleich eine stetige Function von s ist (§. 101), so erhalten wir

$$gh = \Sigma\frac{(D,m)}{m}.\tag{14}$$

Den Werth von g haben wir früher allgemein bestimmt (§. 178, (34)), aber er nimmt je nach dem Vorzeichen der Grundzahl D verschiedene Formen an. Ist D *negativ*, so ist $v=1$, $\varkappa=1$, und E ist der umgekehrte Werth der Anzahl r aller in Ω enthaltenen Einheiten, welche $=6$ für $D=-3$, $=4$ für $D=-4$, und $=2$ in allen anderen Fällen ist; es wird daher

$$g=\frac{2\pi}{r\sqrt{-D}},$$

mithin

$$h = \frac{r\sqrt{-D}}{2\pi} \sum \frac{(D, m)}{m}. \tag{15}$$

Ist aber D *positiv*, so ist $\nu = 2$, $\varkappa = 2$; die Anzahl r der reducirten Einheiten ± 1 ist $= 2$, mithin

$$E = \frac{1}{2} \log \varepsilon = \frac{1}{2} \log\left(\frac{T + U\sqrt{D}}{2}\right),$$

wo ε die Fundamentaleinheit bedeutet, also T, U die kleinsten positiven ganzen rationalen Zahlen sind, welche der Pell'schen Gleichung

$$T^2 - D\,U^2 = 4$$

genügen; es wird daher

$$g = \frac{\log \varepsilon}{\sqrt{D}},$$

und folglich

$$h = \frac{\sqrt{D}}{\log \varepsilon} \sum \frac{(D, m)}{m}. \tag{16}$$

Vergleicht man die so gewonnenen Resultate (15) und (16) mit denen des fünften Abschnitts (§§. 97, 99), so wird man sich bei genauer Berücksichtigung der damals und jetzt angewendeten Bezeichnungen leicht überzeugen, dass, je nachdem die Grundzahl $D \equiv 0$ oder $\equiv 1 \pmod{4}$ ist, die Anzahl h unserer Idealclassen vollständig übereinstimmt mit der Classenanzahl der (positiven) ursprünglichen Formen erster Art für die *Determinante* $\frac{1}{4}D$, oder mit derjenigen der (positiven) ursprünglichen Formen zweiter Art für die *Determinante* D. Diese Uebereinstimmung ist eine nothwendige Folge des Umstandes, dass in unserem Falle der quadratischen Körper, wie man leicht finden wird, jede bestimmte Classe von Formen der *Discriminante* D auch nur einer einzigen Idealclasse entspricht (vergl. §. 176, S. 548).

Die Eintheilung der binären quadratischen Formen in *Geschlechter* (Supplement IV.) lässt sich ebenfalls leicht auf die Ideale übertragen, und sowohl diese Untersuchung wie der auf die Abzählung der ambigen Classen gestützte Beweis des Reciprocitätssatzes (§§. 152—154) gewinnt in der neuen Einkleidung eine weit einfachere Gestalt, deren Herstellung wir jedoch dem Leser überlassen müssen. Dagegen wollen wir im Folgenden noch die allgemeine Theorie der *Moduln* für quadratische Körper hinzufügen, weil dieselbe die Composition der binären quadratischen

Formen in sich schliesst und für viele andere Untersuchungen, z. B. für die Theorie der complexen Multiplication der elliptischen Functionen von grosser Bedeutung ist.

§. 181.

Jeder endliche Modul, dessen Zahlen sämmtlich dem quadratischen Körper Ω angehören, lässt sich (nach §. 165, S. 490) immer auf eine Basis zurückführen, welche aus höchstens *zwei* Zahlen besteht, und wir wollen im Folgenden unter einem *Modul*, falls das Gegentheil nicht ausdrücklich bemerkt wird, immer einen solchen zweigliedrigen Modul

$$\mathfrak{m} = [\alpha, \beta] \tag{1}$$

verstehen, dessen Basiszahlen α, β wirklich von einander unabhängig sind und folglich zugleich eine Basis des Körpers Ω bilden. Es ist nun zweckmässig, jede solche beliebig gegebene Basis so umzuformen, dass die eine der beiden Basiszahlen eine *positive rationale* Zahl m wird. Um die Möglichkeit dieser Umformung darzuthun, bemerken wir, dass, weil die Zahl 1 in Ω enthalten ist, es immer zwei bestimmte rationale Zahlen x, y giebt, welche der Bedingung $x\alpha + y\beta = 1$ genügen; stellt man dieselben als Brüche mit demselben Nenner dar und sondert aus den Zählern den grössten gemeinschaftlichen Theiler ab, so nimmt diese Gleichung die Form

$$m = p\alpha + q\beta$$

an, wo p, q relative Primzahlen bedeuten, und m eine positive, ganze oder gebrochene rationale Zahl ist; bestimmt man ferner zwei ganze rationale Zahlen r, s so, dass

$$ps - qr = \pm 1$$

wird, und setzt hierauf

$$m\omega = r\alpha + s\beta,$$

so leuchtet ein, dass die Zahlen m, $m\omega$ ebenfalls eine irreductibele Basis von $\mathfrak{m}$ bilden und dass folglich

$$\mathfrak{m} = [m, m\omega] = m[1, \omega] \tag{2}$$

ist. Da ω gewiss irrational ist, so ist $[m]$ der Inbegriff aller in $\mathfrak{m}$ enthaltenen rationalen Zahlen, und m ist als die *kleinste positive* unter ihnen vollständig bestimmt.

Die Zahl ω ist die eine Wurzel einer irreductibelen quadratischen Gleichung

$$a\omega^2 - b\omega + c = 0, \tag{3}$$

wo a, b, c ganze rationale Zahlen ohne gemeinschaftlichen Theiler bedeuten, und diese sind durch ω vollständig bestimmt, wenn wir festsetzen, dass a immer *positiv* sein soll. Bedeutet D wieder die Grundzahl des Körpers Ω, und setzen wir, wie im vorigen Paragraphen,

$$\theta = \frac{D + \sqrt{D}}{2}, \quad \mathfrak{o} = [1, \theta], \tag{4}$$

so ist $a\omega$ als ganze Zahl von der Form

$$a\omega = h + k\theta = \frac{b + k\sqrt{D}}{2} = \frac{b + \sqrt{d}}{2}, \tag{5}$$

wo h, k ganze rationale Zahlen bedeuten, und

$$d = \triangle(1, a\omega) = b^2 - 4ac = Dk^2 \tag{6}$$

ist. Da ω ohne Aenderung von $\mathfrak{m}$ durch $-\omega$ ersetzt werden kann, so wollen wir für die Folge immer festsetzen, dass k *positiv* sein soll. Man sieht leicht, dass hierdurch, wenn ein gegebener Modul $\mathfrak{m}$ vorliegt, die Zahl ω so weit und nur so weit bestimmt ist, dass sie durch $\omega_0 = \omega + z$ ersetzt werden kann, wo z jede beliebige ganze rationale Zahl bedeutet; dies hat aber keinen Einfluss auf die Zahlen a, k und d, die mithin vollständig bestimmt sind, während b in $b_0 = 2az + b$, und c in $c_0 = az^2 + bz + c$ übergeht; da mithin b_0 alle Individuen einer bestimmten rationalen *Zahlclasse* nach dem Modul $2a$ durchläuft, so kann man, wenn man will, ω_0 durch die Bedingung vollständig bestimmen, dass $0 \leqq b_0 < 2a$ sein soll, was aber keinen wesentlichen Nutzen gewährt. Dagegen ist es bisweilen vortheilhaft, ω_0 so zu wählen, dass c_0 relative Primzahl zu a wird; um dies zu erreichen, kann man, wenn r das Product aller gleichzeitig in a und in c aufgehenden Primzahlen, und s das Product aller übrigen in a aufgehenden Primzahlen bedeutet, z so wählen, dass $z \equiv 1 \pmod{r}$ und zugleich $z \equiv 0 \pmod{s}$ wird, was (nach §. 25) stets möglich ist.

Unter der *Ordnung* $\mathfrak{n}$ des Moduls $\mathfrak{m}$ verstehen wir, wie früher (§. 176, S. 554), den Inbegriff aller Zahlen ν, für welche $\mathfrak{m}\nu$ durch $\mathfrak{m}$ theilbar wird. Aus dieser Definition folgt offenbar, dass, wenn η eine beliebige von Null verschiedene Zahl bedeutet, $\mathfrak{n}$ zugleich die Ordnung des Moduls $\eta\mathfrak{m}$ ist; behalten wir daher die vorhergehenden Bezeichnungen bei, so sind die gesuchten Zahlen ν alle diejenigen, für welche $[\nu, \nu\omega]$ durch $[1, \omega]$ theilbar wird, und hierzu ist erforderlich und hinreichend, dass die beiden Zahlen ν und $\nu\omega$ in $[1, \omega]$ enthalten sind. Es muss daher zunächst $\nu = x + y\omega$ sein, wo x. y ganze rationale Zahlen bedeuten; dann ist $\nu\omega = x\omega + y\omega^2$, und da $x\omega$ in $[1, \omega]$ enthalten ist, so muss dasselbe auch von $y\omega^2$ gelten; zufolge (3) ist aber

$$y\omega^2 = \frac{y(b\omega - c)}{a},$$

mithin müssen die beiden Producte by, cy durch a theilbar sein; da aber die Zahlen a, b, c keinen gemeinschaftlichen Theiler haben, so folgt hieraus, dass y durch a theilbar, also $y = az$, $\nu = x + za\omega$ sein muss, wo z ebenfalls eine ganze rationale Zahl bedeutet; und da umgekehrt jede solche Zahl $x + za\omega$ die geforderte Eigenschaft besitzt, so erhalten wir das Resultat

$$\mathfrak{n} = [1, a\omega] = [1, k\theta] \tag{7}$$

Jede Ordnung $\mathfrak{n}$ ist daher ein Modul, welcher nur *ganze* Zahlen und unter diesen auch die Zahl 1, mithin alle ganzen rationalen Zahlen enthält; umgekehrt leuchtet ein, dass ein jeder solche Modul $\mathfrak{n}$ (in unserem Falle der quadratischen Körper) auch gewiss eine Ordnung, nämlich die Ordnung von $\mathfrak{n}$ selbst ist. Wir wollen nun im Folgenden die Zahl k den *Index* und die in (6) gebildete Zahl $d = Dk^2$ die *Discriminante des Moduls* $\mathfrak{m}$ nennen; dann haben alle Moduln $\mathfrak{m}$ von gleicher Ordnung $\mathfrak{n}$, also auch $\mathfrak{n}$, denselben Index und dieselbe Discriminante; zugleich leuchtet ein (nach §. 165, (22)), dass

$$k = (\mathfrak{o}, \mathfrak{n}) \tag{8}$$

ist. Offenbar ist der Modul $\mathfrak{m}$ stets und nur dann ein *Ideal*, wenn er durch $\mathfrak{o}$ theilbar, und $\mathfrak{n} = \mathfrak{o}$, also $k = 1$, und m eine ganze, durch a theilbare Zahl ist. Dies führt dazu, den Begriff der *Norm* auch auf beliebige Moduln $\mathfrak{m}$ zu übertragen, und zwar wollen wir darunter den Quotienten

$$N(\mathfrak{m}) = \frac{(\mathfrak{n}, \mathfrak{m})}{(\mathfrak{m}, \mathfrak{n})} \tag{9}$$

verstehen, welcher sich in der That, wenn $\mathfrak{m}$ ein Ideal ist, auf den der früheren Definition entsprechenden Werth $(\mathfrak{o}, \mathfrak{m})$ reducirt (§. 169). Da die Basiszahlen von $\mathfrak{m}$ mit denen von $\mathfrak{n}$ durch die linearen Gleichungen

$$m = m\,.\,1 + 0\,.\,a\omega,\ m\omega = 0\,.\,1 + \frac{m}{a}\,.\,a\omega$$

verbunden sind, so ergiebt sich aus der vorstehenden Definition nach einem allgemeinen Satze, den wir in der Schlussanmerkung zu §. 165 erwähnt haben, das Resultat

$$N(\mathfrak{m}) = \begin{vmatrix} m, & 0 \\ 0, & \frac{m}{a} \end{vmatrix} = \frac{m^2}{a}. \tag{10}$$

Von der Richtigkeit desselben überzeugt man sich aber auch ohne Zuziehung jenes Satzes leicht, wenn man den grössten gemeinschaftlichen Theiler

$$\mathfrak{d} = [m, m\omega, 1, a\omega]$$

der beiden Moduln $\mathfrak{m}$, $\mathfrak{n}$ betrachtet. Um denselben auf eine zweigliedrige Basis zu reduciren, setzen wir

$$m = \frac{t}{u},\quad \frac{m}{a} = \frac{v}{w},$$

wo t, u und v, w zwei Paare von relativen Primzahlen bedeuten; dann ist offenbar

$$[m, 1] = \left[\frac{t}{u}, \frac{u}{u}\right] = \left[\frac{1}{u}\right]$$

$$[m\omega, a\omega] = a\omega\left[\frac{v}{w}, \frac{w}{w}\right] = \left[\frac{a\omega}{w}\right]$$

mithin

$$\mathfrak{d} = \left[\frac{1}{u}, \frac{a\omega}{w}\right];$$

drückt man nun die Basiszahlen von $\mathfrak{m}$ und $\mathfrak{n}$ linear durch diejenigen von $\mathfrak{d}$ aus, so ergiebt sich (nach §. 165, (2) und (22)), dass

$$(\mathfrak{n}, \mathfrak{m}) = (\mathfrak{d}, \mathfrak{m}) = tv,\quad (\mathfrak{m}, \mathfrak{n}) = (\mathfrak{d}, \mathfrak{n}) = uw,$$

mithin

$$N(\mathfrak{m}) = \frac{tv}{uw}$$

ist, was mit (10) übereinstimmt.

Bezeichnet man allgemein, wenn α eine beliebige Zahl des Körpers Ω ist, mit α' die conjugirte (oder adjungirte) Zahl, in welche α durch die nicht identische Permutation des Körpers übergeht, so ist

$$\theta' = \frac{D - \sqrt{D}}{2},\ a\omega' = h + k\theta' = \frac{b - k\sqrt{D}}{2} = \frac{b - \sqrt{d}}{2}; \tag{11}$$

durchläuft μ alle Zahlen des Moduls $\mathfrak{m}$, so bilden die Zahlen μ' einen mit $\mathfrak{m}$ *conjugirten* Modul $m[1, \omega']$, den wir mit $\mathfrak{m}'$ bezeichnen wollen; halten wir aber an der obigen Vorschrift für die Wahl der Basiszahlen fest, so haben wir

$$\mathfrak{m}' = m[1, -\omega'] \tag{12}$$

zu setzen, und da $a(\omega + \omega') = b$ und

$$a(-\omega')^2 - (-b)(-\omega') + c = 0$$

ist, so geschieht der Uebergang von $\mathfrak{m}$ zu $\mathfrak{m}'$ lediglich dadurch, dass b durch $-b$ ersetzt wird, während m, a, c, k, d unverändert bleiben. Ebenso ist natürlich $\mathfrak{m}$ conjugirt mit $\mathfrak{m}'$, und beide Moduln haben dieselbe Ordnung $\mathfrak{n} = \mathfrak{n}'$, denselben Index, dieselbe Discriminante und dieselbe Norm; sie sind aber nur dann mit einander identisch, wenn b durch a theilbar, also $b \equiv 0$ oder $\equiv a$ (mod. $2a$) ist, und in diesem Falle kann $\mathfrak{m}$ ein *ambiger* Modul genannt werden (vergl. §. 58).

Jede in dem Modul $\mathfrak{m}$ enthaltene Zahl μ ist von der Form

$$\mu = m(x + y\omega), \tag{13}$$

wo x, y ganze rationale Zahlen bedeuten; hieraus folgt

$$N(\mu) = \mu\mu' = m^2(x + y\omega)(x + y\omega'),$$

und wenn man die Multiplication ausführt, so ergiebt sich

$$N(\mu) = N(\mathfrak{m})(ax^2 + bxy + cy^2); \tag{14}$$

jedem Modul $\mathfrak{m}$ entspricht daher eine binäre quadratische Form $(a, \frac{1}{2}b, c)$ oder vielmehr eine bestimmte Schaar von unendlich vielen solchen parallelen Formen, in welchen b alle Individuen einer bestimmten Zahlclasse nach dem Modul $2a$ durchläuft, und deren Discriminante $b^2 - 4ac$ zugleich die Discriminante d des Moduls $\mathfrak{m}$ ist; dem conjugirten Modul $\mathfrak{m}'$ entspricht die *entgegengesetzte* Schaar $(a, -\frac{1}{2}b, c)$.

Nach diesen, auf einen einzelnen Modul $\mathfrak{m}$ bezüglichen Definitionen wenden wir uns zu der *Multiplication* der Moduln, die wir ebenso erklären wie diejenige der Ideale (§. 170); unter dem *Producte* $\mathfrak{m}\mathfrak{m}_1$ der beiden Moduln $\mathfrak{m}, \mathfrak{m}_1$ wird der Inbegriff aller Producte $\mu\mu_1$ und aller Summen solcher Producte verstanden, wo μ, μ_1 beliebige Zahlen in $\mathfrak{m}$, $\mathfrak{m}_1$ bedeuten. Offenbar ist $\mathfrak{m}\mathfrak{m}_1$ wieder ein Modul, und aus den evidenten Sätzen $\mathfrak{m}\mathfrak{m}_1 = \mathfrak{m}_1\mathfrak{m}$, $(\mathfrak{m}\mathfrak{m}_1)\mathfrak{m}_2 = \mathfrak{m}(\mathfrak{m}_1\mathfrak{m}_2)$ ergeben sich dieselben Folgerungen für

Producte von beliebig vielen Moduln, wie bei den Idealen. Bedeutet ferner $\mathfrak{n}$ die Ordnung von $\mathfrak{m}$, so ist

$$\mathfrak{m}\mathfrak{n} = \mathfrak{m}; \tag{15}$$

denn aus der Definition von $\mathfrak{n}$ geht hervor, dass jedes Product $\mu\nu$ in $\mathfrak{m}$ enthalten, mithin $\mathfrak{m}\mathfrak{n}$ durch $\mathfrak{m}$ theilbar ist, und umgekehrt ist $\mathfrak{m}$ theilbar durch $\mathfrak{m}\mathfrak{n}$, weil die Zahl 1 in $\mathfrak{n}$ enthalten ist. Dasselbe würde sich aber auch leicht durch die wirkliche Multiplication der Moduln (2) und (7) ergeben. Da ferner $\mathfrak{n}$ die Ordnung von $\mathfrak{n}$ ist, so folgt aus (15) als specieller Fall der Satz

$$\mathfrak{n}^2 = \mathfrak{n}, \tag{16}$$

woraus man weiter schliesst, dass jede Potenz von $\mathfrak{n}$ identisch mit $\mathfrak{n}$ ist.

Von besonderer Wichtigkeit ist die Bildung des Productes $\mathfrak{m}\mathfrak{m}'$ aus zwei conjugirten Moduln; durch Multiplication von (2) und (12) erhält man zunächst

$$\mathfrak{m}\mathfrak{m}' = m^2[1, \omega, \omega', \omega\omega'];$$

addirt man die zweite Basiszahl zur dritten und bedenkt, dass

$$a(\omega + \omega') = b, \quad a\omega\omega' = c$$

ist, so folgt

$$\mathfrak{m}\mathfrak{m}' = \frac{m^2}{a}[a, a\omega, b, c];$$

da nun die Zahlen a, b, c keinen gemeinschaftlichen Theiler haben, so können sie durch die Zahl 1 ersetzt werden, und folglich erhalten wir das Resultat*)

$$\mathfrak{m}\mathfrak{m}' = \frac{m^2}{a}[1, a\omega] = \mathfrak{n}\,N(\mathfrak{m}). \tag{17}$$

Wir betrachten jetzt ein Product aus zwei beliebigen Moduln $\mathfrak{m}$, $\mathfrak{m}_1$ und setzen

$$\mathfrak{m}\mathfrak{m}_1 = \mathfrak{m}_2; \tag{18}$$

da $\mathfrak{m}_2$ aus allen Zahlen μ_2 von der Form $\sum \mu\mu_1$ besteht, so besteht der conjugirte Modul $\mathfrak{m}_2'$ aus allen Zahlen μ_2' von der Form $\sum \mu'\mu_1'$, und folglich ist

$$\mathfrak{m}'\mathfrak{m}_1' = \mathfrak{m}_2' = (\mathfrak{m}\mathfrak{m}_1)'. \tag{19}$$

Durch Multiplication dieser beiden Gleichungen erhält man zufolge (17)

*) Es ist wohl von Nutzen, hier zu bemerken, dass bei Körpern höheren Grades ein ähnlicher Satz nicht in voller Allgemeinheit gilt, und dasselbe ist von mehreren der nachfolgenden Sätze zu sagen.

$$\mathfrak{n}\mathfrak{n}_1 N(\mathfrak{m}) N(\mathfrak{m}_1) = \mathfrak{n}_2 N(\mathfrak{m}_2),$$

wo $\mathfrak{n}_1$, $\mathfrak{n}_2$ die Ordnungen von $\mathfrak{m}_1$, $\mathfrak{m}_2$ bedeuten; da nun das Product $\mathfrak{n}\mathfrak{n}_1$ nur *ganze* Zahlen und offenbar auch die Zahl 1 enthält, so ist es nach dem Obigen wieder eine Ordnung; die vorstehende Gleichung liefert daher, wenn man auf die beiderseits auftretenden *rationalen* Zahlen achtet, zunächst den Satz

$$N(\mathfrak{m}) N(\mathfrak{m}_1) = N(\mathfrak{m}_2) = N(\mathfrak{m}\mathfrak{m}_1), \tag{20}$$

mithin auch den folgenden

$$\mathfrak{n}\mathfrak{n}_1 = \mathfrak{n}_2; \tag{21}$$

die Norm eines Productes ist daher gleich dem Producte aus den Normen der Factoren, und ebenso ist die Ordnung eines Productes gleich dem Producte aus den Ordnungen der Factoren.

Da die Zahl 1 in jeder Ordnung enthalten ist, so ist das Product $\mathfrak{n}\mathfrak{n}_1$ ein gemeinschaftlicher Theiler von $\mathfrak{n}$ und $\mathfrak{n}_1$ und zwar, wie wir jetzt zeigen wollen, ihr *grösster* gemeinschaftlicher Theiler. Bedeuten k, k_1, k_2 die Indices der Moduln $\mathfrak{m}$, $\mathfrak{m}_1$, $\mathfrak{m}_2$, so ist $\mathfrak{n} = [1, k\theta]$, $\mathfrak{n}_1 = [1, k_1\theta]$, und folglich

$$\mathfrak{n}\mathfrak{n}_1 = [1, k\theta, k_1\theta, kk_1\theta^2];$$

da aber $\theta^2 = D\theta - D_1$ ist, wo D_1 eine ganze rationale Zahl, so kann die letzte Basiszahl $kk_1\theta^2$, weil sie eine Summe von Vielfachen der beiden ersten ist, weggelassen werden, und man erhält

$$\mathfrak{n}\mathfrak{n}_1 = [1, k\theta, k_1\theta],$$

wie behauptet war. Da nun dasselbe Product zufolge (21) auch $= [1, k_2\theta]$ ist, so folgt, dass der Index k_2 des Productes der grösste gemeinschaftliche Theiler der Indices k, k_1 der Factoren ist. Bedeuten ferner d, d_1, d_2 die Discriminanten von $\mathfrak{m}$, $\mathfrak{m}_1$, $\mathfrak{m}_2$, so ist $d = Dk^2$, $d_1 = Dk_1^2$, $d_2 = Dk_2^2$, und folglich ist die Discriminante des Productes auch der grösste gemeinschaftliche Theiler von den Discriminanten der Factoren.

Die letzten Sätze ergeben sich auch auf folgende Weise, wobei wir den Buchstaben m_1, ω_1, a_1, b_1, c_1 und m_2, ω_2, a_2, b_2, c_2 dieselbe Bedeutung für die Moduln $\mathfrak{m}_1$ und $\mathfrak{m}_2$ beilegen, welche m, ω, a, b, c für $\mathfrak{m}$ haben. Dann ist zufolge (21)

$$[1, a_2\omega_2] = [1, a\omega]\,[1, a_1\omega_1] = [1, a\omega, a_1\omega_1, aa_1\omega\omega_1],$$

und es gelten daher (nach §. 165) vier Gleichungen von der Form

$$\begin{aligned} 1 &= 1 \;.\; 1 + 0 \;.\; a_2\omega_2 \\ a\omega &= f \;.\; 1 + e \;.\; a_2\omega_2 \\ a_1\omega_1 &= f_1 \;.\; 1 + e_1 \;.\; a_2\omega_2 \\ a a_1 \omega\omega_1 &= f_2 \;.\; 1 + e_2 \;.\; a_2\omega_2, \end{aligned} \tag{22}$$

wo die acht Coefficienten rechts solche ganze rationale Zahlen sind, dass die sechs aus ihnen gebildeten Determinanten

$$e,\ e_1,\ e_2,\ fe_1 - ef_1,\ fe_2 - ef_2,\ f_1e_2 - e_1f_2$$

keinen gemeinschaftlichen Theiler haben; da aber jeder gemeinschaftliche Theiler der drei ersten auch in den folgenden aufgeht, so folgt, dass e, e_1, e_2 keinen gemeinschaftlichen Theiler haben. Zufolge (22) ist ferner

$$(f + ea_2\omega_2)(f_1 + e_1a_2\omega_2) = f_2 + e_2a_2\omega_2,$$

also

$$ee_1(a_2\omega_2)^2 - (e_2 - ef_1 - e_1f)(a_2\omega_2) + ff_1 - f_2 = 0;$$

vergleicht man dies mit der Gleichung

$$(a_2\omega_2)^2 - b_2(a_2\omega_2) + a_2c_2 = 0,$$

so ergiebt sich

$$e_2 = ef_1 + e_1f + ee_1b_2,\ f_2 = ff_1 - ee_1a_2c_2; \tag{23}$$

aus der ersten dieser beiden Gleichungen folgt, dass jeder gemeinschaftliche Theiler von e, e_1 auch in e_2 aufgeht; da aber oben gezeigt ist, dass diese drei Zahlen keinen gemeinschaftlichen Theiler haben, so sind e, e_1 *relative Primzahlen*. Ersetzt man nun in (22) die Grössen $a\omega$, $a_1\omega_1$, $a_2\omega_2$ gemäss (5) durch

$$\frac{b + k\sqrt{D}}{2},\ \frac{b_1 + k_1\sqrt{D}}{2},\ \frac{b_2 + k_2\sqrt{D}}{2},$$

so ergiebt sich

$$k = ek_2,\quad k_1 = e_1k_2, \tag{24}$$

also auch

$$d = d_2e^2,\quad d_1 = d_2e_1^2, \tag{25}$$

und ausserdem

$$f = \frac{b - b_2e}{2},\quad f_1 = \frac{b_1 - b_2e_1}{2}; \tag{26}$$

ebenso erhält man aus der letzten der Gleichungen (22), oder indem man die vorstehenden Ausdrücke in (23) substituirt,

$$e_2 = \frac{be_1 + b_1e}{2},\quad f_2 = \frac{bb_1 + d_2ee_1 - 2b_2e_2}{4}. \tag{27}$$

Aus (24) und (25) folgt abermals, dass k_2 der grösste gemeinschaftliche Theiler von k, k_1, und ebenso d_2 derjenige von d, d_1 ist.

Sind also die beiden Moduln $\mathfrak{m}, \mathfrak{m}_1$ gegeben, so findet man die Zahlen e, e_1, k_2, d_2 aus (24) und (25) durch die Bedingung, dass e, e_1 relative Primzahlen sein müssen, und hiermit ist auch e_2 zufolge (27) gefunden. Wir wollen nun dazu übergehen, den Modul $\mathfrak{m}_2$ vollständig zu bestimmen, indem wir auch die Zahlen m_2, a_2, b_2, c_2 aus den Daten ableiten. Da das Product $m m_1$ in $\mathfrak{m}_2$ und folglich auch in $[m_2]$ enthalten ist, so kann man zunächst

$$m m_1 = p\, m_2, \quad m_2 = \frac{m m_1}{p} \tag{28}$$

setzen, wo p eine positive *ganze* rationale Zahl bedeutet; ersetzt man nun die im Satze (20) auftretenden Normen durch ihre Ausdrücke gemäss (10), so erhält man

$$a a_1 = p^2 a_2, \quad a_2 = \frac{a a_1}{p^2}, \tag{29}$$

mithin ist die Bestimmung von m_2 und a_2 auf diejenige von p zurückgeführt. Ersetzt man ferner die Moduln $\mathfrak{m}, \mathfrak{m}_1, \mathfrak{m}_2$ durch ihre Ausdrücke gemäss (2), so nimmt die Gleichung $\mathfrak{m}_2 = \mathfrak{m}\mathfrak{m}_1$ die Form

$$[1, \omega_2] = p\,[1, \omega]\,[1, \omega_1] = p\,[1, \omega_1, \omega, \omega\omega_1] \tag{30}$$

an; man kann daher (nach §. 165)

$$\begin{aligned} p &= p \quad\; . 1 + 0 \quad\; . \omega_2 \\ p\,\omega_1 &= p' \;\; . 1 + q' \;\; . \omega_2 \\ p\,\omega &= p'' \; . 1 + q'' \; . \omega_2 \\ p\,\omega\omega_1 &= p''' . 1 + q''' . \omega_2 \end{aligned} \tag{31}$$

setzen, wo die acht Coefficienten rechter Hand solche ganze rationale Zahlen sind, dass die sechs aus ihnen gebildeten Determinanten

$$p q', \quad p q'', \quad p q''', \quad p' q'' - q' p'', \quad p' q''' - q' p''', \quad p'' q''' - q'' p''',$$

also jedenfalls auch die drei Zahlen q', q'', q''' keinen gemeinschaftlichen Theiler haben*). Substituirt man nun in (31) für $\omega, \omega_1, \omega\omega_1$ die aus (22) folgenden Ausdrücke, so erhält man die Gleichungen

---

*) Hieraus folgt in Verbindung mit der aus (31) leicht abzuleitenden Gleichung $q'\omega + q''\omega_1' = q''' = q'\omega' + q''\omega_1$ ein für die Theorie der complexen Multiplication der elliptischen Functionen sehr wichtiger Satz (vergl. des Herausgebers Aufsatz (§. 7) *über die Theorie der elliptischen Modul-Functionen* in Borchardt's Journal Bd. 83).

$$p(f_1 + e_1 a_2 \omega_2) = a_1 (p' + q' \omega_2)$$
$$p(f + e a_2 \omega_2) = a (p'' + q'' \omega_2)$$
$$p(f_2 + e_2 a_2 \omega_2) = a a_1 (p''' + q''' \omega_2),$$

welche, weil ω_2 irrational ist, in die folgenden zerfallen

$$p e_1 a_2 = a_1 q', \quad p e a_2 = a q'', \quad p e_2 a_2 = a a_1 q''' \tag{32}$$
$$p f_1 = a_1 p', \quad p f = a p'', \quad p f_2 = a a_1 p'''. \tag{33}$$

Substituirt man in (32) für a_2 den in (29) angegebenen Ausdruck, so erhält man

$$a e_1 = p q', \quad a_1 e = p q'', \quad e_2 = p q''', \tag{34}$$

und da q', q'', q''', wie oben bemerkt, keinen gemeinschaftlichen Theiler haben, so ist p offenbar als grösster (positiver) gemeinschaftlicher Theiler der drei bekannten Zahlen $a e_1$, $a_1 e$, e_2 vollständig bestimmt, und dasselbe gilt mithin von den drei Zahlen q', q'', q''', sowie von den beiden Zahlen m_2, a_2, welche sich aus (28) und (29) ergeben. Multiplicirt man ferner die Gleichungen (33) mit $2a$, $2a_1$, 2, und ersetzt $a a_1$ durch $p^2 a_2$, so erhält man mit Rücksicht auf (34), wenn man für f_1, f, f_2 die in (26) und (27) angegebenen Ausdrücke substituirt, die Gleichungen

$$\frac{a b_1}{p} - q' b_2 = 2 a_2 p', \quad \frac{a_1 b}{p} - q'' b_2 = 2 a_2 p'',$$
$$\frac{b b_1 + d_2 e e_1}{2p} - q''' b_2 = 2 a_2 p''',$$

also die Congruenzen

$$\left.\begin{array}{l} q' b_2 \equiv \dfrac{a b_1}{p}, \quad q'' b_2 \equiv \dfrac{a_1 b}{p} \\ q''' b_2 \equiv \dfrac{b b_1 + d_2 e e_1}{2p} \end{array}\right\} \pmod{2 a_2}, \tag{35}$$

durch welche die Zahl b_2 nach dem Modul $2 a_2$ vollständig bestimmt ist, weil q', q'', q''' keinen gemeinschaftlichen Theiler haben (vergl. §. 145); und hieraus ergiebt sich endlich auch c_2 durch die Gleichung

$$c_2 = \frac{b_2^2 - d_2}{4 a_2}. \tag{36}$$

Hiermit ist die Bestimmung des Productes $\mathfrak{m}_2$ aus den beiden Factoren $\mathfrak{m}$, $\mathfrak{m}_1$ vollendet, und wir haben nur noch die folgende Bemerkung hinzuzufügen. Da die *Existenz* des Moduls $\mathfrak{m}_2 = \mathfrak{m}\mathfrak{m}_1$

von vornherein gewiss ist, so müssen wir schliessen, dass die in (26), (27), (29), (35) und (36) in Form von Brüchen auftretenden Zahlen in Wahrheit *ganze* Zahlen, dass ferner die drei Congruenzen (35) wirklich mit einander vereinbar sind, und dass die so erhaltenen Zahlen a_2, b_2, c_2 keinen gemeinschaftlichen Theiler haben; dies Alles würde sich auch auf directem Wege leicht beweisen lassen, was wir jedoch dem Leser überlassen wollen*).

Wir bezeichnen nun mit x, y und x_1, y_1 zwei Systeme von unabhängigen Variabelen und bilden die bilinearen Functionen

$$\begin{aligned} x_2 &= p x x_1 + p' x y_1 + p'' y x_1 + p''' y y_1 \\ y_2 &= \qquad\quad\; q' x y_1 + q'' y x_1 + q''' y y_1; \end{aligned} \tag{37}$$

setzt man ferner

$$\mu = m(x + y\omega), \quad \mu_1 = m_1(x_1 + y_1\omega_1), \quad \mu_2 = m_2(x_2 + y_2\omega_2),$$

so folgt aus (28) und (31), dass $\mu_2 = \mu\mu_1$, also für rationale Werthe der Variabelen auch $N(\mu_2) = N(\mu)N(\mu_1)$ ist; ersetzt man diese Normen durch ihre Ausdrücke gemäss (14) und berücksichtigt (20), so ergiebt sich

$$\begin{aligned} &a_2 x_2^2 + b_2 x_2 y_2 + c_2 y_2^2 \\ &= (a x^2 + b x y + c y^2)(a_1 x_1^2 + b_1 x_1 y_1 + c_1 y_1^2); \end{aligned} \tag{38}$$

man sagt daher, die Form $(a_2, \frac{1}{2}b_2, c_2)$ gehe durch die bilineare Substitution (37) in das Product der beiden Formen $(a, \frac{1}{2}b, c)$ und $(a_1, \frac{1}{2}b_1, c_1)$ über, und nennt die erste Form *zusammengesetzt* aus den beiden letzteren**); offenbar ist (38) in Folge von (37) eine Identität, welche für beliebige Werthe der unabhängigen Variabelen gilt. —

Die vorstehende Darstellung der Multiplication der Moduln bildet zugleich die Grundlage für die Behandlung der umgekehrten Aufgabe, alle Moduln $\mathfrak{m}$ zu finden, welche der Bedingung $\mathfrak{m}\mathfrak{m}_1 = \mathfrak{m}_2$ genügen, wo $\mathfrak{m}_1$ und $\mathfrak{m}_2$ *gegebene* Moduln bedeuten. Wir beschränken uns aber hier darauf, einige Hauptpuncte dieser äusserst wichtigen Untersuchung hervorzuheben, und überlassen die

---

*) Vergl. *Arndt: Auflösung einer Aufgabe in der Composition der quadratischen Formen* (Borchardt's Journal, Bd. 56).

**) Vergl. §. 146. Die allgemeinste Art der Composition der binären quadratischen Formen, wie sie von *Gauss* dargestellt ist (*D. A.* artt. 235, 236), würde man erhalten, wenn man für die Moduln die Form (1) statt (2) zu Grunde legte (vergl. die zweite Auflage dieses Werkes, §. 170).

weitere Ausführung dem Leser. Aus (21) folgt, dass, wenn die Aufgabe lösbar sein soll, die Ordnung $\mathfrak{n}_1$ des Moduls $\mathfrak{m}_1$ durch die Ordnung $\mathfrak{n}_2$ des Moduls $\mathfrak{m}_2$ theilbar sein muss; diese erforderliche Bedingung, welche im Folgenden stets als erfüllt vorausgesetzt wird und auch durch $\mathfrak{n}_1 \mathfrak{n}_2 = \mathfrak{n}_2$ oder $k_1 = e_1 k_2$ ausgedrückt werden kann, ist aber auch hinreichend, und es giebt dann immer *unendlich viele* Moduln $\mathfrak{m}$, welche die Bedingung $\mathfrak{m}\mathfrak{m}_1 = \mathfrak{m}_2$ erfüllen. Zunächst findet man durch Multiplication mit $\mathfrak{m}_1'$ leicht den Hauptsatz, dass es immer einen und nur einen solchen Modul $\mathfrak{m}$ giebt, dessen Ordnung $= \mathfrak{n}_2$ ist; hierdurch wird zugleich die allgemeine Aufgabe auf den speciellen Fall zurückgeführt, in welchem $\mathfrak{m}_1 = \mathfrak{n}_1$ ist, und man braucht sich nur noch mit der Lösung der Gleichung $\mathfrak{m}\mathfrak{n}_1 = \mathfrak{m}_2$ zu beschäftigen. Die Ordnung $\mathfrak{n}$ des Moduls $\mathfrak{m}$ muss so beschaffen sein, dass $\mathfrak{n}_2 = \mathfrak{n}\mathfrak{n}_1$ der grösste gemeinschaftliche Theiler von $\mathfrak{n}$ und $\mathfrak{n}_1$, also $k = e k_2$ wird, wo e relative Primzahl zu e_1 ist; nachdem man für den Modul $\mathfrak{m}$ eine solche Ordnung $\mathfrak{n}$, also auch eine solche Zahl e *willkürlich* gewählt hat, leuchtet ein, dass stets $\mathfrak{m}\mathfrak{n}_1 = \mathfrak{m}\mathfrak{n}_2$ ist, und es kommt daher nur darauf an, alle Moduln $\mathfrak{m}$ von dieser Ordnung $\mathfrak{n}$ zu finden, welche der Bedingung $\mathfrak{m}\mathfrak{n}_2 = \mathfrak{m}_2$ genügen. Um nachzuweisen, dass *mindestens ein* solcher Modul $\mathfrak{m}$ existirt, wähle man die in $\mathfrak{m}_2 = m_2[1, \omega_2]$ auftretende Zahl ω_2 so, dass c_2 relative Primzahl zu a_2 wird, was nach einer früheren Bemerkung stets möglich ist; setzt man alsdann die vorher gewählte Zahl $e = pq''$, wo q'' den grössten Divisor von e bedeutet, welcher relative Primzahl zu a_2 ist, so findet man leicht, dass der Modul $\mathfrak{m} = m_2[p, q''\omega_2]$ der Bedingung $\mathfrak{m}\mathfrak{n}_2 = \mathfrak{m}_2$ genügt, und dass $\mathfrak{n}$ seine Ordnung ist. Verbindet man hiermit den schon vorher bewiesenen Satz, dass, wenn $\mathfrak{b}$, $\mathfrak{c}$ zwei beliebige Moduln von gleicher Ordnung $\mathfrak{n}$ sind, es immer einen und nur einen Modul $\mathfrak{a}$ von derselben Ordnung $\mathfrak{n}$ giebt, welcher der Bedingung $\mathfrak{a}\mathfrak{b} = \mathfrak{c}$ genügt, so wird die *vollständige* Lösung unserer Gleichung $\mathfrak{m}\mathfrak{n}_2 = \mathfrak{m}_2$ auf den speciellen Fall $\mathfrak{m}_2 = \mathfrak{n}_2$, also auf die Aufgabe zurückgeführt, alle Moduln $\mathfrak{m}$ von der Ordnung $\mathfrak{n}$ zu finden, welche der Bedingung

$$\mathfrak{m}\mathfrak{n}_2 = \mathfrak{n}_2 \tag{39}$$

genügen. Da nun, wenn $\mathfrak{o}$ die frühere Bedeutung hat, immer $\mathfrak{o}\mathfrak{n}_2 = \mathfrak{o}$ ist, so genügt ein solcher Modul $\mathfrak{m}$ gewiss auch der Bedingung

$$\mathfrak{m}\mathfrak{o} = \mathfrak{o}; \tag{40}$$

diese Moduln, zu welchen offenbar $\mathfrak{n}$ selbst gehört, sind von besonderer Wichtigkeit, und wir wollen jeden Modul $\mathfrak{m}$ von der Ordnung $\mathfrak{n}$, welcher diese letzte Bedingung erfüllt, aus einem bald anzugebenden Grunde eine *Wurzel der Ordnung* $\mathfrak{n}$ nennen; es ist zweckmässig, zunächst *alle* diese Wurzeln von $\mathfrak{n}$ zu bestimmen, worauf es keine Schwierigkeit haben wird, diejenigen von ihnen auszusondern, welche auch die Bedingung (39) erfüllen.

Aus (40) folgt, dass $\mathfrak{m}$ durch $\mathfrak{o}$ theilbar ist, also aus lauter *ganzen* Zahlen besteht, und ausserdem ist $N(\mathfrak{m}) = 1$ zufolge (20); behält man daher für $\mathfrak{m}$ die in (2), (3), (5) eingeführten Bezeichnungen bei, so sind die Basiszahlen m und $\alpha = m\,\omega$ des Moduls $\mathfrak{m} = [m, \alpha]$ ganze Zahlen, und zufolge (10) ist $a = m^2$; hieraus folgt weiter, dass b durch m theilbar, mithin c relative Primzahl zu m ist; da aber $c = a\,N(\omega) = N(\alpha) = \alpha\alpha'$ ist, so sind die Basiszahlen m, α ebenfalls *relative Primzahlen*; da zufolge (7) ausserdem $\mathfrak{n} = [1, m\,\alpha] = [1, k\,\theta]$ ist, so geht m in dem Index k auf, und wenn $\alpha = t + u\,\theta$ gesetzt wird, so ist $k = m\,u$. Umgekehrt, zerlegt man den Index k der Ordnung $\mathfrak{n}$ in zwei positive ganze rationale Factoren m, u, und bestimmt hierauf, falls dies möglich ist, die ganze rationale Zahl t nach dem Modul m so, dass die Zahl $\alpha = t + u\,\theta$ relative Primzahl zu m wird, so beweist man leicht, dass der Modul $\mathfrak{m} = [m, \alpha]$ wirklich eine Wurzel der Ordnung $\mathfrak{n} = [1, k\,\theta]$ ist, wenn man berücksichtigt, dass (nach §. 174, 8.) auch $N(\alpha)$ relative Primzahl zu m ist*). Da nun, sobald der Divisor m des Index k gewählt ist, der Modul $\mathfrak{m}$ nur noch von der rationalen Zahlclasse abhängt, aus welcher t in Bezug auf m gewählt wird, so leuchtet ein, dass die Ordnung $\mathfrak{n}$ nur eine *endliche* Anzahl von Wurzeln $\mathfrak{m}$ besitzt; diese Anzahl wollen wir mit l bezeichnen. Aus der Definition (40) folgt ferner unmittelbar, dass die Wurzeln der Ordnung $\mathfrak{n}$ insofern eine *Gruppe* bilden, als jedes Product aus zwei solchen Wurzeln wieder eine Wurzel derselben Ordnung $\mathfrak{n}$ ist, und hieraus ergiebt sich durch die schon oft angewendete Schlussweise (vergl. §. 149), dass für jede Wurzel $\mathfrak{m}$ der Ordnung $\mathfrak{n}$ der Satz

$$\mathfrak{m}^l = \mathfrak{n} \tag{41}$$

---

*) Zugleich ist $\mathfrak{m}[1, \alpha] = [1, \alpha]$, und damit $\mathfrak{m}$ auch der Bedingung (39) genüge, ist erforderlich und hinreichend, dass die Ordnung $[1, \alpha]$ durch die Ordnung $\mathfrak{n}_2$ theilbar sei.

gilt. Umgekehrt, sobald unter den Potenzen $\mathfrak{m}, \mathfrak{m}^2, \mathfrak{m}^3 \ldots$ eines Moduls $\mathfrak{m}$ sich eine *Ordnung* $\mathfrak{n} = \mathfrak{m}^r$ vorfindet, so ist $\mathfrak{n}$ zufolge (21) auch die Ordnung von $\mathfrak{m}$; da ferner die r^{te} Potenz einer jeden in $\mathfrak{m}$ enthaltenen Zahl auch in $\mathfrak{n}$ enthalten, also eine ganze Zahl ist, so besteht $\mathfrak{m}$ (nach §. 160, 2.) aus lauter ganzen Zahlen; mithin ist $\mathfrak{m}\mathfrak{o}$ ein *Ideal*, und da $(\mathfrak{m}\mathfrak{o})^r = \mathfrak{n}\mathfrak{o}^r = \mathfrak{o}$ ist, so folgt auch $\mathfrak{m}\mathfrak{o} = \mathfrak{o}$, also ist $\mathfrak{m}$ eine Wurzel der Ordnung $\mathfrak{n}$, womit zugleich die eingeführte Benennung gerechtfertigt ist.

Um die Anzahl l der Wurzeln $\mathfrak{m}$ der Ordnung $\mathfrak{n} = [1, k\theta]$ zu bestimmen, ist es zweckmässig, dieselben in einer etwas anderen Form darzustellen, wodurch man zugleich ihre wahre Natur und ihre gegenseitigen Beziehungen noch deutlicher erkennen wird. Man beachte zunächst, dass jede Wurzel $\mathfrak{m} = [m, \alpha]$ ein Theiler des Ideals $\mathfrak{o}k = [k, k\theta]$ ist, und da die Basiszahlen beider Moduln mit einander durch die linearen Gleichungen $k = u \cdot m + 0 \cdot \alpha$, $k\theta = -t \cdot m + m \cdot \alpha$ zusammenhängen, also $(\mathfrak{m}, \mathfrak{o}k) = um = k$ ist, so *besteht* $\mathfrak{m}$ aus k Zahlclassen in Bezug auf den Modul k oder $\mathfrak{o}k$. Man bemerke ferner, dass unter den in $\mathfrak{m}$ enthaltenen Zahlen sich auch solche finden, die relative Primzahlen zu k sind; denn weil $\alpha = t + u\theta$ schon relative Primzahl zu m ist, und folglich m, t, u keinen gemeinschaftlichen Theiler haben, so kann man die ganze rationale Zahl z so wählen, dass $t + mz$ relative Primzahl zu u wird, und hieraus folgt, dass die Zahl $\alpha + mz$ (welche auch statt α als zweite Basiszahl von $\mathfrak{m}$ dienen könnte) relative Primzahl zu m und u, also auch zu $k = mu$ ist. Wählt man nun aus $\mathfrak{m}$ nach Belieben eine Zahl ϱ, welche relative Primzahl zu k ist, so sind auch die k Zahlen $\varrho, 2\varrho, 3\varrho \ldots k\varrho$ in $\mathfrak{m}$ enthalten, und da sie incongruent nach k sind, so bilden sie ein vollständiges Repräsentanten-System des Moduls $\mathfrak{m}$ in Bezug auf den Modul $\mathfrak{o}k$; man kann daher

$$\mathfrak{m} = [k, k\theta, \varrho] \qquad (42)$$

setzen, und diese Darstellungsform ist für die weitere Untersuchung besonders geeignet. Umgekehrt, wenn $\varrho = r + s\theta$ eine beliebige relative Primzahl zu k ist, so findet man durch Reduction des vorstehenden Moduls $\mathfrak{m}$ auf eine zweigliedrige Basis m, α, dass $k = mu$, und $\alpha = t + u\theta$ relative Primzahl zu m ist, woraus nach dem Obigen folgt, dass $\mathfrak{m}$ eine Wurzel der Ordnung $\mathfrak{n} = [1, k\theta]$ ist. Jede Wurzel $\mathfrak{m}$ der Ordnung $\mathfrak{n}$ ist also durch eine beliebige in ihr enthaltene Zahl ϱ vollständig bestimmt, welche relative Primzahl zum Index k ist, und man kann daher diese Wurzel $\mathfrak{m}$

zweckmässig durch das Symbol $\mathfrak{n}_\varrho$ bezeichnen; ist σ ebenfalls relative Primzahl zu k, so gilt dasselbe von $\varrho\sigma$, und da dieses Product in dem Producte $\mathfrak{n}_\varrho \mathfrak{n}_\sigma$ enthalten ist, so ergiebt sich

$$\mathfrak{n}_\varrho \mathfrak{n}_\sigma = \mathfrak{n}_{\varrho\sigma}, \tag{43}$$

worin das Gesetz der Multiplication der Wurzeln von $\mathfrak{n}$ seinen einfachsten Ausdruck findet. Sollen ferner die beiden Zahlen ϱ und σ eine und dieselbe Wurzel $\mathfrak{n}_\varrho = \mathfrak{n}_\sigma$ erzeugen, so ist erforderlich und hinreichend, dass $\sigma \equiv r\varrho$, $\varrho \equiv s\sigma$ (mod. k) sei, wo r, s ganze rationale Zahlen bedeuten; hieraus folgt aber $rs \equiv 1$ (mod. k), also muss r relative Primzahl zu k sein; und umgekehrt, wenn $\sigma \equiv r\varrho$ (mod. k) ist, wo r eine ganze rationale Zahl bedeutet, welche relative Primzahl zu k ist, so ist gewiss $\mathfrak{n}_\sigma = \mathfrak{n}_\varrho$. Es giebt mithin in Bezug auf k immer genau $\varphi(k)$ verschiedene Zahlclassen, welche aus lauter Zahlen ϱ bestehen, die relative Primzahlen zu k sind und alle eine und dieselbe Wurzel $\mathfrak{n}_\varrho$ der Ordnung $\mathfrak{n}$ erzeugen; bezeichnet man daher mit $\psi(k)$ die Anzahl aller nach k incongruenten Zahlen ϱ, welche relative Primzahlen zu k sind, so ergiebt sich für die Anzahl l aller verschiedenen Wurzeln $\mathfrak{n}_\varrho$ der Ordnung $\mathfrak{n}$ der Ausdruck

$$l = \frac{\psi(k)}{\varphi(k)}. \tag{44}$$

Hierin ist nun

$$\varphi(k) = k \prod \left(1 - \frac{1}{p}\right),$$

wo das Product über alle verschiedenen, in k aufgehenden rationalen Primzahlen p auszudehnen ist; andererseits ist (nach §. 174, 4.)

$$\psi(k) = k^2 \prod \left(1 - \frac{1}{N(\mathfrak{p})}\right),$$

wo das Productzeichen sich auf alle verschiedenen, in k aufgehenden Primideale $\mathfrak{p}$ bezieht; ordnet man die Factoren nach den rationalen Primzahlen p, in denen diese Primideale aufgehen, und legt dem Symbol (D, p) die im vorigen Paragraphen festgesetzte Bedeutung bei, so erhält man

$$\psi(k) = k^2 \prod \left(1 - \frac{1}{p}\right)\left(1 - \frac{(D, p)}{p}\right)$$

und folglich

$$l = k \prod \left(1 - \frac{(D, p)}{p}\right). \tag{45}$$

Nachdem hiermit die Anzahl aller Wurzeln $\mathfrak{m}$ der Ordnung $\mathfrak{n}$ bestimmt ist, findet man leicht die Anzahl aller derjenigen unter ihnen, welche der obigen Bedingung (39) genügen, wo $\mathfrak{n}_2$ eine gegebene, in $\mathfrak{n}$ aufgehende Ordnung bedeutet; multiplicirt man nämlich alle l Wurzeln der Ordnung $\mathfrak{n}$ mit $\mathfrak{n}_2$, so werden alle l_2 Wurzeln von $\mathfrak{n}_2$, und zwar jede gleich oft erzeugt; mithin ist die gesuchte Anzahl $= l : l_2$, und nach der obigen Untersuchung ist dies zugleich die Anzahl aller verschiedenen Moduln $\mathfrak{m}$ von der Ordnung $\mathfrak{n}$, welche der ursprünglich vorgelegten Bedingung $\mathfrak{m}\mathfrak{m}_1 = \mathfrak{m}_2$ genügen.

Die binären Formen $(a, \frac{1}{2}b, c) = (m^2, \frac{1}{2}m b_0, c)$, welche den Wurzeln $\mathfrak{m} = [m, \alpha]$ der Ordnung $\mathfrak{n}$ entsprechen, stimmen offenbar mit denjenigen überein, auf welche wir früher (§§. 150, 151) bei der Bestimmung der Anzahl der Formen Classen von beliebiger Ordnung geführt sind. Den Grund dieser Uebereinstimmung erkennt man leicht, wenn man die Moduln, ebenso wie die Ideale, in *Classen* eintheilt; nennt man zwei Moduln $\mathfrak{a}$, $\mathfrak{b}$ *äquivalent*, wenn es eine Zahl η von *positiver Norm* giebt, für welche $\mathfrak{b} = \mathfrak{a}\eta$, also auch $\mathfrak{a} = \mathfrak{b}\eta^{-1}$ ist, so bilden alle mit einem bestimmten Modul $\mathfrak{m}$ äquivalenten Moduln eine Modul-Classe M; je zwei dieser Moduln sind mit einander äquivalent, und sie haben alle eine und dieselbe Ordnung $\mathfrak{n}$, also auch dieselbe Discriminante d; die mit $\mathfrak{n}$ selbst äquivalenten Moduln bilden die *Hauptclasse* dieser Ordnung. Die ursprünglichen Formen $(a, \frac{1}{2}b, c)$ von der Discriminante d, welche allen Moduln $\mathfrak{m}$ einer Classe M entsprechen, sind äquivalent, und umgekehrt wird jede solche Formen-Classe von der Discriminante d durch eine und nur eine Modul-Classe von der Ordnung $\mathfrak{n}$ erzeugt Durchläuft $\mathfrak{m}$ alle Moduln der Classe M, und ebenso $\mathfrak{m}_1$ alle diejenigen der Classe M_1, so gehören alle Producte $\mathfrak{m}\mathfrak{m}_1$ einer und derselben Product-Classe MM_1 an, deren Ordnung das Product aus den Ordnungen von M und M_1 ist. Als Repräsentanten einer Classe M kann man immer einen Modul $\mathfrak{m}$ wählen, welcher aus lauter *ganzen* Zahlen besteht, mithin ist die Anzahl der Classen für die Ordnung $\mathfrak{o}$ identisch mit der Anzahl h der Idealclassen, es ist aber zweckmässig, mit dem Namen *Ideal* jeden Modul von der Ordnung $\mathfrak{o}$ zu belegen, also ausser den früher betrachteten ganzen Idealen auch gebrochene Ideale zuzulassen, die jedoch keine neuen Idealclassen erzeugen. Bezeichnet man, wie früher, mit O die Hauptclasse der Ideale, so entspricht jeder Modulclasse M eine Idealclasse MO; umgekehrt, wenn A

eine beliebige Idealclasse, und $\mathfrak{n}$ eine beliebige Ordnung ist, so folgt aus unserer obigen Untersuchung über die umgekehrte Aufgabe der Multiplication der Moduln, dass es immer mindestens eine Classe M von der Ordnung $\mathfrak{n}$ giebt, welcher diese Idealclasse A entspricht, und zwar findet man leicht, dass jede Idealclasse A durch gleich viele Modulclassen M von der Ordnung $\mathfrak{n}$ erzeugt wird. Bezeichnet man daher mit h' die Anzahl der verschiedenen Modulclassen M für die Ordnung $\mathfrak{n}$, so ist $h' = rh$, wo r die Anzahl derjenigen Classen M bedeutet, welche der Bedingung $MO = O$ genügen und folglich durch Wurzeln der Ordnung $\mathfrak{n}$ repräsentirt werden. Bezeichnet man nun mit λ die Anzahl aller derjenigen von diesen l Wurzeln, welche der Hauptclasse der Ordnung $\mathfrak{n}$ angehören, also mit $\mathfrak{n}$ äquivalent sind, so findet man eben so leicht, dass jede solche Classe M durch λ verschiedene Wurzeln repräsentirt wird, dass also $l = r\lambda$, mithin

$$\frac{h'}{h} = \frac{l}{\lambda} = \frac{k}{\lambda}\Pi\left(1 - \frac{(D, p)}{p}\right) \tag{46}$$

ist (vergl. §. 151). Bedeutet aber $\mathfrak{m} = [m, \alpha]$ eine solche mit $\mathfrak{n}$ äquivalente Wurzel von $\mathfrak{n}$, so ist $\mathfrak{m} = \mathfrak{n}\eta$, woraus folgt, dass η in $\mathfrak{m}$ enthalten, also eine ganze Zahl und zwar eine *Einheit* ist, weil sie in den beiden relativen Primzahlen m, α aufgehen muss; und da umgekehrt einleuchtet, dass jeder Einheit η ein mit $\mathfrak{n}$ äquivalenter Modul $\mathfrak{n}\eta$ entspricht, welcher eine Wurzel von $\mathfrak{n}$ ist, so ist λ die Anzahl aller derjenigen Einheiten η, denen *verschiedene* Moduln $\mathfrak{n}\eta$ entsprechen. Da nun alle Einheiten η, mag ihre Anzahl endlich oder unendlich, also die Grundzahl D negativ oder positiv sein, in der Form $\pm\varepsilon^s$ enthalten sind, wo ε eine bestimmte Einheit, und s eine ganze rationale Zahl bedeutet, so ergiebt sich leicht, dass λ der kleinste positive Exponent ist, welcher bewirkt, dass die Potenz ε^λ eine in der Ordnung $\mathfrak{n}$ enthaltene Zahl wird. Hiermit ist vermöge (46) für jede Ordnung $\mathfrak{n}$ das Verhältniss der Classenanzahl h' zu der Anzahl h der Idealclassen gefunden, und man überzeugt sich leicht, dass die früher (in §§. 97, 99, 100, 151) gewonnenen Resultate mit dem jetzigen vollständig übereinstimmen*).

---

*) Dieselbe Aufgabe ist für beliebige Körper vom Herausgeber in der auf S 523 und 554 citirten Schrift behandelt.

Druckfehler.

Seite 28, Zeile 13 von unten, ist 343 statt 243 zu lesen.

Seite 134, Zeile 7, fehlt das Zeichen = vor $\begin{pmatrix} -1, & +2 \\ +2, & -3 \end{pmatrix}$.

Seite 160, Zeile 8, ist 59 statt 56 zu lesen.

Seite 186, Zeile 15, ist $\psi_{\nu-1}$ statt $\varphi_{\nu-1}$ zu lesen.

Seite 228, Zeile 13, ist *Zahl* statt *Zahlen* zu lesen.

Seite 237, Zeile 3, ist $b\alpha\gamma$ statt $ba\gamma$ zu lesen.

For EU product safety concerns, contact us at Calle de José Abascal, 56–1°,
28003 Madrid, Spain or eugpsr@cambridge.org.

www.ingramcontent.com/pod-product-compliance
Ingram Content Group UK Ltd.
Pitfield, Milton Keynes, MK11 3LW, UK
UKHW040618240426
470322UK00010B/184

9781108050395